MANUAL DAS AUDIÊNCIAS TRABALHISTAS

presencial,
por videoconferência
e telepresencial

José Antônio Ribeiro
de Oliveira Silva

MANUAL DAS AUDIÊNCIAS TRABALHISTAS

presencial,
por videoconferência
e telepresencial

5ª edição
Revista, atualizada e ampliada

2025

EDITORA *Jus*PODIVM
www.editorajuspodivm.com.br

EDITORA *Jus*PODIVM
www.editorajuspodivm.com.br

Rua Canuto Saraiva, 131 – Mooca – CEP: 03113-010 – São Paulo – São Paulo
Tel: (11) 3582.5757
• Contato: https://www.editorajuspodivm.com.br/central-de-relacionamento

Copyright: Edições *Jus*PODIVM

Diagramação: Equipe *Jus*PODIVM

Capa: Ana Caquetti

S586m Silva, José Antônio Ribeiro de Oliveira.
Manual das Audiências Trabalhistas - Presencial, por Videoconferência e Telepresencial / José Antônio Ribeiro de Oliveira Silva – 5.ed., rev., atual. e ampl. - São Paulo: Editora JusPodivm, 2025.

800 p.

ISBN: 978-85-442-5577-3.

1. Direito Processual do Trabalho. I. Silva, José Antônio Ribeiro de Oliveira. II. Título.

CDD 342.68

BIBLIOTECÁRIA RESPONSÁVEL

Ana Carolina Ribeiro Mois – CRB7 – RJ 007348/0

Dedico esta obra a todos os alunos e alunas
de meus Cursos de Audiência Trabalhista,
ministrados em Ribeirão Preto (SP),
bem como aos advogados e advogadas
com os quais tanto aprendi,
principalmente sobre as técnicas de audiência,
nesses 27 anos de Magistratura do Trabalho.

O professor ama as diferenças, trabalha com elas,
exulta a formação de ideias distintas, formata a
construção do pensamento e a sedimentação das
distintas teorias, sem as quais o mundo não evolui.
O professor é o arquétipo da sociedade, mas ele não é Deus,
porque os deuses têm vida eterna e é na vida terrena que se
aprende a conviver, compreender e buscar o saber.
Por isso, abençoado o Professor que cumpre sua missão.
No entanto, ainda mais abençoados são os seus alunos,
pois sem estes não existe o professor (José Antônio Ribeiro).

AGRADECIMENTOS

Minha gratidão a Deus, por ter me dado forças e saúde para finalmente escrever meu *Manual das audiências trabalhistas*, numa época de tanta dor – pandemia de COVID-19 –, mas também de realizações e experimentações – audiência telepresencial; e, agora, tenho o imenso prazer de ver editado o livro da minha vida. Aqui estão as experiências vividas em 27 anos de Magistratura do Trabalho.

Registro minha gratidão a Lilian Luchesi – esta incrível cientista, carreira tão desvalorizada em nosso país – pelo imprescindível auxílio na digitação de toda a obra.

Gratidão eterna à minha colega, juíza auxiliar Andressa Weber, bem como às excelentes advogadas Arany L'apiccirella e Norien Firmino, pela inestimável contribuição, com a leitura atenta do esboço da obra, sugestões e críticas que aperfeiçoaram este trabalho. Também ao colega, juiz Kleber Waki, pelas críticas e sugestões em relação ao capítulo das audiências telepresenciais.

Meu muito obrigado também ao amigo Élisson Miessa, que me incentivou, forneceu-me subsídios e me "abriu as portas" desta conceituada Editora Juspodivm, cujo setor de editoração agradeço pelo impecável trabalho.

Gratidão também ao Ministro Augusto César Leite de Carvalho por prefaciar este livro, bem como ao advogado Jorge Pinheiro Castelo, pela apresentação da obra.

Enfim – e não menos importante –, minha gratidão aos meus amores, minha esposa Luceli e meus filhos Bruno e Fernanda pelo constante incentivo e pela compreensão diante do "tempo" de ausência.

Alegria e realização, é o que sinto!

Ribeirão Preto (SP), primavera de 2020.

Ótimo é aquele advogado de quem o juiz,
terminado o debate,
não lembra nem os gestos, nem o rosto, nem o nome,
mas recorda exatamente os argumentos,
que, saídos daquela beca sem nome,
farão o cliente ganhar a causa.

(Piero Calamandrei, Eles, os juízes, vistos por um advogado, p. 40)

APRESENTAÇÃO

Sinto-me particularmente gratificado com o privilégio de apresentar este livro de José Antônio Ribeiro de Oliveira Silva, que é fruto de extenso estudo teórico e ampla vivência prática, tendo recebido o título *Manual das audiências trabalhistas: presencial, por videoconferência e telepresencial.*

Antes de mais nada, cabe dizer que o texto da presente obra apresenta uma valiosa sistematização jurídica, na medida que alia erudição, simplicidade e praticidade.

Trata-se de um texto de leitura fácil e descomplicada que impulsiona o leitor para conhecer o resultado final da pesquisa, de um capítulo a outro, até o seu final.

O *Manual das audiências trabalhistas* foi elaborado sob a ótica da instrumentalidade substancial, ou seja, pela perspectiva da Justiça, coordenando em cooperação recíproca a ótica das partes e do juiz.

Toda essa análise foi feita rente à perspectiva da Teoria Geral do Processo – garantindo a atualidade permanente do trabalho.

Destaque-se o papel fundamental das audiências trabalhistas no funcionamento da jurisdição laboral e para a efetiva tutela jurisdicional de direitos, em especial pela própria natureza do direito tutelado, direito social, inserido dentro das garantias fundamentais da Constituição.

A presente obra, além de seu caráter erudito, não perde a comunicação com a realidade ao lidar com os problemas concretos.

Um dos pontos de maior relevo da obra diz respeito ao tratamento da prova, cuja abordagem passa pela teoria geral da prova, objeto da prova, fontes e meios de prova, presunção, ônus da prova, valoração da prova e a inserção de toda essa temática no ambiente vivo da audiência presencial, por videoconferência e telepresencial.

Com certeza, com a sua publicação, a obra de José Antônio Ribeiro de Oliveira Silva passa a ser obra de referência na doutrina nacional, com valiosos subsídios aos operadores do direito, constituindo-se fundamental contribuição para a compreensão da temática que gira em torno das audiências trabalhistas.

Jorge Pinheiro Castelo

Advogado, especialista (pós-graduação), mestre, doutor e livre docente pela Faculdade de Direito da USP. Presidente da Comissão de Direito do Trabalho da OAB/SP.

NOTA À QUINTA EDIÇÃO

O *Manual das Audiências Trabalhistas* já está na sua 5ª edição. Quanta alegria! A gratidão que tenho aos queridos leitores e leitoras – que estão sempre me dando um retorno tão expressivo quanto ao conteúdo do livro, dizendo-me que o indicam a vários colegas –, é infinita e eterna. Gosto sempre de enfatizar que alguns alunos chegam a me dizer que o *Manual* se tornou seu livro de "cabeceira".

No entanto, para que a obra continue cumprindo sua verdadeira "missão", que é a de propiciar a todos os atores jurídicos – juízes, procuradores do trabalho, servidores e advogados trabalhistas – *o melhor manancial de teoria e prática ao desenvolvimento de seu ofício*, ela precisa de constante atualização e revisão. Nesse livro, os advogados encontrarão técnicas para desenvolver diariamente sua árdua tarefa de compreender as tantas diferenças de procedimentos nas Varas do Trabalho.

Nesta 5ª edição acrescentei *vários aportes doutrinários e novas reflexões sobre institutos e questões práticas*, aprofundando o estudo sobre vários temas, dentre eles: (i) audiência trabalhista quando o reclamante se encontra preso; (ii) representação de trabalhadores incapazes; (iii) representação do espólio do trabalhador; (iv) representação dos empregadores; (v) participação do advogado como preposto; (vi) revelia em litisconsórcio passivo; (vii) aditamento, alteração e emenda da petição inicial – esclarecendo melhor as diferenças entre esses institutos; (viii) honorários de sucumbência quando da desistência de pedidos; (ix) audiência trabalhista em ação de consignação em pagamento; (x) audiência na ação civil pública; (xi) incomunicabilidade das testemunhas nas audiências telepresenciais; (xii) direito ao adiamento da audiência telepresencial etc.

E acrescentei *mais de 30 (trinta) ementas de acórdãos*, principalmente de Turmas do TST, a respeito da vasta temática desta obra – em especial sobre os temas do parágrafo anterior –, todas devidamente comentadas, para fornecer aos atores jurídicos ainda mais subsídios acerca das questões correlatas.

Fiz, ainda, uma *minuciosa análise da Resolução n. 586 do CNJ* – acrescentando 6 (seis) tópicos no sumário da obra –, que pretendeu permitir a outorga de quitação ampla, geral e irrevogável quando da homologação de um acordo extrajudicial na Justiça do Trabalho, com eficácia de coisa julgada material, a partir da ideia – equivocada – de que há na Justiça especializada uma litigiosidade absurda e indesejável. Faço a ela diversas críticas acadêmicas, para tentar demonstrar sua *tripla inconstitucionalidade*. Ainda assim, investigo o teor e alcance de cada uma das regras desse ato normativo, para que o advogado possa bem compreender sua aplicabilidade e atuar (i) contrariamente a ela, ou (ii) na defesa do acerto de seu regramento. *O Direito é belo porque nele vale a força do argumento e não da autoridade.*

Mantive, ao final de cada um dos 13 primeiros capítulos da obra, um tópico específico – *Verificação de aprendizagem* –, com mais de 200 questões objetivas sobre a temática de cada capítulo, para que o *Manual* continue a ser utilizado por professores e alunos da graduação em Direito.

Renovo minha gratidão aos queridos alunos e alunas de meus cursos *on-line* – divulgados em meu perfil profissional no Instagram: *@audiencia4.0*. E, uma vez mais, registro minha eterna gratidão ao aluno *Ícaro Rossi*, que procedeu outra vez a uma leitura atenta e dedicada de toda a obra, me apontando pequenos erros materiais de redação e sugerindo novas formas de abordagem dos institutos analisados.

Faço votos de que este *Manual* continue a guiar a prática dos atores jurídicos na audiência trabalhista, em especial dos estudantes e dos advogados, aos quais desejo muita sorte!

Críticas e sugestões podem ser enviadas pelo *direct* do meu perfil no *Instagram*: *@audiencia4.0*.

Ribeirão Preto (SP), outubro de 2024.

PREFÁCIO

A história de um juiz do trabalho vocacionado pode ser em muito contada, ou extraída, a partir de suas experiências empáticas à mesa de audiências. É esse o tablado em que o juiz tenta diuturnamente transportar-se à mente do advogado, ou à do trabalhador convidado ao seu instante de ribalta, ou às lucubrações do empregador insultado com o metafórico convite às coxias, ou à imaginação enfim da testemunha que o é por não ser, na hora mesma da audiência, amigo ou parente de ninguém.

E nesse embate de falas e gestos cênicos o juiz há sempre, e ao fim, de transmudar-se à realidade, pois não lhe é dado aproveitar o epílogo ficcional. E há de assim desvelar os fatos reais com a firmeza, com a convicção de quem enxergou vida, todo o tempo, nesse exercício de alteridade – aí o desafio de horas e dias e meses dos juízes que se deixam instruir em busca de todas as verdades.

Há aqui obra de fôlego, com o extenso conteúdo dogmático que se exige de um guia prático com pretensão didática sincera, a lembrar a erudição dos vetustos manuais escritos por Christovão Piragibe Tostes Malta. E há texto articulado em primeira pessoa, a revelar, permita-me o autor, a inteligência de quem reparte porque sabe ser essa a lição bíblica da multiplicação. Nele, José Antônio Ribeiro de Oliveira Silva expõe todos os meandros da audiência trabalhista, as suas sutilezas técnicas e sua logística de persuasão, a sua dinâmica pendular de ônus e faculdades, deveres e direitos, como se houvesse afinal chegado a hora de sabermos, iniciantes e iniciados, os segredos todos que a ciência e a arte, aqui sinônimo de habilidade e ofício, estão aptas a oferecer.

A expressar a importância que empresta ao conhecimento adquirido pela sua própria e longa experiência, José Antônio esclarece, logo ao início, que "este livro é fruto de mais de 25 anos de Magistratura do Trabalho, período no qual já realizei mais de 50 mil audiências trabalhistas e, seguramente, mais de 20 mil audiências de instrução". Em seguida, rende homenagem ao contributo do magistério que exerce há mais de vinte anos para então rematar em plenonasmo, com esteio nesses dados que, não sendo apenas aritméticos, conotam absoluto engajamento: "é o livro da minha vida".

Não tarda a enumerar, com base sobretudo em Cândido Rangel Dinamarco, os princípios cuja generalidade e dimensão ética comportam o atributo de princípios fundamentais. Atento ao que Hans Kelsen, o príncipe do positivismo jurídico, admitia ser um sistema nomoestático – porque regido por conteúdo moral irradiado desde a norma superior – está José Antônio a esclarecer que os princípios fundamentais se encontram previstos na Constituição que o Brasil ostenta, como programa e modelo de civilização, há exatos 32 anos. Sem mesuras epistemológicas, introduz os princípios especiais do processo do trabalho sob a premissa de que "o *fundamento ideológico* do processo do trabalho é o *próprio direito do trabalho*, tendo em vista que o processo deve ser entendido como um instrumento do direito material ao qual serve".

É de se notar, nessa parte propedêutica do livro, a ênfase no princípio da proteção, cuja projeção no processo do trabalho parece ao autor, com fortes argumentos, uma tendência inexorável. Em reforço, poderia dizer-se inclusive que o princípio *pro homine*, invocado em tantos precedentes das cortes internacionais dedicadas à concretização dos direitos humanos – raiz de todos os direitos sociais e de sua justicialidade –, estaria hoje a fazer atual o princípio da proteção, que se antes aclamado nas searas do trabalho humano ganha hoje projeção, portanto, universal.

Ao final do primeiro capítulo, José Antônio Ribeiro de Oliveira Silva combina os "amplos poderes de condução da audiência pelo juiz do trabalho" com o "conjunto de temas recorrentes na audiência trabalhista", como a explicar que, num livro didático, a menção a prerrogativas deve estar sempre contextualizada de modo a que sejam compreendidas em sua dimensão prática e finalística. Para todos os atores processuais, as dicas sobre muitas intercorrências possíveis nas audiências trabalhistas, seguidas de explicação detalhada sobre todas as etapas possíveis dessas audiências, são de grande utilidade, sendo evidentemente um regalo aos menos experientes nas contendas forenses.

Audiência que é uma "experiência sensitiva", como adverte José Antônio Ribeiro de Oliveira Silva ao início do segundo capítulo. Sem resvalar para o prosaico, e atento ao objetivo de persecução da vida vivida que justifica a realização das audiências, o autor remete à arte teatral para explicar que os fatos da causa não estão presentes à audiência, posto que nela haja deles a mera representação. Não raro a encenação do drama humano, com uma linguagem na qual as semânticas coloquial e jurídica precisam harmonizar-se, num esforço de parte a parte.

Se bem dirigida a cena pelo juiz, a audiência é bem-sucedida, o que significa proporcionar a reprodução, tanto quanto possível, da verdadeira moldura factual, com o colorido imagético que os autos monocráticos dificilmente acomodam. Da parte do advogado, "ator principal", exige-se saber técnico e também a capacidade de antever o silogismo entre fatos e direitos que se forma progressivamente na mente do julgador, exercitando todos a empatia que o silêncio sobre estratégias opostas e inconfessáveis está sempre a impor.

O terceiro capítulo ensina, entre o mais, como as partes e também o órgão do Ministério Público devem apresentar-se, ou fazer-se representar, na audiência, seguindo-se capítulo analítico acerca da função primeira da Justiça do Trabalho, qual seja, a de promover justiça por meio de estímulos à autocomposição. Para os litígios com expressão patrimonial, José Antônio Ribeiro de Oliveira Silva nos lembra a importância de os atores processuais saberem realizar cálculos simples de verbas trabalhistas, uma habilidade menos complexa do que pode parecer. Está subliminar a todas as orientações, e expresso no subitem 4.4, o pressuposto de que a tudo deve preceder a postura de acolhimento dos juízes conciliadores e de desprendimento dos advogados – todos atentos à ideia basilar de ser a conciliação um *direito*, nunca um *dever* da parte que com ela não tiver equacionado seu senso de equidade.

Se a leitura do quarto capítulo permite ao leitor entender por que a conciliação é uma técnica, mais que um talento, o capítulo seguinte decompõe a audiência unitária, demonstrando como os vários incidentes a que elas são susceptíveis podem ser solucionados.

Reserva-se, então, um capítulo mais, o sexto, à assentada em que se colhem as provas. José Antônio Ribeiro de Oliveira Silva, cioso sempre de o conhecimento jurídico ser imprescindível à compreensão dos ritos, associa suas lições sobre a audiência de instrução a um oportuno aprofundamento acerca da teoria geral da prova. Haurindo e fazendo valer o aforismo de Carnelutti, trata a prova como "o coração do processo".

O capítulo sexto é, portanto, uma aula seminal a propósito do que se prova, como e quem prova – tema a ganhar densidade, uma vez mais, no oitavo capítulo, cuja leitura estimo seja obrigatória para os amantes da boa advocacia. Aqui e ali, o autor está sempre a atrelar regras técnicas a estratégias processuais e a princípios regentes da dilação probatória, inclusive com algumas incursões no direito material que revelam a vocação do autor, como magistrado do trabalho que honra ser, para as causas que envolvem a efetividade de direitos humanos, de todas as dimensões, exigíveis no ambiente de trabalho.

Esses temas guardam interdependência com o que se lê no sétimo capítulo, o qual, embora autônomo, trata de tema correlacionado, o ônus da prova – tema dos mais sensíveis e relevantes tanto do direito material quanto do direito processual do trabalho. Não por acaso, José Antônio Ribeiro de Oliveira Silva dedica alguns tópicos à crítica a posições doutrinárias e jurisprudenciais que não lhe parecem consentâneas com o universo laboral. O capítulo é conceitual, mas também ilustrativo de casos concretos nos quais se operam as regras alusivas à distribuição estática ou dinâmica da carga probatória.

Seguem-se assim ensinamentos teóricos e de ordem prática por todo o livro, com bafejos de atualidade que se podem ver, por exemplo, quando o autor associa suas reflexões sobre o ônus da prova, em hipóteses de acidente de trabalho atípico, ao possível enquadramento, nessa categoria, da Covid-19; ou quando José Antônio Ribeiro de Oliveira Silva explica proveitos e potenciais danos que hão de ser atribuídos, caso a caso, à realização de audiências por videoconferência ou telepresenciais.

Não sem antes reservar um capítulo inteiro, o nono deles, à proverbial distinção entre interrogatório e depoimento pessoal, que o autor defende ser desimportante no processo do trabalho. Nessa passagem, o autor fundamenta seu ponto de vista para habilitar-se, em capítulos subsequentes, a enfrentar as nuances próprias à confissão, seja real ou ficta, à prova testemunhal e, no décimo segundo capítulo, às peculiaridades que identifica nas audiências necessárias em ritos especiais como os que se deflagram por ações de consignação em pagamento ou por ações civis públicas.

No capítulo derradeiro, José Antônio Ribeiro de Oliveira Silva demonstra como as audiências por videoconferência estão a realizar-se há cerca de vinte anos, sobretudo no processo penal e em regiões jurisdicionais da Justiça do Trabalho com maior extensão territorial e locais de difícil acesso. O que há de propriamente novo, ante a urgência de distanciamento social imposta pela pandemia da Covid-19, é a prática de audiências telepresenciais com todos os atos postulatórios, de conciliação e de instrução. O autor indica os atos normativos que as autorizam, pondera sobre a necessidade de sua realização e sobre a importância de essa prática manter-se, após a pandemia, no que se mostrar compatível, mas adverte: "sem olvidar-se dos princípios tão caros à efetividade da Justiça do Trabalho".

A propósito da obrigatoriedade da participação de advogados e partes em audiências telepresenciais, o autor enumera questões várias de ordem técnica, de déficit de acesso digital e aspectos relacionados à preservação da intimidade nos ambientes familiares que justificariam, como sustenta apropriadamente, a eclosão de princípios reitores desse novo método de instrução processual, por ele cuidadosamente enumerados. Em rigor, trata-se da adaptação de princípios gerais e da adoção de novos postulados afetos à conectividade, à aptidão e à igualdade digital, também à segurança jurídica digital, tudo a formar um plexo de vetores éticos sem os quais não poderá prosperar o uso do meio telepresencial.

Nada escapa à percepção e à análise de José Antônio Ribeiro de Oliveira Silva, ou ao menos é esta a sensação que me toma ao concluir sua obra. Descubro-me a conjecturar, inclusive, sobre a conveniência de este manual, audacioso e provocativo em sua dimensão jurídica, oferecer-se a estudos interdisciplinares que encartem contribuições da neurociência ou da psicologia social, por exemplo, na absorção de condutas e sentimentos cuja representação se dá nas audiências trabalhistas.

Todos os literatos e dogmáticos haverão de me perdoar, mas este livro me faz lembrar o "Samba da Benção". Para os que ingressam agora nos fóruns e disfarçam ansiedade, ou para os que carregam em si o mundo real que ouviu de tantos depoimentos nos quais o esforço de transformar a natureza jazia injustamente precificado (ou, noutras vezes, hei de convir, superestimado com o infame propósito de inverter as variáveis da teoria do valor), para uns e outros este livro decerto retratará a "arte do encontro".

E é livro que tem a ousadia de dizer-se um "manual", porque está mesmo a inverter a lógica segundo a qual é o conhecimento, antes da prática, o que ensina a viver. De uma só levada, este livro traz tudo que se precisa saber acerca dos fundamentos éticos e teóricos, bem assim dos métodos e estratégias necessários à realização de uma boa e frutífera audiência.

Augusto César Leite de Carvalho

Ministro do TST e Professor.

SUMÁRIO

Capítulo 6

Capítulo 7

INTRODUÇÃO

A audiência trabalhista é um *mundo maravilhoso* e por isso sempre dou início aos meus cursos a respeito dessa temática dizendo aos meus alunos: *bem-vindos ao maravilhoso mundo da audiência trabalhista!*

Esta obra é fruto de mais de 27 anos de Magistratura do Trabalho, período no qual já realizei mais de 54 mil audiências trabalhistas e, seguramente, mais de 20 mil audiências de instrução e mais de 2.000 audiências telepresenciais. Aliado a essa prática, todo o meu conhecimento teórico de mais de 20 anos ministrando cursos de temas de processo do trabalho, principalmente para advogados, em toda a região de Ribeirão Preto (SP). Posso afirmar, portanto, que é *o livro da minha vida*.

A ideia de elaborar este *Manual das audiências trabalhistas* me acompanhou por praticamente uma década, mas somente na época de distanciamento social por conta da pandemia de COVID-19 é que tive tempo de organizar as ideias, sistematizar as tantas técnicas para uma boa participação na audiência trabalhista e ordenar tudo isso num autêntico manual. Todo manual deve ser prático e, por isso mesmo, não utilizo a expressão "manual prático" porque seria redundante. Ademais, diante da necessidade de se realizar audiências virtuais na época de pandemia, um manual de audiências trabalhistas não poderia deixar de tratar desse tipo de audiência. Daí que me propus a analisar todos os passos ou "etapas" de uma audiência trabalhista realizada de modo presencial, especialmente na tentativa conciliatória, nos incidentes que podem ocorrer nessa audiência e com uma extensa abordagem da produção da prova oral. Porém, ao final, tratei da (i) *audiência por videoconferência* e da (ii) *audiência telepresencial*, audiências completamente distintas, como o caro leitor poderá perceber no penúltimo capítulo desta obra.

Vale a pena registrar, nesta breve introdução, algumas escolhas terminológicas. Como o caro leitor perceberá, utilizei expressões-chave no *gênero masculino* – o reclamante, o reclamado, o advogado, o juiz, o procurador do trabalho, o caro leitor etc. – como uma forma de tornar a leitura *mais fluida*, evitando o uso das expressões o(a). No entanto, sintam-se prestigiadas a advogada, a juíza, a procuradora do trabalho, a caríssima leitora, porque me pareceu inadequado a todo momento colocar: o(a) advogado(a), o(a) juiz(íza), o(a) procurador, o(a) caro(a) leitor(a).

Igualmente, preferi, em boa parte do texto, utilizar a primeira pessoa do singular, como estou fazendo nesta introdução, como uma forma de me dirigir mais diretamente ao caro leitor, facilitando a exposição das técnicas, principalmente quando falo de experiências pessoais vivenciadas nas tantas audiências por mim presididas. Isso não impede que em passagens do texto eu tenha utilizado a terceira pessoa do singular, para uma certa impessoalidade, ou até mesmo a primeira pessoa do plural, embora na academia seja criticável o tal "plural majestático".

São *tantas técnicas* pensadas e vivenciadas nesse tempo todo de magistratura e de sala de aula que, para facilitar a compreensão do caro leitor, resolvi colocar em destaque técnicas, dicas, sínteses de pensamento etc., em quadrinhos organizados e destacados para a melhor visualização da importância da técnica, da dica ou do pensamento. São *aproximadamente 220 quadros* que certamente auxiliarão o caro leitor numa consulta rápida.

Na investigação de toda a temática da audiência trabalhista, no primeiro dos 13 capítulos da obra, pensei ser adequada uma análise de todos os princípios importantes que têm grande repercussão na audiência trabalhista. Trato dos *princípios fundamentais* do processo brasileiro, em seguida dos *princípios específicos* do processo do trabalho, para, na sequência, tratar com mais profundidade de dois princípios extremamente importantes para a audiência trabalhista: o (i) *princípio da oralidade*, com seus subprincípios, e o (ii) *princípio da primazia da solução consensual.* Ao final desse capítulo, enuncio e explico quais são as "10 etapas" de uma audiência trabalhista (una).

No segundo capítulo da obra, fiz questão de abordar uma temática que é referida apenas de "relance" pela grande maioria dos doutrinadores, olvidando-se da sua relevância para o bom desempenho dos atores jurídicos. Não basta a análise dos aspectos técnicos de uma audiência trabalhista, relacionados à sua (i) publicidade, ao (ii) local, horário e sua duração, ou ainda à (iii) nomenclatura das tantas audiências que podem ser realizadas no processo do trabalho. Talvez mais importante do que tudo isso seja uma boa análise do que chamo de *aspectos "sensitivos" da audiência trabalhista*. É necessário que os advogados, que são os atores principais dessa audiência, compreendam que o juiz age como diretor dessa peça teatral chamada de audiência trabalhista e que todos precisam dar atenção à *chamada lide sociológica*.

Na sequência da obra, no terceiro capítulo trato de todas as questões técnicas relacionadas à representação processual na audiência trabalhista. Da *representação dos trabalhadores* em (i) reclamações individuais, em (ii) reclamações plúrimas e nas (iii) ações coletivas, não me olvidando das ocasiões em que o reclamante está preso e também da representação do espólio do trabalhador. No que concerne à *representação dos empregadores*, uma longa análise a respeito da figura do preposto, enfrentando a questão mais complexa desse tema na atualidade: *o advogado pode atuar como preposto?* Enfim, a representação da Administração Pública e a intervenção do Ministério Público do Trabalho nas audiências trabalhistas.

No quarto capítulo deste Manual realizo uma exaustiva análise de todos os aspectos relativos à tentativa conciliatória e à *celebração de acordos* no processo do trabalho. Não basta saber sobre os (i) tipos de acordo, as (ii) espécies de audiência relacionadas à temática e sobre a (iii) quitação e seus efeitos. Antes de tudo isso, o juiz e o advogado precisam compreender e dominar as *técnicas fundamentais para a conciliação*, como a (i) técnica do cálculo das principais verbas, as (ii) técnicas do diálogo prévio e do acolhimento e, também, adotar (iii) boas práticas para uma dinâmica conciliatória.

Antes mesmo de analisar a prova na audiência trabalhista, no capítulo 5, fiz questão de tratar, em separado, de todos os eventos ou incidentes mais importantes da *audiência inicial ou una*. Ali, realizo uma análise pormenorizada do (i) arquivamento da reclamação trabalhista, da (ii) revelia do reclamado, das inúmeras (iii) possibilidades de adiamento da audiência, da (iv) diferença entre aditamento e emenda da petição inicial, da (v) desistência do reclamante e possível sucumbência, das (vi) três formas de respostas do reclamado, da (vii) réplica e da (viii) audiência de instrução em prosseguimento.

Já seria possível tratar da prova oral na audiência trabalhista? Penso que não. É muito relevante que os atores jurídicos compreendam toda a temática da (i) *teoria geral da prova* e da (ii) *teoria geral do ônus da prova* antes da análise da prova oral em si. Daí por que, no capítulo 6 desta obra, no estudo da teoria geral da prova, trato das (i) regras de hermenêutica importantes, dos (ii) *princípios específicos* dessa teoria geral e faço uma abordagem de todos os (iii) meios de prova que podem ser utilizados no processo do trabalho, com atenção especial à *prova emprestada*. Enfrento, sem receio, a questão mais difícil relacionada a esse tema: *contra quem se admite a prova emprestada?*

Num dos mais longos capítulos desta obra, desenvolvo um dos estudos pelos quais mais tenho apreço em toda a minha produção como escritor de temas jurídicos. Em mais de 90 páginas trato de toda a temática da *teoria geral do ônus da prova*. O advogado que domina as técnicas de (i) definição e (ii) inversão do ônus da prova pode dar um *golpe de mestre* no advogado da parte contrária na audiência trabalhista. Para tanto, é necessário que ele compreenda a diferença entre as teorias da (i) *distribuição estática* e da (ii) *distribuição dinâmica* do ônus da prova. É preciso também que ele bem compreenda todas as *técnicas de inversão* do ônus da prova. Tudo isso é analisado minuciosamente no capítulo 7 e, ao final, trato de 13 hipóteses da (i) *casuística sobre ônus da prova* e de (ii) *10 súmulas do TST* a respeito de presunções e ônus da prova, praticamente esgotando a análise desse difícil tema.

No capítulo 8, desenvolvo *técnicas na produção da prova oral*, aprendidas nas tantas audiências realizadas com tantos advogados experientes e habilidosos, e refletindo sobre essas questões. É imprescindível que o advogado compreenda a *diferença entre* (i) *interrogatório direto e* (ii) *contrainterrogatório*, dominando as técnicas de um e de outro. O advogado precisa compreender, ainda, o que são (i) perguntas indutivas, impertinentes e repetitivas, os (ii) efeitos (negativos) da testemunha de reforço, perceber (iii) quando não prosseguir na perguntação e ainda tomar (iv) cuidado com a "síndrome" da última pergunta. É preciso que ele compreenda também *quando é cabível o protesto* e se ele precisa fundamentá-lo ou não.

No 9º capítulo, trato da *diferença entre* (i) *depoimento pessoal* e (ii) *interrogatório* e do direito da parte ao depoimento pessoal da parte contrária como realização prática do *princípio do contraditório*. Examino também a importância da *incomunicabilidade* dos depoentes, discorro sobre técnicas de perguntação que podem ser utilizadas durante o depoimento pessoal e também acerca da *diferença entre* (i) *escusa e* (ii) *recusa* a prestar depoimento pessoal. Enfim, uma análise da necessidade (possibilidade) de tomada de depoimento pessoal por carta precatória ou videoconferência, ainda que na prática os juízes estejam fazendo opção pela audiência telepresencial ou semipresencial.

Na sequência, no capítulo 10, um exame pormenorizado da confissão, de sua natureza jurídica e de suas espécies. Para facilitar a compreensão, trato em separado da (i) *confissão real* e da (ii) *confissão ficta*. Realizo uma análise dos efeitos de ambas as espécies de confissão, da *indivisibilidade* da confissão e da possibilidade da sua *anulação*. Contudo, mais relevante nessa temática é compreender bem as consequências do *desconhecimento dos fatos pelo preposto*. Igualmente, saber sobre os efeitos da confissão ficta no *litisconsórcio* e por parte de representante do *ente público*, sendo que tudo isso é examinado no capítulo 10.

No capítulo 11, um dos mais extensos da obra, analiso toda a *temática da prova testemunhal*. São tantas questões que elas não podem ser bem resumidas nesta introdução. A título meramente exemplificativo, trato de questões sobre a (i) *admissibilidade* desse meio de prova, de (ii) rol e número máximo de testemunhas, de (iii) substituição, de (iv) intimação pelo advogado, de (v) comprovação do convite, de (vi) condução coercitiva, da (vii) *diferença entre recusa e escusa* ao depoimento testemunhal e, finalizando a primeira parte deste capítulo, de uma questão pouco estudada pelos doutrinadores brasileiros: *a garantia de indenidade à testemunha*.

Na segunda parte do capítulo 11, analiso todas as questões relacionadas à *produção da prova testemunhal*, como gravação e ordem dos depoimentos, análise teórica e exemplificação de contradita por (i) incapacidade, por (ii) impedimento e por (iii) suspeição. Na sequência, analiso os efeitos do depoimento da testemunha que possui ação em face do reclamado, o momento adequado para contradita e a *produção de prova na contradita*, bem como na contradita à contradita. Posteriormente, discorro sobre técnicas de (i) inquirição e (ii) reinquirição das testemunhas, abordando uma difícil questão: *o que (não) perguntar à testemunha?* Enfim, questões sobre o (i) *princípio da incomunicabilidade das testemunhas*, (ii) testemunha referida, (iii) acareação de testemunhas e (iv) penalidades à testemunha mentirosa.

No capítulo 12, uma rápida abordagem sobre *audiências especiais* que podem ocorrer na Justiça do Trabalho. Em geral, praticamente todas as diretrizes das audiências inicial, una e de instrução se aplicam também a essas audiências especiais. De modo que se mostra relevante, nesse capítulo, tratar apenas de *questões diferenciadas* nas audiências que podem ser chamadas de especiais, sobretudo na audiência realizada nas *seguintes ações*: (i) ação de consignação em pagamento, (ii) ação civil pública e (iii) embargos de terceiro.

Na sequência, um longo capítulo sobre *audiências* (i) *por videoconferência e* (ii) *telepresencial*. De saída, uma distinção necessária entre as duas espécies. Na sequência, uma análise pormenorizada da audiência telepresencial que foi realizada em *regime extraordinário*, na triste época de pandemia de COVID-19. São muitos problemas relacionados a essa audiência. Começo investigando a *obrigatoriedade de participação* das partes e advogados, distinguindo os (i) *problemas técnicos* dos (ii) *problemas pessoais* para essa participação. Na sequência, uma análise dos princípios "específicos" que mais se amoldam a essas audiências.

No entanto, como se trata de uma teoria em construção, faço uma abordagem de *princípios "novos"*. Analiso os princípios da (i) *igualdade digital*, da (ii) *aptidão digital* e da (iii) *segurança jurídica digital*. Após isso, realizo uma abordagem de questões práticas relativas às audiências inicial e de tentativa conciliatória, para depois enfrentar questões problemáticas quanto à realização da *audiência de instrução telepresencial*. Questões difíceis como as de (i) acesso digital, (ii) *incomunicabilidade das testemunhas*, (iii) dever legal de prestar depoimento, (iv) contradita virtual, (v) registro dos depoimentos e até de (vi) *acareação* são analisadas neste Manual. Enfim, uma análise da possiblidade de negócio jurídico processual para a realização dessa audiência, que para mim só será possível se se tratar de *negócio jurídico processual tripartite*. E o último item do capítulo 13: *o desejável retorno às atividades presenciais* – ou, pelo menos, semipresenciais, que era um simples desejo e já se tornou realidade, como comentarei no tópico referido.

E, para fechar este Manual, uma grande novidade a partir da 4ª edição: um capítulo com riquíssimas jurisprudências sobre ônus da prova. Como se trata de um dos temas mais polêmicos da teoria geral do processo, principalmente no processo do trabalho, penso que a transcrição de várias ementas de acórdãos do TST, o órgão de cúpula do Judiciário

Trabalhista, poderá auxiliar os atores jurídicos na compreensão da casuística sobre o tema.

Feita esta singela abordagem a respeito dos *principais temas* tratados neste Manual, só me resta esperar que o grande esforço empreendido para a elaboração desta obra seja recompensado com uma boa acolhida dos atores jurídicos. Espero que tudo o quanto aqui analisado – de alguma forma – possa contribuir para que os advogados, juízes, procuradores do trabalho e demais atores que atuam na audiência trabalhista tenham um *adequado suporte teórico e prático* para o melhor desenvolvimento possível de sua atuação na audiência trabalhista.

Capítulo

1

TEMÁTICA DA AUDIÊNCIA TRABALHISTA

1.1. TEMAS IMPORTANTES NO ESTUDO DA AUDIÊNCIA TRABALHISTA

Bem-vindos ao maravilhoso mundo da audiência trabalhista!

Os profissionais do Direito têm um certo temor quando se deparam com a oportunidade de realizar as primeiras audiências de suas vidas profissionais. Não pensem os advogados iniciantes que essa apreensão também não atinge os magistrados quando iniciam a carreira judicante. Eu tive a grata experiência de atuar como advogado, ainda que por um curto período, antes do exercício da magistratura e, portanto, tenho um pouco da visão do advogado, que precisa ser considerada pelo juiz quando de situações diferenciadas no curso da audiência. De outra mirada, como juiz, já realizei mais de 54.000 audiências, tenho uma larga experiência a ser compartilhada com advogados e juízes iniciantes.

Embora pareça algo assustador, a efetiva participação em audiências trabalhistas – se bem conhecidos os princípios aplicáveis, o procedimento e as *técnicas adequadas* –, proporciona uma grande realização profissional. E, por isso, sempre digo aos meus alunos, ao iniciar meus cursos de audiência trabalhista: sejam todos muito bem-vindos a esse maravilhoso mundo. O importante é deixar de lado todo e qualquer receio, com vistas a uma atuação confiante, para a qual se mostra necessário o respeito ao próximo, a simplicidade do diálogo, a facilidade de interação, porque o processo do trabalho é um processo *democrático*, no qual os protagonistas são *todos os atores* que participam da audiência trabalhista.

Há aspectos teóricos que precisam ser bem conhecidos pelo profissional na realização de uma audiência trabalhista, mas, no processo do trabalho, a audiência é tão peculiar, quando comparada à audiência realizada no processo civil, que se mostra necessário o domínio da prática, do "como fazer", da escolha da *técnica adequada* para as *inúmeras situações* que podem ocorrer na referida audiência.

Costumo dizer aos meus alunos que o processo do trabalho é um *processo de audiência*. Se há processos complexos, como a ação civil pública, e mesmo processos com grande possibilidade de percorrerem os "três graus" da jurisdição trabalhista (Vara do Trabalho, Tribunal Regional do Trabalho e Tribunal Superior do Trabalho), há muitos processos que são encerrados em primeiro grau de jurisdição. Praticamente todos os atos mais importantes do processo trabalhista, antes da fase recursal, podem ser praticados numa *única audiência*. Apenas a petição inicial deve preceder à primeira audiência trabalhista, bem como a imprescindível citação do reclamado – a não ser que se adote a prática de calendário processual, com apresentação de defesa e réplica em secretaria. Designada a *audiência una*, instalada esta, primeiramente o juiz do trabalho envidará esforços para obter a conciliação entre as partes e, *celebrado acordo*, o juiz o homologará, extinguindo o processo com resolução do mérito, nos termos do art. 487, inciso III, "b", do CPC.

Não havendo composição, o juiz receberá, em seguida, *a defesa* do reclamado – já apresentada nos autos do PJe –, poderá facultar ao reclamante a apresentação de *réplica oral*, num prazo razoável, passando imediatamente à coleta da *prova oral*, ouvindo, se necessário, as partes e as testemunhas presentes. Não havendo necessidade de outras provas – o que normalmente não se faz necessário após a produção da prova oral –, o juiz encerrará a instrução processual, irá facultar às partes a apresentação de *razões finais orais*, tentará pela última vez a conciliação, e já estará apto ao julgamento da demanda. Conquanto não seja comum que o juiz do trabalho julgue o processo em audiência, se quiser fazê-lo, a isso estará autorizado pela CLT (arts. 850 e 851). Ademais, ainda que, na prática, o juiz conceda prazo para réplica e/ou razões finais por escrito, se ele adotar a *máxima oralidade* poderá realizar o julgamento no ato.

Bem se vê que o *procedimento expedito* previsto nos *arts. 846 a 851 da CLT* pode ser percorrido numa única audiência, diante da intensa *concen-*

tração de atos que se dá no processo do trabalho. Daí por que o advogado trabalhista precisa estar bem preparado para todos esses atos importantes do processo, notadamente: *tentativa conciliatória, réplica, produção da prova oral e razões finais*. Mas não basta isso, pois a audiência trabalhista é tão *dinâmica* que pode haver inúmeras intercorrências e, por isso mesmo, o advogado precisa estar preparado também para os inúmeros incidentes que podem surgir no curso da audiência. Até mesmo na audiência inicial ou inaugural, em que muitos se preparam apenas para conciliar/não conciliar, podem acontecer inúmeras situações – por exemplo, o interrogatório das partes – para as quais o advogado deve estar devidamente preparado, conhecendo as técnicas adequadas para se sair bem. *Em suma*, mister a devida preparação para a *dinamicidade da audiência trabalhista*.

Com efeito, há uma *vasta temática* da audiência trabalhista, que precisa ser bem compreendida por advogados iniciantes, juízes em início de carreira e, por óbvio, ser revisitada por advogados experientes e juízes que já fizeram inúmeras audiências. De se ter em mente, ainda, as frequentes alterações legislativas que muitas vezes deixam os profissionais que atuam na Justiça do Trabalho em dúvida quanto à aplicação ou à forma de incidência das novas regras. Para complicar, temos sempre a dificuldade de definir com clareza quais regras do CPC se aplicam de forma *supletiva* ou *subsidiária* ao processo do trabalho, em conformidade com os arts. 769 da CLT e 15 do CPC. Soma-se a estas ponderações o fato de ter o juiz do trabalho *amplo poder* na condução do processo (art. 765 da CLT), ou ampla liberdade na escolha do ritual específico, amoldando-o às especificidades do caso concreto, fazendo com que o direcionamento do processo seja distinto em cada vara do trabalho.

Por tudo isso, penso ser importante, de saída, pontuar os *princípios processuais* que apresentam maior relevância para uma boa atuação dos atores jurídicos na audiência trabalhista. Na sequência, realizo, então, um estudo objetivo dos princípios fundamentais de processo que precisam sempre ser relembrados para, na sequência, enfatizar os princípios que têm mais implicações no desenvolvimento da audiência trabalhista, com destaque para os princípios da *oralidade* e da *conciliabilidade*.

1.2. PRINCÍPIOS FUNDAMENTAIS DO PROCESSO BRASILEIRO

Quando estamos a falar de princípios processuais *fundamentais*, não há espaço para a análise de princípios que são específicos de determinada fase procedimental, como, por exemplo, o princípio da impugnação especificada – que se aplica à defesa –, o princípio da preclusão – que se aplica aos prazos –, os princípios relacionados à prova – inclusive o da proibição da prova ilícita – e tantos outros. Por isso, a doutrina assevera que os chamados princípios *gerais*, como os princípios da demanda, da congruência, do livre convencimento, da lealdade, da instrumentalidade das formas e o princípio dispositivo não passam de regras técnicas, faltando-lhes o *caráter de generalidade* de que são dotados os *princípios de origem político-constitucional*, por referirem-se, aqueles, apenas a algum setor do direito processual e não ao processo como um todo (DINAMARCO, 2004, V. I, p. 196-197).

Penso que os princípios *fundamentais* do sistema processual brasileiro se encontram previstos na própria Lei Fundamental do País e, portanto, podem ser denominados também de *princípios constitucionais do processo.*

Para Dinamarco, referidos princípios *fundamentais* são os seguintes: a) do devido processo legal; b) da inafastabilidade do controle jurisdicional; c) da igualdade; d) da liberdade; e) do contraditório e da ampla defesa; f) do juiz natural; e g) da publicidade. Segundo este renomado autor, o princípio do duplo grau de jurisdição não tem os contornos de autêntica garantia constitucional, e a exigência de motivação das decisões judiciais trata-se, em verdade, de uma projeção do princípio do devido processo legal. Para ele, em suma, a garantia de todo o sistema processual é o *princípio do acesso à justiça*, que é, portanto, *o princípio-síntese e o objetivo final do sistema* (DINAMARCO, 2004, V. I, p. 197-198).

Com efeito, entendo que boa parte dos princípios constitucionais processuais acaba reunida no *princípio do devido processo legal.* Como reconhece Dinamarco, "muitos desses princípios, garantias e exigências convergem a um núcleo central e comum, que é o *devido processo legal*". Ora, "observar os padrões previamente estabelecidos na Constituição e na lei é oferecer o contraditório, a publicidade, possibilidade de defesa ampla *etc.*". De modo que são "inegáveis as *superposições* entre os princípios constitucionais do processo, sendo impossível delimitar áreas de aplicação exclusiva de cada um deles" (destaques no original) (DINAMARCO, 2004, V. I, p. 198).

Destarte, como sustentei alhures, em verdade, há na nossa Constituição Federal *três princípios processuais ontológicos (absolutamente essenciais)*, que consubstanciam valores fundamentais e podem ser considerados como a *matriz* de todo o sistema processual brasileiro, a saber: a) o princípio do acesso à justiça; b) o princípio do devido processo legal; e c) o princípio da efetividade (SILVA *et. al.*, 2016, p. 15).

1.2.1. Princípio do acesso à justiça

A doutrina sempre preconiza que se deve assegurar às pessoas que buscam o Judiciário o *resultado útil do processo*, sendo que toda a atividade jurisdicional deve ser pautada pela busca incessante dessa utilidade do provimento, como uma maneira de se promover a justiça do caso concreto. Em outras palavras, *o acesso à justiça* não significa apenas a garantia da propositura da demanda (ajuizamento da ação), devendo materializar-se em todos os atos do procedimento (rito a ser seguido), até a entrega da prestação jurisdicional, mediante um provimento cautelar, cognitivo ou satisfativo ao autor da demanda, mas que *efetivamente* satisfaça a sua pretensão – caso ele tenha ganho de causa (SILVA *et. al.*, 2016, p. 15).

Cappelletti e Garth asseveram, com maestria, que o *acesso à justiça*, nessa ordem de ideias, pode – e deve – "ser encarado como o requisito fundamental – o mais básico dos direitos humanos – de um sistema jurídico moderno e igualitário que pretenda garantir, e não apenas proclamar os direitos de todos" (CAPPELLETTI; GARTH, 1988, p. 12). O direito fundamental de acesso à justiça "tem o significado político de pôr sob controle dos órgãos da jurisdição todas as *crises jurídicas* capazes de gerar estados de insatisfação às pessoas" (DINAMARCO, 2004, V. I, p. 198).

Esta garantia está preconizada no art. 5º, inciso XXXV, da Constituição da República Federativa do Brasil, segundo o qual *"a lei não excluirá da apreciação do Poder Judiciário lesão ou ameaça a direito"*. E está agora assegurada também no art. 3º do CPC/2015.

1.2.2. Princípio do devido processo legal

Em conformidade com o art. 5º, LIV, da Constituição da República Federativa do Brasil, *"ninguém será privado da liberdade ou de seus bens sem o devido processo legal"*. Eis, aí, a garantia do devido processo legal que, segundo a doutrina, vem sendo assegurada desde a Magna Carta outorgada pelo Rei João Sem Terra, em 1.215, na Inglaterra.

Nelson Nery sustenta que o princípio constitucional *fundamental* do processo civil, "a base sobre a qual todos os outros princípios e regras se sustentam, é o do *devido processo legal*, expressão oriunda da inglesa *due process of law*" (destaques no original). Referido princípio é, pois, "o gênero do qual todos os demais princípios e regras constitucionais são espécies" (NERY JUNIOR, 2009, p. 77).

Ocorre que, como sustenta este prestigiado autor, em sentido genérico, o princípio do *due process of law,* que encontra precedente *constitucional* nas Emendas 5ª e 14ª da Constituição Federal norte-americana, caracteriza-se pelo *trinômio vida-liberdade-propriedade.* Assim, tudo o que disser respeito à tutela destes bens jurídicos está sob a proteção da cláusula do devido processo. Este autor afirma, ainda, que foi neste sentido genérico, amplo, que a locução foi expressamente adotada na Constituição Federal brasileira, no inciso LIV do art. 5º (NERY JUNIOR, 2009, p. 78-80).

Não obstante, a cláusula do devido processo legal consubstancia um instituto jurídico bastante abstrato, sendo que, por isso, a maneira mais segura de se buscar o seu sentido e alcance é a de se analisar os seus *subprincípios,* com as suas especificidades (SILVA *et. al.*, 2016, p. 16 – todo o texto que segue foi extraído dessa obra aqui referida, que publiquei em coautoria).

Isso porque o princípio do devido processo legal só se concretiza quando asseguradas algumas *garantias constitucionais*, como as que seguem:

a) *do juiz natural* – garantia consubstanciada em duas normas constitucionais que exigem a fixação prévia das regras de competência e proíbem os tribunais ou juízos de exceção, respectivamente, os incisos LIII (*"ninguém será processado nem sentenciado senão pela autoridade competente")* e XXXVII *("não haverá juízo ou tribunal de exceção")* do art. 5º da Constituição da República Federativa do Brasil;

b) *do contraditório e da ampla defesa* – garantias asseguradas no inciso LV do citado art. 5º, segundo o qual *"aos litigantes, em processo judicial ou administrativo, e aos acusados em geral são assegurados o contraditório e ampla defesa, com os meios e recursos a ela inerentes"*;

c) *da motivação das decisões judiciais* – esta garantia constitucional se encontra no art. 93, inciso IX, da Constituição Federal, de acordo com o qual *"todos os julgamentos dos órgãos do Poder Judiciário serão públicos, e fundamentadas todas as decisões, sob pena de nulidade"* (primeira parte do inciso);

d) *da publicidade* – garantia prevista no inciso LX do referido art. 5º, quando se preconiza que *"a lei só poderá restringir a publicidade dos atos processuais quando a defesa da intimidade ou o interesse social o exigirem"*, também assegurada no inciso IX do citado art. 93 (parte final), ao se assegurar que todos os atos processuais devem ser *públicos,* salvo se o próprio interesse público exigir o contrário, nos termos fixados em lei, quando poderá ser limitada *"a presença, em determinados atos, às próprias partes e a seus advogados, ou somente a estes";*

e) *da igualdade* – o direito processual constitucional não tem norma específica sobre o tratamento isonômico que deve ser dispensado às partes, buscando a doutrina fundamento para este princípio no *postulado geral da igualdade*, pois referido princípio, no campo do processo, estaria amparado no *caput* e no inciso I do art. 5º da Constituição Federal, *locus* onde se prevê a garantia genérica da igualdade, com a afirmação de que *"todos são iguais perante a lei"* (*caput*), e de que *"homens e mulheres são iguais em direitos e obrigações"* (inciso I).

Como é sabido, há previsão expressa dos quatro últimos *subprincípios* nos arts. 7º, 8º e 11 do CPC/2015, bem como em diversos outros dispositivos do referido Código.

1.2.3. Princípio da efetividade

José Carlos Barbosa Moreira, que foi um dos maiores mestres da processualística nacional, explicava que a *efetividade* "consiste na aptidão para desempenhar, do melhor modo possível, a função própria do processo", ou, ainda, "para atingir da maneira mais perfeita o seu fim específico". O festejado mestre carioca delineou, inclusive, um "programa básico da campanha em prol da efetividade", baseado nos *seguintes parâmetros:* 1º) o processo deve dispor de instrumentos apropriados de tutela; 2º) esses instrumentos devem ser utilizáveis, na prática; 3º) devem ser asseguradas condições favoráveis à adequada apuração dos fatos relevantes; 4º) tudo isso deve desembocar em um resultado útil; 5º) alcançando-se esse resultado com o menor gasto possível de tempo e energia (*Apud* TOLEDO FILHO, 2006, p. 33).

Todas essas considerações são necessárias porque, como há muito tempo já se proclama, o maior obstáculo à efetividade do processo é exatamente o *tempo de sua duração.*

Essa preocupação não passou desapercebida ao legislador constituinte derivado que, por ocasião da *Emenda Constitucional n. 45/2004* – com a qual procurou reformar o Judiciário brasileiro –, promoveu a *positivação do princípio da efetividade*, ao inserir, no rol seleto de direitos e garantias fundamentais do art. 5º da Constituição da República Federativa do Brasil, o inciso LXXVIII, assegurando a todos, no âmbito judicial ou administrativo, a razoável duração do processo, com a celeridade imprescindível a que essa duração razoável se concretize. Eis a dicção da norma: *"a todos, no âmbito judicial e administrativo, são assegurados a razoável duração do processo e os meios que garantam a celeridade de sua tramitação*" (SILVA *et. al.*, 2016, p. 17 – todo o texto que segue foi extraído dessa obra aqui referida, que publiquei em coautoria, com acréscimos e pequenas modificações).

Portanto, a um só tempo, foram positivados na Constituição os princípios da *celeridade* e da *duração razoável do processo*, como se fossem verso e reverso da mesma moeda.

Penso que, em verdade, *não se criou um novo princípio*, ao lado do princípio da celeridade. A razoabilidade expressa neste dispositivo constitucional tem o escopo de assegurar, no fundo, a tão comentada *efetividade da prestação jurisdicional*, a qual, assim, *destaca-se* do conteúdo jurídico do princípio do acesso à ordem jurídica justa e se consubstancia num *princípio específico*, que, somado ao da celeridade, oferecerá meios para se resguardar a dignidade da pessoa humana dos litigantes, no âmbito processual e para além do processo, porquanto, de longa data, propõe-se que o processo não passa de *instrumento* de realização do direito material.

1.3. FUNDAMENTOS E PRINCÍPIOS ESPECÍFICOS DO PROCESSO DO TRABALHO

O *fundamento ideológico* do processo do trabalho é o *próprio direito do trabalho*, tendo em vista que o processo deve ser entendido como um instrumento do direito material ao qual serve. A natureza *instrumental* do direito processual "impõe sejam seus institutos concebidos em conformidade com as necessidades do Direito substancial". Desse modo, "a eficácia do sistema processual será medida em função de sua utilidade para o ordenamento jurídico material e para a pacificação social". Afinal, de que adianta "uma ciência processual conceitualmente perfeita, mas que não consiga atingir os resultados a que se propõe" (TOLEDO FILHO, 2006, p. 29, 37 e 43).

Se o processo do trabalho tem como *finalidade primordial* a concretização dos direitos materiais trabalhistas, quando estes são violados – principalmente porque a grande maioria desses direitos é de natureza alimentar –, não pode o processo laboral "importar" normas do Código de Processo Civil que venham burocratizar seu procedimento, tornando-o menos célere e, ao fim e ao cabo, menos efetivo.

Sendo assim, a regra do art. 1º do CPC/2015, que evoca a *transcendência dos valores e das normas fundamentais constitucionais*, sobretudo dos princípios processuais insculpidos na Constituição, tem *plena aplica-*

bilidade ao processo laboral (arts. 769 da CLT e 15 do CPC), bem como o restante da normativa dos arts. 2º a 11 daquele Código, especialmente no que se refere ao respeito incondicional à dignidade da pessoa humana, ao acesso à ordem jurídica justa e ao *binômio* celeridade-efetividade.

Entretanto, o princípio do devido processo legal, com seus *subprincípios* de concretização – já examinados –, deve ser "adaptado" ao ramo justrabalhista, sobretudo no que concerne ao princípio da igualdade e à exacerbação dos princípios do contraditório e da ampla defesa.

Isso porque, no processo do trabalho, aplicam-se – conquanto haja celeuma quanto a essa tese – dois princípios antagônicos a essa ordem de ideias que emana do devido processo legal (civil), a saber: 1º) *o princípio da proteção*; e 2º) *o princípio inquisitivo* (SILVA, 2016, p. 1346-1348 – todo o texto que segue foi extraído de artigo publicado na obra coletiva referida, com pequenas modificações e acréscimos).

Com efeito, no direito material do trabalho, a razão de ser do processo laboral, vigora um princípio diametralmente oposto ao da igualdade, o festejado *princípio da proteção*, a matriz ontológica e ideológica de todo o direito material trabalhista. E esse princípio *irradia seus efeitos* para o processo do trabalho, o que pode ser verificado pela análise da normativa deste, sobretudo de seu procedimento.

É dizer: torna-se necessário, na análise do direito fundamental ao devido processo, no âmbito da Justiça do Trabalho, pensar que o processo laboral é buscado como *instrumento de realização de direitos fundamentais sociais dos trabalhadores*, cuja concepção material exterioriza, em diversas ocasiões, *valores fundamentais* para o sistema jurídico, como o princípio da dignidade da pessoa humana e o valor social do trabalho.

Manoel Carlos Toledo Filho, investigando os *fundamentos do processo trabalhista*, também afirma que, tal como o direito substancial, o direito processual do trabalho deve assumir, igualmente, "uma ostensiva posição de proteção à parte mais débil da relação jurídica laboral". Ainda que isto significasse um rompimento drástico com os fundamentos dos cânones judiciários tão escrupulosamente cultivados no processo civil, o processo do trabalho, desde o seu nascedouro, como um processo inédito, *ideologicamente* foi pensado para reparar a disparidade processual entre trabalhador e empregador. É dizer, o direito processual trabalhista reveste-se de uma nítida *natureza tutelar*, dada a influência nele perpetrada pelas normas de direito substancial (Trueba Urbina). Mais que isso, o *caráter protetivo* historicamente agregado ao direito material deve impregnar, igualmente, o direito processual do trabalho, com vistas à efetivação de uma *igualdade real*, por meio da implementação de uma desigualdade formal (Alfredo Montoya Melgar). Foi por isso que o processo trabalhista surgiu, na primeira metade do século XX, como uma *reação histórica* à tradicional incapacidade manifestada pelo processo civil, no sentido de garantir uma justiça *eficaz, rápida e gratuita* (TOLEDO FILHO, 2006, p. 45).

Destarte, no estudo dos *fundamentos* do processo do trabalho podem ser extraídas as noções básicas que conduzem à afirmação dos seus *princípios específicos*, que lhe conferem autonomia (relativa) em relação ao processo civil. E, sem dúvida, o *princípio da proteção* está no topo dessa investigação.

Não obstante, necessário pontuar que a aplicação do princípio da proteção *não significa*, de modo algum, afronta às garantias constitucionais do contraditório e da ampla defesa da parte contrária, tampouco mitigação dessas garantias. Como veremos oportunamente, aquele princípio apenas facilita o acesso à justiça por parte do trabalhador, mas dele se exigirá, sempre, uma atuação em conformidade com a *lealdade* e a *boa-fé objetiva*. De sorte que o princípio em questão não poderá ser utilizado para dar guarida a aventuras jurídicas e litigâncias de má-fé, seja por quem for.

1.3.1. O princípio da proteção e suas especificidades

Apesar das divergências doutrinárias, o grande Mestre Wagner Giglio apontava os seguintes exemplos, nos quais se manifestava claramente a *índole protecionista* do processo laboral (GIGLIO, 2002, p. 73) – pelo menos até a Lei da Reforma Trabalhista, por óbvio:

a) a gratuidade processual – de acordo com o art. 782 da CLT, *"são isentos de selo as reclamações, representações, requerimentos, atos e processos relativos à Justiça do Trabalho"*, de modo que não há dispêndio algum para o ajuizamento da ação trabalhista, ainda que o juiz não conceda liminarmente o benefício da gratuidade judiciária;

> Como é sabido, a Lei da Reforma Trabalhista promoveu profunda alteração na gratuidade do processo do trabalho, mas, ainda assim, o benefício da justiça gratuita, inclusive quanto a traslados e instrumentos, pode ser concedido em qualquer grau de jurisdição, até mesmo de ofício, *"àqueles que perceberem salário igual ou inferior a 40% (quarenta por cento) do limite máximo dos benefícios do Regime Geral de Previdência Social"*, nos

termos do § 3º do art. 790 da CLT. Ademais, em regra generalíssima, esse benefício só é concedido ao trabalhador e não ao empregador, embora a jurisprudência tenha admitido ultimamente a concessão do benefício a este, em situações excepcionais.

b) *a assistência judiciária gratuita* – que era mais ampla do que a gratuidade processual – como estabelecia a Lei n. 1.060/1950 –, e ainda é concedida, no processo do trabalho, apenas ao empregado assistido pelo sindicato de sua categoria profissional, e não ao empregador (art. 14 da Lei n. 5.584/1970, que permanece em vigor);

c) *a inversão do ônus da prova* – em muitas ocasiões se criam presunções favoráveis ao empregado, muitas decorrentes do princípio da proteção em sede material, assim como a inversão do ônus da prova, situações que sempre socorrem o trabalhador; até porque, em regra, quando o empregador se defende, alega um fato impeditivo (trabalho autônomo, justa causa, ato inseguro etc.); de se notar, aliás, que a prática processual trabalhista inspirou o legislador quando da elaboração do Código de Proteção e Defesa do Consumidor, no qual se criou uma regra específica de proteção ao consumidor, com a previsão da inversão do ônus da prova em seu favor, mais precisamente no art. 6º, inciso VIII, da Lei n. 8.078/1990; aí se encontra a ideia de que, havendo um *hipossuficiente*, necessita ele de *proteção*, não se podendo contentar com a igualdade meramente formal;

d) *o impulso processual ex officio* – é da índole do processo do trabalho o princípio inquisitivo, em conformidade com o art. 765 da CLT, o que se mostrava com toda clareza na possibilidade de o juiz iniciar a própria execução de ofício (art. 878 da CLT), sendo que essa possibilidade beneficia invariavelmente o trabalhador, já que muito raramente o empregador obtém condenação em seu favor no processo do trabalho, tendo em vista que, via de regra, ele é demandado e não demandante;

> Aqui também a Lei da Reforma Trabalhista promoveu uma alteração (injustificável), revelando uma face nebulosa do legislador reformista, pois promoveu uma mudança que se tornará perversa para a celeridade e a efetividade do processo do trabalho, ao comprometer seriamente a atuação de ofício do juiz. Ao reformar o art. 878 da CLT para permitir a atuação de ofício apenas nos processos em que houver uso do *ius postulandi*, o legislador ceifou o direcionamento de um dos *princípios ontológicos* do processo do trabalho, o *princípio inquisitivo*, na fase executiva.

e) o *arquivamento da reclamação trabalhista* – a regra do art. 844 da CLT é uma das que se apresentam mais protetivas ao trabalhador, tendo em vista que, se este não comparecer na audiência, não sofrerá praticamente nenhuma consequência de ordem processual, pois haverá apenas a extinção do processo sem resolução do mérito e o arquivamento dos autos (embora possa haver a suspensão do direito de ação por seis meses, após dois arquivamentos – art. 732 da CLT); por outro lado, se o empregador não comparecer à audiência inicial ou una, será declarado revel e confesso quanto à matéria de fato; é gritante a *disparidade de tratamento* dado às partes por este dispositivo legal, benefício que não existe em qualquer outro ramo do processo;

> Ainda que a Lei da Reforma Trabalhista tenha exigido que o reclamante justifique, no prazo de 15 dias, o motivo de sua ausência, sob pena de não obter a isenção das custas – § 2º do art. 844 da CLT –, o simples arquivamento da reclamatória já é um benefício sem igual no ramo do direito processual.

f) as *regras de competência* – no processo do trabalho, a *regra geral* de competência territorial já é fixada em benefício do trabalhador, ainda que seja reclamado, tendo em vista que a competência das varas do trabalho é determinada, em regra, pelo local onde o empregado presta(va) serviços ao empregador, conforme o *caput* do art. 651 da CLT; no processo civil, a *regra geral* é a de que a ação fundada em direito pessoal e em direito real sobre bens móveis seja proposta no foro do domicílio do réu, nos termos do art. 46 do CPC/2015 – a despeito de existirem regras protetivas nos demais dispositivos que tratam de competência territorial, naquele Código;

g) *a efetivação de depósito recursal* – por óbvio que o empregado não necessita efetivar depósito recursal para a interposição de recurso, ainda que seja condenado, por exemplo, por litigância de má-fé; assim, a regra do § 1º do art. 899 da CLT se aplica apenas ao empregador, até porque o depósito recursal, que tem a natureza jurídica de *garantia prévia da futura execução*, era efetivado na conta vinculada do empregado, até 10-11-2017 (§ 4º, na redação anterior à Lei n. 13.467); no processo civil não se exige garantia prévia, ainda que parcial, da futura execução, para a interposição da apelação, o que denota a *enorme diferença procedimental* dos dois processos, o comum e o especializado.

> Ainda que a Lei da Reforma Trabalhista tenha feito profundas alterações na sistemática do depósito recursal – isenção para os beneficiários da

> justiça gratuita, as entidades filantrópicas e as empresas em recuperação judicial (§ 10); redução à metade "para entidades sem fins lucrativos, empregadores domésticos, microempreendedores individuais, microempresas e empresas de pequeno porte" (§ 9º) –, a regra geral continua sendo a da efetivação do depósito recursal, pelo empregador, para que seu recurso possa ser conhecido.

Enfim, Sergio Pinto Martins também sempre defendeu a aplicação, no processo do trabalho, do princípio da proteção, basicamente com os mesmos argumentos de Wagner Giglio (MARTINS, 2008, p. 41).

1.3.2. O princípio inquisitivo

Ainda que o princípio inquisitivo possa ser inferido do princípio da proteção, ele é tão importante para o processo do trabalho que se destaca como um *princípio autônomo e específico*, como se poderá perceber pela análise das considerações que seguem (SILVA, 2016, p. 1348-1349 – todo o texto que segue foi extraído de artigo publicado na obra coletiva referida, com pequenas modificações e acréscimos).

A pergunta é: a regra do art. 2º do CPC/2015 se aplica ao processo do trabalho? Eis a norma:

> Art. 2º O processo começa por iniciativa da parte e se desenvolve por impulso oficial, salvo as exceções previstas em lei.

Quanto à iniciativa da parte para a propositura da demanda não há dúvida alguma, aplicando-se, nessa matéria, o princípio *dispositivo*. Também no que concerne ao exercício dos direitos (poderes), faculdades e ônus processuais relacionados à defesa, recursos, impugnações variadas, não pode haver dúvida. Agora, no que se refere à iniciativa na *produção das provas*, o processo do trabalho possui regras essenciais que bem revelam a *predominância do princípio inquisitivo* no seu âmbito. Daí por que podemos afirmar ser este um princípio *específico* do processo laboral, dada sua concepção e modo de aplicação nos processos que correm na Justiça do Trabalho.

É dizer, o princípio inquisitivo *se aplica mesmo* é no processo do trabalho, no qual os arts. 765 e 852-D da CLT dão ao juiz *ampla liberdade* na direção do processo, bem como para velar pelo andamento rápido das causas, razão pela qual pode determinar *"qualquer diligência necessária ao esclarecimento delas*" (art. 765). No procedimento sumaríssimo – ainda aplicável no processo do trabalho, de acordo com o art. 852-A e seguintes da CLT –, pode o juiz do trabalho inclusive *limitar ou excluir* as provas que considerar excessivas, impertinentes ou protelatórias (art. 852-D). Veja-se, a propósito, a regra elucidativa do art. 4º da Lei n. 5.584/1970: "*Nos dissídios de alçada exclusiva das Varas e naqueles em que os empregados ou empregadores reclamarem pessoalmente, o processo poderá ser impulsionado de ofício pelo Juiz*".

Como reforço de argumento, de se recordar que a grande maioria dos direitos materiais trabalhistas é de caráter *indisponível;* daí por que o *princípio da indisponibilidade*, conquanto relacionado ao direito material do trabalho, ecoa no campo do processo, armando o juiz do trabalho de instrumentos pelos quais pode praticar inúmeros atos de ofício, em busca da verdade "real". Para tanto, não deve esperar pela iniciativa da parte trabalhadora no tocante às diligências probatórias, podendo determinar, de ofício, *quaisquer providências* que se façam necessárias, ainda que o reclamante se encontre assistido por advogado e sem que isso implique em afronta ao art. 818 da CLT, como veremos mais adiante. E se a verdade se encontrar do lado do trabalhador, o juiz poderá, na execução ou cumprimento da sentença, agir de ofício para a *plena satisfação* dos direitos materiais reconhecidos, nos moldes do art. 878 da CLT e outros dispositivos correlatos. Ainda que tenha havido um duro golpe na iniciativa oficial da execução, diante da alteração deste art. 878 pela Lei da Reforma Trabalhista, o juiz do trabalho continua podendo praticar diversos atos de ofício, no curso da execução, tema que não será melhor abordado porque foge ao objeto central deste Manual.

Com efeito, a *ampla possibilidade* de aplicação do princípio inquisitivo no processo do trabalho já revela o quanto este processo se distingue do processo civil, motivo pelo qual há de se ter muita cautela na aplicação das normas do CPC/2015 àquele ramo especializado do direito processual, especialmente das regras que revelam a aplicação do princípio dispositivo, como a do art. 190, que trata do chamado *negócio jurídico processual*, como veremos em capítulo específico desta obra.

1.3.3. Outros princípios do processo do trabalho

Não há consenso na doutrina do processo do trabalho sobre quais seriam os princípios específicos deste. Diante disso, penso ser interessante trazer à baila a doutrina de Bezerra Leite (2011, p. 79-88), inclusive por ser extremamente didática. Para este autor, os *princípios típicos* (específicos) do Direito Processual do Trabalho são os que seguem:

1º) *princípio da proteção* (princípio protetor ou tutelar) – já examinado anteriormente –, que é peculiar ao processo do trabalho, pois neste se "busca compensar a desigualdade existente na realidade socioeconômica com uma desigualdade em sentido oposto", fundamentada na lei;

2º) *princípio da finalidade social*, que permite uma atuação mais ativa do magistrado em busca de uma solução justa;

3º) *princípio da busca da verdade real*, que deriva do princípio da primazia da realidade, que é específico do direito material protetivo, mas *irradia seus efeitos*, no campo da prova, ao processo do trabalho;

4º) *princípio da indisponibilidade*, que constitui a "emanação do princípio da indisponibilidade ou irrenunciabilidade do direito material do trabalho no campo do processo do trabalho", permitindo a este cumprir sua "função finalística": a máxima efetividade no "cumprimento dos direitos indisponíveis dos trabalhadores";

5º) *princípio da conciliação*, que, embora não seja exclusividade do processo laboral, é neste que "ele se mostra mais evidente, tendo, inclusive, um *iter procedimetalis* peculiar (arts. 846 e 850 da CLT);

6º) *princípio da normatização coletiva*, que reflete a função da Justiça do Trabalho brasileira de exercer o chamado poder normativo, "de criar normas e condições gerais e abstratas" (que é atividade típica do Poder Legislativo), "proferindo sentença normativa com eficácia *ultra partes*, cujos efeitos irradiarão para os contratos individuais dos trabalhadores integrantes da categoria profissional representada pelo sindicato que ajuizou o dissídio coletivo", sendo *exclusividade* da Justiça especializada esse poder (art. 114, § 2º, da CF/88).

Sobre o princípio da proteção, talvez o mais emblemático do processo do trabalho, já discorremos. Quanto aos princípios da finalidade social e da busca da verdade real, com os poderes exacerbados do juiz do trabalho (arts. 765, 852-D e 878 da CLT), penso que estão compreendidos no *princípio inquisitivo*, este sim, da índole do processo do trabalho. O princípio da indisponibilidade do direito por parte dos trabalhadores, por óbvio, trata-se de um princípio do direito material e não do direito processual. Sobre o princípio da conciliação, dada sua relevância para a audiência trabalhista, juntamente com o princípio da oralidade, trataremos logo em seguida. Enfim, o princípio da chamada jurisdição coletiva é tão específico que seu estudo foge por completo ao objeto deste Manual.

Restaria uma palavra sobre os princípios (i) *da informalidade* e (ii) *da simplicidade*, como princípios gerais específicos de processo do trabalho. Quanto ao primeiro, sabe-se que o processo do trabalho não é dado a exigir o rigor formal. Ainda que tenha havido cada vez mais uma formalização do ritual seguido na Justiça do Trabalho – o exemplo clássico é o da defesa, que, embora prevista para ser oral, em regra generalíssima acaba sendo apresentada por escrito –, até porque "a documentação do procedimento" acaba por se transformar numa "garantia da seriedade do processo", por certo que o juiz do trabalho não leva a ferro e fogo o rigor formal da lei. No que concerne à *simplicidade*, não se pode negar que o processo do trabalho seja "mais simples e menos burocrático que o Processo Civil" (SCHIAVI, 2008, p. 83).

1.4. O PRINCÍPIO DA ORALIDADE COMO IDEIA-MATRIZ

Como é sabido, o *princípio da oralidade* não é específico do processo do trabalho. Antes, foi pensado e desenvolvido nos domínios do processo civil, até o ponto em que a doutrina passou a elencar *subprincípios* que permitem dimensionar a larga extensão do ideário concebido para o princípio da oralidade. Por isso, fala-se em princípios da primazia da palavra falada, da imediatidade, da concentração dos atos processuais, da irrecorribilidade das decisões interlocutórias e da identidade física do juiz.

Segundo o grande jurista Giuseppe Chiovenda, o *princípio da oralidade* é aquele "segundo o qual as deduções das partes devem normalmente fazer-se a viva voz na audiência, isto é, no momento e lugar em que o juiz se assenta para ouvir as partes e dirigir a marcha da causa"; portanto, são dele corolários os princípios da imediação, da identidade física do juiz e da concentração "de todas as atividades processuais destinadas à instrução e à marcha da causa (provas e discussões das provas) numa só audiência ou em poucas audiências contíguas". De tal modo que, no "processo informado por esses princípios, sinteticamente denominado de *processo oral*, predomina com fundamental importância a audiência" (CHIOVENDA, 1998, p. 74).

Contudo, é, sem sombra de dúvida, no processo do trabalho, com sua prática diferenciada de *audiência trabalhista*, que o princípio da oralidade ganha contornos reais. É dizer, no processo do trabalho é que se aplica com mais *profundidade* o princípio da oralidade. Se no processo civil ele fica praticamente recluso no campo da doutrina, no processo do trabalho ele desce à realidade e se torna *parte essencial* da prática trabalhista. Não por outra razão, praticamente todos os atos importantes do procedimento trabalhista podem ser orais.

Para o grande doutrinador Mauro Schiavi, é no processo do trabalho que o princípio da oralidade ganha "maior destaque", tendo em vista que o procedimento trabalhista é "um procedimento de audiência". Segundo este autor,

> [...] o princípio da oralidade *constitui um conjunto de regras destinadas a simplificar o procedimento, priorizando a palavra falada, com um significativo aumento dos poderes do Juiz na direção do processo, imprimindo maior celeridade ao procedimento e efetividade da jurisdição, destacando o caráter publicista do processo* (destaques no original) (SCHIAVI, 2008, p. 71).

Com efeito, já a *demanda do trabalhador*, por conta do *ius postulandi* que ainda vigora no processo do trabalho (art. 791 da CLT), pode ser verbal (art. 840, *caput* e § 2º, da CLT). O trabalhador se dirige ao setor de distribuição – nos fóruns onde há mais de uma vara – ou ao balcão da secretaria da Vara (única) do Trabalho, expõe brevemente os fatos ocorridos e informa que pretende pedir a satisfação de verbas trabalhistas não honradas por seu empregador. Como os trabalhadores não têm acesso ao sistema do PJe (processo judicial eletrônico), algum setor do fórum terá de promover a distribuição de sua demanda (art. 786 da CLT). Depois, ele retorna em até cinco dias e o diretor de secretaria ou servidor por ele designado procede à *atermação*, expondo, de forma escrita, e sucinta, a chamada causa de pedir e formulando objetivamente os pedidos do reclamante (art. 786, parágrafo único, da CLT). Aliás, em alguns Regionais, diante da situação de pandemia de COVID-19, as varas do trabalho fizeram essa *atermação* recebendo a demanda do trabalhador pelas tecnologias da informação, por programas inseridos nos sites ou até mesmo por aplicativos como *WhatsApp*. Veja-se:

> A Vara do Trabalho de Plácido de Castro, no Acre, que integra o TRT da 14ª Região (RO e AC), está realizando iniciativa pioneira de ajuizamento telepresencial de ações.

> Desde 25 de fevereiro de 2019, com o auxílio dos meios tecnológicos de comunicação, foi implementada na Vara a inovadora prática de ajuizamento de ações pelos cidadãos por meio de soluções tecnológicas de transmissão de sons e imagens em tempo real. Em pouco mais de 1 ano, já foram ajuizadas, apenas nesse formato, 163 ações com sucesso. Na Unidade Trabalhista situada na região amazônica, na fronteira entre o Brasil e a Bolívia, a 92 Km de Rio Branco, todo o atendimento para fins de ajuizamento das ações das partes que não contam com advogado (jus postulandi) ocorre de modo telepresencial.
>
> (...)
>
> Para tornar mais acessível o acesso à Justiça, a Vara faz uso frequente de recursos tecnológicos como o aplicativo WhatsApp para intimações, mediante a anuência das partes, desde 2015, além de audiências por videoconferência, via aplicativo Google Meet, disponibilizado pelo TRT14, e por meio do Sistema Nacional de Videoconferência – Conselho Nacional de Justiça, desde março de 2016. Disponível em: https://portal.trt14.jus.br/portal/sites/default/files/noticias-anexos-2020-05/pdf%20-%20JUSTI%C3%87A%20DO%20TRABALHO%20%C3%89%20PIONEIRA%20EM%20AJUIZAMENTO%20TELEPRESENCIAL%20DE%20A%C3%87%C3%95ES%20ok.pdf. Acesso em: 15 ago. 2020.

Até mesmo a *defesa do reclamado*, que via de regra é apresentada na forma escrita, em petição específica elaborada por seu advogado e anexada aos autos do PJe até o início da audiência trabalhista (art. 847, parágrafo único, da CLT), em verdade, deveria ser apresentada *oralmente* na audiência, no tempo de 20 minutos (art. 847, *caput*, da CLT). Aqui se encontra uma hipótese que dá concretude ao *princípio da informalidade* no processo do trabalho, pois, embora prevista para ser feita oralmente, a defesa pode ser apresentada por escrito. Isso, contudo, não desnatura a *oralidade* do ato, pois ainda há muitas ocasiões em que o reclamado se vale do *ius postulandi* e apresenta defesa oral, na primeira audiência do processo. Ademais, em algumas ocasiões, mesmo tendo apresentado a defesa escrita, na sequência ao recebimento dela pelo juiz, o reclamado formula requerimento para fazer um adendo – um *aditamento à contestação* –, e o faz oralmente, o que se torna possível diante do *predomínio da oralidade* na audiência trabalhista, ainda que se dê o registro, em ata, do referido aditamento.

Também a *réplica*, que no processo civil é sempre apresentada por escrito, no processo do trabalho, na audiência una, deverá ser apresentada de forma oral. Uma das vantagens desse ritual é a de permitir a todos os atores jurídicos que desempenham seu papel na audiência trabalhista, a rápida verificação dos *pontos controvertidos* para a instrução que terá início na sequência. É dizer, com a *réplica oral*, os pontos da controvérsia ficam mais bem delineados e isso permite a otimização da produção da prova oral. Há, porém, juízes do trabalho que dispensam a réplica na audiência una, atendendo aos princípios da economia e da celeridade processuais, postergando a manifestação do reclamante para o momento de suas razões finais. Isso, a princípio, não gera nenhuma nulidade processual, até porque a CLT não tem previsão expressa de réplica, mas apenas de manifestação do reclamante sobre os documentos juntados pelo reclamado, e somente no processo de rito sumaríssimo (art. 852-H, § 1º, da CLT).

Seria despiciendo pontuar, mas, obviamente, a *prova oral* que se fizer necessária – tomada de depoimentos pessoais e oitiva de testemunhas – será tomada na própria audiência, pois, na *audiência una*, a intensa concentração de atos processuais implica dizer que, frustrada a tentativa conciliatória e fixados os pontos controvertidos após o recebimento da defesa, juiz e partes já estarão aptos à coleta de toda a prova oral que se fizer necessária. Há casos nos quais se verifica a necessidade de adiamento da audiência porque alguma testemunha devidamente intimada não compareceu, ou porque será ouvida por carta precatória, ou porque se deliberou pela oitiva de uma testemunha referida, além de outras situações incomuns. Contudo, as exceções confirmam a regra. *Em suma*, na audiência una *toda a prova oral* será ali produzida. E mesmo na audiência "bipartida" – sessão inicial e sessão de instrução –, quando da realização da audiência de instrução, toda a prova oral será nela coletada, passando-se em seguida aos atos finais da audiência, que também serão praticados de forma oral. Sobre a audiência inicial, na qual não há produção de prova oral – a não ser o interrogatório das partes, muito excepcionalmente –, trataremos oportunamente.

Enfim, encerrada a instrução processual, como já dito, as partes podem apresentar suas *razões finais*, oralmente – embora, na prática, muitos juízes concedam prazo para memoriais –, cada qual no prazo de 10 minutos, após o que o juiz fará a última proposta conciliatória (art. 850 da CLT), ocasião em que as partes farão suas ponderações de modo oral, restando, após todos esses atos, apenas o *julgamento da demanda*. Conquanto seja bem raro que o juiz julgue o feito em audiência, poderá fazê-lo em situações excepcionais ou se ele adota essa prática, podendo entregar o resultado das pretensões materiais das partes, sobretudo do reclamante, e depois juntar a sentença no prazo de 48 horas, com os fundamentos jurídicos e melhor delimitação da sua decisão, em conformidade com o art. 851, § 2º, da CLT. De modo que, no processo do trabalho, julgamento e sentença não são expressões sinônimas, pois o juiz pode julgar a demanda em audiência e juntar a sentença aos autos do processo posteriormente.

> *Julgamento*, na terminologia do processo, é o ato pelo qual se *decide* alguma coisa. Apresenta, por isso, sinonímia com *decisão*. Já a *sentença* é o ato formal que espelha, *detalhada e fundadamente*, o *resultado* do julgamento. No plano do processo do trabalho essa dissociação de conceitos é importante, pois, em virtude da peculiar composição colegiada dos órgãos de primeiro grau de jurisdição, o *julgamento* (= decisão) deve ser realizado, como quer a lei, pelos juízes classistas (CLT, art. 850, par. Único), cabendo ao juiz togado a elaboração da sentença (TEIXEIRA FILHO, 1994, p. 199).

Por certo que não há mais a representação classista na Justiça do Trabalho, a partir da Emenda Constitucional n. 24/99. Ainda assim, a lição do Mestre continua atual, no que diz respeito à distinção entre julgamento e sentença – tanto que no tribunal são atos distintos: sessão de julgamento e acórdão posterior –, no processo do trabalho. Assim, o julgamento em audiência é uma expressão do princípio da oralidade.

Diante dessa realidade da audiência trabalhista, não há outro caminho aos profissionais que atuam nessa audiência que não seja o de muito bem compreender os princípios que dão *conformidade prática* ao princípio da oralidade, em especial os princípios do predomínio da palavra falada, da imediatidade, da concentração dos atos processuais e da irrecorribilidade das decisões interlocutórias.

1.4.1. Princípio do predomínio da palavra falada

Como restou bem claro na análise dos atos do procedimento da audiência trabalhista, praticamente todos os atos importantes dessa audiência podem ser praticados pela forma oral, de modo que há mesmo, no processo do trabalho, o *predomínio da palavra oral ou falada*. Portanto, o advogado trabalhista – e também o juiz do trabalho – deve se preparar adequadamente para a prática desses atos. Isso implica dizer que o advogado deverá ter uma boa *técnica de oratória*, para poder sair-se bem na audiência do processo do trabalho. Até mesmo a entonação da voz deve ser manejada pelo advogado como uma *técnica* de persuasão, ou de requerimento, outras vezes de ponderação, dependendo das situações momentâneas, em cada passo da audiência.

A *voz do advogado* é, por assim dizer, seu principal "instrumento de trabalho" nessa audiência. Aquele advogado cujas verbalizações mal se ouvem tem muita dificuldade de convencer o juiz a respeito de sua tese, da conveniência de sua ponderação, da justiça de seu requerimento, e terá, também, muita dificuldade de debater com o advogado da parte contrária a respeito de proposta de acordo, teses jurídicas e, principalmente, sobre o *temível* ônus da prova. Boa entonação da voz *não significa*, em momento algum, voz alterada, gritos, que mostram apenas desrespeito ao juiz, ao colega de profissão que está do outro lado, à parte adversa e até mesmo à própria parte representada pelo advogado, que muitas vezes fica assustada. Claro que em situações extremas, quando o outro advogado age de forma desrespeitosa, é justificável que o advogado rebata no mesmo tom, mas em seguida deve voltar à entonação normal da voz.

É preciso, pois, que o advogado *mentalize formas* de se manifestar em passagens que podem ocorrer na audiência trabalhista, em cada uma de suas fases ou etapas, que serão estudadas mais adiante. Assim, na tentativa conciliatória, nos incidentes que podem surgir quando do recebimento da defesa, na réplica e em tantos incidentes da produção da prova oral, o advogado deve se precaver e *mentalizar como iniciar uma manifestação*, nas situações mais recorrentes. Deve o advogado estar preparado, inclusive, para encontrar e lidar com um magistrado que não esteja em seus melhores dias, ou que tenha acabado de finalizar uma audiência muito tensa. Dessa maneira, o advogado terá mais e melhores condições de enfrentar o natural receio quanto às intercorrências da audiência trabalhista, mormente no início da carreira.

Se necessário for, o advogado deve fazer um *curso de oratória*, para ter o domínio das técnicas específicas e se sentir mais seguro para a realização das audiências. Dominando essas técnicas, ele terá melhores condições de debater com o juiz e de conseguir uma melhor decisão a respeito de seus requerimentos, por mais que o juiz seja autoritário. No fundo, como veremos mais adiante, o advogado é um *personagem* e deve se postar como tal, para conseguir a melhor defesa dos interesses do seu cliente na audiência trabalhista. *Postura é tudo!*

Para tanto, faz-se necessário o *domínio da palavra falada*. Como diz Fernando Pessoa, *a palavra falada é imediata, local, para quem está ali*.

> A palavra falada é imediata, local e geral. Quando falamos, falamos para ser ouvidos imediatamente, com quem está ali ao pé de nós, e de modo a que sejamos facilmente entendidos d'ele, que sabemos quem é, ou calculamos

> que sabemos e que pode ser toda a gente, devendo nós pois falar como se ele fosse qualquer. A palavra escrita é mediata, longínqua e particular. Quando escrevemos, e tanto mais quanto melhor e mais cuidadosamente escrevemos, dirigimo-nos a quem não nos vai ouvir, que é ler, logo; a quem não está ao pé de nós; a quem poderá entender-nos e não a quem tem que entender-nos, tendo nós pois primeiro que o entender a ele.
>
> [...] em resumo a palavra falada é um fenómeno social, a escrita um fenómeno cultural; a palavra falada um fenómeno democrático, a escrita um aristocrático. São diferentes em substância: são pois forçosamente diferentes os seus respectivos meios e fins (PESSOA, 1993, p.114).

Logicamente, esse domínio da palavra falada, da entonação da voz, das alterações de entonação conforme a necessidade, faz parte de um *conjunto de técnicas* que o advogado vai desenvolvendo com o passar do tempo. Entretanto, sabendo de antemão que essa *postura* faz muita diferença para o sucesso da sua audiência trabalhista, o advogado – e o juiz iniciante – já estará à frente de outros profissionais que nunca pararam para pensar que isso é tão importante como conhecer as técnicas jurídicas em si.

Como sempre digo aos meus alunos, não é suficiente escrever belas petições, pois o advogado medroso, inseguro, que não faz bom uso das expressões verbais e no momento adequado, pode colocar tudo a perder na audiência. Quantas vezes já presenciei advogados que tinham produzido belíssimas petições e tinham todo o domínio da palavra escrita, perderem-se completamente diante dos tantos incidentes da audiência trabalhista, não produzirem a prova oral adequada, serem surpreendidos com a inversão do ônus da prova e "perderem" a demanda por causa de sua atuação desastrosa na audiência. Não é fácil, mas há que se buscar sempre a melhor performance, nesse aspecto.

1.4.2. Princípio da imediatidade

Tecnicamente, o *princípio da imediatidade* diz respeito ao fato de o juiz ter contato direto com as partes e testemunhas durante o desenrolar da audiência, colhendo *diretamente* a prova oral – tomando o depoimento pessoal das partes, ouvindo as testemunhas –, sem intermediações, o que possibilita a que o juiz "veja com seus próprios olhos" todas as reações das partes e testemunhas quando de seus depoimentos. Como veremos mais adiante, na audiência trabalhista, realmente, "o corpo fala". Não somente a palavra falada das partes e testemunhas será levada em conta, mas seu gestual, a entonação da voz, seu medo, segurança ou arrogância, e uma infinidade de outras situações. Daí que sempre se mostra mais propícia à justiça da decisão, a prova colhida *diretamente* pelo juiz. Na prova emprestada, ainda que se trate de meio muito útil ao sistema processual, o juiz não terá as mesmas percepções, até por se tratar de meio *indireto* de prova.

> A audiência não representa, apenas, o momento mais espetacular do processo, aquele em que o princípio da *publicidade* se revela com maior nitidez, aos olhos de quem não é sujeito do processo. É nela, acima de tudo, onde são produzidas as denominadas provas orais (interrogatório dos litigantes, inquirição de testemunhas(...).
>
> Nessa ocasião, o juiz encontrará efetivas condições de acompanhar a realização da prova, pois a ele compete, com exclusividade, proceder ao interrogatório dos litigantes, das testemunhas e do perito e apreciar as reperguntas que, por seu intermédio, as partes e os classistas dirigem às pessoas que se encontram prestando depoimento, indeferindo-as, quando julgar conveniente.
>
> (...)
>
> Mais do que isso, o juiz poderá acompanhar – olhos nos olhos – a reação emocional das partes e das testemunhas diante das perguntas efetuadas, verificando se as respondem com segurança, se tergiversam, se procuram contorná-las com evasivas, se o fazem com serenidade ou com grande nervosismo e o mais;
>
> (...)
>
> Nada obstante a *imediatidade*, como procuramos demonstrar até esta parte, não tenha os seus fins confinados à prova oral, é nesse momento que ela apresenta a sua importância, a sua excelsitude como providência conducente à obtenção da verdade real, colocando o coletor (juiz) em contacto direto com as fontes (partes, testemunhas), numa relação pessoal imediata, dinâmica e altamente profícua, não somente para os interesses dos contendores, mas para o escopo institucional do processo (TEIXEIRA FILHO, 1994, p. 82-83).

Mas não é somente essa dimensão do princípio da imediatidade que precisa ser ressaltada pela doutrina juslaboral. No processo do trabalho, pela intensa oralidade da audiência trabalhista e porque, na prática, o juiz se dirige muitas vezes aos advogados durante a audiência, pode-se afirmar que há também uma *imediatidade "com" o juiz*. É dizer, o juiz do trabalho, diante de seu zelo pela unicidade da audiência trabalhista, e com atenção ao princípio da celeridade, procura resolver todas as questões processuais e por vezes até materiais que surgem na audiência, *evitando ao máximo possível* adiamentos e cisões daquele grande ato. Por isso, não hesito em afirmar que há também uma imediatidade do juiz *para com os advogados e as partes* em todas as etapas dessa audiência, não somente na coleta da prova.

Por essa razão, é fundamental que o advogado trabalhista esteja preparado para a audiência, considerando que vai ter *intenso diálogo* com o juiz, no início, no meio e no final da audiência. Daí ser importante o que denomino de "saber prévio sobre o juiz". Com efeito, o advogado que não conhece o modo de atuação do juiz que irá presidir a sua audiência deveria ter a diligência de chegar bem mais cedo ao fórum e assistir audiências anteriores com o mesmo juiz, a fim de perceber de que modo ele age na tentativa conciliatória, na fixação dos pontos controvertidos, na definição e/ou inversão do ônus da prova e, principalmente, na coleta da prova oral.

Ainda que não seja um saber prévio completo, que somente será alcançado após várias participações do advogado em audiências presididas pelo mesmo juiz, não deixa de ser uma tática ou *técnica importante* a de assistir audiências presididas pelo juiz antes da realização da que lhe cabe. Até porque, "no calor" da audiência, muitas vezes o advogado não percebe todas as técnicas utilizadas pelo juiz, sendo mais fácil percebê-las quando se está como mero espectador. Não é à toa que advogados da capital, quando vêm fazer audiências no interior, normalmente chegam bem mais cedo e permanecem ao fundo da sala de audiências, às vezes como "quem não quer nada", atentos ao modo de agir do juiz, preparando-se, assim, para a sua audiência que se realizará na sequência.

> *Técnica importante:* assistir audiências presididas pelo juiz – o saber prévio sobre o juiz.

1.4.3. Princípio da concentração dos atos processuais

No processo civil, a ideia da *concentração de atos processuais* acaba sendo uma retórica, porque, na prática, de todos é sabido que o processo de rito ordinário sempre se notabilizou por uma "desconcentração" de atos no curso do procedimento. Assim é que a contestação sempre foi apresentada em cartório, em prazo específico para tanto; depois, em regra, o juiz assinava prazo para réplica, também em cartório, por vezes para tréplica – da mesma forma – e só iria ter contato com as partes na audiência de instrução, designada após o saneamento do processo.

Mesmo que tenha havido mudança radical desse rito com a audiência prévia de conciliação (CPC/73), e posteriormente com a audiência de conciliação ou de mediação do art. 334 do CPC de 2015, *não há concentração de atos* na referida audiência, até porque ela se destina basicamente à tentativa de solução consensual do processo. Com efeito, frustrada a tentativa conciliatória, o réu terá prazo de 15 (quinze) dias para apresentar sua defesa em cartório (art. 335), seguindo-se os atos de réplica (arts. 350 e 351), tréplica (se necessária), saneamento do processo (art. 357) e, somente após tudo isso, é que ocorrerá a audiência de instrução e julgamento (art. 358).

De outra mirada, no *processo do trabalho* há, sim, uma *intensa concentração de atos processuais* na audiência, que ainda é, em regra, una ou contínua (art. 849 da CLT). Como já mencionei, na referida audiência, não havendo composição, a defesa pode ser apresentada oralmente, e mesmo que apresentada por escrito, será *recebida* na audiência, oportunizando-se a réplica e passando-se em seguida à coleta da prova oral. Se houver *reconvenção*, na prática, os juízes do trabalho têm instado o reclamante a se manifestar imediatamente, sem adiamento da audiência, de modo que até mesmo a causa reconvencional não promove, via de regra, a cisão da audiência trabalhista. Enfim, tomados os depoimentos pessoais e testemunhais, com instrução, no ato, de eventuais contraditas oferecidas, encerra-se a instrução, oportuniza-se a apresentação de razões finais, promove-se a última tentativa de acordo e o processo já estará apto para o julgamento, conforme ritual já descrito anteriormente (arts. 846 a 851 da CLT).

No processo civil, essa concentração até era concebível nas audiências dos processos de rito sumário, mas o CPC de 2015, como é sabido, não manteve a normativa destacada para processos de rito sumário, disciplinando que, futuramente, haveria sistematização desse procedimento por lei específica (art. 1.063 do CPC/2015). Este artigo foi recentemente alterado, pela Lei n. 14.976/2024, mas apenas para se retirar a menção à edição de lei específica, de tal modo que os juizados especiais cíveis continuarão, indefinidamente, a ser competentes para o processamento das causas que, sob a égide do CPC/1973, eram processadas pelo rito sumário. De tal sorte que a concentração de atos processuais é mesmo *mais intensa* na audiência trabalhista, por tudo o que já foi exposto.

1.4.4. Princípio da irrecorribilidade imediata das decisões interlocutórias

Outro princípio que é muito caro ao sistema processual e dá concretude ao princípio da oralidade é o famoso *princípio da irrecorribilidade imediata das decisões interlocutórias*. Conquanto pensado na doutrina do processo civil, por lá nunca se deu atenção séria a esse princípio. Tanto é assim que sempre coube agravo de instrumento das decisões interlocutórias tomadas pelo juiz no curso do processo e, em audiência, admitia-se o agravo retido contra as decisões proferidas no curso deste grande ato. Ainda que tenha havido inúmeras modificações nessa espécie de recurso, o que culminou com o fim do agravo retido no CPC de 2015, Código que procurou enfeixar num rol bem estreito as hipóteses de cabimento do agravo de instrumento (art. 1.015), as decisões interlocutórias, no processo comum, em boa parte das vezes, continuam sendo objeto de recurso imediato. Tanto é assim que o STJ, no Tema n. 988, a respeito de recursos repetitivos, fixou tese no sentido da *taxatividade mitigada* do rol do art. 1.015 do CPC/2015. Veja-se:

> Em dezembro de 2018, ao concluir o julgamento do Recurso Especial 1.704.520, sob o rito dos recursos repetitivos, a Corte Especial do Superior Tribunal de Justiça definiu o conceito de taxatividade mitigada do rol previsto no artigo 1.015 do Código de Processo Civil (CPC), abrindo caminho para a interposição do agravo de instrumento em diversas hipóteses além daquelas listadas expressamente no texto legal. (...)
>
> Ao apresentar seu voto no REsp 1.704.520, a ministra Nancy Andrighi, relatora, argumentou que a enunciação, em rol pretensamente exaustivo, das hipóteses de cabimento do agravo revela-se insuficiente e em desconformidade com as normas fundamentais do processo civil, na medida em que sobrevivem questões urgentes fora da lista do artigo 1.015, as quais "tornam inviável a interpretação de que o referido rol seria absolutamente taxativo e que deveria ser lido de modo restritivo".
>
> A relatora propôs, então, uma tese baseada no requisito da urgência como critério para a admissão do agravo fora das situações da lista. "O rol do artigo 1.015 do CPC é de taxatividade mitigada, por isso admite a interposição de agravo de instrumento quando verificada a urgência decorrente da inutilidade do julgamento da questão no recurso de apelação", concluiu Nancy Andrighi ao definir a tese adotada no Tema 988 dos recursos repetitivos (REVISTA CONSULTOR JURÍDICO, 2020, *on-line*).

Destarte, o *processo do trabalho*, a meu juízo, continua *mais fiel* à ideia da irrecorribilidade porque ainda se mantém na CLT a regra restritiva do art. 893, § 1º. De acordo com esta norma, *não cabe recurso imediato* contra as decisões interlocutórias proferidas pelo juiz no curso do processo, nem mesmo em audiência. Por mais que o TST tenha admitido três hipóteses de recorribilidade de decisões interlocutórias, elencadas na Súmula n. 214

daquele Tribunal, ainda se mantém a *sistemática da irrecorribilidade*, que é a regra, portanto. Até porque duas das três hipóteses ali tratadas se referem a decisões tomadas nos tribunais. A única que seria interessante para uma audiência trabalhista é a relacionada ao fato de o juiz acolher a exceção de incompetência em razão do lugar e determinar a remessa dos autos do processo a tribunal regional distinto, caso em que cabe *recurso ordinário imediato*. Contudo, o recuso deverá ser apresentado em peça própria, *fora da audiência*.

Desse modo, poderia então o advogado trabalhista ficar tranquilo para a realização de audiências, no que concerne à *interposição de recursos?* Ledo engano, pois aqui surge um instituto criado pela prática trabalhista, que é fundamental nas audiências do processo do trabalho. Trata-se do famigerado "protesto". O *protesto trabalhista* não é recurso porque não se encontra tipificado no rol legal. Antes, é uma *criação da jurisprudência trabalhista*, porquanto os tribunais passaram a estimular a apresentação de protestos durante a audiência, com a ameaça de considerar preclusa a insurgência contra decisões tomadas pelo magistrado naquele grande ato, se não guerreadas por imediatos protestos.

Essa tortura de se exigir protesto para conhecimento de pretensões recursais que visam, de modo geral, a anulação de decisões interlocutórias tomadas pelo juiz no curso da audiência, fez com que os advogados, por temor das preclusões, passassem a protestar quanto a quaisquer ponderações do juiz do trabalho, na condução da audiência. É dizer, muitos advogados, por não terem domínio da *técnica do protesto*, passam a protestar em momentos inadequados e diante de falas do juiz que não podem ser consideradas como decisão judicial. Então, o advogado trabalhista precisa conhecer os *fundamentos* dessa técnica, mas também saber discernir se a deliberação do juiz é realmente uma decisão ou um mero ato ordinatório de seguimento da audiência ou do processo. Somente *contra as autênticas decisões* e no momento oportuno, é que *cabe protesto*, sob pena de o juiz repreender o advogado despreparado.

> *Técnica do protesto:* o protesto somente é cabível contra as autênticas decisões e no momento oportuno; em regra, só há decisão judicial quando formulado um requerimento, embora possa haver decisão interlocutória de ofício, contra a qual também cabe o registro do protesto.

Não é fácil mesmo definir qual dessas situações está presente em cada momento da audiência. Contudo, o advogado deve adotar a seguinte *técni-*

ca: em regra, *só há decisão judicial quando formulado um requerimento*. Assim, se o juiz está ponderando com as partes sobre a pertinência do acordo, por exemplo, não há aí nenhuma decisão. Quando o juiz anuncia às partes que não homologa acordo sem reconhecimento de vínculo de emprego ou que não aceita discriminação de verbas totalmente como sendo de caráter indenizatório, nesse passo, sim, há uma decisão judicial.

Agora, se o juiz está a ponderar sobre ônus da prova, inversão da ordem de depoimentos, advertindo a testemunha, encontram-se aí meros atos "ordinatórios" ou deliberativos. Quando o juiz (i) registra em ata a inversão do ônus da prova ou dos depoimentos, ou quando (ii) indefere a oitiva de uma testemunha, quando (iii) acolhe ou rejeita a contradita, *nesses passos há decisão judicial*, que, portanto, está submetida ao protesto para se evitar preclusão. Também há decisão judicial quando o juiz (iv) indefere o requerimento de tomada de depoimento pessoal da parte contrária, ou quando (v) indefere uma pergunta importante durante a instrução. Na dúvida, deve o advogado, respeitosamente, protestar, dizendo: "Excelência, pela ordem, gostaria que V. Exa. registrasse meus protestos". Mas o advogado deve, quando advertido pelo juiz, saber que na sequência da audiência necessitará ter um pouco mais de atenção para identificar se se trata mesmo de decisão ou não.

Uma advertência: se houve uma autêntica decisão judicial de indeferimento de provas e o advogado lançou seus protestos, ele *não poderá jamais concordar* que se registre em ata que o encerramento da instrução processual se deu "a requerimento das partes". Nesse caso, o advogado deve *requerer* que o juiz anote em ata que o encerramento se deu por decisão judicial. E fundamentar seus protestos em razões finais para evitar preclusão, embora haja entendimento no sentido de ser isso desnecessário, inclusive do TST.

Não trataremos do *princípio da identidade física do juiz* porque, na prática e no próprio sistema legal, ele foi abandonado no processo civil – tanto que a norma do art. 132 do CPC/73 não foi repetida no CPC/2015 – e também no processo do trabalho. De modo que, conquanto recomendável, não há necessidade de que o mesmo juiz que tenha colhido a prova, sobretudo a oral, julgue o mérito do processo.

1.5. PRINCÍPIO DA PRIMAZIA DA SOLUÇÃO CONSENSUAL

Poder-se-ia imaginar que a busca da solução consensual é uma técnica igualmente importante no processo civil e no processo do trabalho. De não se olvidar de que a solução consensual dos conflitos foi alçada a norma fundamental do processo civil brasileiro, pelo que se extrai da análise do art. 3º e §§ do CPC de 2015. A isso se poderia acrescer o fato de o atual CPC ter fortalecido a audiência de conciliação ou de mediação, com a extensa normativa do art. 334 e §§ do CPC. São, nada mais, nada menos, do que *doze parágrafos* disciplinando situações da audiência conciliatória ou de mediação, que deve ser realizada antes do oferecimento da contestação.

Não obstante, é o *processo do trabalho* que sempre deu o *maior prestígio* à busca da solução conciliatória. Tanto é assim que o art. 764 e §§ da CLT, *desde 1943*, deixam muito claro que o juiz do trabalho deve envidar todos os seus esforços para a solução consensual, podendo, para tanto, inclusive, *persuadir as partes* sobre a conveniência da conciliação. Persuadir é convencer, fazer mudar de ideia, segundo os léxicos. Daí que o juiz do trabalho sempre foi empoderado para adotar técnicas as mais variadas possíveis nessa tentativa conciliatória. A atenção a isso é tão forte no processo do trabalho que o art. 846 da CLT disciplina, *desde 1943*, que o juiz não "coloca as mãos" na defesa do reclamado antes de exaurir suas técnicas conciliatórias. E o juiz deve renovar essa tentativa conciliatória antes do julgamento de qualquer demanda que exija a realização de audiência (art. 850 da CLT), embora, na prática, o juiz somente o faça quando o resultado da prova oral tenha ficado bastante claro. Mais que isso, em conformidade com o art. 764, § 3º, da CLT, o juiz deve tentar o acordo entre as partes *em qualquer momento da audiência* ou *em qualquer fase do processo*, até mesmo na liquidação e na execução.

Por isso, então, é no processo do trabalho que se pode afirmar a *primazia da solução consensual*, na prática. E a *práxis* das audiências trabalhistas bem revela que os juízes do trabalho, em regra, cumprem a sua função jurisdicional, "insistindo" na composição, cumprindo, assim, a *função primordial da Justiça do Trabalho*, sua finalidade precípua, que é a de promover e incentivar a conciliação. Isso porque a busca da conciliação se trata da *técnica processual* que mais atende ao princípio da celeridade, e muitas vezes da efetividade, porque o trabalhador, com o acordo, em regra, recebe de modo mais rápido seus haveres trabalhistas, ainda que tenha que ceder um pouco quanto ao valor das verbas postuladas e/ou quanto ao parcelamento delas.

Seria interessante investigar se todas as *técnicas* utilizadas pelo juiz do trabalho nessa busca conciliatória são razoáveis e atendem ao princípio do devido processo legal, ou a seus subprincípios do contraditório e da ampla defesa. Há inúmeras técnicas, como a de se calcular o valor das verbas rescisórias pretendidas e de se exigir o seu pagamento integral quando o vínculo de emprego é incontroverso; de se calcular uma hora extra por dia, mais reflexos, e ponderar sobre a inexistência de cartões de ponto ou sobre registros de horários britânicos, dentre tantas outras. Há, inclusive, a técnica de suspensão da audiência para que a parte e/ou seu advogado possam refletir melhor sobre a proposta de acordo da outra parte ou do juízo. Particularmente, penso que praticamente todas essas técnicas são razoáveis e os advogados precisam bem conhecê-las. No entanto, faremos uma análise pormenorizada dessas técnicas mais adiante, em capítulo próprio, no qual trataremos da fundamental etapa da *tentativa conciliatória* e da *celebração de acordos*, no curso da audiência trabalhista.

1.6. AMPLOS PODERES DE CONDUÇÃO DA AUDIÊNCIA PELO JUIZ DO TRABALHO

Embora não se trate de um princípio, de modo específico, há de se fazer uma análise criteriosa dos *poderes* que são conferidos ao juiz do trabalho na realização da audiência trabalhista, porque me parecem mais intensos do que os conferidos aos juízes da Justiça comum.

Muito se estuda, no processo civil, sobre *os poderes e os deveres* do juiz na direção o processo. O CPC de 1973 já disciplinava bastantes poderes ao juiz na execução dessa hercúlea tarefa. O CPC de 2015, mais técnico e didático, trouxe uma disciplina bem mais extensa desses poderes e deveres, ao longo de todo o Código, mas de modo bem específico no art. 139 e seus 10 incisos. Assim, o juiz tem que assegurar às partes tratamento isonômico e deve velar pela duração razoável do processo, tendo, ainda, o dever de prevenir ou de reprimir quaisquer atos que contrariem a dignidade da justiça, e de indeferir todas as postulações que se revelem meramente protelatórias. Ademais, foi fixado no inciso V do referido artigo o dever de o juiz "promover, a qualquer tempo, a autocomposição, preferencialmente com auxílio de conciliadores e mediadores judiciais".

Contudo, é no *inciso IV do art. 139* que o legislador assentou enormes poderes ao juiz, deixando bastante claro que ele pode "determinar todas as medidas indutivas, coercitivas, mandamentais ou sub-rogatórias necessárias para assegurar o cumprimento de ordem judicial, inclusive nas ações que tenham por objeto prestação pecuniária". Aí se divisa *poderes bem amplos* para promover a satisfação das obrigações assumidas por quem deveria cumpri-las e não as cumpriu. Esses poderes são tão fortes que mereceriam um estudo apropriado, incompatível com o objeto central desta obra. Há, ainda, os poderes de dilatação de prazos processuais, de alteração da ordem de produção dos meios de prova, de exercício do "poder de polícia", dentre outros, o que bem reforça o *empoderamento* do juiz (cível) para bem dirigir o processo e o levar a bom termo.

Diante desse novo processo civil, a conclusão poderia ser a de que o juiz do trabalho teria ficado para trás nesse empoderamento com vistas à celeridade e efetividade do processo. Não é o que me parece. A ideia-matriz desse empoderamento está diretamente relacionada ao *princípio inquisitivo*, que, como é cediço, é da *essência do processo do trabalho*. Com efeito, o temível art. 765 da CLT sempre conferiu ao juiz do trabalho *amplíssimos poderes* na condução do processo, dizendo expressamente que o juiz, na Justiça do Trabalho, tem *ampla liberdade* para dirigir o processo de modo a atingir seu objetivo primordial, adotando *todas as técnicas* que conduzam ou que propiciem a condução desse processo do *modo mais célere* possível, podendo, para tanto, adotar ou determinar todas as diligências que se fizerem necessárias para a mais pronta solução do processo, de forma consensual ou de forma arbitral. Trata-se, portanto, de um *imperativo processual* que deve ser atendido pelo juiz do trabalho.

Ainda trataremos desses amplos poderes no curso desta obra, mas há dois aspectos que merecem ser aqui realçados: 1º) os amplos poderes na *tentativa conciliatória*, autorizados pelos arts. 764, 846 e 850 da CLT, já comentados brevemente; 2º) os amplos *poderes instrutórios* do juiz do trabalho, não somente na designação de atos e determinação de produção de provas (interrogatório das partes, oitiva de testemunhas, expedição de ofícios, inversão do ônus da prova etc.), mas também no *indeferimento de provas, requerimentos*, adiamentos de audiência, intervenção de terceiros etc., quando isso não for absolutamente necessário e tiver por finalidade a procrastinação processual, com base nos arts. 765 e 852-D da CLT.

Destarte, o juiz do trabalho tem mesmo poderes *legais* que se configuram, na prática trabalhista, como poderes que imprimem ao processo um ritmo diferenciado e, por isso, a Justiça do Trabalho é a que consegue resolver seus processos – bem ou mal –, num prazo bem menor do que a Justiça dos Estados e a Justiça Federal. Segundo o Relatório *Justiça em Números* do CNJ, em 2019, o *tempo médio* de tramitação dos processos pendentes e baixados na fase de conhecimento de 1º grau foi de 1 ano e 5 meses na Justiça do Trabalho, ao passo que na Justiça Estadual foi de 3 anos e 7 meses, e na Justiça Federal foi de 2 anos e 7 meses (CNJ, 2020, *on-line*).

E esses poderes podem ser até amplificados com a utilização do art. 139, IV, do CPC, de forma subsidiária, o que fará com que o processo do trabalho produza ainda melhores frutos. A ressalva no sentido de que esses poderes devem ser exercidos com *prudência, bom senso* e sempre com o *máximo respeito* ao contraditório e à ampla defesa, nem seria necessária, mas fica registrada para se evitar interpretações indevidas.

Vista, em linhas gerais, a temática que será abordada neste *Manual das audiências trabalhistas*, abre-se caminho para que possamos doravante tratar do conjunto de temas recorrentes da audiência trabalhista, e, na sequência, examinar cada uma das 10 (dez) etapas da referida audiência – que serão em breve analisadas –, tornando o caminho mais seguro para que advogados e juízes possam compreender os *aspectos "sensitivos"* e os *aspectos técnicos* que permeiam esse grande ato. Estamos, ainda, distantes da análise das técnicas de produção das provas. Não desanimem. É necessário, primeiramente, investigar *tudo o que pode acontecer numa audiência trabalhista*, em todas as dimensões, para que depois haja mais facilidade para se compreender todos os aspectos técnicos dos depoimentos pessoais, testemunhais e de produção de outros meios de prova cujas implicações podem ser discutidas em audiência, mormente as da complexa prova pericial.

1.7. CONJUNTO DE TEMAS RECORRENTES NA AUDIÊNCIA TRABALHISTA

Antes mesmo de se investigar os aspectos técnicos da audiência trabalhista, inclusive a diferença entre *audiência* e *sessão*, bem como as *espécies* de audiência, faz-se necessário pontuar alguns temas que são *recorrentes* em cada uma das etapas principais da referida audiência. Até porque envolvem conhecimentos prévios e algo que se poderia denominar de *aspectos "sensitivos"*. Quero abordar, então, agora, questões que sempre aparecem na tentativa conciliatória, nas formas de reposta do reclamado, nos inúmeros incidentes processuais que podem surgir na audiência e, também, na coleta das provas, incluindo, aí, o "carma" do ônus da prova. Na sequência, uma análise breve desses temas.

A) *Na tentativa conciliatória*

Quando o juiz promove a tentativa de acordo entre as partes, por vezes surgem questões relacionadas aos seguintes temas:

1º) *Acordo com vínculo ou sem vínculo* – quando o reclamante pretende o reconhecimento de vínculo do emprego, via de regra o reclamado aceita fazer acordo, mas sem esse reconhecimento, porque isso implicaria em obrigações de fazer ou de "pagar", como anotação de CTPS, registro do empregado, recolhimento de contribuições sociais do período, o que, por óbvio, aumentaria os encargos do reclamado; ocorre que há juízes que *não homologam* acordo sem reconhecimento de vínculo empregatício, e o advogado tem que estar preparado para essa situação, bem como saber quais *técnicas* podem ser utilizadas para convencimento do magistrado, o que será examinado mais adiante;

2º) *Discriminação de verbas* – celebrado acordo "com vínculo de emprego" (já reconhecido ou reconhecido no ato), faz-se necessária a discriminação das verbas sobre as quais as partes transigiram; ocorre que boa parte dos advogados de empresa ou de empregador pessoa física não sabe a *natureza jurídica* da maioria das verbas trabalhistas, quais verbas discriminar, sobre observância do limite dos pedidos, o teor da Súmula n. 67 da AGU etc., com isso já demonstrando certo despreparo para a audiência trabalhista;

3º) *Quitação do contrato de trabalho* – outra questão muito comum nas audiências trabalhistas é a relacionada ao objeto da quitação diante do acordo celebrado; há juízes que *não homologam* acordo para a quitação total do extinto contrato de trabalho, e o advogado do reclamado tem que saber quais as *técnicas* que podem ser utilizadas nesse caso;

4º) *Honorários de advogado* – por vezes surgem empecilhos para a celebração do acordo porque o advogado do reclamante insiste em receber os honorários de sucumbência; ocorre que na transação cada parte deve arcar com os honorários do seu constituinte; claro que há situações em que o valor do acordo é o mínimo que o trabalhador poderia aceitar, outras em que o trabalhador está assistido por advogado do sindicato de sua categoria profissional, casos em que o advogado também precisa conhecer a *melhor técnica* de solução do impasse;

5º) *Acordo extrajudicial* – a Lei da Reforma Trabalhista trouxe grande e controversa novidade para o processo do trabalho, instituindo o *processo de jurisdição voluntária* para homologação de acordo extrajudicial, acrescentando à CLT os arts. 855-B a 855-E; ocorre que há advogados que não observam a necessidade de *petição conjunta* das partes e a obrigatoriedade de ambas estarem representadas por *advogados distintos*, o que se mostra *condição de procedibilidade* do referido processo; aqui, também, há juízes que não homologam esse acordo extrajudicial para a quitação total do extinto contrato de trabalho, e surge a questão de ser possível, ou não, a homologação do acordo "parcial", sem a cláusula de quitação total, bem como a de saber quais técnicas seriam possíveis para se buscar essa quitação total;

6º) *Acordo parcial* – é bem possível que reclamante e reclamado celebrem acordo apenas em relação a determinadas parcelas, ou que o reclamante celebre acordo somente com um dos reclamados; em todos esses casos de *acordo parcial*, o processo terá prosseguimento e o advogado precisa estar muito atento ao quanto registrado na ata de audiência, especialmente quanto à quitação, para não ter surpresas posteriormente, mas também no que se refere à responsabilidade subsidiária do tomador de serviços.

Todas essas hipóteses e outras mais serão estudadas no local apropriado, quando formos analisar detidamente a tentativa conciliatória e a celebração de acordos, em capítulo específico desta obra.

B) Nas formas de reposta do reclamado

Como é sabido, no processo civil, após o CPC de 2015, o réu tem a seu dispor apenas duas formas de resposta à demanda, a *contestação* e a *reconvenção*. No processo do trabalho, ainda temos as três hipóteses clássicas de resposta do reclamado, a saber, a *exceção processual*, a defesa e a reconvenção. Nessa temática também podem surgir questões interessantes que serão apreciadas em capítulo específico, como as que seguem:

1ª) *Exceção de incompetência* – por força da nova redação conferida ao art. 800 da CLT pela Lei da Reforma Trabalhista, a exceção de incompetência territorial deve ser apresentada em petição escrita, no prazo de cinco dias, a contar da notificação citatória para a (primeira) audiência do processo; ocorre que muitos reclamados perdem esse prazo, ainda que contado em dias úteis, surgindo o questionamento de ser possível, ou não, apresentar esta exceção como *preliminar da contestação*, nos termos do art. 337, inciso II, do CPC; a questão era a de saber *se há ou não preclusão* nessa hipótese; contudo, o E. TST, julgando conflito de competência, firmou tese no sentido de que esse prazo do art. 800 da CLT é, sim, preclusivo; veja-se trecho da ementa: "Entende-se, assim, que o prazo do art. 800 da CLT tem, efetivamente, natureza preclusiva, de modo que, não tendo a parte exercido seu direito de defesa de opor exceção de incompetência territorial na forma e no interregno ali prescritos, prorroga-se, nesse momento, a competência territorial do juízo em que proposta a ação, tal como compreendido pelo Juízo Suscitante. Conflito de Competência admitido para declarar a competência do Juízo da 11.ª Vara do Trabalho da Zona Leste/SP para processar e julgar a Reclamação Trabalhista" (CC-10467-93.2019.5.15.0013, Subseção II Especializada em Dissídios Individuais, Relator Ministro Luiz Jose Dezena da Silva, DEJT 25/09/2020).

2ª) *Reconvenção* – conquanto não prevista na CLT, a reconvenção é admitida de modo pacífico no processo do trabalho; no entanto, com o CPC de 2015 a reconvenção passou a ser incidente que deve ser manejado no bojo da contestação (art. 343 do CPC); (i) o que fazer, se ela for apresentada como *preliminar da defesa*?; (ii) e se ela for apresentada em peça apartada?; (iii) o reclamante tem direito ao *adiamento da audiência* para se manifestar a respeito da reconvenção?

3ª) *Objeções processuais* – há inúmeras ocasiões em que o reclamado alega preliminares, como incompetência absoluta em relação a determinados pedidos, ilegitimidade de parte e outras; alguns advogados despreparados ficam insistindo com o juiz do trabalho para que ele aprecie essas preliminares, o que revela desconhecimento das normas do art. 799 e §§ da CLT.

Situação distinta ocorre quando a objeção for muito evidente, como a relacionada à coisa julgada total – inclusive porque já firmado acordo com quitação total em processo anterior –, ou quando já passados bem mais de dois anos da extinção do contrato de trabalho (prescrição bienal).

Essas questões também serão examinadas em capítulo próprio.

C) *Nos incidentes processuais*

Como já enfatizado, há inúmeros incidentes que podem surgir na audiência trabalhista e muitas vezes os advogados não se encontram devidamente preparados para provocar o incidente e muito menos para rebater o requerimento da parte contrária. Recordemos de alguns desses incidentes, apenas para pontuar a vasta temática da audiência trabalhista:

1º) *Intervenção de terceiros* – alguns advogados de reclamados formulam requerimentos descabidos de intervenção de terceiros e insistem no seu acolhimento na audiência, desconhecendo que, em regra, as modalidades de intervenção de terceiros do processo civil *não são admissíveis* no processo do trabalho; em outras ocasiões, os advogados de reclamantes não sabem os argumentos adequados para rebater o requerimento de intervenção; noutras situações, poderá ser útil para a efetividade do processo a intromissão desse terceiro, mas na modalidade de *integração à relação jurídica processual*, figura criada na Justiça do Trabalho e ignorada por boa parte dos advogados;

2º) *Aditamento à petição inicial* – outra questão que por vezes deixa os ânimos acirrados na audiência trabalhista é a relacionada ao aditamento da inicial; primeiro, alguns advogados desconhecem *a diferença* entre (i) aditamento da petição inicial e (ii) emenda à petição inicial; outrossim, no processo do trabalho, pelas peculiaridades de seu procedimento, o marco temporal do art. 329 do CPC é "relativizado", podendo o aditamento ser recebido até mesmo em audiência, ainda que já apresentada contestação, desde que *renovado o prazo* para defesa ou aditamento desta, como veremos oportunamente; até porque o juiz só recebe a contestação em audiência – não havendo acordo –, como já pontuado;

3º) *Desistência da ação* – também o marco temporal para a desistência da ação, do processo civil, é "adaptado" no processo do trabalho diante das especificidades do rito deste; embora a regra do art. 485, § 4º, do CPC tenha sido repetida no art. 841, § 3º, da CLT pela Lei da Reforma Trabalhista, motivo pelo qual, em regra, a desistência da ação só pode ser apresentada *antes do oferecimento* da contestação, porque, a partir daí, necessitaria de consentimento do réu, pela sistemática trabalhista, o juiz só recebe a defesa *depois de frustrada a tentativa conciliatória*, como já mencionado; surge, assim, a questão relacionada à possibilidade, ou não, de *desistência em audiência*; e também a questão da desistência ou *renúncia* na audiência em prosseguimento; aliado a isso, o problema de se definir se seriam devidos honorários de sucumbência nessa desistência;

4º) *Expedição de ofícios* – diante dos amplos poderes instrutórios do juiz do trabalho, ele pode determinar, a requerimento ou de maneira oficiosa, a expedição de ofícios a órgãos públicos ou empresas privadas, para que enviem aos autos cópias de documentos importantes à justa solução do processo; ocorre que alguns advogados desconhecem o teor do *art. 765 da CLT* e essa matéria também precisa ser bem compreendida pela advocacia.

D) Na coleta das provas

Se o leque dessas questões anteriores já demonstra que o advogado precisa se encontrar preparado para diversas situações, quando se investiga a temática da coleta das provas, o rol de questões se amplifica de tal modo que talvez fosse necessário um manual ou curso somente sobre provas na audiência trabalhista. Apenas para pontuar algumas dessas questões, vejamos:

1ª) *Testemunha ausente* – o que fazer quando a testemunha não comparece na audiência e, de outra mirada, como se evitar o adiamento da audiência por esse fato?; o advogado precisa conhecer as *técnicas* do art. 825 da CLT e as do art. 455 e §§ do CPC, para saber lidar tanto com o juiz do trabalho que aplica a regra clássica do processo do trabalho (art. 825), quanto com o juiz trabalhista que aplica o regramento do processo civil (art. 455), de forma subsidiária – nesta obra utilizaremos a expressão aplicação subsidiária, sem a preocupação de distinguir "subsidiária" de "supletiva"; contudo, que fique claro que a aplicação supletiva é para a hipótese de lacuna normativa no processo do trabalho, ao passo que a aplicação subsidiária é a utilizada para completar (ou até atualizar – lacuna ontológica) a norma que já existe na seara trabalhista –; para a parte que sofrerá os efeitos da ausência da testemunha, é preciso dominar as *técnicas* que conduzem ao *adiamento* da audiência; ao advogado da outra parte, as *técnicas* que *impedem* esse adiamento;

2ª) *Convite à testemunha* – é preciso saber que a CLT tem regra própria a respeito de convite das testemunhas, precisamente no art. 852-H, § 3º, da CLT, mas apenas no processo de rito sumaríssimo; de outra mirada, é preciso saber se essa regra se aplica no processo de rito ordinário, e até mesmo se o juiz poderá exigir a prova documental, como meio de prova do convite, no prazo do art. 455, § 1º, do CPC;

3ª) *Carta precatória* – embora não haja disciplina na CLT a respeito da expedição de carta precatória, esse expediente é largamente utilizado no processo do trabalho; aqui também, o advogado, conforme o interesse da parte que ele representa, deve conhecer técnicas para o *deferimento* ou para o *indeferimento* da expedição de precatória;

4ª) *Contradita de testemunha* – como no processo do trabalho, em regra, não há rol prévio de testemunhas, o advogado deve conhecer as *técnicas de verificação prévia*, no átrio do fórum, das hipóteses de incapacidade, impedimento ou suspeição da testemunha; deve, mais ainda, saber o *momento* de apresentar a contradita e *como produzir prova* a esse respeito; o advogado da outra parte, por sua vez, deve conhecer a técnica da *contradita à contradita* e como produzir a prova respectiva; resta saber, ainda, se a parte tem mesmo direito de ouvir a testemunha cuja contradita foi deferida, na condição de *informante*;

5ª) *Acareação de testemunhas* – o advogado deve saber se ele tem direito ou se fica ao prudente arbítrio do juiz promover a *técnica importantíssima* da acareação de testemunhas, referida no art. 461, inciso II, do CPC; deve saber, mais ainda, se tem direito a *interferir* na coleta da prova quando da acareação;

6ª) *Ônus da prova* – o instituto do ônus da prova é tão complexo e envolve *tantas técnicas*, na definição, na inversão ou na sua distribuição dinâmica, que grande parte dos advogados não domina todos os aspectos dessas técnicas; por isso, tenho dito em aula que o ônus da prova é verdadeiramente o *"carma" do advogado trabalhista*; e tenho dito também que o advogado que domina estas técnicas e consegue a inversão do ônus da prova em audiência, pode dar um *duplo twist carpado* – salto com o qual a ginasta Daiane dos Santos ganhou medalha de ouro no solo, no Mundial de Anaheim, em 2003 –, ou um golpe de mestre, no advogado da parte contrária; por vezes, o reclamante se encontra sem testemunha ou com testemunhas muito ruins, mas, se seu advogado domina as situações de *inversão do ônus da prova* – e são inúmeras –, ele pode reverter a situação desfavorável na audiência trabalhista; de outra mirada, o advogado do reclamado que domina essas técnicas, por vezes consegue convencer o juiz de que *não é caso autêntico* de inversão, mantendo seu cliente numa situação favorável; enfim, a temática do ônus da prova é *tão importante* para o processo do trabalho, que destinaremos um capítulo específico à sua análise.

Pontuados quais são os temas mais importantes de uma audiência trabalhista, resta definir, com clareza, quais são as "etapas" da referida audiência, assinalando seus aspectos mais importantes.

1.8. "ETAPAS" DA AUDIÊNCIA TRABALHISTA

Como já fiz menção anteriormente, penso que há *10 (dez) "etapas"* ou passos necessários na realização de uma audiência trabalhista *una*, na qual não ocorra, por óbvio, a celebração de acordo ou o adiamento por algum motivo. Bem compreendidas essas dez etapas, o advogado poderá *lembrar-se com mais facilidade das técnicas* que podem ser utilizadas em cada passo dessa audiência, pois o seu cérebro já estará condicionado a perceber a nova "etapa" e recordar mais rapidamente essas técnicas. Como são dez etapas, torna-se mais didático examiná-las em separado, na sequência.

1ª) A preparação, para o juiz e para os advogados

Meus alunos sempre se surpreendem quando abordo essa questão em aula. A preparação para a audiência é muito distinta se o ator que para ela deve se preparar é o *juiz* ou o *advogado* ou o *procurador do trabalho*.

O *juiz* faz 10 ou 15 audiências por dia e, pelo volume de trabalho que lhe cabe, por vezes abre o processo no PJe alguns minutos antes da audiência, faz uma leitura dinâmica, anota os pontos mais importantes e controvertidos, e "deixa" a audiência fluir. Alguns juízes – a minoria – não veem o processo com antecedência e, por vezes, o advogado precisa, com respeito, interferir e apontar ao juiz os fatos realmente controvertidos daquele processo.

O *procurador do trabalho* faz poucas audiências, mas são audiências tão especiais, em ações por vezes complexas, como a ação civil pública, que a preparação para elas é muito específica e poderá ser melhor examinada quando analisarmos a temática das *audiências especiais*, em capítulo específico desta obra.

O *advogado*, ainda que *correspondente* de algum escritório maior, poderá cometer "suicídio jurídico" se proceder da mesma maneira que o juiz, principalmente em causas de maior expressão. Por isso mesmo, o advogado tem de (i) ler atentamente a *petição inicial* e a *contestação*, (ii) verificar de forma atenta a *documentação juntada* e (iii) se preparar para "permitir" apenas a produção de *prova de fatos controvertidos*, determinados, relevantes e pertinentes à causa. Mais que isso, o advogado deve saber a *qualidade da prova* oral que ele tem ao seu dispor. Daí por que, não se assuste caro leitor, penso que não há nada de ilegal ou antiético na postura do advogado que procede a uma *conversa prévia com as testemunhas*, em seu escritório, para verificar se elas realmente têm conhecimento a respeito dos fatos controvertidos, em que extensão e com qual segurança para depor sobre eles. Há advogados despreparados que insistem na oitiva de testemunhas que *não acrescentarão nada* aos interesses da parte, que trabalharam com o reclamante apenas no período prescrito, ou, o que é pior, que vão prestar depoimento *totalmente favorável à parte contrária*. No mesmo sentido: SOUZA JÚNIOR *et al.*, 2018, p. 199-200.

> Técnica importante: o advogado deve saber a qualidade da prova oral que ele tem ao seu dispor.

A *preparação para a audiência* é, destarte, a *primeira etapa* – e talvez a mais promissora – para o advogado trabalhista. Alguns, por excesso de trabalho, tempo escasso ou desleixo mesmo, fazem essa entrevista com as testemunhas no átrio do fórum. Essa prática, conquanto habitual, não se revela adequada, podendo ser utilizada apenas em situações excepcionais ou em causas de pequena monta. Até porque o juiz pode ver ou ficar sabendo dessa prática e colocar o advogado numa situação constrangedora durante a audiência, como de fato ocorre em algumas situações.

2ª) O pregão: em qual lado sentar-se à mesa de audiências?

A segunda etapa da audiência trabalhista – quando ela realmente começa, de fato – se dá quando o secretário de audiências *apregoa* às partes que, enfim, chegou o seu "dia na Corte". Há constantes atrasos no horário das audiências, principalmente depois das primeiras da pauta, porque esta não foi preparada de forma "inteligente" ou por intercorrências do próprio dia. Por isso mesmo, partes e advogados precisam estar *muito atentos ao pregão*, especialmente quando há muitas pessoas no átrio do fórum e/ou quando ocorrem problemas na aparelhagem de som. Já tive o dissabor de algumas vezes declarar a revelia do reclamado ou a confissão do reclamante (na audiência de instrução) porque a parte (e seu advogado) estava desatenta e não ouviu o secretário de audiências apregoá-la por três vezes ou mais. Some-se a isso que as partes têm o dever de comparecer na *data e horário designados*, não havendo tolerância aos atrasos, como veremos mais adiante.

Uma *questão prática* nesse tema é a relacionada ao nome equivocado da parte. Já presenciei casos em que o advogado fez ótima defesa, com fundada alegação de ilegitimidade de parte, mas não atendeu ao pregão, não entrou no horário correto na sala de audiências e, quando o fez, o juiz já tinha declarado a revelia do reclamado. Na maior parte das vezes, não se trata de ilegitimidade de parte, mas sim, de mera correção de nome, seja de pessoa física, seja de pessoa jurídica, e a parte, portanto, não pode se fiar na sua alegação de ilegitimidade, até porque *na maior parte dos casos a questão é de mérito* e não de condição da ação.

Outra questão prática muito importante e que o advogado não encontra nos manuais, é a relacionada ao *local onde ele deve sentar-se à mesa* de audiências. Muitos são os advogados, principalmente em início de carreira, que adentram à sala de audiências e ficam "perdidos", pois realmente não sabem de que lado devem ficar. Costumo dizer aos alunos que os advogados de trabalhadores são de "esquerda" e os advogados de empregadores são de "direita", apenas para facilitar a compreensão da sua posição na mesa de audiências. Há, inclusive, a anedota de sala de aulas, no sentido de que isso remonta ao período da Revolução Francesa, pois quando da *Assembleia Constituinte* para votação da Constituição Republicana Francesa, os jacobinos sentavam-se à esquerda e queriam a promulgação de vários direitos sociais, ao passo que os girondinos sentavam-se à direita e defendiam posições bem conservadoras. Veja-se:

> O uso político dos termos esquerda e direita é referenciado na Revolução Francesa, em 1789, quando os liberais girondinos e os extremistas jacobinos sentaram-se respectivamente à direita e à esquerda no salão da Assembléia Nacional.
>
> Os direitistas pregavam uma revolução liberal, a abolição dos privilégios da nobreza e estabeleceram o direito de igualdade perante a lei. Os esquerdistas também defendiam o fim dos privilégios para nobreza e clero, mas eram favoráveis a um regime centralizador. (FOLHA DE S. PAULO, 2002, *on-line*).

Contextualizando, então, na Justiça do Trabalho os advogados de reclamantes ficam *à esquerda* do juiz e os de reclamados *à direita* do juiz.

Não é fácil compreender essa orientação, porque quando o advogado se posta à frente da mesa de audiências e olha para o juiz, isso fica invertido. Então, não é com a visão do advogado que ele deve compreender lado esquerdo e lado direito, mas *colocando-se no lugar* do juiz. É à esquerda deste e à direita deste que os advogados devem buscar sua posição junto à mesa. *Simplificando*: o *advogado de reclamante* deve sentar-se do lado do braço esquerdo do juiz e, por sua vez, o *advogado de reclamado* do lado do braço direito do juiz. Aliás, é assim também no processo civil, onde demandante senta-se à esquerda e demandado à direita. Por isso mesmo, na consignação em pagamento, o advogado do consignante senta-se à esquerda e o advogado do consignatário à direita. No inquérito judicial para apuração de falta grave as posições se invertem também. Em resumo, essa diretriz se aplica a todas as hipóteses: *demandante à esquerda, demandado à direita.* Claro que em algumas varas do trabalho o juiz costuma inverter essa diretriz histórica, mas isso é excepcional.

> Local onde sentar-se à mesa de audiências: demandante à esquerda, demandado à direita.

3ª) A qualificação das partes

Como mencionado no item anterior, é na audiência que se requer a retificação do nome da parte, ainda que haja a alegação de ilegitimidade. E logo que a parte entra na sala.

Há advogados despreparados que não têm bom domínio das etapas da audiência trabalhista e de que elas sucedem umas às outras, e deixam para requerer a *retificação do polo ativo* ou *do polo passivo* ao final da audiência, quando o juiz já está assinando prazo para razões finais. Isso é absolutamente inadequado porque, como se vê, a qualificação das partes é a terceira etapa da audiência trabalhista. Desse modo, é antes da tentativa conciliatória, quando o advogado está *informando o número da sua inscrição na OAB*, que ele deve requerer a retificação do nome da parte por ele representada. É também nesse momento que o advogado deve *requerer prazo para a juntada* de instrumento de procuração, substabelecimento e de cópia de atos constitutivos, para regularizar a representação da parte.

> *Momento de requerer a retificação do polo ativo ou do polo passivo:* durante a qualificação das partes.

Há, também, a questão do *uso do nome social*. De acordo com o Decreto n. 8.727/2016, a parte que for transexual ou travesti tem o direito de usar seu "nome social", desde que acompanhado do seu nome civil (art. 4º), mas isso também deve ser requerido na sala de audiências, não podendo a parte, por ter alegado isso em petição, achar que não precisa atender ao chamado do juízo quando feito o pregão. Neste sentido: SOUZA JÚNIOR *et al.*, 2018, p. 54-55.

Quando da *ausência da outra parte*, o advogado precisa ser diligente, porque pode ser que o reclamado não tenha comparecido por falta de notificação. Assim, para se evitar posterior revogação de revelia ou de confissão, é importante que o advogado do reclamante requeira ao juiz – se este já não o fez – a *consulta ao site dos Correios*, para que se possa ter certeza da entrega da notificação postal para a audiência.

4ª) A tentativa conciliatória

Como já pontuamos mais de uma vez, essa é uma etapa fundamental da audiência trabalhista e há juízes que dedicam a ela muitos esforços. Ainda que o advogado não goste de acordos ou que a parte por ele representada não queira transigir, é preciso que eles tenham *paciência para permitir* que o juiz possa exaurir suas *técnicas de conciliabilidade*. Por óbvio que há exageros por parte de alguns juízes, que insistem em acordo quando o reclamado não faz qualquer proposta e não se mostra disposto a mudar seu comportamento. Mas já tive a oportunidade de homologar vários acordos, mesmo tendo a parte se apresentado inicialmente contrária à composição, quando ela percebeu, após minhas ponderações, que o acordo era realmente o melhor caminho. Quando a parte (e seu advogado) tem bom senso, muitas vezes percebe os riscos do processo, quando explicados de modo respeitoso pelo juiz.

Contudo, *quem deve fazer primeiramente a proposta de acordo*, o juiz, o reclamante ou o reclamado? É mais salutar que *o reclamante faça primeiramente* a sua proposta. Ainda que a partir de 11-11-2017 os pedidos tenham que ser "líquidos" no processo do trabalho (art. 840, § 1º, da CLT), em regra não é razoável que o reclamante queira, para fins de composição, receber a integralidade dos valores postulados. No capítulo próprio trataremos de esmiuçar *técnicas* de verificação da *razoabilidade* das propostas de acordo em relação a cada verba trabalhista. Neste passo aqui, cabe apenas registrar que o reclamante deve apresentar uma *proposta razoável*, que leve em conta a (in)controvérsia da verba, seu caráter alimentar e a sua facilidade/dificuldade de produção da prova oral.

Em seguida, o reclamado deve ser instado a apresentar sua proposta de acordo. Por isso, não é recomendado que o advogado do reclamado já chegue na audiência apresentando proposta, porque pode acontecer de formular proposta de valor superior ao que o próprio reclamante aceitaria na tentativa conciliatória. De outra mirada, não é aceitável que o advogado faça proposta irrisória, que não leve em conta os riscos do processo, a menos que o reclamante insista em não fazer sua proposta primeiramente. Ademais, o reclamado deve mensurar qual o valor máximo que terá condições de pagar em um acordo.

Enfim, é necessário que tanto o advogado do reclamante quanto o advogado do reclamado saibam *justificar sua proposta de acordo*, com base em técnicas que serão apreciadas oportunamente, inclusive a técnica da elaboração de cálculos.

> É necessário que tanto o advogado do reclamante quanto o advogado do reclamado saibam justificar suas propostas de acordo.

5ª) O recebimento da defesa

Talvez fosse desnecessário abordar essa fase, porquanto na maioria das vezes as partes nem percebem que o juiz praticou esse ato na audiência. Contudo, como se pretende que esta obra seja um *manual completo* para auxiliar os atores do processo do trabalho, especialmente os advogados, há alguns *incidentes* nessa etapa tão diminuta da audiência que merecem ser pontuados.

Como já dito, a defesa pode ser oral no processo do trabalho, apresentada em 20 minutos após a frustração da tentativa conciliatória, mas, na generalidade dos casos, o reclamado apresenta defesa escrita, inserida no sistema do PJe, *antes da abertura da audiência*. Ocorre que o juiz *só recebe esta defesa* escrita após ultrapassar a quarta etapa, examinada no tópico anterior. Além das questões já mencionadas, relativas à possibilidade ou não de aditamento da petição inicial ou de desistência da ação nesse momento processual, há outras que merecem ser pontuadas. Uma delas é a da *apresentação de defesa com sigilo*. Ainda que autorizada essa prática (art. 22, § 5º, da Resolução n. 185/2017, com redação dada pela n. 241/2019 do CSJT), penso que *não é uma prática salutar* no processo do trabalho.

Ora, essa prática (i) *não atende ao princípio da cooperação*, que é exigível de ambas as partes e também do juiz, inclusive no processo do trabalho (arts. 6º e 15 do CPC; art. 769 da CLT), (ii) não proporciona ao reclamante o *contraditório pleno*, além de (iii) implicar *na falta de paridade de tratamento* às partes. Isso porque o reclamado analisa com bastante antecedência a petição inicial e os documentos juntados pelo reclamante, não sendo razoável que o reclamante não possa ver a defesa e os documentos que a acompanham antes da audiência. Nesses casos, tenho determinado ao secretário de audiências que retire o sigilo *antes mesmo do pregão*. Além do mais, se o reclamante analisa com calma recibos de pagamento e cartões de ponto, por exemplo, pode muito bem concordar com esses documentos e abreviar a solução do processo, aumentando até mesmo a chance de composição entre as partes.

Outra questão interessante é a relacionada aos *efeitos da revelia do empregador* que não comparece na audiência, quando o tomador de serviços apresenta a sua defesa, nos moldes do art. 844, § 4º, da CLT, questão tão complexa que será examinada posteriormente. Igualmente, a questão relacionada ao *recebimento da defesa quando se faz presente apenas o advogado* (art. 844, § 5º, da CLT), mais precisamente, a de se verificar se o reclamado ausente pode ser considerado confesso quanto à matéria de fato, ou não. Isso sem falar no requerimento de *intervenção de terceiros* e na apresentação de *reconvenção* por parte do reclamado, matérias que ensejam grandes discussões na audiência.

Não basta ao advogado arguir essas questões. É necessário que, pela *dinamicidade* da audiência trabalhista, nessa etapa, ele *informe ao juiz* que há requerimento de intervenção de terceiros ou que há uma reconvenção no bojo de sua contestação. Se não o fizer, o juiz poderá considerar *preclusa a oportunidade* (preclusão lógica), porque se a intervenção do terceiro era necessária, o juiz deveria tê-la determinado *antes da coleta da prova oral*, não depois da produção da prova. E não adianta querer produzir prova a respeito dos fatos narrados na reconvenção *no meio da instrução* ou quando já encerrada esta. Trataremos destas questões mais adiante.

> É necessário que o advogado informe ao juiz que há requerimento de intervenção de terceiros ou que há uma reconvenção no bojo da contestação.

6ª) A impugnação ou réplica

O processo do trabalho, é, por assim dizer, um *processo de audiência*. Destarte, o advogado do reclamante deve estar preparado para apresentar a (i) *impugnação aos documentos* juntados pelo reclamado ou a (ii) *réplica às questões* mais importantes da defesa, em audiência, e no prazo exíguo que o juiz lhe assinar após o recebimento da defesa.

Não é tarefa fácil, porque o advogado vai dispor de 5 ou 10 minutos para analisar toda a defesa e por vezes a vasta documentação juntada. Há *técnicas importantes* para essa averiguação, que serão melhor explicitadas mais adiante. Apenas para pontuar, nessa hora o advogado deve dar *atenção especial* aos seguintes aspectos, nessa ordem: 1º) *análise de documentos importantes*, como cartões de ponto, recibos de pagamento de salário, TRCT – Termo de Rescisão do Contrato de Trabalho; 2º) se houver tempo, a *busca de fatos incontroversos* por falta de impugnação especificada na defesa, porque isso vai facilitar para o reclamante a produção da prova; 3º) o advogado não deve se preocupar com preliminares, a não ser com a *inépcia da petição inicial* e eventual *incompetência absoluta*, porque a grande maioria das preliminares, no processo do trabalho, será apreciada apenas no julgamento do feito; 4º) o advogado deve, para isso (saber) *abrir os autos do processo no PJe* e, quando pertinente, *indicar ao juiz a folha dos autos* em que se encontra o documento referido na réplica ou a (falta de) alegação da defesa, facilitando a definição por parte do magistrado e melhorando a posição de seu cliente na audiência.

> <u>Com o que se preocupar na réplica oral</u>: análise de documentos importantes e verificação de fatos incontroversos, que independem de prova.

Agora, se o advogado não se sentir preparado ou se o tempo for muito exíguo, pode requerer ao juiz que reserve sua manifestação para as razões finais, até porque, como já referido *an passant*, não há réplica no processo do trabalho, e o reclamante precisa se manifestar, *sob pena de preclusão*, apenas sobre os *documentos* juntados pelo reclamado, em conformidade com o art. 852-H, § 1º, da CLT.

Uma última questão a ser pontuada neste tópico é a da *preclusão*, caso o juiz assine prazo para réplica e a parte, sem motivo plausível, quede-se inerte e não apresente sua peça processual. Isso se torna ainda mais relevante quando o juiz assina *prazo para apresentação de demonstrativo de diferenças* no pagamento de verbas trabalhistas, por exemplo, de horas extras. Se a parte não impugnar os cartões de ponto com argumentos convincentes e/ou se não apresentar demonstrativo idôneo de diferenças, poderá, sim, sofrer os efeitos da preclusão temporal, porque a "réplica", nesse caso, se fazia necessária. Voltaremos a esse tema oportunamente.

7ª) A produção da prova oral

Essa etapa da audiência é a *mais primordial* de todas e desafia a investigação de um sem-número de questões que seria arriscado até mesmo "pontuar" quais seriam estas, pois sempre haverá o risco de faltar alguma questão importante. Com efeito, mesmo num Manual, o melhor é deixar o exame dessa vastíssima temática para os capítulos próprios, de depoimento pessoal ou de interrogatório, de confissão, de prova testemunhal, de reflexos da prova pericial na audiência, além de outras.

Somente para não dizerem que não falei das flores, além das questões relacionadas à ausência de testemunhas, ao convite e sua prova, à expedição de carta precatória, à oferta de contradita, à acareação de testemunhas – já referidas brevemente –, há muitas questões relacionadas à ordem dos depoimentos, inclusive das partes, bem como à *definição, inversão e/ou distribuição dinâmica do ônus da prova*. Os *momentos adequados* para cada requerimento desses e as *preclusões inevitáveis* nessa vasta matéria são outras questões que merecerão análise aprofundada mais adiante.

Apenas para aguçar o desejo pelo estudo da matéria, quando a parte não tem testemunha ou tem apenas uma testemunha e a outra tem duas ou três (por conta de certa jurisprudência), *conseguir a inversão do ônus da prova, ou impedir que tal ocorra*, é uma *jogada genial* do advogado que consegue êxito em sua atuação. E tudo isso será analisado oportunamente.

> Conseguir a inversão do ônus da prova, ou impedir que tal ocorra, é uma jogada genial do advogado que consegue êxito em sua atuação.

8ª) As razões finais

Não se tem dado muita importância, na doutrina, às razões finais das partes. Outrossim, quantas vezes o juiz "incentiva" as partes a apresentarem *razões finais remissivas*, por falta de paciência, pelo atraso das audiências ou porque realmente não há controvérsia digna de destaque. E o advogado despreparado aceita, deixando passar a sua *última oportunidade de influir no julgamento da demanda*. Outras vezes, ele *protesta por cerceamento de defesa* durante a instrução, mas não fundamenta seus protestos no momento em que isso seria viável (exigível), exatamente em suas razões finais.

Em suma, as razões finais são muito importantes para que o advogado fundamente eventuais requerimentos de *nulidade* e, principalmente, para que aponte ao juiz, com a maior objetividade possível, fatos incontroversos, *trechos de depoimentos favoráveis* à tese de seu cliente, bem como *contradições* nos depoimentos desfavoráveis. Assim, as razões finais são a *técnica adequada* para *influir eficazmente* no convencimento do juiz. Por isso, se a pauta está atrasada, o advogado deve insistir na juntada de memoriais. Agora, as razões finais não devem se destinar, *jamais*, à repetição de argumentos já explanados na petição inicial, na contestação ou em outras peças do processo.

> *Razões finais:* técnica adequada para se apontar trechos de depoimentos favoráveis e contradições nos depoimentos desfavoráveis.

Há outras questões interessantes quanto às razões finais, como, por exemplo, a do *prazo* na hipótese de haver *litisconsórcio ativo ou passivo*, já que a CLT fala unicamente em prazo "não excedente de dez minutos para cada" uma das partes (art. 850, *caput*, da CLT). A doutrina tem manifestado que esse prazo "será concedido por polo da demanda, dividindo-se entre os integrantes do mesmo grupo, se não convencionarem de modo diverso", nos moldes do art. 364, § 1º, do CPC (SOUZA JÚNIOR *et al.*, 2018, p. 258). Contudo, penso que não seria adequado esse entendimento para o polo passivo. Imagine-se o processo com dez reclamados. O ideal, nesses casos, é facultar às partes a *oferta de memoriais*.

9ª) A última proposta de acordo

É da essência do processo do trabalho que o juiz, antes de passar ao julgamento da demanda, *renove a proposta de conciliação*. Em verdade, como há juízes que buscam a conciliação em vários momentos da audiência trabalhista, pode-se dizer que a nona etapa da audiência é a de se formular a *última proposta de acordo*. Isso na fase de conhecimento, em primeiro grau de jurisdição, pois pode haver tentativa de acordo na fase recursal, durante a liquidação da sentença e até mesmo na fase de execução.

Uma *questão interessante* é a de se definir se o juiz, ao fazer proposta de acordo nessa etapa, pode levar em conta a prova que acabou de coletar, ou se isso implica em *prejulgamento*. Penso que o juiz pode ponderar com as partes, especialmente em situações nas quais o resultado da prova oral aponta para um só rumo, a (in)consistência da prova produzida, até porque o juiz pode "sempre" empregar "os seus bons ofícios e persuasão no sentido de uma solução conciliatória dos conflitos" (art. 764, § 1º, da CLT). Isso *não é prejulgamento*, porque este se dá quando o juiz, diante das simples alegações das partes, já emite juízo de procedência ou improcedência das pretensões. Reitero que, se *a prova já foi produzida* e foi coletada pelo mesmo juiz, nada obsta que este pondere sobre isso para tentar convencer a parte renitente a aceitar a proposta do juízo ou da parte contrária.

> Ao apresentar a última proposta de acordo, o juiz pode levar em conta a prova que acabou de coletar.

Sempre que possível, principalmente por causa do tempo das audiências e dos incontroláveis atrasos, tenho feito essa última proposta de acordo e obtido, em vários casos, a conciliação das partes. Por vezes a parte e/ou seu advogado se fia muito na prova que irá produzir, mas quando sua testemunha presta depoimento, ela própria percebe que a testemunha mais atrapalhou do que ajudou na obtenção de resultado que lhe seja favorável. E isso facilita o acordo.

10ª) O julgamento da demanda

Enfim, esta é a última etapa da audiência trabalhista, e que na grande maioria das vezes nem se realiza. Em regra, o juiz designa uma data para apresentar sua sentença ou simplesmente determina que os autos voltem conclusos para prolação de sentença, após o prazo de razões finais.

Contudo, como já pontuado, nada obsta que o juiz julgue o processo ao final da audiência trabalhista, como se pode extrair na análise conjunta dos arts. 850 e 851 da CLT. Ele pode, inclusive, apenas apresentar o resultado de sua análise da prova produzida nos autos, declarando vencedor o reclamante ou o reclamado, em relação a cada pretensão material de ambos, e esclarecer que fará a juntada da sentença, com todos os seus fundamentos, no prazo de 48 horas, como lhe faculta o § 2º do art. 851 da CLT.

Quanto às técnicas de julgamento, que são muitas e bastante interessantes, fogem por completo ao objeto desta obra e, por essa razão, nem sequer serão pontuadas neste Manual de audiências.

> Não há óbice a que o juiz julgue o processo ao final da audiência trabalhista, nos termos dos arts. 850 e 851 da CLT.

1.9. VERIFICAÇÃO DE APRENDIZAGEM

1) Quais são as 10 (dez) etapas de uma audiência trabalhista (una)?
2) Quais são as espécies e como se preparar adequadamente para cada tipo de audiência trabalhista?
3) Como escolher o preposto e como identificar qual a melhor testemunha?
4) Em qual momento da audiência se faz o requerimento de retificação na qualificação da parte?
5) Como se preparar adequadamente para a tentativa conciliatória?
6) O reclamante tem direito à impugnação ou réplica na audiência una?
7) O advogado pode requerer que o juiz motive suas decisões na audiência?
8) Qual a importância do domínio da oralidade pelo advogado?

Capítulo

2

AUDIÊNCIA TRABALHISTA: A VISÃO DO JUIZ E A VISÃO DO ADVOGADO

Neste passo, faço questão de abordar uma temática que não é objeto de maiores considerações pela doutrina em geral, mas que me parece fundamental para a compreensão do "porquê" as audiências trabalhistas são tão especiais, dinâmicas e, por vezes, *dramáticas*. É importante destacar que a visão do juiz e a visão do advogado nem sempre coincidem. Até porque ambos devem desempenhar o seu papel, *que é distinto*, da melhor maneira possível. Tenho dito aos meus alunos que se faz necessária uma análise dos aspectos "sensitivos" da audiência trabalhista, para que se possa compreender toda a sua dimensão. A esse estudo breve, portanto, dedicaremos as próximas linhas.

2.1. AUDIÊNCIA TRABALHISTA: ASPECTOS "SENSITIVOS"

2.1.1. A audiência trabalhista como uma experiência "sensitiva"

Numa audiência trabalhista, por vezes os sentimentos ficam "à flor da pele", até porque, numa aplicação do *princípio democrático*, no processo do trabalho as partes realmente têm voz e vez. São muitas as oportunidades em que as partes, a despeito da assistência técnica de seus advogados, manifestam-se *oralmente* na audiência, mediante autorização do juiz e de seu advogado, ou às vezes por não conseguirem se conter nos diálogos que ali se travam.

Aliás, a própria expressão "audiência", se bem compreendida em sua *etimologia*, revela toda a carga "sensitiva" a que estou me referindo. Segundo a boa doutrina, audiência é uma expressão que provém da expressão latina *audientia, audire* = ouvir. Manoel Antonio Teixeira Filho, um dos maiores expoentes da doutrina do processo do trabalho, explica com maestria *a origem* da palavra audiência. A ver:

> O substantivo *audiência* é proveniente do latim *audientia, ae* (silêncio dos ouvintes, atenção), de *audiens, entis,* particípio presente de *audire*, significando, de modo geral, o ato pelo qual se ouve alguém ou alguma coisa. Sob esse aspecto, o vocábulo tanto pode expressar o ato pelo qual uma pessoa está ouvindo um programa de rádio, um discurso, uma palestra, etc., como aquele em que é recebida por outra pessoa, a fim de entrevistar-se com esta (TEIXEIRA FILHO, 2017, p. 55).

No mesmo sentido, o autodenominado "quarteto trabalhista" – Antonio Umberto de Souza Júnior, Fabiano Coelho de Souza, Ney Maranhão e Platon Teixeira de Azevedo Neto –, em sua obra que já se tornou referência como manual de audiências trabalhistas:

> O substantivo *audiência* advém do latim *audientia*, palavra derivada do verbo *audire*, que significa ouvir – algo ou alguém. A etimologia da locução já bem demonstra a essência de uma audiência judicial: momento em que o juiz faz contato direto com os participantes do processo a fim de ouvi-los, pessoalmente e com propósitos específicos (SOUZA JÚNIOR *et al.*, 2018, p. 39).

Bem se vê que a audiência, e em especial a audiência trabalhista, promove um contato "pessoal" entre os participantes do processo. Daí por que se faz tão necessária a *preparação do advogado* e também, de maneira mais objetiva, das partes, para todas as "etapas" da audiência. Vimos que são *dez etapas*. O que estou querendo dizer é que não basta ao advogado dominar a técnica das etapas referidas, mas *é preciso explicá-las*, ainda que sucintamente, *à parte*, para que esta compreenda muitas das atitudes tomadas pelo juiz, especialmente quanto à tentativa conciliatória e à coleta da prova oral. Isso não somente evita surpresas desagradáveis, mas pode conduzir a uma melhor aceitação ou compreensão dos atos e decisões do juiz. E porque não dizer, podem conduzir até mesmo *ao acordo* com a parte contrária.

Para tanto, é preciso que advogados e partes compreendam que esse contato com o juiz e com a parte contrária deve se pautar pelo *máximo respeito*, pela alteridade, pela empatia. Por mais cheia de razão que a parte esteja, é preciso colocar-se no lugar do outro e respeitar suas posições, seus sentimentos, sua angústia. Não custa reiterar que na audiência trabalhista as sensações e os sentidos ficam "à flor da pele", principalmente numa tentativa conciliatória feita em toda a sua extensão. Especialmente quando envolve família (trabalhador doméstico ou pequena empresa que emprega familiares) ou quando o empregado ou empregador ficaram aborrecidos com o término contratual, sentiram-se enganados ou desprestigiados, por exemplo.

Contudo, a audiência trabalhista não é um ringue, não é uma arena, nem mesmo um palco qualquer. Costumo dizer aos meus alunos que a audiência trabalhista é um *grande teatro*. Guardadas as devidas proporções, a ideia de teatro grego, se bem compreendida, ajusta-se perfeitamente à audiência do processo do trabalho, em que há o *predomínio da oralidade*, como já enfatizei, ao que se alia a intensa *concentração de atos processuais*, características estas que acarretam imensa dificuldade aos advogados civilistas que não possuem prática na audiência trabalhista. Assim, se os advogados se derem conta de que eles têm um *papel bem definido nessa peça teatral*, e se permitirem ao juiz presidir a audiência como se fosse (e é) o diretor dessa peça, tudo pode chegar a bom termo.

De outra mirada, a audiência é uma *sessão jurídica solene*. Nela há (i) momentos *de ouvir* e (ii) momentos *de falar*. Ouvir não é um simples escutar. O advogado que *ouve com atenção* a fala do advogado do *ex adverso*, ou até mesmo a fala da parte contrária, normalmente consegue argumentos para convencer o outro da pertinência de suas ponderações, e se habilita a conseguir do juiz pronunciamentos e decisões que sejam favoráveis ao seu cliente. Enquanto o outro fala, o advogado *busca no cérebro a melhor técnica* para a situação concreta. Ademais, em várias passagens, principalmente quando não há um diálogo aberto entre o juiz e ambos os advogados, é importante que o advogado, ao iniciar sua fala, lembre-se de invocar seu direito de o fazer "*pela ordem*", previsto no art. 7º, incido X, da Lei n. 8.906/94 (Estatuto da Advocacia e da OAB). Esta norma lhe permite "intervenção sumária", desde que introduza sua fala com a expressão "pela ordem".

> Na audiência há momentos de ouvir e momentos de falar. É preciso que os advogados saibam disso e expliquem às partes.

Outra questão a isso tudo relacionada é a de que, *em regra*, quem fala pela parte é o advogado. Com efeito, o advogado deve "controlar" o seu cliente para que este fale no *momento adequado*, com a permissão do juiz, até mesmo para evitar situações desfavoráveis, que às vezes culminam com autênticas "confissões de adolescentes". De se observar que, quando a parte fala demais, ela pode jogar por terra a tentativa de uma conciliação que poderia ser extremamente positiva para si. Desta forma, o advogado deve orientar a parte para que toda e qualquer manifestação dela – fora do momento do depoimento pessoal, por óbvio – seja dirigida a ele, até mesmo "ao pé do ouvido", conforme o caso, e ele, advogado, com seu conhecimento técnico e estratégia processual, analisará a pertinência da pontuação. A propósito, por vezes, as pontuações do cliente, por ter este o conhecimento de detalhes de fatos que podem vir à tona no decorrer da audiência – e que não foram abordados em entrevista prévia –, podem ser extremamente importantes para o deslinde da causa.

Outrossim, o advogado não deve dirigir-se à parte contrária sem a licença do advogado dela, por *ética* (art. 2º, VIII, "e", do Código de Ética e Disciplina da OAB) e por respeito a um colega de profissão. Enfim, como a prova oral é uma *prova sensorial*, o advogado tem de estar atento para *bem ouvir* a fala da outra parte e das testemunhas, para formular as perguntas adequadas quando for a sua vez de proceder à perguntação (ou reperguntação).

2.1.2. A necessidade de uma elevada carga de humanidade

Despiciendo seria dizer que o advogado tem de estar preparado para desenvolver um raciocínio técnico na audiência trabalhista. É dizer, ele precisa saber previamente todas as técnicas que podem ser utilizadas, em cada etapa e em cada incidente que pode ocorrer na audiência. Seria interessante que ele fizesse um apontamento ou uma listagem de *"o que devo fazer"*, se acontecer isso ou aquilo, no início da carreira.

Mas, como tenho enfatizado, não basta o saber técnico. É necessário que o advogado *pense rápido*, porque a dinamicidade da audiência trabalhista é tanta que, por vezes, a audiência começa e termina sem que o advogado tenha se dado conta de que foram percorridas todas as etapas antes mencionadas. Sobretudo quando o horário das audiências está muito atrasado, o juiz conduz a audiência de modo acelerado e o advogado tem de se fixar nos pontos que são *essenciais*, nessas ocasiões. Ademais, costumo dizer que o advogado precisa ter *boa intuição*. Em verdade, uma boa dose de *premonição*. Se ele estiver sereno e conhecer as técnicas adequadas, pode *antever situações*, utilizando o tempo de fala do outro para encontrar na mente a melhor saída para o seu cliente. Uma das técnicas, por exemplo, é a de saber o *valor de sua prova* para conseguir o adiamento da audiência, ou, de outro lado, para evitar esse adiamento. Tudo depende da quantidade e da qualidade das testemunhas que a parte tenha levado ao fórum. Por isso, é importante que o advogado chegue com antecedência, "sinta" o ambiente, veja quem são as testemunhas da parte contrária, procure saber se elas possuem relação próxima com a parte adversa, se já prestaram depoimento em outro processo e, conforme o caso, o teor desse depoimento.

Ainda é necessário que o advogado tenha o que se chama de *inteligência emocional*. Em síntese, o advogado precisa, a todo custo, *controlar as emoções*. Se ele se deixa aturdir pelas provocações do outro, normalmente não escolhe a melhor técnica para resolver a situação. Por isso, ele não deve nunca agir com agressividade, pois, primeiro, quando o advogado é agressivo normalmente atrai a agressividade do outro, por vezes em tom mais elevado; segundo, porque no ato de ser agressivo, o advogado já perde a capacidade de pensar e escolher a melhor técnica. Dessa forma, por mais que o advogado esteja "explodindo de raiva", é preciso que ele mantenha a aparência calma e o tom de voz sereno, pois, além de conseguir pensar e escolher a melhor estratégia, mostrará ao advogado adverso que a estratégia dele foi falha e, assim, poderá "desequilibrá-lo". Há partes que acreditam que subir o tom na resposta mostra força. Nesse caso, ao saírem da sala de audiências, o advogado deve explicar ao seu constituinte a estratégia utilizada e lhe mostrar que ela foi a melhor escolha.

Também é importante registrar o que se poderia denominar de *abertura ao outro*. Uma vez mais, colocar-se no lugar do outro pode permitir a compreensão do seu ponto de vista e isso permite a busca de uma solução que seja melhor para ambas as partes, inclusive a conciliação. Não custa repetir: ouvir atentamente permite ao advogado *pensar a melhor estratégia* na sequência da audiência. Além disso, quando o advogado se coloca no lugar do outro, mostra respeito ao colega de trabalho (a "briga" é processual). Assim, quando ele estiver em situação delicada poderá, em virtude de sua postura, conseguir a retribuição do colega pelo seu ato; por exemplo, quando precisar redesignar uma audiência, conseguindo que as partes peticionem o requerimento de comum acordo, ou quando necessitar de uma suspensão do processo após a instrução para viabilizar a conciliação (que poderá ser difícil depois de proferida a sentença), ou, ainda, quando chegar um pouco atrasado na audiência, evitando a revelia ou a confissão.

> Ouvir atentamente permite ao advogado pensar a melhor estratégia na sequência da audiência.

Enfim, o advogado atento e sereno consegue fazer uma melhor *interpretação de posturas*, gestos e tons de voz da parte contrária e das testemunhas. Não somente nos depoimentos destas, mas, antes, na própria tentativa conciliatória. Ali o advogado já pode perscrutar o *perfil da parte contrária* e saber qual a técnica que deve utilizar no depoimento pessoal dela. Da mesma maneira, o advogado atento, já na qualificação da testemunha, consegue intuir qual é o *seu perfil*.

No capítulo destinado às técnicas a serem utilizadas na produção da prova oral, traçarei melhor esses vários perfis das partes e testemunhas. Apenas para aguçar o interesse do caro leitor, há *três perfis bem recorrentes*: 1º) *do "esquentadinho"* – quando a parte ou testemunha se apresenta muito "nervosinha"; 2º) *do "falastrão"* – quando a pessoa fala demais, com muitos detalhes, por vezes sem sequer ser perguntada; 3º) *do "medroso"* – quando a parte ou testemunha se apresenta com receio que salta aos olhos, às vezes apresentando pavor de estar ali, diante do natural temor ao juiz.

Trataremos dessas hipóteses no capítulo das técnicas que podem ser utilizadas na produção da prova oral, no qual iremos estudar a *técnica do contrainterrogatório*.

2.1.3. A chamada lide sociológica

A audiência trabalhista, por vezes, torna-se *palco do drama humano*. Quando as pessoas vão ao Judiciário, normalmente o fazem porque se consideram injustiçadas. O autor da demanda não conseguiu obter a satisfação de um direito seu, o cumprimento de uma obrigação avençada ou foi vítima de algum ato ilícito e o causador do dano não se prontificou a, voluntariamente, reparar o dano causado. De outra parte, por vezes o réu também se considera injustiçado, porque nega a própria relação jurídica afirmada pelo autor, crê firmemente que a obrigação foi cumprida ou que poderia compensar o pagamento com dívidas que ele acredita terem sido contraídas pela outra parte, ou, no final das contas, jura que não foi o culpado pelos danos sofridos pelo demandante.

Bem se vê que processo é *drama*. Por isso, em algumas audiências, se o juiz tiver paciência, as partes expõem cada qual sua visão da *dramática* vivenciada. Uma vez mais, a ideia de teatro grego vem à tona, pois cada ator irá, em fala previamente pensada e, em regra, objetiva, expor sua visão do problema. Assim, toda a *angústia do litígio* aflora nessas situações.

Veja-se o seguinte exemplo: numa audiência trabalhista em que o filho menor postula indenizações por dano material e moral pela morte do pai em acidente do trabalho, verifica-se toda a angústia da mãe, que era separada do pai, e que doravante teria de sustentar sozinha o filho de dois anos; além disso, um filho que jamais verá seu pai novamente e não terá a sua proteção, o seu abraço, o seu carinho. De outro lado, uma pequena empresa, cujos sócios mal conseguem pagar suas próprias contas, porque trata-se de uma empresa de prestação de serviços que está à beira da falência diante dos reveses nos negócios e contratos celebrados com tomadores de serviço. E a empresa tomadora de serviços, que tem plenas condições econômicas de promover a devida reparação dos danos, *a la Pilatos*, "lava suas mãos" com as teses jurídicas de falta de responsabilidade civil, culpa exclusiva da vítima e outras.

Esse é apenas um dos tantos exemplos de dramas que aparecem nas audiências trabalhistas. Poderiam ser lembrados, ainda, casos de trabalhadores que foram dispensados e não receberam sequer saldo de salário, tampouco as sagradas verbas rescisórias, estando em situação de extrema necessidade. Ou, também, casos em que o trabalhador, dispensado por justa causa, e não tendo sequer sacado o FGTS, jura que não cometeu a falta grave que lhe é imputada pelo empregador; este, por sua vez, apresenta prova documental robusta e/ou testemunhas que comprovariam à exaustão o fato que deu ensejo à justa causa, à quebra inesperada de confiança.

Nesses casos transparece todo o *drama da vida humana*, dos trabalhadores e também dos empresários. São sonhos frustrados, dificuldades financeiras extremas, empresas "quebradas", trabalhadores sem trabalho e sem dinheiro para subsistência etc. Ademais, o contrato de trabalho é um contrato de *trato sucessivo* e, por vezes, com um período bastante longo, de modo que as partes vivenciaram muitas situações durante a relação de emprego. Não dá para desprezar essa *experiência* por causa de um litígio trabalhista. Por isso, de se enfatizar que o juiz, os advogados e as próprias partes precisam ter *paciência* e *respeito* nessa etapa da audiência – via de regra na *etapa conciliatória* –, para que se busque a solução consensual ou a decisão mais justa possível. Como já afirmei, é necessário colocar-se no lugar do outro, ter atitudes de *empatia*. Com efeito, tenho dito aos meus alunos que essa etapa da audiência é por demais importante e que nesses casos especiais o juiz até poderia, ainda que não o diga expressamente, iniciar uma sessão "abra teu coração", permitindo aflorar a chamada *lide sociológica*.

Outrossim, compreender a lide sociológica é, muitas vezes, a *chave* para a leitura da lide jurídica. Todo aquele drama da vida humana e das empresas compõe o que se denomina de "lide sociológica". Por mais atrasada que esteja a pauta de audiências, é necessário que o juiz e os advogados tenham *sensibilidade* para perceber que determinados casos são *especiais* e fogem à rotina forense. Até porque, nessas conversas de exposição dos dramas, de pretensões mínimas do trabalhador e de possibilidades econômicas do empregador, muitas vezes se abre um caminho alternativo para abreviar e/ou melhorar a própria produção da prova oral. Explico: se as partes tiverem liberdade para expor seus dramas, com *objetividade* e *respeito*, sempre poderão fazer autênticas "confissões de adolescente". Por exemplo, o trabalhador renitente, depois de alguma conversa e ponderação, reconhece a assinatura dos recibos de pagamento ou até mesmo que recebera verbas que tinham sido pagas "na base da confiança", não dispondo o empregador dos recibos correspondentes. De outra mirada, o empregador pode reconhecer que o trabalhador realmente se ativava em horas extras, ou que não usufruía integralmente o intervalo intrajornada, ainda que em extensão menor do que a narrada na petição inicial. Em algumas vezes, já presenciei até o reconhecimento de que o reclamante era mesmo empregado, nas falas da tentativa conciliatória.

> Compreender a lide sociológica é, muitas vezes, a chave para a leitura da lide jurídica.

Em todas essas situações, a *lide sociológica* permite ao juiz *otimizar* a coleta da prova e aos advogados aceitarem determinadas posturas da outra parte e certas decisões do juiz. Daí que, em alguns casos, mormente quando a pauta de audiências está muito atrasada, o recomendável é o *adiamento da audiência* para que noutra assentada o juiz tenha tempo de propiciar a exposição da chamada lide sociológica pelas partes, o que pode facilitar a celebração de acordo ou a otimização dos atos processuais.

De outro lado, é extremamente importante que o advogado tenha o *feeling*, a premonição, para antever que o juiz pretende "dar abertura" à lide sociológica, pois, como acima pontuado, por meio dela o magistrado pode obter "confissões" que não ocorreriam no ato formal do depoimento. Assim, ressalte-se, mais uma vez, ser prudente que o advogado concentre as principais falas nele próprio, orientando seu cliente a falar sempre em voz baixa e "ao ouvido", para que os demais não o ouçam. Agora, se o juiz se dirigir diretamente à parte, ela deve responder ao juiz tudo o que lhe for questionado, porque, do contrário, seu ato pode ser considerado, no mínimo, falta de cooperação.

Tal estratégia – da fala predominante do advogado – não impede que o advogado e/ou a parte sejam *solidários* para com a parte adversa, notadamente em situações realmente tristes como nos casos de acidente do trabalho com óbito ou perda de membro, ou, ainda, em demandas que envolvem vínculo de emprego de 15, 20, 30 anos de trabalho, casos nos quais a dispensa, muitas vezes, significou retirar do trabalhador o que ele mais amava fazer na vida.

2.1.4. O juiz como diretor de uma peça teatral dramática

Se a audiência trabalhista é vista como uma peça teatral e, muitas vezes, reveladora de dramas humanos, é imperioso que o juiz cumpra de modo quase sacerdotal (metódico) sua missão de bem presidir a referida audiência. A maioria dos juízes exerce com nobreza essa tarefa. Costumo "brincar" com meus alunos, dizendo a eles que o juiz não erra, no máximo se equivoca, por tratar-se de um "semideus". Em verdade, todo juiz está sujeito ao erro exatamente por se tratar apenas de um *ser humano*, embora com uma vocação especial. Infelizmente, alguns exercem a magistratura sem essa vocação.

Contudo, é importante que advogados, partes e a sociedade como um todo entendam que o juiz provém do meio social em que viveu antes do ingresso na magistratura, carregando consigo todas as suas *experiências de vida*. O maior ou menor conhecimento técnico, cultural ou empírico, sua capacidade de compreensão, de empatia, tudo forma parte de suas características, que vão sendo *moldadas* ao longo dos anos. O juiz não "nasce pronto". Além disso, boa parte das vezes, antes de tornar-se magistrado, o juiz era de classe social inferior à que consegue galgar depois do ingresso na carreira. Todos os problemas sociais com os quais se deparou vão moldando a sua *ampla formação humana*. Outrossim, o juiz, como todo ser humano, tem suas opções políticas, econômicas, culturais e sociais, ainda que não as deva levar em conta ao julgar.

Agora, o que se exige de todos os juízes é que tenham uma apurada *sensibilidade* para esses dramas que lhe são submetidos no processo judicial.

> Para julgar um *ser humano*, o juiz precisa ser *cada vez mais humano*. O excesso de técnica pode ajudar a distanciá-lo desse ideal. É uma armadura a mais para afastá-lo do drama de que o processo está impregnado (NALINI, p. XI – Prefácio à obra de PRADO, 2008).

Bem verdade que uns juízes são mais sensíveis que outros. Até nisso o advogado que tem um conhecimento prévio a respeito das posturas do juiz, como já visto anteriormente, encontra-se em situação favorável para defender melhor seu cliente, por exemplo, sabendo que o juiz (ou juíza) é bastante sensível à comoção sincera, ou se (ele ou ela) não gosta dessa prática porque analisa os fatos de forma mais objetiva.

Além da sensibilidade, o juiz precisa ter bastante *humildade* para compreender não somente a postura e a fala dos advogados e das partes, mas também situações da vida cotidiana que ele desconhece. Principalmente no início de carreira, o juiz, como substituto, atua em diversas cidades e estas têm atividades econômicas distintas, padrões culturais díspares; e o processo muitas vezes revela fatos que só serão bem esclarecidos se bem compreendidas as próprias *expressões peculiares.* Na minha primeira designação como juiz substituto, no longínquo ano de 1996, deparei-me com questões de safra e entressafra de laranja e cana-de-açúcar que envolviam as seguintes expressões: *parada*, *engatador de julieta, catador de bituca* e outras. Posteriormente, surpreendi-me com expressões como *operador de "pare" e "siga", nórea* etc.

Por isso, é extremamente importante que o advogado esclareça à parte e à testemunha que o juiz pode não conhecer aquela determinada expressão ou operação de trabalho e, assim, é preciso que elas a "desenhem", ilustrem-na de forma clara ao magistrado. Isso porque, em muitas oportunidades, ao serem entrevistadas, tanto a parte como a testemunha respondem de forma "óbvia", pois realmente é óbvio para elas, mas para o juiz não e, quanto mais o juiz conseguir "ver" a situação, mais claras se tornarão as alegações postas na inicial ou na defesa.

De outra mirada, há inúmeras *expressões jurídicas* que as partes e testemunhas desconhecem por completo. Não é necessário ir longe, bastando recordar que a maioria das testemunhas não têm a menor noção do que seja "amizade íntima". Elas também não têm ideia, na maior parte das vezes, do alcance das expressões "intervalo intrajornada", "intervalo entrejornadas", "DSR", "improbidade", "autonomia" e tantas outras. Somente para ilustrar, no início da carreia perguntei à testemunha qual era o intervalo intrajornada e ela me olhava espantada, sem responder; o juiz classista – aos mais novos, houve representação classista na Justiça do Trabalho até a Emenda Constitucional n. 24/99 – me sugeriu perguntar à testemunha quanto tempo ela parava para almoço e café; feita assim a pergunta, a testemunha respondeu sem qualquer embaraço: 15 minutos para almoço e 15 minutos para café.

Aqui está mais um ponto importante no preparo do advogado e da entrevista prévia a ser realizada com a parte e testemunhas, esclarecendo, de forma simples e em linguagem acessível a elas, o que significam os termos jurídicos dos principais pedidos e argumentos defensivos que demandam prova oral. Também deve o advogado orientar à parte e à testemunha que elas podem dizer ao juiz que não entenderam determinada pergunta ou expressão, caso isso ocorra; que não precisam ter medo de questioná-lo, obviamente, de forma educada, para bem compreenderem a pergunta formulada.

Por óbvio, toda essa atenção especial somente será possível se o juiz não tiver pressa para acabar logo a audiência. É necessário um *tempo razoável* para a realização de uma audiência de instrução e até mesmo de uma audiência inicial. Com efeito, *é necessário tempo para conciliar e tempo para instruir*, quando a instrução se fizer necessária. Mais adiante, quero tratar do *tempo ideal* para cada tipo de audiência, de modo a respeitar os advogados, as partes e as testemunhas, mas também com vistas à melhor atuação possível do próprio juiz.

> É necessário tempo para conciliar e tempo para instruir, quando a instrução se fizer necessária.

De todo o exposto, pode-se perceber que o juiz, como condutor nato do processo, diretor da peça teatral chamada de *audiência*, tem um papel fundamental na busca da melhor solução à demanda. No entanto, ele precisa ter consciência de que *não é o ator principal* dessa peça. Antes, ele é *o diretor da peça*, aquele que permite e incentiva que cada um dos atores, principais ou coadjuvantes, possa desempenhar seu papel adequadamente, inclusive zelando para que um ator não reduza o papel do outro e não sobreponha sua fala à do outro. Cada um deve falar no seu momento e de *modo objetivo*, para que haja harmonia no desenrolar da peça. Por isso, não é adequado que o advogado ou a parte queira falar por um tempo exagerado, tampouco que fique tecendo minúcias que não ajudam em nada na solução do problema. Nessa peça, cada um deverá exercer o papel da sua *personagem*. E cada personagem tem que se colocar a *máscara de comportamento ideal* para cada situação da audiência trabalhista. Nisso, como já afirmei, a *voz da personagem* é um "instrumento de trabalho" fundamental.

> O juiz não é o ator principal; ele é o diretor da peça teatral chamada de audiência trabalhista.

É bom que os advogados tenham a consciência de que o juiz, até por sua posição destacada de diretor da audiência, possui uma capacidade especial de ver tudo o que está acontecendo, de *interpretar* olhares, posturas, gestos, tons de voz. Como já afirmei, a palavra falada é apenas uma das tantas informações que o juiz recebe ao dialogar com as partes e testemunhas. Na audiência trabalhista, verdadeiramente "o corpo fala". O corpo humano tem "atitudes" e um *simples sorriso* pode ter vários significados. Num sorriso, brotam expressões na boca, no nariz e nos olhos, "que são o espelho da mente". Por isso, a "região ocular é de imensa importância expressiva; revela, como todos sabem, a atitude da mente". Se as sobrancelhas estão abaixadas, revelam "concentração, reflexão, seriedade"; se estão levantadas, "surpresa, espanto, alegria". Se os olhos estão brilhantes, expressam "entusiasmo, alegria"; se estão baços, "desânimo, tristeza". Se os lábios estão arqueados para cima, revelam "prazer, alegria, satisfação"; para baixo, revelam "desprazer, tristeza, insatisfação"; em bico, "dúvida, contrariedade, raiva" (WEIL e TOMPAKOW, 1973, cap. 4).

De acordo com Manoel Antonio Teixeira Filho, é na audiência, em razão do *princípio da imediatidade*, que o magistrado pode verificar a reação das partes e testemunhas às perguntas formuladas, pois nesse momento o juiz:

> [...] age como analista sutil do psiquismo humano, habilidade que a experiência lhe vai gradativamente aprimorando. Olhos inquietos, quase saltando da órbita, à procura de um ponto vago no espaço ou dos olhos do próprio advogado, sudorese intensa, balbuciação, podem ser sintomas de que a parte ou a testemunha estejam falseando a verdade dos fatos. Paradoxalmente, contudo, atitudes de arrogância, de onisciência desassombrada, de respostas imediatas ou dadas quando a pergunta nem sequer foi feita, podem ser indício de depoimentos industriados ou prolépticos (TEIXEIRA FILHO, 1994, p. 82-83).

Mas não é simples assim. Depende do contexto, da situação vivenciada na sala de audiências etc. Contudo, é preciso que os advogados saibam que o juiz enxerga (quase) tudo, sendo um "observador-mor". É também por isso que quem já prestou depoimento não pode se ausentar da sala de audiências, porque o juiz está a todo momento observando não somente a pessoa que está depondo, mas também as pessoas que já prestaram depoimento, notando suas reações, positivas ou negativas, e com isso até mesmo estudando se é o caso de promover (ou não), ao final, a acareação de partes e/ou testemunhas.

Essa é uma tarefa que resta comprometida com as audiências telepresenciais, como veremos em capítulo específico deste Manual.

> E se o juiz, que é o condutor nato do processo, diretor da peça teatral, não executar bem seu papel, como deve o advogado agir?

Por fim, e se o juiz, que é o condutor nato do processo, diretor da peça teatral, não executar bem seu papel, *como deve o advogado agir?* Há alguns magistrados que, infelizmente, não têm a humildade, o tato e o cuidado necessário, especialmente na coleta da prova oral. Também há juízes – poucos, é bem verdade – que ficam extremamente irritados por algum fato ocorrido na audiência e perdem o equilíbrio, ou mesmo deixam esse nervosismo prosseguir para além daquela determinada audiência, surpreendendo os advogados das audiências seguintes. Não há resposta fácil para essa questão. Penso que o advogado deve, com firmeza, mas com respeito e seu tom normal de voz, ponderar com o juiz que não se justifica aquele tratamento na audiência seguinte, que por vezes mal começou, e, conforme o caso, até perguntar se não seria o caso de se suspender a audiência para que os ânimos voltem a serenar. Outras vezes vale a pena ponderar com o juiz que todos o estão tratando tão bem e que esperavam do magistrado uma postura diferente. Nessas situações, quanto mais serena for a manifestação do advogado, maior será a chance de o juiz recobrar sua temperança.

Aqui, vale a pena transcrever a célebre lição de Piero Calamandrei, cuja obra deveria ser lida por todos os advogados ao iniciar sua carreira:

> O advogado deve saber sugerir de forma muito discreta ao juiz os argumentos que lhe dêem razão, de tal modo que este fique convencido de os ter encontrado por conta própria (CALAMANDREI, 2000, p. 41).

2.1.5. Os advogados como atores principais da audiência trabalhista

Se o juiz é o diretor da peça teatral chamada de *audiência trabalhista*, por certo que os advogados são mesmo os *atores principais* e devem ter noção exata do papel que lhes cumpre exercer. Por isso, já afirmei que o primeiro passo da audiência trabalhista é o da *preparação* para esta. O advogado deve, portanto, exercer com dignidade o nobre mister que lhe foi consagrado pela Constituição da República Federativa do Brasil que, em seu art. 133, preceituou que o advogado é "indispensável à administração da justiça". Assim, ainda que a defesa dos interesses do seu cliente exija a prática de determinados atos ou até a não prática de atos que possam "entregar" o seu cliente, o advogado deve, por óbvio, agir com a máxima lealdade possível. *Ética acima de tudo*. Não custa lembrar: o juiz vai formulando um "conceito" do advogado e, por conseguinte, o respeito a ele, à medida que dirige a atuação dele nas audiências trabalhistas. Daí por que o advogado deve exercer a sua profissão, também em audiência, com o *máximo respeito* ao juiz, ao advogado da parte contrária e às próprias partes.

> Os advogados são os atores principais e devem ter a noção exata do papel que lhes cumpre exercer na audiência trabalhista.

Outra questão importante referente à atuação do advogado é a que diz respeito à informação e ao *aconselhamento* da parte. É o advogado quem conhece a técnica. Por vezes o juiz é muito formal e não se manifesta numa linguagem mais acessível, como seria de se exigir nas audiências trabalhistas. Nesses casos, o advogado pode *pedir licença* ao juiz para explicar à parte as questões técnicas que ela não compreende. E quando há proposta de acordo, é o advogado *quem deve saber* se o acordo é conveniente ou não para a parte que ele representa. Para isso, o advogado tem o direito de *explicar pessoalmente* à parte sobre a proposta de acordo. Em ambas as situações, dependendo da extensão do quanto discutido ou proposto, o advogado tem o direito de, com a licença do juiz, *ausentar-se da sala de audiências* acompanhado da parte, para que, numa linguagem mais acessível, lá fora, a parte possa compreender com mais clareza o que se passa. Por fim, obviamente, é o advogado quem deve saber se o melhor é concordar ou não com requerimentos da parte contrária, pois é ele quem detém o conhecimento técnico.

Tudo isso revela o *papel fundamental* do advogado na audiência trabalhista. Por isso, *quem fala*, em regra, é o advogado. As partes são meras *coadjuvantes* (quanto às técnicas para a audiência), ainda que sejam as titulares dos direitos e obrigações discutidos no processo. Daí que as partes devem, em regra, falar apenas com *autorização do juiz* e do seu próprio advogado.

Aliás, em virtude desse papel fundamental da advocacia é que o advogado que patrocina a causa deve ter muito cuidado quando da contratação de *advogado "correspondente"*, pois, em regra, tal advogado não conhece o processo, as partes, as situações peculiares da causa e, quando não toma decisão alguma durante a audiência, afirmando não ter poderes para negociar ou para concordar com deliberações simples, o juiz por vezes se irrita com isso, e com razão. O advogado, *correspondente ou não*, deve estar devidamente preparado para exercer seu papel.

Questão interessante é a de saber se o juiz pode falar *diretamente* com a parte ou se ele precisa de autorização do advogado dela, nas tratativas anteriores à tomada dos depoimentos. Como diretor da peça teatral, o juiz pode dirigir-se *diretamente* a qualquer dos atores, principais ou coadjuvantes. Contudo, em situações mais dramáticas ou em processos mais complexos, até para "ganhar a confiança" do advogado, é prudente que o juiz solicite a ele autorização para falar com a parte (SOUZA JÚNIOR *et al.*, 2018, p. 97). Já presenciei situações em que o advogado não conseguia explicar as vantagens do acordo à parte e, com essa gentileza de pedir autorização, em seguida ele próprio foi mais persuasivo no convencimento da parte, orientando esta a aceitar a proposta de acordo porque era muito razoável.

Ademais, em algumas situações, por mais claro que o advogado seja ao expor os pontos à parte, ela quer ouvir *a opinião do juiz*, notadamente quando está irredutível em sua postura de não aceitar a proposta de acordo da outra parte. Assim, ao expor seus argumentos, o juiz dá mais força e ênfase às orientações do patrono, viabilizando a formalização da avença. Aliás, esta pode ser uma *técnica interessante* para o advogado, quando os valores da pretensão e da proposta estão muito distantes. Ele pode solicitar a intervenção do juiz, ou *a proposta do juízo*, visto que, quando o juiz argumenta (e isto não significa um pré-julgamento) e justifica a sua proposta, as partes podem ceder e não permanecer fincadas em seus extremos, possibilitando a aproximação dos valores e, finalmente, a conciliação.

Uma técnica interessante para o advogado: solicitar a proposta do juízo.

Se o advogado é, pois, imprescindível à efetivação da justiça, seria o caso, então, de se discutir a pertinência da manutenção do *ius postulandi* no processo do trabalho, conforme autorização do art. 791 e §§ da CLT. Há tempo, parte da doutrina tem observado que deveria haver uma revisão desse dispositivo legal, porque temos demandas cada vez mais complexas na Justiça do Trabalho, que envolvem acidente do trabalho, doença ocupacional, assédio moral, assédio sexual e tantos outros fatos jurídicos. Além disso, se uma das partes está assistida por advogado e a outra não, nota-se sempre um desequilíbrio entre elas, tendo o juiz, muitas vezes, de promover um *reequilíbrio* das partes, dando orientações mínimas àquela que se vale do *ius postulandi*. De sorte que exigir a presença de advogado no processo do trabalho seria uma forma de propiciar uma *igualdade real* entre os litigantes, inclusive por causa da dificuldade de acesso ao PJe.

Contudo, o instituto do *ius postulandi* faz parte da *história* da Justiça do Trabalho. É componente essencial de sua estrutura e procedimento. Há casos em que o trabalhador pretende apenas a baixa em sua CTPS e/ou o saque de seu FGTS e/ou o requerimento do benefício do seguro-desemprego. Nessas e outras reclamações de baixíssima complexidade, não seria razoável que a parte tivesse que contratar advogado, pagando honorários contratuais a este, para ter satisfeito um direito que na grande maioria dos casos se revela incontroverso. Como se não fora suficiente, o *ius postulandi* é também admitido no processo penal (*habeas corpus*) e no Juizado Especial Cível, pois o art. 9º da Lei n. 9.099/95 assegura às partes o *ius postulandi* nas causas de até vinte salários-mínimos, embora o § 2º desse dispositivo legal preconize que o juiz deve alertar as partes sobre a "conveniência do patrocínio por advogado, quando a causa o recomendar".

E não custa lembrar que a norma do art. 791 da CLT foi recepcionada pelo Constituição da República Federativa do Brasil. Veja-se a boa doutrina:

> A recepção do art. 791 da CLT pela Constituição Federal de 1988 chegou a ser colocada em dúvida, uma vez que a Carta Magna, no art. 133, considera o advogado essencial à administração da justiça. O argumento de extinção do *jus postulandi* na Justiça do Trabalho foi reforçado pela Lei n. 8.906/94, que, em seu art. 1º, dispõe ser privativo de advogado a postulação a qualquer órgão do Poder Judiciário. No entanto, no julgamento do HC 67.390-2, o STF afirmou que a Constituição Federal não retirou o fundamento de validade das normas especiais que autorizam a prática de atos processuais pelas partes perante a Justiça do Trabalho. Subsiste, então, o *jus postulandi* ou capacidade postulatória perante os órgãos da Justiça do Trabalho, como forma de facilitar e tornar menos dispendiosa a defesa em juízo dos direitos decorrentes da relação de trabalho (ALMEIDA, 2016, p. 312).

Ademais, em certas regiões do país há uma grande quantidade de *reclamações verbais*, principalmente nas áreas das jurisdições dos TRTs do Pará (e Amapá), Amazonas (e Roraima) e Rondônia (e Acre). Conquanto não haja estatística precisa sobre essa quantidade, somente em Manaus foram recebidas 2.205 atermações em 2018. Veja-se:

> Em Manaus/AM, o serviço de atermação reduziu a termo 2.205 reclamações trabalhistas verbais durante o ano de 2018. Em Boa Vista/RR, esse número foi de 1.514. Entre as reclamações trabalhistas mais

ajuizadas no setor estão aquelas relacionadas à rescisão indireta, alvará para saque do FGTS, baixa na Carteira de Trabalho, atraso de salário, assédio moral, estabilidade provisória, reconhecimento de vínculo de emprego, acúmulo ou desvio de função, entre outros. Disponível em: https://portal.trt11.jus.br/index.php/comunicacao/noticias-lista/3793--atermacao-do-trt11-atende-mais-de-10-mil-pessoas-em-2018. Acesso em: 15 ago. 2020.

No TRT-14, foram 2.395 atermações em 2019, sendo que, na Vara do Trabalho de Plácido de Castro, de 280 reclamações naquele ano, 157 (56%) foram por atermação. Nesse Tribunal há, inclusive, um núcleo de atendimento e *atermação virtual*, segundo a Juíza Soneane Raquel Dias Loura, juíza supervisora da SACLE – Secretaria de Apoio ao Conhecimento, Liquidação e Execução. Veja-se:

> O Núcleo de Atendimentos e Atermação Virtual – NAAV, instituído por meio do Ato TRT14 GP. n. 007/2020 do Tribunal Regional do Trabalho de Rondônia e Acre (TRT14 RO/AC), é citado como uma das motivações da corregedoria geral da Justiça do Trabalho para edição da Recomendação nº 8/GCGJT, na terça-feira (23/6), a qual sugere a criação de estrutura pelos tribunais para receber ações sem apoio de advogado. Disponível em: https://portal.trt14.jus.br/portal/noticias/naav-nucleo-de--atendimentos-e-atermacao-virtual-do-trt14-e-referencia-para-edicao--de. Acesso em: 15 ago. 2020.

Volvendo ao tema deste tópico, há outras questões bem interessantes a respeito do profissional da advocacia, como necessidade ou não de juntada de instrumento de mandato (procuração; procuração *apud acta*), prazo para juntada. Também a de saber se o causídico tem direito ao adiamento da audiência quando for o único advogado da causa. Se o advogado pode atuar ou não como preposto. E até mesmo, se é necessário o uso de paletó e gravata para o exercício da advocacia na audiência trabalhista. No entanto, essas questões serão abordadas mais adiante, quando retornaremos a examinar o papel do advogado na audiência trabalhista.

E o *estagiário*? Ele pode atuar no Justiça do Trabalho? Pois bem, de acordo com o art. 3º, § 2º, do Estatuto da Advocacia, o estagiário, se regularmente inscrito na OAB, pode praticar todos os atos processuais, desde que atue "em conjunto com o advogado e sob responsabilidade deste". Assim, o estagiário não poderia participar da audiência trabalhista se não estivesse acompanhado do advogado do escritório. Mas, pela *informalida-*

de do processo do trabalho, os juízes têm admitido que o estagiário faça audiências de tentativa conciliatória ou até mesmo audiência inicial, acompanhado apenas da parte. Por óbvio, nesses casos o estagiário não poderá praticar nenhum ato de natureza estritamente processual, como desistir da ação, aditar a inicial, celebrar acordo processual etc. E, na audiência de instrução, somente poderá praticar atos em geral, inclusive fazer perguntas às partes e testemunhas – conquanto em regra isso não ocorra –, se contar com a *supervisão* de um advogado. Aliás, todo advogado recém-ingresso nos quadros da valorosa OAB deveria acompanhar um colega mais experiente na audiência trabalhista, para verificar várias situações e a forma de reação e/ou manifestação do advogado. Eu fiz isso em Franca (SP), durante o pouco tempo de advocacia que tive antes me tornar magistrado.

> O estagiário, se regularmente inscrito na OAB, pode praticar todos os atos processuais, desde que atue em conjunto com um advogado e sob a responsabilidade deste.

A questão polêmica e complexa relativa aos *honorários de sucumbência* em situações de audiência trabalhista será examinada posteriormente. Há advogados que insistem nos honorários de sucumbência em casos de acordo material, desistência, renúncia e outros. Seria necessário examinar o teor e o alcance do art. 791-A e §§ da CLT para verificar em quais dessas situações caberiam honorários de sucumbência no processo do trabalho e, por isso, não se mostra adequado analisar essa temática neste capítulo.

Para terminar este tópico, *três orientações básicas* ao advogado, em sua atuação como ator principal: 1ª) é possível o *diálogo direto* com a parte contrária, mas desde que *antecedido de autorização* do advogado desta, pois, caso contrário, o colega poderá sentir-se desrespeitado e cobrar a ética do outro; 2ª) o advogado precisa conscientizar-se de que *deve ser cooperativo*, considerando-se que o princípio da cooperação (art. 6º do CPC) é norma fundamental do processo civil (e do trabalho), devendo, inclusive, *cooperar* para a busca da solução consensual (art. 3º, § 3º, do CPC); 3ª) o advogado *não deve se envolver* emocionalmente com a causa, pois o direito ou a obrigação não é dele, tendo em vista que o profissional da advocacia é apenas o "titular" da *capacidade postulatória*.

Sobre esta última orientação, é necessário que o advogado, principalmente o advogado de reclamado, ainda que tenha conhecimento direto dos fatos ocorridos no interior da empresa, não queira ser mais realista do que o Rei e fique tentando convencer o juiz de que o que realmente ocorreu foi o que ele viu ou sabe por estar lá todos os dias. O advogado, nessas e outras situações, deve *manter-se "distante" das narrativas* das partes, até porque muitas vezes aquilo que a parte disse no escritório é desmentido na sala de audiências, às vezes por ela própria.

2.2. AUDIÊNCIA TRABALHISTA: ASPECTOS TÉCNICOS

2.2.1. Audiência ou sessão?

Vistos os aspectos "sensitivos" da audiência trabalhista, impende analisar seus *aspectos técnicos*. O primeiro deles diz respeito ao formato da audiência, vale dizer, se ela é realmente una e contínua, como disciplina tanto o art. 849 da CLT como o art. 365, *caput*, do CPC, ou se ela pode ser cindida.

Antes disso, porém, há de se compreender se *audiência* e *sessão* são a mesma coisa ou não. Pela literalidade dos dispositivos legais mencionados, a audiência deveria ser *uma só*, não importando qual o rito a ser seguido no processo, se ordinário, sumário ou sumaríssimo. Contudo, em inúmeras situações surge a necessidade de se adiar a audiência. Nesses casos, haveria uma só audiência, duas ou várias audiências? Em verdade, a doutrina insiste que, mesmo assim, a audiência é *una*, podendo realizar-se em várias sessões, de modo que a *sessão* seria cada *assentada* ou, de modo mais simples, cada vez que, em dia e horário determinados, o juiz e as partes se "reúnem" para atos específicos, por exemplo, conciliação, instrução, julgamento.

Manoel Antonio Teixeira Filho explica que o fato de a audiência ser *fragmentada*, por necessidade prática, não implica dizer que ela se torna "descontínua". Ainda que haja audiência inicial, audiência de instrução e até mesmo – conquanto isso seja muito raro – audiência de julgamento, trata-se da *mesma audiência*. É dizer, não há "mais de uma audiência: na verdade, ela é una, sob o aspecto ontológico, embora se realize desdobradamente, significa dizer, de modo descontínuo, por meio de sessões específicas" (TEIXEIRA FILHO, 2017, p. 71).

Com efeito, a audiência é uma só; *as sessões*, sim, *podem ser várias*, toda vez que houver a cisão da audiência; "logo, a audiência trabalhista pode ser praticada em uma única ou várias sessões. Daí adveio a referência a audiências unas ou a audiências inaugurais ou de instrução" (SOUZA JÚNIOR *et al.*, 2018, p. 40). De modo que pode haver sessão inaugural – mais conhecida por "audiência inicial" –, sessão de instrução e sessão de julgamento.

Tudo isso resulta bastante claro com a sistemática do CPC de 2015, que fez questão de instituir uma sessão "prévia", denominada de audiência de conciliação ou de mediação (art. 334 do CPC). Não havendo composição, como já afirmei, abre-se o prazo de 15 dias para contestação, pode haver reconvenção, réplica, saneamento do processo e, neste, o juiz designará uma audiência de instrução e julgamento (art. 358 do CPC). Embora o próprio CPC denomine esses grandes atos de "audiência", como o próprio Código diz que no processo civil a audiência é *una e contínua*, podendo ser cindida apenas em casos excepcionais e de modo justificado (art. 365 do CPC), por óbvio que estamos a falar de *sessões* e não de audiência.

Até seria possível imaginar que no processo civil há duas audiências: a de conciliação ou de mediação, e a de instrução e julgamento. Ainda assim, esta última seria una e contínua, em conformidade com o referido art. 365. No *processo do trabalho*, como já referido, dúvida alguma há de que a audiência de julgamento – de conciliação, instrução e julgamento – deve ser contínua, podendo ser adiada apenas por motivo de força maior – leia-se, impossibilidade de ser concluída no mesmo dia –, mas o juiz deveria designar outra em continuação para a primeira "sessão" de audiências "desimpedida", nos termos do art. 849 da CLT.

Assim, aos olhos do legislador trabalhista, a audiência deveria mesmo ser única. Na prática não o é. Aliás, em muitas situações se verificam inconvenientes da audiência una, que em certa medida *prejudicam* as garantias fundamentais do contraditório e da ampla defesa *ao reclamante*. Este, muitas vezes, tem que se submeter à instrução sem ter se preparado adequadamente para ela. É dizer, o advogado do reclamante faz uma leitura dinâmica da contestação, uma verificação muito rápida dos documentos e, quando surgem questões inesperadas – por exemplo, uma reconvenção ou um documento importante não aludido pelo trabalhador –, por vezes não consegue formular perguntas adequadas à parte contrária e às testemunhas, porque não teve tempo suficiente para essa preparação. Por isso se justifica plenamente, em demandas mais complexas, a *cisão da audiência*, mesmo que tenha sido designada como una, para que o reclamante possa se preparar melhor para a instrução, com a designação de outra sessão em prosseguimento.

Há uma justificativa de manutenção da audiência una no processo do trabalho com a tese de que ela promove a celebração de acordos. Contudo, *não há estatísticas* sérias demonstrando que, na prática, isso realmente ocorre. Se é verdade que na audiência inicial o reclamado não se vê estimulado à celebração de acordo porque haverá uma outra "audiência", às vezes designada para uma data distante – ou até porque acredita piamente que o resultado da perícia lhe será favorável, diante da farta documentação comprobatória do cumprimento de todas as NRs, por exemplo –, de outra parte, tenho verificado nesses mais de 27 anos de magistratura que na audiência de instrução o percentual de acordos é praticamente o mesmo verificado nas audiências unas. A *presunção* que daí se extrai é a de que processos com mais *viabilidade* de conciliação propiciam mais acordos, quer na audiência inicial, quer na audiência una ou de instrução. E para o reclamante, principalmente nos processos em que as empresas têm o hábito de não celebrar acordo, é muito mais favorável que ele possa examinar com calma a defesa e os documentos juntados, preparando-se adequadamente para a instrução do processo.

Se era justificável a manutenção de audiência una no passado, porque havia poucos processos e com poucos pedidos, envolvendo poucas matérias da relação de emprego, nos últimos anos, com a ampliação da competência da Justiça do Trabalho, a flexibilização dos direitos trabalhistas e o aumento da informalidade, temos muito mais processos e com diversas matérias. Mesmo após a Lei da Reforma Trabalhista, ainda há processos complexos, com muitos pedidos e matérias envolvidas. E agora, com o julgamento, pelo STF, da ADI 5766 – na qual se declarou a inconstitucionalidade (parcial) das regras dos arts. 790-B, *caput* e § 4º, e 791-A, § 4º, da Consolidação das Leis do Trabalho (CLT) –, a tendência é a de que o número de pedidos tenha crescimento nas demandas trabalhistas.

Penso, portanto, que seria interessante uma inovação legislativa para alterar o procedimento trabalhista, *nos processos de rito ordinário*, para se exigir a apresentação de defesa e documentos em secretaria – no PJe, claro –, num prazo razoável, que poderia ser de quinze dias, oportunizando-se a réplica do reclamante nos quinze dias subsequentes, prazos nos quais as partes deveriam indicar os meios de prova de que pretendem se valer para convencer o juiz, justificando essa necessidade de prova, sobretudo a prova oral, sob pena de preclusão.

Poder-se-ia objetar que esse é o rito do CPC e que isso importaria em maior demora na solução do processo. Primeiro, estou defendendo a alteração do art. 849 da CLT, para se implantar esse ritual no processo do trabalho, *apenas* nos processos de rito ordinário; segundo, muitos juízes do trabalho já têm aplicado esse ritual, de modo geral, ou especificamente para determinadas causas, com grande êxito para a celeridade processual. Sobretudo em varas com maior volume processual e/ou com demandas mais complexas, as vagas na pauta de audiências costumam estar bem distantes da data da propositura da ação. Entre realizar-se uma audiência una seis ou oito meses depois do ajuizamento da ação e "perder-se" 30 ou 40 dias para o rito ora proposto, penso ser melhor a adoção deste rito. Até porque em boa parte dos casos haverá revelia ou desnecessidade de produção de prova oral.

Ainda se poderia argumentar que essa prática inviabilizaria a tentativa conciliatória e que o próprio CPC criou uma audiência prévia de conciliação, antes da própria defesa. Não estou propondo que não haja audiência. Salvo nos casos de ações ajuizadas em face de ente público, o juiz deverá incluir o feito em pauta de audiências para a tentativa conciliatória, logo após o prazo de réplica, ou já designar audiência de conciliação e instrução, caso em que, não havendo acordo, já passará à coleta da prova oral, ocasião em que terá sido assegurado ao reclamante o *contraditório efetivo* de que trata o art. 7º do CPC.

Em suma, se o ideal seria a sessão única, por atender aos princípios da celeridade e economia processual, de outro lado, a audiência "bipartida" e/ou o rito ora proposto atendem aos princípios do contraditório e da ampla defesa, como já referido. E há processos em que a cisão da audiência *será necessária*, a se adotar o rito hoje previsto na CLT, por exemplo, nos processos em que haverá necessidade de realização de perícia, envolvendo as seguintes matérias: adicional de insalubridade, adicional de periculosidade, acidente do trabalho, doença ocupacional.

> Se o ideal seria a sessão única, por atender aos princípios da celeridade e economia processual, de outro lado, a audiência bipartida atende aos princípios do contraditório e da ampla defesa.

Agora, uma *questão bem prática* para os advogados iniciantes. Por vezes o tipo de audiência é descrito por siglas, como INI, INS, JUL, TC, TCE, RTS, RTO, HOTREX. Não se assustem. Essas siglas significam: 1ª) INI – audiência inicial; 2ª) INS – audiência de instrução; 3ª) JUL – audiência de julgamento; 4ª) TC – audiência de tentativa de conciliação; 5ª) TCE – audiência de tentativa de conciliação na execução (e liquidação); 6ª) RTS – audiência de (no) rito sumaríssimo; 7ª) RTO – audiência de (no) rito ordinário; e 8ª) HOTREX – audiência de homologação de transação (acordo) extrajudicial. Os advogados podem, ainda, encontrar as seguintes nomenclaturas: audiência de conciliação, audiência inaugural, audiência informal de conciliação – na qual não há necessidade de apresentação de defesa –, audiência de encerramento da instrução e outras, conforme a criatividade do juiz.

Aliás, após a pandemia de Covid-19, que tornou necessária a realização de audiências telepresenciais, podemos adotar *duas classificações das audiências trabalhistas*, considerando a finalidade do grande ato ou o formato de sua realização. *Quanto à finalidade*, as audiências podem ser: (i) inicial; (ii) de tentativa conciliatória; (iii) de instrução; ou (iv) una. No que concerne ao *formato*, elas podem ser: (i) presenciais; (ii) por videoconferência; (iii) telepresenciais; ou (iv) semipresenciais. Sobre esses formatos de audiência, trataremos no penúltimo capítulo deste Manual.

Daí que a audiência, em qualquer modalidade, é única, podendo haver *várias sessões*, como se verificou nos parágrafos anteriores. Ainda assim, o advogado pode ouvir a expressão "sessão" para designar a *pauta de audiências* do dia, pois há, *na prática*, a ideia de que "sessão" se refere à sessão de audiências do dia. E por isso, quando o juiz adia a audiência, às vezes ele informa às partes que a está adiando para a sessão do dia tal. Nesse aspecto, a sessão é correspondente, guardadas as devidas proporções, à sessão de julgamento que ocorre no âmbito dos Tribunais Regionais do Trabalho e do Tribunal Superior do Trabalho. Lá, não há falar em audiência, mas em *sessão de julgamento*, quer o processo seja julgado no mesmo dia, quer haja adiamento e inclusão dele noutra sessão, o que ocorre, por exemplo, quando um dos julgadores pede vista regimental.

Enfim, ainda que haja a regra do art. 849 da CLT, a cisão da audiência trabalhista – além dos motivos já mencionados – *pode ser justificada* pelos arts. 764 e 765 da CLT, para ultimar a tentativa conciliatória ou para que determinada diligência probatória seja cumprida antes e/ou durante a instrução do feito. Também há justificativa no art. 5º, XXXV, LIV e LV da CF/88, atendendo-se às garantias fundamentais do acesso à justiça, do devido processo legal, do contraditório e da ampla defesa.

Para finalizar este tópico, quero apenas pontuar duas questões que serão melhor analisadas mais adiante: 1ª) as partes devem preparar-se de modo adequado para a audiência inicial, pois nesta o juiz pode promover o *interrogatório* delas (arts. 820 e 848 da CLT); 2ª) é necessário que o advogado domine as técnicas para conseguir a cisão da audiência a fim de que ele tenha condições de fazer uma melhor instrução, em regra invocando o direito fundamental à ampla defesa, mas também as técnicas para evitar o adiamento da audiência, por exemplo, quando o advogado percebe que a parte contrária não tem testemunhas e quer apenas "ganhar tempo".

2.2.2. Publicidade da audiência trabalhista

Desenvolvendo os aspectos técnicos imanentes à audiência trabalhista, conquanto os atos processuais, na Justiça do Trabalho, possam ser praticados nos "dias úteis, das 6 às 20 horas", nos termos do art. 770 da CLT, sendo esses atos públicos, "salvo quando o contrário determinar o interesse social", a audiência trabalhista, em regra, não pode ser realizada em todo esse arco temporal. Disciplina o art. 813 da CLT que as audiências, *na Justiça do Trabalho*, "realizar-se-ão na sede do Juízo ou Tribunal em dias úteis previamente fixados entre 8 e 18 horas, não podendo ultrapassar cinco horas seguidas, salvo quando houver matéria urgente" e, por óbvio, essas audiências serão *públicas*, em regra generalíssima.

De se ressaltar, primeiramente, o caráter de *publicidade* das audiências trabalhistas. Assim, não poderá haver limitações por parte do juízo para que pessoas estranhas ao feito possam assistir às audiências que estão sendo realizadas, considerando-se, inclusive, que a publicidade dos atos processuais é uma *garantia constitucional* inscrita no art. 93, inciso IX, da Constituição da República Federativa do Brasil. Contudo, as próprias regras já mencionadas excepcionam que poderá haver a limitação da presença "às próprias partes e a seus advogados, ou somente a estes, em casos nos quais a preservação do direito à intimidade do interessado no sigilo não prejudique o interesse público à informação" (inciso IX). Com efeito, há casos especiais em que se torna necessária a decretação de "sigilo", mais propriamente, de *segredo de justiça*, conforme disciplinado no art. 189 do CPC.

Questão interessante é a de se definir se, no processo do trabalho, o segredo de justiça deve ser limitado às causas em que haja relevante interesse social (art. 770 da CLT), ou se outras também reclamam a decretação do referido segredo. Não se pode olvidar de que a norma constitucional já transcrita, por óbvio, aplica-se também ao processo do trabalho e, por conta disso, também nas causas em que se deva preservar o *direito à intimidade* das partes ou de terceiros mencionados no processo, há de se decretar o segredo. Resta saber, então, se as hipóteses referidas no art. 189 do CPC se aplicam na Justiça do Trabalho.

Examinando os incisos I a IV do referido art. 189, verificamos que a decretação de segredo de justiça nos processos em que isso seja exigido pelo interesse público ou social (inciso I), ou em que "constem dados protegidos pelo direito constitucional à intimidade" (inciso III), *são plenamente aplicáveis*, mas apenas repetem o que já consta dos arts. 770, parágrafo único, da

CLT e 93, IX, da CF/88. Quanto às hipóteses do inciso II, dizem respeito ao direito de família e, à obviedade, não têm o menor cabimento na Justiça do Trabalho. Resta a hipótese da *cláusula de confidencialidade* estipulada em contrato de arbitragem (inciso IV), e nesse caso há de se verificar previamente se o direito individual do trabalho admite a arbitragem ou se apenas o direito coletivo do trabalho. Penso que a arbitragem não tem muito espaço no direito individual do trabalho, sendo bastante questionável a regra do art. 507-A da CLT, que permite o recurso à arbitragem quando se tratar de trabalhador hiperssuficiente. Como não há espaço para a discussão desse tema nesta obra, observo apenas que muito excepcionalmente se pode admitir essa hipótese de segredo de justiça no processo do trabalho.

Na prática, o que tem justificado a decretação de segredo de justiça é mesmo a *preservação da intimidade* das partes ou de pessoas referidas no curso do processo ou, ainda, de pessoas que tenham dados pessoais expostos na documentação juntada aos autos. Tem sido comum que o juiz do trabalho decrete o segredo de justiça nas causas de assédio sexual, de assédio moral com fatos mais graves, de justa causa por ato de improbidade com documentos de apuração (inquérito) administrativa extensa, e ainda nas demandas que envolvam sigilo bancário. Outros casos, conforme a gravidade dos fatos, também podem ensejar o trâmite em segredo de justiça. No entanto, não basta à parte requerer isso em sua petição, sendo necessário que requeira também em audiência – no início ou no curso dela –, porque somente após a *decisão do juiz* é que o feito pode correr em segredo de justiça.

> Não basta à parte requerer segredo de justiça em sua petição, sendo necessário que requeira isso também na audiência.

Nesses casos, o juiz, na prática, costuma determinar que seja afixado um *aviso por escrito* na porta da sala de audiências, com a inscrição "segredo de justiça", servindo este de comunicação a advogados e outras pessoas que estejam no átrio do fórum, para que não entrem na sala de audiências e respeitem o trâmite em segredo. Se entrarem, o juiz determinará a saída. Nas *audiências telepresenciais*, não será possível afixar esse aviso, sendo que o juiz determinará a retirada de pessoas que estejam aguardando a próxima audiência e/ou que o secretário não permita o acesso de outras pessoas durante a tentativa conciliatória e a instrução.

Embora não se relacione com a matéria em si, de se registrar que há juízes que não gostam da sala cheia, até porque pode haver certo tumulto, e por isso limitam a presença de advogados e principalmente de estagiários, por vezes dizendo que só aceitam três estagiários em cada audiência. Não há autorização legal a essa prática. Contudo, há de se ter bom senso e se a sala de audiências já se encontra repleta diante da presença das partes, seus advogados e testemunhas, é prudente que advogados e estagiários aguardem um certo esvaziamento do recinto para que possam nele adentrar.

Questão interessante é a relacionada à sala de audiências virtual, nas *audiências por videoconferência e telepresencial*, mas sobre essa intrincada questão trataremos no penúltimo capítulo desta obra.

2.2.3. Local, horário e duração das audiências

No que concerne ao *local de realização* das audiências, como é sabido, elas se realizam na sede do juízo ou tribunal (art. 813 da CLT). No entanto, há situações ou casos especiais, e nestes a própria CLT autoriza que o juiz designe "outro local para a realização das audiências, mediante edital afixado na sede do Juízo ou Tribunal, com a antecedência mínima de 24 horas" (art. 813, § 1º, da CLT). Daí por que, em causas onde há um grande número de pessoas envolvidas, por exemplo, nas chamadas *ações plúrimas* (com muitos reclamantes) o juiz pode deliberar pela realização da audiência em *local diverso*, como ginásios, teatros e outros espaços maiores. No entanto, terá de fazer essa designação em decisão fundamentada, além de cumprir a formalidade de publicação de *edital específico*, conforme a regra transcrita. E, por óbvio, terá de respeitar os cinco dias úteis, prazo mínimo de preparação da defesa do art. 841, c/c o art. 775, ambos da CLT.

O advogado tem de estar atento a isso, principalmente quando houver reforma no prédio do fórum e outras situações, como fechamento temporário por inundação ou qualquer outro motivo, casos em que a audiência poderá ser designada para outro local. Mesmo no prédio do fórum, é importante que o advogado esteja atento porque boa parte das varas do trabalho tem *mais de uma sala de audiências*, normalmente denominadas de "sala 1" e "sala 2". Além disso, nos fóruns maiores há o CEJUSC – Centro Judiciário de Solução de Conflitos –, sendo que muitas audiências de tentativas de conciliação, principalmente nas fases de liquidação e de execução, são designadas para serem realizadas *no CEJUSC* e não na vara por onde tramita o processo.

Há, ainda, outros casos que dependem de *audiências especiais*, como os de reclamações plúrimas – já mencionado –, e de outras audiências "coletivas", como, por exemplo, na *fase de liquidação de uma ação civil pública*, mais propriamente, de uma ação civil coletiva, onde normalmente há inúmeros substituídos. Pode ser lembrada, também, a necessidade de o juiz realizar a audiência *em hospital ou na residência da parte*, quando esta se encontra bastante enferma ou com idade avançada, sendo que o juiz pode deslocar-se até o hospital ou à referida residência para ali realizar a audiência (SOUZA JÚNIOR *et al.*, 2018, p. 43), embora isso não seja comum. Em todos esses casos, há necessidade de *preparação do local* e o juiz precisa designar pessoal específico, de sua equipe ou não, para a devida preparação, inclusive com equipamentos de informática para o registro dos fatos ocorridos na ata de audiência. Não importa em que local a audiência se realize, em todos eles haverá necessidade de *registro dos fatos mais importantes* na mencionada ata (art. 817 da CLT).

Volvendo à questão do *horário das audiências*, como pontuado, elas devem ser realizadas entre as 8 e as 18 horas. Em regra, elas são realizadas no turno da manhã, entre 8 e 12 horas, ou no turno da tarde, entre 13 e 18 horas. Isso se dá conforme a preferência de cada juiz, mas também em atenção à regra do art. 813 da CLT, segundo a qual as audiências não podem ultrapassar o lapso de cinco horas seguidas. Resta saber se esse limite de cinco horas é para cada audiência ou se para a "sessão" toda, vale dizer, da pauta específica daquele dia. Por óbvio, *não se trata de um limite de jornada* para o magistrado, até porque ele tem inúmeras outras atividades a serem realizadas como, por exemplo, despachos, decisões interlocutórias, sentenças, atendimento a advogados e partes, administração da vara etc. Assim, o limite de cinco horas deve ser *para cada audiência* (ou sessão).

Destarte, nada obsta que o juiz realize audiências das 8 às 18 horas, conquanto não seja recomendável essa prática porque, depois de quatro ou cinco horas de audiências, o juiz já não tem as mesmas percepções, diante do natural desgaste de uma pauta em que sempre há processos complexos ou intercorrências muitas vezes não previstas.

Questão interessante é a relacionada à *duração da audiência trabalhista*, ou seja, a de se definir se o juiz pode realizar uma audiência com mais de cinco horas ou se pode ultrapassar o horário das 18 horas. A própria dicção do art. 813 diz que, se "houver matéria urgente", o juiz poderá *ultrapassar os limites temporais* já mencionados. Eu mesmo já realizei uma audiência que durou seis horas, na instrução de uma ação civil pública. Ademais, há várias ocasiões em que a audiência instalada antes das 18 horas, por intercorrências previsíveis ou imprevisíveis, estende-se até 19 horas ou mais. Em nenhum desses casos haverá nulidade porque inclusive se atende à ideia de unicidade da audiência e ao *princípio da incomunicabilidade das testemunhas*, que será estudado no capítulo próprio.

Outra questão é a de saber se o juiz pode realizar audiências em dias que não são considerados úteis, como sábados, domingos e feriados. Da mesma forma, havendo *decisão fundamentada*, principalmente diante de situações emergenciais, isso poderá ocorrer. Cita-se, como exemplo, o triste fato de uma *dispensa coletiva de trabalhadores*, mormente quando a empresa é uma das principais empregadoras da cidade, fecha as portas da noite para o dia e não paga verbas rescisórias a nenhum dos trabalhadores. São casos como esses que justificam a realização de audiências em dias nos quais normalmente não há expediente forense (SOUZA JÚNIOR *et al.*, 2018, p. 44). Vale lembrar, ainda, dos casos em que um juiz é promovido ou removido para uma vara totalmente desestruturada, com uma quantidade absurda de processos aguardando audiências, ocasiões em que ele poderá fazer um *plano de trabalho* e, justificadamente, realizar audiências em sábados ou, sendo absolutamente necessário, domingos e feriados. Contudo, há de se resguardar, nessas ocasiões, o acesso à justiça à parte que tem algum dogma religioso, como as testemunhas de Jeová, que guardam repouso absoluto do pôr do sol da sexta-feira ao pôr do sol do sábado.

Questão por demais complexa é a de saber se, mediante *negócio jurídico processual*, as partes teriam a faculdade de escolher dia e horário específico para as suas audiências, em conformidade com o art. 190 e parágrafo único do CPC. A questão implica em saber, previamente, se essas regras se aplicam supletivamente no processo do trabalho, já que não temos norma própria que trate do negócio jurídico processual. Particularmente, entendo *incompatível* com o processo do trabalho o referido instituto do negócio jurídico processual, como sabiamente recomendou o TST, na Instrução Normativa n. 39/2016 (art. 2º, inciso II). No penúltimo capítulo desta obra voltaremos a tratar do negócio jurídico processual.

2.2.4. Local das audiências por videoconferência e telepresencial

No penúltimo capítulo desta obra trataremos de vários temas relacionados às audiências por videoconferência e telepresencial.

Apenas para aguçar o interesse do caro leitor, sabe-se que a audiência por videoconferência já é uma realidade no processo penal brasileiro há mais de uma década e, desde o CPC de 2015, tem sido incentivada tanto no processo civil como no processo do trabalho. Assim, o art. 385, § 3º, do CPC, faculta a *tomada de depoimento pessoal* da parte que resida em comarca ou subseção judiciária distinta daquela por onde tramita o processo, "por meio de videoconferência ou outro recurso tecnológico de transmissão de sons e imagens em tempo real, o que poderá ocorrer, inclusive, durante a realização da audiência de instrução e julgamento". Até mesmo o *depoimento de testemunhas*, que também residam em comarca ou subseção judiciária diversa, poderá ser colhido "por meio de videoconferência ou outro recurso tecnológico", em conformidade com o art. 453, § 1º, do CPC.

Bem se vê que a audiência por videoconferência, a princípio, foi pensada a fim de se *evitar o deslocamento da parte* para a audiência no juízo onde a causa é processada – em regra, o réu –, bem como com o intuito de se *evitar a expedição de carta precatória* para a tomada de depoimento de testemunhas, expediente que normalmente atrasa a solução do processo. Contudo, diante da *pandemia de COVID-19*, a audiência "por videoconferência" – em verdade, telepresencial – passou a ser uma ferramenta da maior utilidade para que os processos sigam, na medida do possível, o seu curso, evitando-se a paralisação completa das audiências. No processo do trabalho, que é um "processo de audiência", como já referimos, a audiência telepresencial tem sido uma interessante ferramenta.

Por óbvio que o *local de realização* dessa audiência é um ambiente virtual, como veremos no capítulo específico.

Sem embargo, ainda há tantas dúvidas, temores, resistência de alguns advogados, situações que se agravam com a *imensidão de atos normativos* publicados para disciplinar a realização desses atos processuais, que ainda não há segurança jurídica para se afirmar a positividade ou negatividade dessa ferramenta.

Entretanto, sem dúvida alguma, a mais delicada questão relacionada às audiências telepresenciais, na Justiça do Trabalho, é a da *obrigatoriedade* de os advogados e partes participarem da audiência, principalmente da *audiência de instrução*. E, para além desta (questão), há tantas outras questões que envolvem essa temática. São tantos questionamentos que o melhor a fazer é deixar essa problemática para ser examinada em capítulo próprio, o penúltimo desta obra.

2.2.5. Organização da pauta de audiências

Este tópico é muito mais útil aos juízes do trabalho que estão a iniciar sua carreira profissional. Assim mesmo, pode ser útil aos advogados na medida em que passam a compreender os critérios que normalmente são utilizados pelo juiz na organização de sua pauta de audiências. Há juízes que não dão muita importância a essa prática, inclusive aceitando a designação automática levada a efeito quando da distribuição do processo. Contudo, nesses mais de 27 anos de magistratura tenho percebido cada vez com mais convicção que o ideal é programar uma pauta minimamente "inteligente", para evitar maior desgaste do próprio juiz e do secretário de audiências, bem como para evitar atrasos exagerados, que são desrespeitosos em relação aos advogados, partes e testemunhas.

Por certo que as Corregedorias, nesse afã de cumprimento de metas estipuladas pelo CNJ, têm cobrado dos juízes uma "aceleração" da pauta, que muitas vezes impede a programação de uma pauta minimamente razoável. Contudo, há *limites físicos e psíquicos instransponíveis*, e que devem ser levados em consideração (SOUZA JÚNIOR *et al.*, 2018, p. 45). Se de um lado há a necessidade de se atender aos princípios da celeridade e da efetividade, de outro, há de se *preservar a saúde física e mental* do juiz, do secretário de audiências, dos demais servidores da vara do trabalho e, por extensão, dos advogados, partes e testemunhas. De sorte que não é aceitável a marcação automática de audiências pelo PJe, até porque o sistema não tem critérios adequados para a organização de uma pauta. Some-se a isso o desgaste psíquico que interfere significativamente na compreensão da fala dos depoentes e que, consequentemente, irá influenciar (negativamente) a convicção do juiz na prolação da sentença, já que o "sentir" da audiência ficará comprometido com pautas irrazoáveis.

Por tudo isso, o ideal é que o juiz fixe *critérios objetivos* para que sua secretaria faça o agendamento das audiências de modo a se estabelecer o que se poderia denominar de *pauta "inteligente"*. Cada juiz tem seu método de trabalho e há inúmeras maneiras de organização dessa pauta. Em linhas gerais, é necessário que o juiz observe o *rito do processo* – porque, em regra, processos de rito ordinário demandam mais tempo para a realização da audiência –, mas também o *tempo médio* para a realização de cada tipo de audiência (inicial, una, instrução e outras).

De minha parte, nas audiências presenciais, tenho realizado *audiências iniciais* no começo da pauta, porque são, em geral, menos demoradas e os advogados não precisam esperar tanto pela realização da sua audiência. Em seguida, *audiências de instrução*, em regra, dois casos mais complexos no início, depois, dois casos de média complexidade e, após isso, dois casos mais simples; isso porque não é razoável que o juiz tenha de instruir, ao final do dia, processos de intensa complexidade. O cansaço lhe impedirá de cumprir adequadamente seu papel. Ao final da pauta, *audiências unas*, também levando em conta a complexidade das causas. Com isso, as audiências iniciais não se atrasam tanto, e mesmo que haja natural atraso nas instruções ou unas mais complexas, ao final, recupera-se o tempo "perdido", normalmente sendo possível terminar a pauta em até cinco horas de "sessão".

Não é tarefa fácil definir qual o *tempo médio* para a realização de uma audiência. Sabe-se que o CPC, para que haja maior respeito aos advogados, definiu um tempo de 20 minutos para a realização das audiências de conciliação ou de mediação (§ 12 do art. 334 do CPC), e de uma hora para as audiências de instrução e julgamento (§ 9º do art. 357 do CPC).

Contudo, segundo informações extraoficiais, na Justiça Estadual e na Justiça Federal comum a quantidade de audiências, sobretudo de instrução, é bem menor do que a quantidade de audiências colocada nas pautas da Justiça do Trabalho. Fala-se em cinco ou seis audiências por dia, às vezes menos. Agora, na *Justiça do Trabalho* é comum que as varas realizem pautas de 10, 12, 15 ou mais audiências diariamente. Ainda que haja audiências iniciais ou de tentativa conciliatória, quase sempre há pelo menos *10 audiências unas ou de instrução* em cada pauta. Isso não é razoável e, em tempos de pandemia, o que se verificou, na prática, é que o tempo para a realização de audiências *telepresenciais* é *infinitamente maior*.

Nas *audiências presenciais*, o tempo ideal médio para a realização de audiências *iniciais* ou de *tentativa conciliatória* é de 10 minutos. Contudo, em quase todos os dias, presido pelo menos uma audiência inicial em que a negociação com vistas ao acordo demora de 20 a 30 minutos. Mas há audiências que se realizam em 3 ou 4 minutos. Por causa das metas, tenho designado audiências iniciais de 5 em 5 minutos, mas isso sempre acarreta atraso no início das instruções em cerca de 15 ou 20 minutos. Penso ser justificável esse pequeno atraso, para que se possa realizar *autênticas tentativas conciliatórias*. Uma das técnicas que podem ser utilizadas pelo juiz, nesse contexto, é a de *suspender* a audiência trabalhista para que as partes, fora da sala (de audiência), possam negociar melhor. Enquanto isso, o juiz realiza as próximas audiências da pauta, como veremos mais adiante. Uma prática que, aliás, contribui para que a Justiça do Trabalho seja uma das mais céleres do país.

As *audiências de instrução* de casos complexos demandam, em média, uma hora e 30 minutos, as audiências de média complexidade, uma hora, e as audiências de instrução mais simples, 30 minutos. Mas há inúmeras situações que podem ocorrer, como ausência do reclamante ou reclamado, conciliação e outras, que podem abreviar o tempo da audiência a 5 ou 10 minutos. Por isso, tenho designado audiências de instrução com o intervalo de 30 minutos porque, na média, o atraso, ao final, será de 30 ou 40 minutos, o que é razoável.

Quanto às *audiências "de" rito sumaríssimo*, como, em regra, os processos que tramitam nesse rito são de menor complexidade, as instruções se realizam num tempo de 15 a 45 minutos e, por isso, o ideal seria um tempo médio de 30 minutos. Por causa das metas, tenho designado audiências unas, nos processos de rito sumaríssimo, com intervalo de 15 minutos entre elas.

Em suma, tenho organizado minha pauta de audiências com seis audiências iniciais de 5 em 5 minutos, cinco ou seis audiências de instrução de 30 em 30 minutos, e quatro ou cinco audiências de rito sumaríssimo de 15 em 15 minutos. Tenho começado às 13 horas e normalmente terminado a pauta às 17:30 ou 18 horas. Não houvesse uma organização que levasse em conta a complexidade dos processos e o tipo de audiência, certamente não seria possível realizar uma pauta dessas em cinco horas.

Claro que, com isso, minha pauta de audiências não é a melhor do fórum. Ainda que haja cobranças, entendo que a boa prestação jurisdicional depende *primordialmente* de uma *audiência bem realizada*. Por óbvio, não é fácil antever casos de complexidade fática maior e algumas audiências podem demorar duas ou três horas. Em algumas situações, o melhor a fazer é adiar alguma audiência na sequência – quando o reclamante pode esperar – e com isso recuperar o tempo razoável de atraso. Não custa lembrar: o advogado é imprescindível à Justiça, merecendo respeito por parte do juiz. Com efeito, atrasos exagerados na pauta não só o aborrecem, mas boa parte das vezes provoca um acirramento dos ânimos, prejudicando o êxito da tentativa conciliatória e proporcionando uma coleta de provas apressada, o que pode significar um imenso desgosto à parte que comparece na Justiça do Trabalho, obscurecendo o seu "dia na Corte".

Ainda quanto ao tema da organização da pauta de audiências, necessário registrar que *não se realizam* audiências, nem mesmo na Justiça do Trabalho, *entre 20 de dezembro e 20 de janeiro* do ano seguinte. Atendeu-se ao antigo e legítimo requerimento da advocacia, de unificação dos prazos de férias e/ou recesso forense, com a regra do art. 220, *caput*, do CPC, pois ali se determinou a suspensão de todos os prazos processuais "nos dias compreendidos entre 20 de dezembro e 20 de janeiro, inclusive". E mais, determinou-se que, durante a suspensão dos prazos processuais, "não se realizarão audiência nem sessões de julgamento", nos moldes do § 2º do referido art. 220. Neste sentido: SOUZA JÚNIOR *et al.*, 2018, p. 47.

Poder-se-ia objetar que este dispositivo não seria aplicável ao processo do trabalho, diante da regra própria prevista para a Justiça Federal comum e especializada do trabalho, para as quais sempre houve o recesso forense entre os dias 20 de dezembro e 6 de janeiro do ano seguinte (art. 62, inciso I, da Lei n. 5.010/66). Contudo, já o art. 3º, *caput*, da Resolução n. 244/2016 do CNJ determinava a suspensão dos prazos e a não realização de audiências nos períodos mencionados.

Ademais, a Lei n. 13.545, de 19-12-2017, introduziu na CLT o art. 775-A e §§, com redação idêntica à do art. 220 e §§ do CPC, de modo que não há mais dúvida de que, no processo do trabalho, todos os prazos processuais ficam suspensos entre 20 de dezembro e 20 de janeiro e, nesse período, *não podem ser realizadas* nem audiências em primeiro grau, nem sessões de julgamento nos tribunais.

O que fazer, então, se a parte tem necessidade de realização de uma audiência urgente? Imagine-se o caso da testemunha-chave do processo que descobre uma *doença em estado terminal* e o advogado (a parte) precisa ouvi-la no início de janeiro. Imagine-se também a situação da parte que requer uma *tutela antecipada* ou uma *tutela cautelar de urgência* e o juiz decide que não há prova da situação fática alegada. Nesses casos, o advogado pode requerer uma audiência de produção antecipada da prova ou de justificação prévia (art. 300, § 2º, do CPC), e o juiz poderá realizar, sim, a audiência no período de suspensão de todos os atos processuais. Por se tratar de evidente *caso de urgência*, de se ponderar que a realização de atos urgentes, a fim de se evitar dano irreparável, está autorizada para os períodos de suspensão do próprio processo, em conformidade com o art. 314 do CPC.

2.2.6. Audiência inicial ou una: primeiros passos

O advogado sempre deve estar atento aos *primeiros passos* da audiência trabalhista, porque normalmente eles são muito rápidos, diante da *dinamicidade* dessa audiência, como já enfatizado. Há alguns passos que são muito importantes e normalmente não são aprofundados pela doutrina. Na sequência, examinaremos aspectos práticos como os de verificação das notificações, atenção ao pregão, atraso das partes, atraso do juiz e outros.

A) Verificação das notificações iniciais

É imprescindível que o advogado *leia com atenção redobrada* todas as diretrizes que o juiz faz consignar na *notificação* para a audiência, sobretudo para a audiência inicial ou una. Muitos dos entendimentos do juiz, inclusive a respeito de ausências, atrasos e produção de provas, encontram-se ali. Se o advogado lê, sem pressa, cada uma das diretrizes que constam da notificação da audiência, poderá evitar surpresas e preclusões.

De saída, o advogado do reclamado deve atentar para o *prazo mínimo* que ele tem para elaboração da defesa e organização dos documentos a serem juntados. Como já afirmei algumas vezes, esse prazo é de *cinco dias* (art. 841 da CLT). Obviamente, se for advogado de ente público, ele disporá do prazo de 20 dias, em conformidade com o Decreto-lei n. 779/69. Esses prazos, também no processo do trabalho, agora são contados *em dias úteis*, diante da alteração do art. 775 da CLT pela Lei da Reforma Trabalhista. Não obstante, a citação, no processo do trabalho, é *impessoal* e, ademais, há de se se observar o prazo de 48 horas para que *se presuma* entregue a notificação inicial ao reclamado, como se extrai do artigo 774, parágrafo único, da CLT.

Como é sabido, os Correios têm demorado mais tempo do que o legalmente previsto para a entrega de correspondências em geral e também dessa notificação. Ainda assim, a *Súmula n. 16 do TST* tem firme entendimento no sentido de que *se presume a entrega* da notificação citatória ao reclamado no prazo de 48 horas após a sua expedição (entrega ao funcionário dos Correios). E mais, esta súmula disciplina que é *ônus do destinatário* comprovar que essa notificação não foi entregue no prazo de presunção relativa. É dizer, pois, que o reclamado tem de alegar e comprovar o recebimento extemporâneo da notificação inicial. Se o fizer, poderá conseguir o adiamento da audiência porque não houve observância do prazo mínimo de cinco dias úteis. Outrossim, poderá haver casos de designação de audiência para data tão próxima que, mesmo tendo a notificação sido entregue no prazo de 48 horas, não terá sido observado o prazo mínimo de defesa. Em todas essas situações, ou o juiz adia a audiência, ou a realiza *exclusivamente* para tentativa conciliatória, renovando o prazo de defesa (e documentos), sob pena de nulidade.

Infelizmente, não tem havido mais segurança jurídica quanto a essa questão, quando o reclamado *não comparece* na primeira audiência. De acordo com o art. 841, § 1º, da CLT, essa notificação teria de ser feita com *registrado postal*, para que houvesse certeza quanto à data da entrega da notificação. Contudo, alguns tribunais, como o da 15ª Região, não têm observado essa diretriz, por economia de numerário, utilizando-se da "carta simples", e muitas vezes o juiz não tem segurança para declarar a revelia, porque não sabe se a notificação foi ou não entregue ao reclamado. Diante disso, alguns juízes – como eu – têm determinado o adiamento da audiência e nova citação do reclamado, desta feita por registrado postal. De se registrar: o reclamado tem o prazo de 48 horas para sua citação e de cinco dias úteis para a sua defesa, de modo que a audiência não pode ser realizada no prazo inferior a sete dias – pelo menos –, contado da data da expedição da notificação (48h + 5 dias).

Enfim, o advogado precisa ler com atenção não só as notificações para a audiência inicial ou una, mas também para a audiência de instrução, bem como estar atento aos adiamentos ou às antecipações de audiências, pois pode haver *alteração das diretrizes do juízo* e isso constará expressamente nas referidas notificações. É importante também que o advogado verifique se na notificação já houve determinação de apresentação de quesitos e indicação de assistente técnico, sob pena de preclusão. Outro aspecto interessante é o de que algumas varas, por questão de "filtro de pauta" no sistema PJe, têm designado audiências unas, mas com a observação de que não é necessário o comparecimento de testemunhas, visto que não haverá instrução, por haver pedidos que dependem de prova pericial. O advogado deve estar atento a isso, pois poderá exercer todo um trabalho desnecessário (convite à testemunha, entrevista prévia, preparo para uma instrução). Porém, *e se o reclamante desistir do pedido?* O juiz deverá designar *obrigatoriamente* uma audiência de instrução *em prosseguimento*, pois, do contrário haverá severa nulidade por cerceamento do direito de produção de prova por parte do reclamado.

B) Atenção ao pregão

Como já visto anteriormente, é necessário que o advogado esteja muito atento para ouvir o secretário de audiências apregoar as partes, a fim de que se dê o início da audiência. *Não se tem tolerado* atrasos das partes, ainda que a pauta de audiências esteja atrasada. Não é prudente que o advogado acredite que o atraso da audiência anterior vai se perpetuar nas audiências posteriores. Dito de maneira simples: a audiência das 15 horas está atrasada em uma hora, mas a das 15:30 se realiza em 5 minutos, a das 16 horas em 5 minutos e a das 16:15 vai ser apregoada exatamente no horário marcado. Se o advogado saiu do fórum para um lanche rápido, ou se ficou desatento conversando na sala da OAB ou no átrio do fórum, poderá perder a sua audiência e a parte o seu "dia na Corte", com consequências jurídicas por vezes terríveis (revelia, confissão).

Como já afirmado, retificação do nome das partes, verificação de legitimidade, observância do direito ao uso do nome social (art. 4º do Decreto n. 8.727/2016) – o transexual e o travesti tem direito a usar o nome social, desde que acompanhado do nome civil – e outras questões conexas devem ser objeto de *requerimento ao juiz*, na sala de audiências, para que este delibere a respeito.

Agora, é preciso *espírito de cooperação* entre os advogados. Por vezes, o sistema de som está funcionando defeituosamente e é muito louvável a atitude do advogado que comunica ao causídico da outra parte que foi realizado o pregão da audiência. Há outras situações, como a do advogado que tem audiência em outra vara do fórum. Nesses casos, convém ao advogado *conversar previamente* com o juiz da vara da audiência posterior, informando-o de que talvez ainda esteja fazendo audiência na outra vara quando houver o pregão. Quando isso ocorre, normalmente o juiz espera que o advogado termine a audiência instalada anteriormente, para que possa respeitar o direito do advogado de participar de ambas as audiências, exceto quando se tratar de escritório que tenha vários advogados. Aqui também, o advogado da parte contrária deve *cooperar*, esperando que seu colega esteja apto para a audiência que realizarão juntos. Contudo, a parte deve adentrar à sala de audiências, ainda que desacompanhada de advogado, para evitar a aplicação da penalidade cabível.

Outra situação é a da *antecipação da audiência* por conta da celebração de acordos (SOUZA JÚNIOR *et al.*, 2018, p. 56). Não é razoável que as partes da audiência das 16 horas tenham celebrado acordo, cheguem ao fórum às 15 horas e fiquem aguardando a realização das audiências anteriores, principalmente em dias nos quais a pauta está atrasada, para que o juiz homologue o seu acordo. Ora, se a busca da solução consensual é a finalidade precípua da Justiça do Trabalho e se até o CPC de 2015 estimula o acordo (arts. 764 da CLT e 3º, § 3º, do CPC), o recomendável é que o juiz *antecipe a audiência* do processo em que as partes celebraram acordo. Nesse caso, os advogados, por seu *dever de cooperação*, não podem se queixar por terem de aguardar 5 ou 10 minutos a mais, para a realização de sua audiência.

Enfim, há situações nas quais o juiz *suspende a audiência* para a celebração de acordo, por vários motivos, por exemplo, para que o advogado ou preposto telefone para a empresa e/ou espere um retorno dela quanto à proposta de acordo feita pela outra parte ou pelo juízo. Há, ainda, casos nos quais uma das partes está renitente, sem motivo plausível, sendo necessário um prazo maior para que o advogado a oriente ou para que ambos compreendam as ponderações do juiz. São esses e outros casos que justificam a referida suspensão. Ademais, infelizmente, as faculdades ensinam bastante a litigar, mas pouquíssimo a conciliar. Por isso, os advogados, salvo ótimas exceções, não desenvolvem uma *cultura* que favoreça os acordos. Daí que a *técnica da suspensão da audiência*, muitas vezes, mostra-se necessária para difundir essa cultura da conciliação.

A pergunta é: por quanto tempo o juiz pode suspender a audiência? E como consequência: ele pode "passar" outra audiência "na frente" da que se encontra suspensa? São questões bem complexas e que serão examinadas em capítulo próprio, quando tratarmos da tentativa conciliatória.

C) *Efeitos jurídicos no atraso das partes*

A jurisprudência trabalhista tem sido firme no sentido de *não tolerar atraso das partes*, pois é dever delas comparecer no dia e horário para a sua audiência. Assim, *na hora marcada*, ainda que o pregão demore algum tempo, as partes têm de estar disponíveis para a realização da audiência, acompanhadas de seus advogados. Daí por que o *art. 815 da CLT* é categórico: à hora marcada, o juiz irá declarar "aberta a audiência", sendo que o secretário de audiências fará a "chamada das partes, testemunhas e demais pessoas que devam comparecer" para o início do ato solene. Por óbvio, as testemunhas não entram na sala de audiências nesse momento, mas já devem se encontrar no átrio do fórum.

Há de se registrar que a Lei n. 14.657, de 23 de agosto de 2023, nada alterou sobre esse dever de pontualidade das partes. O que essa lei fez foi acrescentar ao referido art. 815 os §§ 2º e 3º, numerando o antigo parágrafo único como § 1º, apenas para autorizar às partes e seus advogados que se retirem e possam ir embora, se, "até 30 (trinta) minutos após a hora marcada, a audiência, injustificadamente, não houver sido iniciada". Mais adiante analisarei essa alteração legislativa que, apesar do alarde de alguns, nada mudou no plano fático.

O *art. 358 do CPC* também é categórico quanto à pontualidade, pois disciplina que, no "dia e na hora designados, o juiz declarará aberta a audiência de instrução e julgamento e mandará apregoar as partes e os respectivos advogados, bem como outras pessoas que dela devam participar". Assim, *não há tolerância legal* para nenhum atraso das partes e dos advogados. Pelo contrário, o recomendável é que estes se encontrem no fórum pelo menos 30 minutos antes da hora marcada para a sua audiência. As partes não devem contar com naturais atrasos da pauta. Há, inclusive, situações de advogados que entram na sala de audiências com alguns minutos de atraso, apontam para o seu relógio de pulso e dizem que o horário do relógio pendurado na parede da sala de audiências está adiantado. Contudo, não se deve verificar o horário nem pelo relógio do juiz, nem pelo relógio do advogado ou das partes. É, sim, o *relógio da sala de audiências* o que deve apontar o horário para cada sessão. Agora, se houver algum relógio no átrio do fórum e for constatada divergência de horários, poderá o advogado solicitar que o juiz analise a questão.

Não há tolerância legal para nenhum atraso das partes e dos advogados.

Essa *inexigibilidade* de tolerância para com o atraso das partes é pacífica na jurisprudência do TST, cuja OJ – Orientação Jurisprudencial – n. 245, da SDI-1, disciplina o seguinte: "Inexiste previsão legal tolerando atraso no horário de comparecimento da parte na audiência". Esta OJ foi prevista para os casos de declaração de *revelia*, mas, por óbvio, aplica-se também ao reclamante (e ao reclamado), quanto à audiência de instrução.

De tal sorte que, se o reclamante chegar atrasado na audiência inicial ou una, sofrerá os efeitos do *arquivamento*, e se o reclamado chegar atrasado em qualquer destas audiências, será declarado *revel* e confesso quanto à matéria de fato (art. 844 da CLT). Se qualquer deles chegar atrasado na audiência de instrução em prosseguimento, será declarado *confesso quanto à matéria de fato* (Súmula n. 74 do TST). Estes são, portanto, os efeitos jurídicos *mais importantes* quando se constata o atraso das partes.

Veja-se, a propósito, trecho de ementa de acórdão da 4ª Turma do TST, no qual se decidiu que não se pode falar em atraso ínfimo, sobretudo quando a parte contrária já se retirou da sala de audiências, não sendo possível a reabertura da instrução nesses casos:

> AGRAVO EM AGRAVO DE INSTRUMENTO EM RECURSO DE REVISTA. ACÓRDÃO REGIONAL PUBLICADO NA VIGÊNCIA DA LEI No 13.015/2014, MAS ANTES DA LEI No 13.467/2017. NÃO COMPARECIMENTO DA RECLAMADA NA AUDIÊNCIA. REVELIA. CONFISSÃO. AUSÊNCIA DE PROVA PRÉ-CONSTITUÍDA. OJ Nº 245 DA SDI-1 DO TST. INEXISTÊNCIA DE PREVISÃO LEGAL QUE DETERMINE A CONCESSÃO DE MINUTOS DE TOLERÂNCIA PARA O INÍCIO E O TÉRMINO DA AUDIÊNCIA. I. (...) Sendo assim, uma vez aberta a audiência no horário marcado, não cabe ao magistrado esperar pelas partes, já que inexiste previsão legal que determine a concessão

> de minutos de tolerância para o seu início ou término. V. Nesse passo, tendo em vista que a própria reclamada confirma ter chegado ao local após o encerramento da audiência, independentemente do seu tempo de duração, não se há falar em "atraso ínfimo", a fim de se reabrir a instrução, sobretudo diante do manifesto prejuízo que a prática de se conceder "minutos de tolerância" causaria em toda a dinâmica da Vara, comprometendo o cumprimento da agenda das demais audiências. VI. Fundamentos da decisão agravada não desconstituídos. VII. Agravo conhecido e não provido. (Ag-AIRR -10271-58.2016.5.03.0112, Relator Ministro: Alexandre Luiz Ramos, 4ª Turma, Data de Publicação: DEJT 10/11/2023)

No entanto, *na prática*, a maioria dos juízes do trabalho, até para evitar questionamento quanto ao horário dos relógios, tolera pequenos atrasos das partes. Em regra, os juízes aguardam *cinco minutos*, exceto quando a pauta de audiências já se encontra atrasada. Agora, se o juiz tolerar o atraso de cinco minutos, deve fazê-lo de modo generalizado e para ambas as partes, tanto para o reclamante quanto para o reclamado, não sendo justificável que trate desigualmente as partes, quanto a esse aspecto. Na prática, o secretário de audiências costuma fazer *três chamadas* da parte ausente. Se a parte não adentra à sala após o terceiro pregão, aplicam-se os efeitos processuais pela ausência, como veremos mais adiante.

Poder-se-ia argumentar que, aplicando-se a regra do art. 362, inciso III, do CPC, o juiz deveria tolerar o atraso das partes por até 30 minutos. Nenhuma pertinência tem essa "tese", porque o dispositivo legal mencionado apenas faculta às partes requerer o *adiamento da audiência* se, "por atraso injustificado de seu início em tempo superior a 30 (trinta) minutos do horário marcado", ela ainda não tiver sido instalada. Na verdade, trata-se de regra que disciplina o tempo máximo de tolerância para *atraso do juiz* e não das partes, como também prevê o art. 815, agora em seu § 1º – conforme alteração promovida pela Lei n. 14.657/2023 da CLT, embora para o juiz do trabalho o tempo de tolerância seja de apenas *15 minutos, regra curiosamente mantida nesse § 1º*.

Veja-se a contradição que as alterações legislativas açodadas por vezes provocam. Ao editar a Lei n. 14.657, o legislador deveria ter revogado o antigo parágrafo único do art. 815, e não apenas renumerá-lo – em verdade, lhe deram um número, § 1º –, o que resultou num conflito normativo. Enquanto o § 1º disciplina que, se, "até 15 (quinze) minutos após a hora marcada, o juiz ou presidente não houver comparecido, os presentes poderão retirar-se, devendo o ocorrido constar do livro de registro das audiências", o § 2º normatiza que, se, "até 30 (trinta) minutos após a hora marcada, a audiência, injustificadamente, não houver sido iniciada, as partes e os advogados poderão retirar-se, consignando seus nomes, devendo o ocorrido constar do livro de registro das audiências".

Portanto, a única mudança que realmente houve foi a relativa à exigência de que o atraso do juiz seja *injustificado*, para que as partes e seus advogados possam se retirar da sala de audiências. E agora terão que aguardar o juiz por 30 minutos, única forma de se superar esse injustificável conflito normativo, no mesmo artigo de lei. Explico: ainda que no § 1º se faça menção ao atraso do juiz, e no § 2º a menção seja ao atraso da audiência, ambas as normas disciplinam a mesma hipótese, porque não há audiência sem juiz.

Em suma, se a pauta de audiências está atrasada porque as audiências anteriores, por incontáveis motivos, demoraram mais do que o previsto, nenhuma das partes e nenhum advogado poderá retirar-se do átrio do fórum – ou da sala de audiências virtuais – e ir embora, porque, nesse caso, o juiz poderá, com segurança, aplicar à parte a "penalidade" processual do arquivamento, da revelia ou da confissão, conforme a situação e o tipo de audiência que havia sido designada. Somente se o juiz se atrasar, e por mais de 30 minutos, para iniciar a audiência, de modo injustificado – inclusive por problemas no trânsito, plenamente previsíveis –, é que as partes poderão se valer dessa normativa. De sorte que isso, em regra generalíssima, somente ocorrerá no início da sessão de audiências, ou seja, para a instalação da primeira audiência da pauta.

Agora, uma pergunta interessante: se ocorrerem problemas de última hora, inesperados e por vezes inevitáveis, o juiz deve aguardar o comparecimento da parte?

Se o atraso das partes e advogados ocorrer por motivo *inesperado* e principalmente se elas tiverem o cuidado de *avisar ao juiz* – na verdade, à secretaria da vara do trabalho – o fato ocorrido, o magistrado *poderá esperar* pelo comparecimento da parte, desde que se trate de fato excepcional – ocasião em que pode antecipar outra audiência, quando já chegado o horário de sua realização –, *ou adiar a audiência* por conta da justificativa.

Como é sabido, não se toleram atrasos por fatos *previsíveis*, como atraso no transporte coletivo, congestionamento no trânsito e outras situações que ocorrem no cotidiano. De outra sorte, se a parte (ou o advogado) tem um *mal súbito* e às vezes precisa até ser socorrida ao hospital, ou se se envolve em acidente de trânsito grave no caminho, não há como dela se exigir o comparecimento pontual (SOUZA JÚNIOR *et al.*, 2018, p. 57). Ainda assim, quando possível, recomenda-se ao advogado e/ou à parte que *telefonem* para a secretaria da vara do trabalho, ou enviem *mensagem* por e-mail, WhatsApp ou qualquer outro meio de comunicação, avisando a ocorrência do fato e requerendo a tolerância do atraso ou o adiamento da audiência.

Outra questão interessante sobre atraso das partes é a relacionada ao § *5º do art. 844 da CLT*. Se o reclamado ou seu preposto ainda não chegou, apregoada a audiência, o advogado deve *imediatamente* adentrar à sala de audiências, informando ao juiz que a contestação e os documentos já foram juntados ao PJe, requerendo o seu recebimento, após a tentativa conciliatória. Se o advogado não faz isso, o juiz irá declarar a revelia do reclamado. Em situações como estas, é importante que o advogado verifique se não é *mais conveniente* formular proposta de acordo, porque, ainda que não declarada a revelia, o juiz poderá considerar o reclamado confesso quanto à matéria de fato, como veremos mais adiante.

> Se o reclamado ou seu preposto ainda não chegou, apregoada a audiência, o advogado deve imediatamente adentrar à sala de audiências.

Ainda há uma *questão análoga*, quando existe *litisconsórcio passivo* e um dos reclamados não comparece – via de regra o empregador –, mas o(s) outro(s) reclamado(s) apresenta sua contestação e documentos, pois o § 4º, inciso I, do art. 844 da CLT disciplina que, nesses casos, não se produzirão os efeitos da revelia. Como essa questão depende de saber se a elisão dos efeitos da revelia se dá em qualquer tipo de litisconsórcio, disso trataremos mais adiante. Mas não custa pontuar que, também nessa hipótese, o advogado do reclamado presente precisa adentrar *imediatamente* à sala de audiências, junto com a parte, requerendo o recebimento da defesa e documentos apresentados, bem como a *elisão dos efeitos da revelia*. Deve, igualmente, verificar se não é *mais prudente* formular proposta de acordo, já que, quanto a boa parte das matérias de fato, não haverá como se afastar os efeitos da revelia, principalmente quanto aos fatos que a legislação exige *prova documental*.

Há, também, a *questão* relativa à *possibilidade de produção de provas* por parte do reclamado revel. Disciplina o art. 349 do CPC que o réu, ainda que *revel*, poderá promover "a produção de provas, contrapostas às alegações do autor, desde que se faça representar nos autos a tempo de praticar os atos processuais indispensáveis a essa produção". Então, o advogado de reclamado, sobretudo nas hipóteses de litisconsórcio passivo, deve *requerer a produção de provas*, a despeito da revelia. A *chave dessa questão* é a de o reclamado poder participar da audiência *a tempo* de praticar atos indispensáveis à produção de provas.

Imagine-se a situação de pequena divergência de minutos entre o horário da audiência e o horário de chegada da parte, principalmente quando o relógio da sala de audiências se encontra um pouquinho adiantado. Por isso, ao invés de discutir com o juiz, o advogado deve *pedir licença* e verificar o *teor da ata de audiência* no monitor a ele destinado. Se na ata não consta, ainda, a declaração de revelia do reclamado, tendo este comparecido, mesmo que com atraso, não será mais possível a declaração da revelia (em sentido contrário, SOUZA JÚNIOR *et al.*, 2018, p. 59). Imagine-se, ainda, a situação da parte que entra na sala de audiências quando o juiz está ditando a pronúncia da revelia, que, portanto, não foi registrada por completo na ata. Mormente se o advogado informa ao juiz que tem *proposta de acordo*, o bom senso recomenda que o juiz *releve a revelia* que acabou de declarar ou que ainda sequer foi registrada em ata.

Outra situação é a do advogado pedir ao juiz que *reveja* a sua decisão. Dependendo da justificativa do pequeno atraso, principalmente nos casos em que o reclamado apresenta proposta de acordo, nada obsta que o juiz "releve" a decisão da revelia, não se podendo falar, aí, numa preclusão *pro judicato*. Se o juiz não revogar sua decisão, pode o advogado requerer que se registrem seus protestos e, assim que encerrada a audiência, deve dirigir-se à sala da OAB e manifestar seu inconformismo em petição, narrando os fatos e tentando demonstrar a falta de bom senso do juiz, *requerendo a nulidade* dos atos processuais a partir daquela decisão. Se a ata é o instrumento de trabalho do juiz, *a petição é o instrumento de trabalho do advogado*.

Mais adiante, quando estudarmos os efeitos da revelia, verificaremos se o réu revel pode mesmo produzir provas ou apenas contraprovas, nos termos do art. 349 do CPC.

Para terminar este item, *enquanto não assinada* pelo juiz a ata de audiência – depois de sua juntada ao PJe –, ela pode ser modificada. Após a juntada e a assinatura, isso não será mais possível, podendo haver apenas ata complementar ou ata retificadora. Insta anotar que a ata deverá ser assinada pelo juiz *até o primeiro dia útil seguinte* à realização da audiência, em conformidade com o art. 23 e §§ da Resolução n. 185/2017 do CSJT – Conselho Superior da Justiça do Trabalho.

Pequenos atrasos na assinatura da ata da audiência trabalhista, pelo juiz, são compreensíveis. Diferente é a situação de seu atraso para o início da audiência, questão polêmica, que será examinada em outro tópico, que segue.

D) Atraso do juiz – o que fazer?

Se as partes e seus advogados não podem se atrasar um minuto sequer, o juiz também *não poderia se atrasar*, até porque ele é o diretor da peça teatral chamada de audiência trabalhista. Contudo, o art. 815 da CLT, agora em seu § 1º – numeração dada pela Lei n. 14.657/2023, como já observado –, permite um atraso de "até 15 minutos após a hora marcada". Se o juiz não houver comparecido nem mesmo após esses 15 minutos, "os presentes poderão retirar-se, devendo o ocorrido constar do livro de registro das audiências". Como já referido, no processo civil, o atraso do juiz poderá ser tolerado por até 30 minutos, nos termos do art. 362, inciso III, do CPC. Essa norma é praticamente idêntica à do art. 7º, inciso XX, da Lei n. 8.906/94. No entanto, a CLT tem regra própria e é esta que deve ser observada no processo do trabalho.

Contudo, há de se registrar, novamente, a severa contradição em se manter a redação do antigo parágrafo único do art. 815 – agora, § 1º –, porque conflitante com a regra do § 2º, acrescido pela Lei n. 14.657/2023. Explico mais uma vez: ainda que no § 1º se mencione o atraso do juiz, e no § 2º se faça alusão ao atraso da audiência, ambas as regras disciplinam a mesma hipótese, porque não há audiência sem juiz.

Veja-se a regra do § 1º: "Se, até 15 (quinze) minutos após a hora marcada, o juiz ou presidente não houver comparecido, os presentes poderão retirar-se, devendo o ocorrido constar do livro de registro das audiências". Leia-se a regra do § 2º: "Se, até 30 (trinta) minutos após a hora marcada, a audiência, injustificadamente, não houver sido iniciada, as partes e os advogados poderão retirar-se, consignando seus nomes, devendo o ocorrido constar do livro de registro das audiências".

De modo que, como já observado, a mudança que realmente houve foi a relacionada à exigência de que o atraso do juiz seja *injustificado*, para que as partes e seus advogados possam se retirar e ir embora. E terão que aguardar o juiz por 30 minutos. Não há outra forma de se superar essa injustificável antinomia.

Aqui cabe uma reflexão importante. Podemos entender o § 2º, acrescido pela Lei n. 14.657/2023 – bem como o antigo parágrafo único e agora § 1º – com duas distintas, porém complementares, percepções.

A primeira – a se entender esta norma como destinada diretamente ao juiz ou presidente da sessão –, como um dever do magistrado (e, consequentemente, um direito dos advogados e das partes). Ora, se aquele "deseja impor as partes a regra da pontualidade deve ser o primeiro a acatá-la" (TEIXEIRA FILHO, 2017, p. 86).

No entanto, tais dispositivos podem ser vistos como deveres impostos ao advogado, visto que

> (...) devemos chamar a atenção ao fato de que os trinta minutos previstos na Lei n. 8.906/94, embora figurem, formalmente, como direito do advogado, se vistos sob outro ângulo constituem uma espécie de dever imposto a este profissional, qual seja, o de aguardar, por esse período de tempo, o comparecimento do juiz à sala de audiência (TEIXEIRA FILHO, 2017, p. 86).

Conquanto esta lição do grande processualista citado seja em referência aos 30 minutos da Lei n. 8.906/94, ela se encaixa como luva quanto ao § 2º do art. 815 da CLT.

Evidentemente, não estou, aqui, tentando desvirtuar um dever que foi imposto primariamente aos magistrados. Sim, o juiz precisa respeitar a pontualidade para o início da audiência que por ele será conduzida. No entanto, quando se fala também em dever do advogado de aguardar esse período de "tolerância", estamos falando em um respeito à realidade em que o sistema judiciário se encontra – principalmente a justiça do trabalho. Como pontuei (e pontuarei) algumas vezes neste Manual, as varas do trabalho, em seu dia a dia, estão abarrotadas por um grande número de processos. É impossível imaginar que a pontualidade, diante desta realidade vivenciada pela justiça do trabalho, poderá ser alcançada com todo o rigor.

Por óbvio, estamos falando de atrasos *injustificados*. Se o juiz iniciou a pauta de audiências na hora marcada e houve atrasos nas audiências da pauta, obviamente ninguém poderá socorrer-se da regra do § 1º do art. 815 da CLT para retirar-se do recinto. Deverão as partes, nesse caso, aguardar que o juiz, realizadas as audiências anteriores, determine o pregão da audiência atrasada. É esta, inclusive, a lição de Manoel Antonio Teixeira Filho:

> Uma ressalva, contudo, torna-se indispensável: ao cogitarmos, até aqui, do atraso no comparecimento do juiz à audiência, estivemos a pressupor que ele nem sequer estaria no prédio em que esta se realizaria. Ou que estivesse em seu gabinete, sem, contudo, ingressar na sala de audiência no horário estabelecido. Se, no entanto, o juiz estiver em tal sala e o pregão atinente a determinada audiência for realizado além do horário designado, em virtude de a audiência anterior haver-se prolongado, não faz sentido atraso no comparecimento do juiz. (...) Neste caso, as partes devem permanecer nas proximidades da sala de audiência (ou no lugar de praxe), aguardando o pregão, sob pena de sofrerem as consequências legais de seu desatendimento a essa regra de prudência (TEIXEIRA FILHO, 2017, p. 88).

Esse entendimento doutrinário é corroborado pela recente jurisprudência do Tribunal Regional do Trabalho da 18ª Região (TRT-18), que, ao julgar um recurso ordinário, manteve a aplicação da confissão ficta à reclamada, devido à sua ausência na audiência inicial, após um atraso no início desta. O TRT-18 destacou que o parágrafo único do art. 815 da CLT – atual § 1º – autoriza as partes a se retirarem da audiência após 15 minutos de espera somente quando o juiz não comparece para presidi-la. No caso específico, o atraso ocorreu em razão do andamento das audiências anteriores, o que é uma situação rotineira no contexto forense e não justificaria a retirada da parte sem uma justificativa válida, *nem mesmo numa audiência trabalhista telepresencial*.

> RECURSO ORDINÁRIO. AUSÊNCIA DA RECLAMADA À AUDIÊNCIA INICIAL. CONFISSÃO FICTA. ATRASO NO INÍCIO DA AUDIÊNCIA. A previsão contida no parágrafo único do art. 815 da CLT autoriza que as partes se retirem após 15 minutos da hora designada para a audiência, apenas em caso de não comparecimento do Juiz. O atraso no início da audiência, ocorrência comum, decorrente da própria realização das audiências anteriores, não configura a hipótese do parágrafo único do art. 815 da CLT, de forma que ao se retirar da sala de audiência virtual, a reclamada assumiu os ônus processuais decorrentes de sua ausência. (TRT18. Processo: 0011266-35.2022.5.18.0018, Relator: Welington Luis Peixoto, 1ª Turma, j. 27/07/2023).

Agora, há de se registrar que o *bom senso* recomenda que, havendo atrasos muito elevados, principalmente os atrasos de duas horas ou mais, as partes possam requerer o adiamento da sua audiência; ou que o próprio juiz nem espere por isso e já determine que as partes e advogados das audiências atrasadas compareçam na sala de audiências, informando-lhes da necessidade de adiamento. *Essa prática* permite que as partes e advogados sejam "liberados" e não tenham de esperar por horas a fio, para muito tempo depois serem informadas de que não será possível realizar a sua audiência naquele dia, diante do enorme atraso.

Ademais, se o juiz estiver *despachando*, *atendendo advogados* ou realizando qualquer outra atividade jurisdicional, no fórum, não se poderá falar em atraso injustificável. Quantas vezes o juiz chega ao fórum e há vários advogados querendo despachar com ele sobre casos urgentes – ou nem tanto assim – e o juiz precisa atender aos advogados, o que ensejará natural atraso no início da pauta. Aproveitando o ensejo, os advogados têm direito de despachar com o juiz na sala de audiências, mas têm *o dever* de não requerer despacho enquanto o juiz está realizando a audiência em curso. Apenas ao final da audiência já instalada, enquanto se faz o pregão da próxima, é que o advogado ou estagiário, *pedindo licença*, pode dirigir-se ao juiz e requerer o despacho.

> Os advogados têm direito de despachar com o juiz na sala de audiências, mas têm o dever de não requerer despacho enquanto o juiz está realizando a audiência em curso.

Assim, a Lei n. 14.657/2023 não trouxe tanta novidade como alguns apregoaram. Ela não resolverá o grave problema dos atrasos das audiências trabalhistas. Há de se repetir porque todos nós aprendemos por repetição: se a pauta de audiências estiver atrasada porque as audiências anteriores demoraram mais do que o previsto, nenhuma das partes poderá retirar-se do átrio do fórum – ou da sala de audiências virtuais – e ir embora. Se o fizerem, o juiz poderá aplicar à parte a consequência processual do arquivamento, da revelia ou da confissão, como já pontuado neste Manual. Somente se o juiz se atrasar por mais de 30 minutos para dar início à audiência, e se não houver justificativa para tanto, é que as partes poderão se valer da regra do § 2º do art. 815 da CLT. Isso muito provavelmente só irá ocorrer no início da sessão de audiências, na instalação da primeira audiência da pauta.

Uma vez mais, o que não se tolera é o atraso *injustificado* do juiz. Até porque parte da doutrina entende que o juiz não tem nem mesmo a prerrogativa de se atrasar por 15 minutos, tendo em vista que o art. 35, inciso VI, da velha LOMAN – Lei Orgânica da Magistratura Nacional – disciplina que o juiz tem o dever de *comparecer pontualmente* à hora da sessão de audiências por ele próprio designada. Manoel Antonio Teixeira Filho entende, inclusive, que o parágrafo único – atual § 1º – do art. 815 da CLT foi *tacitamente revogado* pelo art. 35, VI, da Lei Complementar n. 35/79 (LOMAN) (TEIXEIRA FILHO, 2017, p. 87).

Destarte, se o juiz se atrasar por *mais de 15 minutos, ou por mais de 30 minutos, nessa antinomia normativa, ainda que "aparente"* – de modo injustificado –, a parte tem o direito de solicitar ao diretor de secretaria a expedição de certidão desse atraso, podendo ir embora, desde que faça a juntada aos autos da certidão, o mais rápido possível, *requerendo* ao juiz o *adiamento da audiência* por conta do atraso. Essa medida tem como objetivo garantir que a parte não seja prejudicada por falhas do sistema judicial, especialmente em situações de atrasos consideráveis, inclusive nas audiências trabalhistas telepresenciais.

Para corroborar este posicionamento, veja-se julgado do Tribunal Regional do Trabalho da 16ª Região (TRT-16), apreciando recurso interposto pela parte que compareceu pontualmente a uma audiência virtual, mas se ausentou após um longo atraso no início da "sessão". Após requerer a remarcação da audiência e ter o requerimento negado, a recorrente foi penalizada com a aplicação da confissão ficta, presumindo-se verdadeiros os fatos alegados pela parte contrária.

> AUDIÊNCIA DE INSTRUÇÃO. ATRASO NO INÍCIO DA AUDIÊNCIA. INDEFERIMENTO DE PEDIDO DE REMARCAÇÃO. CERCEAMENTO DE DEFESA. CONFIGURAÇÃO. ART. 815 DA CLT. Não se desconhecem os percalços enfrentados no cotidiano da prática de atos processuais, dentre os quais as audiências virtuais, em que há o atraso das pautas. No entanto, não se reputa crível penalizar com confissão ficta a parte que compareceu devidamente ao ambiente virtual no horário marcado, mas se ausentou pelo fato de já ter passado longo tempo sem início da audiência, tendo pedido a sua remarcação. Tal penalização decerto representa não só prejuízo à efetiva entrega da prestação jurisdicional, mas afronta ao exercício do contraditório e da ampla defesa da parte, que não pode permanecer à disposição do juízo por tempo indeterminado e em virtude de atraso no horário da audiência anterior, situação a que não deu causa. Inteligência do art. 815 da CLT. Recurso conhecido e acolhida a preliminar. (TRT16. Processo: 0016315-25.2023.5.16.0003, Relatora: Marcia Andrea Farias da Silva, 1ª Turma, j. 19/02/2024).

Aquela Corte ressaltou a necessidade de uma interpretação razoável do art. 815 e §§ da CLT, assegurando que as partes não sejam penalizadas de maneira desproporcional por fatores alheios ao seu controle, como a *longa demora* no início da audiência. Essa abordagem reforça a importância de um processo justo, em que o sistema judiciário garanta pleno acesso à justiça e um julgamento equitativo, sem que as partes sejam prejudicadas por problemas administrativos, como atrasos prolongados ou falhas na condução das audiências.

Ademais, se, por qualquer razão, o reclamante (trabalhador) decidir esperar e o reclamado (empregador) optar por deixar a sala de audiências (e as dependências do fórum), "o magistrado, comparecendo tardiamente à audiência, deverá adiá-la". Isso ocorre porque "o autor haver permanecido a aguardá-lo não neutraliza o direito de o adversário retirar-se da sala quando ultrapassado o horário para o início da audiência. O mesmo se diga no caso de ter sido o autor quem se retirou da sala de audiência" (TEIXEIRA FILHO, 2017, p. 88).

Agora, o que não deve o advogado fazer é comunicar esse fato à Corregedoria, a menos que haja atrasos reiterados do juiz, por dias e dias, com total desrespeito às partes e advogados. Ainda nesse caso, para evitar "represália", é prudente que o advogado leve o fato à OAB e esta, como instituição, expeça um ofício à Corregedoria, noticiando o fato.

Outra novidade foi a introdução do § 3º ao citado art. 815, para se consignar expressamente que, nessa hipótese – de retirada das partes e advogados –, "a audiência deverá ser remarcada pelo juiz ou presidente para a data mais próxima possível, vedada a aplicação de qualquer penalidade às partes". O CPC já continha regra de exigência de redesignação da audiência para uma data mais próxima, dentro das possibilidades do juízo, em caso de adiamento da audiência de instrução (parágrafo único do art. 365).

Contudo, o que restou normatizado no processo do trabalho foi apenas a exigência de remarcação da audiência para uma data próxima se as partes se retirarem por atraso injustificado do juiz. Mais uma crítica ao legislador, portanto, que deveria ter tratado também da hipótese de adiamento da audiência de instrução, situação muito mais frequente na Justiça do Trabalho.

Além do mais, as pautas de audiências trabalhistas, principalmente nas Varas do Trabalho dos grandes TRTs, em regra estão abarrotadas de processos, não havendo espaço para essa redesignação para data próxima. Os juízes do trabalho, por mais que façam audiências trabalhistas, não conseguem fazer mais do que as que já estão programadas na pauta da Vara. É o que acontece diuturnamente em Ribeirão Preto (SP). E, ao que parece, ninguém consegue pensar uma solução para esse grave problema.

Enfim, pouca utilidade terá esse dispositivo, a não ser na parte em que veda a aplicação de penalidade à parte que resolver ir embora por não suportar mais o atraso injustificado do juiz.

2.2.7. Ata de audiência e poder de polícia

Se o juiz é o diretor nato do processo, o diretor da peça teatral chamada de audiência trabalhista, por óbvio que ele tem o *poder de impor a ordem* e o respeito no recinto. Assim que o art. 816 da CLT confere ao juiz do trabalho *amplos poderes* para manter "a ordem nas audiências, podendo mandar retirar do recinto os assistentes que a perturbarem". Ademais, o inciso VII do art. 139 do CPC elenca, entre os poderes do juiz, o de "exercer o poder de polícia, requisitando, quando necessário, força policial, além da segurança interna dos fóruns e tribunais". Eis, aí, o famoso *poder de polícia*, que é extremamente necessário no rol de poderes do juiz.

O juiz *não pode permitir* que nenhum dos participantes da audiência trabalhista - advogado, reclamante, reclamado, testemunhas, assistentes em geral - perturbe a sessão, nem que trate outros com falta de decoro ou de respeito. Antes, deve zelar pelo equilíbrio entre todos, para o que se mostra imprescindível uma *alternância de oportunidades* de falar e ser ouvido, em tom de voz adequado e sem menosprezo a quem quer que seja. É *dever funcional* do juiz não permitir ânimos exaltados, devendo intervir sempre que a harmonia comece a desandar. Para tanto, o juiz *deve ser o mais equilibrado de todos*, pois se ele próprio, sem motivo muito justificado, começa a gritar com advogados, partes e testemunhas, irá abrir caminho para que outros também o façam. Somente quando *estritamente necessário* para acalmar os ânimos e colocar tudo em seu devido lugar é que ele pode elevar a voz, já que cabe a ele o poder de polícia na audiência trabalhista.

Há muitas intercorrências que geram conflitos, ânimos exaltados e para assegurar direitos da parte, o advogado pode requerer ao juiz que faça *consignar em ata* os fatos ocorridos. Em regra, o juiz registra esses fatos, mas *de modo resumido*, o que não se revela abusivo. Agora, se o juiz é um tanto arbitrário, normalmente ele não registra em ata nada do ocorrido. Tenho dito aos meus alunos que, nesses casos, não vale a pena uma disputa inócua com o juiz. Como já dito, a ata de audiência é instrumento de trabalho do juiz. Ainda que os requerimentos devam ser registrados, o advogado tem o direito fundamental de petição. *A petição é o instrumento de trabalho do advogado.* O mais correto, nesses casos, é que o advogado, ao sair da sala de audiências, registre todas as ocorrências na sua petição, *sem considerações subjetivas*, se necessário com o endosso de testemunhas que presenciaram os fatos – em regra, outros advogados –, e protocole o mais rápido possível essa petição nos autos. Nessa petição, pode reiterar seu requerimento, requerer a *reconsideração* por parte do juiz ou a *própria nulidade* dos atos processuais.

Questões interessantes dizem respeito ao *vestuário dos advogados, das partes e das testemunhas*, para a realização da audiência trabalhista. De início: o juiz pode exigir o uso de paletó e gravata pelo advogado? Pode exigir terninho ou *tailleur* da advogada? Há de se observar *portarias dos tribunais* e atos normativos de órgãos de controle da atuação jurisdicional, mas o que resolve mesmo nessas situações é o *bom senso* e a observância das *regras costumeiras do local*. Os advogados não podem ignorar que existe uma certa tradição forense. Portanto, até em respeito à própria parte, o *advogado* deveria ter o cuidado de comparecer trajando paletó e gravata. Da *advogada*, não se exige o uso de *tailleur*, mas seria recomendável um traje social.

Ultimamente, os juízes têm relevado bastante essa questão da vestimenta, principalmente em locais onde a temperatura é muito elevada, como aqui em Ribeirão Preto (SP). Por isso, aqui se tem permitido a participação dos advogados sem paletó e às vezes até sem gravata, e das advogadas em traje esporte fino. Agora, não é prudente que o advogado ou a advogada compareça na sala de audiências em traje totalmente casual, o que poderia configurar desrespeito à própria parte. É necessário que o advogado "pareça" preparado para a audiência e o seu traje *revela* um pouco desse preparo.

Não é prudente que o advogado ou a advogada compareça na sala de audiências em traje totalmente casual, o que poderia configurar desrespeito à própria parte.

Quanto às *partes e testemunhas*, por óbvio, elas deveriam comparecer com o traje de que dispõem, mas atentando que (as partes) terão a oportunidade de seu "dia na Corte". Para ir à igreja a pessoa se veste, muitas vezes, de seu melhor traje. Assim, diante da solenidade e da importância da audiência trabalhista, esse seria o *comportamento ideal* das partes e também das testemunhas. Contudo, principalmente em relação aos trabalhadores, por vezes eles se encontram em situações de extrema necessidade e nesses casos comparecem com a vestimenta que têm a seu dispor. E outras vezes eles vão direto do trabalho para a audiência trabalhista, o que deve ser relevado, por óbvio.

Apenas para auxiliar os *juízes iniciantes*, as situações pelas quais passamos no começo da carreira nos marcam profundamente. Certa vez adverti a testemunha de que comparecer de bermuda e chinelos não era a vestimenta adequada à casa da Justiça, mas depois descobri que a testemunha era um índio e não tinha roupa melhor que aquela. Outra vez determinei que a testemunha abotoasse todos os botões, ela sentiu-se envergonhada e disse que faltavam dois botões na camisa. Certa vez pedi ao reclamante que tirasse o boné, pois portar boné na sala de audiências era desrespeitoso, e depois descobri que ele fazia tratamento contra um câncer, tendo ficado numa situação muito constrangedora. Por certo que, em regra, não é correto que partes e testemunhas compareçam à sala de audiências de bermuda, de chinelos, camisas abertas e com boné na cabeça. Nesses casos, o *recomendável* é que o advogado tente esclarecer ao juiz alguma situação excepcional, sendo prudente que o magistrado *investigue primeiramente* a razão disso, e só depois decida por permitir a entrada da pessoa ou por *adiar a audiência* para que noutra assentada todos estejam devidamente trajados.

Enfim, a questão relativa à *exibição de documentos comprobatórios da identidade* do advogado, da parte e das testemunhas. Conquanto não seja necessário, o *advogado* deve portar sua carteira da OAB – ou exibir sua carteira eletrônica no telefone celular –, até mesmo para que não haja erro de grafia no registro do seu nome na ata de audiência. Em caso de dúvida, pode ser solicitada a exibição da carteira para tanto. Quanto às *partes*, em regra não se exige que elas apresentem documentos de identidade, mas é prudente que o portem, para a possibilidade remotíssima de a outra parte questionar a sua identidade, principalmente a do reclamante. Em relação às *testemunhas*, estas, sim, devem portar documento de identidade, porque na sua qualificação, até mesmo para efeito de eventual apuração de crime de falso testemunho, é necessário que ela (qualificação) seja realizada da forma mais completa possível. Ainda que os arts. 828 da CLT e 457 do CPC não mencionem o documento de identidade, *na prática*, o juiz exige a apresentação desse documento.

O que *não pode* é o juiz dispensar a testemunha ou se recusar a tomar o depoimento dela por não portar documento de identidade. Mais injustificável ainda se a testemunha exibe sua CNH, crachá da empresa ou outro documento em que conste o número de seu RG. Em todos esses casos o juiz deve proceder à oitiva da testemunha e, se achar necessário, designar *prazo para a juntada* de cópia do documento de identidade, com as cominações legais. Nesses casos, não tenho mais determinado a juntada de cópia do documento "sob pena de desconsideração do depoimento". Se consta expressamente essa penalidade e o depoimento se mostra desfavorável à parte, esta não procederá à juntada para que o depoimento seja "descartado". Com o simples registro de aplicação das *cominações legais*, depois o juiz decide qual o melhor caminho a tomar.

Em todos esses casos analisados, a pergunta que resta é a seguinte: a parte tem *direito ao adiamento da audiência*, se o juiz entende que o traje não é adequado ou que falta documento essencial? Penso que sim, porque uma questão meramente formal de trajes e documentos não pode sacrificar o *direito fundamental* de nenhuma das partes ao contraditório efetivo e à ampla defesa de seus interesses no âmbito da audiência trabalhista, para o que se mostra imprescindível, na maioria das vezes, a oitiva de testemunhas. No mesmo sentido: SOUZA JÚNIOR *et al.*, 2018, p. 81-82.

> A parte tem direito ao adiamento da audiência, se o juiz entende que o traje não é adequado ou que falta documento essencial.

E quanto às audiências virtuais? Como devem as partes e advogados se vestir para participar das audiências telepresenciais? No capítulo específico deste Manual – o penúltimo –, trataremos dessa questão.

2.3. VERIFICAÇÃO DE APRENDIZAGEM

1) Qual a importância de se identificar os momentos de ouvir e de falar na audiência trabalhista?
2) Qual a importância da inteligência emocional para a escolha da melhor técnica?
3) Como proceder à interpretação das posturas e perfis das partes e testemunhas?
4) Como a parte e o advogado devem se portar diante da lide sociológica?
5) Qual a importância de se explicar às partes e testemunhas expressões jurídicas comumente usadas nas audiências?
6) Quais atos podem ser praticados pelo estagiário?
7) O juiz pode fazer interrogatório das partes na audiência inicial?
8) Pode haver tolerância ao atraso da parte e/ou de seu advogado? E se o tempo for mínimo?
9) O que o advogado deve fazer se a parte ainda não chegou? E se a parte chega quando o juiz acabou de declarar a revelia ou a confissão?
10) O revel pode produzir provas?
11) O que fazer se o juiz se atrasar para a audiência?
12) Em que momento o advogado pode despachar com o juiz durante as audiências?

Capítulo 3

REPRESENTAÇÃO PROCESSUAL NA AUDIÊNCIA TRABALHISTA

Há inúmeras questões relacionadas à *representação processual* das partes na audiência trabalhista, sobretudo quanto aos empregadores, em relação aos quais houve significativa mudança introduzida pela Lei da Reforma Trabalhista. Necessário se faz tratar tanto da *capacidade de ser parte* como da *capacidade postulatória*, na ampla temática dessa representação processual.

Iniciaremos pela representação dos trabalhadores na audiência trabalhista e, mais à frente, trataremos da representação dos empregadores.

3.1. REPRESENTAÇÃO DOS TRABALHADORES

3.1.1. Em reclamações individuais

Disciplina o art. 843, *caput*, da CLT, que na audiência (inicial, de instrução, de julgamento) "deverão estar presentes o reclamante e o reclamado, independentemente do comparecimento de seus representantes, salvo nos casos de Reclamatórias Plúrimas ou Ações de Cumprimento", pois nestas "os empregados poderão fazer-se representar pelo Sindicato de sua categoria".

É dizer, então, que em *qualquer tipo de audiência* – inicial, una, instrução, julgamento – o trabalhador deve *comparecer pessoalmente* na audiência trabalhista, ainda que seu advogado não esteja presente nela. Por isso, bastante questionável o direito ao adiamento da audiência se o advogado não pode comparecer (art. 362, inciso II, do CPC), porque a CLT tem *regra própria*, a qual exige o comparecimento do reclamante e do reclamado, ainda que sozinhos, para a tentativa conciliatória, pelo menos. Poder-se-ia objetar que essa exigência implicaria em afronta aos princípios do contraditório e da ampla defesa, uma vez que a parte, via de regra, não possui o conhecimento técnico necessário e, estando apenas uma delas desacompanhada de advogado, poderá haver um desequilíbrio processual. Contudo, o juiz pode limitar a participação em audiência à *tentativa conciliatória* e à fixação dos pontos controvertidos, e ainda submeter as deliberações, inclusive eventual acordo celebrado, à *anuência posterior* do advogado.

Tanto é exigível a presença, nessa situação, que se o reclamante não puder comparecer "por doença ou qualquer outro motivo ponderoso, devidamente comprovado", poderá "fazer-se representar por outro empregado que pertença à mesma profissão, ou pelo sindicato" (§ 2º do art. 843). Numa interpretação literal dessas duas regras, verificamos que o legislador trabalhista, em nome da celeridade e da finalidade precípua da conciliação, buscou *formas de evitar o adiamento da audiência*. Se não comparece o advogado, o reclamante deve comparecer; se o reclamante se encontra doente, pode solicitar que compareça em seu lugar um colega de trabalho ou um dirigente do sindicato de sua categoria profissional.

Como a doutrina sempre observa, no entanto, *não se trata* essa hipótese do § 2º de autêntica representação processual. O "representante" do reclamante, nesses casos, comparecerá *apenas para evitar* o arquivamento da demanda ou a declaração de confissão do reclamante na audiência de instrução, podendo até negociar acordo, desde que nos limites dos poderes que lhe foram atribuídos pelo próprio demandante. Se houver um acordo razoável e o advogado do reclamante se encontrar presente, nesse caso, o juiz poderá homologar o acordo, ainda que ausente a própria parte. Contudo, esse falso representante *jamais poderá prestar* depoimento pessoal, porque não tem poder de disposição do direito da parte. Acordo é transação; no depoimento pode haver confissão; daí a diferença entre as duas situações jurídicas.

> Esse falso representante (art. 843, § 2º, da CLT) jamais poderá prestar depoimento pessoal, porque ele não tem poder de disposição do direito do reclamante.

Embora o dispositivo legal não preveja, a jurisprudência tem tolerado essa "falsa representação" também pela esposa, por filho, irmão, tio e até primo do reclamante, mas *com as mesmas ressalvas* já anunciadas. Em regra, esse falso representante não pode prestar depoimento pessoal (SOUZA JÚNIOR *et al.*, 2018, p. 63). Situação distinta será a de qualquer dessas pessoas referidas comparecer como *procuradora do reclamante*, exibindo o instrumento de procuração. Obviamente, o procurador exerce *todos os poderes* de representação da parte – exatamente como ocorre em relação ao preposto do reclamado –, podendo transigir e até mesmo prestar depoimento em nome dela, a menos que não haja poderes de disposição do direito, o que deve ser ressalvado *expressamente* na procuração. É o que se infere, inclusive, da dicção do art. 392 e §§ do CPC, pois *não terá eficácia alguma a confissão* feita por pessoa que não seja "capaz de dispor do direito a que se referem os fatos confessados", valendo a confissão por parte do representante somente "nos limites em que este pode vincular o representado".

Questão interessante é a de saber se o juiz do trabalho tem o dever de nomear *curador especial* ao reclamante incapaz, quando ele "não tiver representante legal ou se os interesses deste colidirem com os daquele, enquanto durar a incapacidade". A doutrina do processo do trabalho não tem tratado dessa questão de forma direta, mas sempre lembra da regra do art. 793 da CLT, de modo que, nesse caso, o ideal é que a representação seja feita pelo *Ministério Público do Trabalho*.

Agora, se a audiência deverá ser adiada por causa da "falsa representação" do reclamante, há de se perguntar: nesse caso, o juiz pode receber a contestação? Se o fizer, deve oportunizar ao reclamante a réplica? Penso que o juiz *pode e deve* receber a contestação e os documentos juntados pelo reclamado, e que deve conceder ao reclamante *prazo razoável* para a réplica, propiciando a este o exercício do contraditório efetivo (art. 5º, inciso LV, da CF/88; art. 7º do CPC), podendo o reclamante pedir prazo para tanto.

Enfim, se houver razoável dúvida sobre a representação do reclamante, o juiz deve *assinar prazo* para que ele possa *justificar* a representação levada a efeito, por exemplo, o prazo de cinco dias, realizando ou não a audiência. Não deve arquivar a demanda, até porque, inclusive para o arquivamento, o juiz tem de assinar *prazo de 15 dias* ao reclamante, para que ele possa comprovar "que a ausência ocorreu por motivo legalmente justificável". Nesses casos, basta conceder prazo para a juntada de procuração, como ocorre nos casos de representação por parente, e tudo se resolverá de forma mais tranquila.

3.1.2. Quando o reclamante está preso

Embora haja o dever de presença da parte na audiência trabalhista, *não é razoável* que se exija o comparecimento de reclamante que se encontra preso, *independentemente* do motivo e do prazo da prisão. Para esses casos é que o sistema processual já tem previsto, há algum tempo, a audiência por videoconferência (SOUZA JÚNIOR *et al.*, 2018, p. 186), que tem sido muito utilizada no processo penal. A se exigir que o preso compareça na audiência, de se fazer a *requisição* à Polícia Militar, a qual terá de retirar policiais da segurança pública para irem ao presídio, "pegar" o preso e o conduzir ao fórum, o que implica, inclusive, em maior risco à segurança das pessoas que se encontram naquele local.

Nesses casos, até por *dever de cooperação*, a parte contrária deveria ter bom senso, dispensar a presença do reclamante preso à audiência e, principalmente, o seu depoimento pessoal. Apenas quando absolutamente imprescindível para a defesa dos interesses do reclamado, é que este poderia insistir no depoimento pessoal do reclamante. Nessa hipótese, o melhor seria tomar o depoimento por videoconferência ou até por outro recurso tecnológico, como o *WhatsApp* e outros.

No entanto, caso a tomada desse depoimento não possa ocorrer "à distância", algumas alternativas (e desdobramentos) poderão ser consideradas.

Se a soltura estiver prevista para ocorrer em breve, o magistrado pode optar por agendar a audiência após esse evento. No entanto, se não houver previsão próxima para a liberação, "acreditamos que a solução não pode passar pelo simples aguardo da liberação, fato que, além de violar o princípio da duração razoável do processo, importará à parte adversa o ônus de se sujeitar aos riscos da demanda por tempo indeterminado" (SOUZA JÚNIOR *et al.*, 2018, p. 64).

Nesse contexto, considerando que o preso não poderá comparecer em juízo sem a devida autorização do juiz responsável pela execução penal, recomenda-se que o seu advogado, que o representa, "desde logo diligencie na esfera penal com vistas a obter tal liberação". Somente em caso de insucesso nessa iniciativa é que o magistrado trabalhista deve ser instado a oficiar ao juízo criminal (SOUZA JÚNIOR et al., 2018, p. 64).

Evidentemente, o fato de o reclamante estar preso não constitui justificativa para privá-lo de seu direito fundamental à ação e ao contraditório. De igual modo, sua ausência justificada não pode acarretar prejuízo aos interesses por ele defendidos. Esse entendimento é reforçado pela jurisprudência do Tribunal Regional da Terceira Região (Processo n. 0010769-61.2017.5.03.0164), no qual se apreciou o caso em que o reclamante, detido em um estabelecimento prisional, não pôde comparecer fisicamente à audiência de instrução para prestar seu depoimento pessoal. Diante deste fato, a 8ª Turma daquele Regional reconheceu que, dada a relevância do depoimento do reclamante para o esclarecimento dos fatos e para o correto andamento do processo, não seria adequada a aplicação da confissão ficta a ele, tampouco o arquivamento do processo. Este último, aliás, só seria cabível em caso de ausência na primeira audiência, o que não ocorreu naquele caso.

> AUDIÊNCIA DE INSTRUÇÃO - DEPOIMENTO PESSOAL - RECLAMANTE PRESO - Considerando que o depoimento do obreiro, que se encontra recluso em estabelecimento prisional, é de extrema importância para o deslinde da controvérsia, não há que se falar em aplicação da confissão ficta, nem tampouco em arquivamento, mesmo porque este último apenas seria aplicável no caso da primeira audiência. Logo, deve o Juízo a quo promover os meios necessários para colher o depoimento pessoal do reclamante (videoconferência ou escolta armada), proferindo novo julgamento ao final, com apreciação dos pedidos correlatos, conforme se entender de direito (TRT3. Processo: 0010769-61.2017.5.03.0164, Relatora: Ana Maria Amorim Rebouças, 8ª Turma, j. 20/11/2019).

Diante disso, o tribunal determinou que o juízo de primeira instância adotasse as medidas necessárias para garantir a oitiva do reclamante, seja por meio de videoconferência ou com o acompanhamento por escolta armada, de forma a assegurar sua participação efetiva no processo. Tal providência reforça a importância dos princípios constitucionais da ampla defesa e do contraditório, garantindo-se que o reclamante tenha a oportunidade de apresentar sua versão dos fatos e de esclarecer os pontos fundamentais da disputa judicial.

Questão interessante é a de saber se, quando absolutamente necessário o comparecimento do reclamante preso, ele deve ser conduzido com *algemas* ou se isso seria abusivo. Vai depender de cada situação concreta e a pessoa mais autorizada a decidir sobre isso não é o juiz, e sim a autoridade policial que está conduzindo o preso. Ainda que haja a *Súmula Vinculante n. 11 do STF*, disciplinando que deve ser evitada a condução de pessoas presas portando algemas, a própria súmula *excepciona* que, havendo "casos de resistência e de fundado receio de fuga ou de perigo à integridade física própria ou alheia, por parte do preso ou de terceiros", a utilização das algemas será justificada. Veja-se o teor da referida súmula:

> Só é lícito o uso de algemas em casos de resistência e de fundado receio de fuga ou de perigo à integridade física própria ou alheia, por parte do preso ou de terceiros, justificada a excepcionalidade por escrito, sob pena de responsabilidade disciplinar, civil e penal do agente ou da autoridade e de nulidade da prisão ou do ato processual a que se refere, sem prejuízo da responsabilidade civil do Estado.

Somente para reflexão sobre o tema, há, na *internet*, um vídeo em que o juiz determina que se retirem as algemas do réu preso, e este empreende uma luta corporal com o agente de segurança para lhe tomar a arma de fogo. Disponível em: https://youtu.be/04BMFVoXXWI. Acesso em: 17 ago. 2020.

Todo o cuidado é pouco, portanto, nessa matéria, e, por questão de segurança, talvez seja mesmo "inapropriado que o juiz do trabalho ordene a retirada das algemas" (SOUZA JÚNIOR *et al.*, 2018, p. 65). Por óbvio, todas essas ponderações se aplicam também ao caso, embora excepcional, de reclamado que se encontre preso.

3.1.3. Representação de trabalhadores incapazes

Relativamente à representação de trabalhadores *incapazes*, a CLT não disciplina essa matéria. Sendo assim, a representação desses trabalhadores se dará nos moldes do direito civil. Então, se é o caso de *trabalhadores menores* de 16 anos ou absolutamente incapazes por falta de discernimento, deverão ser *representados* por seus representantes legais (pais, tutores ou curadores). Nessa hipótese, nem há necessidade de comparecimento do incapaz na audiência trabalhista (SOUZA JÚNIOR *et al.*, 2018, p. 66).

Se os trabalhadores têm mais de 16 anos, até 18 anos incompletos, sendo relativamente incapazes, deverão ser *assistidos* por seus pais ou tutores. Nesse caso, comparecem o menor e seu representante legal, sendo que, se necessário, aquele presta depoimento pessoal, sob a "supervisão" deste. Como já afirmei, admitem-se no processo do trabalho, excepcionalmente, "falsas representações" por esposa, filho, irmão, tio, primo e, nessas hipóteses, aplicam-se as ponderações já formuladas anteriormente, inclusive quanto a depoimento pessoal e juntada de procuração.

Agora, quando não houver um representante legal disponível, torna-se imprescindível a participação de entidades como o Ministério Público do Trabalho (MPT), o sindicato ou o Ministério Público Estadual. Se nenhuma dessas alternativas for viável, o juiz deve nomear um curador para a causa, assegurando a defesa dos interesses do menor. Vale destacar que o processo do trabalho contém uma regra específica, prevista no art. 793 da CLT, a qual estabelece as situações em que a intervenção do Ministério Público é obrigatória, nas ações envolvendo crianças e adolescentes. Essa regra, portanto, prevalece sobre o art. 178, II, do CPC, que prevê a intimação do Ministério Público nas causas relacionadas a incapazes, mas que não se aplica à Justiça do Trabalho. Nesse sentido: SOUZA JÚNIOR *et al.*, 2018, p. 66.

Contudo, há de se considerar algumas questões doutrinárias relacionadas a essa atuação do Ministério Público do Trabalho. Como afirma Mauro Schiavi (2020, p. 62), parte da doutrina "tem defendido a desnecessidade da intervenção do Ministério Público do Trabalho quando o menor estiver devidamente assistido ou representado pelos seus representantes legais". Assim, não haverá nulidade em casos nos quais o MPT não tenha sido intimado, desde que o menor incapaz esteja devidamente acompanhado por seu representante. Para ilustrar, temos o acórdão prolatado pelo Tribunal Superior do Trabalho (no RR-10167-42.2017.5.03.0141), no qual a questão principal girava em torno da alegação de nulidade por ausência de intervenção do Ministério Público do Trabalho (MPT) no processo, sob o argumento de que o MPT deveria ter sido intimado para defender os direitos da herdeira menor.

> AÇÃO TRABALHISTA AJUIZADA PELOS HERDEIROS DO TRABALHADOR FALECIDO. MENOR IMPÚBERE INTEGRANTE DO POLO ATIVO ASSISTIDO POR REPRESENTANTE LEGAL. AUSÊNCIA DE INTIMAÇÃO DO MINISTÉRIO PÚBLICO DO TRABALHO. ARGUIÇÃO DE NULIDADE. ILEGITIMIDADE RECURSAL. Esta Corte Superior, considerando a autonomia do Processo do Trabalho, assim como a ausência de lacuna que justifique a incidência das regras do Processo Civil, firmou a compreensão de que não gera nulidade a ausência de intervenção do Ministério Público do Trabalho, por desnecessária, em processo ajuizado por menor assistido pelo responsável legal, desde a primeira instância. Precedentes. Dessa forma, uma vez que a presente ação teve como uma das autoras a menor impúbere assistida por sua responsável legal, o que se comprova por meio da certidão de nascimento acostada à pág. 22 e, estando esta assistida por advogado com procuração válida constante nos autos (págs. 49-50), não há que

> se falar em legitimidade do Ministério Público para atuar em favor do incapaz e, menos ainda, para recorrer de revista em nome deste. Assim, se a menor impúbere, através de sua representante legal, concordou com a procedência parcial da demanda, não caberia ao Ministério Público do Trabalho substituir-lhe e interpor recurso de revista. Nesse contexto, reconheço a ilegitimidade recursal do Ministério Público do Trabalho para interposição do recurso de revista. Recurso de revista não conhecido. Prejudicada a análise do tema "competência da Justiça do Trabalho – Lei nº 6.858/1980" (RR-10167-42.2017.5.03.0141, 3ª Turma, Relator Ministro Alexandre de Souza Agra Belmonte, DEJT 21/02/2020).

O TST destacou, portanto, que o processo do trabalho possui autonomia em relação ao processo civil e que não havia lacuna legal que justificasse a aplicação das regras do CPC, que (em algumas situações) exigem a participação do Ministério Público em processos envolvendo menores. No caso concreto, a "menor impúbere" estava representada por sua responsável legal, que também contava com a assistência de um advogado, e com procuração válida. Dessa forma, o TST entendeu que a intervenção do MPT não era necessária – principalmente em âmbito recursal –, pois a herdeira menor já estava devidamente "amparada" e a defesa de seus interesses seguia em conformidade com as regras específicas do processo do trabalho.

No entanto, ainda como leciona o grande processualista Mauro Schiavi (2020, p. 62), outra parte da doutrina defende a ideia de que, "mesmo quando o menor tiver representante legal, o Juiz do Trabalho deverá provocar a intervenção do Ministério Público do Trabalho como *custus legis* nos termos do art. 178, II, do CPC". Neste sentido, julgado do Tribunal Regional do Trabalho da 1ª Região (Processo n. 0102039-19.2017.5.01.0037):

> AUSÊNCIA DE INTIMAÇÃO DO PARQUET. NULIDADE. É cediço a necessidade de intervenção do Ministério Público do Trabalho nos feitos envolvendo menores, nos termos do art. 178, II, do NCPC. Diante da ausência de intervenção ministerial no presente feito, bem como da questionável representação legal das menores filhas da de cujus, imperiosa a declaração da nulidade da sentença, com a determinação de descida dos autos à Origem para regularização da representação legal dos menores envolvidos, bem como regular processamento do feito com a devida intervenção do MPT (TRT-1 – Processo n. 0102039-19.2017.5.01.0037, Relatora: Monica Batista Vieira Puglia, 3ª Turma, j. 07/08/2019).

Esta decisão reforça a relevância da atuação do MPT em processos que envolvem menores, como fiscal da lei, conforme previsto no CPC, mas esse entendimento, como já pontuado, é minoritário.

Mauro Schiavi mantém seu posicionamento doutrinário em consonância com o primeiro já exposto, no sentido de que a atuação do Ministério Público do Trabalho só é obrigatória quando o menor, como litigante, não estiver assistido por seu representante legal. E complementa, afirmando que, "se o menor estiver devidamente representado ou assistido em juízo, o Juiz do Trabalho somente deverá provocar a intervenção do Ministério Público do Trabalho quando os interesses do menor colidirem com os de seu representante" (SCHIAVI, 2020, p. 62).

Para reforçar esse posicionamento doutrinário – com o qual concordo plenamente e pelos mesmos fundamentos –, transcrevo um acórdão do Tribunal Superior do Trabalho, prolatado em recurso ordinário interposto em ação rescisória, no qual se questionava a validade de um acordo judicial celebrado entre a inventariante do espólio e a empresa executada, sem a participação do Ministério Público do Trabalho, apesar da existência de um herdeiro menor. A questão principal estava centrada na possível nulidade do acordo, diante da ausência de participação do MPT.

> RECURSO ORDINÁRIO EM AÇÃO RESCISÓRIA SOB A ÉGIDE DO CPC/1973. ACORDO JUDICIAL CELEBRADO ENTRE A REPRESENTANTE LEGAL DO ESPÓLIO E A EXECUTADA. INTERESSE DE MENOR. AUSÊNCIA DE INTERVENÇÃO DO MINISTÉRIO PÚBLICO DO TRABALHO. 1. *Trata-se de recurso ordinário interposto contra decisão regional que julgou a ação rescisória procedente, por violação de lei, ante a ausência de intervenção obrigatória do Ministério Público,* e por colusão entre o advogado do espólio e a empresa executada. 2. No caso, o "de cujus" faleceu no curso da reclamação trabalhista subjacente e foi substituído pelo espólio, representado por sua inventariante. Transitada em julgado a decisão, deu-se início a fase de liquidação, com elaboração e homologação dos cálculos, ocasião em que as partes entabularam acordo judicial para por fim à demanda. *Contudo, não obstante a existência de herdeiro menor, a reclamação subjacente e a própria conciliação levada a efeito não contaram com a participação do Ministério Público do Trabalho, razão pela qual o "Parquet" postula sua desconstituição*. 3. *Sob o enfoque de violação de lei, a pretensão rescisória vem calcada nos arts. 82, I, 84 e 246 do CPC/1973, que tratam da participação obrigatória do Ministério Público nas causas que versem acerca de interesse de menor, sob pena de nulidade*. 4. A questão da obrigatoriedade de intervenção do "Parquet" em reclamações trabalhistas onde haja interesse de menor,

e a caracterização de nulidade processual, "ipso facto", mesmo quando não demonstrado efetivo prejuízo ao incapaz, conta com interpretação ainda não pacificada no âmbito das Cortes Trabalhistas, razão pela qual incide o óbice da Súmula 83, I, do TST. Precedentes. 5. *Sob outro viés, a jurisprudência desta Corte Superior tem se posicionado no sentido de não pronunciar a nulidade por ausência de participação do Ministério Público do Trabalho, nas hipóteses em que os interesses do menor tenham sido defendidos por seu representante legal, na forma do art. 794 da CLT, em razão da ausência de prejuízo às partes.* 6. No caso, incontroversa nos autos a existência de ação de inventário, constituído especificamente para partilha dos valores porventura adquiridos na reclamação trabalhista ajuizada pelo "de cujus", conclui-se regular a representação do espólio em juízo pela inventariante, inclusive com poderes para transacionar direitos. 7. *Com efeito, constata-se que a atuação da inventariante não acarretou prejuízos ao herdeiro menor ou sequer ao espólio em geral*, uma vez que os valores efetivos da condenação na reclamação subjacente não haviam sido definitivamente discutidos, porquanto ainda pendia a oportunidade de a executada opor embargos à execução, de modo que a transação em valor menor do que aquele constante da planilha de cálculos não representou mera renúncia a direitos. 8. Além disso, tal como indicado pelos réus, sobre o valor bruto dos cálculos homologados de R$ 266.501,81 incidiriam ainda os descontos fiscais e previdenciários, além dos honorários contratuais do advogado, ao passo em que a parcela do acordo destinada ao espólio, de R$ 84.787,50, já representava o montante final líquido, sem descontos, porquanto fixada sua natureza indenizatória, tendo os honorários contratuais sido fixados em rubrica separada de R$ 45.000,00, de modo que descabe falar em montante vil. 9. *Logo, considerando a existência de inventariante regularmente habilitada para representar o espólio e os direitos sucessórios de seus herdeiros, e considerando que não houve prejuízo ou preterição ao herdeiro menor, conclui-se inviável o corte rescisório com base em violação literal de lei, por ausência de intervenção do Ministério Público do Trabalho no acordo homologado*. 10. (...) 13. Com efeito, não se verifica preterição aos direitos do herdeiro menor, seja porque sua parcela da herança encontra-se evidentemente garantida em razão de sua regular habilitação perante o juízo inventariante, seja porque o acordo entabulado com a inventariante não fixou as quotas de cada herdeiro sobre o valor a ser pago. *Recurso ordinário conhecido e provido, para julgar a ação rescisória improcedente*. (RO-254800-74.2002.5.01.0000, Subseção II Especializada em Dissídios Individuais, Relatora Ministra Morgana de Almeida Richa, DEJT 02/02/2024) (destaquei).

O Tribunal Superior do Trabalho destacou, portanto, que, embora a necessidade de intervenção do MPT em casos de interesse de menores ainda seja uma questão em discussão, a jurisprudência atual daquela Corte é no sentido de que *não há nulidade automática* quando os interesses do menor são adequadamente defendidos com a participação deu seu responsável legal, não havendo falar em prejuízo manifesto somente pela falta de atuação do Parquet Laboral, em conformidade com o art. 794 da CLT. No caso específico, a menor estava representada por sua inventariante, que possuía poderes para firmar o acordo.

Destarte, neste acórdão fica evidente que o entendimento do Tribunal Superior do Trabalho é semelhante ao posicionamento doutrinário de que, quando o menor está devidamente representado ou assistido, a intervenção do MPT só será necessária se houver um claro conflito de interesses entre o menor e seu representante.

3.1.4. Nas reclamações plúrimas

Na dicção do art. 843, *caput*, da CLT, nas *reclamatórias plúrimas* os empregados poderão ser representados por um dirigente do sindicato de sua categoria profissional. *Na prática*, dependendo da quantidade de reclamantes, alguns comparecem, normalmente os *líderes do grupo*, e um dirigente sindical se apresenta representando os ausentes. Nada obsta, também, que os presentes representem os que não compareceram.

Questão interessante é a de saber se o reclamado pode exigir o depoimento pessoal de todos os reclamantes nas ações plúrimas. O bom senso recomenda que, conforme a prática trabalhista, haja a *eleição de uma comissão de representantes* e que se tome o depoimento pessoal de apenas alguns dos reclamantes, até porque somente se justifica a reclamatória plúrima – como qualquer litisconsórcio ativo no processo do trabalho – se houver *identidade de matéria* e se o empregador for o mesmo (art. 842 da CLT). Assim, não é razoável que o advogado do reclamado exija o depoimento de todos os reclamantes, *faltando, aí, a cooperação* com o juízo e a parte contrária, além do que essa prática comprometerá a celeridade, a economia processual e a própria efetividade. Destarte, apenas em casos absolutamente necessários, como o de justa causa "coletiva", é que seria razoável exigir o depoimento de todos os reclamantes.

Em último caso, penso que o juiz poderia determinar o *desmembramento* do feito, *limitando* o litisconsórcio a cinco reclamantes por demanda, por exemplo, para facilitar a condução dos trabalhos e, por consequência, facilitando até mesmo a produção da prova por parte dos trabalhadores, pois estes ficariam sem testemunhas caso todos estivessem no polo ativo da demanda. E isso ainda permitiria ao reclamado a oitiva de todos os reclamantes em depoimento pessoal, se ele considerar isso absolutamente necessário.

Importante ressaltar que as ações plúrimas não se confundem com a ação coletiva, como a seguir será esclarecido.

3.1.5. Em ações coletivas

Para as *ações de cumprimento*, o art. 843, *caput*, da CLT, também permite que os trabalhadores se façam representar por um dirigente sindical. Contudo, é raríssimo que haja audiência na ação de cumprimento, pois nesta o sindicato, como *substituto processual*, está exigindo somente o cumprimento de cláusulas convencionais ou normativas (art. 872, *caput* e parágrafo único, da CLT).

Também nas *ações civis públicas* ou *civis coletivas*, ajuizadas pelo sindicato ou pelo MPT – Ministério Público do Trabalho –, é incomum que os trabalhadores compareçam na audiência, até porque se trata de ação em que o sindicato e o MPT possuem legitimação autônoma ou extraordinária para a propositura da demanda. Quando a ação é proposta pelo MPT, basta o comparecimento do procurador do trabalho. Se a ação é proposta pelo sindicato, deve comparecer para representá-lo um dirigente sindical, sendo recomendável que em ações tão especiais como estas compareça o próprio *presidente do sindicato*.

Temos aí, portanto, nas ações civis coletivas, casos de *substituição processual*, em que uma pessoa ou entidade é autorizada a postular em juízo direito alheio, fazendo-o "em nome próprio", desde que autorizado pelo sistema jurídico (art. 18, *caput*, do CPC). O processo do trabalho é muito rico em casos de substituição processual, sendo que, *na prática*, o instituto pode ser utilizado para se postular pagamento de adicional de insalubridade ou de periculosidade para os trabalhadores de determinada empresa ou setor desta (art. 195, § 2º, da CLT), o recolhimento de FGTS (art. 25 da Lei n. 8.036/90), o cumprimento de cláusulas normativas, havendo, ainda, outras hipóteses menos frequentes. O que importa é que haja *um fato único* (de origem comum), que diga respeito a todos os trabalhadores substituídos, nos moldes do art. 81, parágrafo único, inciso III, da Lei. n. 8.078/90. Por isso, penso que se o sindicato postula o *pagamento da hora extra do intervalo suprimido* aos trabalhadores de uma empresa, temos, aí, um caso de autorizada substituição processual, mas trata-se de questão complexa e sobre ela não nos debruçaremos.

A questão é a de saber: *o substituído pode comparecer na audiência?* Pode fazê-lo sem advogado? Que tipo de intervenção seria essa? Como o direito material é dos próprios substituídos, *todos os trabalhadores* poderão comparecer na audiência trabalhista em que haja substituição processual. Ademais, como ainda vigora no processo do trabalho o *ius postulandi*, eles poderão comparecer *independentemente* da contratação de advogado.

> Como o direito material é dos próprios substituídos, todos os trabalhadores poderão comparecer na audiência trabalhista em que haja substituição processual.

Quanto à natureza jurídica dessa intervenção, o art. 18, parágrafo único, do CPC, disciplina que, se houver "substituição processual, o substituído poderá intervir como assistente litisconsorcial". No entanto, Cândido Rangel Dinamarco pondera que, nesse caso, haveria uma *intervenção litisconsorcial voluntária*, não sendo caso de mera assistência litisconsorcial (Dinamarco, 1997, p. 54-56). Essa é uma das questões mais complexas do direito processual e não aprofundarei seu estudo aqui. Em outra obra – Comentários ao novo CPC e sua aplicação ao processo do trabalho, LTr – trato dessa intrincada questão, em coautoria (SILVA *et al.*, 2016, p. 182-183).

Nesse caso, quanto ao depoimento pessoal dos substituídos, penso que seria plenamente possível, primeiro, porque são intervenientes litisconsorciais; segundo, porque são os titulares do direito material alegado.

3.1.6. Representação do espólio do trabalhador

Se o trabalhador falecer antes da propositura da ação trabalhista ou no curso do processo, surge a questão de saber *como fica a representação* do polo ativo, nesses casos. Como é de todos sabido, em regra, até que haja a partilha, a massa de bens deixada no patrimônio do *de cuius* é chamada de *espólio*. De sorte que o espólio é, então, essa *universalidade de bens* e, como é de conhecimento geral, é ele a parte formal legítima a postular a satisfação de direitos do *de cuius,* quando não foram satisfeitos em vida.

Na Justiça do Trabalho, é o *espólio* também que costuma propor as demandas trabalhistas ou nelas prosseguir, em conformidade com a Lei

n. 6.858/80. De acordo com esta lei, qualquer dos *dependentes habilitados* perante a Previdência Social – de preferência mediante certidão expedida pelo INSS – pode propor a demanda trabalhista para reclamar a satisfação de direitos do trabalhador falecido. Se não houver ninguém habilitado nessas circunstâncias, a sucessão será feita de acordo com a "ordem civil", conforme indicação em alvará judicial. Assim, *herdeiros dos créditos trabalhistas* são, preferencialmente, as pessoas habilitadas junto ao INSS. Neste sentido, temos o seguinte acórdão do Tribunal Superior do Trabalho, que aborda a questão da legitimidade ativa de dependentes habilitados perante a Previdência Social à cobrança de verbas trabalhistas devidas ao trabalhador falecido.

> RECURSO DE REVISTA – VERBAS TRABALHISTAS – EMPREGADO FALECIDO – LEGITIMIDADE ATIVA – DEPENDENTE HABILITADO PERANTE A PREVIDÊNCIA SOCIAL. Nos termos do art. 1º, caput, da Lei nº 6.858/80, os dependentes habilitados perante a Autarquia Previdenciária ostentam legitimidade ativa para cobrar verbas trabalhistas devidas pelo empregador ao funcionário falecido. No caso, sendo a autora antiga companheira do de cujus e dependente habilitada junto ao INSS, inclusive recebendo pensão por morte, deve ser reconhecida a legitimidade ativa da reclamante para postular em nome próprio direitos laborais do obreiro falecido. Recurso de revista conhecido e provido (TST. Processo nº TST-RR-807-94.2012.5.24.0005, 7ª Turma, Relator: Ministro Vieira de Mello Filho, j. 02.06.2015).

No caso específico, a autora, antiga companheira do falecido (*de cujus*) e habilitada como dependente junto ao INSS, recebia pensão por morte. Por essa razão, teve sua legitimidade ativa reconhecida para postular os direitos trabalhistas em nome próprio. O Tribunal Superior do Trabalho, ao analisar o recurso de revista, entendeu que a condição da reclamante, como dependente habilitada perante a Previdência Social, conferia a ela o direito de reivindicar as verbas devidas ao falecido.

Outra questão: ainda que esses herdeiros sejam aqueles previstos no direito civil – em regra, esposa, filhos ou pais –, não há falar em meação da esposa, pois *cada um dos herdeiros trabalhistas*, incluindo a esposa, receberá *cotas iguais* dos valores dos créditos (art. 1º, *caput*, da Lei n. 6.858/80), quando apurados no processo, em regra, na liquidação da sentença. Se houver *acordo*, também haverá distribuição do valor respectivo em cotas iguais para cada um dos herdeiros. Aliás, isso é bastante comum nas ações de consignação em pagamento, de modo que o valor consignado das verbas rescisórias e o valor do FGTS depositado são rateados em cotas iguais entre os dependentes.

> Qualquer dos dependentes habilitados perante a Previdência Social pode propor a demanda trabalhista para reclamar a satisfação de direitos do trabalhador falecido, na condição de herdeiro.

Contudo, em algumas situações, por uma série de razões, alguns dos herdeiros não se encontram habilitados. Já me deparei com casos em que o trabalhador falecido tinha filhos com a esposa da qual se separou, filhos com uma convivente – com a qual mantinha união estável – e filhos com uma pessoa que se apresentou como "companheira" – e disseram que era apenas amante. Contudo, apenas os filhos do (primeiro) casamento estavam habilitados perante a Previdência Social. Nesses casos, inclusive nos casos de união estável não reconhecida, é necessário que o juiz do trabalho determine a *suspensão do processo* para que os não habilitados promovam a sua habilitação. Como o juiz do trabalho *não tem competência* para questões de direito de família, os interessados terão de propor ação na Justiça Estadual, para conseguir o *alvará judicial* que reconheça, ainda que provisoriamente, sua situação de herdeiros. De posse desse documento, a parte retornará à Justiça do Trabalho e o processo prosseguirá.

Veja-se acórdão da 2ª Turma do TST, aparentemente em sentido contrário, mas que em determinada passagem confirma que a união estável deve ser reconhecida pelo juízo cível.

> I - AGRAVO DE INSTRUMENTO DA PARTE AUTORA. RECURSO DE REVISTA. LEI N.º13.015/2014. LEGITIMIDADE PASSIVA. AÇÃO DE CONSIGNAÇÃO EM PAGAMENTO. VERBAS RESCISÓRIAS DO DE CUJUS. HABILITAÇÃO DE DEPENDENTE PERANTE A PREVIDÊNCIA SOCIAL. UNIÃO ESTÁVEL. SENTENÇAS DE RECONHECIMENTO SUPERVENIENTES. DOCUMENTOS NOVOS. Ante a possível violação do art. 1º da Lei 6.858/1980, deve ser provido o agravo de instrumento.
>
> II - RECURSO DE REVISTA DA PARTE AUTORA. LEI N.º13.015/2014. LEGITIMIDADE PASSIVA. AÇÃO DE CONSIGNAÇÃO EM PAGAMENTO. VERBAS RESCISÓRIAS DO DE CUJUS. HABILITAÇÃO DE DEPENDENTE PERANTE A PREVIDÊNCIA SOCIAL. UNIÃO ESTÁVEL. SENTENÇAS DE RECONHECIMENTO SUPERVENIENTES. DOCUMENTOS NOVOS. Trata-se de ação de consignação em pagamento ajuizada pela reclamada para fim de pagamento das verbas rescisórias de empregado falecido sob o argumento de houve discor-

dância entre a agravante (que se apresenta como companheira do de cujus) e a filha do empregado falecido, representada por sua genitora. *A controvérsia, nesta oportunidade, diz respeito à legitimidade da autora para o recebimento da meação como sucessora legal. O Tribunal Regional manteve a sentença que determinou o pagamento, na integralidade apenas para a filha do empregado falecido, mantendo a declaração de ilegitimidade passiva da agravante para o recebimento das verbas rescisórias, diante da ausência de comprovação da união estável e da ausência de habilitação desta como dependente junto à Previdência Social, nos termos exigidos pela Lei 6.858/80.* No que tange à condição de beneficiária do INSS, a jurisprudência desta Corte tem entendido que a falta da habilitação perante a Previdência Social, por si só, não impossibilita o pleito de recebimento dos direitos decorrentes da relação empregatícia, uma vez que a habilitação pode ser feita até mesmo por ocasião da liquidação da sentença. *No tocante à comprovação da união estável, necessária ao reconhecimento da qualidade de sucessora legal do de cujus, a questão é analisada sob a ótica do exame de documento novo ou fato superveniente capaz de influir na solução do litígio, nos termos da Súmula 8 do TST*, verbis: "a juntada de documentos na fase recursal só se justifica quando provado o justo impedimento para sua oportuna apresentação ou se referir a fato posterior à sentença". In casu , a sentença destes autos foi proferida em 18.03.2015 e o acórdão regional foi proferido em 15.12.2015, com publicação em 25.09.2015. *Por outro lado, a sentença proferida pelo juízo cível - na qual reconhecida a união estável - data de 15.12.2015 e a sentença de concessão do benefício previdenciário data de 24.11.2017*. Assim, o exame dos documentos apresentados por ocasião da interposição do agravo de instrumento e da petição em apartado revela que estes se referem a fatos posteriores à sentença de origem e ao acórdão regional e que trazem indícios da possibilidade de alteração do julgado. Diante desse contexto, em que, justificadamente, não houve manifestação dos juízos da origem sobre os referidos documentos, cujo momento de apresentação se mostra compatível com as regras processuais, *é prudente o conhecimento do recurso de revista diante da hipótese contida na segunda parte do artigo 1º da Lei nº 6.858/80 acerca do reconhecimento da autora como sucessora legal do trabalhador falecido*. Recurso de revista conhecido e provido.

II - AGRAVO DE INSTRUMENTO DA RECLAMADA. RECURSO DE REVISTA. LEI N.º13.015/2014. Sobrestado o exame do recurso de revista da reclamada diante do provimento do recurso de revista da autora e a determinação de retorno dos autos à Vara da origem (TST. Processo n. RR-10959-59.2014.5.15.0046, 2ª Turma, Relatora Ministra Maria Helena Mallmann, DEJT 26/06/2020). (destaquei)

Bem se vê que o conflito envolvia a agravante, que se apresentava como companheira do falecido (união estável), e a filha do trabalhador, representada por sua mãe, acerca de quem teria a legitimidade para receber as verbas trabalhistas.

Inicialmente, o Tribunal Regional da 15ª Região manteve a sentença que determinava o pagamento integral das verbas rescisórias à filha do falecido, rejeitando o direito da agravante. Isso ocorreu devido à ausência de comprovação da união estável e de habilitação como dependente junto à Previdência Social, conforme exigido pela n. Lei 6.858/80. No entanto, o Tribunal Superior do Trabalho (TST) reconheceu que a *habilitação previdenciária não é uma condição indispensável para pleitear direitos trabalhistas*, e que tal habilitação poderia ser realizada até mesmo na fase de liquidação da sentença.

A agravante apresentou novos documentos e decisões judiciais que surgiram após a sentença original, *incluindo uma sentença cível de 2015 que reconhecia a união estável e uma decisão de 2017 que lhe concedia o benefício previdenciário*. Esses documentos foram considerados novos – de fatos supervenientes – e aceitos com base na Súmula n. 8 do TST. Diante dessas novas provas, o TST entendeu que os fatos supervenientes justificavam a reforma da decisão anterior, *reconhecendo a autora (agravante) como sucessora legal do trabalhador falecido* e determinando o retorno dos autos à vara de origem para o prosseguimento do feito.

Outra questão é a seguinte: *quem representa o espólio?* E, por extensão, quem representa herdeiros menores ou incapazes? O espólio é sempre representado pelo *inventariante*. No entanto, a grande maioria dos trabalhadores nem deixa bens a inventariar ou poucos bens que não demandam processo de inventário. Nesses casos, na prática, tem sido aceita a representação do "espólio" pelo cônjuge sobrevivente. Quanto aos herdeiros menores ou incapazes, em regra são representados pelo cônjuge do falecido. Em outros casos, há de se verificar a representação de acordo com as normas do Código Civil.

Impende analisar, agora, a regra do art. 1º, § 1º, da Lei. 6.858/80, segundo a qual os valores devidos aos herdeiros menores devem ser *depositados em caderneta de poupança*. Não se trata da melhor solução, primeiro, porque o rendimento da caderneta de poupança é muito baixo; segundo, porque a família precisa dos valores dos créditos trabalhistas imediatamente, na grande maioria dos casos. Muitas vezes falece o membro da família que mantinha o próprio lar. Por isso, recomendável que os valores sejam *imediatamente liberados* ao representante do espólio, principalmente se o(a) esposo(a) do(a) falecido(a), com o *compromisso* assumido por este de empregar os valores *exclusivamente* para o "financiamento" da educação e da saúde dos menores. Nesse sentido: TEIXEIRA FILHO, 2017, p. 44.

Aliás, a própria regra mencionada permite a liberação de valores nessas situações, bem como para aquisição de *casa própria* e, por óbvio, essa liberação seria ainda mais justificável se a família necessitar dos valores para a *própria subsistência*. Por isso mesmo, não entendo necessária a manifestação do Ministério Público do Trabalho nesse caso, sendo, aliás, o que se tem verificado na prática trabalhista.

Em todos esses casos, o advogado deve estar atento para a juntada de *procuração* de *todas as pessoas* herdeiras, sendo que, por óbvio, na procuração do herdeiro representante do espólio, este pode representar os herdeiros menores ou incapazes. Se o trabalhador falecer no curso do processo, o mandato se extingue automaticamente, devendo o advogado juntar *procurações dos herdeiros* para continuar patrocinando a causa. Havendo conflito entre os herdeiros, os advogados de cada um deles têm de juntar sua procuração.

Questão complexa é a de definir se todos os herdeiros têm que ajuizar a ação trabalhista ou não. É dizer, se o *litisconsórcio*, nesse caso, é necessário ou facultativo. Por se tratar de credores solidários, o litisconsórcio é meramente *facultativo* e, assim, o herdeiro que não quiser participar do processo, não estará obrigado a fazê-lo. Contudo, quanto ao resultado, em regra esse litisconsórcio será *unitário*, pois não há como o juiz decidir de modo diverso em relação a cada um dos herdeiros. Ou havia obrigação trabalhista não satisfeita, ou não havia, e isso em relação a todos. Agora, pode ser que o juiz decida que algum pretenso herdeiro não tem direito à divisão dos créditos – porque ele não conseguiu provar, na Justiça comum, ser herdeiro, por exemplo – e, apenas nessa hipótese, o resultado poderá ser distinto. *Em suma*, o litisconsórcio, nesse caso, é unitário quanto à *obrigação* trabalhista e simples apenas quanto ao *direito* dos herdeiros.

Enfim, pelas mesmas razões já referidas quanto ao depoimento do falso representante, o representante do espólio *não pode prestar depoimento pessoal*, já que ele não pode dispor dos direitos de todos os herdeiros (art. 392, *caput*, do CPC), além de haver certa maldade quando o advogado do reclamado requer o depoimento do cônjuge do falecido, quando de todos é sabido que o cônjuge não trabalhou na empresa e, por isso, não tem o menor conhecimento dos fatos. De se recordar, transação não se confunde com depoimento pessoal, no qual pode haver confissão. Contudo, há decisões isoladas dos tribunais decretando nulidade processual pelo indeferimento da oitiva do representante do espólio.

> O representante do espólio não pode prestar depoimento pessoal, já que ele não pode dispor dos direitos de todos os herdeiros (art. 392, *caput*, do CPC).

Para finalizar este tópico, importante ressaltar que a ação proposta pelo espólio é diferente daquela ajuizada pelos herdeiros, em nome próprio, buscando indenização por dano moral "em ricochete", por exemplo, pela morte do pai em acidente do trabalho.

3.2. REPRESENTAÇÃO DOS EMPREGADORES

3.2.1. Representação por preposto

O ideal seria que o empregador pessoa física ou sócio da empresa comparecesse pessoalmente na audiência trabalhista, ainda que seu advogado não esteja presente nela, na forma do art. 843, *caput*, da CLT, como já estudado. No entanto, como isso é praticamente impossível, porque o empresário deve cuidar da empresa e administrá-la da melhor maneira possível, desde sempre o processo do trabalho *facultou ao empregador*, pessoa natural ou jurídica, "fazer-se substituir pelo gerente, ou qualquer outro preposto que tenha conhecimento do fato, e cujas declarações obrigarão o preponente".

Daí que, na grande maioria dos casos, o reclamado *se faz substituir por um preposto* de sua inteira confiança na audiência trabalhista. Esse preposto é o *autêntico representante* da parte, tanto que qualquer declaração que ele faça em audiência, em depoimento pessoal ou fora dele, *obrigará o preponente*, como resulta muito claro da parte final do § 1º do art. 843 da CLT. Por essa razão, o preposto, gerente da unidade empresarial ou apenas empregado que goza da confiança do empregador, deve ter *pleno conhecimento dos fatos*, pois é um risco demasiadamente grande nomear preposto que não saiba com precisão os fatos que ocorreram durante a prestação de serviços do reclamante.

A questão crucial sempre foi a de se definir se esse preposto deveria ser empregado (ou não) do reclamado. A dicção do referido § 1º *nunca indicou expressamente* que ele tivesse de ser empregado. Contudo, como é sabido, a *jurisprudência do TST* se inclinou por exigir que o preposto fosse empregado do reclamado, até para combater a chamada "indústria de prepostos". No século passado, os empregadores nomeavam contadores e outros profissionais mais preparados para atuarem como seus prepostos e, assim, evitavam confissões durante o depoimento pessoal ou até declarações contrárias aos interesses da empresa. Essa prática perdurou por muitos anos na Justiça do Trabalho.

Por isso, embora a jurisprudência do TST fosse dividida, a princípio, quanto a esta questão, a partir do final da década de 1990 ela passou a se inclinar por exigir a qualidade de "empregado" do preposto, tanto que a *OJ n. 99*, de 30-5-1997, dizia: "Exceto quanto à reclamação de empregado doméstico, o preposto deve ser necessariamente empregado do reclamado. Inteligência do art. 843, § 1º da CLT". Em 2005, esta OJ foi cancelada em decorrência da sua conversão na *Súmula n. 377*. A redação atual desta súmula exige a condição de empregado para o preposto, *exceto* quando se tratar de reclamação de empregado doméstico, "ou contra micro ou pequeno empresário". *Em suma*, a jurisprudência do TST foi categórica ao exigir que o preposto fosse empregado, salvo nessas *três situações excepcionadas*.

Ocorre que, como é sabido, a *Lei da Reforma Trabalhista* promoveu radical mudança nessa questão, inserindo no art. 843 da CLT, *o § 3º*, dispondo expressamente o seguinte: "O preposto a que se refere o § 1º deste artigo não precisa ser empregado da parte reclamada". Mais claro impossível. Destarte, *nenhum preposto* precisa ostentar a condição de "empregado", quer de pessoa natural, quer de pessoa jurídica, independentemente do tamanho da empresa, *a partir de 11-11-2017*, data na qual entrou em vigor a Lei n. 13.467/2017.

> Nenhum preposto precisa ostentar a condição de empregado, quer de pessoa natural, quer de pessoa jurídica, independentemente do tamanho da empresa, a partir de 11-11-2017.

Questão interessante é a de saber se o preposto precisa *comprovar a sua nomeação* pelo reclamado. Conquanto haja jurisprudência dividida quanto a essa matéria, é *prudente* que o advogado comprove a regular representação do reclamado por preposto, demonstrando de forma inquestionável a capacidade processual de seu cliente. Assim, o advogado deve promover a juntada de cópia dos instrumentos constitutivos da empresa – salvo se ele juntar procuração por instrumento público –, inclusive para comprovar que a pessoa que assinou a carta de preposição tinha poderes para tanto, fazendo juntar, ainda, a *carta de preposição* devidamente assinada.

Para os advogados iniciantes, convém pontuar: tratando-se de sociedade limitada, cópia do contrato social; se for sociedade anônima, cópia do estatuto social e da ata de assembleia em que se deu a eleição e posse da diretoria; tratando-se de firma individual, a EIRELI – empresa individual de responsabilidade limitada, que foi substituída pela Sociedade Limitada Unipessoal (SLU) –, ou até do MEI – microempreendedor individual –, deve ser juntada a cópia do ato constitutivo da empresa individual. Agora, se o reclamado for sindicato ou condomínio, cópia do estatuto social e também da ata de eleição e posse da diretoria. Outras situações vão se amoldar a uma destas já referidas. Em todos esses casos, de se juntar *cópia do ato constitutivo e a carta de preposição*. E, por óbvio, também o *instrumento de procuração ou substabelecimento* ao advogado que comparece na audiência trabalhista, para comprovar a sua capacidade postulatória.

Poder-se-ia aplicar, *por analogia*, a OJ n. 255 da SDI-1 do TST e, nesse caso apenas se houver impugnação da parte contrária é que deveria ser exigida toda essa comprovação da condição de preposto (SOUZA JÚNIOR *et al.*, 2018, p. 73). Mas, como já dito, é bom que o advogado seja prudente e não corra riscos. De se recordar, no entanto, que se o juiz entender que a representação processual do reclamado não está correta, deve assinar um *prazo razoável para a regularização*, nos moldes do art. 76 do CPC. Qual seria esse prazo razoável? Nem o CPC esclareceu e, portanto, penso que um prazo de cinco ou dez dias seria bastante razoável. Contudo, há casos em que a pessoa que tem poderes para assinar carta de preposição e/ou procuração está viajando ou sem condições físicas de assinar o documento. Nesses casos, o advogado pode requerer um prazo maior, por exemplo, de 30 dias, e o juiz normalmente deferirá o requerimento.

> Se o juiz entender que a representação processual do reclamado não está correta, deve assinalar um prazo razoável para a regularização (art. 76 do CPC).

Outra questão e á de saber se pode haver *substituição do preposto* durante a audiência. Imagine-se a situação do preposto "oficial" que não chega a tempo e o advogado, para que o reclamado não sofra os efeitos da revelia ou da confissão, convida outra pessoa para atuar como preposto, requerendo prazo para juntada de carta de preposição. A audiência será instalada e, após a tentativa conciliatória, quando se der início aos depoimentos pessoais, se por acaso o preposto "oficial" chega e o advogado fica sabendo disso, *poderia requerer a substituição do preposto?* Penso que isso não seria admissível, pois seria atitude afrontosa ao *princípio da boa-fé*. Se a parte começou a audiência com o preposto que estava presente, é porque este era de sua inteira confiança, tanto que qualquer declaração sua obrigará o preponente. Não se pode admitir preposto de fachada. Ou o preposto representa *efetivamente* o reclamado, impedindo a declaração da revelia e da confissão, ou não o representa. Enfim, é *o preposto que iniciou a audiência* quem deverá prestar depoimento pessoal. Em tese semelhante, SOUZA JÚNIOR *et al.* (2018, p. 74-75) tratam da substituição do preposto "minutos antes da audiência".

Para finalizar este tópico, quem pode ser representante do *empregador doméstico*, do *condomínio* e de empresas do mesmo grupo econômico? Qualquer destes empregadores ou reclamados pode fazer-se representar por *preposto* de sua confiança, que não precisa ser seu empregado. No entanto, algumas ponderações. Na relação de emprego doméstico, na prática, o empregador é *a família* e não apenas aquele que consta do registro e da CTPS do empregado. De sorte que *qualquer membro da família* ou do chamado núcleo familiar básico pode representar o empregador doméstico, desde que seja maior e capaz. Quanto ao condomínio, em regra, é representado pelo *síndico* ou pelo administrador (art. 75, inciso XI, do CPC). Contudo, ele também poderá nomear preposto. Enfim, embora o grupo econômico não seja empregador único, diante da regra do § 3º do art. 843 da CLT resta induvidoso que *o mesmo preposto* pode representar duas ou mais empresas do mesmo grupo econômico.

A questão *mais polêmica* de todas as que poderiam ser aqui examinadas é a que envolve a representação dos empregadores por advogado, mas na condição de *preposto*. Questão tão complexa que merece um tópico à parte.

3.2.2. O advogado pode atuar como preposto?

Se o preposto não mais precisa ser empregado do reclamado para representá-lo, com plenos poderes, na audiência trabalhista, em conformidade com o § 3º do art. 843 da CLT, até que a jurisprudência se posicione de forma contrária, contadores e outros profissionais que assessorem os empresários poderão atuar como prepostos na Justiça do Trabalho.

A questão mais polêmica e de difícil solução que se apresenta sobre essa temática é a de se verificar *se o advogado pode ou não atuar como preposto* na audiência trabalhista. Numa interpretação literal do § 3º mencionado, não haveria nenhum empecilho, porque é direito do empregador escolher qualquer preposto para representá-lo em audiência, empregado ou não. Por óbvio que se o advogado é empregado da empresa, desaparecia qualquer questionamento a esse respeito. Contudo, há de se verificar também outras normas que tratam do assunto, principalmente o Estatuto da Advocacia.

Com efeito, o art. 25 do Código de Ética e Disciplina da Advocacia *proíbe terminantemente a atuação simultânea* do advogado também "como preposto do empregador ou cliente". Advogado tem *capacidade postulatória*, ao passo que o representante da parte tem apenas *capacidade processual*, de estar em juízo. À obviedade, são duas pessoas distintas, a menos que se trate de parte autorizada a valer-se do *ius postulandi*, o que não é o caso ora examinado. Há de se entender, então, o que se compreende por "atuação simultânea". A interpretação não pode ser literal. Assim, o que não se permite é que o advogado atue como causídico e representante processual da parte *no mesmo processo*, ainda que em fases distintas. Ele não pode nem mesmo substabelecer, pois esse também é um ato processual.

Poder-se-ia, para contornar essa limitação legal, pontuar que se trata apenas de infração ética e que, portanto, no âmbito do processo essa atuação simultânea não geraria nulidade. Aparentemente nesse sentido o posicionamento da 2ª Turma do Tribunal Regional do Trabalho da 7ª Região (Processo n. 0000554-39.2019.5.07.0004).

> RECURSO ORDINÁRIO DO BANCO BRADESCO. ABONO PECUNIÁRIO. FACULDADE DO EMPREGADO. AUSÊNCIA DE PROVA DE REQUERIMENTO. PAGAMENTO EM DOBRO DO PERÍODO CORRESPONDENTE. APLICAÇÃO ANALÓGICA DO ART. 137 DA CLT. O banco reclamado não conseguiu provar que o empregado tenha requerido a conversão de 1/3 das férias em abono pecuniário, na forma do §1º do art. 143 da CLT. Prevalece a alegação vestibular da imposição patronal da conversão em pecúnia da citada verba, acrescido do terço constitucional, devida de forma simples para completar a dobra legal. IMPOSTO DE RENDA E CONTRIBUIÇÃO PREVIDENCIÁRIA. IMPROVIMENTO DO RECURSO. Considerando que na decisão impugnada já houve a determinação de observância, quanto à contribuição previdenciária, do artigo 43 da Lei nº 8.212/91, da retenção conforme o art. 46 da Lei n.º 8.541/92 e, quanto ao Imposto de Renda, o art. 12-A da Lei n. 7.713/88, o recurso merece ser desprovido. *ATUAÇÃO SIMULTÂNEA DE ADVOGADO COMO PREPOSTO. ART. 23 DO CÓDIGO DE ÉTICA DA OAB. MERA INFRAÇÃO ÉTICA, SEM EFEITOS PROCESSUAIS. REVELIA. INEXISTÊNCIA. A atuação simultânea como*

> *advogado e preposto no mesmo processo gera apenas infração ética, com a comunicação ao órgão de classe respectivo, sem produzir efeitos no âmbito processual, pois apenas à União cabe legislar sobre Direito Processual (art. 22, I, da CF).* MAJORAÇÃO HONORÁRIOS ADVOCATÍCIOS EM FAVOR DA PARTE RECLAMADA. REQUISITOS DO §2º do art. 791-A da CLT COMPROVADOS NOS AUTOS. Presentes os requisitos constantes do §2º do art. 791-A da CLT, razoável se mostra a elevação do percentual a título de honorários advocatícios. (TRT-17. Processo n. 0000554-39.2019.5.07.0004, 2ª Turma, Relator: Antonio Teofilo Filho, j. 26.02.2024). (destaquei)

Contudo, com o devido respeito, *o processo há de ser ético* e, por isso, o CPC de 2015 foi dotado de normas fundamentais nos arts. 1º a 11, sendo que toda aquela principiologia deve ser observada, enfatizando-se que toda pessoa "que de qualquer forma participa do processo deve comportar-se de acordo com a boa-fé" (art. 5º do CPC). *Boa-fé objetiva*, diga-se!

Outra possibilidade seria a de o advogado *renunciar ao mandato*, adentrar à sala de audiências na condição de preposto e requerer prazo para a juntada da carta de preposição. Em situação de urgência, poderia requerer que se registrasse em ata a sua renúncia. Imagine-se a *situação de desespero* do advogado que formulou belíssima defesa, anexou todos os documentos necessários, e é surpreendido com o pregão quando seu preposto ainda não apareceu. *Para evitar a confissão* do reclamado – ainda que elidida a revelia, nos moldes do § 5º do art. 844 da CLT, a ausência da parte implica na sua confissão quanto à matéria de fato –, o advogado poderia, então, comparecer como preposto e evitar a consequência processual danosa à parte. No entanto, tendo em vista que a procuração já fora juntada, ele teria de *renunciar ao mandato*. Do contrário, estaria atuando *simultaneamente* – no mesmo processo, ainda que em momentos distintos – como advogado e como preposto. Nesse caso, se o juiz não receber a defesa eventualmente assinada pelo advogado (preposto), caberia a este apresentar defesa oral.

A primeira objeção que se faz a essa possibilidade é a relativa ao art. 112, § 1º, do CPC, pois o advogado que renuncia ao mandato deve comunicar a renúncia ao mandante e *continuar representando* este nos 10 dias subsequentes à comunicação. Entretanto, essa representação somente será exigível se "necessário para lhe evitar prejuízo". Além disso, essa comunicação e até a representação pelo prazo de 10 dias fica dispensada se há outros advogados constituídos na mesma procuração, pois os outros advogados poderão continuar representando o mandante (§ 2º do art. 112). Como se não bastasse, o *maior prejuízo* que o reclamado poderá ter é exatamente o da declaração da sua confissão, caso o advogado não tenha a perspicácia de adentrar à sala de audiências como preposto. Com o devido respeito, o preposto é mais importante que o advogado na audiência trabalhista, *nesse momento*. O advogado pode evitar a revelia, mas nunca a confissão. *O preposto evita não somente a revelia como a confissão*, já que, com ele, é como se a própria parte estivesse presente na audiência.

Tudo estaria a militar em favor da permissão de atuação do advogado como preposto, portanto. Até porque isso implicaria em igualdade de tratamento do reclamado em relação ao reclamante, já que este, guardadas as devidas proporções, pode se fazer representar por qualquer colega de profissão ou por um dirigente sindical, como já examinado.

Entretanto, há juízes que veem nessa atitude de designação de advogado como preposto uma manifesta *ofensa ao art. 9º da CLT*, pois a prática teria o objetivo de "desvirtuar, impedir ou fraudar a aplicação dos preceitos contidos" na CLT, e quaisquer atos fraudulentos com esse propósito seriam "nulos de pleno direito", na dicção do referido art. 9º.

Neste sentido, acórdão do Tribunal Regional do Trabalho da 2ª Região. Basicamente, todos os argumentos que aqui apresentei – referentes à renúncia ao mandato pelo advogado com a finalidade de se evitar a revelia ou a confissão ficta – foram utilizados como justificativa pela 12ª Turma (Processo nº 1001023-41.2019.5.02.0446), para declarar as reclamadas como revéis:

> REVELIA E CONFISSÃO. FALTA ÉTICA. ADVOGADO QUE SE AUTODENOMINOU PREPOSTO AO DETECTAR A AUSÊNCIA DAS RECLAMADAS. ATUAÇÃO SIMULTANEA COMO PREPOSTO E ADVOGADO. A questão se resume na possibilidade do então patrono das rés, ao constatar a ausência do preposto das reclamadas, renunciar ao mandato que lhe foi outorgado, para, em seguida, passar a atuar como preposto na mesma audiência. De plano, ressalto que existe norma disciplinada no art. 23 do Código de Ética e Disciplina da OAB, no sentido de que "É defeso ao advogado funcionar no mesmo processo, simultaneamente, como patrono e preposto do empregador ou cliente". Embora se trate de norma que não vincula o judiciário trabalhista, mas apenas de uma infração ética, entendo que a questão a ser analisada é um pouco mais complexa. *A jurisprudência, inclusive do C. TST, tem se inclinado no sentido da possibilidade de atuação simultânea nas funções de advogado e preposto, ainda que no mesmo processo, desde que regularmente constituído* (TST - RR: 1857820145120037, Relator: Guilherme

> Augusto Caputo Bastos, Data de Julgamento: 13/03/2019, 4ª Turma, Data de Publicação: DEJT 22/03/2019). *Entretanto, no caso em tela, entendo que suas nuances não se amoldam perfeitamente a esse entendimento, pois o patrono das rés não estava regularmente constituído como preposto no momento da realização da audiência, mas apenas e tão somente na condição de advogado.* Diferentemente seria o desfecho se, no momento da instalação da audiência, o patrono das rés tivesse apresentado, de pronto, uma carta de preposição, credenciando-o previamente como preposto. *Contudo, na hipótese dos autos, a juntada posterior veio apenas a funcionar como um "salvo conduto". Ora, trata-se de artificio flagrantemente fraudulento com o intuito de apenas obstar a declaração de revelia das rés, configurando nítido abuso de direito (art. 187 do Código Civil), devendo, assim, ser desconsiderada a renúncia, podendo-se, a propósito, aplicar as prescrições do art. 129 do Código Civil* que enunciam: "Reputa-se verificada, quanto aos efeitos jurídicos, a condição cujo implemento for maliciosamente obstado pela parte a quem desfavorecer, considerando-se, ao contrário, não verificada a condição maliciosamente levada a efeito por aquele a quem aproveita o seu implemento". *Outrossim, não se deve esquecer da regra celetista do art. 9º que enuncia: "Serão nulos de pleno direito os atos praticados com o objetivo de desvirtuar, impedir ou fraudar a aplicação dos preceitos contidos na presente Consolidação"* In casu, entendo que a atuação do nobre causídico, com o seu ato, objetivou, inequivocamente, obstar a aplicação do art. 844 da CLT, que declara que "O não-comparecimento do reclamante à audiência importa o arquivamento da reclamação, e o não-comparecimento do reclamado importa revelia, além de confissão quanto à matéria de fato". (G.N.) *Com efeito, a fraude é tão absurda que o advogado Dr. (...), que aparece na contestação das rés, após se auto intitular preposto, apresentando posteriormente uma carta ideologicamente inverídica de preposição, tão somente para tentar justificar seu artificio malicioso (fl. 210), já na próxima petição aparece novamente como patrono das rés* (fl. 212). Portanto, diante de flagrante fraude, declaro as reclamadas revéis e confessas quanto a matéria fática. (TRT-2. Processo nº 1001023-41.2019.5.02.0446, 12ª Turma, Relator: Flavio Antonio Camargo de Laet, j. 05.06.2022.) (destaquei)

A jurisprudência em análise trata de uma tentativa de se evitar a revelia e confissão numa demanda trabalhista, com foco na conduta do advogado das reclamadas, que, ao notar a ausência do preposto na audiência, renunciou ao mandato e se apresentou como preposto durante o ato. Posteriormente, ele apresentou uma carta de preposição para justificar sua atuação como representante das reclamadas. Ocorre que, ao contrário da hipótese que aventei anteriormente, *o advogado voltou a atuar como advogado no processo, peticionando em seguida nessa condição.* Isso realmente é um acinte! Ele não poderia mais atuar como causídico nesse caso, e, sim, substabelecer a outro advogado o mandato a ele outorgado.

Nesse caso, realmente o advogado utilizou-se de um "artifício fraudulento", com a finalidade de evitar a declaração da revelia e confissão quanto à matéria de fato (art. 844 da CLT). Essa conduta, segundo o relator, configura abuso de direito, conforme o art. 187 do Código Civil, e também viola o art. 129 do Código Civil, que trata de condições maliciosamente criadas para obstruir o andamento processual. Além do mais, o relator fundamentou sua decisão no art. 9º da CLT, que declara nulos os atos destinados a fraudar a aplicação das normas trabalhistas. A atitude do advogado, ao se autoproclamar preposto após renunciar ao mandato *e voltar, em seguida, a atuar como advogado, no mesmo processo*, foi entendida como uma tentativa de burlar o art. 844 da CLT. Com isso, o Tribunal declarou as reclamadas revéis e confessas quanto aos fatos, aplicando as "penalidades" processuais previstas na CLT.

Além do art. 9º da CLT, há o entendimento de que, admitir-se que advogados possam atuar como prepostos implicaria em ressuscitar a chamada "indústria de prepostos", que tanto preocupou a Justiça do Trabalho no século passado. O *desejável* é que o empregador comparecesse pessoalmente à audiência trabalhista ou se fizesse substituir por um gerente ou qualquer outro preposto de sua confiança, mas que fosse empregado ou prestador de serviços de modo contínuo à empresa, até para que tenha pleno conhecimento dos fatos. Com essa perspectiva, aprovou-se na 2ª JDMPT – Jornada de Direito Material e Processual do Trabalho –, realizada pela ANAMATRA enunciado no sentido de que *somente* pode ser admitida a atuação do advogado como preposto *se ele for empregado* do reclamado. Veja-se:

> ACESSO À JUSTIÇA. ISONOMIA. "JUS POSTULANDI".
>
> I – Não sendo representante legal da pessoa jurídica ou empregado do réu, o preposto poderá apenas prestar depoimento pessoal na audiência, sendo-lhe vedada a prática de atos processuais privativos do advogado.
>
> II – Não sendo empregado do réu, é vedado ao advogado funcionar como seu preposto.
>
> III – É defeso ao advogado funcionar no mesmo processo, simultaneamente, como patrono e preposto do empregador (Código de Ética e Disciplina da OAB, art. 23).
>
> (Enunciado nº 4 da Comissão 7)

Uma última questão a ser abordada antes de concluirmos esse item, é a que diz respeito ao *dever de sigilo do advogado*, previsto expressamente no art. 34, inciso VII, do Estatuto da Advocacia. É dizer, o advogado, como preposto, poderia *escusar-se de prestar depoimento pessoal*? Penso que o dever de sigilo somente pode ser invocado pelo advogado enquanto *exercer a sua profissão*, podendo, excepcionalmente, ser invocado na qualidade de testemunha (art. 458, parágrafo único, do CPC). Agora, se o próprio advogado quis atuar como representante legal da parte, fazendo-se passar por seu *preposto, jamais poderá invocar dever de sigilo* para escusar-se de prestar depoimento pessoal. Não se aplica, portanto, nessa questão, a exceção do art. 388, inciso II, do CPC. Quando muito, o advogado-preposto poderia escusar-se de depor nas outras hipóteses tratadas nesse art. 388, mas penso ser muito difícil encontrar uma situação concreta das relações de trabalho que pudesse se encaixar naquelas hipóteses.

Com tudo isso ponderado, respeitando opiniões em contrário, não vejo maiores problemas para que o advogado, *desde que não patrocine a causa*, possa atuar como preposto do reclamado na Justiça do Trabalho. Aliás, tem sido recorrente que reclamados utilizem advogados "correspondentes" como prepostos na audiência trabalhista. Não há, na maioria dos casos, nem como o juiz saber se o preposto é ou não advogado, principalmente quando o advogado-preposto exibe sua CNH, e não sua carteira profissional. Quanto à afirmação de que o advogado-preposto estaria mais "preparado" para a audiência trabalhista, não é o que tenho verificado, na prática. Já tive ocasião de tomar depoimento pessoal do advogado-preposto, até de ofício, na audiência una ou de fazer interrogatório dele na audiência inicial, e ele *não saber praticamente nada* a respeito dos fatos controvertidos. Nessas ocasiões, o "tiro saiu pela culatra", porque já declarei de plano a *confissão ficta do reclamado* e, em algumas ocasiões, logo na sequência, até mesmo encerrei a instrução processual.

> Não há maiores problemas para que o advogado, desde que não atue de modo algum na causa, nessa condição, possa atuar como preposto do reclamado na Justiça do Trabalho.

Assim, basta que o juiz esteja atento, zele pela celeridade, efetividade e lealdade, quando perceber que o advogado-preposto foi "pego pelo laço" no átrio do fórum, e, de ofício, tome o depoimento dele ou proceda ao seu interrogatório, atendendo também ao *princípio da boa-fé objetiva*, que se exige de qualquer dos participantes do processo judicial. E o advogado do reclamante precisa estar atento a essa situação, *requerendo* ao juiz que proceda ao interrogatório do preposto, ou que tome seu depoimento pessoal, pois pode obter a confissão do reclamado somente por esse fato, de se tratar de um preposto "tampão".

Agora, *situação completamente distinta* é a de o advogado ter atuado como preposto da empresa em diversos processos, até porque era empregado dela, e, a partir de determinado momento, ser *efetivado como advogado*, e passar a representá-la judicialmente, ou seja, praticando atos como advogado, nas audiências subsequentes, manifestações, interposição de recursos etc. Pois bem, claramente haverá aqui, *uma infração ética*, diante da proibição do art. 25 do Código de Ética e Disciplina da OAB, como já referido, pois o advogado *não pode atuar simultaneamente* como advogado e preposto, no mesmo processo.

Contudo, em relação aos efeitos processuais, se respeitada a *boa-fé objetiva* – e para ser coerente com a linha de pensamento aqui defendida –, penso que, se o advogado empregado atuava *apenas* como preposto e, a partir de sua efetivação como advogado da empresa, passar a atuar *exclusivamente* como advogado, não haveria maiores consequências. Há muitos advogados que são contratados, inicialmente, para atuar como prepostos. Se eles ganham a confiança do seu empregador e demonstram pleno domínio das técnicas de audiência, por exemplo, nada obsta que sejam efetivados como advogados para, a partir daí, exercerem a *capacidade postulatória*, praticando atos como patronos da parte. A *única ressalva* que faço é a seguinte: se o advogado, atuando ainda como preposto, *tiver prestado depoimento pessoal*, não poderá atuar nesse processo, doravante, como advogado, sob pena de *seu depoimento ser desconsiderado* e de ser declarada a confissão do reclamado. Qual a diferença? O advogado não pode, *nunca*, prestar depoimento pessoal para a parte, situação tão clara que dispensa explicações.

3.2.3. Representação da Administração Pública

Continuando a análise da representação dos empregadores na audiência trabalhista, de se verificar a situação específica da *Administração Pública* direta, autárquica e fundacional. Como a CLT não trata dessa questão, de se aplicar praticamente na íntegra o extenso regramento do *art. 75 do CPC*.

Assim, a *União* será representada em juízo – ativa e passivamente – "pela Advocacia Geral da União, diretamente ou mediante órgão vinculado". Os *Estados* – e, por sua vez, o Distrito Federal – serão representados por seus procuradores, em regra, por um Procurador do Estado. Quanto aos *Municípios*, sua representação pode ser feita pelo prefeito, o que é incomum, ou pelos procuradores municipais, sendo que a nomeação destes – como de todos os outros já citados –, faz-se por *publicação no Diário Oficial*. Com a alteração do inciso III do art. 75 do CPC pela Lei n. 14.341/2022, os Municípios podem ser representados, ainda, pela Associação de Representação de Municípios, quando expressamente autorizada a tanto, na forma do § 5º deste artigo, introduzido pela referida lei. No caso dos municípios, principalmente dos menores, é comum que contratem advogados não concursados para a defesa de seus interesses na Justiça do Trabalho. Enfim, as *autarquias* e as *fundações* de direito público serão sempre representadas "por quem a lei do ente federado designar".

A *questão prática* é a de saber *se há necessidade* de o procurador do ente público comparecer acompanhado de preposto, ou se basta o comparecimento dele. Por força da normativa do art. 75, seria suficiente a presença do Advogado Geral da União, do Procurador do Estado, do Procurador do Município ou do Procurador da autarquia e da fundação pública. Acontece que, caso o procurador compareça sozinho, poderia ser requerido seu depoimento pessoal, caso em que se poderia inverter a ordem dos depoimentos pessoais, para se permitir que o procurador ouça – após sua oitiva – o depoimento do reclamante e possa fazer reperguntas a este. Por essa razão, via de regra, esses procuradores de entes públicos levam para a audiência trabalhista *um preposto*, que será, portanto, o representante direto do ente público, exercendo o procurador jurídico apenas a capacidade postulatória, não a capacidade processual.

Questão antagônica é a de saber se pode comparecer *apenas o preposto* da Administração Pública, ou se nesse caso haveria efeitos processuais diante da ausência do procurador jurídico. Trata-se de situação análoga à já examinada em relação ao advogado. Assim, o preposto pode comparecer sozinho, representando legalmente o ente público, e nesse caso a defesa e documentos juntados pelo procurador jurídico deverão ser recebidos pelo juiz, não havendo consequência processual à parte. De outro lado, *se comparece apenas o procurador jurídico*, a defesa e documentos serão recebidos (art. 844, § 5º, da CLT, por analogia), mas se o juiz entender que havia necessidade da presença do preposto da pessoa que teria a capacidade processual, poderá declarar a *confissão ficta* do ente público quanto à matéria de fato, a menos que o procurador do ente público se prontifique a prestar depoimento pessoal. Contudo, a parte contrária pode a isso se objetar, alegando que o fato de o procurador jurídico atuar, ao mesmo tempo, como advogado e "preposto", consistiria em infração ética.

3.2.4. Outras representações de reclamados

Seguindo o roteiro do art. 75 do CPC, quem representa a *massa falida* na audiência trabalhista é o administrador judicial (inciso V). No entanto, em regra, esse administrador nomeia um *preposto* da sua confiança para comparecer em juízo. De outra mirada, a empresa que se encontra em *recuperação judicial* não é representada em juízo pelo administrador judicial, até porque, nessa recuperação, os sócios ou administradores empresariais não perdem o poder de administração e nem mesmo de representação da empresa em nenhum órgão da Justiça. De modo que a empresa, nesta situação, ou se faz representar pelos *sócios* ou por um *preposto* de sua confiança.

Quanto ao *espólio*, quando reclamado, a ele não se aplica a normativa da Lei n. 6.858/80, já estudada, pois esta se destina apenas à sucessão na titularidade dos créditos trabalhistas. Assim, o espólio reclamado será representado pelo *inventariante* (inciso VII), que também poderá nomear *preposto*, da maneira como exaustivamente examinada.

Não seria necessário lembrar, mas para não deixar passar em branco eventuais dúvidas, a *pessoa jurídica* será representada pela pessoa incumbida disso em seus atos constitutivos, ou por seus diretores/administradores. Tratando-se de sociedade ou associação irregulares, bem como de outros entes organizados sem personalidade jurídica, serão representados "pela pessoa a quem couber a administração de seus bens" (inciso IX). E o *condomínio*, como já referido, pelo administrador ou pelo síndico (inciso XI). *Em todas essas situações* será possível a nomeação de preposto para comparecer na audiência trabalhista.

Enfim, a representação do sindicato, quando reclamado e, da parte interveniente, quando ocorrer intervenção de terceiros. Quanto ao *sindicato*, trata-se de pessoa jurídica – a menos que o sindicato não esteja devidamente constituído –, a ele aplicando-se, conforme o caso, as hipóteses dos incisos VIII e IX do art. 75 do CPC. Por sua vez, os *terceiros intervenientes*, se incluídos no *polo passivo* da demanda, terão sua situação jurídica "encaixada" numa das tantas hipóteses já referidas, dependendo, ainda, de ser pessoa natural ou pessoa jurídica. Em regra, o denunciado, o chamado e outros podem nomear prepostos. De outra parte, se o interveniente estiver no *polo ativo*, por exemplo, como assistente do reclamante trabalhador, não poderá nomear preposto, já que sua situação está mais para a regra do § 2º do art. 843 da CLT do que para a dos §§ 1º e 3º deste artigo.

3.3. REPRESENTAÇÃO POR ADVOGADO E COMPROVAÇÃO DO MANDATO

O advogado, como visto, exerce a *capacidade postulatória* no processo do trabalho, quando a parte não se vale do seu *ius postulandi* e constitui um profissional qualificado para fazer sua representação técnica. Para comprovar essa nomeação, por óbvio, o advogado *deve juntar aos autos* o instrumento do mandato, ou seja, a *sua procuração*, já que, em regra, o advogado não poderá "postular em juízo sem procuração", exceto para praticar atos urgentes, nos termos do art. 104 do CPC. Simples assim: o advogado da parte é aquele que está investido de mandato na forma da lei, até porque a procuração geral para o foro não habilita o advogado a praticar *atos especiais*, para os quais se exigem *poderes específicos*, consoante o art. 105 do CPC.

> O advogado deve juntar aos autos o instrumento do mandato, ou seja, a sua procuração (art. 104 do CPC), ou o substabelecimento.

Poder-se-ia objetar que existe a procuração *apud acta* e também o mandato tácito. Trata-se de hipóteses *excepcionais* e o advogado zeloso não deve se fiar nessas possiblidades. A procuração *apud acta* é aquela registrada na própria ata de audiência, mas outorga poderes ao advogado apenas para a realização dos atos de audiência em si e para o chamado "foro em geral"; e somente se aplica ao advogado que comparece na audiência. Já o *mandato tácito*, este diz respeito aos casos em que o advogado "se esquece" de juntar a procuração, pratica vários atos processuais, e depois estes serão convalidados porque não houve questionamento anterior e também porque o juiz não assinou prazo específico para a regularização da representação processual da parte.

Ocorre que, na *fase recursal*, há entendimento jurisprudencial específico a respeito de *mandato tácito*, merecendo ser transcrita a *Súmula n. 383* do TST, que bem retrata essa situação:

> RECURSO. MANDATO. IRREGULARIDADE DE REPRESENTAÇÃO. CPC DE 2015, ARTS. 104 E 76, § 2º (nova redação em decorrência do CPC de 2015) - Res. 210/2016, DEJT divulgado em 30.06.2016 e 01 e 04.07.2016
>
> I – É inadmissível recurso firmado por advogado sem procuração juntada aos autos até o momento da sua interposição, salvo mandato tácito. Em caráter excepcional (art. 104 do CPC de 2015), admite-se que o advogado, independentemente de intimação,

exiba a procuração no prazo de 5 (cinco) dias após a interposição do recurso, prorrogável por igual período mediante despacho do juiz. Caso não a exiba, considera-se ineficaz o ato praticado e não se conhece do recurso.

II – Verificada a irregularidade de representação da parte em fase recursal, em procuração ou substabelecimento já constante dos autos, o relator ou o órgão competente para julgamento do recurso designará prazo de 5 (cinco) dias para que seja sanado o vício. Descumprida a determinação, o relator não conhecerá do recurso, se a providência couber ao recorrente, ou determinará o desentranhamento das contrarrazões, se a providência couber ao recorrido (art. 76, § 2º, do CPC de 2015).

Ademais, por óbvio, o advogado que possuir mandato tácito *jamais poderá substabelecer* seus poderes a outro advogado, pois se o fizer, esse substabelecimento será considerado inválido, nos exatos termos da *OJ n. 200* da SDI-1. Penso que, até por não haver poderes expressos, o advogado constituído por procuração *apud acta* também não pode substabelecer poderes a outro advogado.

Quanto à *falta de data na procuração*, nos termos da OJ. *371* do TST, o mandato judicial não exige que a data da outorga de poderes seja expressa e, nesse caso, "a data a ser considerada é aquela em que o instrumento for juntado aos autos" (art. 409, parágrafo único, inciso IV, do CPC). Destarte, se o advogado *substabelecer* seus poderes a outro, nessa hipótese, isso não implica em irregularidade de representação.

A respeito de *substabelecimento*, de se verificar, ainda, a *Súmula n. 395* do TST, especialmente as hipóteses dos seus itens III, IV e V, que explicitam, na essência, o seguinte: a) ainda que o mandato não contenha poderes expressos para substabelecer, em se tratando de *mandato expresso* (procuração escrita), serão considerados "válidos os atos praticados pelo substabelecido"; b) no entanto, a outorga de substabelecimento, por óbvio, deve ser *posterior* à própria confecção do mandato; c) se o substabelecimento for anterior à outorga do mandato, o juiz deve suspender o processo e *assinar prazo razoável* para que o vício seja sanado, ainda que na fase recursal (art. 76 do CPC). A propósito, de se consultar SOUZA JÚNIOR *et al.*, 2018, p. 51-52.

Continuando a análise da representação por advogado, de acordo com a *Súmula n. 463*, item I, do TST, o advogado precisa ter *poderes específicos* para requerer a concessão de assistência judiciária gratuita, e registrados na procuração. Se os tiver, poderá até mesmo *firmar declaração de hipos-*

suficiência econômica em nome da parte, quando se tratar de pessoa natural. Isso porque, em se tratando de pessoa jurídica, não é suficiente a mera declaração de hipossuficiência, sendo "necessária a demonstração cabal de impossibilidade de a parte arcar com as despesas do processo" (item II da Súmula n. 463).

Merece ser lembrada também a *Súmula n. 427* do TST, segundo a qual, havendo *pluralidade de advogados*, e pedido expresso no sentido de que as intimações e publicações sejam realizadas exclusivamente em nome de um deles, "a comunicação em nome de outro profissional constituído nos autos é nula, salvo se constatada a inexistência de prejuízo". Resta saber se o advogado, tendo feito este requerimento em petição, necessita renová-lo oralmente em audiência. A resposta é *negativa*, mas é recomendável que o advogado faça requerimento dessa natureza de forma *bem destacada e visível*, logo no início da petição ou ao finalzinho desta, para facilitar a verificação pelo juiz e/ou diretor de secretaria.

Quando se tratar de *pessoa jurídica*, há de se observar a *Súmula n. 456* do TST, devendo haver identificação do outorgante e do signatário da procuração, pois se considera *inválido* o instrumento de mandato sem essa individualização, quando o constituinte se tratar de pessoa jurídica. Contudo, para se evitar a chamada jurisprudência defensiva, toda vez que o juiz ou o relator verificar irregularidade de representação, deverá assinar *prazo de cinco dias* para que seja sanado o vício, e somente se não cumprida a determinação é que o magistrado poderá aplicar as consequências processuais previstas no art. 76 e §§ do CPC.

De se observar também que algumas pessoas estão *dispensadas* de juntar procuração, porque a nomeação do procurador se faz por *publicação no Diário Oficial*, como já mencionado. Daí que, nos termos da *Súmula n. 436* do TST, o Procurador da União, dos Estados, dos Municípios, do Distrito Federal, bem como de suas autarquias e fundações públicas, não precisa juntar aos autos instrumento de mandato. Quanto à representação das autarquias e fundações públicas, de se ter em mente o teor da *OJ n. 318* da SDI-1 do TST. Disciplina esta OJ que os procuradores estaduais e municipais até podem representar as respectivas autarquias e fundações públicas em juízo, mas somente "se designados pela lei da respectiva unidade da federação (art. 75, IV, do CPC de 2015) ou se investidos de instrumento de mandato válido". De se consultar, a esse respeito, SOUZA JÚNIOR *et al.*, 2018, p. 53.

> O Procurador da União, dos Estados, dos Municípios, do Distrito Federal, bem como de suas autarquias e fundações públicas, não precisa juntar aos autos instrumento de mandato.

Outra questão importante diz respeito à juntada de *nova procuração*. A juntada aos autos de procuração a outro advogado, *sem reserva* de poderes ao antigo patrono, por óbvio, "implica revogação tácita do mandato anterior" (OJ n. 349 da SDI-1 do TST). Outra: se o advogado *atuar fora* da Seção da OAB onde esteja inscrito, sem a devida comunicação, isso implica apenas em infração disciplinar, não havendo nenhuma nulidade nos atos que ele praticar (OJ n. 7 da SDI-1 do TST).

Restaria saber quais são os *poderes do estagiário de Direito* e se ele precisa juntar instrumento de mandato ou substabelecimento para atuar na audiência trabalhista. Como já referido, apenas o estagiário *inscrito na OAB* pode participar da audiência trabalhista e desde que sob a supervisão e responsabilidade de um advogado, nos moldes do art. 3º, § 2º, do Estatuto da OAB (SOUZA JÚNIOR *et al.*, 2018, p. 53). No entanto, dele *não se exige* procuração e nem substabelecimento, até porque ele não tem capacidade postulatória plena. *Acompanhado* de um advogado, poderá até praticar atos de instrução, como fazer perguntas e provocar incidentes como contradita e outros. Há, inclusive, notícia de que o Tribunal de Justiça de Goiás admitiu até mesmo a sustentação oral por um estagiário, devidamente acompanhado de um advogado do escritório (*In:* https://www.migalhas.com.br/quentes/275590/tj-go-permite-pela-primeira-vez-sustentacao-oral-de-estagiario). Na prática, como já visto, no processo do trabalho se tem admitido que o estagiário faça audiência inicial ou de tentativa conciliatória sem a presença do advogado, mas *apenas* para acompanhar a parte. Em causas complexas, contudo, isso se mostra bastante arriscado.

Uma última questão: o sindicato ainda pode nomear *acadêmicos de Direito*, a partir do 4º ano, para representá-lo na audiência trabalhista, nos termos do art. 15 da Lei n. 5.584/70? Penso que essa regra foi *revogada tacitamente* pela Lei n. 8.906/94, pois o Estatuto da Advocacia trouxe regra bem clara a respeito da atuação do estagiário, como já mencionado, não se referindo àquela hipótese. Até porque o referido art. 15 determinava que fossem observados os art. 50 e 72 da Lei n. 4.215/63, lei esta que foi revogada pelo Estatuto de 1994.

3.4. INTERVENÇÃO DO MPT NAS AUDIÊNCIAS TRABALHISTAS

A quantidade de audiências em que há a participação de um procurador do trabalho, na Justiça do Trabalho, é infinitamente menor do que a quantidade de audiências nas quais ocorre a participação do advogado trabalhista. Isso porque o Ministério Público do Trabalho atua apenas nas causas em que é o autor da ação coletiva – ação civil pública ou ação civil coletiva – e naquelas em que deve atuar como *custos legis*, por exemplo, nas causas em que há interesse de menores.

Em todos esses casos, o Ministério Público do Trabalho se fará representar por um *Procurador do Trabalho* e, diante da função extraordinária do Ministério Público, que é uma instituição "essencial à função jurisdicional do Estado" e tem como função precípua "a defesa da ordem jurídica, do regime democrático e dos interesses sociais e individuais indisponíveis" (art. 127, *caput*, da CF/88), o campo de atuação do MPT, na Justiça do Trabalho, é bem específico. Basicamente, o Ministério Público tem como função institucional promover, no âmbito da Justiça do Trabalho, a *ação civil pública*, aí compreendida a ação civil coletiva, ação destinada à "proteção do patrimônio público e social, do meio ambiente e de outros interesses difusos e coletivos" (art. 129, inciso III, da CF/88).

De se observar, no entanto, o rol de "competências" do Ministério Público do Trabalho, que tem várias atribuições que devem ser exercidas junto aos órgãos da Justiça do Trabalho, nos termos do *art. 83 da Lei Complementar n. 75/93*. Ali se destaca, uma vez mais, a promoção da *ação civil pública* – e da ação civil coletiva – no âmbito da Justiça especializada, "para defesa de interesses coletivos, quando desrespeitados os direitos sociais constitucionalmente garantidos" (inciso III). Ainda que raros os casos, o Ministério Público do Trabalho também poderá propor as ações que se fizerem necessárias "à defesa dos direitos e interesses dos menores, incapazes e índios decorrentes das relações de trabalho" (inciso V). As outras "competências" ali descritas ou não são relevantes para a participação na audiência trabalhista, ou dizem respeito à atuação do MPT no segundo e terceiro graus de jurisdição, na Justiça do Trabalho, o que se dá inclusive quando a parte seja pessoa jurídica de Direito Público (inciso XIII).

Em suma, para efeitos de audiência trabalhista, ou o Ministério Público do Trabalho proporá uma *ação civil pública* para o cumprimento de obrigações de fazer ou de não fazer – em regra, em face de empresas ou de sindicatos –, ou proporá *ação civil coletiva* para o pagamento de verbas trabalhistas específicas, atuando como *substituto processual*, embora isso seja bem raro. Em todas essas situações, o procurador do trabalho, por representar o autor da ação (o MPT), comparecerá *pessoalmente e sozinho*, não havendo a menor necessidade de ele estar acompanhado de quem quer que seja, diante de sua nobre função institucional. De outro lado, ele jamais poderá fazer-se representar por quem quer que seja. O procurador do trabalho que oficia no caso, ou outro colega do Ministério Público do Trabalho, comparecerá representando a instituição. Assim também ocorrerá quando o Ministério Público do Trabalho atuar como *custos legis* ou defensor da ordem jurídica ou até do regime democrático.

De sorte que a única questão relevante em relação à presença do procurador do trabalho na audiência trabalhista é a que diz respeito ao *local onde ele irá sentar-se*, já que ele jamais precisará exibir instrumento de mandato. Sua nomeação se faz pelo Diário Oficial da União e não poderá haver nenhum questionamento quanto a isso. Na prática, solicita-se ao procurador do trabalho sua carteira funcional apenas quando houver dúvida quanto à grafia do nome, para o registro em ata.

Volvendo à questão do local de permanência do procurador do trabalho, embora esse tema já tenha gerado muita controvérsia no passado, atualmente não há mais dúvida de que o procurador do trabalho tem a *prerrogativa de sentar-se à direita do juiz*, de acordo com o art. 18, inciso I, alínea "a", da Lei Complementar n. 75/93 (art. 38 do Provimento nº. 4/GCGJT, de 26 de setembro de 2023). Isso tanto nas audiências em que esteja a defender a ordem jurídica, quanto nas audiências em que ele seja o autor da ação, atuando, portanto, como *parte*.

> O procurador do trabalho tem a prerrogativa de sentar-se à direita do juiz, em conformidade com o art. 18, inciso I, alínea "a", da Lei Complementar n. 75/93.

Eu não concordo com essa diretriz, pois se o procurador está atuando como parte, deveria sentar-se na mesma posição que o advogado da parte contrária – isonomia, afinal. Contudo, não vale a pena remar contra um posicionamento pacífico.

Por isso, essa é uma situação em que o advogado que representa a parte contrária precisa explicar ao empresário ou preposto que comparece na audiência trabalhista, para que este não pense que o juiz está dando tratamento injustificável ao procurador do trabalho. É preciso dizer ao cliente que o fato de um procurador do trabalho sentar-se à direita do juiz não significa dizer que este dará tratamento preferencial ao MPT. Antes, assegurará ao reclamado o contraditório efetivo e a ampla defesa, e somente dará ganho de causa ao Ministério Público do Trabalho se a *acusação* de cometimento de ato ilícito restar *devidamente comprovada*, numa ação civil pública, caso em que o pedido do MPT será julgado procedente. Sem a prova do ato ilícito, esse pedido será julgado improcedente, ainda que o procurador tenha se sentado à direita do juiz.

Na prática, pela própria disposição da sala de audiências, quase sempre muito acanhada, o procurador do trabalho senta-se no plano mais alto, em cima do tablado destinado ao diretor da peça teatral, mas *à esquerda deste*. Isso porque, em regra, o secretário de audiências fica à direita do juiz. Esse fato não gera nenhuma nulidade e seria preciosismo demais do procurador do trabalho, querer mudar a disposição do mobiliário da sala de audiências somente para atender ao "capricho" da lei de "sentar-se no mesmo plano e imediatamente à direita" do juiz do trabalho.

Por fim, quanto ao depoimento pessoal do procurador do trabalho, impensável, pois ele está ali a defender a ordem jurídica, em nome de toda a sociedade, ou interesses específicos, como de menores, não podendo, jamais, dispor de um direito que não é dele.

> O procurador do trabalho não presta depoimento pessoal porque defende a ordem jurídica, em nome de toda a sociedade.

3.5. VERIFICAÇÃO DE APRENDIZAGEM

1) Quem pode representar os trabalhadores na audiência trabalhista? O reclamado tem direito ao depoimento pessoal do representante?
2) Quem pode representar os incapazes na audiência trabalhista?
3) Os trabalhadores podem participar da audiência nas ações coletivas? O reclamado tem direito ao depoimento pessoal deles?
4) Quem pode representar o espólio do trabalhador falecido? Ele pode prestar depoimento pessoal?
5) Quais os riscos de se escolher preposto não empregado?
6) Pode haver substituição do preposto durante a audiência?
7) O advogado pode atuar como preposto na audiência trabalhista?
8) O ente público precisa nomear preposto ou basta a representação pelo seu procurador?
9) Nas ações ajuizadas pelo MPT, a parte tem direito ao depoimento do Procurador do Trabalho? Como orientar a parte nessas ações?

Capítulo

4

TENTATIVA CONCILIATÓRIA E CELEBRAÇÃO DE ACORDOS

4.1. NOVO PARADIGMA DO PROCESSO BRASILEIRO

Como já referido algumas vezes, o processo do trabalho é *precursor* na valorização da busca conciliatória. Desde sempre, por força do art. 764 e §§ da CLT, a *função precípua* da Justiça do Trabalho é a de promover a tentativa conciliatória, tanto nos dissídios individuais quanto nos coletivos, pois ambos "serão sempre sujeitos à conciliação". Ademais, os juízes e desembargadores do trabalho sempre foram autorizados a empregar "os seus bons ofícios e persuasão no sentido de uma solução conciliatória dos conflitos". E, mesmo depois de encerrado o juízo conciliatório, ou seja, depois de formulada a última proposta de acordo na audiência trabalhista, as partes poderão celebrar acordo *em qualquer momento* do processo, nas fases recursal, de liquidação e de execução.

No processo civil, o CPC sempre tratou da conciliação, mas, na prática, até pouco tempo atrás, não havia atuação séria dos atores jurídicos para que a solução conciliatória fosse encontrada. Bem verdade que, ainda sob a égide do CPC de 1973, foi criada a *audiência prévia de conciliação*, mas apenas para os processos de rito sumário. Nestes, o juiz deveria designar uma audiência de conciliação, a ser realizada no prazo de 30 dias, sendo que, apenas se frustrada a tentativa conciliatória, é que o réu apresentaria, na própria audiência, sua resposta escrita ou oral, realizando-se a instrução em seguida, num ritual *muito parecido* com o do processo do trabalho (arts. 276 a 281 do CPC/73, com a redação atribuída pela Lei n. 9.245/95). Contudo, *na prática*, não se dava muita atenção à conciliação. Havia, inclusive, gracejos em salas de aula, nas faculdades, no sentido de que "forçar acordo é coisa da Justiça do Trabalho".

Entretanto, o CPC de 2015 inaugurou *uma nova era* no processo brasileiro, inscrevendo, no sistema, o que se poderia denominar de *princípio da conciliabilidade*, tratando da conciliação nas *normas fundamentais* do processo civil. Em meio a tantos princípios (arts. 1º a 11), no art. 3º, § 2º, o legislador profetizou o seguinte: "O Estado promoverá, sempre que possível, a solução consensual dos conflitos". Mais que isso, preconizou no § 3º deste dispositivo legal que a *conciliação*, a *mediação* e também outros métodos de solução consensual dos conflitos de interesses "deverão ser estimulados por juízes, advogados, defensores públicos e membros do Ministério Público, inclusive no curso do processo judicial".

Isso é muito mais do que o dever genérico do art. 139, inciso V, do CPC, segundo o qual o juiz deverá "promover, a qualquer tempo, a autocomposição, preferencialmente com auxílio de conciliadores e mediadores judiciais". Trata-se, a normativa referida do art. 3º e §§, da tentativa de inscrever *novo princípio* no sistema processual brasileiro. E, para *mudar a cultura* dos atores jurídicos no processo civil, como já pontuado, criou-se a audiência (prévia) de conciliação ou de mediação, com extenso regramento, no art. 334 e §§ do CPC. Somente se frustrada a conciliação nessa audiência específica é que o réu terá o prazo de 15 dias para apresentar sua contestação (art. 335 do CPC).

Espera-se que haja mesmo um "novo" processo civil, a partir de todas as diretrizes principiológicas dos arts. 1º a 11 do CPC de 2015, especialmente quanto à *busca incessante* da solução conciliatória dos conflitos. Poderão os juízes da Justiça Estadual e Federal comum *inspirar-se*, nessa mudança de paradigma, no regramento da CLT e *na prática do processo do trabalho* – embora, para que haja a mesma eficácia, o juiz tenha de efetivamente participar e/ou supervisionar as audiências de conciliação e mediação, e não as deixar somente "nas mãos" dos conciliadores/mediadores. Isso porque o juiz do trabalho tem poderes para, inclusive, *persuadir* as partes no sentido de aceitarem sua proposta de acordo ou a proposta da parte contrária, sem receio de que isso possa implicar em prejulgamento da demanda. Explicar às partes os riscos do processo, as inclinações jurisprudenciais, principalmente quando houver entendimento pacificado nas Cortes superiores, valorizando os tais *precedentes*, deveria ser compreendido como um *poder-dever* do magistrado. Com efeito, esta atividade do juiz, muitas vezes, torna-se essencial para se chegar ao "toque final", necessário à formalização da avença. Costumo dizer que, às vezes, o que falta é a "bênção" do juiz, para que o esforço conciliatório se concretize em acordo.

Por óbvio, nessa atividade, o juiz tem de estar atento à chamada *lide sociológica*, compreendendo a angústia das partes, verificando o estado de necessidade do trabalhador e, de outro lado, os efeitos nefastos das constantes crises econômicas na "vida" das empresas, como já examinado anteriormente. Para tanto, é necessário que o juiz programe uma pauta de audiências que lhe permita *tempo razoável* para ouvir as partes e para permitir que elas dialoguem. Somente após esse (breve) diálogo é que o juiz deve fazer as suas *ponderações*, formulando, sempre que necessário, uma proposta de acordo.

> É necessário que o juiz programe uma pauta de audiências que lhe permita tempo razoável para ouvir as partes e para permitir que elas dialoguem, viabilizando, assim, a conciliação.

4.2. TÉCNICAS FUNDAMENTAIS PARA A CONCILIAÇÃO: CÁLCULO DAS VERBAS

A *proposta do juízo*, muitas vezes, é o *divisor de águas* para a composição ou a frustração dessa etapa tão importante da audiência trabalhista: a da tentativa conciliatória. É a *principal técnica* que pode ser utilizada pelo juiz do trabalho. A propósito, SOUZA JÚNIOR *et al.* (2018, p. 86) citam que, na legislação italiana, o magistrado deve "fazer consignar, expressamente, sua própria proposta de conciliação, para reflexão dos litigantes".

> A proposta do juízo, muitas vezes, é o divisor de águas para a composição ou a frustração da tentativa conciliatória.

Há casos simples, em que a chamada *"proposta salomônica"* (equitativa) bem resolve a questão, especialmente quando os valores das propostas das partes se mostram bem próximos. *Outra técnica* que pode ser utilizada pelo juiz é a de estimular o reclamado a aderir à proposta do reclamante, de valor mais elevado, mas, em contrapartida, obtendo dele um parcelamento mais amplo que não onere tanto as finanças da empresa. Na prática, tenho verificado ser *uma das técnicas mais eficazes*, a de ponderar que o reclamante tem justa expectativa de receber um valor mínimo, principalmente quando se trata de verbas rescisórias, mas, de outro lado, que as notórias crises econômicas deste país não permitem que as empresas assumam valores elevados para cada parcela mensal. *Em suma*, o reclamante deve lutar por um *valor mínimo* de acordo e o reclamado pelo *maior parcelamento* possível.

Outra técnica é a de o juiz permitir ao reclamado que discrimine a totalidade ou a maior parte das verbas como sendo de natureza indenizatória – desde que haja pedido ou aditamento da inicial –, explicando-lhe que, assim, ele "economiza" o recolhimento do encargo previdenciário, podendo majorar o valor da sua proposta de acordo. Também, para os casos em que há perícia (insalubridade e/ou periculosidade, acidente ou doença do trabalho) a ser realizada, o juiz pode ponderar com o reclamado a economia com eventuais honorários periciais sucumbenciais, os quais poderão ser arbitrados em R$ 2.000,00, podendo passar de R$ 3.000,00, dependendo da complexidade da perícia.

Entretanto, na maioria dos casos, as propostas se apresentam bem distantes uma da outra e não é razoável que o juiz formule proposta *a esmo*, muito menos que "force" uma das partes a aderir à proposta da outra. É necessário que o juiz *elabore cálculos*, verifique a pertinência das propostas de cada uma das partes em cotejo com o seu cálculo rápido e aproximado, e então faça as suas *ponderações* com cada uma delas – se necessário, em separado, para um melhor "aconselhamento" –, na tentativa de fazê-las compreender que *a proposta do juízo é mais razoável* do que as propostas que elas apesentaram.

A *técnica dos cálculos* é fundamental; o juiz não pode ignorá-la. Desse modo, o juiz não deve ter vergonha alguma de usar sua imprescindível calculadora, verificar as verbas que estão sendo discutidas, fazer cálculo das que têm maior probabilidade de serem reconhecidas e, assim, municiar-se de fundamentos jurídicos e práticos para que sua proposta seja compreendida e possivelmente aceita pelas partes.

A técnica dos cálculos é fundamental para o sucesso da tentativa conciliatória.

Da mesma forma, é essencial que o advogado entenda a matéria e saiba fazer o cálculo das verbas mais corriqueiras, como verbas rescisórias, horas extras, adicionais de insalubridade e periculosidade e outras. Quando o advogado tem conhecimento e demonstra a base de sua proposta, fica mais difícil para a outra parte sustentar uma proposta sem fundamentação dos valores, normalmente baseada em um percentual do valor da causa, ou em um valor fixo por mês, mas que não tenha embasamento em cálculos concretos.

Algumas *hipóteses frequentes de cálculos* na audiência trabalhista:

1ª) Verbas rescisórias

Para um cálculo rápido das verbas rescisórias, o juiz normalmente verifica o valor da *última remuneração*, de preferência a constante no TRCT, e calcula o valor aproximado de aviso prévio indenizado, 13º salário (integral e/ou proporcional), férias mais o terço constitucional (integrais e/ou proporcionais) e FGTS (ou diferenças) mais a multa de 40% correspondente, podendo, conforme o caso, incluir também o valor da multa do art. 477, § 8º, da CLT. Por óbvio, o sagrado saldo de salário, se devido ou até controvertido, deve ser incluído nessa conta, que é feita com base na última remuneração por se tratar apenas de *cálculo rápido* para efeito de composição.

Apurado o valor total, fica mais fácil e compreensível formular-se a *proposta do juízo*, que levará em conta a situação concreta: vínculo de emprego controvertido ou incontroverso; dispensa imotivada, demissão do empregado ou justa causa, além de outras situações; quanto mais incontroversas as verbas, mais a proposta do juízo deverá se aproximar de 100% daquele total; quanto mais controvérsia houver, mais razoável será a proposta em torno de 50% ou 60% do total.

2ª) Horas extras

Se a controvérsia diz respeito às horas extras, tenho ponderado que é bem razoável que o reclamante, caso não reconheça os horários anotados nos cartões de ponto juntados, consiga produzir prova de pelo menos *uma hora extra por dia*, inclusive para além dos pagamentos já demonstrados nos autos. Claro que há situações especiais, como a do motorista de caminhão que, em regra, labora em jornadas muito extensas e, para este profissional, o cálculo pode levar em conta duas horas extras diárias ou até mais. De outro lado, há casos em que o reclamante *reconhece os cartões de ponto* e a questão gira em torno de diferenças, muitas vezes por conta da validade ou não de acordo de compensação de horário de trabalho, casos em que a proposta poderá considerar apenas o adicional de horas extras, por exemplo.

Em qualquer dessas situações, num *cálculo rápido*, o juiz verifica o valor do *último salário* (que pode ser integrado por verbas incontroversas, como adicionais de insalubridade ou de periculosidade), divide-o pelo divisor do caso (220, 180 ou outro), encontra o valor da hora de trabalho, acresce o valor do adicional da hora extra (50%, 70% etc.), multiplica o valor encontrado por 30 dias (embutindo, aí, os reflexos aproximados em DSRs), multiplica esse valor pelo número de meses do contrato de trabalho e, ao final, *acresce 30%*, percentual aproximado dos reflexos em 13º salário, férias + 1/3 e FGTS + 40%.

Encontrado o valor aproximado de uma hora extra durante o período contratual, dependendo da maior ou menor probabilidade da sua demonstração, o juiz formula *proposta* que, em regra, oscila entre 50% e 100% do valor encontrado.

3ª) Adicional de insalubridade

Esse é um dos cálculos mais simples, para efeito de proposta de acordo, pois o STF, embora tenha declarado a inconstitucionalidade da vinculação do adicional de insalubridade ao salário-mínimo (Súmula Vinculante n. 4), curiosamente, decide reiteradamente que, enquanto não houver lei estabelecendo outra base de cálculo, o salário-mínimo é que será o parâmetro do cálculo do adicional de insalubridade.

De sorte que o adicional, se reconhecida a insalubridade, será de 10%, 20% ou 40% do valor do *salário-mínimo*. Na prática, em regra, a insalubridade tem sido reconhecida em *grau médio* e, salvo em situações especiais, o juiz levará em conta esse percentual na elaboração de sua proposta. Desse modo, ele encontrará o valor de 20% do salário-mínimo vigente na data da audiência, multiplicará esse valor pelo número de meses do contrato de trabalho e adicionará, ao final, 30% de reflexos, da mesma forma que o faz em relação às horas extras.

Aqui, igualmente, a proposta oscilará entre 50% e 100% do valor encontrado, dependendo do risco de cada uma das partes.

4ª) Acúmulo de função ou equiparação salarial

Na equiparação salarial o juiz toma em conta a diferença entre o salário do paradigma e o salário do reclamante, ao passo que no acúmulo (ou desvio) de função, a jurisprudência amplamente majoritária tem concedido um *plus* de 20% sobre o salário básico, para compensar esse acúmulo.

Encontrado esse valor, o juiz o multiplica pelo número de meses do contrato de trabalho e acresce os 30% já referidos. E também formula sua proposta levando em conta a maior ou menor *probabilidade* de reconhecimento do acúmulo ou equiparação (de 50% a 100%).

Nessa questão, como alguns advogados não sabem o que é um verdadeiro *acúmulo de funções*, se o juiz verificar que o caso é de simples acúmulo de tarefas, poderá formular proposta de percentual bem menor, por exemplo, de 10% ou 20%, ou até nem levar em conta essa verba para efeito de proposta do juízo.

5ª) *Indenização de dano moral*

Há várias situações relativas ao dano moral nas ações trabalhistas, envolvendo o dano moral clássico (violação da honra, da intimidade etc.), o resultante de assédio moral ou de assédio sexual, e até mesmo o decorrente de acidente do trabalho ou doença ocupacional. Cada uma dessas situações, conforme a gravidade de cada fato, será levada em conta pelo juiz ao formular a proposta.

No entanto, há um parâmetro que o juiz, na prática, costuma considerar, que é o do *conservadorismo* da jurisprudência trabalhista quanto a essa matéria. Afora os casos de acidente do trabalho ou os casos gravíssimos (assédio sexual, por exemplo), a jurisprudência, na média, tem revelado arbitramento de indenização por dano moral que oscila entre os patamares de R$ 3.000,00 e R$ 10.000,00. Para os casos de acidente ou doença do trabalho, entre R$ 10.000,00 e R$ 50.000,00, havendo tanto valores superiores quanto inferiores a esses patamares, em casos diferenciados. Conquanto eu não considere um bom parâmetro, podem ser utilizados também os critérios dos incisos I a IV do § 1º do art. 223-G da CLT, acrescentados pela Lei da Reforma Trabalhista.

Nesses casos de dano moral, o juiz fará essas ponderações e, conforme o caso, uma proposta *intermediária* entre o patamar mínimo e o patamar máximo, tomando o cuidado de não comentar a situação concreta, não somente para evitar prejulgamento, mas também para não acirrar a discórdia.

6ª) *Acidente do trabalho*

Nos casos de acidente do trabalho típico e de doença ocupacional, para uma proposta de indenização do chamado *dano material*, o juiz levará em conta o percentual da incapacidade (incontroversa ou controvertida – inclusive antes da realização da perícia, se for o caso), encontrará o valor da *última remuneração* do trabalhador, sobre ela calculará aquele percentual e, encontrado o valor mensal, multiplicará esse valor pelo número de meses em que a pensão mensal seria devida.

Para isso, imprescindível a verificação da tábua de mortalidade publicada pelo IBGE, pois é a partir dela que se verificará a *expectativa de vida* que tinha o trabalhador falecido, ou a *expectativa de sobrevida* que tem o trabalhador que apenas sofreu incapacidade laborativa, observando-se, é claro, o limite da pretensão do trabalhador. Há alguns advogados que não conhecem a matéria e, até hoje, postulam a indenização até os 65 anos de idade.

Exemplificando, no caso de uma remuneração de cerca de R$ 3.000,00, com incapacidade de 50%, o juiz multiplicará o valor proporcional de R$ 1.500,00 por 13 (para incluir o 13º salário), e depois multiplicará o valor encontrado pelo número de meses em que a pensão seria devida, o que normalmente resulta num valor bastante alto, principalmente se se trata o acidentado de trabalhador jovem (por exemplo: R$ 1.500,00 x 13 x 45 anos – tempo de sobrevida da tabela do IBGE –, dando o resultado de R$ 877.500,00). A jurisprudência tem aplicado um redutor de até 30% para o pagamento antecipado (à vista ou parcelado), mas penso ser totalmente incorreto esse raciocínio. De se pontuar, para quem considera essa redução proporcional, que o TRT-24 disponibiliza o cálculo do valor para o presente, o que é bem interessante. De se consultar o seguinte *link*: *http://www.trt24.jus.br/calculo-do-valor-presente*.

Por óbvio, a proposta do juiz levará em conta a maior ou menor *probabilidade* de demonstração de todos os requisitos da chamada responsabilidade civil, principalmente do nexo causal (ou concausal) e da culpa do empregador, não podendo olvidar-se das alegações *sérias* de culpa exclusiva da vítima e de culpa concorrente, para a elaboração da proposta.

> A proposta do juiz levará em conta a maior ou menor probabilidade de demonstração dos fatos controvertidos.

Vistas as verbas que mais têm sido objeto de discussões na fase conciliatória, basta acrescentar que normalmente o juiz não leva em conta multas, indenizações e verbas bastante discutíveis para a formulação de sua proposta conciliatória, tampouco multas convencionais, a não ser que o objeto do processo diga respeito *exclusivamente* a essas questões.

Com essas explanações, que não se encontram na doutrina, penso que os advogados iniciantes e até mesmo os juízes em início de carreira encontrarão aqui *orientações básicas* de como proceder na tentativa conciliatória, de modo a facilitar a composição. Não custa lembrar que os advogados devem cooperar entre si e com o juízo para a busca da solução conciliatória (arts. 3º e 6º do CPC).

Uma última palavra a esse respeito: o juiz precisa estar atento para a chamada *res dubia*, pois acordo é *transação* e, quando as verbas se mostram incontroversas, o que se admite é o *parcelamento* do valor encontrado. Caso contrário, o juiz estaria acobertando verdadeira renúncia, *travestida* de transação, especialmente quanto ao saldo de salário e às verbas rescisórias, cujo caráter alimentar dispensa comentários. Por óbvio que, na execução, muitas vezes se mostra aceitável essa "renúncia", quando se verifica que a empresa realmente "quebrou". Disso trataremos mais adiante.

4.3. TÉCNICA DO DIÁLOGO PRÉVIO: AVALIAÇÃO DOS RISCOS

Se o juiz pode persuadir as partes à conciliação, por óbvio que ele pode, com respeito, ponderar com os advogados e as partes sobre os *riscos do processo*, inclusive fazendo menção às tendências jurisprudenciais, sobretudo quando houver precedentes sobre a matéria objeto da discussão. Se o juiz faz menção aos entendimentos majoritários da jurisprudência, não estará, com isso, fazendo qualquer prejulgamento. É prudente, pois, que o juiz explique às partes que, *em tese*, seria assim ou de outro modo, ressalvando que, no *caso concreto*, outra pode ser a solução.

Quanto ao advogado, ele deve conhecer não somente os parâmetros do item anterior, mas a realidade da parte que ele representa e, se possível, da outra parte. Daí que, na *preparação* para a audiência trabalhista – a primeira etapa desta, como já vimos –, o advogado deve *saber os riscos da demanda*, sopesar esses riscos com a parte – inclusive quanto aos valores correspondentes –, explicar a ela a maior ou menor facilidade de produção de provas e, *principalmente*, de quem é *o ônus da prova*, pois se o ônus é induvidosamente da parte por ele representada, o risco de perder a demanda se torna mais elevado.

Também deve o advogado acautelar-se, explicar à parte as *tendências jurisprudenciais* em relação aos fatos do processo, porque há maior ou menor probabilidade de êxito, conforme a jurisprudência seja favorável ou desfavorável à tese de seu cliente. É preciso, também, *verificar a qua-*

lidade da prova documental e, sobretudo, da prova oral que a parte pode apresentar ao advogado para sua atuação no processo. A pergunta que o advogado deve se fazer é esta: *de que prova eu disponho* para defender os interesses do meu cliente na audiência trabalhista? No mesmo sentido: SOUZA JÚNIOR *et al.*, 2018, p. 89.

> A pergunta que o advogado deve se fazer é esta: de que prova eu disponho para defender os interesses do meu cliente?

A título meramente exemplificativo, se o reclamado está alegando que o reclamante se ativava em *serviço externo*, incompatível com a fixação (e controle) de horário de trabalho, o advogado precisa verificar se, primeiro, essa condição foi anotada na CTPS e no registro de empregados (art. 62, inciso I, da CLT); segundo, ele precisa saber que o *ônus da prova*, nesse caso, é *exclusivamente* do seu cliente; pior será, ainda, sua situação se o reclamante é motorista profissional, pois para este é imprescindível a existência de controle de jornada, *fidedigno*, independentemente da quantidade de empregados na empresa (art. 2º, V, "b", da Lei n. 13.103/2015).

E, quando por possível, é prudente que o advogado conheça *posicionamentos básicos do juiz* que irá presidir a audiência trabalhista, inclusive as técnicas conciliatórias que ele costuma empregar na busca da solução consensual. Com efeito, se o juiz entende cabível ou incabível determinada indenização, por exemplo, a ciência disso permitirá à parte formular proposta razoável de acordo e/ou a aceitar.

Dispondo de tudo isso, o advogado deve advertir e orientar a parte antes da audiência, estudando com ela propostas de acordo e também *margens para negociação*. Por isso, o advogado, de reclamante ou de reclamado, nunca deve apresentar todas as "suas cartas" de início. É natural que o reclamante faça proposta acima do valor que está disposto a aceitar e o reclamado em valor inferior ao que está disposto a pagar. Ademais, é bastante comum que o juiz faça seus cálculos e apresente uma *proposta intermediária*, fazendo todas as ponderações minuciosamente detalhadas no começo deste capítulo.

A parte, por isso, *não deve* fazer proposta irrazoável, e é conveniente que esteja disposta a melhorar sua proposta, pelo menos até o limite que já havia sido estipulado na conversação prévia. Porém, proposta irrazoável é a *injustificada*; se o reclamado explica que o valor da proposta é baixo porque em praticamente todas as ações ajuizadas em face da empresa os cartões de ponto foram reconhecidos, por exemplo, sua proposta será compreendida.

Ademais, o reclamado deve observar *parâmetros equitativos* quando tem em face de si várias ações trabalhistas, pois não é razoável que utilize parâmetro de cálculo menor para alguns trabalhadores, sem qualquer justificativa objetiva. É comum que o reclamado tenha um parâmetro de "x reais" por mês trabalhado, e este, então, deve ser observado para todos os reclamantes.

O que não é aceitável é que, havendo pequena diferença entre a proposta do juízo e da parte, ou em relação à proposta da parte contrária, a pessoa se mantenha renitente e não ceda, mesmo depois de muito esforço, para que se possa finalizar com êxito a tentativa conciliatória. Há casos que requerem prudência, *bom senso*, acima de tudo.

4.4. TÉCNICA DO ACOLHIMENTO: CRIAR UM AMBIENTE PROPÍCIO

Para que haja maior probabilidade de êxito na tentativa conciliatória, é necessário criar um *ambiente propício*. Isso implicaria em se adotar um ambiente físico que estimulasse a composição, bem como *técnicas de acolhimento* que façam com que advogados e partes se sintam mais à vontade, sem o ambiente por vezes "carregado" de uma sala de audiências.

Nem sempre é possível reformar e/ou ajustar a sala de audiências da vara do trabalho, especialmente em fóruns maiores, onde mudanças demandam uma série de providências. Nas salas de audiência do CEJUSC normalmente já se criam instalações propícias à composição. Contudo, independentemente do ambiente físico, o *acolhimento* das partes se torna um *fator decisivo* para o êxito da tentativa conciliatória, aliado ao manejo correto das tantas técnicas das quais pode se valer o juiz ou conciliador.

Como é sabido, no processo há uma tendência adversarial, um pouco por culpa das Faculdades de Direito, pois boa parte destas ainda não remodelou completamente os seus cursos, não somente para oferecer novas disciplinas, mas também para exigir dos seus professores uma mudança de postura, para se criar, desde a base, uma *cultura de busca de soluções consensuais*. Daí por que, por mais que o advogado e a parte estejam centrados em suas teses e convictos do seu sucesso, torna-se necessário que o juiz envide todos os seus esforços para "desarmar os espíritos". Para tanto, dele se exige um verdadeiro *ato de paciência* – a paciência estoica – e que saiba exercer o *dom de ouvir*, pois, de certa forma, a audiência (ou etapa) de conciliação se transforma em um "divã".

Se o juiz ouvir com calma os advogados e as partes, souber fazer as suas ponderações, com respeito – mas firmeza na sua fala –, pode mudar a tendência adversarial para uma que seja *cooperativa*. Muitas vezes costumo dizer às partes: "vamos encontrar uma forma de resolver esse problema?". A partir desse "pedido", é prudente que o juiz permita às partes, em momentos distintos, exporem uma *breve versão dos fatos*, de forma bem objetiva para que não se adentre ao mérito da demanda, sempre fazendo intervenções quando necessário para que o foco se concentre na busca da solução e não no acirramento da divergência. Quantas vezes o juiz ouve desabafos como este: "eu trabalhei demais, dei a vida por aquela empresa, e me mandaram procurar meus direitos"; de outro lado: "este é meu primeiro processo, fiz de tudo por esse trabalhador e este ingrato me traz à justiça". Se bem conduzidos esses desabafos, eles "aliviam a alma" da parte e mostram ao juiz muitas vezes onde está o verdadeiro nó da desavença. No mesmo sentido: SOUZA JÚNIOR *et al.*, 2018, p. 91.

> Se o juiz ouvir com calma os advogados e as partes, e souber fazer as suas ponderações, com respeito, pode mudar a tendência adversarial para uma que seja cooperativa.

Outra técnica que o juiz pode utilizar é a de sempre mostrar à parte, sobretudo ao reclamado, o *efeito pedagógico do processo*. Muitas vezes o empregador, mal assessorado – sem má-fé –, não sabe sequer que ele tem prazo de cinco dias úteis para anotar a CTPS do trabalhador (art. 29 da CLT, com a redação dada pela Lei n. 13.874/2019) e que este não pode trabalhar recebendo seguro-desemprego. Também não sabe que as verbas rescisórias, ainda que haja controvérsia quanto aos valores, devem ser pagas no prazo legal de 10 dias e que, se o trabalhador não quiser recebê-las, deve proceder à consignação em pagamento (em juízo). Não sabe também que, no direito do trabalho, a única forma de se comprovar pagamento de salário e de outras verbas trabalhistas é a de exigir recibo devidamente assinado por parte do empregado; a menos que a empresa sempre tenha pagado essas verbas mediante depósito na conta do empregado (art. 464, parágrafo único, da CLT).

Se bem ponderadas essas questões, o reclamado pode entender o *maior risco* que corre no processo e não só ficar mais propenso a celebrar o acordo, mas também a mudar seu comportamento dali por diante, para evitar outros processos trabalhistas.

4.5. TÉCNICAS PARA UMA BOA DINÂMICA CONCILIATÓRIA

Várias das *técnicas* que podem contribuir para a solução consensual já foram expostas em alguma medida. Contudo, para facilitar o estudo delas, serão concentradas neste tópico, ainda que haja certa repetição da técnica e de sua justificativa.

Como já referido, o advogado deve formular uma *proposta inicial*, não a proposta-limite, para dispor de uma certa *margem de negociação*, evitando situações constrangedoras de, na sequência, não poder celebrar o acordo, mesmo sendo pequena a diferença entre as propostas. Se fosse um jogo, eu diria que o advogado deve guardar algumas "cartas na manga", para não perder uma ótima oportunidade de acordo, dependendo das discussões e negociações que ocorrerem na audiência trabalhista.

Para auxiliar os juízes em início de carreira, registro que tenho utilizado, dentre outras, *algumas* das seguintes *técnicas conciliatórias*:

1ª) Aproximação das propostas distantes

Como, via de regra, as propostas do reclamante e do reclamado são distantes uma da outra, como já referido, a melhor técnica é a de se proceder ao *cálculo aproximado* das principais verbas objeto da controvérsia e formular uma proposta razoável, justificando-a às partes, para que elas possam compreender o raciocínio do juiz. A técnica da *proposta do juízo*, normalmente *intermediária*, "aproximando" as propostas distantes, faz toda a diferença. Neste sentido: SOUZA JÚNIOR *et al.*, 2018, p. 93.

Muitas vezes, ainda que naquele momento a parte não aceite a proposta, após a audiência, refletindo melhor, ela pode ceder e celebrar o acordo, antes do julgamento do feito.

2ª) Avaliação dos riscos de cada uma das partes

Também como já mencionado, o juiz só deve fazer a chamada "proposta salomônica" quando os valores das propostas das partes estejam bem próximos.

Não sendo assim, após os cálculos referidos, o juiz deve formular sua proposta e *ponderar* com as partes o *maior ou menor risco de sucumbência* de cada uma delas, inclusive podendo mencionar tendências jurisprudenciais das matérias. Para evitar a alegação de que está fazendo prejulgamento ao formular a proposta dessa maneira, o juiz pode dizer que os entendimentos mencionados estão sendo utilizados "em tese", até porque a prova oral, no caso concreto, pode revelar outra situação, a exigir outra solução.

3ª) Adiamento da audiência

Por vezes as partes, sobretudo o reclamado, requerem um prazo maior para refletir sobre a proposta de acordo. Ainda que um dos sócios esteja presente, há situações em que ele informa que precisa conversar e tentar convencer outro sócio. É prudente, caso a fala dele se revele confiável, que o juiz, principalmente se contar com a concordância do reclamante, *adie a audiência* para possibilitar que a tentativa conciliatória seja exaustiva.

4ª) Conversar com os litigantes em separado

Outra técnica que tenho utilizado bastante e tem surtido resultados positivos, é a de pedir licença a uma das partes e *conversar* com a outra e seu advogado *no gabinete*, para expor com mais clareza a esta (parte) sobre a conveniência de aceitar a proposta de acordo. Muitas vezes é preciso usar uma linguagem mais acessível e também há vezes em que a parte se sente constrangida de mudar de opinião na frente da outra. Uma conversa mais próxima com a parte, no gabinete, ou numa sala anexa, ocasião em que o próprio advogado pode cooperar e falar mais diretamente com seu cliente, inoculando o "bichinho da discórdia", por vezes dá bons frutos, até mesmo porque, em muitas oportunidades, a parte quer ouvir o juiz, saber o que ele pensa.

Dentro dessa mesma linha de atuação, por ser mais prático, tenho utilizado a técnica de *pedir para a outra parte retirar-se* da sala de audiências com seu advogado, aguardando um instante lá fora. Após isso, dirijo-me *diretamente* ao advogado e à parte que precisam compreender algum ponto da proposta, os quais, sem a presença da parte contrária, por vezes "se desarmam" e conseguem entender melhor a conveniência da proposta e do acordo.

5ª) Total para o reclamante x parcelamento para o reclamado

Como já referido, o reclamante pode ceder quanto ao valor de sua proposta, mas há situações em que ele chega ao *valor mínimo*, principalmente em se tratando de direitos adquiridos, como saldo de salário, verbas rescisórias incontroversas, férias vencidas.

Nesses casos, não é prudente que se insista com ele em reduzir o valor da sua proposta. Encontrado o valor mínimo para o acordo justo, a *técnica* é a de se conseguir para o reclamado o *máximo parcelamento possível*, desde que razoável, para o que sempre se deve levar em conta a real situação financeira da empresa. Neste sentido: SOUZA JÚNIOR *et al.*, 2018, p. 96.

Com efeito, não é razoável que o acordo fique "emperrado" por diferença mínima quanto ao número de parcelas e, nesse ponto, o reclamante deve ceder e aceitar o parcelamento que se mostra necessário ao reclamado. Uma *técnica* que pode aqui ser utilizada é a de demonstrar ao reclamante que, com o acordo homologado, se não cumprido o ajustado, ele terá à sua disposição um *título executivo judicial* e poderá imediatamente promover a execução, inclusive com o valor da cláusula penal fixada (multa por inadimplemento).

6ª) Técnicas não consensuais

Há técnicas que alguns juízes usam e outros não, sendo que, *excepcionalmente*, as tenho utilizado, em situações de manifesta intransigência de uma das partes, faltando com o seu dever de cooperação.

Uma delas é a de determinar o *adiamento da audiência* para persuadir o reclamante a aceitar proposta que se mostrava muito razoável. A título exemplificativo, em certa ocasião um reclamante insistia em receber o valor de R$ 24.000,00, a reclamada propôs R$ 20.000,00, formulei proposta salomônica de R$ 22.000,00, mas o reclamante se mostrou irredutível; o reclamado chegou à proposta de R$ 24.000,00, mas em doze parcelas; o reclamante insistia em receber o valor em dez parcelas. Não há nenhuma razoabilidade nessa postura intransigente do reclamante e de seu advogado, que apenas queriam impossibilitar a composição. Como a finalidade *precípua* da Justiça do Trabalho é a conciliação, que se mostrava tão próxima, determinei o adiamento da audiência para que o reclamante pensasse melhor, ele pediu um tempinho para pensar e logo compreendeu que sua atitude não era razoável.

Há, também, a *técnica da suspensão da audiência* para que a parte que se mostra intransigente e não quer reduzir ou aumentar sua proposta, quando a diferença de valores é muito pequena, possa melhor refletir sobre sua postura. Não a suspensão para que o advogado ou preposto telefonem à empresa – técnica utilizada todos os dias –, mas a suspensão para que a parte e o advogado possam refletir melhor sobre a situação. Em algumas situações de absoluta intransigência, tenho determinado essa suspensão por algum tempo. O que não se justifica é que essa suspensão se dê por mais de uma hora.

7ª) Extensão da conciliação

Por vezes surgem questões "extras" nas discussões e, conforme a relevância delas para a composição, o juiz deve levá-las em consideração, até por força do art. 515, § 2º, do CPC. Assim, passa a fazer parte do acordo a solução de controvérsias que poderiam até propiciar o ajuizamento de nova demanda.

A título exemplificativo, o reclamado requer a quitação do extinto contrato de trabalho, mas o reclamante pondera que haveria outras verbas a serem postuladas, e as partes negociam também quanto a estas; nesse caso, as verbas "extras" podem, inclusive, ser utilizadas na discriminação de valores. Outra situação é a do reclamado que possui crédito em face do reclamante, como de aluguéis, compra de mercadorias no estabelecimento e outras, sendo que o acordo pode promover a devida "compensação" e as partes se darem *quitação recíproca*.

8ª) Suspensão do processo se o tomador não concorda

É bastante comum no processo do trabalho que o trabalhador ajuíze a reclamação trabalhista em face do ex-empregador e da empresa tomadora de seus serviços. Via de regra, na audiência trabalhista o tomador "lava suas mãos" e insiste na ausência de sua responsabilidade, a despeito da regra do art. 5º-A, § 5º, da Lei n. 6.019/74 (acrescido pela Lei n. 13.429/2017), a qual dispõe que o tomador de serviços tem *responsabilidade subsidiária* pelos créditos trabalhistas não honrados pela empresa contratada.

Diante do impasse, ou o reclamante celebra acordo apenas com o ex-empregador, mas isso importaria em (i) *renúncia* à responsabilidade subsidiária do segundo reclamado – que seria aceitável, no caso –, ou (ii) o processo deve ser *suspenso* até que o acordo seja totalmente cumprido pela primeira reclamada, caso em que seria homologado, com a extinção do processo sem resolução do mérito em relação ao tomador; não cumprido na integralidade o acordo, o processo é retomado na fase em que se encontrava, normalmente para a instrução do feito. A *segunda opção* é a que tem permitido a composição nas audiências trabalhistas, diante da injustificável relutância dos tomadores de serviços, a menos que estes disponham de toda a documentação relativa à relação de emprego, o que é bem raro.

Nesses casos – de suspensão do processo até o integral cumprimento do acordo pelo ex-empregador –, para estimular o adimplemento total, tenho imposto cláusula no sentido de que, se o empregador não pagar todas as parcelas do acordo, parte do valor que por ele for pago será considerado como *indenização por litigância por má-fé*, por atrasar a solução do litígio. Assim, numa futura execução, o valor dessa indenização não poderia ser deduzido do crédito do trabalhador.

Há uma *terceira opção*, na qual o tomador de serviços anui ao valor do acordo, mas não assume espontaneamente responsabilidade pelo pagamento, caso em que, descumprido o acordo, a instrução se *restringiria* a fatos que pudessem revelar a responsabilidade ou não do tomador de serviços. Muito *cômoda* essa situação para o tomador que, além de "lavar as mãos", teria sua responsabilidade (legal) limitada ao valor do acordo que, em regra generalíssima, é muito inferior ao que se apura no julgamento do mérito.

9ª) Acordo sem anuência do advogado

Essa é uma questão tormentosa. Algumas vezes o juiz se impacienta porque o advogado cria obstáculos para a celebração do acordo, por exemplo, aconselhando seu cliente a *não aceitar* a proposta da parte contrária, o que normalmente acontece com o advogado do reclamante.

Contudo, nesse caso o juiz deve agir com cuidado e *respeito* ao trabalho do advogado. Por certo que o direito material é do trabalhador e ainda vigora no processo do trabalho o *ius postulandi*, de modo que, se o reclamante *aceita* a proposta do reclamado, tudo indica que o juiz deveria homologar o acordo. Não obstante, o advogado é imprescindível à boa justiça – que deve ser aplicada também na homologação de acordos – e conhece melhor a realidade da causa e das partes do que o juiz, pelo menos antes da instrução do processo. Daí que o juiz deve, pacientemente, *tentar compreender* as razões do advogado e, se for o caso, convencê-lo de que o acordo é razoável. Se a questão for relativa aos honorários, o juiz pode sugerir que a parte e o advogado saiam da sala de audiências e tentem resolver a pendência lá fora, mas *não deve interferir* na questão do percentual dos honorários, ainda que não seja razoável que o advogado receba uma quantia maior do que 30% do valor do acordo.

No fim, permanecendo o impasse, se o juiz estiver convicto de que o acordo é *justo* para o reclamante, pode homologá-lo, mas é conveniente que *registre em ata* seus motivos e os protestos do advogado, nesse caso, inclusive, com as razões apresentadas por este para não anuir à avença.

4.6. QUITAÇÃO NO ACORDO JUDICIAL

É bem recorrente na audiência trabalhista que o reclamado só aceite celebrar acordo se houver *quitação integral* do extinto contrato de trabalho. Ocorre que há juízes – como eu –, que não consideram legítima essa pretensão. Acordo é transação, requer observância dos requisitos específicos, dentre eles a existência de *res dubia*. Ademais, os termos da quitação devem ser interpretados restritivamente. Aliado a isso, qual seria o efeito prático do *princípio da irrenunciabilidade* dos direitos trabalhistas se o trabalhador, mesmo não tendo postulado outras verbas, a elas desse quitação ampla, geral e irrestrita? Nem se objete que esse princípio é de direito material porque é no processo que ele deve ser assegurado, na grande maioria das vezes.

De sorte que não se justifica essa ânsia pela quitação plena dos direitos trabalhistas, principalmente quando o reclamado nada mais está a fazer do que pagar verbas incontroversas no acordo celebrado em juízo. Não se deve proporcionar segurança jurídica ao empregador ao arrepio dos direitos fundamentais dos trabalhadores. Ademais, em alguns casos o trabalhador ainda *continua empregado* na empresa, sendo impossível a quitação total.

Contudo, a *OJ n. 132* da SDI-2 do TST disciplina que o acordo "em que o empregado dá plena e ampla quitação, sem qualquer ressalva, alcança não só o objeto da inicial, como também todas as demais parcelas referentes ao extinto contrato de trabalho", se homologado pelo juiz. Acrescenta o texto da OJ que viola a coisa julgada "a propositura de nova reclamação trabalhista", o que poderia dar ensejo à ação rescisória quanto a esta. Bem se vê, então, que a cúpula do Judiciário trabalhista tem dado azo a essa *cultura da quitação geral* do contrato de trabalho.

O problema é que, com a *Emenda Constitucional n. 45/2004*, induvidosamente a Justiça do Trabalho passou a ser competente para conhecer e solucionar as lides derivadas de acidente ou doença do trabalho. Como os especialistas ponderam, muitas doenças só terão a relação causal com o trabalho demonstrada muitos anos após a saída do trabalhador. Não é razoável, portanto, que se dê quitação total abrangendo, inclusive, eventuais direitos de indenização de danos decorrentes de doença ocupacional, quando o trabalhador tiver *se afastado do trabalho* durante a relação de emprego, ainda que por doença comum. Não é possível que a Justiça do Trabalho não cuide adequadamente de instituto tão caro aos trabalhadores, como a sua *saúde laboral*, um direito mais que fundamental. Neste sentido: SOUZA JÚNIOR *et al.*, 2018, p. 101.

Daí por que tenho estimulado as partes à quitação *exclusivamente* em relação ao *objeto do processo*. Pelo menos, que se ressalvem eventuais direitos relacionados a adoecimentos ocupacionais. E, tratando-se de transação extrajudicial, penso ser *impossível* a quitação total, como verificaremos mais adiante.

Claro que *para tudo há exceções*. Havendo fatos "novos", bem como "outros pedidos", ou seja, objeto estranho ao deduzido no processo, desde que haja *plena ciência* do reclamante, *será possível a quitação total*. Outro caso é o de já terem se passado mais de dois anos da extinção do contrato de trabalho e de não ter havido nenhum afastamento do trabalho durante esse contrato, embora nessa hipótese nem o próprio reclamado devesse se preocupar tanto com a quitação total, já que a prescrição bienal seria de rigor numa futura ação trabalhista. Aliás, em mais de 27 anos de magistratura, posso contar nos dedos os casos em que o reclamante propôs nova demanda após celebrar acordo com o reclamado, para postular outras verbas.

Há, ainda, a situação de o reclamante ter formulado tantos pedidos que seria bastante improvável que ele próprio tivesse se esquecido de algum direito. Também os casos de *reconvenção*, pois neles as partes podem se dar quitação recíproca e resolverem vários conflitos. Ainda, o caso já mencionado, de serem devidos valores à empresa por parte do reclamante, como, por exemplo, quando o reclamado exibe *notas promissórias* assinadas pelo demandante e requer a compensação para poder celebrar o acordo. Em todos esses casos, a *quitação recíproca* justifica plenamente que o reclamado insista na quitação total do extinto contrato de trabalho.

No entanto, como já pontuado, em todas essas ocasiões, o reclamante deve estar *plenamente ciente* dos efeitos da quitação total, devidamente explicada pelo juiz, e com isso manifestar concordância expressa.

> O reclamante deve estar plenamente ciente dos efeitos da quitação total, devidamente explicada pelo juiz, e com isso concordar expressamente.

4.7. ACORDO POR MERA LIBERALIDADE

Quando *não há vínculo empregatício* entre as partes, é bastante comum que o reclamado aceite celebrar acordo com o reclamante, mas desde que *por mera liberalidade*, ou seja, sem reconhecimento desse vínculo. Há juízes que têm ressalvas em relação a este tipo de acordo – inclusive eu –, especialmente nos casos em que pelo menos parte do período contratual alegado se mostra incontroversa. Ademais, algumas empresas, sobretudo de determinados ramos da atividade econômica, costumam atuar em *aberta informalidade*, sendo que a homologação de acordo por mera liberalidade acaba por estimular essa prática, que contraria os *princípios embrionários* do direito do trabalho.

Outrossim, é preciso ponderar que se os trabalhadores continuarem trabalhando na informalidade e depois, na Justiça do Trabalho, aceitarem acordo por mera liberalidade, dificilmente conseguirão se aposentar um dia, já que a aposentadoria é concedida por *tempo de contribuição* e não mais por tempo de serviço. Isso poderá gerar um grave problema social no futuro, pois essas pessoas dependerão de benefícios assistenciais e, de outro lado, a falta de recolhimento das contribuições sociais afetará o caixa da Previdência. Ao fim e ao cabo, trata-se de exigência que somente poderia ser admitida pela Justiça do Trabalho em *casos excepcionais*.

Como é sabido, em muitos processos nos quais o reclamante pede o reconhecimento de vínculo empregatício, o reclamado apresenta defesa consistente, acompanhada de documentação idônea, no sentido de que o reclamante era um trabalhador autônomo, por exemplo. Nesses e noutros casos, há animada controvérsia a respeito da existência ou não da relação de emprego, e *isso justifica* a celebração de *acordo por mera liberalidade*. O juiz, atento a isso, poderá homologar referido acordo sem "peso de consciência".

O que *não é possível*, na homologação de acordo sem reconhecimento de vínculo empregatício, é proceder à discriminação de verbas como sendo de natureza (trabalhista) indenizatória, para que o reclamado não tenha de recolher contribuições sociais sobre o valor do acordo. É dizer, nesse acordo por mera liberalidade *não há como dispensar* o recolhimento da contribuição social devida *sobre o valor total do acordo* – não havendo "compensação" com eventuais recolhimentos durante o período de prestação de serviços, ainda que a alíquota incida sobre o valor de cada uma das parcelas mensais, proporcionalmente ao valor destas. Incide, aí, a *alíquota de 20%*, prevista no art. 22, inciso III, da Lei. n. 8.212/91, muitas vezes se exigindo também a alíquota de 11% (art. 30, § 4º, desta lei), relativa ao prestador de serviços. Mais adiante, comentaremos sobre a *OJ n. 398* da SDI-1 do TST, que trata da matéria.

> No acordo por mera liberalidade não há como dispensar o recolhimento da contribuição social, que é devida sobre o valor total do acordo, a menos que se aplique a Súmula n. 67 da AGU.

Outra questão é a de saber se seria exigido, nesse caso, o recolhimento das contribuições sobre os salários do período contratual, mesmo que o acordo se dê por mera liberalidade. De acordo com a jurisprudência pacífica do STF (*Súmula Vinculante n. 53*), as contribuições sociais cuja execução, de ofício, é de competência da Justiça do Trabalho, são exclusivamente as incidentes sobre as verbas objeto de condenação judicial ou sobre as verbas (pagas) *discriminadas no acordo* devidamente homologado. É dizer, mesmo que na sentença o juiz declare a existência de vínculo de emprego entre as partes, não poderá determinar o recolhimento de contribuições incidentes sobre os salários do período reconhecido. *Muito menos no acordo por mera liberalidade*. Essa jurisprudência se formou a partir do julgamento do *RE 569056/PR*, o que resultou, mais adiante, na edição da Súmula Vinculante n. 53.

Esse posicionamento do STF fez com que o TST alterasse a sua jurisprudência e, por via de consequência, o teor da *Súmula n. 368*. De tal modo que o item I desta súmula, atualmente, diz o seguinte: "... A competência da Justiça do Trabalho, quanto à execução das contribuições previdenciárias, limita-se às sentenças condenatórias em pecúnia que proferir e aos valores, objeto de acordo homologado, que integrem o salário de contribuição".

Sendo assim, apenas no caso de as partes, no acordo celebrado, pactuarem que haverá *reconhecimento do vínculo de emprego*, ainda que em parte, é que haveria exigibilidade das contribuições sociais sobre os salários do período contratual. Mas há entendimento no sentido de que as partes podem, nessa hipótese, convencionar a não realização dos recolhimentos e, então, não haveria essa exigibilidade porque não se trata de sentença condenatória e a transação deve ser interpretada restritivamente.

Contudo, quando se trata de empresa que tem *opção pelo SIMPLES* – regime tributário diferenciado (e simplificado) aplicável às microempresas e empresas de pequeno porte, previsto na Lei Complementar n. 123/2006 –, o melhor caminho será o de se reconhecer o vínculo de emprego. Nesse caso, a empresa recolherá somente a alíquota da cota-parte do empregado, que pode ser 7,5% ou 9%, o que implicaria num valor de recolhimento menor do que o relativo à incidência dos 31% (20 + 11). É dizer, dependendo do período contratual, 7,5% ou 9% sobre o salário pago, multiplicado pelo número de meses do contrato, resulta num valor *proporcionalmente menor* do que o valor de 31% sobre a importância total do acordo.

Enfim, alguns juízes do trabalho têm aceitado, para evitar essa discussão, a *aplicação da Súmula n. 67 da AGU* – Advocacia Geral da União –, segundo a qual, havendo controvérsia entre as partes, estas terão maior liberdade na discriminação de verbas objeto do acordo. Desse modo, principalmente em processos envolvendo pequenas empresas, o acordo por mera liberalidade não permitiria a discriminação de verbas, mas, aplicando-se a referida súmula, *por analogia*, poderiam as partes informar que o valor do acordo seria pago a título de indenização pelos serviços prestados e, nessa hipótese, não incidiriam as alíquotas de 20% e 11% já mencionadas.

4.8. ACORDO PARCIAL

Como já referido, há situações em que as partes celebram *acordo parcial* que, por óbvio, não resolve todo o processo. Esse acordo parcial pode dizer respeito ao aspecto *subjetivo* ou ao aspecto *objetivo* do processo. No primeiro caso, havendo mais de um reclamado, quando o reclamante celebra acordo com apenas um deles, em regra um dos tomadores de serviços, dará *quitação apenas a este*, quando do pagamento integral do valor do acordo. E, por óbvio, o processo prosseguirá em relação aos demais reclamados. Há também a possibilidade de celebração de acordo que envolva apenas *parte do objeto da demanda*, ou seja, em relação a determinadas verbas. Também nesse caso, o processo terá seu prosseguimento normal no que concerne às (demais) verbas controvertidas.

É comum que o reclamante, necessitando o mais pronto possível do valor das verbas rescisórias, aceite celebrar acordo parcial para o recebimento parcelado destas verbas, prosseguindo o processo em relação a horas extras, indenização de dano moral e outras verbas. Também ocorre com relativa frequência a hipótese de um dos vários tomadores, diante do pequeno período em que o reclamante lhe prestou serviços, com este celebrar acordo para "se ver livre do processo". Nessa hipótese, o processo prosseguirá em relação ao empregador e demais tomadores de serviços.

Particularmente, não gosto muito desses acordos parciais porque, em regra, exclui-se do processo a empresa que tem patrimônio, permanecendo apenas o empregador e tomadores de serviços que levarão o processo até a última instância da Justiça do Trabalho. A menos que o tempo de prestação de serviços em prol do tomador que celebra acordo seja bem menor do que o período contratual do reclamante.

De qualquer forma, homologado o acordo parcial, há que se *discriminar as verbas* objeto do acordo, em conformidade com as postuladas na exordial, havendo, ainda, incidência de *custas proporcionais* sobre o valor do acordo. Em regra, o juiz tem isentado as partes do recolhimento das custas processuais. De outro lado, não sendo possível discriminar (todas) as verbas como sendo de caráter indenizatório, haverá recolhimento previdenciário sobre o valor do acordo, ainda que em parte.

4.9. AUDIÊNCIA PARA RATIFICAÇÃO DO ACORDO

A grande maioria dos juízes designa audiência específica *para ratificação do acordo*, principalmente por parte do reclamante, mormente se o acordo for celebrado na fase de conhecimento. Alguns advogados questionam essa prática, argumentando, entre outras ponderações, que eles têm procuração com poderes especiais para transigir e dar quitação em nome do cliente, sendo que, por isso, a exigência de ratificação seria uma afronta aos seus poderes. Outros alegam também que essa prática estaria a revelar uma desconfiança injustificada dos juízes em relação à pessoa do advogado.

Com efeito, sabe-se que uma minoria de advogados costuma não zelar pela ética. Contudo, não é possível que o juiz, sem amparo em fatos concretos, discrimine advogados, presumindo que alguns são confiáveis e outros não. Para evitar conflitos sobre ética, o ideal, portanto, é que haja designação de audiência de ratificação para *todos os casos*, evitando-se tratamento desigual aos advogados. Como se não bastasse, as Corregedorias dos Tribunais têm *recomendado* a designação das referidas audiências, para que não haja problemas práticos de ocultação de valores aos reclamantes, embora isso seja de fato algo excepcional.

Aliás, penso que os advogados *deveriam prestigiar* a audiência de ratificação de acordo porque, se o seu cliente comparece perante o juiz e ratifica os termos do acordo noticiado na petição juntada, ele jamais poderá questionar o comportamento do advogado em relação ao acordo em si, futuramente. É dizer, se o reclamante o ratificou, é porque o acordo era bom e a ele anuiu. Sendo assim, *a ratificação valoriza o trabalho do advogado* e lhe confere mais segurança quanto a eventuais questionamentos no futuro. Ademais, na audiência se torna mais prática a verificação de questões como baixa na CTPS, expedição de alvará para saque do FGTS e requerimento do seguro-desemprego, por exemplo.

Aproveitando o ensejo, nas audiências inicial ou una, por vezes o advogado pretende *tutela antecipada* para saque do FGTS e recebimento do seguro-desemprego por parte do reclamante. A questão é: *em que momento* o advogado deve pedir a antecipação de tutela na audiência trabalhista? Depende de cada caso, mas, em regra, o advogado deve *esperar o fim da tentativa conciliatória* para requerer a concessão de uma tutela antecipada ou até de uma tutela cautelar de urgência. Isso porque, se houver celebração de acordo, nas tratativas já se pode deliberar sobre liberação de FGTS, requerimento de seguro-desemprego, expedição de alvará para essas medidas, baixa na CTPS e várias outras situações que podem ser objeto de negociação. Agora, se o caso é de *tutela da evidência*, esta deve ser requerida *após o recebimento da defesa*, em réplica ou antes do início da produção da prova oral, para ficar caracterizada a situação dos incisos I e IV do art. 311 do CPC. Enfim, também pode ser requerido nesse momento – mas o ideal é que se requeira ao final da audiência inicial ou da instrução –, o *julgamento antecipado parcial do mérito* (art. 356 do CPC), que agora se tornou possível, com a mudança no PJe, na Justiça do Trabalho.

4.10. AUDIÊNCIA PARA ANÁLISE DE ACORDO EXTRAJUDICIAL

Até 2017 não era admissível, no processo do trabalho, a apresentação de acordo extrajudicial, a fim de que fosse homologado pelo juízo e, assim, recebesse a eficácia de *título executivo* judicial – caso não cumprido por quem nele assumiu obrigações – e também oferecesse *segurança jurídica* a quem cumpre as obrigações, especialmente a de pagar quantia certa.

Para vencer a resistência do juiz do trabalho, o legislador reformista, por meio da Lei n. 13.467/2017, inseriu na CLT o *processo de jurisdição voluntária* para homologação de acordo extrajudicial, acrescentando ao velho diploma os arts. 855-B a 855-E. Como parece não haver inconstitucionalidade formal e material nessa normativa, não há mais como a Justiça do Trabalho se recusar à apreciação desse tipo de acordo. Pode, no entanto, o juiz do trabalho exigir a presença de todos os *requisitos de validade* e de todas as *condições de procedibilidade* estabelecidas pela própria lei que inseriu o referido instituto no processo do trabalho.

Por se tratar de hipótese na qual sequer há controvérsia – pois não há lide nos procedimentos de jurisdição voluntária –, para se evitar que os trabalhadores sejam surpreendidos com cláusulas negociais extremamente prejudiciais a eles, por vezes em afronta aos princípios protetivos do direito do trabalho, em *hipótese alguma* o juiz deve homologar esses acordos *sem a ratificação do reclamante*, em audiência designada especificamente para tanto.

Além dos requisitos de validade de qualquer negócio jurídico (sujeitos capazes, objeto lícito e observância das prescrições legais), há de se observar que esse processo de homologação terá de ser levado a juízo "por petição conjunta, sendo obrigatória a representação das partes por advogado". Por mais óbvio que seja, diante das inúmeras questões de um contrato de trabalho, as partes acordantes "não poderão ser representadas por advogado comum", tendo em vista que a grande maioria dos trabalhadores tem baixa escolaridade, além dos reflexos naturais do princípio da proteção ao trabalhador *hipossuficiente*, que devem ser observados em qualquer transação. É o que se extrai facilmente da leitura do *art. 855-B e § 1º da CLT*.

Ademais, esse acordo extrajudicial, ainda que celebrado no prazo de 10 dias para o pagamento das verbas rescisórias, não poderá, de modo algum, afastar a aplicação da multa preconizada no *§ 8º do art. 477 da CLT*. Não importa se foi o juiz que não designou a audiência dentro desse prazo. A única forma de se evitar a aplicação dessa multa é a de se proceder ao pagamento integral das verbas rescisórias, *no prazo legal*. Assim, vencido esse prazo, o juiz teria que *exigir*, para a homologação do acordo, a *deliberação* das partes quanto à referida multa, ou que ela fique excepcionada quanto à quitação do objeto do processo. E a mesma solução se aplica quando o acordo extrajudicial envolve o pagamento parcelado das verbas rescisórias.

Outrossim, se o protocolo da petição de acordo extrajudicial *suspende o prazo de prescrição* das pretensões trabalhistas apenas "quanto aos direitos nela especificados", prazo que "voltará a fluir no dia útil seguinte ao do trânsito em julgado da decisão que negar a homologação do acordo" (art. 855-E e parágrafo único da CLT), isso permite uma *única interpretação*: a quitação nesse tipo de processo é *exclusivamente em relação ao objeto do próprio processo*. No mesmo sentido: SOUZA JÚNIOR *et al.*, 2018, p. 105.

> A quitação, no acordo extrajudicial, deve ser restrita ao objeto do próprio processo.

Isso significa dizer que *apenas as verbas descritas* de forma pormenorizada nessa petição de acordo é que serão consideradas como objeto da transação; apenas em relação a elas é que poderá haver *quitação*, e se o acordo for cumprido integralmente. Registro, no entanto, que o TST já tem decisões em sentido contrário, por exemplo: RR 1000596-19.2018.5.06.0015

– julgado em 22-5-2020; RR 1000016-93.2018.5.02.0431 – julgado em 4-10-2019; RR 1000015-96.2018.5.02.0435 – decidido em 20-9-2019.

Aliás, em 30 de setembro de 2024 o CNJ – Conselho Nacional de Justiça – editou ato normativo sobre essa questão, afirmando a plena possibilidade de outorga de quitação ampla, geral e até irrevogável na petição de acordo extrajudicial, por parte do trabalhador. Diante da complexidade dessa matéria, que desafia, inclusive, o *exame da constitucionalidade da Resolução n. 586*, logo adiante acrescentarei novos tópicos neste Manual, para um exame detalhado de todas as questões correlatas.

De minha parte, penso que o juiz do trabalho pode claramente *negar-se a homologar* o referido acordo para quitação total do contrato de trabalho, inclusive porque não há direito líquido e certo à homologação de nenhum acordo, nos termos da *Súmula n. 418* do TST. O que *não pode* é o juiz homologar *apenas em parte* esse acordo, que é um negócio jurídico material das partes, conforme entendimento (ainda não pacífico) do TST. De duas uma, ou as partes aceitam as exigências do juiz, por exemplo, quanto à impossibilidade de quitação total do contrato de trabalho, ou o juiz não homologa o acordo e extingue o processo (sem resolução "do mérito"). De se recordar que *não há lide* nesse tipo de processo.

> Analisando os elementos caracterizadores da jurisdição, vem a doutrina dizendo que os atos da jurisdição voluntária na realidade nada teriam de jurisdicionais, porque: a) não se visa, com eles, à atuação do direito, mas à constituição de situações jurídicas novas; b) não há o caráter substitutivo, pois o que acontece é que o juiz se insere entre os participantes do negócio jurídico, numa intervenção necessária para a consecução dos objetivos desejados, mas sem exclusão das atividades das partes; c) além disso, o objeto dessa atividade não é uma **lide**, como sucederia sempre com a atividade jurisdicional; não há um conflito de interesses entre duas pessoas, mas apenas um negócio, com a participação do magistrado (DINAMARCO *et al.*, 1994, p. 151).

Obviamente, se isso ocorrer – a não homologação do acordo –, as partes podem interpor *recurso ordinário* para que o tribunal afaste a exigência e homologue o acordo extrajudicial. Aqui também, o recurso deverá ser apresentado em "petição conjunta" e por advogados distintos, sob pena de o próprio juiz de primeiro grau denegar processamento ao recurso por falta de pressuposto específico: a exigência de que o requerimento de homologação do acordo seja conjunto. Até porque o tribunal não poderá devolver o processo ao juízo de origem para que o juiz de primeiro grau o homologue, nesse caso.

E não somente as partes podem recorrer ao tribunal. Por certo que essa celebração de acordo extrajudicial envolverá a satisfação de verbas de natureza salarial – como sói acontecer no processo do trabalho –, sobre as quais podem incidir contribuições previdenciárias. Daí que a *União* – INSS – também possui legitimidade, como *terceira interessada*, para interpor *recurso ordinário* e discutir junto ao tribunal valores e incidência dessas contribuições, inclusive porque as partes deverão *especificar*, detalhadamente, quais *verbas e valores* estão sendo objeto do acordo extrajudicial, numa interpretação sistemática dos arts. 855-E e 832, §§ 3º a 5º, da CLT (SILVA *et al.*, 2018, p. 252).

Sobre várias destas questões a respeito do acordo extrajudicial, vejam-se enunciados da 2ª Jornada de Direito Material e Processual do Trabalho promovida pela ANAMATRA:

> JURISDIÇÃO VOLUNTÁRIA. ACORDO EXTRAJUDICIAL. RECUSA À HOMOLOGAÇÃO.
>
> O juiz pode recusar a homologação do acordo, nos termos propostos, em decisão fundamentada. (Enunciado Aglutinado nº 2 da Comissão 8)
>
> HOMOLOGAÇÃO DE ACORDO EXTRAJUDICIAL.
>
> I - A faculdade prevista no Capítulo III-A do Título X da CLT não alcança as matérias de ordem pública.
>
> II - O acordo extrajudicial só será homologado em juízo se estiverem presentes, em concreto, os requisitos previstos nos artigos 840 a 850 do Código Civil para a transação;
>
> III - Não será homologado em juízo o acordo extrajudicial que imponha ao trabalhador condições meramente potestativas, ou que contrarie o dever geral de boa-fé objetiva (artigos 122 e 422 do Código Civil). (Enunciado nº 9 da Comissão 8)
>
> HOMOLOGAÇÃO DE ACORDO EXTRAJUDICIAL. RECURSO. ANÁLISE PELO TRIBUNAL.
>
> No caso de recurso da decisão que não homologar de forma fundamentada o acordo extrajudicial, o tribunal não poderá retornar o processo para que o juiz de primeiro grau o homologue. (Enunciado nº 10 da Comissão 8)
>
> PROCESSO DE JURISDIÇÃO VOLUNTÁRIA. HOMOLOGAÇÃO DE ACORDO EXTRAJUDICIAL. COMPETÊNCIA TERRITORIAL.

> II – A competência territorial do processo de jurisdição voluntária para homologação de acordo extrajudicial segue a sistemática do art. 651 da CLT.
>
> II – Aplica-se analogicamente o art. 63, § 3º, do CPC, permitindo que o juiz repute ineficaz de ofício a eleição de foro diferente do estabelecido no art. 651 da CLT, remetendo os autos para o juízo natural e territorialmente competente. (Enunciado nº 11 da Comissão 8)

Restam *algumas questões* relacionadas a essa nova ferramenta. *A primeira* diz respeito ao *não comparecimento* das partes na audiência de ratificação do acordo. Aplicando-se o art. 844 da CLT, por analogia, como ambas são "reclamantes" – porque ambas pretendem a homologação do acordo –, a falta de qualquer delas implicaria no *arquivamento* da reclamação. Contudo, na prática, o juiz do trabalho tem determinado o arquivamento *apenas* se o reclamante *trabalhador* não comparece.

Outra questão diz respeito ao *recolhimento de custas*. Por lei, elas deveriam incidir proporcionalmente ao valor do acordo, para cada uma das partes, já que não há parte vencida nesse tipo de processo. No entanto, em regra, os juízes têm atribuído o valor das custas ao reclamante trabalhador e conferido a este os benefícios da gratuidade judiciária, isentando-o do recolhimento respectivo.

Uma terceira questão diz respeito à *discriminação das verbas* objeto do acordo e ao recolhimento de contribuições sociais e fiscais sobre tal valor. Como, em regra generalíssima, esse acordo é celebrado quando incontroverso o contrato de trabalho entre as partes, estas terão que, já na petição de acordo, *discriminar todas as verbas* sobre as quais transigiram, e indicar o valor de cada uma destas verbas, como já afirmei. Sobre as de natureza indenizatória, por óbvio, não haverá nenhuma incidência tributária. Sobre as de caráter salarial, deverá haver o *recolhimento de contribuições sociais* – cota do empregado e cota do empregador – e de imposto de renda, se incidente, sendo, por óbvio, "do empregador a responsabilidade pelo recolhimento das contribuições previdenciárias e fiscais" (Súmula n. 368, item II, do TST).

Aqui surge *uma questão delicada* para os empregadores que, conforme o ângulo de visão, pode tornar-se uma "faca de dois gumes". Se ele discrimina todas as verbas como sendo de caráter indenizatório, não haverá necessidade desse recolhimento. No entanto, se o fizer assim, nenhuma verba de natureza salarial estará quitada por força do acordo extrajudicial, já que nesse tipo de acordo a quitação deve ser *restrita ao objeto específico do processo (acordo)*, como já ressaltei.

Por óbvio que o regramento da Resolução n. 586 do CNJ, já mencionada, se entendido como constitucional, poderá mudar bastante a atuação dos juízes, desembargadores e ministros do TST que entendem que a quitação, no acordo extrajudicial, não pode ser ampla, geral e irrestrita.

Essa novidade normativa, diante de sua complexidade, terá de ser examinada em tópicos específicos, inseridos a partir da 5ª edição deste Manual. Ao estudo da Resolução n. 586, portanto.

4.10.1. A alegada alta litigiosidade na Justiça do Trabalho

Em 30 de setembro de 2024, pelo Plenário Virtual, o CNJ – Conselho Nacional de Justiça – aprovou, por unanimidade, a *Resolução n. 586*, um ato normativo cuja *finalidade principal*, já de acordo com a ementa do voto do Eminente Relator, é a de *reduzir a litigiosidade na Justiça do Trabalho.*

A saída encontrada pelo CNJ foi a de conferir *quitação ampla, geral e irrevogável quando da homologação de acordos extrajudiciais*, pelo juiz do trabalho. O que se buscou, ainda em conformidade com o voto pela aprovação da própria resolução, foi proporcionar às partes "uma via segura", a fim de que elas "possam solucionar eventuais disputas sobre direitos trabalhistas, de forma rápida, amigável e definitiva". E *as razões* para a edição desta discutível resolução já se mostram *de plano, no voto*: a "excessiva litigiosidade" nas relações de trabalho – ou ao fim destas, melhor dizendo –, o que "torna incerto o custo da relação de trabalho antes do seu término e pode desencorajar investimentos necessários à criação de postos formais de trabalho".

Contudo, a chamada "excessiva litigiosidade" não é um "privilégio" da Justiça do Trabalho. Esse pensamento tem uma premissa – ainda que implícita – de que na Justiça comum a quantidade de processos é algo excepcional ou, pelo menos, razoável. Ocorre que, *na Justiça estadual, a litigiosidade é ainda maior*.

Veja-se o relatório "Justiça em números", do CNJ, citado como *a fonte principal de (suas) preocupações*, no voto do Relator, Ministro Luís Roberto Barroso. Realmente,

> "a quantidade de processos pendentes na Justiça do Trabalho era de aproximadamente 5,5 milhões em 2017. Houve uma queda consistente nos anos de 2018 (4,9 milhões) e 2019 (4,5 milhões), mas os números voltaram a subir em 2020 (5,7 milhões) e se mantiveram relativamente

> estáveis em 2021 (5,6 milhões), 2022 (5,4 milhões) e 2023 (5,4 milhões), isto é, aproximadamente o mesmo patamar de 2017." (item 3 do voto do Ministro Luís Roberto Barroso)

Entrementes, de acordo com o mesmo relatório – *Justiça em números* –, a quantidade de processos pendentes na Justiça estadual era, no mesmo período, *infinitamente maior*. Parafraseando o Relator, veja-se:

> [...] a quantidade de processos pendentes na Justiça estadual era de aproximadamente 62,9 milhões em 2017, número que se manteve em 2018 (62,9 milhões), caiu em 2019 (62,5 milhões), mas voltou a subir em 2020 (63,4 milhões), de novo em 2021 (64,1 milhões), novamente em 2022 (64,6 milhões) e de novo em 2023 (65,0 milhões), num aumento crescente, portanto. (Justiça em números 2024 – ano-base 2023 –, p. 141, *a mesma página na qual foram colhidos os números da Justiça do Trabalho, por incrível que pareça*). Disponível em: <https://www.cnj.jus.br/wp-content/uploads/2024/05/justica-em-numeros-2024.pdf>. Acesso em: 1 out. 2024.

No mesmo sentido, a excepcional manifestação do MPT – Ministério Público do Trabalho – "acerca da litigiosidade trabalhista, em decorrência da reunião realizada no último dia 29.04.2024, no Conselho Nacional de Justiça (CNJ), em ordem a discutir a alegação de que é excessiva a litigiosidade trabalhista". Na referida manifestação, o MPT apontou, de forma insofismável, que a litigiosidade na Justiça do Trabalho *não é maior do que a encontrada na Justiça estadual*. Vejamos:

> "Segundo o relatório Justiça em Números 2024, o estoque de processos no final de 2023 era de 83,8 milhões, sendo que apenas 5,4 milhões na Justiça do Trabalho, o que corresponde a 6,4% do total.
>
> (...)
>
> A título de comparação, em 2023 ingressaram mais de 6 milhões de novas ações nos Juizados Especiais Cíveis, número cerca de 50% superior ao total de novos casos na Justiça do Trabalho, sem que, no entanto, tal número seja tido por excessivo.
>
> Se considerarmos apenas os novos casos envolvendo responsabilidade do fornecedor por danos morais ou materiais, foram mais de 1,7 milhão de ações nos Juizados Especiais Cíveis." (Ofício nº 5615.2024 – GAB/PGT, encaminhado pela PGT/MPT ao Excelentíssimo Ministro Luís Roberto Barroso, Presidente do CNJ, em 22-8-2024).

Aliás, no item n. 2 do voto, o próprio Ministro Luís Roberto Barroso enuncia que a proposta de resolução foi fruto de ampla discussão no CNJ. Veja-se:

> "A minuta foi construída após amplo diálogo, incluindo reunião ocorrida no CNJ no dia 29.04.2024, com representantes do Tribunal Superior do Trabalho, do Ministério Público do Trabalho, do Ministério do Trabalho e Emprego, da Ordem dos Advogados do Brasil, da academia, de centrais sindicais e de confederações patronais." (item 2 do voto do Ministro Luís Roberto Barroso)

Contudo, ao que parece, a substancial manifestação do MPT foi ignorada na elaboração da minuta que se transformou na Resolução n. 586 do CNJ.

Pergunta elementar: por que a quantidade avassaladora de processos em trâmite na Justiça estadual não preocupa tanto o CNJ? Naquela seara também há – ou deveria haver – uma preocupação com a solução consensual de disputas, como aliás preconiza o art. 3º, §§ 2º e 3º, do CPC. Por acaso, haveria alguma forma de o CNJ adotar a solução precarizante imposta à Justiça do Trabalho lá na Justiça estadual, como *forma de prevenir o ajuizamento de tantas ações na esfera comum?*

Me parece que o velho ranço de se achar que direito trabalhista é dispendioso, numa cultura que ainda não reconheceu, na prática, *o valor social do trabalho*, previsto como um dos pilares de nossa República (art. 1º, IV, da CF/88), é que tem norteado as soluções equivocadas dos agentes de Estado, agora capitaneados por Sua Excelência, o Presidente do CNJ e do STF, este, o guardião da Constituição e dos direitos fundamentais, *inclusive os sociais*.

Ora, *o verdadeiro problema* da alta litigiosidade na Justiça do Trabalho é o descumprimento, por parte de alguns empregadores, das obrigações trabalhistas mínimas, como vários estudos têm demostrado.

A propósito, vasto e excepcional estudo promovido pelas Professoras Dras. Gabriela Neves Delgado e Maria Cecilia de Almeida Monteiro Lemos, a pedido da Anamatra – Associação Nacional dos Magistrados do Trabalho – revelou, como base em extensa pesquisa realizada pelo IPEA, o seguinte:

> "Nesse sentido, a pesquisa demonstrou que **o principal fator desencadeante da litigância trabalhista é a rescisão involuntária do contrato de trabalho (95%)**, da qual decorre o direito ao pagamento de verbas

> rescisórias, 40% de FGTS entre outros direitos **que deveriam ter sido pagos naturalmente ao término do contrato.**
>
> Outro fator que provoca a litigiosidade trabalhista é o **desrespeito às regras de duração do trabalho e ao direito fundamental à limitação de jornada de trabalho**, albergado pela Constituição Federal no limite de 8 horas diárias e 44 horas semanais.
>
> (...)
>
> Em observância à amostra de pesquisa do IPEA para o ano de 2018, os tipos de pretensões mais frequentemente requeridas na Justiça do Trabalho foram as seguintes: FGTS (59,9%); multa de 40% do FGTS em caso de rescisão (53%); multa do art. 477 da CLT (47,7%); multa do art. 467 da CLT (40,1%); férias (37%); pagamento de horas extras (31%); guia do seguro-desemprego (26,9%); pagamento de 13º salário (23,2%) e salário (14,9%).
>
> Segundo o **Relatório Geral da Justiça do Trabalho de 2019**, as demandas mais recorrentes na Justiça do Trabalho foram as seguintes: aviso prévio, com 629.295 processos, multa de 40% do FGTS, multa prevista no artigo 477 da CLT, multa prevista no artigo 467 da CLT e Saldo de Salário, com 275.017 processos." (destaques no original). (DELGADO, Gabriela Neves; LEMOS, Maria Cecilia de Almeida Monteiro. *A Justiça do Trabalho e a litigiosidade trabalhista: organograma institucional e efetividade*, p. 93-94). Disponível em: <https://images.jota.info/wp-content/uploads/2024/04/parecer-anamatra-26-de-abril-gabriela-delgado-e-maria-cecilia-lemos.pdf>. Acesso em: 3 out. 2024.

São as *clássicas verbas rescisórias*, aliadas às multas pelo seu não pagamento a tempo e modo, somadas às *naturalizadas* horas extras, portanto, *as verbas mais postuladas nas ações trabalhistas* – de modo disparado –, quando da dispensa do trabalhador sem justa causa e sem o adimplemento delas.

Nas palavras do IPEA:

> "De modo geral, a litigância judicial trabalhista continua altamente desencadeada pelo término involuntário da relação de trabalho. Em apenas 14% dos processos analisados não houve prévia rescisão do contrato de trabalho." (CUNHA, Alexandre dos Santos; SILVA, Paulo Eduardo Alves da; ALVES, Adriana Avelar; ARAÚJO, Carla Rodrigues Costa de; ROSIM, Danielle Zoega; TOLLER, Ana Flávia Lopes de Moraes; PAULA, Gustavo Lima de; MARTINEZ, Victor Dantas de Maio. *Acesso à Justiça do Trabalho: antes e depois da reforma trabalhista*, p. 40-41). Disponível em: https://repositorio.ipea.gov.br/bitstream/11058/11212/1/td_2769_web.pdf. Acesso em: 3 out. 2024.

Em arremate, as ponderações do Procurador-Geral do Trabalho, José de Lima Ramos Pereira, na manifestação já referida:

> "Note-se que tais ações buscam apenas e tão-somente o pagamento das verbas rescisórias devidas, não realizado no prazo legal, sendo raros os casos em que envolvam também a interpretação de normas legais aplicáveis, pois a jurisprudência sobre o tema está estabilizada há muito tempo.
>
> Assim, tais demandas não geram ambiente de 'insegurança jurídica', pois tratam da pura e simples reparação de direitos conhecidos e sistematicamente lesados, sem maiores consequências para os empregadores.
>
> Realmente, se os números demonstram que a maior parte das ações trabalhistas possuem como objeto o inadimplemento de verbas rescisórias decorrentes de rompimento voluntário de contrato de trabalho, traduzíveis em valores facilmente calculáveis pelos empregadores, pois partem de critérios objetivos bem postos na legislação, há de se concluir que não se pode falar em 'surpresa' ou 'desconhecimento' ou ainda insegurança jurídica, diante de alegada eternização das lides trabalhistas." (Ofício nº 5615.2024 - GAB/PGT, encaminhado pela PGT/MPT ao Excelentíssimo Ministro Luís Roberto Barroso, Presidente do CNJ, em 22-8-2024).

Ademais dessas considerações – que até poderiam ser de cunho sociológico e não (somente) jurídico –, há *inúmeras questões relacionadas à própria juridicidade desse ato normativo*, dentre elas:

> i. o CNJ tem competência para editar ato normativo desse jaez, ou teria invadido a competência privativa da União para legislar sobre direito processual e do trabalho?
>
> ii. se a CLT já disciplina amplamente sobre o acordo extrajudicial na Justiça do Trabalho e seu procedimento de homologação (arts. 855-B a 855-E), o CNJ poderia impor aos juízes do trabalho a forma de interpretar essa normativa?
>
> iii. haveria outros mecanismos processuais, previstos em lei e, portanto, legítimos, para se adotar precedentes de uniformização de jurisprudência – ou de entendimentos judiciais divergentes sobre a matéria?
>
> iv. a quitação ampla, geral e irrevogável quando da homologação de um acordo extrajudicial, em procedimento de jurisdição voluntária, viola a garantia fundamental de acesso à justiça?
>
> v. se entender constitucional esta resolução, o juiz do trabalho estaria obrigado a homologar o acordo extrajudicial?
>
> vi. o que poderia haver de bom ou de novidade nessa resolução, caso seja aplicada, na prática?

4.10.2. Competência para legislar sobre direito processual e do trabalho

Como é de todos sabido, é da *competência privativa da União* legislar sobre direito processual e também acerca de direito do trabalho, como preconiza expressamente o art. 22, I, da CF/88.

Não por outra razão, foi necessário que o legislador ordinário, *por meio de lei específica*, introduzisse, no processo do trabalho, o instituto do acordo extrajudicial. Com efeito, por ocasião da Reforma Trabalhista, a Lei n. 13.467/2017 introduziu, na CLT, os arts. 855-B a 855-E, *exatamente para disciplinar sobre essa possibilidade* – nova competência da Justiça do Trabalho, portanto –, traçando, ali, ainda que de modo incompleto, os contornos para que esse acordo fosse legitimamente adotado pelas partes e apreciado pelo juiz do trabalho.

Note-se que *em nenhuma das regras ali estabelecidas* o legislador teve a ousadia – e ele, autor das leis federais, até poderia fazê-lo – de estatuir que, após a homologação por parte do juiz do trabalho, *a quitação outorgada pelo trabalhador* seria de caráter amplo, geral, irrestrito, irrevogável e o que mais se queira.

Aliás, até mesmo no bojo de uma reclamação trabalhista, *em processo contencioso*, não é pacífica a possibilidade de o juiz do trabalho aceitar – homologar – essa quitação tão extensa que *sequer o Código Civil prevê* em sua normativa sobre o ato jurídico de quitação. Veja-se, a propósito, o quanto disposto no art. 320 do CC:

> Art. 320. A quitação, que sempre poderá ser dada por instrumento particular, designará o valor e a espécie da dívida quitada, o nome do devedor, ou quem por este pagou, o tempo e o lugar do pagamento, com a assinatura do credor, ou do seu representante. (destaquei)

Como se não bastasse, *todas as cláusulas de uma transação devem ser interpretadas restritivamente*, e não de forma ampla e irrestrita. Basta ler a regra clara do art. 843 do CC. Ei-la:

> Art. 843. A transação interpreta-se restritivamente, e por ela não se transmitem, apenas se declaram ou reconhecem direitos. (destaquei)

Em suma, se o desejo das pessoas verdadeiramente preocupadas com o grave problema da quantidade – realmente enorme – de ações trabalhistas for o de conferir quitação ampla, geral e irrevogável ao acordo extrajudicial

– olvidando-se de que um dos maiores motivos dessa litigiosidade é a *falta de cumprimento das obrigações trabalhistas básicas* por parte de algumas empresas, como já visto – *devem elas procurar a via legislativa*, no Congresso Nacional, para que isso se torne lei, que seria aplicável e exigível, a menos que declarada sua inconstitucionalidade posteriormente.

4.10.3. O CNJ e a imposição de como se interpretar a lei, aos juízes

Nesse passo, temos de relembrar qual é *o papel constitucional do CNJ*, criado a partir da Reforma do Poder Judiciário, por meio da EC – Emenda Constitucional – n. 45/2004.

Pois bem, o art. 103-B da CF/88 – introduzido pela referida EC –, deixa muito evidente que *a função primordial do CNJ* é a de (i) exercer o controle da atividade administrativa, inclusive financeira, do Poder Judiciário como um todo, bem como a de (ii) fiscalizar o cumprimento dos deveres funcionais por parte de todos os juízes que atuam em nome do Estado (*atividade disciplinar*, portanto). Basta ler atentamente a norma do § 4º desse art. 103-B. Veja-se:

> § 4º Compete ao Conselho o controle da atuação administrativa e financeira do Poder Judiciário e do cumprimento dos deveres funcionais dos juízes, cabendo-lhe, além de outras atribuições que lhe forem conferidas pelo Estatuto da Magistratura: (...)

E, dentre as atribuições a ele cometidas nos incisos deste § 4º, estão compreendidas *apenas as de caráter administrativo e disciplinar*, como as de (i) zelar "pelo cumprimento do Estatuto da Magistratura", (ii) apreciar "a legalidade dos atos administrativos praticados por membros ou órgãos do Poder Judiciário", e, *principalmente*, as de (iii) "receber e conhecer das reclamações contra membros ou órgãos do Poder Judiciário (...), sem prejuízo da competência disciplinar e correicional dos tribunais, podendo avocar processos disciplinares em curso, determinar a remoção ou a disponibilidade e aplicar outras sanções administrativas, assegurada ampla defesa".

Não há, portanto, a menor competência atribuída a esse órgão de controle, para os fins de *normatizar como os juízes devem interpretar e aplicar as leis ou a própria Constituição*, porque isso, sabidamente, é *matéria de ordem jurisdicional*. A via recursal, de arquitetura milenar, sempre foi a adequada para se questionar a validade e/ou correção de uma decisão judicial. E, mais recentemente, instituíram-se ferramentas processuais de adoção e imposição de precedentes judiciais interpretativos, *mas sempre dentro da estrutura piramidal do Poder Judiciário*, nunca por órgãos de mero controle de atos administrativos, financeiros e de ordem estritamente funcional (observância dos deveres dos magistrados), caso do CNJ.

Daí que, se a CLT já contém as regras sobre a utilização do acordo extrajudicial na Justiça do Trabalho e acerca do seu procedimento de homologação (arts. 855-B a 855-E), *o CNJ não poderia impor aos juízes do trabalho a forma de interpretar essa normativa*, com o objetivo de obrigá-los a aceitar a homologação ampla, geral e irrestrita, pactuada nessa modalidade de acordo.

4.10.4. O procedimento de jurisdição voluntária e o acesso à justiça

Como é amplamente sabido, o *direito fundamental de acesso* ao Poder Judiciário se trata de uma das maiores garantias conferidas aos cidadãos, num autêntico Estado democrático (e social) de Direito. Tanto que foi insculpido no famoso inciso XXXV do art. 5º de nossa Constituição-cidadã. Com efeito, a norma fala por si:

> XXXV – *a lei* não excluirá da apreciação do Poder Judiciário lesão ou ameaça a direito; (destaquei)

Portanto, *nem sequer o legislador poderá criar mecanismos excludentes* do acesso à Justiça, seja para (i) a reparação de lesão aos direitos, seja para (ii) prevenir ameaças a esses direitos.

Por óbvio que há mecanismos criados pelo legislador que, embora questionáveis, negam esse acesso ou o restringe de algum modo. O instituto das *comissões de conciliação prévia*, no direito do trabalho, foi um desses mecanismos, introduzido na CLT pela Lei n. 9.958/2000 (arts. 625-A a 625-H).

Ocorre que o próprio STF, (bem) mais tarde (1-8-2018), declarou a *inconstitucionalidade da obrigação de submissão da demanda trabalhista a essa comissão*, para que, frustrada a tentativa de acordo, o trabalhador obtivesse uma "declaração da tentativa conciliatória frustrada com a descrição de seu objeto, firmada pelos membros da Comissão", a qual deveria ser juntada com a "reclamação trabalhista", posteriormente (art. 625-D, § 2º, da CLT). Assim decidiu o STF, no julgamento da ADI n. 2139/DF – e nas ADIs "apensas" –, a respeito dessa matéria:

> (...) 4. Ação direta de inconstitucionalidade julgada parcialmente procedente para dar interpretação conforme a Constituição aos §§ 1º a 4º do art. 625-D da Consolidação das Leis do Trabalho, no sentido de assentar que a Comissão de Conciliação Prévia constitui meio legítimo, mas não obrigatório de solução de conflitos, permanecendo o acesso à Justiça resguardado para todos os que venham a ajuizar demanda diretamente ao órgão judiciário competente.

Há de se observar que, nesse caso, *tinha havido edição de lei específica*, e que nem era impositiva de obstáculo a uma demanda trabalhista posterior. Dito de outro modo, o trabalhador não era obrigado a conciliar, mas somente a tentar o acordo, na comissão de conciliação prévia.

Agora, com *essa interpretação normatizada pelo CNJ*, havendo qualquer composição extrajudicial - obviamente com o atendimento dos requisitos que já estavam positivados desde 2017, como será comentado à frente –, diante da quitação ampla, geral, irrevogável e irretorquível, o trabalhador, se ajuizar posteriormente uma demanda trabalhista, *terá as portas da Justiça fechadas contra si*, porque quem já quitou tudo e mais um pouco não pode querer nada mais. Simples assim. *Pura falta de interesse processual.* Ou, mais tecnicamente, *coisa julgada material*, diante da homologação por parte do juiz.

Contudo, *isso seria possível num procedimento de jurisdição voluntária, no qual sequer há lide?* Eis a questão mais técnica de todas as que poderiam ser pensadas sobre esse ato normativo do CNJ.

Sendo induvidoso que se trata de *procedimento de jurisdição voluntária*, como está posto na própria CLT, no título do capítulo III-A, que cuida exatamente "Do Processo de Jurisdição Voluntária para Homologação de Acordo Extrajudicial" - ainda que haja a errônea menção a processo –, há de se recordar (i) o que é um processo - ou procedimento - de jurisdição voluntária, (ii) se nele há lide (mérito) e (iii) se a decisão homologatória do acordo extrajudicial pode conter a eficácia da coisa julgada material.

Sobre a primeira questão, a doutrina clássica enuncia que ao Poder Judiciário:

> "[...] também são atribuídas certas funções em que predomina o caráter administrativo e que são desempenhadas sem o pressuposto do litígio.
>
> Trata-se da chamada *jurisdição voluntária*, em que o juiz apenas realiza gestão pública em torno de interesses privados, como se dá nas nomeações

de tutores, nas alienações de bens de incapazes, na extinção do usufruto ou do fideicomisso etc.

> Aqui não há lide nem partes, mas apenas um negócio jurídico processual, envolvendo o juiz e os interessados.
>
> A função do juiz é, portanto, equivalente ou assemelhada à do tabelião, ou seja, a eficácia do negócio jurídico depende da intervenção pública do magistrado.
>
> (...)
>
> A terminologia do legislador tem sido considerada correta, posto que, não havendo *lide*, não se pode falar em *processo*, mas apenas em *procedimentos*. Os sujeitos desses procedimentos, pela mesma razão, não são chamados de *partes*, e sim *interessados*." (destaques no original) (THEODORO JÚNIOR, 1993, p. 40)

Bem se vê, portanto, que na homologação de acordos extrajudiciais, na Justiça do Trabalho, não temos lide (mérito), por não haver pretensão resistida a ser dirimida pelo juiz; daí porque não temos processo, em sentido estrito, mas tão somente um *procedimento de apresentação do acordo* e de (possível) homologação judicial; por essa razão, não temos partes (reclamante x reclamado), e, sim, *meros interessados* nessa homologação – ao que chamo, em minhas atas de audiência, como juiz, de requerente trabalhador e requerente (ex)empregador.

Por certo que a doutrina contemporânea faz uma crítica (parcial) a essas concepções clássicas, mas apenas para dizer que temos, aí, uma verdadeira jurisdição – e não apenas uma função administrativa da Justiça –, porque há, sim, nesses "processos":

> "[...] procedimentos a observar, está presente o contraditório, as decisões e sentenças devem ser motivadas, opera o duplo grau de jurisdição *etc.* – enfim, prevalecem os padrões ditados pela garantia do devido processo legal.
>
> Essas características da jurisdição voluntária afastam a tradicional idéia de que ela não teria natureza jurisdicional, sendo *administração*.
>
> (...)
>
> Há casos em que (o) conflito é menos aparente e não vem deduzido como tal na demanda trazida a juízo. É o que se dá nos processos de *separação judicial consensual* (...). O juiz não é chamado, ali, a ditar soluções por ele próprio, mas limita-se em princípio a homologar o acordo a que os cônjuges hajam chegado – apenas negando a homologação quando certos

> requisitos mínimos não houverem sido cumpridos (guarda de filhos menores e regime de visitas). De algum modo, portanto, ele sempre estará *decidindo* e suas decisões ficam sujeitas a recurso." (destaques no original) (DINAMARCO, 2004, p. 320-321)

Destarte, ainda que se trate de prestação jurisdicional e que deva ser observado o devido processo legal, inclusive com a possibilidade de interposição de recurso caso o juiz negue a homologação, por ausência de requisitos de validade - exatamente como ocorre no procedimento de homologação de acordo extrajudicial –, resulta claro que nesse "processo" *não há lide (mérito)*, na concepção clássica insuperável desse instituto.

E, não havendo pretensão material resistida - que qualifica o autêntico conflito de interesses a dar causa à demanda judicial –, *não poderá haver decisão de mérito*, em sentido estrito.

Não por outra razão, Dinamarco trata das *falsas sentenças de mérito*, elencando, entre elas, a decisão homologatória de acordo. Veja-se:

> São também falsas sentenças de mérito as homologações de atos autocompositivos como o *reconhecimento do pedido*, a *transação* ou a *renúncia ao direito*. Ao homologar esses atos, o juiz *não julga* da (*sic*) procedência ou improcedência da pretensão do autor nem os analisa em substância ou em conveniência, mas limita-se a verificar se estão presentes os requisitos para a disposição de direitos. (destaques no original) (DINAMARCO, 2004, p. 259)

Se tudo isso está certo, *não pode haver eficácia de coisa julgada material*, em sentido estrito, na mera decisão homologatória de acordo extrajudicial, primeiro, porque não há, no caso, lide (mérito) - pretensão material resistida; segundo, porque não há decisão de mérito para pacificar conflito de interesses, pois eventual conflito entre os interessados já terá sido solucionado por eles próprios, antes do "processo". Se nada é decidido sobre o direito material em si, não há eficácia imutável desse direito no plano real (coisa julgada material). De modo que, se há apenas uma falsa sentença (apenas homologatória), também *haverá uma falsa coisa julgada material*, pelo menos sobre os direitos e obrigações que estavam em disputa antes da celebração do acordo.

Não por outra razão, a doutrina clássica nos ensina que, por:

> "[...] não importarem solução da lide, não produzem, também, coisa julgada: a) os despachos de expediente e as decisões interlocutórias; b) *as sentenças proferidas em procedimentos de jurisdição voluntária*; e c) as sentenças proferidas em processos cautelares, ainda por que revogáveis ou modificáveis a qualquer momento" (...) (destaquei). (THEODORO JÚNIOR, 1993, p. 522)

Há, no caso de homologação de acordo extrajudicial – como também nas hipóteses de homologação de reconhecimento do pedido, transação (acordo judicial) e renúncia ao direito –, um "empréstimo" da eficácia de coisa julgada material, para conferir exequibilidade ao acordo, após o necessário ato de homologação, imprescindível também para colocar fim ao "processo".

> Como negócios jurídicos que são, o reconhecimento do pedido, a transação e a renúncia ao direito produzem por si mesmos os efeitos *de direito substancial* programados pelas partes, independentemente de qualquer participação judicial. Tal é a *eficácia vinculante dos contratos* (...). Para que operem o *efeito processual* de extinguir o processo, contudo, bem como para serem títulos executivos judiciais se for o caso, a lei exige que sejam homologados por sentença judicial (...).
>
> Ao homologar um ato autocompositivo celebrado entre as partes, o juiz não soluciona questão alguma, referente ao *meritum causae*, nem decide sobre a pretensão deduzida na inicial. Limita-se a envolver o ato nas formas de uma sentença (...).
>
> Porque tem natureza jurisdicional e havendo-lhe a lei outorgado a condição de *sentença de mérito*, o ato homologatório de atos de disposição é suscetível de obter a autoridade da coisa julgada (...). Mas é indispensável ter a consciência de que se trata de *dois atos*, de *naturezas diferentes, cada um deles com seu conteúdo* – o ato negocial portador de uma fórmula negociada entre as partes para a solução do litígio e o ato jurisdicional de homologação, dando a essa solução a mesma eficácia que teria o julgamento feito pelo juiz. A consequência é que a *auctoritas rei judicate* incide somente sobre este e não sobre aquele. (...)
>
> Essa distinção conduz a outra muito importante, que é a exigência da *ação rescisória* como único meio de impugnar os efeitos do ato judicial homologatório a partir de quando se tornar irrecorrível (...). (destaques no original) (DINAMARCO, 2004, p. 267-270)

Se assim é em relação ao ato homologatório de um acordo judicial, como poderia ser diferente quando a questão posta a exame é a derivada da eficácia do ato de homologação de um acordo extrajudicial?

Em suma:

i. na homologação do acordo extrajudicial o juiz não examina se o trabalhador tem ou não direito às verbas objeto da negociação;

ii. se presentes os requisitos de validade do negócio jurídico, ele o homologa, proferindo uma *falsa sentença*, exclusivamente para fins processuais: colocar fim ao "processo" e conferir exequibilidade ao acordo, caso seja descumprido;

iii. há uma *falsa coisa julgada material* incidente sobre esta "sentença", para que os interessados não voltem a rediscutir as cláusulas do quanto negociado, naquele mesmo "processo" ou em outro;

iv. se houver vício do consentimento ou qualquer outro vício do negócio jurídico, terá de ser discutido em ação rescisória (Súmula 259 do TST, ainda que por analogia);

v. contudo, porque toda e qualquer transação – inclusive a que previne litígios – deve ser interpretada restritivamente, essa falsa coisa julgada material *não pode abranger direitos e obrigações não contemplados expressamente* no acordo extrajudicial, por duas razões elementares: (1) essa é uma decorrência natural da coisa julgada, que só alcança o objeto (pedido) específico do processo – não outro que nem sequer tenha sido trazido pelas partes –; (2) nas sentenças prolatadas em procedimentos de jurisdição voluntária sequer deveria haver eficácia de coisa julgada material sobre os direitos debatidos no processo.

A respeito dessa última observação, há de se recordar que o art. 1.111 do CPC/73 era expresso a respeito da inocorrência de coisa julgada material em sede de procedimento de jurisdição voluntária. Veja-se:

> Art. 1.111. A sentença poderá ser modificada, sem prejuízo dos efeitos já produzidos, se ocorrerem circunstâncias supervenientes.

Ainda que o CPC de 2015 não tenha mantido expressamente essa norma, a doutrina abalizada sobre o tema sustenta que esse posicionamento se mantém, exatamente pela *falta de lide e de cognição exaustiva sobre o objeto* do "processo" de jurisdição voluntária. Veja-se, por todos, Leonardo Greco:

> Portanto, apesar do desaparecimento do citado art. 1.111, não há suporte no Código de Processo Civil de 2015 para sustentar a coisa julgada nos procedimentos da jurisdição voluntária, por falta de cognição exaustiva, a não ser nos casos de conversão em jurisdição contenciosa, por ter efetivamente se instaurado o litígio, em que o procedimento específico não tenha sido óbice à mais ampla cognição e à mais ampla eficácia das garantias constitucionais do contraditório e da ampla defesa e desde que o juiz seja absolutamente competente para conhecer da matéria em sede contenciosa (GRECO, Leonardo. Breves Comentários ao Novo Código de Processo Civil. Teresa Wambier, Eduardo Talamini, Fredie Didier Jr., Bruno Dantas (coord.). 3. ed. São Paulo: RT, 2016. p. 1863, *apud* GODINHO, Robson Renault. *Sobre o conceito de jurisdição voluntária*. Revista do Ministério Público do Estado do Rio de Janeiro, nº 79, jan./mar. 2021, p. 273).

Finalmente, se não há formação de coisa julgada material, em sentido estrito, mas apenas de uma falsa coisa julgada, em sede de qualquer procedimento de jurisdição voluntária – inclusive no de homologação de acordo extrajudicial na Justiça do Trabalho –, penso que, impedir que o trabalhador venha posteriormente ajuizar uma demanda trabalhista para postular verbas não abrangidas expressamente pela negociação e descritas na petição conjunta, seria *afrontar de forma rasa o sagrado direito fundamental de acesso à justiça*, mais que uma garantia processual, *um direito humano*.

4.10.5. O juiz do trabalho está obrigado a homologar o acordo extrajudicial?

Examinadas as questões de (in)constitucionalidade da Resolução n. 586 do CNJ, imaginando-se que não se declare, posteriormente, nenhuma das três afrontas constitucionais *retro* examinadas, teremos, então, de questionar: a normativa dessa resolução, dada sua declarada finalidade, *vincularia o juiz do trabalho à homologação do acordo extrajudicial com a cláusula de quitação ampla, geral e irrenunciável?*

Eis a questão prática, que precisamos agora analisar. Não haverá outro modo de fazê-lo que não seja o de estudar *cada uma das regras* dos cinco artigos e parágrafos que compõem a referida resolução.

Para facilitar a compreensão do conteúdo normativo dessa resolução, vou *enumerar, de forma sintética*, o que esse regramento apresenta, a fim de verificarmos se há, em seu conjunto, alguma regra que obrigue o juiz do trabalho a homologar o acordo extrajudicial, mesmo que ele entenda não ser cabível a quitação ampla, geral e irrevogável nesse tipo de acordo. Há *sete regras básicas* na Resolução n. 586 do CNJ, que são as seguintes:

> 1. o art. 1º da Resolução n. 586 trata das condições (requisitos) para que os acordos extrajudiciais, quando homologados, possam atrair a eficácia da quitação ampla, geral e irrevogável;
>
> 2. já o parágrafo único deste art. 1º disciplina sobre as pretensões não alcançadas (abrangidas) por essa quitação genérica;
>
> 3. o art. 2º trata da quitação restrita aos títulos e valores expressamente consignados, caso as condições do art. 1º não sejam observadas pelos requerentes e não estejam expressamente postas na petição de acordo;
>
> 4. por sua vez, o art. 3º disciplina sobre a esdrúxula figura do acordo celebrado em âmbito extraprocessual, mediante provocação espontânea dos interessados, nos CEJUSCs da Justiça do Trabalho, em conformidade com a Resolução n. 377/2024 do CSJT, nas chamadas mediações pré-processuais.
>
> 5. o art. 4º estatui que essa normativa se aplica apenas aos acordos com valores totais superiores a 40 s.m. (quarenta salários-mínimos), nos primeiros seis meses de vigência da resolução;
>
> 6. o art. 5º trata da vigência da resolução, informando que ela estará em vigor desde a data da sua publicação (30-09-24);
>
> 7. enfim, o § 3º do art. 3º, *em absoluta má localização*, diz ser vedada a homologação apenas parcial de acordos celebrados nessas modalidades de composição.

Bem se vê, portanto, que *em nenhuma dessas regras*, a Resolução n. 586 do CNJ obriga que o juiz do trabalho – se presentes todos os requisitos do negócio jurídico e as condições impostas pela própria resolução –, homologue o acordo com eficácia liberatória geral, nem mesmo impõe sanções ao juiz que negue essa homologação. E, penso, não deveria mesmo fazê-lo, porque seu texto padece de ao menos três claras inconstitucionalidades, como vimos anteriormente.

4.10.6. O que há de novidade na Resolução n. 586 do CNJ?

Enfim, devemos tentar descobrir o que há de novo nesta Resolução n. 586 – a se entender que ela é conforme a Constituição –, já que, em certa medida, ela apenas repete parte da normativa que consta dos arts. 855-B a 855-E da CLT.

Para não tornar o estudo desta normativa entediante – haja vista que, em meu ponto de vista, o mais importante era a análise de sua constitucionalidade –, aqui também vou *enumerar, de forma didática*, o que o regramento apresenta de *novidades*. Há pelos menos 13 pontos a serem observados, como segue:

> 1. *As partes podem estipular cláusula de quitação ampla, geral e irrevogável no acordo extrajudicial*; essa é a norma mais importante da resolução, prevista já em seu art. 1º, *caput* e inciso I, com a clara finalidade de constranger os juízes que não aceitam esse tipo de quitação a ressalvarem seu entendimento e proceder à homologação, para que a quitação seja estendida a todas as questões do contrato de trabalho, *a não ser que haja ressalva expressa* quanto a determinada verba ou questão.
>
> 2. No entanto, para que haja essa quitação geral, *tem de haver cláusula expressa no acordo*, nesse sentido, não podendo haver presunção a seu respeito, tampouco imposição de ofício pelo juiz.
>
> 3. A quitação geral exige assistência do trabalhador por advogado devidamente constituído ou pelo sindicato de sua categoria profissional, sendo expressamente vedada a constituição de advogado comum – então, por óbvio, o (ex)empregador deve estar assistido por outro advogado –, exatamente como *já exige a regra clara do art. 855-B, § 1º, da CLT*.
>
> 4. A Resolução n. 377/2024 do CSJT, sobre mediação pré-processual, não exige a assistência por advogado, de modo que, havendo celebração de acordo por essa modalidade de meio alternativo de solução de conflitos, *não poderá haver a quitação geral*; há de se insistir, a assistência do trabalhador por advogado é condição *sine qua non* para que haja a quitação irrestrita.
>
> 5. Para o *menor de 16 anos ou incapaz*, a assistência pelos pais, curadores ou tutores legais é necessária; contudo, há pelo menos três impropriedades nessa regra: (i) para o menor de 16 anos não se fala em mera assistência, mas em *representação* porque esta criança ou adolescente é absolutamente incapaz, para os efeitos civis; (ii) a regra afronta a norma clara do art. 793 da CLT, que exige a assistência ao *menor de 18 anos* – e não de 16 –, "por seus representantes legais e, na falta destes, pela Procuradoria da Justiça do Trabalho, pelo sindicato, pelo Ministério Público estadual ou curador nomeado em juízo"; (iii) mesmo no processo civil o menor de 18 anos precisa estar assistido, por ser considerado relativamente incapaz.
>
> 6. A quitação, por óbvio, pressupõe que *não haja vício de vontade ou defeito do negócio jurídico*; contudo, a mera hipossuficiência do trabalhador – característica clássica de uma relação de emprego – não pode ser invocada pelo juiz como razão de recusa à homologação; de modo

que o juiz do trabalho teria apenas de verificar a presença dos requisitos do negócio jurídico (art. 104 do CC/2002) e a ausência de defeito do negócio jurídico (erro ou ignorância, dolo, coação, estado de perigo, lesão e fraude contra credores).

7. Uma ótima regra é a do inciso I do parágrafo único do art. 1º, segundo a qual a quitação não abrange "*pretensões relacionadas a sequelas acidentárias ou doenças ocupacionais que sejam ignoradas ou não estejam referidas especificamente no ajuste entre as partes ao tempo da celebração do negócio jurídico*"; essa é a grande preocupação dos juízes do trabalho que se recusam a homologar acordo extrajudicial com eficácia liberatória geral: em inúmeras situações *o trabalhador sequer tem ciência das lesões ou da perda da funcionalidade* de membros, órgãos etc. – que ainda são latentes –, quando da extinção do contrato de trabalho ou mesmo quando da celebração de um acordo em processo (judicial); aliás, essa ressalva é tão importante, que deveria ser adotada até mesmo nas homologações de acordos judiciais.

8. A quitação também não alcança "*pretensões relacionadas a fatos e/ou direitos*" desconhecidos pelo seu titular no momento da celebração do acordo (inciso II do parágrafo único do art. 1º), outra importante regra, porque se o trabalhador sequer tinha ciência de determinado fato – por exemplo, uma publicação, em grupo de *WhatsApp* corporativo, por parte do empregador, de uma acusação de furto que teria sido cometido pelo trabalhador, em manifesta ofensa à sua honra –, não poderia dar quitação à pretensão correspondente – no exemplo dado, pretensão de indenização do dano moral sofrido.

9. A quitação geral não vale para partes não representadas ou substituídas no acordo – os famosos terceiros, como a União (INSS) –, regra tão óbvia que dispensa comentários.

10. Cabe *ressalva específica quanto a valores ou títulos* para os quais o trabalhador não queira dar quitação, mas isso tem de estar expressamente ressalvado em alguma cláusula do acordo extrajudicial.

11. A mediação pré-processual, criada pelo CSJT, teria sido validada (art. 3º e §§), o que desafiaria longos comentários, que fugiriam por completo ao objeto central deste Manual das audiências trabalhistas; apenas uma observação: a mediação, *por lei*, sequer seria cabível (ainda) na Justiça do Trabalho, pois a Lei da Mediação (Lei n. 13.140/2015), no parágrafo único de seu art. 42, disciplina o seguinte: "A mediação nas relações de trabalho será regulada por lei própria"; ao que consta, esta lei ainda foi promulgada e publicada.

12. Agora, uma regra que entendo muito salutar – e já defendia esse entendimento nas edições anteriores deste Manual – é a que *veda a*

homologação parcial do acordo extrajudicial (§ 3º do art. 3º), questão atualmente objeto de divergência entre as Turmas do TST; ora, o acordo extrajudicial é um negócio jurídico estabelecido pelas partes, de sorte que, *ou o juiz o homologa por inteiro, ou nega a homologação a todas as cláusulas do acordo*, seja (i) porque constatou um vício do negócio jurídico (por exemplo, pessoa incapaz), (ii) porque verificou um defeito desse negócio (por exemplo, a coação do trabalhador), ou ainda (iii) porque entende que não pode haver quitação ampla, geral e irrestrita no acordo extrajudicial, considerando a Resolução n. 586 inconstitucional, nesse aspecto.

13. Enfim, a normativa da resolução somente se aplica aos acordos de valor superior a 40 salários mínimos (R$ 56.480,00, em outubro de 2024), nos primeiros 6 meses de sua vigência.

Na prática, a se aplicar a normativa da Resolução n. 586 do CNJ, isso seria reduzir o prazo de prescrição de dois anos – após a extinção do contrato de trabalho – previsto no art. 7º, XXIX, da Constituição, para a data da homologação do acordo, o que seria flagrantemente inconstitucional, além do que a eficácia liberatória geral seria como a advinda de uma coisa julgada material, em procedimento de jurisdição voluntária, sem lide, sem pretensão material específica, como já observamos nos tópicos anteriores.

De modo que esta resolução passará por um difícil teste (controle) de constitucionalidade: somente nestas breves linhas apontamos quatro possíveis questionamentos a esse respeito. *O tempo* dirá, porque ele *é o senhor da razão.*

4.11. AUDIÊNCIA DE CONCILIAÇÃO NA FASE RECURSAL

Como já pontuado, no processo do trabalho, as partes poderão celebrar acordo "mesmo depois de encerrado o juízo conciliatório" (§ 3º do art. 764 da CLT). Assim, muito bem-vindo o acordo celebrado *na fase recursal.* Dúvidas recorrentes dizem respeito ao (i) endereçamento da petição de acordo e (ii) a quem compete a sua homologação nessa fase do processo.

Apenas quando *interposto recurso* por uma ou ambas as partes é que a competência para a apreciação de pretensões e requerimentos, em regra, deve ser dirigida ao tribunal, mais especificamente, *ao relator do processo.* Assim, se não há nenhum recurso nos autos, a petição de acordo será dirigida ao juiz de primeiro grau, e por este será apreciada e homologado o acordo, preferencialmente em audiência de ratificação. Se *já interposto o re-*

curso ordinário, a petição deveria ser encaminhada "ao órgão jurisdicional competente para apreciar o mérito", nos termos do parágrafo único do art. 299 do CPC, por analogia.

Ocorre que, se os autos *ainda não foram* encaminhados ao tribunal, *na prática*, quem irá apreciar e homologar o acordo será o juiz de primeiro grau. Não seria lógico que, nesse caso, o juiz encaminhasse os autos ao tribunal para que, somente após a distribuição do recurso, as partes pudessem requerer ao relator a homologação de seu acordo. De tal modo que, se os autos ainda se encontram em primeiro grau, é ao *juízo da primeira instância* que se deve encaminhar a petição de acordo e é este quem irá apreciar o objeto da composição.

Agora, se os autos do processo *já se encontrarem* no tribunal, a petição de acordo deverá ser dirigida *ao relator do recurso*. A este cabe a análise dos termos do acordo, dos seus requisitos indispensáveis e a homologação ou não da composição. Contudo, *na prática*, tem sido comum que o relator apenas despache no processo, determinando a baixa dos autos para que o juiz de primeiro grau examine os termos do acordo e o homologue, ou não. Se não há uma boa técnica nessa prática, de outro lado se assegura uma maior segurança jurídica, porque o juiz de primeiro grau terá mais condições de designar uma *audiência de ratificação do acordo* e nesta colher, presencialmente, a vontade do trabalhador.

> Se os autos do processo já se encontrarem no tribunal, a petição de acordo deverá ser dirigida ao relator do recurso.

O problema é que as partes ficam angustiadas, buscando quase diariamente essa homologação, indo despachar com o juiz e ouvindo deste que, sem a baixa dos autos, não há como se deliberar sobre o acordo. Alguma regra mais específica sobre essa situação poderia ser disciplinada em lei, para que seja possível imprimir maior celeridade na apreciação do acordo, na fase recursal.

4.12. AUDIÊNCIA DE TENTATIVA CONCILIATÓRIA NA FASE DE LIQUIDAÇÃO

Como o acordo deve ser estimulado em qualquer fase do processo, mesmo depois do trânsito em julgado da sentença condenatória, na *fase de liquidação*, é possível a composição entre as partes, de preferência antes da apresentação de cálculos ou da decisão homologatória.

É com esse objetivo que muitos juízes têm designado *audiência de tentativa conciliatória* assim que ocorre o trânsito em julgado e/ou a baixa dos autos do processo do tribunal, expediente que se tornou bastante comum. O juiz designa a audiência para um determinado dia e horário e determina que ambas as partes apresentem na referida audiência os *seus cálculos de liquidação*. Antes de apreciar as planilhas de cálculos, mas utilizando-se delas, o juiz estimula as partes a encontrarem um *valor intermediário* entre os valores líquidos por elas próprias encontrados, com a finalidade de que elas consigam, por si próprias, a solução do processo. Muitas vezes, as ponderações da parte contrária e/ou do juiz podem fazer com que a parte renitente compreenda o equívoco dos seus cálculos e aceite uma proposta diferente da que ela formulara ao início da audiência.

No geral, tem sido exitosa essa prática, principalmente quando as audiências são realizadas com um tempo maior para a tentativa conciliatória. Em cinco ou dez minutos não é possível que a parte analise a planilha de cálculos da parte contrária e verifique inconsistências. O *tempo razoável* para essas audiências é de 20 minutos, em média, dependendo da maior ou menor complexidade dos cálculos elaborados. Daí que, quando realizadas no CEJUSC, estas audiências têm surtido efeitos (mais) positivos, já que naquele órgão normalmente se dispõe de um tempo maior para a realização de audiências conciliatórias.

4.13. AUDIÊNCIA DE TENTATIVA CONCILIATÓRIA NA FASE DE EXECUÇÃO

Poder-se-ia imaginar que depois da decisão homologatória de cálculos, por não haver mais nenhuma controvérsia, especialmente após o trânsito em julgado daquela decisão, não seria mais possível a composição entre as partes. Em termos bem objetivos, apurado o quanto devido pelo empregador, só restaria a este pagar o quanto deve, para demonstrar respeito ao Judiciário e ao reclamante, que há tanto tempo espera pela satisfação de seu crédito; a menos que a empresa tenha realmente "quebrado".

Contudo, na *fase de execução* surgem inúmeras situações que podem possibilitar o acordo entre as partes. Examinaremos apenas duas delas: 1ª) o empregador necessita de *parcelamento* para poder honrar a dívida apurada; 2ª) os bens encontrados no patrimônio do devedor são *insuficientes* para garantir e/ou possibilitar a satisfação integral do crédito do trabalhador.

Nessas e noutras hipóteses, a requerimento das partes ou de ofício, o juiz pode determinar a realização da *audiência de tentativa conciliatória* na fase executiva. Aqui também o juiz deve dispor de um *tempo razoável* para que consiga tentar exaustivamente a composição entre as partes e também porque terá que tomar *diversas providências* nessa audiência, havendo acordo ou não. Assim, o tempo médio de realização dessas audiências deveria ser de 20 minutos.

Pelo menos nessa fase deveria incidir com toda a força o *princípio da irrenunciabilidade* dos direitos trabalhistas, que, embora de direito material, naturalmente deve *irradiar efeitos* para o campo processual. Havendo patrimônio suficiente ao adimplemento de todo o crédito, ainda que a depender de alienação em hasta pública, o que se poderia admitir é o *parcelamento da dívida*, observando-se a efetiva capacidade financeira mensal da empresa ou do ex-empregador. Com efeito, por mais que o seu patrimônio seja digno de destaque, a situação financeira da empresa pode reclamar ajuste de parcelas em valores baixos, até para que ela continue honrando o pagamento de salários dos trabalhadores que ainda lhe prestam serviços. O que não é razoável é que, havendo patrimônio, por vezes *já penhorado* ou bloqueado nos autos, a empresa queira reduzir o valor do crédito do trabalhador que espera há tanto tempo para, enfim, receber o que a Justiça lhe reconheceu como de direito.

Agora, há situações em que nem mesmo o juiz pode ser mais realista do que o Rei. Há casos em que a empresa realmente naufragou e o próprio exequente reconhece essa realidade, que já foi inclusive documentada nas certidões do oficial de justiça, juntadas aos autos. Se já se fez toda a investigação patrimonial e o ex-empregador *não tem mais como honrar* toda a sua dívida, nesse caso se pode aceitar um acordo por *valor menor* do que o do crédito do trabalhador.

> Se já realizada toda a investigação patrimonial e o ex-empregador não tem mais patrimônio para honrar sua dívida, nesse caso será possível homologar acordo por valor menor do que o do crédito do trabalhador.

Entretanto, o executado (e seu advogado) deve saber que há *crédito de terceiros* que também é objeto da execução e o acordo celebrado com o trabalhador não lhe dá o direito de reduzir também outros créditos. Assim, o *crédito da União* relativo às contribuições previdenciárias incidentes sobre as verbas objeto da condenação terá que ser satisfeito *integralmente* (§ 6º do art. 832 da CLT) – podendo a empresa conseguir um parcelamento junto ao INSS. O que se admite é que, tendo havido acordo por valor menor do que o do crédito do exequente, se *refaça a discriminação de verbas*, proporcionalmente ao valor do acordo, nos termos da OJ n. 376 da SDI-1 do TST. Em conformidade com esta OJ, nesse caso, deve ser "respeitada a proporcionalidade de valores entre as parcelas de natureza salarial e indenizatória deferidas na decisão condenatória e as parcelas objeto do acordo".

Ademais, pode haver *crédito dos peritos* e este precisa ser adimplido na sua integralidade. É dizer, os honorários periciais arbitrados, seja na fase de conhecimento, seja na fase de liquidação da sentença, precisam ser pagos, ainda que o juiz dê ao executado um prazo maior para o recolhimento dos valores, devidamente atualizados.

Como se não bastasse, *as custas*, que normalmente são isentas na fase de conhecimento, quando se trata de acordo na fase de execução, deverão ser *recolhidas*, com a devida atualização. Por tudo isso, tenho sempre dito em audiência: o melhor caminho é o de a empresa celebrar acordo na fase de conhecimento, na qual ela terá maior liberdade para discriminação de verbas – ficando quase sempre isenta de recolhimentos previdenciários –, redução do valor de honorários periciais e até isenção de custas.

Celebrado o acordo na audiência designada na fase executiva, o juiz terá de deliberar não somente sobre o valor total, valor das parcelas e demais questões relacionadas ao pagamento ou cumprimento de eventual obrigação de fazer, mas também sobre *várias outras questões*. Entre elas: a) se as penhoras e/ou os bloqueios de bens deverão permanecer ou não – em regra, mantém-se essas constrições até a satisfação integral do valor do acordo; b) prazo para nova discriminação de verbas e/ou prazo para recolhimento das contribuições previdenciárias e de imposto de renda; c) prazo para pagamento dos honorários periciais; d) prazo para recolhimento das custas etc.

Pode haver, inclusive questões relacionadas aos *honorários do leiloeiro*. Como é sabido, esses honorários, em regra, são despesas processuais que ficam a cargo do arrematante. Ocorre que diversas vezes, na véspera do dia do leilão ou até mesmo no próprio dia, o executado "corre atrás do tempo perdido" e celebra acordo com o exequente, insistindo para que o juiz homologue o acordo antes da realização do leilão. Nessas situações, o leiloeiro, que teve despesas de divulgação, além de outras, e tinha *justa expectativa* na arrematação do bem, para que tivesse direito à sua comissão, fica bastante chateado com a prática. Se o juiz não pode ignorar o acordo – antes, deve valorizar a composição até mesmo nessa situação-limite –, também deveria *prestigiar o leiloeiro*, cuja atividade é tão importante para a satisfação dos créditos trabalhistas.

Alguma regra especifica deveria disciplinar essa situação. Até que ela venha, como o leiloeiro só tem direito à sua comissão quando ocorre a *efetiva arrematação*, não haverá comissão nesse caso. A propósito, o CNJ julgou parcialmente procedente o pedido feito no Procedimento de Controle Administrativo n. 200810000006299, determinando "ao Tribunal Regional do Trabalho da 2ª Região a supressão integral do § 3º do artigo 250 do Provimento GP/CR nº 03/2008, que manteve a ilegalidade constatada na antiga alínea "b" do artigo 250 do Provimento GP/CR nº 01/2007 de 18 de abril de 2007". A referida normativa disciplinava o pagamento de comissão de 2% sobre o valor pago ao exequente, ou sobre o valor do acordo firmado, ou da avaliação do bem, em favor do leiloeiro, nessas situações.

Isso não obsta que o executado tenha de *indenizar* ao leiloeiro todas as despesas que, *comprovadamente*, este tenha realizado. Há leiloeiros que promovem a remoção de bens e até mesmo aluguel de pátio para manter esses bens depositados de modo seguro. Todas essas despesas, se devidamente comprovadas, deverão ser ressarcidas pelo executado.

Restaria a situação relativa à possibilidade ou não de *cessão do crédito trabalhista*, principalmente do crédito inscrito em precatório, diante da autorização expressa do art. 100, § 13, da CF/88. Esta norma constitucional diz que: "O credor poderá ceder, total ou parcialmente, seus créditos em precatórios a terceiros, independentemente da concordância do devedor, não se aplicando ao cessionário o disposto nos §§ 2º e 3º". Contudo, trata-se de questão muito polêmica, que foge aos estreitos limites deste Manual e, portanto, não será examinada.

4.14. EFEITOS DA SENTENÇA HOMOLOGATÓRIA DE ACORDO

São inúmeros os *efeitos da sentença homologatória de acordo*. Primeiramente, de se observar que não se trata de sentença em sentido estrito, não se podendo exigir, nessa "sentença", a fundamentação por demais exauriente disciplinada no § 1º do art. 489 do CPC. Ainda que essa "sentença" resolva o "mérito" do processo (art. 487, inciso III, alínea "b", do CPC), trata-se de uma *decisão* homologatória de acordo, com *força de definitividade*.

Na sequência, um breve estudo dos *principais efeitos* da "sentença" por meio da qual o juiz homologa acordos, no processo do trabalho.

A) A irrecorribilidade da decisão

O *principal efeito* da decisão homologatória de acordo, no processo do trabalho, é exatamente o que diz respeito à sua *irrecorribilidade*, que se encontra inscrita no parágrafo único do art. 831 da CLT. Salvo para a União - Previdência Social -, e apenas em relação às contribuições sociais que lhe forem devidas, *em relação às partes* o termo de homologação do acordo terá a eficácia de "decisão irrecorrível". Daí que a *Súmula n. 259* do TST, há muito tempo, disciplina que somente "por ação rescisória é impugnável o termo de conciliação previsto no parágrafo único do art. 831 da CLT".

Não custa frisar: por mais que qualquer das partes esteja insatisfeita quanto ao acordo homologado, inclusive se alguma delas considerar que há vício de consentimento por ter sido induzida a erro, por exemplo, *não poderá* propor ação anulatória no juízo que homologou o acordo, para a desconstituição deste. *Somente por ação rescisória* é que a parte - mesmo nesses casos graves de erro, dolo ou coação - poderá buscar a rescisão da decisão homologatória do acordo. Mais que isso, ela *não poderá* propor ação trabalhista para buscar a satisfação dos seus direitos antes de obter, ainda que em caráter de tutela antecipada, a rescisão da referida decisão. Se o fizer, o processo será *suspenso*, até que haja alguma decisão pelo corte (rescisório) da decisão homologatória.

> Somente por ação rescisória, mesmo nos casos de erro, dolo ou coação, é que a parte poderá postular a rescisão da decisão homologatória do acordo.

Conquanto essa jurisprudência siga firme quanto à exigibilidade de ação rescisória para afastamento da decisão homologatória de acordo, em se tratando de *acordo extrajudicial*, veiculado em processo de jurisdição voluntária, a doutrina tem entendido que, nesse caso, caberia o ajuizamento de *ação anulatória*, com fundamento no art. 966, § 4º, do CPC, pois a ação rescisória seria cabível apenas nos casos de homologação de acordo judicial, em conformidade com a Súmula n. 259 do TST (SOUZA JÚNIOR *et al.*, 2017, p. 450). Por óbvio que essa ação anulatória somente será cabível se houver *homologação* do acordo extrajudicial. Como já visto, quando o juiz se nega a homologar esse acordo, as partes podem *recorrer ao tribunal* e se este também nega a chancela, não haverá nenhuma decisão judicial a ser anulada.

B) Recorribilidade para a União

Outro efeito, como já pontuado, é o de que, *para a União*, essa decisão não é irrecorrível. Assim, se a União não concordar com a discriminação das verbas levada a efeito pelas partes e homologada pelo juízo, poderá interpor *recurso ordinário*, no prazo de 16 dias úteis – prazo em dobro –, após a intimação da decisão homologatória do acordo. Então, para que haja a fluência desse prazo e eventual preclusão, mister que o juiz do trabalho, sempre que haja verbas de natureza indenizatória na discriminação das partes, proceda à intimação da União, exatamente como prevê o § 4º do art. 832 da CLT. Intimada, ela poderá interpor recurso ordinário, mas *apenas* para questionar a discriminação de verbas (§ 5º do art. 832).

Na prática, na maioria das vezes, a União não tem interposto recurso ordinário, até porque no § 7º do referido art. 832 se autorizou o Ministro de Estado da Fazenda – leia-se, atualmente, o *Ministro da Economia* – a "dispensar a manifestação da União nas decisões homologatórias de acordos em que o montante da parcela indenizatória envolvida ocasionar perda de escala decorrente da atuação do órgão jurídico", mediante ato fundamentado. Com isso, tem havido a edição de portarias com valor bastante elevado para delimitar essa "perda de escala". A *Portaria MF n. 582/2013* disciplinava que a União poderia deixar de insurgir-se contra a discriminação de verbas de natureza indenizatória, toda vez que "o valor das contribuições previdenciárias devidas no processo judicial" fosse "igual ou inferior a R$ 20.000,00 (vinte mil reais)". Agora, a Portaria Normativa PGF/AGU n. 47, de 7 de julho de 2023, dispensa a prática de atos processuais da União "quando o valor das contribuições previdenciárias devidas for igual ou inferior a R$ 40.000,00 (quarenta mil reais)".

Veja-se a normativa:

> Art. 1º Fica dispensada a prática de atos processuais da União, representada pela Procuradoria-Geral Federal, nos processos da Justiça do Trabalho relacionados à cobrança de contribuições previdenciárias e imposto de renda retido na fonte quando o valor das contribuições previdenciárias devidas for igual ou inferior a R$ 40.000,00 (quarenta mil reais).
>
> Parágrafo único. O disposto no caput não afasta a execução de ofício das contribuições sociais previstas na alínea "a" do inciso I e no inciso II do caput do art. 195 da Constituição Federal, e seus acréscimos legais, nos termos do parágrafo único do art. 876 do Decreto-Lei nº 5.452, de 1º de maio de 1943, que aprova a Consolidação das Leis do Trabalho.

Destarte, se a própria Procuradoria-Geral Federal não faz questão de arrecadar valores tão expressivos, não há sentido em que o juiz do trabalho fique zelando pelos interesses da União, quando até mesmo seus procuradores não têm dado muita importância a essas discriminações. Daí por que os juízes do trabalho não têm sequer determinado a intimação da União quando o valor das contribuições sociais incidentes *não ultrapassa o valor de R$ 40.000,00.* Na prática, se o valor do acordo é inferior a R$ 110.000,00, *não se faz necessária a intimação.*

C) *A necessária discriminação das verbas*

Outro efeito (secundário) importante da "sentença" homologatória diz respeito à necessária *discriminação das verbas objeto do acordo*, nos termos do art. 832, § 3º, da CLT, pois é com base nessa discriminação que a União poderá utilizar-se da faculdade de recorrer, como já visto. Na prática, o juiz do trabalho estimula – e muitas vezes auxilia – as partes a fazerem essa discriminação na própria audiência, até para evitar ter de reapreciar o mesmo acordo posteriormente. Ocorre que muitos advogados não conhecem essa matéria e têm muita dificuldade em saber quais são as verbas trabalhistas que ostentam natureza indenizatória.

Para auxiliar os advogados iniciantes, eis algumas *verbas de natureza indenizatória* que, se tiverem sido postuladas na petição inicial, poderão ser discriminadas com certa margem de liberdade, observando-se apenas o valor-limite de cada pedido:

a) aviso prévio indenizado;

b) férias indenizadas mais um terço;

c) diferenças de FGTS;

d) multa (ou indenização) de 40% sobre o FGTS;

e) multa do art. 477, § 8º, da CLT;

f) multa do art. 467 da CLT;

g) indenização por dano moral;

h) indenização de pensão mensal;

i) multas convencionais;

j) indenização de vale-transporte;

k) indenização de tíquete-refeição, cesta básica e outros benefícios convencionais;

l) participação nos lucros e/ou resultados;

m) indenização de seguro-desemprego;

n) todas as verbas excluídas da remuneração, a partir de 11-11-2017, no § 2º do art. 457 da CLT: ajuda de custo, auxílio-alimentação, diárias, prêmios, abonos;

o) todas as verbas excluídas do salário pelo § 2º do art. 458 da CLT;

p) indenização do intervalo intrajornada, a partir de 11-11-2017, data da vigência da Lei n. 13.467, que deu nova redação ao § 4º do art. 71 da CLT.

E tantas outras verbas.

Questão interessante é a de saber se, não havendo verbas indenizatórias suficientes para a discriminação de verbas de modo a evitar o recolhimento de contribuições sociais, poderia haver *aditamento de pedidos pelo reclamante*, para se incluir nova verba de natureza indenizatória. Conquanto questionável, esse aditamento, se contar com a anuência do reclamado, poderá ser admitido. Ora, se o Ministério da Economia considera que há perda de escala de valores de até R$ 20.000,00, por que insistir nesse recolhimento se na maior parte das vezes o próprio valor do acordo não chega a tanto?

> Na discriminação de verbas, pode haver aditamento de pedidos, para se incluir nova verba de natureza indenizatória, ou a aplicação da Súmula n. 67 da AGU.

Outra técnica que tem sido utilizada para que as empresas, boa parte em dificuldades financeiras, possam celebrar acordo com o reclamante e honrar esse acordo, é a de se aplicar o teor da *Súmula n. 67 da AGU*, a seguir transcrita:

> Na Reclamação Trabalhista, até o trânsito em julgado, as partes são livres para discriminar a natureza das verbas objeto do acordo judicial para efeito do cálculo da contribuição previdenciária, mesmo que tais valores não correspondam aos pedidos ou à proporção das verbas salariais constantes da petição inicial.

É dizer, *antes do trânsito em julgado* da sentença condenatória, as partes podem discriminar até mesmo *verbas não postuladas* pelo reclamante, bastando que se adite a petição inicial e se aponte um valor específico para as verbas. Aqui, como o aditamento é do interesse do reclamado também, não se aplica o limite temporal específico (art. 329 do CPC). E não há nenhuma obrigatoriedade de as partes discriminarem parte das verbas como sendo de natureza salarial, pois a proporcionalidade nessa discriminação somente é exigível *após o trânsito em julgado*, na interpretação lógica do § 6º do art. 832 da CLT.

Outra situação envolve os acordos nos quais as partes resolvem dar por terminada a relação de emprego. Tudo deve ser bem colocado na ata de audiência, como data do término do contrato, anotação da baixa na CTPS etc., podendo as partes, nesse caso, *discriminar as verbas rescisórias* para justificar o valor do acordo, inclusive diferenças de FGTS e multa (ou indenização) de 40%. Sabe-se que o recriado Ministério do Trabalho e Previdência (pela Lei n. 14.261/2021), posteriormente, autua e aplica multa à empresa por não ter recolhido o FGTS, ainda que ela apresente a ata com o acordo judicial homologado. Mas trata-se de questão que foge aos limites deste Manual.

D) A necessidade de recolhimento previdenciário

Ainda quanto aos *efeitos (secundários)* da "sentença" homologatória de acordo, os advogados devem estar atentos para o teor da *Súmula n. 368* do TST, pois se houver necessidade de recolhimento previdenciário, o cálculo deve ser feito *mês a mês*, aplicando-se as alíquotas exigíveis no caso concreto (item III), havendo regramento específico para atualização monetária, juros de mora e aplicação de multas (itens IV e V). No entanto, quanto ao *imposto de renda*, de efetuar-se o cálculo conforme a "tabela progressiva mensal correspondente ao mês do recebimento ou crédito" dos valores ao empregado (item VI).

De observar, ainda, a *OJ n. 368 da SDI-1*, segundo a qual as contribuições sociais incidem "sobre o valor total do acordo homologado", se o advogado *não proceder* à discriminação das parcelas sujeitas (ou não) à incidência da contribuição previdenciária, "independentemente do reconhecimento de vínculo de emprego".

Por fim, há de se observar também o teor da *OJ n. 398 da SDI-1*, cuja diretriz é a seguinte: "Nos acordos homologados em juízo em que não haja o reconhecimento de vínculo empregatício, é devido o recolhimento da contribuição previdenciária, mediante a alíquota de 20% a cargo do tomador de serviços e de 11% por parte do prestador de serviços, na qualidade de contribuinte individual, sobre o valor total do acordo, respeitado o teto de contribuição". São os 31% (20 + 11) já referidos, que seriam devidos em todo acordo feito por mera liberalidade, a não ser que se aplique o teor da *Súmula n. 67 da AGU*, por analogia.

E) Outros efeitos secundários dessa decisão

Outros efeitos secundários – na maior parte já examinados –, dizem respeito a: 1º) quitação total do extinto contrato de trabalho ou somente pelo objeto do processo; e 2º) (inexistência de) direito líquido e certo à homologação do acordo, nos termos da Súmula n. 418 do TST.

E se o juiz verificar *defeito de representação* de qualquer das partes, quando da homologação do acordo? Nesta hipótese, o juiz do trabalho deve, primeiro, assinar prazo para a regularização e, somente se não atendida sua determinação, na sequência, extinguir o processo sem resolução do mérito, se este ainda se encontrar na fase de conhecimento.

Duas últimas questões: 1ª) se houver necessidade de expedição de *alvará para saque do FGTS ou requerimento do seguro-desemprego*, como já mencionado anteriormente, as partes deverão noticiar isso nas tratativas de acordo, para que o juiz já delibere sobre a questão e, ao ditar a ata, no local adequado já faça constar a expedição dos alvarás; 2ª) sempre que as partes convencionarem alguma *obrigação de fazer ou de entregar coisa* – por exemplo: entrega de guias TRCT ou CD/SD para saque do FGTS ou requerimento do seguro-desemprego; anotação, retificação e/ou baixa na CTPS; entrega de carta de apresentação; desocupação do imóvel por parte do trabalhador; devolução de ferramentas e/ou uniformes –, em todos esses casos, o juiz deverá estar atento para *duas diretrizes* imprescindíveis: *prazo* e *penalidade*.

É dizer, em toda obrigação de fazer ou de entregar coisa, se não houver estipulação do (i) *prazo de cumprimento* e da (ii) *penalidade (astreintes)* para o caso de descumprimento, isso certamente provocará sérios problemas, caso, mais tarde, o reclamante noticie o inadimplemento do acordo. Por isso, em toda entrega de bens em pagamento, também se deve verificar o prazo de entrega e a penalidade para o caso de descumprimento. E é conveniente que haja alguma limitação da multa, especialmente se aplicada por dia de atraso, para se evitar aquelas execuções "impagáveis".

> Em toda obrigação de fazer ou de entregar coisa, deve haver a estipulação do prazo de cumprimento e da penalidade para o caso de descumprimento.

A título meramente exemplificativo, se o reclamado se compromete a entregar *um veículo* ao reclamante, além da descrição pormenorizada desse veículo, deverão constar cláusulas relativas ao prazo para a *entrega* do bem e *transmissão* da propriedade mediante assinatura do recibo específico, bem como a *penalidade* se houver descumprimento. Penso que a melhor penalidade, nesse caso, é a de *conversão da obrigação* em perdas e danos. Assim, não entregue o veículo, cujo valor avençado foi o de R$ 20.000,00, não cumprida a obrigação principal, o reclamado se torna responsável pelo pagamento da quantia de R$ 20.000,00, mais a multa, facilitando a execução.

Vistas todas as questões mais emblemáticas relativas à audiência de tentativa conciliatória ou de homologação de acordo, poderemos passar a uma nova temática da audiência trabalhista, a que diz respeito a *eventos* ou *incidentes* que ocorrem na referida audiência, antes mesmo da produção da prova oral.

4.15. VERIFICAÇÃO DE APRENDIZAGEM

1) Como o advogado deve atuar se o juiz faz proposta salomônica? Como e em que momento solicitar a proposta do juízo?
2) O juiz pode conversar com as partes em separado na tentativa conciliatória? Pode suspender a audiência? Por quanto tempo?
3) É correta a suspensão do processo se o tomador de serviços não concorda com o acordo celebrado com o empregador?
4) No acordo por mera liberalidade, é necessário haver recolhimento previdenciário? Pode haver discriminação de verbas?
5) O juiz pode exigir a ratificação do acordo em audiência?
6) Quais verbas são indenizatórias para a discriminação? Pode haver aditamento da petição inicial para tanto? Pode ser aplicada a Súmula n. 67 da AGU?
7) O que deve constar necessariamente da petição de acordo extrajudicial?
8) Pode haver quitação total no acordo extrajudicial?
9) O que fazer se o juiz se recusar a homologar o acordo extrajudicial?
10) Há recolhimento de custas e contribuições sociais no acordo extrajudicial? Pode haver discriminação de verbas de natureza indenizatória nesse tipo de acordo?

Capítulo 5

AUDIÊNCIA INICIAL OU UNA: EVENTOS OU INCIDENTES

No capítulo introdutório deste Manual já tivemos a oportunidade de pontuar vários incidentes ou eventos que podem ocorrer nas audiências trabalhistas. Neste capítulo, trataremos de aprofundar a análise de episódios que normalmente acontecem na audiência *inicial* ou na audiência *una*, ainda nos primeiros passos desta audiência, ou seja, antes da produção da prova oral. Como as inúmeras intercorrências relacionadas aos depoimentos pessoais e testemunhais podem surgir tanto na audiência una quanto na audiência de instrução, mais adiante discorreremos sobre esta vasta temática.

Neste momento vamos investigar, então, questões relacionadas ao (i) *arquivamento* da reclamação, à (ii) declaração da *revelia* do reclamado, ao (iii) *adiamento* da audiência, ao (iv) *aditamento* da petição inicial, à (v) *desistência* da ação, às espécies de (vi) *reposta* do reclamado, à (vii) *réplica* e até mesmo à decisão incidental de saneamento do processo, quando necessária, com a consequente (viii) designação de audiência de instrução em prosseguimento.

5.1. ARQUIVAMENTO DA RECLAMAÇÃO TRABALHISTA

Disciplina o art. 844, *caput*, da CLT, na primeira parte desta regra: "O não comparecimento do reclamante à audiência importa o arquivamento da reclamação". Por óbvio, esse arquivamento somente ocorre na audiência *inicial* ou *una*. Conta a anedota forense que certa vez, na audiência de instrução, o advogado do reclamado, diante da ausência do reclamante, requereu o arquivamento do processo. Por certo que ele desconhecia o teor da Súmula n. 74 do TST, que será examinada posteriormente.

Tecnicamente, a ausência do reclamante, de modo injustificado, na primeira audiência, ocasiona a *extinção do processo sem resolução do mérito* e o consequente *arquivamento dos autos*. Em sua redação informal e atécnica, a CLT se refere, no entanto, ao "arquivamento da reclamação".

Por certo que, se houver "motivo relevante", como a informação de encontrar-se o reclamante doente, poderá o juiz *redesignar* a audiência, nos termos do § 1º do art. 844. Como já visto, por doença ou qualquer outro motivo importante, devidamente comprovado, o trabalhador poderá "fazer-se representar por outro empregado que pertença à mesma profissão, ou pelo seu sindicato" (§ 2º do art. 843 da CLT). *Em suma*, somente haverá o arquivamento se o reclamante não comparecer, não enviar outra pessoa em seu lugar ou não justificar, *até o momento da abertura da audiência*, a sua impossibilidade de comparecimento. Não se pode confundir essa questão da ausência do reclamante assim que apregoada sua audiência com o prazo de 15 dias do § 2º do art. 844 da CLT, pois este prazo é para justificar o motivo legal do não comparecimento, para se evitar o recolhimento das custas do arquivamento, como veremos na sequência.

> Somente haverá o arquivamento se o reclamante não comparecer, não enviar outra pessoa em seu lugar ou não justificar a impossibilidade de comparecimento, até o momento da abertura da audiência.

Não custa lembrar que o reclamante deve estar presente no exato momento em que se realizar o pregão. Isso porque *não há tolerância* para qualquer atraso por parte dele, numa aplicação analógica da OJ n. 245 da SDI-1 do TST. Conquanto, na prática, alguns juízes adotem a tolerância mínima de alguns minutos, nada obsta que o juiz mais formalista arquive a reclamatória se o reclamante, apregoado, não adentra imediatamente à sala de audiências.

Haverá alguma *penalidade* no arquivamento? Antes da Lei da Reforma Trabalhista os juízes do trabalho invariavelmente isentavam o reclamante do recolhimento das custas, em todos os casos de arquivamento da reclamatória. Contudo, a partir de 11-11-2017, quando ocorre o arquivamento, o juiz deve assinar um *prazo de 15 dias* para que o reclamante, ainda que beneficiário da justiça gratuita, alegue um motivo *legalmente justificável* para a sua ausência e *comprove* a ocorrência desse motivo. Se o reclamante quedar-se inerte ou não justificar a sua ausência, "será condenado ao pagamento das custas calculadas na forma do art. 789" da CLT, nos termos do § 2º do referido art. 844. Nesse caso, as custas serão de 2% sobre o valor da causa, observado o valor mínimo de R$ 10,64, em conformidade com o art. 789, *caput* e inciso II, da CLT.

Ainda que fosse muito discutível a *constitucionalidade* da regra do § 2º do art. 844 da CLT – tanto que questionada na *ADI n. 5766* –, na prática, os juízes, em sua ampla maioria, desde novembro de 2017 determinaram ao reclamante que justificasse a sua ausência.

Agora, tendo o E. STF declarado a constitucionalidade dessa regra, quando do julgamento final da ADI 5766, não há mais como não a aplicar. Como a regra se refere a "motivo legalmente justificável", qualquer das hipóteses do *art. 473 da CLT* pode ser utilizada para essa justificativa, inclusive estas: (i) o acompanhamento a consultas médicas e exames complementares se a esposa ou companheira do trabalhador estiver grávida; (ii) o acompanhamento de filho de até seis anos de idade em consulta médica; (iii) a "realização de exames preventivos de câncer devidamente comprovada" (incisos X, XI e XII do art. 473).

De modo que não é somente a doença ou "outro motivo ponderoso" que poderia servir de justificativa. Com efeito, para que não haja antinomia jurídica, de se entender que essa justificativa se presta única e exclusivamente à *isenção do recolhimento das custas*. É dizer, a reclamatória será arquivada porque o juiz não determinou o adiamento da audiência e, sim, o arquivamento. Ato seguinte, se justificada a ausência, no prazo de 15 dias, por qualquer motivo – inclusive porque o trabalhador não tinha dinheiro para pagar o transporte público e comparecer ao fórum –, o reclamante ficará isento do recolhimento das custas.

Questão diversa é a da exigibilidade do recolhimento dessas custas, caso não haja a justificativa, para a propositura de nova demanda, nos termos do § 3º do art. 844 da CLT.

Na prática, não havendo justificativa, o juiz tem condenado o reclamante ao recolhimento das custas, mas não tem iniciado a execução correspondente. Se falta tempo e condições materiais e humanas para a execução dos créditos trabalhistas, o juiz não deveria se preocupar, nem um pouco, com a execução do trabalhador para o recolhimento de custas à União.

Outra questão é a relacionada ao *meio de prova* de que pode se valer o trabalhador para essa justificativa. Penso que ele pode se utilizar de qualquer meio de prova previsto em lei ou moralmente legítimo. Assim, pode juntar documentos aos autos, requerer a oitiva de testemunhas e, conquanto bastante inusitado, até requerer o depoimento pessoal da parte contrária para tentar obter dela a confirmação do fato que ensejou o (seu) não comparecimento à audiência. No mesmo sentido: SOUZA JÚNIOR *et al.*, 2018, p. 128.

Aliás, a crise econômica por que passa o país é tão grave, com milhares de desempregados, que é de se presumir que o trabalhador não tenha condições financeiras sequer para comparecer à audiência, em algumas situações. Há também a situação de trabalhadores que, após o ajuizamento da ação, conseguem posto de trabalho em localidade distante e não têm condições financeiras para custear o deslocamento, situação bem comum no ramo da construção civil e no trabalho rural. Além disso, doença de pessoas da família, mal súbito e até atraso no transporte coletivo podem servir de motivos justificadores de sua ausência. Uma vez mais, não se trata de justificativa para o adiamento da audiência, mas tão somente *para evitar* o recolhimento das custas.

Ainda quanto ao arquivamento, importante lembrar a questão relacionada à *penalidade prevista no art. 732 da CLT*, porque vez ou outra essa questão surge na audiência trabalhista. Como é sabido, não há perempção no processo do trabalho, mas apenas *suspensão do direito de ação*, pelo prazo de seis meses, caso o reclamante dê causa ao arquivamento de sua reclamatória "por duas vezes seguidas" (art. 732). O advogado de reclamado deve atentar para isso: tem de haver dois arquivamentos para que se aplique a penalidade.

> Não há perempção no processo do trabalho, mas apenas suspensão do direito de ação, pelo prazo de 6 meses, se o reclamante der causa ao arquivamento de sua reclamatória por duas vezes seguidas.

A pergunta é: *em que momento* o juiz suspende o direito de ação do reclamante? Se o advogado do reclamado requerer a aplicação da penalidade na audiência em que ocorre o segundo arquivamento, o juiz poderá aplicá-la. No entanto, é mais favorável ao reclamado formular esse requerimento na audiência do terceiro processo, pois, nesse caso, suspenso o direito de ação, o processo deverá ser extinto sem resolução do mérito; havendo a necessidade de um quarto processo, certamente que, assim procedendo o advogado, a contagem do prazo prescricional será mais benéfica ao seu cliente.

Poderia o reclamante invocar que a prescrição estaria interrompida em cada propositura da demanda, já que, no processo do trabalho, a simples propositura da ação trabalhista, ainda que haja o arquivamento, interrompe a prescrição, tanto a bienal quanto a quinquenal. Primeiramente, essa interrupção alcança somente os pedidos idênticos (Súmula n. 268 do TST); segundo, a interrupção da prescrição só pode ocorrer *uma única vez*, nos moldes do art. 202 do Código Civil.

Enfim, quanto ao arquivamento em si, é possível haver a *revogação* da decisão que o pronuncia, por exemplo, quando o advogado diligente peticiona *imediatamente* após a audiência, alegando e demonstrando a ocorrência de motivo relevante que seria suficiente para o adiamento, por exemplo, a doença repentina. No entanto, deve o advogado atentar para o fato de que o *atestado médico* tem de comprovar a *impossibilidade de locomoção* do reclamante no dia da audiência, numa aplicação analógica da Súmula n. 122 do TST.

5.2. REVELIA DO RECLAMADO

De acordo com a segunda parte do *caput* do art. 844 da CLT "o não comparecimento do reclamado importa revelia, além de confissão, quanto à matéria de fato". Veja-se que a CLT não deixa margem a dúvidas: a revelia, *fato processual* consubstanciado pela *ausência de defesa*, no processo do trabalho, implica *também* em confissão ficta quanto a toda a matéria de fato. Não custa lembrar que a confissão é um *meio de prova* que torna desnecessária a produção de quaisquer outras provas, tendo em vista que o fato confessado não depende de prova (art. 374, inciso II, do CPC).

Como já referido inúmeras vezes neste Manual, *não há na lei* qualquer tolerância para atraso na audiência trabalhista. E a OJ n. 245 da SDI-1 do TST trata exatamente da hipótese de *revelia por atraso do reclamado* nessa audiência. É dizer, o reclamado não pode se atrasar um minuto sequer. O advogado de reclamado tem de ter cuidado redobrado com a pontualidade. De nada adianta elaborar uma bela defesa e juntar toda a documentação pertinente, se o advogado comete o desatino de chegar com o reclamado (ou seu preposto) minutos antes da audiência. Por vezes, acontece de o juiz determinar o pregão antes do horário marcado porque a audiência anterior se encerrou antes do tempo previsto. Evidente que, se o reclamado ainda não tiver comparecido (ou seu advogado), o juiz tem o dever de esperar pela hora marcada. Mas tenho visto inúmeras vezes o advogado perder o controle emocional na audiência, nessas situações, inclusive quando chega exatamente no horário do pregão.

> O reclamado não pode se atrasar um minuto sequer e, por isso, o advogado de reclamado necessita ter cuidado redobrado com a pontualidade.

Questão interessante é a de saber se também na *audiência inicial* a revelia do reclamado importaria em confissão ficta quanto à matéria de fato. Poder-se-ia objetar que, como a confissão é um meio de prova, a ser extraída, em regra generalíssima, no depoimento pessoal – e como na audiência inicial não há depoimento pessoal –, não seria possível a declaração da confissão nesse caso. Ledo engano, primeiro, porque a regra do art. 844 da CLT é mais clara que a luz do dia, nesse aspecto; segundo, porque até mesmo no processo civil a revelia implica na automática confissão do réu quanto à matéria de fato, pois, não apresentada a contestação no prazo legal, o réu "será considerado revel e presumir-se-ão verdadeiras as alegações de fato formuladas pelo autor" (art. 344 do CPC).

Neste sentido, julgado do Tribunal Regional do Trabalho da 7ª Região (Processo n. 0000296-94.2023.5.07.0034):

> NÃO COMPARECIMENTO DA RECLAMADA À AUDIÊNCIA INAUGURAL. REVELIA. CONFISSÃO FICTA. ARTIGO 844 DA CLT. EFEITOS. A ausência injustificada da parte reclamada à audiência inicial importa em revelia, além de confissão, quanto à matéria de fato, na forma prevista no art. 844, *caput* da CLT. No processo do trabalho a confissão ficta é consequência imediata da revelia, significando dizer que implicará em confissão quanto à matéria de fato. Inexistindo nos autos qualquer outra prova capaz de desconstituir as alegações do autor, presumem-se verdadeiros os fatos narrados pelo reclamante na exordial. (TRT-7, Processo n. 0000296-94.2023.5.07.0034, 1ª Turma, Relator: Plauto Carneiro Porto, j. 20.05.2024)

Outra questão interessante diz respeito à possibilidade de *elisão dos efeitos da revelia*, nas hipóteses do § 4º do art. 844 da CLT, copiadas literalmente do art. 345 do CPC. Particularmente, penso que a simples pluralidade de reclamados não é suficiente para que se possa elidir os efeitos da revelia, caso um deles apresente contestação. Não é simples assim. Temos, aí, o caso de litisconsórcio passivo e, como é sabido, quanto aos efeitos ou resultado do processo, o litisconsórcio pode ser simples (ou comum) e unitário. Naquele, cada um dos litisconsortes pode ter resultado distinto ao final do processo. Somente no litisconsórcio *unitário*, pela *natureza* da própria relação jurídica, é que o juiz precisa "decidir o mérito de modo uniforme para todos os litisconsortes" (art. 116 do CPC).

Destarte, apenas no *litisconsórcio unitário* é que a defesa de um dos reclamados aproveita integralmente ao revel, porque não há como o juiz decidir de modo distinto, tendo em vista que a relação jurídica debatida é a mesma para todos eles. Exemplifica-se com as ações anulatórias de contrato, de sociedade etc., pois ou o contrato será nulo para todos ou para nenhum deles; ou a sociedade será extinta para todos ou para nenhum deles.

Ocorre que, nas ações trabalhistas típicas, *não há* a menor hipótese de se constatar litisconsórcio unitário, tampouco de litisconsórcio necessário. Simples assim: na imensa maioria das ações trabalhistas nas quais se verifica o litisconsórcio passivo, é porque a ação foi proposta, *facultativamente*, em face do empregador e do tomador de serviços. E o resultado pode ser *distinto* em relação a cada um deles, por exemplo, quando o juiz condena o empregador e absolve o tomador porque não restou comprovado que o reclamante prestou serviços em favor deste. Ainda que haja condenação de ambos, a do empregador será por conta de sua obrigação e responsabilidade primária, e a do tomador devido à sua responsabilidade subsidiária. De se consultar: SILVA *et al.*, 2016, p. 169-171.

Poder-se-ia objetar que, a se pensar assim, seria inócua a regra do inciso I do § 4º do art. 844 da CLT. Não é isso que proponho. Basta compreender a temática para se verificar que há uma situação em que será plenamente possível ao tomador de serviços, contestando a demanda, não se ver atingido pelos efeitos da revelia do empregador. Isso ocorre sempre que ele alegar na defesa algum *fato comum* entre ele e o empregador. Esse fato comum, via de regra, acontece no *estabelecimento* do próprio tomador. São exemplos dele: a prestação de horas extras, o acidente do trabalho, e até as horas *in itinere*, porque, de algum modo, o itinerário será sempre para o estabelecimento do tomador e é este estabelecimento que precisa ser de difícil acesso para caracterizar o direito material. Nessas e outras situações, o tomador de serviços que apresentar defesa com fatos determinados, relevantes e pertinentes, terá *pleno direito* de produzir prova de suas alegações.

Para ilustrar, nesse sentido, temos o acórdão do Tribunal Regional do Trabalho da 9ª Região (Processo nº 0000074-47.2022.5.09.0668):

> LITISCONSÓRCIO PASSIVO. AUSÊNCIA DE DEFESA DE UM DOS RECLAMADOS. CONFISSÃO INEXISTENTE. Tratando-se de litisconsórcio passivo e nos termos do art. 345 do Código de Processo Civil

> vigente, a revelia não induz o efeito da confissão se, havendo pluralidade de réus, algum deles contestar a ação. Não se tratando a contestação de um dos litisconsortes de defesa eminentemente genérica, *havendo efetiva negativa acerca da ocorrência dos fatos nos moldes retratados na petição inicial, ainda que um dos réus esteja enquadrado como revel, não é possível aplicar os efeitos da confissão ficta em desfavor do polo passivo da demanda. Desta forma, não há como reconhecer o vínculo de emprego no período indicado pelo simples fato da revelia do Terceiro Reclamado*. Recurso do Reclamante a que se nega provimento. (TRT-9; Processo n. 0000074-47.2022.5.09.0668. 6ª Turma, Relator(a): Arnor Lima Neto, j. 09.08.2023 – destaquei)

No caso em questão, o Tribunal concluiu que a simples revelia de um dos reclamados (o terceiro reclamado) não é suficiente para se reconhecer o vínculo de emprego (fato comum) alegado pelo reclamante, uma vez que a defesa apresentada por outro reclamado, *que negou o vínculo de emprego*, foi suficiente para afastar a presunção de veracidade dos fatos alegados na inicial. Dessa forma, mesmo que um dos réus tenha sido revel, a confissão ficta não foi aplicada aos integrantes do polo passivo da demanda, ou seja, os efeitos da revelia foram elididos pela *contestação específica* de outro litisconsorte.

É esse, também, o posicionamento do Tribunal Regional do Trabalho da 3ª Região (Processo n. 0010011-58.2020.5.03.0041):

> **REVELIA. EFEITOS EM CASO DE LITISCONSÓRCIO PASSIVO.** Nos termos do art. 844, § 4º, I, da CLT, em caso de litisconsórcio passivo, a revelia de um dos réus não induz a pena de confissão quando outro reclamado contesta especificamente os fatos alegados na inicial (TRT-3. Processo n. 0010011-58.2020.5.04.0041, 8ª Turma, Relator Sérgio Oliveira de Alencar, j. 23/03/2022).

> Aplica-se a regra do art. 844, § 4º, inciso I, da CLT quando o tomador de serviços alegar, na defesa, algum fato comum entre ele e o empregador.

Ademais, *documentos* juntados pelo *próprio reclamante* podem *elidir* os efeitos da revelia. Não é incomum que o reclamante junte aos autos recibos de pagamento de salário, férias, 13º e, principalmente, TRCT. Se ele não fizer ressalva alguma na petição inicial, a despeito da revelia, esses documentos serão levados em consideração quando da prolação da sentença e podem muito bem servir de fundamento para a improcedência de pedidos. Imagine-se o caso do reclamante que postula o pagamento de verbas rescisórias, mas junta TRCT com a discriminação das verbas e dos valores, devidamente assinado por ele, *sem qualquer ressalva*. Nesse caso, o documento por ele próprio juntado demonstra que as rescisórias foram pagas.

Há, ainda, a *questão* relacionada ao *art. 349 do CPC*, pois o réu revel poderá produzir provas "contrapostas às alegações do autor", desde que compareça a tempo de o fazer (art. 349 do CPC), questão que já foi pontuada anteriormente.

Nesse sentido, o acórdão do Tribunal Regional do Trabalho da 4ª Região (Processo n. 0020454-07.2021.5.04.0332), pontuando o entendimento de que a reclamada revel tem o direito de produzir provas contrapostas às alegações do autor:

> RECURSO ORDINÁRIO INTERPOSTO PELA PARTE RECLAMADA. REVELIA E CONFISSÃO. IMPOSSIBILIDADE DE PRODUÇÃO DE OUTRAS PROVAS. NULIDADE. O revel poderá intervir no processo em qualquer fase, recebendo-o no estado em que se encontrar, *e será lícita a produção de provas, contrapostas às alegações do autor, desde que se faça representar nos autos a tempo de praticar os atos processuais indispensáveis a essa produção* (artigos 346 e 349 do CPC). Caso em que a reclamada interveio no processo antes da prolação da sentença. Nulidade reconhecida por não ter sido oportunizado à reclamada produzir outras provas (TRT-4. Processo n. 0020454-07.2021.5.04.0332, 6ª Turma. Relatora: Simone Maria Nunes, j. 22.04.2022 – destaquei).

Em regra, então, o reclamado revel poderá produzir apenas *contraprova*, numa interpretação lógica e até literal desta norma (art. 349 do CPC). Assim, determinada a realização de perícia (obrigatória), o reclamado poderá indicar assistente técnico e participar normalmente da audiência de instrução. Contudo, não havendo necessidade de perícia – ou se o reclamante desistir dos pedidos que demandem prova pericial –, o reclamado revel somente poderá ouvir testemunhas *a título de contraprova*, ou seja, se o reclamante, por excesso de zelo, pretender a oitiva de testemunhas. Outrossim, se o juiz declarar que os fatos narrados na inicial são inverossímeis, poderá haver a produção de provas, por ambas as partes.

Ora, para além das hipóteses dos incisos II e III do § 4º do art. 844 – de difícil aplicação no processo do trabalho –, há a hipótese do inciso IV deste dispositivo legal. De tal modo que, se "as alegações de fato formuladas pelo reclamante forem inverossímeis ou estiverem em contradição com prova constante dos autos", estarão *elididos os efeitos da revelia* e o juiz determinará, de ofício ou a requerimento das partes, a produção de provas. Não se admite que o reclamante, apenas por ser hipossuficiente, venha a juízo trazer fatos sem a menor credibilidade, como o caso de reclamante que alega que trabalhava 20 horas por dia sem descansar nada, por meses a fio, ou mesmo daquele que narra ter trabalhado sem um minuto sequer para se alimentar em jornadas de 10 ou 12 horas por dia. São *fatos inverossímeis*, pois todas as pessoas humanas dormem e se alimentam, ainda que por curto espaço de tempo.

No que concerne à existência de alegações inverossímeis e elisão dos efeitos da revelia, o Tribunal Regional do Trabalho da 3ª Região tem importante jurisprudência (Processo n. 0010785-94.2020.5.03.0136):

> REVELIA. EFEITOS. ALEGAÇÕES INVEROSSÍMEIS E CONTRÁRIAS À PROVA DOS AUTOS. A revelia não induz o efeito da pena de confissão se "as alegações de fato formuladas pelo reclamante forem inverossímeis ou estiverem em contradição com a prova constante dos autos" (art. 844, § 4º, IV, da CLT). E, no caso dos autos, a vasta documentação juntada demonstra que o reclamante atuou no trabalho de intermediação imobiliária (vendedor de imóveis) para a empresa do mesmo segmento (Direcional Corretora de Imóveis Ltda.), sendo, portanto, inverossímil e contra a prova dos autos a conclusão de que trabalhou para empresa do ramo de engenharia (Direcional Engenharia Ltda.) (TRT3. Processo n. 0010785-94.2020.5.03.0136, 10ª Turma, Relatora: Taisa Maria M. de Lima, j. 31.05/2022).

O advogado de reclamado precisa estar atento, também, para os casos em que há *necessidade de realização de perícia* para a constatação do fato alegado. Por mais que a revelia implique na presunção da veracidade de todos os fatos afirmados pelo reclamante, a jurisprudência trabalhista, neste aspecto, ainda é bastante conservadora e, quando há *exigência legal* de perícia, não se tem contentado apenas com a revelia. Afinal de contas, há fatos que somente por exame pericial podem ser comprovados, não se admitindo nem mesmo a "substituição" da perícia por prova testemunhal (art. 443, inciso II, do CPC).

O advogado de reclamado precisa estar atento também para os casos em que há necessidade de realização de perícia para a constatação do fato alegado.

Há (quatro) *hipóteses* nas quais sempre se tem exigido *perícia* no processo do trabalho: a) a apuração de *insalubridade* ou de *periculosidade* tem de ser feita por perito nomeado pelo juízo, nos termos do art. 195, § 2º, da CLT; b) também a incapacidade laborativa decorrente de *acidente do trabalho* ou *doença ocupacional*, e até o nexo causal entre os infortúnios e a incapacidade, demandam a nomeação de perito para essa análise.

Claro que, em se tratando de eletricista, ou de frentista de postos de combustíveis, a designação de perícia faria apenas por "onerar" o processo, mas o risco de eventual nulidade talvez não compense a supressão do ato pericial. Contudo, há duas atividades que *dispensam* a realização de perícia porque a periculosidade, no caso, não diz respeito a inflamáveis, explosivos ou energia elétrica. São as atividades de trabalhador que (i) *usa motocicleta no trabalho* e (ii) de profissionais que atuam na *segurança pessoal ou patrimonial*, estes sempre sujeitos a "roubos ou outras espécies de violência física" no desempenho de suas tarefas (art. 193, inciso II e § 4º da CLT).

Nos casos em que não é pacífica a dispensa da realização da perícia, deve o advogado do reclamante estar atento e *requerer a designação de perícia*, caso o juiz não a determine de ofício, para evitar alegação de nulidade no curso do processo – em regra, no recurso ordinário –, que, se acolhida, ensejará a volta dos autos ao primeiro grau para a realização da perícia, em evidente perda de tempo que só prejudica o trabalhador.

Uma *última questão* relacionada à revelia, embora não diga respeito a ela diretamente. E se comparecer na audiência *apenas o advogado* do reclamado? Como é sabido, a Súmula n. 122 do TST sempre foi muito rígida com o reclamado, pois diz que, "ainda que presente seu advogado munido de procuração", o reclamado, se ausente à audiência inicial ou una, deverá ser considerado revel. *Na prática*, no entanto, alguns juízes – inclusive eu –, quando o advogado se fazia presente e apresentava contestação e documentos, recebiam estes e declaravam apenas a confissão do reclamado.

Essa prática foi considerada correta pelo legislador reformista, que introduziu o § 5º no art. 844 da CLT, com a seguinte dicção: "Ainda que ausente o reclamado, presente o advogado na audiência, serão aceitos a contestação e os documentos eventualmente apresentados". Não há mais dúvida: o juiz *deve* receber a contestação e os documentos que já terão sido juntados aos autos do processo eletrônico. Cabe assinalar: não se declara a revelia do reclamado nessa situação.

Para corroborar esta afirmativa, transcrevo ementa do acórdão do Tribunal Regional da 9ª Região (Processo nº 0000748-83.2019.5.09.0133):

> DIREITO PROCESSUAL DO TRABALHO. AUSÊNCIA DA RÉ À AUDIÊNCIA INICIAL. ADVOGADO PRESENTE. CONTESTAÇÃO E DOCUMENTOS TEMPESTIVOS. REVELIA NÃO CONFIGURADA. ART. 844, § 5º, DA CLT. A revelia é a contumácia, a ausência do ânimo de defesa. Caracteriza-se quando a parte ré não apresenta contestação, contesta intempestivamente ou, ainda que apresente a defesa, não impugna os fatos narrados pelo autor. Não se pode, todavia, confundir revelia com confissão. Esta é um dos efeitos daquela. Aliás, especificamente no processo do trabalho, o art. 844, § 5º, da CLT, prevê: "§ 5º Ainda que ausente o reclamado, presente o advogado na audiência, serão aceitos a contestação e os documentos eventualmente apresentados" (dispositivo acrescido pela Lei 13467/2017). *Esse foi o caso dos autos, em que embora a ré não tenha comparecido à audiência designada, o advogado se fez presente e apresentou defesa e documentos tempestivamente. Assim, a despeito de confessa, por sua ausência à audiência, a reclamada não é revel, posto que o advogado compareceu na audiência e apresentou contestação e documentos de forma tempestiva.* Sentença reformada, em parte. (TRT-9. Processo n. 0000748-83.2019.5.09.0133. 6ª Turma, Relatora: Sueli Gil El Rafihi, j. 29.09.2021 – destaquei)

> Ainda que recebida a defesa escrita juntada pelo advogado, é plenamente possível a declaração da confissão do reclamado quanto à matéria de fato.

Contudo, plenamente possível a declaração da *confissão do reclamado* quanto à matéria de fato, pois, tratando-se de audiência una, na sequência seria tomado o depoimento pessoal do reclamado e ele não se encontra presente. *Questão*: e se se tratar de *audiência inicial*? Ainda assim, penso ser o caso de se declarar a confissão ficta do reclamado, porque esta é *um dos dois efeitos* da sua ausência na audiência, previsto no *caput* do art. 844 da CLT, sendo que o legislador afastou apenas a revelia no referido § 5º. No mesmo sentido: SOUZA JÚNIOR *et al.*, 2018, p. 132. Ademais, na audiência inicial o juiz poderá proceder ao *interrogatório* do reclamado (arts. 820 e 848 da CLT).

Agora, se o advogado não tiver procedido à juntada de defesa escrita, poderá apresentar *defesa oral*? E *reconvenção oral*? Penso que o advogado não pode apresentar defesa oral, caso o reclamado ou seu preposto não se encontre presente, primeiro, porque o art. 847, parágrafo único, da CLT deixa claro que a defesa escrita, por óbvio, deve estar juntada no sistema de processo judicial eletrônico *antes da abertura da audiência*, e é esta a defesa que será recebida pelo juiz (§ 5º do art. 844); segundo, porque a defesa oral, na prática, é apresentada pelo reclamado pessoalmente; embora o advogado também possa fazê-lo, entendo que isso somente será possível se o reclamado se encontrar presente (arts. 843, 844 e 847 da CLT). Seguindo essas premissas, obviamente que o advogado também *não poderá* apresentar reconvenção oral, até porque a reconvenção deve ser apresentada no bojo da contestação (art. 343 do CPC).

Ainda quanto à defesa, *duas situações inusitadas*, mas que por vezes ocorrem: 1ª) o reclamado chega à audiência com um *pen drive* na mão e alega problemas técnicos para a juntada da defesa; 2ª) o reclamado requer prazo para a juntada da defesa escrita.

Na *primeira hipótese*, há de se presumir a boa-fé objetiva do advogado ou do reclamado que alega problemas técnicos, que são recorrentes no processo judicial eletrônico. Na prática, o juiz tem invocado o bom senso do reclamante, e, com a compreensão deste, deferido ao reclamado prazo improrrogável de 24 horas – ou até de 48 horas – para a juntada da defesa e documentos. Sendo imprescindível, o juiz deve adiar a audiência para que o reclamante tenha acesso à defesa e documentos antes da instrução do processo.

Já na *segunda hipótese*, somente se houver um motivo bastante "ponderoso", principalmente se verificada a discordância do reclamante, é que poderá o juiz deferir o adiamento da audiência para que o reclamado possa apresentar a defesa e documentos que entender pertinentes. Imagine-se o caso de o reclamado comprovar que não foi observado o prazo mínimo legal para a sua defesa; ou, ainda, de alegação de doença grave e repentina em pessoa da família. Em situações especiais, há de se ter uma elevada *carga de humanidade*, pois a observância dos prazos peremptórios – conquanto exigível em regra – não pode ensejar uma severa injustiça.

Não seria possível encerrar este tópico sem lembrar *outras situações* que ocorrem na prática: 1ª) o reclamado comparece sozinho à audiência e apresenta a *documentação física*; incumbe à secretaria da vara a digitalização e inserção no sistema, porque a parte não tem advogado para lhe assistir; 2ª) o reclamado apresenta defesa no PJe, mas leva consigo uma *mídia apartada*; a secretaria deverá acondicioná-la em local apropriado; 3ª) há mais de um reclamado no polo passivo e um dos reclamados não foi regularmente citado; o juiz deve *receber* a defesa regularmente juntada no PJe pelo reclamado que compareceu, ainda que a audiência trabalhista deva ser redesignada para a citação do outro, já deferindo prazo para réplica, em nome da celeridade e da otimização dos atos processuais.

5.3. ADIAMENTO DA AUDIÊNCIA

São inúmeras as situações em que se mostra necessário o *adiamento da audiência* que, em princípio, deveria ser única, contínua (art. 849 da CLT). Para tornar o estudo mais didático, podemos dividir as várias hipóteses relacionadas a essa temática em *cinco situações jurídicas*, pois há (i) adiamento a requerimento de uma das partes, (ii) a requerimento conjunto, (iii) por vícios ou falta de comunicações processuais, (iv) por inobservância do prazo legal e também (v) por determinação judicial.

Nos parágrafos seguintes serão examinadas essas cinco situações.

5.3.1. A requerimento de uma das partes

Em conformidade com o art. 844, § 1º, da CLT, se ocorrer "motivo relevante", poderá o juiz designar "nova audiência". Como já vimos, há fatos imprevistos que podem justificar o *adiamento* da audiência, como o acidente de trânsito envolvendo a parte e/ou seu advogado, o mal súbito da parte e/ou do advogado, a morte de parente na véspera ou no dia da audiência, o caso de a gestante entrar em trabalho de parto no dia da audiência, e tantos outros exemplos. Isso sem contar a doença ou qualquer outro motivo ponderoso que implique na *impossibilidade de locomoção* da parte no dia da audiência.

No entanto, o advogado deve ser cauteloso e, ao formular o *requerimento* de adiamento da audiência, apresentar o documento comprobatório do motivo relevante, sempre que possível, *até a abertura* da audiência, de acordo com o art. 362, inciso II, do CPC. De se repetir: o atestado médico tem de comprovar a impossibilidade de locomoção *no dia* da audiência (Súmula n. 122 do TST).

> O atestado médico tem de comprovar a impossibilidade de locomoção no dia da audiência (Súmula n. 122 do TST).

Questiona-se se outros motivos poderiam dar ensejo ao adiamento da audiência a requerimento de apenas uma das partes. A doutrina cita os casos de grave acidente automobilístico, transtorno de ansiedade, conjuntivite bacteriana micropurulenta ou qualquer outra doença infectocontagiosa (SOUZA JÚNIOR *et al.*, 2018, p. 135-136).

Penso que a simples crise de *ansiedade não justifica* o adiamento da audiência, até porque é natural que a parte que nunca compareceu a uma audiência trabalhista sinta certo temor pelo desconhecido. A situação é distinta quando se trata de pessoa que tem constantes crises de ansiedade (transtorno de ansiedade), que por vezes a impedem de sair da própria casa, mas esse quadro clínico deve ser comprovado. Quanto à *conjuntivite bacteriana*, por se tratar de doença contagiosa, por certo que justifica o adiamento a requerimento da parte. Em relação ao *acidente de trânsito*, como se trata de fato corriqueiro, as pessoas devem se antecipar para que, mesmo havendo acidente, consigam chegar no horário marcado. Diferente é a situação do acidente que envolve a *própria parte* e/ou seu advogado, impossibilitando-os de se locomoverem e, nesse caso, estará justificado o adiamento.

Uma *hipótese pitoresca* é a de adiamento da audiência porque a defesa e os documentos foram apresentados *em sigilo*. Se o reclamante requerer o adiamento porque não teve acesso à defesa e documentos (em sigilo) antes da audiência – embora já juntados com certa antecedência –, alegando a falta de cooperação do reclamado e invocando os princípios do contraditório e da ampla defesa, penso ser possível o adiamento da audiência para atender a esses princípios fundamentais.

Em relação ao *adiamento da audiência de instrução*, a ela se aplicam as mesmas considerações já feitas em relação à audiência inicial ou una, no que concerne ao requerimento de uma das partes por motivo relevante. Se o requerimento for apresentado até a abertura da audiência, não se justifica a declaração da confissão da parte (Súmula n. 74, item I, do TST), desde que *comprovado o motivo* da ausência. Contudo, deve o advogado estar atento para o que constou da ata da audiência anterior. Pode ocorrer de o requerimento ser por falta de intimação pessoal da parte para a audiência de instrução, mas se na audiência anterior a parte saiu devidamente intimada (e isso constou expressamente da ata), não se justifica o adiamento. Agora, se houve adiamento posterior da audiência e não ocorreu a notificação pessoal da parte, estará justificado o adiamento a requerimento unilateral.

5.3.2. A requerimento conjunto

Discutível a aplicação do art. 362, inciso I, do CPC, no processo do trabalho. No processo civil é induvidoso que a audiência poderá ser adiada "por convenção das partes". Ora, se elas podem até mesmo convencionar a suspensão do processo (art. 313, inciso II, do CPC), por que não poderiam requerer, em conjunto, o adiamento da audiência?

Ocorre que, no *processo do trabalho*, que prima mais do que os outros pela celeridade, ainda que os advogados não possam comparecer – hipótese mais frequente de requerimento conjunto –, as partes "deverão estar presentes", de acordo com o art. 843, *caput*, da CLT. Assim, apenas se essa convenção estiver fundamentada na exigência de maior espaço de tempo para a tentativa conciliatória – a finalidade precípua da Justiça do Trabalho – é que o requerimento conjunto poderia ser deferido.

Contudo, *na prática*, a grande maioria dos juízes do trabalho tem deferido o requerimento conjunto de adiamento da audiência trabalhista. Se de um lado isso prestigia o trabalho dos advogados e confere uma certa harmonia às partes, de outro lado essa prática prejudica sobremaneira a organização da pauta de audiências pelo juiz. Via de regra, esses requerimentos são apresentados na véspera ou até no dia da audiência, impossibilitando a colocação de outro processo na pauta. Isso diminui a quantidade de audiências efetivamente realizadas e muitas vezes ocasiona cobranças por parte das Corregedorias, porque os prazos para a realização de audiências acabam se alongando em demasia. Por isso, alguns juízes têm exigido que esses requerimentos conjuntos sejam apresentados *até 20 dias antes da audiência*, para possibilitar a inclusão de outro feito na pauta, sob pena de indeferimento.

> Alguns juízes têm exigido que os requerimentos conjuntos de adiamento da audiência sejam apresentados até 20 dias antes da data marcada, para possibilitar a inclusão de outro processo na pauta.

Embora não diga respeito a requerimento conjunto, há uma situação assemelhada que merece ser lembrada: tratando-se de *advogado único* que tem audiência *anteriormente* designada para a mesma data e horário, ele tem direito ao adiamento da audiência designada posteriormente? E se ele apresentar *requerimento conjunto* de adiamento nesse caso?

É uma situação que não tem disciplina legal específica. Normalmente, os juízes têm verificado a data da notificação da audiência e, caso a data seja posterior, deferem o requerimento. Penso que ainda que o advogado seja indispensável à Justiça e, tratando-se de advogado único, mereça ainda mais consideração, há toda uma preocupação (sistêmica) com as pautas de audiências e isso pode justificar eventual indeferimento, principalmente se se tratar de audiência *inicial* ou de *tentativa conciliatória*, pois nestas não haverá instrução e a parte pode, com orientações básicas de seu advogado, negociar um acordo ou até simplesmente informar que fará proposta de acordo na audiência em prosseguimento. Com isso, o juiz pode pelo menos receber a defesa, sanear o processo e deliberar sobre a produção de provas, otimizando a prática dos atos processuais, em nome da celeridade e efetividade.

5.3.3. Por vícios ou falta de comunicações processuais

Há casos em que o adiamento da audiência trabalhista ocorre por *nulidade* na prática dos atos processuais ou até mesmo por *falta* das comunicações processuais necessárias. Nesses casos, a requerimento ou de ofício, o juiz pode determinar o adiamento da audiência trabalhista, de preferência *antes* da data designada, para evitar que as partes tenham de comparecer, quando a chance de êxito na tentativa conciliatória seja próxima de zero.

A título meramente exemplificativo, não sendo uma das partes intimada para a audiência de instrução em prosseguimento, como já pontuado, a audiência teria de ser adiada (Súmula n. 74, I, do TST). Ademais, no processo de rito sumaríssimo, não se deveria proceder à citação do reclamado por edital, sendo que o fornecimento de nome ou de endereço errado do reclamado importaria na extinção do processo sem resolução do mérito (art. 852-B, inciso II e § 1º, da CLT). Ocorre que o juiz pode declarar a inconstitucionalidade dessa proibição e determinar a citação do reclamado por edital, e penso ser a atitude correta. Contudo, nesse caso, certamente *não haverá prazo suficiente* para a publicação do edital antes da audiência e, assim, o recomendável é o adiamento desta.

Quanto à *devolução de notificações*, normalmente ensejam a repetição do ato, com o nome correto e o endereço atual da parte. No entanto, se a parte e/ou seu advogado mudam de endereço no curso do processo e *não comunicam* ao juízo essa mudança, reputar-se-ão "eficazes as intimações enviadas ao local anteriormente indicado, na ausência de comunicação" (§ 2º do art. 852-B da CLT). De modo que a devolução da notificação com a informação "mudou-se" – a mais frequente de todas – *não deveria* dar ensejo ao adiamento da audiência, *a não ser* no caso de notificação citatória do reclamado.

> A devolução da notificação com a informação "mudou-se" não deveria ocasionar o adiamento da audiência (art. 852-B, § 2º, da CLT).

5.3.4. Por inobservância do prazo legal

Não há muito o que comentar nessa hipótese, que já foi mencionada algumas vezes. Contudo, para que possamos exaurir todas as situações de adiamento da audiência trabalhista, se o advogado verifica que seu cliente recebeu a notificação citatória sem observância do *interstício legal*, poderá requerer o adiamento da audiência, indo *despachar* com o juiz, para que não tenha que fazer a defesa às pressas, com receio de o juiz não acolher sua tese e declarar a revelia do reclamado.

Pois bem, *nenhuma* audiência inicial ou una poderá ser realizada plenamente se não for observado o *prazo de cinco dias úteis* para que o reclamado elabore adequadamente sua defesa e proceda à juntada de toda a documentação pertinente (art. 841, *caput*, parte final, da CLT, c/c o art. 775 da Consolidação). Se o reclamado for qualquer um dos entes públicos, seu prazo mínimo será de 20 dias úteis, nos termos do Decreto-lei n. 779/69.

> Nenhuma audiência inicial ou una poderá ser realizada plenamente se não for observado o prazo mínimo de 5 dias úteis para que o reclamado elabore adequadamente a sua defesa.

Nessas hipóteses, ou o juiz adia a audiência por despacho, ou mantém a audiência – sobretudo quando não houver tempo hábil para a intimação da parte contrária –, mas, na sessão, frustrada a tentativa conciliatória, terá de *renovar* o prazo mínimo de defesa ao reclamado, sob pena de severa ofensa aos princípios do contraditório e da ampla defesa.

5.3.5. Por determinação judicial

Há alguns casos, além dos já descritos, em que o *próprio juiz* deve tomar a iniciativa de determinar o adiamento da audiência. O primeiro deles se refere ao *horário*, pois não é conveniente que o juiz instale audiência, principalmente se una ou de instrução, após as 18 horas (art. 813, *caput*, da CLT). Assim, "pelo adiantado da hora", muitos juízes têm adiado audiências após esse horário, *de ofício*.

De se recordar também os casos de *necessária suspensão* do processo, como, por exemplo, para (i) habilitação de herdeiros, (ii) regularização da capacidade processual das partes, ou (iii) quando a sentença depender do *julgamento de outra causa*, principalmente quando se tratar de processo criminal em curso, em conformidade com o art. 313, inciso V, alínea "a", do CPC.

Agora, de se ter em mente que *apenas* se houver ação penal *devidamente ajuizada* é que o processo do trabalho pode ser suspenso nessa hipótese. Havendo apenas inquérito policial, não se justifica a suspensão do processo pelo prazo de até um ano (§ 4º deste art. 313). Tanto é assim que, suspenso o processo para o pronunciamento da Justiça criminal, se a ação penal não for proposta no *prazo de três meses*, cessará a suspensão, "incumbindo ao juiz cível examinar incidentemente a questão prévia". Ademais, ainda que proposta a ação penal, o processo do trabalho *não poderá* ficar suspenso por mais de um ano, tudo em conformidade com o art. 315, *caput* e §§ 1º e 2º, do CPC.

> Apenas se houver ação penal devidamente ajuizada é que o processo do trabalho poderá ser suspenso (art. 315, caput e §§ 1º e 2º, do CPC).

Questão interessante diz respeito à possibilidade de o juiz, nesses casos, instruir primeiramente o processo do trabalho e apenas após isso suspender o processo para aguardar a decisão da Justiça criminal. Wagner Giglio sempre ponderou que o juiz deveria proceder *primeiramente* à instrução, para preservar a produção da prova oral no processo do trabalho, suspendendo apenas o julgamento do feito (GIGLIO, 2002, p. 260). Na prática, não é o que os juízes do trabalho têm feito.

Enfim, *uma última questão*: o juiz do trabalho pode determinar, *de ofício*, o adiamento da audiência trabalhista para *melhor tentativa* de acordo entre as partes? Penso que sim, desde que devidamente justificada a decisão, porque se não houver efetiva possibilidade de acordo, não se justificaria esse adiamento. Por óbvio que, formulando as partes requerimento conjunto com essa finalidade, o juiz deverá sempre deferir o requerimento. Agora, de ofício, o juiz *só deve* determinar o adiamento da audiência se realmente as partes necessitam de um tempo maior para chegarem a um consenso, o que exige, por óbvio, que *ambas tenham* apresentado proposta de acordo.

5.4. ADITAMENTO, ALTERAÇÃO E EMENDA DA PETIÇÃO INICIAL

Questões que têm suscitado bastante controvérsia na audiência trabalhista são as que dizem respeito à possibilidade ou não de *aditamento da petição inicial* e/ou *emenda* (retificação) daquela petição. Os advogados, sobretudo os de reclamado, apegam-se muito às regras do CPC a respeito da matéria, bem como à doutrina do processo civil, olvidando-se de que a *sistemática* do processo do trabalho é um tanto distinta.

De saída, convém recordar que há institutos *distintos* e que precisam ser bem compreendidos nessa temática. *Aditamento da petição inicial* ocorre quando o reclamante inclui nova causa de pedir e novo pedido, aditando (aumentando) o rol de pedidos que formulara na petição inicial. Por exemplo, tendo o reclamante se esquecido de postular horas extras, na petição de aditamento, ele narra uma jornada extraordinária e postula, na sequência, o pagamento de horas extras e reflexos respectivos.

> Aditamento da petição inicial ocorre quando o reclamante, voluntariamente, inclui nova causa de pedir e novo pedido.

Instituto diferente é a *alteração do pedido* ou *da causa de pedir*, pois nesse caso o reclamante já apresentou os fatos e formulou pedido na petição inicial. Posteriormente, ele peticiona *modificando* os fatos – por exemplo, para esclarecer que trabalhava das 7 às 19 horas, com 30 minutos de intervalo, e não apenas até às 18 horas – e/ou o próprio pedido, por exemplo, para postular horas extras excedentes da sexta diária e não de oito horas por dia. Nesses casos não há autêntico aditamento, mas simples *alteração* da causa de pedir e/ou do pedido já constantes da peça inaugural. Basta uma leitura atenta do *art. 329 do CPC* para que se possa compreender que se trata de institutos bem distintos.

Outro instituto que por vezes os advogados confundem com aqueles é o da *emenda à petição inicial*. Esta não é voluntária, pois depende da verificação, por parte do juiz, da *falta de requisitos essenciais* daquela petição, ou de defeitos e irregularidades que podem dificultar o julgamento do mérito. Nessas ocasiões, o juiz, ao *despachar* a petição inicial, determina ao reclamante que "a emende ou a complete", nos termos do *art. 321 do CPC*. Daí que a emenda da petição inicial em nada corresponde ao aditamento voluntário por parte do reclamante.

Com o intuito de facilitar a compreensão a respeito da diferenciação destes três institutos, que geram certa confusão na prática diária da advocacia, temos o seguinte fluxograma, que apresenta, pontualmente, as diferenças e as especificidades de cada um deles:

Institutos	Diferenças	Especificidade
Aditamento da petição inicial	Quando o reclamante inclui nova causa de pedir e novo pedido	Por iniciativa do reclamante
Alteração do pedido ou da causa de pedir	Quando o reclamante modifica os fatos que dão causa ao pedido	Por iniciativa do reclamante
Emenda à inicial	Quando o juiz, identificando a falta de elementos essenciais da inicial, determina que o reclamante a emende ou a complete	Por determinação do Juiz

A emenda da petição inicial não é voluntária, pois depende da verificação, por parte do juiz, da falta de requisitos essenciais dessa petição.

5.4.1. Marcos intransponíveis para esses institutos

Compreendidas as distinções básicas entre esses institutos, torna-se mais fácil entender que os momentos ou *marcos instransponíveis* após os quais não mais se admite, no processo civil, nem a emenda, nem o aditamento e nem a alteração do pedido ou da causa de pedir, são *incompatíveis* com o procedimento trabalhista.

5.4.1.1. No processo civil

No processo civil, a emenda da petição inicial só pode ser determinada no *despacho* que aprecia aquela peça porque, citado o réu – após a audiência de conciliação ou de mediação (art. 334 do CPC) –, este terá o prazo peremptório de 15 dias para oferecer sua contestação, sob pena de revelia e confissão (arts. 335 e 344 do CPC). Ademais, em sua defesa ele poderá arguir, preliminarmente, a *inépcia da petição inicial* (art. 337, inciso IV, do CPC). Nesse caso, se houver realmente inépcia, o juiz terá de *extinguir o processo* sem resolução do mérito (arts. 330, inciso I, e 485, inciso I, do CPC).

Igualmente, no processo civil, o legislador sempre estabeleceu marcos intransponíveis "em nome do que se convencionou chamar de *estabilização da demanda*. Ora, o réu precisa ser citado e tem prazo peremptório para se defender, não podendo ser surpreendido com aditamento de fatos ou de pedidos quando está a preparar sua defesa em juízo" (SILVA *et al.*, 2017, p. 38).

Por isso, o sistema processual civil fixa *dois momentos* para que o aditamento ou a modificação possam ser admitidos, bem delimitados nos incisos I e II do art. 329 do CPC: 1º) *até a citação* – nesse caso, poderá haver aditamento do pedido ou alteração do pedido ou da causa de pedir "independentemente de consentimento do réu"; depois da citação, essas modificações somente serão possíveis se houver a concordância do réu; 2º) *até o saneamento do processo* – se houver consentimento do réu, desde que lhe sejam assegurados o contraditório e a ampla defesa, com a possibilidade de nova manifestação – *complemento da contestação* –, no prazo legal de 15 dias; destarte, poderá haver aditamento ou alteração do pedido e da causa de pedir após a citação, mas, em hipótese alguma, esses atos serão possíveis após a decisão saneadora. "Em suma, já formada a chamada *litiscontestatio*, não há falar em aditamento ou alteração do objeto da inicial" (SILVA *et al.*, 2017, p. 38).

5.4.1.2. No processo do trabalho

No *processo do trabalho*, por outro lado, diante da intensa concentração de atos processuais, praticamente todos os atos importantes do processo acontecem na audiência trabalhista, como tantas vezes já mencionado. Daí que aqueles marcos do CPC não se revelam adequados ao procedimento trabalhista e precisam ser *adaptados*, sob pena de não se aplicar, no processo do trabalho aqueles institutos, que são tão caros à *economia processual* e à primazia da decisão de mérito. Por que indeferir a petição inicial sem oportunizar-se ao reclamante a retificação dela? Por que forçar o reclamante a propor outra demanda trabalhista quando o aditamento ou a alteração da petição inicial permitiriam a solução de outras partes do conflito no mesmo processo?

> Por isso, a jurisprudência trabalhista sempre admitiu tais modificações por parte do reclamante *até a primeira audiência*, renovando-se, nesta, o prazo de defesa do reclamado, preservando-lhe o contraditório, com o *adiamento da audiência* para que este possa aditar (ou refazer) sua defesa. Uma prática saudável que, ao que nos parece, foi incorporada ao processo civil, na parte final do inciso II do art. 329 (SILVA *et al.*, 2017, p. 39).

Dessa maneira, será possível, *ainda que após a citação* do reclamado, o aditamento ou a alteração do pedido ou da causa de pedir, até mesmo na audiência, desde que o juiz assegure ao reclamado o *contraditório efe-*

tivo, adiando a audiência e renovando-lhe o prazo de defesa, observando o interstício legal de cinco dias úteis ou de vinte dias úteis, conforme já explanado.

Nesse sentido, a ementa do acórdão do Tribunal Superior do Trabalho (Processo n. RR-1652-59.2014.5.06.0005), julgamento no qual se analisava a questão do cerceamento do direito de defesa em relação ao aditamento à petição inicial feito após a apresentação da contestação, *mas antes da audiência inaugural*. O TST, ao avaliar a sequência dos atos processuais, concluiu que não houve cerceamento de defesa, uma vez que a reclamada teve a oportunidade de apresentar uma resposta adequada ao aditamento, e a estabilização da lide ocorreu dentro do marco temporal adequado, conforme os precedentes daquela Corte. Vejamos:

> RECURSO DE REVISTA. APELO INTERPOSTO SOB A ÉGIDE DO NOVO CPC. CERCEAMENTO DO DIREITO DE DEFESA. ADITAMENTO À PETIÇÃO INICIAL APÓS A NOTIFICAÇÃO E A APRESENTAÇÃO DA CONTESTAÇÃO, MAS ANTES DA AUDIÊNCIA INAUGURAL. No processo do trabalho, regido pelos princípios da celeridade, economia processual, simplicidade e instrumentalidade das formas, o momento para o exercício do direito de defesa é a data da audiência inaugural, de acordo com o previsto no art. 847 da CLT, independentemente da data da citação. Dessa forma, *admite-se o aditamento da inicial até a apresentação da defesa em audiência, visto que é neste momento que se dá a estabilização da lide trabalhista, desde que seja garantido o direito do contraditório ao Reclamado*. No caso concreto, não houve prejuízo ao pleno exercício do contraditório e da ampla defesa da Reclamada, visto que o Tribunal Regional informou que o pedido de aditamento da petição inicial ocorreu após a apresentação da contestação, mas consignou expressamente que *a audiência inaugural ainda não havia ocorrido e que, naquela oportunidade, foi deferido prazo à Reclamada para apresentação de contestação complementar, devidamente observado*, e somente após esse prazo e a apresentação da contestação complementar é que o Juiz procedeu à estabilização da lide. Precedentes. Recurso de Revista não conhecido" (TST. Processo n. RR-1652-59.2014.5.06.0005, 4ª Turma, Relatora Ministra Maria de Assis Calsing, DEJT 30.06.2017 – destaquei).

Agora, depois de recebida a defesa em audiência, já tendo sido formada a chamada *litiscontestatio*, *não se pode* admitir aditamento ou alteração de pedido nem mesmo no processo do trabalho, porque isso feriria de morte o princípio da estabilização da demanda, conduzindo a procrastinações incompatíveis com a celeridade que é a marca registrada do processo do trabalho (SILVA *et al.*, 2017, p. 39).

Mesmo após a citação do reclamado, será possível o aditamento ou a alteração do pedido ou da causa de pedir, inclusive na audiência, desde que o juiz assegure ao reclamado o contraditório efetivo.

Quanto à *emenda da petição inicial*, como é de todos sabido, o juiz do trabalho não despacha a referida petição. Recebida a reclamação trabalhista, o chefe de secretaria já verifica uma data disponível na pauta de audiências da vara do trabalho e, seguindo as diretrizes do juiz, inclui o feito na pauta e já notifica o reclamado para comparecer à audiência, enviando-lhe cópia da petição inicial, nos termos do art. 841 da CLT. Assim, o juiz só terá *contato* com a petição inicial, salvo em casos de requerimento de tutela antecipada ou de tutela cautelar de urgência, *na audiência*. Nada obsta que então, na audiência, de ofício ou apreciando preliminar de inépcia da inicial arguida em defesa, o juiz *determine* a *emenda* da petição inicial.

Tanto é assim que a *Súmula n. 263* do TST, há muito tempo, revela o entendimento de que o juiz do trabalho só pode indeferir a petição inicial se o reclamante, intimado a tanto, não a regulariza no prazo assinado. Ademais, o teor desta súmula foi atualizado para exigir do juiz do trabalho, nessa hipótese, a "indicação precisa do que deve ser corrigido ou completado", nos moldes do art. 321 do CPC de 2015. De modo que o advogado do reclamado não deve enfadar-se caso assinale inépcia da petição inicial e o juiz, na audiência, defira ao reclamante prazo (de 5, 10 ou 15 dias) para suprir a inépcia.

> "Somente se o reclamante deixar transcorrer *in albis* o prazo que lhe foi assinado, ou se não emendar satisfatoriamente sua petição inicial, o juiz do trabalho poderá proceder ao *indeferimento* da inicial trabalhista e extinguir o processo sem resolução do mérito" (SILVA *et al.*, 2017, p. 25).

É isso que se pode extrair, inclusive, da seguinte ementa do acórdão do Tribunal Regional da 1ª Região (Processo n. 0100390-63.2020.5.01.0053):

> RECURSO ORDINÁRIO. PEÇA EXORDIAL. INDEFERIMENTO. INÉPCIA. NECESSIDADE DE SE OPORTUNIZAR EMENDA – É dever do magistrado – e não mera faculdade – determinar a emenda da peça inicial quando esta padecer de qualquer defeito sanável. Somente se não for atendido é que poderá declarar a extinção do processo. Apelo obreiro provido. (TRT-1. Processo n. 0100390-63.2020.5.01.0053, 5ª Turma, Relatora Rosália Salim Villela Travesedo, j. 03.08.2022).

O tribunal destacou que, nos casos em que a petição inicial apresenta algum defeito sanável, é *dever do juiz* determinar que o autor da ação corrija a peça exordial, e não uma mera faculdade. Apenas se a parte não atender à determinação de emenda, o juiz poderá declarar a extinção do processo.

Na prática, o reclamante, na maior parte das vezes, emenda a petição inicial na própria audiência, porque quase sempre a inépcia diz respeito a meros complementos de dados. Por exemplo, para informar o intervalo intrajornada ou o horário de saída, ou os dias de prestação de serviços. Não custa lembrar que o juiz terá de *cooperar* com o reclamante, "indicando com precisão" (art. 321) o que deve ser complementado ou retificado.

> Somente se o reclamante nada fizer, ou se não emendar satisfatoriamente sua petição inicial, é que o juiz do trabalho poderá indeferir esta petição (Súmula n. 263 do TST).

Assim, sempre que possível, o juiz deverá *manter* a audiência. Contudo, se a emenda, o aditamento ou a alteração da causa de pedir de certa forma *surpreenderem* o reclamado, terá este direito ao *adiamento* da audiência para a *complementação* de sua defesa e a juntada de novos documentos. Até porque o art. 329, inciso II, do CPC, faculta ao reclamado, nessas situações, "o requerimento de prova suplementar".

Enfim, dependendo da prova que o reclamado tenha ao seu dispor, na ocasião, é muito *conveniente* a ele *concordar* com essas modificações, desde que haja *adiamento da audiência*, porque na audiência em prosseguimento terá condições de apresentar prova oral de *melhor qualidade*. De modo que o advogado do reclamado tem de conhecer todas as técnicas e as manejar de acordo com o interesse de seu cliente, e não permanecer aferrado a dogmas processuais.

5.5. DESISTÊNCIA DO RECLAMANTE: CUSTAS E SUCUMBÊNCIA

Também a *desistência* é outro instituto que por vezes gera controvérsias na audiência trabalhista. Primeiramente, há que se distinguir a desistência da *ação* da desistência de *pedido*. Ainda que despiciendo explicar, são situações distintas as referidas, pois o reclamante pode desistir de *toda* a demanda, o que normalmente conduz à extinção do processo sem resolução do mérito, ou desistir apenas de *algum* pedido, sendo que neste caso o processo prossegue até a solução final, em relação aos pedidos remanescentes.

Numa ou noutra situação, sempre se admitiu que o reclamante pudesse desistir (da ação ou de pedido) mesmo depois de oferecida a contestação, até porque a regra, no processo do trabalho, é a de apresentação de defesa oral, em audiência (art. 847 da CLT). Ainda que a defesa fosse escrita, no processo do trabalho, ela era recebida em audiência, e somente depois de frustrada a tentativa conciliatória. Contudo, o sistema do PJe *modificou* essa realidade, pois será necessário que o reclamado junte aos autos do processo eletrônico a defesa e documentos pertinentes *antes do início da audiência* (parágrafo único do art. 847).

Outrossim, o regramento do CPC mudou, pois o CPC de 1973 admitia a desistência enquanto não esgotado o prazo de contestação. Já o CPC de 2015 preconiza que, uma vez ofertada "a contestação, o autor não poderá, sem o consentimento do réu, desistir da ação" (art. 485, § 4º). Daí que, se o réu apresenta sua contestação em cinco dias, ainda que haja mais dez dias no seu prazo de reposta, a partir daquele ato, somente com a *anuência* dele (réu) é que o autor poderá desistir da ação. Acontece que o réu poderá ter *legítimo interesse* na solução do mérito, por dispor de documentos robustos que conduzam à improcedência dos pedidos, além de haver a possibilidade de condenação do autor ao pagamento de honorários de sucumbência em caso de desistência (art. 90 do CPC).

No *processo do trabalho*, foi acrescentado o *§ 3º ao art. 841* da CLT, regra segundo a qual, ofertada "a contestação, ainda que eletronicamente, o reclamante não poderá, sem o consentimento do reclamado, desistir da ação". De modo que, *também* no processo do trabalho, pela própria dicção legal, não seria possível a desistência do reclamante sem o consentimento do reclamado depois de *juntada* a contestação aos autos do processo eletrônico, pois a expressão legal é "oferecida" e não recebida. Assim, somente se o reclamado concordar é que poderia haver desistência da ação ou de pedido na audiência trabalhista, uma vez que, em regra, a defesa *já estará anexada* aos autos.

Para ilustrar essa questão, transcrevo a ementa do acórdão do Tribunal Regional do Trabalho da 3ª Região (Processo n. 0011000-65.2019.5.03.0149), na qual o TRT destacou que, embora a desistência seja, em sua essência, um ato unilateral do autor, esse cenário muda após o prazo para apresentação de defesa pelo réu. A partir desse momento, a desistência passa a depender do consentimento da parte contrária, conforme estabelecido no art. 485,

§ 4º, do CPC, aplicado de forma subsidiária ao processo trabalhista pelo art. 769 da CLT.

> DESISTÊNCIA DA AÇÃO APÓS O PRAZO PARA CONTESTAÇÃO. AUSÊNCIA DE ANUÊNCIA DA PARTE CONTRÁRIA. NULIDADE. A desistência da ação é, em tese, ato unilateral do Autor, que possibilita a extinção da relação jurídica processual sem a renúncia ao direito material, portanto, sem o julgamento do mérito, nos termos do artigo 485, VIII, do CPC, de aplicação subsidiária ao Processo do Trabalho (art. 769 da CLT). *Contudo, nos termos do art. 485, § 4º, do CPC, depois de decorrido o prazo para a resposta, a desistência está condicionada ao consentimento do Réu*. *Sem o consentimento não se permite que o Reclamante desista de qualquer pedido*. Tal exigência decorre do princípio da bilateralidade da ação, segundo o qual, ao exercer o direito de ação, o Autor cria para o Réu o direito de obter a tutela jurisdicional no próprio processo. Uma vez provocada a máquina judiciária e notificado o Reclamado para se defender, o direito de ação, que era do Autor, passa a ser também do Réu, sendo assegurado a ambos o devido processo legal. *Isso porque também o Reclamado possui interesse na prolação de decisão de mérito que lhe favoreça, a fim de que se forme a coisa julgada material, impedindo que nova ação seja proposta com idênticos fundamentos*. *In casu, havendo a Reclamada apresentado defesa e documentos, não é válida a homologação da desistência sem a sua anuência, pelo que há de ser considerada nula a sentença* (TRT-3. Processo n. 0011000-65.2019.5.03.0149, 1ª Turma, Relatora: Adriana Goulart de Sena Orsini, j. 25.01.2022 – destaquei).

Em verdade, não havia necessidade de se recorrer ao art. 485, § 4º, do CPC, porque a CLT já tem norma própria, a do § 3º do art. 841, acrescentado pela Lei n. 13.467/2017. Ainda assim, o entendimento exposto no julgado do TRT-3 tem como fundamento o princípio da bilateralidade da ação, que funciona como uma balança em equilíbrio. Quando a relação processual se instaura e o réu é chamado a se defender, o direito de ação, inicialmente nas mãos do autor, passa a ser "compartilhado" com o réu. O processo, antes unilateral, torna-se um palco no qual ambos têm o direito de ver o desfecho da disputa. Para o réu, isso inclui a expectativa de uma decisão com resolução de mérito, que pode resultar na formação da coisa julgada material, bloqueando a possibilidade de que o autor reabra o conflito com os mesmos argumentos.

No caso concreto, a reclamada já havia apresentado contestação e documentos no processo, e tinha formulado pretensão de improcedência, o que impossibilitava a homologação da desistência sem o seu consentimento. A homologação da desistência sem a anuência da parte contrária foi considerada inválida, e a sentença que a homologou foi declarada nula.

Contudo, alguns juízes ainda têm mantido a velha prática de homologar a desistência por parte do reclamante, sobretudo a de pedido(s), desde que apresentada durante a tentativa conciliatória ou *antes do recebimento* da defesa (SOUZA JÚNIOR *et al.*, 2018, p. 147-148). Até porque alguns reclamados insistem em juntar a defesa e documentos em *sigilo*. Nesse caso, a defesa não se tornou "disponível" à análise do reclamante. Então, nem seria possível alegar que a desistência seria maliciosa, para evitar sucumbência ou para a propositura da demanda em outros termos. Nessa hipótese (de sigilo), não tenho hesitado em *homologar a desistência*, a despeito da discordância do reclamado. Nesse sentido: SCHIAVI, 2020, p. 204.

A propósito, veja-se ementa de acórdão do Tribunal Regional da 8ª Região (Processo n. 0000465-44.2023.5.08.00050):

> RECURSO ORDINÁRIO DA RECLAMADA. PEDIDO DE DESISTÊNCIA DA AÇÃO. HOMOLOGAÇÃO SEM A ANUÊNCIA DA RECLAMADA. AUSÊNCIA DE RETIRADA DO SIGILO DA CONTESTAÇÃO APRESENTADA ANTECIPADAMENTE. Não há se falar em violação ao contrário ou à ampla defesa a decisão homologatória do pedido de desistência formulado pelo reclamante, sem a anuência da reclamada, antes da retirada do sigilo da contestação apresentada antecipadamente. Recurso improvido (TRT-8. Processo n. 0000465-44.2023.5.08.0005, 1ª Turma, Relatora: Suzy Elizabeth Cavalcante Koury, j. 28.02.2024).

Bem se vê que o Tribunal Regional do Trabalho da 8ª Região entendeu que não houve violação ao direito de defesa ou ao contraditório nesse caso. A decisão foi proferida antes que o conteúdo da contestação fosse divulgado (retirada do sigilo), o que significa que a defesa da reclamada ainda não havia sido exposta no processo, afastando, assim, qualquer prejuízo à ampla defesa.

Destarte, a Corte considerou que a homologação do pedido de desistência do reclamante, mesmo sem a concordância da reclamada, foi válida e não feriu nenhum direito processual da empresa, exatamente porque a defesa tinha sido apresentada em sigilo.

> Alguns juízes ainda têm mantido a prática de homologar a desistência por parte do reclamante, desde que apresentada antes do recebimento da defesa, principalmente quando esta é apresentada em sigilo.

Questão distinta é a da *renúncia*, pois de todos é sabido que a renúncia é um *ato unilateral* por meio do qual a parte se despoja de um direito material. É dizer, a renúncia é *ato material* e não meramente um ato processual. Destarte, o juiz sequer necessita consultar o reclamado sobre a renúncia, inclusive porque, quando o juiz homologa a renúncia à pretensão formulada, ele extingue o processo com *resolução do mérito* em relação àquele pedido (art. 487, inciso III, alínea "c", do CPC).

Contudo, para que possa ocorrer a renúncia, a procuração que concede poderes ao patrono do reclamante precisa outorgar *poderes específicos a tanto*, nos moldes do art. 105 do CPC. Obviamente, esse dispositivo normativo não se aplica em casos de *ius postulandi*.

Inclusive, o Tribunal Regional do Trabalho da 6ª Região tem acórdão significativo acerca desta condição de procedibilidade (Processo n. 0000327-31.2018.5.06.0192):

> RECURSO ORDINÁRIO. NULIDADE DA DECISÃO. PEDIDO DE RENÚNCIA DA AÇÃO. AUSÊNCIA DE PODERES ESPECÍFICOS. A renúncia à pretensão formulada na ação é ato privativo do autor, cujos efeitos são os mesmos da improcedência da ação, ou seja, conduz a um pronunciamento de mérito e à formação da coisa julgada, nos termos do que dispõe o art. 487, III, "c", do CPC/2015, razão pela qual a manifestação não é meramente formal, exigindo outorga de poderes especiais para que o advogado celebre renúncia ao direito da parte. No caso dos autos, o Advogado não detém poderes especiais para esse fim. De se declarar a nulidade processual, determinando-se o retorno dos autos à Vara de origem para apreciação dos pedidos extintos. Recurso provido. (TRT-6. Processo n. 0000327-31.2018.5.06.0192, 1ª Turma, Relatora: Maria do Socorro Silva Emerenciano, j. 17.12.2020).

No caso em questão, em resumo, o Tribunal Regional do Trabalho da 6ª Região verificou que o advogado do reclamante não possuía poderes especiais para manifestar a renúncia a direitos. Em razão disso, foi declarada a nulidade do processo, com a determinação de que o caso seja remetido de volta à Vara de origem para que os pedidos anteriormente "extintos" – o que se extingue, em verdade, é o processo, em relação aos pedidos objeto de renúncia – sejam devidamente analisados.

Ainda quanto à *desistência*, em alguns casos, sabendo que o reclamado não vai concordar com ela, o reclamante tem simplesmente ido embora do fórum, provocando, assim, o *arquivamento* da reclamatória. Nessas situações o advogado do reclamado fica bastante irritado e pede ao juiz que tome alguma providência. Contudo, a menos que haja prova de má-fé, ou seja, de que o reclamante realmente tenha ido embora para evitar alguma consequência processual, não resta ao juiz outro ato que não seja o de extinguir o processo sem resolução do mérito e determinar o *arquivamento* dos autos, pois é este o comando do art. 844 da CLT.

Quanto a todas essas matérias, resta saber sobre (i) recolhimento de *custas* e (ii) arbitramento de *honorários sucumbenciais*.

Havendo desistência ou renúncia, o juiz arbitrará as *custas pelo reclamante*, calculadas sobre o valor da causa, ainda que *proporcionalmente* à extensão da desistência ou da renúncia (da ação ou de pedido). Em regra, o juiz irá conceder ao reclamante os benefícios da justiça gratuita, isentando-o do recolhimento das custas. Quanto ao arquivamento, de se verificar o quanto já sustentei a respeito de custas.

Enfim, o advogado do reclamado, por vezes, insiste no arbitramento dos *honorários sucumbenciais*, tanto na hipótese de desistência como na de renúncia. A se aplicar a regra do art. 90 do CPC, o juiz teria mesmo de arbitrar os honorários, ainda que a desistência ou a renúncia sejam parciais (§ 1º do art. 90).

Contudo, penso que o regramento do art. 90 do CPC é *incompatível* com o processo do trabalho, primeiro, porque a Lei da Reforma Trabalhista, ao instituir de forma generalizada o instituto dos honorários de sucumbência no processo do trabalho, não tratou dessa hipótese (art. 791-A e §§ da CLT); segundo, porque o legislador reformista copiou para o processo do trabalho apenas algumas das hipótese previstas na longa normativa do art. 85 e §§ do CPC e, nem de soslaio, tocou nas hipóteses do art. 90 daquele Código; terceiro, porque entendimento contrário não atenderia ao *princípio da gratuidade* do processo do trabalho, embora este tenha sido duramente atacado pela Lei n. 13.467/2017.

É esse, inclusive, o entendimento do Tribunal Regional do Trabalho da 9ª Região, transcrito na ementa do seguinte acórdão (Processo n. 0000695-52.2020.5.09.0009): o caso em tela trata da questão dos honorários de sucumbência em situações de desistência, renúncia ou extinção do processo sem julgamento do mérito, o que leva ao arquivamento dos autos. O TRT-9, como supracitado, esclarece que, nessas circunstâncias, os honorários de sucumbência não são devidos.

> HONORÁRIOS DE SUCUMBÊNCIA. NÃO INCIDÊNCIA. DESISTÊNCIA, RENÚNCIA, EXTINÇÃO DO PROCESSO SEM JULGAMENTO DO MÉRITO. ARQUIVAMENTO DOS AUTOS. INAPLICABILIDADE DO ART. 90 DO CPC. O art. 791-A da CLT, é expresso quanto às hipóteses de cabimento de honorários: a) sobre o valor que resultar da liquidação da sentença; b) do proveito econômico obtido; c) não sendo possível mensurá-lo, sobre o valor atualizado da causa. A ausência de normas específicas na CLT, por si só, não permite a aplicação subsidiária do CPC, mormente considerando as características peculiares do litígio trabalhista, sobretudo para que seja possível assegurar, de forma ampla, a garantia constitucional de pleno acesso à Justiça. *Quanto aos honorários de sucumbência, a CLT refere-se expressamente ao valor da liquidação ou proveito econômico, de forma que não cabem honorários nas hipóteses de desistência, renúncia, extinção sem resolução de mérito (com arquivamento dos autos), pois não adveio crédito ou proveito econômico mensurável para a reclamada. Caso fosse objetivo do legislador condenar o reclamante a pagar honorários sucumbenciais nestas hipóteses, teria feito de forma expressa.* Ademais, o autor, quando ajuíza a ação, não dispõe de todos os documentos necessários para verificar o alcance de sua demanda, apenas vindo a ter contato com os mesmos, no prazo para impugnação, – primeira oportunidade de verificar eventual quitação de direitos postulados –, autorizando-se, em decorrência, a desistência ou renúncia dos pedidos, sem qualquer ônus (TRT-9. Processo n. 0000695-52.2020.5.09.0009, 7ª Turma, Relator: Eduardo Milleo Baracat, j. 29.07.2021 – destaquei).

Muito interessante essa ponderação no sentido de que o art. 791-A da CLT estabelece as hipóteses de cabimento dos honorários advocatícios no processo do trabalho, sendo as que seguem: (i) sobre o valor da liquidação da sentença; (ii) sobre o proveito econômico obtido; ou, (iii) quando este não puder ser mensurado, sobre o valor atualizado da causa. No entanto, nas hipóteses de desistência, renúncia ou extinção do processo sem resolução do mérito, o processo é "arquivado", sem que haja proveito econômico ou crédito para a reclamada. Como não existe uma base financeira mensurável, o tribunal conclui que os honorários não são aplicáveis.

O julgado também ressalta que a ausência de regras específicas na CLT para esses casos não implica na aplicação automática do artigo 90 do CPC, que trata dos honorários de sucumbência no processo civil. O tribunal decide, com razão, que o processo do trabalho tem suas peculiaridades, especialmente no que tange à garantia de amplo acesso à Justiça, prevista constitucionalmente, e que a aplicação subsidiária do CPC não deve contrariar essas características próprias da Justiça do Trabalho. Além disso, se o legislador tivesse a intenção de impor esses honorários ao reclamante em tais casos, isso teria sido feito de forma expressa, quando da edição da Lei n. 13.467/2017.

Ademais, se o caso é de *arquivamento*, neste nem se pode cogitar de honorários de sucumbência, porque o art. 90 do CPC sequer menciona essa hipótese.

> Não há falar em honorários de sucumbência na desistência porque o regramento do art. 90 do CPC é incompatível com o processo do trabalho.

5.6. RESPOSTAS DO RECLAMADO

Como é sabido, houve profunda alteração nas hipóteses de resposta do reclamado no CPC de 2015. Desde março de 2016, no processo civil, o réu pode apresentar apenas *contestação* e/ou *reconvenção*, já que desapareceu do sistema processual comum a figura da exceção processual. De tal modo que a incompetência do juízo, "absoluta ou relativa, será alegada como questão preliminar de contestação", nos termos do art. 64, *caput*, do CPC. No mesmo sentido, disciplina o art. 337 do CPC que, "antes de discutir o mérito", o réu tem a incumbência de alegar "incompetência absoluta e relativa" (inciso II). Não há mais dúvida: a *incompetência territorial* (relativa) somente pode ser arguida, no processo civil, como *preliminar* da contestação.

Diferentemente, o *processo do trabalho* ainda conserva as três hipóteses de resposta do reclamado, que pode apresentar defesa, reconvenção (aplicação subsidiária do CPC) e *exceções dilatórias* do feito, como as de suspeição (e de impedimento) e de *incompetência*, nos termos do art. 799 da CLT.

5.6.1. Exceção de incompetência territorial

Numa interpretação literal dos arts. 799 e 800 da CLT, no processo do trabalho, é aplicável o *seguinte procedimento* à exceção de incompetência territorial:

1º) a incompetência relativa ou em razão do território terá de ser alegada sempre mediante *exceção* e no prazo improrrogável de *cinco dias úteis*, a contar da notificação citatória;

2º) essa arguição irá suspender o processo, inclusive a audiência designada, por óbvio;

3º) o reclamante será intimado e, se houver litisconsortes passivos, estes também, para que todos possam se manifestar no *prazo comum* de cinco dias úteis;

4º) se houver necessidade de produção de prova oral, o juiz deverá designar *audiência* ou manter a já designada, mas garantindo ao excipiente o direito de ser ouvido e de ouvir suas testemunhas *no juízo que houver indicado* como competente na exceção, para o que se fará necessária a expedição de *carta precatória*;

5º) apenas após a produção da prova oral, se for necessária, é que o juiz decidirá a exceção de incompetência territorial, decisão contra a qual *não cabe* recurso imediato, salvo na hipótese tratada na Súmula n. 214 do TST;

6º) na sequência, o processo *retomará* o seu curso, no juízo onde distribuída a reclamação, se rejeitada a exceção, ou no juízo indicado pelo excipiente, caso acolhida a exceção.

É o procedimento inserido no processo do trabalho pela Lei n. 13.467/2017, que promoveu *profundas alterações* no art. 800 da CLT, ali incluindo os seus quatro parágrafos.

Sendo assim, houve uma mudança radical e, em certa medida, extremamente prejudicial ao reclamado, porque agora ele terá o *prazo preclusivo* de cinco dias úteis para apresentar a exceção de incompetência. Não o fazendo, haverá *preclusão temporal* e não poderá arguir a questão como preliminar da defesa (SOUZA JÚNIOR *et al.*, 2018, p. 149). Trata-se, portanto, de prazo *peremptório*.

Poder-se-ia questionar se o reclamado, valendo-se do *ius postulandi*, poderia apresentar a exceção de incompetência territorial, oralmente, na audiência. A resposta é *negativa* e, na prática, não haveria muito resultado no expediente, tendo em vista que o reclamado já teria se deslocado até o juízo onde foi designada a audiência. É dizer, se o reclamado já está participando da audiência em outra subseção judiciária, qual seria seu interesse em ver acolhida a exceção? Com efeito, o *procedimento* do art. 800 e §§ da CLT é similar ao do art. 340 e §§ do CPC, e o objetivo de sua utilização é o de *evitar* que o reclamado tenha que *se deslocar* até o juízo onde a causa é processada. Se o reclamado já se encontra neste juízo, que o processo prossiga ali.

5.6.2. Contestação

Relativamente à *contestação*, como já ponderado várias vezes, no processo do trabalho, a defesa seria apresentada oralmente na audiência trabalhista, sobretudo quando o reclamado estiver se valendo do i*us postulandi*, mas, *em regra*, ela é apresentada por escrito (art. 847 e parágrafo único da CLT).

Uma diretriz nunca lembrada é a de que a defesa do reclamado, quando oral, seria apresentada "após a leitura da reclamação", a menos que ambas as partes dispensem essa leitura, nos moldes do *caput* do art. 847. *Na prática*, o juiz não tem feito a leitura da petição inicial, até porque isso implicaria em atraso na pauta de audiências. Contudo, o advogado do reclamante *não pode* se assustar quando o juiz passar a questionar pontos importantes da petição inicial ao reclamado, para facilitar a sua defesa oral, já que, pela regra, o juiz teria que ler a petição *inteira*. Daí que a audiência flui bem melhor e até de forma mais rápida quando o juiz vai *questionando* o reclamado sobre os fatos da inicial e já *ditando* a defesa dele ao secretário de audiências, porque muitos reclamados são pessoas tão simples que sequer teriam condições de fazer uma defesa adequada. *Cooperação* é o nome dessa prática e está alicerçada no art. 6º do CPC.

Também no processo do trabalho o reclamado, ao elaborar sua defesa escrita, tem de seguir a *ordem lógica das preliminares*, das prejudicais de mérito e das questões meritórias propriamente ditas. Nas preliminares, ele deve seguir a ordem dos pressupostos processuais subjetivos, primeiro, em relação à pessoa do juiz, depois, em relação à parte contrária, após isso examinando os pressupostos objetivos, que dizem respeito à sequência do procedimento, para somente depois preocupar-se com as condições da ação.

Entretanto, há inúmeras *providências saneadoras* que o reclamado pode requerer e, para facilitar a análise do juiz na audiência, elas devem ser formuladas no início da defesa. Citam-se, como exemplo, questões relacionadas à retificação do nome das partes, observância do prazo legal, adequação do rito processual (impugnação ao valor da causa) e outras. Por lealdade processual, o advogado deve *reiterar os requerimentos* saneadores oralmente, na audiência, para que o juiz delibere sobre eles antes de passar à instrução do feito.

Outra questão relacionada à defesa e que desperta atenção na audiência trabalhista é a de o reclamado *reconhecer que deve* ao reclamante alguma *verba*, que se torna, portanto, incontroversa. Para evitar a aplicação da multa do art. 467 da CLT (SOUZA JÚNIOR *et al.*, 2018, p. 154), nesse caso, logo no início da tentativa conciliatória o reclamado deve informar que, frustrada a conciliação, irá fazer o pagamento, ao reclamante, daquilo que entende realmente devido. Por óbvio, havendo esse pagamento, o reclamado tem direito de ver *discriminados*, em ata, não somente a verba e o valor correspondente, mas também a forma de pagamento, especialmente se feito em moeda corrente do país.

O reclamante, nesse caso, não deve apresentar objeções ao recebimento de valores, ainda que irrisórios, pois basta que *proteste por diferenças* e as demonstre no próprio ato, na réplica ou em razões finais, para que o juiz leve em conta as diferenças quando do julgamento do feito.

No mais, o reclamado tem de observar o regramento dos arts. 336 a 342 do CPC, aplicável, na sua essência, ao processo do trabalho. Assim, deve atentar não somente para a *ordem lógica* das matérias a serem arguidas, mas também para os *princípios* da *eventualidade* e da *impugnação especificada*, para evitar preclusão temporal ou consumativa porque, uma vez apresentada a defesa, em regra, não é possível que o reclamado apresente novas alegações defensivas após aquele ato.

5.6.3. Reconvenção

Enfim, quanto à *reconvenção*, que não encontra previsão expressa na CLT, a não ser a referência a ela no regramento de honorários de sucumbência (§ 5º do art. 791-A da CLT), há muito tempo se tem admitido essa forma de resposta do reclamado na Justiça do Trabalho. Contudo, a despeito da informalidade do processo do trabalho, o reclamado, ao propor esta *demanda incidental* em face do reclamante, deve atentar para as normas do processo civil, que estão insculpidas no *art. 343 e §§ do CPC.*

Com efeito, a partir da vigência do CPC/2015 a reconvenção tem de ser proposta *"dentro" da peça* de contestação. Ademais, só é possível ao reclamado formular *pretensão material* em reconvenção se esta for "conexa com a ação principal ou com o fundamento da defesa" (*caput* do art. 343). É dizer, *não cabe* reconvenção se o reclamado deduzir fatos que em nada se relacionam com os fatos afirmados pelo reclamante ou com os fatos aduzidos em sua própria defesa. Há de haver conexão (dependência), um *encadeamento mínimo* entre esses fatos. Por exemplo, o reclamante postula o pagamento das verbas rescisórias, e o reclamado, em defesa, alega justa causa; em reconvenção, o reclamado postula em seu favor indenização de danos porque o reclamante, embriagado, foi o responsável pelo acidente de trânsito envolvendo o caminhão por este conduzido.

> Não cabe reconvenção se o reclamado deduzir fatos que em nada se relacionam com os fatos afirmados pelo reclamante ou com os fatos narrados em sua contestação.

Daí que o objeto da reconvenção é bem restrito, embora a doutrina do processo civil admita com certa tranquilidade a *reconvenção à reconvenção*. No exemplo *supra*, o reclamante, ao contestar a reconvenção do reclamado, alega que o acidente se deu por problemas nos freios do caminhão e que jamais trabalhou embriagado, postulando em seu favor, na sua reconvenção, *indenização por dano moral*.

> É cabível reconvenção à reconvenção, inclusive no processo do trabalho.

Outra questão sobre esse instituto é a de saber se, no processo do trabalho, a reconvenção pode ser *oral*. Se a defesa for oral e desde que o reclamado utilize os 20 minutos de que dispõe para sua resposta, *nada obsta* que a reconvenção seja oral. Agora, se a defesa foi apresentada por escrito, pela dicção do art. 343, *caput*, do CPC, é *no bojo dela* que deveria ser proposta a reconvenção. Ocorre que, na prática, os juízes têm admito complemento oral – registrado na ata de audiência –, da defesa escrita. Nesse caso, por que não se poderia admitir a reconvenção oral? Pela *informalidade* do processo do trabalho, *excepcionalmente*, seria possível admitir essa reconvenção oral, desde que a parte *esteja presente*, pois o advogado, sozinho, não poderá reconvir, como já examinamos anteriormente.

Questão interessante diz respeito ao *prazo para contestação* à reconvenção. No processo civil, como a defesa é apresentada em cartório, o autor será intimado, na pessoa de seu advogado, para apresentar resposta no prazo de 15 dias. Daí por que esta resposta pode abranger também a reconvenção (à reconvenção), como já referido. No *processo do trabalho*, sempre que possível, a contestação do reclamante deveria ser feita na própria audiência, principalmente em casos simples de reconvenção, evitando-se o adiamento da audiência. Em *casos complexos* ou nos quais o reclamante invoque seu direito ao contraditório e à ampla defesa, recebida a reconvenção, o juiz deve deferir o requerimento do reclamante, adiando a audiência e lhe concedendo *prazo para resposta*.

Sobre a *produção de provas*, em regra, o juiz instrui os fatos da ação e da reconvenção *em conjunto*, até pela conexidade entre os temas. Contudo, o advogado do reclamado não pode deixar para anunciar a propositura da demanda reconvencional "no meio" da instrução, causando surpresa à outra parte e até ao juiz. Nesse caso, o juiz pode até indeferir a produção de prova a respeito dos fatos narrados na reconvenção, porque a atitude do advogado do reconvinte não foi leal e cooperativa.

Quanto à *desistência da ação (principal)*, de todos é sabido que a desistência da ação ou mesmo "a ocorrência de causa extintiva que impeça o exame de seu mérito não obsta ao prosseguimento do processo quanto à reconvenção" (§ 2º do art. 343). De modo que o processo pode prosseguir *exclusivamente* em relação à causa reconvencional.

Enfim, quanto às *custas* e *honorários sucumbenciais* na reconvenção, há de se observar o quanto segue. A reconvenção é uma demanda do reclamado em face do reclamante e, portanto, nela tem de haver causa de pedir e pedido suficiente para a apreciação do juízo, além do que o reclamado tem de atribuir um *valor* específico para a *causa reconvencional* (art. 292, *caput*, do CPC). É sobre esse valor da causa que serão *calculadas as custas*, se a pretensão da reconvenção for julgada improcedente, se o reconvinte desistir da reconvenção ou se ocorrer alguma causa extintiva da demanda reconvencional. Ademais, pode haver *inépcia da reconvenção* e, nesse caso, aplica-se à emenda (da reconvenção) o quanto já exposto a respeito da emenda da petição inicial.

Em relação aos *honorários de sucumbência*, como já dito, o art. 791-A, § 5º, da CLT, não deixa margem a dúvidas de que são mesmo "devidos honorários de sucumbência na reconvenção". Assim, se o reconvinte for sucumbente, terá de pagar honorários em favor do advogado da parte contrária, e se o reconvindo sucumbir, será ele o condenado ao pagamento de honorários, quando do julgamento do *mérito* da reconvenção. Para sermos coerentes, *não haverá* condenação em honorários nos casos de desistência ou de renúncia ao direito pleiteado na causa reconvencional, porque o regramento do art. 90 do CPC é incompatível com o processo do trabalho.

> São devidos honorários de sucumbência na reconvenção (art. 791-A, § 5º, da CLT).

5.7. RÉPLICA

Já manifestamos nossas impressões mais importantes a respeito da réplica, bastando, nesse passo, pontuar outras questões, mas relembrando o quanto já explanado.

No processo do trabalho *não há réplica*, mas apenas exigência de que o reclamante se manifeste sobre os documentos juntados pelo reclamado, de preferência na própria audiência, nos termos do art. 852-H, § 1º, da CLT. De modo que não se mostra arbitrário o ato do juiz que, na *audiência una*, recebe a defesa e já passa à instrução, reservando ao reclamante a oportunidade de manifestar-se sobre a defesa e os documentos em *razões finais*. Por óbvio que, sendo audiência inicial, ou havendo necessidade de adiamento da audiência, nada obsta que o juiz defira ao reclamante prazo razoável de 10 ou 15 dias para se manifestar em réplica.

Agora, se o juiz determinar ao reclamante que apresente *réplica oral*, em audiência, qual o prazo que o reclamante terá para tanto? A lei não disciplina sobre isso e, *na prática*, os juízes têm concedido ao reclamante um prazo de 5 ou 10 minutos para a impugnação. Como já dito, em prazo tão exíguo, o reclamante tem que manter o *foco no essencial*, nesta ordem de "prioridades": 1º) análise e impugnação dos *documentos*, com atenção especial a cartões de ponto e recibos de pagamento; 2º) verificação dos fatos afirmados na defesa, na busca de constatar *fatos incontroversos*, que dispensariam a produção de prova oral; 3º) rebate a algumas preliminares que possam *influir* no julgamento da demanda, como, por exemplo, de incompetência absoluta, inépcia da inicial, litispendência e coisa julgada; 4º) se houver tempo, impugnação às teses jurídicas lançadas na defesa, com atenção aos fatos impeditivos, modificativos ou extintivos do seu direito. É, inclusive, o que se extrai da análise dos arts. 350 e 351 do CPC, dispositivos dedicados à réplica, no processo civil.

> Na réplica, o foco principal deve ser a análise e impugnação dos documentos, com atenção especial aos cartões de ponto e recibos de pagamento.

Algumas questões remanescentes: 1ª) se o reclamante estiver se valendo do *ius postulandi*, nada obsta que o juiz faça uma leitura objetiva da defesa para propiciar a ele a réplica oral, se for o caso; 2ª) o advogado do reclamante tem direito de conversar com seu cliente no momento em que está apresentando a réplica, mas como o tempo é exíguo, pode requerer ao juiz que *essa conversa seja feita antes* da contagem do prazo de 5 ou 10 minutos, principalmente em relação à análise de *cartões de ponto*; 3ª) o advogado precisa estar atento para a *falta* de documentos essenciais, como cartões de ponto em parte do período, ou para a *inidoneidade* dos documentos, como no caso de cartões de ponto com horários britânicos (uniformes).

Até porque, nessa terceira hipótese o advogado deve *requerer* a aplicação dos termos da *Súmula n. 338* do TST, melhorando de modo significativo a posição do seu cliente para a produção da prova oral, com a *inversão do ônus da prova*, como veremos em capítulo próprio.

De outro lado, se o juiz assinalou prazo específico para manifestação sobre os cartões de ponto e o reclamante não apresenta impugnação *precisa* a esses documentos, com argumentos convincentes, o juiz poderá considerar preclusa a oportunidade de fazê-lo e indeferir a produção de prova oral sobre os cartões, bem como acerca da jornada de trabalho praticada.

5.8. AUDIÊNCIA DE INSTRUÇÃO EM PROSSEGUIMENTO

Terminada a réplica ou sendo ela dispensada, o juiz precisa, em algumas situações, *sanear o processo* para a imediata coleta da prova oral ou, dependendo do caso, para designar audiência de instrução em prosseguimento.

Dependendo do fato que ocorra na audiência, é possível até mesmo que o juiz transforme a audiência una "em inicial", *cindindo* a audiência. O que o juiz não pode é transformar uma audiência inicial em una, surpreendendo as partes que, na maioria das vezes, não terão levado suas testemunhas à audiência (SOUZA JÚNIOR *et al.*, 2018, p. 123-124).

Se o juiz *interrogar as partes*, e delas extrair confissões, inclusive por desconhecimento do preposto quanto aos fatos controvertidos, poderá até encerrar a instrução processual, ainda que se trate de audiência inicial. No entanto, se houver *fundados protestos* por cerceamento de defesa, melhor será a designação de audiência de instrução em prosseguimento, para se evitar a declaração de nulidade (por cerceamento de defesa) no tribunal.

Solucionados os problemas de ordem processual, na designação da audiência de instrução em prosseguimento, convém que o juiz faça constar *em ata todas as diretrizes* para a sequência do processo. O advogado, então, deve *ler atentamente* a ata de audiência, porque ali constarão diretrizes a respeito de intimação de testemunhas, comprovação do convite a elas, condução coercitiva de testemunhas e outras situações a respeito da prova oral.

> Na designação da audiência de instrução em prosseguimento, o advogado deve ler atentamente o que constou da ata de audiência (adiada).

Havendo *necessidade* da realização *de perícia*, esta deve ser concretizada *antes* da coleta da prova oral, por uma razão muito simples: se houver *con-*

trovérsia a respeito de fatos narrados na diligência pericial ou constatados pelo perito, haverá *necessidade* de se ouvir as partes e testemunhas a respeito desses fatos. Melhor, então, que os depoimentos delas sejam tomados numa *única assentada*, na qual partes e testemunhas serão inquiridas sobre esses fatos e também sobre os demais fatos controvertidos, tudo de uma só vez.

Nesses casos, invariavelmente, constará da ata de audiência todo o *calendário processual*, com prazos preclusivos para manifestações das partes sobre o laudo pericial, sobre os esclarecimentos do perito, podendo constar, ainda, prazos para a juntada de documentos, de demonstrativos e para manifestações da parte contrária. Em regra, esses prazos são *preclusivos* e, no silêncio da parte, ela não poderá produzir prova oral posteriormente.

Enfim, como se poderá verificar mais adiante, na manifestação sobre o laudo pericial poderá haver (i) impugnação *técnica* e (ii) impugnação *fática*. Apenas a respeito de *fatos devidamente impugnados* é que se poderá produzir prova oral em audiência. O advogado precisa estar atento a isso. Se ele não *delimitar* o fato na impugnação ao laudo do perito, apontando com precisão *fato determinado* e relevante, terá seu requerimento de prova *indeferido* na audiência de instrução.

Vistos os eventos ou incidentes mais importantes dos primeiros passos da audiência inicial ou una, poderemos, então, investigar sem receio a *extensa temática* da produção da prova oral na audiência trabalhista. Na sequência, passaremos ao estudo dessa matéria.

5.9. VERIFICAÇÃO DE APRENDIZAGEM

1) Como evitar o recolhimento das custas no arquivamento da reclamação trabalhista?
2) Qual o melhor momento para se requerer a suspensão do direito de ação por conta dos arquivamentos?
3) Se o advogado já tiver juntado a defesa nos autos (PJe), mesmo assim haverá revelia? E confissão? Ele pode requerer a realização de defesa oral, se o reclamado não estiver presente?
4) O reclamado pode requerer a produção de provas, mesmo sendo revel? Como convencer o juiz sobre essa questão?
5) Qual a diferença entre aditamento e emenda da petição inicial?
6) Pode haver aditamento ou emenda da petição inicial depois da citação, no processo do trabalho?

7) Até qual momento processual pode haver desistência da ação ou de pedidos no processo do trabalho, sem a concordância do reclamado?

8) É possível que o reclamado alegue exceção de incompetência em audiência, diante do prazo tão exíguo de 5 dias para tanto?

9) Em que situações cabe reconvenção no processo do trabalho?

10) O reclamante pode apresentar reconvenção à reconvenção?

11) O reclamante tem direito a réplica no processo do trabalho? Em qual prazo?

12) Qual o prazo de razões finais no processo do trabalho? É necessário renovar os protestos em razões finais?

Capítulo

6

AUDIÊNCIA DE INSTRUÇÃO E TEORIA GERAL DA PROVA

6.1. AUDIÊNCIA DE INSTRUÇÃO E A PROVA ORAL

A *audiência de instrução*, no processo do trabalho, é um *palco* onde os bons atores sempre conseguem melhores resultados do que os atores despreparados. Diante da intensa *oralidade* do processo do trabalho e da extrema concentração de atos processuais, na audiência de instrução e na audiência una em que já percorridas as primeiras etapas, surge a necessidade da produção de prova oral. E essa produção probatória desafia o juiz e principalmente os advogados trabalhistas, dada a enorme quantidade de temas que podem vir à tona nas discussões que ali se travam e na coleta da prova de modo mais específico.

Como dizia Carnelutti, *as provas são o coração do processo* (*Apud* SCHIAVI, 2008, p. 445). É a audiência de instrução, na qual se dá a produção da prova oral, portanto, o "espaço-tempo" em que ocorrem as maiores *pulsações* no curso do processo. De modo que o juiz e os advogados devem estar devidamente preparados para as inúmeras intercorrências que podem surgir na coleta da prova oral.

Máxima de Carnellutti: as provas são o coração do processo.

De saída, no entanto, mister que se proceda a uma acurada análise da *teoria geral da prova*, para que se tenha bem presente uma noção dos principais institutos relacionados a essa temática e, posteriormente, os atores jurídicos possam ter condições de entender e dominar todas as técnicas que podem ser utilizadas na produção da prova oral. Não basta saber sobre depoimento pessoal, interrogatório, confissão real, confissão ficta e prova testemunhal. Antes, é necessário bem conhecer os *institutos fundamentais* da teoria geral da prova.

É bom que os atores jurídicos se deem conta de que existe um *direito fundamental à prova*. O acesso à Justiça não pode significar apenas a possibilidade de se ingressar com a demanda e de se defender quanto à postulação levada a juízo. É preciso garantir às partes a *efetiva participação* no processo, de modo a assegurar-lhes a sua atuação democrática. É dizer, as partes têm o direito de *influir eficazmente* na decisão judicial que vai ser tomada. De que adianta assegurar-se às partes uma participação efetiva em termos de manifestações e insurgências, se a elas não forem assegurados todos os mecanismos de prova de que elas podem se valer para demonstrar ao juiz que os fatos que dão suporte à demanda e/ou à defesa realmente existiram.

Ocorre que, no *processo civil,* há uma extensa normativa a respeito da prova judicial, havendo 116 artigos no CPC, apenas no capítulo "Das Provas" (arts. 369 a 484 do CPC), ao passo que a CLT tem apenas 13 artigos que tratam da matéria (arts. 818 a 830). Além disso, no processo civil se dá um valor extremado à *prova documental*, que ganha do legislador a maior parte das normas relacionadas às provas (arts. 405 a 441), sem contar os arts. 396 a 404, que tratam da exibição de documento ou coisa, o que corresponde a aproximadamente 40% dessa normativa.

De outro lado, no *processo do trabalho* a *prova testemunhal* torna-se o meio de prova mais destacado, mencionado nos arts. 819 a 825, 828 e 829 da CLT, ocupando, assim a maior parte da escassa normativa a respeito de produção probatória na Justiça do Trabalho (cerca de 70%). Até porque o *princípio da primazia da realidade*, embora seja de direito material, produz manifestos reflexos no âmbito do processo, revelando a importância da prova testemunhal no processo laboral.

Nessa temática, há de se verificar a existência de *quatro institutos fundamentais*, a saber: (i) princípios específicos da prova, (ii) ônus da prova, (iii) meios de prova e (iv) técnicas de produção probatória. Estes institutos permeiam o que se poderia chamar de *"coração" da teoria geral da prova.* Ademais, nessa teoria geral, há de se analisar com precisão os arts. 369 a 380 do CPC, que disciplinam *disposições gerais* a respeito das provas e, no processo do trabalho, os arts. 765, 818 e §§, e 852-D da CLT.

> *Há quatro institutos fundamentais na teoria geral da prova:* princípios, meios de prova, ônus da prova e técnicas de produção probatória.

A tudo isso dedicaremos os tópicos que seguem. Contudo, antes de analisarmos estes institutos fundamentais, devemos proceder a um breve exame do conceito e do objeto da prova, bem como das regras de hermenêutica mais importantes a respeito da (des)necessidade de produção probatória.

6.2. CONCEITO, FINALIDADE E OBJETO DA PROVA

Os doutrinadores apresentam conceitos mais extensos ou mais sintéticos sobre a prova judicial, merecendo destaque o conceito de Dinamarco:

> [...] prova é um *conjunto de atividades de verificação e demonstração, mediante as quais se procura chegar à verdade quanto aos fatos relevantes para o julgamento* (destaques no original) (DINAMARCO, 2004, p. 43).

Penso que a *prova*, numa noção bem objetiva, é *todo mecanismo* colocado à disposição das partes para que consigam *convencer o juiz* a respeito da *existência* do fato afirmado na causa de pedir, nas razões defensivas e/ou em manifestações posteriores.

Daí se extrai a *finalidade da prova*, que só pode ser a expressamente referida na parte final do *art. 369* do CPC. Com efeito, as partes têm o direito de utilizar os meios de prova típicos ou atípicos "para provar a verdade dos fatos em que se funda o pedido ou a defesa e influir eficazmente na convicção do juiz". Esse é o objetivo da prova: *influir diretamente* no juízo de valor que será manifestado pelo juiz a respeito dos fatos controvertidos; é dizer, *influir de modo eficaz* na convicção que o juiz irá formar na análise da prova produzida. As partes têm o legítimo direito de *tentar convencer* o juiz de que suas afirmações estão do lado da justiça.

> *Finalidade da prova:* influir diretamente no juízo de valor que será manifestado pelo juiz a respeito dos fatos controvertidos.

Uma pequena observação: não se prova a verdade dos fatos, mas a *existência* dos fatos afirmados e negados. O fato existiu ou não existiu. O que é verdadeiro ou falso é o discurso (por vezes escrito) da parte a respeito de determinado fato. As alegações das partes é que são "verazes ou mentirosas", surgindo, daí, "a pertinência de prová-las, ou seja, demonstrar que são boas e verazes" (DINAMARCO, 2004, p. 58). Por isso, insistirei na expressão "existência" dos fatos sempre que falar de provas neste Manual.

A respeito do tipo de prova de que a parte pode se valer para atingir essa finalidade, a doutrina sempre menciona que temos um *sistema aberto* na teoria geral da prova, o que se extrai do exame da primeira parte do art. 369 do CPC. Com efeito, as partes podem se valer de todos os meios legais, ou seja, tipificados em lei, mormente no Código de Processo Civil, podendo valer-se ainda de outros meios de prova não especificados no CPC, desde que "moralmente legítimos". Destarte, há meios de prova *típicos* e *atípicos*, diretos e indiretos, sendo que mais adiante trataremos desses meios de provas e os especificaremos.

Quanto ao *objeto da prova*, de se examinar o art. 374 do CPC, porque independem de prova os fatos (i) notórios, (ii) confessados pela parte contrária, (iii) incontroversos e (iv) presumidos. Daí que o objeto da prova sempre estará relacionado a *fatos controvertidos*. Se não houve a devida controvérsia, sempre verificável pela impugnação especificada à tese da parte contrária (antítese), não há possibilidade de se exigir a produção de provas, quer materiais, quer orais.

Assim, o *objeto da prova* exige: (i) fatos *determinados*, no tempo, no espaço e no modo como ocorreram; (ii) *controvertidos*, com debate específico sobre eles; (iii) *relevantes*, porque não se produz prova sobre fatos acessórios, que não têm poder de influir de modo eficaz na convicção do juiz; e (iv) *pertinentes* ao litígio, pois não interessa a existência ou inexistência de fatos que digam respeito a terceiros, em regra.

Para exemplificar, no processo do trabalho só cabe *instrução de horas extras* se houver horário preciso, determinado, em relação ao início, ao intervalo e ao término da jornada, bem como em relação aos dias de prestação de serviços, e desde que esses fatos sejam todos controvertidos. De igual modo, somente se instrui a respeito de *acidente do trabalho*, se este foi determinado no tempo, no espaço e com a especificação clara de como ele ocorreu.

> <u>*Objeto da prova:*</u> fatos determinados, controvertidos, relevantes e pertinentes ao litígio.

6.3. REGRAS DE HERMENÊUTICA A RESPEITO DA PROVA

Não se pode confundir princípios com simples regras de hermenêutica. *Princípios* são *fundantes*, são o alicerce sobre o qual se funda todo o sistema, nesse caso, o sistema processual, ou a base de apoio sólido de institutos importantes desse sistema, por exemplo, do instituto da prova judicial.

Paulo Bonavides nos ensina que os princípios, em sua teorização na idade do pós-positivismo, tornaram-se as *normas fundamentais* do sistema constitucional, espraiando-se para todo o sistema normativo. Para ele, a teoria dos princípios "se converteu no coração das Constituições" (BONAVIDES, 2006, p. 281-293).

Regras de hermenêutica, a sua vez, são *diretrizes* que auxiliam o intérprete na escolha do melhor caminho interpretativo, diante de situações concretas, que por vezes não contam com uma regra específica. Como já afirmei alhures, distinguindo os princípios das regras de hermenêutica, estas "são locuções que auxiliam na interpretação da regra jurídica"; são, pois, "regras que auxiliam o intérprete em sua atividade" (SILVA, 2017, p. 87 e 172-174 – para quem desejar se aprofundar na teoria da interpretação jurídica, indico este meu estudo: **Magistratura e temas fundamentais do direito:** reforma trabalhista e direito intertemporal, LTr.)

Há pelo menos *três regras* de hermenêutica que são extremamente importantes na teoria geral da prova e se aplicam plenamente no processo do trabalho, motivo pelo qual procederemos à análise dessas regras, na sequência.

6.3.1. Prova-se o fato e não o direito

Em conformidade com o *art. 376* do CPC, se a parte "alegar direito municipal, estadual, estrangeiro ou consuetudinário provar-lhe-á o teor e a vigência, se assim o juiz determinar". Daí que a prova, em regra generalíssima, sempre dirá respeito a um *fato*. Apenas excepcionalmente exige-se prova do direito. De sorte que apenas se o juiz não conhecer a legislação municipal, estadual, o Direito de outros países ou os usos e costumes do lugar, é que ele poderá determinar à parte que houver invocado a norma jurídica, que prove (i) o teor e (ii) a vigência dessa norma. De modo que se o juiz conhece essa normativa, não haverá necessidade de produção de prova a seu respeito.

Agora, se o juiz determinar a prova do direito, *qual o mecanismo de prova* que pode ser utilizado para tanto? Essa prova se dará na forma *documental*. É dizer, a parte deverá colacionar aos autos cópia da legislação ou de aplicação concreta dos usos e costumes, por meio de um *documento* inserido nos autos. Contudo, não basta juntar apenas a parte da lei que interessa ao requerente, pois ele terá de juntar *cópia integral* da lei e, ainda, demonstrar que ela se encontra em vigor.

Na prática, na Justiça do Trabalho, essas questões giram em torno de leis municipais quando o regime adotado para os servidores públicos for o celetista, pois muitas vezes o juiz não conhece a normativa do estatuto dos funcionários públicos do município, bem como de suas autarquias e fundações públicas. De se ressaltar: *primeiramente* haverá de se verificar qual o regime jurídico adotado pelo ente público, se estatutário ou celetista, pois é sabido que a Justiça do Trabalho não tem competência para examinar as ações trabalhistas dos servidores públicos estatutários (ADI n. 3395 MC/DF).

Enfim, é necessário haver *determinação judicial*, embora a parte que esteja se valendo de legislação dessa natureza já devesse ter o cuidado de juntar a documentação comprobatória do direito com a petição inicial ou com a defesa, para "ganhar tempo" e não esperar o comando do juiz. Agora, se não houve juntada e o juiz não verificou isso anteriormente – até porque tem sido comum a não realização de audiência em processos cuja matéria seja exclusivamente de direito –, poderá o magistrado *converter o julgamento em diligência* para determinar à parte a comprovação do direito.

Questão prática: *prova a respeito de norma coletiva* enquadra-se nessa disposição legal? De modo algum, pois a norma convencional clássica do direito do trabalho diz respeito à chamada autonomia privada coletiva. Trata-se de *normas autônomas*, pactuadas entre os sujeitos legitimados à negociação coletiva. Assim, quem invoca uma cláusula de ACT – Acordo Coletivo de Trabalho – e/ou CCT – Convenção Coletiva de Trabalho – deve de plano juntar a *prova documental* da norma invocada. Destarte, trata-se de uma questão de mérito *diretamente* relacionada à comprovação da existência da norma coletiva que assegura o direito ou confere contorno distinto ao direito invocado. Se não foi juntada cópia do instrumento convencional, na íntegra e com a prova do seu período de vigência, o resultado será a *improcedência da pretensão*, por ausência de prova do direito ou da exceção defensiva. Se por parte do reclamante, seu pedido será julgado improcedente. Se por parte do reclamado, certamente será condenado da forma como postulada pelo reclamante.

Seria possível *prazo para emenda* da petição inicial, ou seja, para a juntada dos referidos instrumentos? Não há nenhuma pertinência em se determinar a emenda da petição inicial, com base na Súmula n. 263 do TST, porque, apesar de se tratar de documento essencial para o julgamento do mérito, não se trata de documento "indispensável" à prova do ato. Tanto é assim que, não impugnada de forma específica a pretensão autoral, principalmente se o reclamado já utilizava o mesmo parâmetro para o pagamento da verba postulada (exemplo: o reclamado já pagava horas extras com adicional de 60%), o juiz poderá condenar o reclamado (exemplo: diferenças de horas extras com adicional de 60%), independentemente da juntada de cópia do instrumento normativo.

Em relação à *prova dos costumes*, de se recordar que há costume *secundum legem*, *praeter legem* e *contra legem*. Por óbvio, este último não pode ser admitido. A título meramente exemplificativo, havia um costume no meio rural, de concessão de dois intervalos de 10 ou 15 minutos cada um, para almoço e café, ao rurícola. Contudo, o trabalhador rural também tem direito ao intervalo *mínimo de uma hora* nas jornadas superiores a seis horas, como se verifica do entendimento jurisprudencial pacífico do TST (OJ n. 307, adotada em agosto de 2003 e depois convertida em súmula), o que restou ainda mais claro quando da edição da Súmula n. 437, em setembro de 2012, que fez menção expressa aos empregados rurais (item I da referida súmula).

6.3.2. O ônus da prova incumbe a quem alega o fato

A locução descrita acima não significa mais do que uma regra de hermenêutica que pode ser utilizada, a depender do contexto da prova e da dificuldade de definição a respeito de ônus da prova.

No entanto, como veremos no próximo capítulo, dedicado à teoria geral do ônus da prova, essa regra, que constava expressamente no *caput* do art. 818 da CLT antes da Lei da Reforma Trabalhista, não resolve a intrincada problemática relacionada ao ônus da prova. Há de se encontrar *regras objetivas* de definição do ônus da prova, estáticas ou dinâmicas, e até mesmo regras ou técnicas que permitam a inversão desse ônus no caso concreto. Basta trazer à baila alguns *fatos controvertidos* que sempre se mostram presentes no processo do trabalho, para se verificar que essa regra de hermenêutica *não é suficiente*. Imaginem-se os seguintes exemplos:

1º) *Vínculo de emprego* – se o trabalhador ajuíza uma ação trabalhista e pede o reconhecimento de vínculo de emprego afirmando que era um autêntico empregado e, de outro lado, o reclamado nega a existência da relação empregatícia, afirmando que o reclamante era autônomo ou eventual, de quem seria o ônus da prova, já que ambos alegaram *fatos contrapostos*?

2º) *Acidente do trabalho* – o acidente do trabalho envolve uma série de fatos ou questionamentos e, se o trabalhador alega que sofreu acidente no ambiente de trabalho, do qual resultou sua incapacidade laborativa, postulando as indenizações correspondentes, e o reclamado nega o acidente e, pelo princípio da eventualidade, afirma que não teve culpa ou que a culpa foi exclusiva da vítima, de quem seria o ônus da prova?

3º) *Horas extras* – quando o trabalhador alega que tem direito ao pagamento de horas extras em sentido estrito ou por inobservância dos intervalos intrajornada e/ou entrejornadas, e o reclamado afirma que ele não tem direito a essa verba porque era o gerente da empresa ou porque se ativava em serviços externos, de quem é o ônus da prova?

Bem se vê, portanto, que a temática do ônus da prova é muito mais complexa do que enuncia essa simples regra de hermenêutica, sendo imprescindível estudar as concepções de ônus subjetivo e ônus objetivo, as regras estáticas e dinâmicas de distribuição do ônus da prova e uma série de outras questões que serão examinadas no próximo capítulo.

6.3.3. Fatos que independem de prova

No próximo capítulo trataremos das hipóteses previstas no art. 374 do CPC. No entanto, convém deixar registrada uma regra de hermenêutica bem interessante na teoria geral da prova: a que diz respeito a *fatos que independem de prova*. Como é de todos sabido, não carecem de prova os fatos (i) notórios, (ii) confessados, (iii) incontroversos e (iv) presumidos. Por um motivo muito simples: *por economia processual.*

> Não dependem de prova os fatos notórios, confessados, incontroversos e presumidos.

Ora, todos esses fatos são tidos por existentes e, dessa maneira, o juiz já pode se convencer sobre essa existência *independentemente* de prova a seu respeito. Apenas para não deixar passar em brancas nuvens, convém explanar uma breve noção desses fatos.

Fatos notórios são aqueles que são plenamente conhecidos da grande maioria das pessoas, em determinado lugar. São até mesmo fatos *culturais*. Assim, nos pequenos municípios brasileiros nos quais há um forte predomínio de determinada atividade, por exemplo, da atividade agrícola, alguns fatos se tornam notórios naquela comunidade. A título meramente exemplificativo, todos do lugar sabem exatamente qual é o período da chamada *safra* da cana-de-açúcar, da laranja e de outros produtos agrícolas, ainda que o período de safra seja indeterminado quanto ao dia exato de início e término.

Em relação aos *fatos confessados*, como a doutrina já ensina há muitos anos, a confissão ocorre quando uma das partes reconhece por inteiro o fato afirmado pela parte contrária, em benefício desta, prejudicando-se porque a confissão implica em *preclusão* para o interesse probatório do confitente. Mais adiante trataremos das espécies de confissão, sobretudo da confissão real e da confissão ficta, bem como de seus efeitos.

A sua vez, *fatos incontroversos* são aqueles que não foram impugnados de forma especificada na contestação, ou, ainda, aqueles que sequer foram contestados. Aqui, também por uma questão de *economia processual*, não há sentido em se permitir a produção de prova a respeito de fatos que sequer foram contrariados pelo demandado. Há de se verificar a *extensão* dessa falta de impugnação específica, principalmente quando, no processo do trabalho, o reclamado alega uma *exceção substancial*. Muitas vezes o reclamado empreende defesa exaustiva quanto ao pleito de declaração de vínculo empregatício, alegando que o reclamante era autônomo, mas olvida-se de, pelo *princípio da eventualidade*, impugnar os demais fatos da causa de pedir, como jornada de trabalho e tantos outros. Agindo assim, estes fatos – que não foram impugnados – passam a ser incontroversos, prescindindo-se de prova a seu respeito.

Enfim, se os fatos são *presumidos* porque há uma presunção legal ou jurídica de sua existência, ainda que derivada dos princípios que norteiam a matéria jurídica posta a exame, não seria lógico que se exigisse prova desse fato. De tal modo que, existindo um *indício provado*, dele se extrai uma presunção – meio indireto de prova – que torna *dispensável* a prova direta do fato probando. Como veremos mais adiante, quem alega fato contrário ao fato presumido é que tem o ônus de prová-lo de forma convincente, a se tratar de presunção comum ou de presunção jurídica relativa. Havendo uma presunção *absoluta* de existência de determinado fato, não haverá sequer possibilidade de prova em sentido contrário.

A esse tema, dos fatos que independem de prova, sobretudo dos fatos presumidos, voltaremos no capítulo da *teoria geral do ônus da prova*.

6.4. PRINCÍPIOS ESPECÍFICOS DA TEORIA GERAL DA PROVA

A doutrina do processo do trabalho não tem sido muito rigorosa quando trata de *princípios relacionados à temática da prova*. Por óbvio que os princípios do contraditório e da ampla defesa têm uma estreita relação com a produção probatória. Contudo, esses princípios atuam também em outras passagens do processo, desde a citação do reclamado até a fase executiva. Se eles têm forte atuação durante a produção da prova e na fase recursal, isso, por si só, já demonstra que não se trata de princípios específicos da teoria geral da prova. De igual modo, outros princípios gerais de processo não dizem respeito (apenas) a essa fase específica.

Assim, trataremos, na sequência, apenas de princípios que sejam realmente *específicos* da fase probatória. Fredie Didier talvez seja quem melhor tenha identificado quais são esses princípios. Ele trata dos seguintes princípios: (i) inquisitivo; (ii) da aquisição processual (da comunhão da prova ou da comunidade da prova); (iii) da proibição do uso da prova ilícita; e (iv) do livre convencimento motivado (DIDIER Jr. *et al.*, 2008, p. 26-44).

Contudo, teremos de tratar também do (i) princípio da unidade da prova, bem como do (ii) princípio da livre admissibilidade da prova, que é *contraposto* ao princípio da vedação da prova ilícita, até para que se possa bem compreender este, que se apresenta como o mais complexo de todos.

6.4.1. Princípio inquisitivo

No processo civil procede-se a severa crítica ao princípio inquisitivo em matéria de prova. Até porque a prova trata-se de uma *faculdade* colocada à disposição das partes. É dizer, ninguém está obrigado a produzir prova e não há nenhum dever processual nesse sentido. Se a parte não produz a prova que se mostra necessária ao convencimento do juiz, certamente não terá sua pretensão material reconhecida, seja o autor, seja o réu. Mas a prova é um poder ou *direito* dela e, portanto, desse direito ela pode dispor (princípio dispositivo, que é contraposto ao inquisitivo).

Apesar das severas objeções da doutrina a respeito da aplicação do princípio inquisitivo em matéria de prova, no processo civil, Fredie Didier pondera que não pode ser vedado ao juiz atuar de ofício durante a fase instrutória do processo, porque isso não compromete os princípios (i) dispositivo e da (ii) igualdade, nem mesmo o seu dever de (iii) imparcialidade. Com apoio nas lições de José Roberto dos Santos Bedaque (**Poderes**

instrutórios do juiz, RT), Didier ressalta que o *princípio dispositivo* "está intimamente ligado à relação jurídica material veiculada no processo", de tal modo que, havendo direitos disponíveis, "não pode o magistrado impedir que as partes pratiquem ato de disposição de vontade (renúncia, reconhecimento do pedido, transação etc.), cabendo-lhe tão-somente velar pela regularidade desses atos". Em relação ao *princípio da isonomia*, ele pondera que, "longe de representar uma ofensa à isonomia, a atuação positiva do magistrado na investigação probatória pode representar uma atuação da igualdade substancial no processo, com o equilíbrio, *in concreto*, da situação jurídica das partes". E, finalmente, no que diz respeito à *imparcialidade*, ele assevera que a "persecução probatória" não retira a imparcialidade do juiz, "uma vez que o aumento do seu poder instrutório não favorece, *a priori*, qualquer das partes, proporcionando, tão-somente, uma apuração mais profunda e completa dos fatos que lhe são postos para análise" (DIDIER Jr. *et al.*, 2008, p. 30).

Ocorre que o juiz, ao determinar a produção de provas *de ofício*, não escolhe – e jamais poderia fazê-lo – o *resultado* da prova. É dizer, quando o juiz determina a oitiva de uma testemunha, de ofício, por exemplo, ele não sabe, de antemão, quais serão as respostas dessa testemunha. Pode ocorrer – e muitas vezes ocorre, principalmente quando o juiz ouve testemunha referida – de a testemunha prestar um depoimento totalmente *desfavorável* ao trabalhador, não havendo, portanto, nada que macule a *iniciativa probatória* do juiz do trabalho. De modo que determinar a prova de ofício *não confere* ao juiz poder algum sobre o resultado dessa prova.

> Determinar a produção da prova de ofício não confere ao juiz poder algum sobre o resultado dessa prova.

Ademais, mesmo no processo civil, o juiz poderá, inclusive de ofício, "determinar as provas necessárias ao julgamento do mérito" (art. 370, *caput*, do CPC). E caberá ainda a esse juiz indeferir, "em decisão fundamentada, as diligências inúteis ou meramente protelatórias" (parágrafo único do art. 370). Destarte, não compreendo as severas objeções ao princípio inquisitivo, nos domínios do processo civil.

No *processo do trabalho*, por mais que se criem objeções com base nos princípios dispositivo, da igualdade e da imparcialidade, ou ainda recorrendo-se à ideia de processo como um instrumento democrático, como é de todos sabido, a *hipossuficiência do trabalhador* no campo do direito material, por vezes, *irradia-se para o palco do processo*, justificando-se, por isso mesmo, várias regras protetivas do trabalhador em matéria processual, como examinamos no começo deste Manual. Daí por que, embora as partes também tenham o poder de dispor da prova na Justiça do Trabalho, inclusive o reclamante – principalmente quando assistido por advogado –, isso não retira os amplos poderes instrutórios do juiz do trabalho, em conformidade com os arts. 765 e 852-D da CLT, tantas vezes referidos nesta obra.

Por isso, pode-se afirmar com segurança que, no processo do trabalho, *aplica-se o princípio inquisitivo*, inclusive e sobretudo em matéria de prova. Com efeito, o juiz do trabalho, que tem ampla liberdade na direção do processo e deve velar pelo andamento rápido das causas, pode "determinar qualquer diligência necessária ao esclarecimento delas" (art. 765 da CLT). Essas *diligências imprescindíveis* para aclarar ao juiz sobre qual das partes está dizendo a verdade, por óbvio, incluem os *mecanismos de prova*. De modo que o juiz do trabalho pode não apenas ouvir testemunha referida, mas determinar a expedição de ofícios, proceder ao interrogatório das partes na audiência inicial e, *excepcionalmente*, até determinar a oitiva de testemunhas *não referidas*, para a busca da chamada verdade real.

Ademais, o juiz do trabalho tem amplos poderes, pelo menos nos processos de rito sumaríssimo, para *limitar ou excluir as provas* que ele "considerar excessivas, impertinentes ou protelatórias" (art. 852-D da CLT). Assim, dependendo do caso, em decisão devidamente fundamentada, o juiz pode *indeferir* a oitiva de outras testemunhas, a expedição de carta precatória e o requerimento de expedição de ofícios, especialmente quando notar que o reclamado está apenas querendo protelar o andamento do processo, o que certamente comprometeria o "andamento rápido" da causa (art. 765).

Outrossim, o juiz do trabalho pode, *de ofício*, ouvir a testemunha contraditada como informante e, *também de ofício*, determinar a condução coercitiva de testemunha, sempre que considerar isso necessário para a boa solução da demanda.

6.4.2. Princípio da aquisição ou comunhão da prova

Por este princípio, não importa quem produziu a prova, se quem tinha o ônus subjetivo ou se a parte contrária. É dizer, a prova não tem "dono", pois se destina, *precipuamente*, a convencer o julgador. Destarte, se a parte que não tinha o ônus subjetivo de prova, inadvertidamente, produz a prova em benefício da outra, pelo *princípio da aquisição ou comunhão da prova*, o juiz encontrará o fato provado, tendo até mais forte convicção para decidir.

Por isso, o art. 371 do CPC disciplina que o juiz deve apreciar a prova que constar dos autos, "independentemente do sujeito que a tiver promovido".

Como assevera Didier, a prova, uma vez produzida, "*adere ao processo*, sendo irrelevante saber quem a trouxe. O que importa é sua existência e, não, sua proveniência (origem)". É dizer, quando produzida nos autos do processo, a prova torna-se "pública, comum e parte integrante do conjunto probatório, para favorecer ou desfavorecer quem quer que seja". Afinal de contas, "a prova não pertence à parte, mas ao processo" (DIDIER Jr. *et al.*, 2008, p. 32).

6.4.3. Princípio da unidade da prova

Embora não se dê muita atenção ao *princípio da unidade da prova*, ele é muito importante porque diz respeito à *indivisibilidade* de determinados meios de prova. Em regra, tanto a *confissão* quanto a *prova documental* são indivisíveis, não podendo a parte retirar da confissão e do documento apenas o que lhe aproveita, pois estas provas devem ser verificadas de modo único, em seu conjunto, sem fracionamento. É o que se extrai dos arts. 395 e 412, parágrafo único, do CPC.

De tal modo que *a confissão* só pode ser cindida "quando o confitente a ela aduzir fatos novos, capazes de constituir fundamento de defesa de direito material ou de reconvenção" (art. 395). Assim, se o preposto confessa que o reclamante trabalhava até às 19 horas, mas apenas em dois dias por semana, este somente poderá objetar que o trabalho até às 19 horas se dava de segunda a sexta-feira se, invocando a petição inicial, produzir prova testemunhal a respeito do "*fato novo*", capaz de "modificar" o fato confessado.

Igualmente, a parte somente poderá recusar fatos que constam do *documento particular* que sejam "contrários ao seu interesse" se, na sequência, "provar que estes não ocorreram" (parágrafo único do art. 412). Por exemplo, se o TRCT confirma a relação de emprego, também prova o pagamento das verbas rescisórias, se devidamente assinado pelo trabalhador. Apenas se este produzir *prova robusta* de que não recebeu as rescisórias, ou de que o período contratual era maior, é que poderá extrair do documento apenas a parte que lhe seja favorável.

Contudo, quanto aos *cartões de ponto*, como já mencionamos, estes admitem impugnações *pontuais*, por exemplo, apenas em relação ao intervalo intrajornada, ou ao horário de saída, ou aos dias de prestação de serviços etc. Se na réplica o reclamante apontar expressamente as *ressalvas* quanto a parte das anotações dos cartões de ponto – ou se fizer isto em audiência –, a prova oral será *restrita* aos fatos expressamente *ressalvados*.

6.4.4. Princípio do convencimento motivado

De se ter em conta que o princípio do *livre* convencimento motivado ou da persuasão racional estava inscrito expressamente no art. 131 do CPC/73, cuja dicção era a que segue:

> O juiz apreciará livremente a prova, atendendo aos fatos e circunstâncias constantes dos autos, ainda que não alegados pelas partes; mas deverá indicar, na sentença, os motivos que lhe formaram o convencimento.

Ocorre que o art. 371 do CPC/2015 não repetiu a expressão "livremente", de modo que parte considerável da doutrina entende que *não mais vigora* no nosso sistema jurídico brasileiro o princípio do livre convencimento. Tanto é assim que a expressão legal agora é no sentido de que o "juiz apreciará a prova constante dos autos", e mais: "indicará na decisão as razões da formação de seu convencimento" (art. 371). A propósito, veja-se a seguinte crítica ao princípio:

> É por isso que, em um contexto democrático e de Estado de Direito, não existe essa coisa de livre convencimento. Há, sim, uma obrigação, que se projeta a partir da responsabilidade política que a atividade jurisdicional comporta, de tornar pública a compreensão. E o ônus não está em dizer porque se convenceu de tal ou qual maneira, mas, sim, em mostrar que a interpretação mais adequada para (a) hipótese só pode ser aquela que se apresenta, uma vez que houve efetiva suspensão dos pré-conceitos e que a resposta oferecida é uma resposta efetivamente jurídica (e não moral, econômica, política etc.) (OLIVEIRA; STRECK, 2020, *on-line*).

Daí que o juiz não pode mesmo escolher, a seu talante, o resultado que dará à prova produzida no processo. Se não há mais provas tarifadas, de outro lado, ao se exigir a *devida motivação* de sua decisão judicial, que é inclusive uma garantia constitucional (art. 93, inciso IX, da CF/88), o juiz pode até escolher o resultado, mas este deverá *corresponder* à prova produzida. É dizer: o juiz não terá ampla liberdade para formar seu convencimento, pois sua convicção deverá estar atrelada ao conjunto probatório constante dos autos.

> O juiz não tem ampla liberdade para formar seu convencimento, pois sua convicção deverá estar fundamentada no conjunto probatório dos autos.

Como afirma Fredie Didier, a "liberdade na apreciação das provas está sujeita a certas regras quanto à convicção, que fica condicionada" aos seguintes *parâmetros*: 1º) os "fatos nos quais se funda a relação jurídica"; 2º) as "provas destes fatos colhidas no processo"; e 3º) as "regras legais de prova", bem como as "máximas de experiência". Ademais, o (livre) convencimento motivado ou persuasão racional "também fica limitado pela racionalidade, não sendo admitida a apreciação das provas de acordo com critérios irracionais, por mais respeitáveis que sejam". Com efeito, "não pode o magistrado, em um Estado laico, decidir com base em questões de fé, por exemplo" (DIDIER Jr. *et al.*, 2008, p. 42).

Daí que, atualmente, esse princípio deve ser referido apenas como *princípio do convencimento motivado*, ainda que cada doutrinador escolha a terminologia de sua preferência. Muitos doutrinadores têm preferido a locução "princípio da persuasão racional", que já estava atrelada a esse princípio desde os comentários ao CPC/73 (art. 131).

Bem se vê que, em matéria de motivação da decisão judicial, a partir da acurada análise da prova produzida nos autos do processo, houve uma longa caminhada, criando-se *sistemas de valoração* da prova que podem ser assim sintetizados: 1º) *da prova legal*, marcado pelos chamados "juízos de Deus, por exemplo", com o célebre *tarifamento* das provas, embora, a partir do iluminismo já tenha se iniciado a estruturação do princípio do livre convencimento; 2º) *da livre convicção*, sem qualquer vinculação a regras legais, como ainda ocorre "nos julgamentos do júri popular"; 3º) *da persuasão racional ou do livre convencimento motivado*, que se desenvolveu a partir das ideias iluministas e se tornou regra posta (art. 131 do CPC/73, por exemplo), sistema no qual o juiz deve observar as regras legais a respeito da prova, além do que os princípios do contraditório e do duplo grau de jurisdição "também servem como formas de controle da valoração judicial da prova", vedando-se qualquer juízo de equidade (DIDIER Jr. *et al.*, 2008, p. 41-43); e, por fim, 4º) *do convencimento motivado*, no qual o juiz deve não somente observar todas as regras postas, mas demonstrar às partes *qual (meio de) prova* o convenceu para a tomada da decisão.

Por óbvio que, *na prática*, o juiz conserva certa dose de liberdade na valoração da prova. Não fosse assim, todos os juízes decidiriam da mesma forma questões fáticas idênticas. E sabemos que não é isso que se passa no mundo real. Até mesmo nos tribunais, uma câmara decide de uma maneira e outra câmara, julgando o mesmo fato – apenas retratado em outro processo –, decide de maneira diametralmente oposta. Por isso, a doutrina já ressaltava, há anos: "a existência de dispositivos legais relacionados à prova não impede a livre apreciação do material probatório pelo magistrado; apenas a direciona, estabelecendo parâmetros" (DIDIER Jr. *et al.*, 2008, p. 43).

E não poderia ser de outra maneira. *O juiz não é um autômato.* O que não se admite é que ele profira decisão em descompasso com o resultado da prova, pois sua convicção deve *corresponder* à detida análise do acervo probatório dos autos, ainda que a chamada "prova dividida" permita mais de uma solução.

6.4.5. Princípio da livre admissibilidade da prova

Em conformidade com o art. 369 do CPC, as partes podem se valer de *quaisquer meios* de prova, previstos em lei ou moralmente legítimos, para provar a existência dos fatos afirmados e, com isso, influir de modo eficaz na convicção do juiz. Daí que se pode afirmar existir um *princípio da livre admissibilidade da prova*, como componente do próprio direito fundamental de acesso à justiça, em sentido amplo.

Como ensina a doutrina, existe um *direito fundamental* à prova, pois o direito à produção de provas tem sede constitucional, tanto por ser inerente ao acesso à justiça, "quanto por ser corolário do devido processo legal" e, por fim, por ser extraído do seu contraposto, numa "interpretação teleológica da vedação da prova ilícita" (art. 5º, incisos XXXV, LIV, LV e LVI, da CF/88). Ora, a garantia de *acesso à justiça* não pode significar apenas "a possibilidade de ingresso da demanda no poder judiciário, reduzido a um direito de protocolo". É dizer, essa garantia de acesso ao Judiciário "traz consigo a necessidade de um processo em que as partes possam efetivamente fazer valer seus direitos, razão por que exige processo eficaz a tal desiderato, inclusive no tocante à possibilidade de produção das provas sobre as proposições de fato apresentadas". Enfim, numa interpretação do próprio dispositivo que veda a utilização de prova obtida por meio ilícito (inciso LVI), "pode-se concluir que, desde que admissíveis, há direito fundamental à prova no processo civil" (OLIVEIRA Jr. *et al.*, 2016, p. 218-219).

No mesmo sentido, Fredie Didier considera o direito à prova como um *direito fundamental*, "derivado dos direitos fundamentais ao contraditório e ao acesso à justiça", tanto por se encontrar explícito na Constituição brasileira, quanto por poder ser extraído *implicitamente* dos tratados internacionais de que a República Federativa do Brasil seja parte (art. 5º, § 2º, da CF/88). "Por um lado, a partir da leitura sistemática e teleológica das máximas e valores constitucionais, encontramos a ela intrínseco o direito fundamental à prova" (art. 5º, incisos XXXV, LIV e LV, da CF/88). De outro lado, "podemos ainda identificá-lo como um direito constitucional implícito, mas externo à Constituição", pois previsto em pelo menos dois tratados internacionais "recepcionados pelo nosso sistema": a Convenção Americana de Direitos Humanos (art. 8º) e o Pacto Internacional dos Direitos Civis e Políticos (art. 14.1, alínea "e") (DIDIER Jr. *et al.*, 2008, p. 24-25).

Desse direito fundamental à prova decorre, embora a doutrina não o aponte expressamente, o *princípio da livre admissibilidade da prova*. Ora, de que adiantaria assegurar-se um direito de prova às partes, se o sistema jurídico fosse todo engessado e a elas impusesse os mecanismos de prova para cada situação fática deduzida no processo. Não por outra razão, o art. 369 do CPC permite às partes a utilização de *quaisquer meios de prova*, quer estejam previstos em lei (prova típica), quer sejam eticamente aceitáveis (prova atípica). Somente assim se poderá garantir que as partes consigam *efetivamente* influir na formação da convicção por parte do juiz.

Destarte, em regra geral, "o ordenamento permite a utilização de qualquer tipo de prova para comprovação das proposições factuais, não existindo aprisionamento a determinado meio ou fonte de prova (prova livre)". De modo que apenas *episodicamente* é que "o sistema processual estabelece preferências apriorísticas por determinado meio de prova", e em algumas situações "estatui meio de prova como a forma, por excelência, para demonstração do fato (prova legal)". No processo civil, a prova documental tem certa proeminência diante da prova testemunhal (art. 443, I, do CPC), tanto o documento público (art. 406 do CPC) quanto o particular (art. 407 do CPC), existindo fatos que só podem ser comprovados por perícia (art. 443, II, do CPC) (OLIVEIRA Jr. *et al.*, 2016, p. 225).

Contudo, como é sabido, no processo do trabalho a *prova testemunhal* é que ganha proeminência, como veremos no capítulo específico. A despeito disso, também no processo do trabalho as partes podem se valer de *qualquer mecanismo de prova*, a não ser nos casos que exijam prova pericial (art. 195, § 2º, da CLT, por exemplo) ou documental.

> As partes podem se valer de qualquer meio de prova, a não ser que haja exigência legal de prova pericial ou documental.

É dizer, até mesmo pela grande importância da prova testemunhal no processo do trabalho, neste impera o *princípio da livre admissibilidade da prova*, podendo o reclamante e o reclamado – principalmente aquele, que ouve testemunhas não somente para provar os fatos alegados, mas para desconstituir a validade dos documentos apresentados pela empresa – utilizar-se de quaisquer meios de prova para demonstrar a existência dos fatos afirmados, a não ser que a lei material exija a prova documental (recibos de pagamento de salário, por exemplo).

Entretanto, esse princípio não é absoluto, pois a Constituição da República Federativa do Brasil *proíbe a utilização de provas ilícitas*, como veremos no próximo tópico.

6.4.6. Princípio da proibição da prova ilícita: o precedente do HC n. 74.678-1

Em *contraposição* ao princípio da livre admissibilidade da prova, há um princípio restritivo muito enfático, tanto que insculpido na Constituição da República Federativa do Brasil. Trata-se do *princípio da proibição da prova ilícita*, pois há uma garantia constitucional de que não se deve admitir, em nenhum processo, a prova obtida por meio ilícito (art. 5º, inciso LVI, da CF/88). Ora, se a parte tem direito fundamental à prova, a *parte contrária* tem direito a um *processo justo*, que não admita condutas ilícitas, subterfúgios para convencer o juiz a respeito da existência de determinado fato, que não seria reconhecido em juízo caso a parte se valesse apenas de meios legítimos. É dizer, a prova deve ser produzida no âmbito do processo observando-se as exigências da *lealdade*, da *ética* e da *boa-fé objetiva*.

> A prova deve ser produzida no âmbito do processo com a observância das exigências da lealdade, da ética e da boa-fé objetiva.

Fredie Didier observa que a *ilicitude da prova* pode dizer respeito (i) ao seu conteúdo, (ii) à forma de sua obtenção ou (iii) ao meio de sua inserção no processo (DIDIER Jr. *et al.*, 2008, p. 37).

> Assim, são exemplos de provas ilícitas a confissão obtida sob tortura, o depoimento de testemunha sob coação moral, a interceptação telefônica clandestina, a obtenção de prova documental mediante furto, a obtenção de prova mediante invasão de domicílio etc. São também exemplos de provas ilícitas aquelas colhidas sem observância da participação em contraditório, o documento material ou ideologicamente falso, ou qualquer outra prova que se mostre em desconformidade com o ordenamento jurídico, pouco importando a natureza jurídica da norma violada (DIDIER Jr. *et al.*, 2008, p. 38).

Na sequência, o preclaro processualista civil afirma que há uma *colisão* de princípios ou direitos fundamentais, pois se *de um lado* existe o direito fundamental à prova, *de outro* há um direito fundamental à vedação da prova ilícita. Ele assevera que um dos principais pontos de conflito nessa temática é o que diz respeito à "relação entre a prova ilícita e o direito fundamental à intimidade/privacidade, que é tutelado constitucional e infraconstitucionalmente em vários dispositivos" (art. 5º, incisos X, XI e XII, da CF/88; art. 21 do Código Civil de 2002, entre outros). Contudo, se não houver invasão das vidas íntima e privada da pessoa, a prova obtida poderá ser considerada lícita. O doutrinador exemplifica com a *captação de imagens* de flagrante de adultério em via pública, por detetive particular. De outro lado, "se a captação de imagens é feita dentro do quarto de um motel, ou dentro do apartamento da amante, ou em qualquer outro lugar resguardado à privacidade do casal, poderá ser inadmitida, porque ilícita". Da mesma forma, não será ilícita "a utilização de imagens captadas por câmeras escondidas em estabelecimentos comerciais e nas áreas comuns dos condomínios". Por fim, *quanto às conversações*, ele afirma que também "não se considera ilícita a prova obtida através de escuta ambiental, quando os interlocutores falam em voz alta, permitindo a captação do diálogo" (DIDIER Jr. *et al.*, 2008, p. 38-39). Há de se registrar, contudo, que o E. STF tem se pronunciado no sentido de que é ilícita a captação de imagens por câmera escondida, devendo haver divulgação clara de que o ambiente está sendo filmado, entendimento que pode ser reforçado com as normas da LGPD – Lei Geral de Proteção de Dados –, Lei n. 13.709/2018.

Em relação ao *sigilo* das comunicações telefônicas (art. 5º, inciso XII, da CF/88), há que se distinguir a (i) *escuta telefônica*, que ocorre quando a conversa entre duas pessoas é interceptada ou gravada por uma delas, mas sem o conhecimento e/ou consentimento da outra, da (ii) *interceptação telefônica*, que acontece "quando a conversa entre duas pessoas é interceptada/gravada por um terceiro, sem o conhecimento/consentimento dos interlocutores". Prossegue o autor citado:

> No primeiro caso, da escuta telefônica, tem-se admitido a prova como lícita, sobretudo nos casos em que a divulgação de seu conteúdo ocorrer por motivo justificado (como, por exemplo, a defesa de legítimos interesses em juízo). No segundo caso, da interceptação telefônica, tem-se entendido que a prova é ilícita, salvo se tiver sido precedida de autorização judicial (DIDIER Jr. *et al.*, 2008, p. 39-40).

Aponta a doutrina que essa distinção tem como *precedente* o julgamento proferido pelo STF no HC n. 74.678-1 – SP (Rel. Min. Moreira Alves, DJ 15/08/1997), no qual os Ministros da Primeira Turma daquele Egrégio Tribunal decidiram *distinguir as duas figuras jurídicas* (escuta e interceptação). Muito interessante a ementa do referido HC, a seguir transcrita:

> "Habeas corpus. Utilização de gravação de conversa telefônica feita por terceiro com a autorização de um dos interlocutores sem o conhecimento do outro quando há, para essa utilização, excludente de antijuridicidade. Afastada a ilicitude de tal conduta – a de, por legítima defesa, fazer gravar e divulgar conversa telefônica ainda que não haja o conhecimento de terceiro que está praticando crime –, é ela, por via de consequência, lícita e, também consequentemente, essa gravação não pode ser tida como prova ilícita, para invocar-se o artigo 5º, inciso LVI, da Constituição com fundamento em que houve violação da intimidade (art. 5º, X, da Carta Magna). Habeas corpus indeferido".

O *fundamento principal* para a distinção se encontra na citação da monografia sobre a Lei n. 9.296/96, de Vicente Greco Filho (**Interceptação telefônica**. São Paulo: Saraiva, 1996, p. 4-6), na qual aquele grande jurista ensina que a *interceptação* de conversação por telefone é aquela em que alguém (um terceiro) procede à escuta e eventual gravação sem a autorização prévia de qualquer dos interlocutores, ao passo que a *escuta ou gravação ambiental* (feita no ambiente da conversa), é a gravação feita por um dos interlocutores com o desconhecimento do outro e, portanto, de forma unilateral; aquela se caracteriza como criminosa, enquanto esta última não pode ser considerada crime, podendo, portanto, ser admitida em juízo.

No caso concreto, a escuta ou gravação ambiental sequer fora realizada pelo próprio interlocutor, mas por outra pessoa (o contador), com a autorização deste (a vítima), que pretendia comprovar a prática criminosa de um fiscal de renda que estava exigindo, para si, vantagem indevida (extorsão).

No processo do trabalho, temos um *caso emblemático* em que a *esposa do reclamante* gravou a conversa mantida com o preposto da empresa, para comprovar que a reclamada estava maculando a imagem do trabalhador para pessoas que para lá telefonavam solicitando informações sobre sua pessoa. O julgamento ocorreu em sede de recurso de revista, no qual os Ministros da Segunda Turma do TST decidiram pela *licitude da prova* – ao contrário do que decidira o TRT –, dando provimento ao RR "para acolher a alegação de nulidade processual por cerceamento de defesa", determinando "o retorno dos autos à Vara de Origem para realização da prova pericial, a fim de se confirmar ou não se a voz que consta no áudio" era mesmo do preposto da reclamada (Processo n. TST-RR-1279-63.2012.5.09.0668; Relator: Ministro José Roberto Freire Pimenta; Julg: 12 de novembro de 2019). Muito interessantes esses *trechos da fundamentação do v. acórdão*, que inclusive faz menção expressa ao precedente do HC n. 74.678/STF, anteriormente mencionado:

> Assim, se a esposa do reclamante "realizou a gravação" (pág. 165) e participou da conversa gravada, nos termos registrados no acórdão regional, não se trata de prova decorrente de violação de sigilo de comunicação telefônica, em que nenhum dos interlocutores possui ciência da gravação, a qual é vedada pelo artigo 5º, inciso XII, da Constituição Federal.
>
> O diálogo entre a esposa do reclamante e o preposto da reclamada, responsável por prestar informações sobre ex-empregados, também não se insere em causa legal de sigilo ou de reserva de conversação para ser inadmitido como prova.
>
> Se houvesse vedação, seria em favor do reclamante, sobre quem versava a conversa, e não da reclamada, como equivocadamente entendeu o Regional, ao concluir que a prova era ilícita.
>
> A discussão dos autos refere-se à admissão, como prova nos autos, de mídia eletrônica (CD/Rom) com gravação de áudio de conversa telefônica entre a esposa do reclamante e "(nome omitido pelo autor deste Manual), funcionário da Reclamada", por meio da qual se comprovaria que a reclamada "estava repassando informações negativas a seu respeito [reclamante] para outras empresas onde estava prestando processo seletivo" (pág. 163)
>
> Com efeito, o Supremo Tribunal Federal reafirmou a jurisprudência no sentido de que "é lícita a prova consistente em gravação ambiental realizada por um dos interlocutores sem o conhecimento do outro", nos autos do RE-583.937-RJ, em repercussão geral - Tema nº 237, em acórdão da relatoria do Exmo. Ministro Cezar Peluso (DJE 18/12/2009).
>
> (...)
>
> In casu, assim como a vítima de extorsão, o reclamante pretendia comprovar que a reclamada estaria prestando informações negativas a seu respeito para empresas, nas quais ele participava de processo seletivo.
>
> De fato, se o reclamante, por meio de ligação telefônica, solicitasse à reclamada referências a seu respeito (como possível empregador interessado na sua contratação), "sua voz seria reconhecida pelo chefe e pelos colegas de trabalho" (pág. 193), que não prestariam informações.

> Nessas circunstâncias, somente se outra pessoa (esposa) realizasse a ligação telefônica seria possível comprovar que a reclamada repassava "informações negativas a seu respeito [reclamante] para outras empresas onde estava prestando processo seletivo" (pág. 163).
>
> Não se trata, pois, de gravação realizada por "qualquer pessoa" para "terceiros usarem em nome próprio" (pág. 166), como registrado no acórdão regional, mas por pessoa próxima do reclamante, que não utilizou a gravação como se fosse interlocutor da conversa, tendo afirmado que "era sua esposa" (pág. 165).

Aliás, essa ponderação de interesses já havia sido realizada em outros julgados do E. TST, como, por exemplo, no julgamento do Processo n. TST-RR-16400-26.2009.5.13.0022, Relator Ministro Alberto Luiz Bresciani de Fontan Pereira.

Além dessa intricada questão relacionada à mera *escuta telefônica*, ainda que realizada por terceiro, desde que mediante a *autorização* de um dos interlocutores e em situações de *grave ofensa* à ordem jurídica, no *processo do trabalho*, a verificação da ilicitude da prova normalmente diz respeito à *honra* ou à *intimidade do empregado*, que não perde sua *condição humana* quando mantém uma relação de trabalho subordinado com seu empregador.

Há uma série de questões relacionadas a essa temática, mas algumas delas são mais importantes e, por isso, proponho-me a analisá-las na sequência. São interessantes as *questões* sobre: (i) *e-mails* corporativos ou particulares; (ii) *câmeras* de segurança; e (iii) *revistas* em pertences ou revistas íntimas.

> No processo do trabalho, a respeito da prova ilícita, são interessantes as questões sobre *e-mails*, câmeras de segurança e revistas pessoais.

No que diz respeito aos *e-mails*, não se pode olvidar de que se trata de um meio de comunicação e que a Constituição Federal garante o direito fundamental à *inviolabilidade do sigilo da correspondência e das comunicações* (art. 5º, inciso XII, da CF/88). Sendo assim, o trabalhador também tem direito a que suas comunicações, por *e-mail, WhatsApp* ou outras tecnologias da informação, sejam *invioláveis*. Ora, são suas comunicações *individuais*, às quais o empregador não tem direito de acesso, ainda que o trabalhador esteja utilizando o computador da empresa. O que pode haver é a dispensa do empregado, até mesmo por justa causa, se, proibido de trocar mensagens particulares durante o expediente, violar a proibição da empresa. Mas o empregador não precisa verificar o conteúdo das mensagens para tanto.

Diferentemente, tratando-se de *e-mail corporativo*, ou seja, utilizado para correspondências com clientes, fornecedores ou entre os próprios empregados, se (i) houver *diretriz* específica na empresa no sentido de que estas mensagens podem ser verificadas pela direção, (ii) se isso for de *plena ciência* do trabalhador e (iii) se as verificações *não forem direcionadas*, com intuito discriminatório, poderá haver a averiguação do conteúdo das mensagens, já que se trata de ferramenta de trabalho fornecida ao empregado.

Em relação às *câmeras de segurança*, quando instaladas no ambiente de trabalho *em geral*, havendo *prévio anúncio* da sua existência, se elas flagrarem alguma atitude tipificadora de justa causa do empregado, a prova não poderá ser considerada ilícita, até porque essas câmeras, em regra, destinam-se à *proteção de todos* os que se encontram no ambiente, inclusive dos próprios empregados. O que não se justifica é a colocação de câmeras de modo sub-reptício, escondidas, para flagrar *especificamente* um determinado empregado, que *não sabia* da existência dessa câmera. Menos ainda se justifica a instalação de câmeras em ambientes de alta privacidade, como banheiros, vestiários e outros. A prova obtida nesses locais, por câmeras, será *absolutamente ilícita*, conduzindo a um inquestionável dano moral, cuja compensação o ex-empregado poderá buscar na Justiça do Trabalho.

A propósito, veja-se ementa de acórdão prolatado pelo E. TST, no qual se decidiu ser inadmissível a instalação de câmeras de segurança em vestiários, por expor a intimidade dos empregados:

> RECURSO ORDINÁRIO DO SINDICATO DOS TRABALHADORES NAS INDÚSTRIAS METALÚRGICAS, MECÂNICAS E DE MATERIAL ELÉTRICO DE CAXIAS DO SUL. DISSÍDIO COLETIVO. GARANTIA DE EMPREGO OU SALÁRIO. PRECEDENTE NORMATIVO Nº 82 DA SDC. Na linha do Precedente Normativo nº 82 da SDC do TST, defere-se a garantia de emprego ou salário ao empregado despedido sem justa causa, desde a data do julgamento do dissídio coletivo até 90 dias após a publicação do acórdão, limitado o período total a 120 dias. ABORTO. AMPLIAÇÃO DA GARANTIA DO ART. 395 DA CLT. NEGOCIAÇÃO COLETIVA. Depende de livre negociação coletiva a ampliação do prazo de duas semanas de repouso remunerado, conferido pelo art. 395 da CLT, à empregada que sofreu aborto não criminoso. Precedentes. CÂMERAS DE VIGILÂNCIA. INSTALAÇÃO EM VESTIÁRIOS. VEDAÇÃO. A instalação de câmeras filmadoras é largamente utilizada como meio eficaz de vigilância para atender à segurança dos bens e das pessoas em

> diversos segmentos da vida cotidiana. Nesse contexto, desde que não cause constrangimento ou intimidação, é legítimo o empregador utilizar-se de câmeras e outros meios de vigilância, não só para a proteção do patrimônio, mas, de forma auxiliar, visando à segurança dos empregados. No entanto, a instalação desses aparatos em vestiários certamente exporá a intimidade do empregado, devendo ser coibida, como objetiva a reivindicação. Recurso ordinário conhecido e parcialmente provido. (Tribunal Superior do Trabalho. Seção de Dissídios Coletivos. Acórdão do Processo nº RODC – 310100-61.2007.5.04.0000, julg. em 08/11/2010; Relator Ministro Walmir Oliveira da Costa)

No que diz respeito às *revistas*, a jurisprudência tem sido mais restritiva, ainda que parte dos julgados admita a revista em *pertences* do trabalhador, desde que haja uma *regra geral*, que seja *previamente conhecida* pelos trabalhadores, e *imposta a todos*. De minha parte, penso ser *despropositada* essa revista em bolsas, sacolas e objetos pessoais dos trabalhadores. Se o empregador não tem mais confiança no empregado, pode dispensá-lo a qualquer momento porque o sistema jurídico brasileiro ainda permite a dispensa como direito potestativo do empregador. *Não se justifica*, no entanto, que, para se livrar do aviso prévio indenizado e da multa de 40% sobre o FGTS, o empregador invada a privacidade e/ou intimidade do empregado, revistando suas bolsas, carteiras, sacolas e o que mais.

Contudo, tenho de reconhecer que a jurisprudência majoritária do TST tem admitido a *revista moderada* em bolsas e pertences do empregado. A propósito, a Terceira Turma do TST, quando do julgamento do Processo RR-1115-38.2016.5.05.0032 (Relator Ministro Alberto Luiz Bresciani de Fontan Pereira), reformou acórdão do TRT-5, que havia majorado a indenização por dano moral de R$ 1.000,00 para R$ 5.000,00, para absolver a empresa da condenação. O entendimento foi o de que a *revista moderada de pertences dos empregados*, na entrada e na saída do local de trabalho, com a justificativa de salvaguardar o patrimônio da empresa, não pode ser considerada abusiva e nem expõe continuamente o empregado a constrangimento e situação vexatória, *desde que* não acompanhada de atitudes que exponham a intimidade do empregado e nem ofendam publicamente o seu direito à privacidade.

O que não se pode admitir é a revista que cause constrangimento aos empregados, como a de bolsas e sacolas, quando realizada na presença de clientes. Veja-se, a propósito, trecho de decisão da 8ª Turma do TST:

> (...) 3. DANO MORAL. REVISTA DE BOLSAS. Esta Corte tem entendido que a mera revista visual nos pertences do empregado, como bolsas e sacolas, não configura, por si só, ofensa à sua moral/intimidade, constituindo, na realidade, exercício regular do direito do empregador, inerente ao seu poder de direção e fiscalização. Todavia, no presente caso o Regional demonstrou que não se trata de simples revista visual, consignando que ela ocorria no meio da loja e na presença de clientes, causando constrangimento na empregada de modo a justificar a indenização pleiteada. Recurso de revista não conhecido. (RR-15122-71.2010.5.04.0000, Relatora Ministra Dora Maria da Costa, 8ª Turma, DEJT 16/5/2011).

Em relação às *revistas íntimas*, penso que nem seria necessário pontuar que são *absurdamente ilícitas* e não há nada que justifique esse tipo de conduta abusiva. Daí que qualquer prova obtida nesse tipo de revista deverá ser rechaçada como prova *manifestamente ilícita*, dada a injustificável invasão da intimidade dos trabalhadores. A prova não somente deve ser considerada ilícita, mas também servir de indício que faça *presumir o dano moral* sofrido pelo trabalhador nessas circunstâncias, a ser devidamente compensado com uma indenização exemplar.

Contudo, não se pode olvidar de que *em algumas situações* a prova, ainda que aparentemente ilícita, precisa ser admitida porque, do outro lado, há uma *situação muito grave* vivenciada por alguém que também merece proteção. Imagine-se a situação de uma empregada doméstica ou cuidadora de crianças suspeita de *agredir uma criança indefesa* diariamente; se os pais trabalham fora de casa todos os dias e a criança permanece apenas com a cuidadora, há uma dificuldade estremada de se provar as abomináveis agressões físicas e, nesse caso, uma *filmagem clandestina* poderia ser admitida. Igualmente, a se tratar de pessoa idosa *indefesa*, esse tipo de prova poderia ser utilizado contra o cuidador que maldosamente agride esse idoso.

Poderia ser lembrado ainda, o caso de *concorrência desleal*, em que o trabalhador, durante o expediente, utilizando-se de *e-mail* particular, transmite informações altamente sigilosas, segredos empresariais, a um concorrente. Ainda que em regra não se admita a invasão de correspondência particular, se este era o *único meio* de se provar essa concorrência desleal, a prova poderia ser admitida, diante da gravidade da situação. O ideal é que houvesse autorização judicial prévia, mas, em muitas ocasiões, o empregador, que não conhece as exigências jurídicas, acaba por fazer a verificação de *e-mail* sem essa autorização. Dependendo do caso, essa prova poderá ser admitida.

Em suma, em todos esses casos – e outros –, estamos diante de uma *colisão de princípios*: de um lado, o direito fundamental à honra, à privacidade e à intimidade do trabalhador; de outro, o direito à integridade física/psíquica da vítima, no caso de agressões a pessoas indefesas, ou, excepcionalmente, o direito à propriedade, que também é direito fundamental (art. 5º, inciso XXII, da CF/88). E todos esses casos devem ser resolvidos com a utilização do *princípio da proporcionalidade*, devendo o juiz verificar se havia outros meios de prova ou não, a dificuldade ou facilidade de acesso à prova e, enfim, a presença dos *subprincípios* da proporcionalidade: a) a *necessidade* da prova aparentemente ilícita; b) a *adequação* à situação concreta; e c) a proporcionalidade *em sentido estrito*, pois se não era *minimamente* razoável exigir da parte outro meio de prova, há de se admitir a prova obtida por meio ilícito.

> Nos casos de colisão de princípios o juiz deve verificar se havia outros meios de prova disponíveis, a dificuldade de acesso à prova e a presença dos subprincípios da proporcionalidade.

A propósito, Fredie Didier observa que, quando surge a *colisão de direitos fundamentais*, nessa matéria, "nos casos em que o *único* meio de prova de que a parte dispõe para demonstrar suas alegações de fato foi obtido ilicitamente", surgem as mais variadas posições doutrinárias:

> [...] há quem não admita, em hipótese alguma, a prova ilícita; há quem a admita sempre; há quem a admita apenas no processo penal, e desde que em favor do acusado; e há, por fim, quem defenda a aplicação do princípio da proporcionalidade para a solução do conflito (DIDIER Jr. *et al.*, 2008, p. 38).

Na sequência, o autor assevera:

> Esta última é a posição que prevalece e, sem dúvida, parece-nos a mais correta. Quando se está diante de um conflito de normas fundamentais (direito à prova *versus* vedação da prova ilícita), a solução deve ser dada sempre casuisticamente, à luz da ponderação concreta dos interesses em jogo, isto é, à luz do princípio da proporcionalidade (DIDIER Jr. *et al.*, 2008, p. 38).

Para finalizar este tópico, quanto às chamadas *provas ilícitas por derivação* – a famosa teoria dos frutos da árvore envenenada (*fruits of the poisonous tree*) –, de se ponderar que tanto a doutrina quanto a jurisprudência não as aceitam. Provas ilícitas por derivação "são aquelas em si mesmas lícitas", mas que são produzidas "a partir de outra ilegalmente obtida: documento encontrado após invasão de domicílio, interceptação telefônica autorizada pelo juiz com base em documento falso etc.". E finalizada Didier:

> A teoria dos frutos da árvore envenenada prega que o vício da planta se transmite a todos os seus frutos (tem origem na jurisprudência americana). O STF se posiciona no sentido da inadmissibilidade das provas ilícitas por derivação (julgamento do HC 69.912-RS, rel. Min Sepúlveda Pertence, em 16.12.1993) (DIDIER Jr. *et al.*, 2008, p. 40-41).

Analisados os princípios *específicos* a respeito da prova, convém uma abordagem dos *meios de prova* que podem ser utilizados no processo do trabalho, de maneira objetiva, pois o que mais interessa é conhecer as normas e técnicas da produção probatória na audiência trabalhista, que serão examinadas mais adiante.

6.5. MEIOS DE PROVA

Como já visto anteriormente, o art. 369 do CPC, repetindo regramento que sempre acompanhou a evolução do processo civil brasileiro, permite às partes a utilização de *qualquer meio de prova*, ainda que não previsto em lei, conquanto seja moralmente legítimo, para influir de modo eficaz na formação da convicção do juiz. Por isso, não hesitamos em afirmar que um dos princípios importantes da teoria geral da prova é o *princípio da livre admissibilidade da prova*. Por óbvio, *contraposto* a este princípio, está o princípio da vedação da prova ilícita, conforme mandamento constitucional já examinado.

Para facilitar a compreensão, a doutrina procede a diversas *classificações* dos meios de prova. A primeira classificação – e talvez a mais importante de todas – é a que distingue os meios de prova em: (i) *típicos* e (ii) *atípicos*. São meios de prova *típicos* – previstos expressamente em lei –, segundo a doutrina clássica, os seguintes: (i) o depoimento pessoal; (ii) a confissão; (iii) a prova testemunhal; (iv) a prova documental; (v) a prova pericial; e (vi) a inspeção judicial.

O meio *atípico* por excelência era a *prova emprestada* que, conquanto largamente utilizada, especialmente no processo do trabalho, não tinha previsão legal. Ocorre que o CPC de 2015 dispôs expressamente sobre a prova emprestada – produzida em outro processo –, no seu *art. 372*, de modo que ela não pode mais ser considerada um meio atípico. Além disso, o CPC/2015 tratou expressamente da ata notarial (art. 384) e dos documentos eletrônicos (arts. 439 a 441).

Resta saber se as *provas digitais*, muito propagadas desde 2020, por conta da pandemia de Covid-19 e do regime extraordinário de trabalho instaurado em todo o Judiciário brasileiro – que tornou necessária a realização das audiências telepresenciais –, são um novo meio de prova, e se meio típico ou atípico. A princípio, as provas digitais poderiam ser enfeixadas na prova documental *lato sensu*, tanto que o art. 422 do CPC faz menção a todas as reproduções mecânicas, "como a fotográfica, a cinematográfica, a fonográfica ou de outra espécie", e o § 1º deste artigo trata das "fotografias digitais e as extraídas da rede mundial de computadores", sendo que as diretrizes ali estipuladas se aplicam também à "mensagem eletrônica" (§ 3º). Ou, quando muito, seriam *documentos eletrônicos*, meio de prova previsto expressamente nos arts. 439 a 441 do CPC, ainda que de forma lacônica, tanto que sua admissão no processo deve observar a "legislação específica", principalmente a Lei do Processo Eletrônico – Lei n. 11.419/2006.

Contudo, dada a dimensão que a prova digital tem tomado no processo brasileiro, penso que não seria nem um pouco desarrazoado a considerar como um *novo meio de prova* e, portanto, um *meio atípico*, pois não há, ainda, no CPC, regras específicas sobre a (i) admissibilidade e (ii) a forma de produção da prova digital. Voltaremos a esse tema ao final deste capítulo.

Outrossim, o CPC sempre tratou da presunção e das máximas de experiência comum, conquanto esses dois mecanismos sejam considerados *meios indiretos de prova*.

De tal sorte que, atualmente, com a inclusão dos *três novos meios de prova* no rol do CPC, aos seis descritos anteriormente, podemos acrescer os que seguem, como *meios típicos de prova*: (vii) a prova emprestada; (viii) a ata notarial; e (ix) os documentos eletrônicos. Isso sem considerar os meios indiretos de prova já referidos.

Daí que outra classificação utilizada pela doutrina é a de separar os meios de prova em: (i) *diretos* e (ii) *indiretos*. São considerados meios de prova *diretos*, porque o juiz colhe diretamente a prova ou a extrai (diretamente) da fonte de prova, os que seguem: (i) depoimento pessoal; (ii) confissão; (iii) prova testemunhal; (iv) prova documental; (v) prova pericial; e (vi) inspeção judicial. A estes, poderiam ser acrescidos os (vii) documentos eletrônicos e a (viii) ata notarial.

De outra mirada, a doutrina sempre nos ensinou que as presunções e as máximas de experiência comum são *meios indiretos de prova*, porque, nessas hipóteses, o juiz não colhe diretamente a prova e nem mesmo a parte produz a prova direta do fato probando.

Como veremos no próximo capítulo, a *presunção* é um *raciocínio mental* que permite ao juiz, a partir da análise de um fato indiciário provado, extrair a ilação de que o fato probando realmente existiu. Nesse raciocínio lógico, *prova-se o indício* e a partir dele o juiz se convence de que o fato alegado está demonstrado. Em suma, *não há prova direta* do fato probando, que é *presumido* das circunstâncias do caso concreto ou pela aplicação de princípios jurídicos. Igualmente, se há *máximas de experiência*, comum ou técnica, que tornam o fato alegado *verossímil*, dele não se exige prova direta. Fato verossímil é aquele deveras parecido com a verdade. Assim, basta que a parte demonstre a *verossimilhança* da sua alegação que, mesmo sem prova, o juiz irá considerar o fato demonstrado.

Resta saber em qual dessas categorias se encaixa a *prova emprestada*. Como é sabido, a prova emprestada é aquela que é produzida em outro processo e de lá *trasladada para o processo em curso*, desde que observados os princípios do contraditório e da ampla defesa. Destarte, não importa qual meio de prova foi utilizado no processo de origem. Sempre que a prova é "transportada" para outro processo, o juiz *não colhe diretamente* a prova, no processo que está a conduzir; antes, utiliza-se de uma prova que *já foi produzida*, no mesmo juízo ou em outro, para atender aos *princípios da economia processual e da celeridade*.

Sendo assim, penso que a prova emprestada é um *meio indireto de prova*. Sobre esse importante mecanismo de prova, trataremos mais adiante.

A) *Depoimento pessoal e interrogatório*

Em capítulo próprio verificaremos as *diferenças teórica e prática* entre depoimento pessoal e interrogatório, tanto no processo civil como no processo do trabalho.

No processo civil é muito importante que se analisem as disposições dos arts. 139, inciso VIII, 385 e 386 do CPC. Ali se encontra a normativa básica a respeito do depoimento pessoal – que necessita de requerimento da parte e é um direito dela –, mas também a respeito do interrogatório, pouco utilizado no processo civil.

No processo do trabalho, não se pode olvidar, jamais, das regras dos arts. 820 e 848 da CLT, que conferem bastante importância ao interrogatório na Justiça do Trabalho. Ainda que as partes tenham direito ao depoimento pessoal da outra, no processo do trabalho, até mesmo pela aplicação do *princípio inquisitivo*, o juiz pode interrogar as partes em qualquer audiência, inclusive na audiência inicial (SOUZA JÚNIOR *et al.*, 2018, p. 121), como veremos no capítulo próprio.

B) *Confissão*

A confissão é um dos mais importantes mecanismos de prova, porque se a parte admite a existência de um fato contrário ao seu interesse e que favorece a outra parte, *não haverá mais necessidade* de outras provas.

Contudo, há um regramento clássico a respeito da confissão, inclusive porque há várias *modalidades* desse meio de prova. A confissão pode ser judicial ou extrajudicial, espontânea ou provocada, real ou ficta e, por isso, os advogados precisam conhecer todas essas questões, disciplinadas nos arts. 389 a 395 do CPC, de onde se extrai a natureza jurídica da confissão, suas espécies, distinções e seus efeitos jurídicos peculiares.

São questões tão importantes que a elas dedicaremos um capítulo próprio neste Manual, no qual trataremos das tantas questões relacionadas à confissão do preposto do empregador.

C) *Prova testemunhal*

A prova testemunhal é, seguramente, o meio de prova mais destacado do processo do trabalho, inclusive porque permite, na prática, conferir concretude a um dos princípios mais importantes do direito material do trabalho, o *princípio da primazia da realidade*.

Daí que, se no processo civil a prova documental ganha absoluta proeminência, no processo do trabalho os documentos precisam ser *confirmados* pelas testemunhas, em muitas ocasiões; dito de outra maneira, se as testemunhas revelam que os documentos *não correspondem* à realidade, *prevalecerá* a prova testemunhal.

Por óbvio que não se pode ignorar, mesmo no processo do trabalho, as normas dos arts. 442 e 443 do CPC, que tratam da admissibilidade e da *inadmissibilidade* da prova testemunhal. Em longo capítulo deste Manual, trataremos de todas as questões que envolvem esse importante meio de prova.

D) *Ata notarial*

Ainda há poucos escritos sobre a ata notarial, até porque se trata de um mecanismo novo de prova, introduzido pelo CPC/2015, em seu *art. 384*.

Segundo a doutrina, a *ata notarial* "é lavrada exclusivamente pelo tabelião de notas (art. 7º, III, da Lei nº 8.935/1994), o qual pode realizar todas as gestões e diligências necessárias ou convenientes à sua realização (art. 7º, § 1º, da Lei nº 8.935/1994)". Ademais, de se notar que o tabelião exerce uma *atividade pública delegada*, "em caráter privado", de acordo com o art. 236 da CF/88. O *objetivo* dessa ata notarial é o de retratar a existência de algum fato ou de seu *modo de existir*, sendo que o tabelião irá "verter graficamente em documento público determinado fato", com o objetivo de "realização da memória documental de sua ocorrência (*ad perpetuam rei memoriam*)" (OLIVEIRA JR. *et al.*, 2016, p. 317).

O mais importante de tudo é que o fato, retratado na ata notarial, passa a ser plenamente presumido, porque esta ata é revestida de *fé pública* (art. 405 do CPC). Significa dizer que esse fato *independe de prova*, até porque o documento público faz *prova plena* de todos os fatos que o tabelião declarar que ocorreram na sua presença.

Destarte, esta ata notarial pode (i) retratar fatos *declarados* na presença do tabelião, ou (ii) o *teor* de documentos, *áudios*, *vídeos* ou de fatos retratados em arquivos eletrônicos. Na *primeira* hipótese, a presunção que se extrai da ata notarial é *relativa*, admitindo-se prova em sentido contrário, porque o tabelião, nesse caso, está apenas colhendo *declarações* de determinadas pessoas a respeito do *modo de existir* dos fatos alegados. Contudo, na *segunda* hipótese, se a parte exibe uma página de *Facebook*, *Instagram* ou de qualquer outra mídia social e o tabelião registra em ata que determinado fato, ou imagem, ou palavras, estavam ali narrados ou inseridos, *não há como se negar* isso posteriormente. Igualmente, se o tabelião ouviu uma gravação ou assistiu a um vídeo, em alguma mídia eletrônica, e retratou a imagem e as palavras na ata notarial, esses fatos também *não podem ser negados* depois, a menos que se alegue e *se prove* de forma robusta que o tabelião falsificou o documento público, fazendo registrar na ata algo que realmente não aconteceu.

Obviamente que não se pode descartar a possibilidade de a pessoa interessada na lavratura da ata notarial induzir o tabelião de notas a erro, apresentando-lhe páginas de *internet fakes*, perfis *fakes* e uma série de outras situações, diante da enorme criatividade de pessoas que agem de má-fé. Em todos esses casos, poderá a parte contra quem se apresentou uma ata notarial requerer ao juiz a produção de qualquer meio de prova útil a demonstrar a fraude processual, como perícia e até envio de ofícios para a verificação de metadados que revelem tratar-se de documentos ou mídias eletrônicas sem qualquer autenticidade, ou seja, fabricados/falsos.

Até hoje me deparei com *dois casos* nos quais houve juntada de ata notarial, até porque existe um custo razoável para a confecção desse documento público. No primeiro, depois da realização da audiência trabalhista, o reclamado, muito descontente, mandou várias *mensagens* por *WhatsApp* ao reclamante, desancando sua honra, xingando-o de diversos nomes impronunciáveis nesta obra. O reclamante, orientado por seu advogado, exibiu seu aparelho celular ao tabelião, que *registrou na ata notarial todos os dizeres* do reclamado. Na sequência, o reclamante ajuizou outra ação trabalhista pedindo indenização por dano moral, e não restou alternativa ao reclamado que não fosse a de celebrar acordo com o reclamante, porque *não havia como negar* que ele tinha realmente se excedido, e muito, na referida troca de mensagens.

No segundo caso, o trabalhador publicou várias *mensagens difamatórias* contra a empresa em seu perfil, na rede social *Facebook*, cujo teor também foi objeto de *ata notarial* por parte da empregadora, que aplicou a ele a justa causa e depois confirmou o fato em juízo, exibindo com a defesa a ata notarial. *Não havia como negar a falta grave*, tipificada no art. 482, "k", da CLT.

E) Documentos eletrônicos

Há três regras do CPC que tratam dos chamados documentos eletrônicos, os *arts. 439 a 441*. Poder-se-ia imaginar que se trata de uma grande novidade, mas, na verdade, o legislador *não disciplinou* sobre documentos eletrônicos, que seriam produzidos num processo eletrônico. O que ele disciplinou foi a utilização de documentos eletrônicos no chamado *processo convencional*, ou seja, no processo físico, como se extrai da dicção do citado art. 439.

Por isso, a doutrina do processo civil nem faz muitos comentários a respeito destes dispositivos legais, e ainda a eles faz séria crítica, "pois na verdade regulam o passado: um documento eletrônico sendo juntado a autos físicos" (DELLORE *et al.*, 2016, p. 435).

Como no *processo do trabalho* não há mais autos físicos, porque o processo judicial eletrônico já é utilizado em 100% dos casos, não há nenhuma necessidade de se verificar sobre autenticidade de conversão de documento eletrônico na forma impressa, tampouco sobre valor probante desse documento, na Justiça do Trabalho. A Lei do Processo Eletrônico – Lei n. 11.419/2006 – já trata de todas as questões importantes a respeito da prova documental no processo eletrônico, sendo desnecessários outros aportes sobre essa matéria.

F) Prova documental

Há um extenso regramento sobre a prova documental no CPC, dada a importância desse meio de prova nos domínios do processo civil. Não que a prova documental não seja importante no processo do trabalho, mas, como já afirmei, ela precisa ser *confirmada* em juízo, sempre que questionada.

Ademais, no processo do trabalho, o *peso dessa prova* costuma ser distinto para o trabalhador e para o empregador. Em regra, o trabalhador, ainda que receba cópias de recibos de pagamentos, *tickets* dos horários assinalados em cartão de ponto eletrônico e outros documentos, não tem o hábito de guardar essa documentação – conquanto devesse –, e, posteriormente, quando ajuíza a demanda trabalhista, junta poucos documentos. De se registrar que, em geral, os trabalhadores não sofrem prejuízos com essa prática porque é o *empregador* quem, *necessariamente*, precisa manter *toda a documentação*, de todo o período do contrato de emprego mantido com cada trabalhador.

Com efeito, o empregador não pode, jamais, descuidar-se da prova documental, ainda que ela precise ser confirmada na Justiça do Trabalho. Como a lei material trabalhista exige a *documentação* da grande maioria dos fatos que ocorrem durante a relação de emprego – e o empregador pode ser fiscalizado, tendo de exibir ao auditor fiscal do trabalho toda essa documentação, sob pena de multa administrativa –, o empregador deve *manter* essa documentação *intacta* também para esse fim.

> O empregador não pode, jamais, descuidar-se da prova documental, ainda que haja necessidade de ela ser confirmada na Justiça do Trabalho.

Daí se extrai que os documentos do empregador são *prova pré-constituída* e, também por isso, na grande maioria dos casos, o *ônus da prova* em relação aos fatos controvertidos é *do empregador*, toda vez que ele tiver a obrigação de ter documentos relativos aos fatos questionados em juízo, como veremos no próximo capítulo.

Por isso, o empregador precisa proceder ao *registro* do próprio contrato de emprego e dos fatos importantes da relação empregatícia, no livro de registro de empregados, tendo ainda de anotar a CTPS do trabalhador com os dados exigíveis. Precisa, ainda, ter *recibo de todos os pagamentos* feitos ao trabalhador, ou guardar comprovantes de depósito na conta-salário dele. Também precisa manter intactos e de forma idônea os *cartões de ponto* de todo o período contratual – pelo menos do imprescrito –, sempre que tiver mais de vinte empregados, como veremos mais adiante. E tantos outros documentos poderiam ser lembrados.

Daí que, *na prática*, ocorre uma intensa *produção de prova oral* a respeito dos documentos da relação de emprego na audiência trabalhista. Há fatos que só podem ser provados por *documento* (exemplo: pagamento de salário) e, mesmo juntado o documento, admite-se prova contra ele ou a despeito dele. A título exemplificativo, o reclamante pode produzir prova de que não recebeu a quantia descrita no *recibo*, ou de que recebia "salário por fora". Em relação aos *cartões de ponto*, por vezes o trabalhador reconhece apenas em parte as anotações neles lançadas, por exemplo, os horários de entrada e saída, alegando que não usufruía o intervalo intrajornada anotado e que trabalhava em dias de folgas. Com efeito, admite-se a *fragmentação da prova* em relação aos vários fatos documentados nos cartões de ponto, como veremos no capítulo específico de ônus da prova.

> Apesar da indivisibilidade da prova documental, admite-se a fragmentação da prova em relação aos vários fatos documentados nos cartões de ponto.

Nos capítulos seguintes deste Manual, voltaremos a tratar de várias *situações relacionadas à prova documental* na audiência trabalhista. Apenas para ilustrar algo mais a respeito dessa prova, vale a pena tratar de três dispositivos do CPC que tratam da *força probante dos documentos*. São as regras dos *arts. 405, 406 e 408*.

De acordo com a primeira delas, o *documento público*, por emanar de autoridade pública, "faz prova não só da sua formação, mas também dos fatos que o escrivão, o chefe de secretaria, o tabelião ou o servidor declarar que ocorreram em sua presença" (art. 405). Assim, o documento público faz *prova plena*, embora seja possível suscitar a falsidade também do documento público; contudo, a arguição de falsidade é um tema exclusivo da prova documental, cujo ritual não é processado em audiência e, por isso, não trataremos dessa matéria.

Em conformidade com o art. 406 do CPC, se a lei exige "instrumento público como da substância do ato, nenhuma outra prova, por mais especial que seja, pode suprir-lhe a falta". É dizer, se a prova é *ad solemnitatem*, nenhum outro documento ou outro meio de prova pode ser aceito, mas apenas o documento público. Dificilmente teremos a aplicação concreta desta regra no direito do trabalho e no processo trabalhista.

Assim, a regra mais importante a respeito da *força probante* dos documentos, no *processo do trabalho*, é a do art. 408 do CPC, segundo a qual todas as declarações que constarem expressamente "do documento particular escrito e assinado ou somente assinado presumem-se verdadeiras em relação ao signatário". Destarte, se o trabalhador preencheu o documento e o assinou, ou se apenas *assinou o documento*, se não questionar sua assinatura, tem ele o *ônus de provar* que o teor do documento não corresponde à realidade. Do contrário, se o trabalhador *não reconhece* sua assinatura no documento, o ônus da prova é todo *do empregador*. É o que se extrai do art. 429 do CPC, por analogia.

Daí a *enorme importância* de o empregador manter documentos *idôneos* e devidamente *assinados* pelo trabalhador, de toda a relação de emprego, porque, nesse caso, o *ônus da prova* de demonstrar que os documentos não retratam a realidade é *todo do trabalhador*.

> Se o empregador mantiver documentos idôneos e devidamente assinados pelo trabalhador, o ônus da prova de demonstrar que os documentos não retratam a realidade é do trabalhador.

G) Prova pericial

De todos é sabido que a prova pericial é muito importante no processo do trabalho, porque há fatos decisivos para o trabalhador que *só podem* ser demonstrados, em regra generalíssima, *por perícia*. Basta lembrar dos pedidos de adicionais de insalubridade e de periculosidade (art. 195, § 2º, da CLT), bem como dos pleitos de indenização por incapacidade decorrente de acidente do trabalho ou de doença ocupacional. Para se constatar a insalubridade, a periculosidade, a incapacidade e o nexo causal, em regra, faz-se necessária a prova pericial, pois são questões que *dependem de conhecimento técnico* para sua elucidação.

> No processo do trabalho, exige-se prova pericial para a constatação de insalubridade, periculosidade, incapacidade laborativa e nexo causal com o trabalho.

Não trataremos aqui de toda a normativa relacionada à prova pericial, até porque essa prova não é produzida em audiência, como é sabido. Discorreremos apenas sobre os *reflexos* dessa prova *na audiência trabalhista*. São inúmeros os casos em que, a despeito do laudo pericial, as partes pretendem ouvir a parte contrária e até testemunhas para provar *situação distinta* da retratada no laudo pericial.

De saída, não se pode olvidar de que o *requerimento* de prova pericial será *indeferido* sempre que a prova do fato *não dependa* de conhecimento especial de algum técnico. Ademais, essa prova será indeferida sempre que *desnecessária*, por exemplo, por já existirem outras provas produzidas nos autos e que se mostram suficientes. Assim, se as partes já tiverem juntado, com a petição inicial e a contestação, "pareceres técnicos ou documentos elucidativos" que o juiz considerar suficientes, poderá haver a dispensa da prova pericial (art. 472 do CPC). Enfim, se a verificação do fato por perícia for *impraticável*, também não há como se proceder à diligência pericial. São as *três hipóteses* previstas no § 1º do art. 464 do CPC, que trata da *inadmissibilidade* da prova pericial.

De não se olvidar, ainda, da possiblidade de se produzir *prova técnica simplificada*, novidade introduzida nos §§ 2º a 4º do referido art. 464. Quando o *ponto controvertido* não demandar grandes conhecimentos, sendo de *menor complexidade*, permite-se a referida prova técnica simplificada, que não demandará a realização de uma perícia no local ou na pessoa, pois esta prova consiste "apenas na inquirição de especialista, pelo juiz, sobre ponto controvertido da causa que demande especial conhecimento científico ou técnico" (§ 3º). Assim, o juiz irá designar a audiência de instrução e nesta procederá à *oitiva do especialista* nomeado por ele ou escolhido, de comum acordo, pelas partes.

Imagine-se a situação em que não se discute sobre a utilização de produtos químicos, mas apenas sobre a *neutralização* dos seus efeitos insalubres, reconhecendo o reclamante que *usava os EPIs*, mas alegando que estes eram insuficientes. A questão é apenas a de se saber sobre a neutralização ou não por parte desses EPIs e, então, *bastaria* a oitiva de um especialista para se ter condições de concluir a respeito da insalubridade e/ou de sua neutralização.

A respeito da impossibilidade de se realizar a perícia porque sua verificação se tornou *impraticável*, via de regra porque a empresa se encontra fechada ou porque o instrumento de trabalho já não é mais utilizado (máquinas, ônibus, caminhões etc.), há uma orientação jurisprudencial importante do TST, que permite a utilização de *outros meios de prova.* Veja-se o teor da OJ n. 278 da SDI-1:

> **ADICIONAL DE INSALUBRIDADE. PERÍCIA. LOCAL DE TRABALHO DESATIVADO (DJ 11.08.2003)**
>
> A realização de perícia é obrigatória para a verificação de insalubridade. Quando não for possível sua realização, como em caso de fechamento da empresa, poderá o julgador utilizar-se de outros meios de prova.

Destarte, será possível a realização da perícia em estabelecimento similar ou a juntada de *prova emprestada* para suprir a falta da perícia (direta).

Para terminar essa questão dos *reflexos da prova pericial* na audiência trabalhista, vale relembrar o quanto já afirmamos anteriormente. Há que se distinguir (i) impugnação *técnica* de (ii) impugnação *fática.*

Tudo aquilo que disser respeito a *conhecimento técnico* sobre todas as questões controvertidas por ocasião da diligência pericial só pode ser resolvido pelo perito, por exemplo: suficiência ou não dos EPIs fornecidos, periodicidade adequada, tempo de validade dos EPIs, tempo máximo de exposição ao agente insalubre etc.

Assim, apenas os fatos que podem ser *"reconstituídos" pela memória* da parte e/ou da testemunha é que podem ser objeto de prova oral na audiência trabalhista e desde que tenha havido *impugnação específica* ao laudo pericial. Se a parte se quedou inerte e não se manifestou sobre o laudo no prazo que lhe foi assinado, ou se não fez impugnação clara e direta a respeito de fatos descritos no laudo, *não haverá possibilidade* de se produzir prova oral a respeito deles. Havendo a devida impugnação, admite-se prova oral a respeito de uso ou não de EPIs, tempo de permanência no local insalubre, quantidade de entradas em câmaras frigoríficas etc.

> Apenas os fatos que podem ser reconstituídos pela memória da parte e da testemunha é que podem ser objeto de prova oral na audiência trabalhista, e desde que tenha havido impugnação ao laudo pericial.

Vale registrar, enfim, que o *ônus da prova* será *sempre* de quem estiver impugnando cada parte específica do laudo pericial. Sobre toda a temática do ônus da prova teremos a oportunidade de nos dedicar no próximo capítulo.

H) *Inspeção judicial*

Por certo que a inspeção judicial não se dá na audiência trabalhista, pois trata-se de um meio de prova – pouco utilizado – em que o juiz procede *diretamente* à inspeção em pessoas ou coisas, com o propósito de melhor "se esclarecer sobre fato que interesse à decisão da causa" (art. 481 do CPC).

Em regra, a inspeção judicial é feita de ofício, mas nada obsta que haja requerimento das partes para a sua realização. Na inspeção, como já referido, o juiz *colhe diretamente* a prova, analisando ou questionando pessoas, ou ainda inspecionando coisas determinadas.

O *procedimento* da inspeção judicial vem retratado nos arts. 482 a 484 do CPC, estando ali descritas, inclusive, as *hipóteses de cabimento* desse meio de prova (incisos I a III do art. 483). O que é preciso ressaltar é que o juiz deve observar, *sempre*, o *contraditório* ao realizar qualquer inspeção judicial, em conformidade com o parágrafo único do citado art. 483. Concluída a diligência, o juiz deve determinar a confecção de um *auto circunstanciado*, nele fazendo constar "tudo quanto for útil ao julgamento da causa" (art. 484).

Na prática, no processo do trabalho, em algumas situações o juiz tem determinado que o oficial de justiça, como sua *longa manus*, vá até o local, entreviste pessoas, verifique coisas ou situações fáticas, e lavre um *auto de constatação*, que será utilizado em vários processos posteriormente. Isso é bastante comum em matéria de horas *in itinere* ou de situações específicas relacionadas a maquinários, trajeto percorrido e outras. Trata-se de uma inspeção judicial "por delegação", que é possível exatamente por se tratar o oficial de justiça de um servidor público da inteira confiança do juiz e que, como já afirmei, atua como sua *longa manus*.

Embora não seja comum, alguns juízes, surgindo *séria contradição* nos depoimentos durante a audiência trabalhista, determinam a *suspensão da audiência* e, acompanhado das partes e seus advogados, dirigem-se até a sede da empresa ou até algum lugar específico referido nos depoimentos, a fim de examinar ou entrevistar pessoas, ou até de inspecionar coisas.

Já fiz algumas inspeções judiciais bastante exitosas, a respeito de contradições sobre a existência ou não de cartões de ponto "extras", de condições específicas de trabalho e outras. Recentemente, eu e outros juízes titulares de varas do trabalho de Ribeirão Preto (SP) comparecemos numa grande empresa desta cidade e lá fizemos uma *longa inspeção judicial*, que durou quase três horas, resultando num auto circunstanciado de sete laudas, redigido por este autor, após receber as magníficas contribuições dos outros colegas juízes. Agora, *não mais instruímos* aquelas questões, evitando mentiras de parte a parte.

Destarte, em situações muito controvertidas, sobretudo em processos *repetitivos*, com depoimentos contraditórios, diariamente, o juiz precisa "tirar um tempo" para proceder à inspeção judicial e acabar com a "farra" de cada parte produzir prova que não corresponde à realidade. Constatando *in loco* que a situação é outra – e muitas vezes contrariamente aos interesses de ambas as partes –, o juiz passa a dar *outro direcionamento* aos processos, distribuindo melhor a justiça.

> Em situações muito controvertidas, sobretudo em processos repetitivos, nos quais se constatam diariamente depoimentos contraditórios, o juiz deve proceder à inspeção judicial.

I) Presunções e máximas de experiência

Como já referido, as presunções e as máximas de experiência comum ou técnica são *meios indiretos* de prova, previstos nos arts. 374, inciso IV, e 375 do CPC, havendo menção a essas máximas também no art. 852-D da CLT. Como trataremos bastante desses meios de prova, especialmente das presunções, no longo *capítulo a respeito de ônus da prova*, remetemos, com o devido respeito, o caro leitor para aquele capítulo.

J) Prova emprestada

A prova emprestada, que passou a ter previsão expressa no art. 372 do CPC, trata-se de um meio de prova *utilíssimo* no processo do trabalho. Praticamente todos os dias, o juiz do trabalho analisa requerimento comum ou individual de juntada de prova emprestada na audiência trabalhista. Como já mencionado, a prova emprestada é aquela produzida em outro processo e *trasladada* para o processo em curso, atendendo-se aos princípios da economia processual e da celeridade, desde que observados também os princípios do contraditório e da ampla defesa.

> A prova emprestada é aquela produzida em outro processo e trasladada para o processo em curso, atendendo-se aos princípios da economia processual, da celeridade, do contraditório e da ampla defesa.

Essa temática é tão importante para a audiência trabalhista que, para facilitar a compreensão, vou abordá-la em *tópicos específicos*, logo a seguir.

K) Prova digital

Como já ponderei anteriormente, a prova digital *ainda não tem* previsão expressa como meio típico de prova no CPC de 2015, que faz menção apenas aos documentos eletrônicos (arts. 439 a 441). Estes seriam, então, um meio típico de prova, apesar de a doutrina se referir à prova digital – instituto mais amplo – como uma prova de natureza documental, *lato sensu*.

A prova digital e sua necessidade surgem da própria realidade vivenciada nos últimos anos. Ocorre que estamos vivenciando *mudanças radicais* na sociedade em geral e nas relações humanas (e jurídicas) a partir do final do século passado, com o avanço descomunal de todas as tecnologias, sobretudo das relacionadas à (i) *informação* e à (ii) *comunicação*. Natural, portanto, que as provas dos atos e fatos jurídicos, dos contratos, do cumprimento e descumprimento de suas cláusulas etc. estejam cada vez mais "presentes" no espaço-tempo digital. Daí a necessidade de se estudar esse novel instituto – a *prova digital* –, para se ter bem claro do que se trata, qual sua natureza jurídica e quais os requisitos para sua produção nos autos de um processo.

Como a temática traz à tona questões muito novas e que envolvem uma técnica bastante apurada, vou analisá-las mais adiante, em tópicos mais abrangentes, ao final deste capítulo.

6.6. A PROVA EMPRESTADA NA AUDIÊNCIA TRABALHISTA

6.6.1. Observância do contraditório e da ampla defesa

Há inúmeras questões relacionadas à temática da prova emprestada. A primeira delas diz respeito ao *processo* no qual deve ser "observado o contraditório", como exige *expressamente* a parte final do referido art. 372.

Segundo a doutrina, para que a prova emprestada seja válida e produza seus naturais efeitos, é necessário que, *no processo de origem*, a parte contra a qual se quer produzir a prova emprestada tenha tido a possibilidade de *participar* de modo *eficaz* na produção da prova. Destarte, é imprescindível que esta parte tenha (i) tomado *ciência* de todos os atos relacionados à produção probatória e tenha tido, ainda, (ii) a *ampla possibilidade* de participar da produção da prova, observando-se o seu direito de produzir a contraprova. A propósito, Dinamarco assinala que a eficácia da prova emprestada está sujeita a uma série de requisitos, atinentes à observância do contraditório, destacando que, em primeiro lugar, "é obviamente indispensável que já no processo de origem essa garantia haja sido observada" (DINAMARCO, V. III, 2004, p. 98).

Outra tese é a de que há de se observar o contraditório *no processo em curso*, porque a parte contra a qual se pretende a juntada de prova emprestada tem o direito de produzir prova *direta* – no processo em que se faz a juntada da prova emprestada – a respeito da situação concreta dos autos. É, inclusive, a tese que prevalece na *jurisprudência do STJ*. A propósito, veja-se essa notícia:

> Em 2014, no julgamento do EREsp 617.428, por unanimidade, a Corte Especial estabeleceu que a prova emprestada não pode se restringir a processos em que figurem partes idênticas, sob pena de se reduzir excessivamente sua aplicabilidade, sem justificativa razoável para tanto. "Independentemente de haver identidade de partes, o contraditório é o requisito primordial para o aproveitamento da prova emprestada. Portanto, assegurado às partes o contraditório sobre a prova, isto é, o direito de se insurgir contra a prova e de refutá-la adequadamente, afigura-se válido o empréstimo", observou a relatora, ministra Nancy Andrighi.
>
> Os recorrentes pediam que a prova pericial emprestada não fosse admitida, em razão de não figurarem as mesmas partes no processo em que ela foi produzida. O pedido não foi acolhido pelo colegiado, uma vez que não se contestou o conteúdo da prova, nem se demonstrou qualquer prejuízo advindo do seu aproveitamento.
>
> Para a relatora, a parte deixou, por opção própria, "de exercer o seu direito a impugnar a prova emprestada, não havendo qualquer mácula ao princípio do contraditório no presente processo, de modo que o empréstimo deve ser preservado" (STJ, 2020, *on-line*).

Sendo assim, no processo do trabalho, o empregador tem o direito de produzir prova, *no processo em curso*, de que a situação específica daquele reclamante é *distinta* da situação verificada no processo em que se produziu a prova que agora vai ser transportada, *desde que ele isso requeira*, obviamente. Imagine-se a situação de um (i) *laudo pericial* cuja cópia tenha sido juntada nas reclamações trabalhistas de todos os trabalhadores de um determinado setor, ou, ainda, da (ii) *ata de audiência* cuja cópia esteja sendo juntada em vários processos para comprovar que o preposto reconheceu que o reclamante trabalhava em horas extras, naquela função. O reclamado tem o *legítimo interesse* em produzir prova de que, com o reclamante do processo em curso, *a situação era distinta.*

Daí se pode verificar, então, que são *situações díspares*: primeira, a da parte que *pretende juntar* a prova emprestada; segunda, a da parte *contra quem* se pretende utilizar a prova emprestada. Se aquela tem o direito a utilizar-se da prova emprestada, esta tem o direito de produzir prova contrária à prova emprestada (*contraprova*). Surgem, assim, *duas questões* interessantes: 1ª) a juntada de prova emprestada *necessita da concordância* da parte contrária? 2ª) basta que se assegure o contraditório e o direito à contraprova *no processo em curso*?

Para responder à primeira questão, é necessário observar que o art. 372 do CPC, *em momento algum*, exigiu a concordância da outra parte para a utilização de prova emprestada. Daí que, atendidos todos os *requisitos* da prova emprestada, a parte tem, sim, o *direito à sua juntada*, independentemente de concordância da parte contra a qual se pretende produzir essa prova.

> Se atendidos todos os requisitos da prova emprestada, a parte tem direito à sua juntada, independentemente de concordância da parte contrária.

Contudo – e respondendo à segunda questão –, essa prova emprestada somente terá o *valor pleno* se, no *processo originário*, tiver sido respeitado o contraditório e a ampla defesa, pois se a parte não pôde ouvir testemunhas, ou teve perguntas importantes indeferidas – no processo de origem –, por exemplo, essa mácula *acompanhará* a prova emprestada no processo em que foi juntada. Ademais, mesmo que a prova emprestada tenha sido colhida com toda a higidez necessária, se, no *processo em curso*, o juiz *indeferir* a produção de *contraprova*, isso certamente comprometerá a lisura do processo e o tribunal, posteriormente, poderá *anular* todos os atos processuais a partir da audiência em que houve a juntada da prova emprestada, por *cerceamento de defesa.*

Em suma, há de se observar o *contraditório pleno*, no processo originário e no processo em que se procede à juntada da prova emprestada.

> Há de se observar o contraditório pleno, tanto no processo originário quanto no processo em que ocorre a juntada da prova emprestada.

6.6.2. Meios de prova e natureza jurídica

Outra questão importante dessa temática diz respeito a *quais meios de prova* admitem a juntada de prova emprestada. Penso que todos eles, *exceto* a prova documental. Toda vez que se procede à juntada de qualquer documento, público ou particular, *produz-se prova documental*, não se podendo falar em prova emprestada nesse caso. De outra mirada, se a parte requer a juntada de *cópia de ata de audiência* a respeito de (i) depoimento pessoal (ou interrogatório), (ii) confissão e/ou (iii) prova testemunhal, isso será plenamente possível. Se ela pretende também a juntada de *cópia* de (iv) *laudo pericial* ou até de (v) *auto circunstanciado* de inspeção judicial, isso também será plenamente possível. No mesmo sentido, um dos maiores processualistas do trabalho, Mauro Schiavi (SHIAVI, 2008, p. 454-455).

O *mais comum* é que se utilize prova emprestada a respeito de depoimentos testemunhais e de laudo pericial produzido em outro processo, mas nada obsta que esses outros meios de prova também possam dar ensejo à juntada de prova emprestada.

Relacionada à questão anterior é a seguinte: *qual a natureza jurídica da prova emprestada?* Pois bem, a prova emprestada é um meio de prova como outro qualquer. Então, a questão correta é esta: *a prova emprestada conserva a natureza jurídica do processo originário?* Duas teses procuram explicar essa questão. A primeira delas diz que, como toda prova emprestada é juntada no *formato de documento* (cópia de ata de audiência, cópia de laudo pericial, cópia de auto circunstanciado ou até de auto de constatação), ela será, sempre, uma prova documental. A corrente majoritária, no entanto, defende o entendimento de que a prova emprestada *conserva a natureza jurídica* do processo originário. É dizer, a prova testemunhal emprestada continua sendo prova testemunhal; o laudo pericial emprestado continua valendo como laudo pericial; a inspeção judicial continua tendo esse mesmo valor no processo em curso. Neste sentido: SCHIAVI, 2008, p. 458-459.

> A prova emprestada conserva a natureza jurídica do processo originário, valendo como confissão, prova testemunhal, laudo pericial e inspeção judicial.

Penso que a *segunda corrente* é a mais correta, porque não teria muito sentido que a parte juntasse cópia de uma ata de audiência em que a parte contrária tenha *confessado* um determinado fato, se não fosse para obter os *mesmos efeitos* da confissão. Da mesma forma, se a *perícia* era necessária, só há sentido em se admitir o laudo pericial emprestado para tornar *desneces-*

sária a realização de perícia direta. Isso não quer dizer que a parte contrária não tenha *direito à contraprova*, como já afirmei.

Contudo, se o reclamante tinha o ônus de provar a insalubridade no ambiente de trabalho ou a realização de horas extras e, com a prova emprestada, esse fato se torna, *a priori*, "comprovado", pode-se assegurar ao reclamado a produção de prova *direta* no processo em curso, mas a *título de contraprova;* e, nesse caso, sendo dele (reclamado), exclusivamente, o *ônus da prova* de demonstrar que, no processo "atual", os fatos se passaram de modo distinto.

6.6.3. Contra quem se admite a prova emprestada?

Por fim, a *questão mais complexa* de todas: para que seja possível a juntada de prova emprestada contra a outra parte, *é necessário que esta tenha participado do processo originário?* Antes de se responder a essa intrincada questão, há de se perceber que existem pelo menos *três situações* que envolvem essa problemática:

1ª) processo de "A" x "B", em que "A" e "B" participaram do processo originário;

2ª) "C" x "B", processo em que apenas "B" participou do primeiro processo, e "C", que dele não participou, é quem pretende a juntada de prova emprestada;

3ª) "A" x "C", processo em que "A" participou do processo originário, mas pretende juntar prova emprestada contra "C".

Na *primeira hipótese*, não pode restar dúvida de que a prova emprestada é *plenamente admissível*, porque as partes são as *mesmas* em ambos os processos. Imagine-se a situação de o reclamante propor uma segunda demanda para postular *horas extras do intervalo intrajornada* – não postuladas no processo anterior –, juntando cópia da ata de audiência do processo originário para comprovar que o próprio preposto *confessou* que o intervalo era de 30 minutos. Nesse caso, o juiz pode até indeferir a contraprova por parte do reclamado, porque não seria aceitável que o (novo) preposto dissesse fato contrário àquele (efeitos reflexivos da coisa julgada, conforme o caso, tema complexo que foge ao objeto deste Manual).

Já em relação à *segunda hipótese*, também *se deve admitir* a juntada da prova emprestada porque a parte "B", contra a qual se pretende essa juntada, participou *plenamente* do processo originário, inclusive ouvindo testemunhas (SCHIAVI, 2008, p. 458). Contudo, em regra, aqui há *de se admitir* a produção de *contraprova*, quando "B" alegar que a situação de "C" era distinta da situação de "A" (o reclamante do primeiro processo). Imagine-se a ação proposta por "C" para reclamar *horas extras*, juntando prova emprestada em que a testemunha do reclamado admitiu que "A" realmente trabalhava em horas extraordinárias. A prova emprestada será admitida, havendo fortíssimo *indício* de que "C", que exercia a mesma função, também se ativava em sobrejornada. Contudo, se "B" alegar que a situação de "C" era distinta, ele tem o *direito à contraprova* tantas vezes ressalvado.

A situação *mais complicada* é a da *terceira hipótese*, em que a parte *contra a qual* se pretende a juntada de prova emprestada *não participou*, de forma alguma, do processo originário. Imagine-se a situação de o trabalhador ("A") ter ajuizado *ação previdenciária* em face do INSS ("B"), na qual a perícia tenha constatado a incapacidade laborativa e o nexo causal entre a doença e o trabalho. O trabalhador tem o direito de juntar cópia desse laudo pericial na *demanda trabalhista* ajuizada em face do empregador ("C")? Penso que sim, ainda que "C" não tenha participado daquele processo. No entanto, o *valor probante* dessa prova emprestada será *muito reduzido*, tendo o juiz de determinar a realização de *nova perícia* na ação trabalhista – havendo requerimento nesse sentido –, assegurando, assim, ao reclamado, o *pleno exercício* do contraditório e da ampla defesa.

Para terminar a análise dessa temática, *poderia o empregador juntar prova emprestada contra o trabalhador que não participou do processo originário?* A doutrina e a jurisprudência não têm atentado para esse caso. É praticamente unânime, na doutrina, a diretriz de que *não se pode admitir* prova emprestada contra pessoa que não tenha participado do processo originário. Contudo, vimos que não é bem assim, tanto que se admite a juntada de laudo pericial produzido na ação previdenciária, ainda que a título de *mero indício* de prova. Ocorre que o empregador *também tem juntado* cópia de laudo pericial *negativo* para comprovar que *não havia insalubridade* na sua empresa. Além disso, o reclamado tem juntado *também* cópia de ata de audiência em que reclamante de outro processo *confessou* que usufruía *uma hora de intervalo* intrajornada, por exemplo. A jurisprudência, sem atentar, tem admitido essas provas sem maiores questionamentos.

A questão é: *isso é realmente prova emprestada?* A se admitir essa prova como sendo emprestada, de duas, uma: (i) ou o contraditório não é tão importante assim nessa matéria, (ii) ou é importante, mas ainda assim será possível a juntada de prova emprestada contra pessoa que não participou do processo originário.

Penso que a questão deve ser resolvida da seguinte maneira: trata-se, sim, de *prova emprestada*, produzida *contra quem não participou* do processo originário, mas com *valor probante muito reduzido*, à semelhança da questão relativa à prova pericial da ação acidentária, referida anteriormente. Ademais, essa prova emprestada somente será admissível se o juiz assegurar, *ao reclamante*, o contraditório e a ampla defesa, ou seja, se lhe possibilitar a *plena produção probatória* de que, com ele, a situação era *distinta*, ou seja, de que ele *trabalhava* em ambiente insalubre – com laudo pericial direto – ou de que *não usufruía* uma hora de intervalo, conforme o caso.

> Pode ser admitida prova emprestada contra quem não participou do processo originário, mas com valor probante muito reduzido.

Essa solução pode ser aplicada a inúmeras outras situações fáticas, e deixa evidente que, muitas vezes, as considerações acadêmicas da doutrina, quando *postas em prática*, não se amoldam ao que realmente acontece na audiência trabalhista.

6.7. A PROVA DIGITAL

6.7.1. Considerações iniciais sobre a prova digital

Como já ponderei anteriormente, a civilização atual está experimentando mudanças radicais em termos sociais e nas relações humanas desde o final do século passado, proporcionadas pelo avanço sem precedentes das tecnologias, em especial das relacionadas à informação e à comunicação. Estamos "caminhando" a passos largos do mundo real para o mundo virtual. A vendagem de bens (inclusive imóveis) no *metaverso* – um ambiente virtual imersivo construído por meio de diversas tecnologias que integram os mundos real e virtual, no qual as pessoas podem "interagir umas com as outras, trabalhar, estudar e ter uma vida social por meio de seus avatares (bonecos virtuais customizados) 3D" (Disponível em: <https://www.infomoney.com.br/guias/metaverso/>. Acesso em 17 jan. 2022) –, por certo que não deixa margem a dúvidas de que as transformações são deveras abrangentes e numa velocidade jamais verificada nos milênios anteriores.

Isso faz com que a prova dos fatos jurídicos em geral, dos contratos, bem como do cumprimento e descumprimento das cláusulas contratuais esteja cada vez mais "presente" no *espaço-tempo digital*. Ora, se todos os dados são lançados em arquivos eletrônicos, mídias sociais e até nas nuvens, já há pessoas – e são muitas – que sequer imprimem esses dados. Já não tem mais havido fotografias reveladas, contratos impressos e um *sem-fim de desaparições* do mundo físico. As comunicações humanas têm sido *basicamente virtuais*, com o uso das tantas tecnologias da informática/telecomunicações, e praticamente ninguém mais imprime e/ou faz degravação das conversas e outros dados daí resultantes.

Todo esse espaço-tempo virtual tem dado origem ao que se tem convencionado denominar de *metadados*. Há questões interessantíssimas sobre os metadados, que vão desde (i) quem (pode) armazena(r) tantos dados relacionados a bilhões de pessoas – humanas e jurídicas – a (ii) *quem pode exigir sua exibição*, inclusive numa demanda judicial.

Exsurge, aqui, o grande problema (jurídico) de se construir uma *teoria* (acerca) das *provas digitais*, que nos dê segurança sobre várias questões, dentre elas: (i) *o que é* uma prova digital; (ii) que espécie de prova é essa, vale dizer, qual *sua natureza jurídica*; (iii) quais regras irão disciplinar a sua produção no âmbito do processo, em especial, como atender aos *requisitos* da (a) autenticidade, (b) integridade e (c) preservação da cadeia de custódia; e, até mesmo, (iv) de quem será o *ônus da prova* quando se tratar de prova digital.

Há, ainda, uma questão polêmica a respeito da proteção que deve ser garantida contra os atentados aos direitos de personalidade das pessoas envolvidas, quando da *extração e produção* da prova digital. Ocorre que se trata de uma temática muito específica e por demais extensa, motivo pelo qual não a irei abordar neste Manual. Cito, por traduzir, em síntese, meu pensamento a respeito da matéria, o acórdão paradigmático proferido pela Seção Especializada 2 do TRT da 12ª Região, nos autos do Processo n. 0000415-82.2021.5.12.0035, tendo como Relatora a Desembargadora Gisele Pereira Alexandrino.

Destarte, o objetivo desta breve análise é apenas o de apresentar ideias a respeito da *admissibilidade da prova digital*. Não é tarefa fácil, tendo em vista que se trata de instituto muito recente na teoria geral da prova, cujos contornos ainda estão por ser delimitados pelo estudo dos doutrinadores, inclusive a partir da incipiente jurisprudência a respeito dessa temática.

6.7.2. Prova digital: do que se trata?

De saída, convém registrar que ainda há poucos escritos específicos sobre a prova digital, quando comparados às recentes monografias e aos artigos doutrinários publicados sobre a matéria com a quantidade de escritos sobre a prova "convencional". Por certo que, na teoria geral da prova – temática estudada há séculos – temos muitos aportes que podem servir de *bússola* na investigação do que seria exatamente a prova digital.

Antes, porém, penso ser importante registrar a *mudança de paradigma* que tem ocorrido na sociedade, que se reflete na atividade probatória, em juízo. São mudanças intensas e extensas proporcionadas pela utilização cada vez mais frequente dos recursos tecnológicos colocados à disposição das pessoas, naturais e jurídicas.

> A incorporação da tecnologia aos mais variados aspectos da vida tem modificado profundamente as interações humanas e a organização da sociedade, redesenhando desde a comunicação, com a substituição das cartas pelo correio eletrônico, dos telefonemas por mensagens instantâneas de texto, áudio ou vídeo etc.; até os registros – públicos ou privados – que se pretendem perenes, antes inscritos em papel com toda sorte de cautela, e hoje amplamente substituídos pelos sistemas de informática; passando, ainda, por toda espécie de atividade que, prescindindo do contato presencial antes necessário ou criando possibilidades inéditas, se vale da internet, por meio da qual se acessa e se transmite um volume imenso de informação, se celebram negócios jurídicos e também se praticam atos ilícitos (PASTORE, 2020, p. 64).

Precisamos, pois, saber o que é exatamente *prova digital*, porque os meios probatórios, aparentemente, permanecem os mesmos, mas as *fontes de prova* "se alteram e reclamam a elaboração de novos critérios para o seu adequado exame". Se o rito probatório não se altera, com as formalidades sobre a juntada de documentos e produção de outras provas correlatas, as fontes que se acessam por esses meios tecnológicos, "que é o traço verdadeiramente distintivo do que se chama de prova digital, ostenta peculiaridades merecedoras de tratamento diferenciado" (PASTORE, 2020, p. 64).

Rennan Thamay e Mauricio Tamer, em ótima monografia sobre o tema, conceituam a prova digital como

> [...] o instrumento jurídico vocacionado a demonstrar a ocorrência ou não de determinado fato e suas circunstâncias, tendo ele ocorrido

> total ou parcialmente em meios digitais ou, se fora deles, esses sirvam como instrumento de sua demonstração. A prova digital é o meio de demonstrar a ocorrência de um fato ocorrido em meio digital, ou que tem no meio digital um instrumento de demonstração de determinado fato (e) de seu conteúdo. (THAMAY; TAMER, 2020, p. 33)

De modo que há *duas vertentes* de análise quando se trata das provas digitais, (i) a primeira relacionada aos fatos ou atos jurídicos *praticados nos próprios meios digitais*, tendo como *suporte* um meio digital, citando-se, como exemplos: (a) envio de *e-mail* ou de mensagem por aplicativos de mensageria, como *WhatsApp*, *Telegram* e outros; (b) publicação de um vídeo na *internet*, no *YouTube*, por exemplo; (c) cópia de *software* ou da base de dados de um computador etc.; e (ii) a segunda, na qual, embora o fato ou ato jurídico tenha sido praticado em meios "convencionais", ele pode ser *demonstrado com a utilização dos meios digitais* disponíveis, servindo estes, portanto, como instrumento de demonstração – de prova em sentido estrito –, podendo ser lembrado como exemplo o seguinte: uma *ata notarial*, na qual o tabelião certifica que fotografias publicadas em mídia social (*Facebook*, *Instagram* e outras) revelam *encontros, viagens e até intimidades* entre determinadas pessoas, o que poderá caracterizar posteriormente, segundo o juízo do destinatário (principal) da prova – em regra, o juiz –, uma amizade íntima, um conluio entre empregado de uma empresa e o diretor de empresa concorrente etc. Aqui, os fatos – encontros, viagens, abraços e beijos – "não são digitais em si, mas os suportes digitais servem de mecanismo de demonstração" (THAMAY; TAMER, 2020, p. 32-33).

Poderíamos até propor, para facilitar a compreensão da dicotomia, que na primeira vertente temos (i) prova digital *de primeiro grau*, ao passo que, na segunda, uma (ii) prova digital *de segundo grau*, porque, aqui, apenas a prova em si é produzida (ou armazenada) a partir de meios ou suportes digitais.

Estes autores referidos citam vários exemplos de fatos que ocorrem em meios ou suportes digitais – prova digital de primeiro grau – e que revelam *ilícitos* de natureza civil, trabalhista e criminal (THAMAY; TAMER, 2020, p. 34-39).

Quanto aos ilícitos de *natureza civil*, merecem destaque os seguintes exemplos:

(i) alguém realiza postagem "inverídica, desatualizada ou desonrosa" em relação a determinada pessoa em mídia social (*Facebook*, *Instagram*,

Twitter e outros), ou pratica esse ato "por meio de vídeo disponibilizado no Youtube" – nesse caso, o agente causador do dano *se utiliza dos meios digitais* amplamente conhecidos, mais precisamente dos "serviços dos respectivos provedores de aplicação", e a pessoa natural ou jurídica (art. 52 do CC/2002; Súmula n. 227 do STJ) pode buscar em juízo uma *indenização compensatória do dano moral* sofrido em razão daquele ato ilícito (arts. 186 e 927 do CC); ocorre que, para demonstrar esse fato em juízo, o autor da demanda terá de agir rapidamente para conseguir a "preservação do conteúdo e identificação técnica do usuário responsável (obtenção dos registros eletrônicos e dados cadastrais respectivos)", com a produção antecipada de prova ou com a obtenção de uma tutela de urgência, na própria ação indenizatória;

(ii) alguém cria sites, utilizando-se das "marcas de outras organizações sem a autorização dessas, gerando benefício ilícito e a confusão ao público consumidor" – aqui temos uma prática que viola a propriedade intelectual de terceiros, "seja no viés da propriedade industrial (marcas, *trade dress* etc.) – Lei nº 9.279, de 1996, seja no viés do direito autoral ou dos direitos sobre o software", por meio de fatos praticados *exclusivamente* em meio digital, que normalmente serão demonstrados apenas por *prova pericial* a esse respeito;

(iii) "a prática ilícita comum de compartilhamento não autorizado de materiais ou cursos" por *e-mail* e outros meios digitais, que atenta contra os direitos autorais (Lei n. 9.610/98);

(iv) as práticas de concorrência desleal, dentre tantas, a "utilização de páginas ou *blogs* anônimos vocacionados à propagação de conteúdo ilícito (*v.g.* inverídico ou desatualizado) para levar o concorrente ao descrédito", bem como a "contratação da palavra-chave de busca da empresa concorrente" em sites de busca, como o *Google*, de modo que, quando o usuário faz a busca pelos termos que normalmente identificariam o concorrente, aparecem para si apenas os "resultados patrocinados", diante da "contratação dos chamados anúncios ou *links* patrocinados".

Na *seara trabalhista* – a que mais nos interessa –, os autores afirmam que são muitos os exemplos de ilícitos cometidos nas *relações de trabalho*, com a utilização dos meios digitais, tanto pelo empregado quanto pelo empregador (THAMAY; TAMER, 2020, p. 36-37).

Por parte *do empregado*, podem ser citados os seguintes exemplos:

(i) "o desvio de informações ou de documentos sigilosos e de propriedade das organizações empregadoras para terceiros" – essa prática pode ser empreendida por cópias enviadas por um simples *e-mail*, mas geralmente é bem sofisticada, com a extração de cópia de arquivos digitais (*pen drive*, HD externo etc.), posteriormente entregue ao concorrente; e caracteriza, sem sombra de dúvidas, *justa causa* para o despedimento do empregado, não somente pela quebra de confiança, mas por haver previsão expressa na CLT a esse respeito: constitui figura de justa causa a "violação de segredo da empresa" (alínea "g" do art. 482);

(ii) um empregado, "responsável pela condução de uma RFP – *Request for Proposal*" (um documento de *solicitação de proposta*, "muitas vezes feita por meio de um processo de licitação, por uma agência ou empresa interessada na aquisição de uma mercadoria, serviço ou ativo valioso, a potenciais fornecedores para apresentar propostas comerciais" (Disponível em: <https://en.wikipedia.org/wiki/Request_for_proposal>; acesso em: 19-1-2022) – que, *numa licitação*, "negocie vantagens a determinado concorrente por e-mail ou celular corporativo"; de se notar que essa prática também está tipificada como *justa causa* no art. 482, alínea "c", da CLT: "negociação habitual por conta própria ou alheia sem permissão do empregador, e quando constituir ato de concorrência à empresa para a qual trabalha o empregado, ou for prejudicial ao serviço";

(iii) ato de empregado que, em grupo de *WhatsApp* da empresa "publica conteúdos desonrosos ou profere xingamentos a outro empregado, tumultuando o ambiente corporativo" – aliás, tem sido muito mais comum que empregados desanquem a honra objetiva da própria empresa ou a subjetiva de proprietários e diretores nesses canais internos de comunicação – grupo de *WhatsApp* corporativo –, mas principalmente *em mídias sociais*, como *Facebook*, *Instagram*, *Twitter* e outras; em todos esses casos teremos ilícitos praticados em suporte digital, que desafiam a argúcia dos advogados para a produção da prova a respeito dos fatos; novamente, o que se tem aqui é outra figura de *justa causa*, tipificada no art. 482, alínea "k", da CLT, a saber: "ato lesivo da honra ou da boa fama ou ofensas físicas praticadas contra o empregador e superiores hierárquicos, salvo em caso de legítima defesa, própria ou de outrem";

(iv) os autores citam, ainda, o exemplo de empregado que alega "doença para não comparecer em serviço e fique provado, a partir de postagens em mídias sociais que, na verdade, mentiu" – embora se trate de hipótese cada vez mais frequente nas audiências trabalhistas, por coerência, tenho de ressalvar que essa situação não é de prova digital em sentido estrito, ou seja, daquela que demonstra fatos ocorridos em meio digital; aqui, temos *prova digital da segunda vertente* anteriormente analisada, porque os fatos – viagens, festas, jogos etc. – ocorreram em ambiente "físico", não nas plataformas digitais; apenas as provas dos fatos que revelam a mentira do empregado – em regra, fotografias publicadas por ele próprio em suas páginas e perfis, nas redes sociais – é que serão consideradas *digitais*; mais uma vez, temos, no caso, uma figura de *justa causa*, pois é inadmissível que o empregado apresente atestado médico para não trabalhar em razão de sua doença e, no lugar de permanecer em casa se recuperando, faça suas viagens, compareça em festas, bares ou vá praticar esportes; essa conduta propicia a *quebra da confiança* que deve ser depositada em todo empregado, estando prevista, ainda que não expressamente, na alínea "b" do art. 482 da CLT: (ato de) "incontinência de conduta ou mau procedimento".

Contudo, *o empregador* também pode cometer, contra o empregado, ilícitos com o uso dos meios digitais, dando ocasião a uma *prova digital* de sua conduta reprovável. Citam-se, como exemplos, os seguintes:

(i) prática de *assédio sexual* pelo empregador, que "aborda a empregada por meio de mensagens privadas no WhatsApp com tom indecoroso, sexual – inclusive com envio de imagens – ou de coação" – de se registrar que, em regra, o empregador ou gerente da empresa pratica atos de assédio sexual "a portas fechadas", sem qualquer registro em meio digital, dificultando sobremaneira a produção da prova por parte do(a) empregado(a) vítima desse tipo de assédio; se houver uma *prova digital* dessas investidas, como gravação em áudio no aparelho celular, temos, aqui, uma situação em que apenas a *prova é digital*; agora, no exemplo dado (pelos autores citados), temos, sem dúvida, um caso em que o próprio fato ilícito foi cometido por intermédio de aplicativo de mensageria instantânea (*WhatsApp*, *Telegram* e outros); aqui, a *prova é digital* por excelência, desafiando a demonstração da autoria das mensagens, da integridade destas e até da preservação da tal cadeia de custódia, requisitos da prova digital que serão analisados mais adiante;

(ii) "desrespeito ao direito de férias" do empregado, pelo envio (constante) de mensagens por aplicativos e exigência de respostas (e trabalho, portanto) durante o período em que o trabalhador se dedica à sagrada *desconexão do trabalho* – temos, aqui, um gravíssimo ilícito trabalhista porque o direito ao gozo de férias se trata de um dos mais importantes direitos sociais dos trabalhadores, erigido ao patamar de *direito fundamental* (art. 7º, inciso XVII, da CF/88); a hipótese revela uma situação de *prova digital de primeiro grau*, por assim dizer, porque o fato – trabalho durante o período de férias – ocorreu com a utilização dos meios digitais: cobrança de respostas e informações por *e-mail* ou aplicativo de mensagens instantâneas, com o trabalho prestado também por esses mecanismos digitais;

(iii) realização de horas extras "pela comunicação feita por WhatsApp fora do horário de trabalho" – do mesmo modo que no exemplo anterior, aqui se constata outro grave ilícito trabalhista, haja vista que o *direito à limitação da jornada de trabalho* se trata de um direito social histórico (Convenção n. 1 da OIT, de 1919), também consagrado como *direito fundamental* na Constituição brasileira (art. 7º, incisos XIII e XIV, da CF/88); também aqui a hipótese – tão frequente nas relações de trabalho – é de uma *prova digital de primeiro grau*, porque as horas extras, consubstanciadas nas respostas e informações prestadas por *WhatsApp*, foram praticadas com a utilização desse mecanismo digital; a juntada de cópia dessas mensagens – de preferência na íntegra – irá demonstrar que o meio digital foi o utilizado para a própria prestação dos serviços;

(iv) posso citar, ainda, dentre tantos outros exemplos que já começam a fazer parte da jurisprudência trabalhista, o caso de *assédio moral* praticado por gerentes e outros gestores das empresas contra seus empregados, por intermédio de canais de comunicação internos, dentre eles, grupos de *e-mail* corporativo, de *WhatsApp*, *Telegram* e outros; nessa situação, as mensagens agressivas, em regra exigindo o cumprimento de metas ou de outras imposições do empregador, são constantes, por vezes tomando algum empregado como "exemplo" de baixa produtividade ou não comprometimento com as diretrizes da empresa; essas mensagens abusivas, reveladoras do *assédio moral*, quando praticadas com a utilização dos recursos tecnológicos de comunicação – *e-mail* corporativo, grupos de *WhatsApp* e/ou *Telegram* – vão caracterizar a prova como sendo digital, pois os fatos, aí, ocorrem todos no suporte digital.

Isso sem falar nos vários casos em que as partes têm se utilizado – ou requerido a utilização – da *geolocalização*, para demonstrar fatos ocorridos fora do ambiente virtual – vínculo de emprego, horas extras, justa causa etc. –, ou, pelo menos, para demonstrar um *indício* a partir do qual se pode presumir a existência do fato probando.

A *geolocalização* é "um recurso que permite determinar a posição geográfica de um dispositivo com base em um sistema de coordenadas", as quais "podem ser obtidas por meio de diferentes tipos de sinais", como os seguintes: GPS, Radiofrequência, AGPS, Wifi (Disponível em: <https://maplink.global/blog/como-funciona-geolocalizacao/>. Acesso em: 17 jan. 2021). De se notar que os dados produzidos e armazenados (prova digital de primeiro grau, por assim dizer) "podem ser encontrados em fontes abertas (de livre acesso, como pesquisas no Google, sites de transparência, redes sociais) ou fontes fechadas (de acesso restrito, por meio de solicitação judicial)," das quais sejam titulares empresas públicas ou privadas. Ocorre que "os dados utilizados como provas digitais não se restringem a postagem em redes sociais". A partir da utilização de "fontes de dados fechadas", como de uma empresa de telefonia, operadora de celular ou rede social, "é possível utilizar dados de geolocalização, biometria, metadados de fotos e até rastreamento de IP". Segundo o Promotor de Justiça Fabrício Rabelo Patury, um dos maiores especialistas nessa temática, é possível, "a partir de posts com geolocalização" do aparelho celular, até mesmo "localizar executados em insolvência", sendo possível também "verificar situações de formação de vínculos trabalhistas, horas extras, prestação devida do serviço, e até averiguar a existência de uma justificativa para demissão por justa causa" (Disponível em: <http://www.tst.jus.br/provas-digitais>. Acesso em: 17 jan. 2022).

Quanto à prova digital na *esfera criminal*, são citados pela doutrina vários exemplos de fatos criminosos praticados com a utilização dos meios digitais, como os crimes de furto mediante fraude, estelionato, extorsão, calúnia, difamação e até de estupro virtual (THAMAY; TAMER, 2020, p. 37-39). Contudo, trata-se de temática que foge por completo à investigação proposta neste Manual.

Vistas, em linhas gerais, o que pode ser entendido como prova digital, de primeiro e segundo grau, temos de buscar definir qual a natureza jurídica do novel instituto. É o passo seguinte.

6.7.3. A natureza jurídica das provas digitais

Como já afirmei anteriormente, as provas digitais têm sido muito utilizadas desde 2020, a partir do início da pandemia de Covid-19 e do regime extraordinário de trabalho então instaurado no Judiciário brasileiro. Agora, qual seria a verdadeira *natureza jurídica* das provas digitais? Seriam elas um novo meio de prova? Em caso afirmativo, seriam elas um meio atípico de prova?

Numa primeira análise, as provas digitais poderiam ser consideradas como uma prova documental *lato sensu*, em virtude do quanto disposto no art. 422 e §§ do CPC de 2015. Ou poderiam ser enfeixadas na ideia de documentos eletrônicos, referidos nos arts. 439 a 441 do referido Estatuto. Penso que talvez fosse o caso de se considerar a prova digital como um novo meio de prova, haja vista a dimensão que ela tem tomado no processo brasileiro, em todos os seus ramos – civil, trabalhista e penal. A se pensar dessa maneira, a prova digital poderia ser considerada como um *meio atípico de prova*, até por falta de regulamentação específica e abrangente sobre a sua admissibilidade e a forma de sua produção, no âmbito do CPC.

Contudo, parece que os doutrinadores que têm se proposto a estudar essa temática vem considerando a prova digital como uma prova *documental* e esta seria, portanto, sua *natureza jurídica*.

Rennan Tamay e Mauricio Tamer, na monografia já mencionada, ponderam que *documento* não pode ser entendido "apenas como uma escrita em um papel", sendo que o direito digital está a revelar essa obviedade. "De forma ampla, documento é um objeto com capacidade em materializar um fato, seja por meio da escrita, de sinais, gráficos, símbolos etc. São documentos, portanto, os filmes, as fotos, as transcrições, desenhos". E acrescentam que até mesmo a ata notarial, "meio probatório em si considerado, é um documento, mas um documento dotado de pressupostos próprios de formatação de sua autenticidade a justificar sua categorização em separado" (THAMAY; TAMER, 2020, p. 112-113).

Arruda Alvim observa que a palavra "documento" é comumente "utilizada como sinônimo de prova literal", mas o CPC de 2015 faz menção a documentos que "não se ajustam, com rigor, ao conceito de prova literal", porque não revela essa natureza das coisas a "reprodução mecânica, como a fotográfica, a cinematográfica, a fonográfica ou de outra espécie", referida no *caput* do art. 422 do CPC, tampouco as "fotografias digitais e as extraídas da rede mundial de computadores", mencionadas no § 1º deste dispositivo legal. Por isso, o grande processualista acrescenta que há, então,

> [...] uma tendência de se rever a identificação estrita entre documento e coisa, dado que, à vista da evolução tecnológica, nem todo documento possui um suporte físico. Nesse sentido, parece-nos correto ampliar a abrangência do conceito para considerar como documentos aqueles criados através de tecnologias modernas da informação e das comunicações, como os dados inseridos na memória do computador ou transmitidos por uma rede de informática, em geral denominados documentos de informática ou documentos eletrônicos (*Apud* THAMAY; TAMER, 2020, p. 112-113).

De se acrescentar que o § 3º do art. 422 do CPC/2015 determina a aplicação do "disposto neste artigo à forma impressa de mensagem eletrônica". De modo que, embora não se trate de documentos em sentido estrito, até por falta de uma disciplina legal própria e abrangente, as *fotografias* – as reveladas, há muito tempo –, em especial as digitais, os *vídeos* e os *áudios*, sobretudo quando publicados na *internet* – nas mídias sociais e outros meios –, têm sido todos considerados como documentos. Com efeito, a juntada dessa documentação aos autos de um processo, principalmente nos processos eletrônicos, é considerada, por via de consequência, uma *prova documental*.

Com efeito, *documento* é "qualquer suporte físico ou eletrônico em que um fato e suas circunstâncias estão registrados". E a *prova documental*, "por sua vez, é o resultado obtido no processo ou procedimento a partir da utilização desse documento" (THAMAY; TAMER, 2020, p. 113).

> É prova documental, por exemplo, o resultado prova obtido no processo a partir de CD, mídia ou HD juntado aos autos em que consta determinado vídeo que interessa à discussão jurídica estabelecida. (...) Igualmente, é prova documental aquela obtida a partir da juntada de extratos de registros eletrônicos (IP, data e hora) obtidos em demanda anterior de quebra de sigilo em face de provedor. As capturas de tela ou *printscreen* também produzem provas documentais. Em suma, o fato está registrado em algum suporte físico ou eletrônico? E esse suporte não é outra prova específica? Se a resposta for positiva para ambas as questões, o resultado prova extraído será documental (THAMAY; TAMER, 2020, p. 114).

Percebe-se, assim, que a doutrina tem feito distinção apenas em relação ao suporte do qual a prova documental é extraída. Se de um (i) *suporte físico* – um documento em sentido estrito (contrato, atas etc.), assim considerada também a cópia reprográfica, a fotografia revelada etc. –, teremos uma prova documental *stricto sensu*. Se de um (ii) *suporte digital (ou eletrônico)*, estando o "documento" armazenado em computador ou qualquer outro dispositivo tecnológico (CD, HD), ou ainda publicado ou registrado na *internet* – inclusive nas mídias sociais –, podendo se tratar de fotografia digital, áudios, vídeos e tantos outros formatos, teremos, aí, um documento eletrônico ou digital e, portanto, uma prova documental *lato sensu*. Nesse último caso, talvez seja melhor denominar essa prova de *prova digital*, para bem distingui-la da prova documental clássica.

Há até quem faça distinção entre documentos *eletrônicos* e documentos *digitais*. Nelson Nery transcreve a distinção promovida pelo CONARQ – Conselho Nacional de Arquivos –, que é a seguinte:

> Um documento eletrônico é acessível e interpretável por meio de um equipamento eletrônico (aparelho de videocassete, filmadora, computador), podendo ser registrado e codificado em forma analógica ou em dígitos binários. Já um documento digital é um documento eletrônico

> caracterizado pela codificação em dígitos binários e acessado por meio de sistema computacional. Assim, todo documento digital é eletrônico, mas nem todo documento eletrônico é digital. (NERY JÚNIOR; NERY, 2015, p. 1060).

A doutrina registra, contudo, a *inutilidade prática* dessa distinção, no âmbito do sistema processual. Não por outra razão, temos um processo judicial eletrônico – Lei n. 11.419/2006, a Lei do Processo Eletrônico –, atos processuais eletrônicos (arts. 193 a 199 do CPC) e documentos eletrônicos (arts. 439 a 441 do CPC), mas falamos de provas digitais e até mesmo em Direito Digital.

De sorte que o documento eletrônico (ou digital) "é aquele produzido, autenticado, armazenado e transmitido em *suporte eletrônico* na sua forma original" (THAMAY; TAMER, 2020, p. 118-122). São exemplos desses documentos: (i) qualquer documento que esteja "nos formatos e extensões .pdf ou .doc, assinados eletronicamente ou não"; (ii) algum vídeo que tenha sido "elaborado integralmente pelo meio eletrônico" ou que esteja "presente na plataforma conhecida do Youtube, acessível via petição nos autos por QRCode" – um código similar a um código de barras, ao menos de modo visual –, sendo que, a partir de sua leitura, "chega-se a algum conteúdo indexado em rede fechada ou na internet, permitindo sua visualização"; (iii) as mensagens enviadas e recebidas por qualquer aplicativo de mensageria, como *WhatsApp*, *Telegram* e outros; (iv) os *e-mails* ou correios eletrônicos, talvez os mais antigos mecanismos de telecomunicação utilizados para a troca de mensagens no mundo virtual; (v) os áudios em MP3 ou outro recurso tecnológico, gravados até mesmo em aparelho celular, aliás, as provas digitais mais utilizadas atualmente – pelo menos na Justiça do Trabalho –, juntamente com as mensagens por meio de *WhatsApp*.

Agora, não se pode confundir o documento digital (ou eletrônico) com o *documento digitalizado*. Este é um terceiro tipo (de documento), podendo ser considerado como tal aquele documento "originalmente produzido em meio físico e depois transportado, por meio da digitalização (fotografia, utilização de aplicativos, digitalização via scanner etc.), para suporte eletrônico" (THAMAY; TAMER, 2020, p. 122-126). São exemplos de *documentos digitalizados*: (i) "o instrumento de mandato (procuração ou substabelecimento) feito e assinado em papel e digitalizado para protocolo em processo eletrônico"; (ii) o contrato (físico) digitalizado e enviado por *e-mail*, em anexo a este – o e-mail (mensagem por e-mail) é um documento eletrônico, mas o que vai a ele anexado pode ser um documento digital (produzido no computador) ou um documento digitalizado; (iii) a fotografia de documentos de identificação da pessoa encaminhada ao advogado para a propositura de uma demanda ou a uma empresa, quando da compra de produtos, para a configuração do cadastro do comprador.

Por todo o exposto nesse tópico, percebe-se que a doutrina tem mesmo considerado a prova digital como uma *prova documental*, que compreende os documentos eletrônicos e outras situações muito específicas. Penso, no entanto, que, diante das tantas *singularidades* desse mecanismo probatório, a prova digital deveria ser considerada como um meio particular de prova, por certo que um meio *atípico*. Agora, os documentos eletrônicos, em sentido estrito, já estão tipificados no CPC, como já observado, e podem ser caracterizados como tais.

Enfim, é esperar pela regulamentação mais abrangente de todas as intrincadas questões que envolvem a temática da prova digital, sobretudo a que diz respeito aos *pressupostos de validade* desse mecanismo de demonstração dos fatos ocorridos no mundo virtual, quando então a prova digital poderá até ser considerada, no próprio CPC, como um (novo) meio típico de prova.

6.7.4. Requisitos de validade da prova digital

Os problemas começam a surgir quando se enfrentam as várias questões relacionadas à *confiabilidade* da prova digital. Como é sabido, a prova documental derivada dos documentos originais é altamente confiável, sendo um dos mecanismos probatórios mais prestigiados no âmbito do processo civil. Reconhecida a assinatura de quem confecciona esse documento – ou de quem, mesmo não o preenchendo, o subscreve (art. 410, II, do CPC) –, passa a recair sobre os ombros *de quem impugna* o seu conteúdo um pesado encargo probatório (art. 429, I, do CPC), até porque assim disciplina o art. 412 do CPC: "O documento particular de cuja autenticidade não se duvida prova que o seu autor fez a declaração que lhe é atribuída".

Com efeito, de acordo com Marinoni e Arenhart, "a confiabilidade da prova documental – e a importância singular que os ordenamentos processuais lhe emprestam – assenta-se, exatamente, na *estabilidade do suporte* em que a informação é registrada" (*Apud* PASTORE, 2020, p. 64). Daí que o suporte de onde provém a prova documental (sua fonte) é deveras relevante para se verificar a (boa) qualidade da prova. Não por outra razão, o *documento original* tem maior força probante, aos olhos do julgador, do que a simples cópia, a menos que seja certificada a "conformidade entre a cópia e o original" (art. 424 do CPC). Em regra, a *autenticidade do docu-*

mento – verificada na incontestada assinatura nele aposta – é que serve de baliza para essa confiabilidade.

"Ocorre que o documento produzido em meio eletrônico pode, em regra, ser alterado sem esforço, em meios de armazenamento suscetíveis de regravação". Basta recordar que o "fluxo de dados em uma rede de computadores, como a *internet*" é muito denso e intenso, fazendo com que "a informação armazenada em meio eletrônico" seja apenas temporária, podendo ser substituída, diante de sua "grande volatilidade". Isso proporciona ao documento eletrônico uma "aparente contradição com a natureza e a própria utilidade da prova documental" (PASTORE, 2020, p. 64).

Por isso, para que a prova digital tenha a *mesma confiabilidade* da prova documental extraída de meio ou suporte físico (o documento em si), mister que ela ofereça a mesma segurança jurídica, que somente será proporcionada se atendidas *duas premissas básicas*, as quais estão presentes em toda a extensa regulamentação da prova documental: (i) que resulte bem clara *a origem* do documento digital, ou seja, a sua *autenticidade*, verificável quando não pairar dúvidas sobre a sua autoria, por assim dizer; (ii) que se possa verificar a *integridade das informações*, dos dados constantes do documento digital, em quaisquer de seus formatos já examinados – escrita, áudio, vídeo etc. –, o que pode ser verificável até mesmo na fé que possa merecer a pessoa que transporta essa prova para os autos do processo. A *integridade* diz respeito, portanto, à *inalterabilidade do conteúdo* da prova digital.

> Vale destacar que tais parâmetros – autenticidade e integridade – são expressamente previstos pela legislação processual para o registro de atos processuais eletrônicos (art. 195 do Código de Processo Civil) e podem ser estendidos, seja por analogia, seja pela própria finalidade da prova, a todo e qualquer registro eletrônico que se pretenda utilizar com força probante no processo.
>
> A verificação da presença desses requisitos depende estritamente do suporte em que os dados são armazenados, da forma como são produzidos, da finalidade a que se destinam e, sobretudo, do estado da técnica. O essencial, portanto, é que se tenha sempre presente a sua imprescindibilidade e, em caso de dúvida fundada, haja o recurso à prova pericial para que o exercício da jurisdição não seja induzido em erro por elementos que não tenham aptidão ou idoneidade para retratar a realidade (PASTORE, 2020, p. 68-69).

Em verdade, a doutrina tem apontado que são *três os requisitos imprescindíveis* – ou pressupostos de validade – para que a prova digital possa ser utilizada com segurança em determinado processo judicial: (i) a *autenticidade*; (ii) a *integridade*; e (iii) a *preservação* da cadeia de custódia. "A falha em qualquer deles resultará na fragilidade da própria prova, tornando-a fraca e até, por vezes, imprestável ou impotente de produzir efeitos no caso concreto" (THAMAY; TAMER, 2020, p. 39-40). Resta saber, portanto, do que se trata cada um desses requisitos.

A *autenticidade* deve ser entendida como "a qualidade da prova digital que permite a certeza com relação ao autor ou autores do fato digital". É, portanto, "a qualidade que assegura que o autor aparente do fato é, com efeito, seu autor real". Dito de outro modo: *autenticidade* é "a qualidade que elimina toda e qualquer hipótese válida e estruturada de suspeição sobre quem fez ou participou da constituição do fato no meio digital" (THAMAY; TAMER, 2020, p. 40).

Daí que, *negada a autoria* do fato digital e pairando séria dúvida sobre quem realmente o praticou, à semelhança do que sucede em relação aos fatos e atos jurídicos ocorridos no mundo real – suporte físico –, o *ônus* de demonstrar o fato digital (e sua autoria), o *fato constitutivo* do direito do autor da demanda – por exemplo, em ação indenizatória de dano moral –, é de quem o alega (art. 429, II, do CPC).

Quando se trata de *documento digital*, se a assinatura eletrônica for certificada em conformidade com as diretrizes da *ICP-Brasil* – Infra-Estrutura de Chaves Públicas Brasileira –, criada pela Medida Provisória n. 2.200/2001, com a função de "garantir a autenticidade, a integridade e a validade jurídica de documentos em forma eletrônica, das aplicações de suporte e das aplicações habilitadas que utilizem certificados digitais, bem como a realização de transações eletrônicas seguras" (art. 1º da MP), por uma AC – Autoridade Certificadora –, ele *se presume verdadeiro*. A esse respeito, dispõe o art. 10, § 1º, da referida MP:

> Art. 10, § 1º. As declarações constantes dos documentos em forma eletrônica produzidos com a utilização de processo de certificação disponibilizado pela ICP-Brasil presumem-se verdadeiros em relação aos signatários, na forma do art. 131 da Lei nº 3.071, de 1º de janeiro de 1916 – Código Civil.

Bem sabido que o Código Civil de 2002 manteve a mesma regra, em seu art. 219. Ora, se a assinatura eletrônica *identifica o autor do documento*, pois a codificação de cada assinatura é única, *não há como negar* a autenticidade desse documento. Se a pessoa, natural ou jurídica, argumentar, por exemplo, que alguém se utilizou indevidamente do cartão ou *pen drive* que contém a chave da assinatura, competirá a ela o pesado encargo de comprovar o fato alegado e, salvo em situações que conduzam a severa injustiça, há de se prestigiar a boa-fé objetiva de quem confiou naquela assinatura, pois presumidamente aposta pela única pessoa que a poderia "deter".

Isso porque a *assinatura digital ou eletrônica* "é produto de sofisticada técnica elaborada a partir da criptografia assimétrica, que recebe tal denominação por não se basear em um segredo comum".

> Em breve resumo, essa forma de criptografia atua a partir de um conjunto de chaves, compostas de uma sequência de caracteres gerada por computador, a partir de elementos aleatórios e fórmulas matemáticas avançadas que viabilizam a sua correlação. Com elas, permite-se que, a partir da chave pública (assim chamada porque passível de ampla divulgação, sem prejuízo à segurança do mecanismo), qualquer pessoa ou dispositivo possa codificar conteúdo que apenas poderá ser decifrado pela chave privada (cuja posse é reservada ao emissor do par), bem como identificar a chave pública associada ao conteúdo codificado com a chave privada, tudo sem ter acesso a ela; por conseguinte, sem poder acessar conteúdo destinado ao seu detentor de forma protegida nem simular a autoria do código cifrado, que se relaciona exclusivamente à chave pública correspondente.
>
> Uma vez aplicada essa espécie de criptografia sobre determinado conteúdo, a alteração de qualquer mínima unidade de informação – um *bit* que seja, ainda que em metadados que não repercutam diretamente no seu teor – torna impossível que a decodificação resulte no que se assinou ou mesmo algo próximo, dada a assimetria das chaves utilizadas no algoritmo; antes produzindo conteúdo ilegível, no caso de texto, ou inteiramente imprestável, no caso de *software* (PASTORE, 2020, p. 69-70).

Ocorre que a emissão de certificados digitais, com toda essa tecnologia, e apenas pelas autoridades certificadoras autorizadas pela ICP-Brasil, tem um *custo muito elevado*, motivo pelo qual esses certificados são utilizados basicamente no processo judicial eletrônico – no qual são obrigatórios –, nos órgãos públicos e em empresas de grande porte. Daí a presença constante de *outros métodos de autenticação*, até porque a própria MP 2.200-2/2001 isso permitiu, no § 2º de seu art. 10:

> Art. 10, § 2º. O disposto nesta Medida Provisória não obsta a utilização de outro meio de comprovação da autoria e integridade de documentos em forma eletrônica, inclusive os que utilizem certificados não emitidos

pela ICP-Brasil, desde que admitido pelas partes como válido ou aceito pela pessoa a quem for oposto o documento.

No setor de serviços, é bastante comum, para fins de autenticação – *identificação do usuário* –, "o envio de correspondência a um endereço de correio eletrônico, ou de mensagem de texto (SMS) a uma linha de telefonia móvel, contendo um código a ser fornecido ao prestador de serviços na própria plataforma". *Inserido o código*, a empresa que fornece os serviços – de telefonia, *internet* e outros – identifica com segurança que "o usuário de um determinado sistema é o titular da linha ou o detentor do endereço de e-mail", e assim terá condições de "atestar a autoria do que ele venha a produzir nesse ambiente". Ademais, atinge também essa mesma finalidade "o registro da origem de um acesso a um serviço ou aplicação, pelo endereço do Protocolo de *Internet* (IP) e pela porta lógica de origem da conexão", que inclusive permite, "pela consulta aos registros do provedor de conexão à *internet*, identificar o autor de dado conteúdo" ali postado (PASTORE, 2020, p. 71).

Ocorre que há *várias situações* nas quais *se pode discutir* a autenticidade da prova digital produzida nos autos do processo. Dentre elas, podem ser destacadas as seguintes: a) nem sempre o titular do perfil ou página, na *internet*, é o autor real da postagem ofensiva feita numa mídia social, pois há inúmeros casos de criação de perfil falso ou *fake* – nesses casos, a maneira mais adequada de se "atestar a autenticidade de tal prova é realizando a quebra de sigilo da postagem, com o fornecimento judicial das informações por parte dos provedores de aplicação e conexão"; b) pode ser que alguém se utilize do *e-mail* (corporativo) de determinada pessoa, principalmente nas grandes empresas, e, no computador da empresa, envie mensagem a "algum agente público prometendo determinada vantagem ilícita" – nesse caso, uma vez descoberta a prática ilícita, a única forma de se preservar a prova digital é a de se isolar imediatamente o dispositivo (computador) "e seus compartimentos de armazenamento (HD ou SSD" devem ser "clonados e lacrados" (THAMAY; TAMER, 2020, p. 44).

Em relação à *integridade*, a doutrina tem asseverado que esse requisito deve ser compreendido como "a qualidade da prova digital que permite a certeza com relação à sua completude e não adulteração". Com efeito, a prova digital será *considerada íntegra* quando se apresentar "isenta de qualquer modificação em seu estado ou adulteração desde o momento da realização do fato até a apresentação do resultado prova", estando, por isso mesmo, *apta* "a demonstrar a reprodução do fato em sua completude e integridade" (THAMAY; TAMER, 2020, p. 45).

Os *mesmos exemplos* citados em relação ao requisito autenticidade podem ser aqui lembrados, porque denotam a possibilidade de *adulteração* da prova digital, suscitando dúvidas sobre sua idoneidade ou até extirpando seu valor probante por completo. Ainda que tenhamos um autor aparente, (i) pode ser que a publicação maliciosa tenha sido postada em perfil falso ou *fake*, nas chamadas mídias sociais; (ii) pode ocorrer de o *e-mail* por intermédio do qual se comete crime ou ato de concorrência desleal não tenha sido enviado pelo seu titular, o autor aparente; (iii) o *printscreen* pode ter sido apresentado, nos autos do processo, a partir de "captura de tela de conteúdo" adulterado. Aliás, é bastante "simples e fácil construir ou alterar uma conversa de aplicativo de mensagens, de *e-mails* ou postagens em mídias sociais. Qualquer pessoa com um mínimo conhecimento de informática tem essa capacidade". Por isso, a doutrina tem recomendado que "o procedimento de coleta da prova seja acompanhado de lavratura presencial de ata notarial apta a atestar, com fé pública, que a integridade for (*sic*) respeitada". Apresenta-se, como alternativa, "a extração de código Hash sobre a cópia feita, atestando que ela é um espelho fidedigno do dispositivo original" (THAMAY; TAMER, 2020, p. 45-46), quando se tratar de dispositivos de armazenamento (HD e SSD).

Ademais, adverte-se que "o documento digital deve ter a sua autenticidade verificada *no meio digital* e assim certificada pelo escrivão, sem prejuízo de permanecer disponível, *no original*, para verificação independente das partes e, se o caso, exame pericial". Agora, além dos documentos digitais em sentido estrito, temos o *extrato digital de banco de dados*, previsto de forma lacônica no art. 11, § 1º, da Lei n. 11.419/2006, o qual tem o *mesmo valor probante* que os originais, "desde que atestado pelo seu emitente, sob as penas da lei, que as informações conferem com o que consta na origem" (art. 425, V, do CPC). Ocorre que, quando se tratar de "informações produzidas em meio exclusivamente eletrônico, assim as inseridas pelo preenchimento de um formulário digital" – por exemplo, as resultantes de transações financeiras feitas em aplicativos dos bancos –, "ou mesmo geradas automaticamente por sistemas informatizados, para registro da sua utilização ou em função dela" – por exemplo: (i) ligações telefônicas; (ii) troca de mensagens; (iii) acesso a páginas da *internet*; (iv) dados de geolocalização obtidos de aplicativos em aparelhos celulares –, "não haverá outro meio de prova possível e a informação deverá ser necessariamente extraída do banco de dados digital" (PASTORE, 2020, p. 72-74).

A questão que se coloca é: quem garante (e: como garantir) que essa extração de dados – *extrato digital de banco de dados* – foi realizada de maneira adequada e sem comprometimento dos dados digitais?

> São frequentemente juntadas aos autos, como documento ou mesmo em reprodução de baixa qualidade no corpo dos arrazoados, imagens de telas de computador, em que aparentemente se contém um registro informatizado, mas sem nenhum esclarecimento sobre a criação e guarda dos dados, sobre o método de acesso ao banco de dados nem a responsabilidade por essa atividade.
>
> Fica inteiramente prejudicada, dessa forma, a eficácia probatória do banco de dados digital, porque não se pode garantir que a informação é confiável na origem, tampouco que o que foi reproduzido nos autos corresponde ao que consta na origem (autenticidade), sem possibilidade de alteração desde a extração (integridade) (PASTORE, 2020, p. 75).

Por isso, a doutrina tem recomendado que a extração dos dados seja acompanhada por notário e descrita com precisão numa *ata notarial*, ou que, pairando dúvidas sobre a integridade da prova digital, ela seja submetida a criterioso *exame pericial*.

Esses procedimentos têm um *custo elevado*, sobretudo a lavratura de ata notarial. Ademais, a *produção* da prova pericial – além de seu custo – pode ser *bastante demorada*, comprometendo a celeridade que se almeja para os processos judiciais. Por essas razões, penso que, no processo do trabalho, diante dos princípios da simplicidade, informalidade, gratuidade e efetividade, podemos admitir a produção menos formal da prova provinda dos meios ou suportes digitais, com a simples "juntada". De modo que, apenas se houver *séria controvérsia* sobre sua autoria e conteúdo, é que deve ser determinada a requisição de dados aos provedores de conexão e aplicação da *internet*, ou a outros detentores da informação produzida em meio digital. Diante da complexidade dessa produção probatória complementar – de averiguação da autoria e integridade do "documento" digital –, dela não tratarei neste Manual, que se dedica basicamente aos fatos que podem ocorrer na audiência trabalhista.

Enfim, também se apresenta como requisito da prova digital a chamada *cadeia de custódia*. A respeito dessa exigência, assim tem se manifestado a doutrina:

> [...] é preciso preservar a autenticidade e a integridade em todo processo de produção da prova digital, desde sua identificação, coleta, extração de

> resultados, até a apresentação no processo ou procedimento de destino. A ideia é construir verdadeiro registro histórico da evidência, de toda a vida da prova. A ideia é que se alguém seguir os mesmos passos já dados na produção da prova, o resultado será exatamente o mesmo. Nesse ponto, é importante sinalizar datas, horários, quem teve acesso, onde o acesso foi feito e até quaisquer alterações inevitáveis relacionadas. Mais uma vez, se não respeitada a cadeia de custódia da prova, o resultado é a sua imprestabilidade prática, justamente em razão da dúvida que irá pairar a seu respeito (THAMAY; TAMER, 2020, p. 114).

Por isso, é importante que os atores jurídicos, a despeito dos princípios fundamentais do processo do trabalho, tenham *mais cuidado na juntada* aos autos das provas digitais, lembrando-se que mero *printscreen* no corpo das petições (inicial, contestação etc.) *não se trata* sequer de documentos, mas de *meras ilustrações* para reforçar os argumentos da causa de pedir e da tese defensiva. Daí que, seja (a) na mera extração de um *printscreen* de conversas de *e-mail*, *WhatsApp*, *Telegram*, de páginas ou perfis na *internet*, seja (b) na juntada de CD ou DVD com áudios ou vídeos para comprovar determinados fatos, o advogado da parte – reclamante ou reclamado – deve fazer o possível para *identificar*: (i) a data em que teve acesso à prova; (ii) a data da extração da prova do meio digital; (iii) os horários do acesso e da extração; (iv) quem mais teve acesso à prova, ou quem a acessou e comunicou à parte, porque esta pessoa pode, inclusive, ser ouvida como testemunha do fato digital; (v) em que lugar se deu o acesso e a extração das informações; (vi) se, na extração dos dados, houve alterações inevitáveis, pela própria natureza das coisas.

Somente assim será possível à parte demonstrar ao juiz a *lisura* na extração dos dados, permitindo a *confiabilidade* na prova digital carreada aos autos do processo. E, nesse caso, se a parte contrária alegar adulteração das informações, *dela será o ônus de provar* que isso realmente aconteceu.

Por fim, convém ponderar que as provas digitais *não eliminam*, jamais, a necessidade de produção de prova oral na ampla maioria dos processos trabalhistas, pois o contrato de trabalho é um *contrato-realidade*, motivo pelo qual a prova testemunhal se sobrepõe à prova documental na Justiça especializada, como tantas vezes afirmado neste Manual. Compreender a dinâmica da prova digital é fundamental para se produzi-la e para impugná-la, mas os atores jurídicos, em especial os advogados, não podem, jamais, olvidar-se de que *a oralidade está no DNA do processo do trabalho*, motivo pelo qual a prova digital jamais poderá substituir a prova oral na audiência trabalhista, servindo, antes, como instrumento de *confirmação* ou *refutação* de situações ocorridas nas relações de trabalho, que são de *trato sucessivo.*

Ademais, a legislação trabalhista *exige a documentação* de inúmeros fatos ocorridos na relação de emprego – recibos de pagamento, cartões de ponto etc. –, além do que a juntada desses documentos nos autos do processo se torna um "dever" do empregador (Súmula 338 do TST, por exemplo), não sendo minimante possível que a prova digital seja utilizada para substituir a *prova documental necessária.* A prova digital não pode ser vista com a panaceia para todos os males, devendo a parte, inclusive, ao apresentar requerimento de sua produção, apontar (i) *fato determinado* e (ii) *justificar* a necessidade da referida prova, apontando data ou, no mínimo, período específico, em conformidade com o art. 22, parágrafo único, da Lei n. 12.965/2014 – o Marco Civil da Internet, no Brasil.

Veja-se, a propósito, ementa de acórdão que certamente será paradigmático sobre essa questão da *necessidade da prova digital*, cujo Relator foi o Desembargador Samuel Hugo Lima, eleito recentemente Presidente do TRT da 15ª Região:

> DADOS DE GEOLOCALIZAÇÃO. MEDIDA EXCEPCIONAL. AUSÊNCIA DE CERCEAMENTO DE DEFESA
>
> A obtenção dos dados de geolocalização, especialmente em relação às operadoras de telefonia, é permitida no processo do trabalho.
>
> No entanto, sua utilização pode implicar colisão de direitos fundamentais (direito à prova por parte do empregador versus direito à intimidade e privacidade do empregado e de terceiros), devendo ser resolvida pelas regras da utilidade, proporcionalidade e razoabilidade à luz do caso concreto. É o que se depreende da aplicação subsidiária do disposto no art. 22, II, da Lei nº 12.965/2014 (uso da Internet no Brasil). Em outras palavras, se for possível utilizar outro meio para a produção da prova, não será necessária a obtenção dos dados de geolocalização.
>
> Segundo a reclamada, o gestor deverá envidar esforços para que os serviços sejam prestados dentro da jornada de trabalho, compreendida entre o login que dá acesso aos recursos de informática e o logout. Portanto, do prisma exclusivo da reclamada, toda a jornada estará compreendida nesse período, sendo que somente ela poderia oferecê-los ao Juízo para provar as suas alegações. Como não juntou o relatório desses dados, que só ela possui, não pode querer expor os dados sensíveis da reclamante.
>
> Cerceamento de defesa não configurado. (TRT 15ª Região, 5ª Câmara, proc. 0010411-62.2019.5.15.0077, julg. 23/08/2022, Rel. Des. Samuel Hugo Lima)

Veja-se, ainda, ementa de acórdão do TRT-9, muito interessante por enfrentar o difícil tema da colisão que pode haver entre o direito de acesso aos dados de geolocalização e o direito à proteção de dados pessoais em conformidade com a LGPD – Lei Geral de Proteção de Dados, Lei n. 13.709/2018:

> PROVA. GEOLOCALIZAÇÃO DO TRABALHADOR. JORNADA DE TRABALHO. LEI GERAL DE PROTEÇÃO DE DADOS (LEI Nº 13.709/2018). A prova que se pretende produzir com a "geolocalização" do trabalhador consiste "dado pessoal" que, nos termos do art. 5º, I, da Lei 13.709/2018 é a "informação relacionada a pessoa natural identificada ou identificável". De acordo com o art. 7º, I, da Lei 13.709/2018, o fornecimento dos dados pessoais somente poderá ser realizado, mediante o expresso consentimento do titular, o que, no caso, não se confirmou. O consentimento do titular será dispensável, em tese, nos termos do mesmo art. 7º, IV, da referida lei, se o acesso aos seus dados pessoais objetivarem "o exercício regular de direitos" do reclamado. Não haverá, entretanto, exercício regular de direitos do reclamado sobre a geolocalização do trabalhador para aferição da jornada de trabalho, por ausência de previsão legal, porque a lei trabalhista prevê que se comprove jornada de trabalho por meio de "registro manual, mecânico ou eletrônico" (CLT, art. 74, § 2º). Nesse sentido, inclusive, é a Súmula 338 do TST. Se o acesso a dados pessoais do reclamante não permite o exercício regular de direitos do reclamado, não é possível o deferimento da prova requerida, sob pena de violação ao art. 7º, VI, da Lei 13.709/2018. Tribunal Regional do Trabalho da 9ª Região (3ª Turma). Acórdão: 0000029-55.2019.5.09.0019. Relator: EDUARDO MILLEO BARACAT. Data de julgamento: 29/06/2023. Publicado no DEJT em 05/07/2023.

Com isso em mente, a prova digital poderá ser um mecanismo útil, quando produzida com respeito aos requisitos específicos, mas isso *não retira a possibilidade* de produção de prova oral a respeito dos fatos trabalhistas, diante do princípio da primazia da realidade, tantas vezes realçado neste Manual.

6.8. VERIFICAÇÃO DE APRENDIZAGEM

1) Quais são os 4 (quatro) institutos fundamentais da teoria geral da prova?

2) Como identificar se os fatos são notórios, confessados, incontroversos e presumidos? Como identificar os fatos que realmente dependem de prova?
3) O juiz do trabalho pode mesmo determinar a produção de provas de ofício? Há limites para isso?
4) A confissão e os documentos são mesmo indivisíveis ou é possível provar fatos correlacionados?
5) Em que hipóteses as partes não têm plena liberdade de escolha do meio de prova que lhes interessa?
6) Em que hipóteses a prova será considerada ilícita, em questões relacionadas a e-mails, câmeras de segurança e revistas (íntima ou em pertences)?
7) Qual a força probante dos documentos públicos e particulares no processo do trabalho?
8) Em que hipóteses se exige prova pericial no processo do trabalho?
9) A parte contrária precisa concordar com a juntada de prova emprestada?
10) Contra quem se admite a prova emprestada?
11) Qual a natureza jurídica da prova digital?
12) Quais são os requisitos de validade da prova digital?

Capítulo

7

TEORIA GERAL DO ÔNUS DA PROVA

7.1. NOÇÃO DE ÔNUS DA PROVA

Como já destacado inúmeras vezes neste Manual, o *ônus da prova* é o instituto mais importante de uma audiência trabalhista. O advogado que domina essa temática pode sair-se muitíssimo bem na audiência e, por vezes, *reverter* uma situação extremamente desfavorável a seu cliente. De outra mirada, se o advogado não entende as tantas situações relacionadas ao ônus da prova, a despeito de suas belíssimas petições, colocará *tudo a perder* no desenrolar da audiência trabalhista, diante da dinamicidade desta.

De saída, convém evidenciar uma *breve noção* do instituto, a partir da qual já será possível extrair uma série de implicações nas tantas hipóteses que podem ocorrer numa audiência trabalhista de instrução.

Pois bem, de todos é sabido que o ônus da prova não se trata de obrigação, tampouco de um dever, mas simplesmente de um *encargo* do qual deve se desincumbir a parte que, segundo as regras de definição específicas, tem a *incumbência* de convencer o juiz sobre a existência (veracidade) dos fatos por ela afirmados. Por isso, James Goldschmit assinalava que ônus ou encargo é um peso que se coloca sobre uma pessoa, de modo que ela se desincumba dele (*Apud* DINAMARCO, 1986, p. 185-186).

Com efeito, não se trata de obrigação porque se a parte não se desincumbir do ônus da prova não sofrerá nenhuma sanção jurídica por isso (execução ou pena). E nem mesmo constitui um dever, porque este se dá em relação a alguém, enquanto o ônus é da própria parte, em relação a si mesma, visto que, se não produzir a prova, provavelmente não terá reconhecido seu direito ou pretensão (SILVA, 2000, p. 89). Com efeito, a consequência para a parte que não se desincumbe de seu ônus subjetivo é o julgamento *desfavorável* à sua pretensão.

Diante dessa *noção* de ônus da prova, convém examinar se o processo do trabalho tem *regra própria* a respeito da matéria, ou se há necessidade de socorrer-se das regras do processo comum, para a solução das controvérsias surgidas quando do exame da prova, na seara laboral. Já nessa análise, de se proceder, com o devido respeito, a uma *análise crítica* da doutrina justrabalhista, para que se possa ter um bom direcionamento na análise da prática da audiência. Sem esta análise, por vezes fica bem complicado compreender as *técnicas de definição e inversão* do ônus da prova, no processo do trabalho.

7.2. ANÁLISE CRÍTICA DA DOUTRINA TRABALHISTA

Por certo que, com a *profunda alteração* do art. 818 da CLT pela Lei da Reforma Trabalhista, grande parte das considerações desse item poderia ser considerada ultrapassada. Contudo, é bom que os advogados mais novos compreendam o motivo de ter havido essa alteração, e que os mais experientes consigam verificar a *mudança de paradigma* do processo do trabalho, a partir de 11-11-2017, inclusive porque se positivou na seara trabalhista o instituto da distribuição dinâmica do ônus da prova. Sem uma boa noção das técnicas de *definição* e *inversão* do próprio ônus, dificilmente se compreenderá essa distribuição dinâmica e seus efeitos práticos.

Destarte, mostra-se necessário *resgatar* o que a doutrina do processo do trabalho dizia à época em que o art. 818 da CLT tinha apenas uma frase. Eis o que disciplinava este artigo:

> *Art. 818. A prova das alegações incumbe à parte que as fizer.*

Pois bem, o grande jurista Manoel Antonio Teixeira Filho sempre entendeu que o processo do trabalho possuía regra específica acerca do ônus da prova, materializada nesta redação do art. 818 da CLT, e que, dessa forma, "nenhum intérprete está autorizado a incursionar pelos domínios inóspitos do processo civil, para de lá trazer, por empréstimo", à época, o art. 333 do CPC – correspondente ao art. 373 do CPC/2015 –, acrescentando que "o art. 769, da CLT, só autoriza a adoção supletiva de normas forâneas quando esse texto trabalhista for omisso – pressuposto que não se verifica em sede de ônus da prova" (TEIXEIRA FILHO, 1997, p. 13). Entendia este renomado autor, portanto, que *não havia omissão* quanto à matéria no Estatuto Consolidado.

De acordo com o insigne processualista, havia uma *profunda diferença de resultados*, conforme se fizesse opção pela aplicação do art. 818 da CLT ou pelo art. 333 do CPC/73. E ele oferecia *exemplos* para justificar seu pensamento: 1º) se o empregado alega que foi despedido sem justa causa e o empregador afirma que ele se demitiu do emprego, pelo art. 333 do CPC o ônus da prova caberia ao autor por ser fato constitutivo do seu direito, ao passo que, na aplicação do art. 818 da CLT, o ônus seria do empregador por ter feito alegação "que está em antagonismo com a constante da petição inicial"; 2º) se o empregado alega que trabalhava em sobrejornada e o empregador nega este fato, pelo art. 818 da CLT o ônus da prova seria do réu, por ter feito "uma alegação contraposta à do adversário", devendo, portanto, provar que o autor "só cumpria jornada ordinária" (TEIXEIRA FILHO, 1997, p. 14).

Os mesmos exemplos já haviam sido dados pelo eminente processualista em sua obra clássica: *A prova no processo do trabalho* (TEIXEIRA FILHO, 1993, p. 80-82). Contudo, *data venia,* considero equivocado esse pensamento, haja vista que, no primeiro caso, o reclamado teria arguido um fato *impeditivo* do direito do reclamante, sendo dele o ônus da prova, ao passo que, no segundo, seria um despropósito exigir do reclamado prova da *negação do fato*, como veremos mais adiante. No exemplo das horas extras, o que se tem é um *fato contraposto*, que reclama outra solução, como veremos logo em seguida.

Em 2009, o notável jurista reafirmou seu entendimento, praticamente com os mesmos argumentos, em seu grandioso *Curso de Direito Processual do Trabalho* (TEIXEIRA FILHO, 2009, p. 974-976). De novo, rebateu a natureza jurídica dos fatos de seu exemplo, dizendo que não há falar, aí, em fato impeditivo ou negação do fato (prova negativa), como eu havia apontado no primeiro artigo que escrevi sobre esta apaixonante matéria, ainda em 2004 (SILVA, 2004, p. 685-694). Mais recentemente, comentando sobre o novo Código de Processo Civil e o processo do trabalho, o preclaro juslaboralista manteve seu tradicional posicionamento, inclusive com os mesmos exemplos, reforçando sua argumentação e concluindo que nada mudou com o art. 373 do CPC/2015, "desde que o intérprete saiba captar, com fidelidade", o correto conteúdo ontológico do art. 818 da CLT. E invoca, ainda, a necessidade vital de preservação do processo do trabalho – com a qual concordo –, para a qual mister uma construção doutrinária que confira a esse processo "uma efetiva autonomia científica" (TEIXEIRA FILHO, 2015, p. 499-501).

No entanto, em 2014, eu republiquei meu artigo sobre a temática do ônus da prova, debatendo, respeitosamente, com o grande professor, no qual eu afirmava o seguinte:

> [...] pensava e continuo pensando que a orientação legal do citado art. 818 é insuficiente para a solução de todas as controvérsias, mesmo porque se trata apenas de um *princípio de prova*, conhecido desde o Direito Romano, segundo o qual o ônus da prova incumbe a quem alega o fato. Faz-se necessária, por isso, a aplicação subsidiária do art. 373 do CPC/2015 – correspondente ao art. 333 do CPC de 1973 (...) (SILVA, 2014, p. 375 – praticamente todo o texto que segue foi desenvolvido no artigo doutrinário mencionado, com os devidos acréscimos e atualizações em relação ao CPC de 2015 e à CLT, após a Lei da Reforma Trabalhista; as referidas atualizações estão inseridas em artigo de minha autoria, de 2019, que ainda se encontra inédito.)

Assim também pensavam dois saudosos mestres do processo do trabalho: Wagner D. Giglio (GIGLIO, 1995, p. 246) e Valentin Carrion (CARRION, 1995, p. 589-590). Wagner Giglio, aliás, manteve seu posicionamento em todas as reedições de sua magnífica obra, que me guiou em todo o meu concurso para a Magistratura do Trabalho, na prova oral – em que ele próprio foi um dos arguidores – e em toda minha longa carreira de juiz do trabalho.

Nem seria preciso lembrar que a redação original do art. 818 da CLT era contemporânea do CPC de 1939, que não tinha regras objetivas para a definição do ônus da prova. Com efeito, foi com o objetivo de se promover a fixação de um *critério objetivo* quanto à distribuição do ônus da prova entre os litigantes que o art. 333 do CPC/73, com marcante influência das lições de Chiovenda e Carnelutti, passou a dispor que tal encargo incumbe:

a) ao autor, quanto ao fato constitutivo do seu direito (inciso I);

b) ao réu, quanto ao fato impeditivo, modificativo ou extintivo do direito do autor (inciso II).

Estas regras foram mantidas, *ipsis litteris*, no CPC/2015, em seu art. 373, e de lá *transportadas para o art. 818 da CLT* pela Lei da Reforma Trabalhista, no qual se fez menção a reclamante e reclamado, expressões que são próprias da nomenclatura utilizada na Justiça do Trabalho.

Daí que essas regras objetivas levam em consideração os seguintes *critérios:* a) *os sujeitos* – autor (reclamante) e réu (reclamado); b) *a natureza dos fatos* – constitutivo ou de *exceção substancial* em relação ao direito afirmado pelo autor (reclamante); c) *o interesse* de cada uma das partes em sua demonstração, em juízo.

Vistas algumas considerações sobre o regramento aplicável a respeito do ônus da prova, convém uma análise sobre os caminhos apontados para se chegar ao *momento de definição* desse encargo, na audiência trabalhista.

Pois bem, quanto à *definição do ônus da prova*, César Pereira da Silva Machado Júnior (MACHADO JÚNIOR, 2001, p. 136), em sua excelente obra a respeito do tema, propõe um roteiro muito interessante, mas que, num dado momento, parece-me incorreto. Propõe o excelente desembargador e professor que, *na análise do ônus da prova*, no processo do trabalho, deve-se investigar: 1º) se há princípios de direito do trabalho em favor do empregado; 2º) se pode ser aplicado o princípio da aptidão para a prova; 3º) se há regras de pré-constituição da prova; 4º) se há máximas de experiência comum; 5º) se é o caso de se aplicar as regras objetivas do art. 333 do CPC – atual art. 373 do CPC.

Ocorre que, *data venia*, não é esse o *iter* mais correto para se definir o ônus da prova, pelas seguintes razões.

Primeiro, porque se os princípios de direito do trabalho oferecem presunções de veracidade quanto a determinados fatos – e isso é verdadeiro –, não podem eles ser colocados no roteiro de *fixação* do ônus da prova, exatamente porque não dependem de prova os fatos em cujo favor milita *presunção legal* de existência ou de veracidade (art. 334, inciso IV, do CPC – atual art. 374, IV). Por isso, o Ministro aposentado do TST Reis de Paula (2001, p. 77-79) observava que, se há uma presunção favorável ao fato, não é necessária a produção de prova dele. Se a presunção gera uma dispensa da prova, o intérprete ou julgador *ainda não está* no campo da *definição* de quem seja o ônus de provar os fatos controvertidos.

Segundo, porque o princípio da aptidão para a prova deve, em verdade, ser utilizado no terreno da *inversão do ônus da prova*, portanto, quando este *já se encontra definido* no caso concreto, fazendo-se a transferência do encargo à outra parte, diante da maior facilidade que esta possui para produzir a prova do fato por ela alegado, o que se justifica quando a parte de quem é o ônus não tem condições de se desincumbir dele a contento, como veremos em tópico próprio, mais adiante.

Terceiro, porque as regras de pré-constituição da prova *também não servem* para a definição do ônus, já que não se trata este de obrigação e, por isso mesmo, o empregador não tem obrigação legal de exibir os documentos obrigatórios – no campo do direito material – nos autos do processo. Até porque ninguém está obrigado a fazer ou deixar de fazer algo senão em virtude de lei, o que se constitui em garantia constitucional, *ex vi* do art. 5º, inciso II, da *Lex Legum.* E somente quando há forma especial para o ato – recibo de pagamento (art. 464 da CLT), por exemplo – é que se exige do empregador o meio de prova definido em lei. Do contrário, adota-se o princípio da livre admissibilidade da prova. Entrementes, quanto à exibição dos cartões de ponto em juízo a jurisprudência do C. TST trilhou caminho diverso, entendendo que o empregador que conta com mais de dez empregados – mais de vinte, após a Lei da Liberdade Econômica, Lei n. 13.874/19 – tem o *dever* de juntar os cartões de ponto, sob pena de incidência da regra do art. 400 do CPC/2015 – art. 359 do CPC/73 – (Súmula n. 338), como veremos mais à frente.

Quarto, porque as máximas de experiência, comum ou técnica, pelo que se depreende da análise do art. 375 do CPC – art. 335 do CPC/73 –, também *tornam desnecessária* a produção de prova a respeito do fato, tanto que muito se aproximam da ideia de verossimilhança da alegação, conforme bem verificou Reis de Paula (2001, p. 87-89). Com efeito, observando-se que sobre o fato alegado paira uma verossimilhança, uma parecença com a verdade real, é porque ele pode ser tido como verdadeiro, *dispensando-se* a prova a seu respeito.

Enfim, a respeito de inversão do ônus da prova, o ex-Ministro Carlos Alberto Reis de Paula (2001, p. 139), embora tenha verificado, em sua magnífica obra, que a presunção e as máximas de experiência devem ser examinadas num *momento anterior* à definição do ônus da prova, quando tratou da inversão desse ônus, elencou para sua análise os princípios da aptidão para a prova, *in dubio pro operario* e da pré-constituição da prova, quando, *data maxima venia,* somente o primeiro deles – princípio da aptidão para a prova – se trata de autêntico princípio autorizador da inversão do ônus da prova.

Essa tese, manifestada já em 2004 e que mantive em 2014 e 2019, e que agora mantenho novamente, será justificada com mais argumentos no tópico apropriado, que trata da inversão do ônus da prova.

Neste momento, penso ser suficiente apontar que o princípio da proteção, com a regra especial do *in dubio pro misero*, jamais poderá ser utilizado no campo da valoração da prova, sob pena de o juiz perder totalmente sua imprescindível imparcialidade.

Quanto ao princípio da pré-constituição da prova – se é que se trata de autêntico princípio –, já manifestei minha opinião no sentido de que, por não se tratar o ônus probatório de obrigação, não tem o reclamado obrigação alguma de exibir documentos sem que para tanto haja determinação judicial. Ressalvo, aqui, mais uma vez, a jurisprudência consolidada acerca dos cartões de ponto, e que será analisada mais adiante.

7.3. O *ITER* PROPOSTO

Diante dessas ponderações, afirmei, ainda em 2004 – e assim continuo pensando na atualidade –, que, em verdade, a ordem dispositiva do Código de Processo Civil está incorreta.

Procedendo a uma investigação científica do tema, verificamos que a ordem lógica pressupõe, primeiro, a análise das hipóteses previstas no art. 374 do CPC; depois, das preconizadas no art. 375 do mesmo Estatuto, para, somente após, quando não verificado nenhum dos "antecedentes" ali descritos, chegar-se ao tão comentado art. 373 do CPC/2015 – ou ao atual art. 818 da CLT, pós-reforma – e se indagar sobre o ônus da prova no caso concreto.

7.3.1. O art. 374 do CPC/2015

De todos conhecido o teor do art. 374 do CPC/2015, segundo o qual não dependem de prova os fatos:

1) Notórios

Fatos notórios são os conhecidos da generalidade das pessoas, fazendo parte da cultura comum de determinado lugar – são fatos "culturais" –, ex.: (i) rodovia servida por transporte público; (ii) período de corte da cana-de-açúcar, de colheita da laranja; (iii) período de safra do arroz, do feijão, da soja etc. Daí se extrai que, se a parte alegar qualquer desses fatos notórios, não precisará prová-los – *princípio da economia processual* –, a não ser que o juiz não saiba da notoriedade dos fatos e exija sua demonstração.

> Por isso, parece-me incorreto, *data venia*, que o tribunal reforme a sentença de primeiro grau por entender que não há evidência nos autos de que o fato era público e notório. Ora, o destinatário imediato da prova

é o juiz e, via de regra, o de primeira instância. Ainda que haja recurso, é o juiz de primeiro grau quem colhe diretamente a prova, sobretudo a prova oral. Portanto, se ele prescinde da prova porque já sabe que naquela localidade o fato é notório, não pode o tribunal, com todo o respeito, entender que o juiz não se encontra preparado para isso fundamentar em sua decisão.

2) Confessados pela parte contrária

Como já visto, a confissão é o reconhecimento feito, por umas das partes, do fato alegado pela parte contrária, em seu prejuízo e em benefício desta, podendo ser judicial ou extrajudicial (art. 389 do CPC/2015), sendo que a judicial faz prova plena contra o confitente (art. 391, *caput*, do CPC/2015) e, por isso, é a mais convincente das provas.

Destarte, se o reclamante afirma que prestou serviços ao reclamado por um período determinado, recebendo uma quantia fixa, cumprindo um horário pré-estabelecido, sendo todos estes fatos confirmados pelo reclamado, aquele não terá de produzir prova alguma acerca da relação de emprego, como veremos logo adiante, com mais fundamentos.

3) Incontroversos

Fatos incontroversos são aqueles que não foram contestados no prazo da defesa (*princípio da eventualidade* - art. 336 do CPC/2015) ou não impugnados de forma especificada (princípio da impugnação especificada dos fatos - art. 341, *caput,* do CPC/2015).

Assim, impugnando o reclamado apenas que o reclamante não foi seu empregado por ser autônomo, oferecendo defesa por negação geral quanto aos demais fatos (ex.: trabalho em sobrejornada, em domingos e feriados, não fruição do intervalo intrajornada etc.), restam estes últimos fatos *incontroversos*, não havendo qualquer necessidade de se produzir prova sobre eles. O mesmo se diga quando o reclamado apenas argumenta que o reclamante era gerente, ou que se ativava em serviços externos, não impugnando especificamente o horário de trabalho lançado na exordial.

4) Em cujo favor milita presunção legal de existência ou de veracidade

A *presunção* é a ilação que se extrai de um fato certo, para a prova de um fato desconhecido, tratando-se, portanto, de um *processo mental, lógico, de dedução*, por meio do qual se concebe como verdadeiro um fato do qual não se tem prova, porque se torna presumível, diante da demonstração de outro fato - do *indício* -, provado e certo, que leva à conclusão de que o fato desconhecido ocorreu.

A presunção não se confunde, assim, com o indício, porque este é o fato conhecido do qual se extrai a presunção. *O indício é a premissa, a presunção, o resultado.* Por isso, a presunção é um meio *indireto* de prova.

Quanto às *espécies de presunção*, são as seguintes:

a) a *presunção comum (hominis)*

Esta presunção é a fundada no que ordinariamente acontece, ex.: (i) presume-se que ninguém celebra um negócio jurídico para ter prejuízo; na seara trabalhista, (ii) presume-se que um ser humano não consegue trabalhar quinze horas ou mais por dia *sem qualquer intervalo* para refeição, ou sem qualquer folga num longo período contratual; (iii) presume-se que o empregado não sobrevive sem receber salário por quatro meses ou mais, já que o salário é, em regra, sua fonte de sobrevivência.

Ademais, não se pode olvidar de que a boa-fé, a má-fé e a fraude são *sempre presumidas* das circunstâncias objetivas do ato ou negócio jurídico. Contudo, a boa-fé carece de prova, na maior parte das vezes, pois é sempre presumida, ao passo que a má-fé e a fraude devem ser comprovadas, ainda que indiretamente, demonstrando-se as circunstâncias fáticas a partir das quais os atos maliciosos podem ser presumidos.

b) e a *presunção legal*, ou jurídica

A presunção legal também poderia ser denominada de jurídica, pois os princípios também são norma e podem tornar os fatos presumidos, independentemente de regra legal expressa.

Ela se dicotomiza em:

1) absoluta (*iuris et de iure)*

A presunção absoluta, segundo o pensamento milenar, é aquela que *não admite* prova em contrário, ex.: (i) o conhecimento obrigatório da lei (art. 3º da LINDB); (ii) a indisponibilidade dos direitos fundamentais: vida, saúde, liberdade, cidadania, o estado civil da pessoa (arts. 345, inciso II, e 392 do CPC/2015); (iii) a presunção de que não houve renúncia à estabilidade, se não atendida a formalidade preconizada no art. 500 da CLT.

> Antes da Lei da Reforma Trabalhista, havia a presunção de que não houve demissão se não fosse observada a formalidade prevista no art. 477, § 1º, que exigia a homologação da demissão do empregado que contava com mais de um ano de tempo de serviço perante o sindicato da categoria, o Ministério do Trabalho ou a Justiça do Trabalho.

Ainda podem ser lembradas outras presunções absolutas: (i) a penhora averbada na matrícula do imóvel faz presumir a ciência da ação por parte do terceiro comprador (art. 844 do CPC/2015); (ii) as causas de impedimento (art. 144 do CPC/2015) fazem presumir, de modo absoluto, a parcialidade do juiz; (iii) as causas de impedimento também carregam presunção absoluta de parcialidade da testemunha (art. 447, § 2º, do CPC/2015).

2) e relativa (*iuris tantum)*

A presunção relativa, como é sabido, pode ser *elidida* por outra prova. São exemplos dessa presunção: o pagamento da última parcela faz presumir o pagamento das anteriores, o pagamento do principal faz presumir o pagamento dos juros e a posse do título da dívida pelo devedor faz presumir o seu pagamento (arts. 322, 323 e 324 do Código Civil). Ainda no campo do direito civil, (i) a posse do imóvel faz presumir a das coisas móveis que nele se encontrem (art. 1.209 do CC), bem como a propriedade destas; (ii) a recusa a exame médico necessário ou a perícia médica ordenada pelo juiz faz presumir o fato afirmado (arts. 231 e 232 do CC).

No campo do *direito do trabalho*, (i) a prestação de serviços por pessoa física, de forma habitual e mediante remuneração, faz presumir a existência de uma relação de emprego; (ii) a extinção do contrato de emprego (o indício) faz presumir uma dispensa imotivada, diante do *princípio da continuidade da relação de emprego*; (iii) as anotações na CTPS geram presunção apenas relativa de veracidade, podendo ser elididas por qualquer outro meio de prova (art. 456 da CLT; Súmula n. 12 do TST); (iv) o interregno mínimo entre um contrato e outro faz presumir a fraude, dando ensejo à unicidade contratual (art. 9º da CLT).

Percebe-se, pois, que em todos esses exemplos o intérprete ou julgador ainda não está no campo da *definição* do ônus da prova, haja vista que, alegado um fato em cujo favor milita presunção legal ou *jurídica* - a presunção jurídica deriva dos princípios gerais de direito; no direito do trabalho, dos princípios específicos desse ramo do direito - de *existência, não há necessidade* de a parte produzir prova desse fato.

Uma vez mais, basta a prova do *indício*, do qual se extrai a presunção de ter existido (ou de ser verdadeiro) o fato alegado. Assim, provada a prestação de serviços por pessoa física, de forma habitual e mediante remuneração, *presume-se a subordinação* e, por via de consequência, a relação de emprego. Não negada a extinção do contrato de emprego, *presume-se a dispensa imotivada* (Súmula n. 212 do TST). *Em suma: quem alega fato contrário ao fato presumido é que possui o ônus de prová-lo.*

7.3.2. O art. 375 do CPC/2015

Prosseguindo, antes ainda de examinar os fatos controvertidos para saber de quem é o ônus da prova, o intérprete ou julgador precisa verificar se, quanto ao fato alegado, não existem *máximas de experiência* que podem ser aplicadas.

A utilização delas está autorizada pelo art. 375 do CPC/2015 – e, no processo do trabalho de rito sumaríssimo, pelo art. 852-D da CLT –, podendo se tratar de:

1) *regras de experiência comum do juiz*, com base na observação daquilo que habitualmente acontece em determinado lugar ou em determinada questão; por exemplo: a definição de preço vil;
2) ou de *regras de experiência técnica*, que não integram o seu conhecimento geral, mas provém de conhecimentos especializados do juiz em determinada ciência, arte, ofício ou profissão; por exemplo: o juiz já atuou como engenheiro e, diante de seu conhecimento técnico, elucida uma controvérsia sobre o laudo pericial produzido.

As máximas resultam, pois, de uma *atividade intelectual* do juiz, de sua cultura geral ou específica. Exemplos de regras de experiência *comum*: (i) em dias de chuva forte não há atividade na lavoura; (ii) nos períodos de safra (colheita) a atividade rural é mais intensa – estes dois exemplos são de Manoel Antonio (TEIXEIRA FILHO, 1993, p. 71); (iii) quando há apenas um vigia ou vigilante no posto de trabalho, é sinal de que ele não pode abandonar tal posto durante sua jornada de trabalho – destarte, a alegada "rendição" por outro trabalhador deve ser robustamente provada pelo empregador.

Cito, ainda, o exemplo dos *intervalos intrajornada* dos cortadores de cana-de-açúcar e dos colhedores de laranja, que, segundo as máximas de experiência comum, advindas de inúmeras instruções, em processos que têm como reclamada a mesma empresa, revelam-se praticamente idênticos em todos os casos. Se o juiz já sabe que naquela empresa os fatos se passam sempre daquela forma – concessão parcial do intervalo de uma hora, ou sua concessão integral, dependendo da empresa –, para que instruir todos os dias um sem-número de processos para chegar ao mesmíssimo resultado? Carecem, pois, de prova, os fatos sobre os quais pairam *verossimilhança*, de acordo com as máximas de experiência comum.

Portanto, confirmado que o vigia ou vigilante trabalhava sozinho em determinado posto de trabalho, não terá o reclamante de produzir prova de que não usufruía intervalo. Verificado que todas as turmas de trabalho se ativavam em condições idênticas ou muito semelhantes em determinada empresa, no período de corte de cana ou de colheita de laranja, não terá o reclamante de provar que usufruía apenas 15min de intervalo para almoço, por exemplo. *Quem alegar fato contraposto* é que terá o ônus de prová-lo.

De outra mirada, pairando a verossimilhança de que em determinada empresa o intervalo intrajornada de uma hora era rigorosamente usufruído, somente se o reclamante comprovar *robustamente* que, em seu caso, a situação era distinta, poder-se-á afastar a presunção favorável à empresa e dar ganho de causa ao trabalhador.

Sendo assim, a aplicação das máximas de experiência comum, advindas da observação do que ordinariamente acontece em determinada empresa ou em certo ramo empresarial, se bem aplicadas, conduziria a soluções mais *justas*, evitando-se a "sorte" do caso a caso. Por óbvio, aqui também estamos tratando, por tudo isso, de um meio *indireto* de prova. *Provado o fato* do qual se extrai a máxima, esta passa a ser tida como verdadeira, independentemente de prova direta do fato verossímil.

7.3.3. A definição do ônus da prova

Contudo, se nada disso houver, ou seja, se não existirem fatos notórios, confessados, incontroversos, presumidos ou sobre os quais haja máximas de experiência, *exsurge o problema* de se verificar *de quem é o ônus da prova.*

Daí a importância de o advogado dominar todas essas técnicas, que eu chamaria de *técnicas para a desnecessidade de produção de prova*, que podem ser muito úteis ao advogado do trabalhador, invariavelmente na condição de reclamante, no processo do trabalho. Na análise da defesa, principalmente em réplica, o advogado do reclamante deve analisar com lupa os autos, a fim de encontrar fatos (i) notórios, (ii) confessados, (iii) incontroversos, (iv) presumidos ou (v) em relação aos quais haja máximas de experiência comum ou técnica. Sobre estes, não haverá necessidade de prova alguma. Agora, encontrando fatos *controvertidos*, o advogado deve se preocupar em dominar com precisão as técnicas de definição e inversão do ônus da prova.

> O advogado deve dominar todas as técnicas para verificar a desnecessidade de produção de prova.

Havendo, pois, *fatos controvertidos, relevantes e pertinentes* (Moacyr Amaral Santos (1990, p. 333-342) esmiuçava esses fatos em dez páginas de seu consagrado livro), e determinados, será necessário investigar sobre *o ônus da prova*, à luz do art. 373 do CPC/2015 e do atual art. 818 da CLT, que apenas deixou de enunciar um princípio geral – em verdade, uma regra de hermenêutica – a respeito da prova (quem alega, deve provar), para conter regras objetivas que levam em conta, sobretudo, a *natureza dos fatos controvertidos.*

7.3.4. A natureza dos fatos controvertidos

Preleciona Reis de Paula (2001, p. 104-105) que, dentre as tantas teorias criadas para a repartição do ônus da prova entre as partes, merecem destaque as de Chiovenda, Rosemberg e Micheli. Em especial, a teoria desenvolvida por Chiovenda, por ter sido a adotada no direito processual brasileiro (art. 333 do CPC/73; art. 373 do CPC/2015; e, agora, art. 818 da CLT). "Por esta teoria, indica-se a qual das partes incumbe o ônus da prova, consoante a natureza dos fatos". Assim, torna-se necessário verificar, dentre os fatos controvertidos, quais são aquisitivos (constitutivos), impeditivos, modificativos ou extintivos de direitos, estudando-se a sua *natureza jurídica*, na chamada *distribuição estática* do ônus da prova.

Fato constitutivo é o fato que faz nascer o direito ou os efeitos jurídicos pretendidos, ou seja, é o fato a partir do qual existem efeitos jurídicos concretos deduzidos pelo reclamante, no processo do trabalho.

Alguns exemplos do processo do trabalho que facilitarão a compreensão:

1º) relação de emprego – quem afirma uma relação de emprego tem o ônus de comprovar os requisitos dessa relação; contudo, como veremos mais adiante, a relação de emprego é um *fato complexo*, sendo que alguns dos requisitos não demandariam ônus do reclamante, por exemplo, a pessoalidade, que é presumida, cabendo ao reclamado comprovar o fato contrário, a impessoalidade, sob pena de se exigir do trabalhador uma prova diabólica; ademais, a eventualidade na prestação de serviços é, em regra, um fato impeditivo.

2º) obrigação não prevista em lei, mas em instrumento coletivo ou no contrato de emprego – quem afirma um direito tem que demonstrar a existência da obrigação correlata, ou seja, da dívida.

3º) acidente do trabalho – quem afirma uma doença ocupacional ou um acidente do trabalho tem que provar estes fatos, se negados.

4º) sobrejornada – quem afirma horas extras, em qualquer de suas tantas "modalidades", tem que provar a existência da sobrejornada.

Por sua vez, *fato impeditivo* é o que impede o nascimento do direito ou a produção de efeitos jurídicos do fato afirmado pelo autor; o fato, em si, não é contestado, pois o que se contesta são os *efeitos jurídicos* do fato.

Exemplos:

1º) autonomia – o reclamado reconhece que o reclamante realmente trabalhou para si, recebeu o valor informado, mas aduz que ele era autônomo, que não tinha qualquer subordinação porque gerenciava o seu negócio; assim, a autonomia que descaracteriza a presumida relação de emprego – critérios constitutivos não negados – é um fato impeditivo e, portanto, ônus do reclamado; da mesma forma, a eventualidade, o trabalho voluntário e qualquer outra *exceção substancial* da relação de emprego.

2º) regime de exceção em jornada de trabalho – o reclamado reconhece que o reclamante era seu empregado, mas alega que ele não faz jus às horas extras porque era gerente – este fato é uma exceção, um fato impeditivo.

3º) ainda o regime de exceção – o reclamado alega que o trabalho do reclamante era em atividade externa incompatível com o controle de jornada, ou que o trabalhador se encontrava em regime de *teletrabalho*, ônus que compete àquele, por alegar fato impeditivo.

4º) justa causa – este é o exemplo clássico: justa causa é um fato impeditivo do recebimento das verbas rescisórias e, portanto, ônus total do reclamado.

Fato modificativo é aquele que altera os efeitos jurídicos do fato constitutivo, sendo, portanto, ônus do reclamado.

Breves exemplos:

1º) pagamento parcial – que reduz o valor da dívida, embora o pagamento seja sempre considerado pela doutrina um fato extintivo de direitos.

2º) alteração do horário de trabalho – no contrato de trabalho, a alteração do horário de trabalho, do período noturno para o diurno, faz desaparecer o direito ao adicional noturno reclamado.

3º) retirada do cargo de confiança – a perda desse cargo torna indevida, a partir da alteração contratual, a gratificação de função postulada.

4º) compensação parcial – também a compensação pode ser considerada um fato modificativo dos efeitos jurídicos do fato constitutivo, pois ao se dar a compensação *parcial*, o valor devido será reduzido *proporcionalmente* ao valor compensado.

Enfim, *fato extintivo* é o que faz desaparecer todos os efeitos jurídicos do fato constitutivo. Seus exemplos são tão clássicos que dispensam comentários: (i) prescrição; (ii) decadência; (iii) pagamento integral; (iv) novação; (v) dação em pagamento; (vi) compensação total.

7.3.4.1. As regras objetivas de definição do ônus da prova

Examinada com detalhes e farta exemplificação a chamada natureza jurídica dos fatos controvertidos, sabendo o juiz e o advogado o que são fatos constitutivos, impeditivos, modificativos e extintivos de direitos, torna-se bem mais fácil compreender as regras objetivas de definição do ônus da prova.

A respeito da definição do ônus, Giuseppe Chiovenda (1998, p. 447-449), após verificar que não há como estabelecer um princípio geral e completo para a regência do ônus da prova, asseverando que a justificativa da repartição do referido ônus entre as partes está num *princípio de justiça distributiva*, qual seja, o princípio da igualdade das partes, enuncia que, ao autor, compete o ônus da prova do fato constitutivo do seu direito, cabendo, portanto, ao réu: a) "provar fatos que provam a *inexistência* do fato provado pelo autor, de modo direto ou indireto (e dizem-se *motivos*) e temos aí a simples *prova contrária ou contraprova*"; b) ou, "sem excluir o fato provado pelo autor", afirmar e provar "*um outro* que lhe elide os efeitos jurídicos, e aí temos a verdadeira prova *do réu*, a prova da *exceção*" (destaques do autor).

Explica o grande Mestre que a mencionada repartição do *onus probandi* leva em conta as condições de existência de uma relação jurídica, devendo o autor, assim, provar as condições específicas dessa relação, ou seja, as que lhe são próprias, essenciais, como o consenso e o preço da coisa na compra e venda. Não tem, portanto, o autor de provar as condições gerais, comuns a todos os negócios jurídicos, como a capacidade dos agentes, a seriedade do consenso, que a coisa não se trata de bem fora do comércio. A falta dessas condições habitualmente presentes deve ser provada por quem a alegar, o réu, por ser *fato impeditivo*. Em síntese:

> [...] o autor deve provar os fatos constitutivos, isto é, os fatos que normalmente produzem determinados efeitos jurídicos; o réu deve provar os fatos impeditivos, isto é, a falta daqueles fatos que normalmente concorrem com os fatos constitutivos, falta que impede a estes produzir o efeito que lhes é natural (CHIOVENDA, 1998, p. 450-452).

A mesma doutrina é professada por Amaral Santos (1990, p. 447), para quem a distribuição do ônus da prova pode ser sintetizada em *duas regras*:

1ª) ao autor cabe a prova dos fatos dos quais deduz o seu direito, ao passo que ao réu incumbe a prova dos fatos que, de modo direto ou indireto, atestam a inexistência daqueles, ou seja, a prova contrária ou contraprova;

2ª) ao autor compete a prova do fato constitutivo e ao réu a prova do fato extintivo, impeditivo ou modificativo, explicando o autor que essa regra "reafirma a anterior, quanto ao autor, e atribui o ônus da prova ao réu que se defende por meio de exceção, no sentido amplo".

Convém ressaltar, ainda, que a diuturna afirmação de que *não se produz prova de fato negativo* não corresponde à melhor doutrina.

O que não se pode exigir é que a parte produza prova da *negação do fato* (negativa absoluta), porque absolutamente impossível, ou pelo menos extremamente difícil. No entanto, do *fato negativo* (negativa relativa) se pode exigir a produção de prova porque, em verdade, corresponde a uma afirmação, qual seja, a de que o fato positivo afirmado pelo autor não ocorreu. Chiovenda, o "Papa" da matéria, sempre lecionou que os fatos negativos podem, sim, ser provados, não se podendo exigir prova tão somente da simples negação dos fatos (CHIOVENDA, 1998, p. 449).

> É possível exigir a produção de prova de fato negativo (negativa relativa), porque essa negativa corresponde a uma afirmação.

E a doutrina sempre pontuou exemplos clássicos a esse respeito: se o réu nega que seja italiano é porque tem outra nacionalidade (Amaral Santos); se o réu nega que o tecido seja vermelho, está afirmando que o tecido é de outra cor (Chiovenda) etc.

Ademais, Chiovenda (1998, p. 447) observa que o próprio autor pode ter de provar um fato negativo, quando este se constitui no *fundamento de sua demanda*, ex.: (i) prova de que não era devedor na ação de repetição de indébito; (ii) prova da *omissão culposa* na ação de responsabilidade civil – situação hoje muito encontrada nas ações indenizatórias de danos decorrentes de acidente do trabalho, quando o trabalhador alega *omissão* do empregador no cumprimento das normas de segurança, como causa de pedir, em sua ação –; (iii) prova da inexistência do direito (da relação jurídica) na ação declaratória negativa.

Do quanto exposto até aqui, é possível afirmar que, no processo do trabalho:

1º) se o reclamante alega um *fato aquisitivo* do seu direito e o reclamado simplesmente nega a existência desse fato, cabe ao primeiro o ônus da prova, ex.: (i) o reclamante afirma que prestou serviços ao reclamado na condição de empregado, *negando* este a própria prestação de serviços; (ii) o reclamante afirma labor em horas extras e o reclamado *nega* a sobrejornada etc.

2º) se o reclamante afirma um fato e o reclamado o reconhece (ou não o nega), mas outro lhe opõe, *impeditivo, modificativo ou extintivo dos efeitos* que seriam produzidos por aquele, cabe ao segundo o ônus da prova, porque ao reclamado sempre incumbe provar o fato que fundamenta sua *exceção* (de direito material), ex.: (i) o reclamante alega que prestava serviços habitualmente ao reclamado, dele recebendo salário, mas este, reconhecendo ou não negando tais fatos, argumenta que aquele era *autônomo*, ou que era *eventual*; (ii) o reclamante afirma que laborava das 7h às 17h, sem intervalo intrajornada, e o reclamado afirma que ele era *gerente*, ou que se ativava em *serviços externos*, sem qualquer controle de jornada.

3º) se o reclamante alega um fato constitutivo e o reclamado outro lhe opõe, mas de modo a não configurar sua tese como sendo a de uma *exceção*, a situação, em verdade, é a de *fatos contrapostos*, tema sobre o qual os doutrinadores não têm dado maior atenção e que, portanto, merece um tópico específico, na sequência.

7.3.4.2. A doutrina dos fatos contrapostos

No processo do trabalho são poucos os estudos a respeito dos fatos contrapostos. Pois bem, segundo a doutrina, nessa última hipótese – a do terceiro exemplo do tópico anterior – cada um teria que produzir a prova de suas alegações. No entanto, a se pensar assim, o intérprete ou julgador continuaria com o mesmo dilema de saber de quem é, *efetivamente*, o ônus da prova.

Penso que, em conformidade com as melhores lições de processo civil, para a solução do problema, não há outra solução mais razoável do que a de se proceder à aplicação da *máxima* insuperável em matéria de prova: *o ordinário se presume, o extraordinário se prova.*

> Esta máxima, citada por todos os doutrinadores e presente na boa jurisprudência, é de Nicola Framarino dei Malatesta (*A lógica das provas em matéria criminal*). Para Malatesta, este se trata de um *princípio ontológico* em matéria de prova: *o ordinário se presume, o extraordinário se prova.* Insuperável esta máxima (*Apud* PAULA, 2001, p. 92-93).

> *Há de se aplicar a máxima insuperável em matéria de prova*: o ordinário se presume, o extraordinário se prova.

Dois exemplos para clarificar esta máxima:

1º) se o reclamante alega que prestava serviços pessoalmente ao reclamado, dele recebendo a contraprestação devida, de forma habitual, e este, mesmo reconhecendo tais fatos (ou não os contrariando especificamente), aduz que aquele não era seu empregado, de se perguntar: o reclamante era o quê, então?; ora, *o ordinário* é que quem trabalha nessas condições seja empregado, *presumindo-se a subordinação*, cabendo, portanto, ao reclamado o ônus da prova da condição jurídica do trabalhador (se era autônomo, eventual ou qualquer outra coisa que não empregado), cabendo-lhe, assim, o ônus da prova do *fato contraposto*.

2º) por outro lado, se o reclamante afirma que se ativava das 7h às 17h, sem intervalo intrajornada, defendendo-se o reclamado dizendo que ele o fazia das 7h às 16h, com 1h de intervalo, não tem este de provar o fato contraposto, porque *o ordinário* é que não se trabalhe em regime de horas extras, que são *extraordinárias;* a menos que o juiz, diante de tantas instruções da mesma empresa, já tenha como verossímil o fato aduzido pelo trabalhador, com fundamento no art. 375 do CPC, já analisado.

É curioso notar que, se o reclamado alega que o reclamante era autônomo, ninguém duvida de que a ele cabe o ônus da prova, por se tratar de fato impeditivo do direito afirmado, mas, na mesma situação, apontada no exemplo *supra*, em que o reclamado reconhece o *plexo* de fatos (ou complexo de fatos, segundo Pontes de Miranda) afirmados pelo reclamante, mas alega que este não era seu empregado, a doutrina e a jurisprudência afirmam que, nesse caso, ao trabalhador incumbe o ônus da prova.

Ora, para situações idênticas, igual deve ser a solução. Se ordinariamente quem presta serviços de forma pessoal e habitual, recebendo a devida contraprestação, é empregado, porque presumida a subordinação, não se justifica tratamento desigual para o caso de o reclamado alegar: 1) num processo, que o reclamante não era empregado; 2) e noutro, que o reclamante era autônomo.

A relação de emprego se trata de uma *relação jurídica complexa* – teoria dos atos (ou fatos) jurídicos complexos do Direito Administrativo –, que somente se aperfeiçoa se houver a presença de todos os seus *requisitos clássicos*: pessoalidade, onerosidade, não eventualidade e subordinação. Ocorre que cada um desses requisitos será "extraído" de um plexo (ou complexo) de fatos, e todos, somados, darão origem a um fato "maior" – contrato de emprego – ainda mais complexo. Sobre os atos jurídicos complexos, veja-se:

> [...] são atos de direito público para cuja realização se exige a prática de uma série de atos e deliberações: há o ato final que define sua natureza e sua denominação, e o(s) ato(s) condicionante(s) do ato final, "todos relacionados entre si, ordenadamente no tempo, de modo que constituem partes integrantes de um processo, definido este como um conjunto ordenado de atos destinados a um certo fim". Cada um dos atos tem seus próprios pressupostos de existência, requisitos de validade e condições de eficácia. A nulidade de um deles macula os que lhes são posteriores, e invalida todo o ato complexo/composto – mas não afeta, jamais sua existência (BRAGA, *on-line* – a citação da autora é da obra de Marcos Bernardes de Mello: **Teoria do Fato Jurídico. Plano de Existência.** São Paulo: Saraiva, 2003.)

Pois bem, *decompondo* esses fatos, é possível definir que o ônus da prova, em relação a cada um desses requisitos, é distinto, conforme a sua presunção ou não, derivada da máxima de Malatesta. A saber:

a) *pessoalidade* – esse requisito é presumido toda vez que um trabalhador reclama o reconhecimento de vínculo de emprego, pois é *extraordinário* que algum trabalhador possa fazer-se substituir por outro quando contrata a execução de algum serviço; assim, *cabe ao reclamado provar a impessoalidade*, quando alegada em defesa;

b) *onerosidade* – quando negada a onerosidade, o ônus da prova é todo do trabalhador; pudera, se o reclamado alega que jamais fez qualquer pagamento ao reclamante, exigir-se dele encargo probatório quanto ao tema implicaria em dele se cobrar uma *prova diabólica*; de se recordar que, na negativa absoluta, *não se exige* prova de quem faz a alegação;

c) *não eventualidade* – quanto a esse requisito, tudo vai depender da tese que se adote para a sua configuração; a se entender que ele significa que o trabalhador presta serviços durante toda a semana, com habitualidade e/ou continuidade, o ônus da prova será do trabalhador; contudo, a se pensar que eventual é o trabalhador que não se insere na chamada *atividade-fim* da empresa, o ônus será do reclamado, pois é absolutamente *excepcional* que alguém vá até a empresa prestar serviços eventuais; aliás, de se recordar que a eventualidade é um *fato impeditivo* do reconhecimento da relação de emprego e, sendo assim, o ônus da prova seria sempre do reclamado;

d) *subordinação* – este é o traço *distintivo*, sempre, da relação de emprego de uma mera relação de trabalho; naquela terá de haver subordinação, sempre; daí que, a princípio, não haveria dúvidas: o ônus da prova quanto a esse fato destacado do fato contraposto é do trabalhador, e nada mais; contudo, a se aplicar a teoria da subordinação objetiva, ou da *subordinação estrutural*, segundo a qual é empregado todo trabalhador que se insere na dinâmica produtiva da empresa, *a subordinação seria presumida* e, nesse caso, o ônus da prova seria do reclamado, ao alegar falta de subordinação.

Bem se vê que a *teoria do fato complexo*, se bem compreendida, juntamente com a *teoria dos fatos contrapostos*, pode conduzir a situações bem distintas em matéria de ônus da prova, no processo do trabalho. Aqui, há de se verificar o que *ordinariamente acontece*, cabendo o ônus da prova a quem alega fato extraordinário. Em suma, *presume-se*, pelo que ordinariamente acontece, que, se o trabalhador presta seus serviços ao tomador, dele recebendo uma contraprestação ajustada e com habitualidade, seja deste empregado. O *extraordinário* é que seja autônomo – ou eventual –, e, assim, dependendo do fato que compõe essa relação jurídica complexa, o ônus da prova pode ser do reclamado, e não do reclamante, em matéria de vínculo empregatício, ao contrário do que normalmente se alardeia.

> A teoria do fato complexo, se bem compreendida, juntamente com a teoria dos fatos contrapostos, pode conduzir a situações bem distintas em matéria de ônus da prova.

Outro exemplo que bem poderia elucidar a aplicação das teorias do fato complexo e do fato contraposto no processo do trabalho é o do *acidente do trabalho*. Embora o acidente, em si, seja um fato único, para a *responsabilização* do empregador pelos danos decorrentes de acidente do trabalho, há de se demonstrar uma *série de fatos*: o acidente do trabalho, o dano, o nexo causal e, conforme o caso, a culpa.

Aqui também, *decompondo* – ou individualizando – esses fatos, torna-se possível definir que o ônus da prova, em relação a cada um deles, muda de lado a lado, em conformidade com o que *ordinariamente acontece*, a saber:

a) *acidente do trabalho* – de se recordar que o acidente do trabalho é o evento que ocorre na prestação de serviços ao empregador, normalmente derivado de uma ação ou omissão deste; *se negado* o próprio fato constitutivo (acidente durante a prestação de serviços), o ônus da prova é todo do reclamante, porque essa seria uma *negação absoluta* do reclamado;

b) *dano* – também é do trabalhador o ônus da prova quanto à existência de dano material (incapacidade laborativa, total ou parcial, permanente ou temporária), quando *negado* pela empresa, pois não se exige prova direta do dano apenas quando se tratar de dano extrapatrimonial (moral ou estético);

c) *nexo causal* – se negado o nexo causal entre o acidente e a incapacidade, é do reclamante o ônus de demonstrar, cabalmente, o nexo referido, encargo probatório bem complicado quando se trata de doença ocupacional; por esse motivo, já se encontra aqui uma suavização do encargo do trabalhador, pois a jurisprudência amplamente majoritária tem firmado entendimento de que, *comprovada a degradação do ambiente laboral* (por ex.: a insalubridade), o nexo de causalidade entre o trabalho e a doença (ex.: a perda auditiva induzida por ruído – PAIR) passa a ser presumido;

d) *culpa do empregador* – a conduta do empregador, por ação ou omissão, será levada em conta principalmente na aplicação da teoria da responsabilidade patrimonial *subjetiva*, pois neste caso será necessário averiguar se a empresa agiu com dolo ou culpa; contudo, a jurisprudência majoritária tem entendido que, mesmo em se tratando de acidente típico do trabalho, a culpa do empregador é *presumida*, diante das máximas de experiência, a partir do que ordinariamente acontece nas relações laborais; assim, *o ordinário* é que haja culpa exclusiva da empresa, quando ocorre um acidente do trabalho; *o extraordinário* é que o acidente tenha ocorrido por *culpa exclusiva da vítima*, fato de terceiro ou força maior, três fatos que consubstanciam, aliás, as clássicas *excludentes* da responsabilização do empregador pelos danos decorrentes de acidente do trabalho, quer se aplique a teoria subjetiva, quer se aplique a objetiva.

Em suma, *presume-se* que, se o trabalhador sofreu um acidente do trabalho, do qual decorreu sua incapacidade laborativa, a culpa, *lato sensu*, pela ocorrência do fato, *é do empregador*. E pode ser presumido, ainda, o próprio nexo causal, em se tratando de doença ocupacional. O *extraordinário* é que o trabalhador tenha causado, por sua "culpa exclusiva", o acidente ou até o adoecimento. Destarte, dependendo do fato que compõe esse "fato complexo", o ônus da prova é apenas em parte do reclamante, sendo encargo do reclamado em relação ao *fato principal* – ausência de culpa –, pois, diante desse fato contraposto – culpa x diligência –, aquela se presume, esta se prova.

Por isso mesmo, não há necessidade de se ficar criando situações de inversão do ônus da prova, como defendem bons juízes e doutrinadores, bastando que se dê atenção à *natureza jurídica* dos fatos controvertidos, porque em boa parte dos casos *será do reclamado o ônus de provar o fato contraposto*, por ser este *extraordinário* em relação ao que ordinariamente ocorre nas relações de trabalho.

7.4. MOMENTO DA DEFINIÇÃO DO ÔNUS DA PROVA

Questão interessante é a de se estabelecer qual o *momento ideal* para a definição do ônus da prova.

Dizem uns que essa definição deve ocorrer na decisão de saneamento do processo, em que o juiz fixa os pontos controvertidos, decide as questões processuais pendentes e determina as provas que serão produzidas, designando audiência de instrução, se necessária, conforme já previa o § 2º do art. 331 do CPC/73. Aliás, para Chiovenda e Carnelutti as regras de distribuição do ônus da prova deveriam ser aplicadas ainda na coleta das provas.

Outros afirmam que, em verdade, as regras de distribuição do ônus da prova são *regras de julgamento*, sendo, portanto, levadas em consideração pelo juiz apenas quando da prolação da sentença. Neste sentido, o italiano Gian Antonio de Micheli, para quem as regras de distribuição do ônus da prova somente serão levadas em consideração pelo juiz se, faltando prova ou não sendo ela suficiente à sua convicção, tiver de decidir, para se evitar o *non liquet* (art. 126 do CPC/73; art. 140 do CPC/2015) (*Apud* PAULA, 2001, p. 107). No Brasil, sempre adotaram esse mesmo pensamento grandes processualistas, como Barbosa Moreira, Dinamarco, Kazuo Watanabe, Nelson Nery e Reis de Paula, dentre outros.

Daí se vê que o tema é daqueles extremamente controvertidos e que não comportam uma definição absoluta, inquestionável. Antes da vigência do CPC/2015 eu defendia que, *tecnicamente*, a segunda teoria era a mais adequada, porque o juiz somente irá se preocupar com ônus da prova se não for possível aplicar nenhuma das regras dos arts. 374 e 375 do CPC/2015, como já visto, ou se não tiver a sorte de encontrar o fato controvertido devidamente provado, independentemente de quem tinha o ônus subjetivo de prova.

Contudo, o CPC/2015 fez *clara opção pela primeira teoria*, ao disciplinar, no art. 357, inciso III, que o juiz, na decisão de saneamento e organização do processo, deve "*definir a distribuição do ônus da prova, observado o art. 373*". Trata-se de evidente *inovação* em relação ao CPC/1973, porque no regime anterior o juiz não tinha de se preocupar em definir de quem era o ônus da prova quanto aos fatos delimitados; pelo contrário, a doutrina majoritária entendia que ônus da prova era uma questão de julgamento; entretanto, o (novo) Código de Processo Civil, num giro de 180 graus, determina que o juiz, ao sanear o processo, distribua entre as partes o ônus da prova, levando em consideração as diretrizes do art. 373 do CPC/2015 – natureza dos fatos controvertidos –, inclusive no que diz respeito à chamada distribuição dinâmica do ônus da prova, agora positivada expressamente no § 1º do art. 373.

De modo que a doutrina deverá se inclinar, doravante, por entender que ônus da prova passa a ser uma *regra de instrução ou de procedimento*. A propósito, vale a pena transcrever o pensamento de um dos maiores juristas da nova geração de processualistas civis, Fernando Gajardoni, para quem a segunda teoria nunca foi "acertada". Vejam-se suas palavras críticas:

> Se um dos valores tutelados pelas regras de forma é a previsibilidade das ações dos atores processuais, somente quando há o prévio estabelecimento do procedimento processual é que as partes são capazes de antever e de programar todo o curso do processo. (...) A partir do momento em que se admite que a inversão só se dê quando do julgamento, não se pode esperar do fornecedor que, em um exercício de premonição, anteveja como um profeta o *non liquet* e, se acautelando, produza a prova que nem se sabe ser necessária. (...) O CPC/2015, sensível a estes argumentos e aos de boa

> parte da doutrina que também assim pensava (...), pôs fim à discussão (que já vinha bem encaminhada na jurisprudência do STJ). A distribuição diversa do ônus da prova, a bem de serem evitadas as tão criticadas "decisões surpresas" (vide art. 10 do CPC/2015), é regra de instrução ou de procedimento, de modo que as partes devem ser previamente avisadas, na decisão de saneamento e organização do processo (art. 357, III, CPC/2015), sobre a distribuição do ônus de modo diverso do estabelecido no art. 373, *caput*, CPC/2015. Não só para se desincumbirem do novo ônus, mas também para que contra ela possam se insurgir (art. 1.015, XI, CPC/2015) (GAJARDONI *et al.*, 2016, p. 177-179).

> Com o CPC de 2015, ônus da prova passou a ser uma regra de instrução ou de procedimento.

Aliás, antes mesmo do CPC/2015, eu já ressaltava que, no processo do trabalho, o juiz deve, *sempre que possível*, ao fixar os pontos controvertidos que dependem de prova na audiência (una ou de instrução), *definir* de quem é o ônus da prova, porque pode ocorrer de a parte ser pega de surpresa quando da leitura da sentença, na qual se fez consignar que dela era o ônus da prova e de tal ônus não se desincumbiu, o que poderia ferir os princípios do contraditório e da ampla defesa.

Exemplifico: o reclamante alega que foi empregado do reclamado, negando este aquela qualidade; na audiência de instrução o reclamante não apresenta testemunhas, desistindo o reclamado de ouvir as suas; na sentença, o juiz decide que o reclamado não se desincumbiu de seu ônus, porque ao reconhecer a prestação de serviços de forma pessoal, habitual e remunerada, carreou para si o ônus de provar que, mesmo assim, o reclamante não foi seu empregado (doutrina do fato contraposto). E a situação se agrava se não for seguido o princípio da identidade física do juiz – que nem tem regra própria mais no CPC; art. 132 do CPC/73 –, tendo o juiz que dirigiu a audiência de instrução "desaconselhado" o reclamado da produção da prova e isso, como regra, não tiver constado da respectiva ata.

Ademais, há diversas oportunidades em que o juiz do trabalho fixa o ônus da prova quando da instrução. A título meramente exemplificativo: (i) diante da alegação de justa causa, o juiz define que o ônus da prova do fato é do reclamado; (ii) o reclamado alega que o reclamante era autônomo e o juiz define que é daquele o ônus da prova do referido fato; (iii) o juiz determina ao reclamado a exibição dos cartões de ponto e este não atende, invertendo-se o ônus da prova com base na Súmula n. 338 do TST.

> Em 2004, eu registrava meu desconforto com a péssima redação que foi dada a esta Súmula na revisão geral levada a efeito pelo TST, em 2003, dando a entender que o empregador tem a obrigação legal de exibir os controles de jornada em juízo, primeiro, porque o art. 74, § 2º, da CLT não é norma de processo; segundo, porque se trata de ônus da prova e não de obrigação da prova, conforme reiteradamente disposto neste estudo. Hoje, conformado com a iterativa jurisprudência a respeito do tema, diante da consolidação do entendimento consubstanciado na referida Súmula n. 338, pondero apenas que, *tecnicamente*, a súmula comete equívoco ao considerar que o empregador tem o dever de exibir os cartões de ponto em juízo, independentemente de determinação judicial. Contudo, em termos práticos, penso que foi mesmo o melhor caminho hermenêutico, pois a se exigir tal determinação, haveria um sem-número de adiamentos de audiência, para que o empregador pudesse juntar os tais documentos posteriormente.

Por isso, muito sábia a regra do art. 852-D da CLT, que trata do procedimento sumaríssimo, no qual o juiz tem ampla liberdade para determinar as provas que serão produzidas, "*considerando o ônus probatório de cada litigante*". De sorte que, antes mesmo do inciso III do art. 357 do CPC/2015, já havia *norma própria* no processo do trabalho a respeito da definição do ônus da prova como *regra de instrução ou de procedimento*.

Assim, o poder inquisitivo do juiz do trabalho é bastante acentuado na busca da chamada verdade real, como já dispunha o art. 765 da CLT desde 1973, mas encontra *barreira* nas regras de distribuição do ônus da prova, porque, do contrário, haveria perigosa violação ao princípio do devido processo legal.

O juiz do trabalho pode, no entanto, quando presentes as hipóteses que autorizem, *inverter o ônus da prova*, considerando, sobretudo, a hipossuficiência do trabalhador e a aptidão para a prova da empresa, o que será verificado mais adiante.

7.5. ÔNUS SUBJETIVO E ÔNUS OBJETIVO – A QUESTÃO DA PROVA "DIVIDIDA"

Embora eu pense ser conveniente que o juiz, sempre que possível ou necessário, defina de quem é o ônus da prova quando da instrução processual, não se pode olvidar de que, se no momento de proferir a sentença, o juiz verifica que a prova foi produzida *pela outra parte* e não pela que tinha a incumbência de fazê-lo, irá tomá-la em conta e considerará o fato como provado. De se ponderar que o CPC/2015 adota expressamente essa diretriz no seu art. 371, de acordo com o qual o juiz deverá apreciar a prova constante dos autos "independentemente do sujeito que a tiver promovido" (princípio da aquisição da prova).

Por isso, fala-se em (i) *ônus subjetivo* e (ii) *ônus objetivo* na doutrina. Ora, quando as partes comparecem em juízo, alegam fatos diversos e por vezes contraditórios, sendo elas próprias as maiores interessadas em que o juiz se convença da veracidade (ou existência) dos fatos que afirmaram. Aí está o *ônus subjetivo*, segundo o qual a parte pode se valer de todos os meios lícitos permitidos no sistema jurídico para convencer o juiz de que o fato ocorreu, para obter, então, as consequências jurídicas dele, tal como previstas no sistema.

Entrementes, para o julgador não importa quem produziu a prova do fato, bastando que o encontre provado – *princípio da aquisição*. Por óbvio, se o ônus era de uma parte e a outra acabou, inadvertidamente, demonstrando o fato que não tinha de provar, essa situação proporcionará ao juiz ainda maior certeza a respeito da existência do fato. Fala-se, por isso, no *princípio da aquisição*, sendo para o juiz importante encontrar o fato provado, não importando quem produziu a prova (DINAMARCO *et al.*, 1994, p. 350).

E se, porventura, não houver prova dos fatos alegados – prova inexistente ou insuficiente – ou se a prova se encontrar "dividida", o juiz terá de se valer das regras do ônus da prova, para decidir *em desfavor* daquele que tinha a incumbência de demonstrar o fato afirmado, ou seja, *contrariamente aos interesses da parte que tinha o ônus (subjetivo) da prova e dele não se desincumbiu*. Eis, então, o chamado *ônus objetivo*.

> Se não houver prova dos fatos alegados, se a prova for insuficiente ou se a prova se encontrar "dividida", o juiz terá de se valer das regras técnicas de ônus da prova.

Daí que o chamado *ônus subjetivo* é uma regra de conduta a ser adotada pelas partes, de acordo com seu interesse na solução da demanda, ao passo que o referido *ônus objetivo* se trata de uma regra de julgamento, porquanto o juiz, não encontrando o fato provado e estando diante de uma prova "dividida" ou inexistente/insuficiente, não terá outro caminho que não seja o de aplicar as regras objetivas do art. 373 do CPC/2015 ou do art.

818 da CLT, julgando *em desfavor* da parte que tinha o ônus (subjetivo) de comprovar suas alegações, porque de seu ônus não se desincumbiu.

Em sentido contrário, a respeito da prova "dividida", o pensamento do ilustre jurista e professor – e amigo – Élisson Miessa:

> Desse modo, a nosso juízo, a dúvida do julgador não se resolve em desfavor daquele que tinha o ônus da prova e dele se desincumbiu, já que a prova está nos autos. O próprio ordenamento contempla mecanismos capazes de afastar as contradições existentes entre as provas, como é o caso da acareação (sic), na prova testemunhal, e do incidente de falsidade na prova documental. (...)
>
> Isso significa que, existindo provas nos autos, ainda que divididas, não está autorizado ao julgador decidir com base no ônus da prova, mas, na busca da verdade, tendo o dever de analisar qual a melhor prova existente nos autos, ou seja, **foge-se do ônus da prova e passa-se para a valoração da prova**, incumbindo ao julgador desqualificar o depoimento das testemunhas que se distanciam da realidade, fundamentando seu entendimento, e decidir de acordo com as testemunhas que, a seu juízo, retratam com mais qualidade a realidade dos fatos. (MIESSA, 2024, p. 728)

Ocorre que há vários casos nos quais, mesmo utilizando-se de todos os critérios e técnicas de valoração disponíveis, ou promovendo a acareação entre as testemunhas, o juiz não encontra razões *objetivas* para decidir qual depoimento é mais convincente, simplesmente porque não lhe foi possível encontrar maior peso (ou valor) probante no depoimento de uma das testemunhas. E, nesses casos, não há solução mais adequada do que a de considerar a prova "dividida".

É importante frisar isso: há casos nos quais o juiz cometeria severa injustiça se, mesmo aplicando todas as técnicas objetivas e subjetivas de valoração da prova – que serão examinadas no capítulo da Prova Testemunhal, no tópico dedicado à testemunha referida e à acareação de testemunhas –, resolvesse dar maior valor ao depoimento de uma testemunha em confronto com o da outra, quando ambas, inclusive pelos *aspectos sensitivos* da audiência trabalhista – gestos, olhares e firmeza na fala durante o depoimento –, tiverem prestado *informações seguras e convincentes*.

Portanto, é um equívoco pensar que o juiz tem de descobrir a verdade a qualquer custo e que não pode valer-se das regras objetivas de ônus da prova para decidir o processo. Se o magistrado, mesmo recorrendo a todas as técnicas de valoração da prova e promovendo a acareação entre as testemunhas, não encontrar a chamada "verdade real", não lhe resta outro caminho jurídico que não seja o de aplicar essas regras de ônus da prova.

É um erro muito grave achar que alguém sempre está mentindo. Isso não acontece em diversas audiências, nas quais o bom magistrado percebe que, malgrado a seriedade do compromisso legal e o natural temor de estar diante do juiz, o que se constata, na prática, são *visões distintas de um mesmo fato* que aconteceu no mundo do trabalho. Como, de resto, acontece em todos os fenômenos ligados ao ser humano. Se pedirmos para várias pessoas narrarem um acidente de trânsito, um espetáculo ou qualquer outro fato, cada uma terá uma narrativa *distinta* da outra.

É preciso pontuar isso: *nem sempre as testemunhas mentem* e nem sempre o juiz consegue perceber a mentira. O que fazer nesses casos? Não resta outro caminho que não seja o de, exauridas todas as técnicas de valoração da prova – e de acareação, quando possível e necessária –, o juiz decidir pela existência de "prova dividida" e, como não pode haver empate no processo, só lhe resta, nesses casos, julgar a demanda *em desfavor da parte que tinha o ônus subjetivo da prova*, em conformidade com as regras objetivas do art. 818 e §§ da CLT – regras de ônus objetivo –, porque, do contrário, estaria cometendo severa injustiça. Voltaremos a esse tema no capítulo da Prova Testemunhal.

Veja-se, a propósito, a seguinte ementa:

> PROVA DIVIDIDA. ÔNUS DA PROVA. Verificada a hipótese de caracterização de efetiva prova oral dividida, haja vista que as testemunhas da autora confirmaram a tese da exordial e, ao revés, as testemunhas do reclamado, corroboram os argumentos da defesa, deve-se proceder ao julgamento considerando-se as regras acerca da distribuição do ônus da prova, decidindo, assim, em desfavor de quem tinha o encargo de produzir a prova e do qual não se desvencilhou, nos termos do art. 818 da CLT e 333, do CPC, não havendo como conferir maior relevância à declaração de uma em detrimento da outra. RECURSO A QUE SE NEGA PROVIMENTO. (Proc. TRT/15ª nº 00221-2009-098-15-00-9 ROPS; 5ª T.; Rel. Des. Lorival Ferreira dos Santos; DJ 6/11/2009).

E mais esta, do E. TST:

> ÔNUS DA PROVA. ART. 818 DA CLT E ART. 333 DO CPC. VIOLAÇÃO. 1. As normas legais concernentes à distribuição do ônus da prova

são "regras de julgamento", cuja finalidade é dotar o juiz de um critério para decidir a lide nos casos em que não se produziu a prova, ou a prova revelou-se insuficiente para formar-lhe o convencimento. Destinam-se, enfim, a permitir ao juiz sair de um impasse, já que também não lhe é dado abster-se de compor o conflito de interesses. 2. Daí se segue, a contrario sensu, que é logicamente inconcebível a vulneração do art. 818 da CLT e do art. 333 do CPC sempre que o órgão jurisdicional soluciona o litígio com base nas provas efetivamente produzidas. A violação a esses preceitos legais somente se pode divisar quando, por inexistente ou insuficiente a prova, o Juiz, invertendo inadvertidamente a distribuição do ônus da prova, julga a causa em desfavor da parte a quem, segundo a lei, não tocava o ônus de produzir a prova não produzida. 3. Agravo de instrumento não provido. (AIRR - 5116500-09.2002.5.03.0900, Relator Ministro: João Oreste Dalazen, Data de Julgamento: 13/04/2005, 1ª Turma, Data de Publicação: 20/05/2005).

Daí se percebe que é muito importante a distinção doutrinária entre ônus subjetivo e ônus objetivo, no que se refere à vertente *interesse no resultado da demanda* – ônus das partes, subjetivo – ou à vertente *regra de julgamento* – critérios para a decisão judicial, objetivos, portanto.

Bem compreendidas todas as situações relacionadas à definição do ônus da prova, o caminho se torna mais leve, menos insinuante, para o bom entendimento a respeito das *técnicas de inversão do ônus da prova.*

7.6. A INVERSÃO DO ÔNUS DA PROVA

É chegado o momento de se investigar o tema mais polêmico quando se estuda essa matéria: a *inversão do ônus da prova.*

Muito se comenta, no processo do trabalho, sobre a inversão do ônus da prova. Penso que, no entanto, *data maxima venia,* vários equívocos têm sido cometidos.

O primeiro deles é o de se considerar, na prática, como de inversão do ônus casos de *autêntica definição.* Se o reclamante alega que foi empregado porque prestou serviços pessoalmente ao reclamado, de forma habitual e mediante remuneração, e este, reconhecendo esse *plexo* de fatos, argumenta que aquele era, entretanto, autônomo, ou eventual, cabe ao reclamado a prova da *exceção substancial,* um fato *impeditivo* ao reconhecimento da relação de emprego e dos direitos a ela inerentes. Portanto, *não há falar* em inversão do ônus da prova nesse caso.

O mesmo raciocínio se aplica para os casos de alegação de falta grave ou justa causa, que também se trata de fato *impeditivo* do direito do reclamante, neste caso, ao recebimento de suas verbas resilitórias (rescisórias). Assim, o ônus é, desde o início, do empregador, quando alega, em defesa, justa causa para a resolução do contrato de emprego. *Não há inversão nesse caso.*

Também quando o juiz determina a exibição de documentos probatórios de pagamento, *não está invertendo* o ônus da prova, porque pagamento é fato *extintivo* do direito, sendo do reclamado o ônus da prova correspondente.

Destarte, a inversão se dá apenas quando, pelas regras já vistas, o ônus compete a uma das partes e o juiz, motivadamente, *transfere-o à outra parte.* O exemplo clássico está retratado na Súmula n. 338, I, do TST, em sua redação original, segundo a qual, se a empresa não cumpre a determinação de exibição dos controles de horário (art. 74, § 2º, da CLT), passam a ser considerados como verdadeiros os horários descritos na exordial, que podem, no entanto, ser *elididos por prova em contrário.*

Percebe-se, então, que o ônus da prova da sobrejornada é do reclamante, porque se trata de *fato extraordinário.* Se ele escolhe como meio de prova os documentos que se encontram em poder do empregador, determinará o juiz a sua exibição. Não cumprida a determinação, aplicam-se as cominações do art. 400 do CPC/2015, ou seja, considera-se provada a sobrejornada, exceto se a recusa se fundar no fato de não ter o empregador mais de dez empregados – mais de vinte empregados a partir da vigência da Lei n. 13.874/2019, que alterou o art. 74 da CLT –, fato que deve ser provado pelo reclamado, sendo seu o ônus da prova, portanto. Mas, se o reclamado *requerer a inversão do ônus da prova*, desde que tenha afirmado horário de trabalho específico na defesa, poderá o juiz isso deferir, caso em que o juiz terá como *invertido* o *onus probandi.* Essa mesma diretriz se aplica se, a despeito de não ter havido determinação, o reclamado não exibe em juízo os cartões de ponto, quando então poderá *requerer a inversão* do ônus da prova.

Difere esse caso dos anteriores porque naqueles o ônus da prova, *desde o início*, era do reclamado. No último exemplo não, o ônus *passou a ser* do reclamado somente após o descumprimento da ordem judicial.

Nesse ponto, tenho de atualizar meu entendimento, pois, como já apontado anteriormente, a jurisprudência uníssona do E. TST, por meio das alterações de redação da Súmula n. 338, revela que não há necessidade de determinação judicial para a exibição dos cartões de ponto pelo empregador que conta com mais de dez empregados.

Explico: até o início da primeira década do século XXI, a jurisprudência majoritária entendia pela necessidade de determinação judicial. A propósito, veja-se esta ementa do TST:

> HORAS EXTRAS. ÔNUS DA PROVA – Somente o descumprimento de determinação judicial de exibição poderia ocasionar a inversão do ônus da prova, conforme a orientação traçada no Enunciado nº 338 do TST. Evidenciado, no julgado recorrido, que sequer foi ordenada a juntada dos controles de ponto, torna-se inviável o reconhecimento de ofensa aos arts. 359 do CPC e 74, § 2º, da CLT, bem como a constatação de contrariedade ao aludido verbete sumular. Não conheço. (Processo: RR - 346347-28.1997.5.07.5555, Data de Julgamento: 22/03/2000, Relator Ministro: Ronaldo Lopes Leal, 1ª Turma, Data de Publicação: DJ 19/05/2000.)

Contudo, *após as alterações da Súmula n. 338*, ocorridas em 2003 e 2005, o TST passou a entender que o empregador tem mesmo *o dever de juntar* os cartões de ponto, independentemente de ordem judicial. Conquanto se refira à questão da inversão do ônus da prova em matéria de intervalo intrajornada, a ementa que segue é emblemática para enfatizar essa mudança de entendimento. Aliás, as ementas do Ministro Luiz Philippe Vieira de Mello Filho são sempre uma aula para todos nós. Confira-se:

> RECURSO DE REVISTA - PROCEDIMENTO SUMARÍSSIMO - INTERVALO INTRAJORNADA - ÔNUS DA PROVA - PRÉ-ASSINALAÇÃO DO REPOUSO - NÃO INVERSÃO DO ÔNUS PROBATÓRIO. Em regra, o ônus de provar a ausência do gozo do intervalo intrajornada é do autor, nos termos dos arts. 818 da CLT e 333, I, do CPC. Ocorre que o legislador, atento à realidade laboral, estabeleceu, no art. 74, § 2º, da CLT, ser *obrigatório* o controle de jornada dos empregados para as empresas que contem com mais de dez trabalhadores e, ainda, na parte final do referido dispositivo, atribuiu ao empregador o dever de pré-assinalar o período de repouso. Nesse sentido, a jurisprudência uniforme desta Corte preceitua que o empregador enquadrado no art. 74, § 2º, da CLT *é obrigado* a colacionar aos autos os controles de jornada dos empregados, consoante disposto na Súmula nº 338, I, do TST. (...) Logo, não se vislumbra vulneração à Súmula nº 338 do TST, porquanto, tendo a reclamada se desincumbido satisfatoriamente do seu *dever legal* de pré-assinalar o período pertinente ao intervalo intrajornada, não se

justifica a inversão do ônus probatório, permanecendo com o reclamante o encargo de provar irregularidades na concessão do intervalo intrajornada, o que não se verificou nos autos e, por consectário, prevalece a prova documental consubstanciada nos cartões de ponto. Recurso de revista não conhecido. (PROCESSO Nº TST-RR-1444-47.2010.5.15.0011, Data de Julgamento: 18/12/2012, Relator Ministro: Ministro Luiz Philippe Vieira de Mello Filho, 4ª Turma, Data de Publicação: DEJT 01/02/2013.) – destaquei.

Desse modo, considerando-se que o empregador tem o *dever* de colaborar com o Poder Judiciário para a descoberta da verdade e, tratando-se os cartões de ponto do meio de prova por excelência da jornada de trabalho, já com a oferta da contestação o empregador *deve juntar* os tais cartões, sob pena de incidência dos efeitos disciplinados no art. 400 do CPC/2015.

Como já mencionado anteriormente, *em termos práticos*, o caminho hermenêutico adotado se mostra mais do que razoável, evitando-se que o empregador pudesse ficar esperando, na primeira audiência, a determinação de juntada, quando então o juiz teria de deferir prazo para tanto, o que ocasionaria um sem-número de adiamentos de audiência, para o cumprimento da providência. Daí que, pelas circunstâncias da hipótese, esse *dever de prova* do empregador está plenamente justificado, no processo do trabalho.

Contudo, o item I da Súmula n. 338 deverá ser atualizado, pois a Lei n. 13.874/2019 – Lei da liberdade econômica – alterou o art. 74 da CLT, para exigir controle de jornada apenas das empresas que possuírem mais de 20 (vinte) empregados. Veja-se a nova redação do art. 74 e §§:

> Art. 74. O horário de trabalho será anotado em registro de empregados.
>
> § 1º (Revogado).
>
> § 2º Para os estabelecimentos com mais de 20 (vinte) trabalhadores será obrigatória a anotação da hora de entrada e de saída, em registro manual, mecânico ou eletrônico, conforme instruções expedidas pela Secretaria Especial de Previdência e Trabalho do Ministério da Economia, permitida a pré-assinalação do período de repouso.
>
> § 3º Se o trabalho for executado fora do estabelecimento, o horário dos empregados constará do registro manual, mecânico ou eletrônico em seu poder, sem prejuízo do que dispõe o caput deste artigo.

§ 4º Fica permitida a utilização de registro de ponto por exceção à jornada regular de trabalho, mediante acordo individual escrito, convenção coletiva ou acordo coletivo de trabalho.

Ainda a respeito de inversão do ônus da prova, em 2005, a OJ n. 306 da SBDI-1 foi convertida no item III da referida Súmula n. 338 do TST, estando aí outro caso interessante de *autêntica inversão* do ônus da prova. Com efeito, são considerados inválidos como meio de prova os cartões de ponto que apresentarem horários de entrada e saída uniformes, "invertendo-se o ônus da prova relativo às horas extras, que passa a ser do empregador, prevalecendo a jornada da inicial se dele não se desincumbir". Daí que a inversão ocorre apenas no caso de os cartões apresentarem os famigerados horários "britânicos", *invariáveis*.

Nessas duas hipóteses – (i) não juntada dos cartões de ponto e (ii) exibição de cartões "britânicos" – se dá a inversão do ônus da prova porque, *a princípio*, o encargo de demonstrar em juízo a existência de sobrejornada – inclusive pela não fruição do intervalo intrajornada de uma hora – é sempre do trabalhador, pois horas extras são, em regra, fato extraordinário. *Com a inversão*, o empregador, que não tinha *onus probandi* quanto à matéria, passa a tê-lo, tendo de demonstrar o horário de trabalho declinado em defesa. Se nenhum horário específico foi nesta afirmado, ainda que pelo princípio da eventualidade, não há fato determinado a ser provado, e o juiz pode encerrar a instrução quanto a esta matéria. De modo que a inversão ocorrerá *se houver horário de trabalho específico* na contestação.

Se o reclamado não juntar os cartões de ponto ou se os cartões juntados forem "britânicos", poderá ocorrer a inversão do ônus da prova (Súmula n. 338 do TST).

Penso que, assim, resta bastante claro o *equívoco* de se falar em inversão do ônus da prova quando das alegações de *exceções substanciais* por parte do empregador: (i) trabalho autônomo, eventual, voluntário, impessoalidade na prestação de serviços; (ii) exercício da função de gerente, de serviços externos ou de *teletrabalho*, nos termos do art. 62 da CLT; (iii) justa causa, demissão do empregado, término de contrato a prazo etc. Em *todas essas hipóteses*, como já vimos, ao alegar fato impeditivo do direito do trabalhador, ou mesmo fato extraordinário – diante do que ordinariamente acontece ou é presumido pelos princípios de direito do trabalho, como o princípio da *continuidade* da relação de emprego, dentre outros –, *desde sempre* o ônus da prova recai sobre os ombros do empregador.

7.6.1. Princípios que autorizam a inversão do ônus da prova

Quais são os *princípios* que podem ser utilizados para sustentar uma decisão de inversão do ônus da prova?

Segundo a doutrina juslaboral, são vários. Contudo, no processo civil a doutrina é bem mais crítica quanto a essa temática, e procura afastar princípios que, em verdade, não justificariam essa inversão. Destarte, torna-se necessário analisar alguns equívocos cometidos pela doutrina, na definição dos *princípios autorizadores* da inversão do ônus da prova, no processo do trabalho.

M. Túlio Viana (1994, p. 1218-1224) elenca os seguintes princípios para tanto: a) princípio *in dubio pro misero;* b) máximas de experiência; c) princípio da aptidão para a prova; d) regras de pré-constituição da prova; e) princípios do direito material do trabalho.

Reis de Paula (2001, p. 139-148) trata dos princípios: a) da aptidão para a prova; b) *in dubio, pro operario*; e c) da pré-constituição da prova.

Sobre o equívoco de se considerar as presunções e as máximas de experiência até mesmo como regras para a definição do ônus da prova, vejam-se as considerações *retro* expendidas.

Em relação aos princípios específicos de direito do trabalho, especialmente o da proteção, com a regra *in dubio, pro operario*, de se ponderar que o princípio protetivo, nessa matéria, pode ser utilizado somente quando houver *séria dúvida* sobre a *definição* de quem é o ônus da prova no caso concreto, jamais podendo ser utilizado no campo da valoração da prova, segundo doutrina e jurisprudência ainda prevalecentes. Outros princípios, como o da continuidade da relação de emprego, podem ser utilizados no campo das *presunções*, num momento *anterior* ao da definição do ônus e, por óbvio, nunca no de se inverter esse ônus. De se repetir: *fato presumido não carece de prova.*

Quanto ao princípio da pré-constituição da prova, não se trata de princípio, com todo o respeito, porque se refere à prova pré-constituída, que é sempre *documental*. Referida prova pode ser instituída por determinação legal ou por conveniência das partes, sobretudo porque se destina a perpetuar o fato nela noticiado, para que dele não se tenha dúvida no futuro, extrajudicialmente ou em processo judicial. Mas a exigência de prova documental não influi, por si só, nem na definição e nem mesmo na inversão do ônus da prova, salvo na questão dos cartões de ponto, como já expliquei logo acima.

É certo que o empregador tem diversas obrigações de documentar atos da relação de emprego, que é de duração (ou de trato sucessivo), citando-se, como exemplos: (i) anotação da CTPS, (ii) registro do empregado, (iii) controle do horário de trabalho quando possuir mais de vinte empregados, (iv) concessão e pagamento das férias, (v) pagamento do salário etc. Mas, onde está a obrigação legal de exibir tais documentos em juízo? Ao se pensar que, pelo fato de o direito material exigir a documentação dos atos da relação de emprego, estará o empregador "obrigado" a trazer tais documentos ao processo, estar-se-á admitindo que o ônus da prova se trata, em verdade, de uma obrigação ou de um dever legal. Ocorre que ninguém está obrigado a, espontaneamente, produzir prova contra si.

Explico: (i) se o reclamado nega a relação de emprego, há de se verificar os fatos contrapostos para a definição do ônus da prova; (ii) se ele alega o pagamento de férias, salários, verbas rescisórias e quaisquer outros haveres trabalhistas, dele é o ônus da prova, por alegar *fato extintivo* do direito do trabalhador, mas não há obrigação legal de exibição dos documentos em juízo. Quanto ao pagamento, basta aplicar a jurisprudência sedimentada no sentido de que apenas documento – recibo, comprovante de transferência ou depósito em conta bancária – pode ser usado como meio de prova desse fato – o alegado pagamento –, com supedâneo no art. 464 e parágrafo único da CLT. A exceção fica por conta dos cartões de ponto, pelos motivos já expostos.

A despeito disso, o advogado do trabalhador deve valer-se desse entendimento doutrinário – equivocado – quando houver alguma regra de pré-constituição da prova e, no mínimo, *requerer a "inversão" do ônus da prova*. Pode ser uma boa técnica a ser utilizada na audiência trabalhista, toda vez que a lei "material" exigir prova documental de determinados fatos. Outra técnica é a de requerer a exibição judicial dos documentos.

> Quando houver alguma regra de pré-constituição da prova, o advogado pode requerer a inversão do ônus da prova.

Com efeito, se houver determinação judicial de exibição, aí, sim, terá o empregador o dever de cumprir, salvo justo motivo, o que dificilmente se configurará quando ele tiver a obrigação legal de ter o documento. Esse raciocínio não macula os princípios do contraditório e da ampla defesa e deságua na mesma consequência buscada pelos defensores da tese contrária à defendida neste Manual: a presunção de veracidade dos fatos afirmados pelo reclamante, quando do descumprimento da determinação judicial de exibição dos documentos (art. 400 do CPC). E não fere também o princípio dispositivo, porque se o reclamante não requereu a exibição do documento é porque tinha melhor meio de prova ou já sabia de antemão que o documento não retratava a realidade dos fatos ocorridos no curso da relação de emprego.

7.6.2. O Código de Proteção e Defesa do Consumidor

O respeitado jurista M. Túlio Viana (1994, p. 1223) observa que as presunções e as máximas de experiência são hoje utilizadas até mesmo no processo comum, para a facilitação da defesa dos direitos do consumidor, autorizando, inclusive, a *inversão do ônus da prova*, em seu favor. A regra, como se sabe, é a do art. 6º, inciso VIII, da Lei n. 8.078/90, conhecida como Código de Proteção e Defesa do Consumidor.

Um pequeno reparo, apenas: numa leitura mais formal deste dispositivo legal, verificamos que os critérios autorizadores da inversão do ônus da prova são a verossimilhança da alegação *ou* a hipossuficiência do consumidor. As regras de experiência são, em verdade, a *fonte* da qual deve se socorrer o juiz para verificar a presença dos tais requisitos.

Reis de Paula (2001, p. 150), em sua valiosíssima obra sobre a matéria, deixou evidenciado que as situações permissivas da inversão do ônus da prova são as já citadas (i) verossimilhança da alegação e (ii) hipossuficiência do consumidor. Ele cita Kazuo Watanabe, para quem, na primeira hipótese, *não há, em verdade*, inversão do ônus da prova.

Correto tal pensamento, porque, como já visto, as máximas de experiência levam à conclusão de que o fato é verossímil e, portanto, de se considerá-lo como provado. Ao se alegar fato contrário ao parecido com a verdade, de quem o faz é o ônus da prova, não se podendo falar em inversão do referido ônus. Em síntese: *se o fato alegado é verossímil, ele não carece de prova.*

Na segunda hipótese – hipossuficiência – pode, sim, ocorrer a *inversão* do *onus probandi.* E a hipossuficiência pode ser (i) técnica, (ii) de informações, (iii) de educação (grau de escolaridade), não necessariamente (iv) econômica.

> O que justifica a inversão do ônus da prova é a hipossuficiência do consumidor e, no processo do trabalho, a hipossuficiência do trabalhador.

O Mestre paulista Kazuo Watanabe (*Apud* PAULA, 2001, p. 150-151), um dos autores do anteprojeto que resultou em uma das mais avançadas leis brasileiras – o CDC –, exemplifica que, num conflito de interesses entre dado consumidor e uma montadora de veículos, acerca de vício de fabricação, "se o consumidor é pessoa dotada de situação econômica capaz de suportar os custos da demanda, a interpretação restritiva da hipossuficiência acima mencionada obrigaria o consumidor a assumir o ônus da prova", não tendo sido, no entanto, esta a vontade do legislador.

> Numa relação de consumo como a mencionada, a situação do fabricante é de evidente vantagem, pois somente ele tem pleno conhecimento do projeto, da técnica e do processo utilizado na fabricação do veículo, e por isso está em melhores condições de demonstrar a inocorrência do vício de fabricação.
>
> (...) ocorrendo, assim, situação de manifesta posição de superioridade do fornecedor em relação ao consumidor, de que decorra a conclusão de que é muito mais fácil ao fornecedor provar a sua alegação, poderá o juiz proceder à inversão do ônus da prova (*Apud* PAULA, 2001, p. 150-151).

Percebe-se, portanto, que, no fundo, o *critério da hipossuficiência* está intrinsecamente ligado ao *princípio da aptidão para a prova*, sobre o qual se discorrerá em seguida.

Apenas para finalizar este tópico, nem se pode questionar, seriamente, sobre a aplicabilidade do indigitado dispositivo legal – art. 6º, inciso VIII, da Lei n. 8.078/90 – no processo do trabalho, diante da lacuna, injustificável, diga-se de passagem, da CLT quanto a essa regra, bem como da notória compatibilidade dela com os princípios juslaborais, em conformidade com o art. 769 da Consolidação.

Seria despiciendo registrar, mas o trabalhador, em regra generalíssima, pode socorrer-se das ideias da hipossuficiência *técnica* e de *informações*, pois é a empresa quem domina toda a técnica de produção de bens e/ou de fornecimento de serviços, jamais informando isso ao trabalhador, não havendo necessidade de se pontuar a notória *hipossuficiência econômica* deste, pois ela é da essência do direito do trabalho.

7.6.3. Princípio da aptidão para a prova

Com esses fundamentos, chegamos à inegável conclusão de que o único princípio, dentre todos os mencionados pelos respeitados juristas já referidos, aplicável para se ter a inversão do ônus, é o da *aptidão para a prova.*

> Significa esse princípio que a prova deverá ser produzida por aquela parte que a detém ou que tem acesso à mesma, sendo inacessível à parte contrária. Consequentemente, é a que se apresenta como apta a produzi-la judicialmente (PAULA, 2001, p. 139).

Assim, se o ônus da prova é do reclamante, mas este, por causa de sua *hipossuficiência* econômica, técnica, de informações ou de educação, não tem como produzi-la, ou se encontra em situação de extrema dificuldade para tanto, pode o juiz cometer o ônus da prova ao reclamado, que terá, então, de provar o *fato contrário* ao afirmado por aquele.

Exemplo, no processo civil: o autor alega que não fez as ligações telefônicas para o exterior, cujo valor é muito mais elevado do que o das contas que vinha pagando, podendo o juiz determinar que a companhia telefônica produza a prova de que ele fez tais ligações.

Carnelutti (*Apud* VIANA, 1994, p. 1223) já dizia que, levando-se em conta o *escopo* do processo, é preciso verificar a "conveniência de atribuir a prova à parte que esteja mais provavelmente em situação de dá-la, e assim com base numa regra de experiência, a qual estabelece qual das duas partes esteja em condições melhores para fornecer a prova do fato", concluindo: "Unicamente assim o ônus da prova constitui um instrumento para alcançar o escopo do processo, que é, não a simples composição, mas a justa composição da lide".

Com efeito, tendo uma das partes o ônus da prova, mas a outra muito maior facilidade de demonstrar o fato contrário, pode o juiz *inverter* o referido ônus.

> Sendo de uma das partes o ônus da prova, mas tendo a outra maior facilidade de demonstrar o fato contrário, o juiz pode inverter o ônus, com fundamento no princípio da aptidão para a prova.

Exemplo perfeito é o dado por César Machado (MACHADO JÚNIOR, 2001, p. 147): numa ação trabalhista ajuizada por um professor da rede particular de ensino em face de sua ex-empregadora, uma escola de curso pré-vestibular, em que se discutia sobre o *número de alunos em cada sala* onde eram ministradas aulas por aquele, fato cuja prova era necessária para que se deferisse o adicional proporcional à quantidade de alunos, houve *a inversão* do ônus da prova.

Acertada a decisão do culto magistrado porque era a empresa quem detinha toda a documentação referente aos alunos matriculados, como diários de classe, recibos de pagamento de mensalidades, tendo, portanto, muito *maior aptidão* para a prova do que o professor que dificilmente, podendo ouvir apenas três testemunhas, teria como provar suas alegações.

Ainda em 2004 eu dava o seguinte exemplo, em meu artigo: o *motorista* que se ativa em longas viagens, por vezes saindo num dia e retornando apenas no outro, dificilmente terá como provar a alegada *sobrejornada*. Tem, pois, o empregador muito maior aptidão para demonstrar o contrário, inclusive porque detém os discos de tacógrafo, nos quais constam os horários de funcionamento do veículo que era dirigido pelo motorista.

E, a partir de 2012, com a *Lei do Motorista Profissional* (Lei n. 12.619/2012), que obriga o empregador a controlar, de maneira *fidedigna*, a jornada de trabalho e os tempos de descanso do motorista, penso que sobram motivos para que o juiz, em qualquer caso que envolva sobrejornada de motorista de ônibus ou de caminhão, possa inverter o ônus da prova, já que a tais profissionais não mais se aplica a exceção do art. 62, I, da CLT. De modo que, não juntados os cartões de ponto, exibidos com jornada britânica ou mesmo se não apresentarem *indícios de sua fidedignidade*, pode o juiz inverter o ônus da prova nesses processos, com fundamento, ainda, no *princípio da aptidão para a prova*, já que o empregador tem atualmente inúmeros meios de controlar as viagens e os tempos de trabalho e descanso – e porque não a jornada – desse profissional, como tacógrafos e rastreadores via satélite, dentre tantos outros.

7.7. MOMENTO DA INVERSÃO DO ÔNUS DA PROVA

Resta investigar e definir, quanto ao tema, o momento em que deve ocorrer a inversão do ônus da prova.

Kazuo Watanabe (*Apud* PAULA, 2001, p. 153) sustenta que as regras de distribuição do ônus da prova são *regras de julgamento*, a orientar o juiz quando não houver prova do fato ou a prova restar "dividida". Assim,

> [...] somente após a instrução do feito, no momento da valoração das provas, caberá ao juiz habilitado a afirmar se existe ou não situação de

> 'non liquet', sendo caso ou não, conseqüentemente, de inversão do ônus da prova. Dizê-lo em momento anterior será o mesmo que proceder ao prejulgamento da causa, o que é de todo inadmissível (*Apud* PAULA, 2001, p. 153-154).

Do mesmo modo sempre foi o entendimento de dois grandes Mestres do processo civil brasileiro, Ada Pellegrini Grinover e Cândido Rangel Dinamarco. Destarte, nos domínios do processo civil, grandes doutrinadores sempre defenderam a ideia de que, se a definição do ônus da prova se dá no julgamento, por uma questão até de raciocínio lógico, a *inversão do ônus* somente pode ocorrer quando deste ato judicial.

Contudo, já em 2004 defendi com vigor a tese contrária, com os seguintes argumentos: *data maxima venia*, a se pensar dessa forma se estará violando os princípios constitucionais do contraditório e da ampla defesa e, em última análise, o devido processo legal, já que a parte, diga-se, o réu, será pega de surpresa quando receber a sentença e verificar que não se desincumbiu de um ônus que nem sequer pensava ser seu. Ora, se somente na consciência do julgador se verificou necessária a inversão do ônus da prova – e por ocasião do julgamento da causa –, como poderia disso saber o réu? Como poderia antever que o juiz consideraria que ele tinha maior aptidão para a prova, se em momento algum do trâmite processual a matéria lhe foi revelada?

E citei a doutrina de Sandra A. Sá dos Santos (2002, p. 82), segundo a qual "o fator surpresa não pode existir no processo, seja qual for a natureza do objeto, bem como no que concerne ao reconhecimento do direito, porque processo e surpresa são incompatíveis entre si". A se pensar que as regras de ônus da prova são exclusivamente técnicas de decidir, estar-se-á comprometendo "por completo a defesa do demandado, que antes do julgamento não teria o ônus processual da produção da prova, porque, até então, seriam aplicadas as regras gerais do processo", enfatiza esta autora.

O mesmo pensamento foi defendido por Carlos Roberto Barbosa Moreira (*Apud* SANTOS, 2002, p. 84), autor segundo o qual a adoção da tese de que a inversão deve ocorrer quando do julgamento ofende manifestamente os princípios do contraditório e da ampla defesa, porque:

> [...] ao mesmo tempo em que estivesse invertendo o ônus da prova, o juiz já estaria julgando, sem dar ao fornecedor a chance de apresentar novos elementos de convicção, com os quais pudesse cumprir aquele encargo. Não seria demais recordar, ainda uma vez, que a finalidade da norma que prevê a inversão é a de facilitar a defesa dos direitos do

> consumidor, e não a de assegurar-lhe a vitória, ao preço elevado do sacrifício do direito de defesa, que ao fornecedor se deve proporcionar.

César Pereira (MACHADO JÚNIOR, 2001, p. 156-157) também defendia que o momento propício para a inversão do ônus da prova é o *início da audiência* de instrução e julgamento, no qual o juiz deve fixar os pontos controvertidos e o ônus processual de cada parte, com base nos arts. 765 e 852-D da CLT. Somente dessa forma as partes teriam segurança quanto ao procedimento de que o juiz iria se valer para a busca da verdade real.

Assim, em 2004, eu finalizava meu estudo afirmando que, por isso, o momento em que deve ocorrer a inversão do ônus da prova é o da *fixação dos pontos controvertidos* para a produção da prova, mormente da prova oral, ou seja, *na audiência*, tanto no procedimento ordinário quanto no sumaríssimo, tendo em vista que não há despacho saneador no processo do trabalho.

Em 2014, revisei em parte meu posicionamento, assinalando que, conquanto deva o juiz, *sempre que possível*, inverter o ônus da prova na audiência de instrução, poderá fazê-lo quando do julgamento *se não houve cerceamento* do direito de produção de prova – de defesa –, caso em que não seria justificável a alegação de violação dos princípios do contraditório e da ampla defesa.

Ora, se a produção da prova durante a instrução foi *completa*, não há qualquer prejuízo se o juiz promover a inversão do ônus na sentença, porque a parte não poderia produzir ou não quis produzir outra prova além da que já produziu, por ex: em uma controvérsia sobre relação de emprego, o reclamante e o reclamado já ouviram as suas três testemunhas e nenhuma pergunta foi indeferida; ou o reclamado apresentou apenas uma testemunha e todas as perguntas pertinentes foram formuladas e devidamente respondidas. Qual o prejuízo para o reclamado, nesse caso, se o juiz inverter o ônus da prova ao prolatar a sentença? Nenhum, pois *toda a prova que ele requereu foi devidamente produzida*. Assim, nos termos do art. 794 da CLT, não haverá qualquer nulidade, por absoluta falta de prejuízo ao reclamado, destacando-se que esta regra legal exige a comprovação de *manifesto* prejuízo para a pronúncia de nulidade.

O problema surge, portanto, quando há *indeferimento de provas*, ou seja, quando se inverte o ônus para cometê-lo à parte que pretendia produzir provas, tendo o juiz as indeferido; aí, sim, haverá violação aos princípios do contraditório e da ampla defesa, de modo que o juiz não pode inverter o ônus para prejudicar a parte que pretendia produzir provas, caso estas tenham sido *indeferidas*.

Tudo vai depender, então, da *completude* da instrução, vale dizer, de se verificar se a instrução foi *completa* ou *incompleta*. Na primeira hipótese – da completude – não há falar em cerceamento de defesa e a inversão em sentença poderá se justificar; de outra mirada, havendo cerceamento, não poderá o órgão julgador inverter o ônus quando do julgamento, surpreendendo a parte, que não teve condições de influir no convencimento do juiz. Assim, tendo havido cerceamento ao direito de produção de prova, somente se o juiz *converter o julgamento em diligência*, poderá inverter o ônus da prova depois da instrução, pois assim possibilitará ao reclamado a produção de *provas complementares*, evitando-se a nulidade por cerceamento de defesa. Poder-se-ia aplicar, por analogia, o quanto disposto no art. 818, § 2º, da CLT, regra acrescentada pela Lei da Reforma Trabalhista, embora prevista para o caso de distribuição dinâmica do ônus da prova, como veremos na sequência.

> Se a instrução não foi completa, tendo havido cerceamento de defesa, não poderá o juiz inverter o ônus da prova quando do julgamento.

Com efeito, com o CPC/2015, embora tenha sido adotada (também) a teoria da distribuição dinâmica do ônus da prova no § 1º de seu art. 373, a parte final desta norma aponta na mesma direção do quanto defendi em 2014. Explico: se ao atribuir o ônus da prova de modo diverso do quanto disciplinado nos incisos I e II do art. 373, o juiz "deverá dar à parte a oportunidade de se desincumbir do ônus que lhe foi atribuído", outra não pode ser a situação se o juiz entender que a solução mais justa é a de se *inverter o ônus da prova*. É dizer: se o juiz promover a referida inversão, deverá *oportunizar* ao novo detentor do encargo probatório a possibilidade de produzir a prova que lhe compete.

Não custa lembrar que essa regra do § 1º do art. 373 foi copiada para o § 1º do art. 818 da CLT. Daí que, tendo havido *completude da instrução*, o juiz do trabalho poderá inverter o ônus tranquilamente no julgamento; do contrário, terá de *reabrir* a instrução. Aconselhável, portanto, que o juiz, sempre que possível, promova essa inversão *em audiência*, evitando a alegação do fator surpresa (art. 10 do CPC) e do comprometimento do contraditório e da ampla defesa. No mesmo sentido, Vitor Salino:

> Indispensável, porém, que se saiba que para a validade da inversão do ônus da prova é imprescindível que tal circunstância fique aclarada *antes* do início da instrução processual, constando expressamente de decisão

> fundamentada, que pode ser proferida inclusive no próprio termo de audiência, com plena ciência das partes, como fator de garantia do desenvolvimento processual segundo os cânones constitucionais (EÇA, 2020, *e-book*).

Aliás, como ao trabalhador não interessa declaração de nulidade do processo, pela evidente perda de tempo que isso implica – retorno dos autos à origem para produção e/ou complementação da prova –, cabe ao seu advogado, quando o juiz não decide de ofício, *requerer a inversão do ônus da prova* na audiência trabalhista de instrução, *demonstrando* que o caso concreto se amolda perfeitamente ao entendimento doutrinário e/ou jurisprudencial.

Por isso, como já afirmei, se o advogado dominar as tantas *técnicas de inversão* do ônus da prova, poderá, na audiência trabalhista, dar um *duplo twist carpado*, ou um golpe de mestre, no advogado da parte contrária. Imagine-se a situação de o reclamante se encontrar sem testemunha ou com testemunhas muito frágeis; se, no entanto, seu advogado domina as *técnicas de inversão do ônus da prova*, ele poderá reverter a situação desfavorável ao seu cliente, na audiência trabalhista. Outras vezes, as testemunhas do reclamado são frágeis e, com a inversão, o reclamante melhora muito sua posição, podendo até mesmo dispensar a oitiva de suas testemunhas, que também não passavam grande confiança para a narrativa dos fatos.

> Se o advogado dominar as tantas técnicas de inversão do ônus da prova, poderá, na audiência trabalhista, dar um golpe de mestre no advogado da parte contrária.

De outra mirada, o advogado do reclamado que bem domina essas técnicas, pode convencer o juiz de que *não é caso legítimo de inversão*, mantendo seu cliente numa situação confortável. Ou pode conseguir, com a inversão, o *adiamento* da audiência trabalhista com fundamento no § 2º do art. 818 da CLT, demonstrando que seu cliente *não tem maior aptidão* para a prova, tanto que não dispõe de testemunha no ato, sobre aquele fato que, a princípio, teria de ser demonstrado pelo reclamante, segundo as regras de ônus subjetivo.

7.8. SÍNTESE CONCLUSIVA ATÉ ESTA PARTE

Em breve síntese, examinadas todas as questões doutrinárias a respeito da vasta temática do ônus da prova, segundo as regras de distribuição *estática*, é possível concluir que, no processo do trabalho:

1º) antes de se investigar de quem é o ônus da prova, há de se analisar a possibilidade de o fato alegado ser *notório*, *confessado*, *incontroverso*, além de se verificar se em seu favor milita *presunção* legal ou jurídica de existência ou veracidade, e, ainda, de se averiguar se, quanto a ele – fato alegado –, existe alguma *máxima de experiência*, pois, em todos esses casos, desse fato *não se exigirá prova*;

2º) havendo fato *controvertido*, relevante, pertinente e *determinado* que dependa de prova, exsurge o problema de se verificar de qual das partes é o ônus da prova, quando então surgirá a necessidade de se averiguar a *natureza* dos fatos controvertidos, porque ao reclamante caberá a prova do fato *aquisitivo* (constitutivo) do seu direito, quando negada a existência desse fato; de outro lado, ao reclamado caberá a prova do fato *impeditivo, modificativo* ou *extintivo* do direito do reclamante, porque o fato constitutivo foi reconhecido, apenas se lhe negando os efeitos jurídicos; e, diante de fatos *contrapostos*, há de se aplicar o princípio ontológico de Malatesta: *o ordinário se presume, o extraordinário se prova*, para definir de quem é o ônus de provar;

3º) pode, no entanto, o juiz do trabalho *inverter o ônus da prova*, com base na hipossuficiência do reclamante ou no princípio da aptidão para a prova, desde que o faça quando da fixação dos pontos controvertidos, em audiência, podendo fazê-lo na sentença apenas quando a prova produzida tiver sido *"completa"*, ou seja, quando não se constatar cerceamento do direito de produção de prova.

Não obstante, o CPC/2015 promoveu uma grande mudança quanto à temática do ônus da prova, ao adotar expressamente a *teoria da distribuição dinâmica* desse ônus, nos §§ 1º e 2º do seu art. 373, normas que posteriormente foram *trasladadas* ao processo do trabalho pela Lei da Reforma Trabalhista, que modificou radicalmente o art. 818 da CLT, nele introduzindo os §§ 1º a 3º, como veremos oportunamente.

Para que todos nós possamos compreender o significado dessa normativa e o seu alcance, convém, primeiramente, proceder a um breve estudo da referida teoria.

7.9. A TEORIA DA DISTRIBUIÇÃO DINÂMICA DO ÔNUS DA PROVA

As regras de ônus da prova acima analisadas são *estáticas*, estipuladas de acordo com os sujeitos, a *natureza dos fatos* e o interesse das partes, daí surgindo as normas dos incisos I e II do art. 373 do CPC e do atual art. 818 da CLT. São regras inalteráveis, de modo que, diante de fato constitutivo contestado o ônus sempre recairia sobre o autor; diante de fato contraposto, boa parte das vezes também ele, autor, teria o encargo probatório; em havendo alegação de autênticas exceções substanciais, o ônus seria do réu.

Contudo, há de se considerar abalizada doutrina que propôs *uma nova teoria*, a da distribuição *dinâmica* do ônus da prova. Segundo essa teoria, não pode haver regras rígidas de ônus da prova, sob pena de se causar injustiças, porque em alguns casos a parte que tem o ônus subjetivo pode não ter condições de se desvencilhar dele; dito de outra maneira, a parte tem o ônus, mas também *dificuldade de acesso* à prova. Portanto, o juiz deve atribuir, em cada caso concreto, o ônus da prova à parte que apresentar *melhor aptidão para a prova*, ou seja, que possuir melhores condições de produzi-la em juízo.

Sem uma regra objetiva pré-definida, o juiz tem liberdade de cometer o ônus da prova a uma ou à outra parte, de acordo com as circunstâncias de cada processo, resultando, daí, a *distribuição dinâmica*, pois num caso o autor pode ter maior acesso à prova e noutro, idêntico, o autor não ter qualquer aptidão, motivo pelo qual neste último o juiz "inverteria" o ônus, cometendo-o ao réu.

Graziella Ambrosio (AMBROSIO, 2013, p. 50-73), em seu ótimo livro sobre o tema – fruto de sua dissertação de mestrado –, pontua que a ideia de se flexibilizar as regras estáticas de distribuição do *onus probandi* não é nova, porquanto já no início do século XIX Jeremy Bentham, em seu *Tratado de las pruebas judiciales* – tradução argentina, publicação de 1959 –, já buscava "abrandar a visão rígida da repartição dos encargos probatórios, visando atribuir a carga da prova àquela parte que pudesse produzi-la com menos inconvenientes". Contudo, essa tese não foi acolhida nas legislações dos séculos XIX e XX, "vindo a ser ressuscitada na Argentina onde, atualmente, é largamente aceita pelos tribunais".

Esclarece a jovem autora que a sistematização da teoria coube ao doutrinador argentino Jorge Walter Peyrano – Professor de Direito Processual em Rosário –, que construiu a *teoria das cargas probatórias dinâmicas*. Sustenta a autora que o mais remoto precedente dessa teoria provém de uma decisão do *Juzgado de Primera Instancia de Distrito en lo Civil y Comercial de la Quinta Nominación* da cidade de Rosário, confirmada pela *Cámara de Apelaciones* daquela cidade argentina, *no ano de 1978*, no julgamento de um caso emblemático de *erro médico*. Daí se espraiou para inúmeros casos, em numerosas decisões judiciais que passaram a aplicar a teoria, nos mais variados temas, tendo, inclusive, a *Corte Suprema de Justicia de la Nación* a aplicado em suas decisões. Assim, ainda que *não haja regra* no ordenamento jurídico argentino sobre a matéria, a jurisprudência se encarregou de *dosar a distribuição* do encargo probatório, em busca de soluções justas, pois as regras estáticas clássicas, rígidas, não considera as particularidades do caso concreto, ignorando que, "em determinados casos, em razão da presença de circunstâncias específicas, essas mesmas regras se apresentam inadequadas para as partes e para o próprio julgador no seu caminho de busca da verdade para a solução do litígio" (AMBROSIO, 2013, p. 50-73).

Fredie Didier (2008, p. 90-91), mencionando estudo de Wilson Alves de Souza, também afirma que a teoria da distribuição dinâmica do ônus da prova surgiu na Argentina, com fundamento nos *princípios da veracidade, da boa-fé, da lealdade e da solidariedade* com o órgão judicial, em busca de uma prestação jurisdicional justa. Segundo o autor aqui citado – que se refere, ainda, aos *princípios da igualdade, do devido processo legal e do acesso à justiça* –, de acordo com a teoria da distribuição dinâmica "a prova incumbe a quem tem melhores condições de produzi-la, à luz das circunstâncias do caso concreto". E acrescenta o autor que, em conformidade com essa teoria: a) o ônus da prova não deve ser repartido previamente, de modo abstrato, mas *casuisticamente*, ou seja, de acordo com o caso concreto; b) a distribuição do ônus não pode ser estática e inflexível, mas *dinâmica*; c) *não tem* importância a posição das partes na relação jurídica processual – autor ou réu; d) não é relevante a natureza do fato a ser provado (constitutivo, impeditivo, modificativo ou extintivo do direito), tampouco o interesse em prová-lo, mas verificar-se quem tem *mais possibilidades de produzir a prova*.

A ideia básica dessa teoria, portanto, é a imposição do ônus da prova àquele que estiver em *melhores condições de produzi-la*. Ora, a verdade deve ser carreada aos autos do processo, ainda que por parte do réu, "desde que este se encontre em melhores condições de fazê-lo". Daí por que um dos mais destacados *fundamentos* dessa teoria consiste no "dever de cooperação ou colaboração dos litigantes com um processo justo, de lealdade, de probidade, de solidariedade e de boa-fé" (AMBROSIO, 2013, p. 53-57).

De modo que se pode falar, inclusive, num *princípio de cooperação* das partes que, aliado aos princípios da solidariedade e do acesso à ordem jurídica justa, propiciam uma nova visão do processo, como *instrumento ético* de distribuição de justiça. Com efeito, as partes têm o *dever de cooperar* com o Judiciário na busca da verdade, e isso não impede, pelo contrário, estimula que uma "auxilie" a outra no desempenho do encargo probatório, pois cada parte tem o ônus de demonstrar ao juiz que o fato por si alegado é o correto, é o que realmente existiu.

A distribuição dinâmica do ônus da prova se funda nos princípios da aptidão probatória, da cooperação, da solidariedade e do acesso à ordem jurídica justa, propiciando uma melhor distribuição da justiça.

Exemplos: (i) na alegação de *erro médico*, o ônus da prova é do autor, mas ele não tem conhecimento da técnica adotada, sendo muito mais fácil ao médico – ou ao hospital –, que tem conhecimento dessa técnica, provar que agiu diligentemente; (ii) se o *professor* postula *adicional* com base na quantidade de alunos, é muito mais fácil à escola provar quantos alunos havia por sala de aula; (iii) em processo no qual o *motorista*, que viajava sem ajudante, alega *sobrejornada*, a empresa tem muito maior aptidão para a prova da inexistência de horas extras.

E vários outros exemplos poderiam ser citados. Em verdade, a teoria da distribuição dinâmica do ônus da prova, segundo seus defensores, deveria ser aplicada *em todos os casos* e o juiz é quem definiria, *em cada processo*, de quem é o encargo. Todos esses exemplos servem para enfatizar, inclusive, que o princípio por excelência para a aplicação da teoria é o *princípio da aptidão para a prova*, que também justifica a inversão do *onus probandi*, como já visto anteriormente.

Agora, de não se confundir: a se adotar a teoria da distribuição dinâmica, *não há falar* em inversão do ônus da prova. E isso por uma questão muito simples: se o juiz pode definir o ônus como encargo de *quem tem mais condições* de produzir a prova, não há qualquer motivo para a inversão. Vale dizer, a fixação do ônus será *dinâmica*, de acordo com as circunstâncias do caso concreto, não havendo qualquer necessidade de inversão, que surge apenas quando da aplicação das regras clássicas, rígidas, da teoria da distribuição estática do ônus da prova.

> Sobre a distinção entre a teoria da distribuição dinâmica e a teoria da inversão do ônus da prova, veja-se o estudo de Graziella Ambrosio (p. 64-66), autora que sustenta, inclusive, que a primeira teoria pode beneficiar também o réu, o que não ocorre com a segunda, destinada a beneficiar, sempre, o autor.

A se adotar a teoria da distribuição dinâmica, não há falar em inversão do ônus da prova.

Acolhendo todos estes aportes doutrinários, o Código de Processo Civil de 2015, como já mencionado, adotou esta teoria no § 1º do art. 373, norma tão completa que seu enunciado fala por si, valendo a pena sua transcrição:

> § 1º Nos casos previstos em lei ou diante de peculiaridades da causa relacionadas à impossibilidade ou à excessiva dificuldade de cumprir o encargo nos termos do *caput* ou à maior facilidade de obtenção da prova do fato contrário, poderá o juiz atribuir o ônus da prova de modo diverso, desde que o faça por decisão fundamentada, caso em que deverá dar à parte a oportunidade de se desincumbir do ônus que lhe foi atribuído.

Contudo, como já ressaltado, se o juiz promover a distribuição dinâmica (diversa) do ônus da prova, terá de *oportunizar* ao novo detentor do encargo probatório a *possibilidade* de se desincumbir de seu ônus, ou seja, de produzir a prova dos fatos por ele afirmados. Ademais, essa distribuição distinta da prevista nos incisos I e II do art. 373 deve ser fruto de decisão *devidamente fundamentada*, decisão que "não pode gerar situação em que a desincumbência do encargo pela parte seja impossível ou excessivamente difícil" (§ 2º deste artigo). Ora, o que justifica a distribuição dinâmica é justamente a *maior aptidão* para a prova da parte que não tinha o chamado ônus subjetivo, de modo que, se a produção da prova por esta for algo que lhe deixe em situação complicada, de manifesta desvantagem processual, *não poderá haver* essa atribuição do ônus de "modo diverso".

Enfim, numa interpretação sistemática dos §§ 1º e 2º do art. 373, c/c o art. 357, III, do CPC/2015, de se definir que essa distribuição dinâmica do ônus da prova deve ser realizada na *decisão de saneamento do processo* ou, quando muito, ao início da audiência de instrução. Se realizada no julgamento, somente poderá prevalecer, excepcionalmente, em situações de *completude da instrução*, caso em que o novo detentor do encargo probatório terá produzido todas as provas que estavam ao seu alcance para influir no convencimento do juiz. Do contrário, as portas estarão abertas para a declaração de *nulidade*, diante do comprometimento dos princípios do devido processo legal, do contraditório e da ampla defesa, sobretudo no processo civil.

7.9.1. Aplicação dessa teoria no processo do trabalho

Quanto à aplicação da teoria da distribuição dinâmica do ônus da prova no *processo do trabalho*, a doutrina já a vinha admitindo, antes mesmo do CPC/2015 e da Lei da Reforma Trabalhista (Lei n. 13.467/2017).

Merecem destaque as seguintes hipóteses, analisadas por Graziella Ambrosio (AMBROSIO, 2013, p. 102-135) - que cita vários autores, dentre os quais Guilherme Guimarães Feliciano, em sua obra: 1ª) ações nas quais se alega dano moral decorrente de *assédio moral ou sexual*; 2ª) processos nos quais se denunciam *discriminações* nas relações de trabalho - de se lembrar do art. 1º da Lei n. 9.029/95 e do art. 373-A da CLT; 3ª) ações nas quais se discute sobre danos causados ao *meio ambiente laboral* hígido, seguro e ergonômico - de se recordar das ações indenizatórias de danos decorrentes de acidente do trabalho; 4ª) ações nas quais o trabalhador alega atos de violação à sua *privacidade* ou à sua *intimidade*.

Em todos esses casos se verifica uma enorme dificuldade por parte do reclamante na demonstração dos fatos que compõem a sua causa de pedir e que, portanto, caracterizam-se como *fatos constitutivos* do seu direito à indenização. A se aplicar a teoria objeto de estudo, cometendo-se o ônus da prova ao reclamado, terá este de comprovar, pelo *dever de cooperação* e pelo *princípio da aptidão*, que agiu diligentemente, não tendo causado qualquer dano na esfera patrimonial ou extrapatrimonial do demandante, nem por ação, nem por omissão.

A propósito, convém citar a seguinte ementa, da lavra do Desembargador Francisco Alberto da Motta Peixoto Giordani, que é bem elucidativa do quanto aqui exposto, a respeito de ônus da prova e das teorias aplicáveis:

> PROVA. "PROVA DIVIDIDA". ÔNUS DA. ANÁLISE CONSIDERANDO O CASO CONCRETO E AS POSSIBILIDADES DE PRODUÇÃO DA PROVA POR CADA UMA DAS PARTES. Não há considerar como situação equivalente a falta de prova a existência de prova testemunhal conflitante, que segue direção oposta. A regra do ônus da prova só pode ser aplicada em caso de inexistência de prova, servindo como um indicativo para o juiz se livrar do estado de dúvida pela falta de provas, o que não é o que ocorre, quando produzidas provas nos autos, mas que se contradizem, dando lugar ao que se denomina de "prova dividida". Ao se aplicar a regra do ônus na hipótese da prova dividida, ignora-se que as partes se desincumbiram do ônus, pois produziram prova, revelando uma postura de indiferença com a verdade que se quer alcançar por meio do processo. Aplicar a regra do ônus da prova sempre que houver prova dividida é aplicar um entendimento unitário para casos distintos, é ficar insensível ao esforço probatório das partes, principalmente ao esforço de um obreiro, que possui e enfrenta uma muito maior dificuldade probatória do que a empresa, já que esta tem maior capacidade material de se cercar de modos e tecnologias para documentar os fatos

> (formas de controle de horário de trabalho, por exemplo). A posição de hipossuficiência na relação jurídica material, com frequência, reflete na relação jurídica processual – o que é até "natural"–, e o juiz não pode deixar de levar em consideração essa hipossuficiência ao decidir, pois notórias são as dificuldades que o trabalhador, via de regra, tem para produzir as provas que lhe cabem, de modo que há exigir, de quem examina as provas constantes de um processo trabalhista, uma sensibilidade e uma atenção enormes, para ver o que cada parte podia e efetivamente fez para ter suas assertivas comprovadas. PROVA. ÔNUS. DISTRIBUIÇÃO DINÂMICA, NÃO MAIS ESTÁTICA, DO ONUS PROBANDI. DEVE PROVAR A PARTE QUE TEM MELHORES E MAIORES CONDIÇÕES DE FAZÊ-LO. A visão estática da distribuição do ônus da prova, turvou-se já, sendo que, de maneira muito límpida, nos dias que correm, há dar proeminência ao modo de ver que redunda na idéia da distribuição dinâmica do onus probandi: deve atendê-lo quem está em melhores condições e/ou possibilidades de produzir a prova, o que há de ser estabelecido atento ao caso concreto e não de maneira vaga e abstrata (também superficial?), antecipadamente fixada, o que, não raras vezes, acaba por ignorar a realidade, a palpitação e as incontáveis variações que a complexidade da vida hodierna provoca, refletindo, como é palmar, de maneira negativa no processo e na distribuição da Justiça, com o que, por óbvio, não se pode concordar. (TRT da 15ª Região, Proc. n. 0196600-36.2009.5.15.0066 RO, Relator Desembargador Francisco Alberto da Motta Peixoto Giordani, 3ª Turma, 6ª Câmara, publicado no DEJT em 26/07/2013).

De modo que, aplicando-se essa teoria da *distribuição dinâmica*, pelo menos nos casos mais emblemáticos, que envolvem danos aos direitos de personalidade e aos direitos fundamentais mais caros ao trabalhador, dentre os quais sua *saúde*, pode-se divisar uma *nova aurora* em matéria probatória no âmbito do processo do trabalho, com a produção de decisões *mais justas*.

7.9.2. A Lei da Reforma Trabalhista

Nem seria preciso dizer, mas, diante de tudo o quanto foi exposto, mostra-se plenamente *compatível* com o processo do trabalho a normativa dos §§ 1º e 2º do art. 373 do CPC/2015, de modo que os princípios da aptidão para a prova e da cooperação (art. 6º do CPC/2015), se bem aplicados, podem conduzir a decisões *mais justas* no segmento juslaboral.

Tanto é assim que a Lei da Reforma Trabalhista trouxe para o processo do trabalho, *expressamente*, a normativa da teoria da distribuição dinâmica do ônus da prova (art. 818, §§ 1º a 3º, da CLT), como diversas vezes lembrado.

Em outra obra de minha autoria – Comentários ao novo CPC e sua aplicação ao processo do trabalho, LTr – (SILVA, 2017, p. 131-132), explanei o seguinte sobre essa alteração legislativa.

> Uma boa novidade aportada pela tal Reforma Trabalhista é a de, finalmente, disciplinar melhor sobre o instituto do ônus da prova no processo do trabalho, alterando radicalmente a diretriz do art. 818 da CLT, adotando-se o regramento objetivo de Chiovenda, que leva em conta os sujeitos da demanda, os fatos controvertidos e, principalmente, o interesse daqueles no convencimento do juiz quanto à pertinência de suas afirmações.
>
> Contudo, mais importante do que a simples distribuição (estática) do ônus da prova – art. 333 do CPC/73; art. 373 do NCPC –, a partir do interesse jurídico do reclamante ou do reclamado (atuais incisos I e II do art. 818), é a possibilidade de o juiz do trabalho, por força de lei – pois já o fazia com base em princípios, sobretudo o da aptidão da prova –, poder "atribuir o ônus da prova de modo diverso" – *teoria da distribuição ou atribuição dinâmica do ônus da prova*, tão difundida no sistema jurídico argentino, sistema precursor –, em *duas hipóteses*:
>
> 1ª) quando houver previsão legal – recordando-se do art. 6º, VIII, da Lei n. 8.078/90, no processo comum –;
>
> 2ª) quando se constatar uma *complexidade fática* – regra que atua em duas direções:
>
> a) nas situações em que a parte que detém o ônus subjetivo tem uma excessiva dificuldade em cumprir seu encargo probatório (ônus da prova excessivo);
>
> b) em situações aparentemente invertidas, nas quais a parte contrária tem maior facilidade de produzir a prova do fato por ela afirmado (*maior aptidão para a prova*).

E já naquela ocasião eu observava sobre os problemas que a regra do § 2º do art. 818 podem gerar, se não for bem aplicada. Confira-se:

> Ocorre que essa ótima novidade do § 1º do art. 818 pode ser ofuscada pela *regra de procedimento* criada no § 2º do mesmo dispositivo, regra tão ousada que não encontra paralelo nem mesmo no novo Código de

> Processo Civil, que conta apenas com as regras da atribuição dinâmica e da vedação da desincumbência (§§ 1º e 2º do art. 373, correspondentes às dos §§ 1º e 3º do art. 818).
>
> Ora, até mesmo no processo civil ainda predomina a teoria de que o ônus da prova, em seu aspecto objetivo, trata-se de *regra de julgamento*, inclusive porque se o juiz encontrar o fato provado (princípio da aquisição da prova) não terá de se preocupar quanto ao ônus (da prova) *subjetivo*, para saber quem detinha tal encargo e dele não se desincumbiu (o ônus da prova *objetivo* atua somente em casos de prova "dividida" e de ausência ou insuficiência de provas).
>
> Ademais, os advogados poderão ficar de tal modo preocupados com a definição do ônus da prova – ou por malícia – que poderão causar graves tumultos em audiência, requerendo que o juiz defina o ônus da prova em relação a todos os fatos controvertidos do processo. Pior ainda se a parte insistir no adiamento da audiência para poder se desincumbir de seu ônus da prova, argumentando que foi surpreendida com a definição do juiz, nos termos do § 2º do art. 818. Daí por que minha convicção é a de que esse novo regramento quanto ao ônus da prova somente se aplica nas *audiências unas ou de instrução realizadas a partir de 11.11.2017*, não havendo espaço para questionamento em sede de recurso com relação às audiências realizadas até 10.11.2017 (SILVA, 2017, p. 131-132).

Agora, mais de dois anos após a vigência da Lei da Reforma Trabalhista, contudo, convém afirmar que houve, mesmo, uma *mudança de paradigma* no sistema processual brasileiro, inclusive no processo do trabalho, de tal modo que, em matéria de ônus da prova, *não pode o juiz surpreender* as partes com definição, inversão ou atribuição dinâmica do ônus da prova na sentença, a não ser que a produção probatória tenha sido *exaustiva*.

Assim, se o reclamado argumentar que a distribuição *distinta* do ônus subjetivo, segundo os padrões doutrinários e jurisprudenciais sobre a matéria, causou-lhe surpresa, e se demonstrar que não tinha testemunha para se desincumbir do seu encargo (§ 2º do art. 818), o juiz do trabalho *terá de adiar* a audiência trabalhista, para que o reclamado possa produzir a contento sua prova. A propósito, veja-se o comentário de Guilherme Guimarães:

> **MOMENTO DA DINAMIZAÇÃO DO ÔNUS DA PROVA.** De outro turno, à diferença do preceito processual civil, o novel art. 818 da CLT previu textualmente, em seu parágrafo 2º, que a decisão judicial a infletir a repartição estática do ônus da prova *"deverá ser proferida* ***antes da abertura da instrução*** *e, a requerimento da parte, implicará*

> *o **adiamento da audiência** e possibilitará provar os fatos por qualquer meio em direito admitido*" (*g.n.*). O texto certamente se refere à abertura da instrução *em audiência*, porque, a rigor, provas documentais já estarão sendo admitidas desde a propositura da ação, com a petição inicial. A regra, portanto, será a *prévia* redistribuição do ônus da prova pelo juiz do Trabalho, por meio de decisões interlocutórias lançadas nos autos antes mesmo da juntada da contestação, ou ainda, mais frequentemente, por meio de decisão lavrada e registrada na própria audiência, em ata, após o recebimento da defesa, mas antes do início da colheita das provas orais. Haverá, porém, *exceções?* Estamos certos de que sim. À vista do que dispõe o artigo 765 da CLT, é irrefragável que, a depender da hipótese concreta versada nos autos, a redistribuição do "*onus probandi*" tanto poderá se dar *após* a abertura da instrução em audiência, com a devida ciência ao "*ex adverso*", como também poderá o juiz *indeferir* fundamentadamente o pedido de adiamento da audiência, mesmo na hipótese do art. 818, §2º, se o entender *abusivo.* Assim, p. ex., no primeiro caso, se apenas após a confirmação de certos fatos pelo preposto da reclamada o juiz puder supor, pela constelação de indícios, ser grande a probabilidade de ter havido assédio sexual (sem que haja, contudo, prova direta desse assédio); e, no segundo caso, se a parte interessada já tiver presentes, nas dependências da unidade, testemunhas aptas a discorrer sobre os pontos controvertidos de cuja prova passa a ter o ônus; ou, ainda, se a inversão do ônus da prova basear-se em tese já *pacífica* na jurisprudência do Tribunal Superior do Trabalho, como, p. ex., nos casos das Súmulas 338, I, e 443 (FELICIANO *et. al.*, 2018, p. 231-232).

Contudo, essa exigência de respeito ao contraditório e à ampla defesa *não pode significar* inibição à aplicação da teoria em comento no processo do trabalho, simplesmente porque o próprio legislador reformista a trasladou para a seara trabalhista (§ 1º do art. 818).

Não custa repetir: é necessário avançar nessa matéria, adotando-se, *na prática*, a teoria da distribuição dinâmica do ônus da prova, impondo-se o ônus de provar àquele que estiver em melhores condições de fazê-lo – em regra, a empresa reclamada –, com fundamento no *dever de cooperação* das partes litigantes, bem como nos princípios da *aptidão para a prova,* da *solidariedade* e do *acesso à ordem jurídica justa*, entendendo-se o processo do trabalho, de fato, como um *instrumento ético de distribuição de justiça.*

Além das hipóteses já citadas, com especial destaque para os casos de *assédio moral* ou sexual e de *dispensa discriminatória*, podemos apontar pelo menos mais duas, nas quais é possível aplicar essa teoria no processo do trabalho, nas *situações de prova* mais frequentes previstas no § 1º do art. 818 da CLT – (i) *dificuldade* de acesso à *prova* pela parte que tem o ônus subjetivo e (ii) *maior facilidade* de acesso pela parte contrária –, quais sejam: 1ª) o caso do *motorista* que viaja ou faz entregas sem ajudante, pois a empresa dispõe de uma série de instrumentos de controle do tempo e da forma da prestação de serviços, ao passo que o motorista terá muita dificuldade para provar horas extras e outros fatos; 2ª) o caso do *empregado doméstico* que, em regra, trabalha sozinho na residência, tendo uma dificuldade enorme de produzir prova de acidente do trabalho e de vários outros fatos.

> *São duas situações distintas de aplicação da teoria:* 1ª) dificuldade de acesso à prova pela parte que tem o ônus subjetivo; e 2ª) maior facilidade de acesso pela parte contrária.

Enfim, se já *positivada* a valiosa teoria da distribuição dinâmica do ônus da prova no CPC (art. 373, § 1º) e na CLT (art. 818, § 1º), resta, somente, que a jurisprudência *avance*, aplicando o que já se encontra na lei.

7.10. CASUÍSTICA SOBRE ÔNUS DA PROVA

Comentamos nos vários tópicos anteriores inúmeros casos que ocorrem no processo do trabalho, a respeito de ônus da prova. Porém, para facilitar a pesquisa pelo advogado trabalhista e pelo juiz do trabalho, concentro, aqui neste espaço, a análise dos *treze casos* que mais suscitam *perplexidade* – um que na verdade logo aparecerá: COVID-19. Eis, portanto, a casuística de *maior destaque*, no processo do trabalho, sobre o temível instituto do ônus da prova.

7.10.1. Vínculo de emprego

Como já visto anteriormente, a relação de emprego é uma relação *complexa*, pois há vários requisitos configuradores do vínculo empregatício e, ao contrário do que preconiza a doutrina majoritária, com o respaldo da jurisprudência, não é certo dizer que todos esses requisitos são fatos constitutivos do direito do trabalhador e que, portanto, dele seria o ônus da prova.

É necessário *decompor* esses requisitos para se verificar de quem é o ônus da prova em relação a cada um deles:

a) *pessoalidade* – a pessoalidade é *presumida*, inclusive nos contratos de prestação de serviços, pois quem contrata um pintor, um cantor etc. espera que o profissional contratado lhe preste os serviços combinados; destarte, sendo a pessoalidade presumida, *cabe ao reclamado* que alegar impessoalidade na prestação de serviços por parte do reclamante comprovar tal fato, por exemplo, demonstrando que este poderia fazer-se substituir por outra pessoa durante o labor;

b) *onerosidade* – aqui, de outro lado, *não se presume* pagamento que foi negado; se o reclamado nega ter feito algum pagamento de salário ao reclamante, temos, aí, uma *negativa absoluta* e seria por demais diabólico exigir que o reclamado produzisse prova da não onerosidade; nesse caso, *cabe ao trabalhador*, por completo, o ônus da prova quanto ao recebimento de salário;

c) *não eventualidade* – este se trata de um requisito polêmico da relação de emprego, tanto que há quatro teorias no direito do trabalho explicando o seu conteúdo e alcance (DELGADO, 2019, p. 342-345); em linguagem simples, a se entender esse requisito como *continuidade* (habitualidade) na prestação de serviços, o ônus da prova é do trabalhador, porque teria que demonstrar a prestação de serviços em dias determinados, com horário de trabalho a cumprir; contudo, a se entender que eventual é o trabalhador que presta serviços que não se enquadram na chamada *atividade-fim da empresa* (teoria dos fins do empreendimento), se o trabalhador demonstrar que seus serviços eram imprescindíveis para a consecução da atividade empresarial, já *se presume* a presença desse requisito da relação empregatícia, cabendo *ao reclamado* inteiramente o ônus da prova do fato afirmado em defesa; tanto é assim que a doutrina clássica e a jurisprudência entendem que a alegação de que o trabalhador era *eventual* se trata de um *fato impeditivo* do reconhecimento do vínculo empregatício entre as partes;

d) *subordinação* – este é o requisito primordial para a declaração da existência de uma relação de emprego, tanto que é o *marco distintivo* entre a relação de emprego e a relação de trabalho; desse modo, não poderia haver dúvida de que o ônus da prova a respeito da subordinação deveria recair sempre sobre os ombros *do trabalhador*, que teria de demonstrar robustamente que estava subordinado às diretrizes empresariais e às ordens específicas de serviço, sob pena de reprimendas, caso não desempenhasse a contento suas tarefas; entretanto, a se adotar as *dimensões da subordinação como sendo objetiva ou estrutural*, basta que o trabalhador demonstre que estava integrado nos fins e objetivos da empresa ou que seus serviços estavam inseridos na própria dinâmica estrutural de sua organização e funcionamento (DELGADO, 2019, p. 348-354), e, então, o ônus da prova de que ele não seria empregado, por exemplo, por ser autônomo, seria *do reclamado*.

Bem se vê, portanto que nem sempre o ônus da prova, em matéria de relação de emprego, é do trabalhador, dependendo dos fatos efetivamente *controvertidos*, no contexto da ideia de *fato complexo*.

7.10.2. Acidente do trabalho

Também já tratei da problemática do ônus da prova em relação ao acidente do trabalho, mas vale aqui registrar novamente meu entendimento, para que resulte bem claro aos atores jurídicos de quem é o ônus da prova em cada um dos temas que compõem o *fato jurídico complexo* acidente do trabalho. De saída, convém observar que há sutis diferenças em relação à doença ocupacional, que serão logo pontuadas. Ademais, se o acidente do trabalho típico é um fato único, a *responsabilidade trabalhista* para que haja condenação às indenizações devidas pode ser considerada como um fato complexo, haja vista que a responsabilidade (civil) exige (i) uma conduta, (ii) um dano, (iii) o nexo causal entre ambos e, a se adotar a teoria da responsabilidade *subjetiva*, ainda, (iv) a culpa do causador do dano.

Pois bem, quanto ao acidente do trabalho e à própria doença ocupacional, quando *negados*, isso implica que o ônus da prova respectivo é *todo do trabalhador*. Ora, se o empregador nega ter havido o acidente típico – queda da escada, cortes, fraturas etc. –, aqui se tem uma *negativa absoluta*, e, por conta disso, o ônus da prova é do trabalhador. Igualmente, se o empregador nega que o reclamante tenha adquirido a doença por ele alegada.

Em relação à *responsabilidade* e seus requisitos de configuração, se *negada* a *conduta ilícita* por parte do empregador, em regra, cabe ao empregado demonstrá-la, por exemplo, que aquele não ofereceu as condições de segurança para a prática do ato. Contudo, se o empregador, para o desempenho das tarefas, tinha de cumprir alguma NR – Norma Regulamentadora –, por exemplo, fornecendo EPIs ao empregado, *inverte-se o ônus da prova*, por se tratar de medida de proteção à saúde do trabalhador, um direito mais que fundamental. Então, já se pode extrair, nesse ponto, uma *regra de hermenêutica*: toda vez que houver uma *NR especifica* relacionada ao fato controvertido, o ônus da prova passa a ser *do empregador*.

Quanto ao *dano "material"*, em regra ele diz respeito à incapacidade laborativa, total ou parcial, permanente ou temporária. Quanto à perda ou redução da capacidade laborativa, se *negada*, o ônus da prova é todo *do trabalhador*, que deve, portanto, requerer *perícia* – médica, em regra – para comprovar sua *incapacidade*.

No que concerne ao *nexo causal*, quando negado, também enseja ônus da prova *pelo trabalhador* e, também aqui, a verificação desse nexo causal, em regra generalíssima, vai depender de conhecimento técnico, ou seja, de perícia específica. Nesse tema, o advogado do trabalhador precisa conhecer com profundidade a matéria do *nexo concausal*, que pode abrandar, e muito, a incumbência probatória de seu cliente. Sobre a concausa, veja-se meu livro **Acidente do trabalho:** responsabilidade objetiva do empregador, em sua terceira edição pela LTr (SILVA, 2014, p. 184-198).

Aqui já surge uma grande mudança a respeito de ônus da prova, pois em se tratando de *doença ocupacional*, demonstradas as condições ambientais *inadequadas*, já *se presume* o nexo causal, conforme jurisprudência amplamente majoritária dos tribunais trabalhistas. A título meramente exemplificativo, demonstrado por perícia o trabalho sob ruído intenso, sem a devida proteção, caracterizando a *insalubridade do meio*, já se presume que a PAIR – perda auditiva induzida por ruído – foi adquirida no trabalho. Então, se o empregador alegar concausa, porque o trabalhador mantinha atividades extralaborativas em ambiente ruidoso, por exemplo, fazendo shows em uma banda de rock com habitualidade, o ônus da prova dessa excludente (parcial) é *do empregador*.

Enfim, quanto à *responsabilidade em si*, ou seja, no que concerne à *culpa* (*lato sensu*) – dolo ou culpa *stricto sensu* –, a jurisprudência tem se inclinado por *presumir a culpa* do empregador em todos os acidentes do trabalho. Aliás, em relação à doença ocupacional, demonstrada a conduta ilícita, o dano e o nexo causal (presumido), *já se presume* de modo quase absoluto a culpa do empregador. Mesmo em relação ao acidente típico, especialmente quando do descumprimento de NRs, presume-se essa culpa (SILVA, 2014, p. 282-290).

Destarte, se o empregador alegar quaisquer das *excludentes de responsabilidade* (ou de nexo causal), como culpa exclusiva da vítima, fato de terceiro e força maior ou caso fortuito, o ônus da prova quanto a esses fatos impeditivos da responsabilidade é todo dele, *empregador*.

Portanto, também nessa matéria se verifica que nem sempre o ônus da prova quanto à temática do acidente do trabalho ou doença ocupacional é do trabalhador.

7.10.3. Equiparação salarial

Veremos mais adiante, quando estudarmos a Súmula n. 6, item VIII, do TST, de maneira pormenorizada, de quem é o ônus da prova em relação à equiparação salarial.

Agora, convém pontuar apenas que o ônus da prova do trabalhador, nessa matéria, diz respeito *exclusivamente* à identidade de funções. Se o trabalho era de igual valor ou não, e se estavam presentes os demais requisitos ou óbices à referida equiparação, tudo se trata de fatos impeditivos, modificativos ou extintivos do direito e, portanto, o ônus da prova em relação a todos eles é do empregador, como veremos mais à frente.

7.10.4. Acúmulo e desvio de função

Todos sabem que há uma diferença conceitual entre *acúmulo* e *desvio* de função, mas esse estudo remete ao direito material do trabalho.

Em matéria de ônus da prova, não há distinção digna de destaque. Assim, quer se trate de acúmulo, quer se trate de desvio funcional, em regra, o ônus da prova é *do trabalhador*, principalmente quando o reclamado simplesmente nega ter havido qualquer acúmulo ou desvio de função.

Agora, dependendo do contexto da controvérsia estabelecida, pode ser que o reclamado admita algum fato narrado pelo reclamante e, nesse caso, esse fato passa a ser incontroverso. Por exemplo, quando o reclamado *admite* que o reclamante desempenhava *duas* (ou mais) funções, mas alega que isso não confere ao trabalhador qualquer direito; nesse caso, a cumulação de funções já foi reconhecida e, portanto, independe de prova.

Admitido o acúmulo, normalmente o empregador alega que havia previsão contratual de exercício de todas as funções, ou que o desempenho delas era inerente ao próprio trabalho, ou, ainda, que isso não acarretou maior responsabilidade ao trabalhador. Até porque, salvo exceção, o acúmulo de funções se dá no curso da relação de emprego, passando o trabalhador a desempenhar uma função de maior responsabilidade, sem a contrapartida remuneratória. Contudo, nessa situação, o ônus da prova *passa a ser do reclamado*, por alegar fatos *impeditivos* do direito do reclamante.

7.10.5. Insalubridade e periculosidade

Quando negadas – tanto a insalubridade quanto a periculosidade –, o ônus da prova é todo *do trabalhador*, que aqui também deve requerer a realização de *perícia ambiental* para a constatação da insalubridade do ambiente laboral ou da periculosidade das suas tarefas, a menos que não se exija conhecimento técnico para tanto, por exemplo, quando se tratar de condutor de motocicleta.

Contudo, se, em regra, o ônus da prova é do trabalhador, em muitas ocasiões o ônus passa a ser do reclamado, dependendo do que o perito constatar na sede da empresa. A título meramente exemplificativo, se o *expert* verificou o *descumprimento* de alguma NR, inclusive por falta de controle documental do fornecimento de EPIs – ao arrepio da NR-6, portanto –, o ônus da prova *passa a ser do empregador.*

Em suma, tudo vai depender do *teor do laudo* pericial. Se o resultado da perícia for *negativo*, o ônus da prova será do trabalhador; se for *positivo*, o ônus da prova será do reclamado. Quanto aos laudos *inconclusivos* – indesejáveis, mas por vezes compreensíveis –, depende do contexto de cada caso concreto. Será necessário verificar quais fatos seriam *ordinários* e quais fatos seriam *extraordinários*, lembrando-se que aqueles se presumem, e estes exigem prova convincente de sua existência.

7.10.6. Jornada de trabalho

Quanto às horas extras, em regra, o ônus da prova é *do trabalhador*, já que se trata de fato constitutivo do seu direito e não se pode exigir do empregador a prova de fato ordinário (a não realização de horas extras). Contudo, já vimos que, se a empresa estava obrigada a ter cartões de ponto (mais de 20 empregados), e se não os exibe em juízo ou se junta aos autos cartões com horários britânicos, *inverte-se o ônus da prova*, exigindo-se que o reclamado comprove de forma robusta o horário de trabalho descrito na defesa (Súmula n. 338 do TST, que será comentada no próximo item).

Assim, se a empresa tinha *até vinte empregados* na época da prestação de serviços do reclamante – o que normalmente é verificado pelo CAGED (Cadastro Geral de Empregados e Desempregados) –, não estava obrigada a controlar a jornada de trabalho deste, e o ônus da prova *continua* com o trabalhador, a menos que se trate de motorista ou de empregado doméstico, como veremos nos comentários à Súmula n. 338 do TST.

Situação distinta é a que diz respeito ao *intervalo intrajornada*, pois em relação a este temos as seguintes considerações: a) se o intervalo foi *anotado* nos cartões de ponto, resta saber se a anotação foi britânica ou não; se os horários forem *simétricos*, o ônus da prova da fruição integral do intervalo é *do empregador*; se houve variações, ainda que mínimas, o ônus continua com o trabalhador; b) se *não houve anotação* do intervalo, mas houve pré-anotação, o que é autorizado por lei (art. 74, § 2º, da CLT), o ônus da prova *continua* com o trabalhador; c) se *não houve* sequer *pré-assinalação* do intervalo, por ter descumprido a exigência legal, o ônus da prova será *do empregador*.

7.10.7. Justa causa

A justa causa, como amplamente visto neste Manual, é um fato *impeditivo* do direito ao recebimento às verbas rescisórias típicas de uma dispensa imotivada e, por óbvio, o ônus da prova respectivo é exclusivo *do reclamado* que alega esse fato em defesa.

O *ordinário* é que, extinto o contrato de trabalho, o trabalhador tenha sido dispensado *sem* justa causa, até porque, no Brasil, é o que ocorre todos os dias. Daí que não somente a justa causa, mas a *demissão* do empregado – popularmente conhecida como pedido de demissão – e o *término* do contrato de experiência ou de qualquer outro contrato a prazo, são fatos *impeditivos* que devem ser demonstrados cabalmente pelo reclamado. E, por isso, as estatísticas demonstram que na grande maioria dos casos ele não consegue produzir prova suficiente, principalmente da justa causa, não porque a Justiça do Trabalho "protege" o empregado, mas porque a prova normalmente resta "dividida" e, nesse caso, o juiz sempre julga *desfavoravelmente* à parte que tinha o ônus subjetivo, como visto anteriormente.

7.10.8. Rescisão indireta

De outra mirada, a rescisão indireta é a *justa causa do empregador* e, portanto, nesse caso o juiz deve exigir prova robusta a respeito de um dos fatos elencados no art. 483 da CLT, principalmente a respeito do *descumprimento* das obrigações contratuais por parte do empregador. Em suma, o ônus da prova da rescisão indireta é todo *do trabalhador*.

Aqui vale observar que alguns trabalhadores costumam pedir a reversão da sua demissão para dispensa sem justa causa, alegando rescisão indireta. Seja por vício na manifestação de vontade (nulidade da demissão), seja por rescisão indireta (descumprimento de obrigações contratuais), o ônus da prova é *sempre* do trabalhador. Até porque o empregado poderia deixar o serviço e postular em juízo a rescisão indireta do seu contrato de trabalho (art. 483, § 3º, da CLT), beirando as raias da má-fé quando ele simplesmente "pede" demissão e depois procura um advogado para pedir em juízo a rescisão indireta, posteriormente, a menos que *comprove* que não poderia agir de outro modo.

7.10.9. Dano moral

Quanto a todas as hipóteses de dano moral em *sentido estrito*, o ônus da prova é *do trabalhador*, porque, em regra generalíssima, o reclamado nega de modo peremptório a prática de qualquer ato que tenha implicado em violação de um direito de personalidade do empregado. Tratando-se de *negativa absoluta*, o ônus da prova recai sobre os ombros do trabalhador.

Assim, alegando-se dano moral por *tratamento abusivo* por parte do empregador ou de seus prepostos, compete ao trabalhador produzir prova robusta a esse respeito. Igualmente, quando ele alega *condições de trabalho aviltantes* de sua condição humana, como falta de água potável ou de banheiro para as necessidades fisiológicas. Por isso, não entendo a tática de alguns advogados que alegam uma infinidade de pequenos fatos para tentar conseguir a indenização por dano moral. Aparentam total despreparo porque não há fixação de indenização para cada um dos fatos que resultam na violação do *mesmo direito de personalidade* (honra, imagem, vida privada, intimidade, nome e outros, lembrando-se que o direito à saúde laboral é um dos mais fundamentais de todos os do catálogo constitucional).

De modo que *apenas* no acidente do trabalho e na doença ocupacional é que o dano moral passa a ser *presumido* de modo praticamente absoluto, por ser o sofrimento derivado desses fatos de conhecimento notório por toda e qualquer pessoa que ainda conserve a sua condição humana.

7.10.10. Assédio moral e sexual

Também em relação ao assédio moral e sexual, em regra, o ônus da prova é *do trabalhador*. Quanto mais veementemente negados os fatos, mais presente estará a *negativa absoluta*.

Contudo, quando se trata de assédio moral devidamente caracterizado – não aquelas alegações para "ver se cola" –, com fato determinado, que demonstre a perseguição ao trabalhador com um objetivo específico (em regra, a demissão), com reiteração no tempo, dependendo do caso, o juiz pode utilizar-se da técnica da *distribuição dinâmica* do ônus da prova, cometendo o encargo ao reclamado, quando verificar que o trabalhador tem *extrema dificuldade* de acesso à prova.

Por certo que a prova também não será fácil ao reclamado, mas havendo credibilidade nas afirmações e, sobretudo, no depoimento do reclamante, o juiz poderá *inverter o ônus* da prova ou fazer distribuição dinâmica, para exigir do reclamado prova convincente de que não houve nenhuma prática abusiva. É mais fácil ao empregador provar que havia respeito e cordialidade no ambiente de trabalho, inclusive por parte do superior hierárquico acusado de assédio moral, do que ao trabalhador provar esse assédio, principalmente quando praticado longe dos demais trabalhadores do setor.

Essas considerações se reforçam quando a acusação for de *assédio sexual*, pois o assediador, nesse caso, sempre pratica os atos nefastos a portas fechadas, sendo *extremamente difícil* ao trabalhador comprovar as investidas sexuais. Também aqui seria mais fácil ao reclamado produzir prova do fato contrário, motivo pelo qual o juiz poderá, justificando, inverter o ônus da prova ou promover a distribuição dinâmica desse ônus.

7.10.11. Responsabilidade do tomador de serviços

Doutrina e jurisprudência são praticamente pacíficas no sentido de exigir *do trabalhador* a prova de que prestou serviços em benefício do tomador, quando este *nega* que aquele tenha trabalhado em sua empresa.

Não obstante, verifico um grande equívoco nessa tese. Uma coisa é o tomador de serviços alegar que *nunca contratou* a empresa que empregava o reclamante e, neste caso, o ônus da prova é todo *do trabalhador*, porque não se pode exigir prova de negativa absoluta. Situação *absolutamente distinta* é a do tomador de serviços que *admite* a contratação da empresa empregadora, junta cópia do contrato de prestação de serviços e, a *la Pilatos*, alega de modo enfadonho que não conhece o trabalhador e que não sabe se este prestou serviços em suas dependências. Passou da hora de a Justiça do Trabalho exigir *ética*, boa-fé objetiva, dos tomadores de serviços.

Em relação à prestação de serviços em si, nenhuma empresa permite a entrada em suas dependências de quem ela não *autorize expressamente*. Assim, o tomador de serviços tem controle escrito, fotográfico, por digital ou qualquer outro meio, tanto das entradas quanto das saídas diárias de *todos os trabalhadores* que ingressam em suas dependências, seja uma fábrica, um *shopping*, um condomínio fechado etc. Em suma, havendo contrato de prestação de serviços com a empresa contratada, *é ônus da prova do tomador de serviços* comprovar que o empregado daquela empresa não trabalhou em seu benefício.

Contudo, a jurisprudência não tem atentado para o fato de que isso é o que *ordinariamente* acontece, e continua exigindo do trabalhador o encargo de provar um fato que seria presumido.

Quanto à responsabilidade secundária ou subsidiária do tomador, nem há cabimento em se produzir prova, porque além da Súmula n. 331 do TST, agora há *regra legal expressa* no sentido de que o tomador de serviços (empresa contratante) responde subsidiariamente para com todos os trabalhadores que lhes prestem serviços, quando houver inadimplemento da empresa contratada. Veja-se o teor do *§ 5º do art. 5º-A da Lei n. 6.019/74*, acrescido pela Lei n. 13.429/2017:

> A empresa contratante é subsidiariamente responsável pelas obrigações trabalhistas referentes ao período em que ocorrer a prestação de serviços, e o recolhimento das contribuições previdenciárias observará o disposto no art. 31 da Lei nº 8.212, de 24 de julho de 1991. (Incluído pela Lei nº 13.429, de 2017)

7.10.12. Responsabilidade do ente público: a Lei n. 14.133/2021

Em relação ao ente público, como tomador de serviços, aplicam-se as mesmas considerações do item anterior, mas em decorrência da jurisprudência firmada pelo Supremo Tribunal Federal, há que se verificar também a *culpa da Administração Pública*, por não fiscalizar corretamente o cumprimento das obrigações contratuais por parte da empresa contratada.

Resta saber de quem é o ônus da prova em relação a essa matéria. Há jurisprudência no sentido de que o encargo probatório é *do trabalhador*, por se tratar de fato constitutivo do direito à responsabilização do ente público, inclusive diante da constitucionalidade do art. 71, § 1º, da Lei n. 8.666/93; e há, de outro lado, jurisprudência cometendo esse ônus à *Administração Pública*, até porque a Lei de Licitações (Lei n. 8.666/93) e os contratos celebrados preveem não somente o direito, mas a obrigação de o ente público proceder a essa fiscalização (art. 67 e §§ da referida lei). Assim tenho decidido essa intrincada questão, nas sentenças que me cabem:

> Sobre o tema em foco, é de bom alvitre registrar que, em verdade, a decisão proferida pelo Plenário do Supremo Tribunal Federal, na sessão do dia 24-11-2010, no julgamento da Ação Declaratória de Constitucio-

nalidade proposta pelo Governador do Distrito Federal (ADC nº 16), declarou, por maioria, a constitucionalidade do § 1º do art. 71 da Lei nº 8.666/93. Não há, portanto, como negar eficácia ao referido dispositivo infraconstitucional, tornando-se superado tal questionamento.

Sendo assim, o mero inadimplemento das obrigações trabalhistas, fiscais e comerciais pelo contratado não teria o condão de transferir à Administração Pública a responsabilidade pelo pagamento de tais encargos.

Todavia, ao analisar a extensão do julgado em comento, dele se extrai que, ainda que declarada a constitucionalidade da norma legal em comento, os Ministros daquela Augusta Corte decidiram pela possibilidade de se responsabilizar a pessoa jurídica de direito público que contratar empresa prestadora de serviços, pelos encargos inadimplidos pelo contratado em caso de sua omissão/falha na fiscalização, cabendo ao órgão julgador a tarefa de examinar cuidadosamente cada caso concreto, de modo a evitar qualquer lesão aos princípios constitucionais fundamentais, os quais, por uma questão de lógica, não podem colidir com o interesse público.

(...)

Melhor esclarecendo, a pessoa jurídica integrante da Administração Pública Direta e Indireta que contratar com empregador que se revele inidôneo, ainda que selecionado por meio de procedimento licitatório ou mesmo por meio de convênio, poderá incorrer na culpa *in vigilando*, decorrente esta da má fiscalização do cumprimento das obrigações contratuais e legais por parte da empresa contratada. Trata-se de previsão inserta na própria Lei nº 8.666/93, em seus arts. 58, III, e 67.

Sendo assim, a responsabilidade atribuída à pessoa jurídica integrante da Administração Pública Direta e Indireta, na qualidade de tomadora dos serviços, para com as obrigações trabalhistas da empresa terceirizada, é subjetiva, nos exatos moldes do julgamento em destaque, de modo que eventual omissão da Administração Pública na obrigação de fiscalizar as obrigações do contratado dá margem à sua responsabilização.

(...)

Ocorre que houve a conclusão, em 30/03/2017, do julgamento dos limites da responsabilidade da Administração Pública - RE 760931.

A relatora original, Ministra Rosa Weber, votou no sentido de que cabe à administração pública comprovar que fiscalizou devidamente o cumprimento do contrato. Para ela, não se pode exigir dos terceirizados o ônus de provar o descumprimento desse dever legal por parte da administração pública, beneficiada diretamente pela força de trabalho. Seu voto foi seguido pelos Ministros Edson Fachin, Luís Roberto Barroso, Ricardo Lewandowski e Celso de Mello.

No entanto, essa corrente saiu vencida.

Coube a relatoria do voto vencedor ao Ministro Luiz Fux, seguido pela Ministra Cármen Lúcia e pelos Ministros Marco Aurélio, Gilmar Mendes, Dias Toffoli e Alexandre de Moraes.

Resultado do julgamento: 6 x 5.

Assim, o Plenário do Supremo Tribunal Federal, em 30/03/2017, no julgamento do Recurso Extraordinário (RE) 760931, com repercussão geral reconhecida, decidiu sobre a responsabilidade subsidiária da administração pública por encargos trabalhistas gerados pelo inadimplemento de empresa terceirizada. Com o voto do Ministro Alexandre de Moraes, o recurso da União foi parcialmente provido, confirmando-se o entendimento, adotado na Ação de Declaração de Constitucionalidade (ADC) 16, que veda a responsabilização automática da administração pública, só cabendo sua condenação se houver prova inequívoca de sua conduta omissiva ou comissiva na fiscalização dos contratos.

A tese de repercussão geral foi redigida nos seguintes termos:

"O inadimplemento dos encargos trabalhistas dos empregados do contratado não transfere automaticamente ao Poder Público contratante a responsabilidade pelo seu pagamento, seja em caráter solidário ou subsidiário, nos termos do art. 71, § 1º, da Lei nº 8.666/93."

Destarte, o voto vencedor explicita que a administração pública, em razão da licitação, afere a aptidão orçamentária e financeira da empresa contratada e a tese de repercussão geral traz que o inadimplemento dos encargos trabalhistas dos empregados do contratado não transfere ao poder público contratante, de forma automática, a responsabilidade pelo seu pagamento. Contudo, a ausência de prova substancial da supervisão do contrato atrai a responsabilidade mencionada, diante da figura jurídica do "ius vigilandi".

Diante disso, não há outra solução mais justa, que atenda ao interesse social e público, do que a aplicação da responsabilidade subsidiária da segunda ré, já que caracterizada a falha na fiscalização da execução contratual no que concerne ao efetivo cumprimento da legislação trabalhista pela empresa prestadora de serviços.

Por todo o exposto, e sendo incontroverso que a segunda ré foi a tomadora dos serviços prestados pela autora, será ela subsidiariamente responsável pelos créditos desta.

Por certo que a Lei n. 8.666/1993 foi revogada pela nova Lei de Licitações, a Lei n. 14.133/2021, mas esta mantém, até de forma mais rígida, essa diretriz, no art. 121 e §§, porque deixa enfatizado que apenas nas contratações de serviços contínuos com regime de dedicação exclusiva de mão de obra é que seria possível a responsabilização subsidiária do ente público, e se comprovada, efetivamente, a falha na fiscalização do cumprimento das obrigações trabalhistas por parte da empresa contratada. Agora, a nova lei não tratou de ônus da prova; de modo que penso ainda estarem presentes os argumentos de "inversão" desse ônus.

Destarte, penso que a segunda tese é a mais correta – o *ônus da prova* de demonstrar a correta fiscalização do cumprimento das obrigações trabalhistas é *do ente público* –, mas o advogado do trabalhador, por cautela, deve requerer a produção de prova oral – depoimento pessoal do preposto e/ou oitiva de testemunhas – para comprovar a culpa do ente público, evitando surpresas se recursos encaminharem o processo às instâncias superiores.

A *tendência* é a de que o STF defina que cabe ao trabalhador provar a culpa do ente público. Principalmente após a publicação da *Lei n. 14.133/2021*, a nova Lei de Licitações e Contratos Administrativos. Veja-se o teor do art. 121 e §§ desta lei:

> Art. 121. Somente o contratado será responsável pelos encargos trabalhistas, previdenciários, fiscais e comerciais resultantes da execução do contrato.
>
> § 1º A inadimplência do contratado em relação aos encargos trabalhistas, fiscais e comerciais não transferirá à Administração a responsabilidade pelo seu pagamento e não poderá onerar o objeto do contrato nem restringir a regularização e o uso das obras e das edificações, inclusive perante o registro de imóveis, ressalvada a hipótese prevista no § 2º deste artigo.
>
> § 2º Exclusivamente nas contratações de serviços contínuos com regime de dedicação exclusiva de mão de obra, a Administração responderá solidariamente pelos encargos previdenciários e subsidiariamente pelos encargos trabalhistas se comprovada falha na fiscalização do cumprimento das obrigações do contratado.

Resta saber, portanto, o que seriam esses *serviços contínuos com regime de dedicação exclusiva*. Eles são definidos pela própria lei em comento, no seu art. 6º, inciso XV. Vejamos:

> Art. 6º, XVI - serviços contínuos com regime de dedicação exclusiva de mão de obra: aqueles cujo modelo de execução contratual exige, entre outros requisitos, que:
>
> a) os empregados do contratado fiquem à disposição nas dependências do contratante para a prestação dos serviços;
>
> b) o contratado não compartilhe os recursos humanos e materiais disponíveis de uma contratação para execução simultânea de outros contratos;

c) o contratado possibilite a fiscalização pelo contratante quanto à distribuição, controle e supervisão dos recursos humanos alocados aos seus contratos;

Destarte, se os trabalhadores prestam serviços ao ente público (i) permanecendo à disposição (deste) nas dependências do contratante (ente público) – por exemplo, vigilantes, porteiros, funcionários da limpeza e conservação –, (ii) sem que haja compartilhamento dos seus serviços com outro tomador de serviços, e (iii) desde que o ente público possa fiscalizar o cumprimento das obrigações contratuais por parte *da empresa contratada, não pode mais haver qualquer dúvida sobre a responsabilidade* subsidiária pelo adimplemento das obrigações trabalhistas, "se comprovada falha na fiscalização do cumprimento das obrigações do contratado", cometida pelo ente público.

Resta saber de quem será o *ônus da prova* dessa falha de fiscalização. Como já sustentamos, tudo indica que o E. STF vá definir, ao fim e ao cabo, que esse encargo probatório é *do trabalhador*, ainda que o Supremo Tribunal não devesse apreciar nenhuma questão relativa à matéria.

De modo que, se o juiz indeferir a produção da prova, o advogado deve requerer que se registre em ata os seus *protestos*, de preferência indicando o nome e eventualmente a qualificação das testemunhas, porque se o tribunal entender que o ônus da prova era do reclamante, o seu advogado poderá, nesse caso, conseguir a declaração de nulidade por *cerceamento de defesa*. Ademais, a revelia do ex-empregador agrava essa necessidade de prova, não podendo o advogado do reclamante contentar-se apenas com os efeitos dessa revelia, que podem *não ser estendidos* ao ente público (art. 844, § 4º, da CLT).

7.10.13. COVID-19

É muito arriscado falar em ônus da prova em matéria de COVID-19, porque, por óbvio, ainda não há farta jurisprudência a respeito desse tema e a doutrina mal começou a estudá-lo de forma abrangente.

Não obstante, como neste Manual pretendo tratar de praticamente todos os temas relevantes na casuística sobre ônus da prova, não poderia me furtar a tecer comentários sobre a matéria, que já está ocupando os processos trabalhistas.

É uma questão tormentosa, porque exigir-se do trabalhador a prova de que a COVID-19 foi adquirida no trabalho é exigir dele uma prova totalmente *diabólica*. Como ele faria isso? Colocaria uma câmera no ambiente de trabalho? Ocorre que, como é notório, esse vírus insidioso (o coronavírus) escapa à visão de qualquer pessoa, sendo possível sua visualização apenas em microscópio eletrônico avançado. Ademais, não seria possível ao trabalhador levar uma testemunha a juízo para comprovar o nexo causal, *por óbvio*.

De outro lado, *transferir* o ônus da prova ao empregador também seria exigir dele uma prova *diabólica*, porque, em relação ao nexo causal em si, o empregador teria a mesma dificuldade de acesso à prova, não bastando suas câmeras de vigilância e nenhuma documentação serviria a esse propósito.

Como se não bastasse, vivenciamos uma das piores pandemia da história – iniciada em 2020 – e, de maneira bem prática, ninguém sabia ao certo onde se deu o contágio e quem foi a pessoa que transmitiu o vírus ao infectado.

Ainda assim, não se pode excluir, *aprioristicamente*, o nexo causal entre a COVID-19 e o trabalho, simplesmente porque se trata de uma prova praticamente impossível, tanto para o trabalhador quanto para o empregador. A *teoria geral das provas* está fincada em diversos princípios, regras de hermenêutica e presunções exatamente porque, em algumas situações, torna-se uma tarefa muito complexa a de definir *com clareza* de quem é o ônus da prova, quem tem mais aptidão probatória e uma série de outras circunstâncias já analisadas.

Imagine-se a situação dos *trabalhadores de atividades essenciais*, principalmente em hospitais e clínicas da área da saúde, *extremamente expostos* a esse contágio, se não houvesse a menor possibilidade de essa doença ser considerada como doença do trabalho. Seria uma escolha jurídica *irrazoável*, *desproporcional*, absolutamente *injusta*.

Daí por que era manifestamente incompreensível e *inaceitável* a regra do *art. 29 da MP n. 927/2020*, dispositivo pelo qual o governo de plantão resolveu proteger as empresas, excluindo, aprioristicamente, o nexo causal na hipótese, *sem qualquer exceção*. Por isso, em boa hora, o Supremo Tribunal Federal, em decisão plenária, declarou a *inconstitucionalidade* dessa regra, por exigir dos trabalhadores, sobretudo os das atividades essenciais, uma *prova diabólica*, de demonstrar nexo causal entre a COVID-19 e o trabalho, sem qualquer presunção favorável a si.

O E. STF chegou a mencionar que essa exclusão apriorística seria *desproporcional* em relação aos trabalhadores de serviços essenciais, que estão expostos a um risco de contágio *muito mais acentuado* do que ocorre em relação aos outros trabalhadores. E agora, como a referida MP sequer foi convertida em lei – ainda que ela tenha produzido efeitos durante o seu período de vigência –, não se pode, *jamais*, aplicar a diretriz do referido art. 29, cuja eficácia havia sido suspensa pelo STF.

Poder-se-ia objetar que o art. 20, § 1º, alínea "d", da Lei n. 8.213/91, exclui da caracterização da doença ocupacional, a *doença endêmica*. Contudo, a primeira questão a ser analisada é a seguinte: a doença pandêmica se enquadra nesse dispositivo legal? A segunda é esta: ainda que haja esse enquadramento, jamais poderá haver definição da COVID-19 como doença relacionada ao trabalho? A terceira: *de quem é o ônus da prova* nessa questão?

Vamos examinar, na sequência, todas estas questões.

7.10.13.1. A COVID-19 como doença "endêmica" – pandêmica

Como é sabido, a *doença endêmica* é aquela que existe em determinado lugar ou região de forma constante, sendo típica daquela região, exemplificando-se com a *malária*, que ainda é largamente contraída pelos habitantes da região amazônica. Em regra, ela não é considerada uma doença ocupacional.

Segundo o Ministério da Saúde (*on-line*), a malária "é uma doença infecciosa febril aguda, causada por protozoários transmitidos pela fêmea infectada do mosquito Anopheles". Ainda de acordo com o referido Ministério, no Brasil, "a maioria dos casos de malária se concentra na região Amazônica, nos estados do Acre, Amapá, Amazonas, Maranhão, Mato Grosso, Pará, Rondônia, Roraima e Tocantins" (MINISTÉRIO DA SAÚDE, 2020, *on-line*).

Não se pode olvidar, no entanto, de que a doença endêmica pode ser considerada *ocupacional* se ela resultar da exposição ou do *contato direto* em razão das peculiaridades do trabalho - por exemplo: a malária contraída por um pesquisador, na Amazônia –, porque, nesse caso, esse trabalhador esteve exposto aos protozoários transmitidos pela fêmea do mosquito Anopheles, ao manter "contato direto" com o mosquito, *em razão da natureza do seu trabalho*. É o que se extrai, textualmente, do art. 20, § 1º, alínea "d", da lei de regência, a Lei n. 8.213/91.

Ora, seria tremendamente injusto excluir da proteção legal mais acentuada o trabalhador que está a pesquisar fórmulas de combate à doença endêmica, de tratamento da doença etc. É dizer: ao trabalhador que *necessariamente* precisa manter "contato" com o agente transmissor da doença, diante da natureza do seu trabalho, da forma como ele deve ser prestado, o Estado deve oferecer a *máxima garantia possível*, considerando essa doença – no caso desse profissional – como doença do trabalho, para o efeito de lhe conferir a proteção contra o desemprego (art. 118 da Lei n. 8.213/91), a título meramente exemplificativo.

Daí a importância de se afastar a exclusão legal da doença endêmica, quando o trabalhador estiver *naturalmente* exposto a contrair essa doença, em razão da forma como o seu trabalho deve ser prestado.

Agora, a *pandemia de COVID-19* pode ser enquadrada como "endemia", para que se possa exclui-la do rol de doenças laborais?

Pois bem, como é sabido, a doença COVID-19 foi declarada, pela Organização Mundial da Saúde (OMS) como uma *pandemia*. A ver:

> Em 30 de janeiro de 2020, a OMS declarou que o surto do novo coronavírus constitui uma Emergência de Saúde Pública de Importância Internacional (ESPII) – o mais alto nível de alerta da Organização, conforme previsto no Regulamento Sanitário Internacional. Essa decisão buscou aprimorar a coordenação, a cooperação e a solidariedade global para interromper a propagação do vírus (ORGANIZAÇÃO PAN-AMERICANA DA SAÚDE (OPAS), 2020, *on-line*).

Resta saber, então, o que é uma pandemia, em contraposição à endemia, para encontrar a resposta à questão posta a análise. Objetivamente falando, há de se compreender a *diferença básica* entre surto, epidemia, pandemia e endemia. Veja-se essa diferenciação:

> **Surto**
>
> É um aumento inesperado do número de infectados por determinada doença em uma região específica. Um exemplo são os casos de dengue: quando muitos casos ocorrem no mesmo bairro de uma cidade, por exemplo, as autoridades tratam esse crescimento como um surto.
>
> **Epidemia**
>
> Ocorre quando o número de surtos cresce, abrangendo várias regiões de determinada cidade, por exemplo. Se isso acontecer, considera-se que há uma epidemia no município – mas um surto em escala estadual.
>
> Se o caso se espalhar para outras cidades, por sua vez, considera-se que há uma epidemia em determinado estado –, mas um surto em escala regional, e assim por diante. Um exemplo é o ebola, que passou a ser considerado uma epidemia em 2014, após atingir diversos países na África.
>
> **Pandemia**
>
> É o pior dos cenários quando o assunto são áreas infectadas: acontece quando uma epidemia alcança níveis mundiais, afetando várias regiões

> ao redor do globo terrestre. Para a OMS declarar a existência de uma pandemia, países de todos os continentes precisam ter casos confirmados da doença.
>
> Antes do Covid-19, a última vez que algo do tipo aconteceu foi em 2009, quando a gripe A (ou gripe suína) foi declarada uma pandemia.
>
> **Endemia**
>
> Não está relacionada à quantidade, mas à grande frequência de casos de uma doença em determinada região. Um exemplo disso é a febre amarela: o Norte do Brasil é considerado uma região endêmica da infecção (REVISTA GALILEU, 2020, *on-line*).

Bem se vê, assim, que a *endemia*, disciplinada como hipótese de exclusão da doença ocupacional pelo art. 20, § 1º, "d", da Lei de Benefícios, nada tem a ver com a questão do alcance local (surto), regional (epidemia) ou global (pandemia) de determinada doença, mas sim com a *alta incidência da doença* em certa região, como se dá com a malária na região amazônica. De modo que a endemia pode ocorrer tanto nos casos de epidemia quanto nos casos de pandemia.

Desse modo, havendo tantos casos de COVID-19 em todo o Brasil, por certo que estamos diante de uma hipótese mais abrangente do que a endemia em si, que ficaria restrita a determinada região do país. E, segundo a regra milenar de hermenêutica de que *quem pode o mais, pode o menos*, pode-se extrair daí que *o menos está contido no mais*. Dito de outra maneira, se a *endemia* é caracterizada pela grande frequência de casos de determinada doença, numa dada região geográfica, e se a *pandemia* somente é declarada pela OMS quando uma doença atinge todas as regiões do planeta, e mais, se no caso do Brasil, *a COVID-19 atingiu todos os estados da Federação*, não há outra solução lógica que não seja a de se considerar que, *em regra*, a COVID-19 não se trata de doença do trabalho, aplicando-se, *por analogia*, a norma do art. 20, § 1º, "d", da Lei de Benefícios.

7.10.13.2. A COVID-19 como doença do trabalho: ônus da prova

Poder-se-ia, então, apregoar enfaticamente que, em hipótese alguma, a COVID-19 seria considerada como doença ocupacional, estando os empregadores livres de qualquer provocação de seus empregados, em aventureiras ações indenizatórias de danos, perante a Justiça do Trabalho.

Ledo engano. Já ressaltei anteriormente que a própria norma em comento *excepciona*, de modo bem didático, a situação dos profissionais que estão a manter exposição ou contato direto, pela *natureza do seu trabalho*, com vírus, protozoários ou quaisquer outros agentes transmissores de doenças, endêmicas ou pandêmicas.

Assim, deve ser *excepcionada*, também, a situação dos inúmeros trabalhadores que estão mantendo *contato direto* com pessoas infectadas com o vírus SARS-CoV-2, seja mediante exposição a *pacientes* portadores desse vírus, seja por "contato" com este nas outras atividades que não foram paralisadas nem mesmo por isolamento ou distanciamento social.

A propósito, numa interpretação lógica da decisão do STF a respeito do art. 29 da MP n. 927/2020, a conclusão é a de que a COVID-19 pode, sim, ser reconhecida como doença relacionada ao trabalho, pois o Supremo declarou *inconstitucional* a norma que *excluía* o nexo causal de forma apriorística. A *contrario sensu*, portanto, pode haver esse reconhecimento, ainda que de forma *presumida*.

Ocorre que, pela regra do art. 29 da referida MP, se o trabalhador não conseguisse comprovar, de forma robusta, que se contaminou *ao manter contato* com alguma pessoa portadora de COVID-19, durante a prestação de serviços, não teria, jamais, sua doença considerada como sendo de origem ocupacional.

Como produzir essa prova? Nos casos de malária, basta a comprovação de que o trabalhador prestava serviços relacionados à pesquisa, combate, tratamento etc. dessa doença, em regiões onde ela é muito frequente. Até porque não há como comprovar que o trabalhador foi "picado" pelo mosquito transmissor. Seria uma *prova diabólica*: o trabalhador teria que capturar o mosquito infectado e ainda apresentar prova testemunhal de que fora aquele mosquito que o teria picado.

Pode parecer cômico, mas seria algo parecido que se estaria a exigir do trabalhador contaminado por COVID-19. Ele teria que capturar o vírus SARS-CoV-2 e ainda comprovar, por testemunha ou algum vídeo, que fora aquele vírus que o teria infectado, e mais, que teria sido transmitido por outra pessoa, portadora de COVID-19, no seu local de trabalho. *Prova mais que diabólica!*

Daí por que, em breve síntese, essa exclusão apriorística do nexo causal pelo art. 29 da MP 927, sem apontar ao trabalhador qualquer caminho para que pudesse se desincumbir de seu ônus probatório, significava uma forma de *aniquilar seu direito fundamental* à reparação dos danos decorrentes de doença ocupacional, insculpido no art. 7º, XXVIII, da CF/88.

Felizmente, no entanto, a regra do referido art. 29 foi *declarada inconstitucional* pelo Supremo Tribunal Federal, quando do julgamento, pelo Plenário da Corte, ao ser instado a referendar a decisão monocrática do Ministro Marco Aurélio, no conjunto de ações diretas de inconstitucionalidade ajuizadas contra a MP 927 – ADIs n. 6342, 6344, 6346, 6348, 6349, 6352 e 6354: 7 (sete) ADIs, portanto –, e, como se sabe, *o Plenário referendou a decisão liminar* do eminente Relator originário, considerando inconstitucionais as regras *dos arts. 29 e 31 dessa MP*. Posteriormente, a MP "caducou" por não ter sido convertida em lei.

Ainda assim, a decisão do STF é extremamente importante porque ela nos deu um norte a respeito *de ônus da prova*, nessa intrincada questão.

Como amplamente divulgado na imprensa e em diversos sites do meio jurídico, o STF, por maioria (7 x 2), promoveu uma *compatibilização de valores*, ao reconhecer que as regras dos arts. 29 e 31 da MP 927, que tratavam de *saúde do trabalhador*, em linhas gerais, não se amoldavam ao texto constitucional, ao imporem aos trabalhadores um *ônus da prova desmedido*. Veja-se esta notícia:

> **Compatibilização de valores**
>
> Prevaleceu, no entanto, a divergência aberta pelo ministro Alexandre de Moraes, no sentido de que as regras dos artigos 29 e 31 fogem da finalidade da MP de compatibilizar os valores sociais do trabalho, "perpetuando o vínculo trabalhista, com a livre iniciativa, mantendo, mesmo que abalada, a saúde financeira de milhares de empresas".
>
> Segundo o ministro, o artigo 29, ao prever que casos de contaminação pelo coronavírus não serão considerados ocupacionais, exceto mediante comprovação de nexo causal, ofende inúmeros trabalhadores de atividades essenciais que continuam expostos ao risco. O artigo 31, por sua vez, que restringe a atuação dos auditores fiscais do trabalho, atenta contra a saúde dos empregados, não auxilia o combate à pandemia e diminui a fiscalização no momento em que vários direitos trabalhistas estão em risco.
>
> Também votaram neste sentido os ministros Edson Fachin, Rosa Weber, Carmen Lucia, Ricardo Lewandowski e Luiz Fux. Para o ministro Luiz Roberto Barroso, deve ser conferida intepretação conforme a Constituição apenas para destacar que, caso suas orientações não sejam respeitadas, os auditores poderão exercer suas demais competências fiscalizatórias (AASP, 2020, *on-line*).

De se destacar, nos debates levados a efeito por ocasião da decisão prolatada por videoconferência, as assertivas dos Ministros Alexandre de Moraes, Luiz Roberto Barroso e Cármen Lucia. Disse o primeiro que a regra do art. 29 era *ofensiva aos trabalhadores de atividades essenciais*, que estão expostos a *riscos muito maiores* do que outros, contribuindo para a manutenção da atividade econômica e da imprescindível atividade no setor da saúde pública. Ele aduziu que, a se exigir a comprovação cabal do nexo causal, os trabalhadores teriam uma *dificuldade excessiva* em se desincumbir desse ônus. Nisso, foi secundado pelos dois outros ministros referidos, os quais consideraram que isso seria exigir dos trabalhadores uma *prova diabólica*, como já enfatizado anteriormente.

A *inconstitucionalidade* dessa norma residia no fato de que não sopesou com rigor o valor social do trabalho e o valor da livre iniciativa. Quando se está a ponderar sobre normas que têm um viés econômico – verbas trabalhistas típicas x possibilidades econômicas da empresa – é bem possível fazer um juízo de proporcionalidade e considerar as dificuldades financeiras das empresas. Contudo, quando estiver em jogo a *saúde do trabalhador*, seu bem mais essencial, não há como se estabelecer juízo de ponderação. *A saúde deve prevalecer, sempre.* Por isso mesmo o empregador não pode alegar dificuldades financeiras para deixar de fornecer EPIs obrigatórios, tampouco para deixar de cumprir normas de segurança no trabalho. Por extensão, não se pode estabelecer regras que tornem *impossível ou quase impossível* ao trabalhador ter acesso às indenizações reparatórias de danos, caso contraia doenças, ainda que pandêmicas, no desempenho de seu labor.

Em suma, o que decidiu o STF é que, pelo menos nas atividades essenciais, não seria justo exigir um *pesado encargo de prova* imposto aos trabalhadores, que teriam de demonstrar o nexo causal entre o seu trabalho e a COVID-19, sem qualquer presunção que lhes fosse favorável, seja em razão da natureza do seu trabalho, seja porque para eles, trabalhadores das atividades essenciais, *o nexo causal deveria ser presumido*, diante do risco extenso e intenso ao qual estão submetidos.

Daí se pode extrair um precedente: *nenhuma norma pode impor ao trabalhador que labora em atividades essenciais o ônus de provar relação de causa e efeito entre o seu trabalho e a doença que o acometeu*. Sobre precedentes no processo do trabalho, vide as obras de Cesar Zucatti Pritsch (PRITSCH *et al.*, 2020).

Esse nexo de causalidade deve ser, *no mínimo, presumido*, cabendo *ao empregador* o ônus de demonstrar a situação inversa, ou seja, que, apesar da presunção favorável ao trabalhador, a doença foi adquirida em outro local ou momento, não durante a prestação de serviços. Para afastar tal presunção, poderia o empregador alegar e provar, por exemplo, que, não obstante todas as recomendações de isolamento ou distanciamento social, o trabalhador continuou a frequentar lugares com aglomeração de pessoas: festas, churrascos, reuniões de família etc. Ou que alguém da família do trabalhador adquiriu a doença antes dele, além de outras situações.

Desse modo, pelo menos para os trabalhadores das atividades essenciais se poderia alcançar decisões *mais justas*, quando a alegação seja a de terem contraído COVID-19 no desempenho de seu trabalho.

7.10.14. Breves considerações sobre as provas digitais

É sabido que a temática das provas digitais é bem recente. A doutrina e a jurisprudência ainda estão dando os *primeiros passos* para a definição do que se pode entender como prova digital, de sua natureza jurídica e dos requisitos imprescindíveis para a sua (boa) produção em juízo. Examinamos todas essas questões no capítulo anterior, dedicado à teoria geral da prova.

Pois é nessa *teoria geral da prova* que devemos buscar teorizações e construções normativas que possam subsidiar a *difícil definição* de regras específicas sobre o encargo probatório, quando se tratar de questões relacionadas às provas digitais.

A se entender a prova digital como uma prova documental *lato sensu* – e parece ser esta a inclinação da doutrina e da jurisprudência, como mencionei no capítulo anterior –, de saída, até que haja construção mais elaborada a respeito dessa temática, devem ser aplicadas as regras clássicas sobre ônus da prova, disciplinadas para a *produção da prova documental.*

Destarte, as diretrizes do *art. 429 do CPC* são mesmo o ponto de partida para a definição do encargo de prova, quando a controvérsia se referir a quem compete – pelas regras subjetivas e objetivas do ônus da prova – demonstrar ao juiz – o destinatário principal da prova – *o fato digital alegado* nos autos do processo. Eis a dicção do referido dispositivo legal:

> Art. 429. Incumbe o ônus da prova quando:
>
> I - se tratar de falsidade de documento ou de preenchimento abusivo, à parte que a arguir;
>
> II - se tratar de impugnação da autenticidade, à parte que produziu o documento.

Por isso, afirmei anteriormente que, se a parte contra quem se faz a juntada de um documento, *não impugna a assinatura* ou mesmo a reconhece, tendo o confeccionado ou simplesmente subscrito esse documento (art. 410, II, do CPC), passa a recair sobre seus ombros um pesado encargo probatório, em conformidade com o art. 429, I, do CPC. Com efeito, disciplina o art. 412 do CPC que o documento particular "de cuja autenticidade não se duvida prova que o seu autor fez a declaração que lhe é atribuída".

Destarte, a *primeira regra* sobre ônus probatório em matéria de provas digitais, é esta: se a parte contra a qual se produziu uma prova digital não impugna sua assinatura, mas *apenas o seu conteúdo*, é dela o ônus da prova. Nesse caso, o que a parte certamente alegará é a *falta de integridade* da prova digital, que esta foi adulterada ou até mesmo que está incompleta – por exemplo, na juntada de *printscreen* de conversas de *WhatsApp*. Em conjunto ou separadamente, poderá alegar a *quebra da cadeia de custódia* quando da extração digital do banco de dados, e, nesse caso, o ônus da prova *também será seu.*

Em suma, se a parte contrária alegar *adulteração* das informações contidas em qualquer prova digital, dela será o *encargo de provar* que, de fato, isso ocorreu, mediante a juntada do (documento) original, da prova por completo (conversações, por exemplo), prova pericial ou até mesmo com o requerimento de *expedição de ofícios* a empresas que guardam os dados de onde foi extraída a prova digital, em regra, os provedores de conexão e/ou de aplicação da *internet.*

Agora, já afirmei também que, se determinada pessoa, natural ou jurídica, argumentar nos autos do processo que *alguém se utilizou indevidamente* do cartão ou *pen drive* que contém a chave de sua assinatura, *dela será* o pesado encargo de demonstrar que isso realmente aconteceu. Ora, nas relações jurídicas em geral há um imperativo de que se deve prestigiar a *boa-fé objetiva* de quem confiou naquela assinatura, pois, até prova em contrário, presume-se que foi aposta no documento pela única pessoa que a poderia "deter".

De outra mirada, se a parte contra quem se faz a juntada de uma prova digital – documento em sentido estrito ou *lato sensu*, como já visto – *não reconhece* sua assinatura ou *nega a autoria* do fato digital, de modo a gerar dúvida objetiva sobre quem realmente o praticou, o *ônus de provar* a ocorrência do fato digital, bem como de sua autoria, é de *quem o alega*, em conformidade com o art. 429, II, do CPC. Nesse caso, até se pode considerar que o fato digital, por mais forte razão, será definido como o fato constitutivo do direito do demandante, como ocorre numa ação de indenização por dano moral. Se o autor da demanda não comprovar, robustamente, que o fato digital *realmente existiu* e que o réu foi a pessoa *que o praticou* – por exemplo, um ilícito trabalhista consistente na *ofensa à honra* por meio de conversas de *WhatsApp* ou de publicações em mídias sociais como o *Facebook*, o *Instagram* e outras –, terá seu pedido julgado improcedente.

Em suma, negada a prática do ilícito ou negada sua autoria – uma *negativa absoluta*, portanto –, *de quem alega* o fato digital será o encargo probatório. Nesse caso, a parte terá que demonstrar o teor da prova digital e que a parte contrária realmente praticou o ato ou fato jurídico, que assinou o documento digital, que viajou a passeio quando estava de licença por atestado médico e uma infinidade de outras situações já analisadas no capítulo anterior.

Como não tenho a menor pretensão de esgotar um tema tão amplo, complexo e novo no mundo jurídico, penso que, com estas linhas, já poderá o ator jurídico – sobretudo os advogados – traçar uma *boa estratégia* em matéria de prova digital, a qual deverá angariar a *confiança* de seu(s) destinatário(s).

7.10.15. Últimas considerações sobre a casuística

Três considerações finais no estudo da *casuística* sobre o ônus da prova.

A *primeira* diz respeito à *importância dos documentos* para a empresa, porque eles formam o que se denomina de *prova pré-constituída*. Quando o empregador apresenta documentação idônea nos autos do processo, o reclamante terá de produzir prova robusta em sentido contrário. Como já afirmamos em capítulo anterior deste Manual, o empregador não pode se descuidar da prova documental, ainda que ela possa ser questionada na Justiça do Trabalho. Com efeito, o direito material do trabalho exige farta documentação dos fatos que ocorrem durante a relação de emprego e a jurisprudência tem se firmado no sentido de que, tendo o empregador a obrigação de documentação, o ônus da prova primário é dele em relação aos fatos controvertidos. Daí a importância de se juntar aos autos todos os recibos de pagamento e todos os cartões de ponto, se a empresa contava com mais de vinte empregados.

Apresentados os documentos, o ônus da prova passa a ser *todo do reclamante*, caso os impugne, tendo de produzir prova convincente de que, em verdade, os documentos não correspondem à realidade.

A *segunda observação* diz respeito a *quais fatos o juiz considera* para a definição e/ou inversão do ônus da prova na audiência trabalhista. Por óbvio, não é razoável que o juiz defina essas questões em relação a todos os fatos controvertidos, tampouco que proceda à oitiva na ordem clássica (autor, réu, testemunhas do autor, testemunhas do réu) quanto aos fatos cujo ônus da prova seja do reclamante, e depois inverta o ônus da prova e a ordem dos depoimentos em relação aos fatos cujo ônus seja do reclamado. É bom que o advogado saiba: o juiz define e/ou inverte o ônus da prova *em relação ao(s) fato(s) mais importante(s) da controvérsia (fato nuclear)*, seja fato constitutivo, exceção substancial ou fato contraposto. Por exemplo, havendo negativa de vínculo empregatício, por ser o reclamante *autônomo*, esse é o fato mais importante de toda a controvérsia; havendo alegação de *justa causa*, essa exceção substancial certamente será a mais destacada entre os fatos que merecem instrução, e assim por diante.

> O juiz define e/ou inverte o ônus da prova em relação ao fato mais importante (nuclear) da controvérsia, seja fato constitutivo, exceção substancial ou fato contraposto.

Por fim, de se ressaltar a importância de o advogado *sopesar*, em razão dos *honorários de sucumbência* que são exigíveis após a vigência da Lei da Reforma Trabalhista, *os riscos* diante da definição e/ou possibilidade de inversão do ônus de prova, verificando com cautela as provas que ele tem a seu dispor a fim de se desincumbir do ônus do seu cliente, em relação a cada um dos pedidos formulados na demanda trabalhista. Em muitas ocasiões, o *acordo* será o *melhor negócio.*

7.11. SÚMULAS DO TST A RESPEITO DE PRESUNÇÕES E ÔNUS DA PROVA

Para fechar com chave de ouro nosso longo estudo de ônus da prova, convém analisar a jurisprudência do TST sobre a matéria, principiando pelas considerações sobre as súmulas mais expressivas. Um breve escorço sobre as que seguem: Súmulas n. 6, 12, 32, 43, 212, 287, 338, 443, 460 e 461 – boa parte dos comentários sobre estas súmulas está amparada na excepcional obra de Élisson Miessa e Henrique Correia (MIESSA; CORREIA, 2018, p. 134-136, 370, 949-952, 1615-1626 e 1629-1631), com minhas considerações e acréscimos.

7.11.1. Súmula n. 6, VIII

Esta súmula é uma das mais extensas do TST, abordando inúmeros temas. No que toca ao ônus da prova, o item VIII da súmula enuncia: "*É do empregador o ônus da prova do fato impeditivo, modificativo ou extintivo da equiparação salarial"*. Na prática, o enunciado do verbete não diz nada de concreto, pois não explica quais seriam esses fatos impeditivos, modificativos ou extintivos da equiparação salarial. Ademais, qual seria o fato constitutivo do direito à equiparação salarial?

Penso que compete ao reclamante provar apenas o fato constitutivo do alegado direito, qual seja, a *identidade de função*. Os demais elementos factuais previstos no art. 461 da CLT – trabalho de igual valor, mesmo empregador, mesma localidade, não existência de quadro de carreira, diferença de tempo na função não superior a dois anos – são *presumidos*, a partir da demonstração da referida identidade. Assim, a alegação de ausência desses requisitos caracteriza-se como fato *impeditivo* à aquisição do direito, pelo que o ônus da prova cabe *ao empregador*, nos exatos termos do art. 818, II, da CLT.

A boa doutrina ampara essa tese:

> A doutrina diverge quanto à definição de tais fatos, sendo majoritariamente aceito que o **fato constitutivo da equiparação salarial é a identidade de função**. (...) Assim, cabe ao empregado comprovar que sua função é idêntica à do paradigma.
>
> Os **fatos impeditivos**, por sua vez, serão: 1) diferença de produtividade e perfeição técnica (ausência de trabalho de igual valor); 2) diferença de tempo de serviço na função superior a 2 anos; 3) diferença de tempo de serviço para o empregador superior a 4 anos; 4) estabelecimentos empresariais distintos; 5) quadro organizado em carreira ou adotar plano de cargos e salários em norma interna da empresa ou negociação coletiva; 6) trabalhador readaptado em nova função, nos termos do § 4º, do art. 461 da CLT; 7) diferença salarial decorrente de decisão judicial fincada em vantagem pessoal, tese superada pela jurisprudência da Corte Superior ou na hipótese de equiparação salarial em cadeia.
>
> Os **fatos extintivos** da equiparação salarial podem ser: 1) pagamento das diferenças salariais pleiteadas; 2) o reclamante receber valor maior que o paradigma; 3) prescrição, que, nos termos do item IX dessa súmula, será parcial.
>
> No que se refere aos **fatos modificativos**, conquanto alguns doutrinadores incluam nessa nomenclatura, por exemplo, o quadro de carreira, pensamos que tais fatos são restritos na equiparação salarial, podendo estar ligados ao pagamento parcial das diferenças.
>
> Registra-se, por fim, que, independentemente da distribuição utilizada, certo é que a prova dos fatos impeditivos, modificativos e extintivos fica a cargo do empregador, enquanto o autor deverá comprovar os fatos constitutivos (MIESSA; CORREIA, *cit.*).

7.11.2. Súmula n. 12

A Súmula n. 12, como é sabido, trata da presunção relativa das anotações efetivadas na CTPS do trabalhador. Eis sua dicção: "*As anotações apostas pelo empregador na carteira profissional do empregado não geram presunção 'juris et de jure', mas apenas 'juris tantum'*".

No mesmo sentido, a Súmula n. 225 do STF: "*Valor Probatório das Anotações da Carteira Profissional. Não é absoluto o valor probatório das anotações da carteira profissional*".

Destarte, o trabalhador pode alegar vários fatos que contrariem o quanto anotado na CTPS, unilateralmente, pelo empregador. Contudo, *dele será o ônus da prova*, devendo produzir prova robusta, por exemplo, de que foi admitido antes da data constante da CTPS, ou de que recebia salário "por fora".

7.11.3. Súmula n. 32

Diz esta Súmula: "*Presume-se o abandono de emprego se o trabalhador não retornar ao serviço no prazo de 30 dias após a cessação do benefício previdenciário nem justificar o motivo de não o fazer*".

Aqui, temos um caso de *presunção relativa* de abandono de emprego. De se recordar que esse abandono se trata de uma figura de *justa causa* e, quanto a esta, o ônus da prova será *sempre* do empregador. Assim, a despeito da presunção e da própria súmula, convém que o reclamado produza prova oral complementar, para deixar evidenciado o abandono.

Ademais, para a caracterização desta figura legal de justa causa, devem ser comprovados os requisitos *objetivos* e *subjetivos* apontados pela doutrina. Os *objetivos* são estes: a) vigência da obrigação de prestar serviço, pois se o empregado está no gozo de férias, ou afastado para a prestação de serviço militar ou de outro encargo público (art. 472 da CLT), por exemplo, não há como dele se exigir prestação de labor; b) ausência continuada, vale dizer, ininterrupta, porque se o empregado alterna faltas e presenças, não se pode falar em abandono de emprego; c) ausência prolongada, visto que, conforme entendimento jurisprudencial, para que se configure o abandono, é necessário que a ausência se dê por um período superior a trinta dias, por analogia às disposições contidas nos arts. 474 e 853 da CLT. Já o requisito *subjetivo* é o propagado *animus* de abandonar o emprego, a intenção de não mais prestar serviços ao empregador. Se comprovada a ausência do empregado por mais de trinta dias, *presume-se* que ele pretendeu abandonar o emprego. Se não comprovado tal período, cabe ao empregador produzir *prova robusta* de que houve a intenção do trabalhador em não mais lhe prestar serviços, para que o juízo forme o convencimento a respeito da presença do elemento intencional.

Enfim, como aponta a doutrina, "a Nova Lei dos Domésticos (LC nº 150/2015) estabeleceu de forma clara o prazo de, pelo menos, 30 dias para que o abandono seja configurado, mesmo prazo que já é aplicado pelo TST para os demais empregados" (MIESSA; CORREIA, *cit.*).

7.11.4. Súmula n. 43

Esta Súmula trata de transferência abusiva. Confira-se: "*Presume-se abusiva a transferência de que trata o § 1º do art. 469 da CLT, sem comprovação da necessidade do serviço*".

Assim, para que o empregador possa efetuar a *transferência do empregado* para outro local se exige a anuência deste ou a demonstração de que havia previsão contratual ou, ainda, de que isso era absolutamente necessário por conta dos próprios serviços prestados. Vejamos o que diz a doutrina:

> Como visto, a transferência será possível desde que tenha anuência do empregado. O requisito previsto no art. 469 da CLT é o prévio consentimento do empregado.
>
> Ocorre que o empregador deverá fundamentar a decisão em transferir o empregado. É um dos raros casos em que o empregador deverá motivar sua decisão. (...)
>
> Esse posicionamento da Súmula nº 43 tem por finalidade evitar atos arbitrários em face do trabalhador. A transferência não poderá ser ferramenta punitiva, portanto. Caso não seja fundamentada, a transferência será considerada abusiva, possibilitando ao empregado pleitear a rescisão indireta com base no art. 483, *d*, da CLT (MIESSA; CORREIA, *cit.*).

7.11.5. Súmula n. 212

De se observar que esta Súmula trata de ônus da prova em relação a dois fatos: (i) prestação de serviços; e (ii) extinção do contrato de trabalho. E menciona *expressamente* o instituto do ônus da prova. Vejamos:

> O ônus de provar o término do contrato de trabalho, quando negados a prestação de serviço e o despedimento, é do empregador, pois o princípio da continuidade da relação de emprego constitui presunção favorável ao empregado.

De saída, convém apontar o equívoco do verbete no que se refere à prestação de serviços. Ora, como visto anteriormente, se o reclamado nega expressamente a prestação de serviços por parte do reclamante, faz uma *negativa absoluta* e dele não se pode exigir prova, que seria diabólica. Por outro lado, no que se refere à extinção do contrato de trabalho, perfeito o raciocínio jurídico explanado na súmula, pois, pelo *princípio da continuidade da relação de emprego*, presume-se, sempre, a dispensa imotivada do trabalhador. Daí que compete ao empregador o ônus da prova do fato *impeditivo* do direito ao recebimento das verbas rescisórias específicas, pois se ele alega que não houve despedimento, é porque ocorreu outro fato: (i) a demissão do empregado, (ii) a justa causa ou (iii) o término do contrato a prazo, todos *fatos impeditivos*, como já estudado.

Poder-se-ia argumentar que, a se pensar assim, o empregador teria que produzir prova de fato negativo. Ocorre que é plenamente possível exigir-se prova desse fato (negativa relativa), como vimos anteriormente. A propósito, veja-se a boa doutrina:

> Poder-se-ia invocar que a negação da prestação de serviços e do despedimento são fatos negativos e, portanto, não deveriam ser provados.
>
> É verdade que durante muito tempo afirmou-se que os fatos negativos não precisavam ser provados (*negativa non sunt probanda*), vez que o ônus seria daquele que alegava o fato e não do que o negava.
>
> (...)
>
> No entanto, não são todos os fatos negativos que dependem de prova, mas aqueles que decorrem de negativas relativas.
>
> Distinguem-se, pois, as negativas absolutas das negativas relativas.
>
> A **negativa absoluta** é a alegação pura da não existência do fato, sendo **indefinido** no tempo e/ou no espaço. É o que ocorre, por exemplo, quando o empregado diz que laborou para determinada empresa e esta simplesmente nega a prestação dos serviços ou, ainda, quando se alega que nunca viu determinada pessoa. Nesses casos, por ser indefinida a negação, ela não depende de prova.
>
> (...)
>
> Já a **negativa relativa** é a "afirmação de um não-fato, definido no tempo e/ou no espaço, justificada pela ocorrência de um fato positivo."

> Exemplos: empregado não sofreu o acidente na empresa, porque naquele momento ele estava fazendo um curso em outra cidade; o carro não era azul, o que significa que, implicitamente, está alegando que era vermelho, amarelo; o empregador nega o despedimento, invocando, consequentemente, o fato positivo de o empregado ter pedido demissão ou abandonado o emprego.
>
> Percebe-se nessa hipótese que a negação gera um fato determinado, capaz de ser demonstrado.
>
> A propósito, no fato negativo a prova será indireta, ou seja, prova-se o fato positivo capaz de afastar o outro fato (ex: que o curso ocorreu na outra cidade; que o carro é amarelo; que o empregado pediu demissão ou abandonou o emprego).
>
> (...)
>
> Conclui-se, portanto, que, havendo mera negação da prestação do serviço, o ônus de provar a relação de emprego é do autor (reclamante). Por outro lado, negada a prestação do serviço e cumulativamente o despedimento, o ônus da prova é do empregador (MIESSA; CORREIA, *cit.*).

7.11.6. Súmula n. 287

Esta é uma súmula bem desfavorável ao trabalhador, pois cria uma presunção que *beneficia* os bancos, ao dizer que o gerente geral de agência bancária não tem direito ao regime de duração do trabalho, pois no caso *se presume* o "exercício de encargo de gestão". De se conferir:

> A jornada de trabalho do empregado de banco gerente de agência é regida pelo art. 224, § 2º, da CLT. Quanto ao gerente-geral de agência bancária, presume-se o exercício de encargo de gestão, aplicando-se-lhe o art. 62 da CLT.

Ocorre que, como visto anteriormente, quando o reclamado alega qualquer *exceção substancial*, é dele o ônus da prova por alegar, em regra, um fato *impeditivo* do direito do reclamante. Ora, quando o empregador alega que o demandante não faz jus a horas extras por ser o gerente-geral da agência (art. 62, II, da CLT), é dele o ônus de provar *robustamente* esse fato, que é bem complexo. Não se deveria, portanto, criar presunção, ainda que relativa, para facilitar a prova por parte de instituições bancárias, que gozam do *mais amplo acesso* possível à prova. Até porque essa presunção favorável ao banco joga sobre as costas do gerente um encargo de prova muito *desproporcional*.

Ora, o gerente (art. 62, II), ao qual se equiparam os diretores e chefes de departamento ou filial, por força da própria lei, é aquele que desfruta de posição *singular* na empresa, com o *efetivo* exercício dos poderes diretivo e disciplinar, inerentes à própria pessoa do empregador. A ilação é de que, em verdade, ele *se substitui* ao próprio empregador. Ele tem poderes de gestão, ou seja, pode admitir e despedir funcionários, pagá-los, adverti-los, suspendê-los, puni-los, pois todos estes lhe são subordinados; pode, ainda, fazer compras ou efetuar vendas em nome do empregador, conforme o caso.

Contudo, não basta a prova de que o gerente estava investido de mandato na forma legal e de que percebia salário – ou gratificação de função – pelo exercício do cargo de confiança de no mínimo 40% (quarenta por cento) do salário normal. É *imprescindível* a prova *convincente* de que o gerente agia, de fato, como se fosse o próprio empregador, de que era o seu *alter ego.*

Agora, ao se criar uma presunção favorável aos bancos, toda a demonstração desses fatos que configuram, em última análise, o *fato complexo* do cargo de gerência, fica muito facilitada para as instituições bancárias.

Sobre o encargo de gestão e as suas repercussões nos direitos do gerente geral de agência, veja-se o que diz a boa doutrina:

> [...] se se tratar de **gerente-geral de agência bancária**, cujos poderes equiparam-se ao próprio empregador – tomar decisões importantes para o andamento da empresa, contratar e dispensar empregados, por exemplo – não terá nenhuma limitação de jornada, aplicando-se o art. 62, II, da CLT. Assim, ainda que seja determinada a realização de cursos fora do expediente, não será devido pagamento de adicional de horas extras. O gerente-geral, como visto, possui confiança excepcional, sendo a "autoridade máxima" dentro da agência. Ressalta-se que a presunção da existência de poderes de gestão é relativa, ou seja, caberá prova em contrário durante a instrução do processo.
>
> Importante frisar que o bancário que exerce o cargo de gerente geral de agência, por estar enquadrado no art. 62, II, da CLT, **não tem direito ao pagamento do adicional de 50% devido na hipótese de não concessão ou da concessão parcial do intervalo intrajornada**. Tal intervalo está previsto no Capítulo II do Título II da CLT (Da Duração do Trabalho), o qual, nos termos do "caput" do art. 62 da CLT, não se aplica aos empregados que exercem cargo de gestão, em razão da dificuldade ou da impossibilidade de controle de horário.
>
> Cabe ressaltar que é incompatível com a função de gerente-geral da agência o seu controle de horário. Se houver a exigência de cumprimento de horário ou a necessidade de autorização para se ausentar do serviço,

deixa de ser a "autoridade máxima" da agência, submetido ao art. 62 da CLT, passando a ter jornada de 8 horas diárias.

Em 17/11/2016, o TST decidiu que o empregado que exerce cargo de gestão e não está submetido ao controle de jornada (art. 62, II, CLT) deve ter assegurado o gozo do repouso semanal remunerado e da folga em feriados. Caso o empregado não usufrua desse direito ou não haja folga compensatória, deve receber a remuneração em dobro dos dias trabalhados. De acordo com o tribunal, o objetivo do art. 62, II, CLT é excluir o pagamento de horas extras ao trabalhador ocupante de cargo de confiança, mas isso não retira o direito constitucionalmente assegurado ao repouso semanal remunerado.

Em resumo, a súmula distingue o gerente de agência – função de chefia e confiança – com jornada de 8 horas diárias, do gerente-geral de agência, sem nenhuma limitação de jornada (art. 62, II, da CLT) (MIESSA; CORREIA, *cit.*).

7.11.7. Súmula n. 338

A Súmula n. 338 é, sem margem a dúvida, a *mais importante* do TST a respeito de *ônus da prova* e, por isso, foi tantas vezes mencionada neste Manual. Vale a pena sua transcrição, para os posteriores comentários:

> Jornada de trabalho. Registro. Ônus da prova
>
> I - É ônus do empregador que conta com mais de 10 (dez) empregados o registro da jornada de trabalho na forma do art. 74, § 2º, da CLT. A não-apresentação injustificada dos controles de frequência gera presunção relativa de veracidade da jornada de trabalho, a qual pode ser elidida por prova em contrário.
>
> II - A presunção de veracidade da jornada de trabalho, ainda que prevista em instrumento normativo, pode ser elidida por prova em contrário.
>
> III - Os cartões de ponto que demonstram horários de entrada e saída uniformes são inválidos como meio de prova, invertendo-se o ônus da prova, relativo às horas extras, que passa a ser do empregador, prevalecendo a jornada da inicial se dele não se desincumbir.

De partida, esta Súmula terá de ser adequada à alteração do art. 74 da CLT, pois, como já ressaltei anteriormente, a Lei n. 13.874/2019 – Lei da liberdade econômica – alterou este dispositivo legal, para exigir controle de jornada apenas das empresas que possuírem mais de 20 (vinte) empregados. Veja-se a nova redação do art. 74 e §§:

Art. 74. O horário de trabalho será anotado em registro de empregados.

§ 1º (Revogado).

§ 2º Para os estabelecimentos com mais de 20 (vinte) trabalhadores será obrigatória a anotação da hora de entrada e de saída, em registro manual, mecânico ou eletrônico, conforme instruções expedidas pela Secretaria Especial de Previdência e Trabalho do Ministério da Economia, permitida a pré-assinalação do período de repouso.

§ 3º Se o trabalho for executado fora do estabelecimento, o horário dos empregados constará do registro manual, mecânico ou eletrônico em seu poder, sem prejuízo do que dispõe o caput deste artigo.

§ 4º Fica permitida a utilização de registro de ponto por exceção à jornada regular de trabalho, mediante acordo individual escrito, convenção coletiva ou acordo coletivo de trabalho.

Destarte, a partir de 20-9-2019, data do início da vigência da referida lei, o juiz *não poderá inverter o ônus da prova* para as empresas que possuírem até vinte empregados. Contudo, o advogado do trabalhador deve estar atento para o *direito intertemporal*, porque, para os períodos anteriores a 20-9-2019, se a empresa possuía mais de dez empregados, dela era exigível a documentação, em cartões de ponto, da jornada de trabalho praticada por seus empregados.

Talvez fosse suficiente o quanto já explanado neste capítulo a respeito da Súmula n. 338 do TST, especialmente quanto à *inversão do ônus da prova*. Contudo, para enriquecer este Manual, vale a pena trazer à baila o que pensa a doutrina acerca do item I da referida súmula:

Além disso, é válido destacar que o posicionamento do C. TST deixa claro que há presunção apenas **relativa** de veracidade. Logo, o empregador poderá fazer prova em sentido contrário. Atente-se, porém, para o fato de que a **não apresentação deve ser justificada**, como indica corretamente este item sumular, sob pena de sepultar a obrigatoriedade de anotação disposta no art. 74, § 2º, da CLT. Desse modo, o empregador poderá não apresentar os cartões de ponto quando, por exemplo: **a)** comprovar que o trabalhador prestava serviços externos incompatível com a fixação de horário de trabalho, conforme art. 62 da CLT; **b)** comprovar que não os apresentou por motivo de força maior, como enchente, incêndio etc.

Aliás, não gerarão presunção relativa de veracidade os fatos que "não parecem verossímeis segundo o que ordinariamente acontece ou fora do padrão médio da sociedade, e também os fatos impossíveis ou pouco prováveis", tal como prevê o art. 844, § 4º, IV, da CLT. Seria, por exemplo, o fato de o empregado ter trabalhado durante quatro anos, vinte horas por dia, sem um único intervalo. Nesse caso, entende-se que, mesmo diante da ausência dos cartões, não haverá presunção de veracidade nas declarações do empregado.

Antes de finalizarmos os comentários do presente item sumular, necessário analisar se o entendimento preconizado nessa súmula se aplica ao **empregador doméstico e ao empregador do motorista profissional**, especialmente após o advento da Lei Complementar nº 150/15 e da Lei nº 13.103/15.

O art. 12 da LC nº 150/15 declina que "é obrigatório o registro do horário de trabalho do empregado doméstico por qualquer meio manual, mecânico ou eletrônico, desde que idôneo". Vê-se por tal dispositivo que, independentemente do número de empregados, o legislador impôs ao empregador doméstico o dever de documentação.

Isso se justifica, porque inexistindo a anotação da jornada, como regra, estar-se-á diante de uma prova diabólica, entendida como aquela que é impossível ou muito difícil de ser realizada. A prova será diabólica tanto para o empregado como para o empregador.

Para o empregado essa prova é muito difícil porque, em regra, trabalha sozinho. Além disso, as pessoas que frequentam a residência pertencem ao círculo social do empregador, não apresentando simpatia ao pleito obreiro para prestar testemunho com isenção.

Por outro lado, o empregador terá dificuldades porque as testemunhas serão, em regra, suspeitas ou impedidas, podendo, no máximo, serem ouvidas como informantes.

Reconhecendo essa dificuldade, o legislador passa a prever o dever de documentação, impondo ao empregador a necessidade de anotar a jornada do obreiro, afastando assim a prova diabólica e conferindo ao empregador melhor aptidão para a produção da prova.

Ademais, esse entendimento deverá ser estendido também aos motoristas profissionais, em decorrência do art. 2º, V, "b", da Lei nº 13.103/15 que estabelece como direito dos motoristas empregados "ter jornada de trabalho controlada e registrada de maneira fidedigna mediante anotação em diário de bordo, papeleta ou ficha de trabalho externo, ou sistema e meios eletrônicos instalados nos veículos, a critério do empregador".

No entanto, sendo certo que a presente súmula não teve como base o empregado doméstico nem os motoristas profissionais, até porque não havia a LC nº 150/15 e a Lei nº 13.103/15 na época da sua criação, pensamos que eles não estão inseridos na *ratio decidendi* (fundamento determinante) desta súmula. Isso significa que, para o empregador doméstico e o empregador do motorista profissional, o magistrado poderá utilizar a súmula em comentário de forma persuasiva, mas em cada caso concreto deverá proferir decisão fundamentada antes da instrução processual, a fim de impor o ônus ao empregador. Assim não agindo, incidirá a teoria estática e, por ser fato constitutivo, o ônus será do empregado (MIESSA; CORREIA, *cit.*).

Sobre o item III da Súmula, de se ver:

Como visto no item I, a prova de que houve trabalho extraordinário fica a cargo do trabalhador, pois se trata de fato constitutivo de seu direito. No entanto, em duas hipóteses, o C. TST confere ao empregador o ônus de provar a jornada do obreiro, sob pena de prevalecer a alegada na inicial.

(...)

A segunda ocorre quando os cartões de ponto demonstrem horários de entrada e saída uniformes. Nesse caso, há o chamado "horário britânico", que consiste na ausência de variação no horário da entrada e saída dos trabalhadores, levando à conclusão de que os cartões são forjados/fabricados, pois é praticamente impossível um trabalhador, por exemplo, chegar exatamente às 8h e sair pontualmente às 17h durante anos em que permaneceu na empresa. Nesse caso, como dito, prevalecerá o horário indicado pelo empregado na petição inicial, caso o empregador não se desincumba por outro meio de prova.

No ensejo, cumpre trazer em relevo discussão existente sobre a possibilidade de anotações realizadas no cartão de ponto por terceiro e não assinadas pelo empregado.

Há posicionamento, especialmente no TST, admitindo tal possibilidade, pois não há previsão em lei que determine a assinatura pelo próprio trabalhador. Outro posicionamento, seguido por alguns procuradores do Trabalho, inclusive para evitar fraudes, determina que assinatura do cartão é ato exclusivo do trabalhador, não podendo ser delegado a outras pessoas.

Pensamos que os cartões de ponto não assinados pelo empregado **são ineficazes como meio de prova**, uma vez que a força probante dos documentos particulares somente se opera em relação ao signatário (CPC/15, art. 408). Assim, não anotando ou assinando os cartões, não se pode admitir que tais cartões sejam eficazes a fazer prova da jornada do obreiro, salvo se reconhecida sua regularidade pelo próprio trabalhador (MIESSA; CORREIA, *cit.*).

7.11.8. Súmula n. 443: a Lei n. 14.289/2022

Disciplina a referida Súmula:

> Dispensa discriminatória. Presunção. Empregado portador de doença grave. Estigma ou preconceito. Direito à reintegração.
>
> Presume-se discriminatória a despedida de empregado portador do vírus HIV ou de outra doença grave que suscite estigma ou preconceito. Inválido o ato, o empregado tem direito à reintegração no emprego.

Trata-se de uma hipótese claríssima de *presunção* que milita em favor do trabalhador. Basta, portanto, a este comprovar que é portador de uma *doença grave* que suscite nas pessoas "estigma ou preconceito" – como HIV, algumas neoplasias malignas, COVID-19 –, para se presumir, *a partir deste indício*, que a dispensa foi discriminatória. Caberá ao ex-empregador produzir prova robusta de que a dispensa foi lícita, alegando – e provando –, para tanto, problemas financeiros, dispensa de outros trabalhadores na mesma data etc.

De se registrar que em 3-1-2022, muito recentemente, portanto, foi publicada a *Lei n. 14.289*, para estabelecer a "obrigatoriedade de preservação do sigilo sobre a condição de pessoa que vive com infecção pelos vírus da imunodeficiência humana (HIV) e das hepatites crônicas (HBV e HCV) e de pessoa com hanseníase e com tuberculose" (art. 1º). Portanto, se estas doenças são tão graves a ponto de se estipular, por lei, o *direito ao sigilo absoluto* sobre ser a pessoa portadora de quaisquer delas, penso que temos, aí, hipóteses de doenças que causam estigma ou preconceito, motivo pelo qual, sendo o trabalhador dispensado portador de uma delas, já *se presume ser discriminatória* a dispensa. Cabe ao empregador provar o contrário.

Ainda a respeito desta súmula, assim se manifesta a doutrina:

> Há algum tempo, o TST vem decidindo que caracteriza atitude discriminatória o ato da empresa que, já ciente do estado de saúde de trabalhador, dispensa o empregado portador do vírus HIV sem a ocorrência de falta grave. O ato discriminatório do empregador que dispensa em razão da condição peculiar do trabalhador fere diversos preceitos básicos constitucionais, como: **1**. Art. 1, III, da CF estabelece como base de todo ordenamento jurídico o respeito à dignidade da pessoa humana; **2**. Art. 3, IV, da CF prevê que um dos objetivos da República é erradicar qualquer tipo de preconceito e discriminação; **3**. Art. 5, caput, e art. 7 da CF que preveem o princípio da igualdade. E ainda, afronta a legislação infraconstitucional específica, prevista na Lei nº 9.029/1995.

> Ademais, em junho de 2014, foi aprovada a Lei nº 12.984/2014, definindo como crime diversas condutas discriminatórias dos portadores de HIV ou doença de aids.
>
> (...)
>
> É direito potestativo do empregador, dispensar sem justa causa qualquer empregado, exceto aqueles detentores de estabilidade. O portador de doenças graves não possui estabilidade, pois não há previsão em lei nesse sentido. Somente terão direito à estabilidade, portanto, se houver expressa previsão em acordo ou convenção coletiva, ou ainda, regulamento interno da empresa.
>
> O TST, de acordo com a nova Súmula nº 443, presume que, uma vez tomada ciência da enfermidade, toda dispensa sem justa causa de empregados que possuam algum tipo de doença grave, como HIV, é discriminatória. Em razão desse posicionamento do TST, o ônus da prova de que a dispensa não foi arbitrária ou discriminatória passa a ser do empregador. Cabe, portanto, ao empregador provar que a dispensa não possui relação com a enfermidade (presunção relativa) (MIESSA; CORREIA, *cit.*).

7.11.9. Súmula n. 460

Assim enuncia a súmula que trata do ônus da prova em relação ao vale-transporte:

> Vale-transporte. Ônus da prova.
>
> É do empregador o ônus de comprovar que o empregado não satisfaz os requisitos indispensáveis para a concessão do vale-transporte ou não pretenda fazer uso do benefício.

Penso que não é correta essa inversão do ônus da prova, por entendimento sumular, pois seria muito mais lógico exigir do trabalhador a prova "positiva" do preenchimento dos requisitos para a percepção do vale-transporte, do que exigir da empresa a prova do fato negativo, de que aquele não satisfaz esses requisitos. Mas não foi a opção da mais alta Corte trabalhista e, como se vê, com aparente apoio da doutrina:

> Na presente súmula, o C. TST trata do ônus da prova para a concessão do vale-transporte.
>
> (...)
>
> Portanto, para que seja concedido tal benefício impõe-se que o trabalhador necessite de transporte coletivo para se deslocar entre a residência

> e o trabalho e vice-versa. Além disso, o empregado deverá informar ao empregador, por escrito, seu endereço e os serviços e meios de transporte mais adequados ao seu deslocamento residência-trabalho e vice-versa (Dec nº 95.247/87).
>
> Trata-se, pois, de fato constitutivo, porque cria o direito ao recebimento desse benefício.
>
> Nesse contexto, o C. TST, antigamente, na Orientação Jurisprudencial nº 215 da SDI-I do TST estabelecia que era do empregado o ônus de comprovar que satisfazia os requisitos indispensáveis à obtenção do vale-transporte.
>
> Contudo, com o cancelamento da OJ em maio de 2011 (Res. nº 175/2011 do TST), o C. TST alterou seu posicionamento e passou a entender que o ônus da prova na comprovação do não preenchimento dos requisitos indispensáveis à concessão do vale-transporte ou que o empregado não pretenda fazer uso do benefício é do empregador.
>
> Assim agiu, porque só há falar em ônus da prova quando não existir presunção que milita a favor da existência ou da veracidade do fato.
>
> (...)
>
> Assim, sendo presumível que o empregado necessita de transporte coletivo para se deslocar entre sua residência e o trabalho e vice-versa, desnecessária a comprovação do fato constitutivo.
>
> Mesmo que não se admita a existência de referida presunção, não se pode negar que o empregador, por documentar todos os dados do empregado desde o momento da contratação e durante toda a relação de trabalho, tem melhor aptidão para demonstrar se o trabalhador preenche os requisitos para o recebimento do vale transporte, de modo que se transfere tal ônus ao empregador, ante a teoria dinâmica do ônus da prova (MIESSA; CORREIA, *cit.*).

7.11.10. Súmula n. 461

Em relação ao FGTS, veja-se a súmula que trata do ônus da prova respectivo:

> FGTS. Diferenças. Recolhimento. Ônus da prova.
>
> É do empregador o ônus da prova em relação à regularidade dos depósitos do FGTS, pois o pagamento é fato extintivo do direito do autor (art. 373, II, do CPC de 2015).

Particularmente, não penso ser adequada esta súmula, pois o trabalhador *não tem dificuldade* alguma de acesso à prova, para demonstrar que houve irregularidade na realização dos depósitos fundiários por parte da empresa. Basta juntar aos autos *extrato atualizado* de sua conta vinculada. E depósito de FGTS nem de longe corresponde a pagamento, este, sim, um fato extintivo. Tanto que o FGTS se trata de um crédito trabalhista "futuro", em verdade, de um instituto de *natureza multidimensional*, complexa, com uma tríplice relação jurídica: (i) entre empregado e empregador; (ii) entre o empregador e o Estado; (iii) entre o Estado e a comunidade (DELGADO, 2019, p. 1523-1524).

Contudo, não foi a escolha do TST, com o aval da doutrina, ao que parece:

> A presente súmula versa sobre o ônus da prova em relação à regularidade dos depósitos do FGTS.
>
> Inicialmente, o C. TST entendia, na OJ nº 301 da SDI-I, que "definido pelo reclamante o período no qual não houve depósito do FGTS, ou houve em valor inferior, alegada pela reclamada a inexistência de diferença nos recolhimentos de FGTS, atrai para si o ônus da prova, incumbindo-lhe, portanto, apresentar as guias respectivas, a fim de demonstrar o fato extintivo do direito do autor (art. 818 da CLT c/c art. 333, II, do CPC)". Impunha-se, portanto, que o reclamante definisse o período no qual não tinham ocorridos os depósitos ou tinham sido realizados em valor inferior.
>
> Referida orientação foi cancelada em maio de 2011 (Res. nº 175/2011 do TST), passando-se a entender que, independentemente de especificação pelo empregado do período da alegada falta ou diferença de recolhimento do FGTS, ou seja, mesmo quando este alegar de forma genérica a falta ou a diferença de recolhimento do FGTS, dando origem à presente súmula.
>
> Essa modificação de entendimento decorre do dever de documentação que o empregador possui na manutenção dos comprovantes de depósitos referentes ao FGTS de seus empregados, já que o depósito da parcela do FGTS na conta vinculada do empregado constitui sua obrigação legal.
>
> Ademais, a alegação de ausência de irregularidades nada mais é do que arguição de pagamento que é fato extintivo do direito do reclamante, impondo ao reclamado demonstrá-lo, por força do art. 818, II, da CLT (MIESSA; CORREIA, *cit.*).

Nesse sentido, também, a jurisprudência do TRT da 15ª Região (Súmula n. 56):

> *56 - "**DEPÓSITOS DE FGTS. ÔNUS DA PROVA.** Em decorrência do princípio da aptidão da prova, cabe ao empregador o ônus de comprovar a regularidade dos depósitos de FGTS, incumbindo ao empregado apontar eventuais diferenças, ainda que por amostragem".* (RESOLUÇÃO ADMINISTRATIVA Nº 005/2016, de 30 de março de 2016 - *Divulgada no D.E.J.T de 01/04/2016, págs. 01 e 02; D.E.J.T de 04/04/2016, págs. 01 e 02; D.E.J.T de 05/04/2016, pág. 01)*

Esgotada a análise das principais súmulas do E. TST que tratam especificamente de presunções e ônus da prova, penso ser suficiente, para terminar este longo capítulo, um aporte de *jurisprudência selecionada* daquele Tribunal, por ser muito elucidativa. É o que virá no próximo item.

7.12. JURISPRUDÊNCIA DO TST A RESPEITO DA TEMÁTICA

Como é sabido, a jurisprudência do E. TST é riquíssima quanto à temática do ônus da prova. Seria possível até mesmo a edição de um livro exclusivamente a esse respeito, com comentários sobre o teor dos julgados e das ementas.

Contudo, por se tratar este Manual de uma obra na qual pretendemos colacionar apenas matérias importantes para que os atores jurídicos tenham mais facilidade ao desempenhar seu importante papel na audiência trabalhista, selecionamos *três ementas* que praticamente são autoexplicativas sobre o temível instituto do ônus da prova. Vejamos:

> EMBARGOS REGIDOS PELA LEI Nº 13.015/2014. HORAS EXTRAS. VENDEDOR. TRABALHO EXTERNO. POSSIBILIDADE DE CONTROLE DE JORNADA. NORMA COLETIVA. APURAÇÃO DAS HORAS EFETIVAMENTE TRABALHADAS. Inicialmente, registra-se que, em regra, não se pode conhecer de embargos por contrariedade à Súmula nº 126 do TST, visto que, na lei em regência, em que a SbDI-1 tem função exclusivamente uniformizadora, não é possível conhecer do recurso de embargos por contrariedade a súmula de natureza processual, salvo se, da própria decisão embargada, verificar-se afirmação dissonante do teor do respectivo verbete apontado, o que não é o caso dos autos. Por outro lado, não há falar em contrariedade à Súmula nº 338, itens I e II, do Tribunal Superior do Trabalho. Os precedentes que ensejaram a edição do verbete revelam o entendimento de que o artigo 74, § 2º, da CLT traduz a necessidade do empregador que conta com mais de 10 empregados de pré-constituir prova e

apresentá-la em Juízo, sob pena de se erigir presunção relativa do que foi alegado na inicial. Por outro lado, dessume-se dos referidos precedentes que não foi prevista a hipótese em que o empregado se sujeitava a labor externo, conforme disposição do artigo 62, inciso I, da CLT. Contudo, essa peculiaridade não afasta, automaticamente, o entendimento sufragado no item I da Súmula nº 338 desta Corte. Trata-se de utilizar o *distinguishing* como método de comparação (*distinguishing*-método) entre o caso concreto e aquele que ensejou o precedente a fim de aferir a possibilidade de aplicação da mesma tese jurídica outrora firmada. Nesses casos, havendo peculiaridade que distinga os casos, pode o julgador conferir à *ratio decidendi* do precedente uma interpretação restritiva (*restrictive distinguishing*) quando concluir que a distinção impede a aplicação do precedente, caso em que não se vinculará à tese jurídica anterior, ou ele pode estender ao caso o mesmo entendimento do precedente (*ampliative distinguishing*), por entender aplicável a tese, a despeito das distinções verificadas. Com efeito, o *ampliative distinguishing* tem por escopo conferir tratamento isonômico entre as partes, velando pela realização do princípio da igualdade, valor constitucional tutelado pelo sistema de precedentes, universalizando o precedente ao adotar a mesma *ratio decidendi* para casos não absolutamente iguais, mas cujos fatos fundamentais sejam idênticos ou similares. Nesse contexto, a fim de conferir tratamento isonômico aos jurisdicionados, faz-se necessário aplicar ao caso o mesmo entendimento consubstanciado na Súmula nº 338, item I, desta Corte, diante da identidade dos fatos fundamentais deste caso com os precedentes que informaram a sua edição. Assim, conferido o equivocado enquadramento do autor na exceção do artigo 62, inciso I, da CLT e, consequentemente, descumprida a determinação do artigo 74, § 2º, da CLT, faz-se necessária a inversão do ônus da prova, a cargo do empregador, nos termos da Súmula nº 338, item I, desta Corte, quanto à delimitação da efetiva jornada de trabalho cumprida pelo empregado.

Embargos não conhecidos.

Vistos, relatados e discutidos estes autos de Embargos em Embargos de Declaração em Recurso de Revista nº TST-E-ED-RR-20-26.2014.5.08.0107, em que é Embargante COMPAR COMPANHIA PARAENSE DE REFRIGERANTES e Embargado WILLIAM MARQUES GUILHERME RIBEIRO. (Relator Ministro José Roberto Freire Pimenta, SBDI-I, DEJT: 20.04.2018)

Que ementa interessantíssima, trabalhando com maestria a ideia de precedentes, *ratio decidendi* e demais conformações dos institutos, para concluir que, se o empregador considerou, de maneira equivocada, o trabalhador como inserido na *exceção substancial* do art. 62, inciso I, da CLT, de se definir que, então, pelas exigências da prova pré-constituída (art. 74, § 2º, da CLT), ele teria que exibir no processo os cartões de ponto do reclamante. Se não o fez – e nem poderia fazê-lo, por ter aplicado (mal) a exceção –, o resultado processual é o da *inversão do ônus da prova*, nos termos da Súmula n. 338, item I, do TST. Os acórdãos do Ministro José Roberto Freire Pimenta são sempre uma aula do bom Direito.

> RESPONSABILIDADE SUBSIDIÁRIA. ENTE PÚBLICO. CONDUTA CULPOSA. INVERSÃO DO ÔNUS DA PROVA. VIOLAÇÃO DOS ARTIGOS 818 DA CLT E 373 DO NCPC. CONTRARIEDADE À SÚMULA 331, V. PROVIMENTO. O Supremo Tribunal Federal, no julgamento da ADC nº 16, ao declarar a constitucionalidade do artigo 71, § 1º, da Lei nº 8.666/1993, firmou posição de que o mero inadimplemento das obrigações trabalhistas por parte da empresa prestadora de serviços não transfere à Administração Pública, de forma automática, a responsabilidade pelo pagamento do referido débito. Ressaltou, contudo, ser possível a imputação da mencionada responsabilidade, quando evidenciada a sua conduta culposa, caracterizada pelo descumprimento de normas de observância obrigatória, seja na escolha da empresa prestadora de serviços (*culpa in eligendo*) ou na fiscalização da execução do contrato (*culpa in vigilando*).
>
> O STF ainda vem decidindo que a inversão do ônus da prova em favor do empregado, com a consequente responsabilização do ente público é inadmissível, uma vez que a responsabilidade da Administração deve estar devidamente demonstrada e delimitada pelas circunstâncias do caso concreto, nos termos da decisão proferida na ADC nº 16. Precedentes do STF.
>
> Na hipótese, depreende-se da leitura do acórdão recorrido que o egrégio Tribunal Regional reconheceu a responsabilidade subsidiária da Administração Pública a partir da inversão do ônus probatório, concluindo que o ente público não produziu provas de que houve fiscalização quanto ao cumprimento das obrigações contratuais da primeira reclamada (*culpa in vigilando*), o que configura responsabilização automática do ente público, procedimento que destoa do comando contido na decisão da ADC nº 16 e, por conseguinte, do entendimento perfilhado na Súmula nº 331, V.
>
> Recurso de revista de que se conhece e a que se dá provimento. Vistos, relatados e discutidos estes autos de Recurso de Revista nº TST-RR-1742-69.2016.5.17.0012, em que é Recorrente INSTITUTO

BRASILEIRO DO MEIO AMBIENTE E DOS RECURSOS NATURAIS RENOVÁVEIS - IBAMA e são Recorridos WILDINEIA MATIAS DAS CHAGAS e CONSERP CONSTRUÇÕES SERVIÇOS E PROJETOS EIRELI. (Relator Ministro Guilherme Augusto Caputo Bastos, 4ªTurma, DEJT 28.09.2018)

Atentem os advogados de reclamante para esse acórdão. O TST vem decidindo de forma expressiva que, quanto à *responsabilidade subsidiária do ente público*, o ônus da prova é *do trabalhador*. De modo que este deve provar a *falta de fiscalização* do cumprimento das obrigações trabalhistas por parte da Administração Pública, sob pena de ter sua pretensão de responsabilidade julgada improcedente. É o que observamos na casuística de ônus da prova, em item anterior.

> HORAS EXTRAS. ÔNUS DA PROVA. CARTÕES DE PONTO. JUSTIFICATIVA PARA A NÃO APRESENTAÇÃO. SÚMULA Nº 338, I, DO TST. EXERCÍCIO DE CARGO DE CONFIANÇA BANCÁRIO. ARTIGO 224, § 2º, DA CLT.
>
> 1. A Súmula nº 338, I, do Tribunal Superior do Trabalho estabelece que "é ônus do empregador que conta com mais de 10 (dez) empregados o registro da jornada de trabalho na forma do art. 74, § 2º, da CLT. A não-apresentação injustificada dos controles de frequência gera presunção relativa de veracidade da jornada de trabalho, a qual pode ser elidida por prova em contrário". De tal sorte, se a empresa apresenta justificativa plausível para a não exibição dos controles de frequência, em tese não se opera a inversão do ônus da prova da prestação de serviço extraordinário, cabendo ao reclamante demonstrar o fato constitutivo do direito vindicado, nos termos do artigo 818 da Consolidação das Leis do Trabalho (com a redação anterior à entrada em vigor da Lei nº 13.467/2017). 2. O empregado bancário subordinado à disciplina do artigo 224, § 2º, da CLT, conquanto exerça cargo de confiança, submete-se à jornada de trabalho de oito horas. Difere substancialmente, portanto, do gerente-geral de agência, regido pelas disposições do artigo 62, II, da CLT - este, sim, não sujeito a controle de jornada. 3. Desse modo, em relação ao período em que o reclamante esteve submetido à regra do artigo 224, § 2º, da CLT, cabia ao Banco reclamado a apresentação dos controles de jornada. Ausente justo motivo para deixar de fazê-lo, há que ser mantida a inversão do ônus da prova da prestação de serviço extraordinário, que passa a constituir obrigação do empregador. Não se desincumbindo o reclamado do ônus

> que lhe competia, deve prevalecer a jornada de trabalho declinada na petição inicial, nos exatos termos da Súmula nº 338, I, do TST.
>
> 4. Num tal contexto, resulta contrária à diretriz emanada da Súmula nº 338, I, desta Corte superior, acórdão prolatado por Turma do TST que deixa de reconhecer o direito do autor ao pagamento das horas extras excedentes à oitava hora diária, no período em que submetido à regra do artigo 224, § 2º, da CLT, com fundamento unicamente no exercício de cargo de confiança.
>
> 5. Embargos interpostos pelo reclamante de que se conhece, por contrariedade à Súmula n.º 338, I, do TST, e a que se dá provimento. Vistos, relatados e discutidos estes autos de Embargos em Embargos de Declaração em Embargos de Declaração em Embargos de Declaração em Recurso de Revista n.º TST-E-ED-ED-ED-RR-150100-46.2009.5.03.0097, em que é Embargante MARCIO AYALA PEREIRA COSTA e Embargado BANCO SANTANDER (BRASIL) S.A. (Relator Ministro Lelio Bentes Côrrea. SBDI-I. DEJT 03.05.2019.)

Ainda a respeito de ônus da prova quanto à jornada de trabalho, cartões de ponto, inversão do ônus, temos esse interessante acórdão. Se o banco enquadrou *incorretamente* o bancário e este, na verdade, estava submetido ao regime do art. 224, § 2º, da CLT – ainda que em parte do período contratual –, o reclamado teria de ter juntado aos autos os cartões de ponto. Se não o fez, o caso é de *inversão do ônus da prova*, com fundamento na Súmula 338, I, do TST, uma vez mais.

Penso que é suficiente toda essa explanação, com aportes doutrinários, de súmulas e de jurisprudência concreta do TST, a respeito de ônus da prova.

Agora é chegada a hora, então, de passarmos ao estudo da *prática da audiência trabalhista*, no que diz respeito à coleta da prova oral. A isso dedicamos os próximos capítulos.

7.13. VERIFICAÇÃO DE APRENDIZAGEM

1) Como identificar se o fato é constitutivo do direito? Como distinguir fato impeditivo de fatos modificativo e extintivo do direito?
2) Como identificar se o fato é notório, se já foi confessado ou se é incontroverso?
3) O que fazer se o fato já é presumido? Como fundamentar a presunção para que o juiz dispense a produção da prova?

4) Como invocar as máximas de experiência comum para que o juiz dispense a produção da prova?
5) É possível exigir a produção de prova de fato negativo? O que fazer nessas situações?
6) Como a teoria dos fatos contrapostos pode melhorar a situação da parte na audiência de instrução?
7) Como identificar o ônus da prova diante de fatos ou relações jurídicas complexas?
8) Em que momento o juiz deve definir de quem é o ônus da prova? Como requerer essa decisão?
9) Qual a diferença entre definição e inversão do ônus da prova?
10) Como identificar exceções substanciais na defesa do reclamado?
11) Quais as técnicas que podem ser utilizadas para se conseguir a inversão do ônus da prova?
12) Como utilizar a Súmula n. 338 do TST para se conseguir ou para se evitar a inversão do ônus da prova?
13) O que a parte e/ou o advogado devem fazer se houver regras de pré-constituição da prova?
14) Em que momento o juiz pode inverter o ônus da prova? Como requerer essa decisão? Como se insurgir contra a decisão se o juiz faz a inversão na sentença?
15) Qual a diferença entre inversão do ônus da prova e distribuição dinâmica desse ônus? Em quais hipóteses cabe a distribuição dinâmica do ônus da prova?
16) Como demonstrar ao juiz a dificuldade de acesso à prova?
17) Como demonstrar ao juiz que a outra parte tem maior facilidade de acesso à prova?
18) Em relação a quais fatos da controvérsia o juiz decide e/ou inverte o ônus da prova?
19) Que argumentos o advogado da parte prejudicada com a decisão sobre essas questões pode utilizar para que o juiz reconsidere o quanto decidido?
20) Quais são as principais súmulas do TST a respeito de ônus da prova?

Capítulo

8

TÉCNICAS NA PRODUÇÃO DA PROVA ORAL

8.1. ATENÇÃO AOS FATOS QUE DEPENDEM DE PROVAS

Já vimos no estudo da teoria geral da prova que o *grande objetivo* da prova é o de *convencer o juiz* a respeito da existência dos fatos afirmados pela parte, seja na causa de pedir pelo reclamante, seja na defesa por parte do reclamado. Se o juiz é o destinatário principal da prova, o objetivo número "1" da prova, por assim dizer, é o de convencê-lo. E, por isso, o art. 369 do CPC disciplina que as partes têm o direito de utilizar-se de todos os meios de prova, previstos em lei ou eticamente aceitáveis, com a finalidade de "influir eficazmente na convicção do juiz".

Diante disso, o advogado, de reclamante ou de reclamado, deve, antes de qualquer audiência de instrução, *verificar atentamente* nas petições (suas e alheias), despachos, decisões e até nas atas de audiência, *quais são os fatos* cuja demonstração interessam ao seu cliente. Por vezes, a delimitação dos fatos controvertidos foi registrada na ata da *audiência anterior* e o advogado precisa estar atento a isso também. É dizer, o advogado precisa identificar os fatos que tenham a *potencialidade* de influenciar na decisão do juiz e preparar-se adequadamente para a produção *da prova* e/ou *de contraprova* a respeito desses fatos. A partir daí, o advogado deve pensar e *formular perguntas* que possam conduzir a uma resposta satisfatória aos interesses da parte que ele representa.

O advogado precisa identificar os fatos que têm a potencialidade de influenciar na decisão do juiz e preparar-se de modo adequado para a produção da prova e/ou da contraprova.

Não é fácil essa tarefa. A grande questão é: *o que perguntar à parte contrária e à testemunha?* De início, identificados os fatos controvertidos, determinados, relevantes e pertinentes, o advogado deve procurar fazer perguntas que toquem *diretamente* na questão que lhe interessa, sobretudo no interrogatório direto. Por isso, não deve se preocupar com questões acessórias, fazendo perguntas periféricas, que muitas vezes aborrecem o juiz e prejudicam o andamento da audiência, em desfavor da própria parte por ele assistida. Por exemplo, se a questão controvertida diz respeito a horas *in itinere*, as perguntas devem se relacionar ao tempo de itinerário, ao percurso e à existência de transporte público em parte do itinerário. Nesses temas já se encaixam as seguintes perguntas: (i) o local é de fácil ou de difícil acesso?; (ii) o percurso é em rodovia asfaltada ou não?; (iii) é possível se dirigir à empresa a pé ou de bicicleta?; (iv) qual o tempo de percurso no perímetro urbano e na rodovia? O mais não interessa, em regra.

Agora, no *contrainterrogatório*, dependendo das técnicas utilizadas e da paciência do juiz, o advogado pode explorar – sem exagero –, a técnica da formulação de perguntas periféricas. Logo abaixo, trataremos do interrogatório direto e do contrainterrogatório.

8.2. O JUIZ PODE COLETAR PROVA DE FATOS PERIFÉRICOS

Ao contrário do que ocorre em relação ao advogado – conquanto a maioria dos juízes faça uma inquirição extremamente objetiva, formulando apenas as perguntas diretas sobre o caso –, alguns juízes, em questões importantes e muito controvertidas, adotam a *técnica* de inquirir partes e testemunhas sobre *fatos periféricos* (SOUZA JÚNIOR *et al.*, 2018, p. 162). Não porque sejam absolutamente necessários, mas para verificar a *credibilidade* das informações prestadas no depoimento delas. Na sequência, *três situações* exemplificativas em que o juiz procede dessa maneira:

1ª) *Circunstâncias que envolvem prova indiciária* – há casos cujas circunstâncias específicas, de certo modo, obrigam o juiz a formular perguntas um tanto periféricas para chegar ao ponto da resposta verdadeira. Por exemplo, presume-se que o porteiro ou vigilante que trabalhe sozinho na portaria não tenha como sair do local para usufruir o intervalo intrajornada; se o juiz pergunta de forma direta qual era o tempo de intervalo, a testemunha tende a responder o tempo que interessa à parte que a indicou. Porém, se o juiz pergunta se havia refeitório, se era possível ir até lá, tempo de ida e retorno, ele poderá obter uma resposta mais adequada quando perguntar o tempo efetivo de intervalo. Essa técnica pode ser utilizada quanto a vigilantes de carro-forte e outros profissionais que, em regra, não podem abandonar seu posto de trabalho.

Ainda a respeito de circunstâncias relacionadas à *prova indiciária*, quando o trabalhador diz que começava a jornada bem antes do horário contratual, o juiz pode perguntar em que horário ele chegava na empresa, se tomava café, se trocava o uniforme, e em qual horário começava efetivamente o trabalho. E há, de acordo com a habilidade e experiência do juiz, a possibilidade de se fazer perguntas totalmente inesperadas. Lembro-me de uma vez em que o fato controvertido era a justa causa porque o vigilante foi "pego" dormindo na portaria; perguntei à testemunha, que tinha sido despedida pelo mesmo fato: quem dormiu primeiro, o senhor ou ele? A resposta foi intuitiva: ele, ou seja, o reclamante.

Poderiam ser lembradas várias outras circunstâncias dessa natureza, como tempo de refeição, variação de horários, serviços externos e tantas outras. Contudo, cada juiz tem as suas técnicas e não seria conveniente as expor por completo.

2ª) *Quando a prova direta for improvável* – uma das hipóteses em que o juiz mais se vale da chamada *prova indiciária* é a relacionada a aspectos muito pessoais, como dano moral, assédio moral e, principalmente, assédio sexual. Dificilmente haverá uma prova direta irrefutável a respeito desses fatos (SOUZA JÚNIOR *et al.*, 2018, p. 162). Até porque o dano moral, *lato sensu*, é sempre *presumido das circunstâncias* dos fatos. Aqui também o juiz formula perguntas indiretas, sobre fatos do cotidiano que podem fazer presumir ou não o comportamento de assediante, para então, em seguida, formular perguntas mais diretas sobre o caso concreto. Uma pergunta bem interessante é: você, testemunha, foi vítima de perseguição ou assédio por parte da mesma pessoa acusada? Muitas vezes a testemunha faz elogios ao comportamento do acusado, mas curiosamente diz que em relação ao reclamante a situação era diversa. Nesse caso, ela terá de explicar a diferença de tratamento.

3ª) *Para a chamada constelação de indícios* – o juiz, ao julgar o processo, leva em conta todo o *conjunto probatório* e, ao decidir sobre a veracidade ou não das informações prestadas pela parte ou pela testemunha, leva em conta *todas as informações* por ela prestadas.

> Tanto é assim que, em regra, se a testemunha presta informações inverossímeis ou até mentirosas a respeito de um dos fatos, o juiz *desconsidera o depoimento* dela em relação *a todos* os outros fatos. É dizer, a testemunha deve transmitir confiança em *todas as suas informações*, inclusive sobre os fatos chamados de periféricos. Em regra, não merece crédito o depoimento da testemunha que sabe tudo sobre a vida da parte, mas não consegue se lembrar de dados relacionados a ela mesma, por exemplo, data de admissão, data da ofensa moral de que ela foi vítima etc.

Nessas situações de prova surge a seguinte questão: *o advogado pode interferir nos questionamentos secundários?* Por vezes o advogado se aborrece quando o juiz começa a fazer perguntas sobre fatos periféricos. Há juízes desatentos que realmente não se atém aos fatos principais e às vezes nem percebem que determinados fatos são incontroversos. Nesses casos, com o devido respeito, utilizando-se da expressão "pela ordem", o advogado pode interferir e tentar evitar a produção de provas inócuas. Contudo, se o juiz explica que sabe quais são os fatos controvertidos e que sua técnica de perguntação está sendo levada a efeito para verificar a *credibilidade das informações*, o advogado deve compreender que, ainda que não concorde, trata-se da técnica utilizada pelo juiz.

Agora, se é o advogado da outra parte que está se utilizando da técnica de perguntação sobre fatos periféricos, o advogado tem todo o direito de interferir, "pela ordem", chamando a atenção do juiz para a desnecessidade da prova, principalmente se a parte por ele representada ou a testemunha conduzida por esta parte está se complicando com as respostas, muitas vezes por não as compreender bem. Nesse caso, o advogado que está a fazer perguntas periféricas deve estar pronto para justificar ao juiz a necessidade do questionamento.

8.3. O ADVOGADO DEVE "IR DIRETO AO PONTO": TÉCNICAS ADEQUADAS

Como já mencionado, em regra, o advogado deve fazer perguntas diretas, indo ao ponto que interessa ao seu cliente, principalmente quando está a ouvir a testemunha conduzida a juízo pelo seu constituinte. O advogado precisa compreender, portanto, muito bem as técnicas do (i) *interrogatório direto* e do (ii) *contrainterrogatório*. Para facilitar a compreensão dessa temática, seguem algumas técnicas das quais pode se valer o advogado para a realização de uma boa audiência de instrução.

1ª) Técnica do interrogatório direto

Quando o advogado tem a oportunidade de formular perguntas ou reperguntas às testemunhas indicadas pelo seu cliente – já que o advogado não tem o direito de ouvir o próprio cliente, revelando um total despreparo quem postula isso ao juiz –, ele deve utilizar-se da *técnica do interrogatório direto*. Por esta, as perguntas têm de ser as *mais objetivas* possíveis, formuladas de modo bastante claro, para que a testemunha não se complique nas respostas. Nesse caso, o advogado deve evitar ao máximo possível as perguntas sobre fatos periféricos, que em nada beneficiam a parte por ele representada, a não ser em situações absolutamente excepcionais. Até porque, mesmo que a testemunha esteja falando somente a verdade, o nervosismo por prestar depoimento numa audiência é fato comum e, assim, a testemunha pode se confundir em algum detalhe, comprometendo o resultado da prova que se pretendia produzir.

O juiz do trabalho Jorge Alberto Araújo, em interessante estudo sobre essa temática, afirma que, nos Estados Unidos da América, os advogados, especialmente em matéria criminal, utilizam-se das seguintes posições: 1ª) *direct examination*; 2ª) *cross examination*. E explica que, em português, seria possível "chamar o interrogatório feito às testemunhas amistosas de *interrogatório direto*, ao passo que o interrogatório ao adversário e às suas testemunhas é chamado de *contrainterrogatório*" (ARAÚJO, 2017, p. 60).

Na sequência, analisando erros e acertos na forma de se proceder às perguntas, o autor observa que, no *interrogatório direto*, o advogado deve ter um *comportamento amistoso* com a testemunha convidada pela parte que ele representa, pois se um amigo está lhe narrando um fato ocorrido, tudo o que se pretende é que "ele reconstrua a sua história da forma mais precisa possível". Assim, ao ouvir essa testemunha, o advogado deve formular perguntas que a auxilie "a expor para o julgador, da forma mais clara possível, os fatos tais como eles ocorreram". De modo que o *interrogatório direto* deve "ser praticado para a reconstrução dos fatos para o julgador, considerando-se que a testemunha é amigável e que a sua pretensão é obter a verdade". E, por isso, o advogado deve "utilizar perguntas abertas", as quais "têm como característica permitir ao entrevistado dar uma resposta longa, na qual ele pode apresentar opiniões próprias, expressar sentimentos" (ARAÚJO, 2017, p. 65, 83 e 85).

> Técnica do interrogatório direto: o advogado deve utilizar perguntas abertas, que vão direto ao ponto.

O segredo é formular sempre a *pergunta certa*. O difícil é, muitas vezes, descobrir qual é esta pergunta. Pergunta certa ou adequada não é, jamais, a pergunta "combinada". Com efeito, o advogado deve saber a profundidade do conhecimento sobre os fatos por parte da testemunha, mas nunca "ensaiar" respostas, porque o juiz poderá formular perguntas sobre a mesma questão, *de modo diverso* – ou até mesmo o advogado da parte contrária –, e a reposta ensaiada sairá totalmente *descontextualizada*. Por isso, é importante que o advogado esclareça à testemunha que o questionamento poderá vir de diversas maneiras, e que ela deve responder *simplesmente o que sabe*, sem inventar informações. Daí que, nesse contexto, *pergunta certa* é a pergunta que vai *direto ao ponto*, por exemplo, em qual horário a testemunha ou a parte chegava ou saía do trabalho; qual era o tempo de intervalo; em que dias havia trabalho etc.

2ª) Técnica do contrainterrogatório

Diferentemente, quando o advogado está a questionar a parte contrária no depoimento dela ou as testemunhas da outra parte, ele deve utilizar-se da *técnica de buscar contradições* nos depoimentos. Esta é a técnica do *contrainterrogatório*, difícil de ser manejada. Porém, se o advogado a domina, sempre coloca *dúvidas* no depoimento das testemunhas da parte contrária.

Aqui, sim, vale a pena ser um pouco mais ousado, e por vezes até formular perguntas sobre fatos periféricos, conforme a paciência do juiz. Ademais, tratando-se de testemunhas do outro, vale a pena tentar perguntas que já foram formuladas pelo juiz ou pelo advogado da parte contrária, mas trazendo ao questionamento um *novo contexto*. Se o advogado simplesmente repetir a pergunta já formulada, ela será indeferida. Haverá um novo contexto nas seguintes situações: se a testemunha já respondeu que o intervalo era de uma hora, interessante perguntar se em algum dia da semana acontecia de retornarem ao trabalho antes de uma hora; se a testemunha já respondeu que havia subordinação subjetiva, em que grau isso ocorria e se havia consequências para o caso de descumprimento de ordens etc.

Como observa Jorge Alberto Araújo, no *contrainterrogatório*, o advogado deve buscar "obter informações para saber exatamente a dimensão do ocorrido e as atitudes a serem tomadas". Ao formular perguntas à parte contrária e às testemunhas dela, o advogado deve tentar "evidenciar mentiras ou contradições no seu depoimento, de modo a evidenciar para o julgador ao lado de quem está o direito". No *contrainterrogatório* "o interrogador tem interesses divergentes do interrogado". Destarte, ao questionar as testemunhas da parte adversa, o objetivo do advogado não será o de auxiliá-las "a construir a narrativa, mas, pelo contrário, demonstrar a total ausência de credibilidade de seus depoimentos". Aqui, a técnica será a de formular à testemunha perguntas "fechadas", que deverão ser "respondidas com uma resposta curta", para não dar margem à testemunha de explicar sua resposta. O *objetivo principal* será, pois, o de "desacreditar a testemunha", até mesmo questionando a ela – ou ao juiz – sobre inconsistências em seu depoimento. Aliás, uma forma interessante de "demonstrar a falta de credibilidade do depoimento da testemunha adversária é fazer ver a impossibilidade de ela ter aquele conhecimento", por exemplo, em relação a datas em que os fatos teriam ocorrido (ARAÚJO, 2017, p. 65, 83-84 e 89-91).

> Técnica do contrainterrogatório: formular perguntas fechadas à testemunha, que deverão ser respondidas com uma resposta curta, para não dar margem à explicação da resposta.

Nesse momento, vale a pena retomar a *técnica* de se estudar os vários perfis das partes e testemunhas. Como já pontuamos, há *três perfis* bem recorrentes:

1º) *do "esquentadinho"* – quando a parte ou testemunha se apresenta muito "nervosinha", a técnica de perguntação deve pautar-se por estimular o depoente a se valorizar, mexendo com o seu brio, por exemplo, obtendo-se a confissão do reclamante estimulando-o a reconhecer que o reclamado não lhe auxiliava em nada e que por isso era ele, reclamante, que custeava toda a prestação de serviços, não sendo reembolsado de despesas do veículo, de pedágio, de manutenção etc.;

2º) *do "falastrão"* – quando a pessoa fala demais, com muitos detalhes, por vezes sem sequer ser perguntada, uma técnica que funciona bem é a de "dar corda para se enforcar", e nesse caso as perguntas devem ser um tanto contraditórias para exatamente *obter a contradição* no depoimento da parte ou da testemunha;

3º) *do "medroso"* – quando a parte ou testemunha se apresenta com receio que salta aos olhos, às vezes apresentando pavor de estar ali – não porque pretende mentir, mas por temor derivado do fato de não conhecer toda a solenidade do ato –, a *técnica* deve ser a de fazer com que *ela se sinta temerosa* de o juiz reconhecer o seu desconhecimento dos fatos, ou até eventual mentira, porque muitas vezes a parte ou testemunha, nessa aflição, simplesmente "trava", "congela" – *freezing* –, e já não consegue mais responder às perguntas, situação que poderá favorecer bastante a parte contrária.

Assim, o advogado que vai fazer o *contrainterrogatório* precisa estar atento para o perfil da testemunha enquanto ela está respondendo ao questionamento do juiz e do advogado da parte que a convidou, para verificar qual a *melhor técnica* de perguntação. Por óbvio que há casos muito delicados e que neles pode ocorrer de as técnicas não funcionarem. Daí por que se mostra tão importante a *sensibilidade* dos advogados para compreender as situações novas e conseguir o melhor resultado para o seu cliente.

3ª) Não formular perguntas indutivas

Como é sabido, o advogado não pode formular perguntas indutivas ou sugestivas das respostas às testemunhas. Há *três tipos de perguntas* cuja chance de *indeferimento* são imensas (art. 459 do CPC):

a) *as perguntas indutivas*, ou seja, "aquelas que puderem induzir a resposta"; para ser mais preciso, pergunta indutiva é a que já tem a resposta no próprio questionamento, por exemplo, ele fazia uma hora de intervalo?; ele começou no dia 10 de dezembro?; se o juiz as fizer, o advogado deve, utilizando-se da expressão "pela ordem", protestar;

b) *as perguntas impertinentes*, quais sejam, aquelas que não têm nenhuma "relação com as questões de fato objeto da atividade probatória", aí podendo se enquadrar as perguntas sobre fatos periféricos, salvos nas exceções já mencionadas; não interessa se o ônibus era azul ou amarelo em questões sobre horas em *in itinere*; quantas mesas ou cadeiras tinha o refeitório acerca do intervalo intrajornada etc.; se o juiz as permitir, o outro advogado deve, "pela ordem", protestar;

c) *as perguntas repetitivas*, pois serão prontamente indeferidas as perguntas que "importarem repetição de outra já respondida", tudo nos termos do art. 459, *caput*, do CPC.

Sobre estas últimas, não vale a desculpa frequente dos advogados nesse sentido: "Excelência, acho que ele não entendeu". Para que a pergunta não seja repetitiva, o advogado tem de ter *criatividade* para a formular de outra maneira; ou para realmente demonstrar ao juiz, sem induzir a testemunha a determinada resposta, que esta realmente não compreendeu a pergunta do juiz ou da parte contrária.

4ª) Evitar a testemunha de reforço

Costumo dizer aos meus alunos que não existe "placar" de testemunhas. Quantas vezes já verifiquei que o depoimento de uma única testemunha era muito mais verossímil e digno de credibilidade do que o depoimento de três testemunhas do lado contrário. *Não importa a quantidade* de testemunhas e nem mesmo a quantidade de perguntas ou respostas. O que o juiz leva em consideração ao julgar é a *qualidade do depoimento* das testemunhas. Daí por que se mostra uma das táticas mais equivocadas a do advogado "arguto" que deixa sua melhor testemunha para o final. Quando esta for prestar o seu depoimento, tudo já estará perdido.

> Não importa a quantidade de testemunhas e nem mesmo a quantidade de perguntas ou de respostas, pois o juiz, ao julgar, considera a qualidade do depoimento das testemunhas.

O advogado deve escolher a sua *melhor testemunha*, ou seja, a que *melhor conhece* os fatos e a *mais segura* para prestar informações ao juiz, ouvi-la sobre todos os pontos controvertidos e, se o depoimento dela se mostrar satisfatório, desistir da oitiva das demais testemunhas, a menos que aquela não tenha conhecimento sobre todos os fatos. A oitiva de mais de uma testemunha indicada pela parte implica em sérios *riscos de contradições* nos depoimentos, diminuindo a chance de procedência ou de improcedência do pedido, conforme o interesse da parte.

Em suma, não há testemunha de reforço (SOUZA JÚNIOR *et al.*, 2018, p. 165). O advogado só deve ouvir outras testemunhas em *duas situações*: 1ª) há fatos que somente as outras testemunhas conhecem; 2ª) o depoimento da primeira testemunha foi contraditório ou francamente desfavorável aos interesses da parte. *Que os advogados saibam*: o juiz, em muitas ocasiões, busca a resposta da testemunha que tenha sido mais desfavorável à parte que a indicou, para formar o seu convencimento. Ora, se a testemunha da própria parte infirmou a tese desta, esse testemunho tem um altíssimo valor; e é por isso que o advogado deve conduzir à audiência apenas testemunhas que realmente falarão a verdade, pois a "mentira tem pernas curtas" e, por mais que a testemunha possa se mostrar segura fora da sala de audiências, durante o depoimento esta situação pode mudar completamente.

Claro que o advogado deve ser precavido e, tendo conduzido ao fórum mais de uma testemunha, quando o juiz propuser um "acordo processual" às partes, para oitiva de apenas uma testemunha, ele deve *reservar-se o direito* de ouvir a segunda testemunha, nas situações descritas no parágrafo anterior. Assim, caso o depoimento da primeira seja ruim ou incompleto, ele poderá ouvir a segunda.

A respeito desse tema, há uma questão sempre recorrente na audiência trabalhista, que diz respeito ao fato de a testemunha ter trabalhado apenas um período junto com o reclamante, no mesmo turno, ou somente em parte do período imprescrito. Nesse caso, convém questionar ao juiz se ele aplica os termos da OJ. n. 233 do TST. Se ele disser que não ou se negar a informar, o advogado deve avaliar a conveniência ou não de ouvir a segunda testemunha.

5ª) Não prosseguir em situação desfavorável

Não é fácil a vida de advogado. Por vezes a testemunha se mostra conhecedora dos fatos e bastante segura na entrevista feita no escritório, mas ao depor em juízo se complica toda ou, pressionada, revela a verdade. Nessa situação, o advogado *não deve prosseguir* na reperguntação à testemunha e se, nas respostas às perguntas do juiz, a testemunha já se complicou, não vale a pena nem fazer perguntas a ela. Nesse caso, sim, o advogado deve partir para a oitiva da segunda testemunha. Agora, se for possível constatar que a testemunha realmente se confundiu em relação à pergunta, por exemplo, quando se tratar de uma pessoa muito simples, que não entendeu o vocabulário do juiz, o advogado deve tentar, *respeitosamente*, explicar essa situação ao juiz, para que este, se entender adequado, reformule a pergunta.

Já o advogado *da outra parte* tem de estar atento para essa situação e *reperguntar ao máximo* a essa testemunha, inclusive sobre fatos que ela (ainda) não prestou depoimento favorável à parte que ele representa. Contudo, se a testemunha já "entregou tudo", não há mais o que perguntar, pois o tal "reforço" de prova pode significar uma *reviravolta* no depoimento. Por exemplo, a testemunha do reclamante já disse que o intervalo era de uma hora; o advogado do reclamado pergunta se isso ocorria em todos os dias e a testemunha responde que era apenas em dois dias por semana. Era uma pergunta *totalmente desnecessária*. O advogado do reclamante é quem deveria fazer essa pergunta.

> Se a testemunha já prestou depoimento favorável, não há mais o que perguntar, pois o tal reforço de prova pode significar uma reviravolta no depoimento.

6ª) Tomar cuidado com a "síndrome" da última pergunta

Quantas vezes já presenciei que a prova estava muito bem produzida, mas o advogado não se conteve e quis *reforçar a prova*, inclusive com temor de que o tribunal pudesse entender de forma diferente. Há um certo exagero na preocupação dos advogados em relação ao que os tribunais decidem. É necessário *manter o foco* e perceber o contexto da audiência. Não dá para ganhar tudo sempre. Se, no geral, em relação aos pedidos principais ou aos argumentos mais importantes da defesa, *a prova está produzida*, o advogado deve evitar o que se poderia chamar de "síndrome da última pergunta", pois esta pode colocar tudo a perder.

Há relações jurídicas *complexas* – teoria dos fatos complexos –, como a relação de emprego, e *fatos complexos*, como o acidente do trabalho, e nesses casos o advogado precisa atentar para o *conjunto do depoimento*. Se esse conjunto revela mais informações favoráveis do que desfavoráveis, não vale a pena insistir em questões pontuais. Por exemplo, já há informações suficientes sobre os dias de prestação de serviço, horário de trabalho, salário, ordens de serviço e tudo se encaminha para o reconhecimento da relação de emprego controvertida. Aí o advogado quer *reforçar a prova*, perguntando sobre pessoalidade – cujo ônus da prova é do reclamado – e a testemunha responde que o reclamante se fazia substituir por outro colega e que inclusive fornecia a este ferramentas de trabalho, que o levava e buscava no serviço etc. Nesse caso, a falta de pessoalidade e os indícios de falta de alteridade poderão colocar tudo a perder, porque faltando um dos requisitos da relação de emprego, ela não será reconhecida.

> Se o conjunto do depoimento revela mais informações favoráveis do que desfavoráveis, não vale a pena insistir em questões pontuais.

8.4. INDEFERIMENTO X PROTESTO: PROVA COMPLEMENTAR E ÔNUS DA PROVA

Como o juiz do trabalho deve zelar pela celeridade, mas sem descuidar-se do contraditório e da ampla defesa, por vezes surgem situações que geram conflito na audiência trabalhista. De um lado, o juiz entende que determinada prova é desnecessária, ou que as perguntas são indutivas, impertinentes ou repetitivas, indeferindo os requerimentos probatórios. De outro lado, a parte se sente constrangida e insiste na produção da prova porque a entende necessária, por vezes ponderando que o tribunal pode entender de forma diversa, argumentando inclusive que a prova não se destina apenas ao juiz de primeiro grau, mas também ao tribunal, quando do reexame das provas em grau de recurso.

Esse *eterno dilema* do processo é exacerbado na audiência trabalhista, diante da intensa oralidade, da concentração de atos processuais e da dinamicidade desta audiência. É *dever funcional* do juiz indeferir todas as "diligências inúteis ou meramente protelatórias", desde que o faça "em decisão fundamentada", nos termos do art. 370, parágrafo único, do CPC. Outrossim, no processo de rito sumaríssimo, no qual se deve zelar ainda mais pela celeridade, o juiz pode limitar ou excluir as provas que ele considerar "excessivas, impertinentes ou protelatórias" (art. 852-D da CLT). Bem se vê que o juiz do trabalho tem *amplos poderes* na condução da audiência trabalhista, podendo tomar iniciativas de ofício para a produção da prova (art. 765 da CLT), mas também para evitar a produção de prova desnecessária.

Se *não há placar* na prova testemunhal, ainda que as partes possam ouvir três testemunhas nos processos de rito ordinário e duas testemunhas nos processos de rito sumaríssimo, se a segunda testemunha é chamada para depor exatamente sobre os mesmos fatos, tendo a primeira testemunha já prestado depoimento exaustivo sobre esses fatos, não se justifica, *a princípio*, a oitiva da segunda, correndo a parte os riscos já mencionados anteriormente. Até porque, no processo do trabalho, só há falar em nulidade se a parte demonstrar prejuízo manifesto, nos moldes do art. 794 da CLT.

Não custa frisar: *não existe* direito à produção de provas para "reforço". Além do mais, se a prova já se encontra produzida, quando o advogado insiste em mais provas, pode colocar em risco o resultado do processo, prejudicando seu cliente. Quando falta apenas um ponto a provar, o advogado deve se perguntar: *o resultado final* será melhor ou pior sem a prova desse ponto?

> *Quando falta apenas um ponto a provar, o advogado deve se perguntar*:
> o resultado final será melhor ou pior sem a prova desse ponto?

Contudo, se o advogado entende que a prova era essencial, que o fato é muito importante, que a prova já produzida não é tão robusta, principalmente se ele consegue demonstrar ao juiz circunstâncias fáticas que podem levar a dupla interpretação, ele (em nome da parte) terá o direito de *complementar a prova*. Indeferido o requerimento probatório, como já mencionado, o advogado deve solicitar que sejam registrados em ata os seus *protestos por cerceamento de defesa* e, em razões finais, fundamentar esses protestos, para evitar preclusões em eventual recurso interposto posteriormente.

Uma nota importante: há necessidade de se distinguir (i) produção da prova, de (ii) *complemento* da prova. Em capítulos anteriores deste Manual, quando tratamos de ônus da prova e de técnicas na produção da prova oral, restou bastante clara essa distinção – e voltaremos à prova complementar quando formos analisar os depoimentos pessoais e testemunhais. Por vezes, o (outro) depoimento – ou perguntas complementares – é necessário, e pode até ser determinado de ofício, dependendo do caso. Em outros casos, só complica a situação da parte, principalmente na tentativa de "reforço" da prova.

Uma das questões mais problemáticas relacionadas a essa matéria é a que diz respeito à dúvida do advogado quanto ao posicionamento do juiz a respeito *de quem é o ônus da prova* no caso concreto. Por vezes o advogado pretende ouvir testemunhas e recebe advertências sutis do juiz sobre a desnecessidade da prova. Ocorre que o próprio juiz ou tribunal podem surpreender a parte, posteriormente, decidindo que o ônus da prova era dela e, como ela desistiu da oitiva de testemunhas, irá sucumbir quanto à pretensão em debate.

A pergunta é: *o advogado pode solicitar ao juiz que defina de quem é o ônus da prova?* Penso que sim, principalmente em situações nas quais há dúvida objetiva a respeito não só da definição do ônus da prova, mas também a respeito de inversão do referido ônus. Como já visto anteriormente, são *três situações distintas*, a de (i) definição com base nas regras objetivas do art. 818 da CLT, a de (ii) atribuição dinâmica do ônus da prova e a de (iii) inversão do ônus probatório. Vimos que são tantas situações de prova (e ônus respectivo) que elas podem realmente gerar insegurança no advogado. Se ele desiste de produzir a prova e depois o juiz decide que o ônus era do seu cliente, tudo estará perdido. Se ele insiste na coleta da prova e o resultado é desastroso para o seu cliente, também tudo estará perdido. *Vida de advogado não é fácil.*

E se o juiz *não quiser definir* ou se até mesmo *indeferir* requerimento de inversão do ônus da prova? Nesse caso, o advogado deve pedir para que o juiz *registre em ata* a sua decisão e *protestar*, argumentando que se trata de regras de instrução ou de procedimento, como já visto. Agora, se o juiz decide que o ônus da prova é da parte contrária, basta ao advogado requerer que se registre em ata que, caso o tribunal entenda de modo diverso, ele (a parte, na verdade) *tinha testemunhas* a serem ouvidas, requerendo que sejam consignados em ata os dados (pelo menos os nomes) das testemunhas. *Em suma*, todos os requerimentos de prova indeferidos pelo juiz devem ser registrados em ata. Se o juiz se negar a fazê-lo, a arma do advogado, como tantas vezes mencionado, é a sua *petição*.

Uma *última questão* sobre esta matéria é a de se saber se o advogado tem ou não o direito de expor *os fundamentos* do seu protesto e de vê-los registrados em ata. Protestos são uma criação da jurisprudência trabalhista, sem qualquer amparo legal e, portanto, o juiz não precisa (e não deve) permitir que sejam registrados em ata os tais fundamentos (SOUZA JÚNIOR *et al.*, 2018, p. 166). Será em petição apartada ou em razões finais que o advogado terá a oportunidade de fundamentar os seus protestos. Contudo, se o advogado, com a permissão do juiz, fundamenta os protestos na ata de audiência, os argumentos contra a decisão estarão restritos àqueles explanados naquela ocasião. É dizer, haverá *preclusão consumativa* para outros argumentos, salvo se o advogado se reservar o direito de complementar os fundamentos do protesto posteriormente.

8.5. MOMENTO OPORTUNO PARA A PRODUÇÃO DA PROVA

Em regra, no processo do trabalho, a prova é produzida na audiência una ou na audiência de instrução, sendo que deveria haver uma *única sessão* para a coleta da prova oral. Não é recomendado, salvo nas hipóteses legais ou absolutamente necessárias, a cisão na produção dessa prova. Contudo, enquanto *não encerrada* a instrução processual, as partes podem requerer a produção de *outras provas*, inclusive um complemento da prova oral. É possível, ainda, requerimento de expedição de ofícios, de juntada de novos documentos, de juntada de documentos como contraprova e até de cópias de ata de audiência como mero subsídio para o julgamento.

Ocorre que o advogado por vezes se depara com provas às quais ele ainda não tinha tido acesso, *depois de encerrada* a instrução processual, por exemplo, descobrindo que a testemunha era impedida por ser parente da parte contrária. O que fazer nessa situação? Tratando-se de prova fundamental para o convencimento do juiz, o advogado não deve hesitar em proceder à juntada da prova "nova". No entanto, deve *requerer a reabertura* da instrução processual, para que a parte contrária seja intimada a se manifestar, sob pena de ofensa aos princípios do contraditório e da ampla defesa.

Recebendo esse requerimento, o juiz tem *dois caminhos* a tomar: 1º) tratando-se de prova *importante*, deve reabrir a instrução e intimar a parte contrária para se manifestar, no prazo de cinco dias ou em outro prazo adequado, e somente depois deve julgar a demanda; 2º) tratando-se de prova *irrelevante* para o resultado do processo, o juiz deve ignorá-la e não reabrir a instrução, preservando a celeridade e a efetividade. Se a decisão for desfavorável à parte que promoveu a juntada "extemporânea", em seu recurso ordinário ela poderá requerer ao tribunal a nulidade do processo e/ou a consideração daquela prova nova, sendo que a parte contrária sobre ela poderá se manifestar nas contrarrazões ao recurso.

Tratando-se de *fatos novos*, é bem possível às partes alegarem e provarem esse fato superveniente, demonstrando o justo motivo (impedimento) para a não juntada da prova antes do encerramento da instrução processual, podendo ocorrer a juntada quando da interposição do recurso (Súmula n. 8 do TST). Quanto aos documentos, há uma possível *antinomia* entre os arts. 787 e 845 da CLT, além do que poderia ser analisada a *presunção relativa* que se extrai das provas documentais (recibos, cartões, convenções e acordos coletivos de trabalho etc.). Sobre essas questões e a possibilidade de o reclamante produzir prova documental na audiência trabalhista, de se consultar a seguinte obra: SOUZA JÚNIOR *et al.*, 2018, p. 167-168. A respeito da importância dos documentos para o reclamado, já tratamos anteriormente.

8.6. REGRAS ESPECIAIS PARA ESSA PRODUÇÃO: OS PODERES DO JUIZ

Na prática da audiência trabalhista, é necessário que o advogado esteja bem ciente de que não é apenas a normativa do CPC que deve ser observada, pois a *CLT*, embora de forma lacônica, tem um *regramento* que precisa ser bem compreendido pelo advogado trabalhista.

Já mencionado algumas vezes neste Manual que o juiz do trabalho tem amplos poderes na direção do processo e, fundamentalmente, na condução da audiência trabalhista. Há duas vertentes de análise dos *poderes instrutórios* do juiz do trabalho, uma que se poderia denominar de (i) *positiva*, e outra de (ii) *negativa*. A primeira diz respeito a ações que o juiz pode praticar na audiência trabalhista com vistas à *produção* da prova. A segunda diz respeito a *limitações* de provas, mas que, se bem aplicadas, não caracterizam cerceamento de defesa, ou do direito de produção de prova.

As (ações) *positivas* dizem respeito à *iniciativa de ofício* que o juiz do trabalho tem para determinar a realização de diligências necessárias ao esclarecimento das causas trabalhistas (art. 765 da CLT), ou seja, à *determinação* da produção de provas, seja de prova oral (interrogatório das partes, oitiva de testemunhas referidas etc.), seja de expedição de ofícios, juntada de documentos etc. Ademais, o juiz pode considerar "o ônus probatório de cada litigante", tendo maior liberdade para apreciar as provas, inclusive para "dar especial valor às regras de experiência comum ou técnica", pelo menos no rito sumaríssimo, sendo que nos processos que tramitam nesse rito o juiz poderá tomar "a decisão que reputar mais justa e equânime, atendendo aos fins sociais da lei e as exigências do bem comum", nos moldes dos arts. 852-D e 852-I, § 1º, da CLT.

No que concerne às deliberações *negativas*, o juiz do trabalho, pelo menos no processo de rito sumaríssimo, está autorizado a "limitar ou excluir" as provas que "considerar excessivas, impertinentes ou protelatórias", também em conformidade com o art. 852-D da CLT. Afinal de contas, os juízes do trabalho deverão sempre velar "pelo andamento rápido das causas" (art. 765 da CLT), obviamente, desde que isso não afronte as garantias do contraditório e da ampla defesa.

Não obstante, o que são provas excessivas, impertinentes ou protelatórias? Vejamos na sequência.

8.6.1. Provas excessivas, impertinentes ou protelatórias

Provas excessivas são aquelas que podem ser consideradas exageradas, não passando de um capricho da parte, quando da insistência em sua produção. Se o reclamado já juntou os recibos de pagamento e o reclamante não impugnou a assinatura dos documentos, não há nenhuma razão para se expedir ofício ao banco para que este remeta aos autos extrato da conta-salário para comprovar o recebimento dos valores. Se a parte já ouviu duas testemunhas, que já prestaram depoimento seguro sobre todos os fatos controvertidos, não há necessidade de se ouvir uma terceira testemunha, apenas para confirmar as informações das outras.

Provas impertinentes são as que dizem respeito a fatos que, uma vez demonstrados ou não, não interferem na decisão do juiz. Como já sustentado, fatos acessórios, salvo raríssimas exceções, não precisam ser demonstrados e por isso o advogado, na perguntação, deve "ir direto ao ponto". Fatos impertinentes são aqueles que não dizem respeito ao *núcleo* dos fatos controvertidos. Como já mencionado, não interessa a cor do ônibus, do caminhão, a quantidade de cadeiras e mesas no refeitório, a *exata* distância de um setor a outro (se a testemunha disse que trabalhava a poucos metros do reclamante e o via diretamente) etc.

Enfim, *provas protelatórias* são aquelas que implicam no adiamento da audiência para a sua produção. Muitas vezes, o reclamado requer alguma diligência que demanda o adiamento da audiência, por exemplo, a expedição de ofício a um órgão estatal ou a determinada empresa, para que envie aos autos algum documento. Também pode ocorrer mera protelação no requerimento de expedição de carta precatória para oitiva de testemunhas, quando a parte já ouviu uma ou duas testemunhas no ato, as quais já prestaram informações suficientes sobre os fatos controvertidos.

Em todas essas situações, por força da própria lei, o juiz do trabalho tem poderes para *limitar ou indeferir* a produção dessas provas exageradas. Ainda assim, é papel do advogado cujo requerimento de prova foi indeferido, o de requerer que seja *consignado em ata* o indeferimento. Se não o fizer, dificilmente ele terá condições de demonstrar ao tribunal o cerceamento de defesa.

8.6.2. Alteração da ordem dos depoimentos

Na gama de poderes do juiz do trabalho está também o de não só *definir de quem é o ônus da prova* – e, por óbvio, o de inverter a ordem dos depoimentos pessoais e testemunhais, sempre que definir que o ônus da prova é do reclamado –, mas também os poderes de "dilatar os prazos processuais e alterar a ordem de produção dos meios de prova, adequando-os às necessidades do conflito de modo a conferir maior efetividade à tutela do direito". Esse *poder instrutório*, que já era utilizado pelo juiz do trabalho, especialmente quanto à alteração na ordem dos depoimentos pessoais e testemunhais, agora tem previsão expressa, com a inclusão do *§ 2º ao art. 775 da CLT* pela Lei n. 13.467/2017.

Essa regra corresponde, literalmente, à do art. 139, inciso VI, do CPC. Contudo, no processo civil, há regra expressa no sentido de que o juiz deve inquirir primeiramente as testemunhas do autor e depois as do réu, podendo alterar essa ordem de produção da prova testemunhal apenas "se as partes concordarem", em conformidade com o parágrafo único do art. 456 do CPC.

No *processo do trabalho*, contudo, *não há falar* em necessidade de concordância das partes para a inversão da ordem dos depoimentos das testemunhas – nem mesmo dos depoimentos pessoais –, primeiro, porque não há regra específica na CLT; segundo, porque o regramento celetista é bem distinto (arts. 765 e 852-D da CLT); terceiro, porque no processo do trabalho predomina o *princípio inquisitivo*, como salientado logo no início deste Manual.

Poder-se-ia objetar que essa alteração na ordem da produção das provas ou até dos depoimentos pessoais e testemunhais seria capaz de gerar nulidade processual. Não obstante, a margem para que isso ocorra é bem pequena, pois, na Justiça do Trabalho "só haverá nulidade quando resultar dos atos inquinados manifesto prejuízo às partes litigantes", nos moldes do art. 794 da CLT. Até prova em contrário, inversão do ônus da prova, alteração na ordem dos depoimentos e outras questões correlatas não ocasionam *prejuízo manifesto* a nenhuma das partes. Ainda que o reclamado não tenha testemunhas presentes, não haverá evidente prejuízo, porque se o juiz tivesse ouvido primeiramente as testemunhas do reclamante, quando chegasse a vez do reclamado, ele não teria testemunhas a ouvir.

Daí que se mostra uma *técnica* muito útil ao reclamante, a de *requerer a inversão do ônus da prova*, principalmente quando antever que o reclamado não tem testemunhas. Invertido o ônus, talvez até compense ao reclamante, não tendo o reclamado testemunhas, desistir da oitiva das suas.

8.6.3. O aparte do advogado

Outra técnica que o advogado deve bem conhecer e utilizar com parcimônia é a de fazer *aparte* durante o depoimento da outra parte e das testemunhas. O aparte é uma intervenção "sumária" durante a tomada do depoimento pelo juiz, para esclarecer alguma questão, alertar para a desnecessidade das perguntas porque o fato é incontroverso e uma série de outras situações. Contudo, o advogado e o membro do Ministério Público do Trabalho só podem "intervir ou apartear" durante o depoimento das partes e testemunhas, se *pedirem licença* ao juiz. Dito de outro modo, "sem licença do juiz", ninguém poderá intervir enquanto as partes e as testemunhas – ou, embora raro, o perito e os assistentes técnicos – prestam depoimento (parágrafo único do art. 361 do CPC).

Daí que o advogado, para iniciar o aparte, deve utilizar-se sempre da expressão "*pela ordem*". E deve evitar a intervenção quando a parte ou testemunha está revelando fatos distintos dos que interessam ao seu constituinte. Claro que alguns advogados usam essa técnica de intervir quando a parte ou a testemunha está "entregando o jogo", mas se o juiz o advertir de que isso não é apropriado, não devem continuar a fazê-lo.

8.6.4. Resumo dos depoimentos

O advogado trabalhista deve saber, ainda, que no processo do trabalho o juiz *não precisa* transcrever em ata todas as afirmações das partes e nem mesmo todas as informações prestadas pelas testemunhas.

Muito pelo contrário, os depoimentos, mesmo no rito ordinário, "serão resumidos em ata", da qual deverá constar, na íntegra, apenas e exclusivamente a decisão tomada (art. 851, *caput*, da CLT). Nos processos de *rito sumaríssimo*, basta que o juiz registre na ata de audiência, "resumidamente os atos essenciais, as afirmações fundamentais das partes e as informações úteis à solução da causa trazidas pela prova testemunhal", de acordo com o art. 852-F da CLT. Nos processos de rito sumário, de alçada exclusiva das varas do trabalho, se o juiz entender pertinente, poderá até mesmo dispensar "o resumo dos depoimentos" (§ 1º do art. 851 da CLT e Lei n. 5584/70). Portanto, o advogado deve saber que na ata da audiência trabalhista o juiz faz constar *apenas trechos dos depoimentos* que sejam importantes, úteis à solução da demanda.

Até porque não há regramento – nem mesmo no CPC – que obrigue o juiz à transcrição integral das respostas dadas pelas partes e testemunhas. O que é obrigatório registrar em ata, na íntegra, são *as perguntas que o juiz indeferir*, e, mesmo assim, se houver *requerimento expresso* da parte (§ 3º do art. 459 do CPC). Por óbvio, os requerimentos que o juiz indeferir (ou deferir), também deverão ser registrados em ata. Mas, insisto, *não há regra* no sentido de que o juiz deva registrar todas as informações prestadas nos depoimentos pessoais e testemunhais. O *ideal* é que a audiência de instrução fosse *gravada*, aliás como resta autorizado pelo art. 367, § 5º, do CPC, sendo permitido à parte, sem necessidade de autorização do juiz, a gravação das audiências (§ 6º deste art. 367), desde que isso seja previamente informado a ele. Apesar disso, essa gravação *não dispensa* o resumo, em ata, dos depoimentos prestados pelas partes e testemunhas, nem mesmo na audiência telepresencial, como veremos em capítulo específico desta obra.

> Não há regramento, nem mesmo no CPC, que obrigue o juiz à transcrição integral das respostas dadas pelas partes e testemunhas.

Enfim, nas tantas situações de adiamento da audiência trabalhista – não somente nas hipóteses do art. 362 do CPC –, os *motivos do adiamento* deverão ser registrados na ata de audiência, inclusive os protestos apresentados contra esse adiamento, se for o caso. Igualmente, se o juiz *indeferir* o requerimento de adiamento, esse fato deve ser registrado na ata.

8.7. VERIFICAÇÃO DE APRENDIZAGEM

1) Como identificar os fatos que dependem de prova e os fatos em relação aos quais basta a contraprova?
2) Quando a prova indiciária (ou de fatos periféricos) se torna interessante?
3) O que o advogado precisa saber sobre a técnica do interrogatório direto (ir direto ao ponto)?
4) O que o advogado da parte contrária precisa saber sobre a técnica do contrainterrogatório?
5) Como identificar o perfil das testemunhas para utilizar o método correto de perguntação?
6) Como fazer para que as perguntas não sejam indutivas, impertinentes ou repetitivas?
7) Vale a pena ouvir testemunha de reforço ou a segunda testemunha?
8) Como evitar a síndrome da última pergunta?
9) O que fazer se o juiz não define de quem é o ônus da prova e indefere a oitiva de testemunhas?
10) O que fazer se o juiz decide que a prova requerida é excessiva, impertinente ou protelatória?
11) Como e em que momento o advogado pode apartear na audiência trabalhista?
12) O que fazer se o juiz não transcreve em ata toda a resposta da parte ou da testemunha?

Capítulo

9

DEPOIMENTO PESSOAL E INTERROGATÓRIO

9.1. DEPOIMENTO PESSOAL X INTERROGATÓRIO

Uma das questões sobre as quais o advogado precisa ter o mais amplo conhecimento, na audiência trabalhista, é a que diz respeito à *distinção* entre depoimento pessoal e interrogatório. Alguns autores clássicos chegaram até mesmo a sustentar que, no processo do trabalho, não há falar em depoimento pessoal, mas apenas em interrogatório. Em suma, o *depoimento pessoal* é um meio de prova a ser requerido pela parte contrária, com vistas a obter dela, na audiência de instrução, a confissão real. A sua vez, o *interrogatório* é um expediente do qual se utiliza o juiz, de ofício, a qualquer tempo, para obter esclarecimentos que se façam necessários à tomada de rumo no processo, até mesmo para verificar a necessidade ou não de produção de (outras) provas.

A doutrina, para estabelecer distinção mais didática entre depoimento pessoal e interrogatório, esclarece que os dois institutos se diferenciam pelo menos em relação a *três aspectos*, a saber:

1º) *quanto ao modo* – o interrogatório é determinado de ofício pelo juiz, ao passo que o depoimento pessoal necessita, sempre, de requerimento da parte contrária;

2º) *em relação ao tempo* – enquanto o interrogatório pode ser feito em qualquer momento do processo, na audiência inicial ou em qualquer outra audiência, o depoimento pessoal só pode ser tomado em audiência de instrução, designada especificamente para essa finalidade, tanto que há necessidade de a parte ser "pessoalmente intimada para prestar depoimento pessoal" (§ 1º do art. 385 do CPC);

3º) *quanto aos efeitos* – segundo a doutrina do processo civil, não pode haver confissão no interrogatório, cuja finalidade é apenas a de coleta dos esclarecimentos necessários à continuidade do processo; de outra mirada, tendo a parte sido expressamente intimada para prestar depoimento pessoal, se ela "não comparecer ou, comparecendo, se recusar a depor", o juiz declarará a sua confissão ficta (parte final do referido § 1º).

Com efeito, no processo civil, pelo menos a partir do CPC de 2015, restou bem claro que o juiz pode "determinar, a qualquer tempo, o comparecimento pessoal das partes, para inquiri-las sobre os fatos da causa", mas, nessa hipótese, "não incidirá a pena de confesso", conforme regra expressa do art. 139, inciso VIII, do referido Código. Assim, não resta dúvida alguma de que lá, *no processo civil*, quando se tratar de audiência determinada de ofício pelo juiz, para inquirição das partes, sem que tenha havido requerimento de depoimento pessoal pela outra parte, não poderá haver confissão.

Diferentemente, *no processo do trabalho*, não somente pela redação dos arts. 820 e 848 da CLT – normas que fazem menção à *inquirição* das partes e testemunhas pelo juiz, ou a *interrogatório* dos litigantes –, mas também pela prática, *nunca houve distinção* clara entre interrogatório e depoimento pessoal.

No processo do trabalho, não somente pela redação dos arts. 820 e 848 da CLT, mas também pela prática, nunca houve distinção clara entre interrogatório e depoimento pessoal.

De modo que, tendo havido requerimento de audiência ou não, em qualquer audiência designada – até porque a primeira audiência é "designada" pelo diretor de secretaria ou servidor a seu mando (art. 841, *caput*, da CLT) –, pode haver interrogatório das partes, por iniciativa do juiz, ou depoimento pessoal, *sem a necessidade de requerimento prévio e expresso* da parte contrária. Até porque não se exige, na petição inicial trabalhista, que o reclamante indique as provas de que pretende se utilizar para demonstrar a existência dos fatos por ele alegados, e tampouco se cobra do reclamado que, na contestação, especifique as provas que pretende produzir, como se exige no processo civil (arts. 319, inciso VI e 336 do CPC).

Como se não bastasse, pela aplicação dos princípios da *informalidade* e da *simplicidade* no processo do trabalho, tanto faz se é interrogatório ou depoimento pessoal, até porque em ambos os casos o advogado poderá formular reperguntas (SOUZA JÚNIOR *et al.*, 2018, p. 171). Instada a depor, a parte, ainda que não intimada especificamente para tanto, *deverá* prestar seu depoimento, sob pena de se declarar sua confissão. Se ela se recusar a depor, o juiz declarará sua confissão ficta. Se, prestando depoimento, admitir fatos contrários aos seus interesses e favoráveis à parte contrária, o juiz irá declarar sua confissão real. Isso se aplica tanto ao reclamante quanto ao reclamado. É *a prática* da Justiça do Trabalho, sendo próprio da *dinamicidade* da audiência trabalhista.

> No processo do trabalho, a parte, ainda que não intimada especificamente para tanto, deverá prestar seu depoimento, sob pena de se declarar sua confissão.

Como pontuado diversas vezes, *ainda que se trate de audiência inicial*, com fundamento no art. 765 da CLT e em tantas outras diretrizes já registradas neste Manual, o juiz do trabalho pode proceder ao interrogatório de qualquer das partes. Normalmente ele o faz quanto a *documentos importantes* do processo, por exemplo, perguntando ao reclamante, na audiência inicial, se ele reconhece a sua assinatura nos recibos de pagamento e nos cartões de ponto, se ele confirma os pagamentos e os horários assinalados nos controles de jornada; de outro lado, se o preposto confirma não ter havido pagamento de verbas rescisórias e de saldo de salário, se confirma que o reclamante trabalhou em setor por ele indicado, para a produção da prova pericial. Ademais, há uma infinidade de outros "interrogatórios" que podem ser levados a efeito na audiência inicial do processo do trabalho.

E é por isso que, como já observado anteriormente neste Manual, o advogado deve estar *sempre preparado* para a audiência inicial, pois surpresas (legalmente previstas) podem ocorrer. Com efeito, em muitas oportunidades a parte acredita que entrará muda e sairá calada e, quando algum questionamento lhe é feito, é pega de surpresa.

9.2. DEPOIMENTO PESSOAL E PRINCÍPIO DO CONTRADITÓRIO

Situação distinta das examinadas até aqui diz respeito ao *direito* da parte *de requerer* o depoimento pessoal da outra. A pergunta é: se o juiz entender que não há necessidade de interrogatório, *estará obrigado a ouvir as partes*, se elas isso requererem? Conquanto tenha havido dúvida sobre essa questão no passado, atualmente a doutrina e a jurisprudência trabalhista não hesitam em afirmar que, a despeito da alta carga valorativa do interrogatório no processo do trabalho, *é direito da parte* o de ouvir a outra em depoimento pessoal. Mais que isso, trata-se de direito constitucional do reclamante e do reclamado, pois, além do *direito fundamental à prova*, o depoimento pessoal é uma ferramenta importantíssima ao exercício do *contraditório pleno*, uma garantia fundamental prevista no art. 5º da Constituição e nos arts. 7º, 9º e 10 do CPC.

> O reclamante e o reclamado têm direito ao depoimento pessoal do outro, pois trata-se, esse depoimento, de uma ferramenta muito importante para o exercício do contraditório pleno.

Outra questão é a de saber se a parte precisa justificar o requerimento de oitiva da parte adversária, na audiência trabalhista. Ainda que seja direito fundamental da parte a tomada de depoimento pessoal da outra, se o juiz entende, por exemplo, que os fatos são incontroversos ou que já houve confissão do que primeiro prestou depoimento, ou mesmo nos casos em que ele entende desnecessários os depoimentos pessoais, o advogado precisa conhecer bem as *técnicas para justificar o referido requerimento*. É preciso *demonstrar ao juiz* qual fato (ainda) controvertido, determinado e relevante precisa ser indagado à parte contrária. Se o advogado consegue demonstrar isso, ainda que o juiz entenda que será "perda de tempo" a tomada do depoimento pessoal, deverá proceder à coleta da prova, sob pena de cerceamento do direito de defesa.

> O advogado precisa conhecer bem as técnicas para justificar o requerimento de depoimento pessoal da outra parte.

Desse modo, somente não haverá tomada de depoimento pessoal se houver dispensa dele tanto pelo juízo quanto pelas partes. Se uma delas não pretende ouvir a outra, isso não retira o direito desta, de ouvir aquela. Contudo, o advogado que insiste no depoimento pessoal da parte contrária deve estar *preparado para formular perguntas*. Alguns juízes, quando entendem desnecessário ou inócuo o depoimento pessoal, até deferem o requerimento de oitiva, mas passam logo a palavra ao advogado para que ele formule perguntas. Isso não pode ser entendido como um desrespeito à parte ou ao advogado. Trata-se de *técnica de otimização do tempo*, alicerçada no princípio da celeridade. Assim, ao insistir no depoimento, o advogado deve ter *formulado em seu pensamento perguntas* pertinentes e importantes, para serem dirigidas à parte contrária.

Outra questão diz respeito à formulação de reperguntas ou de perguntas complementares pela parte. Se o juiz entendeu necessário o depoimento pessoal de uma ou de ambas as partes, ao terminar a sua "bateria" de perguntas, a parte contrária tem pleno direito de proceder à *reperguntação*, nesse caso, também, tendo preparado perguntas que o juiz ainda não fez, para que possam ser dirigidas à parte contrária.

Quanto à *ordem dos depoimentos*, em regra, ao interrogar (ou tomar depoimento pessoal) das partes, o juiz segue a *ordem objetiva* do art. 361, inciso II, do CPC, ouvindo primeiramente o reclamante e, na sequência, o reclamado. Contudo, como já examinado, em inúmeras situações ocorre a *inversão do ônus da prova* ou até mesmo a definição de que o ônus da prova dos fatos mais importantes é do reclamado (por exemplo, justa causa, autonomia, eventualidade etc.). Destarte, o advogado do reclamado deve conhecer as técnicas de definição ou de inversão do ônus da prova e preparar o seu cliente, que muitas vezes terá de prestar depoimento *antes do reclamante*. Em suma, haverá uma *variabilidade da ordem* dos depoentes, em conformidade com o ônus da prova, na audiência trabalhista.

Não custa relembrar que a regra do § 2º do art. 775 da CLT permite ao juiz do trabalho alterar a ordem de produção dos meios de prova e, por óbvio, também a ordem dos depoimentos pessoais e até testemunhais. Essa regra tem por finalidade *facilitar* a produção da prova. De modo que, se uma das partes tem mais acesso à prova ou às informações úteis para a solução da causa, o juiz pode ouvi-la primeiro, não importando se se trata do reclamado, ou até mesmo do 2º ou 3º reclamado, quando houver litisconsórcio passivo. Explicando: se houver quatro reclamados, o juiz pode ouvir primeiramente o quarto deles e depois os outros, e ao final o reclamante, levando em conta as premissas já apontadas. Ao fim e ao cabo, a ordem dos depoimentos deve ser a adequada às *necessidades do conflito*, para que haja "maior efetividade à tutela do direito" material em discussão, que é, inclusive, a diretriz do art. 139, inciso VI, do CPC, como já visto.

De modo que o juiz do trabalho sempre leva em consideração a *maior aptidão para a prova* e também o *ônus da prova* quanto aos fatos *nucleares* da controvérsia. De não se olvidar de que é ônus da prova do empregador, o de demonstrar que o reclamante era autônomo ou eventual na discussão sobre vínculo de emprego, de provar a justa causa aplicada ao reclamante etc.

9.3. INCOMUNICABILIDADE DOS DEPOENTES

Uma das regras do processo civil que o juiz deve observar, até por não haver regra expressa na CLT, é a que diz respeito à *incomunicabilidade* dos depoentes, enquanto prestados os depoimentos pessoais. "É vedado a quem ainda não depôs assistir ao interrogatório da outra parte", dita o § 2º do art. 385 do CPC. Assim, no processo civil, não há dúvida sobre essa questão, pois a dicção legal é expressiva: é *vedado* que a parte que vai depor posteriormente ouça as informações prestadas pela outra parte.

No *processo do trabalho*, o juiz deve zelar para que isso também ocorra. De modo que, definida a ordem dos depoimentos, quem será ouvido em primeiro lugar permanece na sala de audiências, sentando-se na cadeira específica para o depoimento, e a outra parte – ou as outras partes, quando houver litisconsórcio (em regra, passivo) – deve aguardar lá fora a sua vez de ser ouvida.

Também no processo do trabalho o juiz deve zelar pela incomunicabilidade dos depoentes, quando da tomada do depoimento pessoal.

O problema surge quando uma das partes – ou até ambas – está se valendo do *ius postulandi*. Se apenas uma delas comparece sem advogado, independentemente da ordem objetiva, o juiz toma primeiramente o depoimento de quem está se valendo do *ius postulandi* e, na sequência, esta parte poderá permanecer na sala, para exercer o seu direito de fazer reperguntas à parte contrária. Não é correto, portanto, que o juiz não permita ao reclamante ou ao reclamado que comparece desacompanhado de advogado, a *faculdade* de fazer perguntas à parte contrária. O problema aparece, de modo concreto, quando *ambas as partes* estão se utilizando do *ius postulandi*. Nesse caso, pela *informalidade* do processo do trabalho, o juiz não determina a saída de nenhuma delas e promove uma "quase acareação" entre as partes, ouvindo delas, junto à própria mesa de audiências, a sua versão sobre os fatos controvertidos. No mesmo sentido: SOUZA JÚNIOR *et al.*, 2018, p. 173.

Uma última regra a respeito dessa temática e que não existe no processo civil, é a do § 1º do art. 848 da CLT, segundo a qual, finalizado o interrogatório, "poderá qualquer dos litigantes retirar-se, prosseguindo a instrução com seu representante". Então, finalizado o depoimento do reclamante ou do reclamado, qualquer deles poderá pedir licença e ir embora, permanecendo *apenas* o seu advogado. Contudo, somente em situações excepcionais, por exemplo, quando o preposto tem audiência em outra vara, é que se deve autorizar a "retirada" da parte, que poderia, então, sair do recinto e ir embora, após a tomada de seu depoimento. Isso porque em algumas ocasiões se torna necessária a *acareação* quando houver divergência manifesta entre as declarações da parte e das testemunhas da parte contrária (art. 461, inciso II, do CPC). Já *as testemunhas*, inclusive porque a acareação normalmente ocorre entre elas, não poderão se retirar da sala de audiências *enquanto não encerrada a instrução.*

9.4. TÉCNICAS DE PERGUNTAÇÃO DURANTE O DEPOIMENTO PESSOAL

Já foram abordadas algumas questões relacionadas às *técnicas de perguntação.* Especificamente em relação ao depoimento pessoal, além das ponderações já formuladas anteriormente, outras podem ser destacadas, para facilitar a vida do advogado iniciante. Na sequência, apresentamos, a título exemplificativo, *doze dessas questões.*

(i) *A parte pode apresentar perguntas ao seu advogado?* Sabemos que é o advogado quem deve falar em nome da parte, por conhecer as questões técnicas, mas nada obsta que a parte auxilie o seu advogado, repassando a este perguntas ou questionamentos que poderiam ser formulados à parte contrária, e inclusive quando dos depoimentos testemunhais. Afinal de contas, é a parte quem sabe melhor sobre os fatos e as suas peculiaridades.

(ii) *A parte pode fazer diretamente uma pergunta* à parte *ex adversa*? Como já dito, se é o advogado que tem o conhecimento técnico, é ele quem deve formular as perguntas à parte contrária. Conquanto o art. 820 da CLT discipline que as partes podem ser inquiridas por intermédio do juiz, a requerimento da *parte contrária*, de seus representantes ou de seus advogados, de todos é sabido que é *o advogado* quem deve proceder à reinquirição, formulando reperguntas. Além disso, no processo do trabalho, todas as perguntas devem ser *intermediadas* pelo juiz, *não se aplicando* a técnica da perguntação direta prevista no CPC, como veremos mais adiante.

(iii) O juiz é obrigado a registrar em ata a pergunta indeferida *assim que ocorre o indeferimento?* O CPC obriga que as perguntas formuladas às testemunhas sejam transcritas no termo de audiência. Nada diz em relação ao depoimento pessoal. No entanto, por óbvio, o indeferimento de perguntas à parte contrária deve receber o mesmo tratamento jurídico. Isso *não significa* que o juiz deva ir registrando em ata cada uma das perguntas indeferidas, especialmente quando há vários fatos controvertidos e o advogado tem a ânsia de perguntar sobre todos esses fatos. É bem comum que, nesses casos, o juiz determine ao advogado que vá *anotando* as perguntas indeferidas e, ao término do depoimento, a requerimento, ele determine o registro, *de uma só vez*, de todas as perguntas indeferidas. Não há nada de errado nessa técnica. Ademais, uma das técnicas que o juiz utiliza para não criar conflito com o advogado é a de *não indeferir diretamente* a pergunta, apenas ponderando sobre a impertinência desta ou até questionando ao advogado: "qual a próxima pergunta, Doutor?". Nessa situação, o advogado deve compreender que sua pergunta não era pertinente. Se insistir, ela será indeferida.

(iv) *O advogado pode fazer perguntas sobre fatos periféricos?* Como já enfatizado anteriormente, o advogado deve evitar ao máximo essa técnica, porque ele deve "ir direto ao ponto", sobretudo no interrogatório direto.

(v) O advogado pode fazer *perguntas indutivas ou perguntas "exploratórias"* à parte contrária? A proibição de perguntas indutivas da resposta é apenas quanto ao depoimento testemunhal (art. 459, *caput*, do CPC). Mesmo assim, o advogado deve evitar ao máximo perguntas indutivas à parte contrária. Se a pergunta já vem com a sugestão de resposta, o juiz pode indeferi-la, além de não ser a melhor técnica de perguntação (SOUZA JÚNIOR *et al.*, 2018, p. 175). No lugar de perguntar ao preposto se o reclamante começava a trabalhar às 6 horas, o advogado deve perguntar a que horas o reclamante começava o trabalho, dentre tantos outros exemplos.

(vi) *O advogado pode formular perguntas ao seu cliente?* Por óbvio que não, pois o art. 385 do CPC não deixa nenhuma dúvida de que a parte deve requerer "o depoimento pessoal da outra parte". Somente um advogado despreparado poderia requerer o depoimento do próprio constituinte. Pior ainda se ele quiser formular reperguntas ao seu próprio cliente, após a perguntação do juiz e a reperguntação do advogado da outra parte. O que pode ocorrer é de o advogado requerer que a pergunta seja reformulada porque seu cliente não a entendeu corretamente, em casos muito excepcionais.

(vii) O advogado pode *requerer o depoimento pessoal do litisconsorte do seu cliente?*

(viii) e, para complementar essa questão, ele pode *fazer perguntas ao litisconsorte da parte* que ele representa? Como visto, o requerimento de depoimento pessoal sempre diz respeito à "outra parte", ou seja, à parte do lado contrário. Assim, a resposta à primeira questão é *negativa*. Questão distinta e controvertida diz respeito à formulação de perguntas ao litisconsorte da parte representada pelo advogado. Alguns juízes deferem essas perguntas. Com o devido respeito, isso não é correto, porque a perguntação sempre deve ser dirigida *à parte contrária*, à parte que se encontra *no outro polo* da relação jurídica processual. De modo que o juiz deve prontamente indeferir perguntas feitas pelo segundo reclamado ao preposto do primeiro reclamado e vice-versa. A propósito, Theotonio Negrão e José Roberto Gouvêa anotam: "Não cabe à parte requerer o próprio depoimento pessoal (RT 722/238, RJTJESP 118/247); nem pode o litisconsorte pedir o depoimento pessoal do seu co-litigante (RTJ 107/729 e STF-RT 581/235)" (NEGRÃO; GOUVÊA, 2009, p. 501).

> O advogado não pode requerer o depoimento pessoal do litisconsorte do seu cliente e tampouco pode formular (re)perguntas a este (litisconsorte).

(ix) O advogado pode *intervir no ditado do juiz ao secretário de audiências?* Muitas vezes o advogado não se conforma porque acredita que a resposta dada pela outra parte não é a que está sendo ditada pelo juiz ao secretário de audiências. Alguns mais exaltados afirmam até que o juiz distorce o depoimento, porque a parte disse "A" e o juiz registrou "B". Por vezes isso acontece mesmo, sobretudo quando o juiz tem muita pressa para terminar a audiência. No entanto, uma coisa é a distorção de um depoimento e outra coisa é o *resumo do depoimento*. Como já mencionado, o juiz só deve registrar em ata as *afirmações fundamentais* das partes, quando toma delas o depoimento pessoal. O juiz não tem nenhum dever de registrar todas as informações. Agora, se se trata de uma informação importante e o juiz não a registra em ata, indeferindo requerimento nesse sentido, cabe ao advogado, assim que sair da sala de audiências, *peticionar* narrando o ocorrido e mencionando a resposta que teria sido dada.

(x) O advogado pode intervir *para alterar o conteúdo da reposta dada?* Obviamente que não. Alguns advogados insistem que o juiz mude o conteúdo da resposta, principalmente quando contrária aos interesses do seu cliente, podendo, por isso, essa interferência ocorrer inclusive por iniciativa do advogado da parte que está prestando o depoimento. Isso deve ser evitado, porque o juiz é o condutor da audiência e é ele quem decide qual o *conteúdo útil e indispensável* para a solução do processo. O que não se admite é que o juiz registre em ata palavras não pronunciadas pela parte. Se isso, ocorrer, cabe ao advogado protestar e fundamentar posteriormente em petição. No mesmo sentido: SOUZA JÚNIOR *et al.*, 2018, p. 188.

(xi) *A parte pode consultar breves anotações para o seu depoimento?* Na dicção do art. 387 do CPC, a parte deve responder "pessoalmente sobre os fatos articulados", mas não pode, para tanto, "servir-se de escritos anteriormente preparados, permitindo-lhe o juiz, todavia, a consulta a notas breves, desde que objetivem completar esclarecimentos". Assim, a parte só pode consultar, com *autorização prévia do juiz*, "notas breves", ou seja, algum lembrete sobre fatos essenciais da causa; e somente poderá fazer essa consulta para *complementar* informações que ela já tenha prestado. É dizer, as anotações devem ser *complementares*, para "completar esclarecimentos", jamais para que a parte possa formular a própria resposta. Se ela não sabe sobre o fato, isso resulta em confissão ficta, não lhe sendo permitida a consulta a anotações para evitar essa consequência processual. Por óbvio que a parte – e também a testemunha – pode proceder à consulta de anotações da CTPS, podendo o juiz até solicitar que o documento lhe seja entregue, para que ele próprio veja os dados e os registre em ata.

(xii) Enfim, *a parte precisa se recordar com precisão de datas?* Penso que, em regra, não. A parte não precisa saber as datas exatas, em algumas situações. Há pessoas que não têm boa memória e a referência a datas aproximadas, com menção a mês e ano, desde que não destoe completamente das versões apresentadas na petição inicial ou na contestação, não macula o depoimento, que será valorado *em conjunto* com as demais provas dos autos. Em relação a datas, por vezes as perguntas acessórias podem ser importantes para verificar se a data informada condiz com a realidade. Por isso, é recomendável que o reclamante leve à audiência trabalhista a *sua CTPS* quando há postulação sobre período não registrado, pois muitas vezes surgem dúvidas quanto a períodos contratuais, se ele trabalhava para outra empresa no período discutido etc. Estando a parte com o documento, isso poderia ser esclarecido no ato, evitando-se a necessidade de juntada posterior, vista à parte contrária e até incidentes processuais.

9.5. ESCUSA X RECUSA A DEPOIMENTO

Embora a parte tenha o dever de prestar depoimento pessoal toda vez que haja requerimento da outra parte ou determinação de ofício pelo juiz do trabalho, em algumas situações ela pode *se escusar* de prestar depoimento. Com efeito, a parte *não está obrigada* a responder perguntas sobre fatos: 1º) "criminosos ou torpes" que tenham a ela sido imputados; 2º) "a cujo respeito, por estado ou profissão" ela deva guardar sigilo; 3º) a respeito dos quais ela "não possa responder sem desonra própria, de seu cônjuge, de seu companheiro ou de parente em grau sucessível"; 4º) que resultem em perigo à vida da própria parte "ou das pessoas referidas no inciso III", tudo em conformidade com o *art. 388 e seus quatro incisos* do CPC.

Destarte, haverá *escusa* a prestar depoimento em todas essas situações, sem nenhuma consequência processual.

Primeiramente, a parte deve ter respeitado o seu *direito à não autoincriminação*. Contudo, essa regra tem de ser aplicada *com cautela* no processo do trabalho. Se o reclamante foi dispensado por justa causa por ter cometido *ato de improbidade*, esse é o fato principal do processo quanto a essa matéria. Se ele se recusar a responder se praticou ou não o ato, isso pode ser considerado como negativa infundada de resposta, o que resultará na sua confissão ficta.

Em relação ao *dever de sigilo*, primeiramente, diz respeito apenas ao sigilo profissional ou ao sigilo nas chamadas ações de estado (civil). Se o *objeto principal* da controvérsia diz respeito ao fato que *envolve a profissão da pessoa*, ela não pode se negar ao depoimento. A título de exemplo, o advogado que é reclamado, numa ação trabalhista em que o reclamante postula a declaração de vínculo empregatício, não poderá, jamais, invocar sigilo profissional para deixar de responder às perguntas necessárias à verificação da presença ou não dos requisitos da relação de emprego.

> Se o objeto principal da controvérsia diz respeito ao fato que envolve a profissão da pessoa, ela não pode se negar ao depoimento, alegando dever de sigilo profissional.

Nas relações de emprego, dificilmente teremos um caso de resposta que possa ser evitada por implicar em desonra da própria parte ou de parente até o 4º grau. Em regra, a parte deverá responder inclusive sobre questões delicadas como as relacionadas a *assédio moral ou sexual*. Por acaso, poderia o empregador, acusado de assédio sexual, recusar-se a depor a esse respeito? Evidente que não, pois esse é o *fato principal* da demanda quanto a essa questão (SOUZA JÚNIOR *et al.*, 2018, p. 189). Se ele se recusar à resposta, o juiz declarará sua confissão ficta.

Enfim, dificilmente se aplicaria, no processo do trabalho, a questão do perigo à vida da parte, de seu cônjuge ou de parentes até o 4º grau. A menos que haja ameaça séria para impedir que a parte vá até a audiência, mas isso é uma questão de polícia e o advogado deve saber como proceder.

Com essas considerações já nos encaminhamos, portanto, para a *diferenciação entre escusa e recusa* a depoimento pessoal. Toda vez que a parte, *sem motivo devidamente justificado*, "deixar de responder ao que lhe for perguntado ou empregar evasivas, o juiz, apreciando as demais circunstâncias e os elementos de prova, declarará, na sentença, se houve recusa de depor", nos termos do *art. 386* do CPC. É dizer, *a recusa de depoimento* implica em confissão ficta da parte, pois nesse caso não se aplicam as escusas do art. 388 do CPC.

Destarte, a recusa se dá em *duas situações*: 1ª) a parte não responde às perguntas, sem amparo nas autorizações legais; 2ª) ela não responde diretamente às perguntas, preferindo usar subterfúgios, naquela autêntica "enrolação" para fugir ao questionamento.

Ainda sobre o depoimento da parte, ela deve, ao depor, tratar o juiz e o advogado da parte contrária com a chamada *urbanidade*, ou seja, com respeito. Totalmente reprovável o depoimento agressivo, com emprego de palavras insinuantes ou até com uso de palavrões. O advogado deve advertir a parte de que esse comportamento somente trará *prejuízo* a ela própria. Em situações extremas, o juiz pode até encerrar o depoimento da parte e consignar em ata que as respostas agressivas seriam uma forma de ela "empregar evasivas", resultando em sua *confissão ficta*.

Uma *última questão* diz respeito à *cláusula de confidencialidade*, especialmente em contrato de prestação de serviços entre advogados. Penso que essa cláusula *não se aplica* no processo do trabalho, especialmente quando se discute vínculo de emprego entre as partes. Se o reclamado, nesse caso, pudesse invocar a cláusula de confidencialidade, ficaria numa situação muito confortável, pois poderia se recusar a depor sobre fatos imprescindíveis à solução do processo. Sobre a aplicação dessa cláusula nos depoimentos testemunhais trataremos oportunamente.

9.6. DEPOIMENTO PESSOAL POR PRECATÓRIA OU VIDEOCONFERÊNCIA

Uma questão interessante diz respeito à possibilidade ou não de a parte ser ouvida por *carta precatória*. Como já visto, na *exceção de incompetência territorial*, o excipiente tem o direito de ser ouvido no juízo que ele considera competente para a condução do processo (§ 3º do art. 800 da CLT). A questão aqui tratada é outra: *o reclamante* também pode ser ouvido mediante a expedição de carta precatória? Exemplifica-se com o caso em que o reclamante ajuizou a demanda e depois precisou se mudar para local distinto, onde conseguiu trabalho depois de permanecer um tempo desempregado. Aliás, não é uma situação incomum.

Na Justiça Estadual, os juízes têm deferido a oitiva da parte por carta precatória. Veja-se a seguinte ementa:

> AGRAVO DE INSTRUMENTO - AÇÃO DE INDENIZAÇÃO POR DANOS MORAIS E MATERIAIS - DEPOIMENTO PESSOAL - CARTA PRECATÓRIA - POSSIBILIDADE - REFORMA DO DECISUM - RECURSO CONHECIDO E PROVIDO - UNÂNIME. I - De acordo com a interpretação conjunta dos art. 200, 344 e 410, II, do CPC, inexiste óbice à tomada de depoimento pessoal por carta precatória, quando não coincidente o foro da causa com o local em que reside a parte. No caso concreto, há prova de que a agravante reside em Comarca distante daquela em que fora demandada, razão por que merece prosperar a insurgência recursal; II - Ressalte-se, ainda, que o art. 200 do Código de Processo Civil estabelece que, os atos processuais devem ser cumpridos por ordem judicial ou requisitados por carta, realizando-se dentro ou fora dos limites territoriais da Comarca, norma esta que está em consonância com o princípio da economia processual; III - Recurso conhecido e provido. Unânime. (Agravo de Instrumento nº 201200215823 nº único0012928-93.2012.8.25.0000 - 1ª CÂMARA CÍVEL, Tribunal de Justiça de Sergipe - Relator (a): Suzana Maria Carvalho Oliveira - Julgado em 05/02/2013)

No *processo do trabalho*, não tenho visto jurisprudência a esse respeito. Porém, nessa situação do reclamante que está trabalhando em local distante da vara em que tramita a sua causa, tudo estaria a autorizar a expedição da carta precatória. O problema é que muitos prepostos residem em local distante também. Para assegurar tratamento isonômico, *o reclamado ou seu preposto* também teria direito de ser ouvido mediante expedição de precatória?

Não há solução fácil para essa questão. Sempre que o amplo *acesso à justiça* for dificultado, o juiz deverá deferir a expedição de carta precatória. Se o reclamado pode nomear preposto que resida no foro da causa ou se possui condições financeiras de custear o deslocamento do preposto até lá, não se justificaria a precatória para a oitiva do preposto. Agora, nos casos do reclamante pobre e de pequenos empresários, seria *justificável* a expedição da precatória.

Poder-se-ia objetar que, no entanto, é justamente para esses casos que o CPC previu a possibilidade de o depoimento pessoal ser colhido *por meio de videoconferência* (§ 3º do art. 385 do CPC). Dessa maneira, se a parte residir em outra subseção judiciária e tiver dificuldade de acesso à justiça, seu depoimento poderá ser prestado "por meio de videoconferência ou outro recurso tecnológico de transmissão de sons e imagens em tempo real". Aliás, o ideal seria que esse depoimento fosse tomado "durante a realização da audiência de instrução e julgamento". Ocorre que a Justiça do Trabalho *não está preparada* para essa dinâmica probatória. Sua estrutura e organização ainda são deficitárias quanto à tecnologia necessária tanto para a videoconferência quanto para a necessidade de as audiências se realizarem ao mesmo tempo. Neste sentido: SOUZA JÚNIOR *et al.*, 2018, p. 186.

Com a implementação das diretrizes do *Provimento n. 01 da Corregedoria-Geral da Justiça do Trabalho*, de 16-03-2021, passamos a ter uma nova realidade na Justiça especializada, quanto a essa matéria. Como é sabido, esse ato normativo tinha por objetivo regulamentar a "utilização de videoconferência para a tomada de depoimentos fora da sede do juízo no 1º e 2º graus de jurisdição, de que trata a Resolução CNJ nº 354/20", na Justiça do Trabalho. O art. 1º desse Provimento deixava bem claro que são quatro os atos que podem ser praticados por videoconferência: i) os *depoimentos pessoais*; ii) a oitiva de testemunhas; iii) a acareação entre as testemunhas; e iv) o depoimento dos auxiliares do juízo, desde que "realizados fora da sede do juízo", de acordo com a Resolução n. 354/2020, do CNJ. De todos é sabido que esse Provimento foi revogado pelo Provimento n. 4, da CGJT, de 26 de setembro de 2023, mas as diretrizes continuam exatamente as mesmas, no art. 86 e seguintes deste Provimento n. 4. Trataremos de forma detalhada desse ato normativo, inclusive quanto à tomada de depoimentos pessoais por videoconferência, no penúltimo capítulo deste Manual.

Contudo, convém registrar que há um certo prejuízo ao *princípio da imediatidade* quando a parte presta depoimento em outro juízo. Até porque o depoimento prestado em outra vara do trabalho certamente será acompanhado por algum servidor e não por outro juiz. Ademais, haveria contraditório pleno se o advogado terá de fazer perguntas à distância e não poderá sentir as reações da parte que estará prestando depoimento? Assim, a videoconferência deveria ser reservada para situações especiais, por exemplo, quando a parte se encontra presa ou reside em local muito distante, como já mencionado anteriormente.

Enfim, essa audiência por videoconferência não corresponde às audiências telepresenciais que foram realizadas durante a pandemia de COVID-19 e ainda continuam a ser realizadas. Aquela audiência é *exclusiva* para a oitiva da parte (ou testemunha) que *reside* em outra comarca ou subseção judiciária. A realização de uma audiência de instrução, *por inteiro*, por meio de "videoconferência", não está prevista nem mesmo no CPC. Sobre essa temática complexa trataremos ao final deste Manual, no penúltimo capítulo.

9.7. VERIFICAÇÃO DE APRENDIZAGEM

1) Quais são as diferenças entre depoimento pessoal e interrogatório no processo do trabalho?
2) O juiz do trabalho pode interrogar as partes na audiência inicial? Se interrogar apenas uma delas, haverá tratamento não isonômico?
3) O que fazer se o juiz não quiser tomar o depoimento pessoal da parte contrária? O advogado precisa justificar esse requerimento?
4) Aplica-se a regra da incomunicabilidade dos depoentes no processo do trabalho? O que fazer se uma das partes se vale do *ius postulandi*?
5) Quais são as 12 (doze) técnicas que o advogado precisa saber sobre a perguntação durante o depoimento pessoal?
6) O advogado pode requerer o depoimento pessoal do litisconsorte do seu cliente? Pode fazer perguntas a ele?
7) Em que hipóteses a parte pode se escusar de responder às perguntas, em depoimento pessoal? Como identificar se a parte está se recusando a responder?
8) O reclamado tem o dever de prestar depoimento pessoal e responder a perguntas sobre casos de assédio moral ou sexual?
9) O reclamado pode invocar cláusula de confidencialidade para se negar a responder perguntas no processo do trabalho?
10) A parte tem direito a prestar depoimento pessoal mediante a expedição de carta precatória ou por videoconferência?

Capítulo 10

CONFISSÃO REAL E CONFISSÃO FICTA

10.1. CONCEITO E NATUREZA JURÍDICA DA CONFISSÃO

A *confissão* é um dos mais importantes meios de prova, chamada por alguns de a rainha das provas. Veja-se:

> NULIDADE DO PROCESSO - INDEFERIMENTO DE DEPOIMENTO PESSOAL. CERCEAMENTO DE DEFESA.
>
> O depoimento pessoal da parte tem como finalidade tanto esclarecer fatos controvertidos, quanto de provocar a confissão - a rainha das provas (CPC, artigos 389, 390 e 391). Obstar a parte de, eventualmente, com a tomada de depoimento pessoal, obter também em seu favor a confissão, reflete manifesto cerceamento do direito de defesa. (Processo TRT-03 RO 0012424-90.2017.5.03.0092; Órgão Julgador: Quinta Turma; Relator: Juiz convocado Paulo Emilio Vilhena da Silva)

Ora, se a parte confessa a existência do fato afirmado pela outra parte – seja ele constitutivo (pelo reclamado), seja impeditivo, modificativo ou extintivo do direito (pelo reclamante) –, tal situação torna o fato "incontroverso", cujo *efeito primordial* é o de tornar *desnecessária* a prova desse fato por outros meios (SOUZA JÚNIOR *et al.*, 2018, p. 177). Com efeito, independem de prova todos os fatos "afirmados por uma parte e confessados pela parte contrária" (art. 374, inciso II, do CPC).

Daí que o próprio *conceito legal de confissão* se mostra suficiente para que os atores jurídicos possam compreender do que se trata o instituto: ocorre a confissão "quando a parte admite a verdade de fato contrário ao seu interesse e favorável ao do adversário", na dicção do art. 389 do CPC. Assim, a confissão, mesmo operada fora do juízo, importa sempre na admissão, por uma das partes, da ocorrência de fato que beneficia exclusivamente a parte contrária, prejudicando seu interesse (do confitente) no resultado do processo.

Contudo, a confissão não é uma pena que se impõe à parte que confessa. Ainda que a regra processual discipline que a parte deve ser intimada pessoalmente para prestar depoimento pessoal e, na ocasião, deve ser "advertida da pena de confesso" (§ 1º do art. 385 do CPC), a *confissão real*, que ocorre quando uma parte admite *expressamente* o fato afirmado pela outra, é apenas um *fato processual*, um meio de prova por excelência. O objetivo maior do depoimento pessoal, como já visto, é o de tentar obter a confissão *direta* da parte contrária, para tornar desnecessária a produção de outras provas.

Destarte, a *natureza jurídica* correta é a de se considerar a confissão como um *meio de prova* e não uma penalidade. Quando muito, nos casos de confissão ficta – porque a parte não comparece ou, comparecendo em juízo, recusa-se a depor, ou emprega evasivas –, a confissão até poderá ser considerada uma "penalidade", porque nesse caso a parte deixa de cooperar com o Judiciário para a descoberta da verdade. Na sequência, vamos verificar quais são as espécies de confissão e, então, ficará mais fácil compreender que a confissão é um instituto mais abrangente do que uma simples penalidade.

10.2. ESPÉCIES DE CONFISSÃO

No próprio texto legal, o legislador faz menção expressa à confissão judicial ou extrajudicial, bem como à confissão espontânea ou provocada. De modo que, somente pela leitura dos arts. 389 e 390 do CPC, já se pode verificar a existência de quatro espécies de confissão. Não obstante, a classificação que mais interessa aos atores jurídicos é a que divide a confissão em real ou ficta. Com efeito, existem pelo menos *oito espécies de confissão*, na doutrina clássica do direito processual. Para facilitar a compreensão dos advogados iniciantes, convém *classificar* a confissão da seguinte forma:

a) *quanto à origem* – há confissões que são feitas em juízo e outras que são realizadas extrajudicialmente e, nesse aspecto, a confissão pode ser (i) *judicial* ou (ii) *extrajudicial*;

b) *em relação ao modo de configuração* – a confissão feita em juízo pode ser (i) *espontânea* ou (ii) *provocada;* a *primeira* ocorre quando a parte, nas conversações anteriores ou posteriores ao depoimento pessoal, admite um fato que lhe seja desfavorável, ao passo que a confissão *provocada* é aquela em que a parte, prestando *depoimento pessoal*, admite a existência de fato contrário aos seus interesses – e ambas devem ser registradas no termo de audiência –, tudo nos termos do art. 390 e §§ 1º e 2º do CPC;

c) *quanto à forma* – em relação à forma de manifestação, a confissão pode ser (i) *escrita* ou (ii) *verbal*, se ela for extrajudicial; porém, a confissão extrajudicial oral "só terá eficácia nos casos em que a lei não exija prova literal" (art. 394 do CPC);

d) *no que concerne à sua eficácia* – como já observado, trata-se da classificação mais importante, pois os efeitos da (i) *confissão real* são infinitamente mais graves do que os efeitos da (ii) *confissão ficta*, tendo em vista que naquela a presunção do fato é *absoluta* e nesta meramente *relativa*.

Na sequência, um estudo mais aprofundado da confissão real e da confissão ficta, pois é quanto a estas que se analisa a *eficácia* deste meio de prova, para tornar absolutamente desnecessária a produção de outras provas, ou, em casos excepcionais, admitir-se provas *complementares* (na confissão ficta).

10.3. CONFISSÃO REAL

A *confissão real*, como visto, é aquela em que a parte admite *expressamente* a existência de um fato importante da controvérsia, prejudicando seu interesse não somente na produção de provas, mas também no que diz respeito ao próprio resultado do processo. É dizer, se a parte admite de forma *direta* que o fato afirmado pela parte contrária realmente ocorreu, a presunção de veracidade dele é *absoluta*, aplicando-se, sem margem a dúvida, a disposição do art. 374, inciso II, do CPC. Se o fato foi confessado pelos dizeres da própria parte, especialmente quando está a prestar *depoimento pessoal*, sobre esse fato não se produz nenhuma outra prova mais. Em suma, *fato confessado é fato provado*.

Uma *questão prática* que envolve a confissão feita em depoimento pessoal é a de saber se o advogado deve requerer a declaração da confissão da parte contrária no momento em que ela confessa e a consignação disso imediatamente na ata de audiência, ou se deve fazê-lo ao final do depoimento. O correto é que o advogado faça esse requerimento apenas *quando encerrado o depoimento* da parte, primeiro, para não gerar tumulto durante o próprio depoimento; segundo, porque a tática de se requerer a declaração da confissão a todo momento revela o uso de uma *técnica ingênua*, pois o depoente tomará mais cuidado na sequência e certamente evitará *outras confissões* que poderiam ser extraídas de seu depoimento. Até porque esse requerimento nem precisa ser feito, pois o juiz certamente irá declarar a confissão ao julgar o processo, independentemente de requerimento expresso.

> Questão prática: o correto é que o advogado faça o requerimento de declaração da confissão apenas depois de encerrado o depoimento da parte.

Contudo, numa extensão lógica do quanto já afirmei anteriormente, a confissão real não se dá apenas em depoimento pessoal, embora essa seja a regra. Com efeito, a confissão judicial pode ser feita *espontaneamente* pela parte ou *de modo provocado* (quando do depoimento pessoal, prestado diante de requerimento expresso da outra parte: art. 385, *caput*, do CPC). Confissão *provocada* porque – além de requerido o depoimento da parte – o advogado que está a inquirir ou reinquirir a parte contrária – quando utiliza as técnicas corretas de perguntação – pode obter sucesso, pois em algum momento o depoente poderá se sentir constrangido ou estimulado a reconhecer fatos que ele negara nas petições (por seu advogado).

Já a *confissão espontânea*, normalmente acontece nas *tratativas de acordo*, pois durante a tentativa conciliatória, se o juiz ou o advogado da parte contrária tiver paciência e habilidade, poderá extrair verdadeiras confissões – admissão de fatos desfavoráveis – da (outra) parte. Como já mencionado, nessas conversações, muitas vezes o reclamante reconhece a existência de pagamentos – às vezes sequer documentados –, e, de outro lado, o reclamado reconhece fatos caracterizadores do vínculo empregatício entre as partes, além de várias outras situações.

A questão que surge em relação a essa temática é a concernente à *confidencialidade* da conciliação e da mediação. Contudo, penso que *apenas na mediação* é que se aplica com rigor a exigência da confidencialidade, já que esta se erige num dos princípios importantes do microssistema da mediação (MAZZOLA, 2020, *on-line*). Primeiro, porque o mediador exerce apenas o papel de *aproximação das partes*, a fim de que elas mesmas encontrem a solução para o seu conflito, para o que se torna imprescindível que elas "desarmem seus espíritos" e possam ter uma abertura maior para relatar os fatos ocorridos, na busca da solução consensual. Segundo, porque a tentativa de conciliação, no processo do trabalho, é feita pelo juiz, sendo que este conciliador, frustrada a tentativa, "converter-se" em *árbitro para instruir e julgar* o conflito (§ 2º do art. 764 da CLT).

Sendo assim, não vejo nenhuma vedação a que a confissão espontânea seja registrada na ata de audiência, seja para beneficiar o reclamante trabalhador, seja para prejudicá-lo, inclusive porque essa confissão se trata de uma *confissão real*.

Não obstante, há que se *distinguir* a confissão de outros institutos próximos. A confissão é manifestada pela própria parte, pois é esta quem presta depoimento pessoal. Ainda que a confissão espontânea possa ser feita por representante da parte, este necessita ter "poder especial" para tanto (§ 1º do art. 390 do CPC). Assim, a confissão *não é a mera admissão do fato* feita pelo advogado, na contestação, na réplica ou em outra peça processual. Até porque o fato pode ser presumido pela ausência de impugnação especificada, como é sabido, e isso não implica em confissão, em sentido estrito.

Além disso, a confissão *difere do reconhecimento da procedência* do pedido, tanto do formulado na ação quanto do exposto na reconvenção, pois esse reconhecimento (jurídico) ocorre quando o advogado não apenas declara a existência do fato constitutivo do direito do autor ou do reconvinte, mas reconhece também os *seus efeitos jurídicos*. Ademais, o pedido pode se relacionar a matéria *exclusivamente de direito* que, obviamente, não comporta confissão, que se refere a matéria fática. Por óbvio que o advogado, em nome da parte, pode reconhecer a procedência do pleito alicerçado na chamada matéria de direito, mas isso não é confissão.

10.3.1. Efeitos da confissão real

Um dos *efeitos* mais importantes da confissão real é o da *preclusão* para a produção de outras provas. Afinal de contas, a confissão feita em juízo faz *prova plena* contra o confitente, tanto no processo civil quanto no processo do trabalho, ainda que ela não possa prejudicar os litisconsortes da parte que confessa (art. 391, *caput*, do CPC). É dizer, se houve confissão real, *não se admite* nenhum outro meio de prova do fato confessado, nem mesmo a prova testemunhal, pois o juiz deve *indeferir prontamente* o requerimento (ingênuo) de oitiva de testemunhas sobre fatos que já tenham sido provados por confissão da parte (art. 443, inciso I, do CPC).

Se houve confissão real, não se admite nenhum outro meio de prova do fato confessado, nem mesmo a prova testemunhal.

Contudo, como se pode inferir da análise do parágrafo anterior, a confissão judicial faz prova *apenas contra o confitente*, não podendo prejudicar, em regra, os seus litisconsortes (art. 391 do CPC).

Na prática, no litisconsórcio *unitário*, a confissão de um dos litisconsortes somente não prejudicará os demais se estes produzirem prova robusta que causem dúvida a respeito da própria confissão. Agora, no litisconsórcio *simples*, como cada litisconsorte poderá ter solução de mérito distinta da dos demais, a confissão de um *não prejudica* os interesses dos outros.

Não obstante, pelas especificidades do *direito material trabalhista*, esse regramento específico deve ser analisado com cautela nos domínios da Justiça do Trabalho. Acontece que, no processo do trabalho, embora se constate, em regra generalíssima, somente a existência de *litisconsórcio simples*, há inúmeras questões controvertidas que dizem respeito *apenas* ao empregador.

De modo que, se o empregador não confessa os fatos que dizem respeito exclusivamente a si, os tomadores de serviços poderão produzir prova testemunhal ou de outra espécie para infirmar as alegações do reclamante. De outra mirada, se *o empregador ou seu preposto* confessarem fatos da relação de emprego, ou que levem ao reconhecimento do próprio vínculo – quando este tinha sido negado –, não há mais o que fazer. A título meramente exemplificativo, se o reclamado *confessa* a existência de onerosidade, não eventualidade e subordinação na prestação de serviços, o vínculo de emprego *será reconhecido*, não podendo os tomadores produzir nenhuma prova em sentido contrário, salvo na excepcional hipótese de alegarem e provarem conluio entre reclamante e reclamado para "ganhar dinheiro fácil". Ademais, na prática, se o empregador confessa que o reclamante trabalhava em horas extras, da forma como postuladas na inicial, o juiz tem determinado o encerramento da instrução processual quanto a esse fato.

Assim, havendo *terceirização*, que normalmente dá ensejo à formação de litisconsórcio no polo passivo das reclamações trabalhistas, a confissão de um dos reclamados – em regra, do empregador – pode, sim, *prejudicar* o interesse processual na produção de provas por aquele que não foi o autor da confissão.

Tudo vai depender do teor da contestação e da existência de *fatos comuns*, como já mencionei anteriormente. Assim, se o tomador de serviços alega fato determinado, preciso, em relação a horas extras – que seriam prestadas em seu estabelecimento –, principalmente quanto ao trabalho em domingos e feriados, será possível, em *requerimento bem formulado*, a produção de outras provas, ainda que confesso o empregador. Também no que concerne a acidente do trabalho, horas *in itinere* e poucas hipóteses além destas, poderá, excepcionalmente, o tomador produzir prova testemunhal a respeito desses fatos, a despeito de confissão por parte do empregador ou de seu preposto, principalmente quando se tratar de confissão por desconhecimento dos fatos (ficta).

> No litisconsórcio passivo, se houver alegação de fatos comuns e requerimento bem formulado, admite-se a produção de outras provas, ainda que confesso o empregador.

Para finalizar este tópico, insta saber se *o advogado pode confessar* em nome da parte. Em regra, o advogado pode admitir fatos contrários aos interesses do seu cliente ou até reconhecer a procedência do pedido do reclamante, como já examinado. Contudo, se o advogado tiver *poderes especiais para confessar*, o que normalmente estará registrado no instrumento do mandato (procuração), nada obsta que ele confesse em nome da parte (SOUZA JÚNIOR *et al.*, 2018, p. 178). No entanto, de se observar que a confissão feita por qualquer representante da parte "somente é eficaz nos limites em que este pode vincular o representado" (§ 2º do art. 392 do CPC). Agora, por óbvio, essa confissão somente pode ser a *espontânea*, já que o advogado, em hipótese alguma, pode prestar depoimento pessoal no lugar da parte.

Quanto aos efeitos da *confissão extrajudicial*, que pode ser feita de forma escrita ou oral, normalmente são os mesmos da confissão judicial. Só não há falar em confissão provocada nessa modalidade, já que ela não se dá em depoimento pessoal. Trata-se de uma confissão *espontânea*, em regra feita em documento, conquanto possa ser manifestada oralmente. Neste último caso, ela "só terá eficácia nos casos em que a lei não exija prova literal", nos termos do art. 394 do CPC. De tal modo que, se o empregador assina um documento em que ele reconhece que o reclamante era seu empregado e se compromete a anotar a CTPS dele, ou se reconhece que ele trabalhava em horas extras, não se trata de um simples documento a ser juntado aos autos, mas de uma *confissão extrajudicial*, desde que feita no curso do processo.

Ademais, de se reiterar: não se admite confissão oral se a lei exigir *prova documental* para o fato. Daí que a única forma de se provar *pagamentos* ao trabalhador é a de se juntar recibos devidamente assinados por ele (prova documental) nos termos do art. 464 e outros dispositivos da CLT – ou os comprovantes de depósito, nos termos do parágrafo único do art. 464. Igualmente, não há falar em confissão verbal do reclamante quanto à renúncia à estabilidade, nos termos do art. 500 da CLT.

De não se olvidar, no entanto, da regra do parágrafo único do art. 408 do CPC, segundo a qual a mera *declaração de ciência* a respeito de determinado fato não prova esse fato, mas apenas a ciência de que esse fato existiu, razão pela qual essa declaração terá de ser confirmada em juízo. Assim, meras declarações feitas por terceiros, no sentido de que o trabalhador prestou serviços em determinado período ou de que recebia determinada quantia, embora se trate de indícios muito fortes, não provam, por si só, vínculo de emprego e nem salário "por fora".

Na sequência, um breve estudo de outros efeitos da confissão.

10.3.2. Indivisibilidade da confissão

Outro efeito deveras importante da confissão é o que diz respeito à sua *indivisibilidade*, prevista textualmente no art. 395 do CPC.

Segundo essa norma, a confissão é, regra geral, "indivisível, não podendo a parte que a quiser invocar como prova aceitá-la no tópico que a beneficiar e rejeitá-la no que lhe for desfavorável". É dizer, ou a parte aceita a confissão da outra como um todo, ou a ignora, caso em que se passará à produção das demais provas, pois o efeito principal da confissão, nesse último caso, não se fará presente. Trata-se de uma questão de *lealdade processual*. Não é lícito que a parte busque na confissão da outra apenas aquilo que lhe interessa e tente descartar partes que lhe são desfavoráveis.

> Não é lícito que a parte busque na confissão da outra apenas aquilo que lhe interessa e tente descartar partes que lhe são desfavoráveis, a menos que comprove robustamente "outros" fatos.

Assim, se o reclamante invoca o depoimento do preposto para dizer que este reconheceu o vínculo de emprego entre as partes, não poderá utilizar-se *apenas* da parte do depoimento em que restou reconhecido o período contratual, mas com o *descarte do trecho* em que o preposto alega que o salário era menor do que o descrito pelo reclamante. Se o reclamado admitiu que o reclamante fazia horas extras porque trabalhava até as 19 horas, mas alega que isso ocorria apenas em dois dias por semana, o reclamante *não pode querer* que, por esta confissão, o juiz reconheça trabalho até 19 horas em todos os dias da semana. De outro lado, se o reclamante reconhece que fazia uma hora de intervalo, mas apenas em três dias da semana, o reclamado *não pode pretender* que a confissão seja declarada em relação a todos os dias da prestação de serviços.

Aliás, a mesma *indivisibilidade* se dá em relação à prova documental, nos termos do art. 412, parágrafo único, do CPC. De modo que recibos de pagamento, TRCT e até *e-mail* (correspondência eletrônica) não devem ser cindidos, para que a parte utilize apenas os fatos que lhe são favoráveis e recuse os que são contrários a seus interesses.

A única exceção clara quanto à prova documental, no processo do trabalho, diz respeito à *flexibilização da indivisibilidade documental* quanto aos cartões de ponto. Estes retratam vários fatos, por vezes em longo período de tempo, sendo comum que o reclamante, na audiência trabalhista, admita a veracidade apenas dos horários de início e término da jornada de trabalho e/ou dos dias de prestação de serviços. Nesse caso, haverá a produção de prova *apenas* a respeito do intervalo intrajornada ou de outras questões específicas, de acordo com a devida impugnação feita pelo reclamante.

Não obstante, mesmo no processo civil, será possível, excepcionalmente, cindir-se tanto a confissão como o documento particular. Em relação aos documentos, se a parte provar que determinados fatos ali retratados não ocorreram. No que diz respeito à *confissão*, ela será *divisível* "quando o confitente a ela aduzir fatos novos, capazes de constituir fundamento de defesa de direito material ou de reconvenção" (parte final do art. 395 do CPC). Destarte, *para que haja a cisão*, o beneficiário da confissão deverá, primeiro, acrescentar outros fatos que não estariam abrangidos pela confissão; segundo, fatos que sejam relevantes para a defesa de um direito ou situação jurídica invocados; terceiro, fatos que devem ser *robustamente comprovados*, sob pena de prevalecer a indivisibilidade da confissão.

10.3.3. Outras questões na temática da confissão: anulação

Ainda quanto aos efeitos da confissão – ou ausência deles –, de se enfatizar a *ineficácia* dela quando envolver direitos indisponíveis, conforme as regras do art. 392 e §§ do CPC.

Destarte, não tem valor "como confissão a admissão, em juízo, de fatos relativos a direitos indisponíveis" (*caput* do art. 392). Ademais, a confissão não terá efeito algum "se feita por quem não for capaz de dispor do direito a que se referem os fatos confessados" (§ 1º). Enfim, o representante somente pode confessar *nos limites dos poderes especiais* em que se dá a representação, sendo *ineficaz* a confissão feita por ele, se não tinha poderes especiais para tanto (§ 2º). *Em síntese*, o confitente tem de ter *poder de disposição* do direito material para confessar fatos que impliquem no seu reconhecimento (fato constitutivo) ou na sua inexistência (fatos impeditivos, modificativos ou extintivos).

Questões interessantes dizem respeito à confissão do (i) representante do ente público e à confissão do (ii) preposto. Em relação à *Fazenda Pública*, embora a coisa pública seja indisponível – diante da inalienabilidade dos bens públicos –, a jurisprudência trabalhista tem admitido sem parcimônia que a pessoa jurídica de direto público sujeita-se até mesmo aos efeitos da revelia (OJ n. 152 da SDI-1 do TST). Se pode haver até revelia, por óbvio que se admite também a *confissão do preposto do ente público*, tanto a confissão real quanto a confissão ficta.

A respeito dos limites de representação do preposto, *não se aplica* a limitação legal e *nem se exigem* os poderes especiais de que trata o CPC, já que o preposto deve ter conhecimento de todos os fatos e suas "declarações obrigarão o preponente" (§ 1º do art. 843 da CLT). É dizer, isso é da *essência* da preposição trabalhista. *Qualquer confissão do preposto*, real ou ficta, será tomada em conta, não havendo *nenhum espaço* para limites de poderes nessa representação.

> Qualquer confissão do preposto, real ou ficta, será levada em consideração, não havendo nenhuma possibilidade para se invocar limites de poderes nessa representação.

Quanto aos *menores* e aos *incapazes*, eles terão de estar devidamente representados em juízo, não somente para efeito de aferição da capacidade processual, mas também para efeito de eventual confissão. Contudo, mesmo que estejam devidamente representados, deve-se evitar ao máximo o depoimento pessoal deles, porque se trata de pessoas que não têm plena disposição dos seus direitos e nem mesmo condições de manifestar livremente sua vontade e/ou sua percepção sobre os fatos. O representante legal, em regra, não terá participado ativamente da relação jurídica material de emprego e, portanto, também não tem a mínima condição de prestar depoimento. Daí ser muito raro encontrar confissão de menores e incapazes.

Questões especiais dizem respeito à confissão do analfabeto – em relação a documentos – e também à "confissão" do trabalhador que negocia direitos trabalhistas indisponíveis com o empregador, sem a assistência do sindicato, podendo haver, pelo menos no último caso, a invocação do art. 9º da CLT (SOUZA JÚNIOR *et al.*, 2018, p.179).

Enfim, importante registrar que a confissão pode ser *anulada* quando ocorrer as hipóteses do art. 393 do CPC, segundo o qual a confissão é, em regra, irrevogável, "mas pode ser anulada se decorreu de erro de fato ou de coação".

Nesse caso, a *ação anulatória* deve ser proposta pelo próprio confitente, *único legitimado* à sua propositura, até porque a confissão não é do preposto, mas da parte que ele representa. Assim, a anulação da confissão, por erro de fato ou coação, não pode ocorrer nos mesmos autos, mas em *ação própria*. Conquanto a legitimidade seja exclusiva do confitente, há a possibilidade de *sucessão* na causa pelos herdeiros, pois, com a ação em curso, a legitimidade "pode ser transferida a seus herdeiros se ele falecer após a propositura" (parágrafo único do referido art. 393). Daí que *não cabe* ação rescisória para anular uma confissão, porquanto a ação anulatória deve ser proposta perante o juízo de primeiro grau (SOUZA JÚNIOR *et al.*, 2018, p. 180). Entendo que, assim feito, o juízo que processou a causa em que se deu a confissão se encontra *prevento* para a ação de sua anulação.

> Não cabe ação rescisória para anular a confissão, pois é cabível a ação anulatória para tanto, que deve ser proposta perante o juízo de primeiro grau.

Agora, se o processo em que ocorreu a confissão ainda está em curso, haveria possibilidade de demonstração incidental do erro ou coação? Penso que, se não transitada em julgado a decisão sobre essa questão, pode haver questionamento incidental, inclusive quando da interposição de recurso ordinário, com a possibilidade até mesmo de reabertura da instrução processual. No entanto, nessa situação excepcional, o que haverá é *afastamento* da confissão – e não anulação desta –, com possível reforma da decisão que se baseou (exclusivamente) na confissão.

10.4. CONFISSÃO FICTA

A *confissão ficta* resulta de fatos processuais que revelam certa contumácia pela parte que deveria comparecer em audiência e prestar depoimento pessoal, mas não o faz, ou, comparecendo em juízo, recusa-se de modo injustificável a prestar depoimento, ou, ainda, não responde diretamente ao que lhe é perguntado, empregando evasivas para fugir à questão que lhe é submetida (SOUZA JÚNIOR *et al.*, 2018, p. 180).

Essas *três situações fáticas* bem delineadas nos arts. 385, § 1º e 386 do CPC revelam que, a despeito de doutrina em sentido contrário, a confissão ficta corresponde a uma *presunção de veracidade* das afirmações da parte contrária, que pode ser reconhecida porque a parte que deveria depor em juízo para esclarecer os fatos não cumpre o seu dever processual.

Não se trata de penalidade processual, como aponta a doutrina, *data venia*, mas de *um fato* cuja consequência processual é a de se admitir a existência do fato alegado pela parte contrária. Tanto é assim que essa confissão ficta é também *derivada da revelia*, nos moldes do art. 844 da CLT e do art. 344 do CPC. Temos, aqui, uma *quarta hipótese* de confissão ficta, pois a revelia, salvo nas hipóteses em que ela não produz seu efeito principal, importa em *presunção dos fatos* afirmados pela parte contrária. Em suma, confissão ficta não é pena, mas *fato processual* que implica em presunção favorável em benefício da parte contrária.

> Confissão ficta não é pena, mas um fato processual que implica em presunção favorável em benefício da parte contrária.

Como visto – e para deixar bem clara a abrangência da confissão ficta –, ou ela *decorre da revelia* (ausência de defesa), ou poderá ser declarada nas *três situações* relacionadas à audiência de instrução: 1ª) não comparecimento da parte à audiência, tendo sido intimada pessoalmente para prestar depoimento pessoal (art. 385, § 1º, do CPC; Súmula n. 74, item I, do TST); 2ª) recusa injustificada em depor; ou 3ª) recusa injustificada em responder às perguntas ou emprego de evasivas quando das respostas (art. 386 do CPC). Assim, o juiz pode declarar a confissão ficta da parte tanto na hipótese de ela se negar a responder a determinadas perguntas, quanto na situação de ela ficar "dando voltas", numa autêntica "enrolação", deixando de "ir ao ponto central" do questionamento.

Pode haver, ainda, a confissão ficta se a parte *muda de endereço* e não informa ao juízo essa mudança, quando, então, presumir-se-á a sua intimação e, caso ela não compareça à audiência, será declara confessa quanto à matéria de fato.

Uma dúvida que pode preocupar o advogado é a seguinte: ele deve requerer a declaração da confissão ficta na audiência? Se ele requerer, o juiz deve pronunciar essa confissão na própria audiência ou pode remeter a apreciação do requerimento para a sentença?

O advogado pode requerer, no começo da audiência quando a outra parte não comparece, ou, se ela comparece, *ao final* do depoimento desta – ou em razões finais –, porque se o faz "no meio" do depoimento, pode não se beneficiar da continuidade da confissão em relação a outros fatos, porquanto a parte pode se dar conta de suas confissões e ficar mais atenta na sequência das perguntas. Mas tal requerimento é desnecessário, como já vimos anteriormente.

> O advogado pode requerer a declaração da confissão ficta na audiência, mas deve saber o melhor momento para fazê-lo.

Quanto ao *momento* em que o juiz deve se pronunciar, embora ele possa fazê-lo no ato, em regra, remete a análise da questão para *a prolação da sentença*. Até porque, na audiência trabalhista, normalmente se instrui diversos fatos controvertidos e por vezes há uma certa dúvida na audiência sobre a abrangência ou acerca dos efeitos da confissão ficta, até porque o mero desconhecimento de fatos não corresponde, em regra, a recusas ou evasivas no depoimento.

10.4.1. Efeitos da confissão ficta

Como visto, a parte tem que ser intimada *pessoalmente* para prestar depoimento pessoal, para que, na sua ausência, seja possível aplicar os efeitos da confissão ficta. Os efeitos principais são os mesmos da confissão real: a *desnecessidade* de outras provas, o que conduz, em regra, à *preclusão* do direito à produção probatória, em desfavor do confitente.

Pergunta-se: *e se a audiência for adiada?* Havendo, por qualquer motivo, o adiamento da audiência trabalhista ou a designação de audiência de instrução em prosseguimento, as partes devem ser *intimadas expressamente* para comparecer na audiência seguinte, pela própria ata de audiência ou por notificação postal posterior, para que se possa declarar sua confissão ficta caso não compareça. É o que se extrai, inclusive, do *item I da Súmula n. 74* do TST. Assim, embora a jurisprudência trabalhista tenha entendido, no passado, que o trabalhador não poderia ter a confissão ficta declarada – diante da regra do art. 844 da CLT, que fala apenas em arquivamento em relação a ele (Súmula n. 9 do TST) –, este entendimento restou *superado* pela Súmula n. 74, já mencionada.

Questão relacionada a essa temática é a retratada pelo *item II da Súmula n. 74*, segundo o qual não implica em "cerceamento de defesa o indeferimento de provas posteriores", em conformidade com o art. 443, inciso I, do CPC/2015. É dizer, o juiz poderá até afastar os efeitos da confissão ficta caso a *prova pré-constituída* nos autos conduza a uma solução distinta. Trata-se da aplicação do *princípio da marcação irrevisível* (Pontes de Miranda), pois há um marco, em regra instransponível, com a declaração da confissão da parte, que faz *dispensar* a produção de qualquer outra prova oral. É dizer, o confitente *não tem o direito* de produzir outras provas além das que já estão anexadas aos autos.

> Existe um marco, em regra intransponível, com a declaração da confissão da parte, que faz dispensar a produção de qualquer outra prova oral.

Ocorre muitas vezes, contudo, de o juiz afastar os efeitos da confissão ficta com base em *documentos juntados* aos autos ou até mesmo em depoimentos anteriores. Por exemplo, se o preposto não comparece na audiência ou desconhece os horários de trabalho do reclamante, mas este próprio *já tinha reconhecido os cartões de ponto* em audiência anterior, não há falar nos efeitos próprios da confissão ficta quanto ao tema (SOUZA JÚNIOR *et al.*, 2018, p. 183-184). Outrossim, se os recibos de pagamento não tinham sido impugnados em momento anterior, também não há falar em confissão do preposto por desconhecer seu conteúdo. Por outro lado, se o reclamante juntou documentos de pagamento de salário "por fora" e eles *não foram impugnados* no momento oportuno, a confissão ficta dele, reclamante, posteriormente, não elide a eficácia daquela prova documental.

> O juiz pode afastar os efeitos da confissão ficta com base em documentos juntados aos autos ou até mesmo em depoimentos anteriores.

Não obstante, se o juiz entender que os fatos não se encontram bem esclarecidos, ele pode *determinar* a produção de outras provas, pois a "vedação à produção de prova posterior pela parte confessa somente a ela se aplica, não afetando o exercício, pelo magistrado, do poder/dever de conduzir o processo" (*item III da referida Súmula n. 74*). Neste sentido: SOUZA JÚNIOR *et al.*, 2018, p. 184.

O juiz pode fazê-lo de ofício, inclusive quanto a *fatos inverossímeis*, em relação aos quais não se aplicam nem mesmo os efeitos da revelia, como já examinado. Ademais, há questões sobre o laudo pericial que muitas vezes precisam ser melhor elucidadas pela prova oral. Não as questões técnicas, mas as *questões fáticas*. Adequação do grau de insalubridade, verificação do nexo causal, em regra, são questões técnicas. Mas às vezes questões fáticas continuam duvidosas mesmo depois da confissão do reclamante ou do reclamado – dependendo do resultado da perícia, se positiva ou negativa –, e nesses casos, *excepcionalmente*, o juiz pode determinar a coleta de prova testemunhal. Conquanto da década de 1990, veja-se esta *lapidar ementa*, da saudosa Desembargadora Alice Monteiro de Barros:

> O PRINCÍPIO DA "MARCAÇÃO IRREVISÍVEL". IMPUGNAÇÃO. PROVA.
>
> O princípio da marcação irrevisível, adotado quando o fato alegado por uma parte e não contestado é tido como verdadeiro, inibe a produção de prova em contrário e opera mesmo havendo incompatibilidade com outras provas. Esse princípio foi adotado, "afoitamente", no art. 319 do CPC de 1973, ante a ausência da parte que deixa de contestar a ação, incorrendo em confissão ficta, e impondo-se ao Juiz, de logo, o exame do mérito, sem a possibilidade de contraprova (cf. Comentários ao CPC, v. IV - Pontes de Miranda). Na sistemática processual trabalhista o princípio não se aplica inibindo prova em contrário ou operando mesmo quando incompatível com outras provas. Isto porque é a própria lei (art. 195, da CLT) que determina, por exemplo, se proceda à realização de perícia técnica para caracterização ou classificação dos adicionais de insalubridade e periculosidade. Conseqüentemente, versando o pedido sobre esses adicionais, o efeito da revelia não se produz, dada a impossibilidade de se dispensar essa prova. Não poderá, também, ser acolhida a marcação irrevisível no caso do art. 302 do CPC, quando a parte contesta a ação, mas silencia-se a respeito de determinados fatos narrados, confessando-os tacitamente. É que o silêncio, no caso, não elimina o interesse do réu na prova em contrário, que poderá derruir a presunção inferida de sua impugnação (cf. Coqueijo Costa - Direito Processual do Trabalho - 2ª ed. - Forense - pág. 244). Logo, se o empregador, na defesa, não contesta a dispensa, mas a empregada confessa em depoimento pessoal o abandono de emprego, tem-se que a presunção inferida da ausência da impugnação citada foi elidida. (Processo TRT-03 RO 746591 7465/91; Órgão Julgador: Segunda Turma; Publicação: 10/07/1992. DJMG. Relatora: Alice Monteiro de Barros)

Para finalizar este tópico, há alguns fatos que podem evitar a declaração da confissão. Os mais importantes dizem respeito ao não comparecimento da parte por motivos justificados. De acordo com a *Súmula n. 122* do TST é possível que o reclamado consiga a elisão dos efeitos da revelia se ele comprovar, por atestado médico, a expressa impossibilidade de locomoção no dia e horário da audiência. Isso significa dizer que o reclamado ou o seu preposto tem de apresentar impossibilidade física de caminhar, por exemplo, quando fraturar a perna, ou problemas de saúde graves, como sério problema psiquiátrico, doença contagiosa, como conjuntivite bacteriana, H1N1, COVID-19.

Se isso se aplica ao caso de revelia, *aplica-se também* para o caso de *confissão ficta* na audiência em prosseguimento. É dizer, designada audiência de instrução após a inicial ou havendo adiamento da audiência una, se o reclamado ou seu preposto não puder comparecer na próxima audiência, deverá comprovar a impossibilidade de locomoção ou de comparecimento, de preferência até a abertura da audiência, mediante a juntada de *atestado médico idôneo*, para evitar a declaração de sua confissão.

Por óbvio, também o reclamante poderá se valer do mesmo expediente, caso não possa comparecer na audiência em prosseguimento. Contudo, como já afirmei oportunamente, a doença deve ser grave e descoberta à véspera da audiência. Não é razoável que a parte seja acometida de uma doença grave meses antes da audiência e não peticione nos autos requerendo o adiamento, deixando para fazê-lo no dia da própria audiência. De outro lado, também não é razoável que, havendo um *mal súbito* que impeça a parte de comparecer, o advogado não possa comprovar esse fato até mesmo num prazo posterior à audiência. *Razoabilidade* é a palavra-chave nessas questões.

10.4.2. Desconhecimento dos fatos pelo preposto

Uma das hipóteses mais frequentes de confissão ficta no processo do trabalho é a que diz respeito ao *desconhecimento de fatos por parte do preposto*, haja vista que, como pontuado inúmeras vezes, o preposto, a partir da vigência da Lei da Reforma Trabalhista (11-11-2017), não precisa ser empregado do reclamado, mas deve *necessariamente* ter conhecimento de todos os fatos. Até porque *qualquer declaração* que ele fizer na audiência trabalhista obrigará o preponente. Por óbvio, também as recusas a prestar depoimento ou a responder determinadas perguntas, ou, ainda, as evasivas nas respostas, como já examinado, obrigam o preponente.

Daí que, *em suma*, se o preposto desconhecer algum fato controvertido ou aspectos relevantes desse mesmo fato, isso, sem margem a qualquer dúvida, influirá no resultado da demanda, porque na própria audiência ou na sentença, o juiz tomará em conta esse desconhecimento, na medida da sua extensão.

De tal maneira que não importa quem seja o preposto, se empregado ou não, se o contador da empresa ou até mesmo um advogado – excepcionalmente atuando como preposto, como visto anteriormente –, se ele é o *autêntico representante* do reclamado, sua insciência sobre os fatos da controvérsia comprometerá a sorte do preponente, que deve se responsabilizar integralmente pela nomeação.

Contudo, a confissão ficta por desconhecimento do preposto aplica-se somente em relação a fatos determinados, devidamente controvertidos, relevantes para o deslinde da causa e pertinentes ao conflito. Em regra, o juiz irá declarar a confissão ficta, nessas hipóteses, em *matérias centrais* da causa de pedir ou da impugnação especificada, como fatos importantes a respeito dos requisitos da relação de emprego, dos horários especificados na postulação de horas extras etc.

> A confissão do reclamado, por seu preposto, diz respeito às matérias centrais da causa de pedir ou da impugnação especificada, e é verificada na extensão do desconhecimento por parte do preposto.

E tudo isso na medida ou *extensão do desconhecimento* por parte do preposto. É dizer, se o preposto desconhece ou não sabe informar sobre onerosidade, mas presta depoimento seguro quanto à eventualidade e à falta de subordinação, a confissão dirá respeito, apenas, em relação ao fato desconhecido. Se o preposto não sabe apenas o horário de entrada do reclamante, ou o intervalo intrajornada, esse desconhecimento não pode comprometer todas as outras informações a respeito da jornada de trabalho praticada.

Outrossim, boa parte das vezes o preposto não se recorda dos fatos determinados, mas faz *menção categórica aos documentos* juntados aos autos, sendo que, conforme o teor da pergunta e da resposta, não haverá espaço para a declaração de confissão ficta. Isso pode ocorrer, por exemplo, quando o preposto informa o horário contratual e menciona que as horas extras praticadas estão anotadas nos cartões de ponto juntados aos autos; ou quando ele informa o salário básico e verbas invariáveis, mas se reporta aos recibos de pagamento para responder a questões sobre a remuneração de verbas de natureza variável, inclusive horas extras.

Até porque *o preposto não é testemunha* e, por isso, não precisa ter presenciado os fatos; basta que tenha *ciência* deles, inclusive porque, na maioria das vezes, o preposto sequer trabalhou diretamente com o reclamante, no local de trabalho deste. Por isso, é *tecnicamente incorreto* quando o advogado do reclamante insiste em perguntas ao preposto como as que seguem: "há quanto tempo trabalha na empresa?"; "trabalhou junto com o reclamante?"; "presenciou os fatos?". Em suma, o desconhecimento que conduz à confissão ficta é aquele em que o preposto *não sabe nada* sobre uma questão controvertida, numa pergunta direta sobre o fato, normalmente respondendo: "não sei".

> O preposto não é testemunha e, por isso mesmo, não precisa ter presenciado os fatos, bastando que tenha ciência deles.

10.4.3. Outras questões relacionadas à confissão ficta

Já vimos em capítulo anterior que, havendo atraso do preposto oficial ou até mal súbito deste, antes da abertura da audiência, pode haver a substituição do preposto e isso, por si só, não gera maiores consequências para o reclamado. De modo que até um advogado que (ainda) não tenha atuado na causa pode representar o reclamado, na condição de preposto, e prestar depoimento pessoal em nome dele. O que não se admite, é a substituição desse preposto pelo "oficial", quando este chegar *posteriormente* ao início da audiência trabalhista, apenas para evitar a confissão, real ou ficta.

Agora, *em que momento requerer* a declaração da confissão ficta do reclamado, por desconhecimento de seu preposto? Assim como se dá em relação à confissão real – do preposto ou do reclamante –, a confissão ficta do preposto, por desconhecer certos fatos, pode ser requerida *ao final do seu depoimento*, conquanto desnecessário esse requerimento. Como já referido, se esse requerimento é formulado "no meio" do depoimento e principalmente se houver debate entre o advogado do reclamante e o juiz a respeito da real configuração da confissão, o preposto, dali em diante, poderá ter muito mais cautela em seu depoimento, evitando novas confissões. De todo modo, havendo o *indeferimento* do requerimento da declaração da confissão ficta, o advogado do reclamante deve requerer que sejam consignados em ata os seus protestos. De outra mirada, sendo *deferido* o requerimento do reclamante, o advogado do reclamado, achando que não seria o caso, pode também requerer que se registrem os seus protestos.

> A confissão ficta do preposto, por desconhecer certos fatos, pode ser requerida ao final do seu depoimento, conquanto seja desnecessário esse requerimento.

Outra questão interessante é a seguinte: *a confissão ficta pode ser elidida por outro meio de prova?* Assim como se dá em relação à confissão real, as provas pré-existentes nos autos – prova documental, laudo pericial e até depoimentos anteriores –, poderão ser consideradas para afastar o efeito principal da confissão ficta. O reclamado *não poderá*, no entanto, ouvir testemunhas, *posteriormente*, para elidir os efeitos da sua confissão ficta (art. 443, inciso I, do CPC). Somente para reforçar o ponto aqui explanado, se na audiência anterior o reclamante *já havia reconhecido os cartões de ponto* juntados aos autos, o desconhecimento do preposto quanto a alguns aspectos da jornada de trabalho que não tinham sido objeto de impugnação direta por parte do reclamante, não surtirá o efeito da confissão ficta.

Situação distinta é a relacionada ao *reclamante* que, ao prestar depoimento, *desconhece* aspectos importantes da jornada de trabalho. A pergunta é: *após* essa confissão ficta – por desconhecimento dos fatos –, *ele pode reconhecer os cartões de ponto* que tinha impugnado anteriormente? Não é uma atitude legítima, até porque foge à exigência de boa-fé objetiva. Se o reclamante não concordou com os horários lançados nos cartões de ponto é porque praticava horários distintos e, portanto, deve se lembrar de todos eles em seu depoimento pessoal. Daí por que, salvo se houver concordância do reclamado, o reclamante *não poderá* reconhecer os horários anotados nos cartões de ponto, após desconhecer perguntas sobre os seus próprios horários de trabalho, formuladas durante o seu depoimento pessoal.

Outra questão interessante é a relativa à possibilidade de o juiz, de ofício, *interrogar a parte presente*, na audiência de instrução em prosseguimento, o que poderia até culminar com a elisão dos efeitos da confissão ficta do ausente, se houver confissão real do que se encontra presente. O juiz pode interrogar a parte presente, a despeito da confissão ficta do ausente, principalmente quando houver alegação de fatos inverossímeis, na chamada busca da verdade real (art. 765 da CLT; Súmula n. 74, item III, do TST). Contudo, deve fazê-lo somente em *casos excepcionais*, para não malferir o instituto da confissão, o que pode até gerar tumulto na audiência. Ademais, estamos falando de *interrogatório*, porque o depoimento pessoal é aquele requerido pela parte contrária.

De outro lado, penso que o ausente – reclamante ou reclamado –, por seu advogado, *não tem direito ao depoimento pessoal* da parte presente – a menos que haja laudo pericial nos autos e o questionamento se restrinja ao laudo –, pelo *princípio da marcação irrevisível* (Pontes de Miranda), segundo o qual o confitente *não tem direito* de produzir outras provas além das que já se encontram nos autos, para elidir a sua confissão, princípio que se aplica tanto à confissão real quanto à confissão ficta.

> O ausente – reclamante ou reclamado –, por seu advogado, não tem direito ao depoimento pessoal da parte presente, pela aplicação do princípio da marcação irrevisível.

Nem se objete que a confissão do reclamado seria meramente fictícia por causa de sua ausência, e que, na ordem lógica dos depoimentos, o reclamante seria ouvido em primeiro lugar e, ao responder às questões, poderia confessar *diretamente* os fatos afirmados pelo reclamado (confissão real). Acontece que, em regra, há vários fatos controvertidos para instrução na audiência trabalhista e, tendo o reclamante confessado algum deles, nessa situação, ele *estaria impedido* de obter a confissão real do reclamado quanto a outros fatos controvertidos, diante da ausência deste. Assim, *não haveria tratamento isonômico* às partes se o juiz tomasse o depoimento da parte presente para elidir a confissão ficta do ausente, seja este o reclamante, seja este o reclamado.

Questão distinta é a de o advogado da parte presente, a despeito da confissão ficta do ausente – ou mesmo da confissão ficta por desconhecimento dos fatos, estando ambas presentes –, pretender *complementar a prova* para evitar surpresa em eventual recurso ao tribunal. O confitente é que não pode produzir outras provas. A parte que se beneficia da confissão da outra, especialmente da confissão ficta por *desconhecimento* dos fatos, pode apresentar perguntas complementares a serem feitas pelo magistrado, à parte contrária. No entanto, certamente serão indeferidas, cabendo ao advogado requerer que tal fato seja consignado na ata de audiência.

De se ressaltar que em muitos casos a confissão é *meramente parcial* ou pairam *dúvidas objetivas* sobre seus efeitos e extensão. Essa é uma hipótese na qual o juiz, na dúvida, deveria *deferir* a produção de outras provas, inclusive a tomada dos depoimentos testemunhais. O advogado deve estar atento a isso, principalmente quando o juiz não define de quem é o ônus da prova ou remete para a sentença a apreciação do requerimento de declaração da confissão e de seus efeitos. *De duas, uma*: ou o juiz declara, no ato, a confissão e a sua extensão, ou aceita a produção da prova testemunhal. Não fazendo nenhuma coisa, nem outra, cabe ao advogado requerer o registro de seus protestos e, se até isso for indeferido, peticionar imediatamente após, relatando os fatos.

Últimas questões nesse tópico: a confissão – ficta ou real – do preposto ou do empregador *pode ser estendida a outros processos* com postulação idêntica? Isso depende de *requerimento* da parte? O juiz poderia, *de ofício*, por deter conhecimento da referida confissão, estendê-la a outro processo? São questões muito complexas.

A princípio, a parte que pretende se valer dessa confissão, manifestada pelo reclamado ou seu preposto em outro processo, deverá *requerer* a juntada de *cópia* daquela ata de audiência a título de *prova emprestada*. A pergunta consequente é: o reclamado poderá produzir *prova em sentido contrário* àquela confissão? A resposta passa primeiramente pela análise da natureza jurídica da prova emprestada. Penso que a confissão comporta sua utilização em outro processo como autêntica confissão, para fatos *absolutamente* idênticos. Contudo, há de se observar o *contraditório*. Destarte, se o reclamado alegar que, com o reclamante do processo em curso, *os fatos foram distintos*, a ele se deve assegurar a produção de prova nesse sentido, até porque, no caso, o *ônus da prova* será todo dele.

A parte que pretende se valer da confissão manifestada pelo preposto em outro processo, deverá requerer a juntada de cópia da ata de audiência a título de prova emprestada, mas há de se observar o contraditório.

Quanto à possibilidade de o juiz aplicar a mesma solução a outro processo, *sem a juntada* de prova emprestada, penso que ele poderá utilizar aquela confissão para *reforçar* seu entendimento, mas não como prova exclusiva do fato. Excepcionalmente, o juiz poderá até suprir a inércia do reclamante e determinar a juntada de prova emprestada, *de ofício*, mas sempre assegurando ao reclamado o contraditório e a produção de prova em sentido contrário, caso este alegue *fatos distintos* em relação ao reclamante do processo submetido a exame.

10.4.4. Confissão ficta no litisconsórcio e do ente público

Há, ainda, outras questões interessantes a respeito da confissão, por exemplo, quanto a fatos tidos por inverossímeis e em relação aos efeitos da confissão no litisconsórcio, principalmente se um dos litisconsortes for ente público.

Quanto à possibilidade de se exigir prova do fato aparentemente inverossímil, já ponderamos que nem mesmo a revelia produz seus naturais efeitos nessa situação (art. 345, inciso IV, do CPC; art. 844, § 4º, inciso IV, da CLT). Destarte, se a alegação do reclamante é da prática de jornadas absurdas, que não seriam cumpridas por seres humanos "normais", principalmente se por um longo período, o juiz, de ofício ou a requerimento, pode determinar a produção de outras provas, a despeito da confissão ficta do reclamado, inclusive por desconhecimento do seu preposto. Outrossim, se o reclamante alega atraso salarial de um período muito longo, por exemplo, de seis meses ou mais, principalmente na relação de emprego que envolve familiares, pode ser aceita – ou determinada – a produção de outras provas para que não pairem dúvidas sobre essa alegação, aparentemente inverossímil.

Relativamente ao *litisconsórcio*, a confissão ficta de um dos reclamantes jamais atingirá o outro. Quanto ao litisconsórcio *passivo*, como não há litisconsórcio unitário no processo do trabalho, em regra, poder-se-ia imaginar que a confissão ficta de um dos reclamados não afetaria o reclamado presente. É muito comum que na audiência de instrução o empregador se ausente e o tomador de serviços compareça. Como já ponderado anteriormente, a confissão ficta em relação aos fatos que dizem respeito *exclusivamente* ao empregador *não poderá* ser elidida por prova em sentido contrário. Somente quando se tratar de *fato comum*, mormente de fatos do dia a dia que só acontecem no *estabelecimento do tomador*, como horas extras e outros similares – e desde que ele tenha apresentado impugnação especificada, indicando qual o fato determinado e relevante –, é que se permitirá a produção de outras provas, inclusive a testemunhal.

Um caso em que o advogado de reclamante precisa ficar bastante atento é o relacionado à *confissão ficta do ente público*, seja porque o preposto não compareceu à audiência de instrução, seja porque desconhece os fatos controvertidos. A jurisprudência do STF tem sido categórica em exigir *prova robusta da falta de fiscalização* do ente público, para que este possa ser responsabilizado subsidiariamente pelas obrigações trabalhistas das empresas contratadas na *terceirização do serviço público*. Sendo assim, o advogado do reclamante deve *requerer* que o juiz defina de quem é o ônus da prova quanto a essa matéria, ainda que o ente público seja confesso. Se o juiz definir que o ônus da prova é do reclamante, convém o *requerimento de prova testemunhal* para *reforçar a presunção* da falta de fiscalização. Se, ao contrário, o juiz deliberar que o ônus da prova é do ente público, como este já é confesso, não haverá maior preocupação para o reclamante, podendo apenas requerer que se registre em ata que ele tinha testemunhas a serem ouvidas, caso o tribunal entenda de modo diverso quanto ao ônus da prova.

> Na confissão ficta do ente público, convém que o reclamante requeira a oitiva de testemunhas para reforçar a presunção da falta de fiscalização.

Há, ainda, a questão relacionada à exigibilidade de prova robusta do vínculo empregatício nas ações em que o reclamante pretende que o juiz reconheça esse vínculo *para fins previdenciários*, em regra, para obtenção da aposentadoria por tempo de contribuição. Nesses casos, revel ou confesso o reclamado, é prudente que o advogado do reclamante requeira a produção de *provas complementares*, para não ter problemas quando da propositura da ação previdenciária. Se o juiz indeferir o requerimento, solicitar o registro em ata ou petição posterior, como tantas vezes referido neste Manual.

10.4.5. Ausência de ambas as partes: presença só do advogado

O que fazer *se ambos* os litigantes *não comparecem* na audiência de instrução em prosseguimento? Se a ausência de ambos se der na audiência inicial ou una, a consequência óbvia é o arquivamento da reclamatória trabalhista. Assim, os advogados poderiam imaginar que a ausência de ambas as partes na audiência de instrução conduziria ao mesmo resultado.

Ocorre que a parte que não comparece na audiência em prosseguimento terá a sua confissão ficta declarada (Súmula n. 74, item I, do TST). No entanto, por óbvio, esta pronúncia de confissão somente tem sentido se uma das partes deixa de comparecer. Seria *absolutamente desarrazoado* que os advogados requeressem a declaração da confissão da parte contrária, nessa situação, *simplesmente porque* a confissão implica em que os fatos afirmados pela parte contrária devam ser reconhecidos como verdadeiros ou existentes. Destarte, se o juiz declarar a confissão de ambas, o reclamante seria, a um só tempo, empregado e autônomo numa ação em que se postulasse vínculo de emprego; ele trabalharia em horas extras e não faria horas extras, ao mesmo tempo etc.

Sendo assim, nesses casos, não há nada a requerer e o juiz decidirá a controvérsia levando em conta as *regras objetivas de ônus da prova* dispostas no art. 818 da CLT. Se o ônus da prova é do reclamante, ele sucumbirá quanto ao fato controvertido. Se é do reclamado, deste será a sucumbência. De se lembrar que, em regra, no processo do trabalho são vários os pedidos formulados, e o ônus da prova, em relação a cada um deles, poderá ser distinto (do reclamante ou do reclamado). *Em suma*, na falta de ambos os litigantes, na audiência de instrução, o juiz julgará *desfavoravelmente* à parte que tinha o ônus (subjetivo) da prova, em relação a cada fato.

> Na falta de ambos os litigantes, na audiência de instrução, o juiz julgará desfavoravelmente à parte que tinha o ônus da prova, não havendo espaço para a declaração de confissão nesse caso.

O que não pode é o advogado do reclamado, na ausência do reclamante na audiência de instrução, requerer o arquivamento da reclamatória, porque isso implicaria num manifesto prejuízo ao seu cliente, que poderia obter enorme sucesso com a confissão do reclamante, mas, na verdade, sofreria as consequências da nova propositura da demanda depois do arquivamento.

Uma última questão é a relacionada à situação jurídica do *art. 844, § 5º, da CLT*. Como já visto neste Manual, se o advogado estiver presente na audiência e já tiver apresentado a defesa escrita no sistema do PJe, o juiz terá de aceitar a defesa e os documentos, ainda que ausente o reclamado, nos termos do § 5º referido, c/c o parágrafo único do art. 847 da CLT. Ocorre que esse recebimento da defesa implica *apenas* na impossibilidade de o juiz declarar a revelia do reclamado. Ora, se o reclamado apresentou defesa (por seu advogado), jamais poderá ser considerado revel, já que revelia é exatamente um fato processual que deriva da ausência de contestação.

Contudo, se a audiência é una, não havendo acordo, na sequência, o juiz passa à instrução do processo, colhendo os depoimentos pessoais. Se o reclamado (ou seu preposto) não se encontra presente, essa contumácia impede ao reclamante a obtenção da confissão real daquele. Obviamente, o juiz terá, então, de declarar a *confissão ficta do reclamado* por conta da ausência deste. Como já visto anteriormente, inclusive na audiência inicial, o juiz poderá declarar a confissão ficta do reclamado, porque naquela audiência já poderia proceder ao *interrogatório do reclamado* e ele não se encontra presente.

Em suma, o juiz não declara a revelia se o advogado tiver juntado a defesa e se encontrar presente na audiência (inicial ou una), mas irá pronunciar a *confissão ficta do reclamado*, nessa situação. A propósito, veja-se enunciado da 2ª Jornada de Direito Material e Processual do Trabalho, promovida pela ANAMATRA:

> O § 5º DO ART. 844 DA CLT NÃO AFASTA A REVELIA E A CONFISSÃO.
>
> O § 5º do art. 844 da CLT não afasta a revelia e seus efeitos de confissão, apenas permitindo que o juiz possa conhecer das questões de ordem pública e da matéria não alcançada pela confissão do fato constitutivo alegado pelo autor. (Enunciado nº 1 da Comissão 7)

> O juiz não declara a revelia se o advogado tiver juntado a defesa e se encontrar presente na audiência, mas irá pronunciar a confissão ficta do reclamado.

Por óbvio que houve equívoco ao se mencionar também o afastamento da revelia no enunciado, pois o que se quis dizer – como a parte final diz – é que, apesar de não se declarar a revelia, a presença do advogado *não impede* a declaração da confissão ficta do reclamado quanto aos fatos constitutivos alegados pelo reclamante.

10.5. VERIFICAÇÃO DE APRENDIZAGEM

1) Quais são as 8 (oito) espécies de confissão?
2) Qual a diferença entre confissão real e confissão ficta?
3) Em que momento o advogado pode (deve) requerer a declaração da confissão?
4) Quem faz confissão real pode requerer a produção de outras provas?
5) Havendo litisconsórcio passivo, como o advogado pode conseguir a produção de outras provas diante da confissão do empregador?
6) O advogado pode confessar em nome da parte? Ele pode prestar depoimento pessoal?
7) Como comprovar a confissão extrajudicial?
8) Como flexibilizar a indivisibilidade da confissão?
9) O preposto precisa ter poderes especiais para confessar?
10) Cabe ação rescisória para se anular a confissão?
11) Quais são as 4 (quatro) hipóteses em que pode haver a declaração da confissão ficta?
12) A parte precisa ser intimada pessoalmente para que seja possível a declaração de sua confissão ficta?
13) Aplica-se o princípio da marcação irrevisível ao confitente, no processo do trabalho?
14) Como invocar e demonstrar as hipóteses de elisão dos efeitos da confissão ficta?
15) Como analisar os efeitos e a extensão do desconhecimento dos fatos pelo preposto?
16) O advogado tem direito ao depoimento pessoal da parte presente, se seu cliente não comparece e é declarada a confissão ficta deste?
17) A confissão do preposto pode ser estendida a outros processos?
18) Pode ser declarada a confissão ficta do ente público? Ela surte os mesmos efeitos?
19) O que acontece se ambas as partes faltam à audiência de instrução em prosseguimento? Seria correto declarar a confissão ficta de ambas?

20) Se o advogado tiver juntado a defesa aos autos do processo e se fizer presente, o juiz pode relevar a ausência do reclamado e não declarar a confissão ficta deste?

Capítulo

11

PROVA TESTEMUNHAL

11.1. CONCEITO E IMPORTÂNCIA: PROVA SENSORIAL

A *prova testemunhal*, conquanto seja objeto de muitas ponderações e/ou críticas, é uma prova *fundamental* no processo do trabalho. Pode-se afirmar que, em razão dos princípios protetivos de direito material, com seus influxos no ramo processual, a prova testemunhal é mais importante do que a documental, na Justiça do Trabalho, prestigiando-se o *princípio da primazia da realidade*. Em igual sentido: SOUZA JÚNIOR *et al.*, 2018, p. 194-195.

No processo civil, a prova documental tem uma força probante bem destacada, o que é revelado inclusive pela sua extensa normativa (arts. 405 a 438, havendo outras disposições que poderiam ser examinadas no contexto da prova documental, por exemplo, os arts. 396 a 404 e 439 a 441 do CPC). De outro lado, no *processo do trabalho* há uma única regra de realce a respeito da prova documental, a do art. 830 da CLT. Relativamente à prova testemunhal, no processo civil ela tem uma normativa considerável (arts. 442 a 463 do CPC), mas *bem inferior* à que trata da prova documental. Já no *processo do trabalho,* nele há referências à prova testemunhal nos arts. 819 a 825, 845 e 848 da CLT, revelando que, neste, a prova testemunhal ganha *muito mais destaque* do que a documental.

Pelo conjunto, verificamos que a normativa do processo do trabalho é consideravelmente *menos extensa* no que concerne aos dois meios de prova. Contudo, encontram-se mais normas a respeito de prova testemunhal na CLT do que de prova documental. Diferentemente do CPC, onde a situação é inversa. Somente por essa questão já se pode perceber a *importância* da prova testemunhal no processo do trabalho.

A *prova testemunhal*, em breve síntese, é a que consiste na tomada de depoimento de testemunhas que presenciaram os fatos e, portanto, auxiliam o juízo com suas narrativas, de certa forma *reconstituindo* esses fatos para a "visão" do juiz, a fim de que este possa ter condições de decidir, com justiça, quem tem razão em suas pretensões.

Como menciona a doutrina – por isso mesmo –, a prova testemunhal é uma *prova sensorial*, pois a testemunha irá narrar os fatos ocorridos, respondendo às perguntas formuladas ou intermediadas pelo juiz, recorrendo aos seus sentidos (SOUZA JÚNIOR *et al.*, 2018, p. 195). Ela descreverá *o que viu e ouviu*, às vezes o que tateou ou sentiu pelo olfato ou pelo paladar, expondo *suas percepções* e às vezes até mesmo o que ela própria falou no diálogo mantido com a parte. Daí que, em regra, a testemunha só pode prestar informações sobre aquilo que ela viu e ouviu. A *credibilidade* do seu depoimento estará *diretamente* relacionada à maior ou menor precisão dessa narrativa. Quanto mais completa a sua fala – com objetividade, é claro –, mais confiabilidade ela pode transmitir. Assim, pouca atenção merece o depoimento da testemunha que "ouviu dizer", já que a testemunha tem de ser aquela que *presenciou* diretamente os fatos, a chamada testemunha "ocular".

> Ao depor, a testemunha irá narrar os fatos ocorridos recorrendo aos seus sentidos, sendo que a credibilidade do seu depoimento estará diretamente relacionada à maior ou menor precisão da narrativa.

Destarte, as informações prestadas por "ouvir dizer", as lacônicas ou, de outro lado, as que revelam mera enrolação, sem "ir direto ao ponto" da pergunta formulada, servem apenas de *mero indício* e o juiz verificará a veracidade dessas informações no contexto do conjunto probatório. Se as informações forem confirmadas por outras provas, serão tomadas em conta; do contrário, serão descartadas e não servirão como fundamento da decisão.

O que não se pode olvidar é de que cada uma das partes tem um *direito fundamental à prova* e, no processo do trabalho, na grande maioria dos casos, esse direito fundamental se concretiza no direito à oitiva de testemunhas, por causa do *princípio da primazia da realidade*.

Conquanto este princípio seja de direito material, os *reflexos* dele no processo do trabalho são os mais extensos possíveis. Com efeito, muitos dos documentos juntados aos autos do processo, na Justiça do Trabalho, são documentos confeccionados unilateralmente pelo empregador ou aos quais o trabalhador não tem pleno acesso – acesso à justiça no sentido amplo –, inclusive por se tratar de documentos (ou aditivos contratuais) de *mera adesão*, além do que boa parte dos trabalhadores é semianalfabeta ou não tem nenhuma alfabetização.

Daí que os documentos, que são extremamente importantes para o empregador, não tem a mesma força probante do processo civil, na Justiça do Trabalho, pois precisam *ser confirmados* pela prova oral, se impugnados pelo trabalhador. Por isso, há a máxima de que no direito material e processual do trabalho devem prevalecer os fatos que ocorreram na *crua realidade*, não necessariamente os que foram retratados nos (necessários) documentos. Se a realidade demonstrada em juízo, muitas vezes pela prova testemunhal, *infirma* os documentos juntados – como recibos de pagamento, cartões de ponto e outros –, há de prevalecer os fatos tais como ocorreram na *realidade fenomênica* da vida. Eis aí, em síntese, o *princípio da primazia da realidade*, que pode revelar o *predomínio da prova testemunhal*, em certa medida, no âmbito do processo do trabalho.

Os documentos, que são extremamente importantes para o empregador, sempre que impugnados pelo trabalhador, precisam ser confirmados pela prova oral.

11.2. ADMISSIBILIDADE DA PROVA TESTEMUNHAL

Não obstante certo predomínio da prova testemunhal no processo do trabalho, isso não significa, em absoluto, que devam ser afastadas do processo laboral as regras do CPC que disciplinam sobre a *admissibilidade* desse meio de prova.

A primeira regra é a do *art. 442* do CPC, que trata da *livre admissibilidade* da prova testemunhal, a qual é "sempre admissível, não dispondo a lei de modo diverso". A segunda regra, situada em lado oposto, é a que trata dos casos de *indeferimento* – então, dos casos de *inadmissibilidade* – da prova testemunhal, disciplinadas no art. 443 do CPC. Assim, o juiz deve sempre *indeferir* o requerimento de inquirição de testemunhas sobre *fatos*:

a) "já provados por documento ou confissão da parte" – se o documento não foi impugnado pela parte contrária ou se esta confessou algum fato, como já visto, não há o menor sentido em se ouvir testemunhas, inclusive por conta do princípio da marcação irrevisível; por exemplo, se o reclamante juntou documento que comprova pagamento de salário "por fora", como extrato da sua conta corrente, e o documento não foi impugnado, não há a menor necessidade de se ouvir testemunha a respeito desse fato; de outra mirada, se o reclamante prestou depoimento pessoal desastroso e confessou os fatos controvertidos, também não se justifica a prova testemunhal, porque os fatos já se encontram provados;

b) "que só por documento ou por exame pericial puderem ser provados" – ora, se a prova era *exclusivamente* documental, somente por documento se pode comprovar o fato; de igual maneira, se o fato *somente* pode ser demonstrado por prova pericial, em nenhuma hipótese se deve admitir a prova testemunhal sobre ele, a não ser de modo *complementar*.

> Não se admite prova testemunhal se o documento não foi impugnado, se o fato já foi confessado, ou se a prova é exclusivamente documental ou pericial.

A respeito da prova exclusivamente documental, a única forma de o reclamado comprovar pagamento de verbas trabalhistas, especialmente de salários, é com a juntada dos recibos devidamente assinados pelo reclamante (art. 464 da CLT), ou do comprovante de depósito em conta, conforme o parágrafo único deste artigo. Outrossim, se o reclamante juntou cópia de acordo coletivo de trabalho (ou convenção), que não foi sequer impugnado pelo reclamado, não há sentido em se produzir outras provas a respeito da normatização coletiva.

Ademais, ainda que não haja impugnação robusta de pedidos de adicional de insalubridade ou de periculosidade (art. 195, § 2º, da CLT), ou de indenizações relacionadas a acidente ou doença ocupacional, *nenhuma prova* pode substituir o laudo pericial que deve ser confeccionado nesses casos. Apenas se houver *impugnação fática ao laudo*, apontando-se fatos determinados e relevantes, é que se admitirá, num segundo momento, a produção de prova testemunhal *complementar*, para confirmar ou infirmar a conclusão do perito.

Ainda sobre essa questão relacionada à prova pericial, quanto ao uso de EPI, dependendo do contexto, a prova testemunhal pode ser indeferida por falta de documentação idônea que comprove o fornecimento dos equipamentos de proteção, pois a *NR-6* exige que seja *documentada* toda e qualquer entrega de EPI ao trabalhador. Por esse motivo, penso não ser admissível a produção de prova oral para substituir essa prova documental, embora a jurisprudência trabalhista tenha admitido a prova oral nessa hipótese.

11.2.1. Questões práticas sobre essa admissibilidade

Há questões bem interessantes a respeito da admissibilidade da prova testemunhal e que nem sempre são analisadas pela doutrina. Trata-se, portanto, de *questões bem práticas*, úteis aos advogados e juízes iniciantes.

Em relação à audiência trabalhista em que o reclamante é (ou era) *empregado doméstico*, poder-se-ia invocar a norma do *art. 445* do CPC, para que o seu (ex-)empregador pudesse produzir prova testemunhal a respeito de pagamentos feitos ao trabalhador (SOUZA JÚNIOR *et al.*, 2018, p. 196). Em síntese, a regra referida disciplina que pode ser admitido esse meio de prova "quando o credor não pode ou não podia, moral ou materialmente, obter a prova escrita da obrigação". Claro que essa norma se aplica a casos muito particulares, como os de *parentesco*, depósito necessário, hospedagem em hotel, "ou em razão das práticas comerciais do local onde contraída a obrigação". Como o rol é *exemplificativo*, o advogado do reclamado poderia invocar a aplicação analógica dessa regra no processo do trabalho, inclusive nas ações cujas partes tenham algum *parentesco*.

Trata-se de *questões de difícil solução*, pois nas lides entre parentes – relação de emprego entre pai e filho ou entre irmãos, por exemplo – ou até dependendo dos usos e costumes do local – numa analogia às práticas comerciais –, mas sobretudo nas *relações de emprego doméstico*, poder-se-ia dizer que *questões de ordem moral* estariam a dispensar recibos detalhados e devidamente assinados pelo trabalhador. *Excepcionalmente*, essa regra (art. 445 do CPC) poderia até ser aplicada no processo do trabalho e a jurisprudência trabalhista tem aceitado a prova testemunhal a respeito de pagamentos, nas relações de emprego doméstico. Dependendo do caso, esta exceção também poderia ser aplicada nas demandas entre *parentes próximos*. Contudo, *no geral*, aplica-se a regra do *art. 464 da CLT* e outras correlatas, não se admitindo a prova testemunhal para comprovar pagamentos feitos ao trabalhador.

Outra questão diz respeito às ocasiões em que a parte, sobretudo o reclamado, utilizam-se de *vídeos* ou de *áudios* para a prova de determinados fatos. A pergunta é: essas provas *precisam ser confirmadas pela prova oral?*

Sabe-se que qualquer reprodução mecânica dos fatos, "como a fotográfica, a cinematográfica, a fonográfica ou de outra espécie, tem aptidão para fazer prova dos fatos ou das coisas representadas", se *não for impugnada* pela parte contra quem essa prova for produzida (art. 422, *caput*, do CPC). Ademais, aplica-se esse mesmo regramento "à forma impressa de mensagem eletrônica" (§ 3º deste artigo). E cada vez mais tem sido utilizado esse mecanismo de prova, com a juntada de conversações entre personagens das relações de trabalho, *via e-mails, WhatsApp, Telegram.*

Portanto, a menos que haja *impugnação consistente* a essas provas, *não haverá necessidade* alguma de se ouvir testemunhas a respeito dos fatos documentados em qualquer meio de reprodução mecânica, incluindo vídeos e áudios. Contudo, questionada a autenticidade da prova ou impugnado o contexto em que se deu a gravação, pode haver *prova testemunhal complementar* ou a título de *contraprova.*

> A menos que haja impugnação consistente, não haverá necessidade de se ouvir testemunhas a respeito de fatos documentados em qualquer meio de reprodução mecânica, incluindo vídeos e áudios.

Agora, quando se trata de *ata notarial*, não se admite nenhuma prova testemunhal contra o fato retratado nessa ata, porque o tabelião que procede à sua lavratura tem *fé pública* plena. Assim, a ata notarial registra de modo incontestável tanto a "existência" quanto "o modo de existir de algum fato" (art. 384 do CPC). De não se olvidar ainda de que a ata notarial pode ser lavrada inclusive quanto a dados que estejam "representados por imagem ou som gravados em arquivos eletrônicos" (parágrafo único deste artigo). De modo que apenas na excepcionalíssima hipótese de se arguir a *falsidade* desse documento público, é que se poderá ouvir testemunhas a respeito dos fatos retratados na ata notarial (arts. 427 e 430 a 433 do CPC).

Seria possível a prova testemunhal *da gravidez*? Por *óbvio que não*, pois a gravidez é sempre comprovada mediante exame específico. De preferência o exame de sangue que capta uma reação química quando há a presença do hormônio beta HCG (gonadotrofina coriônica humana). Disponível em: https://noticias.uol.com.br/saude/listas/clique-ciencia-como-funciona-o-teste-de-gravidez-e-como-era-no-passado.htm. Acesso em: 17 ago. 2020. De outro lado, apresentado o documento comprobatório da gravidez, *não se admite* nenhuma prova testemunhal contra esse fato.

Nessa mesma ordem de ideias, a *doença ocupacional* somente pode ser comprovada por prova pericial. Melhor dizendo, o *nexo causal* entre a doença incapacitante e o trabalho invariavelmente será comprovado por perícia, ainda que o profissional nomeado como perito seja um fisioterapeuta do trabalho, por exemplo. Também a *incapacidade laborativa*, quando controvertida, tem de ser demonstrada por prova pericial. Destarte, *apenas o acidente típico* pode ser provado por testemunhas, pois, quando negado, uma testemunha pode descrever em que dia e como ocorreu a queda da escada, o esmagamento da mão etc. Por óbvio, também *questões fáticas* relacionadas ao nexo causal podem ser objeto de prova oral, por exemplo, para se demonstrar que havia pausas no trabalho repetitivo, que o carregamento de peso era menor que o descrito, que havia assento e tempo de repouso, que o reclamante está exercendo a mesma função noutra empresa etc.

No que concerne às *horas extras*, em sentido lato, o campo de admissibilidade da prova testemunhal é o *mais amplo possível*. Não havendo cartões de ponto ou sempre que estes tenham sido devidamente impugnados, será possível a oitiva de testemunhas, pelo reclamante e pelo reclamado, para a prova dos fatos delineados em suas teses. *Questão interessante* diz respeito à possibilidade ou não de o teor do depoimento da testemunha ser *estendido* ao período em que ela não trabalhou juntamente com o reclamante. A esse respeito, a jurisprudência trabalhista tem aceitado, há algum tempo, essa possibilidade. Este é o teor da *OJ n. 233* da SDI-1 do TST: "A decisão que defere horas extras com base em prova oral ou documental não ficará limitada ao tempo por ela abrangido, desde que o julgador fique convencido de que o procedimento questionado superou aquele período".

> Quantos às horas extras, a admissibilidade da prova testemunhal é bem ampla e, se a testemunha presta depoimento convincente, o juiz pode aplicar o horário de trabalho a todo o período contratual.

Portanto, se a testemunha presta depoimento convincente, o juiz pode aplicar o horário de trabalho por ela descrito a *todo o período contratual*, ainda que a testemunha tenha trabalhado diretamente com o reclamante em apenas parte dele. Por óbvio que esse raciocínio deve ser aplicado com *parcimônia*. Não é razoável que a testemunha tenha trabalhado três meses com o reclamante e o juiz aplique o teor de seu depoimento a um período contratual de três anos, por exemplo. O *bom senso* recomenda que, em regra, a testemunha tenha trabalhado na empresa mais da metade do período contratual do reclamante, para que se possa aplicar o entendimento desta OJ.

Como a própria orientação jurisprudencial menciona, também em relação à *prova documental* pode haver a mesma expansão. Assim, se o juiz verificou que em todos os cartões de ponto juntados aos autos há horas extras, é bem possível que ele determine a aplicação da *média de horas extras*, relativa ao período em que há cartões de ponto nos autos, ao período em que o reclamado deixou de juntar aqueles documentos, não se aplicando, pois, nesse caso, o teor da Súmula n. 338 do TST.

11.2.2. Questões relacionadas às presunções

Enfim, quanto a essa temática da admissão da prova testemunhal, há algumas *presunções comuns* que não podem ser olvidadas pelo juiz do trabalho quando da realização da audiência de instrução e, principalmente, por ocasião do julgamento da demanda. Essas presunções derivam do que *ordinariamente acontece* em determinada empresa ou em algum ramo empresarial, ou, ainda, em profissões ou ofícios específicos.

Algumas hipóteses, a título meramente exemplificativo:

1ª) de todos é sabido que o porteiro ou vigilante que trabalha sozinho na portaria não pode deixar o ambiente de trabalho para tomar refeição em outro ambiente, muito menos em refeitório distante da portaria; *a menos que* haja prova de que ele era substituído durante o intervalo, a presunção é de que o trabalhador *não usufruía regularmente* o intervalo intrajornada;

2ª) há algumas doenças cuja gravidade é tamanha que se o trabalhador alegar *dispensa discriminatória* por conta dessa doença, a presunção é de que assim ocorreu de fato; há, inclusive, súmula do TST no sentido de se presumir a dispensa discriminatória quando o trabalhador seja portador de doença que cause *estigma ou preconceito* (Súmula n. 443, como já vimos anteriormente); presumida a discriminação, cabe ao empregador produzir *prova robusta* de que a dispensa se deu por motivo legítimo;

3ª) imagine-se a alegação, por parte do reclamante, de que recebia *salário "por fora"*; se ele juntar alguns recibos (ou até extratos de conta bancária) que demonstrem esses pagamentos, o juiz poderá estender a conclusão sobre o fato a períodos em que não há comprovação por prova documental, podendo, ainda, ouvir testemunhas para confirmar o fato e/ou o período de recebimento de salário clandestino.

Em todas essas situações, há presunções comuns *favoráveis* ao trabalhador, tornando presumidos os fatos por ele alegados. Como se trata de *presunção relativa*, é admissível prova em contrário, invertendo-se o ônus da prova. Nesse caso, não resta alternativa ao reclamado que não seja a de *ouvir testemunhas* para produzir prova dos fatos negativos alegados na defesa ou, conforme o caso, *contraprova*.

Porém, em todas estas situações, o reclamado deverá produzir uma *prova robusta* para afastar a presunção, ou seja, de que o reclamante usufruía efetivamente uma hora de intervalo, de que a dispensa ocorreu por problemas financeiros (ou outros), de que não houve pagamento de salário extrafolha. Na última hipótese, se havia pagamento de valores salariais fixos, exige-se uma prova testemunhal robusta, mas se os salários eram variáveis, é possível que depoimentos testemunhais mais "brandos" sejam admitidos para afastar a presunção.

De outro lado, pode haver presunções comuns *em favor do empregador*, por exemplo, a relacionada ao pagamento de verbas trabalhistas. Assim, se o trabalhador *reconhece sua assinatura* no TRCT, de se presumir que as verbas rescisórias foram pagas, pois é o que normalmente acontece nessa situação. Da mesma forma, por isonomia, nesse caso deverá o reclamante produzir uma *prova robusta* para afastar a presunção que milita em favor do reclamado.

11.3. ROL E NÚMERO MÁXIMO DE TESTEMUNHAS

Temos, aqui, duas situações cujo tratamento jurídico é bastante distinto quando se compara o processo do trabalho com o processo civil. O *limite* de testemunhas a serem ouvidas é bem mais amplo no processo comum e lá se exige a apresentação de *rol prévio* de testemunhas. De outra mirada, na Justiça do Trabalho, o número máximo de testemunhas – sempre inferior ao da Justiça comum – está relacionado ao rito procedimental. E não há, em regra, arrolamento de testemunhas no processo do trabalho.

Vejamos em primeiro lugar o regramento do processo civil, até porque, em alguma medida, parte das regras do CPC pode ser aplicada no processo do trabalho. Quanto ao *rol de testemunhas*, na decisão de saneamento e organização do processo, se o juiz entender que é o caso redesignar audiência de instrução e julgamento – e se for necessária a oitiva de testemunhas –, ele "fixará prazo comum não superior a 15 (quinze) dias para que as partes apresentem rol de testemunhas". Relativamente ao *limite de testemunhas*, no processo civil, cada uma das partes pode arrolar até dez testemunhas, ainda que elas possam ouvir apenas três, "no máximo, para a prova de cada fato". Importante ressaltar, contudo, que o CPC de 2015 permitiu ao juiz "limitar o número de testemunhas levando em conta a complexidade da causa e dos fatos individualmente considerados". Tudo nos moldes dos §§ *4º, 6º e 7º do art. 357* daquele Código.

Quanto aos *requisitos do rol* de testemunhas, sempre que for possível, a parte, ao indicar determinada pessoa como sua testemunha, deverá fornecer ao juízo – e para controle da parte contrária – as seguintes informações: "o nome, a profissão, o estado civil, a idade, o número de inscrição no Cadastro de Pessoas Físicas, o número de registro de identidade e o endereço completo da residência e do local de trabalho" da testemunha (art. 450 do CPC).

Enquanto no processo civil é necessário observar-se rigorosamente essa normativa, no *processo do trabalho* há uma maior *flexibilidade*, principalmente quanto à indicação de testemunhas.

Em relação ao *número máximo* de testemunhas, no processo do trabalho, é bem sabido que as partes não poderão indicar mais de três testemunhas nos processos de rito ordinário, "salvo quando se tratar de inquérito, caso em que esse número poderá ser elevado a seis", nos termos do art. 821 da CLT. Nos processos de rito sumaríssimo, o número máximo de testemunhas é de "duas para cada parte" (§ 2º do art. 852-H da CLT). Daí que o *rito do processo* passa a *delimitar* a quantidade de testemunhas que cada parte pode ouvir no processo do trabalho. De se realçar que apenas no *inquérito* para apuração de falta grave (arts. 853 a 855 da CLT) – que tem, em parte, um procedimento *especial* –, é que o número de testemunhas é mais elevado (até seis). Nos outros procedimentos, o limite legal é bem inferior – até três no rito *ordinário*; até duas no rito *sumaríssimo* e, por extensão, no rito sumário do dissídio de alçada –, mas, na prática, *é comum* que se ouça apenas uma testemunha para cada parte, no máximo duas.

Ademais, *não há apresentação de rol prévio* de testemunhas no processo do trabalho, porque neste as testemunhas devem comparecer "à audiência independentemente de notificação ou intimação" (art. 825, *caput*, da CLT, regra também prevista no art. 852-H, § 2º, da mesma Consolidação). Porém, nada impede que a parte apresente o rol de testemunhas, caso queira. Assim que, em geral, as testemunhas devem *comparecer espontaneamente*, atendendo a mero convite da parte, na audiência trabalhista, não havendo necessidade de intimação – nem do juízo e nem da própria parte –, conforme o regramento da CLT.

Pergunta: esse limite se aplica também *quando houver litisconsórcio ativo e passivo?* A resposta é: depende de qual espécie de litisconsórcio. Se o litisconsórcio é de reclamantes, eles não poderão ouvir mais que três testemunhas. É, portanto, o risco que correm os trabalhadores ao proporem demanda em conjunto, principalmente na chamada reclamatória plúrima. Tratando-se de litisconsórcio *ativo facultativo*, eles devem estar cientes de que o número máximo de duas ou de três testemunhas há de ser observado. Situação oposta se dá no *litisconsórcio passivo*, ainda que este também seja facultativo, foi *a parte contrária*, o(s) reclamante(s), quem usou da faculdade de promover a ação em face de dois ou mais reclamados – em regra, em face do ex-empregador e dos tomadores de serviços. Assim, *cada um dos reclamados* poderá ouvir duas ou três testemunhas, dependendo do rito do processo. No mesmo sentido: SOUZA JÚNIOR *et al.*, 2018, p. 203.

> No litisconsórcio passivo, cada um dos reclamados poderá ouvir duas ou três testemunhas, dependendo do rito do processo.

Três questões remanescentes sobre essa temática:

1ª) *e se a defesa for comum?* – ainda que se trate de defesa comum, apresentada pelo mesmo advogado, cada um dos reclamados conserva o seu direito de ouvir o número máximo de testemunhas, caso isso seja necessário, embora, *na prática*, apenas o reclamado "principal" ouça testemunhas; não é o recomendável, pois o advogado pode ouvir testemunhas do tomador de serviços para, por exemplo, isentá-lo de responsabilidade, ou para reduzir o período da responsabilização;

2ª) *e na prova emprestada?* – conquanto os juízes do trabalho não tenham observado o limite legal, na prática, *também no caso de prova emprestada* deve ser observado *rigorosamente* o limite legal de testemunhas para cada uma das partes, de modo que elas podem até juntar cópia de mais de uma ata de audiência, mas devem *indicar com precisão quais depoimentos* testemunhais querem que o juiz considere, até o limite máximo de testemunhas;

3ª) *e na reunião de processos?* – também quando houver a reunião de processos, em regra, por conexão (art. 55 do CPC), a requerimento ou de ofício, há de se observar o número legal de testemunhas, embora isso seja bastante discutível, principalmente quando o juiz determina, contra a vontade das partes, esta reunião de processos.

Ainda quanto à *prova emprestada*, um problema prático acontece nos casos em que o reclamante serviu de testemunha no processo cuja cópia da ata de audiência vai ser juntada a esse título. A solução se mostra bastante simples: basta considerar o depoimento dele, naquele outro processo, como sendo depoimento pessoal no seu próprio processo, e, então, o depoimento pessoal do reclamante do outro processo será considerado como depoimento testemunhal, no processo em curso. Claro que estamos falando da prova emprestada juntada "de comum acordo", pois, do contrário, o reclamado pode alegar "troca de favores", como veremos mais adiante.

Outra questão interessante é a que diz respeito à oitiva de *testemunhas referidas*, é dizer, se também nesse caso há de se respeitar o número máximo de testemunhas. Em conformidade com o art. 461, inciso I, do CPC, o juiz, de ofício ou a requerimento da parte, pode determinar "a inquirição de testemunhas referidas nas declarações da parte ou das testemunhas". De tal sorte que à testemunha referida *não se aplica* o limite legal já estudado. Até porque o juiz pode ouvir várias testemunhas referidas, por sua própria iniciativa, para formar a sua convicção, e não seria justo que as partes tivessem reduzido o número de testemunhas das quais podem se valer para a mesma finalidade.

11.4. OUTRAS QUESTÕES PRÁTICAS A RESPEITO DA PROVA TESTEMUNHAL

Mais algumas *questões práticas* bem interessantes a respeito da prova testemunhal:

1ª) *quantas testemunhas levar x quantas testemunhas ouvir*

A parte pode conduzir ao fórum mais de três testemunhas, desde que saiba que *não poderá ouvir* mais do que duas ou três, conforme o rito do processo, devendo saber, inclusive, que ela não pode substituir a testemunha cuja contradita seja deferida, como veremos mais adiante.

Outra coisa é definir se a parte deve ou não ouvir duas ou três testemunhas. Como já analisado anteriormente, a parte *deve evitar*, ao máximo, a chamada testemunha de reforço, porque muitas vezes essa escolha se torna prejudicial para si mesma – o famoso "dar um tiro no pé". A parte deve *ouvir sua melhor testemunha*, a que mais conhece os fatos e que se sente mais segura para prestar depoimento, e, somente se absolutamente necessário, insistir na oitiva de uma segunda ou terceira testemunha, como já examinado no início deste Manual.

2ª) *testemunha referida x testemunha do juízo*

Na prática, alguns juízes e advogados fazem distinção entre essas testemunhas, mas, tecnicamente, todas as testemunhas, ao prestarem compromisso de dizer a verdade, tornam-se testemunhas do juízo. Assim, não somente a testemunha referida – aquela à qual se faz menção no depoimento das partes ou de testemunhas – se trata de testemunha do juízo, mas qualquer das que, comparecendo, são efetivamente *chamadas* a prestar depoimento.

3ª) *a parte pode requerer a oitiva da testemunha da parte contrária?*

Por vezes acontece de a parte não conduzir nenhuma testemunha ao fórum e, quando questionada sobre testemunhas, indicar a testemunha conduzida pela outra parte.

Alguns juízes admitem essa prática, argumentando que todas as testemunhas são do juízo e que todos devem colaborar para a descoberta da verdade. De minha parte, penso que não é possível essa prática, que revela certa deslealdade ou descompromisso com a boa-fé objetiva. O fato de a parte convidar e conduzir testemunha ao fórum não implica dizer que ela efetivamente irá ouvir essa testemunha. Imagine-se a situação em que o juiz decide que o ônus da prova dos fatos controvertidos é da parte contrária. Por que a parte iria insistir na oitiva de sua testemunha se a outra parte, a quem cabe o ônus probatório, não tem testemunhas a ouvir?

Assim, com o devido respeito a quem pensa em sentido contrário, fere o *princípio da disponibilidade*, a decisão que permite à parte que não tem testemunhas aproveitar-se da testemunha da parte contrária. E nem se objete que predomina no processo do trabalho o princípio inquisitivo, pois quem convida a testemunha e a apresenta ao juiz é a parte, não podendo o juiz praticar isso, em razão do princípio da inércia que é próprio da jurisdição, inclusive da jurisdição trabalhista. Uma coisa é o juiz determinar a produção de provas, até testemunhal, de ofício; outra, bem distinta, é *permitir à parte* utilizar-se de fonte de prova da parte contrária, contra a vontade desta. Em sentido contrário: SOUZA JÚNIOR *et al.*, 2018, p. 203.

4ª) *existe testemunha em comum?*

Poder-se-ia objetar que há plena possibilidade de a testemunha ser comum às partes. É bem possível que haja testemunha "em comum", mas isso somente ocorre quando ambas as partes, de *boa-fé objetiva*, tenham *convidado previamente* a mesma testemunha, o que é plenamente possível e admissível. Situação distinta é a da parte que não tem testemunha – ou cuja testemunha não compareceu –, querer aproveitar-se da testemunha da outra parte, em atitude desleal.

5ª) *e se o advogado não comparecer na audiência?*

Uma última questão nessa temática é a relacionada ao art. 362, § 2º, do CPC, que permite ao juiz "dispensar a produção das provas requeridas pela parte cujo advogado ou defensor público não tenha comparecido à audiência, aplicando-se a mesma regra ao Ministério Público". Na Justiça do Trabalho, leia-se "ao Ministério Público do Trabalho".

Contudo, penso que essa regra, de dispensa da prova oral pela simples ausência do advogado, *não tem* a menor *compatibilidade* com o processo do trabalho, que permite, inclusive, o manejo do *ius postulandi*, nos termos do art. 791 da CLT. Assim, mesmo que o advogado não compareça na audiência una ou de instrução, o juiz *deverá ouvir* a parte contrária e as testemunhas indicadas pela parte que compareceu desacompanhada de advogado (SOUZA JÚNIOR *et al.*, 2018, p. 204). Além disso, o juiz deverá permitir a esta, em nome do contraditório e da ampla defesa, a *formulação de reperguntas*, considerando, ainda, a incidência dos princípios da informalidade e da simplicidade, peculiares ao processo do trabalho.

Igualmente, na *instrução da carta precatória*, ainda que compareça somente a testemunha que seria ouvida – ausência das partes e de seus advogados –, penso que o juiz deverá tomar o depoimento da testemunha, a menos que não haja quesitos nos autos e o juiz entenda que seriam necessários.

11.4.1. Substituição de testemunhas

No processo civil, se a parte apresentou o rol de testemunhas no prazo de quinze dias após a intimação da audiência de instrução, não poderá, após isso, substituir as testemunhas arroladas. Somente será possível a *substituição* nestas três hipóteses: 1ª) se a testemunha falecer; 2ª) se, em razão de alguma enfermidade, a testemunha "não estiver em condições de depor"; e 3ª) se a testemunha mudou de residência ou de local de trabalho e não foi encontrada para a devida intimação. Tudo nos termos do *art. 451* do CPC.

Poder-se-ia imaginar que essas regras não se aplicam no processo do trabalho porque neste, como já visto, normalmente não há rol prévio de testemunhas, haja vista que cabe às partes conduzir suas testemunhas à audiência trabalhista, independentemente de intimação.

No entanto, alguns juízes exigem a apresentação de rol de testemunhas. A primeira questão é a seguinte: *essa prática é ilegal?* Não há ilegalidade manifesta na referida prática, a despeito da regra clara do art. 825 da CLT, até porque o grande *enigma da esfinge* ("decifra-me ou devoro-te" – TOLEDO FILHO *et al.*, 2016, p. 51) do processo do trabalho é justamente o de saber com exatidão onde há (i) lacunas na CLT e se (ii) as regras do processo civil podem ou não ser aplicadas de forma supletiva ou subsidiária na seara trabalhista (art. 769 da CLT; art. 15 do CPC).

Como não há jurisprudência pacífica a respeito da inaplicabilidade da exigência de rol prévio de testemunhas na Justiça do Trabalho, convém ao advogado, quando seu cliente é instado a fazê-lo, *apresentar o rol* de testemunhas no prazo fixado pelo juiz, sob pena de sofrer os efeitos da preclusão. A menos que ele demonstre que, se a parte contrária tiver prévio conhecimento de que determinada pessoa irá depor contra os seus interesses, poderá tomar alguma atitude que amedronte a testemunha, por exemplo. De se ressaltar, no entanto, que esse rol *não corresponde* à prova do convite feito à testemunha, exigida no art. 852-H, § 3º, da CLT, no processo de rito sumaríssimo. O arrolamento se faz no processo, ao passo que o convite é feito "fora" do processo, ainda que se possa exigir, posteriormente, a prova do convite nos autos.

Agora, apresentado o rol de testemunhas, aí sim, aplica-se a regra do citado art. 451 do CPC, no processo do trabalho. Nesse caso, o reclamante e o reclamado somente poderão *substituir* qualquer das testemunhas arroladas em caso de (i) morte da testemunha, (ii) doença grave ou (iii) mudança para local em que não seja encontrada.

> Se apresentado o rol de testemunhas, poderá haver substituição das arroladas apenas em caso de morte, doença grave ou mudança para local em que a testemunha não seja encontrada.

Igualmente, embora não se trate de rol prévio de testemunhas, quando a audiência é adiada, por qualquer motivo, e o advogado requer que a testemunha "saia" intimada para a audiência em prosseguimento – caso em que ela deve ser devidamente qualificada na ata de audiência –, se isso ocorrer, *não poderá haver substituição* dessa testemunha na próxima audiência; nem mesmo se ela não comparecer, independentemente do motivo, pois a substituição somente será possível se o motivo for um daqueles referidos no art. 451. Assim, a única hipótese em que poderá haver a oitiva de testemunhas distintas das "arroladas" na ata de audiência, é a de o advogado ter *ressalvado*, na ata, a possibilidade de *ouvir outras testemunhas* além daquelas, e desde que não ultrapassado o limite legal (duas ou três testemunhas, conforme o rito).

> Se a testemunha sair intimada para a audiência em prosseguimento, ela não poderá ser substituída, a menos que ocorra umas das hipóteses do art. 451 do CPC.

E se o processo for *anulado por cerceamento de defesa*, em razão do indeferimento de oitiva de testemunha específica, cujos dados tenham constado na ata de audiência, apenas a referida testemunha poderia ser ouvida ou se permite sua substituição na nova audiência designada? Penso que *somente ela* poderá prestar depoimento testemunhal, a menos que haja ressalva expressa na ata da audiência anterior. Substituição da testemunha, nesse caso, é totalmente *injustificável*.

11.4.2. O juiz arrolado como testemunha

Questões bem interessantes dizem respeito à possiblidade de o *juiz* ser *arrolado como testemunha*. À primeira vista, pode parecer uma questão esdrúxula, porque o juiz é quem vai julgar a demanda, com base no testemunho de outras pessoas. Contudo, o *art. 452* do CPC prevê expressamente essa hipótese, de o próprio juiz da causa ser arrolado como testemunha. Se isso ocorrer, há apenas *dois caminhos* a serem percorridos:

1º) *a declaração de impedimento*

Se o juiz "tiver conhecimento de fatos que possam influir na decisão", ele deverá se declarar impedido para julgar a demanda, exatamente porque, nesse caso, ele teve conhecimento *prévio* dos fatos, tanto que pode testemunhá-los em juízo; isso poderia levar a um *pré-julgamento*, porque certamente o juiz tentará impor a versão dos fatos da maneira como ele os presenciou.

Não obstante, há uma consequência para a parte que arrola o juiz da causa como testemunha: *em hipótese alguma* ela poderá desistir do depoimento do juiz, na condição de testemunha.

2º) *a exclusão de seu nome*

Se o juiz nada sabe sobre os fatos controvertidos, ou se apenas ouviu dizer algo a respeito, não os tendo presenciado diretamente, simplesmente deve mandar *excluir o seu nome* do rol de testemunhas.

Pergunta-se: nesse caso, *caberia a substituição da testemunha?* Penso que isso não é possível, primeiro, porque esta hipótese não está no rol *exaustivo* do art. 451 do CPC; segundo, porque pensar de modo distinto seria premiar a parte descuidada, que arrolou o próprio juiz da causa sem certificar-se previamente se ele realmente tinha presenciado os fatos.

11.4.3. Oitiva de testemunhas por precatória ou videoconferência

Há, ainda, questões interessantes relacionadas à oitiva de testemunhas por *carta precatória* ou por *videoconferência*. Essas questões serão melhor apreciadas no penúltimo capítulo deste Manual. A questão que deve ser investigada agora é: a testemunha tem o *direito de ser ouvida* por esses meios?

Em regra, as testemunhas devem prestar seu depoimento em audiência de instrução devidamente designada, "perante o juiz da causa" (art. 453, *caput*, do CPC), até mesmo para se preservar o *princípio da imediatidade*, estudado no início desta obra.

Contudo, este mesmo dispositivo legal aponta *duas exceções* para essa regra geral. Com efeito, essa diretriz não se aplica: a) às testemunhas que "prestam depoimento antecipadamente"; e b) às testemunhas que "são inquiridas por carta". Aí está, portanto, ainda que não posto de maneira expressa, o *direito da testemunha* a ser ouvida no *foro do seu domicílio*, quando resida em outra comarca ou em outra subseção judiciária, para que não tenha que se deslocar a outra cidade, por vezes longínqua, para prestar seu depoimento.

Não por outra razão, como já referido, o CPC de 2015 permite a oitiva de testemunha, nessa situação, "por meio de videoconferência ou outro recurso tecnológico de transmissão e recepção de sons e imagens em tempo real", o que pode ocorrer até mesmo durante a própria audiência de instrução, no juízo em que tramita a causa (§ 1º deste art. 453). Por isso, tem sido admitida inclusive a oitiva de testemunhas por instrumentos telemáticos, como *WhatsApp, Hangouts, Google Meetings, Webex Meetings, Zoom* e outros. Em capítulo específico deste Manual trataremos de todas essas questões.

Na sequência, abordaremos algumas *questões específicas* sobre a *expedição de carta precatória* para oitiva de testemunhas.

A primeira questão é: *em que momento requerer a expedição de carta precatória?* Como já visto, a testemunha que reside em outra comarca ou subseção judiciária tem o direito de ser ouvida no juízo em que reside (art. 453, inciso II e § 1º, do CPC). Desse modo, sempre que a testemunha residir na área territorial distinta da área de competência da vara por onde tramita o processo, a parte que pretende ouvi-la *poderá requerer*, no momento oportuno, a *expedição* de carta precatória para produção da prova testemunhal.

Agora, *em que momento da audiência* o advogado deve formular esse requerimento? Tratando-se de audiência una ou de instrução, *logo no início* da audiência, para evitar surpresa à parte contrária e ao juiz, bem como para evitar eventual comprometimento ao princípio da incomunicabilidade das testemunhas. E, na audiência inicial, embora nela não haja produção de prova oral, em regra, convém que o advogado *ressalve a possibilidade* de ouvir testemunhas mediante expedição de carta precatória – cuja necessidade será verificada na audiência em prosseguimento –, para evitar preclusão.

> Na audiência una ou de instrução, o advogado deve requerer a expedição de carta precatória antes da coleta da prova oral, para evitar surpresa à parte contrária e ao juiz.

O juiz *pode assinar prazo* para que a parte apresente o *rol respectivo*, nesse caso? Embora não haja rol de testemunhas no processo do trabalho (art. 825 da CLT), nada obsta que, *excepcionalmente*, o juiz possa assinalar prazo para que a parte apresente o rol de testemunhas que serão ouvidas por carta precatória. Alguns juízes determinam que a parte desde logo apresente a qualificação completa das testemunhas que serão ouvidas mediante expedição de precatória, para verificar a seriedade do requerimento e para otimizar a prática dos atos processuais. Não há nenhuma ilegalidade nisso e, portanto, o advogado deve apresentar o rol de testemunhas no prazo estipulado, para não correr o risco da preclusão.

É necessário que o juiz *observe as regras de ônus da prova* para a expedição de carta precatória? Em nome do devido processo legal e para assegurar às partes, sobretudo ao reclamado, as garantias do contraditório e da ampla defesa, deveria o juiz *observar a ordem normal* dos depoimentos para a referida expedição. É dizer, se as testemunhas do reclamante serão ouvidas em primeiro lugar, *não se justifica*, a princípio, a expedição imediata de carta precatória para a oitiva das testemunhas do reclamado, a menos que o juiz saiba de antemão que a audiência no juízo deprecado será realizada bem depois da audiência em que ele ouvirá as testemunhas do reclamante. Contudo, nesse caso, o juiz bem que poderia realizar a *audiência de instrução primeiro* e nela determinar a expedição de precatória para a oitiva das testemunhas do reclamado, até porque nesse caso a precatória seria instruída com *cópia da ata de audiência* em que o juiz ouviu as testemunhas do reclamante, *facilitando* o trabalho de inquirição pelo juízo deprecado.

Por óbvio que, sendo o *caso de inversão do ônus da prova*, o juiz, de ofício ou a requerimento do reclamante, poderá determinar desde logo essa inversão, justificando-se aí, *plenamente*, a expedição de carta precatória para a oitiva das testemunhas do reclamado antes mesmo do depoimento das testemunhas do reclamante.

Em qualquer caso, *é preciso tomar os depoimentos pessoais primeiro?* É *recomendável* que sim, não somente porque não se deve ouvir testemunhas antes dos depoimentos pessoais, mas também porque pode ocorrer confissão no depoimento das partes, que tornaria absolutamente desnecessária a expedição de precatória para a oitiva de testemunhas. A menos que se registre em ata que as partes e o juízo *dispensam* os depoimentos pessoais, caso em que já se poderia determinar a expedição de precatória com a finalidade de coleta da prova testemunhal.

Outra questão: é possível que o juiz deprecante imponha *regras a serem cumpridas pelo juízo deprecado?* Por óbvio que não. Cada juiz tem a sua maneira de proceder à inquirição das testemunhas e o ritual que ele utiliza na coleta da prova. Quando muito, havendo *especificidades concretas*, o juízo deprecante poderá *recomendar* ao juízo deprecado determinadas condutas. De outro lado, o juízo deprecante pode – ou deve –, *formular quesitos* a serem apresentados à testemunha no juízo deprecado.

De modo que a questão seguinte é bastante óbvia: *é necessário haver quesitos do juízo e das partes*, na precatória? Há juízes que não promovem a inquirição de testemunhas se o juízo deprecante não enviar, com a precatória, quesitos (perguntas) seus e/ou das partes. Embora questionável essa prática, os tribunais trabalhistas a têm endossado. A propósito, a Corregedoria-Geral da Justiça do Trabalho, instada a decidir sobre essa questão, decidiu que é cabível, sim, que o juízo deprecado *exija a formulação de quesitos* pelo juízo deprecante, para que não haja imprecisão do objeto da precatória. Veja-se o quanto decidido no PP – Pedido de Providências – n. 198980/2008-000-00-00.5:

> Ante o exposto, julgo parcialmente procedente o presente Pedido de Providências para:
>
> a) recomendar que as cartas precatórias destinadas à inquirição de testemunhas sejam, preferencialmente, expedidas após o interrogatório das partes;
>
> b) declarar que não é lícito ao Juízo Deprecado, todavia, exigir a colheita do depoimento pessoal das partes como condição para o cumprimento da carta precatória inquiritória;

c) declarar que, não colhido o depoimento pessoal das partes, a carta precatória inquiritória faça-se acompanhar, obrigatoriamente, dos quesitos do Juízo Deprecante e, facultativamente, dos quesitos das partes;

d) declarar que se a carta precatória inquiritória não se fizer acompanhar do termo de depoimento pessoal das partes, tampouco de quesitos do Juízo Deprecante, cabe ao Juízo Deprecado, preliminarmente, oficiar para solicitar os quesitos do Juízo Deprecante e, caso não remetidos, pode recusar-se ao cumprimento, por imprecisão do objeto (CPC, art. 202).

> A Corregedoria-Geral da Justiça do Trabalho entende que é necessário haver quesitos do juízo e/ou das partes, na carta precatória, para que não haja imprecisão do objeto desta.

Obviamente, com a implantação da carta precatória inquiritória por videoconferência, com todo o procedimento previsto no art. 86 e ss. do Provimento n. 4, da CGJT, não haverá necessidade de formulação de perguntas pelo juízo deprecante, porque, em verdade, será ele quem procederá à inquirição da testemunha, que se dirigirá à sede do juízo deprecado e de lá prestará depoimento por videoconferência.

Ademais, embora não se trate de precatória em si, se a testemunha se encontra doente e *residir na comarca* ou subseção judiciária em que a causa é processada, é possível que o juiz vá *até a residência* da testemunha ou *até o hospital* em que ela se encontra internada, para tomar o depoimento dela, quando ela não estiver em condições de comparecer em juízo, nos termos do art. 449, parágrafo único, do CPC.

Enfim, é bem possível o depoimento da testemunha por *videoconferência*, nos termos do art. 453, §§ 1º e 2º, do CPC, como será examinado no penúltimo capítulo deste Manual, ocasião em que analisaremos, inclusive, a possibilidade de tomada de depoimento/ratificação por *WhatsApp*. Na *autêntica* audiência por videoconferência, a ser designada para oitiva de testemunhas específicas, as diretrizes *são as mesmas* já mencionadas quanto à necessidade de se deferir requerimento nesse sentido, inclusive no que toca à observância das regras de ônus da prova. Contudo, na *audiência telepresencial*, no *regime excepcional* instaurado por conta da pandemia de COVID-19, outro será o procedimento, como veremos no penúltimo capítulo.

11.5. COMPARECIMENTO E INTIMAÇÃO DAS TESTEMUNHAS

No processo civil, há *necessidade de se intimar* a testemunha para que ela compareça à audiência de instrução, ainda que tenha havido mudança significativa na sistemática dessa intimação.

No *processo do trabalho*, como já mencionado, o ideal é que haja o comparecimento espontâneo das testemunhas, já que, em regra, elas não precisam ser intimadas, nos moldes do art. 825 da CLT. Destarte, *não há necessidade* de intimação das testemunhas, no processo do trabalho, a não ser nas estritas hipóteses em que isso se revelar necessário, como veremos em breve.

A pergunta é: *haverá nulidade* se o juiz do trabalho *indeferir requerimento* de intimação das testemunhas? Para bem compreender essa questão, mister que, novamente, tenhamos bem clara a distinção entre o procedimento previsto no CPC e aquele ritual mínimo disciplinado na CLT.

No processo civil, as partes têm a incumbência de apresentar o rol de testemunhas previamente à audiência de instrução, no prazo de quinze dias após a intimação respectiva, nos termos do art. 357, §§ 4º e 5º, do CPC. Contudo, cabe ao *próprio advogado* da parte proceder à *intimação* das testemunhas arroladas, noticiando-lhes o dia, a hora e o local em que se realizará a audiência designada porque, em regra, *não há* mais intimação das testemunhas *por parte do juízo* (art. 455, *caput*, do CPC).

Muitos juízes do trabalho têm aplicado de forma *subsidiária* o regramento do art. 455 e §§ do CPC no processo do trabalho – inclusive eu –, para evitar adiamentos da audiência, como veremos mais adiante. Não obstante, ainda que assim o façam, na Justiça do Trabalho basta o *mero convite* (informação) à testemunha, não sendo necessária a intimação. É dizer, mesmo com a aplicação subsidiária do CPC, a *diretriz geral* de comparecimento espontâneo das testemunhas, que é própria do ritual da Justiça do Trabalho, continua como *regra-matriz* nessa temática. Tanto é assim que, se algum juiz determinar a apresentação de rol prévio, também não haverá intimação das testemunhas, em regra, sem que isso cause nulidade no procedimento.

Nunca é demais lembrar que no processo do trabalho só há falar em *nulidade* se houver demonstração de *manifesto prejuízo*, que poderia ocorrer, por exemplo, se a parte alega que, por receio de *ameaça* da outra parte, a testemunha não compareceria, a menos que fosse intimada pela própria Justiça.

Pergunta interessante nessa temática é a seguinte: *é possível redesignar a audiência* para que haja a intimação da testemunha ausente? A se aplicar a regra do art. 825 da CLT, a resposta é positiva, porque se, de um lado, a parte tem a incumbência de *informar* sobre a audiência à testemunha e de lhe solicitar que compareça, de outro lado, ela não pode ser punida se a testemunha não foi *devidamente intimada* para o comparecimento. Ademais, o parágrafo único do art. 825 da CLT é bem categórico no sentido de que as testemunhas "que não comparecerem serão intimadas, *ex officio*, ou a requerimento da parte".

Ocorre que isso provoca o *adiamento da audiência* e, para evitar esse adiamento, alguns juízes do trabalho têm aplicado o procedimento do art. 455 e §§ do CPC, *subsidiariamente*. Se houver essa aplicação – que, no entanto, deve ser expressamente noticiada às partes –, não será possível o adiamento da audiência para essa finalidade, já que o *próprio advogado* deveria ter feito a intimação à testemunha. Ademais, no processo de rito sumaríssimo, somente se adia a audiência para intimação da testemunha se houver *comprovação cabal* de que ela tenha sido convidada (§ 3º do art. 852-H da CLT).

E se a testemunha *não for encontrada para a intimação*, ela pode ser substituída? Como já visto, a substituição de testemunhas arroladas só é possível nas três hipóteses do art. 451 do CPC. Assim, se houve arrolamento prévio, caberia a substituição quando verificado que a testemunha se mudou e não pode ser encontrada. Agora, *se não houve rol prévio*, não há falar tecnicamente em substituição, porque, nessa hipótese, se a parte não encontra a testemunha que pretendia convidar, basta fazer o convite a outra. Nem se objete que a parte poderia requerer a intimação pelo juízo, pois, para tanto, ela teria que indicar um *endereço atual e completo* da testemunha, e, se esta não foi encontrada, é porque a parte não dispõe dessa informação necessária.

Uma *questão prática* que por vezes ocorre é a relacionada à testemunha que havia sido convidada para a audiência e, por ter sido *recontratada* pela empresa, *não comparece*. Não se pode presumir que simplesmente por ter sido recontratada a testemunha deixaria de comparecer. Contudo, se a parte dispuser de prova – ou de indícios de prova – de que a recontratação se deu para impedir que a testemunha fosse a juízo prestar depoimento, ou até mesmo de que a testemunha seria novamente dispensada se comparecesse, o juízo poderá adiar a audiência e determinar a *intimação oficial* da testemunha.

Outra questão é a seguinte: *a testemunha precisa ser convidada para depor?* Por óbvio que sim, pois se ela não for convidada, jamais comparecerá na audiência trabalhista. De tal modo que o convite (ou informação) para a audiência, com todos os dados necessários (dia, hora e local), tem de ser feito à testemunha, tanto nos processos de rito ordinário quanto nos de rito sumaríssimo.

A *questão interessante* quanto ao tema é, portanto, a seguinte: *é exigível a prova do convite no rito ordinário?* Como já referido, nos processos de rito sumaríssimo *somente* haverá *adiamento* da audiência para que a testemunha *convidada* – e que não compareceu – seja intimada, se houver *prova convincente* de que a ela foi efetivamente feito o convite. É dizer, havendo prova do convite, o juiz adiará a audiência e determinará a *intimação* da testemunha (§ 3º do art. 852-H). Já no processo de rito ordinário, a se aplicar o regramento do art. 825 e parágrafo único da CLT, não seria exigível a prova do convite. Contudo, entendo *plenamente possível* aplicar-se nesse tipo de processo, *subsidiariamente*, a regra do referido § 3º, para se evitar adiamento da audiência quando a parte sequer tinha convidado testemunha para comparecer. Outra saída é a de se aplicar o regramento do art. 455 e §§ do CPC, como veremos no próximo tópico.

> No processo de rito ordinário também é exigível a prova do convite à testemunha, para se evitar o adiamento da audiência.

Qual o meio de prova desse convite? No processo civil o advogado da parte deve intimar a testemunha "por carta com aviso de recebimento", cumprindo-lhe ainda juntar aos autos, "com antecedência de pelo menos 3 (três) dias da data da audiência, cópia da correspondência de intimação e do comprovante de recebimento". De se pontuar que são *dois atos* a serem cumpridos pelo advogado: (i) o endereçamento de uma carta de intimação à testemunha e (ii) a comprovação dessa intimação nos autos do processo. Daí que, em regra, o advogado envia carta com AR (aviso de recebimento) pelos Correios, para, assim, dispor da documentação comprobatória da intimação. E, por óbvio, a correspondência deve informar à testemunha, no mínimo, os dados mencionados no *caput* do art. 455 do CPC.

No *processo do trabalho*, pela informalidade e simplicidade que nele imperam, a prova do convite feito à testemunha – rito sumaríssimo – ou da intimação – rito do CPC – pode ser feita *por qualquer meio*. Daí que a parte pode se valer de testemunhas, *e-mail* enviado à pessoa, mensagem enviada por *WhatsApp* ou até *Telegram* (SOUZA JÚNIOR *et al.*, 2018, p. 214), podendo – embora numa hipótese bastante acadêmica – comprovar o convite inclusive por confissão da outra parte. Entretanto, torna-se *imprescindível* que a testemunha acuse o *recebimento* do convite ou da intimação. Não basta a remessa da mensagem, sendo necessária a *confirmação* da testemunha, até mesmo por um "ok", embora o mais correto seja colher a assinatura dela. É dizer, a *prova da entrega* do convite ou da intimação se dá com a *confirmação de recebimento* e não com o simples envio da mensagem. Daí ser recomendável que o advogado envie carta-convite com *aviso de recebimento* à testemunha.

> Tanto no processo de rito sumaríssimo quanto no processo de rito ordinário, a prova do convite feito à testemunha pode ser feita por qualquer meio (informalidade e simplicidade).

Outra questão é a de saber se *a ata de audiência* pode ser utilizada para a intimação da testemunha. Ainda que não haja regra expressa a esse respeito, é plenamente válido que a parte imprima uma cópia da ata de audiência e a entregue à testemunha, porque na ata constam expressamente todos os dados necessários para a intimação. Assim, a cópia da ata servirá como *instrumento com força de intimação* às testemunhas. E se o juiz aplicar o procedimento do art. 455 e §§ do CPC, muito provavelmente da ata já constarão inclusive as *penalidades* para o caso de não comparecimento da testemunha. Por óbvio, é necessário que a testemunha assine o *recebimento da cópia da ata* de audiência e, se ainda não estiver qualificada nos autos, que ela, nesse ato, forneça a sua qualificação mínima.

Por fim, o comprovante de recebimento pode ser *assinado por familiar da testemunha?* À primeira vista, não poderia, pois é a testemunha que precisa dar ciência de sua intimação, inclusive porque a ela poderão ser aplicadas penalidades, como a condução coercitiva caso não compareça à audiência. Contudo, pelo *princípio da informalidade* que impera no processo do trabalho, há de se admitir a assinatura da carta enviada pelos Correios, por familiar ou pessoa muito próxima à testemunha, pois esse padrão é admitido até mesmo em relação à notificação citatória do reclamado, ato muito mais contundente do que aquele (intimação da testemunha).

11.5.1. Intimação pelo advogado

A *questão mais polêmica* a respeito de intimação de testemunhas, no processo do trabalho, atualmente, é a que diz respeito à *possibilidade* ou não *de intimação* das testemunhas *pelo advogado*. A pergunta é: *aplica-se* o regramento do art. 455 e §§ do CPC no processo do trabalho? Pois bem, os *objetivos* de se disciplinar o *dever legal* do advogado de intimar as testemunhas foram os (i) de "desafogar" o serviço judiciário – pois há um dispêndio de tempo, de material e de atos humanos muito grande com a intimação, por parte do juízo, de todas as testemunhas arroladas pelas partes – e, principalmente, o (ii) de se evitar adiamento da audiência por falta de intimação da testemunha, quando o cartório, por inúmeros motivos, não tinha procedido à intimação.

No *processo do trabalho*, a se aplicar exclusivamente o regramento do art. 825 da CLT – sem margem a complemento com as regras do CPC –, seria *ainda mais necessário* que o advogado trabalhista intimasse as testemunhas da parte que ele representa. Não só porque o juízo trabalhista, em regra generalíssima, não procede à intimação de testemunhas, mas principalmente porque, não havendo intimação pelo advogado, seria possível o *adiamento da audiência* em duas oportunidades ou mais para que se concretize todo o ritual previsto em caso de não comparecimento da testemunha.

Explico: aplicando-se apenas a CLT, se a testemunha não comparecer espontaneamente, o juiz terá de *adiar a audiência*, para que a testemunha seja *intimada*; e se, mesmo intimada, ela não comparecer na próxima audiência, o juiz terá de *adiar novamente* o grande ato para que a testemunha seja *conduzida* coercitivamente (os três momentos previstos no art. 825 e parágrafo único da CLT). Mesmo no processo de rito sumaríssimo, desde que comprovado o convite à testemunha, também poderia ocorrer a necessidade de *três audiências*, para cumprimento desses três momentos.

Por óbvio que esse ritual *compromete* duramente os princípios da celeridade e da efetividade, tão importantes para o processo do trabalho. Daí que me parece bastante razoável a possibilidade de *aplicação subsidiária* do regramento do art. 455 e §§ do CPC no processo do trabalho, determinando-se que cabe ao advogado da própria parte intimar as testemunhas para a audiência trabalhista. Por óbvio que se constata, aí, uma *lacuna ontológica*, que precisa ser preenchida pelo regramento mais célere e efetivo do processo civil, que atende também ao *princípio da economia processual*.

Contudo, será possível ao advogado questionar esse procedimento, argumentando que a CLT tem um ritual próprio e que, por não haver lacuna primária (falta de regra), não haveria qualquer espaço para a aplicação subsidiária do CPC.

De qualquer modo, inclusive para evitar alegação de nulidade, o juiz que aplica o CPC nessa matéria, *complementando* a normativa trabalhista, tem de dar *plena ciência do procedimento* a ser observado, *previamente*, às partes (SOUZA JÚNIOR *et al.*, 2018, p. 210). É dizer, das notificações endereçadas às partes para a audiência una, ou nas atas de audiência inicial, deve constar *expressamente* o ritual que será utilizado pelo juiz, constando com clareza o *dever do advogado* (ou da parte) de proceder à intimação, bem como a forma e o prazo de comprovar isso nos autos. Somente assim, o juiz do trabalho observará o *devido processo legal*, evitando futuras declarações de nulidade.

De minha parte, tenho aplicado esse procedimento, que atende aos *princípios da celeridade, efetividade e economia processual*, exigindo-se dos advogados a devida *cooperação*, para evitar os adiamentos constantes de audiência por falta de intimação das testemunhas. Contudo, tenho permitido às partes a comprovação da intimação às testemunhas *até a abertura* da audiência una ou de instrução. Outrossim, admito a prova da intimação por qualquer meio, desde que *identifique* de modo completo a testemunha intimada, bem como os *dados mínimos* dessa intimação: dia, hora e local da audiência. Desse modo, *não haverá surpresa* às partes (art. 10 do CPC) e dificilmente se poderá demonstrar manifesto prejuízo em eventual recurso, sem o qual o tribunal não poderá pronunciar nenhuma nulidade.

> A intimação das testemunhas pelo advogado (dever de cooperação) atende aos princípios da celeridade, efetividade e economia processual, para se evitar os adiamentos constantes de audiência.

11.5.2. Comprovação do convite ou da intimação

Como já visto, no processo civil cabe ao advogado comprovar nos autos a intimação da testemunha. No *processo do trabalho*, cabe ao advogado comprovar, pelo menos, o convite feito à testemunha nos processos de rito sumaríssimo; mas alguns juízes exigem também a comprovação da intimação da testemunha nos processos de rito ordinário, a despeito da regra do art. 825, *caput*, da CLT.

A questão é: e se o advogado e/ou a parte *não comprovam o convite ou a intimação?* Em qualquer dessas hipóteses, a inércia da parte ou do seu advogado implica na *presunção de desistência* da inquirição da testemunha, exatamente como prevê o § 3º do art. 455 do CPC. Destarte, se não provado o convite ou a intimação *até a abertura* da audiência trabalhista, não se defere o adiamento desta pelo não comparecimento da testemunha, presumindo-se a *desistência* de sua inquirição pela parte que *não cumpriu* seu dever processual.

> Se não provado o convite ou a intimação da testemunha até a abertura da audiência, não se defere o adiamento desta pela ausência da testemunha.

Para evitar toda essa problemática, *a parte pode se comprometer a levar sua testemunha?* Por óbvio que sim, pois tanto no processo civil quanto no processo do trabalho qualquer das partes pode comprometer-se a conduzir sua testemunha à audiência, *independentemente de intimação* (pelo juízo ou pelo advogado). Contudo, se a testemunha não comparecer, não se procede ao adiamento da audiência para intimação porque, nesse caso, presume-se "que a parte desistiu de sua inquirição", nos termos do § 2º do art. 455 do CPC.

11.5.3. Intimação pelo juízo

De todo o exposto, em que *situações* seria *exigível a intimação pelo juízo?* Há diferença se o juiz aplicar exclusivamente a CLT ou se aplicar de forma complementar o CPC?

Se o juiz do trabalho aplica o regramento da CLT, basta a prova do convite no processo de rito sumaríssimo e a mera informação de que a testemunha tinha sido convidada no de rito ordinário, para que o juiz tenha de determinar o adiamento da audiência e a intimação oficial da testemunha. Ocorre que esse procedimento, como visto, pode dar ensejo a *três audiências* para, enfim, ouvir-se a testemunha.

De outra mirada, se o juiz aplica, quanto à matéria de intimação, o regramento do CPC, de forma complementar, ele determinará a *intimação oficial* da testemunha *apenas* nas seguintes *hipóteses*:

1ª) se houver *frustração na entrega* da intimação, por exemplo, quando a testemunha se recusa a receber a intimação;

2ª) se a parte demonstra a *necessidade de intimação oficial*, por exemplo, quando a testemunha reside em bairro com alto índice de violência ou quando a testemunha reside na área rural;

3ª) nos casos em que se torna *necessária a requisição* da testemunha, pois se "figurar no rol de testemunhas servidor público ou militar", o juiz deverá *requisitar* a liberação da testemunha para comparecimento na audiência "ao chefe da repartição ou ao comando do corpo em que servir";

4ª) se o arrolamento da testemunha foi realizado pelo Ministério Público ou pela Defensoria – no processo do trabalho, leia-se, em síntese, pelo *Ministério Público do Trabalho*;

5ª) se a testemunha possuir *prerrogativa de foro*, nas hipóteses do art. 454 do CPC.

Em todas essas hipóteses, previstas no art. 455, § 4º, do CPC, será *exigível* a intimação pelo juízo.

No *processo do trabalho*, a requisição das testemunhas que sejam servidores públicos civis ou militares, se estes tiverem de depor no horário de serviço, é disciplinada pelo *art. 823 da CLT*. Com efeito, quanto a essas testemunhas, não se trata propriamente de intimação, mas de *requisição judicial*. Relativamente às testemunhas com *prerrogativa de foro* – todas as pessoas mencionadas do inciso I ao inciso XII do art. 454 do CPC –, por óbvio, também no processo do trabalho elas têm o direito de prestar depoimento em sua *residência* ou no *local* em que exercerem a sua *função pública*. De não se olvidar de que até mesmo o prefeito e o procurador-geral do município têm essa prerrogativa.

Pergunta-se: *e o juiz?* O CPC não menciona expressamente o juiz no rol bastante extenso do art. 454. Contudo, a LOMAN tem previsão sobre essa matéria. Diz a Lei Complementar n. 35/79:

> Art. 33 – São prerrogativas do magistrado:
>
> I – ser ouvido como testemunha em dia, hora e local previamente ajustados com a autoridade ou Juiz de instância igual ou inferior;

Vistas estas questões, impende analisar a difícil questão da condução coercitiva das testemunhas, no próximo tópico.

11.5.4. Condução coercitiva das testemunhas

Sobre a *condução coercitiva*, tanto a parte final do art. 825, parágrafo único, da CLT quanto o § 5º do art. 455 do CPC disciplinam que, se a testemunha foi devidamente intimada e não compareceu à audiência *sem motivo justificado*, ela deverá ser conduzida para a audiência em prosseguimento. Trata-se, portanto, de autêntica *condução coercitiva*, feita, em regra, pela Polícia Militar, a quem o juiz deve requerer a referida condução.

Além disso, a testemunha sofrerá uma *penalidade pecuniária* se não justificar com motivo ponderoso ou relevante a sua ausência na audiência anterior. No processo civil, ela "responderá pelas despesas do adiamento" (§ 5º do art. 455). No processo do trabalho, ela será apenada com uma *multa* de um a dez salários-mínimos (parágrafo único do art. 825, c/c o art. 730 da CLT).

Agora, a condução coercitiva de testemunhas é uma *medida extrema*, drástica, que deve ser evitada ao máximo, primeiro, porque a Polícia Militar está sobrecarregada e não consegue nem mesmo prestar com eficiência o seu serviço básico de segurança pública; segundo, porquanto a testemunha sofrerá enorme constrangimento em ser conduzida no veículo da PM até o fórum; terceiro, porque ela ainda terá a surpresa desagradável de ser informada pelo juiz que terá de pagar uma multa de um a dez salários mínimos; quarto, por uma *questão prática*, pois se a testemunha, intimada, não compareceu, é porque não está disposta a prestar esclarecimentos sobre os fatos controvertidos.

> A condução coercitiva de testemunhas é uma medida extrema e que deve ser evitada ao máximo, por uma série de razões.

Mesmo que a testemunha tenha o dever de colaborar com a Justiça para a descoberta da verdade, *na prática*, quando ela é conduzida, acaba por prestar um depoimento que não é totalmente favorável à parte que requereu sua condução e, nalguns casos, presta até mesmo depoimento completamente contrário aos interesses desta parte. Por tudo isso, a parte, a menos que seja absolutamente imprescindível, deve se comprometer a levar – e realmente conduzir – suas testemunhas à audiência.

Agora, se for imprescindível a condução coercitiva, surge a questão de aplicar-se ou não as decisões do STF nas *ADPFs n. 395 e 444*, pois se sabe que o Plenário do STF declarou a impossibilidade da condução coercitiva de réu ou investigado para interrogatório. Não se trata, aqui, de processo penal e essa condução não é para interrogatório naquela esfera (SOUZA JÚNIOR *et al.*, 2018, p. 211). Assim, *não há nada que obste* a condução coercitiva das testemunhas, inclusive porque prevista expressamente na legislação de regência. Seria desnecessário dizer, mas, por óbvio, não há o menor cabimento de utilização de algemas nesse caso, porque não se trata de um preso, mas de uma testemunha que está se furtando a cooperar com a Justiça.

Questão interessante é a de saber se as *testemunhas com prerrogativa de foro* também podem ser conduzidas coercivamente. Penso que *não é possível* a condução coercitiva nessa hipótese. As autoridades que têm essa prerrogativa deverão ser comunicadas pelo juiz sobre o seu arrolamento, ocasião em que o juiz "solicitará à autoridade que indique dia, hora e local a fim de ser inquirida, remetendo-lhe cópia da petição inicial ou da defesa oferecida pela parte que a arrolou como testemunha". Se a autoridade não responder dentro de um mês, fornecendo aqueles dados, o juiz então estará autorizado a designar, ele próprio, dia, hora e local para que a autoridade preste depoimento e, desta feita, "preferencialmente na sede do juízo". A mesma consequência pode ocorrer se "a autoridade não comparecer, injustificadamente, à sessão agendada para a colheita de seu testemunho no dia, hora e local por ela mesma indicados". Tudo nos termos dos *§§ 1º a 3º do art. 454* do CPC, os quais não indicam a possibilidade de condução coercitiva.

11.6. DEVER LEGAL DE TESTEMUNHAR: UM SERVIÇO PÚBLICO

Existe mesmo um *dever legal de testemunhar*? Por óbvio que sim. Em conformidade com o art. 378 do CPC, nenhuma pessoa "se exime do dever de colaborar com o Poder Judiciário para o descobrimento da verdade". A regra é muito clara.

Veja-se que *até mesmo* as autoridades identificadas no art. 454 do CPC, como o presidente da República, os ministros de Estado, os ministros dos tribunais superiores e tantos outros, têm o *dever legal de cooperar* com a Justiça, prestando as informações necessárias para que se descubra a verdade e se possa solucionar o conflito com a máxima justiça possível. Assim, há (i) o dever legal de comparecer e (ii) o dever legal de prestar depoimento. Em regra, a testemunha tem de responder a todas as perguntas que lhe forem formuladas, sem evasivas, "indo direto ao ponto".

> Todas as pessoas têm o dever legal de cooperar com a Justiça, prestando as informações necessárias para o descobrimento da verdade e para a justiça da decisão.

Trata-se, portanto, de um dever, mas, por outro lado, de um verdadeiro *serviço público*, e dessa maneira é considerado pelo próprio sistema processual, nos termos do art. 463, *caput*, do CPC. Diga-se, um serviço público da *maior grandeza*, especialmente no processo do trabalho, no qual a prova testemunhal sobreleva, em alguma medida, à prova documental. Por óbvio, é um serviço público *episódico*, apenas para o efeito de a testemunha não sofrer nenhuma perda, inclusive financeira, por colaborar com a Justiça. Nos moldes do parágrafo único desse art. 463, se a testemunha estiver "sujeita ao regime da legislação trabalhista, não sofre, por comparecer à audiência, perda de salário nem desconto no tempo de serviço".

Importante ressaltar: se a testemunha é *empregada*, tem (i) direito a *receber o salário* normalmente no dia e/ou no lapso de tempo necessário para comparecer em juízo e prestar depoimento, bem como (ii) direito à consideração desse dia (ou tempo) para efeito de *contagem do tempo de serviço*. Imagine-se a situação de um *contrato de experiência* de 90 dias que venceria no dia em que a testemunha falta para prestar depoimento em juízo. Se o empregador exigir trabalho dela no dia seguinte para "compensar" o dia anterior, fatalmente haverá transformação do contrato por prazo determinado em contrato por prazo indeterminado, pelo simples acréscimo de um dia no tempo de duração daquele. De se recordar que nenhum contrato de experiência "poderá exceder de 90 (noventa) dias", nos termos do parágrafo único do art. 445 da CLT.

Ademais, vale lembrar que a *própria CLT* disciplina que o empregado "poderá deixar de comparecer ao serviço sem prejuízo do salário", e "pelo tempo que se fizer necessário, quando tiver que comparecer a juízo", em conformidade com o art. 473, inciso VIII, da CLT.

> O empregado pode se ausentar do trabalho, sem prejuízo do salário, pelo tempo que se fizer necessário para o seu comparecimento em juízo, como testemunha.

Destarte, o trabalhador não tem direito a faltar o dia todo para prestar depoimento como testemunha, pois a regra do CPC é incompleta e a norma da CLT é bastante precisa. Ele tem direito a receber o salário *apenas* em relação *às horas necessárias para o depoimento*. Por óbvio que essa situação deve ser analisada com *razoabilidade*. Ora, a testemunha precisa deslocar-se até o fórum, normalmente aguarda um tempo considerável para prestar seu depoimento, que ocorre, muitas vezes, bastante tempo depois do horário marcado para o início da audiência, além do que ela precisa de um tempo posterior ao encerramento da sessão para retornar à empresa, se for o caso.

Para evitar problemas de discussão quanto ao tempo necessário para o depoimento testemunhal, é que o juízo trabalhista fornece à testemunha uma *certidão de comparecimento*, na qual devem constar a data, o horário da audiência e o horário de encerramento desta. Assim, será possível averiguar posteriormente se foi razoável ou não o tempo posterior que a testemunha gastou para chegar até a empresa, principalmente quando o depoimento se der em audiência realizada *no período da manhã*.

Enfim, convém lembrar que, em relação à *própria parte*, a *Súmula n. 155* do TST, desde 1982, já previa a mesma consideração jurídica, definindo que as horas necessárias para que o empregado compareça à Justiça do Trabalho, como parte, "não serão descontadas de seus salários". Cabe ao reclamante, nessa hipótese, *solicitar certidão* com os mesmos dados do parágrafo anterior, para levar ao (novo) empregador e evitar desconto indevido em seu salário.

11.7. RECUSA X ESCUSA AO DEPOIMENTO TESTEMUNHAL

Situação distinta da *recusa* a prestar depoimento – que não é admissível, podendo ocasionar a condução coercitiva e o pagamento de multa – é a relacionada à *escusa de depor* como testemunha, que é plenamente legítima, nas hipóteses previstas no art. 448 do CPC.

Com efeito, a testemunha não tem nenhuma "obrigação" de depor sobre fatos: a) "que lhe acarretem grave dano, bem como ao seu cônjuge ou companheiro e aos seus parentes consanguíneos ou afins, em linha reta ou colateral, até o terceiro grau"; b) "a cujo respeito, por estado ou profissão, deva guardar sigilo". Em todas essas hipóteses haverá *escusa ao depoimento testemunhal* e não mera recusa.

Merece atenção especial, no entanto, a *escusa por sigilo profissional* ou até por questões de "estado", no processo do trabalho. Como já foi pontuado em relação ao depoimento pessoal, há questões complexas das relações de trabalho em relação às quais *não se pode permitir* as escusas previstas no CPC.

Imaginem-se as seguintes situações: a) um *padre* que comparece na condição de testemunha e se recusa a responder perguntas sobre os requisitos da relação de emprego, numa ação ajuizada pela cozinheira da paróquia, em face da Igreja; b) um *advogado* que se recusa a responder, como testemunha, as mesmas perguntas relativas a vínculo de emprego postulado por outro advogado do mesmo escritório de advocacia; c) um *médico* que se nega a responder questões relacionadas à relação de trabalho mantida com a secretária da clínica onde ele presta serviços.

Em *nenhuma dessas hipóteses* a negativa de resposta será aceitável, porque o padre não pode se escudar numa questão de "estado" ou em liberdade de religião, nem mesmo o advogado e o médico amparar-se no sigilo profissional, para deixarem de responder a *questões centrais ou nucleares* sobre o objeto controvertido.

Imagine-se, ainda, se qualquer destas pessoas, quando questionadas sobre assédio moral ou assédio sexual que teriam sido praticados contra a cozinheira, o advogado ou a secretária – na paróquia, no escritório de advocacia ou no consultório médico –, pudesse se recusar a responder às perguntas formuladas, inclusive alegando que ela (testemunha) ou seu parente poderia sofrer grave dano se o fato for reconhecido pelo juízo.

Por isso, muito questionável que a testemunha possa se socorrer, *no processo do trabalho*, das "excludentes" legais, para deixar de cooperar com o juízo na sua função básica de aplicar a justiça, dizendo que teriam escusa legítima para tanto.

Pelos mesmos fundamentos, penso que, no processo do trabalho, a testemunha não pode se valer de *cláusula de confidencialidade* para deixar de responder a *perguntas cruciais* sobre os fatos controvertidos da causa, principalmente sobre o próprio vínculo de emprego ou quando a questão versar sobre proteção direta a *direitos fundamentais*, como em casos de assédio moral, assédio sexual, acidente típico, doença do trabalho e outros.

Ademais, além de a regra do art. 378 do CPC normatizar que ninguém, *absolutamente ninguém*, pode se eximir do dever de colaborar (cooperar) para o descobrimento da verdade, o art. 6º do CPC determina que todos os sujeitos do processo, vale dizer, *também as testemunhas*, devem cooperar para que seja possível obter, "em tempo razoável, decisão de mérito justa e efetiva".

Outrossim, aplicando-se de forma analógica a normativa do art. 189, incisos III e IV, do CPC, nesses casos mais emblemáticos, o juiz pode decretar *segredo de justiça*, a partir desse momento, para evitar que pessoas estranhas ao processo tomem conhecimento dos depoimentos testemunhais. De modo que, havendo necessidade de se proteger a *intimidade* de pessoas no curso do processo, ou mesmo *dados confidenciais*, no lugar de recusar-se a depor, a testemunha – ou o advogado da parte que a indicou – pode solicitar ao juízo a *decretação do segredo de justiça*.

Para terminar essa temática, toda vez que a pergunta tiver *relação direta* com a solução da causa, no processo do trabalho, a testemunha não pode deixar de responder à pergunta, pois isso poderá caracterizar *recusa a depoimento* e, nesse caso, ela poderá sofrer a sanção pecuniária já descrita. É dizer, a multa não é cabível apenas quando a testemunha deixa de comparecer à audiência, mas, numa interpretação extensiva, *também* quando a testemunha deixa de responder *questionamentos essenciais* para a solução da controvérsia, ainda que as perguntas tenham relação direta com a intimidade da testemunha, com seu dever de sigilo profissional ou com cláusula de confidencialidade.

Até porque referida cláusula obriga as partes convenentes *apenas na esfera cível*, não podendo esse pacto servir de subterfúgio para se ocultar ao juízo trabalhista informações essenciais para que se possa resolver os conflitos das relações de trabalho – que são tão peculiares – com *equidade*, a justiça do caso concreto.

Os conflitos das relações de trabalho são tão peculiares que não se pode permitir, em boa parte das vezes, as escusas previstas no art. 448 do CPC.

11.8. A GARANTIA DE INDENIDADE À TESTEMUNHA

O Ministro Augusto César Leite de Carvalho, do Tribunal Superior do Trabalho, defendeu excepcional tese de Doutorado junto à UCLM – Universidad de Castilla-La Mancha –, na Espanha, tese na qual investigou a *garantia de indenidade ao empregado* que propõe demanda trabalhista em face de seu empregador, para que este não seja punido pelo simples fato de exercer um direito fundamental. É dizer, se o trabalhador tem o *direito fundamental* de ajuizar ação em face de seu empregador, quando não satisfeitas verbas de natureza alimentar, o sistema jurídico tem de protegê-lo contra uma dispensa que seria, no caso, arbitrária.

Em relação à prova testemunhal, a pergunta é: essa imunidade (garantia) contra a dispensa arbitrária e/ou discriminatória *aplica-se também em favor das testemunhas?* Penso que sim, porque não é razoável que o trabalhador compareça em juízo como testemunha de um colega de trabalho (ou ex-colega), cooperando com a Justiça para o descobrimento da verdade, e depois seja punido por esse fato.

Observa o Ministro Augusto César o seguinte:

> Não bastaria proteger o trabalhador que exercesse o seu direito de ação se os meios de prova não fossem igualmente imunizados ante a ameaça sempre latente de interferência patronal. Especialmente a declaração testemunhal, que é a prova mais comum e acessível aos trabalhadores, há de quedar-se invulnerável para que eles possam exercitar, com o máximo de eficácia, seu direito à tutela judicial (CARVALHO, 2013, p. 149).

Na sequência, este autor observa que o Tribunal Constitucional espanhol acabou por reconhecer que a prestação de depoimento na qualidade de testemunha "constitui um dever sujeito à exigência de veracidade", estando "integrada e protegida pelo direito a comunicar informação veraz reconhecido no art. 20.1.d da Constituição da Espanha". E explica que também a Constituição brasileira reconhece esse direito, no art. 5º, inciso XIV, quando trata do direito de todas as pessoas de ter *acesso à informação*. Contudo, o autor observa que a *indenidade da testemunha* exige que ela sempre *diga a verdade*. "Vale dizer que a testemunha deverá ser convincente para que suas declarações sejam admitidas como verdadeiras e esteja assim imune à vindita patronal". De modo que, se a testemunha ajuizar uma ação em face do empresário, caberá a este provar "que a declaração testemunhal não correspondera à verdade, independentemente do resultado que se alcançou no processo em que se colheu o depoimento" (CARVALHO, 2013, p. 150-151).

Para arrematar, o Ministro assevera:

> A remissão ao direito constitucional de comunicar informação veraz serve, em última análise, à imunização do depoente, à sua indenidade.

> Por outro lado, e ainda que não ocorra a perfeita conexão objetiva entre o emprego da ação judicial e a hostilidade empresarial em razão de testemunhos dados pelo autor da ação em processo alheio, a máxima efetividade do direito à tutela judicial reclamaria um reforço do direito a comunicar informação útil e veraz ao órgão responsável pela prestação jurisdicional. Por que estimular a produção de prova oral? Sem a obtenção de informações verazes não se alcança uma decisão justa e efetiva (CARVALHO, 2013, p. 152).

Também os autores do consagrado Manual Prático das Audiências Trabalhistas defendem que a testemunha tem o *direito de não sofrer represálias* por conta de seu comparecimento em juízo.

> Nesse sentido, o art. 729 da CLT impõe multa pecuniária ao empregador que impedir ou tentar impedir que empregado seu preste depoimento na Justiça do Trabalho (§ 1º) ou que dispensar seu empregado pelo fato de haver prestado depoimento como testemunha, sem prejuízo da indenização que a lei estabeleça (§ 2º) (SOUZA JÚNIOR *et al.*, 2018, p. 206).

Estes autores observam que, no entanto, essas multas revestem-se de *natureza administrativa* e, por essa razão, não revertem em favor do trabalhador prejudicado. Ressalvam, no entanto, que pode haver as devidas e "justas reparações no campo da responsabilidade civil" (SOUZA JÚNIOR *et al.*, 2018, p. 206).

Na sequência, os autores do referido Manual transcrevem duas ementas de acórdãos do TST, muito interessantes para o quanto aqui estamos analisando. Na primeira delas, houve redução da *indenização por dano moral* por dispensa discriminatória – que tinha sido arbitrada em R$ 50.000,00 – para R$ 25.000,00, atendendo-se aos princípios da razoabilidade e da proporcionalidade, mas não deixa de ser um ótimo *precedente* para se *coibir a retaliação à testemunha* do reclamado, que havia prestado depoimento desfavorável a ele, e tinha sido dispensada por essa razão. Trata-se de uma conduta ilícita do empregador, que deve ser desestimulada. Portanto, essa indenização tem o condão de *desestimular a dispensa discriminatória de testemunha*.

No entanto, por óbvio, a testemunha tem de *provar* que a dispensa ocorreu pelo fato de ter comparecido em juízo e *prestado depoimento* que o empregador considerou desfavorável a si, quer na condição de testemunha do reclamante, quer na condição de testemunha do próprio reclamado.

Essa dispensa discriminatória pode até *ser presumida*, mas dependerá, pelo menos, da prova de *indícios* que conduzam a essa presunção, como explicado anteriormente.

Além da indenização por dano moral, os autores citados lembram que essa dispensa pode ser considerada *nula*, nos termos do art. 4º da Lei n. 9.029/95. Nesse caso, o empregado teria, ainda, direito à *reintegração no emprego*, com o pagamento dos salários de todo o período de afastamento, incluindo outras vantagens concedidas nesse período, ou, a seu critério, à *indenização*, em dobro, desses salários e demais vantagens (SOUZA JÚNIOR *et al.*, 2018, p. 208).

De modo que a dispensa discriminatória de testemunha por prestar depoimento em juízo pode resultar num *pesado ônus financeiro* ao empregador, que poderá sofrer "punição" em *tríplice vertente*: 1ª) multa administrativa de 10 a 100 salários-mínimos, nos termos do art. 729, § 2º, da CLT; 2ª) indenização por dano moral em favor do trabalhador dispensado; 3ª) reintegração do trabalhador e pagamento de todos os salários do período de afastamento, ou indenização desses salários, em dobro.

> A dispensa discriminatória de testemunha, por prestar depoimento em juízo, pode resultar num pesado ônus financeiro ao empregador, que poderá sofrer punição em tríplice vertente.

Em maio de 2021, a Primeira Turma do TRT-2 decidiu manter a decisão do juízo de 1º grau, que havia entendido ser abusiva a conduta de uma empresa, que havia dispensado sua empregada *pelo simples fato de ter comparecido em juízo*, sem sequer ter prestado depoimento como testemunha. A indenização por dano moral foi arbitrada em R$ 20.000,00. Veja-se a notícia:

> **Dispensada no dia em que compareceu como testemunha em processo trabalhista, atendente receberá danos morais**
>
> Se punir alguém que cumpriu um serviço público ao testemunhar em um processo soa como arbitrariedade, o que dizer então de desligar um empregado no dia em que ele chega do fórum, mesmo sem seu testemunho ter sido colhido pelo juízo?
>
> A situação vivenciada por uma atendente de cobrança foi considerada exercício abusivo do poder diretivo do empregador pela 1ª Turma do TRT-2, que manteve sentença condenando uma empresa de telemarketing a pagar R$ 20 mil a título de danos morais em favor da trabalhadora.
>
> No acórdão, o relator Moisés dos Santos Heitor informou que a atuação como testemunha é considerada um "munus público", nos termos do

> artigo 463 do Código de Processo Civil. E que o empregado não terá desconto de salário nem será caracterizada falta ao trabalho sua ausência para atuar como testemunha.
>
> Para o magistrado, a empresa não comprovou a alegada falta de performance da atendente, tampouco que ela manifestava desejo em ser dispensada, como alegou na defesa. Assim, a mera "coincidência de datas" entre o desligamento e o comparecimento para atuar como testemunha como se verificou, foi suficiente para que fosse constatado "ato nítido de represália" à trabalhadora, ainda que seu depoimento não tivesse sido tomado.
>
> "Ainda que se considere o poder potestativo do empregador de dispensar a empregada sem justa causa segundo as conveniências do empreendimento, a prova dos autos demonstra de forma inequívoca que houve exercício abusivo desse poder diretivo ao dispensar a autora no mesmo dia em que se apresentara como possível testemunha em processo judicial trabalhista de ex-colega de trabalho", resumiu.
>
> Ao manter a condenação por danos morais em cerca de 20 vezes o salário da profissional, o magistrado ressaltou seu caráter didático e afirmou que ele não inviabiliza o empreendimento, ao mesmo tempo em que não gera enriquecimento ilícito da trabalhadora.
>
> (Processo nº 1001036-55.2020.5.02.0462)
>
> FONTE: TRT-2ª Região (Disponível em: <https://coad.com.br/home/noticias-detalhe/106392/dispensada-no-dia-em-que-compareceu-como-testemunha-em-processo-trabalhista-atendente-recebera-danos-morais>. Acesso em: 8 jan. 2021.

Com efeito, a *garantia de indenidade* às testemunhas, conquanto não seja expressa no sistema jurídico brasileiro, é bastante acentuada, como se percebe. Não obstante, o juiz deve analisar o caso concreto com *muita cautela* para ter segurança quanto ao caráter discriminatório da dispensa. Havendo dúvida, não se deve aplicar o instituto, para não o enfraquecer.

11.9. DESPESAS DE COMPARECIMENTO

Nos moldes do art. 462 do CPC, a parte que indicar a testemunha, caso esta requeira ao juiz, tem o *dever de indenizar à testemunha* todo o valor das despesas que ela "efetuou para comparecimento à audiência, devendo a parte pagá-la logo que arbitrada ou depositá-la em cartório dentro 3 (três) dias".

Até porque as despesas de comparecimento em juízo podem ser consideradas como uma *despesa processual*, ao lado de tantas outras despesas do processo, como prevê expressamente o art. 84 do CPC, que se refere à "diária de testemunha". Assim, se a testemunha requerer a indenização imediata das despesas que teve para esse comparecimento, a própria parte que a arrolou ou convidou tem o *dever de fazer o reembolso*, e no exíguo prazo de três dias.

> Se a testemunha requerer a indenização imediata das despesas que teve para comparecer à audiência, a própria parte que a arrolou ou convidou tem o dever de fazer o reembolso, no prazo de três dias.

Tratando-se de despesa processual e comprovado nos autos o pagamento dessa indenização, caso a parte saia vencedora na demanda, o juiz poderá *condenar a parte contrária* ao reembolso do valor respectivo, por conta do *princípio da sucumbência*. Contudo, como ressalva o art. 98, § 1º, inciso IV, do CPC, a gratuidade da justiça compreende também "a indenização devida à testemunha que, quando empregada, receberá do empregador salário integral, como se em serviço estivesse". Assim, o *beneficiário da justiça gratuita* não precisa reembolsar essa despesa à testemunha que houver convidado para comparecer em juízo. No mesmo sentido: SOUZA JÚNIOR *et al.*, 2018, p. 204-205.

Como fica a *questão do trabalhador autônomo*? Esta norma dá a entender que a testemunha não teria prejuízo porque receberia seu salário integral do empregador. Ocorre que o trabalhador autônomo não tem nem empregador e nem salário e, quando comparece a juízo para prestar depoimento na condição de testemunha, por certo que sofre *perda em sua remuneração* ou em seus honorários, porque durante todo o tempo em que estiver à disposição da Justiça, não poderá desempenhar seu trabalho como autônomo.

A pergunta é: poderia haver condenação da parte contrária à *indenização do valor dessa remuneração* (ou honorários)? Penso que sim. Com efeito, a outra parte, se sucumbente, poderá ser condenada não só ao ressarcimento das despesas de comparecimento, mas também a uma *indenização* correspondente à *perda remuneratória* do trabalhador autônomo (SOUZA JÚNIOR *et al.*, 2018, p. 206). Pergunta-se: e se o sucumbente for beneficiário da justiça gratuita? Nesse caso, entendo que *o Estado* poderia ser condenado ao ressarcimento – *de lege ferenda* –, tendo em vista que a testemunha está prestando um *serviço público* da maior grandeza e deve ser "premiada" por isso.

Toda essa normativa *se aplica no processo do trabalho*, pela evidente omissão da CLT e pela compatibilidade com as normas deste (processo).

Ademais, há na Justiça do Trabalho uma questão interessante, relacionada à *diferença remuneratória da testemunha* que recebe salário por produção, por exemplo, o cortador de cana-de-açúcar, que irá receber, ao final do mês, um salário menor por ter perdido um dia de serviço (ou parte dele) para comparecer em juízo na condição de testemunha. *A pergunta é*: a parte que a indicou ou a parte sucumbente pode ser condenada a ressarcir a essa testemunha a *diferença* entre a média remuneratória da sua produção e o valor da diária recebida? Penso que sim, pelos menos fundamentos já descritos.

Por tudo isso, revela-se despropositado o requerimento de advogado do reclamado, de deferimento de *contradita à testemunha* simplesmente porque ela se dirigiu ao fórum em veículo do próprio reclamante ou do seu advogado, ou, ainda, porque a testemunha teve as despesas de locomoção reembolsadas pela parte. Ora, a testemunha poderia, inclusive, requerer que o juiz determinasse o ressarcimento *imediato* das despesas de comparecimento. Assim, não há nenhum comprometimento à isenção de ânimo que se exige da testemunha, por esses simples fatos aqui mencionados. A *mesma solução* se aplica se o requerimento for do advogado do reclamante, em relação à testemunha do reclamado.

> É despropositado o requerimento de advogado de deferimento de contradita à testemunha simplesmente porque ela se dirigiu ao fórum em veículo da parte contrária ou de seu advogado.

Nessa ordem de ideais, seria possível que a testemunha requeresse o reembolso de despesas para comparecimento, quando *reside em cidade diversa*? Aqui há uma questão bem interessante, porque essa testemunha tem o direito de ser ouvida mediante expedição de carta precatória ou por videoconferência (art. 453, II e § 1º, do CPC). De modo que a testemunha não pode surpreender a parte com uma despesa elevada para comparecimento em local distante, a menos que a parte soubesse disso de antemão. Agora, se a testemunha – pelo advogado da parte – requereu sua oitiva por aqueles meios e o juiz *indeferiu*, se a parte que a convidou insistir em seu depoimento, poderá ter de *reembolsar* à testemunha as referidas despesas.

Situação *completamente distinta* do mero reembolso de despesas é a relacionada à *corrupção ativa de testemunha*, pois o art. 343 do Código Penal prevê essa conduta como crime, quando a parte oferece determinada vantagem, inclusive pecuniária, para que a testemunha preste um depoimento que lhe seja favorável, falseando, negando ou calando a verdade. Nesse caso, a parte *comete crime*, podendo ser condenada à pena de três a quatro anos de reclusão e pagamento de multa (SOUZA JÚNIOR *et al.*, 2018, p. 205). Contudo, a parte (ou seu advogado) só deve fazer essa acusação se tiver *provas suficientes* – e na contradita por interesse –, sob pena de ser processada por calúnia.

Não custa lembrar que, se for o empregador a cometer esse crime, ele estará sujeito, ainda, à *multa de natureza administrativa* prevista no art. 729, § 1º, da CLT, multa que pode oscilar de 10 a 100 salários-mínimos. Bem verdade que essa multa é prevista para o caso de o empregador *impedir* que a testemunha preste depoimento. A pergunta é: seria possível aplicar essa multa também para o caso de *aliciamento* da testemunha do reclamante? Em alguns casos, o empregador promete *recontratar a testemunha* do reclamante, caso ela desista de prestar depoimento em juízo, podendo oferecer também outras vantagens pecuniárias. Se isso não se trata de crime de corrupção de testemunha, pode caracterizar, por analogia, *ato de impedimento* de depoimento da testemunha. Obviamente que tem de haver *prova robusta* desse aliciamento da testemunha para que o empregador possa sofrer as consequências aqui comentadas.

11.10. PRODUÇÃO DA PROVA TESTEMUNHAL

11.10.1. Gravação e transcrição dos depoimentos testemunhais

Um dos temas mais interessantes a respeito da prova testemunhal é o que diz respeito à *forma de documentação* dos depoimentos. Em regra, todo o depoimento da testemunha, desde a qualificação desta, é transcrito na ata de audiência. Contudo, por vezes ocorrem *problemas relacionados ao registro* dos depoimentos, pois a parte quer que a fala da testemunha seja digitada na sua integralidade e o juiz quer registrar apenas as informações úteis à solução da causa; outras vezes, o advogado alega que a testemunha disse algo diferente do que foi registrado em ata, além de uma série de outras intercorrências que podem ser verificadas na audiência trabalhista.

Daí que se revela bastante apropriada a *gravação do depoimento* da testemunha, como forma de perpetuar todo o ato e não apenas um resumo do quanto se disse. O art. 460, *caput*, do CPC, por isso mesmo, disciplina que o depoimento testemunhal "poderá ser documentado por meio de gravação". Aliás, *toda a audiência* "poderá ser integralmente gravada em imagem e em áudio, em meio digital ou analógico, desde que assegure o rápido acesso das partes e dos órgãos julgadores, observada a legislação específica" (§ 5º do art. 367 do CPC).

Em verdade, a gravação dos depoimentos não se trata de novidade introduzida pelo CPC ou pela Lei do Processo Judicial Eletrônico (Lei n. 11.419/2006), haja vista que a Lei dos Juizados Especiais Cíveis e Criminais, na *década de 1990*, já previa que nos *juizados especiais* não haveria transcrição dos depoimentos pessoais e testemunhais, mas *somente a gravação* desses depoimentos (art. 13, § 3º, da Lei n. 9.099/95). Veja-se a disposição:

> Apenas os atos considerados essenciais serão registrados resumidamente, em notas manuscritas, datilografadas, taquigrafadas ou estenotipadas. Os demais atos poderão ser gravados em fita magnética ou equivalente, que será inutilizada após o trânsito em julgado da decisão.

A *novidade* do CPC de 2015 foi, então, a de permitir a gravação da audiência *também pelas partes*, diretamente e "independentemente de autorização judicial", nos moldes do § 6º do mencionado art. 367. É dizer, não é necessária autorização do juiz para que nenhuma das partes possa promover a gravação da audiência como um todo. De maneira que elas podem gravar somente o depoimento das testemunhas, se assim preferirem.

Contudo, por uma questão de *lealdade processual*, a parte deve informar ao juiz, *previamente*, que procederá à gravação da audiência ou somente dos depoimentos testemunhais (SOUZA JÚNIOR *et al.*, 2018, p. 240). Ora, se o juiz não pode causar surpresas às partes em suas decisões (art. 10 do CPC), as partes também não podem surpreender o juiz com gravação "clandestina". Em nome da *harmonia* que deve reinar na audiência, o advogado deve prestar a informação *antes de iniciar a gravação*, até porque o juiz pode determinar que cópia da gravação seja *disponibilizada* à parte contrária e ao juízo, para a maior *segurança* do ato jurídico. *Respeito e cooperação* devem estar acima de tudo nessas questões.

> Por uma questão de lealdade processual, o advogado deve informar ao juiz, previamente, que procederá à gravação da audiência ou dos depoimentos.

Nesse sentido, Mauro Schiavi, para quem a gravação da audiência pelas partes *sem a prévia ciência* do magistrado que preside o ato "contraria a lealdade e a boa-fé processual" (SCHIAVI, 2020, p. 43-44). Este autor cita a seguinte jurisprudência, para sustentar seu pensamento:

> GRAVAÇÃO PRIVADA DA AUDIÊNCIA. AUTORIZAÇÃO JUDICIAL. DESNECESSIDADE. NECESSIDADE DE COMUNICAÇÃO PRÉVIA

> A TODOS OS PARTICIPANTES DA AUDIÊNCIA. PRINCÍPIOS DA LEALDADE, DA BOA-FÉ E DA COOPERAÇÃO. A documentação privada de ato processual público é uma prerrogativa positivada no §6º do artigo 367 do CPC de 2015, o qual garante à parte interessada, independentemente de autorização judicial, gravar a imagem e/ou o áudio da audiência por meio de meio digital ou analógico. Por outro lado, do ponto de vista ético, da transparência e dos princípios da lealdade, da boa-fé e da cooperação com que devem ser pautadas as relações processuais entre as partes, os advogados e o juiz, faz-se necessário que todas as pessoas que participam da audiência tenham pleno conhecimento de que o ato processual está sendo gravado em imagem e/ou em áudio. Não constatada a comunicação prévia da intenção de gravar a audiência, por simples petição ou mesmo durante a abertura do próprio ato, *in loco*, não há como acolher a mídia apresentada. Recurso ordinário do reclamante ao qual se nega provimento, no particular. (PROCESSO TRT/SP nº 1001720-10.2017.5.02.0001, Juiz Relator MÁRCIO GRANCONATO).

Agora, se o advogado informou ao juiz que procederá à gravação, ainda que este discorde, aquele pode prosseguir no ato, como lhe faculta o art. 367, § 6º, do CPC/2015.

Outra questão relacionada a essa temática é a de haver necessidade ou não de *degravação* ou de *digitação* do depoimento. São duas situações distintas.

A *degravação* da íntegra do depoimento somente será necessária quando da *interposição de recurso*. Como na Justiça do Trabalho todos os processos já são eletrônicos, não há necessidade de se analisar a regra do § 2º do art. 460 do CPC. Já a regra do § 3º deste dispositivo legal disciplina que, a se tratar de autos eletrônicos, deve ser observado o quanto disposto no CPC "e na legislação específica sobre a prática eletrônica de atos processuais". É dizer, deve ser observada a *Lei n. 11.419/2006. Na prática*, não tem havido a degravação dos depoimentos, pois a economia de atos processuais quando da realização da audiência – só gravação e não registro do depoimento em ata – iria por água abaixo se houvesse necessidade de transcrever por inteiro a fala da testemunha, toda vez que houvesse interposição de recurso. Daí que, em regra, a parte recorrente costuma *transcrever na peça recursal as partes do depoimento* que lhe interessam e, no tribunal, o julgador pode conferir o depoimento, por inteiro, no arquivo de mídia enviado à segunda instância.

Questão distinta é a relativa à *digitação* ou registro do conteúdo do depoimento testemunhal. É dizer, se mesmo com a gravação em meio digital ou analógico, ainda seria necessária a *digitação ou registro em ata*, das informações úteis prestadas pela testemunha. Conquanto a lei não preveja esse registro em ata, o *recomendável* é que haja o registro, mediante a digitação pelo secretário de audiências, pelo menos das *informações essenciais* prestadas pelas testemunhas. Até mesmo para se evitar a necessidade de degravação ou de o julgador ter de assistir ao vídeo da audiência, *por inteiro*, especialmente na instância recursal, quando a controvérsia disser respeito a apenas *parte* dos depoimentos.

> Ainda que haja a gravação, o recomendável é que haja o registro das informações essenciais prestadas pelas testemunhas, mediante a digitação pelo secretário de audiências.

Toda essa celeuma se torna ainda mais aguda nas *audiências telepresenciais*. Por recomendação do CNJ, todas as audiências de *instrução* devem ser *gravadas* em mídias eletrônicas, como uma forma de perpetuar os depoimentos das partes e testemunhas, dando segurança jurídica aos atos de instrução, durante o período de suspensão de todos os atos presenciais por conta da pandemia de COVID-19. Aí surge animada controvérsia sobre a necessidade ou não de se registrar na ata de audiência a *parte essencial* dos depoimentos. No penúltimo capítulo desta obra trataremos dessas tormentosas questões, inclusive da chamada *minutação ou minutagem*, que, em tese, poderia tornar desnecessária a digitação dos depoimentos.

Essa celeuma foi acentuada com a edição, pelo CSJT, do *Ato n. 45/2021*, (posteriormente revogado pela *Resolução CSJT n. 313/2021)* o qual foi duramente criticado pela comunidade jurídica, sobretudo pelos advogados, porque autorizou, de modo expresso, a *não transcrição em ata* dos depoimentos prestados em juízo. Veja-se o teor do seu art. 1º: "É dispensada a transcrição ou degravação dos depoimentos colhidos em audiências realizadas com gravação audiovisual, nos termos dos arts. 367, § 5º, e 460 do CPC".

De minha parte, apresentei minhas críticas a esse ato normativo, primeiro, pela expressão utilizada – dispensada e não facultada –, haja vista que, quando se utiliza a expressão "dispensada", o juiz pode entender que realmente não é necessária essa transcrição, ou até mesmo que ela é proibida. A expressão "facultada" transmitiria ao juiz uma mensagem distinta, porque ele (o juiz) poderia entender que a transcrição não é vedada, ficando ao seu prudente arbítrio. E, por experiência judicante de mais de 27 anos, nesse caso a maioria dos juízes continuaria a fazer a transcrição em ata, que me parece muito necessária, no processo do trabalho.

Como se não bastasse, nenhum dos dispositivos citados nesse art. 1º – arts. 367, § 5º, e 460 do CPC – dispensa, de modo expresso, a transcrição em ata dos depoimentos prestados pelas partes e testemunhas. Ademais, no processo do trabalho existem regras expressas que *exigem a transcrição em ata* do resumo dos depoimentos prestados na audiência, a saber, o parágrafo único do art. 828, o art. 851, *caput* e o art. 852-F, todos da CLT, este último em relação ao rito sumaríssimo.

Destarte, o resumo em ata das informações essenciais dos depoimentos (pessoais e testemunhais), no processo do trabalho, é, ao fim e ao cabo, uma questão de observância ao *devido processo legal*. Aliás, não se trata de uma simples questão formal, porque, ao contrário do que ocorre no processo civil, no processo do trabalho sempre se denota uma *extensa cumulação objetiva*, havendo demandas com muitos pedidos e, portanto, com várias matérias a serem instruídas e decididas, ocasionando a necessidade de capítulos de sentença distintos.

Além do mais, pode haver a *corrupção de dados* na mídia eletrônica, tornando necessário o refazimento do ato, da audiência por inteiro (art. 8º, III, do Ato n. 45). Por se tratar, a prova testemunhal, de uma *prova sensorial*, surge o grande problema de a testemunha não se recordar de todas as informações prestadas na audiência anterior, ou até mesmo de alguém a estimular a alterar o teor do seu depoimento. Tudo isso parece realmente desaconselhar a dispensa da transcrição em ata da parte essencial (resumo) dos depoimentos testemunhais na audiência trabalhista.

Contudo, o CSJT manteve todas essas diretrizes quando da edição da *Resolução CSJT n. 313/2021*, inclusive porque a redação do art. 1º do novo ato normativo repete, na essência, o teor do art. 1º do Ato n. 45, apenas retirando a menção aos arts. 367, § 5º, e 460 do CPC. Sobre essa polêmica, voltaremos a tratar de modo mais completo no penúltimo capítulo deste Manual.

11.10.2. Ordem dos depoimentos e adiamento da audiência

O art. 361 do CPC estabelece uma *ordem preferencial* para a oitiva das pessoas que prestam depoimento em audiência, da seguinte maneira: 1º) oitiva do perito e dos assistentes técnicos – que, por óbvio, não depõem como testemunhas; 2º) depoimentos pessoais, primeiro do autor e posteriormente do réu; e 3º) oitiva das testemunhas, primeiramente as arroladas pelo autor e, na sequência, as arroladas pelo réu. Bem se vê que se trata de uma ordem bem rigorosa e formalística, que é complementada pela regra do art. 456, *caput*, do CPC, segundo a qual o juiz deve inquirir "as testemunhas separada e sucessivamente, primeiro as do autor e depois as do réu, e providenciará para que uma não ouça o depoimento das outras".

O CPC/2015 é tão enfático quanto a essa ordem dos depoimentos testemunhais que, no parágrafo único do referido art. 456, disciplina que a alteração na ordem estabelecida no *caput* somente poderá ser feita pelo juiz se isso contar com a *concordância das partes*. É dizer, a despeito da regra do art. 139, inciso VI, do CPC, se o réu não concordar com a inversão da ordem dos depoimentos testemunhais, ao menos em tese, a decisão do juiz poderá provocar uma nulidade processual.

No entanto, de se recordar que, no *processo do trabalho*, há inúmeros casos de inversão do ônus da prova e, em todos eles, haverá *inversão da ordem dos depoimentos testemunhais*, sem necessidade alguma de concordância do reclamado. Não fosse a regra do art. 775, § 2º, da CLT, que confere ao juiz do trabalho poderes especiais de adequar a ordem dos depoimentos "às necessidades do conflito", sempre "de modo a conferir maior efetividade à tutela do direito" material trabalhista, a *regra-mestra* do art. 765 da CLT dota o juiz do trabalho de ampla liberdade na direção do processo. Daí que o *princípio inquisitivo*, que é da índole do processo do trabalho, possibilita ao juiz a inversão da ordem dos depoimentos testemunhais em inúmeras situações, sem que isso resulte em prejuízo manifesto ao reclamado e, portanto, sem a possibilidade de gerar nulidade.

> Há inúmeros casos de inversão do ônus da prova no processo do trabalho e, em todos eles, haverá inversão da ordem dos depoimentos das testemunhas, ainda que o reclamado não concorde.

Agora, o juiz deve observar, com o máximo rigor, o *princípio da incomunicabilidade* das testemunhas, segundo o qual a testemunha que ainda não prestou depoimento não pode, *em hipótese alguma*, ouvir o depoimento das outras, sob pena de nulidade. A higidez da prova testemunhal está *diretamente relacionada* à observância exata dessa incomunicabilidade.

E se houver *adiamento da audiência*, como fica esse princípio? Como já visto anteriormente, são inúmeras as situações em que pode haver o adiamento da audiência trabalhista, mas o juiz deve cuidar para que a oitiva das testemunhas se dê *numa única assentada*. Salvo em situações excepcionais, não é correta a atitude do juiz do trabalho que cinde a prova testemunhal, ouvindo algumas testemunhas numa audiência e outras na audiência seguinte, principalmente se ele ouve as testemunhas do trabalhador e adia a audiência para ouvir noutro dia as testemunhas do reclamado. Trata-se de uma inconcebível *quebra do tratamento isonômico* que o juiz deve conferir às partes, além do que não se pode perder de vista que o *princípio da proteção* do direito material do trabalho irradia efeitos para o interior do processo do trabalho, como visto no início deste Manual. Se o juiz assim proceder, cabe ao advogado pedir que se registrem seus protestos e, em petição posterior, alegar de *forma veemente* a nulidade processual.

> Havendo necessidade de adiamento da audiência, o juiz deve cuidar para que a oitiva das testemunhas ocorra numa única assentada.

Alguns juízes têm, nessas situações, mantido a *ata* de audiência *em sigilo*, para evitar que as testemunhas que vão depor futuramente possam ter acesso ao teor dos depoimentos anteriores. Trata-se de um expediente interessante, mas que *não resolve* a afronta ao princípio da incomunicabilidade das testemunhas. Por óbvio que o advogado ou a parte cujas testemunhas ainda vão ser ouvidas irá conversar com estas testemunhas sobre o que ocorreu na audiência anterior, inclusive relatando quais perguntas o juiz fez às testemunhas naquele dia e, por óbvio, as testemunhas já estarão *preparadas* para a perguntação na audiência em prosseguimento. Mais uma vez, é situação para protesto e petição com *requerimento de nulidade*.

Poder-se-ia objetar que quando o juiz determina a expedição de *carta precatória* não há como evitar que as testemunhas que vão ser ouvidas no juízo deprecado também fiquem sabendo sobre o que aconteceu na audiência anterior. Isso é verdade, mas já visto que a testemunha que reside em outra comarca ou subseção judiciária tem o *direito* de ser ouvida mediante expedição de carta precatória ou por videoconferência. E se trata de situação *excepcional*. Aliás, o ideal é que a testemunha fosse ouvida por videoconferência *durante a própria audiência de instrução* que está sendo realizada, mas nem sempre as varas do trabalho estão dotadas de equipamentos tecnológicos necessários para que isso ocorra. Voltaremos a esse tema no penúltimo capítulo deste Manual.

Assim, uma situação excepcional como a da carta precatória não pode servir de justificativa para adiamentos e cisões da audiência de instrução, quando todas as testemunhas *estão presentes* ou *residem* na sede da comarca.

11.10.3. Qualificação das testemunhas – quem pode ser?

Assim que a testemunha adentra à sala de audiências ela deve sentar-se na cadeira disposta para essa atividade jurisdicional, em regra, *defronte* ao secretário de audiências. O advogado deve orientar a testemunha sobre o local em que ela irá sentar-se para o depoimento, sobre a vestimenta adequada ao grande ato, sobre o respeito ao se dirigir ao juiz, o tom da voz e uma série de outras questões relacionadas aos *aspectos "sensitivos"* da audiência trabalhista, como já examinado no início deste Manual.

Assim que a testemunha senta-se na cadeira específica, o secretário de audiências irá proceder à sua *qualificação*, extremamente necessária para se verificar não somente a *idoneidade* do depoimento, mas também para possibilitar eventual *punição* à testemunha que não se comporta adequadamente, principalmente quando comete crime de falso testemunho. É dizer, a testemunha será *plenamente identificada* antes de prestar seu depoimento.

Embora não se costume analisar o que a CLT tem a dizer sobre isso, de se enfatizar que o processo do trabalho tem *regra própria* a respeito dessa questão. O *art. 828 da CLT* disciplina que toda e qualquer testemunha, "antes de prestar o compromisso legal, será qualificada, indicando o nome, nacionalidade, profissão, idade, residência, e, quando empregada, o tempo de serviço prestado ao empregador, ficando sujeito, em caso de falsidade, às leis penais". Veja-se que a *parte final* desse dispositivo é bem interessante, pois deveria o secretário de audiências perguntar, já na qualificação da testemunha, *se ela foi empregada do reclamado*, sendo que, em caso positivo, já deveria perguntar à testemunha *qual foi o período contratual*. Como em regra isso não ocorre, quando o juiz inicia a tomada do depoimento, deve, *sempre*, indagar à testemunha se foi empregada do reclamado e por qual período isso ocorreu, pois o fato de ela ter trabalhado *concomitantemente* com o reclamante é um dos mais importantes para a *valoração* do depoimento testemunhal.

Segundo o art. 457 do CPC, a testemunha será qualificada antes do início de seu depoimento, declarando ou confirmando seus dados – de se lembrar que no processo civil a testemunha é arrolada e do arrolamento devem constar todos os dados de identificação dela (art. 450 do CPC) – "e informará se tem relações de parentesco com a parte ou interesse no objeto do processo". Daí que não vejo maiores problemas quando o advogado pede ao juiz para perguntar à testemunha se é *parente da parte* ou se *tem interesse* no resultado do litígio, porque o próprio secretário de audiências já deveria formular essas questões à testemunha. Na prática, nem o secretário de audiências e nem o juiz fazem esse questionamento, o que não obsta a que o advogado possa fazê-lo, sendo *muito comum*, na audiência trabalhista, que o advogado indague se a testemunha tem *relação de amizade* ou não com a parte para eventual contradita, o que também é compreensível, já que não há arrolamento prévio na Justiça do Trabalho, como visto anteriormente.

> Não há problema se o advogado pede ao juiz para perguntar à testemunha se é parente da parte ou se tem interesse no resultado do processo, porque o próprio secretário já deveria formular essas questões.

A testemunha precisa *apresentar documento de identidade*? Para a lisura dos atos de audiência, é conveniente que a testemunha porte seu documento de identidade ou a CTPS, para evitar que, caso haja dúvida, ela tenha que comprovar sua identificação posteriormente. Contudo, se ela não porta documentação de identidade, o juiz *deve ouvir a testemunha*, assinando prazo para juntada de cópia do documento, sob pena de se aplicar as consequências processuais cabíveis. A jurisprudência é pacífica quanto a isso: implica em cerceamento de defesa o ato do juiz que se recusa a ouvir a testemunha porque ela não porta documento de identificação, pois nem a CLT, nem o CPC, exigem esse "requisito". Neste sentido: SOUZA JÚNIOR *et al.*, 2018, p. 215.

Questão relacionada a essa temática é a de saber *quem pode ser testemunha*. Em regra, quem tenha *pleno conhecimento sobre os fatos* controvertidos, tenha capacidade para depor em juízo e isenção de ânimo para não favorecer a parte que a indicou e/ou não prejudicar a outra parte. É, portanto, uma pessoa *estranha* à relação jurídica processual, mas conhecedora dos fatos porque se ela nada sabe sobre eles, seu depoimento será inócuo. Por óbvio, a testemunha não pode ser parte, e precisa ter *ciência direta* sobre os fatos, não por ouvir dizer.

> Quem pode ser testemunha? Quem tenha pleno conhecimento sobre os fatos controvertidos, capacidade para depor em juízo e isenção de ânimo para não favorecer uma das partes e/ou prejudicar a outra.

Como já referido, a prova testemunhal é também uma *prova sensorial*. É dizer, a testemunha irá valer-se dos sentidos para *reproduzir*, em seu depoimento, a sua versão de como os fatos aconteceram. Então, em regra, a testemunha precisa utilizar-se de seus sentidos, em especial a *visão* e a *audição*, mas excepcionalmente também o olfato, o paladar ou o tato, para a *reconstituição* dos fatos. Não somente isso, pois ela tem de apresentar condições de emitir vontade; se é uma pessoa incapaz e que, portanto, não pode manifestar vontade nem mesmo para os atos que lhe digam respeito, também não poderá informar sobre fatos ou atos relacionados às partes.

Enfim, exige-se da testemunha um depoimento *isento*, porque ela tem de narrar ao juiz os fatos exatamente como eles aconteceram, *sem nenhum juízo de valor*, pois cabe ao juiz valorar juridicamente os fatos, a partir das descrições da testemunha, do modo *mais objetivo* possível. Somente para exemplificar, a testemunha tem de dizer se houve pagamento de salário, se havia ordens de serviço etc., cabendo ao juiz decidir se havia ou não relação de emprego entre as partes; a testemunha tem que informar se o encarregado xingou o reclamante, se o humilhou de alguma maneira, se faltava água potável, sanitário adequado no ambiente de trabalho etc., pois é o juiz quem deve decidir se isso caracteriza ou não dano moral. Igualmente, a testemunha tem que narrar os fatos que deram origem à justa causa (faltas ao trabalho, agressões etc.), porque é o juiz quem decide se o enquadramento foi correto ou não; ela tem de informar se o reclamante tinha plena liberdade de horário, contratava auxiliares etc., cabendo ao juiz decidir se ele era autônomo.

> Exige-se da testemunha um depoimento isento, porque ela precisa narrar ao juiz os fatos exatamente como eles aconteceram, sem nenhum juízo de valor, pois a valoração jurídica dos fatos cabe ao juiz.

11.10.4. Contradita de testemunhas

Sem margem a qualquer dúvida, um dos temas *mais polêmicos* da audiência trabalhista é o que diz respeito à *contradita de testemunhas*. Não somente porque a CLT é bastante lacônica quanto ao tema, tendo apenas a regra do art. 829 a tratar dessa temática, mas também porque, na prática, *não há rol prévio* de testemunhas no processo do trabalho, o que dificulta a análise criteriosa das hipóteses de contradita no caso concreto, bem como a produção da prova respectiva.

Disciplina o referido *art. 829* que a testemunha que seja "parente até o terceiro grau civil, amigo íntimo ou inimigo de qualquer das partes, não prestará compromisso, e seu depoimento valerá como simples informação". Bem se vê que esta regra contém *apenas três* das tantas hipóteses de contradita disciplinadas no CPC. Além do mais, o regramento do CPC, desde 1973, distingue as *causas objetivas* de parcialidade da testemunha, das *causas subjetivas*. Assim, as hipóteses de *incapacidade* e de *impedimento* ao depoimento da testemunha, por se tratar de causas objetivas, sempre conduzem à acolhida da contradita e, por vezes, à dispensa do depoimento da testemunha. Contudo, as causas de *suspeição*, que têm uma alta carga de *subjetividade*, desafiam interpretação mais difícil dos fatos.

Desse modo, com alguma adequação, aplica-se *subsidiariamente* ao processo do trabalho a longa normativa do art. 447 e §§ do CPC, c/c o art. 457 e §§ daquele mesmo Código. É dizer que se aplicam ao processo do trabalho as *hipóteses de contradita* por (i) *incapacidade* (§ 1º do art. 447), (ii) *impedimento* (§ 2º) e (iii) *suspeição* da testemunha (§ 3º).

11.10.4.1. Contradita por incapacidade

Em conformidade com o referido § 1º, são *incapazes* de depor em juízo como testemunhas as *seguintes pessoas*:

A) *Os interditados "por enfermidade ou deficiência mental"*

Esta sempre foi uma hipótese *clássica* de incapacidade, tendo em vista que a pessoa portadora de deficiência mental não tem poder de discernir entre o correto e o incorreto, e muitas vezes não consegue nem mesmo expressar sua percepção dos fatos, ou relatar como eles ocorreram.

Entretanto, recentemente, a Lei Brasileira de Inclusão da Pessoa com Deficiência (*Estatuto da Pessoa com Deficiência*), Lei n. 13.146/2015, alterou *substancialmente* o sistema jurídico brasileiro, modificando, inclusive, os arts. 3º, 4º e 228 do Código Civil, afastando limitações em relação aos portadores de deficiência, de modo a promover a *sua inclusão*.

A grande questão é: diante de deficiência mental grave e devidamente comprovada – processo de interdição e/ou prova pericial –, *será que a testemunha teria discernimento para prestar seu depoimento em juízo?* Será que seu depoimento não poderia comprometer a justiça da decisão? Trata-se de uma *questão muito complexa* e de difícil solução. Se de um lado há de se promover políticas afirmativas para a inclusão dos portadores de deficiência, de outro lado isso não pode representar *insegurança jurídica*, que poderia resultar de testemunhos em relação aos quais não se tem a mínima possibilidade de se averiguar a correção ou não das informações prestadas.

Na dúvida, o juiz *não deve ouvir* essas pessoas como testemunhas. A propósito, Luiz Dellore afirma que "a pessoa com deficiência deverá ser ouvida pelo juiz – se, claro, tiver condições de exprimir o que viu e ouviu" (DELLORE *et al.*, 2016, p. 446). Destarte, havendo comprovação de que a pessoa, mesmo sendo portadora de alguma perturbação mental, tem condições de se expressar com *segurança* quanto a fatos que dependem apenas da percepção dos *sentidos*, em especial a visão e a audição, ela poderá ser ouvida como testemunha. *Do contrário, não.*

> Somente se comprovado que a pessoa, mesmo sendo portadora de alguma perturbação mental, tem condições de se expressar com segurança, é que ela poderá ser ouvida como testemunha.

B) *As pessoas acometidas de enfermidade ou retardamento mental temporário*

Esta hipótese difere da anterior, porque nesta a pessoa tem pleno uso das chamadas faculdades mentais, mas em *determinado momento* não está apta a manifestar vontade e, por extensão, a prestar testemunho confiável a respeito de fatos controvertidos.

Essa *enfermidade temporária*, que torna o sujeito incapaz de depor, é aquela *concomitante* com a época em que ocorreram os fatos e, por isso, a testemunha não tinha capacidade de discerni-los. Ademais, a testemunha será incapaz de prestar depoimento se, "ao tempo em que deve depor", ou seja, no *momento da audiência de instrução*, ela não está habilitada "a transmitir as percepções".

De se ressaltar que essas pessoas não são mais consideradas absolutamente incapazes, tendo em vista que o *Estatuto da Pessoa com Deficiência* alterou os arts. 3º e 4º do Código Civil de 2002, para retirar do art. 3º essa hipótese, incluindo-a no art. 4º, que trata das pessoas *relativamente incapazes*. De modo que elas somente não serão ouvidas se não tinham (ou não têm) a *mínima condição* de expressar sua vontade ou a percepção dos fatos, (i) quando estes ocorreram, ou (ii) por ocasião da audiência trabalhista.

Ademais, o *Estatuto da Pessoa com Deficiência*, em seu art. 74, garante a toda pessoa portadora de deficiência o acesso a "serviços de tecnologia assistiva que maximizem sua autonomia", para que possam bem desempenhar os chamados atos da vida civil. Veja-se o teor do art. 80 do referido Estatuto:

> Art. 80. Devem ser oferecidos todos os recursos de tecnologia assistiva disponíveis para que a pessoa com deficiência tenha garantido o acesso à justiça, sempre que figure em um dos polos da ação ou atue como testemunha, partícipe da lide posta em juízo, advogado, defensor público, magistrado ou membro do Ministério Público.

Com efeito, o art. 114 desta lei alterou radicalmente os arts. 3º e 4º do Código Civil de 2002, como já visto. E incluiu, no art. 228 deste Código, *o §*

2º, permitindo que o deficiente possa *prestar depoimento como testemunha*, devendo o Estado propiciar a ele "todos os recursos de tecnologia assistiva", para possibilitar esse depoimento "em igualdade de condições com as demais pessoas" (SOUZA JÚNIOR *et al.*, 2018, p. 217).

Destarte, havendo a possibilidade de se utilizar *recursos de tecnologia assistiva*, até mesmo os portadores de deficiência (mental) poderiam prestar depoimento testemunhal.

> Até mesmo os portadores de deficiência mental podem prestar depoimento como testemunhas, se houver a utilização de recursos de tecnologia assistiva.

Resta saber se essa inclusão para o depoimento testemunhal se refere a todas as hipóteses ou se ainda permanecem as proibições de depoimento disciplinadas no § 1º do art. 447 do CPC. Penso que, em se tratando de deficiência mental *grave*, permanente ou *temporária*, principalmente se não houver a utilização desses recursos de tecnologia assistiva, não há como se garantir a higidez do testemunho e, por isso, ele não deve ser colhido, sem que isso importe em ofensa ao direito de inclusão à pessoa com deficiência.

C) *Os menores de 16 anos*

Por óbvio, quem não tem 16 anos completos não é, *tecnicamente*, incapaz de expressar seus sentimentos a respeito dos fatos que tenha presenciado. Ocorre que o menor de 16 anos é considerado *incapaz* para quaisquer atos da vida civil e, assim, também é considerado *juridicamente incapaz* para prestar depoimento testemunhal.

Contudo, se for absolutamente necessário, o juiz poderá (ou deverá) tomar o depoimento dos menores. Imagine-se uma relação de trabalho em que vários *menores de 16 anos* tenham trabalhado como autênticos empregados numa determinada empresa – ainda que seja terminantemente proibido o trabalho nessas condições, pois o menor de 14 a 16 anos só pode trabalhar na condição de aprendiz. Ora, eles não teriam como provar os requisitos da relação de emprego ou até fatos que lhes aportariam outros direitos trabalhistas – como horas extras e tantos outros – se não pudessem recorrer ao testemunho de outros colegas de trabalho, *todos menores de 16 anos*. Em igual sentido: SOUZA JÚNIOR *et al.*, 2018, p. 216.

> Se for absolutamente necessário, o juiz poderá tomar o depoimento dos menores de 16 anos como testemunhas (ou informantes).

O problema é que os menores de 18 anos (e de 16, por óbvio) são *inimputáveis* e, portanto, se mentirem em juízo, não poderão ser processados por crime de falso testemunho. Contudo, não vejo óbice ao depoimento deles porque, em regra, a testemunha vai a juízo para dizer a verdade e não para mentir, além do que pode ocorrer de o depoimento do menor de 16 anos ser *imprescindível* à solução do processo. E o próprio CPC permite a oitiva desses adolescentes como testemunhas (art. 447, § 4º, do CPC). Aparentemente em sentido contrário: SOUZA JÚNIOR *et al.*, 2018, p. 216-217.

Outrossim, quanto à Justiça do Trabalho, de se registrar que o Brasil ainda tem por resolver a grande chaga do *trabalho infantil* e, por isso, muitas vezes se torna necessária a oitiva de testemunhas menores de 16 anos. Além do mais, há muitos *contratos de aprendizagem* e, havendo demandas dos aprendizes menores, eles poderão se socorrer de testemunhas que ainda não tenham a idade mínima legal para depor.

O mesmo raciocínio jurídico se aplica ao adolescente que tenha *entre 16 e menos de 18 anos*, pois sua inimputabilidade não revela nenhum impedimento legal ao testemunho, até porque o Código considera incapaz apenas os que têm menos de 16 anos.

D) *O cego e o surdo, sempre que "a ciência do fato depender dos sentidos que lhes faltam"*

Aqui também *não se trata* de pessoas incapazes, porque o cego e o surdo (deficientes visuais e auditivos) praticam plenamente os atos da vida civil, até porque o cego – que ouve e fala e, portanto, pode testemunhar vários fatos –, pode valer-se do *braile* (sistema de escrita tátil utilizado por pessoas cegas ou com baixa visão) para comunicar-se por escrito – *se isso for necessário* – como qualquer outra pessoa. Quanto ao surdo que não fala, tendo ele acesso à *LIBRAS* – Língua Brasileira de Sinais –, ainda que necessite de um intérprete, poderá manifestar plenamente sua vontade e *prestar testemunho* dos fatos que ele tenha presenciado.

Destarte, somente quando se aplicar a estrita hipótese de que trata o inciso IV do § 1º do art. 447 do CPC, ou seja, quando *a ciência do fato* depender *exclusivamente* dos sentidos da visão ou da audição, é que o cego e o surdo, respectivamente, não terão condições de depor como testemunhas. Até porque temos advogados e advogadas cegos exercendo com muita competência a advocacia e isso merece apoio irrestrito dos membros do Judiciário e da própria advocacia. Tenho uma aluna que é cega e domina as técnicas de audiência como poucos, possuindo uma capacidade de aprendizagem impressionante, fazendo com que, em pouco tempo, já tenha alcançado respeito e admiração dos colegas, não pela deficiência visual, mas pelo domínio das técnicas de audiência. Importante destacar, ainda, que temos um excepcional Desembargador no TRT-9, *Ricardo Tadeu Marques da Fonseca*, que é cego e exerce com extrema competência a magistratura de 2º grau, tendo, antes disso e por muitos anos, desempenhado com nobreza o papel de Procurador do Trabalho.

Algumas *questões práticas* relacionadas a essa temática ainda precisam ser pontuadas. O *art. 819, § 1º, da CLT* disciplina que o depoimento, quando a parte ou a testemunha "se tratar de surdo-mudo ou de mudo que não saiba escrever", será tomado por meio de *intérprete* nomeado pelo juiz. Registro que atualmente se deve evitar a utilização da expressão "surdo-mudo".

> Não é correto dizer que todo surdo é surdo-mudo. A maioria dos surdos têm as cordas vocais em perfeito funcionamento, portanto, são minorias os surdos que também são mudos. Muitas pessoas surdas não falam porque não aprenderam a falar. Alguns surdos falam, são os surdos oralizados, que desenvolveram a fala através de um trabalho com fonoaudiologia. Desta forma, o termo surdo-mudo tem sido encarado pela cultura surda como um erro social, devido a falta de conhecimento do real significado das duas palavras (CRISTIANO, *on-line*, 2020).

Assim, se o mudo e/ou surdo conseguir se comunicar por escrito ou com o auxílio de um intérprete da Língua Brasileira de Sinais, não há o menor sentido em se evitar a tomada de depoimento da pessoa como testemunha.

> Se o mudo e/ou surdo conseguir se comunicar por escrito ou com auxílio de um intérprete da Língua Brasileira de Sinais, ele poderá prestar normalmente depoimento como testemunha.

Certa vez, ainda nos idos de 2000, deparei-me numa audiência com reclamante que era *"surdo-mudo"*. Com a boa vontade das partes, a audiência foi suspensa, chamamos *uma professora* que conseguia se comunicar com o reclamante – por indicação do patrono deste e sem oposição do reclamado e seu patrono –, e o depoimento deste foi "tomado", *servindo a professora de intérprete*, evitando-se que a audiência fosse adiada e sem a necessidade de nomeação formal de intérprete, o que acarretaria, inclusive, maiores custos ao processo. É a *informalidade* do processo do trabalho, que sempre proporciona ótimos resultados.

Agora, se houver necessidade de *nomeação de intérprete* para o surdo ("surdo-mudo"), ou para o mudo que não saiba escrever (§ 1º do art. 819 da CLT), *quem deve suportar as despesas respectivas?* Será sempre a parte *sucumbente* no objeto da controvérsia – podendo haver sucumbência parcial – que tenha demandado a nomeação de intérprete, exceto se o sucumbente for beneficiário da *justiça gratuita*, caso em que o Estado deverá pagar a remuneração do intérprete (arts. 95, §§ 3º e 4º, e 98, § 1º, VI, do CPC).

Idêntica será a solução quando se tratar de *testemunha estrangeira*, pois ela necessitará de intérprete sempre que não souber falar a língua nacional, nos termos do art. 819, *caput*, da CLT. Contudo, em relação a esta não existe nenhuma incapacidade técnica.

11.10.4.2. Contradita por impedimento

Vamos tratar agora de situações de *impedimento* ao depoimento testemunhal. Aqui também se trata de hipóteses em que as condições *objetivas* revelam que a pessoa não pode depor como testemunha. Não porque não tenha capacidade mental ou por lhe faltar algum sentido essencial para o depoimento, e sim porque *objetivamente* é possível identificar que essas pessoas, nas hipóteses legais, *não têm a menor isenção de ânimo* para colaborar com a Justiça em sua missão de descobrimento da verdade. Basta uma análise das hipóteses previstas no *§ 2º do art. 447* do CPC para se verificar que se trata de *pessoas realmente impedidas* de depor como testemunhas. São elas:

A) *O cônjuge ou companheiro, assim como as pessoas que têm parentesco próximo com a parte*

Quanto ao *cônjuge* ou *companheiro* as razões são tão óbvias que dispensam comentários.

Em relação ao *parentesco*, com efeito, o *ascendente* e o *descendente*, em qualquer grau, e o parente por *colateralidade*, "até o terceiro grau, de alguma das partes, por consanguinidade ou afinidade", estão impedidos de depor como testemunha, *salvo* em *duas hipóteses*: 1ª) "se o exigir o interesse público"; 2ª) "tratando-se de causa relativa ao estado da pessoa, não se puder obter de outro modo a prova que o juiz repute necessária ao julgamento do mérito" (§ 2º, inciso I, do art. 477).

Destarte, não se deve ouvir como testemunha qualquer parente *próximo*. Contudo, de se observar que a limitação legal se estende ao *terceiro grau* – no parentesco colateral –, não importando se o parentesco é por *consanguinidade* ou se é por *afinidade* (parentes do cônjuge ou companheiro).

Resumindo, na linha *reta*, *todos* estão impedidos: o pai, o avô, o bisavô; assim como o filho, o neto, o bisneto. Na linha *colateral*, o parente em segundo grau (irmão ou cunhado) e em terceiro grau (o tio ou sobrinho), ainda que por afinidade.

> Na linha reta, todos estão impedidos: o pai, o avô, o bisavô, assim como o filho, o neto, o bisneto; na linha colateral, o parente em 2º grau (irmão ou cunhado) e em 3º grau (o tio ou o sobrinho), ainda que por afinidade.

Desse modo, *não está* impedido de depor o primo – chamado primo "primeiro" – porque na verdade ele é parente em quarto grau. Isso não obsta a que o primo seja reconhecido como suspeito para prestar depoimento testemunhal. Impedido ele não é. E o enteado? E o sogro? E o genro? Estes também são impedidos, porque o enteado é como se fosse filho – em verdade, passa a ser filho – e o sogro está na linha reta por afinidade, assim como o genro (SOUZA JÚNIOR *et al.*, 2018, p. 218).

Uma *dica fácil*, quando o advogado tiver alguma dúvida: para se verificar a relação de parentesco por *colateralidade*, deve-se "subir" da parte até o ascendente comum e, deste, "descer" até a pessoa da testemunha, para se conferir qual o grau do parentesco e se ela está ou não impedida de prestar testemunho.

B) *O que é parte na causa*

Por óbvio, se a pessoa é a *própria parte* interessada no melhor êxito possível quanto ao resultado do processo, não pode depor como testemunha em favor de si mesma.

C) *A pessoa que intervém em nome de uma das partes*

Trata-se, a princípio, de uma *intervenção legal* e, por isso, nenhum dos representantes legais *da pessoa natural*, como o tutor e o curador, podem servir de testemunha da parte que representa. Pelas mesmas razões, também estão impedidos os representantes legais *da pessoa jurídica* envolvida na causa, não somente o administrador da empresa, mas qualquer um de seus sócios, e também as pessoas que atuam como procuradoras da empresa.

Além disso, o *juiz* é impedido de atuar como testemunha de qualquer das partes, até porque se ele for arrolado como testemunha e reconhecer que tem pleno conhecimento dos fatos, deve declarar-se impedido, como já visto anteriormente. Enfim, *todos aqueles* que, de alguma maneira, *assistem à parte*, como *o advogado*, o assistente técnico e outros, não podem depor como testemunha no processo.

> Todas as pessoas que, de alguma maneira, representam ou assistem à parte, como o sócio, o advogado, o assistente técnico e outros, não podem servir de testemunha no processo.

Vejamos outras questões relacionadas a esses impedimentos, que por vezes provocam celeuma na Justiça do Trabalho.

O *preposto*, por atuar como *representante* do empregador, jamais poderá prestar depoimento como testemunha, naquele processo. *Excepcionalmente*, a pessoa que atua corriqueiramente como preposto poderá até servir de testemunha do empregador, mas *noutro processo*. Imagine-se um fato grave que tenha dado ensejo à justa causa do reclamante e que foi presenciada somente pelo preposto (oficial). Basta que no processo respectivo ele jamais atue, *em momento algum*, como preposto, para que possa nele prestar depoimento testemunhal.

Igualmente, o diretor do sindicato, *o condômino* e os associados *não podem depor* como testemunhas, porque representam a parte (ou poderiam em qualquer situação a representar). Aliás, no *condomínio*, é como se o condômino fosse a própria parte, pois terá o mais claro interesse em que o condomínio, do qual ele faz parte, saia vencedor ao final do processo. O mesmo raciocínio jurídico se aplica aos *associados*, independentemente do tipo de *associação*. Outra interpretação possível é a de que apenas os efetivos representantes da pessoa jurídica, definidos em seus estatutos e/ou atas de assembleia, é que estão impedidos de prestar depoimento como testemunhas. Contudo, ainda que se entenda dessa maneira, penso que os condôminos e associados que não têm poder de representação são claramente interessados no resultado do litígio e, portanto, *suspeitos*.

Restam, então, questões relativas ao *ex-sócio*, ao *acionista minoritário* de sociedades anônimas e até mesmo em relação aos sócios de uma *cooperativa*. Penso que *a todos eles* se aplicam os impedimentos legais aqui estudados. Todos eles querem, de alguma forma, que a sociedade ou a cooperativa tenham o maior êxito possível, por uma simples razão: se a sociedade ou a cooperativa (e a associação) for condenada ao pagamento de alguma obrigação trabalhista, em algum momento do processo poderá haver a instauração do incidente de *desconsideração da personalidade jurídica*, e os sócios (associados) poderão ser *responsabilizados* pelo pagamento dessas obrigações. *Em suma*, nenhuma dessas pessoas tem isenção de ânimo para prestar depoimento testemunhal e, por isso, são *impedidas* de fazê-lo. No mínimo, são *suspeitas*, como ponderado no parágrafo anterior.

> Também não podem depor como testemunha o preposto, o condômino, o ex-sócio, o acionista, o associado e o cooperado.

Outras questões interessantes. Na *reclamação plúrima*, nenhum dos reclamantes pode figurar como testemunha dos outros, pois qualquer deles é *comparte* dos demais. Da mesma forma, nenhum dos *tomadores de serviços* pode depor como testemunha dos outros, pelos mesmos fundamentos já expendidos.

Em relação à oitiva do magistrado, como testemunha, ela até será possível, mas após a sua *declaração de impedimento* (art. 452, inciso I, do CPC), como já visto. É dizer, o magistrado, se arrolado como testemunha, declara-se impedido e *não pode atuar* em nenhum outro ato do processo na condição de juiz. Contudo, a partir daí, a parte que o arrolou não pode desistir do seu depoimento. Nessa situação quase acadêmica, o magistrado comparecerá na audiência de instrução como *qualquer outra testemunha*, sendo que, por isso, terá inclusive de *prestar compromisso* de dizer a verdade, sob pena de crime de falso testemunho.

Quanto ao *advogado que não interveio* no processo em nome da parte, ele pode prestar depoimento testemunhal, desde que seu nome não tenha constado, *em momento algum*, da procuração outorgada pela própria parte. Imagine-se a ação em que advogado que tenha saído de determinado escritório postule verbas trabalhistas, ou até o próprio vínculo de emprego com o escritório. Advogados que ainda trabalham no escritório e que, no entanto, *não figuram na procuração* (e nos substabelecimentos posteriores), poderão prestar em juízo seu testemunho, como convidado do escritório reclamado ou até mesmo do reclamante. O que não é admissível é que o advogado, *como testemunha*, invoque, como escusa para depor, *cláusula de confidencialidade*, ou sigilo profissional (art. 7º, XIX, do Estatuto da OAB).

> O advogado que não interveio no processo em nome da parte pode prestar depoimento como testemunha, mas não poderá invocar cláusula de confidencialidade.

Não importa se essa cláusula está prevista em contrato. Como já visto anteriormente, a testemunha, *quem quer que seja*, tem o *dever de cooperar* com o Poder Judiciário para a descoberta da verdade. Ademais, essas cláusulas de confidencialidade só se aplicam na esfera cível e, em regra, entre as próprias partes. Não é aceitável que o advogado, para proteger seus clientes ou o escritório no qual trabalha, por exemplo, deixe de prestar informações relevantes e necessárias sobre fatos controvertidos, na Justiça do Trabalho. Especialmente quando o reclamante estiver a postular a satisfação de direitos fundamentais sociais. Como já observado, nesse caso, o advogado – ou a parte – pode solicitar que o feito tramite em *segredo de justiça*, com base no art. 189 do CPC.

Enfim, embora possível o depoimento testemunhal de juiz e advogado, penso ser desaconselhável a insistência nesse depoimento, porque se trata de técnicos que conhecem com profundidade as nuances do Direito e, por isso, em boa parte das vezes seus depoimentos não acrescentam quase nada à solução da controvérsia. Agora, *se absolutamente necessário*, como nas causas entre advogado e escritório de advocacia, pode ser pertinente a insistência no depoimento testemunhal de advogado ou, conforme o caso, até de juiz do trabalho.

11.10.4.3. Contradita por suspeição

Vamos tratar agora das hipóteses de *suspeição*. Elas revelam, sempre, causas *subjetivas* pelas quais *se presume*, de modo relativo, que a testemunha não tem completa isenção de ânimo para oferecer um depoimento que seja seguro e não comprometa o descobrimento da verdade. O CPC de 1973 tinha várias hipóteses de suspeição, mas a crítica doutrinária foi bem intensa e, por isso, restaram apenas *três hipóteses* no § 3º do art. 447 do CPC/2015 – sendo que duas delas estão disciplinadas também no art. 829 da CLT –, que se referem às *seguinte pessoas*:

A) *O inimigo da parte ou o seu amigo íntimo*

Aqui, portanto, são *duas hipóteses*: (i) a inimizade e (ii) a amizade íntima.

O conhecimento comum revela que o *inimigo* da pessoa, se chamado a depor sobre fato a esta relacionado, tende a prestar informações que sejam desabonadoras da conduta do seu inimigo. De outro lado, essas máximas de experiência comum revelam que o *amigo íntimo* da parte tem enorme tendência em prestar informações que possam melhorar a situação do seu amigo. Por isso, nem o inimigo e nem o amigo merecem *credibilidade* em seu depoimento.

No entanto, trata-se de *inimizade real*, que na doutrina clássica era chamada de inimizade figadal. E, de outro lado, a amizade, como a própria dicção legal revela, é a do "amigo íntimo", sendo que essa *intimidade* é mencionada tanto na CLT (art. 829) quanto no CPC. O amigo íntimo é aquele que tem uma *proximidade muito intensa* com a parte. Por isso, as questões formuladas à testemunha quando esta nega a amizade íntima, ou mesmo quando reconhece essa amizade, devem ser bastante *objetivas*.

De saída, a inimizade ou a amizade se referem à *pessoa natural* ou física, sendo impossível alguém ser amigo ou inimigo de uma empresa, uma pessoa jurídica. Quando muito, numa interpretação bastante extensiva, poder-se-ia analisar a amizade ou inimizade *em relação aos sócios*.

As perguntas de praxe que o juiz, de ofício ou a requerimento, formula à testemunha para verificar se ela é *realmente amiga íntima* da parte são as seguintes: (i) se a testemunha e a parte frequentam reciprocamente a casa uma da outra; (ii) se comparecem juntas em eventos sociais; (iii) se trocam confidências; (iv) se viajam juntas; (v) se elas têm momentos de lazer juntas etc. Tudo vai depender da *intensidade* desses encontros, visitas, conversas, passeios; ainda, da *frequência* deles, da distância das residências etc.

> A inimizade ou a amizade se referem à pessoa física. A amizade íntima será verificada na intensidade e na frequência dos encontros, visitas, passeios etc.

Ultimamente, tem sido bastante utilizadas, para provar os fatos que levam a essas suspeições – quando a testemunha nega a amizade –, as publicações nas *mídias sociais*. O *Facebook* tem sido o *locus* preferido de "investigação" de comportamentos de partes e testemunhas, e logo depois o *Instagram*; muitas vezes os advogados têm descoberto situações que fazem presumir a amizade ou até a inimizade nas postagens de partes e testemunhas. Contudo, curtidas, comentários e compartilhamentos de publicações, *por si só*, não revelam amizade íntima. E críticas às postagens de outrem não fazem presumir inimizade. Uma vez mais, tudo vai depender da *intensidade* e *frequência* dessas publicações e manifestações (SOUZA JÚNIOR *et al.*, 2018, p. 226). Agora, se há declarações específicas como "meu amigo preferido", "meu amigo do peito", principalmente se acompanhadas de *fotografias* que revelam que a parte e a testemunha têm um relacionamento muito íntimo, não há como descartar a amizade. E se o advogado descobre essas postagens apenas depois da audiência, deve peticionar e requerer que o juiz as analise quando da *valoração da prova*, já que ultrapassado o momento da contradita, como veremos mais adiante.

Veja-se o caso de uma contradita que eu instruí: a testemunha negava a amizade íntima com a sócia administradora da empresa, mas ao final acabou reconhecendo que foi a única funcionária convidada para o casamento da filha da empresária e também para a festa respectiva. *Como negar essa amizade?*

Uma *ressalva* deve ser feita em relação às *festas de confraternização*, pois é comum que em confraternizações dentro da própria empresa – ou até fora dela – os colegas de trabalho se sintam mais à vontade, sobretudo após a ingestão de bebida alcoólica. Se esses encontros não permanecem depois de extinto o contrato de trabalho, da parte ou da própria testemunha, trata-se de mera "amizade" de serviço – coleguismo –, e não de amizade íntima que poderia configurar a suspeição.

Para o advogado, o que é importante em tudo isso é que ele *esclareça* à testemunha o que é uma amizade íntima ou inimizade, para que a testemunha, quando indagada pelo juiz, saiba responder com precisão, se é ou não amiga ou inimiga da parte. Muitas vezes, quando questionada, a testemunha confirma que é amiga da parte, mas quando indagada sobre *fatos objetivos* como os descritos anteriormente, revela que foi apenas colega de serviço e não amiga íntima. Contudo, o advogado *não deve instruir* a testemunha a mentir porque o juiz pode fazer perguntas díspares e a testemunha se complicar toda, correndo, ainda, o risco de sofrer as sérias consequências por isso. O advogado deve apenas explicar à testemunha os *contornos jurídicos* da verdadeira amizade ou da inimizade.

B) *O que tiver interesse no litígio*

Aqui também costumam surgir embates por vezes desnecessários a respeito de contradita por esse motivo. Boa parte dos advogados e até alguns juízes não compreendem a *verdadeira dimensão* do que se pode considerar por *interesse* no resultado do litígio. Interesse não é mera torcida.

Quantas vezes já indaguei à testemunha se ela tinha interesse no processo e ela respondeu que sim; mas quando indagada sobre o motivo, ela respondia que queria que fosse feita a justiça. Assim, se o trabalhador diz que tem interesse porque a empresa explorava todos os trabalhadores, isso, *por si só*, não revela interesse *juridicamente qualificado*. Igualmente, se a testemunha diz que quer ajudar a empresa porque esta cumpria todas as obrigações trabalhistas, isso também não revela interesse no litígio.

O interesse que gera a suspeição é de *natureza jurídica*, porque a testemunha tem uma *real expectativa*, econômica ou não, de que a parte que a convidou para prestar seu testemunho saia vencedora ao final do processo, porque esse resultado *pode lhe beneficiar*, de algum modo.

O interesse que torna a testemunha suspeita é o de natureza jurídica, quando ela tem uma real expectativa, econômica ou não, de que a parte que a convidou saia vencedora na demanda.

A título exemplificativo, se a testemunha é *credora da parte* que a convida e principalmente se a obrigação está vencida, ela pode ter interesse a que a parte saia vencedora, porque assim esta terá, ao final, numerário que poderá ser utilizado para o pagamento da dívida. Ainda que não haja interesse econômico imediato, a testemunha pode ter interesse no resultado favorável à parte que a convidou por uma questão que envolve alguma *relação jurídica* mantida com esta.

Agora, há de se ter cautela nessa verificação do interesse jurídico, porque não é a simples situação de a testemunha estar envolvida com os fatos que revela sua suspeição. É bastante comum que a testemunha da empresa seja contraditada por interesse simplesmente porque ainda é empregada ou por exercer algum *cargo de gestão*. O simples fato de a pessoa ser encarregada ou chefe de seção não revela, *em hipótese alguma*, interesse jurídico no resultado do processo, a menos que ela atue como procuradora da empresa. Seu depoimento será analisado com a *cautela* que o caso merece, nada mais que isso. Da mesma forma, a pessoa que é *acusada de assédio moral* ou até de assédio sexual, *por si só*, não revela interesse jurídico como o instituto em análise exige. Nesse caso, por óbvio, o depoimento será valorado ainda com mais reservas. Por óbvio que, se a testemunha diz que tem interesse porque não cometeu o assédio e que, se ele for comprovado, perderá seu emprego ou será de alguma maneira punida pela empresa, nesse caso exsurge o seu interesse jurídico. Contudo, já me deparei algumas vezes com casos de testemunhas acusadas de assédio moral que, com as perguntas adequadas, acabaram por reconhecer a prática do assédio ou *indícios* que permitiram a sua presunção.

Nessas hipóteses, como já observado, haverá interesse jurídico se restar demonstrado que a empresa dissera ao assediador que, se fosse condenada, a própria testemunha teria que pagar a indenização. Em suma, somente quando houver *deliberado interesse* na vitória de um dos litigantes, por fatos objetivos, é que se faz presente essa hipótese de suspeição.

11.10.4.4. Testemunha que possui ação em face do reclamado

Se somente se configura interesse jurídico quando a testemunha tiver *manifesto* interesse no litígio, não há a menor suspeição da testemunha por ela ter sido parte em outro processo judicial. A *Súmula n. 357 do TST* deixou isto claro como a luz do dia: se a testemunha também possui ação trabalhista em face do empregador, isso *não revela o menor interesse* no resultado do litígio, até porque a testemunha não irá ganhar nada no processo em que ela serve apenas de testemunha, prestando um *serviço público* ao Judiciário.

Nem se objete que pode haver *troca de favores* entre a parte e a testemunha, sobretudo quando há pedidos idênticos nos processos de ambas. A jurisprudência do TST tem sido rigorosa inclusive quanto à chamada "troca de favores", *rechaçando* sempre essa arguição, com base no entendimento consubstanciado na referida Súmula n. 357. Até mesmo se o pedido for de indenização por dano moral, isso, *por si só*, também não revela "troca de favores". É natural que um chefe ou encarregado assediador, especialmente nas empresas que não zelam pela harmonia no ambiente de trabalho – omissão que se revela até mesmo como uma forma de estimular a maior produtividade dos trabalhadores –, trate *todos* os trabalhadores da *mesma forma*.

Outrossim, por vezes o trabalhador tem *dificuldade de acesso* à prova, porque a empresa é *pequena* e ele só tem *aquela* testemunha para comprovar os fatos controvertidos. Se acolhida a contradita por troca de favores, a parte pode ficar sem condições de demonstrar ao juízo os fatos alegados. Não obstante essa jurisprudência, o advogado deve ter a *maior cautela* possível e tentar obter junto ao trabalhador a indicação de uma testemunha que *não tenha*, ainda, ação ajuizada em face da empresa.

Distinta é a situação quando a parte leva a testemunha "x" e depois, quando a testemunha "x" ajuíza sua ação, esta convida, para ser sua testemunha o reclamante da primeira ação. Nesses casos, alguns juízes de primeiro grau e alguns desembargadores têm reconhecido a *suspeição por troca de favores*. Contudo, o TST tem entendido que nem mesmo nessa hipótese se caracteriza suspeição. Com efeito, o TST tem exigido a demonstração de múltiplos traços de parcialidade para a configuração da chamada "troca de favores" (SOUZA JÚNIOR *et al.*, 2018, p. 220-222). A propósito, veja-se a seguinte jurisprudência:

> AGRAVO DE INSTRUMENTO. RECURSO DE REVISTA INTERPOSTO ANTES DA LEI Nº 13.015/2014. I - AGRAVO DE INSTRUMENTO DO RECLAMANTE. CERCEAMENTO DE DEFESA. CONTRADITA. TESTEMUNHA ARROLADA PELO RECLAMANTE. SUSPEIÇÃO. TROCA DE FAVORES. SÚMULA 357 DO TST. Ante a possível contra-

> riedade à 357 do TST, deve ser provido o agravo de instrumento. Agravo de instrumento conhecido e provido. II - RECURSO DE REVISTA DO RECLAMANTE. LEI 13.015/2014. CERCEAMENTO DE DEFESA. CONTRADITA. TESTEMUNHA ARROLADA PELO RECLAMANTE. TROCA DE FAVORES. SÚMULA 357 DO TST. SUSPEIÇÃO NÃO CARACTERIZADA. A jurisprudência do TST é no sentido de que a contradita de testemunha deve ser efetivamente comprovada, de maneira a evidenciar a ausência de isenção de ânimo do depoente ou de efetiva "troca de favores". No caso, o juízo de primeira instância e o TRT acolheram a contradita da testemunha apresentada pelo reclamante em razão de haver o reclamante sido sua testemunha em outro processo ajuizado por esta em face da mesma reclamada. O mero fato de o reclamante e a testemunha terem ajuizado ação com identidade de pedidos em face do mesmo empregador e serem testemunhas recíprocas, por si só, não tem o condão de tornar suspeita a testemunha apresentada pelo reclamante neste processo. Nesse sentido os termos da Súmula 357 do TST. Considerando que o Tribunal Regional manteve a sentença no tocante aos pleitos referentes ao pagamento "por fora" e ao acúmulo de função, o retorno dos autos à Turma Regional de origem a fim de que seja devidamente valorada a prova testemunhal, cuja contradita foi acolhida em desacordo com a jurisprudência pacífica deste Tribunal Superior, é medida que se impõe. Recurso de revista conhecido e provido. (PROCESSO Nº TST-RR-83300-21.2009.5.02.0014, 2ª Turma, Ministra Relatora MARIA HELENA MALLMANN, publicação em 07/06/2019).

Por óbvio que, havendo demonstração de que a parte e a testemunha *combinaram* de propor demandas para obter alguma vantagem em relação à empresa, *certamente* será reconhecida a suspeição e haverá a tomada de outras providências cabíveis.

Em suma, a testemunha não é suspeita por ter ação em face do mesmo empregador e, de outro lado, a testemunha também não é suspeita por ser gerente ou encarregado da empresa. No mesmo sentido: SOUZA JÚNIOR *et al.*, 2018, p. 222.

> Não há suspeição da testemunha simplesmente porque ela tem ação em face do mesmo reclamado e, de outro lado, também não é suspeita a pessoa que atue como gerente ou encarregado da empresa.

Agora, *o que deve fazer o advogado quando a contradita por troca de favores é reconhecida?* Deve solicitar ao juiz que a testemunha seja *ouvida como informante* e formular todas as perguntas que ele formularia caso ela fosse ouvida como testemunha, salvo se a parte tem outras testemunhas a serem ouvidas. Se as outras testemunhas têm conhecimento de todos os fatos, *não vale a pena* insistir no depoimento do informante, porque, por óbvio, o depoimento deste não tem o menor valor, quando comparado ao depoimento de testemunhas devidamente compromissadas.

Contudo, se era a única testemunha da parte ou se apenas ela conhece alguns dos fatos, o advogado deve requerer a oitiva como informante, *esclarecendo* isso ao juiz. Se o requerimento for indeferido, o advogado deve solicitar que se registrem seus *protestos* e, posteriormente, deve demonstrar o *prejuízo* pela falta de oitiva da testemunha, ainda que na condição de informante. E ele deve requerer, por fim, que as *perguntas indeferidas* sejam registradas na ata de audiência, embora os juízes, em regra, isso não permitam, por não ter havido sequer depoimento.

11.10.4.5. Momento adequado para a contradita

Resta saber qual é o *momento adequado* para que o advogado apresente a *contradita* à testemunha, por incapacidade, impedimento ou suspeição.

Em conformidade com o art. 457, *caput* e § 1º, do CPC, antes de depor, a testemunha deve ser devidamente *qualificada*, mas é permitido à parte contraditar a testemunha por qualquer das hipóteses de contradita já examinadas. O art. 458 do CPC, na sequência, diz que logo no início da inquirição, a testemunha deve ser *compromissada*, ou seja, deve prestar o compromisso de dizer a verdade.

Destarte, *o momento adequado* para se apresentar a contradita é o *intermediário* entre a qualificação e o compromisso legal. É dizer, a contradita deve ser anunciada *após* a qualificação da testemunha, mas *antes* da tomada do compromisso legal de que trata o art. 458. Com efeito, é precipitada a contradita apresentada assim que a testemunha ingressa na sala de audiências. No entanto, quando o juiz faz uma condução acelerada da audiência, *para evitar preclusão*, é conveniente que o advogado informe ao juiz, já nesse momento, que após a qualificação terá uma contradita a ser oferecida.

> O momento adequado para se apresentar a contradita é o intermediário entre a qualificação da testemunha e o seu compromisso legal.

Durante a qualificação da testemunha o advogado deve ter o maior cuidado, para evitar a preclusão. Assim, uma vez qualificada a testemunha, *imediatamente* o advogado deve pedir a palavra ("pela ordem") e oferecer a contradita, já alegando o motivo dela. Com efeito, se o juiz *já compromissou* a testemunha, estará *preclusa a oportunidade* de contraditá-la. No mesmo sentido: SOUZA JÚNIOR *et al.*, 2018, p. 228.

Contudo, como visto anteriormente, já na qualificação a testemunha deveria informar sobre parentesco com a parte ou interesse no objeto do processo. Se nesse momento (qualificação) ela alega qualquer *parentesco* que resulte em impedimento ou *interesse* que revele sua suspeição, basta ao advogado requerer que se consigne em ata o fato e que seja dispensado o depoimento da testemunha porque nem haverá necessidade de contradita formal. Se o juiz indeferir, cabe a contradita para tanto.

E se a própria testemunha, em *declaração espontânea*, afirma fatos que revelem uma das hipóteses de impedimento ou de suspeição, além destas duas referidas? Como não se trata de questões que devam ser indagadas durante a qualificação, cabe ao advogado pedir a palavra e apresentar a *contradita formal*, pelo motivo que a testemunha declarou espontaneamente. *O juiz poderia fazê-lo de ofício?* Penso que em relação à incapacidade e ao impedimento, até poderia fazê-lo, mas jamais em relação às hipóteses de mera suspeição, que geram apenas *presunção relativa* de parcialidade e, por isso, demandam requerimento expresso.

Outra questão: como não há rol de testemunhas no processo do trabalho, a parte pode até fazer *perguntas exploratórias* para verificar eventual causa de suspeição da testemunha. É bastante comum que o advogado solicite ao juiz que pergunte à testemunha se ela mantém *amizade íntima* com a parte ou se tem *interesse* no resultado do processo. Contudo, se a resposta for negativa, convém que o advogado, cooperando com a Justiça, *"retire" a contradita*, evitando-se que tenha de ser registrada em ata, economizando-se atos processuais e tempo do juízo.

Ainda sobre o *momento* da contradita, por vezes, no *transcorrer* do depoimento, a testemunha revela alguma causa de impedimento ou de suspeição. Surge a seguinte questão: *é possível contraditá-la nesse momento*? Como a contradita deve ser apresentada antes do compromisso legal e a testemunha já está devidamente compromissada, *não cabe* contradita durante o depoimento. Contudo, o fato deve ser registrado em ata, para que o juiz valore com toda a cautela necessária o depoimento da testemunha, quando do julgamento do feito.

> Se, no transcorrer do depoimento, a testemunha revela alguma causa de impedimento ou de suspeição, não cabe mais contradita, mas o juiz irá valorar o depoimento com a máxima cautela.

E se o advogado oferece a contradita, mas *não sabe identificar qual a hipótese legal*? É o juiz quem deve conhecer o Direito e, então, basta que o advogado aponte uma *hipótese fática* que se acomode numa das hipóteses legais. O que não pode é o advogado apresentar contradita por algo que não tem a menor previsão legal. O recomendável é que ele saiba exatamente quais são as hipóteses de incapacidade, impedimento e suspeição da testemunha, sabendo, inclusive, a *diferença de efeitos* em relação a cada uma delas. Assim, se instado pelo juiz, o advogado saberá *indicar* qual é a hipótese legal e a *conveniência* de se ouvir a testemunha como informante. Mas ele não precisa, por óbvio, citar o artigo e o parágrafo de lei que prevê essa hipótese.

Outra questão, embora quase folclórica, é a que diz respeito à possibilidade de contradita pela "própria parte" que indicou a testemunha. Apenas a anedota forense pode dar conta dessa hipótese porque não tem o menor cabimento que o advogado faça essa contradita. À obviedade, contradita é um instituto que somente pode ser manejado pela *parte contrária*, não podendo ser utilizado *nem mesmo pela comparte* em relação à testemunha da outra comparte, a não ser em hipóteses excepcionalíssimas de mera informação ao juiz sobre fatos de incapacidade ou de impedimento, *causas objetivas* de parcialidade.

Por fim, há advogados de reclamados que têm o hábito de, *em todas as audiências*, contraditar as testemunhas, para ver se conseguem "alguma coisa". Se esse comportamento for *reiterado*, a empresa por ele representada pode, sim, ser condenada por *litigância de má-fé*, por causar tumulto desnecessário, comprometendo a celeridade e o dever de cooperação.

11.10.4.6. Produção de prova na contradita

Agora, *o que fazer se a testemunha nega os fatos da contradita*? Se isso acontecer – e é bem comum que aconteça –, essa negativa dá ensejo à *dilação probatória* a respeito da contradita. Disciplina a parte final do § 1º do art. 457 do CPC que, se a testemunha negar os fatos que lhe são imputados, pode a parte que ofereceu a contradita "provar a contradita com documentos ou com testemunhas, até 3 (três), apresentadas no ato e inquiridas em separado". De sorte que, nesse momento, a instrução será *exclusivamente* em relação aos fatos da contradita, por exemplo, parentesco, amizade íntima, inimizade, interesse no objeto do processo.

Que tipo de documento a parte pode utilizar para essa prova? Qualquer espécie de documento, público ou particular, original ou em cópia, sendo que ultimamente têm sido muito utilizadas cópias de publicações nas mídias sociais, como *Facebook, Instagram, WhatsApp, Telegram* e outras. Vale, até mesmo, a exibição momentânea da página de *Facebook* ou de qualquer outra mídia, para demonstrar, por exemplo, amizade íntima entre a parte e a testemunha. É possível até que a parte contrária confesse os fatos, embora seja uma hipótese bem acadêmica.

Em regra, a parte solicita a oitiva de testemunhas para a comprovação de suas alegações. *Quem pode ser testemunha na instrução da contradita?* As mesmas testemunhas que foram levadas ao fórum para depor sobre os fatos controvertidos da causa. Contudo, a parte pode ouvir outras testemunhas além das que vão depor sobre os fatos controvertidos – desde que estejam presentes naquele momento –, *sem que isso comprometa* o limite legal de testemunhas, na instrução da causa. No entanto, no processo de rito *sumaríssimo*, cada parte pode ouvir *apenas duas testemunhas* para provar os fatos da contradita. Ora, se nem mesmo para demonstrar os fatos da causa a parte pode ouvir três testemunhas, não poderia fazê-lo na instrução da contradita.

> Na instrução da contradita a parte pode ouvir outras testemunhas, além das que vão depor sobre os fatos controvertidos, desde que estejam presentes naquele momento.

Se a contradita for deferida, a parte pode *requerer a substituição da testemunha*? Evidentemente que *não*, porque não se acomoda nas hipóteses legais de substituição do art. 451 do CPC. Por isso, o advogado deve ter o maior cuidado possível para não apresentar testemunha sabidamente impedida ou suspeita, porque isso pode *comprometer seriamente* o número máximo legal de testemunhas que a parte pode ouvir. Já presenciei casos em que as duas primeiras testemunhas eram manifestamente impedidas e a terceira se declarou amiga da parte.

Qual é o procedimento para a instrução da contradita? Não há necessidade de se tomar o depoimento da própria testemunha contraditada, bastando que se resuma em ata a sua negativa quanto aos fatos alegados. Na sequência, o juiz ouve até três testemunhas – ou até duas, dependendo do rito do processo – da parte que *ofereceu a contradita* e, depois, ouve até três testemunhas – ou até duas – da parte que convidou a testemunha contraditada. Aqui não importa a ordem legal dos depoimentos e nem mesmo se houve ou não inversão do ônus da prova. Isso porque o *ônus da prova* em relação à contradita será *sempre da parte que a apresentou*. Assim, se a prova restar "dividida", o juiz *rejeitará a contradita*, pois tem de haver prova robusta para que ela seja acolhida.

> O juiz ouve as testemunhas da parte que ofereceu a contradita e, depois, ouve as testemunhas da parte que convidou a testemunha contraditada.

Cabe contradita na contradita? Ou seja, são cabíveis contraditas sucessivas? Embora o CPC não trate disso e a doutrina passe ao largo, penso que é plenamente possível a *contradita sucessiva* e eu mesmo já a instruí algumas vezes. Não seria lógico que se admitisse, para provar a contradita, uma testemunha que fosse incapaz, impedida ou até suspeita. A *mesma licitude* que se exige na prova testemunhal dos fatos controvertidos da causa, é exigível *também* na instrução da contradita. E o procedimento na instrução da contradita sucessiva é *o mesmo* já referido na contradita "simples".

> É plenamente possível a contradita na contradita (sucessiva), com o mesmo procedimento já destacado anteriormente.

Uma questão prática: na instrução da contradita, a testemunha contraditada deve sair da sala de audiências ou pode nela permanecer? A testemunha contraditada *pode permanecer*, até porque o depoimento dela não servirá de base para a decisão. É como se ela fosse "parte" na contradita. De outro lado, *após a decisão* sobre a contradita, qualquer que seja o resultado – acolhimento ou rejeição –, as testemunhas que ainda não prestaram seu depoimento sobre os fatos da causa devem retirar-se da sala de audiências e aguardar a sua vez.

Pode haver *acareação de testemunhas na instrução da contradita*? Mais adiante iremos tratar da acareação de testemunhas (art. 461, II, do CPC), mas desde já devemos anotar que é *plenamente possível* proceder-se à acareação entre as testemunhas. Igualmente, embora eu nunca tenha presenciado na prática, seria possível adiar a audiência para a oitiva de uma *testemunha referida* na instrução da contradita.

O que *não se deve admitir*, no processo do trabalho, é o *adiamento* da audiência para que a parte que suscitou a contradita possa apresentar provas dos fatos (em sentido contrário: SOUZA JÚNIOR *et al.*, 2018, p. 229). Ainda que não haja rol prévio no processo do trabalho e isso prejudique de certa maneira a produção dessa prova, não se deve adiar a audiência para essa finalidade, em nome do princípio da *celeridade* e, por vezes, do princípio da *incomunicabilidade* das testemunhas, quando a contradita se dá após o primeiro depoimento testemunhal. Isso não obsta a que o juiz defira *prazo para a juntada de documentos* posteriormente à realização da audiência, sendo que o juiz poderá, posteriormente, até valorar de modo distinto a prova, conforme o teor desses documentos.

O juiz pode rever a decisão que acolhe ou rejeita a contradita? Não deveria fazê-lo, pois isso pode gerar insegurança jurídica, a menos que se trate de causa objetiva de incapacidade ou impedimento. Em relação à suspeição, excepcionalmente, se ele já se decidiu pelo deferimento ou indeferimento e a parte, utilizando-se do contraditório, apresenta *argumentos consistentes* que façam o juiz rever sua decisão, antes do início do depoimento, o magistrado poderá, de modo *devidamente fundamentado*, fazê-lo. O correto seria deixar toda a análise para a valoração da prova, quando da prolação da sentença, se a contradita tiver sido apresentada por uma hipótese de suspeição.

Uma questão prática: a testemunha da contradita também deve ser compromissada? Por óbvio que sim. Ela se trata de uma testemunha como qualquer outra, de modo que, primeiro, deve haver a sua qualificação; depois, surge a oportunidade de ela ser contraditada; e somente após rejeitada a contradita eventualmente apresentada, é que ela presta o compromisso de dizer a verdade.

Se for acolhida a contradita da testemunha da contradita, *ela pode ser ouvida como informante?* Obviamente que *sim*, nos termos do § 2º do art. 457 do CPC. No entanto, o juiz pode indeferir o requerimento, se a parte dispuser de outras testemunhas para a comprovação dos fatos. Somente se a parte demonstrar a *necessidade* de ouvir a testemunha contraditada como informante é que isso correrá (SOUZA JÚNIOR *et al.*, 2018, p. 237-238). Destarte, tudo depende dos fatos e dos meios de prova que a parte tem a seu dispor. Imagine-se o caso de a parte ter *apenas uma testemunha*; ou os casos especiais de assédio moral ou sexual, nos quais se revele que aquela testemunha tenha presenciado *diretamente* os fatos; ou, por fim, os casos que envolvem a relação de emprego *doméstico*, nos quais há uma dificuldade imensa de se encontrar testemunhas.

Contudo, em todos esses casos o advogado deve informar ao juiz, *com precisão*, os fatos que *justificam* a necessidade de se ouvir a testemunha na condição de informante.

11.10.5. Compromisso legal

Antes de prestar o depoimento, a testemunha – não contraditada ou cuja contradita foi rejeitada – deve prestar o “compromisso de dizer a verdade do que souber e lhe for perguntado", nos termos do *caput* do art. 458 do CPC. Ademais, o juiz lhe advertirá que ela poderá incorrer "em sanção penal", se (i) fizer afirmação falsa, (ii) calar ou (iii) ocultar a verdade (parágrafo único deste art. 458). Da mesma forma, a parte final do art. 828, *caput*, da CLT, disciplina que toda testemunha deve prestar o *compromisso legal* e ficará sujeita, "em caso de falsidade, às leis penais".

Com efeito, é imprescindível ao ritual do depoimento da testemunha que esta – sendo capaz, não impedida e nem suspeita – assuma perante o juiz o *compromisso de responder tudo o que sabe*, na mediada em que solicitado, sobre os fatos controvertidos, e *de maneira veraz*. Daí que ela *não pode falsear* a verdade, sob pena de cometer crime de falso testemunho. Mas também sofrerá as sanções penais se (i) calar-se ou (ii) ocultar a verdade. Assim, a menos que a testemunha diga que *realmente não sabe* nada sobre o fato, ou sobre particularidades deste, é que ela estará imune à represália de caráter penal.

> É imprescindível ao ritual do depoimento da testemunha que esta assuma perante o juiz o compromisso de responder tudo o que sabe, e de maneira veraz.

Não obstante, *não há respaldo legal* para que o juiz determine à testemunha que se poste em pé, para fazer juramento de dizer a verdade, sendo absurdo que o juiz peça à testemunha que estenda suas mãos, coloque sobre elas uma bíblia e faça a testemunha jurar que não irá mentir. Ora, o Estado brasileiro o é *laico* e não há o menor sentido nessa postura (SOUZA JÚNIOR *et al.*, 2018, p. 229). Quanto aos dizeres do juiz nessa *advertência* em relação às sanções penais, na prática, cada juiz faz isso à sua maneira. Uns de modo lacônico, outros de modo amedrontador e a grande maioria dizendo apenas as *palavras necessárias* a que a testemunha compreenda a seriedade do ato.

Outra questão relacionada ao compromisso legal é a relativa à necessidade/possibilidade de o juiz advertir a testemunha, *durante o depoimento* dela, sobre as consequências do crime de falso testemunho. *Não há* a menor necessidade de que se faça novamente a advertência, simplesmente porque a testemunha *já prestou* o compromisso legal de dizer a verdade. Alguns advogados, até mesmo na tentativa de intimidar a testemunha, quando esta não responde da maneira como eles acham que deveria ser a resposta, interrompem o depoimento para solicitar nova advertência. Nesse caso, pode ser que o advogado é quem seja advertido pelo juiz, tendo em vista que a testemunha já se encontra devidamente advertida *desde o início* do seu depoimento. Aliás, nem o advogado e nem o juiz estão autorizados a intimidar a testemunha que presta um serviço público essencial à prestação da jurisdição.

Uma *última questão* relacionada a essa temática é a que diz respeito à aplicação da *multa por litigância de má-fé*, que pode ser aplicada à testemunha no processo do trabalho, em conformidade com o art. 793-D da CLT. De maneira injustificável, a Lei da Reforma Trabalhista acrescentou este dispositivo à CLT, para disciplinar que a testemunha que "intencionalmente alterar a verdade dos fatos ou omitir fatos essenciais ao julgamento da causa" poderá sofrer a aplicação da multa por litigância de má-fé, multa que deve ser superior a 1% e inferior a 10% do valor corrigido da causa. Diante de todo o contexto da Lei da Reforma Trabalhista, é nítido que esta norma, embora aplicável para todas as testemunhas, teve o único objetivo de amedrontar as testemunhas dos trabalhadores, para que elas deixem de comparecer em juízo ou, caso compareçam, fiquem aterrorizadas com a possibilidade de sofrerem essa sanção pecuniária.

Esse mostrengo jurídico não existe em nenhum ramo do processo brasileiro. Se comprovado que a testemunha mentiu em juízo, ela poderá ser processada por crime de falso testemunho. Não havia a menor necessidade de se prever a aplicação de multa em valor tão elevado à testemunha, por litigância de má-fé, até porque a testemunha não é parte e nem mesmo pessoa que, em tese, tenha algum interesse jurídico no resultado do processo. Ademais, ela presta um *serviço público essencial*, pois sem o depoimento dela, em muitas ocasiões, torna-se impossível o tal descobrimento da verdade, principalmente na Justiça do Trabalho.

Daí que se mostra desarrazoada a *advertência* à testemunha no sentido de que, além da sanção penal, *poderá incorrer na multa de até 10%* (em verdade, de 9,99%) sobre o valor da causa. Mais adiante, voltaremos a tratar dessa matéria.

11.10.6. Inquirição e reinquirição das testemunhas

Esta é a *matéria mais importante* de toda a extensa temática a respeito do depoimento testemunhal. Ela diz respeito à formulação de *perguntas* pelo juiz e de *reperguntas* pelas partes. Nos moldes do art. 459, *caput* e § 1º, do CPC, o juiz pode formular perguntas à testemunha anteriormente à inquirição feita pelas partes ou posteriormente a essa inquirição. Contudo, o CPC/2015 alterou *profundamente* o rito de perguntação, ao disciplinar que as perguntas "serão formuladas pelas partes diretamente à testemunha, começando pela que a arrolou" (*caput* do art. 459).

Com efeito, o novo sistema processual civil, inaugurado a partir da vigência do CPC/2015, revela que foi implantado no sistema brasileiro o que se denomina de *direct examination* – e não de *cross examination*, que diz respeito ao contrainterrogatório, quando o advogado formula perguntas às testemunhas da parte contrária para desacreditá-las –, de *perguntação direta* à testemunha e não mais por intermédio do juiz. Em verdade, esse sistema de perguntação direta foi inaugurado no sistema jurídico brasileiro em 2008, com a alteração do art. 212 do Código de Processo Penal. Lá, no processo penal, desde aquela época os advogados não precisam mais submeter-se à atuação do juiz, numa "encenação triangular" – o advogado passa a pergunta ao juiz, que pergunta à testemunha, que responde ao juiz, que dita ao secretário de audiências e este registra o depoimento na ata –, o que muitas vezes gera debates intensos e desgastantes entre o juiz e o advogado, porque o juiz formula a pergunta de *maneira diversa* da apresentada pelo advogado.

Destarte, a partir do CPC/2015, o sistema processual civil adotou o que também se denomina de *sistema adversarial*, pelo qual cabe às partes verificar de quem é o ônus subjetivo da prova, que meio de prova seria adequado à demonstração da existência dos fatos e, principalmente, proceder à produção *direta* da prova oral. De modo que o juiz deve permitir à parte a produção da prova testemunhal que lhe cabe, porque não é demasiado lembrar que as partes também são destinatárias da prova e podem ter legítimo interesse na sua produção; e mais, na *extensão* que considerarem apropriada, até porque o tribunal, na análise de eventual recurso, poderá decidir *contrariamente* ao que decidiu o juiz que presidiu a instrução. Por isso, afirma-se que, nesse sistema adversarial, o juiz tem apenas uma *função complementar* à que seria própria das partes, na produção probatória. Não lhe cabe a iniciativa e nem mesmo a *condução inquisitiva* na tomada do depoimento das testemunhas.

Contudo, no *processo do trabalho*, ainda continua em vigor a regra do *art. 820 da CLT*, segundo a qual as partes e as testemunhas serão inquiridas *pelo juiz*, "podendo ser reinquiridas, por seu intermédio, a requerimento dos vogais, das partes, seus representantes ou advogados". De todos é sabido que não existem mais vogais – juízes classistas – na Justiça do Trabalho depois da vigência da Emenda Constitucional n. 24/99. Independentemente disso, o texto legal é claro como a luz do dia no sentido de que as partes – quando se valem do *ius postulandi* –, seus representantes ou seus advogados só podem proceder à perguntação às testemunhas *por intermédio* do juiz.

Por isso, no processo do trabalho ainda se fala em *inquirição* quando a perguntação provém do juiz e em *reinquirição* quando ela procede das partes ou de seus advogados. É que no processo do trabalho ainda vigora o *sistema presidencialista*, no qual o juiz exerce um papel preponderante como agente do Estado, na direção do processo, com vistas à *maior celeridade* possível, em busca da chamada *verdade real* e da mais pronta solução de mérito do processo (art. 765 da CLT).

> No processo do trabalho, ainda continua em vigor a regra do art. 820 da CLT, segundo a qual as partes e as testemunhas serão inquiridas pelo juiz, podendo ser reinquiridas pelos advogados, mas por intermédio do juiz.

É dizer, no processo do trabalho a inquirição de testemunhas se dá de *modo inquisitorial* e, por essa razão, enfatizamos, no início deste Manual, a predominância do *princípio inquisitivo* nesse ramo do processo. Se de um lado a *"encenação triangular"* já referida pode causar certa demora na inquirição da testemunha e no registro de seu depoimento, de outro lado, ela possibilita ao juiz um controle mais *imediato e efetivo* sobre as perguntas formuladas pelas partes e/ou seus advogados, o que lhe permite, *de plano*, indeferir perguntas indutivas, impertinentes ou repetitivas. Veja-se que mesmo no processo civil o juiz não pode admitir perguntas indutivas da resposta, sem qualquer relação com os fatos controvertidos ou que simplesmente "importarem repetição de outra já respondida" (parte final do *caput* do art. 459 do CPC).

Quando ocorre a *perguntação direta*, o advogado, via de regra, estende-se nas palavras utilizadas para a pergunta, às vezes de modo prolixo, principalmente quando se trata do advogado da parte contrária à que arrolou e/ou convidou a testemunha que está depondo. Além disso, por vezes, antes mesmo de o juiz indeferir a pergunta, a testemunha já começa a respondê-la, causando um verdadeiro constrangimento durante o depoimento testemunhal.

Daí por que penso não haver prejuízo nenhum à celeridade processual e nem mesmo ao contraditório efetivo, quando o juiz adota as *técnicas da inquirição e da reinquirição*, como exige o art. 820 da CLT. Como se não bastasse, o art. 11 da Instrução Normativa n. 39/2016 do TST recomenda que os juízes não apliquem a chamada *direct examination* no processo do trabalho, por ser incompatível com as regras e princípios deste (SOUZA JÚNIOR *et al.*, 2018, p. 231), podendo haver exceção nas audiências telepresenciais, como veremos no penúltimo capítulo deste Manual. Veja-se o teor do referido art. 11:

> Art. 11. Não se aplica ao Processo do Trabalho a norma do art. 459 do CPC no que permite a inquirição direta das testemunhas pela parte (CLT, art. 820).

Agora, se o juiz do trabalho aplicar essa técnica, permitindo a perguntação direta à testemunha, isso *não provoca* nenhuma nulidade processual, porque dificilmente alguém poderia demonstrar *manifesto prejuízo* simplesmente porque foi o advogado quem se dirigiu diretamente à testemunha e não o juiz. Aliás, na prática, quando o advogado *domina a técnica* de formular as perguntas, de modo objetivo e sem induzir a resposta, muitas vezes o juiz simplesmente *dirige o olhar* à testemunha e lhe solicita resposta à interrogação que acabou de ser pronunciada pelo advogado. Enfim, a *técnica da reinquirição* permite ao juiz não só o controle prévio da pergunta, mas também o registro em ata apenas daquilo que é absolutamente essencial à solução da controvérsia.

Por certo que há *juízes arbitrários*, que alteram por completo a pergunta formulada pelo advogado, que indeferem perguntas decisivas, que não registram em ata informações importantes da resposta e ainda alteram o conteúdo da própria resposta. *Isso é exceção*. De outro lado, também *há advogados* que não têm a menor técnica para a perguntação e o juiz, muitas vezes, *precisa ajustar* a pergunta para que ela não seja indutiva ou para que seja distinta de outra pergunta já respondida pela testemunha.

Por isso mesmo, a *técnica da reinquirição* ainda se mostra *adequada* no processo do trabalho. Haveria maior controle da arbitrariedade de alguns juízes e do comportamento inadequado de alguns advogados com a gravação das audiências, mas, infelizmente, em muitos Tribunais Regionais isso ainda não é possível, nas audiências presenciais.

Para finalizar essa abordagem inicial sobre a inquirição das testemunhas, há de se observar a *ordem de perguntação* prevista no processo do trabalho. Assim, o juiz deve inquirir *primeiramente* a testemunha e, na sequência, dar a oportunidade de reinquirição (reperguntas) à parte que arrolou e/ou convidou a testemunha, e somente ao final é que a parte contrária terá a oportunidade de apresentar suas reperguntas. Nada obsta que o juiz, em casos simples, possa transferir a perguntação *diretamente* às partes, mas, nesses casos, a parte que convidou a testemunha é quem faz *primeiramente* as perguntas a ela. De se pontuar que, em qualquer ritual seguido, o juiz pode, ao final do depoimento, formular perguntas, ou, ainda, *novas perguntas* à testemunha.

Durante a inquirição (pelo juiz) ou a reinquirição (pelo advogado), a testemunha tem o *dever* de informar *tudo* o que ela sabe sobre os fatos, mas sempre de forma *bem objetiva*. De outra mirada, ela tem direito ao *máximo respeito*. Por isso, a lei disciplina que as testemunhas "devem ser tratadas com urbanidade, não se lhes fazendo perguntas ou considerações impertinentes, capciosas ou vexatórias" (§ 2º do art. 459 do CPC). As perguntas não podem ser ofensivas às testemunhas e devem ser pertinentes aos fatos controvertidos, além do que o juiz e o advogado não podem "fazer pegadinha" com a testemunha e muito menos a expor ao ridículo. Em suma, a testemunha merece do juiz, das partes e dos advogados o *mesmo respeito* que estes exigem para si.

11.10.6.1. Técnicas de inquirição e reinquirição

Os advogados devem dominar as *técnicas* de formular perguntas e reperguntas, com domínio sobre o *interrogatório* e o *contrainterrogatório*, técnicas já examinadas anteriormente. E devem evitar perguntas exploratórias, a não ser no contrainterrogatório e se o juiz permitir. Como já visto, o advogado da parte que convidou a testemunha deve adotar uma técnica de perguntação bastante *objetiva*, para que a testemunha consiga bem entender a pergunta e apresente uma resposta satisfatória. Já ao advogado da parte contrária, convém empregar técnicas de contrainterrogatório, buscando *contradições* no depoimento da testemunha, que possam favorecer o seu cliente. Mas nunca de forma a ofender a testemunha ou a deixá-la em situação embaraçosa do ponto de vista da moralidade. No mais, reportamo-nos ao quanto já explanado no capítulo em que tratamos do *interrogatório direto* e do *contrainterrogatório*.

Na sequência, algumas *técnicas* sobre a inquirição e reinquirição de testemunhas, já mencionadas ou ainda por analisar. De se enfatizar: quando a parte estiver se valendo do *ius postulandi*, ela tem o direito de formular reperguntas às suas testemunhas e às testemunhas da parte contrária, nos termos do art. 820, c/c o art. 791 da CLT. No mesmo sentido: SOUZA JÚNIOR *et al.*, 2018, p. 233.

Quando a parte ou seu advogado termina as reperguntas, estará *preclusa* a sua oportunidade de dirigir outras perguntas à testemunha. Contudo, a preclusão se dá em relação à parte, não havendo preclusão *pro judica-*

to nessa matéria (SOUZA JÚNIOR *et al.*, 2018, p. 233). É dizer, o juiz, como condutor nato do processo e encarregado de buscar a chamada verdade real, tem o poder de formular perguntas à testemunha *a todo momento*, no início da inquirição, durante a reinquirição de qualquer das partes e no final do depoimento. Entretanto, não é conveniente que ele faça isso a todo momento. O juiz deve reservar essa prática para ocasiões em que a resposta da testemunha exige um *questionamento complementar* e, se a própria parte não o faz, o juiz poderá fazê-lo, em busca da chamada verdade real.

Daí que *não gera* nulidade alguma o fato de o juiz dirigir perguntas complementares à testemunha, mesmo depois de ter exaurido a sua perguntação. Ademais, em casos excepcionais, o juiz pode até permitir à parte ou ao advogado que formule *perguntas complementares*, ou seja, depois de terminado o seu momento de reinquirição, por exemplo, quando a parte lembra ao advogado um fato controvertido a respeito do qual a testemunha ainda não foi perguntada, por quem quer que seja. Em regra, isso se dá em relação a pedidos "menos importantes", como de vale-transporte, PLR e outros. Nesses casos, convém registrar em ata de quem partiu a formulação de perguntas complementares, se do juiz, do advogado do reclamante ou do advogado do reclamado.

Além disso, as perguntas dirigidas à testemunha devem ser, sempre, *compreensíveis*, tanto as formuladas pelo juiz quanto as encaminhadas pelos advogados. Perguntas rebuscadas, com a utilização de termos jurídicos, só deixam a testemunha tensa e muitas vezes não se consegue obter dela todas as informações necessárias ao esclarecimento dos fatos. Em síntese, as perguntas devem se referir ao objeto controvertido e devem ser formuladas de modo *direto* e *objetivo*, exigindo-se ainda que sejam *inteligíveis*.

> As perguntas dirigidas à testemunha devem ser, sempre, compreensíveis, tanto as formuladas pelo juiz quanto as encaminhadas pelos advogados.

E se houver *mais de um advogado* representando a parte em audiência? Por vezes ocorre de dois advogados sentarem-se à mesa e ambos pretenderem formular perguntas à parte contrária e às testemunhas. Essa prática é plenamente possível, nas *audiências presenciais* – nas audiências por videoconferência há uma situação peculiar, que será analisada no penúltimo capítulo deste Manual –, pois se a parte confiou nos dois advogados, ambos têm o direito e o poder de representar *efetivamente* a parte (também) na audiência trabalhista. O que o juiz pode fazer é determinar que o primeiro advogado *esgote* a sua "bateria" de perguntas e passe a palavra ao outro, para que este apresente as suas perguntas. Gera certo *tumulto* o fato de os advogados ficarem se *alternando* na perguntação, porque por vezes cada um questiona sobre um fato distinto e, com isso, não há uma ordem lógica nas respostas da testemunha, que muitas vezes fica *atônita*, sem saber ao certo sobre qual fato está sendo interrogada.

O advogado pode interferir na inquirição do juiz? Como já referido, a audiência trabalhista é uma peça teatral e para que esta seja bem apresentada, é conveniente que cada ator exerça o seu papel de modo a não atrapalhar o espaço, o momento e a fala do outro. Se o juiz está fazendo a perguntação à testemunha, ele está desenvolvendo um raciocínio lógico-jurídico para o descobrimento da verdade. Quando o advogado interfere nessa perguntação, por vezes *atrapalha* o desenvolvimento desse raciocínio e deixa a testemunha confusa. Por isso, o juiz pode muito bem determinar ao advogado que *anote as informações* que a testemunha teria dado e não foram registradas em ata, para que, ao final da inquirição, o juiz analise se a informação era útil ou não à solução da causa.

De modo que apenas em situações excepcionais, em que a testemunha *não está compreendendo* bem as perguntas e suas respostas estão prejudicando a parte que a convidou, é que o advogado poderá, com o devido respeito, utilizando-se da expressão "pela ordem", *interferir* na inquirição e requerer que a testemunha seja questionada sobre estar ou não compreendendo as perguntas.

Quanto à *reinquirição* ou *reperguntação* por parte dos advogados, por vezes ocorre de o juiz verificar que a pergunta provoca verdadeira *indução* à resposta – principalmente quando a resposta será apenas "sim" ou "não" –, que revela total *impertinência* porque não diz respeito ao objeto principal da controvérsia, ou que significa *mera repetição* de pergunta já formulada e respondida, para tentar fazer com que a testemunha "mude de ideia". O advogado não pode olvidar-se dessas *lições*: a) pergunta indutiva é aquela que já tem *embutida* a própria resposta; b) se o fato não é *relevante*, não importa a resposta que a testemunha daria à pergunta; c) somente será possível perguntar sobre fatos já questionados à testemunha, se o advogado formular a pergunta *de outra forma*; do contrário, a pergunta será repetitiva. Em igual sentido: SOUZA JÚNIOR *et al.*, 2018, p. 233-234.

A título meramente exemplificativo, quando o advogado pergunta se o intervalo era de uma hora, por óbvio que essa pergunta é *indutiva*. Quando a testemunha já respondeu que o intervalo intrajornada era de 15 minutos – ou de uma hora –, se o advogado perguntar sobre o tempo de intervalo, a pergunta será prontamente indeferida, porque *repetitiva*. Cabe ao advogado perguntar sobre fatos relacionados ao *espaço-tempo* do intervalo, como ida ao refeitório, tempo de alimentação, tempo de retorno, local para recreação etc., para que a pergunta não seja mera repetição. Essa *técnica* deve ser utilizada também em relação a horas extras em sentido estrito, aos requisitos do vínculo empregatício, à ocorrência de acidente do trabalho típico e tantos outros fatos.

Ainda sobre as *técnicas de reinquirição*, por vezes, quando a testemunha responde da maneira que o advogado *não almejava*, este diz ao juiz que a pergunta não foi formulada corretamente – "Vossa Excelência não perguntou direito" –, o que se revela bastante arriscado ao advogado. Há de se ter cuidado com essas intervenções. Se o juiz altera completamente a pergunta, o advogado pode demonstrar isso de maneira objetiva, comparando o teor das perguntas. Mas deve ter o cuidado de verificar se o juiz não fez exatamente a *mesma pergunta*, apenas com outras palavras, até mesmo porque se o juiz fizesse o questionamento com as mesmas expressões utilizadas pelo advogado, talvez a pergunta fosse indutiva. Não é demais lembrar que o juiz do trabalho tem pleno poder inquisitivo e deve centrar a atenção no objeto controvertido, quando da *inquirição* e *reinquirição* de testemunhas. Não custa lembrar: se a pergunta remete a um simples "sim ou não", ela pode ser *reformulada* pelo juiz, se indutiva, para que não seja prontamente indeferida.

O juiz pode mesmo reformular a pergunta do advogado? Como já observado, o juiz pode reformular a pergunta sempre que tiver por objetivo o *aproveitamento* do "ato", porque às vezes a pergunta é importante, mas não foi bem dirigida. O que não pode é o juiz modificar por completo a pergunta apresentada pelo advogado. Nesse caso, seria melhor que o juiz *indeferisse* a pergunta por ser indutiva, impertinente ou repetitiva. Agora, se o juiz alterar substancialmente a pergunta, cabe ao advogado requerer que isso seja consignado *em ata* e, se o juiz se negar, peticionar *imediatamente* à saída do fórum, noticiando o fato e requerendo a declaração de nulidade.

Exemplos de perguntas totalmente modificadas: o advogado pergunta "qual o tempo de percurso do trevo da cidade até o trevo de acesso à sede da empresa?", e o juiz pergunta "quanto tempo o ônibus roda na cidade antes de pegar a estrada?"; o advogado questiona "o que o reclamante fazia depois da refeição, e se ia para a sala de jogos?", e o juiz pergunta "terminado o almoço, o reclamante já voltava ao trabalho?". E tantos exemplos poderiam ser lembrados.

O juiz pode reformular a pergunta do advogado sempre que o fizer para aproveitamento do "ato", porque às vezes a pergunta é importante, mas se revela indutiva.

11.10.6.2. O que (não) perguntar à testemunha?

Chegamos ao ponto máximo: *o que perguntar à testemunha?* Essa é a grande questão relacionada à temática do depoimento testemunhal. Se alguém tiver a resposta exata, terá descoberto a *regra de ouro* desse meio de prova. Não há resposta acabada a essa questão tão difícil e abstrata. E, de outro lado, poder-se-ia acrescentar: *o que não perguntar à testemunha?* Costumo dizer aos meus alunos que a parte (advogado) que convidou a testemunha deve perguntar a esta o que ela sabe (técnica do interrogatório direto); e que a parte (advogado) deve perguntar à testemunha da parte contrária o que ela talvez não saiba (técnica do contrainterrogatório).

Já abordamos essas técnicas do interrogatório direto e do contrainterrogatório em capítulo anterior e para lá remetemos, com o devido respeito, o caro leitor.

O importante, nesse passo, é que o advogado compreenda que as perguntas devem dizer respeito a fatos, porque somente se produz prova testemunhal sobre *fatos* e desde que sejam *controvertidos*. Não há *nenhuma pertinência* em se formular perguntas sobre os efeitos jurídicos dos fatos, porque esses efeitos estão relacionados à *valoração da prova* sobre os fatos, que será realizada pelo juiz na prolação da sentença.

As perguntas sobre os efeitos jurídicos dos fatos são totalmente impertinentes, porque esses efeitos dizem respeito à valoração da prova sobre os fatos, atividade do juiz.

Explicando essa *técnica*: a) a testemunha não tem que responder se havia ou não subordinação, mas *sobre fatos* que possam revelar a presença ou ausência de subordinação; b) quem vai definir se o reclamante era gerente (art. 62, inciso II, da CLT) é o juiz e não a testemunha, de modo que a esta devem ser formuladas perguntas sobre as *condições de trabalho* que permitam revelar o cargo de gerência ou não; c) igualmente, o acúmulo de função é um instituto jurídico controvertido e que depende de valoração pelo juiz, tendo a testemunha que responder apenas a respeito de *funções ou atividades* que o reclamante desempenhava; d) quanto à justa causa, bem sabido que há quatro ou mais requisitos jurídicos para a sua configuração, mas a testemunha não tem que saber se houve perdão tácito ou não, se o caso é de improbidade ou não, e sim sobre *fatos específicos* que a empresa levou em consideração para dispensar o reclamante por justa causa. E poderíamos analisar várias outras hipóteses da casuística trabalhista.

Sobre *o que não perguntar* à testemunha, muitas vezes o advogado quer obter desta, *informações complementares* para que o depoimento dela goze de maior credibilidade por parte do juiz. Ocorre que, com isso, no desenrolar dessa perguntação, a testemunha pode prestar informações *contraditórias* com as já expostas ou que provoquem *dúvida* no teor das respostas anteriores. Não custa lembrar: no interrogatório direto à testemunha convidada pela própria parte, o advogado "deve ir direto ao ponto". Se a testemunha já forneceu a resposta que o advogado precisava, tendo confirmado o fato probando, por que insistir com outras perguntas? Trata-se de uma técnica "quase suicida". Quantas vezes já presenciei o advogado colocar tudo a perder por insistir em "*melhorar*" a sua prova. Como já dito, essa informação complementar pode interessar ao advogado da parte contrária, na *técnica do contrainterrogatório*.

> No interrogatório direto, o advogado deve formular poucas perguntas, e não deve prosseguir na reinquirição se a testemunha está "se complicando" nas respostas.

A pergunta é: *quando insistir ou prosseguir no depoimento?* Não há uma resposta fácil a esta questão. Contudo, informações acessórias, para reforçar a credibilidade do depoimento da testemunha, nem sempre conduzem a um bom resultado. O juiz pode formular questões acessórias ou periféricas, para verificar a credibilidade do depoimento. No entanto, as partes devem agir com *bom senso* quanto a essa questão. No *interrogatório direto*, o advogado deve formular poucas perguntas, e *não deve prosseguir* na perguntação se a testemunha está "se complicando" nas respostas, sobretudo se há outras testemunhas a serem ouvidas. Por vezes, como repetido à exaustão, a coleta dessas informações acessórias ou complementares interessa a quem faz o *contrainterrogatório*. Ao advogado da parte contrária, sim, revela-se pertinente conseguir o máximo de *contradições* no depoimento da testemunha que o outro convidou.

> No contrainterrogatório, o advogado deve tentar conseguir o máximo de contradições no depoimento da testemunha que a outra parte convidou.

Enfim, o juiz pode, no lugar de indeferir a pergunta, *ponderar* com o advogado sobre a sua *impertinência*? Há juízes extremamente objetivos e que indeferem de plano as perguntas indutivas, impertinentes ou repetitivas. Prefiro utilizar a *técnica da ponderação* (SOUZA JÚNIOR *et al.*, 2018, p. 236), explicando a razão de a pergunta ser impertinente ou repetitiva, e normalmente o advogado entende e "desiste" da pergunta. Contudo, se ele não entender a ponderação do juiz ou se insistir (na pergunta), não resta outro caminho ao juiz que não seja o de *indeferi-la*.

Não é novidade que, nesses casos, se a parte ou o advogado requerer, o juiz deve *transcrever na ata* de audiência *todas* as perguntas indeferidas (§ 3º do art. 459 do CPC). Ademais, o juiz deve "registrar em ata, com exatidão, todos os requerimentos apresentados em audiência" (inciso V do art. 360 do CPC).

E se houver um rol interminável de perguntas? Por vezes o juiz perde a paciência porque o advogado, sobretudo o "correspondente", tem diante de si um rol imenso de perguntas e ele nem sequer se dá ao trabalho de verificar que muitas delas já foram formuladas pelo juiz ou pelo advogado da parte contrária. Revela-se um tanto abusivo o ato deste advogado de requerer que se registre em ata, uma a uma, todas as perguntas indeferidas. Nada obsta que o juiz, em *casos extremos*, para coibir esse tipo de atitude e evitar procrastinação, determine que o advogado *junte aos autos*, no prazo que ele assinar, a relação das perguntas indeferidas.

No entanto, em qualquer situação em que o juiz tome efetivamente uma *decisão*, como esta que acaba de ser referida, o advogado tem o legítimo direito de requerer a consignação em ata dos seus *protestos*. Porém, como visto no início deste Manual, o advogado não tem direito a fundamentar os seus protestos na ocasião. O momento apropriado para tanto é o de apresentação das *razões finais* pela parte, nas quais o advogado deve demonstrar o cerceamento de defesa, melhor dizendo, o cerceamento do direito à *produção plena* da prova testemunhal.

11.10.7. Incomunicabilidade das testemunhas

O *art. 824 da CLT* disciplina, desde 1943, que o juiz "providenciará para que o depoimento de uma testemunha não seja ouvido pelas demais que tenham de depor no processo". A disposição legal é muito semelhante à do art. 456, *caput*, do CPC, segundo o qual o juiz deve inquirir "as testemunhas separada e sucessivamente, primeiro as do autor e depois as do réu, e providenciará para que uma não ouça o depoimento das outras".

Estas duas normas retratam um dos princípios *mais importantes* da teoria geral da prova, no que diz respeito à *prova testemunhal*. O *princípio da incomunicabilidade das testemunhas* é crucial para a higidez dessa prova. Se a testemunha sabe, de antemão, o que o juiz irá perguntar sobre os fatos controvertidos, e se sabe o que responderam as testemunhas anteriores, já poderá *preparar-se* de maneira diferente para o seu depoimento. Dito de outro modo, essa testemunha certamente será *influenciada* por saber *previamente* o tipo de pergunta que será feita e até mesmo por refletir sobre resposta que poderia ser evitada. Até porque a testemunha pode ficar sabendo sobre advertências, reprimendas e penalidades que o juiz tenha aplicado às testemunhas anteriores por *determinados comportamentos* ou tipos de resposta.

> O princípio da incomunicabilidade das testemunhas é fundamental para a higidez da prova, porque se a testemunha sabe, de antemão, o que o juiz irá lhe perguntar, poderá preparar-se de maneira distinta do seu depoimento natural.

Esse princípio é tão importante que o juiz deve zelar pela sua *máxima observância*. Daí por que, se uma das partes, sobretudo o reclamado, ouve as testemunhas da outra parte primeiro, para *somente depois* informar ao juiz que as suas testemunhas não se fazem presentes, requerendo o adiamento da audiência por conta disso, esse requerimento deve ser *prontamente indeferido*. É dizer, o requerimento de adiamento da audiência pela ausência de qualquer testemunha, convidada ou intimada, deve ser apresentado logo após a réplica (na audiência una), ou, se dispensada esta, *antes* dos próprios depoimentos pessoais. Se dispensados estes, *antes* da oitiva de qualquer testemunha. Em síntese, já na *abertura da instrução* propriamente dita (em audiência una ou de instrução), o advogado deve informar ao juiz que testemunha importante à defesa dos interesses probatórios do seu cliente não compareceu. O juiz adiará a audiência e na próxima sessão ouvirá *todas* as testemunhas, *numa única assentada*, uma de cada vez, por óbvio.

> Já na abertura da instrução propriamente dita o advogado deve informar ao juiz que a testemunha não compareceu, sob pena de o juiz indeferir o requerimento de adiamento da audiência, no curso desta.

Quanto à *ordem do depoimento* das testemunhas, no processo civil, como já visto, em regra geral são ouvidas primeiramente as testemunhas do autor e depois as do réu. No *processo do trabalho*, diante dos inúmeros casos de definição e/ou inversão do ônus da prova já analisados anteriormente, em muitas ocasiões ocorre a *inversão da ordem* desses depoimentos, ouvindo-se as testemunhas do reclamado em primeiro lugar e, na sequência, as testemunhas do reclamante.

De qualquer modo, a inquirição deve sempre ser feita "separada e sucessivamente", ou seja, ouvindo-se uma testemunha *de cada vez*, uma após a outra. Nessa *incomunicabilidade* entre as testemunhas, muitas vezes se constata um certo "elemento surpresa", porque a pessoa não sabe quem já prestou depoimento, vindo a saber disso apenas quando adentra à sala de audiências. Além disso, o juiz pode ir questionando ao depoente sobre informações prestadas pelas testemunhas anteriores, fazendo uma "acareação" informal, que muitas vezes poupa o trabalho da própria acareação, que demanda tempo e técnica específica, como veremos mais adiante.

Duas *questões práticas* relacionadas a essa temática são as que dizem respeito ao fato de haver *dois advogados da parte* na sala de audiências ou de o advogado utilizar *celular ou tablet* durante a audiência. Dependendo do que ocorrer, pode ficar *comprometida* a incomunicabilidade das testemunhas.

Pois bem, os advogados que sentarem-se à mesa de audiências devem prosseguir *até o final*, exceto em situações excepcionais, como a de um dos advogados ter que fazer audiência noutra vara. Se há algum advogado do mesmo escritório *assistindo* a audiência, ele também deve permanecer até o final. Se ele sair, não poderá voltar, evitando-se o "leva e traz" de informações à testemunha que está aguardando o seu momento de depor.

Quanto ao celular ou *tablet*, não há como impedir o uso desses aparatos eletrônicos, até porque os advogados que têm maior acesso digital costumam utilizar esses aparelhos para consultas ao próprio processo. Contudo, se a parte contrária ou o juiz verificar que o advogado está *transmitindo informações* para alguém que esteja fora da sala de audiências, fazendo uma "conexão externa", o juiz poderá determinar que ele desligue *imediatamente* o celular ou *tablet*, além de poder tomar outras providências cabíveis. A propósito, *vide* SOUZA JÚNIOR *et al.*, 2018, p. 236.

11.10.8. Registro do depoimento das testemunhas

Como já assentado em tópico anterior, no processo do trabalho o juiz *não precisa* transcrever em ata todas as informações apresentadas pelas testemunhas. Basta um *resumo* do depoimento delas na ata de audiência, mesmo nos processos de rito ordinário (arts. 828, parágrafo único, e 851, *caput*, da CLT). Outrossim, nos processos de *rito sumaríssimo*, o juiz pode registrar na ata de audiência, "resumidamente", apenas "as informações úteis à solução da causa trazidas pela prova testemunhal" (art. 852-F da CLT). Por fim, nos processos de rito sumário (causas de até dois salários-mínimos), de alçada exclusiva das varas do trabalho, o juiz poderá até mesmo dispensar "o resumo dos depoimentos" (§ 1º do art. 851 da CLT e Lei n. 5.584/70). Até porque nos chamados processos de alçada basta a conclusão do magistrado quanto à matéria de fato (art. 2º, § 3º, da Lei n. 5.584/70).

Destarte, o advogado precisa saber que na ata da audiência trabalhista o juiz consigna *apenas trechos importantes dos depoimentos*, que sejam úteis à solução do caso concreto. De se ponderar que não há regramento, nem mesmo no processo civil, que obrigue o juiz à transcrição integral das respostas dadas pelas testemunhas. O que é obrigatório registrar em ata, na íntegra, são *as perguntas* que o juiz indeferir, e desde que haja *requerimento expresso* da parte (§ 3º do art. 459 do CPC). Mas, insisto, *não há regra* no sentido de o juiz registrar todas as informações prestadas nos depoimentos testemunhais.

> Na ata de audiência o juiz registra apenas trechos importantes dos depoimentos, que sejam úteis à solução do caso concreto.

O *ideal*, como já referido, é que a audiência de instrução fosse toda gravada, aliás como resta autorizado pelo art. 367, § 5º, do CPC, sendo permitido à parte, sem necessidade de autorização do juiz, a gravação das audiências (§ 6º deste art. 367). Contudo, conforme já ponderado, o advogado deve *avisar ao magistrado* que procederá à gravação, em respeito ao juiz, à parte contrária e seu advogado, bem como às testemunhas, agindo, assim, *de boa-fé*. Ademais, a gravação – nem mesmo a feita de modo oficial – *não dispensa o resumo*, em ata, dos depoimentos prestados pelas testemunhas, nem mesmo na audiência telepresencial, a despeito da Resolução n. 313 do CSJT, como veremos no penúltimo capítulo deste Manual.

Agora, *o advogado pode pedir para retificar o registro do depoimento na ata?* Por óbvio que sim, mas por vezes o advogado pede para constar em ata outras informações além das registradas. Não há sentido que o juiz indefira uma pergunta ou que não queira registrar em ata a informação que ele considera irrelevante, e depois faça constar, junto aos protestos do advogado, a informação que este gostaria que fosse registrada. Se a informação era desnecessária, o juiz não tem dever algum de registrá-la. Ademais, essa retificação da ata deve ser feita antes da sua disponibilização às partes, no PJe. É dizer, se o juiz já assinou a ata – e ele tem o prazo de 24 horas para tanto (art. 23 da Resolução n. 185 do CSJT) –, não há mais como se alterar o conteúdo dela (SOUZA JÚNIOR *et al.*, 2018, p. 240). Seria o caso de ata retificatória ou de ata complementar – ou até de simples certidão do secretário de audiências –, o que pode ser requerido pelo advogado em petição e, se o juiz indeferir o requerimento, cabe ao advogado apresentar outra petição registrando os seus protestos.

O ideal, como já mencionado, é que o próprio tribunal disponibilizasse os *equipamentos necessários* à gravação de todas as audiências presenciais, sobretudo das de instrução. Isso evitaria que o advogado ou até mesmo o juiz fizessem gravações por meio de aparelho celular. Até porque, como já referido, para segurança jurídica e respeito às pessoas envolvidas, é necessário que todas as partes envolvidas no processo tenham *acesso à gravação*, em áudio e vídeo. Assim, ainda que qualquer das partes possa fazer a gravação da audiência, sem necessidade de autorização do juiz, a gravação promovida pelo próprio tribunal *evitaria a surpresa*, estimularia a *cooperação* e o respeito ao outro, e ainda permitiria conferir a licitude do procedimento de produção da prova. Quantas arbitrariedades poderiam ser evitadas se todos soubessem previamente que estão sendo filmados.

11.10.9. Testemunha referida e acareação de testemunhas – a prova "dividida"

O CPC de 2015 trata, num só dispositivo, dessas duas hipóteses legais: a oitiva de (i) *testemunha referida* e a (ii) *acareação de testemunhas*. Mas são institutos distintos, por óbvio.

Como já pontuado, o juiz pode proceder à oitiva de testemunha *referida* nos depoimentos das partes ou de outras testemunhas, como consta expressamente no inciso I do art. 461 do CPC. Pode fazê-lo *de ofício* ou a requerimento de uma das partes ou até de ambas. A necessidade dessa oitiva normalmente ocorre quando a parte ou as testemunhas, ao prestarem informações sobre determinados fatos, fazem *menção a uma pessoa* que teria presenciado também esses fatos ou até participado do ato ou fato jurídico. Dependendo da importância dos fatos e principalmente se a *prova se encontra "dividida"*, o juiz pode ordenar a oitiva de uma ou mais testemunhas referidas. Contudo, ele terá de "adiar" a audiência para que a testemunha referida seja *intimada* a comparecer na sessão em prosseguimento, a fim de possibilitar a tomada de seu depoimento.

De se observar, no entanto, que o juiz não tem o dever de deferir requerimento nesse sentido. Trata-se de *faculdade* do juiz, tanto que a expressão legal é: o juiz "pode ordenar" a inquirição de testemunhas referidas (SOUZA JÚNIOR *et al.*, 2018, p. 241). Uma vez mais, só tem sentido o adiamento da audiência – ou a designação de audiência específica para tanto – se o depoimento das testemunhas referidas for *absolutamente necessário* para a solução do processo. Isso normalmente ocorre quando se verifica a chamada "prova dividida", ou seja, quando as testemunhas de uma parte *afirmam* um fato e as da outra parte *negam* a existência desse fato.

> Imagine-se o seguinte exemplo: uma ação em que o reclamante foi dispensado por justa causa em razão de ter faturado vendas não autorizadas pelo cliente da empresa reclamada, o que gerou um prejuízo econômico ao empregador, já que este "perdeu" seu melhor cliente em razão do ocorrido. Havia convenção expressa entre a empresa e o cliente no sentido de que este deveria autorizar expressamente quaisquer vendas, via *e-mail*. A alegação da defesa é a de que o reclamante "forjou" um *e-mail* com essa autorização. A prova oral, tanto do reclamante quanto da reclamada, resta centrada na autorização: reclamante diz que o cliente, na pessoa da diretora Sra. Fulana, tinha autorizado; reclamado diz que a Sra. Fulana nada autorizou e que o reclamante forjou o documento de autorização. A oitiva da Sra. Fulana, nesse caso, passa a ser imprescindível ao deslinde da causa, justificando-se a sua oitiva.

> A oitiva de testemunha referida é mera faculdade do juiz, sendo necessária apenas quando se verifica a chamada "prova dividida".

Em relação à *acareação de testemunhas*, ela tem suas *hipóteses* de cabimento previstas no inciso II do mesmo art. 461. O Juiz pode determinar, no próprio ato, a acareação "de 2 (duas) ou mais testemunhas ou de alguma delas com a parte, quando, sobre fato determinado que possa influir na decisão da causa, divergirem as suas declarações".

Assim, a acareação pode ocorrer também entre a *parte* e as testemunhas *da parte contrária*, pois se as testemunhas da própria parte contradisseram o que ela afirmou, não há necessidade alguma de acareação. Vale a pena frisar, a acareação pode ocorrer em *duas hipóteses*: 1ª) entre as testemunhas, quando elas prestarem depoimentos divergentes; 2ª) entre a parte e as testemunhas da parte contrária. De se anotar: *não há o menor sentido* em se promover acareação entre as partes, simplesmente porque cada qual tem a sua versão sobre os fatos. A acareação se justifica, então, quando existir um fato específico que possa *influir* na decisão da causa e quando houver *declarações divergentes* entre as pessoas referidas, a respeito da existência ou inexistência desse fato.

De se insistir nesse ponto: a acareação somente será necessária se houver fatos *determinados* que possam *influir* na decisão judicial, até mesmo porque o *objetivo maior* da prova é o de permitir que a parte possa "influir eficazmente na convicção do juiz" (art. 369 do CPC). Agora, se sobre esse fato decisivo o juiz não tem dúvida sobre o resultado da prova oral, não haverá necessidade de se promover acareação. A acareação se mostra importante quando o juiz *não está convencido* sobre quem está, pelo conjunto probatório, prestando depoimento verdadeiro. *Em suma*, quando houver "prova dividida".

A propósito, embora a doutrina não se aprofunde sobre essa questão importante na solução das demandas judiciais, a jurisprudência, sobretudo na Justiça do Trabalho, tem feito menção constante à chamada *prova dividida*. Contudo, o que vem a ser o instituto da "prova dividida"?

Há vários equívocos relacionados a essa figura processual: 1º) entender que, se uma das partes ouviu mais testemunhas do que a outra, não haveria prova dividida; 2º) pensar que, simplesmente pelo fato de o depoimento das testemunhas - do reclamante x da reclamada - ser destoante ou contraditório, teríamos uma prova dividida; 3º) considerar que o juiz tem de possuir uma bola de cristal para descobrir qual das testemunhas está dizendo a verdade, porque não lhe seria possível utilizar-se das regras objetivas de ônus da prova para solucionar a demanda.

No que diz respeito ao primeiro equívoco, como já afirmei neste Manual, não há placar de testemunhas. Não é porque uma das partes - reclamante ou reclamada - apresentou em juízo mais testemunhas do que a outra que poderíamos concluir no sentido de que quem ouviu mais testemunhas produziu uma prova mais convincente. Inúmeras vezes, em mais de duas décadas de magistratura, pude verificar que a única testemunha ouvida por uma das partes prestou um depoimento muito mais seguro e convincente do que o prestado pelas duas (ou três) da parte contrária. De tal sorte que a prova pode, sim, restar "dividida", independentemente da quantidade de testemunhas ouvidas pelas partes. Em suma, se a(s) testemunha(s) das partes presta(m) informações absolutamente contraditórias - e o juiz não tem outros meios de valoração para encontrar a chamada "verdade real" -, a prova se encontra "dividida".

De outra mirada, não é porque os depoimentos são contraditórios que o juiz deve, simplesmente, utilizar-se das regras de ônus da prova e julgar em desfavor de quem tinha o ônus subjetivo de prova. O juiz pode

– e deve – valer-se de inúmeras técnicas de valoração da prova, que serão minuciosamente analisadas mais adiante. É dizer, se as testemunhas das partes prestam informações contraditórias sobre os fatos controvertidos, o juiz deve valer-se das *técnicas objetivas e subjetivas de valoração* e fazer o máximo esforço para identificar qual depoimento é mais crível, mais convincente, de acordo com o *conjunto probatório*.

Para tanto, o juiz pode recorrer a pelo menos cinco *técnicas objetivas de valoração* da prova testemunhal:

1ª) *observar o tempo de trabalho* da testemunha junto com o reclamante, pois, em regra generalíssima, a pessoa que trabalhou mais tempo (2 anos x 6 meses) junto com o demandante tem melhores condições de retratar o que realmente aconteceu durante o período contratual posto a exame, principalmente em relação a matérias como jornada de trabalho, acúmulo de funções e outras;

2ª) *levar em conta a função exercida* pela testemunha, tendo em vista que merece maior crédito, em regra, o depoimento da pessoa que, na empresa, exercia função idêntica ou similar à que era desempenhada pelo reclamante, até porque, pela experiência vivenciada no ambiente de trabalho, essa testemunha poderá melhor esclarecer questões relativas às *condições específicas de trabalho* do demandante;

3ª) *analisar a proximidade do local de trabalho, para verificar qual das testemunhas realmente trabalhou em lugar próximo do locus de labor do reclamante, e se tinha condições de visualizá-lo no momento da prestação de serviços, ou não;*

4ª) *considerar a posição hierárquica da testemunha em relação ao reclamante, principalmente em questões que dizem respeito aos direitos de personalidade do trabalhador demandante, porque se a testemunha da reclamada é o próprio supervisor, encarregado ou até gerente acusado de prática de danos de natureza moral* – inclusive assédios moral ou sexual –, seu depoimento deve ser analisado com todas as reservas possíveis, técnica que pode ser aplicada para várias outras matérias, como jornada de trabalho, equiparação salarial etc.;

5ª) *aferir o tempo da jornada durante o qual a testemunha realmente trabalhava na companhia do reclamante, porque se uma das testemunhas labutava oito horas ou mais junto com o demandante, seu depoimento, em regra, merece maior crédito do que o prestado pela testemunha que trabalhava somente parte da jornada no mesmo ambiente laboral.*

Outrossim, há duas *técnicas subjetivas de valoração* da prova testemunhal que o juiz do trabalho, jamais, poderá deixar de lado no momento da prolação da sentença, a saber:

1ª) *buscar*, no confronto dos depoimentos testemunhais, *a precisão da narrativa dos fatos, porque muitas vezes o depoimento da pessoa perde toda a credibilidade por conta de exageros na exposição do que aconteceu na empresa, por contrariar documentos juntados pela própria parte – ou até o depoimento pessoal desta –, além de uma série de outras situações que somente quem tem a difícil missão de julgar sabe como acontece durante os depoimentos prestados em juízo;*

2ª) *ficar muito atento*, durante o depoimento das testemunhas, *à segurança do depoimento* revelada pela chamada linguagem corporal da pessoa que está depondo, porque realmente "o corpo fala", e por isso mesmo é extremamente importante que o juiz faça o máximo esforço para buscar a sinceridade – ou não – no depoimento da testemunha, observando, atentamente, seus gestos, olhares, firmeza na voz etc.

Com efeito, a prova somente se tornará "dividida" se, mesmo utilizando-se de todos os critérios e técnicas de valoração disponíveis, o juiz não tiver condições *objetivas* de decidir qual depoimento é o mais convincente, porque, verificadas todas essas técnicas, o juiz não encontrou maior peso (ou valor) probante no depoimento de uma das testemunhas.

Há casos – e felizmente são a minoria – nos quais o juiz cometeria severa injustiça se desse maior valor ao depoimento de uma testemunha do que ao da outra, porque ambas, inclusive pelos gestos, olhares e firmeza na fala durante o depoimento, prestaram *informações seguras*.

E aqui passo a comentar sobre o terceiro equívoco na análise dessa matéria, o de pensar que o juiz tem de descobrir a verdade de qualquer modo e não pode valer-se das regras de ônus da prova para decidir o impasse.

Veja-se, na doutrina, o pensamento do grande jurista e professor Élisson Miessa:

> Desse modo, a nosso juízo, a dúvida do julgador não se resolve em desfavor daquele que tinha o ônus da prova e dele se desincumbiu, já que a prova está nos autos. O próprio ordenamento contempla mecanismos capazes de afastar as contradições existentes entre as provas, como é o caso da acarreação (sic), na prova testemunhal, e do incidente de falsidade na prova documental. Queremos dizer, o ordenamento não se

> contentou em admitir que uma das partes possa provar seus fatos com testemunha mentirosa ou documento falso. Impôs ao julgador, inclusive de ofício, a utilização da acarreação (sic) para buscar a verdade dos fatos (CPC, art. 461, II).
>
> Isso significa que, existindo provas nos autos, ainda que divididas, não está autorizado ao julgador decidir com base no ônus da prova, mas, na busca da verdade, tendo o dever de analisar qual a melhor prova existente nos autos, ou seja, **foge-se do ônus da prova e passa-se para a valoração da prova**, incumbindo ao julgador desqualificar o depoimento das testemunhas que se distanciam da realidade, fundamentando seu entendimento, e decidir de acordo com as testemunhas que, a seu juízo, retratam com mais qualidade a realidade dos fatos.
>
> Não se trata, porém, de o magistrado escolher o depoimento que, dentre as suas preferências pessoal, é o melhor ou o que foi capaz de persuadi-lo, mas aquele que é crível (...). (MIESSA, 2024, p. 728)

Com todo respeito, mesmo recorrendo a todas as técnicas de valoração da prova e promovendo a acareação entre as testemunhas – o que não é possível em todas as audiências trabalhistas, diante das pautas extensas que o juiz do trabalho tem de realizar –, há vários casos em que esse zelo não permite ao julgador encontrar a chamada "verdade real".

Como já afirmei neste Manual, é um erro grave pensar que alguma das testemunhas está (sempre) mentindo. Isso não acontece em todas as audiências. O magistrado atento e realmente preocupado com a justiça das decisões verifica, muitas vezes, que, até pelo temor natural de estar diante de um juiz, o que as testemunhas narram são *visões distintas de um mesmo fato* que aconteceu com o reclamante.

É dizer, *nem sempre as testemunhas mentem* e o juiz não tem bola de cristal para conseguir perceber todas as mentiras. Nesses casos, estando a prova testemunhal realmente "dividida", não resta outro caminho ao magistrado que não seja o de decidir a demanda *em desfavor da parte que tinha o ônus subjetivo da prova*, de acordo com as regras do art. 818 e §§ da CLT – regras de ônus objetivo –, para não cometer injustiça no caso concreto.

> A acareação somente será necessária se o juiz não estiver convencido sobre quem está, pelo conjunto probatório, prestando depoimento verdadeiro.

Continuando a análise das questões relacionadas à acareação de testemunhas, pode haver acareação na contradita? Nada obsta que, na instrução da contradita, havendo informações contraditórias ou divergentes e não tendo o juiz convicção sobre quem está dizendo a verdade, ele promova, preferencialmente de ofício, a acareação também nessa ocasião.

De quem é o ônus da prova na acareação? Em verdade, não há falar em ônus da prova simplesmente porque houve necessidade de acareação. O ônus da prova é relativo aos *fatos controvertidos da demanda* e se define por outros regramentos já analisados anteriormente, levando-se em conta o ônus subjetivo e o ônus objetivo. Contudo, a acareação torna mais rigorosa a exigência de *prova robusta* por parte de quem detinha o ônus subjetivo da prova. Se, ao final da acareação, a prova continuar "dividida", o juiz irá julgar *desfavoravelmente* à parte que tinha o ônus subjetivo e dele não se desvencilhou.

Quanto às *técnicas específicas* destes institutos, vale a pena frisar, primeiramente, que se trata de *mera faculdade* do juiz tanto a oitiva de testemunhas referidas quanto a acareação, porque a expressão "pode ordenar" está no *caput* do art. 461 do CPC e se aplica, por óbvio, a ambas as hipóteses. Assim, qualquer das partes ou ambas podem requerer também a acareação, mas é o juiz quem vai decidir sobre a conveniência ou não dela. Insisto: se o juiz já está *convencido* sobre quem está prestando informações verdadeiras sobre os fatos controvertidos e determinados, *não há necessidade* de acareação.

Haverá reinquirição dos acareados? A acareação costuma ser feita de modo muito informal na Justiça do Trabalho. Por vezes, o juiz promove essa "acareação" entre as testemunhas até mesmo quando uma delas ainda está a depor. Tecnicamente, no entanto, a acareação deveria ser um ato subsequente ao *encerramento de todos* os depoimentos testemunhais. Quando as partes *não têm mais* testemunhas a ouvir ou se o juiz indeferiu a oitiva de outras testemunhas, é que se pode *aquilatar* a existência ou não de "prova dividida", a justificar a utilização do instituto.

Agora, se o juiz decidiu promover a acareação, não há *propriamente* uma reinquirição dos acareados. É dizer, eles não serão reperguntados sobre todos os pontos dos seus depoimentos, mas apenas sobre *pontos específicos*, sobre os quais haja divergência entre as respostas dos acareados. Além disso, o ato de acareação deve ser *reduzido a termo*, em conformidade com o § 1º do mencionado art. 461.

A respeito das *técnicas de acareação* propriamente ditas, vale a pena pontuar algumas. A pergunta é: quais são as *técnicas eficazes* para o êxito da acareação? Muitos juízes não gostam de proceder à acareação porque consideram que os acareados dificilmente mudam as versões que já tinham apresentado em seu depoimento. É verdadeiro que em boa parte das vezes a acareação não faz com que as testemunhas reconheçam que estavam equivocadas ou até mentindo. No entanto, se o juiz fizer a acareação com a *paciência* que o ato requer, pode notar gestos, tom de voz, expressões corporais as mais variadas, que podem fazer *presumir* quem está dizendo a verdade e quem não está.

O juiz pode colocar os acareados frente a frente? Penso que sim e considero a *técnica mais eficaz* para o resultado positivo da acareação. Em várias ocasiões, solicitando que as testemunhas ficassem de frente uma para a outra e que olhassem nos olhos da outra, pude verificar que uma delas mantinha com segurança todas as informações prestadas, ao passo que a outra titubeava, olhava para baixo, ruborizava e uma série de outras demonstrações de que estava falseando a verdade. Lembro-me de certa ocasião em que as testemunhas eram irmãs e, mesmo assim, uma testemunhava pelo reclamante e a outra pelo reclamado. Quando as coloquei frente a frente e disse a elas que a mãe delas, se estivesse presente, estaria morrendo de vergonha porque um dos seus filhos estava mentindo na Justiça, a testemunha que estava mentindo ficou muito constrangida e reconheceu que realmente não estava dizendo a verdade, passando a confirmar as horas extras e outros fatos narrados pela outra testemunha.

> Na acareação, o juiz pode colocar os acareados frente a frente e lhes perguntar sobre pontos específicos da divergência, e depois deve reduzir a termo apenas as informações essenciais.

Outra questão: *o advogado pode reperguntar durante a acareação?* Conquanto o CPC não seja claro quanto a essa possibilidade, não somente porque a dicção legal é de "reperguntação", mas também porque penso ser inerente ao contraditório e à ampla defesa, o advogado pode, *excepcionalmente*, formular alguma pergunta que seja útil à solução da divergência entre as testemunhas, caso o juiz *ainda não esteja convencido* a respeito de quem está dizendo a verdade. Principalmente no processo civil, onde predomina o sistema adversarial, como já mencionado anteriormente.

Uma *última questão*: *o que registrar em ata?* O CPC é categórico em exigir que o ato de acareação seja *reduzido a termo*. Destarte, o juiz tem o *dever de registrar* na ata de audiência as principais questões formuladas às testemunhas e o resultado da acareação: as *informações essenciais*. Por óbvio que o juiz poderá fazer isso de forma *bem resumida*, já que os próprios depoimentos testemunhais podem ser apenas resumidos, constando da ata tão somente as informações úteis à solução da causa, pelo menos no processo do trabalho.

11.10.10. Valoração da prova testemunhal

Este é um tópico que interessa bem mais aos juízes iniciantes do que aos advogados, porque nele serão analisadas algumas técnicas que o juiz pode utilizar para a *valoração da prova testemunhal*. No entanto, ao advogado também poderá ser interessante a ciência dessas técnicas, porque isso poderá melhorar a sua preparação para a audiência, conduzindo a juízo testemunhas que passarão ao magistrado maior *credibilidade* no seu depoimento.

Há *duas técnicas* que não são propriamente de valoração da prova, mas que guardam estreita relação com esse ato judicial.

A primeira delas diz respeito à *Súmula n. 357 do TST*. Em conformidade com essa súmula, o fato de a testemunha possuir ação trabalhista em face do mesmo reclamado não retira, em nada, a *credibilidade* do seu depoimento, pois esse fato, por si só, *não caracteriza* nenhuma suspeição da testemunha, como já visto anteriormente. De outro lado, se a testemunha do reclamado exerce algum cargo de confiança na empresa, esse fato, por si só, *não caracteriza* nenhum interesse no resultado do litígio e, também aqui, a testemunha goza de confiabilidade. Não obstante, sempre que houver testemunhas que não tenham ação em face do mesmo empregador ou que não exerçam cargo de confiança na empresa, *melhor*, porque não haverá nenhuma preocupação do juiz a respeito da credibilidade do depoimento, quando da valoração da prova.

Uma segunda técnica é a que diz respeito à *quantidade de testemunhas*. Como já analisado oportunamente, é completamente equivocado pensar que uma só testemunha não fornecerá prova suficiente ao acolhimento da tese da parte pelo juiz. *Não existe placar de testemunhas (2 x 1)*. E a "prova dividida" não tem nada a ver com a quantidade de testemunhas, pois pode haver prova dividida com três testemunhas de um lado e apenas uma do outro. Como já mencionado, inúmeras vezes verifiquei que uma só testemunha prestou depoimento muito mais convincente do que as três testemunhas da parte contrária e, nesse caso, não houve, por óbvio, "prova dividida". Outrossim, não importa, a princípio, quem tem o ônus subjetivo da prova, pois, pelo princípio da aquisição (art. 371 do CPC), o que importa ao juiz é verificar se o fato foi *plenamente provado*, independentemente de quem produziu a prova, se a parte que tinha o ônus subjetivo ou se a parte contrária. Por isso, uma das técnicas mais eficazes para o advogado é a de, ouvida a testemunha da parte contrária e tendo esta *confirmado o fato* que o seu constituinte teria de provar, simplesmente desistir da oitiva de suas testemunhas, num autêntico "0 x 1" que se transforma uma saborosa vitória.

> A "prova dividida" não tem nada a ver com a quantidade de testemunhas, pois pode haver prova dividida com três testemunhas de um lado e apenas uma do outro.

Quanto às *técnicas de valoração* da prova testemunhal propriamente ditas e que podem ser utilizadas pelo juiz do trabalho, vale a pena citar algumas, dentre tantas outras, pois haverá um peso *maior* ou *menor* na valoração do depoimento da testemunha, de acordo com os *seguintes parâmetros*:

1º) *tempo de trabalho* – quanto maior o tempo de trabalho *juntamente* com o reclamante, maior o peso do depoimento da testemunha, pois pode haver mudanças na forma de prestação de serviços e, em casos específicos, o juiz pode considerar que o depoimento será aplicado somente num período específico, a despeito da OJ n. 233 da SDI-1 do TST; por isso, sobre condições do ambiente de trabalho, não tem valor algum o depoimento de testemunha que não trabalhou ao mesmo tempo que o reclamante;

2º) *função exercida* – é muito importante que a testemunha exerça função idêntica ou similar à que era desempenhada pelo reclamante, porque a testemunha que exercia a mesma função na empresa terá muito mais aptidão para depor sobre as *condições específicas de trabalho* do reclamante e, por isso, o depoimento do chefe ou encarregado merece reservas; não somente porque exerce função de confiança, mas porque não labutava junto com o reclamante; uma coisa é dar ordens de serviço, outra coisa é cumpri-las;

3º) *proximidade do local de trabalho* – é extremamente relevante que a testemunha tenha trabalhado *o mais próximo possível* do reclamante, tendo o juiz e/ou o advogado de verificar se ela trabalhava no mesmo piso/andar, ou em andar distinto, se era possível do local de trabalho da testemunha, que ela presenciasse os fatos que ocorriam no ambiente de labor do reclamante etc.;

4º) *posição hierárquica* – quanto mais alto o cargo que a testemunha desempenha, mais proximidade ela tem com a alta direção da empresa e mais se aproximam os seus poderes do próprio poder empregatício; na prática, então, o gerente geral (art. 62, inciso II, da CLT) substitui-se ao próprio empregador, não tendo praticamente valor algum o seu depoimento como testemunha; assim, dependendo do escalão de gerenciamento da empresa, quanto mais próximo do gerente geral seja a posição ocupada pela testemunha, *menor credibilidade* ela terá;

5º) *tempo da jornada* – são situações distintas a da testemunha que trabalha oito horas junto com o reclamante, e da testemunha que trabalhava com ele apenas duas horas da jornada de trabalho; assim, quanto mais simultâneo for o trabalho, *maior credibilidade* haverá no depoimento testemunhal;

6º) *precisão dos fatos* – tudo isso é muito importante, mas ainda se exige que a testemunha preste um depoimento seguro, noticiando com a *máxima precisão* os fatos, da maneira como eles aconteceram;

7º) *aspectos subjetivos* – além de todos os aspectos objetivos dos itens "1" a "5" *retro* mencionados, a *segurança do depoimento* – um aspecto subjetivo, portanto – é revelada não somente pela precisão sobre os fatos, extraída das palavras ditas pela testemunha, mas também por seus gestos, olhares, firmeza na voz etc., como já pontuamos anteriormente; de se lembrar, sempre, *o corpo fala* e a *credibilidade* do depoimento da testemunha será verificada também por todas as *"informações" corporais* que ela transmitir durante o seu depoimento.

11.10.11. Penalidades à testemunha mentirosa

Como já pontuamos diversas vezes neste Manual, a testemunha tem o *dever de cooperar* com o Poder Judiciário para o descobrimento da verdade e, por conta disso, o *dever de depor* em juízo. Tanto é assim que, se a testemunha foi devidamente intimada e mesmo assim não comparece, poderá ser *conduzida coercitivamente*, nos termos do art. 825, parágrafo único, da CLT. Ademais, ela poderá sofrer *penalidade* de 1 (um) a 10 (dez) salários-mínimos, em conformidade com o art. 730 da CLT, caso não compareça, ou, comparecendo, se recuse a prestar depoimento.

Além disso, conforme já analisado, poderá haver a aplicação de *multa à testemunha*, superior a 1% e inferior a 10% do valor da causa, *por litigância de má-fé*, nos termos do art. 793-D da CLT, quando ela, ao depor, (i) *al-*

terar intencionalmente os fatos, ou (ii) *omitir* fatos essenciais ao julgamento da demanda.

Várias são as críticas que podem ser direcionadas a essa disposição legal, primeiro, porque não há regra punitiva dessa ordem nem mesmo no processo civil; segundo, porque a testemunha não é parte e nem mesmo terceiro interessado; terceiro, porque o legislador reformista sequer estipulou um procedimento para aplicação da multa.

Tanto é assim que o TST, na *Instrução Normativa n. 41/2018*, mais precisamente em seu art. 10, parágrafo único, acabou por fixar um *procedimento para aplicação da multa*, a fim de possibilitar o aproveitamento do instituto. De acordo com esse regramento, primeiramente, deve-se instaurar um *incidente de averiguação* da litigância de má-fé da testemunha; depois, devem ser fixados os *pontos controvertidos* sobre os quais se dará a instrução incidental; na sequência, o juiz deve assegurar à testemunha o direito ao contraditório e à *ampla defesa*, e ainda possibilitar a retratação, para somente depois decidir se é o caso ou não de aplicar multa por litigância de má-fé à testemunha mentirosa.

Contudo, apesar do esforço hermenêutico do E. TST, surgem algumas *indagações* ainda não resolvidas: 1ª) a testemunha terá direito a constituir advogado para defendê-la?; 2ª) a testemunha poderá ouvir testemunhas para provar que estava dizendo a verdade?; 3ª) se o depoimento da testemunha revelou contrariedade aos interesses da própria parte que a convidou, ainda assim será possível considerá-la mentirosa?

Bem se vê que o legislador reformista quis apenas amedrontar as testemunhas, atendendo à sanha de alguns empresários que acreditam que os trabalhadores ganham suas demandas porque são favorecidos por testemunhas que mentem em juízo. A propósito, veja-se o comentário de Carlos Eduardo Oliveira Dias:

> Comentários peculiares merecem o disposto no artigo 793-D, da CLT. Dentro do mesmo propósito de se inibir o acesso à justiça, o texto permite a imposição de multa por litigância de má-fé às testemunhas. Isso não é casual, dado que a prova testemunhal é a principal modalidade utilizada no processo laboral, mormente pela aplicação do princípio da primazia da realidade. Na grande maioria das ações trabalhistas, a prova produzida por testemunhas é praticamente a única disponível aos trabalhadores e capaz de permitir o convencimento do magistrado das suas alegações. Ao criar uma sanção específica para as testemunhas, há um intento claro de constranger as pessoas que poderiam ser chamadas

a testemunhar para que não o façam, com receio de haver uma interpretação subjetiva sobre os fatos por ela narrados, com consequências pecuniárias, além de criminais. Cabe notar que, ainda que o texto seja abrangente, essa situação tende a atingir muito menos as testemunhas apresentadas pelos empregadores, porquanto, em sua maioria, trata-se de trabalhador ainda empregado e que, portanto, tem poucas chances de recusa a convite para prestar depoimento (DIAS *et al.*, 2018, p. 223).

Agora, é preciso insistir nessa ideia: para que o juiz possa condenar a testemunha por litigância de má-fé, em conformidade com o art. 793-D da CLT, ele deve, primeiramente, assegurar à testemunha o sagrado direito de defesa. Veja-se o entendimento do E. TST:

> **"PROCESSO SUBMETIDO À LEI Nº 13.467/2017. MULTA POR LITIGÂNCIA DE MÁ-FÉ APLICADA À TESTEMUNHA. INDEVIDA. ARTIGO 793-D DA CLT. AUSÊNCIA DA PRÉVIA INSTAURAÇÃO DE INCIDENTE PROCESSUAL.** O Regional, instância soberana na análise do conjunto fático-probatório dos autos, manteve a decisão do Juízo de origem em que se condenaram as testemunhas ouvidas a rogo da reclamada ao pagamento de multa por litigância de má-fé, sob o fundamento de que prestaram declarações falsas, com evidente intuito de beneficiar os interesses da parte demandada. Conforme o artigo 793-D da CLT, incluído pela Lei nº 13.467 /2017, a penalidade prevista no artigo 793-C da CLT aplica-se também à testemunha que intencionalmente alterar a verdade dos fatos ou omitir fatos essenciais ao julgamento da causa. Esta Corte superior, no que concerne à aplicação das normas processuais da CLT alteradas pelo advento da Lei nº 13.467 /2017, considerando a necessidade de dar ao jurisdicionado a segurança jurídica indispensável a possibilitar a estabilidade das relações processuais, aprovou a Instrução Normativa nº 41/2018 a que prevê, para a aplicação da multa prevista no artigo 793-D da CLT , a observância de determinados critérios, quais sejam: I - ação ajuizada a partir de 11 de novembro de 2017; II - instauração prévia de incidente no qual o Juízo indicará os pontos controvertidos no depoimento e a oportunidade ao exercício do direito de defesa à testemunha, além de conceder-lhe a possibilidade de retratação. Com efeito, a multa por litigância de má-fé possui o escopo de obstar qualquer conduta maliciosa ou delituosa das partes e de suas testemunhas em Juízo, as quais devem ser apenadas nos termos da legislação processual em vigor e sem prejuízo das sanções criminais eventualmente cabíveis, nas hipóteses em que se cogitar a prática de ato temerário, mas sempre em atenção aos termos da Instrução Normativa nº 41/2018, a qual compatibiliza o artigo 793-D da CLT." acrescentado pela Reforma Trabalhista com os princípios constitu-

> cionais processuais que asseguram a todos que participam dos processos judiciais o contraditório e a ampla defesa. **Na hipótese destes autos, verifica-se que, embora a reclamação trabalhista tenha sido ajuizada em maio de 2018, portanto, em momento posterior a vigência da Lei nº 13.467 /2017, a aplicação da multa não foi precedida de instauração de incidente mediante o qual o Juiz tivesse apontado os pontos controvertidos nos depoimentos, assegurando o contraditório, a defesa e os meios a ela inerentes, com o intuito de possibilitar a retratação das testemunhas, nos termos preconizados pela Instrução Normativa nº 41/2018.** Desse modo, verifica-se flagrante violação das garantias do contraditório e da ampla defesa asseguradas nos incisos LIV e LV do artigo 5º da Constituição Federal. Recurso de revista conhecido e provido. (RR-476-50.2018.5.12.0001, 2ª Turma, Relator Ministro José Roberto Freire Pimenta, DEJT 13/11/2020) (destaquei, ao final)

Entretanto, é necessário observar que, apesar do intuito legislativo, tem havido aplicação dessa penalidade também às *testemunhas do reclamado*, que também mentem em juízo. Aliás, assim que entrou em vigor a Lei da Reforma Trabalhista, um juiz do TRT do Paraná prendeu em flagrante, na audiência trabalhista, testemunhas da empresa, diante de sua conduta de deliberadamente alterar a verdade dos fatos. Veja-se:

> Duas testemunhas de uma ação trabalhista foram presas em flagrante por mentirem diante de um juiz durante audiência na Justiça do Trabalho de Campo Largo, Região Metropolitana de Curitiba (RMC). A decisão do juiz Marlos Augusto Melek foi considerada surpreendente. Ele aguardou a chegada da Polícia Federal para conduzir os presos e seguir com a audiência, e aplicou na hora uma multa à preposta (representante da empresa) no valor de R$ 5 mil em favor do autor da reclamatória em questão.
>
> A decisão desta semana foi uma mostra da mudança de pensamento da Justiça após as alterações da reforma trabalhista, das quais o próprio juiz Melek foi um dos redatores.
>
> O "migué" dado pelas testemunhas do caso paranaense foi descoberto pelo magistrado no fim da audiência, quando uma gravação que havia sido anexada aos autos separadamente foi apresentada pelos autores, comprovando o pagamento dos valores negados anteriormente. Determinada a prisão, a audiência foi interrompida até a chegada dos policiais que conduziram os mentirosos à Polícia Federal.
>
> Nos autos, o próprio juiz reconheceu a decisão como enérgica, porém necessária. "Reconheço que a prisão em flagrante é uma medida extrema

> e que em 13 anos de carreira a determinei apenas 03 vezes. Além da legalidade da prisão, ora determinada, é certo que essas testemunhas vem reiteradamente mentindo em inúmeros processos, violando toda a sorte possível na legislação trabalhista, penal e adjetiva, causando prejuízo sem precedentes à correta prestação jurisdicional, sendo que dezenas de processos poderão ser revistos em Ação Rescisória, pela ausência de lisura da prova produzida. Assim, lamentável a conduta da preposta da reclamada e suas testemunhas indicadas" – ressaltou no processo. Disponível em: https://www.tribunapr.com.br/noticias/curitiba-regiao/juiz-manda-prender-testemunhas-que-mentiram-em-acao-trabalhista--no-parana/. Acesso em: 25 jul. 2020.

De se recordar, ainda, do caso da testemunha da reclamada que mentiu deliberadamente em juízo, porque tinha participado de reunião da CIPA na qual a reclamante foi eleita como representante dos empregados, tendo inclusive assinado a ata respectiva, mas, ao depor em juízo, negou que tivesse havido a referida eleição. Veja-se a notícia:

> TRT-2ª – Testemunha é multada em R$ 12,5 mil por falso testemunho em juízo
>
> Uma testemunha que mentiu deliberadamente em seu depoimento em juízo foi condenada ao pagamento de multa por litigância de má-fé (...). O valor arbitrado pelo juiz do trabalho substituto do TRT-2 Dener Pires de Oliveira, da Vara de Caieiras-SP, foi de 5% do valor da causa (ou R$ 12.500,00), a serem revertidos em favor da trabalhadora, potencial vítima do depoimento falso.
>
> Essa testemunha da empresa afirmou que não teve conhecimento da eleição para a Comissão Interna de Prevenção de Acidentes (Cipa), da qual a funcionária participara e nela fora eleita, obtendo a garantia provisória de emprego. Porém, essa mesma testemunha se contradisse em seu depoimento, reconhecendo sua assinatura na ata de votantes da assembleia da Cipa, juntada aos autos.
>
> (...)
>
> O juiz determinou, ainda, a expedição de ofício, "com urgência e independentemente do trânsito em julgado", ao Ministério Público Federal (MPF), para apuração se tal prática se configura como delito tipificado no artigo 342 do Código Penal. Também ordenou que se oficie ao Ministério Público do Trabalho (MPT) e à Delegacia Regional do Trabalho (DRT) para ciência e adoção das providências que julgarem pertinentes.
>
> Processo: 1001399-24.2017.5.02.0211

Fonte: Tribunal Regional do Trabalho da 2ª Região

Disponível em: https://www.aasp.org.br/noticias/trt-2a-testemunha-e-multa-da-em-r-125-mil-por-falso-testemunho-em-juizo/. Acesso em: 25 jul. 2020.

Contudo, com o devido respeito, essas prisões e condenações não se justificam porque o juiz conseguiu verificar a tempo que as testemunhas estavam mentindo e isso não influenciou no julgamento.

11.10.11.1. Caracterização do falso testemunho

A testemunha, por vezes, recorre à sua *memória* para lembrar-se de fatos que ocorreram há muito tempo. De se ter presente que cada pessoa tem uma *percepção distinta* em relação aos fatos que presenciam, além de haver pessoas que têm boa memória e outras que nem tanto. Ademais, dependendo do caso concreto, verifica-se a necessidade de a testemunha *recordar-se de inúmeros fatos*, como requisitos da relação de emprego, justa causa, horas extras, acúmulo de funções, dano moral etc., e, por isso, ocorre uma *intensa fragmentação* desses fatos na narrativa da testemunha (DIAS *et al.*, 2018, p. 223). E isso pode se agravar, a depender das *técnicas de inquirição e reinquirição* desenvolvidas pelo juiz e pelos advogados. Ao fim e ao cabo, a testemunha precisa, em questão de *segundos*, formular uma *reconstituição* dos fatos na sua memória e os revelar ao juiz, sendo natural que a narrativa se torne muitas vezes *imprecisa*.

Imprecisões, lapsos de memória e pequenas contradições podem servir ao magistrado para *afastar* o depoimento da testemunha, por não lhe transmitir confiabilidade. Contudo, isso, por si só, *não pode revelar* que a testemunha está realmente mentindo, deliberadamente alterando a verdade dos fatos, ou, ainda, omitindo fatos para beneficiar a parte que a convidou. Até porque, como é sabido, existe a plena possibilidade de *retratação da testemunha*, até o momento da prolação da sentença, o que implicaria em exclusão de punibilidade. Ora, para que haja *crime de falso testemunho*, é necessário que o depoimento falseado realmente *interfira* na decisão do juiz, nos moldes do art. 342, § 2º, do Código Penal. Confira-se:

> § 2º O fato deixa de ser punível se, antes da sentença no processo em que ocorreu o ilícito, o agente se retrata ou declara a verdade. (Redação dada pela Lei nº 10.268, de 28.8.2001)

De modo que o melhor caminho seria o de o juiz aplicar essa penalidade à testemunha mentirosa apenas *na prolação da sentença*, ocasião em que ele teria melhores condições de avaliar o depoimento da testemunha, em cotejo com todo o conjunto probatório, oportunizando à testemunha a sua retratação, até a data designada para julgamento do feito (DIAS *et al.*, 2018, p. 224).

Resta ainda saber: *a testemunha pode recorrer*, caso seja condenada por litigância de má-fé, na audiência ou na sentença? Ela pode interpor embargos de declaração e/ou recurso ordinário? Penso que sim, que a testemunha pode interpor esses dois recursos na condição de terceira interessada. Embora ela seja apenas testemunha, ao ser condenada por litigância de má-fé, é como se ela tivesse "se tornado parte", pelo menos nessa questão da litigância de má-fé. Daí que não se pode alegar sua ilegitimidade quando da interposição desses recursos.

Ademais, para que a testemunha seja condenada por litigância de má-fé, nos moldes do art. 793-D da CLT, o juiz deve assegurar a ela – testemunha – o imprescindível direito de defesa, como já visto anteriormente.

Ainda a respeito do crime de falso testemunho, de se recordar o teor da *Súmula n. 165 do STJ*, segundo a qual *compete à Justiça Federal* a apuração e aplicação de punição por esse crime. É dizer, a Justiça do Trabalho, como não tem nenhuma competência criminal (ADI n. 3.684), não pode nem mesmo afirmar a existência de crime de falso testemunho (SOUZA JÚNIOR *et al.*, 2018, p. 246-247). O juiz do trabalho pode apenas *presumir* a existência desse crime e determinar a *expedição de ofício* ao MPF – Ministério Público Federal –, para que este promova a investigação e, conforme o caso, a denúncia da testemunha pela prática do referido crime. Apenas para pontuar, de acordo com o art. 343 do Código Penal, a punição para este crime é de três a quatro anos de reclusão, mais multa.

11.10.11.2. Prisão da testemunha

Algumas questões finais a respeito de penalidades à testemunha mentirosa. A primeira diz respeito à possibilidade de o *advogado* ser considerado *coautor do crime* de falso testemunho. Embora a matéria seja muito complexa e haja posições em todos os sentidos, em *Habeas Corpus* de 2001 o STF decidiu pela possibilidade de coautoria, pois se constatou que foi o próprio advogado que orientou a testemunha a mentir em juízo. O acórdão é da lavra do Ministro Maurício Corrêa, no HC n. 75.037, julgado pela Segunda Turma do Supremo Tribunal Federal, conforme noticiado pelo quarteto trabalhista (SOUZA JÚNIOR *et al.*, 2018, p. 249).

Outra questão: *o juiz pode prender a testemunha na audiência?* De acordo com o art. 301 do CPP – Código do Processo Penal –, qualquer pessoa pode efetuar *prisão em flagrante*, de quem seja flagrado cometendo crime. No entanto, o juiz deve *evitar ao máximo* a prisão de testemunha em audiência, primeiro, porque a testemunha pode se retratar até a sentença; segundo, porque às vezes parece que a testemunha está mentindo, mas quando verificado todo o conjunto probatório, outra pode ser a conclusão. Assim, no caso de o juiz dar voz de prisão à testemunha, ele deverá primeiramente "pronunciar-se sobre o mérito da causa ou, ao menos, acerca do ponto de prova no qual foi caracterizado o falso", podendo, nesse caso, "prolatar a sentença em audiência", sendo, no entanto, "recomendável que o magistrado possibilite a retratação antes de comunicar a prisão ao depoente" (SOUZA JÚNIOR *et al.*, 2018, p. 251).

Ocorre que, nesse caso, o juiz deve enviar cópia integral dos autos ao MPF e, se proceder à prisão em flagrante, promover, também, a *apresentação da testemunha* ao Delegado da Polícia Federal, nos termos do art. 304 do Código de Processo Penal, pois somente esta autoridade tem competência para lavrar o auto de prisão, ainda que em flagrante (SOUZA JÚNIOR *et al.*, 2018, p. 251).

Uma *última questão interessante* a respeito dessa temática tão complexa: *aplica-se o procedimento da multa* para o caso de prisão em flagrante? Como visto, em caso de aplicação da multa por litigância de má-fé, o juiz deverá fixar os pontos controvertidos e garantir à testemunha o contraditório e a ampla defesa. No entanto, penso que esse procedimento não se aplica em caso de suposto crime de falso testemunho, pois este será investigado na esfera penal e não na Justiça do Trabalho.

11.11. VERIFICAÇÃO DE APRENDIZAGEM

1) Como invocar o princípio da primazia da realidade para extrair o melhor da prova testemunhal?
2) Como invocar a norma do art. 445 do CPC para tornar possível a oitiva de testemunhas?
3) A prova constante de áudios e vídeos precisa ser confirmada por testemunhas?
4) Admite-se prova testemunhal contra ata notarial?
5) Como produzir prova testemunhal contra laudo pericial?

6) Há um limite de tempo para se aplicar a OJ n. 233 da SDI-1 do TST?

7) O limite máximo de testemunhas se aplica também no litisconsórcio passivo? E na prova emprestada? E se houver testemunhas referidas?

8) A parte tem o direito de ouvir testemunha da parte contrária?

9) Como conseguir a substituição de testemunhas? E se a testemunha saiu intimada na audiência anterior?

10) O juiz pode ser ouvido como testemunha no processo do trabalho?

11) A parte tem direito à expedição de carta precatória para a oitiva de suas testemunhas? Em que momento o advogado deve requerer essa expedição?

12) O advogado tem o dever de intimar as testemunhas no processo do trabalho? Como comprovar a intimação?

13) A prova do convite à testemunha é exigível também no rito ordinário?

14) Em que hipóteses a parte pode requerer a intimação das testemunhas pelo juízo?

15) Todas as pessoas têm o dever legal de depor como testemunhas? E as autoridades do art. 454 do CPC?

16) Quando a testemunha pode se escusar a prestar depoimento ou a responder determinadas perguntas?

17) A testemunha pode deixar de responder a questões sobre assédio moral ou sexual?

18) Como identificar se a testemunha está se recusando a depor? E se houver cláusula de confidencialidade?

19) O que é garantia de indenidade? Ela se aplica também às testemunhas?

20) A testemunha tem direito a ser indenizada pelas despesas de locomoção para comparecimento à audiência? Quem deve reembolsar?

21) O advogado pode gravar o depoimento das testemunhas? Ele precisa de autorização do juiz?

22) O juiz pode ouvir algumas testemunhas numa audiência e outras testemunhas em audiência posterior?

23) Quem pode ser testemunha no processo do trabalho?

24) O advogado pode requerer ao juiz que pergunte à testemunha se ela é parente da outra parte, se é amiga dela ou se tem interesse no resultado do processo?

25) O que fazer se a testemunha não portar documento de identidade?

26) A testemunha pode emitir juízo de valor durante o seu depoimento?

27) Como contraditar adequadamente a testemunha? Qual o momento adequado para se apresentar a contradita?

28) A pessoa que tem alguma deficiência mental pode ser testemunha? A parte pode requerer a utilização de recursos de tecnologia assistiva para esse depoimento?

29) É possível ouvir menores de 16 (dezesseis) anos como testemunhas no processo do trabalho?

30) É possível tomar o depoimento testemunhal do cego e do surdo, com a utilização do braile ou da LIBRAS, no processo do trabalho?

31) Quais são os parentes impedidos de depor como testemunhas?

32) O preposto pode prestar depoimento como testemunha? E o diretor do sindicato? E o condômino? E o ex-sócio? E o acionista? E o associado? E o cooperado? E o irmão do advogado?

33) Como identificar a amizade íntima entre a testemunha e a parte? E a inimizade? Amigos das redes sociais são suspeitos?

34) O que significa ter interesse no resultado do litígio? Testemunha que possui ação em face do empregador reclamado é suspeita? E se houver troca de favores? O encarregado ou chefe de setor da empresa é suspeito?

35) O que fazer se o fato do impedimento ou da suspeição for descoberto após o compromisso da testemunha, durante o depoimento dela?

36) Que tipo de prova pode ser produzida na instrução da contradita?

37) Qual o procedimento na instrução da contradita, no processo do trabalho?

38) Pode haver contradita na contradita, no processo do trabalho?

39) O juiz tem o dever de ouvir a testemunha como informante, se a contradita for deferida? Como e quando requerer essa oitiva?

40) Haverá nulidade se o juiz não tomar o compromisso legal à testemunha?

41) O juiz precisa advertir sobre multa por litigância de má-fé à testemunha? O advogado pode requerer ao juiz que advirta novamente a testemunha durante o depoimento dela?
42) O advogado pode perguntar diretamente à testemunha, no processo do trabalho?
43) Quais são as técnicas de inquirição e de reinquirição das testemunhas?
44) O juiz pode fazer perguntas complementares à testemunha depois que passa a palavra aos advogados?
45) Se houver mais de um advogado, qual deles pode fazer perguntas?
46) O que fazer se o advogado da parte contrária faz perguntas indutivas, impertinentes ou repetitivas?
47) O juiz pode reformular a pergunta do advogado à testemunha?
48) Quais perguntas indeferidas devem constar da ata de audiência? Em que momento requerer esse registro?
49) O que fazer se o juiz se descuidar da garantia da incomunicabilidade das testemunhas?
50) O advogado pode requerer o adiamento da audiência por ausência de testemunha após ouvir as testemunhas da parte contrária?
51) O que fazer se há dois advogados e um deles sai da sala de audiências? E se o advogado está usando celular ou tablet?
52) O que fazer se o juiz não registra em ata informações importantes da testemunha? O advogado pode requerer que o juiz retifique a ata de audiência para constar o que a testemunha realmente disse?
53) Quando e como requerer a oitiva de testemunha referida?
54) Quando e como requerer a acareação das testemunhas? E se o juiz indeferir?
55) O que o advogado pode fazer durante a acareação das testemunhas? Ele tem direito a fazer perguntas? As respostas precisam ser registradas na ata de audiência?
56) Quais são as técnicas que o juiz utiliza para valorar o depoimento das testemunhas?
57) Quais penalidades podem ser aplicadas às testemunhas mentirosas?
58) O que fazer se o juiz aplicar multa à testemunha na audiência? E se o juiz prender a testemunha na audiência?

Capítulo 12

AUDIÊNCIAS ESPECIAIS: CONSIGNAÇÃO E ACP

12.1. CONSIDERAÇÕES INICIAIS

Não poderíamos deixar de dedicar um capítulo específico deste Manual às chamadas *audiências especiais*. Como pretendemos que este Manual seja uma obra completa a respeito de todas as audiências trabalhistas em sentido estrito – que ocorrem em primeiro grau de jurisdição –, para facilitar a compreensão por parte dos juízes recém-ingressos na Magistratura e dos advogados em início de carreira, vamos lançar aqui algumas noções específicas a respeito de audiências trabalhistas que são menos frequentes do que as audiências inicial, una e de instrução, que ocorrem nas reclamações trabalhistas *típicas*.

As duas principais audiências nessa temática – audiências especiais – são a audiência da *ação de consignação em pagamento* e a da *ação civil pública*, pois nestas há questões bem interessantes a serem analisadas. Ainda podemos tratar de audiências (de instrução) *na fase de execução*, principalmente nos embargos à execução e nos embargos de terceiro.

De outra mirada, não nos parece necessário comentar sobre audiência em *inquérito judicial para apuração de falta grave*, porque nesse chamado inquérito, a única mudança substancial em relação à audiência una ou de instrução – já examinadas em capítulos anteriores – é a que diz respeito ao *número de testemunhas*, porque, como é sabido, nesse "inquérito" cada uma das partes pode ouvir *até seis testemunhas* (art. 821 da CLT).

Também não vemos necessidade de tratar da *audiência de justificação prévia*. Esta ocorre em raríssimas oportunidades, quando o juiz não se convence a respeito dos pressupostos para a concessão de tutela antecipada ou de tutela cautelar e, nos moldes do art. 300, § 2º, do CPC, designa uma audiência para que o requerente da tutela possa comprovar situações fáticas que lhe propiciem (ao juiz) verificar a presença desses pressupostos; em igual medida, a *audiência de produção antecipada da prova* (arts. 381 a 383 do CPC), diante de seu nítido caráter *cautelar*, também dispensa maiores comentários; até porque, em ambas as hipóteses – justificação prévia e antecipação da prova – a coleta da prova oral, se necessária, com a tomada de depoimento pessoal e/ou oitiva de testemunhas, *em nada difere* das audiências já estudadas.

Quanto à *ação monitória* (arts. 700 a 702 do CPC), apenas o seu *procedimento* é distinto em relação às ações "comuns". Se houver necessidade de audiência para a produção probatória nesse tipo de ação, a coleta da prova oral também se dará *da mesma forma* que a já examinada nos capítulos específicos deste Manual.

Enfim, não trataremos de audiências que podem ser realizadas nos tribunais, porque o objeto central desta obra é o de municiar advogados, juízes e procuradores do trabalho com todas as informações que eles necessitam para a realização de uma audiência trabalhista em sentido estrito, ou seja, *na primeira instância*. Ainda que se possa chamar de audiência a *sessão* realizada em ação rescisória e nos dissídios coletivos – conquanto tenhamos, tecnicamente, aí, uma *sessão do tribunal* –, há tantas peculiaridades de uma "audiência" desse tipo, que teríamos de tratar, primeiramente, de *como funcionam as sessões* nos tribunais, e neste Manual não pretendemos tratar dessa matéria.

Na sequência, portanto, um breve exame das *peculiaridades* das audiências na (i) ação de consignação em pagamento, na (ii) ação civil pública, nos (iii) embargos à execução e nos (iv) embargos de terceiro.

12.2. AUDIÊNCIA NA AÇÃO DE CONSIGNAÇÃO EM PAGAMENTO

Como é sabido, dentre todos os procedimentos especiais previstos no CPC, o da ação de consignação em pagamento é, de longe, o *mais utilizado* no processo do trabalho. São inúmeras as ações mediante as quais o empregador, por não saber *quem são as pessoas* que têm direito ao recebimento das verbas trabalhistas quando da morte do seu empregado, ou ainda nas situações em que seu empregado *se recusa* a receber alguma verba trabalhista, procede à consignação, *em juízo*, do valor que ele entende devido.

Mesmo no processo civil, a ação de consignação em pagamento é tão importante que *inaugura* o próprio Título "Dos Procedimentos Especiais". Ela é cabível não somente para a consignação da *quantia devida*, mas também para a consignação de *coisa*, quando o credor se recusa a receber a quantia ou quando se recusa a receber a coisa que deve ser dada em pagamento (art. 539, *caput*, do CPC), ou mesmo restituída.

Quanto à *competência territorial* para a propositura desta ação, o art. 540 do CPC diz que a consignação deve ser requerida "no lugar do pagamento". Contudo, no *processo do trabalho* há regra especial a respeito de competência em razão do lugar. Assim, o consignante deverá propor esta ação no *lugar da prestação dos serviços*, consoante a regra do art. 651, *caput*, da CLT, até porque, em regra, este é o lugar em que o empregador deve fazer o pagamento das verbas ao trabalhador (SOUZA JÚNIOR *et al.*, 2018, p. 290).

Quanto ao seu *objeto*, como já afirmado, diz respeito à consignação de valores devidos ou de coisa a ser devolvida, quando a pessoa se recusa ao recebimento da quantia ou da coisa, ou, ainda, na hipótese de o devedor ter séria dúvida "sobre quem deva legitimamente receber o pagamento" (art. 547 do CPC). A propósito, veja-se a boa doutrina:

> As situações mais comuns que ensejam ações de consignação em pagamento na Justiça do Trabalho se ligam à recusa de recebimento das verbas rescisórias pelo empregado dispensado e à dúvida quanto aos sucessores do falecido a quem deva o empregador quitar os haveres da inevitável rescisão contratual decorrente da morte (SOUZA JÚNIOR *et al.*, 2018, p. 289).

O *principal efeito* da ação de consignação em pagamento é o de *exonerar* o devedor da obrigação de pagar ou de restituir coisa, bem como o de *eximi-lo*, a partir da data do depósito, de *juros* de mora e de *responsabilização* por riscos relacionados à perda da coisa, "salvo se a demanda for julgada improcedente" (art. 540 do CPC). Daí por que, na Justiça do Trabalho, "a ação de consignação ganha especial relevo na tentativa do empregador de se ver livre da multa prevista no art. 477, § 8º, da CLT", considerando-se que, havendo o pagamento das verbas rescisórias fora do prazo legal, "o trabalhador faz jus à referida multa, cujo valor equivale a uma remuneração". Assim, restando "demonstrada a impossibilidade ou recusa" ao pagamento, *havendo a consignação*, "o empregador se exime do pagamento da referida multa prevista no art. 477 da CLT" (SOUZA JÚNIOR *et al.*, 2018, p. 289).

> O principal efeito da ação de consignação em pagamento é o de exonerar o devedor da obrigação de pagar ou restituir coisa, bem como o de eximi-lo de juros de mora e de responsabilidade por riscos.

Não obstante tudo isso, o que nos interessa neste Manual é saber sobre a *audiência na ação de consignação em pagamento*. De acordo com o procedimento do CPC, na consignação *judicial* – já que não trataremos da consignação extrajudicial disciplinada nos §§ do art. 539 do CPC –, *não haveria* a menor necessidade de audiência, já que o autor deve proceder ao depósito da quantia ou da coisa devida, no prazo de cinco dias, contados do deferimento da petição inicial; na sequência, cita-se o réu para que ele levante o depósito ou ofereça contestação (art. 542 do CPC); se o réu demonstrar a insuficiência do depósito, poderá o autor completá-lo no prazo de dez dias (art. 545); e, sendo a prova *exclusivamente documental* – como ocorre na maior parte das vezes –, o juiz já poderá julgar a demanda. Destarte, somente se as partes *requererem a produção de prova oral* é que haverá designação de audiência de instrução, no processo civil.

Poder-se-ia objetar que o *procedimento trabalhista* exige a tentativa conciliatória antes do recebimento da defesa (arts. 846 e 847 da CLT). No entanto, esse procedimento é previsto para as ações trabalhistas *típicas*, nas quais *o trabalhador* pretende o recebimento de verbas não adimplidas pelo empregador. A ação de consignação em pagamento, por sua vez, trata-se de *ação de rito especial*, com objeto muito restrito, como estamos pontuando neste tópico. Ademais, em regra, a *vaga na pauta de audiências*, na Justiça do Trabalho, fica bem alongada, de modo que a audiência seria realizada dois ou três meses após a propositura da consignatória, ou, em algumas varas, até seis meses depois do ajuizamento da ação.

Assim, *a se aplicar o ritual do CPC*, principalmente nas demandas em que o consignatário não tem resistência ao recebimento da verba depositada, se o juiz determinar a citação dele para se manifestar no prazo de 15 dias, em menos de um mês ele (consignatário) poderá receber o dinheiro que lhe era devido ou a coisa que deveria ser restituída a ele, por exemplo, instrumentos de trabalho que ficaram em poder do empregador. Ainda que o trabalhador entenda que o depósito não é integral, alegando que tem direito a um valor maior, o juiz poderia declarar extinta, *em parte*, a obrigação do consignante, liberando mais rapidamente o valor do depósito e propiciando ao trabalhador que reclame as *diferenças em ação própria.*

Na prática, porém, os juízes do trabalho têm designado audiência – una ou de tentativa conciliatória – nas ações de consignação em pagamento. Não é raro que, nessas audiências, o trabalhador ou os herdeiros *protestem por diferenças* nos valores das verbas descritas na demanda consignatória. Nesses casos, até seria possível prosseguir-se no mesmo processo, pois se trata a consignatória de uma *ação de caráter dúplice.* Assim, se o trabalhador indica o montante que realmente entende devido, o juiz poderia designar audiência de instrução para que as partes pudessem produzir prova oral e, ao final, ele (juiz) decidisse qual seria o valor correto das verbas rescisórias ou das horas extras, por exemplo. No entanto, na prática, *o recomendável* é que o consignatário aceite receber apenas o valor depositado, *protestando por diferenças* e ressalvando a possibilidade de ajuizar *ação trabalhista própria* para nesta postular as diferenças que entende devidas e, inclusive, *outras verbas.* Aliás, esse "protesto" por diferenças seria até desnecessário, diante dos limites da quitação na ação consignatória.

Essa prática propicia que o juiz libere *imediatamente* o valor consignado, julgando procedente o pedido do consignante, declarando *extinta sua obrigação*, mas *exclusivamente* em relação às verbas e valores objeto da consignatória (art. 546 e parágrafo único do CPC). Bem se vê, portanto, que a audiência seria dispensável na ação de consignação em pagamento ajuizada na Justiça do Trabalho, principalmente quando o juiz recomenda ao trabalhador ou aos herdeiros que busquem as diferenças em ação própria, diante do objeto estreito da consignatória, que *não admite* nem mesmo a postulação de outras verbas que não estejam descritas expressamente na petição inicial da ação ora analisada. Com efeito, o *pedido contraposto* do consignatário deve *se limitar* às verbas objeto da consignatória.

Situação distinta é de já ter o trabalhador ajuizado ação trabalhista postulando verbas que entende devidas, tramitando ambos os processos – o da consignação em pagamento e o da reclamação do trabalhador – ao mesmo tempo.

Nesta situação, há a possibilidade de suscitar-se a preliminar de conexão para que as demandas sejam julgadas em conjunto, "a fim de evitar contradição quando as demandas possuam a mesma causa de pedir envolvendo o mesmo contrato de trabalho". Assim sendo, as causas correrão no mesmo juízo prevento, no qual a primeira ação, em ordem temporal, tenha sido protocolada (SOUZA JÚNIOR *et al.*, 2018, p. 290).

Como forma de exemplificar esta questão, transcrevo ementa de acórdão prolatado pelo Tribunal Regional do Trabalho da 23ª Região (Processo n. 0000832-94.2019.5.23.0036):

> AÇÃO DE CONSIGNAÇÃO EM PAGAMENTO E RECLAMAÇÃO TRABALHISTA. REUNIÃO DAS AÇÕES. PREVENÇÃO. ART. 55, § 3º E ART. 58, AMBOS DO CPC. Tratando-se de reclamação trabalhista e de ação de consignação em pagamento, propostas, respectivamente, pelo mesmo reclamante e pela mesma empresa consignante, postulando, na primeira, a rescisão indireta do contrato de trabalho, e, na segunda, a quitação da rescisão contratual por justa causa, versando ambas as ações sobre o mesmo fato, qual seja, a rescisão do contrato de trabalho existente entre as partes, as ações devem ser reunidas no juízo prevento, a teor do art. 58 do CPC, onde serão decididas simultaneamente. Aplica-se, pois, à hipótese, o disposto no § 3º do art. 55 do novo CPC, o qual autoriza a reunião de processos quando houver risco de prolação de decisões conflitantes ou contraditórias caso decididos separadamente, ainda que não haja conexão ou continência. (TRT-23. Processo n. 0000832-94.2019.5.23.0036, 2ª Turma, Relator: João Carlos Ribeiro de Souza, j. 19.05.2021).

No caso específico, a reclamação trabalhista, na qual o (ex) empregado busca a rescisão indireta, e a ação de consignação em pagamento, em que a empresa busca a quitação das verbas a serem pagas diante da justa causa, têm como ponto central o mesmo fato: o término do contrato de trabalho. *Quem cometeu a justa causa*: o trabalhador, ou a empresa, dando margem ao reconhecimento da rescisão indireta? Como ambas as demandas podem gerar decisões sobre o mesmo assunto, o tribunal determinou que as ações sejam reunidas e julgadas pelo juízo prevento, conforme os arts. 55, § 3º e 58 do CPC, garantindo-se, assim, uma decisão uniforme e evitando-se contradições, caso as demandas fossem decididas separadamente.

Enfim, a doutrina tem tratado de uma situação especial de consignação, relacionada ao *tomador de serviços*. A conferir:

> [...] o tomador de serviços, tendo saldo contratual a pagar à empresa prestadora de serviços, diante do receio de não pagamento de direitos trabalhistas dos empregados terceirizados, pode consignar em juízo os

> valores pendentes, evitando sua futura responsabilização pelos créditos inadimplidos pela contratada?
>
> (...)
>
> Assim, havendo receio fundado acerca da conduta da empresa prestadora de serviços, em não quitar os direitos trabalhistas de seus empregados, o tomador de serviços poderá consignar o saldo contratual na Justiça do Trabalho, invocando dúvida a quem dirigir o pagamento de tal numerário, inserindo no polo passivo a empresa contratada e os empregados engajados no contrato de prestação de serviços (SOUZA JÚNIOR *et al.*, 2018, p. 291-292).

A propósito, veja-se ementa de acórdão prolatado pelo Tribunal Regional do Trabalho da 3ª Região (Processo n. 0010853-39.2019.5.03.0149):

> AÇÃO DE CONSIGNAÇÃO EM PAGAMENTO. TERCEIRIZAÇÃO DE SERVIÇOS. RESPONSABILIDADE DO TOMADOR DE SERVIÇOS PELO ADIMPLEMENTO DOS HAVERES TRABALHISTAS. SÚMULA 331, IV, DO TST. O tomador de serviços, caso da consignante, tem a responsabilidade de assegurar o adimplemento integral dos haveres trabalhistas daqueles empregados terceirizados que trabalham em seu benefício, na forma do item IV da Súmula 331 do TST. Dessa forma, ciente de descumprimentos contratuais trabalhistas por parte da recorrente, correta a utilização pela consignante da presente ação de consignação em pagamento para quitar diretamente aos empregados terceirizados os valores a eles devidos (TRT-. Processo n. 0010853-39.2019.5.03.0149, 10ª Turma, Relator: Antonio Gomes de Vasconcelos, j. 16/09/2020).

No caso julgado pelo TRT-3, a tomadora de serviços (consignante) tomou ciência de que a empresa terceirizada não estava cumprindo suas obrigações trabalhistas. Diante disso, a tomadora recorreu à ação de consignação em pagamento para depositar diretamente em favor dos trabalhadores terceirizados os valores devidos, garantindo, dessa forma, o pagamento dos direitos trabalhistas, evitando sua responsabilização por essas verbas em eventuais – quase certas – demandas trabalhistas futuras, na forma da Súmula n. 331, IV, do TST.

O tribunal considerou essa medida correta, já que a consignante, ao tomar ciência do inadimplemento por parte da empresa terceirizada, agiu para garantir que os trabalhadores recebessem os valores de seus direitos mínimos.

Interessante o exemplo, conquanto não o tenha visto na prática e seja discutível a competência da Justiça do Trabalho, se, no polo passivo, constar apenas a empresa contratada. Nesses casos, seria interessante que a consignante ajuizasse a ação de consignação em pagamento em face da empresa contratada e dos trabalhadores terceirizados. Ressalvo, também que, nesse caso, até seria dispensável a citação de todos os empregados, se a empresa tiver a cautela de incluir no polo passivo o *sindicato* que representa a categoria profissional dos trabalhadores que lhes prestam serviços por intermédio dessa empresa contratada.

12.3. AUDIÊNCIA NA AÇÃO CIVIL PÚBLICA

12.3.1. A ação civil pública trabalhista

A ação civil pública é um instrumento da maior utilidade para a *efetivação* dos direitos materiais trabalhistas. Ela compreende a *ação civil pública* em sentido estrito, manejada para a proteção de interesses difusos e coletivos, bem como a *ação civil coletiva*, destinada à proteção dos interesses individuais homogêneos dos trabalhadores.

A propósito, Raimundo Simão de Melo, tratando da *finalidade* deste instrumento processual, assevera que a "ação civil pública, como gênero das ações coletivas, tem por finalidade proteger os direitos e interesses metaindividuais – difusos, coletivos e individuais homogêneos – de ameaças e lesões". A respeito da ação civil pública *trabalhista*, anota que ela "representa uma adequada forma de acesso do cidadão ao verdadeiro direito de ação, que, individualmente, vem, em muitos casos, tornando simples retórica o comando do inciso XXXV do art. 5º da Constituição Federal" (MELO, 2002, p. 93).

Quanto à *legitimidade* do Ministério Público do Trabalho, ela é disciplinada no art. 129, inciso III, da CF/88, em conjunto com o quanto previsto no art. 6º, incisos VII, alínea "d", e XII, e principalmente no art. 83, inciso III, da Lei Complementar n. 75/93. Como já pontuado anteriormente, na Justiça do Trabalho, o Ministério Público do Trabalho propõe ações civis públicas para o cumprimento de *obrigações de fazer ou de não fazer*, em face de empresas ou de sindicatos, atuando como legitimado autônomo; pode, ainda, propor ações civis coletivas com vistas ao *pagamento de verbas* trabalhistas específicas, como adicional de insalubridade ou de periculosidade, como substituto processual, embora isso seja bem raro.

Não obstante, essa legitimação não exclui a *legitimidade de terceiros* para a defesa dos interesses coletivos e individuais homogêneos dos trabalhadores, nos moldes do art. 5º, § 2º, da Lei n. 7.347/85, bem como do art. 82, inciso IV, da Lei n. 8.078/90, de modo que *os sindicatos* têm plena legitimidade para atuar na ação civil pública trabalhista, principalmente na ação civil coletiva, na defesa dos *direitos individuais homogêneos* dos trabalhadores.

Como já visto anteriormente, os sindicatos atuam na tutela desses direitos como *substituto processual*, estando a isso autorizado também pelo art. 18, *caput*, do CPC. De se recordar que os sindicatos, sempre que haja um fato único, *de origem comum* (art. 81, parágrafo único, inciso III, da Lei. n. 8.078/90), que diga respeito a todos os trabalhadores de uma empresa ou de setor desta, poderão propor uma demanda coletiva para a proteção dos interesses desses trabalhadores.

São *hipóteses* de cabimento de *substituição processual*, no processo do trabalho, nessa temática: a) para a postulação do pagamento de adicional de insalubridade ou de periculosidade aos trabalhadores (art. 195, § 2º, da CLT); b) com vistas ao recolhimento do FGTS (art. 25 da Lei n. 8.036/90); c) para o cumprimento de cláusulas normativas (art. 872, parágrafo único, da CLT); d) postulando o pagamento de adicional noturno aos que se ativam no período noturno e não o recebem; e) para o pagamento da hora extra do intervalo suprimido quando a empresa não concede o intervalo mínimo de uma hora. Há, ainda, outras hipóteses, embora menos frequentes.

12.3.2. Peculiaridades dessa audiência

O que nos interessa mesmo neste momento é saber sobre *peculiaridades da audiência trabalhista*, quando se tratar de ação civil pública, como gênero. Afora as especificidades da atuação diferenciada do procurador do trabalho, que tem *prerrogativas* que devem ser observadas, a audiência, nesse tipo de ação, desenvolve-se de maneira bem semelhante à das audiências em geral.

Em regra, o juiz designa uma *audiência inicial* – diante da complexidade dessa demanda, não é recomendável a designação de audiência una –, na qual há uma *tentativa conciliatória*, bem diferente, pois diz respeito ao interesse de vários trabalhadores, mas nada obsta que haja acordo quanto à regularização de condições ambientais, fornecimento de EPIs, adequação de obras ou de maquinários etc. Pode haver conciliação também em relação às verbas e valores devidos aos trabalhadores, na substituição processual, ainda que o juiz entenda que os trabalhadores devam ratificar esse acordo posteriormente.

Se o juiz designar audiência inicial, é importante destacar que a ausência do Ministério Público do Trabalho resultará no "arquivamento" do processo, conforme o disposto no art. 844 da CLT. Apesar de o direito em questão ser indisponível, "não há óbice à extinção do feito sem resolução de mérito, podendo, inclusive, o MPT desistir da ação". O arquivamento pode ocorrer devido a uma reavaliação sobre o momento apropriado para seguir com a ação, a busca por novas provas, ou a descoberta de novos fatos que possam justificar uma reformulação da petição inicial (SOUZA JÚNIOR *et al.*, 2018, p. 302-303).

Por outro lado, se o réu não comparecer nessa audiência, isso implicará em revelia e confissão quanto à matéria de fato, conforme o art. 844 da CLT. Contudo, acerca da questão da revelia, destaco uma jurisprudência, minoritária, porém, com um desdobramento interessante quanto ao tópico da revelia dos réus nas ações civis públicas:

> AÇÃO CIVIL PÚBLICA NA JUSTIÇA DO TRABALHO. CPC X CLT. APRESENTAÇÃO DE DEFESA NO PRAZO DE QUINZE DIAS. AUSÊNCIA À AUDIÊNCIA. APLICAÇÃO DE REVELIA. AFASTAMENTO. Nesta Justiça Especializada a Ação Civil Pública seguirá o rito do procedimento comum ordinário disciplinado pelo CPC, de modo que, apresentada a defesa no prazo de quinze dias (art. 335 do CPC), fica inviabilizado o decreto de revelia por eventual ausência da Requerida à audiência, uma vez que tal consequência é afeta ao processo laboral (art. 844 da CLT), valendo ressaltar que o revel na sistemática processualística civil é o réu que não contestar a ação (CPC, art. 344), hipótese distinta da presente, em que houve regular e tempestiva apresentação de defesa. In casu, a Requerida não incorreu em revelia, pois atendeu prontamente ao chamado do juízo para apresentação da defesa, ressaindo daí nítido animus defendendi, que não pode ser ignorado ante a ausência da Requerida à audiência inicial, notadamente na presente ação cujo regramento principal não é a CLT (art. 844), mas sim o CPC e os demais institutos aplicáveis à espécie. Apelo provido para afastar a revelia imposta na origem, bem assim para determinar o retorno dos autos à Vara do Trabalho para fins de prosseguimento da demanda. (TRT-23. Processo n. 0000850-60.2016.5.23.0056; 2ª Turma; Relator: Nicanor Favero Filho, j. 20.07.2018).

No caso, o Tribunal Regional do Trabalho da 23ª Região decidiu que, numa ação civil pública, na Justiça do Trabalho, o rito a ser seguido é o do procedimento comum ordinário, conforme as normas do Código de Processo Civil, e não as regras da CLT, o que é bastante discutível. Em verdade, há um procedimento híbrido, com a aplicação das normas da CLT e, subsidiariamente, o regramento específico da ação civil pública; na falta de normas nesses diplomas, aí, sim, recorre-se ao CPC, segundo a doutrina majoritária.

Não obstante, a controvérsia, no caso concreto, surgiu quando a parte requerida apresentou sua defesa dentro do prazo de 15 dias, conforme o art. 335 do CPC, mas não compareceu à audiência inicial. No processo do trabalho, a ausência a essa audiência pode acarretar a revelia, conforme o art. 844 da CLT. Contudo, o tribunal esclareceu que, por se tratar de uma ação civil pública, regida pelo rito comum do CPC, a revelia não pode ser decretada apenas pela ausência da parte à audiência. No CPC, a revelia é caracterizada pela falta de apresentação da contestação no prazo específico, conforme o art. 344 do CPC. Como a requerida apresentou sua defesa de forma tempestiva e regular, demonstrando sua intenção de se defender (*animus defendendi*), não poderia ter sido declarada sua revelia. Assim, o tribunal revogou a revelia imposta na instância inferior e determinou o retorno dos autos à Vara do Trabalho para o regular prosseguimento do feito.

Agora, não havendo composição na audiência inicial e recebida a contestação, se necessário, o juiz irá designar uma *audiência de instrução* em prosseguimento, na qual cada parte poderá ouvir até três testemunhas. Quanto aos *depoimentos pessoais*, já registramos que o procurador do trabalho não pode prestar depoimento pessoal, pois jamais poderia confessar algo em relação aos direitos indisponíveis da coletividade de trabalhadores. O mesmo se aplica ao dirigente sindical, se o sindicato for o demandante. De outra parte, o reclamado ou o seu preposto poderá ser ouvido em depoimento pessoal, sem que isso implique em afronta ao princípio da igualdade.

É dizer, não se pode falar em confissão por parte do MPT em uma audiência subsequente, uma vez que a ação civil pública envolve direitos indisponíveis, o que torna a confissão inadmissível, conforme o art. 392, *caput*, do CPC (SOUZA JÚNIOR *et al.*, 2018, p. p. 303).

Quanto ao *número de testemunhas*, por se tratar de ação de rito híbrido, com especificidades da legislação de regência, somadas ao regramento específico da CLT, de se aplicar o limite máximo de testemunhas dos processos de rito ordinário, independentemente do valor da causa. Assim, o MPT poderá ouvir até três testemunhas e cada um dos reclamados, se houver litisconsórcio passivo, também poderá ouvir até três testemunhas. Aqui, recordo-me da *audiência mais longa* da minha carreira de juiz, em que uma audiência de instrução em ação civil pública, designada para a oitiva de seis testemunhas – três de cada parte –, demorou *seis horas praticamente ininterruptas*, para se evitar a cisão da audiência e a agressão ao princípio da incomunicabilidade das testemunhas.

Outrossim, embora já tenhamos tratado da *prerrogativa* do procurador do trabalho de sentar-se à direita do juiz, convém recordar as diretrizes gerais dessa questão, porque muitos reclamados ficam perplexos quando se deparam, na audiência, com o "fiscal da lei" sentado no plano alto, como se fosse um "segundo" juiz. Ocorre que o procurador que oficia no caso – ou outro colega do Ministério Público do Trabalho – comparece na audiência trabalhista *representando a instituição*, como parte ou como *custos legis*, atuando sempre na defesa da ordem jurídica, do regime democrático e dos direitos coletivos (*lato sensu*) dos trabalhadores. Trata-se de prerrogativa, a de *sentar-se à direita do juiz*, de acordo com o art. 18, inciso I, alínea "a", da Lei Complementar n. 75/93. Isso tanto nas audiências em que o procurador esteja a defender a ordem jurídica, quanto nas audiências em que ele (MPT) seja o autor da ação, atuando como *parte* (art. 30, parágrafo único, da Consolidação dos Provimentos da Corregedoria Geral da Justiça do trabalho).

Por isso, ainda que não se concorde com essa diretriz – ora, se o procurador está atuando como parte, deveria sentar-se na mesma posição que o advogado da parte contrária, por uma questão de isonomia –, trata-se de *mera formalidade* e que *não interfere* na solução da ação civil pública. Sendo assim, como já observado em outro capítulo deste Manual, é imperioso que o advogado do reclamado *explique muito bem* ao empresário ou preposto que comparece na audiência trabalhista essa prerrogativa, para que este não pense que o juiz está tratando de modo desigual o procurador do trabalho. É preciso que o advogado diga ao seu cliente que o juiz, a despeito dessa questão formal, assegurará a ele (reclamado) o *contraditório efetivo* e a *ampla defesa*. Em suma, o Ministério Público do Trabalho somente sairá vencedor na demanda coletiva se houver demonstração, *por provas*, do ato ilícito objeto da acusação.

A esse respeito, convém acrescentar que as provas trazidas nos inquéritos civis que antecedem (muitas vezes) as ações civis públicas precisam ser devidamente valoradas em juízo. É dizer: as provas colhidas nos inquéritos civis, quando levadas à ação civil pública, possuem valor probante relativo e podem ser afastadas se o réu produzir *prova robusta em sentido contrário*, embora isso seja raro, na prática. Utilizemos a seguinte ementa de acórdão para exemplificar e explicar essa afirmação:

> AÇÃO CIVIL PÚBLICA. PROVAS PRODUZIDAS NO INQUÉRITO CIVIL CONDUZIDO PELO MINISTÉRIO PÚBLICO. VALOR PROBATÓRIO RELATIVO. As provas colhidas no curso do inquérito civil pelo Ministério Público do Trabalho possuem valor probante relativo, devendo ser confirmadas e confrontadas com as demais provas produzidas em juízo, sob o manto do contraditório e da ampla defesa (art.5º, LV, da CRFB/88). Assim, embora possam trazer subsídios para o julgamento do feito, não têm força de prova como aquelas colhidas sob o contraditório e supervisão do magistrado, no bojo do processo judicial, cabendo ao juiz ou ao tribunal fazer a devida valoração, em confronto com as demais provas dos autos produzidas sob o manto do contraditório. (TRT-2. Processo n.1000896-62.2019.5.02.0492, 17ª Turma, Relatora: Maria de Lourdes Antonio, j. 12.03.2021).

Para finalizar, é natural que os advogados e até os juízes em início de carreira fiquem bastante tensos na véspera e durante a audiência de uma ação civil pública. Não é uma audiência "qualquer". Há *muitas questões técnicas* relacionadas ao procedimento, a preliminares que sempre são arguidas e também quanto à (des)necessidade de produção de prova oral. Por isso, com mais de 27 anos de magistrado, até hoje me preparo com muito mais cautela para esse tipo de audiência. Nessa preparação, convém *anotar todas as questões* já postas nos autos e que podem surgir durante a audiência, bem como pensar *técnicas de provocação* – para os advogados – *e de solução* – para os juízes e procuradores do trabalho –, porque a surpresa, nessa audiência, costuma cobrar "alto preço" dos atores jurídicos.

> Na preparação para a audiência de uma ação civil pública convém anotar todas as questões formais que podem surgir durante a audiência, bem como pensar técnicas para requerimentos e solução deles.

12.4. AUDIÊNCIA NOS EMBARGOS À EXECUÇÃO E DE TERCEIRO

No processo civil, *não há mais embargos à execução*, no cumprimento de sentença, pois, transcorrido o prazo de 15 dias para o pagamento voluntário, o executado tem o prazo de 15 dias para apresentar sua impugnação, podendo alegar as matérias previstas especificamente para tanto (art.

525, *caput* e § 1º do CPC). De modo que os embargos à execução, como tradicionalmente previstos, serão possíveis *apenas* na execução de título extrajudicial (arts. 914 a 920 do CPC). Nestes, *se necessário*, o juiz designará audiência de instrução e, encerrada esta, proferirá a sentença (art. 920, incisos II e III, do CPC).

No *processo do trabalho*, como é sabido, os *embargos à execução* ainda são previstos como regra, tanto no cumprimento de sentença quanto na execução de título extrajudicial, mais precisamente no art. 884 e §§ da CLT. Em conformidade com o § 2º deste artigo, se o executado (ou o exequente) *arrolarem testemunhas*, nos embargos ou na impugnação do exequente, e se o juiz entender necessários os depoimentos das testemunhas, poderá "marcar audiência para a produção das provas, a qual deverá realizar-se dentro de cinco dias".

Todavia, em mais de 27 anos de magistratura, nunca presidi uma audiência de instrução em sede de embargos à execução. Em regra generalíssima, esses embargos versam sobre matéria de direito ou, quando há matéria fática, as partes contentam-se com a *prova documental* já existente nos autos, ou juntada nessa fase do processo.

Agora, se houver a necessidade de audiência de instrução para oitiva das partes e testemunhas, aplicam-se as *mesmas diretrizes* já estudadas de modo exaustivo neste Manual. A única observação *complementar* que se faz necessária é a relacionada à *quantidade de testemunhas* que cada parte pode ouvir. Tratando-se de processo de rito *ordinário*, até três testemunhas, e tratando-se de processo de rito *sumaríssimo*, há de se observar o limite de duas testemunhas para cada parte, como já examinado anteriormente. No mais, todas as diretrizes relacionadas ao depoimento pessoal e à prova testemunhal aplicam-se *igualmente* nessa audiência.

Em relação aos *embargos de terceiro*, trata-se de ação de *rito especial* prevista nos arts. 674 a 681 do CPC/2015. Como é sabido, se alguma pessoa, não sendo parte no processo em curso, "sofrer constrição ou ameaça de constrição sobre bens que possua ou sobre os quais tenha direito incompatível com o ato constritivo", ela bem que "poderá requerer seu desfazimento ou sua inibição por meio de embargos de terceiro" (art. 674).

Conquanto cabível o ajuizamento desta ação na fase de conhecimento, em regra generalíssima, ela é proposta durante a *execução trabalhista*, mas trata-se, por óbvio, de *ação autônoma* e que deve ser distribuída por dependência ao juízo onde se processa a execução, na qual houve a constrição ou ameaça de contrição sobre bens do terceiro embargante.

Esta ação de natureza civil é *plenamente cabível* na Justiça do Trabalho, porque não se pode admitir que um terceiro, que nada tem a ver com o processo em curso, não tendo qualquer responsabilidade pelo adimplemento das verbas trabalhistas, venha a sofrer penhora, arresto ou qualquer outra medida constritiva em *bens de sua posse*, principalmente se a defende na qualidade de proprietário.

Assim, seria de se esperar a realização de muitas audiências de instrução nesse tipo de ação, na Justiça do Trabalho. Contudo, os embargantes têm se mostrado bem negligentes, olvidando-se de que o *ônus da prova* em relação às questões controvertidas dos embargos de terceiro é, em regra, de quem opõe os embargos. De modo que o embargante, no processo do trabalho, poderia ouvir testemunhas ou até o embargado para comprovar algumas situações fáticas, por exemplo, para demonstrar que não houve sucessão trabalhista, que os bens móveis encontrados no estabelecimento do devedor são realmente de sua propriedade (do terceiro), e uma série de outras hipóteses. Ocorre que, para tanto, já deverá o embargante oferecer o rol de testemunhas *na petição inicial* (art. 677, *caput*, do CPC). Não obstante, tem sido muito *excepcional* o requerimento de produção de prova oral nos embargos de terceiro, na Justiça do Trabalho.

Agora, havendo designação de audiência de instrução nesse tipo de demanda, por se tratar de processo de rito especial, *não há que se falar no limite* de testemunhas dos processos de rito sumaríssimo. Assim, *independentemente* do valor da causa, cada parte poderá ouvir *até três testemunhas*, se houver audiência de instrução na ação de embargos de terceiro, na Justiça especializada.

Para encerrar a análise das audiências especiais na Justiça do Trabalho, de se ponderar que, conquanto possível, a *celebração de acordo* nas audiências designadas na ação de embargos de terceiro – e também na ação de consignação em pagamento – acaba por se tornar uma *hipótese acadêmica*. Quanto à consignação, se o consignatário aceitar receber o valor do depósito sem protestar por diferença, isso não é acordo, mas *reconhecimento da procedência* do pedido do consignante. Assim, somente se houver acordo para envolver *verbas distintas* das discriminadas na consignação é que se poderia falar em autêntica conciliação nesse tipo de demanda. Em relação aos embargos de terceiro, é mais que acadêmica ainda a possibilidade de acordo entre o embargante e o exequente, pois aquele não é o devedor e, se está a defender que seus bens não podem ser atingidos pela execução, *qual seria o seu interesse em pagar dívida de outrem?*

Destarte, apenas na audiência de instrução dos *embargos à execução* é que haveria efetiva possibilidade de acordo entre as partes – exequente (embargado) e executado (embargante) –, mas, como já referido, é *raríssima* a realização desse tipo de audiência no processo do trabalho.

Vistas as principais questões relacionadas às chamadas audiências especiais, é chegado o momento de analisarmos toda a instigante e atual temática das *audiências por videoconferência e telepresencial*, tão importante que a ela dedicaremos um capítulo específico, na sequência.

12.5. VERIFICAÇÃO DE APRENDIZAGEM

1) Como se preparar para a audiência nas ações de consignação em pagamento?
2) Pode haver celebração de acordo nessas ações?
3) Quais os efeitos e a extensão da quitação se o consignatário concordar em receber a quantia consignada?
4) O que fazer se o consignatário apresentar pedido contraposto?
5) Como se preparar para a audiência de uma ACP (ação civil pública)?
6) Quantas testemunhas podem ser ouvidas nessa audiência?
7) O Procurador do Trabalho pode sentar-se ao lado do juiz? Como explicar isso ao reclamado?
8) Como se preparar para a audiência em sede de embargos à execução?
9) E para a audiência nas ações de embargos de terceiro?

Capítulo

13

AUDIÊNCIAS POR VIDEOCONFERÊNCIA E TELEPRESENCIAL

13.1. AUDIÊNCIA POR VIDEOCONFERÊNCIA

De saída, é bom registrar que a *audiência por videoconferência* foi imaginada, no sistema processual brasileiro, para se evitar o deslocamento das partes e de testemunhas, tornando desnecessária sua ida ao fórum onde se processa a causa.

De outra mirada, a *audiência telepresencial foi* incentivada ao tempo da *pandemia de COVID-19* por outro motivo, qual seja, a impossibilidade de comparecimento de todos os atores processuais ao fórum, devido ao necessário isolamento ou distanciamento social. É dizer, ao contrário do que ocorre na modalidade de videoconferência prevista no ordenamento pátrio, em que o juiz, servidores e advogados se encontram *presentes* na sede do juízo, procedendo-se à oitiva apenas da parte e/ou testemunhas por videoconferência, na chamada *teleaudiência* ninguém comparece ao fórum. Juiz, servidores, advogados, partes e testemunhas, em resumo, *todos os participantes* da audiência, permanecem em suas casas e/ou escritórios e, de lá, por meios telemáticos, participam da audiência.

Sendo assim, neste item trataremos apenas da audiência por videoconferência e, nos próximos tópicos, de *toda a temática* relacionada à audiência telepresencial, analisando os aspectos principais das resoluções que disciplinam a matéria, tentando buscar uma resposta para as *inúmeras questões* que já estão postas a debate e que jamais terão um rol exaustivo.

Devo ressaltar que, *ao tempo da finalização da 1ª edição deste Manual*, na primavera de 2020, ainda havia uma normativa *incipiente* sobre a diferenciação entre as audiências por videoconferência e telepresencial. Tanto que tratamos basicamente das Resoluções n. 313 e 314 do CNJ, de 2020, naquela ocasião. Contudo, na linha do que já dizíamos em 2020, o CNJ editou várias resoluções e até recomendações a respeito dessas audiências a partir de então, que já foram objeto de inúmeras aulas por parte deste autor e analisadas a partir da 2ª edição deste Manual, para que este fique ainda mais completo e possa auxiliar advogados, juízes, procuradores do trabalho e diversos outros atores jurídicos, na solução de questões práticas que vão surgindo diariamente.

Foi a *Resolução n. 354*, de 19-11-2020, que promoveu a mais interessante *distinção* entre as audiências por videoconferência e telepresencial. Iremos proceder à análise minuciosa dela e de vários outros atos normativos, neste capítulo.

Pois bem, como já apontado anteriormente, a audiência por videoconferência já é realizada no processo penal brasileiro há mais de uma década. A propósito, Kleber Waki registra experiência dessa natureza já no ano de 2000. Veja-se:

> A Folha de São Paulo, em sua edição de 5 de julho de 2000, em editorial nominado "teleinterrogatório", registrou a primeira experiência de uma audiência, por meio de videoconferência, de interrogatório de presos em uma cadeia em São Paulo por um juiz criminal no Complexo Judiciário Ministro Mário Guimarães (WAKI, 2014, *on-line*).

Antonio Umberto de Souza Júnior, em artigo muito interessante a respeito de audiência telepresencial em tempos de pandemia, destaca que a experiência das audiências virtuais, em nosso país, foi aprofundada "com o advento das Leis nºs 11.690/2008 e 11.900/2009 que emprestaram nova redação aos arts. 185, §§ 2º a 9º, 217 e 222, § 3º, do Código de Processo Penal (CPP)". O autor prossegue afirmando que, no entanto, no processo penal será "excepcional a realização de audiências por videoconferência ao enumerar, taxativamente, as hipóteses em que elas poderão ser realizadas". Na sequência ele apresenta as *cinco hipóteses* em que, no processo penal, permite-se a *audiência por videoconferência*:

> **(i)** quando haja risco de fuga do preso durante seu deslocamento escoltado entre o estabelecimento penitenciário e o fórum onde será interrogado;
>
> **(ii)** quando o réu esteja doente ou haja outra circunstância pessoal que dificulte sua presença no fórum para ser interrogado;
>
> **(iii)** quando seja necessário manter o réu distante da testemunha ou da vítima para afastar a possibilidade de que ele humilhe, constranja ou intimide tais pessoas, desde que estas não possam ser ouvidas por videoconferência;
>
> **(iv)** quando se queiram ouvir testemunhas fora da sede do juízo criminal em que a ação esteja correndo;
>
> **(v)** quando alguma gravíssima questão de ordem pública interdite a oitiva do réu em audiência presencial, no fórum (SOUZA JÚNIOR, 2020, *e-book*).

Na sequência, veio a Resolução n. 105/2010, do CNJ, para regulamentar a realização de interrogatório e a inquirição de testemunha por videoconferência, no processo penal (GASPAR, 2020, *on-line*).

No âmbito do *processo civil*, ainda que se possa mencionar a Lei do Processo Eletrônico (Lei n. 11.419/2006), foi o *CPC de 2015* quem estabeleceu uma disciplina legal *específica* para esse tipo de audiência. Tanto é assim que o art. 385, § 3º, do CPC faculta que o juiz tome o *depoimento pessoal* da parte que resida em comarca ou subseção judiciária distinta daquela por onde tramita o processo, "por meio de videoconferência ou outro recurso tecnológico de transmissão de sons e imagens em tempo real, o que poderá ocorrer, inclusive, durante a realização da audiência de instrução e julgamento". Além disso, o art. 453, § 1º, do CPC permite que o *depoimento de testemunhas*, que também residam em comarca ou subseção judiciária diversa, possa ser colhido "por meio de videoconferência ou outro recurso tecnológico".

Na verdade, são *três as hipóteses* em que pode haver a tomada de depoimentos pelo sistema de videoconferência, no processo civil, como aponta Antonio Umberto, e com as seguintes finalidades:

> **(i)** interrogatório ou depoimento pessoal das partes (CPC, art. 385, § 3º);
>
> **(ii)** inquirição de testemunhas (CPC, art. 453, § 1º);
>
> **(iii)** acareação das testemunhas ou entre estas e qualquer das partes (CPC, art. 461, § 2º) (SOUZA JÚNIOR, 2020, *e-book*)

Assim, conquanto ainda não tenha se tornado comum a prática da realização de audiências por videoconferência, nessas situações específicas, pelo menos no processo do trabalho, a tendência é que, doravante – até pela experiência das *teleaudiências* a partir da instalação do regime extraordinário implantado em março de 2020, em razão da pandemia de COVID-19 –, cada vez mais, juízes e advogados queiram realizar audiências nessa modalidade.

Não é razoável que a parte que resida em local distante daquele em que tramita o feito tenha que se deslocar até a sede do juízo para expor seus argumentos, empreender uma tentativa conciliatória, prestar depoimento pessoal e, enfim, defender seus interesses. *Menos lógico ainda* que se continue a determinar a expedição de carta precatória para a oitiva de testemunhas que residam em comarca ou subseção judiciária distinta. Em todos esses casos, a *audiência por videoconferência* atende a todos os *princípios basilares* do processo, como do acesso à justiça, do contraditório e da ampla defesa, da economia processual, da celeridade e tantos outros.

No processo do trabalho, que prima pela celeridade mais que tudo, a audiência trabalhista será cada vez mais realizada por esse meio, dada a *criatividade* dos juízes do trabalho, que sempre estão em busca de técnicas que possibilitem a celeridade e a efetividade. A propósito, Kleber Waki, juiz no TRT-18, foi um dos precursores a defender o uso das tecnologias e a realização de audiências por videoconferência, no processo do trabalho. Em 2005, ele já publicava artigo nesse sentido, que posteriormente foi revisado em 2014. Confira-se:

> A aplicação de uma tecnologia mais apropriada, contudo, recomendaria a adoção do mesmo sistema de videoconferência já experimentado pela Justiça paulista e como, aliás, já sonham e fazem outros ao redor do mundo (WAKI, 2014, *on-line*).

Aliás, Kleber Waki sempre destacou o *pioneirismo* do juiz Bráulio Gabriel Gusmão, da 4ª Vara do Trabalho de Curitiba, que, em 3 de outubro de 2012, realizou a *primeira audiência trabalhista por "videoconferência"*, no Processo n. 0000567-28.2012.5.09.0004, tomando o depoimento pessoal da reclamante, que se encontrava em Portugal, e do preposto da reclamada, pela ferramenta *Hangouts*, do Google. Veja-se:

> A Justiça do Trabalho fez, no dia 3 de outubro, a primeira audiência totalmente virtual. A experiência, que durou cerca de 20 minutos, foi idealizada e conduzida pelo juiz Bráulio Gabriel Gusmão, da 4ª Vara do Trabalho de Curitiba.

> Gusmão explica que a parte é uma professora e, em razão de um pós-doutorado, ela atualmente reside em Portugal. Portanto, não teria como participar da audiência de instrução para prestar seu depoimento em uma ação trabalhista que move contra o antigo empregador. "Normalmente, o processo ficaria parado até ela voltar. Mas consultei os advogados e eles não se opuseram. Acabei então tomando essa decisão (de fazer a audiência virtual)", explicou Gusmão.
>
> A audiência virtual não exigiu grandes investimentos. Além do computador com acesso à internet, ele optou pela utilização de um software gratuito — o Hangout, do Google. (...)
>
> De acordo com ele, essa é a primeira vez que uma audiência é feita inteiramente pela internet. A videoconferência é utilizada, mas ainda de forma incipiente. (...)
>
> Para Gusmão, o uso da tecnologia deve ser mais disseminado. "Não acho que deva ser utilizada em todas as situações, mas em algumas, como as audiências de conciliação ou os casos em que apenas os advogados têm que comparecer à audiência. Casos mais simples. Ou como esses, em que as partes estão em lugares distantes e não têm como se locomover até o fórum. Essa é mais uma porta que se abre para o acesso à Justiça", garantiu. Disponível em: https://www.conjur.com.br/2012-out-09/justica-trabalho-faz-audiencia-virtual-ouvir-parte-portugal. Acesso em: 17 ago. 2020. O vídeo dessa audiência pioneira pode ser encontrado em: https://youtu.be/hmT5bWffIWM. Acesso em: 17 ago. 2020.

De se registrar também a inovação trazida pela juíza do trabalho Ana Cláudia Torres Vianna, que em junho de 2015 já utilizava o *WhatsApp* para a celebração de acordos na Justiça do Trabalho. Confira-se:

> A Justiça do Trabalho da 15ª Região (Campinas-SP) usou pela primeira vez o aplicativo WhatsApp para promover acordo de conciliação entre um trabalhador e uma empresa. As partes do processo fizeram toda a negociação pelo celular e só tiveram de ir ao Fórum Trabalhista para assinar a documentação.
>
> A negociação contou com a coordenação e orientação da juíza Ana Cláudia Torres Vianna, diretora do Fórum Trabalhista de Campinas e responsável pelo Centro Integrado de Conciliação de 1º Grau. Trata-se do primeiro processo finalizado por intermédio do projeto Mídia e Mediação, recém-implantado pela juíza, que usará a plataforma digital para estimular o diálogo a distância entre as partes. Disponível em: https://www.conjur.com.br/2015-jun-08/justica-trabalho-promove-acordo-entre-partes-via-whatsapp. Acesso em: 17 ago. 2020.

Ney Maranhão é outro juiz do trabalho que tem realizado atos processuais por meios telemáticos já há algum tempo, inclusive por conta das grandes distâncias nos Estados do Pará e Amapá – TRT-8. A propósito, veja-se:

> Existem algumas experiências no Poder Judiciário no Brasil envolvendo comunicação assíncrona, principalmente com o uso do aplicativo "WhatsApp", antes mesmo do presente cenário de pandemia e restrição de atividades presenciais. A título de exemplo, já em 2015, um dos subscritores deste texto intimou réu que morava no exterior a respeito de sentença prolatada nos autos de processo trabalhista (MARANHÃO; PINHEIRO, 2020, *e-book*).

Aliás, a experiência dos juízes do trabalho tem sido utilizada até mesmo para a edição de leis. No projeto de lei que buscava possibilitar a *conciliação não presencial* nos juizados especiais cíveis, cita-se a experiência do TRT-8, noticiada no site CONJUR:

> A Justiça do Trabalho da 8ª Região (PA e AP) está usando ferramentas como telefone, e-mail e WhatsApp para aumentar a eficácia das conciliações. Na última sexta-feira (5/8), as varas trabalhistas promoveram oito acordos de processos em fase de Recurso de Revista, dentro do Projeto Conciliar, coordenados pela corregedoria regional e vice-presidência do Tribunal Regional do Trabalho da 8ª Região.
>
> Em alguns dos processos, as partes ou os advogados não estavam presentes, mas tinham a intenção de negociar com o outro lado. O juiz do trabalho substituto Deodoro Tavares, que presidiu as audiências, ligou e mandou mensagens via WhatsApp para a advogada de uma reclamante tratar sobre a proposta de conciliação. Com o defensor da empresa presente na audiência, Tavares pôde, com o auxílio desses mecanismos de comunicação, firmar o acordo. Disponível em: https://www.conjur.com.br/2016-ago-09/justica-trabalho-usa-mail-whatsapp-aumentar-conciliacoes. Acesso em: 17 ago. 2020.

Em 2020, este projeto de lei – PL n. 1679/2019 –, de autoria do saudoso Deputado Luiz Flávio Gomes, foi aprovado pelo Congresso Nacional, resultando na *Lei n. 13.994*, de 24-4-2020. Vejam-se os arts. 1º e 2º desta lei:

> "Art. 1º Esta Lei altera a Lei nº 9.099, de 26 de setembro de 1995, **para possibilitar a conciliação não presencial** no âmbito dos Juizados Especiais Cíveis.

> Art. 2º Os arts. 22 e 23 da Lei nº 9.099, de 26 de setembro de 1995, passam a vigorar com as seguintes alterações:
>
> "Art. 22. ....
>
> § 1º Obtida a conciliação, esta será reduzida a escrito e homologada pelo Juiz togado mediante sentença com eficácia de título executivo.
>
> **§ 2º É cabível a conciliação não presencial conduzida pelo Juizado mediante o emprego dos recursos tecnológicos disponíveis de transmissão de sons e imagens em tempo real, devendo o resultado da tentativa de conciliação ser reduzido a escrito com os anexos pertinentes.**" (NR)
>
> "Art. 23. Se o demandado não comparecer ou recusar-se a participar da tentativa de conciliação não presencial, o Juiz togado proferirá sentença." (NR) (destaques não originais)

Bem se vê que a Justiça do Trabalho está sempre na vanguarda quando se trata de usar ferramentas que conduzam à celeridade e à efetividade, servindo de modelo para a alteração da legislação comum.

13.1.1. Audiência por videoconferência: Resolução n. 354 do CNJ

Sempre defendemos a ideia de que são audiências *absolutamente distintas*, a realizada por videoconferência e a telepresencial. Por isso, ficamos muito contentes quando o próprio CNJ, em novembro de 2020, decidiu explicitar essa diferenciação necessária, até para efeito de padronização de seus atos normativos. Antes da edição da Resolução n. 354, até mesmo o CNJ utilizava de modo inadequado as duas espécies de audiência, tratando da videoconferência quando estava a se referir à telepresencial, e vice-versa.

Em boa hora, portanto, a edição, em 19-11-2020, da referida *Resolução n. 354*, cujo objetivo primordial foi o de *regulamentar* "a realização de audiências e sessões por videoconferência e telepresenciais e a comunicação de atos processuais por meio eletrônico nas unidades jurisdicionais de primeira e segunda instâncias" em praticamente todo o Judiciário brasileiro. De modo expresso, o art. 1º da Resolução diz que ela se aplica no âmbito "da Justiça dos Estados, Federal, Trabalhista, Militar e Eleitoral, bem como nos Tribunais Superiores, à exceção do Supremo Tribunal Federal".

O art. 2º da Resolução deixa *clara como a luz do dia* a nítida distinção entre essas modalidades de audiência, como sempre sustentamos, desde a 1ª edição deste Manual. Veja-se:

> Art. 2º Para fins desta Resolução, entende-se por:
>
> I – videoconferência: comunicação a distância realizada em ambientes de unidades judiciárias; e

> II – telepresenciais: as audiências e sessões realizadas a partir de ambiente físico externo às unidades judiciárias.
>
> Parágrafo único. A participação por videoconferência, via rede mundial de computadores, ocorrerá:
>
> I – em unidade judiciária diversa da sede do juízo que preside a audiência ou sessão, na forma da Resolução CNJ nº 341/2020; e
>
> II – em estabelecimento prisional.

Para que jamais possa haver dúvidas, portanto, (i) as *audiências por videoconferência* são realizadas, sempre, em unidades judiciárias, vale dizer, *nos fóruns*, em qualquer ramo do Judiciário, ao passo que (ii) as *audiências telepresenciais* são realizadas em ambiente físico externo, é dizer, *fora*, não na unidade judiciária. Somente na Justiça criminal, pelas especificidades que não precisam ser realçadas, é que a videoconferência pode ocorrer no estabelecimento prisional onde se encontre o réu ou a testemunha. Na Justiça cível, *lato sensu*, inclusive na Justiça do Trabalho, por óbvio, a participação do ator jurídico – parte, testemunha ou até o auxiliar do juízo, como o perito – se dá, sempre, pela *internet*, a partir de instrumentos telemáticos como computador, *notebook*, aparelho celular etc., mas *numa unidade judiciária*. É dizer, a parte ou testemunha deverá se dirigir ao *fórum trabalhista* da cidade em que reside – ou da subseção judiciária mais próxima – para que, ali, no momento oportuno, possa participar da audiência e/ou prestar seu depoimento.

Obviamente, isso somente será possível se houver equipamentos adequados que possibilitem a transmissão, em tempo real, do áudio e das imagens da unidade judiciária onde a parte e/ou a testemunha irão prestar seu depoimento para a unidade do juízo onde a causa é processada, e vice-versa, como já apontara a Resolução n. 341 do CNJ, referida expressamente no parágrafo único do art. 2º da Resolução n. 354.

A Resolução n. 341, de 7-10-2020, *determina* a todos os tribunais do Brasil "a disponibilização de salas para depoimentos em audiências por sistema de videoconferência, a fim de evitar o contágio pela Covid-19". Contudo, essa *determinação geral*, com as várias determinações que lhe são inerentes, será uma diretriz *permanente* aos tribunais brasileiros, mesmo após o fim da pandemia de Covid-19, não somente porque o CPC de 2015 já preconizava a realização dessa modalidade de audiência, mas também porque ela torna possível a eliminação das cartas precatórias inquiritórias clássicas – oitiva da testemunha pelo juízo deprecado, em audiência posterior –, que proporcionam tanto atraso na prestação jurisdicional.

A redação do art. 1º da Resolução n. 341 não deixa margem a nenhuma dúvida quanto a essa assertiva. Veja-se:

> Art. 1º Os tribunais deverão disponibilizar salas para a realização de atos processuais, especialmente depoimentos de partes, testemunhas e outros colaboradores da justiça por sistema de videoconferência em todos os fóruns, garantindo a adequação dos meios tecnológicos aptos a dar efetividade ao disposto no art. 7º do Código de Processo Civil.

Portanto, *todos os tribunais*, inclusive os da Justiça do Trabalho, deverão não somente disponibilizar *salas específicas* para a realização das audiências por videoconferência, mas dotá-las dos *equipamentos tecnológicos* aptos a tornar efetivos os princípios da paridade de armas (igualdade substancial) e do contraditório pleno e efetivo (art. 7º do CPC). E, por óbvio, também deverão designar *servidores específicos* para o acompanhamento de todo o grande ato – a audiência –, para dar efetividade a outros princípios igualmente importantes, dentre eles o da incomunicabilidade dos depoentes e das testemunhas. O § 2º do art. 1º desta Resolução assim o enuncia:

> Art. 1º, § 2º Deverão ser designados servidores para acompanhar a videoconferência na sede da unidade judiciária, que serão responsáveis pela verificação da regularidade do ato, pela identificação e garantia da incomunicabilidade entre as testemunhas, quando for o caso, dentre outras medidas necessárias para realização válida do ato.

Ademais, o CNJ preocupou-se inclusive com a questão fundamental da *acessibilidade*, porque não podem os tribunais "escolher" salas sem o devido conforto e em qualquer lugar do fórum. Veja-se:

> Art. 1º, § 3º As salas para colheita da prova oral por meio de videoconferência deverão, preferencialmente, estar localizadas nos andares térreos, de modo a facilitar a acessibilidade e a evitar o fluxo de pessoas nos elevadores e demais andares dos fóruns.

Enfim, o CNJ prometeu disponibilizar um "sistema para agendamento de participação por videoconferência em unidade judiciária diversa da sede do juízo que preside a audiência ou sessão, na forma da Resolução CNJ nº 341/2020" (art. 12 da Resolução n. 354), e determinou que todos os tribunais regulamentem a aplicação da Resolução n. 354 no "âmbito de sua competência e dos juízos de primeiro grau que lhe são vinculados, à exceção da Justiça do Trabalho, cuja regulamentação competirá ao Conselho Superior da Justiça do Trabalho" (art. 13 da mesma Resolução).

Necessária, portanto, uma breve análise do *Provimento n. 01 da Corregedoria-Geral da Justiça do Trabalho*, de 16-03-2021, que visou à regulamentação da "utilização de videoconferência para a tomada de depoimentos fora da sede do juízo no 1º e 2º graus de jurisdição, de que trata a Resolução CNJ nº 354/20", no âmbito da Justiça especializada. E, por óbvio, do art. 86 e ss. do Provimento n. 4, da CGJT, que agora disciplina essa temática.

13.1.2. Audiência por videoconferência: Provimento CGJT n. 01/2021

Já nas *Considerandas* do Provimento n. 01/2021 da Corregedoria-Geral da Justiça do Trabalho há importantes menções ao "direito de acesso à justiça" e à "economia proporcionada às partes e procuradores que não necessitarão se deslocar para o acompanhamento de audiências", dentre as justificativas do ato normativo, bem como aos "princípios da cooperação judiciária e da duração razoável do processo".

O art. 1º do Provimento evidencia que são *quatro os atos* que podem ser praticados por videoconferência: i) os depoimentos pessoais; ii) a oitiva de testemunhas; iii) a acareação entre a parte e as testemunhas da parte contrária, ou entre as testemunhas de ambas as partes; e iv) a tomada de depoimento dos auxiliares do juízo, desde que "realizados fora da sede do juízo", em conformidade com a Resolução n. 354/2020, do CNJ. A novidade fica por conta do *depoimento de auxiliares do juízo*, como o do perito. Conquanto o CPC não preveja expressamente essa hipótese, penso que ela se amolda perfeitamente ao ideário da audiência por videoconferência, desde que o perito – ou qualquer outro auxiliar – *resida* em cidade *fora* da área de competência do juízo por onde se processa a causa.

Por sua vez, os arts. 2º e 3º deste Provimento apenas repetem a normativa da Resolução n. 354, fazendo a devida *distinção* entre as audiências por videoconferência e telepresenciais – como já visto – e tratando das hipóteses nas quais o juízo pode determinar a realização de audiência telepresencial *de ofício*, tema que será enfrentado mais adiante.

Com efeito, embora o Provimento n. 01/2021 tenha sido revogado pelo Provimento n. 4/2023, este manteve praticamente na íntegra, no art. 86 e ss., a normativa que constava do art. 4º e ss. do Provimento n. 01. Assim, para valorizar o contexto histórico da normativa da época da pandemia, manterei os comentários sobre o provimento originário, que se aplicam como luva ao novo regramento.

A partir do art. 4º, o Provimento n. 01/2021 traz *interessante normatização* das audiências por videoconferência, ora repetindo a Resolução n. 354, ora esmiuçando situações que podem ocorrer no preparo e na realização dessa modalidade de audiência. Esse art. 4º enfatiza que, em regra geral, todos os depoimentos que devam ser "prestados fora da sede do juízo serão tomados por videoconferência, somente utilizando-se de outro meio quando não houver condições para tanto". Aqui, portanto, a diretriz clara de que *não deve haver mais a expedição de carta precatória inquiritória* – nos moldes clássicos – na Justiça do Trabalho. O problema é que as Varas do Trabalho ainda não possuem a estrutura necessária à realização da videoconferência, na grande maioria dos TRTs. A questão que se coloca é a seguinte: até que haja essa estrutura, *o que os juízes do trabalho devem fazer?* Farão audiências semipresenciais – com os atores jurídicos que residem nas cidades da subseção judiciária indo ao fórum e os que residem fora dessa área participando de modo virtual – ou expedirão carta precatória? Parece-nos que a primeira solução seja a mais adequada.

Agora, em que situações a parte pode requerer que seu depoimento seja prestado por meio de videoconferência? Segundo a regra do § 1º do art. 4º do Provimento n. 01, *a oitiva da própria parte por esse meio* pode ocorrer apenas nas seguintes hipóteses: i) "nas situações de dificuldade de comparecimento à audiência de instrução na circunscrição do Juiz da causa, inclusive em razão de residência fora da jurisdição", o que deverá ser plenamente comprovado pela parte, sob pena de indeferimento do requerimento nesse sentido; ii) "nas instruções da exceção de incompetência territorial, na forma do art. 800, § 3º, da CLT", hipótese em que basta a oposição da exceção, no prazo legal de cinco dias úteis, para que o requerimento seja deferido.

Em relação às *testemunhas*, no entanto, basta a *comprovação* de que elas têm "residência fora da jurisdição do juízo", que, segundo a própria norma, "é motivo bastante ao acolhimento da pretensão para prestar o depoimento por meio de videoconferência no caso de testemunhas", o que se aplica também aos auxiliares do juízo, como o perito (art. 4º, § 2º, do Provimento). Por óbvio, o *comparecimento espontâneo* de qualquer depoente – ainda que resida em outra jurisdição – à sede do juízo onde se realizará a audiência de instrução "não impede sua oitiva" (§ 3º do mesmo artigo).

Contudo, em todas as situações aqui examinadas – exceto na hipótese de exceção de incompetência, por razões óbvias –, a parte "deverá apresentar petição devidamente fundamentada ao juiz da causa com a antecedência necessária (para) a preparação do ato". Insistimos: a parte deverá não apenas apresentar seu requerimento de realização de audiência por videoconferência, mas *justificar* sua pretensão formal, *comprovando* – de preferência por prova documental – a situação jurídica que permite esse formato de audiência. Em regra, o que autoriza a videoconferência é o fato de a *residência* do ator jurídico – parte, testemunha, perito – situar-se fora da área de jurisdição do juízo que irá realizar a audiência de instrução (ou una).

A norma, no entanto, não esclarece qual seria essa *antecedência necessária*. Penso que o requerimento deve ser apresentado no máximo *até 40 dias antes da data marcada*, para possibilitar que o "juízo deprecado" disponibilize "pauta para marcação de audiências solicitadas pelo juízo deprecante", o que deverá ocorrer "no prazo de 30 dias", em conformidade com o art. 10 do Provimento. Explicamos: se o "juízo deprecado" dispõe de 30 dias para informar data e horário em que sua sala e um de seus servidores estarão à disposição do "juízo deprecante" para a realização da videoconferência, o requerimento da parte deve ser apresentado com a antecedência necessária a tudo isso.

A respeito das *salas de videoconferência*, dispõe o art. 5º do Provimento que os "depoimentos por videoconferência serão prestados na sala de audiências do Juízo deprecado, ou, se houver, em outra sala do fórum especialmente designada e preparada para este fim". Com efeito, ou o "juízo deprecado" cede sua própria sala de audiências para a videoconferência, ou terá de disponibilizar uma sala específica para tanto, dotada de todos os equipamentos, como já visto. O art. 7º é ainda mais preciso sobre essa questão:

> Art. 7º. Além das salas de audiência já disponíveis às varas do trabalho, poderão os tribunais instalar salas de videoconferência nos fóruns com a finalidade específica de permitir a tomada dos depoimentos pelos juízos deprecantes, destacando servidores para acompanhamento do ato por indicação dos gestores de cada unidade.

É muito séria a *responsabilidade do servidor* designado pelo "juízo deprecado" para acompanhar o ato. Tanto que, uma vez indicado pelo juízo, esse servidor "deve estar presente, a todo momento" (§ 2º do art. 5º), participando e zelando pela normalidade da videoconferência. Vejam-se suas condutas necessárias, de acordo com o art. 9º, incisos V a XI, do Provimento n. 01, ora em comento:

> V - o servidor da unidade deprecada atenderá às solicitações do juízo deprecante, e deverá relatar qualquer anormalidade como, por exemplo, uso de anotações adrede preparadas ou intervenções de terceiros que porventura acompanhem o ato;

VI – em caso de interrupção da transmissão, deverá o servidor entrar em contato com o Juízo deprecante e seguir suas instruções;

VII – identificar a parte e/ou testemunha por meio de documento hábil, que deverá ser exibido para a câmera;

VIII – receber e digitalizar eventuais documentos, inclusive os de representação, se assim decidir o juízo deprecante;

IX – zelar para que as testemunhas que ainda não depuseram não ouçam os depoimentos das demais, na forma do art. 456, *caput*, do CPC, informando ao Juízo deprecante, ainda no curso da audiência, qualquer incidente, e procedendo ao registro, em certidão, a ser encaminhada ao Juízo deprecante;

X – fornecer atestado de presença àqueles que compareceram ao ato para prestar depoimento, quando requerido;

XI – dispensar o depoente após expressamente autorizado pelo juízo deprecante.

Todas essas tarefas são extremamente importantes e a elas o servidor indicado deverá dedicar a máxima atenção, sobretudo a que diz respeito à *incomunicabilidade dos depoentes, partes e testemunhas*, para que haja segurança jurídica na prática do grande ato. E, embora o Provimento não seja claro quanto a isso, penso que o servidor designado ou indicado também será o responsável por "assegurar o adequado funcionamento dos equipamentos necessários a prática do ato" (inciso II do mesmo artigo). Ora, não é crível que o "juízo deprecado" indique um servidor que não tenha o conhecimento necessário a respeito do funcionamento do computador, da internet, da câmera e do áudio, bem como sobre a transmissão, em tempo real, da imagem e do áudio para o "juízo deprecante".

Ademais, o "juízo deprecado" tem o dever de "disponibilizar pauta para inclusão das audiências solicitadas pelos Juízos deprecantes" (inciso I), no prazo de 30 dias, como já visto. E, se houver necessidade de *intimação* das partes, testemunhas e auxiliares do juízo, bem como de *condução coercitiva* das testemunhas, esses atos deverão ser praticados pelo "juízo deprecado", por razões óbvias, desde que haja requerimento nesse sentido (inciso III).

A respeito da participação dos advogados, eles deverão ter asseguradas suas "prerrogativas processuais", nas audiências por videoconferência e também nas telepresenciais, audiências nas quais se deve assegurar plenamente o princípio da publicidade, a não ser em casos de segredo de justiça (art. 4º, § 4º). E o advogado tem o direito de escolher se irá comparecer no "juízo deprecante" ou no "juízo deprecado", para acompanhar e participar do grande ato. Por isso, tanto a sala de audiências do "deprecante" quanto a sala de videoconferência devem estar *equipadas* para que o advogado veja as imagens e ouça bem o quanto dito no outro juízo. Bem específica a regra do § 5º do art. 5º do Provimento: "Na hipótese de o advogado estar presente no juízo deprecado, a câmera e o microfone deverão ser ajustados de modo a captar sua imagem e suas falas".

Portanto, os advogados de ambas as partes devem ter, no mínimo, um monitor, com câmera e microfone, em cada uma das salas, para visualizar e ouvir, em tempo real, os depoimentos prestados no outro juízo – seja o "deprecante", seja o "deprecado" –, bem como para que os depoentes o vejam e o ouçam também.

Agora, se o advogado faz opção e não comparece no juízo escolhido – "deprecante" ou "deprecado" –, isso, "por si só", por óbvio que "não serve de justificativa" para o "adiamento da oitiva da parte ou testemunha" (art. 5º, § 3º).

Enfim, o advogado pode *substabelecer* para que outro colega acompanhe o ato no juízo diverso ao que ele próprio comparecerá – ou indicar colega de escritório para tanto –, para que a parte esteja assistida por profissional em ambos os juízos. Contudo, nessa hipótese, *apenas um dos advogados* poderá se manifestar, apresentar requerimentos, formular reperguntas, protestar etc., aplicando-se a regra do § 4º do art. 5º do Provimento, a saber:

> Art. 5º, § 4º. É permitido o acompanhamento da audiência por advogado fisicamente presente tanto no juízo deprecante como no deprecado, mas, havendo mais de um advogado representando a mesma parte em dois locais distintos, a manifestação caberá tão somente a um deles, de livre indicação, devendo tal circunstância ser registrada antes do início da tomada do depoimento.

Para encerrarmos essa análise, são inúmeras as *incumbências do "juízo deprecante"* para que a videoconferência se realize com sucesso e em respeito aos princípios processuais, que não podem ser olvidados nem mesmo nesse tipo de audiência.

Ele deverá, dentre tantas atribuições, i) formalizar a expedição de uma "carta precatória", com a qualificação completa das pessoas que serão ouvidas por meio de videoconferência, pois, do contrário, o "juízo deprecado" não terá como verificar data e horário, disponibilizar sala e indicar servidor, dentre outras tarefas; ii) tomar o compromisso legal das testemunhas e decidir contraditas e outros incidentes que surjam; iii) tomar diretamente o depoimento da parte, testemunha ou auxiliar do juízo; iv) providenciar o "arquivamento de sons e imagens" de todos os depoimentos prestados no "juízo deprecado", sendo "facultada sua redução a termo", tema tão espinhoso que sobre ele teceremos importantes comentários mais adiante, ao analisarmos o teor da Resolução CSJT n. 313, de 22-10-2021.

Enfim, são tantas as atribuições do "juízo deprecante", descritas no art. 8º do Provimento n. 01, que o melhor caminho é o de transcrever a normativa, para que nada escape ao conhecimento do caro leitor. Eis a norma:

> Art. 8º. O Juízo deprecante deverá:
>
> I – formalizar Carta Precatória ao Juízo deprecado para solicitar o uso de sala de audiências e eventual intimação de parte(s), testemunha(s) ou de auxiliar(es) do juízo, devendo fornecer sua completa qualificação;
>
> II – designar dia e hora da audiência de acordo com a pauta disponibilizada pelo juízo deprecado, com estimativa de duração do ato;
>
> III – conferir os dados de qualificação do depoente, no que será auxiliado por servidor do juízo deprecado, tomar compromisso legal e decidir sobre eventuais incidentes e contraditas, tal como se o depoimento estivesse sendo colhido presencialmente;
>
> IV – inquirir diretamente a parte, testemunha ou auxiliar do juízo;
>
> V – dispensar o depoente;
>
> VI – providenciar o arquivamento de sons e imagens do(s) depoimento(s), facultada sua redução a termo, devendo o arquivo audiovisual ser juntado aos autos ou disponibilizado em repositório oficial de mídias indicado pelo CNJ (PJe Mídia) ou pelo tribunal;
>
> VII – registrar nos autos principais que se trata de depoimento tomado por videoconferência, consignando a gravação do ato e eventual redução a termo de depoimento;
>
> VIII - informar ao juízo deprecado, pelo meio mais célere, tal como o contato telefônico, os casos de dispensa de testemunha, de redesignação e de cancelamento da audiência.

Vistas, em linhas gerais, as importantes diretrizes sobre as audiências por videoconferência, principalmente as ditadas pelas normativas do CNJ e do CSJT, podemos examinar a inesgotável temática das *audiências telepresenciais*, inclusive a derivada dos tantos atos normativos que estão a regular essa modalidade de audiência, até que os códigos passem a disciplinar expressamente sobre essas questões.

13.2. AUDIÊNCIA TELEPRESENCIAL, EM REGIME EXTRAORDINÁRIO

Como já afirmado, a *audiência telepresencial* não se trata da simples audiência por videoconferência preconizada no sistema processual para a oitiva de partes, testemunhas e até acareação de testemunhas, *em situações especiais*, quando o ator processual específico reside (ou se encontra) em outra comarca ou subseção judiciária, em regra.

A audiência telepresencial, *por inteiro*, na triste época de *pandemia de COVID-19*, foi realizada por esse meio (virtual) diante da *impossibilidade* de comparecimento de todos os atores processuais ao fórum, por conta do necessário distanciamento – ou até isolamento, na situação de *lockdown* – social. Para a realização da *teleaudiência* ninguém comparecia ao fórum, pois todos os participantes da audiência, em qualquer das modalidades desta – inicial, de tentativa conciliatória ou de instrução –, permaneciam em suas casas e/ou escritórios, locais de onde *acessavam a plataforma* utilizada pelo tribunal e, conectados, habilitavam-se a participar da audiência. Registro que, mesmo com o fim da pandemia referida, ainda continuamos a realizar audiências telepresenciais, conquanto a preferência da Corregedoria Geral da Justiça do Trabalho seja pelas audiências trabalhistas presenciais.

Daí que, conquanto a audiência por videoconferência seja também uma audiência telepresencial (virtual), *em certa medida*, preferimos aqui utilizar a segunda expressão – ou teleaudiência – para designar essa audiência "nova" que todos (ainda) estamos aprendendo a fazer. Eu, que já tinha realizado mais de 50.000 audiências presenciais até março de 2020, estou navegando em novos mares a partir de maio de 2020. Até hoje, eu realizei mais de 2.000 audiências telepresenciais, sendo mais de 400 audiências de instrução nesse novo formato. E ainda temos, todos nós, muito a aprender com os atos virtuais.

Como é sabido, a partir de 19-3-2020 foi instalado no Judiciário um *regime extraordinário* de trabalho, com a suspensão dos prazos e de todo o atendimento presencial, possibilitando-se o atendimento remoto das partes, advogados e interessados "pelos meios tecnológicos disponíveis" e a realização de *sessões virtuais*. Esse regime foi inaugurado com a edição *da Resolução n. 313/2020* pelo CNJ, normativa que visou a estabelecer, no âmbito do Poder Judiciário brasileiro – com exceção do Supremo Tribunal Federal e da Justiça Eleitoral –, um "regime de Plantão Extraordinário, para uniformizar o funcionamento dos serviços judiciários, com o objetivo de prevenir o contágio pelo (novo) Coronavírus – COVID-19, e garantir o acesso à justiça neste período emergencial". De se conferir:

> Art. 2º O Plantão Extraordinário, que funcionará em idêntico horário ao do expediente forense regular, estabelecido pelo respectivo Tribunal, importa em suspensão do trabalho presencial de magistrados, servido-

> res, estagiários e colaboradores nas unidades judiciárias, assegurada a manutenção dos serviços essenciais em cada Tribunal.
>
> (...)
>
> Art. 3º Fica suspenso o atendimento presencial de partes, advogados e interessados, que deverá ser realizado remotamente pelos meios tecnológicos disponíveis.
>
> (...)
>
> Art. 6º Os tribunais poderão disciplinar o trabalho remoto de magistrados, servidores e colaboradores para realização de expedientes internos, como elaboração de decisões e sentenças, minutas, sessões virtuais e atividades administrativas.

Na sequência, o CNJ editou a *Resolução n. 314*, de 20-4-2020, para a retomada *gradativa* dos prazos processuais – a partir de 4 de maio – e incentivo às *audiências telepresenciais*. No art. 6º e §§ desta Resolução, disponibilizou a ferramenta "Cisco Webex" para a realização de atos virtuais por meio de videoconferência, mas determinando que, para a realização das audiências, deveriam ser consideradas "as dificuldades de intimação de partes e testemunhas", a possibilidade de *efetiva participação* de todos, e vedando "a atribuição de responsabilidade aos advogados e procuradores em providenciarem o comparecimento de partes e testemunhas a qualquer localidade fora de prédios oficiais do Poder Judiciário". Vejam-se os §§ 2º e 3º:

> § 2º Para realização de atos virtuais por meio de videoconferência está assegurada a utilização por todos juízos e tribunais da ferramenta Cisco Webex, disponibilizada pelo Conselho Nacional de Justiça por meio de seu sítio eletrônico na internet (www.cnj.jus.br/plataforma-videoconfencia-nacional/), nos termos do Termo de Cooperação Técnica nº 007/2020, ou outra ferramenta equivalente, e cujos arquivos deverão ser imediatamente disponibilizados no andamento processual, com acesso às partes e procuradores habilitados.
>
> § 3º As audiências em primeiro grau de jurisdição por meio de videoconferência devem considerar as dificuldades de intimação de partes e testemunhas, realizando-se esses atos somente quando for possível a participação, vedada a atribuição de responsabilidade aos advogados e procuradores em providenciarem o comparecimento de partes e testemunhas a qualquer localidade fora de prédios oficiais do Poder Judiciário para participação em atos virtuais.

Na *Justiça do Trabalho*, desde maio de 2020 os juízes têm realizado audiências telepresenciais. Quanto à *plataforma ideal* para a realização dessa modalidade de audiência (e também da audiência por videoconferência), para a tentativa conciliatória ou para a tomada de depoimento das partes e testemunhas, de se levar em conta essa breve experiência dos juízes do trabalho, a partir do regime extraordinário referido, porque *em cada local* se adotou *uma prática* um tanto distinta.

Como visto, a princípio, o CNJ recomendou a utilização da ferramenta *Cisco Webex Meeting*. Entretanto, a grande maioria dos Tribunais Regionais do Trabalho utilizou a plataforma *Google Meetings*, por exemplo, o TRT da 15ª Região (Campinas/SP). Ademais, já no ano de 2020 advertíamos que poderia ser aprimorada, inclusive, a prática de alguns juízes precursores, que já vinham realizando a oitiva de partes e/ou testemunhas por *WhatsApp*, *Telegram*, *Hangouts* e outros tantos recursos tecnológicos, antes mesmo desse regime extraordinário de trabalho.

Atualmente, como é sabido, a ferramenta tecnológica disponibilizada é a *plataforma Zoom*. Em dezembro de 2020, o TST padronizou a ferramenta a ser utilizada em toda a Justiça do Trabalho, tornando obrigatório o uso da plataforma Zoom. Veja-se o art. 1º do ATO CONJUNTO n. 54/TST.CSJT.GP, de 29 de dezembro de 2020: "Fica instituída a plataforma Zoom como plataforma oficial de videoconferência para a realização de audiências e sessões de julgamento nos órgãos da Justiça do Trabalho". E, em conformidade com o art. 2º desse Ato Conjunto, os Tribunais Regionais do Trabalho deveriam "adotar a plataforma oficial de videoconferência até 30 de abril de 2021", o que realmente foi levado a efeito. De se registrar que o TST, em vários de seus atos normativos sobre o tema, comete o equívoco de usar a expressão videoconferência como sinônimo de audiência telepresencial. Como já defendíamos na 1ª edição deste Manual e restou muito claro a partir da Resolução n. 354 do CNJ, audiência por videoconferência e audiência telepresencial são *institutos muito distintos*, podendo, ambas, ser consideradas modalidades de audiências virtuais.

Insisto: de acordo com o art. 2º, inciso II, desta Resolução, as audiências telepresenciais são aquelas "audiências e sessões realizadas a partir de ambiente físico externo às unidades judiciárias". De modo que, nesse tipo de audiência, ninguém comparece a nenhum fórum, a nenhuma unidade judiciária, como diz a norma.

Independentemente da nomenclatura correta, já sustentávamos, em 2020, que a *teleaudiência* seria um instrumento da maior utilidade para que os processos trabalhistas, na medida do possível, não tivessem o seu trâmite totalmente paralisado, inclusive por conta da natureza alimentar do crédito dos trabalhadores. No entanto, posteriormente, quando da volta à normalidade, quando enfim vencemos a epidemia de COVID-19 e o necessário distanciamento social, a teleaudiência *tende* a se tornar uma *realidade* para *determinados tipos de audiência*, dependendo da (menor) complexidade da causa, como será analisado mais adiante.

Não custa lembrar, o processo do trabalho é um processo de audiência e, por conta disso, há de se aplicar o *novo instrumental*, o único que permitia a realização da audiência trabalhista ao tempo da pandemia. Contudo, *não se pode*, com isso, *olvidar-se* dos princípios tão caros à efetividade da Justiça do Trabalho.

É esse difícil equacionamento, ainda objeto de intenso debate na doutrina, com repercussões na prática trabalhista e ainda sem respaldo jurisprudencial, que tomará as próximas linhas deste Manual.

13.3. OBRIGATORIEDADE DE PARTICIPAÇÃO DAS PARTES E ADVOGADOS

Há inúmeras questões que precisam ser investigadas no que concerne à audiência telepresencial. Porém, sem dúvida, uma das mais problemáticas é a que se refere à *obrigatoriedade* de as partes e seus advogados participarem dessa audiência, principalmente quando se tratar de *audiência de instrução*.

Inúmeros são os problemas que os advogados e as partes poderão alegar, (i) *técnicos* ou (ii) de *ordem pessoal*, para não participarem da audiência trabalhista virtual. Quanto aos aspectos *técnicos*, dentre outros: (i) dificuldade de acesso digital – por falta de equipamento ou aparelho adequado, ou por não dispor de um plano de *internet* ideal; (ii) falta de local apropriado; (iii) necessidade de isolamento social; (iv) dificuldade de acesso à documentação, sobretudo para a elaboração da defesa, e tantas outras situações. No que diz respeito aos aspectos de *ordem pessoal*, (i) o temor ao juiz por falta e/ou queda de conexão ou outros problemas técnicos; (ii) a privacidade do lar; (iii) a intimidade de pessoas que residem na casa etc.

13.3.1. Problemas técnicos para a participação

A) Dificuldade de acesso digital

Como visto no início deste Manual, um dos princípios ontológicos ou essenciais de todo e qualquer sistema processual democrático é o do *mais am-*

plo acesso possível ao Judiciário. Daí que o Estado deve proporcionar aos que dependem da jurisdição para resolver seus conflitos de interesses todas as *facilidades de acesso à justiça*. Foi assim que se desenvolveram as chamadas *ondas de reformulação* do processo civil, primeiramente, diminuindo-se os custos de propositura da demanda e para a utilização dos mecanismos de defesa, implementando-se a *gratuidade da justiça* aos que dela necessitavam; em segundo plano, estimulando-se o que posteriormente foi denominado de microssistema de jurisdição coletiva, ou seja, permitindo-se que, em *ações coletivas*, vários interesses pudessem ser satisfeitos, num só processo; terceiro, desburocratizando-se o procedimento até a entrega da prestação jurisdicional, com a *simplificação procedimental* que tornou o processo mais célere e acessível.

Ocorre que, nessa quadra da história, se de um lado a audiência telepresencial facilita o acesso à justiça porque a parte que precisa de uma rápida prestação jurisdicional não pode esperar que as atividades presenciais retornem à normalidade, de outro lado, qualquer das partes pode ter comprometido o seu acesso à justiça por *não dispor de recursos tecnológicos* que lhe permitam participar (bem) da audiência trabalhista. Por isso, Danilo Gaspar, estudando os princípios dos processos virtuais, elencou, como um destes, o da *aptidão digital*, decorrente do amplo acesso à justiça (GASPAR, 2020, *on-line*).

Ora, o juiz do trabalho não pode ignorar que a grande maioria dos trabalhadores é ainda formada de pessoas simples, semianalfabetas e que, embora disponham de aparelho de telefonia celular e acesso ao *WhatsApp*, em regra, não dispõem de *internet* de banda larga – mas apenas de planos pré-pagos, que não suportam acesso a plataformas como a do *Google Meet* ou a do *Zoom* por muito tempo – e, portanto, terão muita dificuldade em participar de uma audiência trabalhista, com a solenidade que esta (ainda) exige.

Problemas vários de conexão, queda de conexão, dificuldade de ingresso na sala de audiência virtual, melhor posicionamento da câmera, falta de familiaridade com os aplicativos, inclusive no que toca à necessária habilitação de áudio e vídeo, dentre tantos outros, poderiam ser lembrados nesse momento.

B) *Falta de local apropriado*

Como se não bastasse, é muito cômodo ao juiz e aos servidores da Justiça do Trabalho, que normalmente recebem um subsídio muito acima do padrão salarial médio dos brasileiros e, portanto, vivem em residências confortáveis, realizar audiências virtuais a partir de suas casas e apartamentos. Aos grandes escritórios de advocacia também não faltam condições materiais adequadas, no que diz respeito ao local onde o advogado e as partes (e testemunhas) possam permanecer para a realização da audiência telepresencial.

Contudo, boa parte dos advogados, principalmente em início de carreira, não dispõe de escritórios amplos e, por vezes, sequer tem mais de uma sala para permitir o isolamento de partes e testemunhas durante os depoimentos. De se recordar, ainda, das cidades menos desenvolvidas nas quais há varas do trabalho, bem como das varas em que há muitos processos envolvendo trabalhadores rurais.

C) Necessidade de isolamento social

Até meados de 2021, ainda tínhamos necessidade de isolamento social severo, pelo menos nas cidades que ainda apresentavam altíssimo índice de contágio e até de mortes por COVID-19. Por isso, na 1ª edição deste Manual eu questionava: se o juiz, o secretário de audiência e demais servidores ficam (cada um) em suas residências, totalmente isolados, seria justo impor ao advogado o dever de conduzir ao seu escritório as partes (e as testemunhas) para a realização da audiência trabalhista? Seria adequado *responsabilizar o advogado* por oferecer a estrutura e a tecnologia necessárias à participação da parte (e das testemunhas) na audiência?

Como visto, o art. 6º, § 2º, da Resolução n. 314 do CNJ vedava expressamente "a atribuição de responsabilidade aos advogados e procuradores" no sentido de "providenciarem o comparecimento de partes e testemunhas a qualquer localidade fora de prédios oficiais do Poder Judiciário para participação em atos virtuais". Assim, o advogado não tem dever algum de permitir que a parte (e as testemunhas) se dirijam ao seu escritório para possibilitar a audiência telepresencial. Por analogia, ele jamais poderá ser responsabilizado por oferecer ao seu cliente a estrutura e a tecnologia necessárias à participação na audiência. Tampouco às testemunhas.

Atualmente, sabemos que a situação está bem mais favorável, pois a vacinação da maioria da população brasileira possibilitou a redução significativa do contágio por Covid-19, reduzindo drasticamente a necessidade de isolamento social. Ainda assim, mesmo com o fim da pandemia, novas cepas vão surgindo, muito por conta de pessoas que se recusam a tomar a vacina, e o estado de alerta continua exigindo de todos nós a máxima proteção.

Não por outra razão, nos atos normativos que estipulavam regras para o retorno às atividades presenciais constavam várias diretrizes, dentre elas, a exibição do *comprovante de vacinação*, para a entrada nos fóruns. O TRT da 15ª Região, por exemplo, editou Portaria bem extensa e minudente quanto a essas exigências – a PORTARIA GP-CR n. 042/2021 –, destacando-se o seu art. 2º e §§, a seguir transcritos:

> Art. 2º Somente poderão ingressar nas unidades do Tribunal Regional do Trabalho da 15ª Região as pessoas que comprovarem que foram submetidas ao gesto vacinal imunizante contra a COVID-19, inclusive com o cumprimento do prazo de carência de 15 (quinze) dias, que resguarda a eficácia do imunizante após o processo de vacinação.
>
> § 1º A obrigatoriedade constante do *caput* é aplicável a quaisquer pessoas que venham a ingressar nas unidades, tais como magistrados, servidores, estagiários, terceirizados e quaisquer prestadores de serviços, membros do Ministério Público, defensores públicos, advogados, empregados da Ordem dos Advogados do Brasil e de postos bancários, partes e testemunhas.
>
> § 2º Para fins do que dispõe o *caput*, deverá ser comprovada a aplicação de duas doses de vacina contra a COVID-19 (relativamente àquelas que o exigem), mediante apresentação de documento oficial.
>
> § 3º O ingresso de pessoas com contraindicação para aplicação da vacina contra a COVID-19 dar-se-á mediante apresentação de relatório médico justificando o óbice à imunização.

Essa Portaria n. 42/2021, da época da pandemia, foi revogada pela Portaria GP-CR n. 002/2022, que visou "restabelecer integralmente as atividades presenciais nas unidades judiciárias e administrativas do Tribunal Regional do Trabalho da 15ª Região, a partir de 11 de abril de 2022", mas ela não pode ser olvidada, por nos lembrar do período de exceção, no qual foi possível ao Judiciário criar novas formas de prestação jurisdicional.

D) *Dificuldade de acesso à documentação*

Havia, ainda, um problema seríssimo para a realização da audiência telepresencial, que dizia respeito à *dificuldade de acesso* do advogado e/ou da parte *à documentação* necessária, principalmente para a elaboração da defesa, mas também para contraprova por parte do reclamante, se fosse o caso.

Aqui está em jogo outra garantia fundamental cuja inobservância normalmente conduz à nulidade do processo. A todos os litigantes deve ser assegurada a *ampla defesa* de seus interesses em juízo. Assim, se o juiz designa audiência para tentativa conciliatória e recebimento da defesa para uma data muito próxima – ainda que observando o interstício de cinco dias úteis –, por certo que o reclamado terá *comprometido* o seu direito de defesa.

Essa preocupação foi mais exaltada até meados de 2021, quando a vacinação em massa contra a Covid-19 começou a arrefecer a situação de caos na saúde pública no Brasil. Naquela época, muitas pequenas e médias empresas ainda se encontravam fechadas. Não somente porque não exerciam atividades essenciais, mas também e principalmente porque o caos econômico que estava apenas dando os seus primeiros sinais de vida implicou na *derrocada* de boa parte da atividade empresarial.

Em todas essas situações e outras que poderiam ser lembradas, se o juiz ignorar a dificuldade de defesa da parte, sobretudo do reclamado, poderá ferir de morte o *ideal da justiça*, que não se compraz com acelerações do procedimento que inviabilizem a legítima e sagrada defesa.

Não por outra razão, sempre defendemos que, ao adotar o sistema de *calendário processual* para apresentação da defesa e da réplica – e até mesmo da tréplica –, o juiz do trabalho deveria observar os prazos do CPC e não os do processo do trabalho, porque este é um processo de audiência e, por essa razão, seus prazos são tão exíguos que não se compatibilizam com o calendário processual. Daí que, adotando-se o calendário processual, para assegurar o contraditório pleno e a ampla defesa de ambas as partes, o prazo de contestação deveria ser de 15 dias (art. 335 do CPC) e o de réplica também (arts. 350 e 351 do CPC).

13.3.2. Problemas pessoais para a participação

A) Temor ao juiz, principalmente se houver problemas técnicos

Os advogados bem sabem que as partes e testemunhas normalmente sentem um certo receio de se encontrarem diante do juiz, numa sala de audiências, por não estarem afeitas à solenidade do ato, principalmente por causa de um ritual que elas desconhecem. Se alguns reclamados, prepostos e até testemunhas estão sempre presentes no fórum trabalhista, principalmente quando se trata de empresa que tem inúmeras ações trabalhistas ajuizadas em face de si, a maioria dos trabalhadores, prepostos e testemunhas que comparecem à Justiça pela primeira vez apresenta um certo *temor* em relação ao juiz, principalmente se tiverem de *prestar depoimento* pessoal ou testemunhal.

Com a teleaudiência, teremos "a vantagem de eliminar em alguma medida o temor reverencial que costuma tomar algumas pessoas nessas oportunidades, o que pode fazer com que falem com mais desenvoltura". De outra mirada, sabendo as partes e testemunhas que haverá registro do áudio e das imagens dos atos praticados na audiência, isso poderá "funcionar como um novo elemento inibitório, já que todos saberão que o que ficar dito será registrado em sua inteireza" (ADAMOVICH, 2020, *e-book*).

Além disso, pessoas muito simples sentirão certo pavor por *não dominarem* o uso das tecnologias e sentirão medo de o juiz *as repreender* caso ocorram problemas técnicos de conexão/desconexão, falhas de áudio etc.

B) Privacidade do lar

De certa forma, correlacionado ao problema do local para a realização da audiência telepresencial, há o problema pertinente à *privacidade do lar*, se a parte e as testemunhas forem obrigadas a realizar a audiência e o advogado não tiver condições de acolher essas pessoas em seu escritório. Além disso, quando era decretado o *lockdown* em alguma cidade, ainda que o advogado tivesse local apropriado, a parte e as testemunhas não poderiam se deslocar até lá. E mesmo que não decretado o isolamento total, algumas cidades – como Ribeirão Preto e outras da região (Franca, Barretos etc.) – apresentavam *índices altíssimos de contágio até meados de 2021* e, portanto, naquela época ainda havia sérias restrições ao funcionamento de estabelecimentos comerciais e também dos escritórios de advocacia.

Com efeito, o problema da "invasão" do domicílio é muito sério. Se há residências nas quais se pode destacar um cômodo da casa para a realização da audiência, com amplo acesso à *internet*, nesse caso não haverá maiores problemas. Mas se a pessoa reside numa casa pequena, desconfortável, por vezes convivendo com várias pessoas, *não haverá um espaço próprio*, com isolamento acústico, para que não haja interferências externas – há casas em que a sala fica bem ao lado do único banheiro da residência –, e isso pode ser muito *intimidador*.

E essa situação não vai mudar com o fim da pandemia. No final de 2021, com uma situação bastante favorável em termos de prática dos atos sociais, numa audiência de instrução telepresencial, a testemunha residia num prédio com inúmeros apartamentos bem pequenos e havia uma obra no apartamento ao lado. Era *praticamente impossível ouvir* a testemunha, que também não nos ouvia – juiz e advogados –, e quando ela tentou participar da audiência no corredor do prédio, o sinal de *internet* ficava tão fraco que a conexão "caía" constantemente. *Resultado*: tive de adiar a audiência para que a testemunha fosse ouvida em outro ambiente, já que as atividades presenciais no Fórum Trabalhista de Ribeirão Preto foram retomadas apenas em 24 de janeiro de 2022.

Tudo isso se agrava se houver *crianças e/ou pessoas idosas* na residência, que não podem ou não sabem esperar o momento de necessitar da ajuda de quem está prestando depoimento. Por óbvio que juiz, advogados e partes têm de relevar se alguma interferência externa, que não comprometa o depoimento, eventualmente ocorra. Será necessário ter *muita empatia*. Por isso, tenho dito aos alunos que, embora não se trate de autêntico princípio, numa época de pandemia como a que atravessamos, há de se aplicar o "princípio" da máxima empatia, sobretudo nas audiências telepresenciais.

De qualquer maneira, todas as pessoas têm *direito fundamental à privacidade*, pois a vida privada que "acontece" no lar de cada uma das famílias brasileiras é algo que deve ser visto com certa sacralidade. Destarte, se a parte e a testemunha abrem o seu lar para colaborar com o Poder Judiciário, elas merecem o maior respeito do mundo. Mas elas *não podem ser obrigadas* a ceder um espaço de seu lar para propiciar a realização da justiça.

Ademais, a casa é um *asilo inviolável* de todas as pessoas e nela somente se pode penetrar munido de mandado judicial e para persecuções de natureza penal. Não havendo suspeita alguma de prática criminosa pela pessoa que é parte ou testemunha, *nenhum juiz estará autorizado* a determinar que ela abra o seu asilo inviolável para atender o comando de participação numa audiência virtual. Se o juiz assim proceder, penso que poderia a parte até opor *correição parcial*, para que o Corregedor analise o ato e veja se ele não causa um certo tumulto processual, ou mais que isso, a *violação de um direito fundamental*.

C) Intimidade de pessoas que residem na casa

Intrinsicamente conectado ao problema do item anterior, é o problema de a audiência telepresencial *ferir a intimidade* não só da parte e testemunha que participam da audiência trabalhista, mas também de *outras pessoas* que vivem na mesma casa e não têm absolutamente nada a ver com o processo.

Seria justo privar as demais pessoas que ali residem do seu sagrado direito de ir e vir por toda a casa? E de fazê-lo com a roupa que considerarem adequada ou até sem roupa? Essa situação se agrava nas *audiências de instrução* porque, quanto a estas, como veremos na sequência, deverá haver *gravação de áudio e da imagem* em todos os passos da audiência, para conservação da higidez do grande ato. Imagine-se a gravação de áudios ou imagens comprometedoras da parte ou da testemunha, principalmente quando relacionados a pessoas da família que *não têm nada a ver com o processo*.

Esses são apenas alguns dos tantos problemas que envolvem a audiência telepresencial, como veremos nos próximos tópicos. Assim, se a referida audiência atende, em boa medida, aos princípios da celeridade, efetividade, economia processual e até do acesso à justiça – dependendo da ótica de análise deste princípio –, de outro lado, *pode comprometer seriamente* as garantias constitucionais do contraditório e da ampla defesa, além de propiciar a violação de direitos de personalidade.

A equalização desses *prós* e *contras* é tarefa hercúlea, mas precisamos tentar compreender os pontos positivos e negativos da audiência telepresencial, e a isso dedicaremos as próximas linhas.

13.4. PRINCÍPIOS APLICÁVEIS ÀS AUDIÊNCIAS TELEPRESENCIAIS

Vista a parte introdutória da temática relacionada à audiência trabalhista na modalidade à distância, temos de procurar identificar, primeiramente, se os *princípios fundamentais gerais* estudados no início deste Manual são aplicáveis nesta modalidade de audiência ou se restam comprometidos porque seria possível atender a outros princípios específicos; em segundo lugar, será preciso buscar definir quais seriam esses *princípios característicos* que poderiam melhor se amoldar às audiências trabalhistas telepresenciais.

13.4.1. Princípios fundamentais (gerais) aplicáveis

Por certo que os princípios (i) do acesso à justiça, (ii) do devido processo legal e (iii) da efetividade (também conhecido como da duração razoável do processo) devem ser aplicados *em todo e qualquer processo* brasileiro, *em qualquer audiência*, presencial ou à distância. Daí que também são exigíveis na audiência trabalhista virtual os princípios que dão conformidade ao princípio abstrato do devido processo legal: (i) do juiz natural, (ii) do contraditório e da ampla defesa, (iii) da motivação das decisões judiciais, (iv) da publicidade e (v) da isonomia. De se recordar, no entanto, que no processo do trabalho há forte *regramento protetivo* ao trabalhador (repercussões do princípio da proteção), que deixa em xeque a aplicação irrestrita do princípio da igualdade na seara trabalhista. De se consultar o quanto afirmamos sobre essa principiologia no início deste Manual.

Contudo, como já pontado linhas acima, o princípio do acesso à justiça passa a ter uma *conformação distinta* na audiência telepresencial, pelo menos no que diz respeito à obrigatoriedade de participação das partes e advogados. Ora, o reclamante já tinha proposto sua demanda antes de março de 2020, com possibilidade de amplo acesso ao seu advogado e este, por sua vez, de acesso à documentação e informações necessárias ao ajuizamento da demanda; de outro lado, o reclamado, citado para audiência *em data posterior* à instalação do estado de calamidade pública decretado em março de 2020, poderia não ter acesso facilitado ao seu advogado, e este à documentação e às informações necessárias à preparação de uma boa defesa do seu cliente.

Não por outra razão, o CNJ, na Resolução n. 314, em seu art. 3º, § 2º, deliberou que, nessas circunstâncias, *bastava que o advogado informasse* a "impossibilidade técnica ou prática" de participação na audiência. E, como decidia o CNJ em 2020, esse era um caso que *independia de apreciação judicial*. É dizer, *bastava* que o advogado peticionasse *informando* essa impossibilidade de participação da audiência, por (i) *problema técnico* relacionado à acessibilidade tecnológica, ou por (ii) problema pertinente à dificuldade de acesso às informações e aos documentos, para que o juiz tivesse de determinar o "cancelamento" (adiamento) da audiência.

Atualmente, com a vacinação massiva da população e a desnecessidade de isolamento social severo, a questão toma outros contornos. Tanto é assim que o CNJ, já no final de 2020, quando a situação era bem mais favorável do que no início da pandemia, editou a Resolução n. 354, exigindo a *devida comprovação da impossibilidade de participação* na audiência telepresencial. Veja-se o teor do parágrafo único do art. 3º da referida Resolução: "A oposição à realização de audiência telepresencial deve ser fundamentada, submetendo-se ao controle judicial".

Contudo, no primeiro semestre de 2021, com o recrudescimento da pandemia e a (nova) necessidade de isolamento social severo, os próprios juízes e tribunais passaram a ser mais "condescendentes" na apreciação dos requerimentos de adiamento das audiências, para não comprometer a ampla defesa dos reclamados. Portanto, a pandemia nos ensinou, dentre tantas outras regras fundamentais de convivência, que *as normas jurídicas* não podem ser aplicadas a ferro e fogo, pois *devem se amoldar às situações imprevistas*. Daí que a convivência harmônica de todos os princípios deve acomodar o rigor das regras postas, restando clara, aí, a *força normativa* dos princípios e sua importância para a coesão do sistema.

De modo que os *princípios do contraditório e da ampla defesa*, que estão sempre contrapostos ao acesso à justiça por parte do demandante, bem como à celeridade e à efetividade, em certa medida, quando se tratar de audiência telepresencial, *saem fortalecidos*. Não se pode conceber acesso à justiça com comprometimento da ampla defesa. Na audiência telepresencial, *muito mais ainda*.

Isso significa, de modo bem resumido, que nenhuma prática para a realização da audiência virtual ou de atos inerentes a esta audiência pode comprometer o *sagrado direito de defesa*, porque isso certamente irá *afetar a legitimidade* dos atos praticados e fatalmente conduzirá à nulidade do processo a partir da realização da audiência telepresencial. Se a parte demonstrar que não tem *acesso tecnológico*, por si ou por suas testemunhas – conquanto seja uma prova bem difícil, por envolver qualidade ou capacidade de aparelhos, limite de *internet* etc. –, ou que não consegue ter *acesso aos documentos* e às informações necessárias para a realização da audiência, o juiz *deverá deferir* o requerimento e adiar a audiência, para que possa ser realizada presencialmente.

> Se a parte provar que não tem acesso tecnológico, por si ou por suas testemunhas, ou que não consegue ter acesso aos documentos e às informações necessárias, o juiz deverá adiar a audiência.

Aqui está o *maior dilema* de todos os que poderiam ser pensados pelos juslaboralistas na época de pandemia. Se os advogados de ambas as partes fizessem requerimento, *em comum*, de adiamento da audiência, o juiz *deveria deferir* o requerimento, porque a celeridade é um *direito da parte*, ainda que o juiz com ela esteja comprometido (art. 765 da CLT). Aliás, o CNJ decidiu dessa forma no PP n. 0004046-61.2020.2.00.0000, proposto pela OAB/SP contra o TRT da 15ª Região. A grande questão é: *e se o advogado de uma parte quer realizar a audiência e o da parte contrária não quer?* Serão necessários novos aportes doutrinários para que possamos responder a essa difícil questão, mais adiante.

Prosseguindo, então, na análise dos princípios gerais, como visto anteriormente, a *publicidade* é uma garantia constitucional que dá legitimidade aos atos processuais, pois, sendo públicos (acessíveis) todos os atos do processo, sobretudo os realizados em audiência, não somente as partes, mas quaisquer outras pessoas poderão tomar conhecimento de tudo o que se passou na contenda entre duas ou mais partes. De tal modo que apenas os processos em que, por interesse social, para se proteger a intimidade de pessoas ou por algumas necessidades específicas, o juiz decreta *segredo de justiça*, é que o acesso será *limitado*, sendo permitido apenas às partes e aos seus advogados.

Contudo, na audiência telepresencial, esse princípio terá de ser *amoldado* às *especificidades* do caso concreto e dos *acontecimentos* que se derem durante a audiência. A começar pelo *ingresso na sala* de audiências virtuais, pois, por experiência, quando muitas pessoas participam da audiência virtual, isso gera bastante tumulto, porque o tempo de resposta é bem mais longo do que na audiência presencial (*delay*); ademais, quando duas pessoas falam ao mesmo tempo, isso gera microfonia, além do que nem todos ainda têm desenvoltura para *habilitar o microfone* (no momento adequado) e/ou *desabilitá-lo* quando não for sua vez de se manifestar. Por isso, o *recomendável* é que, pelo menos no horário de abertura da audiência, dela participem apenas as pessoas que *necessariamente* precisam "comparecer". Tenho visto que quando a audiência se atrasa e as pessoas que vão participar da audiência seguinte ingressam na sala virtual, isso gera muita *apreensão*, por não se saber ao certo quem são essas pessoas e por qual razão querem participar da audiência ou aguardar a sua vez.

Isso não significa que pessoas estranhas ao processo não possam acessar o *link* da audiência e assistir à prática dos atos processuais, sobretudo os *estagiários*. Um estágio que se preze não pode prescindir da prática de se assistir às audiências, principalmente no processo do trabalho, porque, insisto mais uma vez: *o processo do trabalho é um processo de audiência*, e, em regra, é ali, no grande ato, que se ganha ou se perde uma demanda. Por isso, sempre permiti que estagiários assistam a minhas audiências telepresenciais. Entretanto, *regras de comportamento específicas* poderão ser tomadas nesses casos, como a exigência de que o estagiário ingresse com o nome de "estagiário" para facilitar a sua "identificação", que permaneça o tempo todo com a câmera e o microfone desabilitados etc.

De modo que *alguma restrição à publicidade* da audiência deverá ser tolerada, em nome de outros princípios, como os da celeridade e da segurança jurídica e, porque não dizer, para se preservar a *segurança pessoal* dos envolvidos – pessoas ligadas ao crime podem assistir essas audiências para verificar se "compensa" invadir determinada casa, por exemplo; isso sem falar da invasão de *hackers*, como tem acontecido em algumas sessões de tribunais pelo país afora.

Ademais, será possível sustentar a limitação da publicidade no que diz respeito à *imagem*, à *voz* e aos *gestos* das pessoas que participam da audiência, sobretudo porque pessoas "estranhas" à audiência podem ter sua voz e/ou sua imagem captadas, o que pode gerar comprometimento dos *direitos de personalidade*, como já visto. Daí que a audiência pode até ser gravada – a de instrução deverá necessariamente ser gravada, como veremos mais adiante –, mas nenhum dos atores que participa do teatro da audiência trabalhista virtual poderá utilizar-se da imagem (fotografia) ou de vídeos gerados para publicações em mídias sociais e/ou compartilhamentos por *WhatsApp* e outros meios, a menos que tenha a *prévia* e *necessária autorização* de *todas* as pessoas envolvidas no grande ato. Não se pode pensar a audiência telepresencial como um *Big Brother*.

Continuando essa análise, como visto no início deste Manual, o *princípio da oralidade* é a ideia-matriz da audiência trabalhista e, por isso, fiz questão de desenvolver todos os aspectos da oralidade que é predominante nessa audiência. Com efeito, essa oralidade se concretiza pelo atendimento aos *subprincípios* que lhe dão conformação: (i) do predomínio da palavra falada, (ii) da imediatidade, (iii) da concentração dos atos processuais e (iv) da irrecorribilidade das decisões interlocutórias. Por óbvio que a primazia da palavra falada permanecerá na audiência telepresencial, na qual devem ser aplicadas da mesma maneira as técnicas processuais que dão concretude aos princípios da concentração e da irrecorribilidade.

Não obstante, em relação à *imediatidade*, entendida como *proximidade* entre o juiz e as partes e/ou testemunhas, por certo que será o princípio *mais comprometido* na audiência telepresencial. O juiz perderá toda a possibilidade de *observar atentamente* o modo de falar, os gestos, as posturas, os acanhamentos, a segurança e tantas outras características na fala das pessoas, especialmente quando estiverem *prestando depoimento*. *Em suma*, pode-se afirmar que se na audiência presencial "o corpo fala", na audiência virtual "o corpo quase silencia", porque os gestos serão *muito limitados* e a informação das reações corporais *não chegará ao juiz*, salvo nos casos de pessoas que fujam ao padrão de comedimento que praticamente todos têm diante de uma câmera.

A verdade é que uma câmera *afugenta* as pessoas em geral e, na audiência telepresencial, a câmera pode *comprometer* até mesmo a *manifestação espontânea* de reações (naturais) que poderiam revelar ao juiz se a parte ou a testemunha está dizendo a verdade ou mentindo. A propósito, a boa doutrina tem apontado que na audiência telepresencial não haverá:

> [...] aquela visão de conjunto que tem importância, sobretudo para a oralidade, na formação do convencimento do juiz. A observação de olhares, gestos, ênfases, figuras de linguagem, além de dirigir-se logicamente para a pessoa que está depondo, complementa-se fortemente com essa observação de conjunto. Não raro, a visão de outros sujeitos presentes ao ato provoca reações no depoente, ou deste naqueles e tais reações

> humanas costumam associar-se à experiência de vida do magistrado para a formação de seu convencimento. (...) Todo esse quadro, na oitiva à distância, será consideravelmente comprometido (ADAMOVICH, 2020, *e-book*).

De modo que se pode mesmo sustentar que "haverá um empobrecimento da oralidade em relação ao conjunto da cena de produção da prova" (ADAMOVICH, 2020, *e-book*), na audiência telepresencial. Infelizmente, esse é o *maior entrave* para a realização das audiências de instrução na modalidade virtual e, por isso, os advogados, em sua ampla maioria, até meados de 2021, demonstravam *desinteresse* pela realização dessas audiências, ao tempo da pandemia. É curioso notar que até mesmo os *advogados de reclamantes*, que naturalmente seriam os primeiros a insistir na realização da audiência de instrução, manifestavam, por petição ou nas audiências inicial e de tentativa de conciliação, sua *objeção* à realização da instrução *virtual*. Bem verdade que isso mudou a partir de meados de 2021, mas o "fato histórico" da objeção merece ser registrado.

> Interessante notar que até mesmo os advogados de reclamantes manifestavam, por petição ou nas audiências, sua objeção à realização da audiência de instrução de modo telepresencial. Isso mudou a partir de meados de 2021, mas esse "fato histórico" precisa ser registrado.

Quanto à *conciliabilidade*, ainda não tenho uma percepção clara de ter sido ou não comprometida com a audiência telepresencial. Contudo, tenho notado que o número de acordos tem *diminuído bastante* nas audiências telepresenciais; mas há uma série de fatores que pode estar contribuindo para essa realidade. A título meramente exemplificativo, (i) a grave crise econômica que assola o país, iniciada antes e agravada depois da pandemia de COVID-19; (ii) o fato de muitas empresas estarem concentrando valores para a manutenção da sua própria atividade; (iii) a inclusão de processos nos quais já houve a primeira audiência, na pauta de tentativa conciliatória; (iv) o fato de as empresas saberem que as audiência presenciais só seriam retomadas em grande escala em 2022, dentre outros fatores.

Para finalizar este tópico, quanto aos princípios do juiz natural e da motivação das decisões judiciais, por óbvio que se aplicam da mesma maneira na audiência telepresencial, nela se exigindo a mínima paridade de armas – com as exceções procedimentais que revelam a aplicação do princípio da proteção no processo do trabalho –, na medida do possível. Tudo em busca da *maior efetividade* nos atos que devem ser praticados nessa audiência. Aqui, portanto, nenhuma novidade.

13.4.2. Princípios específicos (uma teoria em construção)

Vistos os princípios fundamentais e gerais, e sua aplicabilidade na audiência virtual, impende agora investigar se há mesmo princípios que poderiam ser considerados como *específicos*, por se *ajustarem melhor à audiência telepresencial*. Por certo que cada doutrinador irá "criar" alguns princípios e, futuramente, haverá uma sistematização, acompanhada de uma necessária redução do rol de princípios, para permanecer como tais apenas os que serão considerados como *essenciais* à realização da audiência telepresencial, em razão da sua *especificidade*.

Fabrício Lima Silva e Fábio Luiz Pacheco, em interessante artigo, lembram que os *princípios do processo eletrônico* podem ser perfeitamente aplicados na audiência por videoconferência, e tentam esboçar alguns princípios que poderiam ser reconhecidos como "específicos" da audiência trabalhista telepresencial, em razão das *funções* que eles desempenham. Em verdade, não há falar em princípios específicos de nenhum tipo de audiência, mas em princípios que, por sua *especificidade*, ajustam-se de modo mais adequado às audiências – no caso em análise, às audiências telepresenciais.

Quanto aos princípios do processo eletrônico, eles citam os que estão expressos no art. 194 do CPC atual, a saber: a) *garantia da disponibilidade* – que diz respeito à não interrupção do acesso ao sistema, até porque, se houver interrupções, "restará configurada justa causa, nos termos do parágrafo único do art. 197 e art. 223, *caput* e § 1º, ambos do CPC"; b) *independência da plataforma computacional* – "as plataformas não devem ser desenvolvidas para funcionarem vinculadas a determinado sistema operacional, garantindo-se o pleno acesso aos atos processuais"; c) *acessibilidade e interoperabilidade* – "garantia de que os sistemas adotados pelos diferentes tribunais pátrios sejam intercomunicáveis, facilitando o acesso das partes e procuradores, sem a necessidade de instalação de diversos códigos específicos" (SILVA; PACHECO, 2020, *e-book*).

Na sequência, os autores citam as lições *pioneiras* de José Eduardo de Resende Chaves Júnior, um dos maiores expoentes no estudo do processo eletrônico brasileiro, segundo o qual, além dos princípios positivados, temos os seguintes princípios:

a) *da imaterialidade* – "em contraposição ao princípio da escritura (ou escrituração)", a concepção de processo eletrônico traz a ideia de "desmaterialização dos autos", tendo em vista que, nesse processo, os atos processuais "não são mais consubstanciados em um instrumento físico, mas certificados de uma forma não-material", ocorrendo, assim, "a virtualização do processo";

b) *da intermidiabilidade* – "conjunção e interação recíproca entre várias mídias, agregando sons, imagens, etc."; isso vai resultar "na possibilidade de utilização de várias espécies de mídias no PJe", e, para tanto, "foi desenvolvido pelo CNJ o software PJE-Mídias, que tem como objetivo manter as mídias de um processo em um local seguro", além de se permitir "o acesso de usuários para consulta a qualquer momento";

c) *da instantaneidade* – "acesso ao conteúdo dos autos de forma instantânea e permanente, permitindo o acompanhamento em tempo real da realização dos atos processuais";

d) *da conexão* – "o processo passa a ter uma conexão qualificada com a rede, passando a ter acesso às informações nela contidas – o que aproxima os sujeitos do processo da realidade dos fatos";

e) *da desterritorialização* – "além da transposição física de territórios e circunscrições jurisdicionais e até de jurisdições, significa a fluência da efetividade dos direitos, que não pode mais ser contida simplesmente pelas limitações materiais do espaço físico";

f) *da hiper-realidade* – "utilização de ferramentas tecnológicas que superam a própria realidade, deformando-a ou aperfeiçoando-a" (SILVA; PACHECO, 2020, *e-book*).

Por fim, os autores fazem um grande esforço para definir *novos princípios* que poderiam ser "específicos" da audiência trabalhista telepresencial, a partir das *funções clássicas* dos princípios. E, então, enumeram onze princípios. Louvável o pioneirismo dos autores, mas penso que, *data venia*, boa parte dos princípios (ou funções) ali expressados se trata, em verdade, de características ou práticas necessárias – como os próprios autores definem quanto a alguns – dessa modalidade de audiência. Não obstante, desse estudo se podem extrair alguns *princípios interessantes*, a seguir especificados:

1) *da colaboração judicial* – este princípio "impõe aos órgãos do sistema de Justiça que busquem soluções de forma colaborativa para a realização de atos processuais – virtuais ou físicos (art. 6º, "caput", da Resolução CNJ nº 314/2020)" – seria um princípio conexo ao da cooperação (art. 6º do CPC);

2) *da conectividade* – "impõe aos operadores do Direito e às próprias partes a obrigação de obtenção de meios para a participação das audiências telepresenciais", princípio este que seria decorrente "do princípio da conexão (PJe)" – ressalvo, contudo, que, em meu entender, não pode haver imposição às partes dessa obrigação de acesso, como já ressaltado;

3) *da eletividade do meio virtual* – pois "caberá a cada Tribunal, e mesmo ao Juízo, a definição do meio virtual (aplicativos, programas, etc.) a ser utilizado na realização da audiência por videoconferência (art. 6º, "§ 2º", da Resolução CNJ nº 314/2020 e Portaria CNJ nº 61/2020)";

4) *da formalidade moderada* – "as vestes dos advogados e dos Juízes devem ser condizentes com a formalidade da liturgia, mas sem excessos e com respeito ao decoro (art. 10 do Ato nº 11 da GCGJT/2020)";

5) *da peculiaridade regional* – porque "o processo do trabalho passa a vigorar com alterações procedimentais, a depender da realidade local e das regulamentações de cada Tribunal (art. 16, §1º, do Ato Conjunto CSJT. GP.VP e CGJT nº 06/2020 e art. 1º, §ú, da Portaria CNJ nº 61/2020)";

6) *da não publicização* – a despeito da publicidade das audiências, como já comentado, "para preservação da imagem dos envolvidos no ato jurisdicional (juiz, servidores, advogados, partes e testemunhas), não é recomendável que o ato seja transmitido em outras plataformas de acesso público e indiscriminado", pois os atos de audiência devem se prestar unicamente ao atingimento de sua "finalidade", ou seja, deve haver "a destinação processual do ato" de forma adequada (SILVA; PACHECO, 2020, *e-book*).

A despeito de todos esses atos normativos terem sido revogados, inclusive a Resolução n. 314 do CNJ, faço questão de manter todo esse estudo, que foi imprescindível na época da pandemia, e que nos permitiu criar novas formas de prestação jurisdicional. Sem essas resolução e atos normativos, teria havido um caos na atuação de juízes e advogados.

13.4.2.1. Princípio da igualdade digital: Res. n. 314/2020 do CNJ

Danilo Gaspar também deu ótima colaboração nessa árdua tarefa de se apontar os *princípios "específicos"* que melhor *se amoldam* à audiência telepresencial. Em interessante artigo doutrinário, ele trata do (i) *princípio da igualdade digital* e também do (ii) *princípio da aptidão digital*, por certo que *derivados* das garantias constitucionais da isonomia e do acesso à justiça. De início, o autor observa que a realização de audiências telepresenciais:

> [...] provoca a criação de uma nova principiologia das audiências trabalhistas, com o surgimento de princípios efetivamente novos, cujo conteúdo se destina a assegurar que as audiências telepresenciais sejam, na essência, instrumentos de maximização da efetividade dos direitos fundamentais de índole processual (GASPAR, 2020, *on-line*).

Com efeito, não basta que juízes e/ou advogados queiram realizar uma audiência telepresencial, pois, obviamente, será necessário verificar se todos os sujeitos que devem participar da audiência têm condições materiais (*tecnológicas*) mínimas para uma *efetiva participação*. É dizer, todos esses sujeitos devem possuir, "em condições de igualdade, acesso a uma infraestrutura telemática mínima e adequada à prática do ato processual". A isso o autor citado denominou de "princípio da igualdade digital, um corolário do princípio da igualdade", que, como é de todos sabido, encontra-se previsto no art. 5º, *caput*, da Constituição da República Federativa do Brasil. Porém, *quais seriam os instrumentos necessários* para essa infraestrutura telemática mínima? Responde o autor:

> Considera-se telemática o conjunto de tecnologias da informação e da comunicação resultante da junção entre os recursos das telecomunicações (telefonia, satélite, cabo, fibras ópticas etc.) e da informática (computadores, periféricos, softwares e sistemas de redes), que possibilita o processamento, a compressão, o armazenamento e a comunicação de grandes quantidades de dados, em curto prazo de tempo, entre usuários localizados em qualquer ponto do Planeta (GASPAR, 2020, *on-line*).

Em suma, "é indispensável que todos os sujeitos do processo tenham acesso a um computador (ou dispositivo semelhante, como smartphone ou tablet) com conexão à rede mundial de computadores (internet)" (GASPAR, 2020, *on-line*).

Contudo, como as atividades presenciais nos fóruns trabalhistas ficaram *totalmente suspensas*, pelo menos até meados de 2021, a estrutura tecnológica do fórum não pode ser utilizada pelos atores jurídicos, para que a participação de todos ocorresse em condições de igualdade. E, mesmo com a retomada das atividades presenciais, por certo que o fórum não dispõe de estrutura tecnológica que possa ser utilizada por todos.

De sorte que será necessário averiguar, com a máxima cautela, as *condições materiais de igualdade tecnológica* entre advogados, partes e testemunhas. Com efeito, se algum dos sujeitos que deve participar da audiência não dispuser de recursos (i) de telecomunicação e/ou (ii) de informática – no mínimo, um aparelho celular, com acesso à *internet* – que possibilitem não somente a sua participação, mas a sua *interação instantânea* com os demais atores da peça teatral chamada audiência trabalhista, *não será possível* que ela se realize de modo virtual.

> Se algum dos sujeitos que deve participar da audiência não dispuser de recursos de telecomunicação e/ou de informática que possibilitem a sua interação instantânea, não será possível a realização da audiência virtual.

Não por outra razão, o CNJ, em sua *Resolução n. 314/2020*, disciplinou a necessidade de *adiamento* de todos os atos processuais, quando se constatar a "absoluta impossibilidade técnica ou prática" para sua realização. Vale a pena transcrever a regra do § 2º do art. 3º da referida Resolução:

> Os atos processuais que eventualmente não puderem ser praticados pelo meio eletrônico ou virtual, por absoluta impossibilidade técnica ou prática a ser apontada por qualquer dos envolvidos no ato, devidamente justificada nos autos, deverão ser adiados e certificados pela serventia, após decisão fundamentada do magistrado.

A grande dificuldade que se apresenta aos doutrinadores é a de se definir com precisão o que se entende por *impossibilidade técnica* ou *prática* para a realização dos atos de audiência e, num segundo momento, a de se resolver se haveria ou não *necessidade de justificação* por parte do advogado para que a audiência não se realize na modalidade telepresencial.

Quanto à *impossibilidade técnica*, penso que diz mais respeito a essas condições materiais de acesso tecnológico e, se algum dos advogados, a própria parte ou alguma testemunha não dispõem do *aparato tecnológico mínimo* para sua efetiva participação na audiência, de se constatar que se encontra, aí, uma impossibilidade técnica para a realização do grande ato.

Em relação à *impossibilidade prática*, de se ponderar que a audiência trabalhista envolve *diversos atos* processuais e inclusive *incidentes vários* que podem surgir no curso da audiência, como amplamente estudado nos capítulos iniciais deste Manual. Basta recordar que o reclamado, citado para uma audiência trabalhista, tem direito a contratar advogado para elaborar sua defesa técnica, o advogado necessitará manter conversas com seu cliente e até com pessoas que trabalham na empresa, além de necessariamente ter acesso à documentação de todo o contrato de trabalho mantido com o reclamante. Ademais disso, *ambas as partes* terão o direito de ouvir a outra em depoimento pessoal e, muito provavelmente, *necessitarão* ouvir suas testemunhas para a comprovação dos fatos alegados, em conformidade com o ônus da prova subjetivo que lhes compete, como já estudado em capítulo específico deste Manual. Destarte, quando houve decretação de *lockdown* ou mesmo de distanciamento social, havia uma *impossibilidade prática* para a realização plena de todos os atos da audiência trabalhista.

> A impossibilidade técnica diz respeito às condições materiais de acesso tecnológico; a impossibilidade prática envolve uma série de situações relacionadas à defesa e à produção da prova.

Resta agora saber se as partes e/ou seus advogados *precisam justificar* essa impossibilidade para a realização da audiência trabalhista. Há uma certa ambiguidade na normativa do CNJ, que desperta interpretações apaixonadas num ou noutro sentido.

Pois bem, o § 2º do art. 3º da Resolução n. 314 fazia menção expressa a que essa impossibilidade seja "devidamente justificada nos autos". Contudo, na sequência, o § 3º deste mesmo dispositivo dá a entender que *basta a petição do advogado* com a alegação de impossibilidade da prática dos atos ali descritos: (i) contestação, (ii) impugnação ao cumprimento de sentença, (iii) embargos à execução, (iv) defesas preliminares de natureza civil, trabalhista e criminal, e (v) outros que exijam a "coleta prévia de elementos de prova". Até porque "o prazo será considerado suspenso na data do protocolo da petição com essa informação" e, além disso, este § 3º não faz referência a "decisão fundamentada do magistrado", locução utilizada no § 2º. Para facilitar a compreensão, há de se transcrever a regra do referido § 3º:

> Os prazos processuais para apresentação de contestação, impugnação ao cumprimento de sentença, embargos à execução, defesas preliminares de natureza cível, trabalhista e criminal, inclusive quando praticados em audiência, e outros que exijam a coleta prévia de elementos de prova por parte dos advogados, defensores e procuradores juntamente às partes e assistidos, somente serão suspensos, se, durante a sua fluência, a parte informar ao juízo competente a impossibilidade de prática do ato, o prazo será considerado suspenso na data do protocolo da petição com essa informação.

Daí por que a realização da audiência trabalhista que envolva qualquer um dos atos processuais descritos neste § 3º – inclusive coleta de "elementos de prova" – dependerá da *anuência de ambas* as partes e/ou seus advogados. Nos piores momentos da pandemia – e que servem de base para um norte interpretativo em situações indesejadas no futuro –, se qualquer das partes alegasse *impossibilidade prática*, a audiência *deveria ser adiada*.

A propósito, o TRT da 15ª Região teve problemas com essa questão junto ao CNJ. A decisão foi proferida no PP n. 0004046-61.2020.2.00.0000. Veja-se:

> O Conselho Nacional de Justiça (CNJ) decidiu favoravelmente à solicitação da OAB SP, apresentada em 27/05, a qual buscava que o Tribunal Regional do Trabalho da 15ª Região (TRT15) adequasse regras do funcionamento das audiências de instrução telepresenciais aplicadas durante a pandemia de Covid-19. Para a Ordem, essas audiências,

> onde se produzem provas, não podem ser impostas, sob risco de haver prejuízos à advocacia e ao cidadão.
>
> (...)
>
> Assim, por meio de decisão da conselheira Maria Cristiana Simões Amorim Ziouva, houve o acolhimento do reclamo da OAB SP, determinando que o TRT da 15ª Região, adequasse o seu procedimento, respeitando-se as hipóteses previstas no artigo 3º, parágrafo 3º da Resolução 314/2020 (apresentação de contestação, impugnação ao cumprimento de sentença, embargos à execução, defesas preliminares de natureza cível, trabalhista e criminal, inclusive quando praticados em audiência, e outros que exijam a coleta prévia de elementos de prova), suspenda o ato, quando houver pedido expresso de alguma parte sobre a impossibilidade da sua prática, independente de prévia decisão do juiz (OABSP, 2020, *on-line*).

Eis a decisão:

> Assim, constatada a pertinência da pretensão ora deduzida em relação ao entendimento já firmado neste Conselho sobre a matéria nos autos do PP n. 3594-51.2020, deixo de apreciar o feito em sede de liminar e avanço no mérito para **julgar procedente** o presente expediente para determinar que o TRT da 15ª Região, nas hipóteses previstas no artigo 3º, parágrafo 3º da Resolução 314/2020 (apresentação de contestação, impugnação ao cumprimento de sentença, embargos à execução, defesas preliminares de natureza cível, trabalhista e criminal, inclusive quando praticados em audiência, e outros que exijam a coleta prévia de elementos de prova), suspenda o ato, quando houver pedido expresso de alguma parte sobre a impossibilidade da sua prática, independente de prévia decisão do juiz. Nos demais casos, a suspensão dependerá de decisão fundamentada do magistrado.

Aparentemente, no julgamento do recurso administrativo interposto pelo TRT, o CNJ teria mudado seu posicionamento. Não é o que nos parece, a se ler atentamente o *decisum*, a seguir transcrito:

> Ante o exposto, conheço do Recurso Administrativo, e no mérito dou-lhe parcial provimento para esclarecer que:
>
> 1) na hipótese em que haja requerimento de suspensão da audiência (ou do julgamento do feito), conforme art. 3º, § 2º, da Resolução CNJ n. 314 CNJ, o ato deverá submeter-se à avaliação do magistrado responsável pela condução do processo;

> 2) sendo apresentado ao juízo requerimento de suspensão da audiência formulado em comum acordo pelas partes, deverá o ato ser suspenso, conforme entendimento firmado nos autos do – PP 0003406-58.2020.2.00.0000.

Destarte, apesar de ter constado do "cabeçalho" que a simples solicitação de suspensão da audiência "por videoconferência", por uma das partes, não seria "capaz de impedir a realização do ato, sob pena de prejuízo à celeridade e à razoável duração do processo", *em momento algum* se estabeleceu isso no *decisum*. De se pontuar: a decisão não tocou na hipótese do § 3º do art. 3º da Resolução n. 314 do CNJ, que, portanto, *continua "intacta"*.

No mesmo sentido, o entendimento de Kleber Waki e João Marcelo, em belo artigo publicado a respeito dessa problemática. Após a explanação sobre o tema, concluem os autores que, nos casos em que a alegação da parte e/ou de seu advogado versar sobre qualquer um dos temas contidos no referido § 3º, "a alegação goza de presunção de veracidade, provoca a imediata suspensão do prazo a partir do protocolo da petição e não está sujeita ao crivo judicial" (WAKI; BALSANELLI, 2020, *on-line*).

Observam os autores citados que essa conclusão é, inclusive, imposta pelo:

> [...] princípio constitucional da igualdade, uma vez que a normatização do CNJ, notadamente o art. 2º da Resolução CNJ 313/2020, confere proteção de isolamento social aos juízes, servidores e colaboradores nas unidades judiciárias e, em razão disso, devem as partes e advogados receber idêntico tratamento caso se manifestem neste sentido, inclusive considerando outras pessoas em tal contexto (como as testemunhas, peritos etc.) (WAKI; BALSANELLI, 2020, *on-line*).

Bem sabido que, com o alívio proporcionado pela vacinação em massa da população brasileira – ainda que parte da sociedade se recuse a tomar a imprescindível vacina contra a Covid-19 –, a interpretação e aplicação normativa do CNJ e dos tribunais brasileiros, sobretudo a partir da Resolução n. 354, foi bem distinta. Com efeito, como já pontuado, o parágrafo único do art. 3º da referida Resolução, editada num momento em que a pandemia dava sinais de acentuada redução no número de casos – novembro de 2020 –, exigiu a *devida comprovação do motivo* que impedia à parte a plena participação na audiência telepresencial, sob pena de indeferimento do requerimento apresentado.

Mais que isso, no referido art. 3º o CNJ possibilitou até mesmo que os juízes designem *audiência telepresencial de ofício*. Veja-se o teor desta norma:

> Art. 3º As audiências telepresenciais serão determinadas pelo juízo, a requerimento das partes, se conveniente e viável, ou, de ofício, nos casos de:
>
> I – urgência;
>
> II – substituição ou designação de magistrado com sede funcional diversa;
>
> III – mutirão ou projeto específico;
>
> IV – conciliação ou mediação; e
>
> V – indisponibilidade temporária do foro, calamidade pública ou força maior.

Destarte, nos casos em que houver *urgência na prestação jurisdicional* – não apenas nos processos nos quais haja pedido de tutela antecipada de urgência –, por exemplo, nos casos em que o trabalhador sequer recebeu as sagradas verbas rescisórias, independentemente da concordância das – ou de uma – partes, o juiz poderá determinar a realização da audiência telepresencial, *inclusive de instrução*, que somente será adiada se houver um motivo ponderoso para tanto.

Igualmente, para a realização de *audiência de conciliação* (ou mediação), principalmente no processo do trabalho, por força do art. 764 e §§ da CLT, não há que se esperar consentimento algum de qualquer das partes, ainda que uma delas não esteja disposta à tentativa conciliatória. Afinal, a busca da conciliação sempre foi a finalidade *precípua* da Justiça do Trabalho.

Mais que isso, na dicção do parágrafo único do art. 3º da Resolução n. 354 não parece haver outra interpretação possível que não seja a de se exigir, em qualquer situação, a *justificativa* da parte e/ou de seu advogado, para a não realização da audiência telepresencial. A conferir: "A oposição à realização de audiência telepresencial deve ser fundamentada, submetendo-se ao controle judicial".

De modo que, doravante, principalmente a partir da vacinação em massa, não deve mais prevalecer o posicionamento do CNJ no sentido de dispensar qualquer justificativa nos casos de impossibilidade prática para o grande ato. Enfim, *tanto nos casos de impossibilidade prática quanto nos de impossibilidade técnica*, não havendo um motivo bem forte, o juiz poderá indeferir o requerimento de adiamento da audiência telepresencial, insistindo em sua realização, sendo a audiência inicial, *una ou de instrução*, no processo do trabalho.

13.4.2.2. Princípio da aptidão digital: Recomendação n. 101 do CNJ

Ainda tratando dos princípios "específicos" da audiência telepresencial, Danilo Gaspar fala do *princípio da aptidão digital*, que *emana* do próprio princípio do acesso à justiça. Confira-se:

> A realização de audiências pela via telepresencial demanda um domínio, por parte de todos os sujeitos do processo, dos recursos tecnológicos envolvidos, de modo a que se consiga criar um ambiente digital capaz de acomodar os interesses e necessidades de todos os sujeitos do processo. Trata-se, na linha proposta neste texto, do princípio da aptidão digital.
>
> O princípio em questão demanda, assim, que todos os sujeitos do processo possuam, individualmente ou mediante auxílio do Poder Público, condições efetivas de dominar os recursos tecnológicos necessários à prática do(s) ato(s) processuais necessários a salvaguarda do direito fundamental ao devido processo legal e do direito fundamental ao contraditório e ampla defesa (GASPAR, 2020, *on-line*).

De modo que o princípio da aptidão digital diz respeito não à propriedade e/ou posse dos recursos de acesso à sala de audiência telepresencial, mas ao efetivo domínio desses recursos, vale dizer, ao *manuseio correto do instrumental* necessário à efetiva participação nessa audiência, e nem todos têm essa aptidão, como vimos anteriormente.

Nessa temática são vários os problemas que podem surgir, como já anotamos: problemas de conexão ruim, de queda de conexão, de dificuldade de acesso à sala de audiência virtual, quanto ao posicionamento da câmera, além da falta de familiaridade com os aplicativos, inclusive para a habilitação do microfone e da câmera, dentre tantas outras dificuldades.

Não por outra razão, o CNJ reconheceu, em julho de 2021, a situação de *exclusão digital da maioria da população brasileira*, ao editar a Recomendação n. 101 – de 12-7-2021 –, cujo teor merece muito estudo não somente por parte dos atores jurídicos – chamados de "operadores do direito" –, mas também de sociólogos e demais estudiosos das questões sociais. A epígrafe da Recomendação "fala" por si: "Recomenda aos tribunais brasileiros a adoção de medidas específicas para o fim de garantir o acesso à Justiça aos excluídos digitais".

Nas "considerandas" da Recomendação, o CNJ reconhece a situação de carência digital dos brasileiros: "CONSIDERANDO que os benefícios decorrentes da utilização de novas plataformas e ferramentas tecnológicas não podem ser usufruídos por uma significativa parcela da sociedade brasileira, em razão de sua dificuldade no acesso aos meios digitais". E então passa a ditar normas a serem observadas pelos tribunais (e juízos) brasileiros, com a finalidade de se garantir a todos o acesso à justiça.

Já no seu art. 1º, a Recomendação traz importantes definições a respeito de pessoas excluídas digitalmente e das modalidades de audiência, que servirão de norte para as recomendações dos artigos seguintes. Por sua extrema relevância, esses "conceitos" merecem transcrição:

> Art. 1º Para os fins desta Recomendação, consideram-se:
>
> I – excluído digital: parte que não detém acesso à internet e a outros meios de comunicação digitais e/ou que não tenha possibilidade ou conhecimento para utilizá-los, inclusive com tecnologia assistiva;
>
> II – audiência mista (semipresencial): a que ocorre quando, ao menos, uma pessoa comparece fisicamente à unidade judiciária para participar do ato processual; e
>
> III – audiência presencial: aquela cujos participantes comparecem fisicamente à unidade judiciária para a prática do ato processual.

Daí se percebe claramente quem pode ser considerado um *excluído digital*, locução bem mais abrangente do que a simples falta de equipamentos tecnológicos que tornem a pessoa apta à participação numa audiência.

Para que fique bem claro, o excluído digital pode ser tanto aquele que (i) *não possui os equipamentos tecnológicos* que lhe permitam se conectar à rede mundial de computadores, como computador, notebook, tablet, aparelho celular, ou o que (ii) *não possui um bom plano de internet*, que lhe permita a boa comunicação em tempo real, mas também a pessoa que possui o ferramental necessário – computador/celular e *internet* –, mas (iii) *não tem o menor domínio sobre o funcionamento das tecnologias da comunicação virtual* e, portanto, não terá condições de rapidamente se conectar ao *link* da sala de audiências, não conseguirá habilitar sua câmera e seu microfone, terá imensa dificuldade de aceitar "convite" para se dirigir à sala de espera das testemunhas e para retornar à sala de depoimentos, para rotacionar sua câmera e um largo etc.

A *falta de conhecimento* sobre as tecnologias da comunicação e sobre o funcionamento das plataformas utilizadas para a realização das audiências telepresenciais revela-se um *sério impedimento ao pleno acesso à justiça*. A maioria da população brasileira não tem o menor acesso digital e, por isso, os juízes e tribunais *não podem ignorar essa realidade* e impor a audiência de instrução telepresencial, porque isso poderá comprometer seriamente o *ideal de justiça*, que é a grande aspiração de toda a humanidade.

Não por outra razão, o CNJ *recomenda* a todos os tribunais brasileiros a realização de audiências *presenciais* – com todos os atores jurídicos presentes, fisicamente, na unidade judiciária – sempre que houver uma *situação de excluído digital* que deva participar da audiência, ou, pelo menos, de audiências *semipresenciais* (mistas), nas quais os excluídos digitais comparecerão, *fisicamente*, à unidade judiciária para que lhe seja possível participar plenamente do grande ato. Veja-se o teor do art. 5º da Recomendação n. 101: "Recomenda-se aos tribunais brasileiros disponibilizar aos excluídos digitais audiências de conciliação e instrução e julgamento nas modalidades presenciais e mistas, podendo ser facultada às pessoas com deficiência sua participação virtual, sempre que necessário".

Destarte, não é prudente que o juiz ou qualquer das partes queiram impor à parte ou testemunha excluída digitalmente a participação virtual na audiência. Sempre que comprovado pela parte que ela própria ou sua testemunha se trata de um excluído digital, ou o juiz designa audiência presencial, para que todos compareçam ao fórum – no qual todos têm plenas condições de participação efetiva (acesso à justiça) –, ou designa audiência semipresencial (mista), para que todos os excluídos digitais – parte e/ou testemunhas – possam comparecer ao fórum e de lá prestar seu depoimento, caso seja realmente necessário.

Para o bom funcionamento das audiências semipresenciais, os juízos deverão *indicar* pelo menos *um servidor*, com *plena aptidão digital*, para prestar assistência aos excluídos digitais, porque essas audiências funcionarão de modo bem parecido com as audiências por videoconferência, com transmissão de sons e imagens, em tempo real, do fórum para os equipamentos tecnológicos dos atores que se encontrarem em suas residências e/ou escritórios, e desses aparatos para o fórum, como já vimos quando tratamos das audiências por videoconferência. O art. 2º da Recomendação deixa isso bastante evidenciado:

> Art. 2º. Recomenda-se aos tribunais brasileiros disponibilizar, em suas unidades físicas, pelo menos um servidor em regime de trabalho presencial durante o horário de expediente regimental, ainda que cumulando funções, para atendimento aos excluídos digitais, a fim de garantir o amplo acesso à justiça, efetuar o encaminhamento digital dos eventuais requerimentos formulados e auxiliar o jurisdicionado naquilo que se revelar necessário.

De modo que, doravante, teremos pelo menos *quatro modalidades de audiência*, quanto ao formato de realização, a saber: (i) as audiências presenciais; (ii) as audiências semipresenciais ou mistas; (iii) as audiências por videoconferência; e (iv) as audiências telepresenciais.

Enfim, se o advogado *comprovar* a situação de exclusão digital da parte e/ou da testemunha, e o juiz insistir na realização da audiência de instrução (ou una) telepresencial – em que todos só podem participar virtualmente, já que nesta modalidade ninguém se dirige ao fórum –, isso poderá gerar *nulidade processual* por falta de atendimento ao princípio (novo) da aptidão digital, principalmente se demonstrado *manifesto prejuízo*, por exemplo, se a testemunha não pode ser ouvida, se não conseguiu entender corretamente as perguntas ou se não conseguiu responder a perguntas-chave para a solução do processo.

Que o *bom senso*, que deveria ser o maior dos "princípios" jurídicos, nos sinalize os melhores caminhos, em cada situação concreta, porque não importam os números, mas a justiça (dos números ou quantidades) das (nas) audiências realizadas.

13.4.2.3. Princípio da segurança jurídica digital

Há um princípio extremamente importante no Direito, mas pouco estudado quando se procede à análise dos princípios norteadores do sistema processual. Trata-se do *princípio da segurança jurídica* que, em verdade, é um princípio fundante de toda a ciência jurídica. Daí a razão de ele ser mais estudado na Teoria Geral do Direito.

Contudo, mesmo no segmento juslaboral, há autores que tratam do tema. Radson Rangel Ferreira Duarte, juiz titular da Vara do Trabalho de Itumbiara (TRT-18), em magnífico estudo sobre a matéria, fruto de sua dissertação de mestrado junto à Faculdade de Direito de Ribeirão Preto – USP, transcreve o *conceito de Humberto Ávila*, por expressar toda a extensão do instituto. Para este conceituado autor, a segurança jurídica é uma:

> [..] norma-princípio que exige, dos Poderes Legislativo, Executivo e Judiciário, a adoção de comportamentos que contribuam mais para a existência, em benefício dos cidadãos e na sua perspectiva, de um estado de confiabilidade e de calculabilidade jurídica, com base na sua cognoscibilidade, por meio da controlabilidade jurídico-racional das estruturas argumentativas reconstrutivas de normas gerais e individuais, como instrumento garantidor do respeito à sua capacidade de – sem engano,

> frustração, surpresa e arbitrariedade – plasmar digna e responsavelmente o seu presente e fazer um planejamento estratégico juridicamente informado do seu futuro (*Apud* DUARTE, 2020, p. 23-24).

Estamos, portanto, diante de uma ordem de ideias que preconizam o funcionamento de *todo o aparato estatal*, para garantir aos cidadãos confiança e previsibilidade. Quanto ao sistema jurídico, por certo que essa segurança é buscada com vistas a se alcançar a almejada justiça, mas com a observância dos princípios específicos do subsistema processual, de modo a se implementar uma solução justa, mas sempre com a *necessária segurança jurídica*.

Em se tratando de *audiência*, não há muitos questionamentos quanto à segurança jurídica, porque se trata de *ato solene*, em regra generalíssima realizado no fórum, sob a direção e o *olhar atento* do juiz, dos servidores, dos advogados, das partes e demais pessoas que devem participar da audiência. Não bastasse, tendo em vista que a audiência é pública, pessoas estranhas à relação jurídica processual também podem assisti-la, de certo modo *fiscalizando* a lisura de todos os atos ali praticados.

Contudo, essa audiência à qual estamos nos referindo é a audiência presencial, realizada no fórum. De outra mirada, quando estamos falando de audiência por videoconferência, já haveria uma preocupação maior em relação à segurança jurídica. Por mais forte razão, quanto à *audiência telepresencial* – em que *todos* os atores estão à distância, em suas casas, escritórios e outros locais –, de se compreender a extrema preocupação, sobretudo dos advogados, no que concerne à observância do *princípio da segurança jurídica*.

Há uma vasta temática relacionada às questões ou dúvidas que têm sido manifestadas por juízes, advogados e estudiosos do processo, que envolvem problemas *técnicos* e de *ordem pessoal* para a boa participação dos atores processuais nessa audiência, principalmente na de *instrução telepresencial*. São dúvidas sobre o (i) local de realização da audiência, (ii) conexão e desconexão das partes e testemunhas, (iii) possíveis interferências durante os depoimentos pessoais e testemunhais, (iv) formas de se garantir a *incomunicabilidade* das testemunhas etc.

Por isso, pode-se sustentar que um dos princípios "específicos" – sempre entre aspas – que pode conferir uma melhor prática à audiência telepresencial é o *princípio da segurança jurídica digital*, por certo que derivado do princípio geral da segurança jurídica. Não basta realizar a audiência de modo virtual; é necessário *garantir* às partes a necessária segurança para que elas possam *confiar* (princípio da confiança) nessa nova prática e colaborar para que se alcance o *máximo êxito* nessas audiências telepresenciais.

Enquanto não houver a *confiança dos advogados e das partes*, não teremos segurança jurídica digital, porque sempre haverá espaço para se duvidar da higidez dos atos praticados, o que proporcionará muitas arguições de nulidade processual. Por certo que os tribunais, ao tempo da pandemia, começaram a *rever* a teoria das nulidades processuais, mas essa revisão jurisprudencial levará tempo. Porém, quanto mais rápido ela (revisão) se manifestar, mais rapidamente se conseguirá a *almejada segurança jurídica digital*.

Vistos, em linhas gerais, os princípios "novos" que nos deram um direcionamento para que pudéssemos percorrer com *relativa segurança* o caminho que nos transportou *de volta à normalidade*, resta o árduo trabalho de examinar todas as questões que afligem os profissionais que atuam na audiência trabalhista telepresencial, *sobretudo os advogados*.

Por certo que facilitará a compreensão de todos se tratarmos em separado da audiência trabalhista pelo tipo de audiência, quanto à *finalidade do grande ato*. Nesse aspecto, as audiências trabalhistas são, de modo geral: (i) iniciais; (ii) de tentativa conciliatória; (iii) de instrução; e (iv) unas.

As *dúvidas* que se apresentam para a audiência inicial ou de tentativa conciliatória de modo telepresencial são *infinitamente menores* do que as tantas que podem surgir em relação às audiências de instrução ou unas. Destarte, analisaremos primeiramente aquelas e, ao final, a audiência de instrução (e a una).

13.5. AUDIÊNCIAS INICIAL E DE TENTATIVA CONCILIATÓRIA TELEPRESENCIAIS

Como é sabido, na *audiência inicial* não há produção de prova oral, embora possa haver interrogatório das partes, por iniciativa oficial, conquanto isso seja extremamente raro, como já estudamos em capítulo próprio deste Manual. Quanto à *audiência de tentativa conciliatória*, em regra generalíssima, destina-se apenas à tentativa de se encontrar uma solução consensual. Assim, em termos de dificuldade de acesso à *prova oral*, esse argumento *não pode* ser utilizado para a não realização da audiência telepresencial, quando se tratar de audiência inaugural ou de tentativa de acordo.

No entanto, para a audiência inicial o reclamado é citado não somente para a tentativa conciliatória, mas também para, desde já, *preparar sua de-*

fesa e documentos, que devem ser anexados aos autos do PJe até a abertura da audiência, como já visto.

Daí que, antes da Resolução n. 354 do CNJ, se o reclamado e/ou seu advogado peticionassem, *antes da audiência*, alegando impossibilidade de praticar o ato da contestação, principalmente por dificuldade de acesso à prova documental, a *simples petição* do advogado *seria suficiente* para a suspensão do prazo mínimo de elaboração da defesa – 5 dias úteis, como visto neste Manual – e, por via de consequência, isso implicaria na necessidade de *adiamento da audiência*, independentemente de decisão do magistrado.

> Se o reclamado e/ou seu advogado peticionassem, antes da audiência, alegando impossibilidade de praticar o ato da contestação, a simples petição do advogado seria suficiente para o adiamento da audiência, antes da Resolução n. 354 do CNJ.

Aliás, foi nesse sentido a decisão tomada pelo CNJ, conforme acórdão proferido nos autos do *Pedido de Providências n. 000359451.2020.2.00.0000*, da lavra da Exma. Sra. Conselheira Tânia Regina Silva Reckziegel, cuja ementa se transcreve, por ser bastante elucidativa:

> PROCEDIMENTO DE CONTROLE ADMINISTRATIVO. TRIBUNAL REGIONAL DO TRABALHO DA 10ª REGIÃO. QUESTÕES DECORRENTES DA PANDEMIA DA COVID-19. FLUÊNCIA DOS PRAZOS PROCESSUAIS. PEDIDOS DE SUSPENSÃO DE PRAZO PARA APRESENTAÇÃO DE CONTESTAÇÃO, IMPUGNAÇÃO AO CUMPRIMENTO DE SENTENÇA, EMBARGOS À EXECUÇÃO, DEFESAS PRELIMINARES DE NATUREZA CÍVEL, TRABALHISTA E CRIMINAL, INCLUSIVE QUANDO PRATICADOS EM AUDIÊNCIA, E OUTROS QUE EXIJAM A COLETA PRÉVIA DE ELEMENTOS DE PROVA POR PARTE DOS ADVOGADOS. INTERPRETAÇAÕ DO §3.º DO ART. 3.º DA RESOLUÇÃO CNJ N. 314/2020. DISPENSABILIDADE DE DECISÃO DO JUIZ. SUFICIÊCIA DO PEDIDO DO ADVOGADO. PEDIDO JULGADO PARCIALMENTE PROCEDENTE.
>
> 1. A possibilidade de suspensão dos prazos prevista nos casos previstos no § 3º do art. 3º da Resolução CNJ n. 314/2020 (apresentação de contestação, impugnação ao cumprimento de sentença, embargos à execução, defesas preliminares de natureza cível, trabalhista e criminal, inclusive quando praticados em audiência, e outros que exijam a coleta prévia de elementos de prova) não depende de prévia decisão do juiz, bastando a informação do advogado, durante a fluência do prazo, sobre a impossibilidade da prática dos atos ali previstos.

> 2. Nos outros casos não previstos no § 3º, a suspensão depende de decisão do juiz da causa, nos termos § 2º do art. 3º da Resolução CNJ n. 314/2020.
>
> 3. Pedido julgado parcialmente procedente. (PP 0003594-51.2020.2.00.0000, Conselheira relatora [em substituição]: Desembargadora Tânia Regina Silva Reckziegel, j. 25.5.2020, Plenário Virtual).

Com efeito, isso resultou ainda mais claro na decisão proferida no *PP n. 003406-58.2020.2.00.0000*, de relatoria do Conselheiro Ministro Emmanoel Pereira, cuja parte final se transcreve:

> Assim, somente para "apresentação de contestação, impugnação ao cumprimento de sentença, embargos à execução, defesas preliminares de natureza cível, trabalhista e criminal, inclusive quando praticados em audiência, e outros que exijam a coleta prévia de elementos de prova por parte dos advogados, defensores e procuradores juntamente às partes e assistidos" é que haverá a possibilidade de suspensão automática do correspondente **prazo processual**, a **contar da data do protocolo da petição**, se "durante a sua fluência, a parte informar ao juízo competente" a impossibilidade de sua prática.
>
> Para os demais atos processuais, dentre os quais se incluem a realização de audiências telepresenciais (ou por videoconferência), em caso de justificada e absoluta impossibilidade técnica de sua prática por qualquer dos envolvidos, haverá a necessidade de se formalizar pedido ao magistrado da causa que, por decisão fundamentada, poderá, ou não, determinar o adiamento do ato, nos termos do artigo 3º, § 2º, da Resolução CNJ n.º 314/2020. (PP 003406-58.2020.2.00.0000, Conselheiro relator: Ministro Emmanoel Pereira).

Não obstante, a maioria dos juízes do trabalho, até por falta de familiaridade com a audiência telepresencial, no ano de 2020, adotou *prática distinta*. Ao invés de designar audiência inicial para tentativa conciliatória e, caso frustrada esta, para apresentação e recebimento da defesa do reclamado, os juízes adotaram, em termos, a *sistemática do processo civil*. Assim, passaram a formular desde logo um *calendário processual*, determinando a citação do reclamado para que procedesse à apresentação de (i) contestação e documentos num prazo determinado e, na sequência, assinalasse prazos específicos para (ii) réplica, (iii) tréplica e (iv) indicação da necessidade de realização de audiência de instrução, com apontamento dos *meios de prova* a serem utilizados e com a devida *justificação* da necessidade da prova oral.

> Para evitar a audiência inicial, os juízes, em 2020, passaram a formular um calendário processual, com prazos sucessivos para contestação, réplica, tréplica e justificação da necessidade de prova oral.

De certa forma, esse procedimento, que mescla o ritual do processo civil com o ritual do processo do trabalho, foi autorizado pelo art. 6º do Ato CGJT n. 11/2020 – da Corregedoria-Geral da Justiça do Trabalho. A propósito, Antonio Umberto de Souza Júnior tem utilizado a locução "rito alternativo emergencial" para explicar essa *mudança de hábito* na Justiça do Trabalho. Com esse novo rito, "a defesa do reclamado não será recebida em audiência (inicial ou una), correndo o prazo automaticamente após a entrega da notificação inicial" (SOUZA JÚNIOR, 2020, *e-book*).

Na 6ª Vara do Trabalho de Ribeirão Preto passei a adotar esse ritual, em 2020, primeiro, porque todas as atividades presenciais foram suspensas pela Resolução n. 313/2020 do CNJ e, naquela época, não se sabia ao certo como seria a realização de uma audiência telepresencial; em segundo lugar, porque os processos, na Justiça do Trabalho, não podem ficar completamente paralisados, tendo em vista que, em regra, neles se busca a satisfação de verbas de natureza alimentar. Aliás, como já pontuei anteriormente, nos processos de *rito ordinário*, talvez fosse mais apropriado aplicar esse *procedimento misto*, realizando-se "em secretaria" (no PJe) todos os atos de apresentação da defesa, recebimento dela, verificação da necessidade de réplica e de tréplica, bem como da necessidade ou não de produção de prova oral. Isso *otimizaria* bastante a prática dos atos processuais. A propósito, o CSJT recomendou esse ritual, em conformidade com o art. 6º e §§ do Ato n. 11/GCGJT, da Corregedoria-Geral da Justiça do Trabalho, como já referido, durante a pandemia. Contudo, atualmente, a recomendação é a de que se faça, sempre que possível, audiência trabalhista presencial.

Agora, se realizado esse procedimento misto, que se o adote com a *máxima segurança jurídica*, para se evitar nulidade e/ou injustiças. Daí por que temos enviado notificação citatória *por registrado postal*, como manda a CLT (art. 841, § 1º) – e não por carta simples –, aos reclamados que não têm e-mail cadastrado. Somente assim haverá segurança jurídica para se declarar revelia, como aliás já fazíamos nas audiências presenciais, a despeito de recomendações em sentido contrário.

Com esse "novo ritual" não estou sustentando que não se realize a audiência trabalhista, pelo menos para a tentativa conciliatória. Havendo *possibilidade de conciliação*, ainda que mínima, após a réplica, tréplica ou os prazos para indicação de meios e justificação da necessidade de prova oral, o juiz *deverá incluir o processo* na pauta de audiências telepresenciais, para a tentativa conciliatória. Em vários processos, adotei esse ritual, com bastante êxito.

Outra vantagem desse ritual é a de que *não haverá* necessidade de designação de audiência nos processos em que se constatar a revelia do reclamado – com a certeza da entrega da notificação citatória –, ou naqueles em que se verificar a desnecessidade de prova oral, em conjunto com a total impossibilidade de celebração de acordo entre as partes. Isso sem mencionar os processos que envolvem *exclusivamente* matéria de direito e/ou prova documental.

Contudo, a partir de 2021, sobretudo após o alívio proporcionado pela vacinação massiva, tenho insistido na designação de *audiência inicial telepresencial*, porque nela há uma otimização dos atos processuais, o que não se alcança com o calendário processual na maior parte das vezes. Como não há decisão de saneamento do processo na Justiça do Trabalho, uma audiência inicial bem feita pode permitir uma melhor tentativa conciliatória e, restando esta infrutífera, o juiz pode "sanear" o processo em audiência, apreciando requerimentos, determinando a produção de provas, formatando uma pauta de instruções mais "inteligente", dando preferência a casos mais urgentes, e uma infinidade de situações que podem ali ser bem encaminhadas. A *concentração de atos* de condução do processo, na audiência, otimiza a prática de atos futuros e poupa a declaração de nulidades, que podem comprometer seriamente o ideal de efetividade processual.

13.5.1. Questões práticas: atrasos, arquivamento e revelia

Agora, se designada a audiência inicial, surgem *algumas questões práticas* – ou dúvidas – relacionadas à audiência telepresencial que precisam ser examinadas, ainda que brevemente. Vejam-se as seguintes questões:

(i) Se o advogado e/ou a parte não entram na sala de audiências virtuais, *poderá haver a aplicação das consequências processuais clássicas*, como arquivamento e revelia?

Depende do critério utilizado por cada juiz, em cada vara do trabalho. De início, em Ribeirão Preto, os juízes do trabalho entenderam que seria mais adequado *não aplicar essas consequências processuais*, porque tratava-se de uma assustadora novidade, a da realização de audiência telepresencial. Como havia muito temor em relação ao desconhecido por parte de juízes, servidores e, sobretudo, dos advogados, entendeu-se que poderia haver problemas técnicos e/ou de acessibilidade à plataforma utilizada para a realização da audiência, e que seria necessário um *prazo de adaptação* por parte dos atores jurídicos.

Contudo, registrei, em 2020, que, passados três meses do início da realização das audiências telepresenciais, não havia mais motivo para se deixar de aplicar as consequências processuais clássicas diante da ausência da parte e/ou de seu advogado. Penso que, doravante, em se tratando de audiência inicial, se a parte não comparece, de se declarar a sua revelia, ou de se determinar o arquivamento do feito, conforme o caso, observando-se, contudo, se houve a efetiva citação do reclamado, já que o reclamante será intimado por meio da imprensa oficial, na pessoa de seu advogado.

Não obstante, como estávamos com a necessidade de absoluto distanciamento social na região de Ribeirão Preto, naquela época, os juízes entenderam que *bastaria a presença do advogado* na audiência, evitando-se, assim, que a parte tivesse de ir até o escritório do seu patrono. Para viabilizar as tratativas e a celebração de acordos, recomendou-se que as partes permanecessem acessíveis por *WhatsApp* ou outro meio de comunicação virtual. Na 6ª Vara do Trabalho, essa prática se mostrou bastante exitosa, pelo que a tenho mantido até os dia atuais. Em inúmeras ocasiões eu suspendi a audiência virtual para que o advogado entrasse em contato com a parte e, quando necessário, eu conversava por *WhatsApp*, em chamada de vídeo, *diretamente* com a parte, especialmente para colher ratificação de acordo apresentado por petição escrita. E ainda procedo assim, com boa aceitação por parte das pessoas envolvidas.

(ii) *Haverá tolerância de atrasos nas audiências telepresenciais?*

Essa é uma das questões mais importantes na temática da audiência inicial, quanto aos aspectos processuais. Como já visto em outro capítulo deste Manual, há jurisprudência firme e forte do TST no sentido de não haver qualquer tolerância para atraso das partes (OJ n. 245 da SDI-1 do TST). Contudo, as audiências telepresenciais, como mencionado várias vezes neste Manual, são *absolutamente extraordinárias*, cuja prática teve início em março de 2020.

Destarte, *não poderá haver* o mesmo rigor da audiência presencial para a audiência telepresencial. Até porque são inúmeros os problemas técnicos que a parte e/ou seu advogado podem enfrentar para o ingresso na sala de audiências virtual. Eu mesmo, como juiz, já tive problemas dessa ordem, por queda de *internet*, principalmente. *Não é razoável* que se exija pontualidade britânica das partes e advogados na audiência telepresencial, inclusive porque muitos trabalhadores e pequenos empresários não têm amplo acesso digital e apresentam *baixíssima aptidão* para o manuseio das tecnologias da informação. Alguns *nunca participaram* de uma reunião virtual.

> Não é razoável que se exija pontualidade britânica das partes e advogados na audiência telepresencial, inclusive porque muitos trabalhadores e pequenos empresários não têm amplo acesso digital.

Por óbvio que se deve exigir seriedade nos argumentos das partes e advogados. Não é de se presumir que o mesmo advogado tenha problemas todos os dias. No entanto, há *de se presumir a boa-fé objetiva* da parte e/ou de seu advogado que alegar problemas técnicos. De sorte que *pequenos atrasos* poderão ser tolerados e, conforme o caso, até consequências processuais – arquivamento, revelia, confissão e outras – poderão ser *relevadas* ou até *revogadas*, diante de *justificativa plausível* da parte, apresentada no ato ou mesmo após o encerramento da audiência. Para tanto, pode o advogado, ou até mesmo a parte, "tirar print" da tela, ou fazer "um self" mostrando que está tentando acessar a sala virtual, ou gravar um pequeno vídeo, e, depois, enviar *e-mail* à vara e/ou peticionar no processo, juntando a "documentação".

13.5.2. Questões práticas: vestimenta e problemas técnicos – Ato n. 4 da CGJT

Seguindo a análise das *questões práticas* – ou dúvidas – relacionadas à audiência inicial ou até mesmo de tentativa conciliatória telepresencial, vejamos as seguintes, em *complemento* às anteriores:

(iii) *Com qual vestimenta a parte e/ou seu advogado podem participar da audiência telepresencial?*

Como já visto anteriormente, não há regramento legal específico a respeito de vestimenta na audiência presencial. Contudo, os *usos e costumes* recomendam que, conforme o lugar, o juiz e os advogados utilizem terno e gravata, e as juízas e as advogadas utilizem *tailleur* ou uma roupa social. Não obstante, em várias audiências presenciais alguns atores principais têm comparecido em traje casual. Quanto às partes, recomenda-se apenas o bom senso e que utilizem uma vestimenta que não seja indecorosa.

Já em relação às *audiências telepresenciais*, não há regramento legal algum, nem mesmo derivado dos usos e costumes. Contudo, finda a pandemia e com a prevalência das audiências presenciais, há de se exigir dos advogados que façam audiências de terno e gravata, e que as advogadas usem uma vestimenta adequada . Registro, para fins históricos, que ministro do Supremo Tribunal Federal participou de sessão de "videoconferência" utilizando apenas camisa de gola polo e sem a tradicional toga. Veja-se a seguinte notícia: MARCO AURÉLIO INOVA E SUBSTITUI TERNO E TOGA POR GOLA POLO EM JULGAMENTO. Disponível em: https://epoca.globo.com/carolina-brigido/coluna-marco-aurelio-inova-substitui-terno-toga-por-gola--polo-em-julgamento-1-24371127. Acesso em: 17 ago. 2020.

A Corregedoria-Geral da Justiça do Trabalho, desde o início das audiências telepresenciais, tem recomendado o uso de vestimentas condizentes com o decoro do ato. Veja-se o art. 10 do ATO n. 11/GCGJT, de 23-4-2020:

> Para a realização dos atos das audiências e sessões telepresenciais, fica dispensado o uso de vestes talares, mas recomenda-se o uso de vestimentas condizentes com o decoro e a formalidade dos referidos atos.

Posteriormente, em 15-3-2021, a Corregedoria-Geral da Justiça do Trabalho editou o *Ato n. 4/GCGJT*, para uniformizar, no âmbito da Justiça do Trabalho de 1º e 2º graus, a realização de audiências e sessões de julgamento telepresenciais, de maneira condizente "com a formalidade do ato", pois a Resolução n. 354 do CNJ, em seu art. 7º, IV, já exigia que "todos os participantes sigam a mesma liturgia dos atos processuais presenciais, inclusive quanto às vestimentas".

E, assim, a CGJT determinou a *todos os juízes e desembargadores* que não somente se apresentem nas audiências e sessões virtuais "com vestuário condizente com a formalidade" dos atos praticados, e "em espaços físicos condizentes com a solenidade correspondente, como se praticados na sede do fórum" (art. 1º e parágrafo único), como também exigiu que os juízes e desembargadores *permaneçam o tempo todo* com a câmera habilitada. Veja-se o teor do art. 2º deste Ato: "A transmissão de imagem dos juízes e desembargadores durante as audiências e sessões de julgamento telepresenciais deverá ocorrer durante todo o ato, sendo vedada sua interrupção sem justificativa plausível".

Conquanto toda a normativa da CGJT, da época da pandemia, tenha sido revogada pelo Ato. n. 35/GCGJT, de 19 de outubro de 2022, não podemos, jamais, olvidar-nos da sua importância histórica. Foi graças a essa normativa que tivemos alguma uniformidade na condução dos trabalhos nas audiências trabalhistas. Ademais, as audiências telepresenciais continuarão a se realizar, demonstrando a necessidade de ainda se estudar todas essas questões.

Aliás, mostra-se totalmente desrespeitoso, para dizer o mínimo, que o juiz dirija a audiência telepresencial com a câmera desabilitada – a não ser que explique às partes e advogados a necessidade de o fazer –, porque ele é o diretor da peça teatral conhecida como audiência. Ele é o responsável maior por toda a *liturgia do grande ato*. As partes têm o direito de o verem e até de acompanhar seus gestos e reações. Em idêntica situação se encontra o desembargador que participa da sessão, pelo menos no julgamento dos processos de cuja votação ele participa.

Igualmente, as partes e testemunhas devem permanecer com a câmera habilitada o tempo todo, para que todos os atores possam ver, em tempo real, seus atos, gestos e reações. É *absolutamente incompatível* com os princípios da imediatidade e da segurança jurídica digital que a parte ou a testemunha possam prestar seu depoimento com a câmera desabilitada, sem a transmissão de sua imagem, sob pena de nulidade do ato.

Voltando à questão da vestimenta, finda a pandemia, é exigível que os juízes e os advogados, nas audiências telepresenciais, usem terno e gravata. Nem mesmo na época da pandemia era tolerável que juízes e advogados participassem da audiência em trajes "muito casuais", pelo menos da cintura para cima. Se o juiz e o advogado não tiverem a ousadia de levantar-se com a câmera ligada, não haverá maiores problemas em matéria de vestimenta.

Em relação às partes (e testemunhas), essas mesmas observações se mostram suficientes. Não se deve permitir que partes e testemunhas participem dessa audiência de camiseta regata ou até sem camiseta, nem mesmo deitadas em redes. Isso é absolutamente incompatível com a *mínima liturgia* de um ato solene como é a audiência.

(iv) *Se houver problema de áudio ou de vídeo, o que o advogado e/ou a parte podem fazer?*

Como já mencionado anteriormente, o ideal é que todos os atores processuais tenham acesso à *infraestrutura mínima* necessária e *aptidão digital* para a boa realização da audiência trabalhista na modalidade telepresencial.

Contudo, na experiência de mais de dois anos de realização dessas audiências, verifiquei que todos, inclusive juízes e servidores, tiveram *problemas técnicos* de conexão, em relação a áudio, vídeo, instabilidade de rede, queda de conexão e outros problemas. Quem tem mais sofrido com estas questões são as partes e as testemunhas. O recomendável é que, nesse tipo de situação, o advogado *faça testes* com as partes (e testemunhas) antes da audiência virtual, realizando *reuniões virtuais* por meio da plataforma Zoom, que é a única que pode ser utilizada na Justiça do Trabalho, como já verificado anteriormente.

Para iniciar a participação na audiência, a parte e/ou seu advogado devem (i) *solicitar permissão de acesso* à sala virtual, que será concedida pelo servidor que fará o serviço de secretário de audiência. Ainda assim, é importante que a parte e o advogado logo (ii) *se identifiquem*, inclusive porque em muitas ocasiões as pessoas têm entrado com o nome de outro usuário (tive uma situação bem engraçada aqui em Ribeirão Preto, em que o advogado entrou com o nome de Hacker Hackeano, e com imagens infernais ao fundo, explicando depois que o filho teria feito a alteração). E, como já é bem sabido, a parte e o advogado devem (iii) *habilitar a sua câmera* durante toda a audiência, e (iv) o microfone *apenas* quando for o seu *momento de falar*, não se esquecendo dessa habilitação para que sua manifestação se faça audível. Claro que o advogado e a parte têm o *pleno direito* de solicitar a *desabilitação de áudio e vídeo* para conversarem entre si, principalmente a respeito de propostas de acordo.

Por fim, se o áudio ou o vídeo estiverem com qualidade ruim, o *recomendável* tem sido que a pessoa *saia* da sala virtual e *retorne em seguida*, o que tem melhorado bastante a qualidade do som, após o retorno. Também é recomendável que a pessoa utilize *fone de ouvido*, caso os demais atores não estejam ouvindo suas manifestações, embora, por vezes, o fone de ouvido é que tem deixado a pessoa inaudível.

13.6. AUDIÊNCIAS UNA E DE INSTRUÇÃO TELEPRESENCIAL

Penso que ainda *não é adequado* – ou seguro – realizar audiência una de modo telepresencial – de se lembrar que são dez etapas nessa audiência, como visto no início deste Manual –, porque há tantos problemas relacionados a essa modalidade de audiência que, *tudo concentrado* num só ato, certamente multiplicaria essa problemática, assustando ainda mais as partes e advogados, o que não contribuiria para se alcançar a segurança jurídica digital.

Contudo, se o juiz do trabalho pensar de modo distinto, para a *parte inicial* dessa audiência (una), de se aplicar o quanto já estudamos em relação à audiência inaugural. E, quanto à produção da *prova oral*, de se atentar para as considerações que teceremos na sequência, no que concerne à audiência de instrução telepresencial.

13.6.1. Audiência de instrução telepresencial e acesso digital

Alguns juízes, entusiastas das audiências telepresenciais, já realizaram um número considerável de audiências de instrução nessa modalidade – e continuarão a realizar após o término do período de pandemia. Outros, como eu, de início realizaram coleta de prova oral de modo virtual apenas em *casos simples*, nos quais o objeto controvertido se restringia a fatos únicos, até mesmo para que pudéssemos vencer a barreira do natural receio dos advogados em relação a essa experiência. Outros juízes sequer designaram audiência de instrução telepresencial porque não sentiram a segurança jurídica adequada para essa inovação, até que a CGJT passou a exigir que todos os juízes passassem a realizar audiências de instrução de modo telepresencial, inclusive porque a pandemia não dava sinais de seu término, até o fim de 2021.

Hoje, como já informei, posso dizer que já presidi a realização de mais de 400 audiências de instrução telepresenciais, com bastante segurança jurídica. E farei muito mais, porque estamos aprendendo, dia a dia, novas técnicas que nos permitirão realizá-las com mais tranquilidade e celeridade, o que será ainda mais agradável quando houver maior aptidão digital de partes e testemunhas. Contudo, não podemos nos olvidar de que foi um *longo período de experiência e adaptação*. Ainda que o experimento tenha iniciado em maio de 2020, os dois anos de pandemia pareceram uma eternidade, dado o *grande sofrimento* que as audiências virtuais de instrução causavam à grande maioria dos juízes e advogados, pelos inúmeros problemas técnicos que teimam em persistir.

Por isso, eu sustentava, na 1ª edição deste Manual, que *não é recomendável* em tempo de pandemia – de COVID-19 ou de outra espécie – que os juízes imponham, até de modo um tanto arbitrário, a realização de audiência de instrução telepresencial quando houver *discordância de ambas* as partes e/ou seus advogados. Como já visto, há inúmeros problemas técnicos e de ordem pessoal para a participação das partes e seus advogados na audiência telepresencial e, na instrução virtual, esses problemas (ainda) são multiplicados à enésima potência.

Antes de tudo, portanto, é necessário verificar se os advogados, as partes e as testemunhas têm *pleno acesso digital* e também *aptidão digital* para que não haja intercorrências indesejadas durante a instrução. Destarte, *se ambas* as partes, por seus advogados, informam ao juiz que *não pretendem* a realização da instrução de modo telepresencial, o juiz deveria respeitar a vontade das partes, como já decidiu o CNJ, em *Procedimento de Controle Administrativo* instaurado contra ato do juízo da 16ª Vara do Trabalho de Salvador, que contrariava o ATO CR TRT5 Nº 21, de 2020, do TRT da Bahia. Veja-se a decisão:

> PROCEDIMENTO DE CONTROLE ADMINISTRATIVO Nº 0003753-91.2.00.0000 REQUERENTE: ORDEM DOS ADVOGADOS DO BRASIL – SEÇÃO BAHIA REQUERIDO: JUÍZO DA 16ª VARA DO

> TRABALHO DE SALVADOR – BAHIA EMENTA: JUÍZO DA 16ª VARA DO TRABALHO DE SALVADOR – BAHIA. MANUTENÇÃO DE AUDIÊNCIAS POR MEIO DE VIDEOCONFERENCIA QUANDO HOUVER MANIFESTAÇÃO CONTRÁRIA DAS PARTES POR DEFICIÊNCIA DA SUA FUNDAMENTAÇÃO. APLICAÇÃO DE PENALIDADES PROCESSUAIS ÀS PARTES QUE NÃO COMPARECEREM AO ATO OU TIVEREM O ACESSO INTERROPMIDO POR PROBLEMAS TÉCNICOS. IMPUTAÇÃO DE RESPONSABILIDADE ÀS PARTES PELO COMPARECIMENTO DE TESTEMUNHAS ÀS AUDIÊNCIAS VIRTUAIS. IMPOSSIBILIDADE. INTELIGÊNCIA DO ARTIGO 6º, CAPUT E § 4º, DO ATO CR TRT5 Nº 21, DE 2020, E DO ARTIGO 6º, §4º DA RESOLUÇÃO CNJ Nº 314, DE 2020. NECESSIDADE DE ADEQUAÇÃO DO PROCEDER FUNCIONAL DO MAGISTRADO. PEDIDOS JULGADOS PROCEDENTES.
>
> 1. Os Tribunais, no exercício de sua autonomia Administrativa, podem editar normas complementares às Resoluções do CNJ relacionadas ao período excepcional de Pandemia.
>
> 2. Havendo manifestação contrária de uma das partes ou de ambas, deve o Magistrado suspender a realização de audiências por meio de videoconferência, independentemente de juízo de valor quanto à fundamentação apresentada. Previsão expressa do artigo 6º, caput, do ATO CR TRT5 Nº 21, DE 2020.
>
> 3. Em caso de não comparecimento das partes às audiências designadas por videoconferência por motivos técnicos, ou de interrupção do respectivo acesso, o Magistrado deve se abster de aplicar quaisquer penalidades processuais. Previsão expressa do art. 6º, §4º, do ATO CR TRT5 Nº 21, DE 2020.
>
> 4. Está o Magistrado proibido de imputar a responsabilidade pelo comparecimento de testemunhas às partes e advogados, consoante previsão expressa do Art. 6º, §4º, da Resolução CNJ nº 314, de 2020. 5. Pedidos julgados procedentes.

> Se ambas as partes, por seus advogados, informam ao juiz que não pretendem a realização da instrução de modo telepresencial, o juiz deveria respeitar a vontade das partes.

Não obstante esse ideal, as Corregedorias dos Tribunais, até pelas metas autoimpostas, determinaram essa designação *de ofício*, nesses casos. É dizer, a partir de meados de 2021, os juízes não tiveram autonomia para esperar a possibilidade de realização de audiência de instrução presencial, porque as Corregedorias impuseram aos juízes a designação de audiência telepresencial para a mais pronta instrução do feito. Atualmente, a recomendação é pela realização de audiências de instrução presenciais.

Tanto é assim que a Resolução n. 354/2020 foi profundamente alterada pela Resolução n. 481, de 22 de novembro de 2022, para exigir, preferencialmente, a realização de audiências presenciais. Veja-se o teor do art. 3º, com a nova redação: "As audiências só poderão ser realizadas na forma telepresencial a pedido da parte, ressalvado o disposto no § 1º, bem como nos incisos I a IV do § 2º do art. 185 do CPP, cabendo ao juiz decidir pela conveniência de sua realização no modo presencial. Em qualquer das hipóteses, o juiz deve estar presente na unidade judiciária. (redação dada pela Resolução n. 481, de 22.11.2022)

Agora, se as partes alegam que não têm condições de participar adequadamente da audiência de instrução telepresencial, terão de comprovar essa situação? Nesse caso, *os advogados terão que demonstrar a impossibilidade técnica ou prática de participação na audiência?*

Quanto à *impossibilidade de prática* de alguns dos atos referidos no § 3º do art. 3º da Resolução n. 314/2020 do CNJ – em especial a contestação e a coleta prévia de "elementos de prova" –, já vimos que, até meados de 2021, *não havia necessidade* alguma de o advogado justificar essa dificuldade e, portanto, só caberia ao juiz adiar a audiência (inicial, una ou até de instrução, conforme o caso, por exemplo, quando a audiência é adiada para a intromissão de outro reclamado). Contudo, como já examinado, a Resolução n. 354 do CNJ mudou radicalmente essa diretriz e a partir do alívio proporcionado pela vacinação contra a Covid-19 outro tem sido o entendimento dos tribunais.

Em relação à *impossibilidade técnica*, que diz respeito propriamente ao acesso digital, sempre coube ao advogado *justificar o requerimento*, mas, em havendo justificação, há de se acreditar na boa-fé objetiva da parte e de seu advogado, de modo que o juiz somente poderá indeferir o requerimento se a outra parte demonstrar, *de modo inequívoco*, que o requerente tem pleno acesso e aptidão digital. Em alguns casos o juiz até poderá *presumir* essa circunstância, por exemplo, quando se trata de grande empresa, patrocinada por grande escritório de advocacia, pois a *presunção* de que estes têm plenas condições tecnológicas e preparo adequado para participar de uma audiência virtual é *praticamente absoluta*.

A questão interrelacionada à anterior é a seguinte: *Se apenas um dos advogados se habilita a participar da audiência de instrução, o advogado da outra parte estará obrigado?* A resposta a esta questão é muito difícil porque, na mesma linha do quanto explanado nos parágrafos anteriores, a solução vai depender da *verificação* do pleno acesso às tecnologias necessárias para a efetiva participação na audiência, bem como da aptidão digital das pessoas. Assim, em regra, o juiz deve *confiar na justificativa* que o advogado apresenta para não participar da audiência, a menos que a parte contrária *demonstre* que a alegação não corresponde à realidade e que se trata de parte e/ou advogado que não quer realizar a audiência por algum motivo estritamente pessoal, que *não se encaixa* nos problemas técnicos ou de ordem pessoal já examinados.

Designada a audiência de instrução, a requerimento das partes ou com a concordância delas – ou ainda nos casos de indeferimento da justificativa –, resta saber em que "local" se dará a prática dos atos processuais. Por óbvio, toda a audiência telepresencial se realizará numa *sala virtual* e, destinando-se o grande ato à coleta de prova oral, parece-me indispensável que se recorra ao expediente de se proporcionar às testemunhas uma sala virtual "*principal*" e outra chamada de "*sala de espera*".

Contudo, a problemática não é tão simples. A questão principal é: *onde as partes e testemunhas devem permanecer* para que, de lá, tenham acesso às salas principal e de espera?

Em regra, os juízes e servidores permaneciam em suas residências na época da pandemia e, de lá, participavam da audiência telepresencial. Os advogados, embora de início participassem a partir de suas residências, aos poucos foram retornando aos escritórios e retomando suas atividades. Quanto às partes e às testemunhas, o ideal é que elas se dirijam ao *escritório dos advogados*, principalmente quando se tratar de pessoas simples que poderão ter dificuldade de acesso às referidas salas e de manuseio dos equipamentos; não somente para *habilitação do microfone e da câmera*, mas também para eventualmente resolver problemas técnicos durante o depoimento.

Se o escritório do advogado tem espaço suficiente e, de preferência, uma antessala para que as pessoas possam aguardar numa "sala de espera" física, não haverá maiores problemas para tanto, desde que observadas todas as medidas de proteção. Ocorre que alguns advogados trabalham em escritórios bem pequenos e, por vezes, sem essa infraestrutura. Nesses casos, as partes e as testemunhas podem permanecer *em suas residências* ou em outros locais apropriados, como, por exemplo, na *sede do sindicato* da categoria (profissional e econômica). Nada obsta que, *a critério do advogado*, independentemente do tamanho do escritório deste, as partes e testemunhas participem desde suas residências.

E se o advogado alegar que não dispõe dessa estrutura e que a parte e as testemunhas não dispõem da tecnologia necessária à participação na audiência, *o juiz pode responsabilizar o advogado por isso?* Por tudo o que já foi mencionado, há de se acreditar na boa-fé da parte e de seu advogado e se revelaria *arbitrária* a decisão do juiz que determinasse ao advogado que providencie os meios necessários à participação de todos. Isso é *tão óbvio* que dispensa maiores comentários (art. 6º, § 4º, da Res. n. 314 do CNJ).

13.6.2. Segurança quanto aos depoimentos: a incomunicabilidade

Agora, mesmo sabendo-se o local físico em que as partes e testemunhas se encontram, e mesmo havendo uma sala principal e uma "sala de espera" virtuais, será possível haver *fraude* na produção da prova? *Como garantir a observância do princípio da incomunicabilidade das testemunhas?*

Essa talvez seja a *dúvida mais candente* de tudo o quanto estamos a investigar neste capítulo. De um lado, estão aqueles que gostam da inovação, acreditam na *boa-fé das pessoas* – que, aliás, deve ser presumida –, afirmam que a Justiça não pode parar e veem aspectos muito positivos na realização da audiência, inclusive de instrução, de modo telepresencial. Argumentam também a *economia de gastos*, já que nem advogado, nem a parte e tampouco as testemunhas precisam se deslocar até o fórum para a coleta da prova oral. E acrescentam que, com isso, há também um enorme *ganho de tempo*, porque muitas vezes os advogados ficam esperando por horas no átrio do fórum pela realização da sua audiência.

De outro lado, há os que desconfiam dessa nova prática, sentem-se *inseguros* para a realização da instrução de modo virtual, preocupam-se em demasia com os vícios que podem macular a higidez da prova oral e *duvidam* que as testemunhas *não se comunicarão* com outras pessoas antes e durante o seu depoimento. Essas pessoas, principalmente os advogados, argumentam que a parte e as testemunhas podem ficar com *ponto eletrônico* imperceptível durante o depoimento e, por ele, receber informações durante o depoimento. E aduzem que será plenamente possível que a parte ou a testemunha tenham um *texto preparado* à sua frente para o utilizar na sua resposta.

Como retirar a razão dos "pensadores" dessas duas correntes?

Para Antonio Umberto, haverá inclusive "benefícios colaterais" das audiências telepresenciais. De se conferir:

> (i) a dificultação do contato prévio ou instantâneo da testemunha remota para persuasão, intimidação ou suborno (inclusive mediante a possibilidade de solicitação exclusiva de e-mail ou de outros dados sob sigilo para preservação da privacidade e, como efeito colateral, da segurança da idoneidade da prova);

(ii) a tendencial maior concentração do juiz naquilo que os depoentes digam, oral e corporalmente;

(iii) a alta sensibilidade dos dispositivos tecnológicos de captação ambiental de áudio e vídeo, aptos a flagrarem eventuais tentativas de fraudar os depoimentos de algum modo;

(iv) a facilitação da arguição e instrução das contraditas pela perspectiva de ciência prévia das testemunhas a serem ouvidas, afastando a surpresa processual normalmente induzida pela regra do art. 825 da CLT, e

(v) por fim, a possibilidade de reexame infinito da prova oral, pelo próprio juiz ouvinte, para averiguação de eventuais irregularidades e solução de dúvidas resultantes acerca da pureza e idoneidade dos depoimentos colhidos (SOUZA JÚNIOR, 2020, *e-book*).

De outro lado, veja-se a excelente explanação de Eduardo Adamovich:

> O juiz está à distância e não tem o domínio de todos os fatos da cena em que se desenrola a produção da prova oral. Se isso não é razão necessariamente produtora de vícios, tampouco se pode afirmar que ela seja isenta de problemas. (...). Produzida a prova à distância, a testemunha ou a parte em depoimento poderia bem colocar a sua frente, ou em qualquer outro lugar não alcançável pela câmera da plataforma de videoconferência, um texto que a auxiliasse na elaboração de suas respostas e, quanto maior fosse a sua destreza e artimanha na realização da consulta a esse texto, mais difícil seria para o juiz constatá-lo à distância. Não se mencione também a possibilidade de ocultar câmera, microfone ou instrumento de áudio que lhe permita receber essas instruções quanto às respostas sem que isso seja notado na mesma dimensão da videoconferência em que se processe a prova. (...) O problema, contudo, é que o controle, a verificação e a apuração desse ilícito se torna sobejamente mais difícil e dependente da boa-fé dos litigantes e demais intervenientes no processo.
>
> (...) A possibilidade de que a parte ou a testemunha, através de um equipamento oculto de áudio, receba instruções para respostas ou para formular perguntas, conforme o caso, é verdade, já existe hoje até mesmo na audiência presencial, porém, nela, a possibilidade de controle é mais efetiva, já que o juiz, se suspeitar ou for provocado pelos advogados quando constatarem antes dele o mesmo vício, poderá determinar, por exemplo, uma revista da parte ou testemunha depoente, ou até o auxílio de órgãos especializados para uma "varredura" do ambiente.
>
> (...) Não fosse assim, há ainda a hipótese daquela parte ou testemunha que possa entender-se em desvantagem com os caminhos que a prova em produção estiver tomando e, por pura má fé, simplesmente romper a conexão a fim de lograr alguma vantagem quando da sua retomada (ADAMOVICH, 2020, *e-book*).

Com efeito, estas são preocupações *muito sérias* e que não podem ser ignoradas pelos entusiastas da audiência telepresencial.

Contudo, em 2020, eu já sustentava que, em se tratando de *processos mais simples*, com objeto controvertido bem reduzido, os advogados podem confiar um no outro e se comprometer a envidar todos os esforços para evitar a chamada contaminação da prova, principalmente para *garantir a incomunicabilidade das testemunhas*. Ainda em 2020, eu realizei mais de 100 audiências de instrução nesses casos, mas sempre com designação prévia em audiência inicial ou de tentativa conciliatória. Explico: na inicial ou na audiência de tentativa de acordo, na 6ª Vara do Trabalho de Ribeirão Preto, verificando que os fatos controvertidos eram *bem delimitados*, passei a incentivar os advogados a anuírem à proposta de realização da audiência de instrução virtual, com as *seguintes diretrizes*:

> 1) no horário designado para a audiência, cada testemunha deveria acessar o link da **sala de espera** (fornecido às partes), e nela deveria permanecer até que o seu acesso à sala principal, para sua oitiva, fosse autorizado (sempre mantive um servidor especialmente designado para acompanhamento ininterrupto de todo o procedimento, inclusive na "sala de espera");
>
> 2) quando solicitado, a testemunha deveria mudar de sala, acessando o seguinte endereço – link fornecido às partes (**sala principal**);
>
> 3) restava terminantemente proibida a desabilitação da câmera por parte das testemunhas, **durante todo o transcurso da audiência**;
>
> 4) a testemunha deveria portar documento de identificação, devendo apresentá-lo (aproximando-o da câmera do dispositivo utilizado), sempre que solicitado;
>
> 5) o Juízo poderia, a qualquer momento, solicitar que a testemunha rotacionasse a sua câmera (ou qualquer outro dispositivo utilizado), no ambiente em que se encontrasse;
>
> 6) todos os participantes da audiência estariam cientes da publicidade do ato judicial a ser realizado, de sua gravação e armazenamento digital, inclusive da imagem dos participantes, e deveriam prestar anuência a tais condições, para todos os efeitos legais, na forma dos itens 3 e 4 do Comunicado GP-CR nº 02/2020, do TRT-15;
>
> 7) estariam cientes, também, da destinação judicial da gravação e da impossibilidade de divulgação das imagens para finalidades diversas das relativas ao próprio ato processual.

E logrei bastante êxito nessa experiência, com a realização de instrução apenas para oitiva das testemunhas de cada parte, com a *dispensa dos depoimentos pessoais*, e quase sempre com a oitiva de apenas *uma testemunha de cada lado*, ainda no ano de 2020. Naquele ano, fiz instrução sobre acúmulo de funções, justa causa, rescisão indireta, assédio moral, intervalo intrajornada e outros temas bem específicos. Com a "sala de espera" (física e virtual) e a testemunha prestando depoimento *no escritório do advogado* – com a observância de todas as cautelas e medidas de proteção –, eu solicitava que o advogado permanecesse *atrás da testemunha*, a uma distância de uns dois metros, e assim se tornava possível *visualizar* tudo o que ele (advogado) estivesse fazendo. Dessa maneira, a perguntação e a reperguntação (dos advogados) foi realizada com *bastante tranquilidade* e sem intercorrências, com a devida *segurança* de que não havia afronta ao princípio da incomunicabilidade.

E, atualmente, após mais de 400 audiências de instrução telepresenciais, seguindo praticamente todas as mesmas diretrizes, posso assegurar que, com a *cooperação das partes e advogados*, principalmente quando as testemunhas se encontram no escritório do causídico, torna-se bastante seguro realizar a tomada dos depoimentos das partes e testemunhas, mesmo em processos de alta complexidade. Já fiz instrução em processos de vínculo de emprego – com pedidos de inúmeras verbas trabalhistas – envolvendo até plataformas de entrega de comida, bem demoradas – a audiência durou quase três horas, nesse caso –, mas sem a quebra do princípio da incomunicabilidade das testemunhas e com resultado apreciado pelas partes.

A propósito, Andréa Presas Rocha, após interessante análise sobre a triagem dos processos a serem incluídos na pauta de audiências de instrução, para evitar a quebra da incomunicabilidade das testemunhas, recomenda que se adotem as *seguintes medidas*, em relação à pessoa que esteja prestando depoimento:

> 1º) a manutenção do microfone e da câmera ligados todo o tempo, para que o juiz veja e ouça tudo que ocorre no ambiente onde está o depoente;
>
> 2º) o uso de fone de ouvido pelo depoente, pois com isso o depoente estará concentrado no que o juiz diz, dificultando sobremaneira que o depoente ouça sons externos, ou mesmo que, em havendo outras pessoas no local onde está o depoente, estas outras pessoas ouçam o que o juiz pergunta;
>
> 3º) a inquirição sobre o local onde a pessoa está e se no ambiente há mais alguém com ela; e

> 4º) a filmagem do ambiente, num giro de 360 graus, a fim de que o juiz identifique o local onde está o depoente (ROCHA, 2020, *e-book*).

Finalizando esta análise sobre a imprescindível *incomunicabilidade das partes e das testemunhas nas audiências de instrução telepresenciais*, faço três observações especificas, com base na jurisprudência que aos poucos vai se formando em torno da matéria.

A *primeira observação* diz respeito à seguinte constatação: *se o juiz não puder verificar a incomunicabilidade das testemunhas, poderá indeferir a oitiva delas*, sem, contudo, configurar, com essa decisão, cerceamento do direito de defesa ou ofensa ao contraditório. Nesse sentido, transcrevo ementa de acórdão (Processo n. 0101025-54.2019.5.01.0061) do Tribunal Regional do Trabalho da 1ª Região:

> TESTEMUNHA. IMPOSSÍVEL VERIFICAR SUA INCOMUNICABILIDADE. INDEFERIMENTO DA OITIVA. CERCEIO DE DEFESA NÃO CONFIGURADO. A testemunha deve aguardar sua vez de depor na audiência telepresencial em sala virtual de espera. *Chegado o momento de depor, uma vez que demorou a responder a sucessivos chamados do Juízo para ligar sua câmera e seu microfone, não há como garantir que a testemunha estivesse, de fato, no ambiente em que deveria aguardar, e que tenha permanecido incomunicável durante os depoimentos anteriores. Nesse quadro, o indeferimento de sua oitiva não configura cerceio de defesa, tendo sido oportunizada à parte a substituição da testemunha.* RECURSO ORDINÁRIO. VÍNCULO DE EMPREGO COM A TOMADORA. INDEVIDO. TERCEIRIZAÇÃO DE ATIVIDADE-FIM. POSSIBILIDADE. Inviável o reconhecimento de vínculo de emprego em razão da ilicitude da terceirização de atividade-fim. O STF, no julgamento do RE 958.252, fixou tese de repercussão geral no sentido de que "é lícita a terceirização ou qualquer outra forma de divisão do trabalho entre pessoas jurídicas distintas, independentemente do objeto social das empresas envolvidas, mantida a responsabilidade subsidiária da empresa contratante" (TRT-1. Processo n. 0101025-54.2019.5.01.0061, 10ª Turma, Relatora: Alba Valeria Guedes Fernandes da Silva, j. 10.04.2023 – destaquei).

No caso, a testemunha *não atendeu prontamente aos chamados do juízo* para ativar a câmera e o microfone no momento de seu depoimento, o que gerou dúvidas sobre se ela estava, de fato, em um ambiente adequado e incomunicável durante os depoimentos anteriores, como exige o procedimento legal. Esta situação levou o juízo de primeiro grau a indeferir a oitiva desta testemunha. No julgamento do recurso, o TRT concluiu que o indeferimento da oitiva da testemunha não caracterizou cerceamento de defesa, inclusive porque a parte recorrente teve a oportunidade de substituí-la, preservando o equilíbrio processual. O tribunal destacou que *a incomunicabilidade das testemunhas é fundamental para garantir a veracidade e imparcialidade dos depoimentos*, especialmente em audiências telepresenciais, nas quais o controle desse aspecto é mais complexo. Assim, a decisão de indeferir o depoimento da testemunha foi considerada apropriada, já que não havia como assegurar que ela estivesse incomunicável.

A *segunda observação* que faço é referente à possibilidade de declaração de *nulidade da sentença em caso de não se assegurar a incomunicabilidade das testemunhas depoentes*, com a consequente contaminação da prova oral. Para ilustrar, temos:

> RECURSO ORDINÁRIO. AUDIÊNCIA TELEPRESENCIAL. DEPOIMENTO TESTEMUNHAL. AUSÊNCIA DE INCOMUNICABILIDADE. PROVA ORAL CONTAMINADA. NULIDADE CONFIGURADA. Inobservada a devida incomunicabilidade da testemunha durante a colheita de seu depoimento, que se deu de forma telepresencial, através do aparelho celular do advogado da parte autora, sob a oposição da parte adversa, resultando em sentença desfavorável às partes reclamadas, a nulidade da sentença com reabertura da instrução é medida que se impõe, para garantir a ampla defesa e o contraditório. Recurso ordinário provido. (TRT-13. Processo n. 0000475-95.2020.5.13.0024, 1ª Turma, Relator: Paulo Maia Filho, j. 04.05.2022).

Da transcrição desta ementa, percebe-se que o depoimento da testemunha, neste caso, foi realizado por meio do celular do advogado da parte autora, *e sem que houvesse garantia de que a testemunha estivesse incomunicável*, "sob a oposição da parte adversa". Com efeito, o problema não se encontra na coleta do depoimento por meio do celular do advogado, mas porque não foi possível verificar que a testemunha estava incomunicável, no ato. Se o advogado se postasse atrás da testemunha – como recomendo em minhas audiências trabalhistas de instrução –, essa incomunicabilidade poderia ter sido verificada.

A *terceira e última observação* ressalta um ponto importante no debate sobre a realização de audiências de instrução telepresenciais: embora haja uma preocupação legítima com a possível violação do princípio da incomunicabilidade das testemunhas, *é essencial que essa alegação seja acompanhada de provas robustas*. Em outras palavras, não é suficiente que a parte simplesmente levante uma suspeita ou hipótese de que o depoimento foi coletado de forma inadequada. Para que tal alegação tenha repercussão processual, é imperioso que a parte *comprove de maneira concreta que houve uma interferência indevida no depoimento.*

Portanto, a condução inadequada da tomada de um depoimento deve ser demonstrada por evidências concretas, como registros de falhas no isolamento das testemunhas ou indícios claros de comunicação externa que comprometam a integridade e autonomia do depoimento prestado. Sem essas provas, o argumento de violação ao princípio da incomunicabilidade se torna frágil e carece de efeitos práticos.

Assim, *suspeitas sem evidências materiais não são suficientes* para invalidar depoimentos ou questionar a condução de uma audiência telepresencial. É necessário um equilíbrio entre o uso da tecnologia e a preservação das garantias processuais fundamentais, como o respeito ao princípio da incomunicabilidade. Para exemplificar essa tese, transcrevo a seguinte ementa de acórdão prolatado pelo Tribunal Superior do Trabalho (Processo n. Ag-AIRR-1000184-17.2020.5.02.0014):

> AGRAVO INTERNO. AGRAVO DE INSTRUMENTO EM RECURSO DE REVISTA. APELO INTERPOSTO APÓS A VIGÊNCIA DA LEI Nº 13.467/2017. CERCEAMENTO DO DIREITO DE DEFESA - INCOMUNICABILIDADE DE PARTES E TESTEMUNHAS - PRINCÍPIOS DO DEVIDO PROCESSO LEGAL E DA AMPLA DEFESA E DO CONTRADITÓRIO. Na hipótese dos autos, o Tribunal Regional entendeu que a parte autora não conseguiu comprovar qualquer tentativa de se conduzir o depoimento das testemunhas da reclamada, de modo que tenha ocorrido eventual violação ao princípio da incomunicabilidade das partes e suas testemunhas. O acórdão regional, em sentido contrário, registrou de forma expressa que o transcuro da audiência se deu de forma regular, com estrita observância do princípio do devido processo legal. Nesse sentido, constou da decisão regional que "Rigorosamente, não consta, do arquivo do acervo eletrônico do PJe, relativo à audiência telepresencial de instrução havida em 11.11.2020, elementos irretorquíveis a amparar a tese obreira, de que a ré teria feito uso de artifícios objetivando conduzir o depoimento das suas testemunhas" e que "*Tanto é assim, que o recorrente não logrou apontar incidente irrefutável nesse sentido, limitando- se a deduzir meras conjecturas ('nota-se uma voz ao fundo que pode ser de alguém orientando o depoente' e 'através daquele notebook 'virado' poderia se estar realizando uma chamada de vídeo simultaneamente a audiência, e informações sendo repassadas')*", bem como que "Ao contrário, infere-se que o transcurso se deu de forma regular,

> com as adequações pertinentes em razão da realização por meio virtual e estrita observância do princípio do devido processo legal, tendo sido assegurado que o depoimento de uma testemunha não fosse ouvido pelas demais, tal como preconizado no artigo 824 consolidado". Assim, para se acolher a pretensão do reclamante, no sentido de que restou demonstrada violação do princípio da incomunicabilidade das partes e suas testemunhas, tendo em vista que ocorreu condução do depoimento das testemunhas da reclamada, necessário seria o revolvimento do quadro fático probatório dos autos, o que esbarra no teor restritivo da Súmula/TST nº 126. Agravo interno a que se nega provimento (TST. Processo n. Ag-AIRR-1000184-17.2020.5.02.0014, 2ª Turma, Relatora Ministra Liana Chaib, DEJT 10.05.2024).

Ainda que o conteúdo da jurisprudência, em sua essência, trate da impossibilidade de o TST revisitar questões fáticas do processo (Súmula n. 126 do TST), nela podemos observar como o Tribunal Regional do Trabalho de origem asseverou que a parte autora não conseguiu, em momento algum, provar a ofensa ao princípio da incomunicabilidade. *As alegações do recorrente baseavam-se em suposições, como a menção a uma voz de fundo e o uso de um notebook, que, segundo ele, poderiam sugerir que as testemunhas estavam sendo orientadas.* No entanto, o tribunal ressaltou que essas afirmações não foram sustentadas por provas concretas, e que a audiência transcorreu de forma regular, respeitando-se os princípios do devido processo legal e da ampla defesa.

Adicionalmente, o acórdão afirmou que *o arquivo eletrônico da audiência telepresencial não apresentou elementos de prova que confirmassem as alegações da parte autora* sobre possíveis irregularidades no depoimento das testemunhas. O tribunal destacou que o isolamento das testemunhas foi devidamente observado, conforme previsto no art. 824 da CLT, que trata da separação das testemunhas durante o processo.

Essa decisão reforça a importância de se apresentar provas concretas, ao se alegar irregularidades processuais, especialmente em audiências telepresenciais, e reafirma que suposições ou conjecturas, sem evidências sólidas, não são suficientes para justificar a anulação de atos processuais.

13.6.3. Outras questões: intimação e dever legal de depor

Na audiência telepresencial, para a realização da instrução, *o advogado deve intimar as testemunhas?* Será necessária a apresentação de um rol prévio?

Como já afirmei no capítulo da "Prova Testemunhal", depende do procedimento que o juiz adota quanto a essa matéria. Há os que seguem rigorosamente o ritual trabalhista (art. 825, *caput* e parágrafo único, da CLT), os que seguem apenas o CPC (art. 455 e §§), e os que, como eu, seguem um ritual misto, mas contando com a *cooperação* do advogado, para que este proceda à *intimação* das testemunhas. Seguindo a mesma diretriz, nas audiências iniciais tenho solicitado aos advogados que intimem as testemunhas para a audiência de instrução telepresencial e, felizmente, tenho contado com a colaboração de todos. E não exijo rol prévio de testemunhas, que não me parece adequado nem mesmo nas audiências telepresenciais.

A audiência poderá ser adiada por ausência de testemunha? Seria possível a *condução coercitiva de testemunha para a audiência telepresencial?*

Na audiência presencial, adotando-se a técnica da intimação da testemunha pelo advogado, somente se este comprova o convite ou a intimação da testemunha é que o juiz pode adiar a audiência, mas *desde já* determinando a condução coercitiva da testemunha que não comparece, a menos que a parte se comprometa a conduzi-la à próxima audiência, para inclusive livrar a testemunha da multa respectiva.

Quanto à *audiência telepresencial*, a questão se torna muito complicada porque *não há um local específico* para que a testemunha compareça, como o fórum. Contudo, se ela tinha se comprometido a comparecer no escritório do advogado ou mesmo a participar da audiência desde a sua residência, e não acessa a sala de audiências virtual, se o advogado insistir na oitiva dela, *comprovando o convite*, a audiência *terá que ser adiada*.

Nesse sentido, transcrevo ementa de acórdão do Tribunal Regional do Trabalho da 1ª Região (Processo n. 0100598-23.2021.5.01.0082), que trata de um caso de nulidade por cerceamento de defesa, em decorrência do indeferimento do adiamento de uma audiência telepresencial:

> NULIDADE. CERCEAMENTO DE DEFESA. INDEFERIMENTO DE ADIAMENTO DE AUDIÊNCIA TELEPRESENCIAL. Para a realização da audiência por videoconferência, faz-se necessário observar as normas previstas na Resolução 314/2020 do CNJ e Ato n.º 11/GCGJT, mencionadas pelo recorrente, que resguardam as partes quanto à impossibilidade técnica de participação da audiência virtual, não sendo possível atribuir ao advogado da parte a responsabilidade de comparecimento da testemunha fora dos prédios oficiais para participação de atos virtuais. Diante da informação prestada pela patrona do autor quanto à impossibilidade técnica de participação da testemunha na audiência, cabia ao juízo de

> primeiro grau deferir o adiamento da assentada, a fim de possibilitar a produção de prova oral pretendida, garantido o exercício da ampla defesa (TRT-1. Processo n. 0100598-23.2021.5.01.0082, 4ª Turma, Relator: Alvaro Luiz Carvalho Moreira, j. 07.03.2022).

O Tribunal ressaltou que não cabe ao advogado a responsabilidade pela participação da testemunha fora dos prédios oficiais em atos virtuais, uma vez que a condução das audiências e a garantia de condições técnicas adequadas são responsabilidades do juízo. Assim, o indeferimento do requerimento de adiamento da audiência, em razão da impossibilidade técnica de participação da testemunha, devidamente convidada, foi considerado um cerceamento de defesa, o que resultou na declaração de nulidade do ato processual.

Agora, se a testemunha foi devidamente intimada, o caso seria de condução coercitiva para uma audiência em prosseguimento. No entanto, como não é possível a realização de condução coercitiva para audiência de instrução telepresencial, nesse caso, há de se determinar a realização de audiência presencial, para que a testemunha seja *conduzida até o fórum*.

> Se a testemunha não acessa a sala de audiências virtual, caso o advogado insista na oitiva dela, e desde que comprove o convite, a audiência terá que ser adiada.

Outra questão diz respeito ao *dever legal de testemunhar* (art. 378 do CPC). É dizer, a testemunha tem de cumprir esse dever, mesmo que haja *risco à sua privacidade e/ou à sua intimidade e de outras pessoas?* Já vimos quando tratamos dos problemas de *ordem pessoal* para a participação na audiência telepresencial que o juiz *não pode ser arbitrário* e obrigar quem quer que seja a participar de uma audiência virtual. A casa é *asilo inviolável* de toda e qualquer pessoa. Ali, a pessoa tem o direito fundamental à *privacidade* de sua família e ao resguardo de sua *intimidade* e das demais pessoas que habitam a residência. Se o juiz for arbitrário, penso que seria o caso de correição parcial, como já ponderado.

Agora, se a testemunha, *livremente*, cooperando com o Judiciário, dispõe-se a prestar seu depoimento, a partir de sua casa, cabe ao juiz, representando o Estado, demonstrar a maior gratidão e o *máximo respeito* a essa testemunha durante o depoimento dela. Contudo, se ela alega que *não se sente confortável* para prestar seu depoimento de modo virtual, até mesmo para proteger a privacidade e a intimidade dos seus, o juiz *deverá* designar audiência presencial para ouvir essa testemunha lá no fórum. *Lá*, sim, ela tem o *dever de comparecer* e de prestar depoimento, como visto no capítulo da "Prova Testemunhal".

Agora, se a testemunha se dispõe a prestar depoimento em audiência telepresencial, a partir de sua casa, não poderá deixar de responder a todas as perguntas a ela endereçadas. Isso porque "as testemunhas arroladas no processo não poderão optar por manter-se em silêncio, pois, de fato, existe o dever legal de que deponham para que haja o esperado esclarecimento dos fatos em apuração" (ROSSI, 2023, p. 131). Ou seja, de um lado, temos a necessidade de respeito à privacidade da testemunha, mas, de outro, o dever de testemunhar, um *munus* público.

13.6.4. A contradita virtual e o depoimento da testemunha

A *qualificação das testemunhas* na audiência telepresencial *se faz da mesma forma* que na audiência presencial? Por óbvio que sim, mas penso que a testemunha não precisa exibir nenhum documento de identidade para comprovar que se trata da pessoa que se apresenta, a menos que haja *dúvida objetiva* a respeito de sua identidade, manifestada pela parte contrária. Nesse caso, o juiz pode determinar à testemunha que exiba seu documento de identificação perante a câmera, para que se possa conferir os dados. Também será possível determinar que a parte junte cópia desse documento de identidade aos autos, posteriormente ao depoimento.

O depoimento das partes e testemunhas na audiência telepresencial deverá ser gravado e armazenado? A resposta é positiva, havendo diretriz do TST/CSJT nesse sentido, desde 2020. Veja-se o § 2º do art. 16 do ATO CONJUNTO CSJT.GP.GVP.CGJT n. 6, de 5-5-2020:

> § 2º As audiências unas e de instrução deverão ser gravadas em áudio e vídeo, em ferramenta compatível com o Repositório Nacional de Mídias para o Sistema PJe ou PJeMídias (Resolução CNJ n. 105/2010).

Destarte, *nenhuma* audiência de instrução, no que diz respeito à coleta da prova oral, poderá ser realizada de modo virtual sem a *necessária gravação* de todo o grande ato. Desnecessário, pois, que o advogado queira gravar a audiência telepresencial – embora ele possa fazê-lo –, porque a gravação, no caso, será oficial e *nenhuma outra* pode substituir a que emana do próprio serviço judiciário.

Poderá haver contradita da testemunha na audiência telepresencial? O direito de oferecer contradita à testemunha da parte contrária é um direito inerente ao devido processo legal, mais precisamente à ampla defesa como garantia constitucional. Já visto neste Manual que há hipóteses de *incapacidade* e *impedimento*, por causas *objetivas* que fazem presumir de modo absoluto a parcialidade da testemunha. Não seria minimamente razoável retirar da parte a possibilidade de arguir algum fato que revele ser a testemunha incapaz ou impedida de prestar depoimento. Mesmo quanto às hipóteses de mera *suspeição*, a testemunha realmente suspeita, em regra, não presta depoimento isento, porque sua tendência será de *favorecer* seu amigo íntimo ou de *prejudicar* seu inimigo, ou, ainda, de atender seu *próprio interesse* no resultado do litígio. Daí por que não se pode duvidar da *plena possibilidade* de oferecimento de contradita na audiência telepresencial. Nesse sentido: ROSSI, 2023, p. 131.

> Há plena possibilidade de oferecimento de contradita na audiência telepresencial, por incapacidade, impedimento e suspeição.

Como colher a prova oral a respeito da contradita? No ato ou em audiência específica? Como já visto no capítulo da "Prova Testemunhal", a instrução da contradita se dá no mesmo ato, da seguinte maneira, de forma bem resumida: o juiz interroga a testemunha contraditada, ouve em seguida as testemunhas da parte que ofereceu a contradita e, por último, as testemunhas da parte que indicou a testemunha contraditada. Assim, *em regra*, a parte deve produzir a prova testemunhal para comprovar a hipótese da contradita *no mesmo ato*. Destarte, na audiência telepresencial, havendo duas salas virtuais, a *principal*, onde a audiência se desenrola, e a *de espera*, terá de haver, com a máxima colaboração de todos, a *alternância de salas* entre a testemunha que vai depor e a que deve esperar para saber se prestará seu depoimento ou não. Excepcionalmente, caso *não haja segurança jurídica* para a prática da instrução da contradita de modo virtual, o juiz deve *adiar a audiência* para realizar a instrução, *por completo* – da contradita e da causa –, no fórum, presencialmente (ou em audiência semipresencial, conforme o caso).

> Na instrução da contradita terá de haver, com a máxima colaboração de todos, a alternância das salas principal e de espera entre a testemunha que vai depor e a testemunha contraditada.

Outra questão importante diz respeito à *forma de perguntação* na audiência telepresencial. Nesse tipo de audiência, *seria conveniente a perguntação direta?* Como já visto no capítulo da "Prova Testemunhal", até mesmo por recomendação do TST (art. 11 da Instrução Normativa n. 39), não se aplica, no processo do trabalho, a técnica da perguntação direta (*direct examination*) por parte dos advogados. Assim, *em tese*, na audiência de instrução telepresencial, o advogado deverá formular a pergunta ao juiz e, não sendo esta indutiva, impertinente ou repetitiva, o juiz a repassará à testemunha, que responderá ao juiz, que ditará o resumo da fala, ou seja, as informações úteis ao julgamento da demanda, ao secretário de audiências, que registrará na ata respectiva.

Contudo, *na audiência virtual*, tenho percebido que a técnica da perguntação direta pode evitar atrasos ainda maiores e pode ser bem empregada. Aliás, o *tempo de realização* dessas audiências virtuais é *muito maior* do que o de realização das audiências presenciais. Se cada depoimento, em média, demora de 15 a 20 minutos na audiência presencial, tenho verificado que na audiência telepresencial, com fatos muito objetivos e delimitados, cada depoimento tem demorado 30 minutos, em média. Até que a testemunha sai da "sala de espera", entra na sala principal, resolve problemas de conexão, habilita microfone e câmera, responde a todas as perguntas da qualificação, já se passaram quase 10 minutos, às vezes mais que isso.

Destarte, se o advogado for *objetivo na perguntação* e atentar para as vedações de perguntas conforme a prescrição legal – não formular perguntas indutivas, impertinentes ou repetitivas –, a técnica em comento poderá produzir bons resultados, quem sabe abrindo caminho para uma mudança de hábito também nas audiências presenciais.

13.6.5. O registro dos depoimentos: a minutagem – Ato n. 45 e Resolução n. 313 do CSJT

Questão conexa à relacionada à forma de perguntação é a seguinte: é necessário mesmo o *registro em ata do resumo dos depoimentos pessoais e testemunhais?* Aqui, temos outra questão que gera animada cizânia entre os que têm falado ou escrito sobre a audiência de instrução telepresencial.

Uns defendem a *absoluta desnecessidade* de transcrição do conteúdo dos depoimentos em ata porque a audiência, como um todo, ficará gravada, com áudio e imagem, economizando-se tempo precioso com a digitação do resumo dos depoimentos. Outros, no entanto, entendem que a economia de tempo adquirida durante a audiência implicará, *posteriormente*, em *enorme perda de tempo* porque o juiz, os advogados e principalmente os desembargadores, quando do conhecimento dos recursos interpostos, terão de *assistir a todo o vídeo* da audiência para julgar, recorrer e rejulgar as matérias do processo, respectivamente.

Alinho-me à segunda corrente, que entende *necessária a transcrição* em ata do resumo dos depoimentos, porque o juiz já deixa, ali, registrada sua *primeira (e importantíssima) impressão* a respeito da prova coletada, ao ditar a essência das informações que utilizará posteriormente no julgamento da demanda. Em inúmeras ocasiões, faço questão de registrar em ata as reações da testemunha, que *influem decisivamente na valoração* posterior do conjunto probatório.

Ademais, o registro objetivo das informações úteis poupará um *tempo precioso* do juiz quando da prolação da sentença. Também poupará precioso tempo dos advogados e desembargadores na fase recursal. De modo que a gravação será extremamente útil para que o juiz, tendo alguma dúvida em relação a algo ocorrido durante os depoimentos, veja aquele ponto específico do vídeo. Será muito útil também aos advogados para demonstrarem o erro de julgamento do juiz, pois poderão apontar o *momento específico* do vídeo no qual a testemunha disse algo *diferente* do que foi registrado em ata, ou demonstrar que o juiz *se equivocou* quanto à postura e gestos da testemunha, por exemplo. Permitirá, ainda, aos desembargadores, verificar aqueles pontos específicos do vídeo para analisar se houve ou não *erro de julgamento* ou até *cerceamento* do direto de produção de prova durante a audiência.

A propósito, veja-se a seguinte abordagem doutrinária:

> Se estas todas são desvantagens desse novo método, há também de considerar alguns méritos que ele traz. O primeiro e mais evidente, adotadas as cautelas necessárias e dedicado o juiz ao exame da prova, é permitir um conhecimento mais direto e uma apreciação mais sujeita a um controle de objetividade por outros graus de jurisdição. Em verdade, é este o paradoxo da prova oral colhida por via telemática. Se por um lado surge a necessidade da construção de toda uma rede de novas cautelas, por outro, conseguindo-se assegurar a higidez dessa prova e municiar o juiz de tempo e elementos para o devido exame dela, o controle jurídico-objetivo da avaliação que dela faça o juiz é muito mais eficiente. Fácil será para as partes destacarem pontos, entonações, contextos, gestos, expressões que permitam uma melhor interpretação da narrativa e a construção de um resultado mais proporcional para o julgamento (ADAMOVICH, 2020, *e-book*).

Contudo, essas vantagens não podem tornar desnecessário o registro em ata do resumo dos depoimentos. Ora, o juiz, francamente, *não tem tempo* para consultar todos os vídeos, por inteiro, quando precisa prolatar

15, 20 ou até 30 sentenças por semana. Neste sentido, veja-se a lição de Eduardo Adamovich:

> Não menos relevante é o problema da acessibilidade do juiz aos registros. Não se pode esquecer que o juiz não atua em somente um processo, mas em diversos, cabendo-lhe julgar diária ou semanalmente uma grande quantidade deles, além, é claro, de atuar na sua instrução. (...) Contudo, se não o for e ele tiver de recorrer aos registros cinematográficos ou de áudio para formar seu convencimento, aparece um problema que, por certo, se repetirá em grau recursal naqueles sistemas ou ritos que admitem o reexame da prova dos fatos nesse grau de recurso, que será a disponibilidade de tempo pelo juiz para o completo exame desses registros. Quando os registros eram reduzidos a escrito e normalmente resumidos nos termos de oitiva ou assentadas de audiência, a consulta era facilitada, já que se tinha de frente o corpo total do texto, podendo-se situar falas, fazer resumos, extrair trechos, sublinhá-los e outros recursos didáticos usualmente empregados na apreensão desses registros escritos. (...) A aritmética no caso é simples. Se o juiz tiver 30 sentenças para fazer por semana, numa média bem acanhada para certos juízos de maior movimento no país, e cada processo, em média, contiver 30 minutos de registros para ele assistir, serão 15 horas para assisti-los a todos, ou talvez mais, pela previsível necessidade de ir e voltar aos registros para firmar melhor as impressões. Trazida a mesma conta para o grau recursal, com uma distribuição média em certos tribunais de mais de 10 recursos por dia, chegar-se-ia facilmente a uma conta de mais de 5 horas por dia somente para assistir ou ouvir, por uma única vez, a cada um dos registros (ADAMOVICH, 2020, *e-book*).

Os juízes que já trabalham com a gravação das audiências de instrução há algum tempo dizem que não há problema de perda de tempo porque basta adotar-se a *técnica da minutagem*. Por essa técnica, o juiz dita para o secretário de audiências o *exato momento* em que tem início o depoimento da parte ou da testemunha, podendo registrar, ainda, informações sobre fatos importantes que ocorram durante o depoimento, especificando o minuto (e segundo) exato em que isso correu. Eles dizem, inclusive, que é possível *dividir a instrução por tópicos* ou até subtópicos, facilitando o registro da minutagem e a verificação do tema quando da prolação da sentença, da interposição do recurso e do julgamento no tribunal. Por exemplo, divide-se a instrução em capítulos de (i) vínculo de emprego, (ii) horas extras, (iii) dano moral etc.

Se essa técnica da minutagem, especialmente quando aliada à divisão da instrução por capítulos, pode ser uma boa prática para se economizar tempo com registro das informações úteis na ata de audiência, ainda assim, o juiz terá que *assistir ao vídeo*, na parte de *cada tópico*, para fundamentar a sentença em relação a *cada matéria*. Além disso, um depoimento linear, com temas totalmente separados, facilita a vida da testemunha que tenha a intenção de mentir. Umas das técnicas que uso na perguntação é a de "misturar" os temas, para sentir a segurança das respostas, porque assim a testemunha nunca tentará adivinhar qual seria a próxima pergunta. Ademais, uma das técnicas mais importantes para os advogados é a do *contrainterrogatório*, no qual o advogado formula perguntas fechadas à parte contrária ou às testemunhas dela, "embaralhando" os temas, para que o depoente não tenha tempo suficiente de elaborar uma resposta, como vimos no capítulo "Técnicas na produção da prova oral". A minutagem joga por terra essa técnica.

Ademais, para *sentenciar*, penso ser muito mais produtivo *verificar a ata de audiência*, na qual podem ser registradas as informações por tópicos (01; 02; 03 etc.), e o juiz, com uma rápida olhada na ata, já identifica os *itens importantes* que lhe formaram (ou formarão) o convencimento. Além disso, o juiz pode *copiar trechos* dos depoimentos que são essenciais para a fundamentação e os *transcrever* na sentença; o advogado também pode fazê-lo na sua peça recursal ou nas contrarrazões; e o desembargador no seu voto. Essa prática dá muito mais *legitimidade* à *valoração da prova* do que um mero vídeo, que ninguém sabe se foi ou não realmente visto pelo julgador quando da tomada da decisão. Penso que, mesmo com a minutagem, não havendo registro do resumo do depoimento, dificilmente o juiz ou o desembargador conseguirão transcrever na sua decisão toda a fala, ou a essência dela, no corpo da decisão. De se presumir, pois, uma *maior pobreza da fundamentação* da decisão judicial, quando adotada apenas a técnica da minutagem, sem o devido registro da essência dos depoimentos.

De outra mirada, entendo que a gravação da audiência e o armazenamento do vídeo respectivo serão extremamente importantes para se averiguar erros (i) de *procedimento* e (ii) de *julgamento* cometidos pelo juiz. Os advogados terão ao seu dispor o vídeo, para apontar esses erros com maior facilidade, e o desembargador terá melhores condições de analisar a postura e a decisão do juiz. O próprio juiz, não se recordando de determinados fatos ou partes do depoimento de forma precisa, também terá o vídeo para conferência.

Contudo, essas vantagens *não podem tornar desnecessário* o registro em ata do resumo dos depoimentos pessoais e testemunhais, porque *a boa técnica de sentenciar* não pode prescindir, *jamais*, desse registro.

Ainda que se adote a minutagem, isso não pode tornar desnecessário o registro em ata do resumo dos depoimentos pessoais e testemunhais, porque a boa técnica de sentenciar não pode prescindir desse registro.

A despeito de todos esses argumentos, o CSJT editou ato normativo *dispensando a transcrição em ata* dos depoimentos prestados nas audiências telepresenciais. De início, a Presidente do CSJT editou o Ato CSJT.GP.SG n. 45, em 9-7-2021, sem submetê-lo ao Colegiado, sendo que o Ato foi duramente criticado por parte expressiva da comunidade jurídica, não pela forma, mas pelo conteúdo, pois já seu art. 1º fazia essa dispensa de modo expresso, como se pode examinar de sua transcrição: "É dispensada a transcrição ou degravação dos depoimentos colhidos em audiências realizadas com gravação audiovisual, nos termos dos arts. 367, § 5º, e 460 do CPC".

Ora, as palavras têm uma forte carga de valor e expressam um significado único (semântica), transmitindo uma *mensagem ao destinatário*. Por isso, quando se utiliza a expressão "dispensada", o destinatário vai logo entender que realmente não é necessária aquela conduta, ou até mesmo que ela é proibida e que, portanto, ele está desobrigado de fazer o que foi dispensado. Talvez o que tenha o CSJT pensado, ao editar o ato normativo, é que a transcrição em ata dos depoimentos seria apenas *facultada* aos juízes. A expressão "facultada" tem outro signo, com uma mensagem bem distinta ao destinatário, porque o juiz poderia entender que a transcrição não é vedada, tampouco desestimulada, ficando ao seu prudente arbítrio porque permitida, ainda que não exigível. Daí que a escolha da expressão já não se mostra adequada para um tema tão espinhoso.

Ademais, nenhum dos dispositivos citados nesse art. 1º dispensa, *expressamente*, a transcrição em ata de depoimentos prestados em juízo. O § 5º do art. 367 do CPC apenas trata da *gravação* "em imagem e em áudio, em meio digital ou analógico" das audiências e, por extensão, dos depoimentos das partes e testemunhas. Mais específico o art. 460 do CPC, segundo o qual o depoimento das testemunhas "poderá ser documentado por meio de gravação", também não havendo, aqui, autorização expressa para dispensa da transcrição em ata do depoimento. Aliás, nem mesmo a Lei n. 11.419/2006 – Lei do Processo Eletrônico – contém norma com essa dispensa expressa. Tampouco a Resolução n. 345/2020 do CNJ, que trata do "Juízo 100% Digital", contém norma expressa a esse propósito.

Por certo que a interpretação dos tribunais superiores e do próprio CNJ tem sido a de não se exigir a transcrição em ata quando os depoimentos das partes e testemunhas são gravados. O que quero insistir é na *força das palavras*: dispensar a transcrição é muito mais enfático do que a tornar facultativa aos juízes.

E não é somente essa a questão. No processo do trabalho, temos *regras expressas na CLT* que, ao contrário do CPC, exigem a transcrição em ata do *resumo dos depoimentos* prestados em audiência. Vejam-se, a propósito, as seguintes regras: 1ª) *parágrafo único do art. 828* (da CLT) – "Os depoimentos das testemunhas serão resumidos, por ocasião da audiência, pelo secretário da Junta ou funcionário para esse fim designado, devendo a súmula ser assinada pelo Presidente do Tribunal e pelos depoentes"; 2ª) *art. 851, caput* – "Os tramites de instrução e julgamento da reclamação serão resumidos em ata, de que constará, na íntegra, a decisão"; 3ª) *art. 852-F* – "Na ata de audiência serão registrados resumidamente os atos essenciais, as afirmações fundamentais das partes e as informações úteis à solução da causa trazidas pela prova testemunhal".

De modo que, pelo menos o *resumo*, em ata, da *essência dos depoimentos* – afirmações fundamentais das partes e informações úteis à solução da causa prestadas pelas testemunhas – deverá ocorrer, por ser essa uma questão de observância ao *devido processo legal*, já que temos regras próprias a ditarem o procedimento. A questão de fundo é a seguinte: o que deve prevalecer, *a economia de tempo ou o tempo da justiça?*

Não se trata de uma simples questão de procedimento, porque, no processo civil, em regra geral, as instruções dizem respeito a apenas uma matéria: acidente de trânsito, divórcio, inadimplemento contratual e uma infinidade de outras matérias, mas cada qual em "seu" processo. Ao revés, no processo do trabalho, temos uma *extensa cumulação objetiva*, havendo demandas com mais de dez matérias, díspares, gerando a necessidade de capítulos de sentença distintos para cada uma dessas matérias.

E se houver uma corrupção de dados na mídia? Uma mínima tensão elétrica durante a gravação poderá resultar em arquivo corrompido, por vezes na parte essencial do depoimento. Nesse caso, o próprio Ato n. 45 recomendava o refazimento do ato, ou seja, da audiência ou do depoimento por inteiro. Veja-se o teor do art. 8º, III, do Ato:

> Art. 8º Recomenda-se aos juízes do trabalho que observem os seguintes procedimentos nas gravações das audiências:
>
> III - refazer o ato que apresentar problemas sonoros ou de imagens e que dificultem ou impeçam o acesso à prova colhida, inclusive designando nova audiência para refazimento das inquirições, antes de enviar os autos ao tribunal, caso necessário;

Será que a parte ou testemunha vai se lembrar de todas as informações prestadas na audiência anterior? Será que a parte que teve um depoimento desfavorável na audiência não se sentirá tentada a mudar a versão de seu depoimento? Será que não se sentirá tentada também a influenciar no novo depoimento da testemunha, se o primeiro depoimento não lhe foi favorável? Há, portanto, uma infinidade de questões – materiais e formais – que talvez *desaconselhem* a dispensa da transcrição em ata da parte substancial dos depoimentos das partes e testemunhas na audiência trabalhista.

Não obstante, o CSJT, em *ato de seu Colegiado* e a despeito da crítica da maioria dos advogados, manteve todas essas diretrizes, ao editar a *Resolução CSJT n. 313*, de 22-10-2021, inclusive porque a redação do art. 1º do novo ato normativo repete, literalmente, o teor do art. 1º do ato anterior, apenas retirando a menção aos dispositivos do CPC. Quanto à indexação dos vídeos, com a marcação específica de temas para facilitar a localização dos trechos dos depoimentos, prometida no art. 3º da Resolução, ainda não temos ferramenta que a possibilite e, por isso, não trataremos dessa matéria, até porque essa indexação é apenas uma melhor formatação da minutagem, contra a qual tenho minhas reservas, como já expressei anteriormente.

A despeito da revogação desse Ato n. 45, como já observado, a Resolução n. 313 do CSJT manteve praticamente a mesma redação daquele Ato, dispensando a transcrição em ata do teor dos depoimentos na audiência telepresencial, contra o que mantenho minhas críticas puramente acadêmicas.

13.6.6. Acareação, penalidades e valoração da prova

Duas últimas questões a respeito da audiência de instrução telepresencial: *será possível a acareação de testemunhas* nesse tipo de audiência? O juiz poderá *aplicar penalidades à testemunha* na audiência virtual?

Quanto à primeira questão, aplicam-se aqui os mesmos fundamentos já utilizados em relação à contradita. As partes têm o direito de requerer a *acareação* entre as testemunhas, ou entre estas e a parte contrária, além do que o juiz poderá determinar essa acareação de ofício. No entanto, como já visto no capítulo da "Prova Testemunhal", *não há direito certo* quanto à acareação, primeiro, porque se trata de uma faculdade do juiz verificar a pertinência ou não do ato; segundo, porque a acareação normalmente só se faz necessária quando a prova resta *bastante "dividida"*, e o juiz não consegue verificar qual das testemunhas está dizendo a verdade e qual delas está mentindo.

É relevante notar que, nas audiências telepresenciais, existe uma diferença significativa na dinâmica da acareação, principalmente devido à ausência física das testemunhas no mesmo ambiente (nesse sentido: ROSSI, 2023, p. 125). Esse distanciamento pode impactar na eficácia do procedimento, uma vez que, no ambiente presencial, o "confronto" direto entre as testemunhas tende a provocar um impacto emocional e psicológico, o que pode influenciar na forma como elas reagem ou revisam suas declarações. A presença física, a pressão imediata do momento e o confronto visual são fatores que frequentemente exercem influência sobre os depoentes, levando-os, em algumas situações, a reconsiderar seu posicionamento ou a oferecer respostas mais detalhadas e precisas.

No ambiente telepresencial, essa dinâmica é menos intensa. A ausência de um "confronto" físico direto pode reduzir a pressão emocional, fazendo com que as testemunhas não se sintam tão afetadas pelo procedimento de acareação. Embora a tecnologia permita comunicação em tempo real e interação visual, a experiência não é totalmente comparável à interação que ocorre no formato presencial, para todos os efeitos, sobretudo os relacionados ao ato de acareação.

Em relação às penalidades, de se consultar o longo tópico que propusemos no capítulo da "Prova Testemunhal". A testemunha pode sofrer diversas penalidades, por não comparecer ao fórum, por não querer prestar depoimento, por mentir e também em outras situações. Quanto ao não comparecimento, vejam-se as considerações já feitas anteriormente, por se tratar de audiência virtual.

No que diz respeito à falta de depoimento, ou de respostas diretas a questionamentos específicos, além dos casos em que a testemunha pode alegar legítima escusa de depor, também há que se considerar que na audiência virtual a situação é bem distinta e se torna mais complicado decidir com precisão se há mesmo ocultamento da verdade.

Quanto ao *falso testemunho*, se na audiência presencial o juiz deve evitar ao máximo pronunciar isso na audiência – até porque teria que julgar o processo no ato, antes oferecendo à testemunha a oportunidade de retratação –, na audiência virtual o juiz *não deve mesmo declarar* a ocorrência de falso testemunho; além disso, o juiz não deve jamais cometer o desatino de prender a testemunha em flagrante por falso testemunho. Como é que o juiz faria essa prisão à distância? E se a testemunha estiver na residência dela, o seu asilo inviolável?

Para encerrarmos essa longa análise a respeito da audiência de instrução telepresencial, vale a pena abordar, ainda que rapidamente, a *valoração da prova testemunhal* nesse tipo de audiência. Penso que os *mesmos critérios* utilizados para a valoração do depoimento das testemunhas colhido presencialmente devem ser utilizados também para a valoração da prova testemunhal produzida virtualmente.

Contudo, o juiz terá de ter ainda *maior sensibilidade*, pois esse tipo de audiência *compromete*, em boa medida, *o princípio da imediatidade*. Se o juiz não irá colher diretamente a prova lá no fórum, com a proximidade desejada em relação ao depoente, e não poderá verificar com precisão as informações corporais das testemunhas, terá de estar *mais atento à objetividade das falas* do que ao contexto corporal em si. Será preciso que o juiz aplique de modo mais profundo seu *senso de justiça*, buscando, no conjunto probatório, a solução mais equânime que o caso requeira. Isso exigirá do juiz *um esforço muito maior* do que o que ele já empreende no julgamento das demandas cuja prova oral é coletada presencialmente.

Não obstante, como a grande maioria dos juízes do trabalho é *devotada à realização da justiça*, com a máxima efetividade, estou certo de que essa nova tarefa será cumprida com muita dedicação. Ademais, os advogados podem ficar seguros de que eventuais erros de procedimento ou de julgamento do juiz poderão ser revistos com maior facilidade pelo tribunal, já que terão ao seu dispor os vídeos, para que possam destacar pontos do depoimento e até expressões corporais que conduzam a uma interpretação distinta da narrativa das testemunhas. O tribunal, sensível a essas questões, por certo que encontrará, nos vídeos, condições de proporcionar o *julgamento mais justo* da demanda.

Assim, com a gravação das audiências de instrução telepresenciais, somada ao *registro em ata das informações úteis* ao julgamento, teremos um *conjunto de prova* que propiciará julgamentos mais justos, o que conduzirá a uma maior credibilidade na Justiça do Trabalho. É o que sinceramente espero que aconteça, vencida essa triste quadra da nossa história, de distanciamento social por conta da pandemia de COVID-19.

13.7. NEGÓCIO JURÍDICO PROCESSUAL E INSTRUÇÃO VIRTUAL

Alguns juízes e professores defenderam fortemente a ideia de que bastaria aplicarmos, no processo do trabalho, o instituto do *negócio jurídico processual*, para que fosse possível (e também seguro) realizar as audiências trabalhistas na época da pandemia, *inclusive* as audiências una e *de instrução*.

Eliana dos Santos Alves Nogueira, em interessante artigo doutrinário, cita vários exemplos de negócios jurídicos processuais típicos que já seriam admitidos, na prática, no processo do trabalho, defendendo, na sequência, a realização de *audiência de saneamento do processo*, na qual as partes e o juiz poderiam promover uma "gestão conjunta do processo", fixando pontos controvertidos e parâmetros para a instrução virtual. Em tese bem ousada, ela propõe, inclusive, a celebração de negócio jurídico processual *atípico* para a produção de prova oral "desjudicializada", invocando, como subsídio para a sua sugestão, a aplicação do art. 517 do Código de Processo Civil português, transcrevendo-o:

> Artigo 517. (art. 638.-A CPC 1961) Inquirição por acordo das partes. 1 - Havendo acordo das partes, a testemunha pode ser inquirida pelos mandatários judiciais no domicílio profissional de um deles, devendo tal inquirição constar de uma ata, datada e assinada pelo depoente e pelos mandatários das partes, da qual conste a relação discriminada dos factos a que a testemunha assistiu ou que verificou pessoalmente e das razões de ciência invocadas, aplicando-se-lhe ainda o disposto nos n.os 1, 2 e 4 do artigo 519.º. 2 - A ata de inquirição de testemunha efetuada ao abrigo do disposto no número anterior pode ser apresentada até ao encerramento da discussão em 1.ª instância (NOGUEIRA, 2020, *e-book*).

Contudo, respeitosamente, penso que, em linhas gerais, o negócio jurídico processual, da forma como previsto no art. 190 e parágrafo único do CPC/2015, em toda a sua amplitude, é *incompatível* com o processo do trabalho. Para (bem) se compreender essa temática e as limitações que estamos a impor ao instituto, no processo do trabalho, é importante que se recorra à boa doutrina do processo civil, porque é lá que o instituto encontra suas *raízes* e *desenvolvimento*.

13.7.1. Amplo campo de aplicação no processo civil

Fernando Gajardoni, um grande estudioso dessa temática, explica que há negócios jurídicos processuais (i) atípicos ou inominados, *sempre bilaterais*, e (ii) negócios típicos ou nominados (previstos no CPC), que podem ser bilaterais, unilaterais ou até plurilaterais. Estes últimos (item ii) são os previstos ou referidos na própria normativa do CPC. Como exemplos de negócios jurídicos processuais *bilaterais típicos*, ele cita os seguintes: (i) eleição de foro (art. 63 do CPC) – incompatível com o processo do trabalho; (ii) suspensão do processo por vontade das partes (art. 313, inciso II, do CPC); (iii) convenção sobre ônus da prova (art. 373, § 3º, do CPC) – inaplicável no processo do trabalho; (iv) convenção para a escolha do perito (art. 471 do CPC); (v) calendarização processual (art. 191 do CPC); (vi) saneamento compartilhado (art. 357, § 3º, do CPC), entre tantos outros (GAJARDONI *et al.*, 2015, p. 615-620).

Agora, tratando das *convenções processuais atípicas*, este autor explica que elas encontram um bom parâmetro comparativo na Lei de Arbitragem (Lei n. 9.307/96), quando ela trata do *compromisso arbitral*. Assim, estas convenções processuais, embora não previstas em lei, são possíveis no curso do processo, desde que *atendidos os requisitos próprios* do art. 190 do CPC. Elas se referem tanto à (i) flexibilização *voluntária* do procedimento legal, quanto às (ii) convenções (das partes) sobre situações jurídicas processuais. Mas – e isso é fundamental –, o autor explica que esses negócios "privados" *se distinguem* da flexibilização procedimental levada a efeito *unilateralmente* pelo juiz, por exemplo, a que lhe permite a ampliação de prazos ou a alteração na ordem de produção das provas, em conformidade com o art. 139, inciso VI, do CPC (GAJARDONI *et al.*, 2015, p. 621-624).

A título exemplificativo, ele enumera as seguintes situações nas quais é possível que as partes, *voluntariamente*, celebrem negócio jurídico *quanto ao procedimento*: (i) *ampliação de prazos* para resposta, recursos e manifestações em geral; (ii) *redução de prazos* para esses mesmos atos (resposta, recursos e manifestações); (iii) estabelecimento de uma fase *extrajudicial* de tentativa conciliatória, *previamente* ou durante o curso do processo – por exemplo, a que tornasse obrigatória, no processo do trabalho, a *passagem pelas comissões de conciliação prévia*; (iv) *exclusão de atos processuais* previstos no procedimento legal, como da audiência de conciliação ou de mediação do art. 334 do CPC, por exemplo; (v) *inversão* da ordem de produção das provas; (vi) definição de *novas formas de intimação ou citação*, como, por exemplo, comunicação por *e-mail*, *WhatsApp* e outros meios; (vii) estabelecimento de *novas formas de coleta da prova*, por telefone, por *e-mail*, de modo extrajudicial – como propõe Eliana Alves dos Santos Nogueira, como visto – e outras formas; (viii) opção por memoriais *escritos*; (ix) *escolha de procedimento diverso* do previsto em lei para o caso concreto – seria a opção entre os ritos ordinário, sumaríssimo e especial, na Justiça do Trabalho; (x) criação de um *procedimento próprio, por inteiro*, para o caso concreto; e (xi) convenção para que as partes *conduzam suas testemunhas* à sede do juízo da causa, sem necessidade de precatória e independentemente de intimação (GAJARDONI *et al.*, 2015, p. 625-626).

Veja-se, destarte, a *amplitude* do negócio jurídico processual atípico. Será que os juízes do trabalho admitiriam um negócio desses, em que as partes pudessem *escolher entre os ritos* ordinário, sumaríssimo e até especial? Será que eles admitiriam que as partes pudessem *criar um novo rito, por inteiro*, para a sua causa trabalhista? Ou, de modo mais singelo, onde ficaria o princípio da imediatidade, tão importante para a solução das causas trabalhistas, se o juiz do trabalho *não ouvisse diretamente as partes e testemunhas*, atos que ficariam a encargo dos advogados, na coleta da prova de modo extrajudicial?

Mesmo no campo das *situações jurídicas*, nas quais os direitos (poderes), ônus e faculdades "permanecem" na esfera privativa das partes, não seria tão simples admitir-se o negócio jurídico processual, em toda a sua amplitude, no processo do trabalho.

A propósito, Fernando Gajardoni, tratando das situações jurídicas processuais, após explicar e *distinguir todas as situações* referidas no art. 190 do CPC – (i) ônus; (ii) poderes; (iii) faculdades e (iv) deveres processuais –, ensina que essas convenções somente serão admissíveis, até mesmo no processo civil, quando *não interferirem no poder-dever de atuação* do Estado-juiz. Assim, seriam *possíveis* as seguintes convenções atípicas: (i) pacto de não denunciação da lide ou de chamamento ao processo; (ii) acordo de impenhorabilidade de certos bens; (iii) acordo para rateio de despesas processuais – o que já esbarraria na gratuidade (inicial, pelo menos) do processo do trabalho; (iv) pacto de isenção de honorários de sucumbência, que somente será válido se dele participarem os advogados; (v) dispensa consensual de assistente técnico; (vi) renúncia *antecipada* à interposição de qualquer recurso; (vii) convenção sobre a ordem de penhora de bens – por exemplo, de que o SISBAJUD (ferramenta que substituiu o BACEN-JUD) seria utilizado somente em último caso; (viii) convenção sobre o não exercício do direito à contradita de testemunhas, dentre outras possíveis (GAJARDONI *et al.*, 2015, p. 630).

De outro lado, *não seria possível*, em hipótese alguma, negócio jurídico processual *sobre situações jurídicas*, de modo a permitir que as partes: (i) *retirem* do juiz a análise sobre as condições da ação e os pressupostos processuais; (ii) *não admitam* a intervenção de terceiros, inclusive de *amicus curiae;* (iii) *limitem os poderes instrutórios* do juiz, retirando-lhe a possibilidade de determinar a produção de provas necessárias ao julgamento do mérito, inclusive de ofício, por se tratar a regra do art. 370 do CPC de *norma de ordem pública* – imagine-se, por mais forte razão, a nulidade de convenção que não permitisse ao juiz do trabalho utilizar-se do art. 765 da CLT; (iv) deliberem que *nenhuma delas* arcaria com os honorários do perito; (v) estabeleçam *julgamento antecipado* da lide (do mérito); (vi) *excluam a intervenção* do Ministério Público – na Justiça do Trabalho, do MPT; (vii) *isentem ambas* de custas ou lhes concedam de forma automática a gratuidade judiciária; (viii) *fixem prioridade* no julgamento da causa; (ix) *criem novos recursos* ou novas hipóteses de cabimento para os recursos já existentes – por exemplo, de agravo de instrumento, na Justiça do Trabalho; (x) *criem* títulos executivos; (xi) *atribuam* a título executivo extrajudicial a natureza de título executivo judicial, dentre outros exemplos (GAJARDONI *et al.*, 2015, p. 627-630).

Para terminar, após a formidável explanação sobre os negócios jurídicos processuais, Fernando Gajardoni, com muita propriedade, adverte para os *riscos de admissão desses negócios processuais*, que, se adotados de forma ampla e irrestrita, poderão *inviabilizar o funcionamento do Poder Judiciário* brasileiro. A Justiça "precisa de uma rotina, de um modelo-padrão, de alguns poucos procedimentos e regras-base para trabalhar e dar vazão à enxurrada de demandas". E complementa: esse "padrão *fordiano* de trabalho tende a permitir a aceleração no cumprimento e desenvolvimento dos processos". Ora, a se admitir que as partes, *em cada um dos processos*, possam *voluntariamente* "calibrar" o procedimento do "seu" processo – ainda que nisso haja uma vertente democrática –, essa permissão poderá *comprometer seriamente a eficácia* da prestação jurisdicional. "Uma alteração ou outra do rito-padrão, ou das situações jurídicas (passivas) e ativas das partes, em caráter pontual, até é suportável pelo Poder Judiciário". De outro lado, a se permitir a "contratualização de todas as etapas do procedimento e da relação jurídica processual, como regra", isso *não seria suportável* nem pela Justiça e nem pela sociedade. Não se pode comparar a Justiça com a arbitragem, porque o árbitro "é juiz de umas ou algumas causas", resolvendo-as de modo "artesanal". A sua vez, o juiz "estatal" conduz "milhares de causas" e, por isso, deve seguir um modelo-padrão (GAJARDONI *et al.*, 2015, p. 632).

Em suma, se as partes querem um processo para chamar de "seu", que *recorram à arbitragem*, que, diga-se de passagem, é inaplicável na seara trabalhista, em regra – de não se olvidar da regra do art. 507-A da CLT, por óbvio. E, por tudo isso, o negócio jurídico processual *bilateral* ainda continua *manifestamente incompatível* com o processo do trabalho, como veremos no próximo tópico.

13.7.2. Incompatibilidade com o processo do trabalho

Como já sustentei alhures, o negócio jurídico processual remonta ao tempo do privatismo processual e, ainda que ajustado ao "novo" processo civil brasileiro, que seria mais democrático, *não se amolda* ao formato do procedimento trabalhista, pensado desde sempre para ser concentrado, célere e informal. Não por outra razão, sustentei no início deste Manual que há um certo *predomínio do princípio inquisitivo* no processo do trabalho (art. 765 da CLT e outros). Vejam o que escrevi a esse respeito, em 2016:

> Apesar de toda a aura de avanço de que é cercada essa normativa, penso que ela implica um *retorno* sem precedentes *ao séc. XIX*, no qual ainda havia séria dúvida sobre ser o processo um método estatal de solução de conflitos de interesses e acerca da natureza jurídica de suas normas. De todos é sabido que já no final do referido século predominaram as correntes que defendiam a natureza de ordem pública para a normativa processual, *prevalecendo o publicismo* em detrimento do "privatismo" processual.
>
> Como já ressaltado, o processo necessita de regras claras e previamente definidas porque as partes em conflito, na grande maioria dos casos, procurarão estabelecer regras procedimentais que lhes sejam benéficas, ou pelo menos que lhes garanta uma verdadeira amplitude de defesa, sendo muito comum notar-se, no curso do processo, a desigualdade das partes, principalmente quanto ao profissional contratado para a defesa de seus interesses, sem que isso importe em *manifesta situação de vulnerabilidade*. De modo que esse *negócio processual* somente teria sentido para as lides entre as grandes empresas, mas estas podem se valer da *arbitragem*, que será amplamente incentivada a partir da vigência do novo Código de Processo Civil (art. 3º, § 1º). Além disso, o juiz terá de conviver com vários "procedimentos" em sua unidade judiciária, inviabilizando uma padronização que é tão salutar para a *eficiência e celeridade* da prestação jurisdicional.
>
> (...)
>
> Ainda que a definição de calendário processual para a prática de *determinados* atos processuais já ocorra no processo do trabalho – que nunca precisou de regra expressa para autorizar a se fazer o que é bom e leva à celeridade –, o negócio jurídico processual, com toda a extensão pensada para o processo civil, é *manifestamente incompatível* com as normas do processo laboral, no qual se aplica o princípio inquisitivo, em busca da solução mais justa e mais rápida possível, nos moldes dos arts. 765, 852-D e 878 da CLT. Não podemos admitir que o processo do trabalho, um *processo pós-moderno* – ainda que disciplinado na primeira metade do séc. XX – retroceda ao séc. XIX, no qual imperava uma visão privatista do processo, em que o processo era tido como um quase-contrato. O procedimento do processo do trabalho é todo envolto de *normas de ordem pública*, dado o direito material cuja análise e efetivação se propõe, não havendo espaços para amplos negócios jurídicos processuais em seu meio (SILVA, 2016, p. 1350-1351).

Sobre a pós-modernidade da CLT – e, por extensão, do processo do trabalho –, de se consultar a excepcional obra de Jorge Pinheiro Castelo – **O direito material e processual do trabalho e a pós-modernidade:** a CLT, o CDC e as repercussões do novo código civil –, principalmente quando este autor trata da desconsideração da personalidade jurídica (CASTELO, 2003, p. 349-363).

Hoje continuo pensando da mesma forma, e com mais argumentos. Com efeito, seria desnecessário recordar a toda hora que o crédito trabalhista é de *natureza alimentar* e, por isso, reclama um procedimento *diferenciado* para a sua mais pronta satisfação. Todos os processualistas do trabalho que defendem ardorosamente convenções processuais na Justiça do Trabalho partem de exemplos que beneficiam o trabalhador. Contudo, a se admitir o negócio jurídico processual *bilateral*, há de se admitir *também* as convenções que sejam *desfavoráveis*, sob o *prisma formal*, aos trabalhadores, quando estes, assistidos por advogados, concordarem com as mudanças procedimentais. Ora, esse negócio jurídico processual é *bilateral*, um *negócio "privado"* das partes, não podendo o juiz admitir cláusulas que sejam benéficas aos trabalhadores e rejeitar as que aumentem os seus ônus e riscos no curso do processo.

Outrossim, se não se pode invocar a indisponibilidade do direito material trabalhista, até porque o trabalhador pode transigir sobre seus direitos no curso do processo, de outro lado, a se permitir que o trabalhador celebre negócio jurídico de cunho *estritamente processual*, o juiz poderá controlar *somente* os *requisitos de validade* do negócio jurídico, descritos no art. 104 do Código Civil (capacidade dos sujeitos, licitude e possibilidade do objeto, observância de forma prescrita em lei).

É bem verdade que a *parte final* do parágrafo único do art. 190 do CPC permite que o juiz controle a validade das convenções processuais *também* nos casos de "inserção abusiva em contrato de adesão", ou naqueles "em que alguma parte se encontre em manifesta situação de vulnerabilidade". Não obstante, não há, tecnicamente, contrato de adesão no direito do trabalho, ainda que se possa entender o contrato de trabalho como sendo um "contrato de adesão". Além disso, nesse caso teríamos negócio jurídico *pré-processual*, celebrado *antes* do processo, situação que talvez seja *impensável* na Justiça do Trabalho. E, caso se queira invocar a "manifesta vulnerabilidade" para controlar as convenções processuais – diante da *incontestável hipossuficiência do trabalhador*, verificada em 90% ou mais dos processos trabalhistas –, aí teríamos, em verdade, uma situação jurídica a *não recomendar* a celebração de *autêntico* negócio jurídico processual na Justiça do Trabalho, que só poderia ser admitido, então, para os chamados "altos empregados", ou para os chamados hiperssuficientes (art. 507-A da CLT).

Não por outra razão, o TST, no art. 2º, item II, da Instrução Normativa n. 39, *recomendou* que não se aplicasse, no processo do trabalho, a figura do negócio jurídico processual, por ser incompatível com esse processo, como já apontamos algumas vezes neste Manual.

Por tudo isso, quando muito, seria possível admitir o negócio jurídico processual *tripartite*, com a *plena participação* do juiz do trabalho, como ator principal e não meramente coadjuvante do acordo que possa, *pontualmente*, favorecer a boa prestação jurisdicional, como pode ocorrer em relação à definição de regras para a *realização de audiência de instrução telepresencial*, mesmo após o fim da pandemia. Em verdade, o juiz do trabalho é o diretor da peça teatral chamada de audiência trabalhista, como visto no início deste Manual. Assim, jamais poderá ficar "de fora" desse negócio processual.

13.7.3. Admissão, no negócio jurídico processual tripartite

Alguns têm argumentado que o próprio TST, de certa forma, "reviu" esse posicionamento, ao possibilitar o negócio jurídico processual para a realização de audiência telepresencial, na época da pandemia. De se conferir o art. 6º, *caput* e § 1º, do ATO n. 11/GCGJT, de 23 de abril de 2020:

> Artigo 6º. Preservada a possibilidade de as partes requererem a qualquer tempo, em conjunto (art. 190 do CPC), a realização de audiência conciliatória, fica facultado aos juízes de primeiro grau a utilização do rito processual estabelecido no artigo 335 do CPC quanto à apresentação de defesa, inclusive sob pena de revelia, respeitado o início da contagem do prazo em 4 de maio de 2020.
>
> §1º. Na hipótese do *caput*, deverá o(a) magistrado(a) possibilitar vista à parte autora dos documentos apresentados com a(s) defesa(s), e assinalar prazo para que as partes especifiquem as provas que pretendem produzir, sua pertinência e finalidade, para então proferir julgamento conforme o estado do processo ou decisão de saneamento e, se necessário, audiência de instrução.

Contudo, primeiro, trata-se de ato da Corregedoria-Geral da Justiça do Trabalho, não do TST, como Tribunal; segundo, a menção foi expressa: realização de "audiência conciliatória", não havendo qualquer alusão à audiência de instrução, quando da referência ao art. 190 do CPC. De modo que *não se pode*, nesse ato normativo, encontrar qualquer amparo para uma alegada mudança de posicionamento do TST, menos ainda quanto ao negócio jurídico processual para a realização de audiência de instrução.

De outra mirada, não se pode olvidar de que, na situação de absoluta *anormalidade, durante a pandemia*, se o juiz – especialmente na audiência inicial ou de tentativa conciliatória telepresencial, saneando ou não o processo – conseguisse que as partes celebrassem um *"acordo processual"* para possibilitar a realização da audiência de instrução virtual, isso era *muito bem-vindo*. Eu mesmo consegui isso, em vários processos, na 6ª Vara do Trabalho de Ribeirão Preto, antes do retorno às audiências presenciais.

Porém, isso se deveu à situação *extraordinária* que vivenciamos durante a pandemia, em primeiro lugar; segundo, em todos esses casos o tal "negócio jurídico" sofre a *nítida interferência do juiz*, com propostas e adequação das sugestões das partes, até que se estabeleça uma *forma consensual* de se realizar a instrução virtual. Isso *não é negócio jurídico* processual *bilateral*, como previsto no CPC.

A se insistir nessa figura jurídica, teríamos, aí, um negócio jurídico processual *tripartite*, como é da *essência* de todas as negociações no campo justrabalhista. A propósito, a *OIT* é um órgão triparte; o restaurado (pela Lei n. 14.261/2021) – que havia sido extinto e tinha se tornado apenas uma Secretaria Especial de Previdência e Trabalho – funciona, em muitas ocasiões, como órgão tripartite, nos tantos Conselhos que compõem sua estrutura; a Justiça do Trabalho, até 1999 (Emenda Constitucional n. 24/99), funcionava com Juntas de Conciliação e Julgamento e representação classista (dos empregadores e trabalhadores) em todas as instâncias; na audiência trabalhista o juiz sempre interfere (com propostas e adequação de propostas) na conciliação entre as partes (art. 764 e §§ da CLT) etc.

Não cabe negócio jurídico processual bilateral no processo do trabalho, mas tão somente negócio jurídico processual tripartite.

Como se não bastasse, praticamente todos os negócios processuais utilizados pelos processualistas do trabalho, para admitir essa figura "privatista" no processo laboral, são, na verdade, *exemplos claríssimos de negociação tripartite*, na grande maioria dos casos. O juiz do trabalho propõe acordos processuais, participa da sua celebração e, quando necessário, controla não somente os requisitos de validade do "negócio", mas *também a sua prejudicialidade* ao trabalhador, dados os reflexos naturais do princípio da proteção no processo do trabalho.

Da rica explanação de Eliana dos Santos Alves Nogueira (NOGUEIRA, 2020, *e-book*), vejam-se os seguintes exemplos de negócio jurídico processual, alguns que poderiam ser considerados *tripartites*:

(i) *inversão na coleta da prova oral*, em razão da expedição de cartas precatórias mediante requerimento das partes – em regra generalíssima, é o juiz do trabalho quem determina essa inversão, até porque o reclamado sempre protesta por ouvir suas testemunhas ao final; se o reclamado concorda, temos, aí, um *negócio tripartite*;

(ii) *calendarização para a prova pericial*, para que seja realizada na melhor época, especialmente em situações de atividades sazonais – ocorre que, quem estipula o calendário processual para a prova pericial, em 99% dos casos, *é o juiz*; quando as partes informam que há de se esperar o período de safra, isso diz respeito à eficácia da perícia, e se o juiz "combina" isso com as partes, temos, também aí, uma *negócio tripartite*;

(iii) *sobrestamento do feito* mediante pedido conjunto para evolução de propostas *conciliatórias* – esse sempre foi um acordo processual bem-vindo no processo laboral, porque atende à finalidade precípua da Justiça do Trabalho; contudo, a se entender que o juiz do trabalho precisa *deferir* o requerimento, teríamos um *negócio tripartite*;

(iv) *utilização de prova emprestada*, inclusive com o acolhimento de depoimento testemunhal prestado pelo reclamante em outro feito a título de depoimento pessoal no processo em que ele se encontra no polo ativo; da mesma forma, o aproveitamento de depoimento pessoal prestado por determinada pessoa em feito próprio como depoimento testemunhal, em outro processo – isso é comum no processo do trabalho; no entanto, a utilização de prova emprestada *não é autêntico* negócio jurídico processual, por não depender da concordância da outra parte, como já vimos em capítulo próprio desta obra; de todo modo, *havendo consenso*, haverá, aí, um negócio processual *bilateral*, que também não impede ao juiz do trabalho a determinação da produção de prova *direta*, embora isso não seja recomendável;

(v) *renúncia recíproca aos recursos* interpostos no processo em curso, *condicionada à homologação* do acordo quanto ao objeto da "lide" – o exemplo fala por si quanto à necessidade de *intervenção do juiz*, não se tratando, portanto, de um autêntico negócio processual bilateral, que *independe* de qualquer participação do juiz; agora, se houver *renúncia prévia* e recíproca à interposição de recurso, aí, sim, trata-se de um negócio processual *bilateral*;

(vi) acordo para *limitação da penhora a determinados bens* (excluindo-se, via de regra, os necessários para a realização da atividade empresarial) – temos, aqui, um *autêntico* negócio jurídico processual *bilateral*; a menos que o juiz do trabalho, aplicando o princípio inquisitivo, entenda que esse acordo não pode limitar a atuação jurisdicional, porque o Judiciário (trabalhista) precisa zelar pela máxima celeridade e efetividade.

Outros exemplos citados pela dileta autora – e amiga – e que talvez não se encaixem perfeitamente na figura do negócio jurídico processual:

(i) utilização de depoimentos prestados fora da Justiça do Trabalho como *prova emprestada* (por exemplo, daqueles prestados no âmbito de inquéritos policiais) – a utilização de prova emprestada não é exemplo de negócio jurídico processual – tanto que Fernando Gajardoni nem a menciona –, porque sua juntada *independe* de concordância da parte contrária, como já vimos; se houver acordo entre as partes, trata-se de um *negócio processual bilateral*, mas que não impede ao juiz do trabalho, caso queira, a determinação da produção de prova *direta*, em nome do *princípio da imediatidade* – embora isso possa ser considerado de um preciosismo incomum;

(ii) realização de *acordos quanto à matéria de fato*, podendo as partes estabelecer, em conjunto, os contornos fáticos de determinado fato, a fim de evitar a produção da prova oral, a exemplo do tempo de percurso e do intervalo intrajornada – estes são exemplos de acordos "processuais" muito bem-vindos no processo do trabalho, mas que não dizem respeito ao direito formal, e sim ao *direito material*, porque as partes transigem sobre o *tempo* das horas *in itinere* e sobre o *tempo* de intervalo, *questões de direito material*;

(iii) *desistência da exceção de incompetência territorial*, na audiência una, porque o reclamado já se encontra perante o juízo que processa a causa, com as suas testemunhas – com todo o respeito, isso é mero poder (ou faculdade) processual do excipiente, não necessitando de qualquer pacto com a parte contrária.

Não obstante essas considerações, *na época da pandemia*, tudo recomendava que o juiz do trabalho, *democraticamente*, estabelecesse com as partes e/ou seus advogados *regras* para a realização da audiência de *instrução virtual*. Com isso, valorizava-se a participação dos advogados, incentivava-se a confiança entre as partes (e advogados), e evitava-se declaração posterior de nulidade. Contudo, trata-se de evidente *negócio jurídico processual tripartite*. Duvido que algum juiz do trabalho estaria disposto a aceitar que as partes definam as regras que seriam observadas para a coleta da prova oral na audiência telepresencial, até porque estaria abrindo mão de sua *natural função* de condutor nato da instrução processual.

Passado esse tempo pandêmico, que sigamos os rituais padronizados pela lei, admitindo apenas *pontualmente* acordos processuais que sempre foram bem-vindos no processo do trabalho, celebrados de forma *tripartite*, como alguns dos referidos anteriormente.

13.8. RETORNO ÀS ATIVIDADES PRESENCIAIS – A CONSULTA ADMINISTRATIVA N. 0000077-85.2023.2.00.0500

Apesar da rica experiência da audiência telepresencial na época da pandemia, sempre pensei que o *ideal* fosse o *retorno das atividades presenciais*, ainda que de modo gradativo, como disciplinou a Resolução n. 322/2020 do CNJ, revogada pela Resolução n. 481 do CNJ apenas quando a pandemia finalmente nos permitiu o retorno às atividades presenciais. Principalmente para as *audiências de instrução*, pois, como amplamente visto, a coleta da prova oral presencialmente oferece ampla *segurança jurídica*, além de atender mais claramente a outros princípios importantes da audiência trabalhista, como os *princípios da imediatidade e da incomunicabilidade das testemunhas*, dentre outros.

Como já pontuado, não existiu um "novo normal", locução que não diz nada. Tenho dito que precisamos envidar esforços para que as relações humanas voltem a ser como eram, que precisamos sentir de perto a "pulsação" que há na vida dos seres humanos, pois em cada ser humano pulsa a própria humanidade (Immanuel Kant). E graças a Deus e aos cientistas, isso se tornou possível, com o fim da pandemia.

A situação que vivenciamos foi de absoluta *anormalidade* e as experiências bem sucedidas, a partir das necessidades *reais* na época de isolamento e/ou distanciamento social, não podem permanecer na sua inteireza quando finalmente conseguimos sair do regime extraordinário de trabalho e pudemos *retornar ao regime presencial*.

Por certo que os tribunais tiveram *muita cautela* nesse retorno às atividades presenciais que, uma vez mais, foi *gradativo*, com a observância de todas as normas e diretrizes de (i) *segurança* e de (ii) *caráter sanitário*.

Outrossim, o Judiciário trabalhista precisa *repensar o seu modelo de audiências*. É necessário abrandar o rigor da exigência do cumprimento de metas para que haja prestação de um serviço público *de qualidade*, ainda que se comprometa, em alguma medida, a celeridade, mas com vistas à *preservação da saúde física e mental* de magistrados, servidores, advogados, partes, testemunhas e demais pessoas que participam do processo, *principalmente* na audiência trabalhista.

Não é mais razoável que os juízes do trabalho continuem agendando 10, 12, 15 ou mais audiências por dia, principalmente com o "fetiche" pela audiência una. De modo que a experiência do triste tempo de pandemia poderá nos conduzir a uma *nova e melhor realidade* na prática das audiências trabalhistas. De minha parte, penso que foram salutares as *seguintes mudanças*:

1ª) A *adoção de um rito processual misto* – que tem sido denominado por alguns de "rito emergencial" –, de modo permanente.

Recebida a petição inicial, determina-se a citação, *por registrado postal*, do reclamado ou dos reclamados para apresentarem sua resposta no prazo de 15 dias. Na sequência, oportuniza-se ao reclamante a apresentação de réplica, no prazo de 10 ou 15 dias. Se o juiz entender necessário, pode conceder prazo de tréplica nos 10 ou 15 dias subsequentes. De preferência, que tudo isso seja estabelecido em *calendário processual*, fixado previamente pelo juiz. Esse ritual, a ser praticado pelo menos nos *processos de rito ordinário*, poderá *otimizar* a prática de atos processuais e, principalmente, das audiências trabalhistas, porque serão incluídos em pauta *apenas* os processos que demandarem *efetivamente* coleta de prova oral.

No entanto, há de se registrar que não vingou a prática desse ritual misto, por expressa proibição de sua adoção pela Corregedoria Geral da Justiça do Trabalho.

2ª) A *realização de audiências inicial e de tentativa conciliatória de modo telepresencial.*

Essas audiências foram realizadas com relativo sucesso ao tempo da pandemia. Se elas continuarem a ser realizadas de modo virtual, isso tornará *desnecessário o comparecimento* dos advogados e das partes ao fórum trabalhista, permitindo maior acesso à justiça aos que moram em outras cidades. Além disso, com essa prática se pode evitar as *intoleráveis aglomerações* nos fóruns trabalhistas, que podem ser fonte de transmissão de doenças, bem como de desencadeamento de crises nervosas ou de ansiedade pela longa espera e por causa do tumulto gerado pela aglomeração em si. A propósito, veja-se o entendimento de Marcelo Palma de Brito:

> Mesmo após o fim da pandemia, as audiências por videoconferência serão um importante instrumento de gestão da pauta de audiências. As audiências mais simples, onde não há, via de regra, a prática de atos de instrução, poderão permanecer exclusivamente em pauta telepresencial. E todos sairão ganhando: a) as partes, seus procuradores, membros do MP e da Defensoria Pública, dentre outros, que não precisariam gastar o seu tempo deslocando-

-se para o recinto do fórum; b) os magistrados, que teriam um importante instrumento de gestão e de otimização da pauta de audiências, liberando tempo na pauta presencial para a apreciação dos processos que realmente necessitam da presença física dos sujeitos processuais, principalmente aqueles que necessitam de produção de prova oral (BRITO, 2020, *on-line*).

3ª) *A realização de audiências de instrução de modo presencial ou semipresencial.*

Os advogados, em sua grande maioria, manifestavam, até meados de 2021, *compreensível resistência* à realização de audiência de instrução de modo virtual, por tudo quanto estudamos neste capítulo. Não há dúvida de que a audiência de instrução presencial gera *maior segurança jurídica* a todos os atores da audiência trabalhista, propiciando o atendimento de praticamente todos os princípios processuais importantes, inclusive o da imediatidade. Além disso, a instrução presencial transmite *confiança* e possibilita o atendimento pleno ao *princípio da incomunicabilidade das testemunhas*, tão caro à descoberta da chamada verdade real e tão necessário à prolação de sentenças justas. Não seria preciso dizer mais para justificar o *acerto dessa escolha*. A propósito, confira-se o posicionamento da doutrina:

> Com relação à realização das audiências de instrução, entende-se que, para a colheita da prova oral e a formação do convencimento do julgador, é importante que a audiência seja realizada em pauta presencial. A imediação do magistrado com relação à prova oral produzida (princípio da imediatidade), com a percepção, por exemplo, dos gestos, feições, segurança ou insegurança da testemunha ao responder as perguntas, parece restar, por vezes, comprometida pela videoconferência. O poder de polícia do magistrado também resta prejudicado quando quem vai ser ouvido não está na presença de um agente público que ateste a sua incomunicabilidade, não havendo como se verificar se há alguma contaminação do depoimento. Por fim, são inegáveis os problemas de conexão que ocorrem durante as audiências por videoconferência, a exemplo de ausência de áudio e/ou vídeo dos interlocutores ou quedas de acesso por ausência de qualidade da conexão da internet, o que pode comprometer a colheita dos depoimentos (BRITO, 2020, *on-line*).

Desde o início de 2022, os advogados têm manifestado seu interesse na realização de audiências de instrução telepresencial, principalmente em casos menos complexos, diante dos *evidentes benefícios* que esse modelo de audiência lhes proporciona, dentre eles, a economia de tempo e de recursos financeiros, pois continuam trabalhando normalmente em seus escritórios até o início de sua audiência, ganhando tempo precioso com a não ida ao fórum.

Ocorre que, não bastasse o comprometimento dos princípios da imediatidade e da incomunicabilidade das testemunhas, em certa medida, temos – e isso durará por muito tempo – ainda o *gravíssimo problema da exclusão digital* da maioria dos trabalhadores e testemunhas, bem como de pequenos empresários. Além disso, muitos escritórios de advocacia ainda não estão devidamente equipados e preparados para esse formato de audiência, fazendo com que o advogado, a parte e as testemunhas tenham que "se espremer" numa sala pequena, sem recursos tecnológicos avançados, para a sua participação e a tomada dos depoimentos.

Daí que, para *instruções menos complexas*, a solução pode ser encontrada nas *audiências semipresenciais*. Os atores jurídicos que possuem *plena aptidão digital* participam da audiência a partir de suas residências e/ou escritórios; os *excluídos digitais* – inclusive os que têm bons recursos telemáticos, mas não possuem a necessária aptidão digital por não terem facilidade de conexão, habilitação de câmera e microfone, aceite de convite para ida a sala de espera e retorno à sala de depoimento etc. – *se dirigem ao fórum* e lá, assistidos por um servidor dotado de conhecimento digital, prestam seu depoimento, quando se fizer necessário. Assim, não haverá o tormento de longas esperas, em todas as audiências, para que a parte e/ou a testemunha consiga se conectar, habilitar câmera e microfone, aceitar o convite para ida a sala de espera e retorno à sala de depoimento, *amenizando o sofrimento* dos juízes, servidores e advogados.

Agora, se ambas as partes fizerem opção pelo "Juízo 100% Digital", na forma da Resolução n. 345 do CNJ, a audiência de instrução (ou una) será realizada de modo telepresencial por meio da rede mundial de computadores, a menos que isso seja totalmente inviável, em conformidade com os arts. 1º, §§ 1º e 2º, e 5º da referida Resolução – ou que o juiz aplique o entendimento da Corregedoria Geral da Justiça do Trabalho, conforme decisão exarada na Consulta Administrativa n. 0000077-85.2023.2.00.0500, que será em seguida comentada. É dizer: se o reclamante fizer opção pelo "processo inteiramente digital" em sua petição inicial e o reclamado não se opuser expressamente a essa escolha no prazo de 5 dias úteis após o recebimento da notificação citatória – ou em sua primeira manifestação escrita no processo, na qual pode se retratar de sua aceitação tácita, na interpretação sistemática do art. 5º e §§ 1º a 3º da Resolução –, todas as audiências do processo seriam realizadas "exclusivamente" de modo virtual, salvo se houver decisão do juiz em sentido contrário, como comentarei na sequência. As audiências serão telepresenciais – e não por videoconferência, como equivocadamente constou do *caput* do citado art. 5º.

Ocorre que, para o *bom funcionamento dessas audiências*, os tribunais deveriam fornecer "a infraestrutura de informática e telecomunicação necessárias", até porque as partes podem "requerer ao juízo a participação na audiência" telepresencial "em sala disponibilizada pelo Poder Judiciário" (arts. 4º, *caput*, e 5º, parágrafo único, da Resolução). Ao que sabemos, a Justiça do Trabalho, ao menos no âmbito do TRT-15, ainda não dispõe dessa infraestrutura, o que pode comprometer o funcionamento do juízo (100%) digital, *frustrando* a expectativa das partes e, ao final, da própria sociedade.

Como se não bastasse, os próprios tribunais, capitaneados pelo TST, têm "estimulado" os juízes do trabalho a retornarem plenamente às audiências trabalhistas presenciais, sobretudo as unas e de instrução. Tanto é assim que a Corregedoria Geral da Justiça do Trabalho, na decisão proferida na Consulta Administrativa n. 0000077-85.2023.2.00.0500, manifestou firme entendimento no sentido de que, mesmo nos processos submetidos ao juízo 100% digital, os juízes podem determinar a realização de audiências presenciais, desde que o façam mediante decisão fundamentada.

Trata-se de Consulta Administrativa formulada pela Corregedoria do TRT-1, a respeito da modalidade de audiência a ser designada nos processos que se submetem ao "Juízo 100% Digital", tendo em vista "que a designação de audiência na modalidade presencial relativamente a tais processos tem gerado a apresentação de reclamações correicionais, sob o argumento de violação do artigo 3º da Resolução nº 345/2020 do CNJ", explicou o TRT do Rio de Janeiro, na consulta apresentada à CGJT – Corregedoria Geral da Justiça do Trabalho.

Na referida decisão, a Ministra Dora Maria da Costa, Corregedora-Geral da Justiça do Trabalho, fundamentou o seguinte:

> (...) Aliás, a Resolução nº 345/2020 do CNJ é taxativa ao prever a hipótese em que ocorra a inviabilização de produção de meios de prova ou de outros atos processuais de forma virtual, disciplinando que a sua realização de modo presencial não impedirá a tramitação do processo no âmbito do Juízo 100% Digital.
>
> Neste contexto, nada obsta que o juiz, justificando a conveniência da produção de quaisquer atos processuais em modalidade não digital, determine que sejam realizados na modalidade presencial sem que haja prejuízo da continuidade de tramitação no Juízo 100% Digital. Conforme decisão proferida pelo Conselho Nacional de Justiça nos autos do Proce-

> dimento de Controle Administrativo nº 0002260-11.2022.2.00.0000, "*A regra geral é que as audiências devem ser realizadas de forma presencial, estando o magistrado presente na unidade jurisdicional*", tanto assim que, nas hipóteses de requerimento das partes de realização de audiências telepresenciais, determina a Resolução CNJ nº 354/2020 que a decisão correspondente deverá ser sopesada pela conveniência de sua realização na modalidade presencial.
>
> Desta forma, para que ocorra a conversão da audiência de sua modalidade originariamente por videoconferência no Juízo 100% Digital para audiência presencial, faz-se necessária apenas a devida fundamentação pelo magistrado, que deverá indicar de forma circunstanciada os motivos de conveniência e oportunidade que não viabilizem a realização de tal ato processual de forma digital. Dentre eles estão, por exemplo, a precariedade dos meios de transmissão de dados ou falhas de conexão verificadas na unidade judiciária, a agilidade na realização do ato, bem como a avaliação do magistrado quanto à qualidade da colheita das provas, que notadamente é avultada nos casos da adoção da audiência de forma presencial, modalidade fruto da opção legislativa (artigo 843 da CLT) e da orientação encerrada no julgamento do PCA nº 0002260-11.2022.2.00.0000 do Conselho Nacional de Justiça.
>
> Logo, muito embora caiba ao magistrado, em regra, tratando-se de processo em tramitação no âmbito do Juízo 100% Digital, designar os atos processuais na forma digital, inclusive a audiência na modalidade por videoconferência, tal como disciplinado pela Resolução CNJ nº 345/2020, nada obsta que, considerando as circunstâncias da causa, mormente sua complexidade ou mesmo quaisquer fatos que assim o justifiquem, e de acordo com a sua avaliação e seu prudente arbítrio, determine a realização do ato processual na modalidade presencial, nos termos dos artigos 765 da CLT e 139 do CPC."

Com efeito, basta que o juiz, mesmo nos processos sujeitos ao juízo 100% digital, profira decisão fundamentada, justificando às partes e advogados os motivos pelos quais está a designar audiência trabalhista – sobretudo de instrução – *presencial*. Para essa fundamentação, pode utilizar-se, a título meramente exemplificativo – como anuncia a própria decisão referida – das *seguintes razões*: 1ª) a extrema precariedade dos meios de transmissão de dados ou as constantes falhas de conexão, verificadas nos ambientes externos e escritórios de advocacia, bem como na própria unidade judiciária, que tem se mostrado um verdadeiro trauma, pelo menos nas Varas do Trabalho de Ribeirão Preto (SP); 2ª) a agilidade na realização do ato, porque, em regra, a audiência trabalhista de instrução virtual demora *o dobro* de tempo em relação à realizada presencialmente, com tantas quedas de conexão e falta de aptidão digital, perdendo-se um tempo enorme apenas para a qualificação, acionamento de câmeras e microfones e idas e vindas da sala de espera; 3ª) a significativa e incomparável (melhor) qualidade na coleta das provas orais, diante da *imediatidade* que jamais será conseguida nos ambientes virtuais, fazendo com que a oitiva das partes e testemunhas presencialmente possa resultar em *decisões mais justas*, o fim maior de todo o sistema judiciário.

4ª) A *desnecessidade de expedição de carta precatória para oitiva de testemunhas.*

Como já referido, para a oitiva de testemunha – ou até de alguma parte – que resida em outra comarca ou subseção judiciária, de se utilizar a *audiência por videoconferência*, prevista no CPC/2015. Para tanto, os tribunais precisam oferecer a devida infraestrutura e treinamento. Assim, o juiz designará audiência presencial e, no *mesmo dia e horário*, as testemunhas (ou a parte) que se encontram distantes poderão ser ouvidas, de modo virtual, acompanhadas por um servidor, no fórum trabalhista da cidade em que residem, como já vimos em tópico específico, no início deste capítulo. Com isso, se tornará *absolutamente desnecessária* a expedição de carta precatória para essa finalidade. No mesmo sentido, Maurício Bearzotti de Souza e Carlos Abener de Oliveira Rodrigues Filho:

> Ao arremate deste tópico, o Ato GCGJT n.º 11/2020 aborda as cartas precatórias para oitiva de testemunha por videoconferência (art. 7.º). Devem conter os requisitos legais, como fixação de dia e hora pelo Juízo deprecante, cabendo a ele, deprecante, a tomada do depoimento. Uma iniciativa acertada, *data venia*. O meio telepresencial elimina o impedimento dessa providência pelo Magistrado destinatário da prova, o que é mais apropriado em termos de condução da assentada (por quem conhece o processo como um todo e é responsável pela sua resolução) e valoração das palavras do depoente (SOUZA, 2020, *e-book*).
>
> As cartas precatórias, v.g., podem ser realizadas por videoconferência diretamente pelo juízo deprecante, seja intimada diretamente ou através de intimação expedida pela vara do local de residência da testemunha, com a opção de que compareça ao fórum para que seja ouvida pelo juízo deprecante, utilizando-se da infraestrutura da vara deprecada, com vantagens em termos de segurança e certificação (RODRIGUES FILHO, 2020, *e-book*).

Há de se perguntar: *essa prática diferenciada aqui proposta compromete o princípio da conciliabilidade?* Como vimos, o princípio da primazia da solução consensual é muito importante no processo do trabalho e, para sua aplicação plena, necessário se faz a designação de audiência trabalhista (art. 846 da CLT). Contudo, o acordo pode ser feito por *petição das partes*, em qualquer momento do processo. Celebrado o acordo dessa forma, como ocorre na transação extrajudicial, por exemplo, o juiz pode designar *audiência de ratificação de acordo*, até mesmo *de modo telepresencial*, colhendo a ratificação do trabalhador (e do reclamado, se entender necessário) com o uso dos instrumentos telemáticos referidos neste Manual.

E, ainda que adotado o procedimento *misto* da primeira mudança proposta logo acima, o juiz poderá, *sempre*, após a réplica ou tréplica, designar *audiência de tentativa conciliatória*, inclusive *de modo virtual* e, com isso, atenderá à função precípua da Justiça do Trabalho. Outrossim, essa prática permitirá que o acordo seja celebrado com as partes em situação de *"paridade de armas"*, porque ambas conhecerão as teses e os documentos da outra parte antes de apresentar e/ou aceitar uma proposta de acordo.

Enfim, nada obsta que, na audiência de instrução *presencial*, as partes possam celebrar acordo, antes da coleta da prova oral, durante esta ou após o encerramento da instrução processual, atendendo-se, com essas mudanças, plenamente ao ritual clássico dos arts. 846 a 851 da CLT.

Esperamos que, com estas palavras, tenhamos tratado de todas as *situações jurídicas importantes* de uma audiência trabalhista, de conciliação, inicial, una ou de instrução, presencial, semipresencial, por videoconferência ou telepresencial, e que os juízes, advogados e procuradores do trabalho encontrem neste singelo Manual aportes de doutrina, jurisprudência e, sobretudo, de *questões práticas*, para o bom desenvolvimento de seu nobre mister.

Vencemos aquele tempo nebuloso, passamos por uma pandemia, e essa rica experiência nos tornará ainda mais fortes para continuar a sagrada missão de prestar a melhor jurisdição a quem dela tanto necessita.

13.9. VERIFICAÇÃO DE APRENDIZAGEM

1) Quais são as hipóteses nas quais pode haver designação de audiência por videoconferência? Como se preparar para essa audiência?
2) O advogado tem direito a um monitor de vídeo para acompanhar em tempo real o depoimento feito em outro fórum?
3) Quais as garantias que devem ser oferecidas na audiência por videoconferência?
4) O que é uma audiência telepresencial? Ela continuará a ser realizada após o fim do regime extraordinário instalado por conta da

pandemia de Covid-19, mesmo que as partes não optem pelo juízo 100% digital?

5) As partes e os advogados estão obrigados a participar da audiência telepresencial?

6) Quais são os problemas técnicos que o advogado pode alegar para a não participação na audiência telepresencial? Ele tem de provar?

7) Quais são os problemas de ordem pessoal que o advogado pode alegar para a não participação da parte e da testemunha na audiência telepresencial? Ele tem de provar?

8) As audiências inicial e de tentativa conciliatória poderão continuar a ser realizadas de forma telepresencial após o fim do regime extraordinário instalado por conta da pandemia de Covid-19?

9) Como resolver as questões dos atrasos (arquivamento, revelia, confissão) e das vestimentas a serem utilizadas na audiência telepresencial?

10) Como o advogado pode utilizar os princípios processuais clássicos para evitar a realização das audiências una e de instrução telepresenciais? Quais princípios novos podem ser invocados com a mesma finalidade?

11) O juiz pode obrigar as partes e advogados a participarem da audiência de instrução telepresencial? E se uma parte quer e a outra não?

12) Como assegurar a incomunicabilidade das testemunhas na audiência telepresencial? É necessário haver duas salas virtuais (principal e de espera)?

13) Quem deve intimar as testemunhas para a audiência telepresencial? Como provar a intimação ou o convite, nesse tipo de audiência?

14) Como apresentar contradita virtual? Como produzir a prova da contradita na audiência telepresencial?

15) É preciso transcrever os depoimentos das partes e testemunhas na audiência telepresencial? Basta a minutagem?

16) Pode haver acareação de testemunhas na audiência telepresencial?

17) É possível haver negócio jurídico processual para a realização de audiência telepresencial? O juiz estará obrigado a acatar esse negócio?

18) Em que hipóteses as partes podem requerer a realização de audiência semipresencial? O advogado tem o direito de comparecer ao fórum na audiência semipresencial?

Capítulo

14

JURISPRUDÊNCIA SELECIONADA A RESPEITO DE ÔNUS DA PROVA

14.1. O ÔNUS DA PROVA COMO FATOR DECISIVO EM DIVERSOS PROCESSOS

Como já pontuei em diversas passagens deste Manual, as *técnicas de ônus da prova* são fundamentais para o bom êxito numa demanda trabalhista. E são inúmeras as técnicas – examinadas em praticamente todos os capítulos deste livro, mas em especial no Capítulo 7, no estudo da Teoria Geral do Ônus da Prova –, que os advogados podem utilizar para, na audiência trabalhista, dar um golpe de mestre na parte contrária.

Dada a enorme relevância dessa temática para a prática da advocacia trabalhista, resolvi acrescentar a este Manual um capítulo com riquíssimas jurisprudências sobre a vasta temática de ônus da prova, que passa a integrar a obra a partir de sua 4ª edição.

É muito importante que o advogado conheça todas as regras e técnicas de definição – estática ou dinâmica – e inversão do ônus da prova, mas ele precisa, também, analisar como os tribunais, sobretudo o Tribunal Superior do Trabalho, têm decidido as questões relacionadas à matéria. Daí porque, na sequência, passo a transcrever várias ementas de julgados do TST, para auxiliar os advogados e advogadas na difícil tarefa de bem compreender todas as nuances da casuística sobre ônus da prova.

Faço questão de registrar que esse rico material foi colacionado pelo professor – e querido amigo – Fabiano Coelho, para que eu pudesse tecer sobre ele comentários objetivos e em seguida o disponibilizamos aos meus alunos e alunas do Curso de Audiência Trabalhista que ministro, numa admirável parceria entre o @audiencia4.0 – meu perfil no Instagram – e o @trabalhonotavel – perfil do professor Fabiano e seu irmão, o também professor Antonio Umberto –, a fim de que os alunos tivessem em mãos um verdadeiro e-book sobre a matéria.

Vamos, pois, ao estudo da jurisprudência sobre ônus da prova.

14.2. O ÔNUS DA PROVA NA JURISPRUDÊNCIA DO TST

Para facilitar a compreensão da vasta temática, vou separar as ementas de ônus da prova por temas específicos, como vínculo de emprego, jornada de trabalho etc., como de resto já o fiz no Capítulo 7, no estudo da casuística sobre ônus da prova e das súmulas do TST a respeito da matéria.

14.2.1. Ônus da prova e vínculo de emprego

Nas discussões processuais a respeito de vínculo empregatício, a prestação de serviços ao reclamado, de forma remunerada, é o fato constitutivo do direito do autor e, sobre essas questões, o ônus da prova é do reclamante. Contudo, se o reclamado confessa a prestação de serviços e não nega a onerosidade, alegando, no entanto, *relação jurídica diversa da empregatícia*, o ônus da prova quanto a essa alegação é do demandado, porque trouxe à discussão um fato novo, impeditivo, em regra, uma exceção substancial, como já vimos neste Manual. De modo que, na definição – ou falsa inversão – do ônus da prova, o magistrado vai definir que, no caso, o ônus da prova é do reclamado. Veja-se:

> "(...) **3. VÍNCULO EMPREGATÍCIO. CONFIGURAÇÃO. PRESENÇA DOS CINCO ELEMENTOS DA RELAÇÃO DE EMPREGO, OU SEJA: PESSOA HUMANA PRESTANDO TRABALHO; COM PESSOALIDADE; COM ONEROSIDADE; COM NÃO EVENTUALIDADE; COM SUBORDINAÇÃO. ÔNUS DA PROVA DO TRABALHO AUTÔNOMO NÃO CUMPRIDO, PROCESSUALMENTE (ART 818, CLT), PELA EMPRESA RECLAMADA QUE ARREGIMENTA, ORGANIZA, DIRIGE E FISCALIZA A PRESTAÇÃO DOS SERVIÇOS.** Demonstrado no agravo de instrumento que o recurso de

revista preenchia os requisitos do art. 896 da CLT, dá-se provimento ao agravo de instrumento, para melhor análise da arguição de violação do art. 3º da CLT, suscitada no recurso de revista. Agravo de instrumento provido. **B) RECURSO DE REVISTA. PROCESSO SOB A ÉGIDE DA LEI 13.015/2014 E ANTERIOR À LEI 13.467/2017. VÍNCULO EMPREGATÍCIO. CONFIGURAÇÃO. PRESENÇA DOS CINCO ELEMENTOS DA RELAÇÃO DE EMPREGO, OU SEJA: PESSOA HUMANA PRESTANDO TRABALHO; COM PESSOALIDADE; COM ONEROSIDADE; COM NÃO EVENTUALIDADE; COM SUBORDINAÇÃO. ÔNUS DA PROVA DO TRABALHO AUTÔNOMO NÃO CUMPRIDO, PROCESSUALMENTE (ART 818, CLT), PELA EMPRESA RECLAMADA QUE ARREGIMENTA, ORGANIZA, DIRIGE E FISCALIZA A PRESTAÇÃO DOS SERVIÇOS.** A relação de emprego é a principal fórmula de conexão de trabalhadores ao sistema socioeconômico existente, sendo, desse modo, presumida sua existência, desde que seja incontroversa a prestação de serviços (Súmula 212/TST). A Constituição da República, a propósito, elogia e estimula a relação empregatícia ao reportar a ela, direta ou indiretamente, várias dezenas de princípios, regras e institutos jurídicos. Em consequência, possuem caráter manifestamente excetivo fórmulas alternativas de prestação de serviços a alguém, por pessoas naturais, como, ilustrativamente, contratos de estágio, vínculos autônomos ou eventuais, relações cooperativadas e a fórmula apelidada de "pejotização". Em qualquer desses casos - além de outros -, estando presentes os elementos da relação de emprego, esta prepondera, impõe-se e deve ser cumprida. Trabalhando o obreiro cotidianamente no estabelecimento empresarial, com todos os elementos fático-jurídicos da relação empregatícia, deve o vínculo de emprego ser reconhecido (art. 2º, caput, e 3º, caput, CLT), com todos os seus consectários pertinentes. O fenômeno sóciojurídico da relação empregatícia emerge quando reunidos os seus cinco elementos fático-jurídicos constitutivos: prestação de trabalho por pessoa física a outrem, com pessoalidade, não eventualidade, onerosidade e sob subordinação. Verificada a reunião de tais elementos, repita-se, a relação de emprego existe. Observe-se que, no âmbito processual, uma vez admitida a prestação de serviços pelo suposto Empregador/tomador de serviços, a ele compete demonstrar que o labor se desenvolveu sob modalidade diversa da relação de emprego, considerando a presunção (relativa) do vínculo empregatício sedimentada há várias décadas no Direito do Trabalho. A análise casual das hipóteses discutidas em Juízo, portanto, deve sempre se pautar no critério do ônus da prova - definido no art. 818 da CLT -, competindo ao obreiro demonstrar a prestação de serviços (inciso I do art. 818 da CLT); e à Reclamada, provar eventual autonomia na relação jurídica (inciso II do art. 818 da CLT). Na hipótese vertente, a

Corte Regional deu provimento ao recurso ordinário das Reclamadas para "afastar o reconhecimento do vínculo empregatício e, consequentemente, julgar totalmente improcedentes os pedidos da inicial". Concluiu pela inexistência de relação empregatícia no período em que o Autor prestou serviços às Rés, por entender que a prestação de serviço se deu de forma eventual. Contudo depreende-se, do quadro delineado no próprio acórdão recorrido, que os fatos descritos pelo TRT comportam enquadramento jurídico diverso. Compreende-se autorizada, nesta hipótese concreta, a aplicação do direito de forma diversa, sem que nova a inserção jurídica das circunstâncias verificadas no curso da prestação de trabalho implique ofensa à Súmula 126/TST, já que explicitadas na decisão regional. Ultrapassada essa questão, a leitura do acórdão regional revela ser incontroversa a prestação de serviços do Reclamante para a Reclamada, como auxiliar de produção/movimentador de mercadorias, de modo subordinado, oneroso e não eventual, afastando-se desse modo a alegação de subsunção da hipótese à Lei 12.023/2009, na condição de "chapa" ou qualquer outro vínculo autônomo e eventual. No caso concreto, a Reclamada, segundo dados contidos no acórdão regional, não se desincumbiu do ônus de provar que a prestação de serviços se desenvolveu de forma diversa da relação empregatícia. Foi demonstrado que a 1º Reclamada anotou a CTPS de empregados que exerciam as mesmas atribuições que o Reclamante, sem qualquer distinção nas tarefas dos trabalhadores, circunstância que é relevante para a confirmação de que, no desenvolvimento de sua atividade, a Reclamada necessitava permanentemente de profissionais que se ativassem no transporte e movimentação de mercadorias, não logrando provar nenhuma especificidade em relação ao contrato de trabalho do Reclamante que justificasse sua admissão por outra fórmula que não o vínculo de emprego. Pontue-se que não ficou evidenciado que o serviço do obreiro somente era solicitado diante de hipóteses excepcionais de grande demanda de carga ou descarga de mercadorias. Dessa forma, deve ser reformado o acórdão regional para, restabelecendo-se a sentença, declarar a existência do vínculo de emprego entre as Partes. Recurso de revista conhecido e provido quanto ao tema" (RR-1331-58.2015.5.09.0020, 3ª Turma, Relator Ministro Mauricio Godinho Delgado, DEJT 20/06/2022).

"**I - AGRAVO DE INSTRUMENTO EM RECURSO DE REVISTA. EMPREITEIRO. VÍNCULO EMPREGATÍCIO. CONFIGURAÇÃO.** Os elementos fático-jurídicos que identificam o vínculo empregatício estão descritos nos arts. 2º e 3º da CLT, quais sejam, prestação de serviços por pessoa física, com pessoalidade, de forma não eventual, com onerosidade e mediante subordinação jurídica. Sobreleva notar que, de acordo com os arts. 818, I e II, da CLT e 373, I e II, do CPC, incumbe ao reclamante o ônus da prova quanto ao fato constitutivo de seu direito e ao réu quanto à existência de fato impeditivo, modificativo ou extintivo do direito do reclamante. Para a hipótese de prova dividida, o Juízo não decide sob o enfoque de melhor prova, uma vez que ambas se equivalem, impondo-lhe julgar contra aquela parte a quem a lei atribui o encargo probatório. Soma-se a isso o fato de que jurisprudência e doutrina moderna se alinham no sentido de que a mera prestação de serviços gera presunção relativa de vínculo empregatício. Desse modo, quando o empregador admite a prestação de serviços, negando, contudo, o vínculo empregatício, atrai para si o ônus da prova de que aquela ostenta natureza jurídica diversa da trabalhista, fato impeditivo do direito vindicado. Precedentes. Na vertente hipótese, extrai-se do quadro fático delineado pela Corte Regional que a relação jurídica havida entre os litigantes ostentava natureza trabalhista e, portanto, estabelecida nos moldes dos arts. 2º e 3º da CLT. Foram expressamente lançadas no v. acórdão recorrido premissas fático-jurídicas, insuscetíveis de reexame nesta fase recursal, que robustecem a convicção desta Terceira Turma de que estão presentes os requisitos caracterizadores da relação de emprego. Segundo o Tribunal Regional, "a única testemunha ouvida, indicada pelo reclamante, declarou que trabalhou na reclamada em 2016, na obra do Centro Cívico, do Passeio Público, tendo trabalhado junto com o reclamante." "Relatou que foi contratado e acertou tudo com o reclamante, sendo este também que lhe pagava os salários." "Acrescentou que era subordinado ao reclamante, mas também recebia ordens dos mestres de obras, empregados da reclamada." "Por fim, disse que o reclamante também batia cartão ponto como os demais empregados e os mestres de obras davam ordens ao obreiro (depoimento audiovisual)." "Conquanto a prova documental demonstre que o reclamante é sócio da empresa LRCA Acabamento da Construção Ltda-ME (fl. 106), que fora contratada pela reclamada para a execução de pequenos reparos em serviços de construção por m2 (fls. 114/129 e 148/155), a prova oral corroborou a tese do reclamante, de que ele, na verdade, não tinha autonomia, estando subordinado à reclamada, tanto que anotava sua jornada em cartão ponto, como demonstram os documentos de fls. 18/20 e declarações da única testemunha ouvida, além de receber ordens dos mestres de obras, empregados da reclamada." "Não obstante conste dos controles de jornada de fls. 18/20 empregador LRCA, por óbvio, sendo o reclamante sócio da referida empresa, não tinha a jornada controlada por esta, mas, sim, pela reclamada, tomadora dos seus serviços, como demonstrou a prova oral." "Além de os serviços prestados pelo reclamante encaixarem-se no rol das necessidades normais, comuns e ordinárias da reclamada, considerando os segmentos no quais são desenvolvidas as atividades econômicas da empresa, emerge da prova oral que não havia qualquer autonomia nos serviços prestados pelo reclamante, tendo ele, inclusive, jornada controlada pela empresa, o que, por si só, afasta a sua condição de autônomo, demonstrando que ele não assumia os riscos do empreendimento, ao contrário, restou provado a subordinação dele aos empregados da reclamada." "Como consignado na origem, 'o trabalho do Autor era subordinado ao poder de direção do empregador, que organizava a atividade econômica de prestação de serviços, mas, principalmente, que os mestres de obras, empregados da ré, davam ordens ao autor. Ressalte-se que o Autor contratou a testemunha como preposto da Ré e com autorização desta, visto que a testemunha não recebia ordens apenas do Autor, mas também dos mestres de obra da Ré. Resta, portanto, evidente o mais importante requisito da relação de emprego: a subordinação em seu aspecto jurídico. Evidentemente, o Autor sujeitou seu trabalho ao comando das Rés. Sob essa perspectiva - para a consecução de seu objetivo social -, as Rés, ao utilizarem trabalho humano, deveriam, necessariamente, contratar empregados, já que devem suportar os riscos da atividade econômica (CLT, art. 2º). De fato, empregador é 'a empresa que assume os riscos da atividade econômica e dirige a prestação pessoal de serviços. (...)' (fl. 194)." "Portanto, apesar de o reclamante ter contratado empregados, inclusive, realizando o pagamento deles, o fez com autorização da reclamada, atuando em nome dela e não em nome da empresa LRCA." Diante da delimitação fática constante do v. acórdão recorrido, o recurso de revista não se credencia ao conhecimento pela alegada afronta aos dispositivos indicados. Incidência do óbice da Súmula 126/TST. Agravo de instrumento conhecido e desprovido. (...)" (RRAg-11942-69.2016.5.09.0009, 3ª Turma, Relator Ministro Alexandre de Souza Agra Belmonte, DEJT 25/02/2022).

14.2.2. Ônus da prova em ação de motorista de aplicativo

Para a 3ª Turma do TST, o mesmo raciocínio do tópico anterior – no sentido de que, admitindo a prestação de serviços de forma remunerada, mas alegando relação jurídica de natureza diversa, em regra, de prestador de serviços como autônomo –, aplica-se como luva, inclusive, nos casos de reclamação trabalhista em que o motorista de aplicativo postula o reconhecimento de vínculo empregatício com a plataforma que controla a prestação de serviços. De modo que, também nesses casos, o ônus da prova é do reclamado. Veja-se:

"RECURSO DE REVISTA. PROCESSO SOB A ÉGIDE DA LEI 13.015/2014 E ANTERIOR À LEI 13.467/2017. UBER DO BRASIL TECNOLOGIA LTDA. NATUREZA JURÍDICA DA RELAÇÃO

MANTIDA ENTRE OS TRABALHADORES PRESTADORES DE SERVIÇOS E EMPRESAS QUE ORGANIZAM, OFERTAM E EFETIVAM A GESTÃO DE PLATAFORMAS DIGITAIS DE DISPONIBILIZAÇÃO DE SERVIÇOS DE TRANSPORTE AO PÚBLICO, NO CASO, O TRANSPORTE DE PESSOAS E MERCADORIAS. NOVAS FORMAS DE ORGANIZAÇÃO E GESTÃO DA FORÇA DE TRABALHO HUMANA NO SISTEMA CAPITALISTA E NA LÓGICA DO MERCADO ECONÔMICO. ESSENCIALIDADE DO LABOR DA PESSOA HUMANA PARA A CONCRETIZAÇÃO DOS OBJETIVOS DA EMPRESA. PROJEÇÃO DAS REGRAS CIVILIZATÓRIAS DO DIREITO DO TRABALHO SOBRE O LABOR DAS PESSOAS NATURAIS. INCIDÊNCIA DAS NORMAS QUE REGULAM O TRABALHO SUBORDINADO DESDE QUE NÃO DEMONSTRADA A REAL AUTONOMIA NA OFERTA E UTILIZAÇÃO DA MÃO DE OBRA DO TRABALHADOR (ART. 818, II, DA CLT). CONFLUÊNCIA DOS PRINCÍPIOS CONSTITUCIONAIS HUMANISTAS E SOCIAIS QUE ORIENTAM A MATÉRIA (PREÂMBULO DA CF/88; ART. 1º, III E IV; ART. 3º, I, II, III E IV; ART. 5º, CAPUT; ART. 6º; ART. 7º, CAPUT E SEUS INCISOS E PARÁGRAFO ÚNICO; ARTS. 8º ATÉ 11; ART. 170, CAPUT E INCISOS III, VII E VIII; ART. 193, TODOS DA CONSTITUIÇÃO DE 1988). VÍNCULO DE EMPREGO. DADOS FÁTICOS CONSTANTES DO ACÓRDÃO REGIONAL REFERINDO-SE A RELAÇÃO SOCIOECONÔMICA ABRANGENTE DE PERÍODO DE QUASE DOIS MESES. PRESENÇA DOS ELEMENTOS INTEGRANTES DA RELAÇÃO EMPREGATÍCIA. INCIDÊNCIA, ENTRE OUTROS PRECEITOS, TAMBÉM DA REGRA DISPOSTA NO PARÁGRAFO ÚNICO DO ART. 6º DA CLT (INSERIDA PELA LEI n. 12.551/2011), A QUAL ESTABELECE QUE " OS MEIOS TELEMÁTICOS E INFORMATIZADOS DE COMANDO, CONTROLE E SUPERVISÃO SE EQUIPARAM, PARA FINS DE SUBORDINAÇÃO JURÍDICA, AOS MEIOS PESSOAIS E DIRETOS DE COMANDO, CONTROLE E SUPERVISÃO DO TRABALHO ALHEIO". PRESENÇA, POIS, DOS CINCO ELEMENTOS DA RELAÇÃO DE EMPREGO, OU SEJA: PESSOA HUMANA PRESTANDO TRABALHO; COM PESSOALIDADE; COM ONEROSIDADE; COM NÃO EVENTUALIDADE; COM SUBORDINAÇÃO. ÔNUS DA PROVA DO TRABALHO AUTÔNOMO NÃO CUMPRIDO, PROCESSUALMENTE (ART 818, CLT), PELA EMPRESA DE PLATAFORMA DIGITAL QUE ARREGIMENTA, ORGANIZA, DIRIGE E FISCALIZA A PRESTAÇÃO DOS SERVIÇOS ESPECIALIZADOS DE SERVIÇOS DE TRANSPORTE. Cinge-se a controvérsia do presente processo em definir se a relação jurídica havida entre o Reclamante e a Reclamada - Uber do Brasil Tecnologia Ltda. - configurou-se como vínculo de emprego (ou não). A solução da demanda exige o exame e a reflexão sobre as novas e complexas fórmulas de contratação da prestação laborativa, algo distintas do tradicional sistema de pactuação e controle empregatícios, e que ora se desenvolvem por meio da utilização de plataformas e aplicativos digitais, softwares e mecanismos informatizados semelhantes, todos cuidadosamente instituídos, preservados e geridos por sofisticadas (e, às vezes, gigantescas) empresas multinacionais e, até mesmo, nacionais. É importante perceber que tais sistemas e ferramentas computadorizados surgem no contexto do aprofundamento da revolução tecnológica despontada na segunda metade do século XX (ou, um pouco à frente, no início do século XXI), a partir da informática e da internet, propiciando a geração de um sistema empresarial de plataformas digitais, de amplo acesso ao público, as quais permitem um novo meio de arregimentação de mão de obra, diretamente por intermédio desses aplicativos digitais, que têm o condão de organizar, direcionar, fiscalizar e zelar pela hígida prestação de serviços realizada ao cliente final. A modificação tecnológica e organizacional ocorrida nas duas últimas décadas tem sido tão intensa que há, inclusive, autores e correntes de pensamento que falam na existência de uma quarta revolução tecnológica no sistema capitalista. Evidentemente que essa nova estrutura de organização empresarial e de prestação de serviços facilita a aproximação e a comunicação na sociedade e no âmbito da prestação de serviços ao público alvo, seja este formado por pessoas físicas ou por instituições. Porém a lógica de sua estruturação e funcionamento também tem sido apreendida por grandes corporações empresariais como oportunidade ímpar para reduzirem suas estruturas produtivas e, especialmente, o custo do trabalho utilizado e imprescindível para o bom funcionamento econômico da entidade empresarial. De nenhuma valia econômica teria este sistema organizacional e tecnológico, conforme se percebe, se não houvesse, é claro, a prestação laborativa por ele propiciada ao público alvo objetivado - neste caso, se não existissem motoristas e carros organizadamente postos à disposição das pessoas físicas e jurídicas. Realmente, os impactos dessa nova modalidade empresarial e de organização do trabalho têm sido diversos: de um lado, potenciam, fortemente, a um custo mais baixo do que o precedente, a oferta do trabalho de transporte de pessoas e coisas no âmbito da sociedade; de outro lado, propiciam a possibilidade de realização de trabalho por pessoas desempregadas, no contexto de um desemprego agudo criado pelas políticas públicas e por outros fatores inerentes à dinâmica da economia; mas, em terceiro lugar, pela desregulamentação amplamente praticada por este sistema, gerando uma inegável deterioração do trabalho humano, uma lancinante desigualdade no poder de negociação entre as partes, uma ausência de regras de higiene e saúde do trabalho, uma clara falta de proteção contra acidentes ou doenças profissionais, uma impressionante inexistência de quaisquer direitos individuais e sociais trabalhistas, a significativa ausência de proteções sindicais e, se não bastasse, a grave e recorrente exclusão previdenciária. O argumento empresarial, em tal quadro, segue no sentido de ser o novo sistema organizacional e tecnológico tão disruptivo perante a sistemática de contratação anterior que não se fazem presentes, em sua estrutura e dinâmica, os elementos da relação empregatícia. E, efetivamente, é o que cabe examinar, afinal, no presente processo. Passa-se, dessa maneira, ao exame da relação socioeconômica e jurídica entre as partes do presente processo, respeitados os aspectos fáticos lançados pelo próprio acórdão regional, como determina a Súmula 126 do TST. Nesse exame, sem negligenciar a complexidade das questões que envolvem a discussão dos autos, o eventual enquadramento como vínculo empregatício da relação jurídica entre o prestador de serviços e as plataformas digitais, pelo Poder Judiciário Trabalhista no Brasil, vai depender das situações fáticas efetivamente demonstradas, as quais, por sua própria complexidade, podem abarcar inúmeras e múltiplas hipóteses. A propósito, no Direito brasileiro existe sedimentada presunção de ser empregatício o vínculo jurídico formado - regido pela Constituição da República (art. 7º) e pela CLT, portanto -, desde que seja incontroversa a prestação de serviços por uma pessoa natural a alguém (Súmula 212, TST). Essa presunção jurídica relativa (não absoluta, esclareça-se) é clássica ao Direito do Trabalho, em geral, resultando de dois fatores historicamente incontestáveis: a circunstância de ser a relação de emprego a regra geral de conexão dos trabalhadores ao sistema socioeconômico capitalista; a circunstância de a relação de emprego, desde o surgimento do Direito do Trabalho, ter se tornado a fórmula mais favorável e protegida de inserção da pessoa humana trabalhadora na competitiva e excludente economia contemporânea. No Brasil, desponta a singularidade de esta antiga presunção jurídica ter sido incorporada, de certo modo, até mesmo pela Constituição da República de 1988, ao reconhecer, no vínculo empregatício, um dos principais e mais eficazes instrumentos de realização de notável bloco de seus princípios cardeais, tais como o da dignidade do ser humano, o da centralidade da pessoa humana na ordem jurídica e na vida socioeconômica, o da valorização do trabalho e do emprego, o da inviolabilidade física e psíquica da pessoa humana, o da igualdade em sentido substancial, o da justiça social, o do bem-estar individual e social, o da segurança e o da subordinação da propriedade à sua função socioambiental. Com sabedoria, a Constituição percebeu que não se criou, na História do Capitalismo, nessa direção inclusiva, fórmula tão eficaz, larga, abrangente e democrática quanto a estruturada na relação de emprego. Convergindo inúmeros preceitos constitucionais para o estímulo, proteção e elogio à relação de emprego (ilustrativamente: Preâmbulo da CF/88; art. 1º, III e IV; art. 3º, I, II, III e IV; art. 5º, caput; art. 6º; art. 7º, caput e seus incisos e parágrafo único; arts. 8º até 11; art. 170, caput e incisos III, VII e VIII; art. 193, todos do Texto Máximo de 1988), emerge clara a presunção também constitucional em favor do vínculo empregatício no contexto de existência de incontroversa prestação de trabalho na vida social e econômica. De par com isso, a ordem jurídica não permite a contratação do trabalho por pessoa natural, com os intensos elementos da relação de emprego, sem a incidência do manto mínimo assecuratório da dignidade básica do ser humano nessa seara da vida individual e socioeconômica. Em consequência, possuem caráter manifestamente excetivo fórmulas alternativas de prestação de serviços a alguém, por pessoas naturais, como, ilustrativamente, contratos de estágio, vínculos autônomos ou eventuais, relações cooperativadas e as fórmulas intituladas de "pejotização" e, mais recentemente, o trabalho de transporte de pessoas e coisas via arregimentação e organização realizadas por empresas de plataformas digitais. Em qualquer desses casos, estando presentes os elementos da relação de emprego, esta prepondera e deve ser reconhecida, uma vez que a verificação desses pressupostos, muitas vezes, demonstra que a adoção de tais práticas se dá, essencialmente, como meio de precarizar as relações empregatícias (art. 9º, da CLT). Nesse aspecto, cumpre enfatizar que o fenômeno sóciojurídico da relação empregatícia emerge quando reunidos os seus cinco elementos fático-jurídicos constitutivos: prestação de trabalho por pessoa física a outrem, com pessoalidade, não eventualidade, onerosidade e sob subordinação. Observe-se que, no âmbito processual, uma vez admitida a prestação de serviços pelo suposto empregador/tomador de serviços, a ele compete demonstrar que o labor se desenvolveu sob modalidade diversa da relação de emprego, considerando a presunção (relativa) do vínculo empregatício sedimentada há várias décadas no Direito do Trabalho, conforme exaustivamente exposto. A análise casual das hipóteses discutidas em Juízo, portanto, deve sempre se pautar no critério do ônus da prova - definido no art. 818 da CLT -, competindo ao obreiro demonstrar a prestação de serviços (inciso I do art. 818 da CLT); e à Reclamada, provar eventual autonomia na relação jurídica (inciso II do art. 818 da CLT). No caso dos autos, a prova coligida no processo e referenciada pelo acórdão recorrido demonstrou que a Reclamada administra um empreendimento relacionado ao transporte de pessoas - e não mera interligação entre usuários do serviço e os motoristas cadastrados no aplicativo - e que o Reclamante lhe prestou serviços como motorista do aplicativo digital. Assim, ficaram firmemente demonstrados os elementos integrantes da relação de emprego, conforme descrito imediatamente a seguir. Em primeiro lugar, é inegável (e fato incontroverso) de que o trabalho de dirigir o veículo e prestar o serviço de transporte, em conformidade com as regras estabelecidas pela empresa de plataforma digital, foi realizado, sim, por uma pessoa humana - no caso, o Reclamante. Em segundo lugar, a pessoalidade também está comprovada, pois o Obreiro precisou efetivar um cadastro individual na Reclamada, fornecendo dados pessoais e bancários, bem como, no decorrer da execução do trabalho, foi submetido a um sistema de avaliação individualizada, a partir de notas atribuídas pelos clientes e pelo qual a Reclamada controlava a qualidade dos serviços prestados. É também incontroverso de que todas as inúmeras e incessantes avaliações feitas pela clientela final referem-se à pessoa física do motorista uberizado, emergindo, assim, a presença óbvia do elemento fático e jurídico da pessoalidade. O caráter oneroso do trabalho executado é também incontroverso, pois a clientela faz o pagamento ao sistema virtual da empresa, em geral por meio de cartão de crédito (podendo haver também, mais raramente, pagamento em dinheiro) e, posteriormente, a empresa gestora do sistema informatizado credita parte do valor apurado na conta corrente do motorista. Ora, o trabalhador somente adere a esse sistema empresarial e de prestação laborativa porque ele lhe assegura retribuição financeira em decorrência de sua prestação de trabalho e em conformidade com um determinado percentual dos valores apurados no exercício desse trabalho. Sobre a não eventualidade, o labor do Reclamante estava inserido na dinâmica intrínseca da atividade econômica da Reclamada e inexistia qualquer traço de transitoriedade na prestação do serviço. Não era eventual, também, sob a perspectiva da teoria do evento, na medida em que não se tratava de labor desempenhado para certa obra ou serviço, decorrente de algum acontecimento fortuito ou casual. De todo modo, é também incontroverso de que se trata de labor inerente à rotina fundamental da empresa digital de transporte de pessoas humanas, sem o qual tal empresa sequer existiria. Por fim, a subordinação jurídica foi efetivamente demonstrada, destacando-se as seguintes premissas que se extraem do acórdão regional, incompatíveis com a suposta autonomia do trabalhador na execução do trabalho: 1) a Reclamada organizava unilateralmente as chamadas dos seus clientes/passageiros e indicava o motorista para prestar o serviço; 2) a empresa exigia a permanência do Reclamante conectado à plataforma digital para prestar os serviços, sob risco de descredenciamento da plataforma digital (perda do trabalho); 3) a empresa avaliava continuamente a performance dos motoristas, por meio de um controle telemático e pulverizado da qualidade dos serviços, a partir da tecnologia da plataforma digital e das notas atribuídas pelos clientes/passageiros ao trabalhador. Tal sistemática servia, inclusive, de parâmetro para o descredenciamento do motorista em face da plataforma digital - perda do trabalho -, caso o obreiro não alcançasse uma média mínima; 4) a prestação de serviços se desenvolvia diariamente, durante o período da relação de trabalho - ou, pelo menos, com significativa intensidade durante os dias das semanas -, com minucioso e telemático controle da Reclamada sobre o trabalho e relativamente à estrita observância de suas diretrizes organizacionais pelo trabalhador, tudo efetivado, aliás, com muita eficiência, por intermédio da plataforma digital (meio telemático) e mediante a ativa e intensa, embora difusa, participação dos seus clientes/passageiros. Saliente-se ser fato notório (art. 337, I, do CPC/15) que a Reclamada é quem estabelece unilateralmente os parâmetros mais essenciais da forma de prestação dos serviços e da dinâmica de funcionamento da atividade econômica, como, por exemplo, a definição do preço da corrida e do quilômetro rodado no âmbito de sua plataforma digital. Desse quadro, se percebe a configuração da subordinação jurídica nas diversas dimensões: a) clássica, em face da existência de incessantes ordens diretas da Reclamada promovidas por meios remotos e digitais (art. 6º, parágrafo primeiro, da CLT), demonstrando a existência da assimetria poder de direção/subordinação e, ainda, os aspectos diretivo, regulamentar, fiscalizatório e disciplinar do poder empregatício; b) objetiva , tendo em vista o trabalho executado estritamente alinhado aos objetivos empresariais; c) estrutural, mediante a inteira inserção do profissional contratado na organização da atividade econômica desempenhada pela Reclamada, em sua dinâmica de funcionamento e na cultura jurídica e organizacional nela preponderante; d) por fim, a subordinação algorítima, que consiste naquela efetivada por intermédio de aferições, acompanhamentos, comandos, diretrizes e avaliações concretizadas pelo computador empresarial, no denominado algoritmo digital típico de tais empresas da Tecnologia 4.0. Saliente-se, por oportuno, que a suposta liberdade do profissional para definir seus horários de trabalho e de folgas, para manter-se ligado, ou não, à plataforma digital, bem como o fato de o Reclamante ser detentor e mantenedor de uma ferramenta de trabalho - no caso, o automóvel utilizado para o transporte de pessoas - são circunstâncias que não têm o condão de definir o trabalho como autônomo e afastar a configuração do vínculo de emprego. Reitere-se: a prestação de serviços ocorria diariamente, com sujeição do Autor às ordens emanadas da Reclamada por meio remoto e telemático (art. 6º, parágrafo único, da CLT); havia risco de sanção disciplinar (exclusão da plataforma) em face da falta de assiduidade na conexão à plataforma e das notas atribuídas pelos clientes/passageiros da Reclamada; inexistia liberdade ou autonomia do Reclamante para definir os preços das corridas e dos seus serviços prestados, bem como escolher os seus passageiros (ou até mesmo criar uma carteira própria de clientes); não se verificou o mínimo de domínio do trabalhador sobre a organização da atividade empresarial, que era centralizada, metodicamente, no algoritmo da empresa digital; ficou incontroversa a incidência das manifestações fiscalizatórias, regulamentares e disciplinares do poder empregatício na relação de trabalho analisada. Enfim, o trabalho foi prestado pelo Reclamante à Reclamada, mediante remuneração, com subordinação, e de forma não eventual. Cabe reiterar que, embora, neste caso concreto, tenham sido comprovados os elementos da relação empregatícia, deve ser considerado que o ônus da prova da autonomia recai sobre a defesa, ou seja, o ente empresarial, já que inequívoca a prestação de trabalho (art. 818, II, da CLT), sendo forçoso reconhecer, também, que a Reclamada não se desvencilhou satisfatoriamente de seu encargo probatório. Dessa forma, deve ser reformado o acórdão regional para se declarar a existência do vínculo de emprego entre as Partes, nos termos da fundamentação. Recurso de revista conhecido e provido" (RR-100353-02.2017.5.01.0066, 3ª Turma, Relator Ministro Mauricio Godinho Delgado, DEJT 11/04/2022).

14.2.3. Ônus da prova e responsabilidade subsidiária do tomador de serviços

A responsabilidade subsidiária do tomador de serviços é objetiva (Súmula n. 331, itens IV e VI, do TST) e (agora) tem previsão legal expressa, no § 5º do art. 5º da Lei n. 6.019/74, acrescentado pela Lei nº 13.429, de 2017, assim redigido:

> § 5º A empresa contratante é subsidiariamente responsável pelas obrigações trabalhistas referentes ao período em que ocorrer a prestação de serviços, e o recolhimento das contribuições previdenciárias observará o disposto no art. 31 da Lei no 8.212, de 24 de julho de 1991. (Incluído pela Lei nº 13.429, de 2017)

De modo que se mostra, no mínimo, desleal – para não dizer que seria ato de má-fé –, a embromação das empresas tomadoras de serviços, no sentido de que não há previsão legal ou contratual acerca de sua responsabilidade pelas obrigações trabalhistas da empresa contratada, perante os trabalhadores que lhes prestarem serviços.

Contudo, se o reclamado nega ter sido o tomador de serviços em relação ao reclamante, para obter a responsabilidade subsidiária daquele, o trabalhador precisa provar que, efetivamente, prestou serviços à empresa acionada nesta condição. No caso, trata-se de fato constitutivo do direito do autor. É dizer, se a empresa apontada como tomadora de serviços negar o fato, o ônus da prova é do reclamante. Veja-se:

> "(...) **B) AGRAVO DE INSTRUMENTO DO RECLAMANTE. RECURSO DE REVISTA. PROCESSO SOB A ÉGIDE DAS LEIS 13.015/2014 E 13.467/2017. TERCEIRIZAÇÃO TRABALHISTA. RESPONSABILIDADE SUBSIDIÁRIA. PRESTAÇÃO DE SERVIÇOS EM BENEFÍCIO DA TOMADORA. ÔNUS DA PROVA.** A jurisprudência dominante no TST entende que o ônus da prova quanto à efetiva prestação dos serviços perante a tomadora cabe ao empregado (art. 818, CLT), ainda que sejam incontroversos o contrato de prestação de serviços entre as empresas e/ou o vínculo empregatício do trabalhador com a empresa terceirizante. Na hipótese, o TRT, com base nos fatos e provas produzidos nos autos, reformou a sentença afastando a responsabilidade subsidiária do Município, por não haver provas de que o Autor lhe tenha prestado serviços. Logo, a decisão se apresenta em conformidade com a jurisprudência do TST, o que torna inviável o exame das indicadas violações de dispositivo legal e/ou constitucional, bem como superada a eventual divergência jurisprudencial (Súmula 333 do TST e art. 896, § 7º, da CLT). Ademais, para divergir da conclusão adotada pelo Tribunal Regional, seria necessário o revolvimento de fatos e provas, o que encontra óbice na Súmula 126/TST. Ressalva de entendimento do Relator. Agravo de instrumento desprovido" (AIRR-317-81.2020.5.09.0014, 3ª Turma, Relator Ministro Mauricio Godinho Delgado, DEJT 01/07/2022).
>
> "**AGRAVO DE INSTRUMENTO EM RECURSO DE REVISTA. RECURSO DE REVISTA INTERPOSTO NA VIGÊNCIA DA LEI 13.467/2017. RESPONSABILIDADE SUBSIDIÁRIA. EMPRESA PRIVADA. ÔNUS DA PROVA DA PRESTAÇÃO DE SERVIÇOS EM FAVOR DA TOMADORA. TRANSCENDÊNCIA POLÍTICA.** O Tribunal manteve a responsabilidade subsidiária da tomadora dos serviços. O Regional consignou que "não procede o argumento de que o autor não provou que prestou serviços à recorrente. Isso porque, tratando-se de terceirização de serviços, é ônus do prestador de serviços e do tomador dos serviços provar que o empregado, reclamante em processo trabalhista, não prestou serviços aquele tomador. É fato impeditivo (art. 333, II, CPC). O trabalhador não possui meios de provar os locais e os períodos em que prestou serviços a terceiros. A responsabilidade subsiste apesar da licitude do contrato de prestação de serviços firmado entre as empresas e da ausência de vínculo empregatício entre o reclamante e a recorrente." Nesse contexto, verifica-se que a decisão do Regional diverge da jurisprudência predominante do TST. Transcendência política reconhecida, nos termos do art. 896-A, § 1º, II, da

CLT. **AGRAVO DE INSTRUMENTO. RECURSO DE REVISTA SOB A ÉGIDE DA LEI 13.467/2017. RESPONSABILIDADE SUBSIDIÁRIA. EMPRESA PRIVADA. ÔNUS DA PROVA DA PRESTAÇÃO DE SERVIÇOS EM FAVOR DA TOMADORA.** Agravo de instrumento provido para melhor análise da tese de violação dos arts. 818 da CLT e 373, I, do CPC. **RECURSO DE REVISTA SOB A ÉGIDE DA LEI 13.467/2017. RESPONSABILIDADE SUBSIDIÁRIA. EMPRESA PRIVADA. ÔNUS DA PROVA DA PRESTAÇÃO DE SERVIÇOS EM FAVOR DA TOMADORA. REQUISITOS DA LEI 13.015/2014 ATENDIDOS.** No caso concreto, o acórdão regional manteve a responsabilidade subsidiária da tomadora dos serviços, consignando que "não procede o argumento de que o autor não provou que prestou serviços à recorrente. Isso porque, tratando-se de terceirização de serviços, é ônus do prestador de serviços e do tomador dos serviços provar que o empregado, reclamante em processo trabalhista, não prestou serviços aquele tomador. É fato impeditivo (art. 333, II, CPC). O trabalhador não possui meios de provar os locais e os períodos em que prestou serviços a terceiros. A responsabilidade subsiste apesar da licitude do contrato de prestação de serviços firmado entre as empresas e da ausência de vínculo empregatício entre o reclamante e a recorrente." **Esta Corte Superior tem entendimento de que, quando negada a prestação de serviços pela suposta empresa tomadora, compete ao reclamante o ônus de comprovar que a reclamada, efetivamente, se beneficiou dos seus serviços. A existência de contrato de prestação de serviços entre as reclamadas, por si só, não autoriza o reconhecimento da responsabilidade subsidiária da tomadora. Não sendo o caso de inversão do ônus da prova, tampouco de aplicação do princípio da aptidão para a prova, permaneceu com o reclamante o ônus de provar o fato constitutivo do direito, qual seja, que suposta tomadora dos serviços ter-se-ia beneficiado da sua força de trabalho, encargo processual do qual, no entanto, não se desincumbiu.** Nesse contexto, ausente comprovação do labor do reclamante em favor da tomadora dos serviços, não é possível atribuir responsabilidade subsidiária à reclamada. Configurada a violação dos arts. 818 da CLT e 373, I, do CPC. Precedentes. Recurso de revista conhecido e provido" (RR-1001778-08.2016.5.02.0014, 6ª Turma, Relator Ministro Augusto Cesar Leite de Carvalho, DEJT 11/03/2022). (destaquei, ao final)

14.2.4. Ônus da prova e responsabilidade subsidiária da Administração Pública

No que concerne à responsabilidade subsidiária da Administração Pública, na condição de tomadora de serviços, como já afirmei neste Manual, a jurisprudência, inclusive no âmbito do TST, encontra-se dividida quanto à definição de a quem compete o ônus da prova em relação a essa matéria.

Há jurisprudência no sentido de que esse ônus compete à *Administração Pública*, porque a Lei de Licitações (Lei n. 8.666/93) e os contratos de prestação de serviços celebrados preveem a obrigação de o ente público proceder à fiscalização do cumprimento das obrigações trabalhistas por parte da empresa contratada (art. 67 e §§ da referida lei). De outra mirada, há também jurisprudência afirmando que esse encargo probatório é *do trabalhador*, porque a culpa (falha) nessa fiscalização é exatamente o fato constitutivo do direito à responsabilização do ente público, até porque o E. STF declarou a constitucionalidade do art. 71, § 1º, da Lei n. 8.666/93.

Como é de todos sabido, a Lei n. 8.666/93 foi revogada pela nova Lei de Licitações, n. 14.133/2021, mas o art. 121 e §§ desta lei é ainda mais rígido quanto à exigência de prova robusta de falha na fiscalização do cumprimento das obrigações trabalhistas por parte da empresa contratada. Não é objeto deste Manual aprofundar essa intensa modificação legislativa, que demandaria muitas análises. Como aqui, neste capítulo, o objetivo é apenas comentar sobre o ônus da prova relacionado a essas questões, mantenho os comentários sobre a Lei n. 8.666/93, porque, nesse aspecto, nada mudou.

Não se pode olvidar de que o Plenário do Supremo Tribunal Federal, em 30/03/2017, no julgamento do Recurso Extraordinário (RE) 760931, com repercussão geral reconhecida, decidiu sobre a responsabilidade subsidiária da Administração Pública por encargos trabalhistas gerados pelo inadimplemento de empresa terceirizada, confirmando o entendimento que já havia sido adotado no julgamento da Ação de Declaração de Constitucionalidade (ADC) 16, no sentido de vedar a responsabilização automática da Administração Pública, só cabendo sua condenação se houver prova inequívoca de sua conduta omissiva ou comissiva na fiscalização dos contratos.

Como já destaquei neste Manual, a tese de repercussão geral – Tema 246 – foi redigida nos seguintes termos:

> "O inadimplemento dos encargos trabalhistas dos empregados do contratado não transfere automaticamente ao Poder Público contratante a responsabilidade pelo seu pagamento, seja em caráter solidário ou subsidiário, nos termos do art. 71, § 1º, da Lei nº 8.666/93."

Aliás, após a fixação dessa tese, o TST alterou a redação do item V da Súmula n. 331, para deixar bem clara a responsabilidade subjetiva do ente público. A se conferir:

V - Os entes integrantes da Administração Pública direta e indireta respondem subsidiariamente, nas mesmas condições do item IV, caso evidenciada a sua conduta culposa no cumprimento das obrigações da Lei n.º 8.666, de 21.06.1993, especialmente na fiscalização do cumprimento das obrigações contratuais e legais da prestadora de serviço como empregadora. A aludida responsabilidade não decorre de mero inadimplemento das obrigações trabalhistas assumidas pela empresa regularmente contratada.

Agora, de quem é o ônus da prova a respeito dessa conduta culposa do ente público? Eis a questão ainda não resolvida pela jurisprudência. Particularmente, penso que o *ônus da prova* de demonstrar a correta fiscalização do cumprimento das obrigações trabalhistas é *do ente público. Contudo, há farta* jurisprudência em sentido contrário, sobretudo na 4ª Turma do TST e, como já registrei neste Manual, a tendência é a de que o STF defina que cabe ao trabalhador provar a culpa da Administração Pública, mormente após a publicação da Lei n. 14.133/2021, a nova Lei de Licitações e Contratos Administrativos. Há de se pontuar que a matéria teve a repercussão geral reconhecida mais uma vez pelo STF, no Tema 1118.

No TST, contudo, prevalece o entendimento de que, em razão do princípio da aptidão, será da Administração Pública o ônus de prova acerca do cumprimento das obrigações legais de fiscalização, para que ela seja absolvida da responsabilidade subsidiária, na condição de tomadora de serviços. Veja-se:

> "EMBARGOS REGIDOS PELA LEI Nº 13.015/2014. TERCEIRIZAÇÃO DE SERVIÇOS. RESPONSABILIDADE SUBSIDIÁRIA. ADMINISTRAÇÃO PÚBLICA. ARTIGO 71, § 1º, DA LEI Nº 8.666/1993. AÇÃO DECLARATÓRIA DE CONSTITUCIONALIDADE Nº 16-DF. TEMA Nº 246 DO STF. TESE DE REPERCUSSÃO GERAL. DEMONSTRAÇÃO DE CULPA IN VIGILANDO. FISCALIZAÇÃO. DEFINIÇÃO DO ÔNUS DA PROVA. POSSIBILIDADE DE CONHECIMENTO DO RECURSO DE EMBARGOS POR CONTRARIEDADE À SÚMULA Nº 331, ITEM V, DESTE TRIBUNAL SUPERIOR DO TRABALHO. No julgamento do Recurso Extraordinário nº 760.931-DF, em debate representativo do Tema nº 246, de repercussão geral reconhecida, os Ministros da Suprema Corte reafirmaram a constitucionalidade do artigo 71, § 1º, da Lei nº 8.666/1993, conforme já declarado no julgamento da Ação Declaratória de Constitucionalidade nº 16, consignando que somente a demonstração efetiva de um comportamento culposo específico, com prova cabal do nexo de causalidade entre a conduta comissiva ou omissiva da Administração Pública e o dano sofrido pelo trabalhador ,

permitirá a responsabilização do Poder Público, tomador dos serviços de trabalhadores terceirizados. Na ocasião, fixou-se a seguinte tese de repercussão geral: "O inadimplemento dos encargos trabalhistas dos empregados do contratado não transfere automaticamente ao Poder Público contratante a responsabilidade pelo seu pagamento, seja em caráter solidário ou subsidiário, nos termos do art. 71, § 1º, da Lei nº 8.666/93". Em embargos de declaração, reafirmou-se o entendimento de que "a responsabilidade não é automática, conforme preconizou o legislador infraconstitucional, no artigo 71, § 1º, da Lei de Licitações, mas não pode o poder público dela eximir-se quando não cumpriu o seu dever de primar pela legalidade estrita na escolha ou fiscalização da empresa prestadora de serviços". Ocorre que não se definiu a questão controvertida sobre a qual parte cabe o ônus de comprovar se houve, ou não, a fiscalização do cumprimento das obrigações trabalhistas. Após a decisão final acerca do Tema nº 246 de repercussão geral, a Subseção I Especializada em Dissídios Individuais desta Corte cuidou de pacificar a jurisprudência no âmbito trabalhista. No julgamento do Processo nº E-RR-925-07.2016.5.05.0281, de relatoria do Ministro Cláudio Mascarenhas Brandão, em sua composição completa e por expressiva maioria, firmou posicionamento de que cabe ao ente público o encargo de demonstrar a vigilância adequada no cumprimento das obrigações trabalhistas pela empresa prestadora dos serviços. Esta Subseção, na sua composição completa, voltou a debater a questão na sessão do dia 10/9/2020 no julgamento do recurso de embargos interposto no Processo nº E-ED-RR-62-40.2017.5.20.0009, Relator Ministro Márcio Eurico Vitral Amaro (acórdão publicado no DEJT de 29/10/2020), ocasião em que decidiu, novamente, pela maioria expressiva de 10x4, que o Supremo Tribunal Federal, ao apreciar o Tema nº 246 da Repercussão Geral, não emitiu tese jurídica de efeito vinculante em relação ao ônus da prova. Reafirmou, na mesma assentada, o entendimento de que incumbe à Administração Pública o ônus da prova da fiscalização dos contratos de prestação de serviços por se tratar de fato impeditivo da responsabilização subsidiária. Além disso, considerando que esta Subseção, com base nos julgamentos proferidos no âmbito do Supremo Tribunal Federal, mormente da ADC nº 16/DF e dos embargos de declaração interpostos nos autos do RE nº 760.931, decidiu, em duas oportunidades, reunida em sua composição completa e por expressiva maioria, que o ônus da prova de demonstrar o cumprimento das obrigações previstas na Lei nº 8.666/1993 recai sobre o ente público tomador de serviços, não por inversão do ônus da prova, mas por se tratar de fato impeditivo do direito do trabalhador terceirizado, a conclusão lógica e necessária a que se chega é de que é imanente ao item V da Súmula nº 331 desta Corte o entendimento de que cabe ao ente público demonstrar que fiscalizou efetivamente o cumprimento das obrigações trabalhistas por parte da empresa contratada. Desse modo, nos casos em que a Turma, ao analisar acórdão regional em que se atribuiu responsabilidade subsidiária ao ente público com base nas regras de distribuição do ônus da prova, porque não demonstrado por ele o cumprimento das obrigações previstas na Lei nº 8.666/93, retira a sua condenação indireta, por entender ausente comprovação da sua conduta culposa, contraria direta e frontalmente, sim, o entendimento previsto no item V da Súmula nº 331 desta Corte, pois o verbete sumular, ao exigir que seja "evidenciada a sua conduta culposa no cumprimento das obrigações da Lei n.º 8.666, de 21.06.1993", não se olvidou das regras de distribuição do ônus da prova previstas nos artigos 373 do CPC/2015 e 818 da CLT. Na hipótese dos autos, além da questão relativa ao ônus da prova, infere-se do acórdão regional que a Corte a quo, soberana na análise do acervo fático-probatório, concluiu que não foi comprovado que o tomador de serviços fiscalizava o cumprimento das obrigações trabalhistas pela empresa contratada, o que também seria suficiente, por si só, para erigir a condenação indireta da Administração Pública contratante pelo adimplemento das verbas e dos demais direitos deferidos nesta demanda. Nesse contexto e à guisa de conclusão final, verifica-se que a decisão da Turma, ao julgar improcedente o pedido de responsabilidade subsidiária do ente público tomador de serviços, sob o fundamento de que houve indevida inversão do ônus da prova em desfavor do réu, contrariou a Súmula nº 331, item V, desta Corte. Embargos conhecidos e providos" (E-RR-696-69.2010.5.01.0022, Subseção I Especializada em Dissídios Individuais, Redator Ministro José Roberto Freire Pimenta, DEJT 08/04/2022). (destaquei o texto central)

"(...) AGRAVO DE INSTRUMENTO DA SEGUNDA RECLAMADA - PORTO ALEGRE DEPARTAMENTO MUNICIPAL DE ÁGUAS E ESGOTOS. LEI 13.467/2017. RESPONSABILIDADE SUBSIDIÁRIA. ENTE PÚBLICO. CULPA IN VIGILANDO. COMPROVAÇÃO. TEMA DE REPERCUSSÃO GERAL Nº 246 DO STF. ÔNUS PROBATÓRIO ACERCA DA REGULAR FISCALIZAÇÃO DO CONTRATO DE TERCEIRIZAÇÃO. TRANSCENDÊNCIA JURÍDICA CONFIGURADA. A causa referente à responsabilização subsidiária da Administração Pública pelos créditos trabalhistas dos terceirizados e relativa ao ônus da prova, apresenta transcendência, nos termos do art. 896-A, §1º, IV, da CLT. A Suprema Corte ao julgar o RE nº 760.931, firmou o entendimento de que o inadimplemento dos encargos trabalhistas dos empregados da empresa contratada não transfere ao Poder Público contratante, de forma automática, a responsabilidade sobre eventuais débitos decorrentes do contrato de trabalho. Assim, apenas na hipótese de ser verificada a existência de culpas in vigilando e in eligendo, pode haver a condenação da administração pública. Diante, pois, da ausência de comprovação do cumprimento do dever fiscalizatório do ente público, conclui-se pela manutenção do decisum quanto à demonstração de negligência por parte do tomador dos serviços. De outro lado, em exame da tese vinculante proferida pelo Supremo no

RE 760.931/DF, a SBDI-1 desta Corte Superior, no julgamento do processo TST-E-RR-925-07.2016.5.05.0281, concluiu que não houve deliberação pela Suprema Corte acerca do ônus da prova da regular fiscalização do contrato de terceirização, bem como que compete ao ente público o ônus de comprovar que houve a fiscalização do contrato. Estando a decisão recorrida em consonância com o decidido pelo STF e pela SBDI-1, não há como processar o recurso de revista. Transcendência reconhecida. Agravo de instrumento desprovido" (AIRR-0021672-11.2017.5.04.0009, 8ª Turma, Relator Ministro Aloysio Correa da Veiga, DEJT 05/07/2022).

"RECURSO DE REVISTA. RESPONSABILIDADE SUBSIDIÁRIA. ENTE PÚBLICO. ÔNUS DA PROVA. CULPA IN VIGILANDO. TRANSCENDÊNCIA JURÍDICA, NOS TERMOS DO ART. 896-A, §1º, IV, da CLT. 1. Ao julgar a ADC 16, o STF decidiu que o artigo 71, §1º, da Lei nº 8.666/93 é constitucional, mas que isso não impede a responsabilidade subsidiária da Administração Pública, desde que constatado que o ente público agiu com culpa in vigilando. Acompanhando o entendimento do Supremo Tribunal Federal, o Tribunal Superior do Trabalho alterou a redação da Súmula nº 331, incluindo o item V. Registre-se ainda, por oportuno, a recente decisão do STF no RE nº 760.931, com repercussão geral, que exige prova efetiva e concreta da ausência de fiscalização e da configuração da culpa in vigilando da administração pública. 2. Além disso, a Eg. SBDI-1, em sessão realizada no dia 12/12/2019, nos autos dos Embargos E-RR-925-07.2016.5.05.0281, relator Min. Cláudio Mascarenhas Brandão, acórdão publicado no DEJT 22/05/2020, entendeu que a questão relativa ao ônus da prova da fiscalização do contrato tem caráter infraconstitucional, não tendo sido brandida na decisão proferida pelo Supremo Tribunal Federal no RE 760.931, razão pela qual aquela Subseção fixou a tese de que é do Poder Público, tomador dos serviços, o ônus de demonstrar que fiscalizou de forma adequada o contrato de prestação de serviços, repelindo o entendimento de que o encargo era do empregado. 3. No entanto, o art. 818 da CLT, em sua redação original, previa tão-somente que "A prova das alegações incumbe à parte que as fizer". Com a entrada em vigor da Lei nº 13.467/2017 (Reforma Trabalhista), o dispositivo ganhou nova redação, adequando-se à moderna doutrina processualista quanto ao ônus da prova, admitindo a sua inversão, em face do princípio da aptidão da prova. Antes disso, o próprio Código de Processo Civil já previa as regras processuais acerca do ônus da prova que, apesar de estanques a priori , passaram a privilegiar a distribuição dinâmica do ônus probatório, consolidando o princípio da melhor aptidão para a prova. 4. Dessa forma, embora já fosse admitida no Processo do Trabalho a teoria da distribuição dinâmica do ônus da prova, como corolário do princípio da aptidão para a prova e em decorrência da aplicação subsidiária do Código de Processo Civil, a Reforma Trabalhista acabou por reconhecer expressamente a aplicação de tal teoria, inserindo-a nos parágrafos do art. 818 da CLT. Logo, de quem é o ônus da prova torna-se irrelevante, porque o magistrado pode invertê-lo, determinando à parte que tem melhores condições ao desempenho do encargo que faça a prova cabível na situação. 5. Diante de tais normas, deve-se verificar a amplitude da liberdade do julgador na apreciação da prova, a partir do ônus que é atribuído às partes. Para tanto, interpretando-se os princípios que regem o direito processual, é certo que ao juiz é conferida certa margem de liberdade no exame da prova, seja no CPC de 1973, seja no CPC de 2015, que permite ao julgador a apreciação da prova independentemente do sujeito que a tiver promovido, relativizando inclusive a regra de distribuição do ônus probatório, quando já há nos autos a prova dos fatos. 6. No caso de pedido de responsabilidade subsidiária da Administração Pública, conforme reiteradamente decidido pelo Supremo Tribunal Federal, seja na ADC nº 16, seja no RE 760.931, não há como reconhecer a responsabilidade do Município de forma automática pelo inadimplemento de verbas trabalhistas ou mesmo com base em presunções. Em que pese às divergências existentes entre alguns Ministros do STF quanto ao ônus da prova, a partir de diversas reclamações julgadas procedentes, verifica-se que tem prevalecido a tese de que o ônus da prova é do empregado/trabalhador. 7. Assim, não é possível entender tratar-se de fato impeditivo, modificativo ou extintivo, carreando ao ente público o ônus probatório. Todavia, se o mero inadimplemento não é prova suficiente, podendo até ser considerado indício de prova, remanesce que a prova da falta de fiscalização seria incumbência do autor, mas entendendo o magistrado pela dificuldade dele em fazê-la, bastaria inverter o ônus, determinando ao réu que faça a prova de que fiscalizou. Assim, a inversão do ônus probatório com base na teoria da aptidão para a prova é possível, mediante decisão fundamentada. 8. No presente caso, o TRT menciona que o ônus da prova da fiscalização é da autora. Considerando as disposições expressas nos arts. 58, III, 66 e 67 da Lei nº 8.666/93, entende-se que o ente público tem melhores condições de produzir a prova da efetiva fiscalização, pois a obrigação de fiscalizar os contratos que celebra e de impor sanções em caso de descumprimento decorre da própria lei de licitações. Conforme se verifica dos referidos dispositivos legais, a fiscalização do contrato licitado pela Administração Pública é dever imposto por lei, devendo o Administrador Público observá-lo em face do princípio da legalidade estrita, inclusive anotando todas as ocorrências em registro próprio e aplicando as sanções pertinentes. 9. Logo, nos casos de terceirização de serviços, como o dos autos, em que a contratação refere-se à própria mão de obra de trabalhadores, o dever de fiscalização não se limita apenas ao cumprimento formal do contrato, relativo ao seu objeto, mas se estende ao cumprimento material, pertinente às próprias obrigações trabalhistas da prestadora de serviços para com os trabalhadores terceirizados, que não se restringe apenas ao pagamento das contribuições previdenciárias e do FGTS, mas abarca os demais direitos trabalhistas, tais como pagamento tempestivo de salários, férias, 13º salário, horas extras e adicionais de insalubridade, periculosidade e noturno. Exclui-se de tal obrigação somente o pagamento das verbas rescisórias (se somente estas restarem inadimplidas) e de parcelas decorrentes de negociação coletiva. 10. Portanto, o acórdão recorrido, ao atribuir o ônus da prova da ausência de fiscalização e da culpa in vigilando à reclamante, que nos casos de responsabilidade subsidiária não é quem detém as melhores condições de promovê-la, incorreu em contrariedade à Súmula nº 331, V, do TST. Recurso de revista conhecido por contrariedade à Súmula nº 331, V, do TST e provido" (RR-1000239-75.2019.5.02.0313, 8ª Turma, Relator Ministro Alexandre de Souza Agra Belmonte, DEJT 04/07/2022).

14.2.5. Ônus da prova e alegação de salário "por fora"

Praticamente todas as controvérsias a respeito de onerosidade encaminham o ônus da prova ao reclamante, como o de provar pagamento de valores, caso este tenha sido negado, inclusive de acúmulo de funções, para que o trabalhador faça jus a diferenças salariais daí decorrentes.

Por mais forte razão, se o recebimento de salário sem registro no contracheque é o fato constitutivo do direito do trabalhador, tendo sido negado o pagamento "por fora" – negativa absoluta –, na defesa da reclamada, será do reclamante o ônus da prova. Veja-se:

"AGRAVO DE INSTRUMENTO EM RECURSO DE REVISTA INTERPOSTO PELA PARTE RECLAMANTE. ACÓRDÃO REGIONAL. PUBLICAÇÃO ANTES DA VIGÊNCIA DA LEI Nº 13.015/2014. SALÁRIO EXTRA FOLHA. ÔNUS DA PROVA. DISTRIBUIÇÃO ADEQUADA. VERBA PAGA COMO HORAS EXTRAORDINÁRIAS. REPERCUSSÕES EM OUTRAS PARCELAS TRABALHISTAS. VALORAÇÃO DA PROVA. CONHECIMENTO E NÃO PROVIMENTO. I. Quanto à alegação de recebimento de salário "por fora", nos termos da jurisprudência desta Corte e do disposto nos arts. 818 da CLT e 373 do CPC/2015 (art. 333 do CPC/73), a comprovação de recebimento de salário extra folha compete à parte autora, por ser fato constitutivo do seu direito. II. No presente caso, a Corte de origem decidiu nos termos dos arts. 818 da CLT e 373 do CPC/2015 (art. 333 do CPC/73), bem como da jurisprudência sedimentada deste Tribunal, ao entender que o encargo de demonstrar que houve adimplemento de salário "por fora" é da parte reclamante. III. Nesse contexto, extraindo do acórdão recorrido que a parte autora não se desincumbiu de seu onus probandi, mostra-se acertada a decisão regional em que se concluiu indevido o reconhecimento de pagamento de salário "por fora". Ilesos os arts. 818 da CLT e 333, I, do CPC de 1973. IV. No que se refere ao pleito de diferenças de reflexos das horas extraordinárias pagas em FGTS e em DSRs, esclareça-se que somente se caracteriza a afronta aos arts. 818 da CLT e 373 do CPC/2015 (art. 333 do CPC/73) se o juiz decidir mediante atribuição equivocada do ônus probatório, o que, no aspecto, o que não ocorreu in casu. No particular, o julgador regional não proferiu julgamento com base no critério do ônus da prova, mas decidiu a controvérsia mediante a valoração da prova, ao consignar que ficou demonstrado nos autos o correto adimplemento das repercussões das horas extraordinárias pagas, durante o contrato de trabalho, em FGTS e em repouso semanal remunerado. Incólumes os arts. 818 da CLT e 333, I, do CPC de 1973. V. Por fim, no tocante às repercussões das extraordinárias pagas em décimos terceiros e em férias, registre-se que a Corte Regional assentou expressamente que "as diferenças de 13º salários e férias deferidas na origem, já observam todos os valores salariais consignados nos recibos, inclusive as horas extras pagas" (grifos nossos). Desse modo, ausente o interesse recursal, no aspecto, porquanto já deferidos os reflexos postulados. VI. Agravo de instrumento de que se conhece e a que se nega provimento. (...)" (ARR-57800-02.2009.5.04.0303, 7ª Turma, Relator Ministro Evandro Pereira Valadão Lopes, DEJT 18/02/2022).

"(...) **SALÁRIO EXTRAFOLHA. ÔNUS DA PROVA.** O Tribunal Regional, soberano na análise do conjunto fático-probatório, concluiu pela inexistência de salário pago extrafolha. A prova de que recebia salário "por fora" competia à autora, por ser fato constitutivo do seu direito, ônus que não se desincumbiu. Assim, correta a decisão regional que indeferiu o pedido de condenação da reclamada ao referido pagamento. Agravo conhecido e não provido. (...)" (Ag-AIRR-533-16.2012.5.05.0020, 7ª Turma, Relator Ministro Claudio Mascarenhas Brandao, DEJT 11/06/2021).

14.2.6. Ônus da prova e questões remuneratórias

Diferentemente, as controvérsias a respeito de questões remuneratórias, inclusive sobre descontos, natureza jurídica das parcelas pagas e várias outras, precisam ser analisadas caso a caso, dadas as peculiaridades das tantas situações envolvendo a temática da remuneração, mas, em regra, encaminham o ônus da prova para a reclamada.

Há jurisprudência do TST, em processos com pedido de devolução de descontos, no sentido de que o ônus da prova é do (ex)empregador, de provar que as multas de trânsito, objeto dos descontos, foram de responsabilidade do reclamante. A se verificar:

> "(...) **DESCONTOS INDEVIDOS. MULTA DE TRÂNSITO. ÔNUS DA PROVA.** Delimitada a ausência de prova da responsabilidade do autor pelas infrações de trânsito e avarias com o veículo da empresa, por caracterizar fato impeditivo do direito à devolução dos descontos indevidos, o ônus da prova foi corretamente atribuído à reclamada, do qual não se desvencilhou, permanecendo intactos os arts. 818 da CLT e 373, I e II, do CPC/2015. Recurso de revista da reclamada não conhecido" (RR-1000682-80.2017.5.02.0447, 2ª Turma, Relatora Ministra Maria Helena Mallmann, DEJT 29/04/2022).

No mesmo sentido, jurisprudência adotando o entendimento de que, uma vez comprovado o uso do veículo do próprio trabalhador para a prestação de serviços e que ele tinha de percorrer distâncias consideráveis, o ônus da prova é da empresa quanto a qualquer alegação que inviabilize a procedência do pedido, principalmente se alegado fato extintivo do direito. Veja-se:

> "(...) **PAGAMENTO DE DESPESAS, GASOLINA E DEPRECIAÇÃO DO VEÍCULO.** Provado pelo depoimento testemunhal o fato constitutivo do direito do reclamante (o autor percorria mil quilômetros por mês em veículo próprio no desempenho de suas atividades laborais), incumbia mesmo às reclamadas o ônus da prova quanto ao fato extintivo alegado (o pagamento de valor suficiente para remunerar o combustível gasto mais a depreciação do veículo). Ilesos, pois, os artigos 818 da CLT e 333 do CPC/73, uma vez que corretamente distribuído o ônus da prova. Recurso de revista não conhecido. (...)" (RR-174-43.2010.5.04.0027, 6ª Turma, Relator Ministro Augusto Cesar Leite de Carvalho, DEJT 09/03/2018).

Outro exemplo do que afirmei no início deste tópico: se houver pedido de diferenças no pagamento de prêmios, o ônus da prova é do (ex)empregador quanto à demonstração de pagamento integral da parcela. A se conferir:

> "(...) **DIFERENÇAS DE PRÊMIOS.** Os fundamentos do acórdão recorrido foram no sentido de que as normas coletivas aplicáveis à reclamante estabelecem que as empresas deverão fornecer aos seus

> empregados, por escrito, as condições para obtenção dos prêmios e as quantidades de produtos a serem vendidos e que a reclamada não comprovou que havia a ciência prévia do trabalhador quanto às metas a serem alcançadas, implicando a impossibilidade de verificação dos valores que deveriam ser adimplidos, fato conclusivo no laudo pericial e que implica prejuízo ao empregado. Concluiu que sendo a reclamada detentora dos instrumentos necessários à consecução de seus objetivos, a ela competia a juntada de todos os documentos hábeis a comprovar que os pagamentos efetuados à reclamante estavam corretos, ônus do qual não se desincumbiu a contento. Nesta senda, verifica-se que a Corte a quo observou as regras de distribuição do ônus da prova. De outra parte, despicienda a alegação de afronta ao art. 5º, LV, da CF, porquanto devidamente assegurados às partes o devido processo legal, o contraditório e a ampla defesa. Assim, incólumes os artigos 818 da CLT, 333, I, do CPC (373, I, do NCPC), e art. 5º, LV, da CF. Recurso de revista não conhecido. (...)" (RR-412-13.2010.5.04.0011, 2ª Turma, Relatora Ministra Maria Helena Mallmann, DEJT 17/12/2021).

Agora, em matéria de descontos salariais por faltas injustificadas, se houver a necessidade de prova do justo motivo para a ausência, a exemplo dos atestados médicos, o ônus da prova, nesse caso, é do reclamante. Veja-se:

> "(...) **DESCONTOS SALARIAIS. FALTAS INJUSTIFICADAS AO SERVIÇO. ÔNUS DA PROVA. DEVOLUÇÃO INDEVIDA.** A discussão dos autos refere-se à validade dos descontos salariais efetuados no contracheque do trabalhador pelo empregador, em razão de faltas injustificadas ao serviço. A controvérsia foi dirimida pelo Regional com base nas regras de distribuição do ônus da prova, ao consignar que o reclamante não apresentou os atestados médicos invocados, que justificariam a sua ausência ao trabalho. Desse modo, inviável o processamento do apelo com base apenas nos artigos 462 da CLT e 7º, inciso VI, da Constituição da República, pois inespecíficos, na medida em que não impugnam o principal fundamento do acórdão recorrido, quanto à distribuição do encargo probatório. Recurso de revista não conhecido. (...)" (RRAg-1234-11.2011.5.09.0663, 3ª Turma, Relator Ministro Jose Roberto Freire Pimenta, DEJT 01/07/2022).

De outra mirada, se admitida a existência de pagamento a título de participação nos lucros, é da reclamada o ônus da prova quanto a qualquer fato impeditivo do direito ao deferimento da parcela postulada pelo reclamante. A se conferir:

> "(...) B) PARTICIPAÇÃO NOS LUCROS E RESULTADOS. FATO IMPEDITIVO. ÔNUS DA PROVA. Do exame da decisão regional, infere-se que a Corte a quo concluiu que "o preposto da primeira reclamada expressamente afirmou que havia pagamento da parcela sob a rubrica PLR caso o empregado preenchesse os requisitos. Assim, ante os termos do depoimento, o ônus da prova quanto ao preenchimento dos requisitos recai sobre a demandada, conforme disposto no art. 818 da CLT c/c o art. 373, inciso II, do CPC, ônus do qual não se desvencilhou". Ora, como ressaltado pela Corte Regional, o ônus da prova quanto ao preenchimento dos requisitos relativos ao PLR recai sobre a demandada, uma vez que ao alegar fato impeditivo do direito do trabalhador ("o Recorrido não preencheu as metas e requisitos previstos no programa"), a empresa atraiu para si o ônus de demonstrar o regramento utilizado para o pagamento de tal verba, aí considerados os requisitos exigidos e o seu atendimento. Nesse contexto, a Corte Regional aplicou corretamente o critério da distribuição do ônus da prova, não se vislumbrando a violação dos artigos 818 da CLT e 373, I, do CPC, mas a sua correta aplicação. (...)" (RRAg-11505-21.2015.5.01.0224, 3ª Turma, Relator Ministro Alexandre de Souza Agra Belmonte, DEJT 18/03/2022).

14.2.7. Ônus da prova e questões sobre jornada de trabalho e cartões de ponto

Riquíssima é a jurisprudência do C. TST a respeito dessa vasta temática que envolve jornada de trabalho, horas extras, cartões de ponto etc. A despeito da clareza solar da Súmula n. 338 daquele Tribunal, a casuística nos revela inúmeras situações ali não contempladas, ou que precisam ser analisadas à luz daquela diretriz de julgamento.

A título exemplificativo, a empresa com mais de 20 empregados (ou mais de 10, se o reclamante foi admitido antes da Lei da Liberdade Econômica, Lei nº 13.874/2019) detém sempre o ônus da prova quanto a essa matéria, ainda que alegue que não manteve o cartão de ponto por equívoco, ao não considerar o reclamante como seu empregado em virtude de contrato de prestação de serviços com este celebrado. Veja-se que decisão interessante:

> "(...) C) **AGRAVO DE INSTRUMENTO DA RECLAMANTE. RECURSO DE REVISTA. PROCESSO SOB A ÉGIDE DA LEI 13.015/2014 E ANTERIOR À LEI 13.467/2017 . JORNADA DE TRABALHO. HORAS EXTRAS. AUSÊNCIA DOS CARTÕES DE PONTO. ÔNUS DA PROVA. SÚMULA 338, I/TST.** Demonstrado no agravo de instrumento

que o recurso de revista preenchia os requisitos do art. 896 da CLT, dá-se provimento ao agravo de instrumento, para melhor análise da arguição de contrariedade à Súmula 338, I/TST, suscitada no recurso de revista. Agravo de instrumento provido. **D) RECURSO DE REVISTA DA RECLAMANTE. PROCESSO SOB A ÉGIDE DA LEI 13.015/2014 E ANTERIOR À LEI 13.467/2017. JORNADA DE TRABALHO. HORAS EXTRAS. AUSÊNCIA DOS CARTÕES DE PONTO. ÔNUS DA PROVA. SÚMULA 338, I/TST.** Nos termos da atual redação do item I da Súmula 338/TST, é ônus do empregador que conta com mais de dez empregados o registro da jornada de trabalho, na forma do art. 74, § 2º, da CLT, de maneira que a não apresentação injustificada dos controles de ponto gera presunção relativa de veracidade da jornada de trabalho apontada na inicial, a qual pode ser elidida por prova em contrário. Trata-se de típico caso em que a doutrina e a jurisprudência vêm admitindo a denominada inversão do ônus da prova, transferindo ao empregador a comprovação de que o obreiro não laborava em regime de sobrejornada ou que, mesmo laborando, as horas extras eram quitadas regularmente. Tal entendimento é aplicável tanto quando não há apresentação dos cartões de ponto de toda a contratualidade como quando o empregador apresenta controles de ponto relativos apenas a parte do período contratual, pois, nesse caso, desincumbe-se apenas parcialmente do ônus que lhe cabe. No caso em tela , o Tribunal Regional, embora tenha reconhecido que a Reclamada não trouxe aos autos os cartões de ponto da Reclamante, reformou a sentença para indeferir o pagamento de horas extras durante todo o período contratual, sob o fundamento de que, considerando que a inexistência de controles de jornada decorreu da contratação presumidamente equivocada da trabalhadora mediante um contrato de prestação de serviços com base em lei diversa da CLT e que a jornada alegada pela Reclamante foi negada pela Ré, cabia a obreira o encargo de comprovar a jornada indicada na petição inicial, ônus do qual não se desincumbiu. No entanto, em razão da inversão do ônus da prova, tem-se que a Reclamada não se desincumbiu do ônus de infirmar a jornada declinada na inicial, devendo, portanto, ser acatado o pedido de pagamento de horas extras durante o período contratual. Recurso de revista conhecido e provido" (RRAg-1000543-94.2015.5.02.0384, 3ª Turma, Relator Ministro Mauricio Godinho Delgado, DEJT 25/03/2022).

Agora, se a admissão do trabalhador se deu após a vigência da Lei nº 13.874/2019, e a empresa não tinha mais de 20 empregados, o ônus da prova é do reclamante. Veja-se:

"RECURSO DE REVISTA INTERPOSTO PELO RECLAMANTE. ACÓRDÃO REGIONAL PUBLICADO NA VIGÊNCIA DAS LEIS Nº

13.015/2014 E 13.467/2017. RITO SUMARÍSSIMO. HORAS EXTRAS. OBRIGATORIEDADE DO REGISTRO DE JORNADA. ART. 74, §2º, DA CLT. LEI Nº 13.874/2019. ESTABELECIMENTOS COM MAIS DE 20 (VINTE) TRABALHADORES. TRANSCENDÊNCIA JURÍDICA RECONHECIDA. NÃO CONHECIMENTO. I. Hipótese em que se discute a obrigatoriedade do registro de jornada por parte do empregador, em contrato de trabalho iniciado em 02/12/2019, na vigência da Lei nº 13.874/2019, que obriga o registro de horários apenas às empresas com mais de 20 empregados. II. Pelo prisma da transcendência, trata-se de questão jurídica nova, uma vez que se refere à interpretação da legislação trabalhista (art. 74, §2º, da CLT), com a redação conferida pela Lei nº 13.874/2019, sob enfoque em relação ao qual ainda não há jurisprudência pacificada no âmbito do Tribunal Superior do Trabalho ou em decisão de efeito vinculante no Supremo Tribunal Federal. Logo, reconheço a transcendência jurídica da causa (art. 896-A, § 1º, IV, da CLT). III. Diante disso, fixa-se o seguinte entendimento: tratando-se de contrato de trabalho iniciado após a vigência da Lei nº 13.874/19, como no presente caso, deve ser aplicado o disposto no art. 74, §2º, da CLT, sendo obrigatória a anotação da hora de entrada e de saída, pela empresa, apenas para os estabelecimentos com mais de 20 (vinte) trabalhadores. IV. Recurso de revista de que não se conhece" (RR-152- 30.2020.5.12.0053, 4ª Turma, Relator Ministro Alexandre Luiz Ramos, DEJT 08/04/2022).

A respeito da matéria, veja-se esta outra ementa muito interessante, na qual se decidiu que a juntada de cartões de ponto de outro empregado, que não era o reclamante, faz com que o ônus da prova permaneça com a reclamada, pela inversão clássica da Súmula n. 338, devendo a empresa provar que a jornada desempenhada era a descrita na defesa:

"(...) **II - RECURSO DE REVISTA DO RECLAMANTE. LEI 13.015/2014. HORAS EXTRAS. ÔNUS DA PROVA. JUNTADA DE CARTÕES DE PONTO DE OUTRO EMPREGADO. AUSÊNCIA DE IMPUGNAÇÃO AOS REGISTROS DE JORNADA. DECISÃO REGIONAL QUE NÃO APLICA A SÚMULA 338, I, DO TST. REFORMA.** O Tribunal Regional entendeu que as horas extras devem ser calculadas com base nos controles de frequência anexados aos autos, pois o reclamante não se insurgiu contra esses controles no momento oportuno. Deu parcial provimento ao recurso ordinário da reclamada. O reclamante sustenta que os cartões de ponto são de outro empregado e que "apontou antes da sentença que os cartões de ponto não eram dele". **A jurisprudência desta Corte tem entendimento de que a não apresentação injustificada dos controles de frequência gera presunção**

de veracidade da jornada alegada na inicial. Tal presunção é relativa e pode ser elidida por prova em contrário, cabendo o ônus da prova à reclamada, nos termos da Súmula 338, I, do TST. Assim, como na hipótese dos autos não foram apresentados os cartões de ponto e não foi elidida a alegação da inicial por prova em contrário, deve ser reconhecida a jornada de trabalho, nos termos da Súmula 338, I, do TST. Registre-se que, nos termos da jurisprudência desta Corte, a impugnação do reclamante quanto aos cartões de ponto não tem como consequência inverter o ônus da prova e não afasta a incidência da Súmula 338, I, do TST. Precedentes. A decisão regional dissentiu do entendimento desta Corte. Recurso de revista conhecido e provido" (RRAg-1001358-06.2017.5.02.0034, 2ª Turma, Relatora Ministra Maria Helena Mallmann, DEJT 27/08/2021). (destaquei)

No mesmo sentido, se os cartões de ponto juntados aos autos não alcançam todo o período da prestação de serviços e, quanto aos registros, destoam dos horários constantes da defesa, não há outra solução que não seja a de se cometer o ônus da prova ao (ex)empregador. Veja-se:

"(...) **AÇÃO RESCISÓRIA. ART. 485, V, DO CPC DE 1973. CONDENAÇÃO EM HORAS EXTRAS E DIFERENÇAS DE PRÊMIO-PRODUÇÃO. VIOLAÇÃO DO PRINCÍPIO DA BOA FÉ OBJETIVA E DOS ARTS. 5º, LIV, DA CF, 944 E 884 DO CCB, 818 DA CLT E 355 A 359 DO CPC DE 1973. ÓBICES DAS SÚMULAS 83, I, 298, I, E DA OJ 25 DA SBDI-2, TODAS DO TST. IMPROCEDÊNCIA DO PEDIDO.** 1. Na ação rescisória, reportando-se aos postulados da razoabilidade, da proporcionalidade e do devido processo legal, a Autora (reclamada no feito primitivo) sustenta que o Juízo prolator da sentença rescindenda, ao condená-la ao pagamento de horas extras e diferenças de produtividade, cujos cálculos de liquidação alcançaram o valor de R$ 1.512.773,93 em sede de liquidação, violou o art. 5º, LIV da CF, bem como os arts. 944 e 884 do CCB. Assinala, ademais, que no deferimento das referidas parcelas ocorreu indevida inversão do ônus da prova, com afronta ao princípio da boa fé objetiva e ao disposto nos arts. 818 da CLT e 355 a 359 do CPC de 1973. 2. Tratando-se de pretensão desconstitutiva fundada no inciso V do artigo 485 do CPC de 1973, revela-se imprescindível que no julgamento que se pretende rescindir tenha havido pronunciamento sobre a matéria. No caso, todavia, não consta da decisão transitada em julgado qualquer registro em torno do art. 5º, LIV, da CF (devido processo legal), das normas dos arts. 944 e 884 do CCB (seja sob a perspectiva da fixação de indenização de acordo com a extensão do dano e da vedação ao enriquecimento ilícito, seja à luz dos princípios da razoabilidade, da proporcionalidade), bem assim das regras inscritas nos arts. 355 a 359 do CPC de 1973 (incidente de exibição de documento ou coisa), circunstância que inibe o próprio exame da pretensão fundada no inciso V do artigo 485 do CPC de 1973. Não sendo hipótese de vício originado na decisão que se pretende rescindir, e sem que tenham sido examinadas, na decisão rescindenda, as matérias veiculadas na presente ação rescisória, não há espaço para o corte rescisório amparado em afronta à literalidade dos aludidos dispositivos legais (Súmula 298, I, do TST). 3. **Num contexto no qual os cartões e ponto alcançam apenas parte do contrato de trabalho e, mais grave, não retratam a jornada informada na própria defesa apresentada pelo empregador, a jurisprudência do TST contemporânea à prolação da sentença rescindenda já reputava correta a inversão do ônus da prova do trabalho extraordinário. Desse modo, não há como reputar vulnerada a norma do art. 818 da CLT, em razão da inversão do ônus da prova do trabalho extraordinário, quando os cartões de ponto destoam dos termos da contestação, além de concernirem apenas a uma parte do vínculo empregatício.** A rigor, tratando-se, quando menos, de matéria controvertida à época em que proferida a sentença rescindenda, revela-se inviável a rescisão do julgamento proferido na reclamação trabalhista originária, com fundamento em violação literal do art. 818 da CLT (Súmula 83, I, do TST). Relativamente às diferenças de produção (prêmio-produção), nem sequer se pode cogitar de inversão do ônus da prova (e, consequentemente, de afronta ao art. 818 da CLT), pois a respectiva condenação lastreou-se na inexistência de controvérsia acerca da quantidade de instalações - que teriam sido realizadas pelo reclamante - alegada na petição inicial da ação matriz, não impugnada em defesa (art. 334, III, do CPC de 1973). 4. Finalmente, no tocante à alegação de afronta ao postulado da boa fé objetiva, cumpre anotar que a hipótese autorizadora do ajuizamento da ação rescisória prevista no inciso V do artigo 485 do CPC de 1973 refere-se à lei em sentido estrito (OJ 25 da SBDI-2 do TST), aí não se incluindo a violação de princípio de direito, sobre o qual também não houve pronunciamento na decisão rescindenda (Súmula 298, I, do TST). (...)" (RO-450-60.2015.5.12.0000, Subseção II Especializada em Dissídios Individuais, Relator Ministro Douglas Alencar Rodrigues, DEJT 01/07/2022). (destaquei na parte central)

Agora, a jurisprudência mais clássica a respeito de cartões de ponto e inversão do ônus da prova, pois se aqueles documentos são apresentados com registro de horários uniformes, esse fato conduz à falta de verossimilhança desses horários, importando na inversão do *onus probandi*. A conferir:

"(...) **5. HORAS EXTRAS. INVERSÃO ÔNUS DA PROVA. APLICAÇÃO DA SÚMULA 338, ITEM III, DO TST** I. Os cartões de ponto que demonstraram horários inflexíveis ou uniformes são inservíveis como meio de prova, a teor da Súmula 338, inciso III, do TST ("os cartões de ponto que demonstram horários de entrada e saída uniformes são inválidos como meio de prova, invertendo-se o ônus da prova, relativo às horas extras, que passa a ser do empregador, prevalecendo a jornada da inicial se dele não se desincumbir"). II. No caso dos autos, o Tribunal Regional do Trabalho concluiu que em determinado período do contrato de trabalho a parte reclamada não se desincumbiu do ônus que lhe cabia de demonstrar a efetiva jornada de trabalho cumprida pelo autor, por apresentar cartões de ponto com marcações uniformes, e condenou a parte reclamada ao pagamento de horas extraordinárias, considerando a jornada indicada na inicial no período em que os cartões de ponto demonstraram jornada uniforme. III. Portanto, constata-se que a decisão recorrida, neste aspecto, está em consonância com a Súmula nº 338, item III, do TST, atraindo a incidência do óbice da Súmula 333 e do artigo 896, § 7º, da CLT à divergência colacionada. IV. Ademais, ao decidir que no período no qual os cartões de pontos não se mostram uniformes, as horas extraordinárias serão fixadas de acordo com a jornada neles fixadas, o Tribunal Regional do Trabalho decidiu com fulcro no conjunto fático-probatório dos autos. Logo, para se chegar à conclusão pretendida pela parte reclamada, no sentido de que não são devidas as diferenças de horas extras deferidas, necessário seria o reexame de fatos e provas, procedimento vedado nesta Instância Superior, por força da Súmula nº 126 do TST. V. Recurso de revista de que não se conhece no tópico" (RR-532-89.2012.5.05.0421, 7ª Turma, Relator Ministro Evandro Pereira Valadão Lopes, DEJT 08/04/2022).

A respeito da alegação de que o trabalhador estava submetido ao regime do art. 62, I, da CLT, como já afirmei várias vezes neste Manual, não é o simples fato de o trabalhador desempenhar atividade externa que lhe retira o direito ao pagamento das horas extras praticadas, quando demonstradas, inclusive porque a empresa resolveu não controlar sua jornada, de maneira equivocada. É dizer, uma vez demonstrada a compatibilidade do trabalho com o controle de jornada, ou seja, que o empregador tinha plenas condições de fazer esse controle, o ônus de prova quanto aos horários de trabalho recai sobre o empregador. Até porque a alegação dessa exceção substancial atrai o ônus da prova para a reclamada, por se tratar de fato impeditivo do direito ao recebimento das horas extras. A se conferir:

"AGRAVO DE INSTRUMENTO EM RECURSO DE REVISTA DA RÉ. LEI Nº 13.015/2014. CPC/1973. INSTRUÇÃO NORMATIVA Nº 40 DO TST. HORAS EXTRAS. TRABALHO EXTERNO. MOTORISTA. EQUIPAMENTO DE RASTREAMENTO DO VEÍCULO POR SATÉLITE. CONTROLE INDIRETO DA JORNADA DE TRABALHO. ÔNUS DA PROVA. A exceção prevista no artigo 62, I, da CLT não depende apenas do exercício de trabalho externo, mas também da impossibilidade de controle de horário pelo empregador. Não se pode conceber que em uma época na qual a tecnologia permite até mesmo a rastreabilidade de animais, não se possa fazer o mesmo com a jornada de trabalho do empregado, para efeito de reconhecimento do direito à percepção de horas extraordinárias. Somente quando se revelar inteiramente impossível o controle da jornada estará afastado o direito ao pagamento de horas extraordinárias, em razão da liberdade de dispor do seu próprio tempo. Nesse contexto, há que se ter em mente que a absoluta excepcionalidade da situação prevista no artigo 62, I, da CLT faz com que seu reconhecimento dependa de prova inequívoca não apenas do trabalho externo, mas também da impossibilidade de controle dos horários pelo empregador. E a comprovação desses fatos, que afastam o direito do empregado às horas extras, incumbe ao empregador, porquanto constitua fato obstativo do direto postulado, nos exatos termos dos artigos 818 da CLT e 333 do CPC/73. Precedente da Subseção I Especializada em Dissídios Individuais. Agravo de instrumento conhecido e não provido. (...)" (RR-237-11.2014.5.23.0056, 7ª Turma, Relator Ministro Claudio Mascarenhas Brandao, DEJT 11/02/2022).

"RECURSO DE REVISTA INTERPOSTO PELA RECLAMADA ANTERIORMENTE À LEI 13.015/2014 1 - HORAS EXTRAS. JORNADA EXTERNA. COMPATIBILIDADE DE CONTROLE. CARGA HORÁRIA ARBITRADA. ÔNUS DA PROVA. 1.1. Consignada no acórdão a possibilidade de fiscalização da carga horária por parte da reclamada. A desconstituição do julgado nesse ponto desafia o reexame de fatos e provas dos autos, diligência, entretanto, vedada nos termos da Súmula 126 do TST. 1.2. Por sua vez, o arbitramento de 2 horas extras semanais decorreu da aplicação da regra de distribuição do ônus da prova e da ponderação sob o princípio da razoabilidade. Com efeito, constatada compatibilidade do controle de jornada, cumpria à reclamada juntar os respectivos registros. Não o fazendo, atraiu para si o ônus da prova da carga horária cumprida pelo autor, à luz da Súmula 338, I, do TST. Recurso de revista não conhecido. (...)" (RR-278-13.2011.5.04.0023, 8ª Turma, Relatora Ministra Delaide Alves Miranda Arantes, DEJT 13/06/2022).

Sobre a questão do intervalo intrajornada, a CLT autoriza que o intervalo seja apenas pré-assinalado, ou seja, anotado no cabeçalho do cartão de ponto. Se isso ocorrer, o empregado não precisa anotar diariamente o intervalo intrajornada e, ainda assim, presume-se que houve a sua fruição. No entanto, se não houver a pré-assinalação, o intervalo deve ser registrado diariamente. Do contrário, presume-se que o trabalhador não gozou o intervalo intrajornada, cabendo ao (ex)empregador o ônus da prova de demonstrar o contrário. Veja-se:

> "(...) **2. INTERVALO INTRAJORNADA. AUSÊNCIA DE PRÉ-ASSINALAÇÃO. ÔNUS DA PROVA DO EMPREGADOR.** Prevalece no âmbito desta Corte Superior o entendimento de que nos casos em que não houver pré-assinalação do intervalo intrajornada nos cartões apresentados pelo empregador, por força do que dispõe o art. 74, § 2º, da CLT, o ônus da prova de comprovar a regular fruição da pausa é da empresa. Desse modo, o encargo de comprovar a concessão do intervalo intrajornada recai sobre o empregador, ônus do qual não se desincumbiu. No caso, o Tribunal Regional reconheceu o direito ao pagamento do intervalo intrajornada, uma vez que não houve pré-assinalação do intervalo e a Reclamada não se desincumbiu do ônus da prova. Nesse contexto, ainda que por fundamento diverso, deve ser mantida a decisão agravada. (...)" (RRAg-336-76.2017.5.17.0012, 5ª Turma, Relator Ministro Douglas Alencar Rodrigues, DEJT 01/07/2022).

Por outro lado, o TST tem decidido que, na atividade externa, ainda que a empresa tenha condições de controlar os horários de início e término da jornada, é possível presumir a ausência de fiscalização do intervalo intrajornada. Por isso, o ônus da prova quanto à supressão do intervalo intrajornada será do empregado. Discordo desse entendimento, porque me parece contraditório. Basta recordar que, em relação aos motoristas profissionais, a empresa deve controlar – e apresentar em juízo os cartões de ponto – toda a jornada de trabalho desses motoristas, inclusive as pausas e o intervalo para descanso e alimentação. Ora, se a empresa, mesmo na atividade externa, deve controlar os horários de trabalho do seu empregado – porque inaplicável a exceção do art. 62, I, da CLT –, ela tem de controlar também a fruição do intervalo, tão ou mais importante do que o controle para se observar o limite constitucional da jornada de trabalho. A reclamada, ao alegar a impossibilidade de controle do intervalo atrai para si o ônus da prova, por alegar fato impeditivo do direito ao recebimento da hora extra pela supressão, ainda que parcial, desse intervalo. Não se trata de fato constitutivo, com o devido respeito.

Não obstante, segue a jurisprudência para conhecimento do nobre leitor:

> **"AGRAVO INTERNO EM AGRAVO DE INSTRUMENTO EM RECURSO DE REVISTA DA RÉ. LEI Nº 13.467/2017. TRABALHO**

EXTERNO INCONTROVERSO. POSSIBILIDADE DE CONTROLE DA JORNADA LABORAL. INTERVALO INTRAJORNADA. ÔNUS DA PROVA PERTENCENTE AO EMPREGADO. JURISPRUDÊNCIA CONSOLIDADA NO ÂMBITO DESTA CORTE SUPERIOR. TRANSCENDÊNCIA POLÍTICA CONSTATADA. Constatado equívoco na decisão agravada, dá-se provimento ao agravo para determinar o processamento do agravo de instrumento. **AGRAVO DE INSTRUMENTO EM RECURSO DE REVISTA DA RÉ. TRABALHO EXTERNO INCONTROVERSO. POSSIBILIDADE DE CONTROLE DA JORNADA LABORAL. INTERVALO INTRAJORNADA. ÔNUS DA PROVA PERTENCENTE AO EMPREGADO. JURISPRUDÊNCIA CONSOLIDADA NO ÂMBITO DESTA CORTE SUPERIOR. TRANSCENDÊNCIA POLÍTICA CONSTATADA.** Agravo de instrumento a que se dá provimento para determinar o processamento do recurso de revista, em face de haver sido demonstrada possível violação do artigo 818 da CLT. RECURSO DE REVISTA DA RÉ. LEI Nº 13.467/2017. TRABALHO EXTERNO INCONTROVERSO. POSSIBILIDADE DE CONTROLE DA JORNADA LABORAL. INTERVALO INTRAJORNADA. ÔNUS DA PROVA PERTENCENTE AO EMPREGADO. JURISPRUDÊNCIA CONSOLIDADA NO ÂMBITO DESTA CORTE SUPERIOR. TRANSCENDÊNCIA POLÍTICA CONSTATADA. Cinge-se a discussão em definir a quem pertence o ônus de comprovar a possibilidade ou impossibilidade de fiscalização do horário, quanto ao intervalo para refeição e descanso (redução ou supressão da pausa intervalar), na hipótese de labor em atividade externa, em que a jornada é passível de controle pela empresa. Segundo o entendimento adotado nesta 7ª Turma, ao ser incontroverso o trabalho exercido externamente, ainda que haja a possibilidade de controle do início e do fim da jornada laboral, presume-se haver ausência de fiscalização por parte do empregador no que se refere à fruição do intervalo intrajornada. Trata-se de fato constitutivo do direito postulado, cujo encargo processual probatório é da parte autora, que, na demanda, dele não se desincumbiu consoante decorre do quadro fático descrito pela Corte de Origem. No presente caso, a Corte Regional registrou que, quanto à jornada de trabalho - horas extras e intervalo intrajornada, foi aplicada a confissão ficta de que trata a Súmula nº 338, I, do TST. Logo, inviável se deferir ao autor o pagamento referente à redução ou supressão da citada pausa. Isso porque, ausente o controle de jornada, presume-se que esteja presente a liberdade de decidir em que momento específico do dia deva suspender as atividades para se alimentar e descansar, bem como por quanto tempo, pois não se encontra sob a supervisão de seu empregador. Precedentes. Recurso de revista conhecido e provido" (RR-20313-69.2017.5.04.0027, 7ª Turma, Relator Ministro Claudio Mascarenhas Brandao, DEJT 01/07/2022).

Outrossim, a jurisprudência do TST é pacífica no sentido de que os cartões de ponto não precisam ser assinados para que sejam válidos. De modo que a falta de assinatura deles não permite a inversão do ônus da prova. Vou frisar: a simples ausência de assinatura do empregado nos cartões de ponto não é motivo para a inversão do ônus da prova, devendo o trabalhador demonstrar que trabalhava além dos horários registrados. Veja-se:

> **"RECURSO DE REVISTA. ACÓRDÃO REGIONAL. PUBLICAÇÃO ANTES DA VIGÊNCIA DA LEI Nº 13.015/2014. 1. HORAS EXTRAORDINÁRIAS. CARTÕES DE PONTO SEM ASSINATURA DO EMPREGADO. VALIDADE. ÔNUS DA PROVA.** I. A corte regional decidiu pela inversão do ônus da prova quanto à jornada de trabalho, por considerar inválidos os cartões de ponto apócrifos trazidos aos autos pela parte reclamada. II. Contudo, segundo a jurisprudência firmada nesta Corte Superior, a ausência de assinatura do empregado nos cartões de ponto, por si só, não os torna inválidos, ante a inexistência de previsão legal, caracterizando mera irregularidade administrativa. Não há a transferência do ônus da prova da jornada ao empregador III. Na espécie, o Regional apegou-se apenas à ausência de assinatura dos cartões de ponto, silenciando quanto às demais provas produzidas, inclusive testemunhal, como referido no próprio acórdão. IV. Recurso de revista de que se conhece e a que se dá provimento. (...)" (RR-215-90.2010.5.02.0083, 7ª Turma, Relator Ministro Evandro Pereira Valadão Lopes, DEJT 18/02/2022).
>
> **"RECURSO DE REVISTA. LEIS Nos 13.015/2014 E 13.467/2017. HORAS EXTRAS. CARTÕES DE PONTO. AUSÊNCIA DE ASSINATURA. VALIDADE. ÔNUS DA PROVA. TRANSCENDÊNCIA POLÍTICA RECONHECIDA.** O artigo 74, § 2º, da CLT, não estabelece qualquer referência à necessidade de assinatura dos cartões de ponto pelo empregado como premissa à sua validade, o que significa que sua ausência nos registros de frequência não é suficiente, por si mesma, para tornar inválida a prova documental apresentada, ou inverter o ônus da prova quanto à jornada de trabalho alegada pelo reclamante. Assim, esta Corte Superior entende que são válidos como meio de prova os cartões de ponto que não contêm a assinatura do empregado, de modo que não há inversão automática do ônus da prova quanto à jornada de trabalho. Recurso de revista de que se conhece e a que se dá provimento" (RR-308-43.2020.5.05.0431, 3ª Turma, Relator Ministro Alberto Bastos Balazeiro, DEJT 25/08/2023).

14.2.8. Ônus da prova e equiparação salarial

Em matéria de equiparação salarial, como já sustentei neste Manual, o ônus da prova em relação à identidade de funções é do reclamante. Tudo o mais que envolve a temática, em regra geral, trata-se de questões relacionadas a fatos impeditivos do direito à equiparação salarial, aplicando-se a Súmula n. 6, VIII, do TST, de modo que o ônus da prova, no caso, é da reclamada. Agora, uma vez mais, se negada a própria identidade de funções, o ônus da prova é do reclamante. Veja-se:

> "AGRAVO DE INSTRUMENTO EM RECURSO DE REVISTA - EQUIPARAÇÃO SALARIAL - IDENTIDADE DE FUNÇÕES - MATÉRIA FÁTICA. Consideradas as premissas fático-probatórias delineadas pelo Tribunal Regional, não se verifica irregularidade na distribuição do ônus da prova atinente à equiparação salarial; ao contrário, o entendimento adotado pelo acórdão recorrido neste aspecto coaduna-se com o disposto nos arts. 818 da CLT e 333 do CPC/1973, uma vez que o reclamante não se desincumbiu do ônus que lhe cabia (comprovar o fato constitutivo do seu direito), concernente à demonstração de que exercia a mesma função do empregado-paradigma. Agravo de instrumento desprovido" (AIRR-1000288-71.2020.5.02.0252, 2ª Turma, Relatora Desembargadora Convocada Margareth Rodrigues Costa, DEJT 11/11/2022).

14.2.9. Ônus da prova e diferenças de remuneração variável

De outra mirada, se na demanda trabalhista houver pedido de pagamento de diferenças de comissões ou de outra espécie de remuneração variável, é do empregador o ônus de provar a quitação integral da parcela, exatamente como alegado na contestação, por tratar-se de fato extintivo do direito do reclamante. É dizer, toda vez que a reclamada alega o escorreito pagamento de determinada verba, considerando-se que pagamento é fato extintivo de direitos, o ônus da prova tem que ser atribuído à demandada. Nesse sentido:

> "RECURSO DE REVISTA. INTERPOSIÇÃO EM FACE DE ACÓRDÃO PUBLICADO APÓS A VIGÊNCIA DA LEI Nº 13.467/2017. REMUNERAÇÃO VARIÁVEL VINCULADA À PRODUÇÃO. ÔNUS DA PROVA. TRANSCENDÊNCIA POLÍTICA RECONHECIDA. Tratando-se de recurso de revista interposto contra decisão regional que se mostra contrária à jurisprudência atual deste Colendo TST, revela-se presente a transcendência política da causa, a justificar o prosseguimento do exame do apelo. Na questão de fundo, o Tribunal

Regional excluiu da condenação o pagamento de diferenças de remuneração variável atrelada à produção, ao fundamento de que a autora não se desincumbiu do seu ônus de comprovar o direito alegado. Uma vez que a reclamada alegou o escorreito pagamento dos valores, admitindo a existência da parcela, competia à ré demonstrar o correto pagamento da parcela, como fato extintivo do direito postulado, ônus do qual não se desvencilhou. Assim, infere-se que a distribuição do encargo probatório promovida pela Corte a quo desobedeceu a disciplina dos artigos 818 da CLT e 373 do CPC, motivo pelo qual o acórdão recorrido demanda reforma. Recurso de revista conhecido e provido" (RR-1590-18.2016.5.06.0015, 7ª Turma, Relator Ministro Renato de Lacerda Paiva, DEJT 06/05/2022).

14.2.10. Ônus da prova e devolução da CTPS

Interessante jurisprudência do TST dá conta de que cabe ao (ex)empregador o ônus da prova quando a controvérsia disser respeito à devolução da CTPS ao trabalhador. Destarte, diante da alegação de retenção da CTPS, é da reclamada o ônus de demonstrar que recebeu, anotou e devolveu o documento profissional ao trabalhador. Veja-se:

> "(...) RECEBIMENTO E DEVOLUÇÃO DE CTPS. ÔNUS DA PROVA. AUSÊNCIA DE TRANSCENDÊNCIA. A CTPS é elemento essencial para a formalização da relação de emprego competindo ao empregador tanto quando da admissão como na dispensa exigir do empregado a sua entrega para anotações, mediante recibo ao empregado, conforme preceitua o artigo 29 da CLT. Ademais, é vedado ao empregador a sua retenção por mais de 48 horas. Assim, com base no princípio da aptidão para a prova, é da reclamada o ônus de comprovar o recebimento e a devolução da CTPS ao trabalhador. Logo, tendo o Regional procedido à correta distribuição do ônus da prova, ao consignar que é da reclamada o ônus de comprovar o recebimento e a devolução da CTPS ao trabalhador, não há falar em violação dos artigos 29 e 818 da CLT e 373, I, do CPC, não havendo como reconhecer a transcendência da causa. Agravo de instrumento a que se nega provimento" (AIRR-1375-96.2014.5.08.0131, 3ª Turma, Relator Ministro Alberto Bastos Balazeiro, DEJT 08/04/2022).

14.2.11. Ônus da prova e o princípio da continuidade da relação de emprego

Os princípios de direito material do trabalho, por vezes, irradiam efeitos para o campo processual, como observei em diversas passagens deste Manual. A questão mais emblemática relacionada a essa matéria é a que envolve a alegação de justa causa – ou até de demissão por parte do empregado – pela reclamada, pois não se presume essa justa causa; muito pelo contrário, ela precisa ser robustamente provada pela empresa, não bastando a simples juntada de documentos, sem a confirmação na audiência trabalhista. Tudo isso porque, além de ser um fato impeditivo clássico – do direito ao recebimento das verbas rescisórias típicas de uma dispensa imotivada –, milita em favor do trabalhador a *presunção* de que não cometeu falta grave – ou de que pretendia se demitir –, por depender do salário e demais verbas habitualmente pagas para a sua sobrevivência e de sua família. Daí o famoso *princípio da continuidade da relação de emprego* (Súmula n. 212 do TST), a sustentar toda essa ordem de argumentos.

Colaciono, na sequência, jurisprudências do TST com a escorreita aplicação desse princípio tão caro ao Direito do Trabalho:

> "(...) JUSTA CAUSA NÃO COMPROVADA - ÔNUS DA PROVA - TRANSCENDÊNCIA NÃO RECONHECIDA. O acórdão regional aplicou o entendimento consolidado desta Corte, sedimentado na Súmula nº 212, segundo a qual o princípio da continuidade da relação de emprego constitui presunção favorável ao empregado, cabendo ao empregador o ônus de provar o fato que ensejou o despedimento do trabalhador. Julgados. (...)" (RRAg-10224-32.2020.5.15.0073, 4ª Turma, Relatora Ministra Maria Cristina Irigoyen Peduzzi, DEJT 02/12/2022).
>
> "RECURSO DE REVISTA INTERPOSTO SOB A ÉGIDE DA LEI N.º 13.015/2014. DATA DO TÉRMINO DO CONTRATO DE TRABALHO. ÔNUS DA PROVA. PRESCRIÇÃO BIENAL. AFASTADA. Pelo princípio da continuidade da relação de emprego e à luz do entendimento vertido na Súmula 212 desta Corte, não tendo a reclamada se desincumbido do seu ônus de provar que a data apontada, de 07.05.2015, foi a do término do contrato de trabalho, deve ser considerada a data alegada pelo reclamante - de 31.05.2015. Assim, ajuizada a presente ação em 30.05.2017, não houve incidência da prescrição bienal, prevista no art. 7º, XXIX, da CF. Recurso de revista conhecido e provido" (RR-1000870-89.2017.5.02.0086, 2ª Turma, Relatora Ministra Maria Helena Mallmann, DEJT 29/04/2022).

14.2.12. Ônus da prova e assédio moral – o dano *in re ipsa*

Há farta jurisprudência do TST no sentido de que, em matéria de dano moral ou de assédio moral, é do trabalhador o ônus da prova de demonstrar as agressões aos seus direitos de personalidade, em especial à sua honra e/ou à sua dignidade de pessoa humana. Contudo, basta que ele prove as *circunstâncias fáticas* que permitam a presunção de que o dano de ordem moral – ou imaterial – ocorreu. Não há a menor necessidade de que ele prove, ainda, a sua dor, sua angústia, seu sofrimento, que são plenamente *presumíveis* diante dessas circunstâncias (das ofensas). Trata-se do tão comentado dano *in re ipsa*, que decorre da própria "natureza" das coisas, ou seja, dos fatos que atestam as ofensas, por ser tudo isso inerente à própria *condição humana*. Veja-se:

> "(...) DANOS MORAIS DECORRENTES DE ASSÉDIO MORAL. ÔNUS DA PROVA. A indenização por dano moral tem sido admitida não apenas em casos de ofensa à honra objetiva (que diz respeito à consideração perante terceiros), mas também de afronta à honra subjetiva (sentimento da própria dignidade moral), a qual se presume. De acordo com a jurisprudência pacífica, o exigido é a prova dos fatos que ensejam o pedido de indenização por danos morais, e não a prova dos danos imateriais, esta, de resto, impossível. Portanto, o dano moral verifica-se in re ipsa. Os fatos relatados no acórdão regional retratam não apenas o rigor e a perseguição da reclamante na cobrança excessiva de metas e no cumprimento de determinadas atividades e o tratamento discriminatório durante a gestação, mas, sobretudo, as relevantes circunstâncias das constantes ameaças de dispensa e de o nome da autora ficar vinculado ao mau desempenho de produtividade, promovendo-se, assim e desnecessariamente, um ambiente hostil e vexatório de trabalho. Evidenciado o dano moral, o qual deriva in re ipsa dessa conduta patronal, não há como cogitar de violação dos arts. 818 da CLT e 333, I, do CPC de 1973, vigente à época de interposição do apelo. Arestos inespecíficos (Súmulas 23 e 296 do TST). Recurso de revista não conhecido. (...)" (RR-596-44.2011.5.04.0007, 6ª Turma, Relator Ministro Augusto Cesar Leite de Carvalho, DEJT 13/05/2022).

14.2.13. Ônus da prova e TRCT assinado

Na Justiça do Trabalho há muitas discussões a respeito do pagamento das verbas rescisórias, pois em muitos casos o trabalhador alega que não as recebeu. Duas situações sobressaem nessa temática: 1ª) a empresa não apresenta TRCT devidamente assinado pelo trabalhador – ou pelo menos comprovante idôneo de depósito do valor dessas verbas na conta do reclamante –, atraindo, para si, o ônus da prova quanto à controvérsia, simplesmente porque pagamento é *fato extintivo* desse direito, como já afirmei várias vezes neste Manual; 2ª) a reclamada exibe *TRCT assinado* pelo demandante, que não impugna sua assinatura; nesse caso, o ônus da prova quanto ao não pagamento é todo do reclamante, como se vê na ementa que segue:

> "AGRAVO DE INSTRUMENTO EM RECURSO DE REVISTA INTERPOSTO PELO RECLAMANTE. TRANSCENDÊNCIA ECONÔMICA RECONHECIDA. VERBAS RESCISÓRIAS. QUITAÇÃO. ÔNUS DA PROVA. Nos termos do art. 408 do Código de Processo Civil, as declarações constantes do documento particular escrito e assinado ou somente assinado presumem-se verdadeiras em relação ao signatário. Dessa forma, o TRCT assinado, sem alegação de vício de consentimento, possui validade como prova do pagamento, nos termos do art. 477, § 2.º, da CLT, e da Súmula 330 do TST. Agravo de instrumento não provido" (AIRR-588-11.2020.5.23.0076, 8ª Turma, Relatora Ministra Delaide Alves Miranda Arantes, DEJT 24/10/2022).

14.2.14. Ônus da prova e recolhimento do FGTS

Em relação ao recolhimento do FGTS e sua comprovação em juízo, a jurisprudência do TST é pacífica no sentido de que o ônus da prova correspondente é do (ex)empregador. É o que consta, inclusive, da Súmula n. 461 daquele E. Tribunal.

Embora não concorde com o teor dessa súmula, como já expliquei no capítulo dedicado à Teoria Geral do Ônus da Prova, colaciono ementa que sintetiza o entendimento do TST:

> "(...) RECURSO DE REVISTA DO AUTOR. LEI Nº 13.467/2017. FGTS. RECOLHIMENTO. ÔNUS DA PROVA. PRINCÍPIO DA APTIDÃO DA PROVA. TRANSCENDÊNCIA POLÍTICA CONSTATADA. De acordo com o Princípio da Aptidão da Prova em relação à matéria e com os artigos 818 da CLT e 373, II, do CPC, é do empregador o ônus de provar o correto recolhimento dos depósitos de FGTS no transcurso do vínculo empregatício, uma vez que detém os documentos aptos a tal comprovação. Se não o faz, deve ser deferida a parcela, garantida a dedução dos valores eventualmente constantes na conta vinculada. Nesse sentido, a Súmula nº 461 do TST. Recurso de revista conhecido e provido" (RRAg-1000661-10.2017.5.02.0252, 7ª Turma, Relator Ministro Claudio Mascarenhas Brandao, DEJT 03/06/2022).

14.2.15. Ônus da prova e dispensa discriminatória

Uma das matérias mais polêmicas a respeito de ônus da prova é a relacionada à alegação de dispensa discriminatória por parte do reclamante. Em regra, o ônus da prova é do trabalhador, por se tratar de fato constitutivo do seu direito à compensação por dano moral daí decorrente. Contudo, se ele é portador de uma doença que causa estigma ou preconceito, o ônus da prova pode ser cometido ao (ex)empregador, como consta, inclusive, da Súmula n. 443 do TST, que preconiza haver, aí, uma *presunção* favorável ao trabalhador.

A grande questão, contudo, é a de saber se o reclamante precisa, ao menos, demonstrar que a empresa tinha pleno conhecimento dessa doença. Particularmente, penso que o demandante *precisa provar* essa ciência, para que, a partir desse fato, seja possível presumir a discriminação. E, uma vez demonstrada a ciência por parte da empresa, passa a ser desta o ônus da prova de convencer o juiz de que, a despeito da doença, a dispensa se deu por *qualquer outro motivo*, e não por discriminação.

Em suma, em processos nos quais se discute sobre dispensa discriminatória, é do (ex)empregado o ônus da prova quanto à ciência do empregador em relação ao fato de ser portador de doença estigmatizante; a partir daí, é do (ex)empregador o ônus de provar que o desligamento teve uma motivação válida. Transcrevo, em seguida, ementas nesse sentido:

> "(...) **DISPENSA DISCRIMINATÓRIA. MAL DE ALZHEIMER. DOENÇA ESTIGMATIZANTE. ÔNUS DA PROVA. INDENIZAÇÃO POR DANOS MORAIS.** Ante a possível contrariedade à Súmula 443 do TST, dou provimento ao agravo de instrumento para determinar o processamento do recurso de revista. II - **RECURSO DE REVISTA. DISPENSA DISCRIMINATÓRIA. MAL DE ALZHEIMER. DOENÇA ESTIGMATIZANTE. ÔNUS DA PROVA. INDENIZAÇÃO POR DANOS MORAIS.** Hipótese em que o Tribunal Regional manteve a decisão que indeferiu a indenização por dispensa discriminatória sob o fundamento de que o ônus de comprovar a despedida discriminatória é do autor, encargo do qual ele não teria se desincumbido. A jurisprudência desta Corte uniformizou-se no sentido de preceituar o direito à reintegração do trabalhador (portador do vírus HIV ou de doença grave que suscite estigma ou preconceito) que é vítima de dispensa discriminatória. O mal de Alzheimer é doença causadora de estigma, o que atrai a incidência da Súmula 443 do TST quanto à presunção da despedida discriminatória, sendo ônus do empregador comprovar que não tinha

ciência da condição do empregado ou que o ato de dispensa tinha outra motivação, lícita. Na hipótese dos autos, evidencia-se que o empregado foi submetido ao exame de "SPECT CEREBRAL", em 8/10/2015, o qual apresentou o diagnóstico indicativo da doença do Mal de Alzheimer, sendo pré-avisado de sua dispensa em 15/02/2016. Verifica-se que não houve demonstração objetiva de que o ato da dispensa foi orientado por outra causa, como motivo disciplinar, técnico, econômico, financeiro, ou reestruturação da empresa, mas sim pela condição de saúde do trabalhador. A jurisprudência desta Corte entende estar presumida a dispensa discriminatória quando não comprovada a existência de outros motivos lícitos para a prática do ato, ante a enfermidade apresentada pelo trabalhador. No tocante à indenização por danos morais, jurisprudência desta Corte Superior se firmou no sentido de ser in re ipsa o dano moral decorrente de dispensa discriminatória. Precedentes. Recurso de revista conhecido e provido" (RR-11801-63.2016.5.18.0053, 2ª Turma, Relatora Ministra Maria Helena Mallmann, DEJT 27/05/2022).

"AGRAVO DE INSTRUMENTO. RECURSO DE REVISTA. PROCESSO SOB A ÉGIDE DAS LEIS 13.015/2014 E 13.467/2017. DOENÇA ESTIGMATIZANTE. NEOPLASIA MALÍGNA. CÂNCER DE MAMA. DISPENSA DISCRIMINATÓRIA. NÃO CONFIGURAÇÃO. INCIDÊNCIA, ADEMAIS, DA SÚMULA 126/TST, RELATIVAMENTE AOS FATOS EXPLICITADOS NO ACÓRDÃO. Presume-se discriminatória a ruptura arbitrária do contrato de trabalho, quando não comprovado um motivo justificável, em face de circunstancial debilidade física do empregado. Esse entendimento pode ser abstraído do contexto geral de normas do nosso ordenamento jurídico, que entende o trabalhador como indivíduo inserto numa sociedade que vela pelos valores sociais do trabalho, pela dignidade da pessoa humana e pela função social da propriedade (arts. 1º, III e IV e 170, III e VIII, da CF). Não se olvide, outrossim, que faz parte do compromisso do Brasil, também na ordem internacional (Convenção 111 da OIT), o rechaçamento a toda forma de discriminação no âmbito laboral. Na esteira desse raciocínio, foi editada a Súmula 443/TST, que delimita a pacificação da jurisprudência trabalhista nesse aspecto, com o seguinte teor: "Presume-se discriminatória a despedida de empregado portador do vírus HIV ou de outra doença grave que suscite estigma ou preconceito. Inválido o ato, o empregado tem direito à reintegração no emprego". Registre-se, entretanto, que a presunção de ilegalidade do ato de dispensa do empregado portador de doença grave, ressoante na jurisprudência trabalhista, não pode ser de modo algum absoluta, sob risco de se criar uma nova espécie de estabilidade empregatícia totalmente desvinculada do caráter discriminatório que se quer reprimir. Assim, além da viabilidade da dispensa por justa causa, é possível também que a denúncia vazia do contrato de trabalho seja considerada legal e não se repute discriminatório o ato de dispensa. No caso concreto, a Reclamante foi acometida por neoplasia maligna - câncer de mama -, considerada uma doença grave e estigmatizante, consoante decisão da SDBI-1, E-ED-RR-68-29.2014.5.09.0245, Redator Ministro: Cláudio Mascarenhas Brandão, julgada no dia 04/04/2019 e publicado em DEJT 26/04/2019. A conduta discriminatória é gravemente censurada pela ordem jurídica, especialmente a partir dos comandos constitucionais de 5.10.1988 (Preâmbulo do Texto Máximo; art. 1º, III; art. 3º, I e IV; art. 5º, caput e inciso I; art. 5º, III, in fine, todos preceitos da Constituição da República). Nessa esteira, diferentemente do decidido pela Corte Regional, em princípio, a Reclamante tem a seu favor a presunção de que a dispensa teria sido discriminatória à luz da Súmula 443/TST. Contudo, a Corte de origem, embora tenha decidido contrariamente ao entendimento deste TST - no que diz respeito ao caráter grave e estigmatizante do câncer de mama; bem como pelo fato de ter atribuído indevidamente o ônus da prova da conduta discriminatória à Empregada - foi clara ao consignar que as provas dos autos não favorecem a tese da inicial, pois demonstram que a dispensa da Autora não foi efetivamente discriminatória. A esse respeito, o Tribunal Regional assentou que "a dispensa da autora inseriu-se em processo de reorganização da reclamada em razão do término dos contratos mantidos com empresas de grande porte, que ocasionou a redução do quadro de empregados, com dispensa de empregados (cerca de vinte) alocados no setor de saúde de Laranjeiras, dentre eles a reclamante. Trata-se de aspecto de suma relevância, por revelar que a dispensa da autora não foi um ato isolado, inserindo-se em contexto de reorganização da reclamada que atingiu os empregados lotados no setor de saúde de Laranjeiras". **O Tribunal Regional, cotejando as provas oral e documental, consignou que a dispensa da Reclamante se deu juntamente com outros empregados, em razão da necessidade de reestruturação do Reclamado e em face do fechamento de uma das suas unidades, na qual a Obreira laborava. Além disso, o TRT assentou que a Obreira não sofreu qualquer tipo de discriminação no ambiente de trabalho no curso da prestação laboral. Por fim, asseverou a Corte de origem que o exame demissional acostado aos autos atestou a aptidão da Autora para o trabalho à época da rescisão contratual.** Com efeito, não há como se extrair, do acórdão recorrido, que houve a prática de ato discriminatório pelo Reclamado quanto ao ato da dispensa da Obreira, razão pela qual se mantém o indeferimento do pleito autoral. Ademais, afirmando a Instância Ordinária a ausência dos elementos configuradores da dispensa discriminatória ; e expondo os fatos, em concreto, que teriam afastado a presunção relativa de discriminação inerente aos casos em que se constata dispensa de empregada portadora de doença grave e estigmatizante, conclui-se ser inviável, em recurso de revista, reexaminar o conjunto probatório dos autos, por não se tratar o TST de suposta terceira instância, mas de Juízo rigorosamente extraordinário - limites da Súmula 126/TST, cuja incidência, por si só, impede o exame do recurso tanto por violação a dispositivo de lei como por divergência jurisprudencial. Agravo de instrumento desprovido" (AIRR-100424-52.2018.5.01.0071, 3ª Turma, Relator Ministro Mauricio Godinho Delgado, DEJT 18/03/2022). (destaquei na parte central)

"**EMBARGOS REGIDOS PELA LEI Nº 13.015/2014, PELO CPC/2015 E PELA INSTRUÇÃO NORMATIVA Nº 39/2016 DO TRIBUNAL SUPERIOR DO TRABALHO. DANO MORAL. REINTEGRAÇÃO. DISPENSA DISCRIMINTÓRIA. EMPREGADA PORTADORA DE LÚPUS. INCIDÊNCIA DA SÚMULA Nº 443 DO TRIBUNAL SUPERIOR DO TRABALHO.** 1. Discute-se, in casu, se a doença lúpus é capaz de provocar estigma e preconceito suficiente para ensejar o reconhecimento de presunção de dispensa discriminatória da empregada acometida por essa enfermidade, à luz do disposto na Súmula nº 443 do Tribunal Superior do Trabalho, segundo a qual "presume-se discriminatória a despedida de empregado portador do vírus HIV ou de outra doença grave que suscite estigma ou preconceito. Inválido o ato, o empregado tem direito à reintegração no emprego". 2. Segundo a literatura médico-científica, o lúpus é uma "doença inflamatória autoimune, que pode afetar múltiplos órgãos e tecidos, como pele, articulações, rins e cérebro. Em casos mais graves, se não tratada adequadamente, pode matar", que faz com que as células de defesa do indivíduo por ela acometido ataquem, por engano, suas próprias células sadias, provocando, frequentemente, diversas reações, como dores constantes, febre, sensibilidade demasiada à luz, queda de cabelo e manchas pelo corpo, podendo, ainda, ocorrer perda auditiva e alterações neuro-psiquiátricas, como convulsões, psicoses e depressão, dentre outras manifestações clínicas. Estudos apontam que "os que convivem com pessoas com LES (Lúpus Eritematoso Sistêmico) (companheiro, filhos e outros familiares) deparam com reações emocionais, oscilações clínicas e interferências no papel social, no trabalho e no desempenho de atividades diárias". 3. Portanto, não há dúvidas de que a doença da autora é grave, incurável e demanda tratamentos multidisciplinares e contínuos, bem como que, no momento em que mais precisava de recursos materiais para custeá-los, foi dispensada sem justa causa pela reclamada. 4. Incontroverso, por outro lado, que, em razão da doença, a reclamante se ausentava com frequência do trabalho, tendo sido admitido pelo preposto da reclamada que "a obreira foi demitida em razão das 'muitas faltas' ao trabalho". 5. Nesse contexto, tem-se que, além de a doença da autora ser grave o suficiente para provocar estigmas ou gerar preconceitos, não é razoável supor que a dispensa da reclamante não tenha decorrido de discriminação, diante das constantes ausências, ainda que justificáveis, relatadas pela própria reclamada, de forma que, diante de todo o contexto fático-probatório dos autos, presume-se discriminatória a dispensa da reclamante. 6. Ademais, do teor da Súmula nº 443 desta Corte, extrai-se que, em casos de doenças graves, deve ser invertido para o empregador o ônus de comprovar que a dispensa do empregado, portador de doença grave, não se deu por motivo discriminatório, mas sim por algum motivo plausível, razoável e socialmente justificável, de modo que afastasse o caráter discriminatório da rescisão contratual. Assim, **mesmo que se admita como relativa a presunção de que a dispensa da empregada portadora de doença grave seja discriminatória, não consta na decisão regional que a empregadora, que tinha conhecimento da doença grave da autora, tenha se desincumbido de seu ônus de provar que a dispensa ocorreu por algum motivo distinto e razoável**, razão pela qual a decisão embargada não se coaduna com a exegese da Súmula nº 443 do Tribunal Superior do Trabalho. Embargos conhecidos e providos" (E-ED-RR-1206-70.2016.5.12.0053, Subseção I Especializada em Dissídios Individuais, Relator Ministro Jose Roberto Freire Pimenta, DEJT 04/08/2023). (destaquei, ao final)

14.2.16. Ônus da prova e retificação de PPP

Em matéria de PPP, havendo a alegação de condição especial de trabalho que justifique a retificação do PPP, o ônus da prova é total do reclamante, quando negado o fato pela reclamada. Agora, provado esse fato constitutivo, é da reclamada o ônus da prova de demonstrar que houve a neutralização do agente insalubre, por se tratar de fato impeditivo do direito do reclamante. Veja-se:

"(...) **RETIFICAÇÃO DO PPP (PERFIL PROFISSIOGRÁFICO PROFISSIONAL). ÔNUS DA PROVA.** Diante dos termos dos arts. 818 da CLT e 373, I e II, do CPC/2015, incumbe ao autor a prova do fato constitutivo de seu direito, enquanto ao réu, a prova dos fatos impeditivos, modificativos ou extintivos da pretensão autora. In casu, tendo sido efetivamente comprovada, por meio do laudo pericial, a incorreção do PPP, devido à constatação de que o reclamante mantinha contato com agentes insalubres que não constavam no aludido documento, tem-se que devidamente demonstrado o fato constitutivo da pretensão autoral. Nesse contexto, tal como consignado pela instância de origem, caberia à ré o ônus de provar a concessão de equipamentos de proteção individual capazes de neutralizar os agentes insalubres, de forma a se afastar a determinação de correção do PPP, encargo do qual não se desincumbiu. Ilesos, assim, os arts. 818 da CLT e 373, I, do CPC/2015. Agravo conhecido e não provido" (Ag-AIRR-11560-06.2015.5.01.0342, 1ª Turma, Relator Ministro Luiz Jose Dezena da Silva, DEJT 28/01/2022).

14.2.17. Ônus da prova e interrupção da prescrição

Quando a controvérsia disser respeito à identidade de pedidos em relação a ação ajuizada anteriormente, para fins de interrupção da prescrição, o ônus da prova é do reclamante, que precisa demonstrar, efetivamente, essa identidade. Vejamos:

> **"AGRAVO EM AGRAVO DE INSTRUMENTO EM RECURSO DE REVISTA INTERPOSTO PELO RECLAMANTE NA VIGÊNCIA DA LEI 13.467/2017. PRESCRIÇÃO. INTERRUPÇÃO. AUSÊNCIA DE COMPROVAÇÃO DE AÇÃO AJUIZADA ANTERIORMENTE. ÔNUS DA PROVA. AUSÊNCIA DE TRANSCENDÊNCIA.** No caso, não se verifica nenhum dos indicadores de transcendência previstos no art. 896-A, § 1.º, da CLT. O valor da causa não é elevado, o que revela a falta de transcendência econômica. A decisão do Tribunal Regional não contraria Súmula ou Orientação Jurisprudencial do Tribunal Superior do Trabalho ou Súmula do Supremo Tribunal Federal, nem contraria jurisprudência pacífica e reiterada desta Corte Superior, circunstância que afasta a possibilidade de transcendência política. Destaca-se que a Corte de origem registrou que o autor não juntou aos autos nenhum documento relativo à ação anteriormente ajuizada e não comprovou a existência de identidade de pedidos, ônus que lhe competia, não sendo possível reconhecer a interrupção da prescrição invocada, nos termos da Súmula 268 do TST. Não bastasse, o Tribunal Regional consignou que "as duas ações ajuizadas pelo reclamante perante a Vara de origem foram aforadas após o decurso do prazo de prescrição bienal contado do término do contrato de trabalho". Assim, deve ser mantida a prescrição decretada pela origem. No mais, a controvérsia dos autos não afeta matéria nova atinente à interpretação da legislação trabalhista, pelo que não há transcendência jurídica. Por fim, não há transcendência social, porquanto não caracterizada ofensa a direito social constitucionalmente assegurado. Agravo não provido" (Ag-AIRR-1745-07.2018.5.12.0040, 8ª Turma, Relatora Ministra Delaide Alves Miranda Arantes, DEJT 04/07/2022).

14.2.18. Ônus da prova e desconhecimento do fato pelo preposto

O desconhecimento de qualquer fato controvertido, pelo preposto da reclamada, implica em confissão ficta, razão pela qual o fato será tido como existente, na melhor exegese do art. 843, § 1º, da CLT. Daí que, em relação ao fato secundário, mas interconectado, o ônus da prova passa a ser da reclamada. Veja-se que caso interessante, a esse respeito:

> "(...) **ESTABILIDADE PROVISÓRIA. MEMBRO DA CIPA. ÔNUS DA PROVA.** O fato de a preposta da reclamada não saber informar o nome da funcionária eleita como membro da CIPA, atrai os efeitos inerentes à confissão sobre esta questão. Nesta esteira, a reclamada deveria comprovar que a reclamante não era membro da CIPA, para afastar o direito desta à estabilidade provisória pretendida, ônus do qual não se desincumbiu. Recurso de revista da reclamante conhecido e provido" (RR-1276-85.2014.5.05.0010, 2ª Turma, Relatora Ministra Maria Helena Mallmann, DEJT 27/05/2022).

14.2.19. Ônus da prova e culpa exclusiva da vítima

Uma das matérias mais sensíveis quanto à definição e/ou inversão do ônus da prova é a que diz respeito à *responsabilidade* pela ocorrência do acidente do trabalho. Em regra, o ônus da prova é do reclamante quanto ao fato em si – o acidente típico –, a incapacidade laborativa e o nexo causal entre ambos. Contudo, se a controvérsia for a respeito de quem foi a *culpa* pelo evento, a jurisprudência amplamente majoritária é no sentido de *se presumir* a culpa do empregador pelo infortúnio. Somente por essa tese já se poderia afirmar que, alegando a reclamada culpa exclusiva da vítima, o ônus da prova seria seu. Não bastasse, a chamada culpa exclusiva do próprio trabalhador – ou até a culpa concorrente – se trata de *fato impeditivo* do direito às reparações dos danos daí decorrentes. Portanto, dúvida alguma pode existir quanto a quem incumbe esse ônus probatório: ao (ex)empregador. Veja-se:

> **"AGRAVO EM AGRAVO DE INSTRUMENTO EM RECURSO DE REVISTA. ACÓRDÃO REGIONAL PUBLICADO NA VIGÊNCIA DAS LEIS Nº 13.015/2014 E 13.467/2017. 1. RESPONSABILIDADE CIVIL. CULPA EXCLUSIVA DA VÍTIMA. ÔNUS DA PROVA. CULPA PATRONAL COMPROVADA. 2. PENSÃO MENSAL VITALÍCIA. TERMO FINAL. EXPECTATIVA DE VIDA DA VÍTIMA. AGRAVO CONHECIDO E PARCIALMENTE PROVIDO APENAS PARA RECONHECER A TRANSCENDÊNCIA ECONÔMICA DA CAUSA.** I.

> Ao alegar que o acidente aconteceu por culpa exclusiva da vítima, a parte Reclamada atraiu para si o ônus de provar o referido fato, conforme o disposto no art. 373, II, e 818, II, da CLT. II. Quanto ao termo final da pensão vitalícia, esta Corte Superior tem jurisprudência firme no sentido de que a pensão mensal deve perdurar até a expectativa de vida da vítima, fixada com base na média de vida do brasileiro, conforme dados do IBGE. III. Não obstante a manutenção da decisão agravada quanto à improcedência do agravo de instrumento em recurso de revista, deve ser reconhecida a transcendência econômica da causa, dado o alto valor da condenação. IV. Agravo interno conhecido e parcialmente provido, apenas para reconhecer a transcendência econômica da causa" (Ag-AIRR-1001363-96.2019.5.02.0603, 4ª Turma, Relator Ministro Alexandre Luiz Ramos, DEJT 18/08/2023).

14.2.20. Ônus da prova e dano existencial

De outra mirada, em se tratando de alegação de *dano existencial*, que compromete o *tempo de vida* da pessoa humana do trabalhador, que não pode apenas viver para o trabalho, pois ele tem direito ao descanso, ao lazer, ao desenvolvimento pessoal, ao convívio e cuidado para com a família etc., enfim, ao tempo necessário para praticar as atividades que lhe dão a essência de viver – ao que o Direito do Trabalho espanhol chama de conciliação da vida laboral, pessoal e familiar –, a jurisprudência do TST, infelizmente, de forma majoritária – ressalvando-se excepcionais julgados de algumas Turmas –, inclina-se por não presumir esse dano pela simples prova da prática de jornadas de trabalho extenuantes.

É dizer, não se trata(ria) de dano *in re ipsa*, competindo ao trabalhador comprovar que efetivamente teve algum comprometimento nos outros aspectos de sua vida. *Em suma*, é do trabalhador o ônus da prova do dano efetivo para a caracterização do dano existencial, segundo o entendimento majoritário do TST. Essa ementa reflete esse pensamento:

> "**AGRAVO DE INSTRUMENTO EM RECURSO DE REVISTA. LEI 13.467/2017. JORNADA EXTENUANTE. DANO EXISTENCIAL IN RE IPSA. VALOR ARBITRADO. TRANSCENDÊNCIA POLÍTICA RECONHECIDA.** Reconhecida a transcendência da causa e demonstrada provável violação ao art. 186 do Código Civil, deve ser processado o recurso de revista para melhor exame da matéria. Agravo de instrumento provido. **RECURSO DE REVISTA. LEI 13.467/2017. JORNADA EXTENUANTE. DANO EXISTENCIAL IN RE IPSA. VALOR ARBITRADO. NÃO CONFIGURAÇÃO. NECESSIDADE DE PROVA DO**

DANO. Discute-se nos autos se o exercício de jornada extenuante pelo trabalhador ocasiona dano existencial in re ipsa. Embora não se negue o cansaço e o desgaste oriundos das horas extras excessivas habituais, esta Corte firmou entendimento de que deve ser demonstrado inequivocamente pelo reclamante que sofreu, de fato, prejuízos nas esferas pessoal, social ou familiar decorrente do exercício de uma jornada de trabalhado extenuante. Não pode o dano existencial advir da mera presunção de que a jornada exaustiva origina, por si mesma, prejuízos de tal monta. No caso dos autos, restou consignado pelo eg. TRT o exercício de jornadas excessivas habituais pelo trabalhador e a conclusão de que estaria o autor dispensado de provar os danos existenciais sofridos, os quais seriam in re ipsa. Assim, diante da constatação de que não restou provado o dano existencial ao reclamante, ônus que lhe competia, não se pode concluir que a reclamada tenha cometido ato ilícito passível de indenização, pelo que se conclui que a decisão recorrida ofendeu o disposto no art. 186 do Código Civil. Prejudicado o exame do tema subsidiário "Dano existencial. Valor Arbitrado" ante a perda do objeto. Recurso provido para afastar a condenação da reclamada em indenização por dano existencial ao reclamante. Recurso de revista conhecido e provido" (RR-1001247-28.2016.5.02.0302, 8ª Turma, Relator Ministro Aloysio Correa da Veiga, DEJT 21/08/2023).

14.2.21. Ônus da prova e confissão ficta do reclamante

Outra jurisprudência do TST com a qual não concordo, com a máxima vênia, é a que diz respeito ao ônus da prova do empregador quanto à jornada de trabalho, quando não exibidos os cartões de ponto ou quando estes contiverem horários britânicos, mesmo que o reclamante não compareça na audiência trabalhista de instrução e tenha a sua confissão ficta declarada.

São *dois passos* para se entender a questão: 1º) pelo teor da Súmula n. 338 do TST, que dispensa novos comentários, realmente, se a reclamada não junta aos autos os cartões de ponto, estando obrigada a tê-los (art. 74 da CLT), ou se eles contém horários simétricos, o ônus da prova será *invertido*, passando à reclamada, que terá de demonstrar que os horários de trabalho declinados na defesa, ainda que invariáveis, eram os realmente praticados; 2º) invertido o ônus da prova, a reclamada tem todo o direito de ouvir o reclamante em depoimento pessoal, para tentar obter deste a *confissão real* a respeito da questão controvertida.

Destarte, quando o reclamante, devidamente intimado, não comparece na audiência trabalhista de instrução, ele *impede* à reclamada a produção desse meio de prova. Como se não bastasse, quando o juiz declara a confissão – ainda que ficta –, do reclamante, pela ausência, com fundamento na Súmula n. 74 do TST, isso implica na conclusão de que, pela confissão, *todos os fatos afirmados na defesa estão confessados* e, por óbvio, não necessitam de outras provas. É a exegese do art. 374, II, do CPC. Daí que se mostra incorreta, a meu juízo, a jurisprudência do TST no sentido de que a ausência do reclamante à audiência de instrução não afasta o ônus da prova do empregador de provar a jornada de trabalho constante da defesa, ouvindo testemunhas para tanto. Não obstante a discordância – acadêmica –, segue ementa para que o caro leitor entenda o pensamento do E. TST:

> **"I - AGRAVO DE INSTRUMENTO EM RECURSO DE REVISTA REGIDO PELA LEI 13.467/2017. HORAS EXTRAS. CONFISSÃO RECÍPROCA. AUSÊNCIA DE JUNTADA DOS CARTÕES DE PONTO. NÃO COMPARECIMENTO DO RECLAMANTE À AUDIÊNCIA EM QUE DEVERIA DEPOR. ÔNUS DA PROVA DO RECLAMADO.** 1. Do exame prévio da causa verifica-se a existência de transcendência social, nos termos do art. 896-A, §1.º, inciso III, da CLT. 2. Demonstrada possível contrariedade à Súmula 338, I, do TST, impõe-se o provimento do agravo de instrumento para determinar o processamento do recurso de revista. Agravo de instrumento provido. **II - RECURSO DE REVISTA REGIDO PELA LEI 13.467/2017. TRANSCENDÊNCIA SOCIAL RECONHECIDA. HORAS EXTRAS. CONFISSÃO RECÍPROCA. AUSÊNCIA DE JUNTADA DOS CARTÕES DE PONTO. NÃO COMPARECIMENTO DO RECLAMANTE À AUDIÊNCIA EM QUE DEVERIA DEPOR. ÔNUS DA PROVA DO RECLAMADO.** Nos termos da Súmula 74, I, do TST, a aplicação da pena de confissão ao reclamante que não comparece à audiência em prosseguimento, na qual deveria depor, implica a presunção relativa de veracidade dos fatos alegados pela parte contrária, que pode ser afastada pelas demais provas existentes nos autos. No caso concreto, diante da ausência injustificada dos registros de ponto, incide a regra prevista na Súmula 338, I, do TST. Dessa forma, o efeito previsto na referida súmula, quanto à presunção relativa de veracidade da jornada de trabalho alegada na petição inicial, deve prevalecer sobre a confissão ficta imposta ao reclamante, por anteceder o momento de comparecimento à audiência e decorrer de obrigação legal. Recurso de revista conhecido e provido" (RR-10787-70.2019.5.15.0005, 8ª Turma, Relatora Ministra Delaide Alves Miranda Arantes, DEJT 21/08/2023).

14.2.22. Ônus da prova e abono pecuniário

Há uma questão interessante na jurisprudência do TST, no que diz respeito ao abono pecuniário. Havendo controvérsia sobre a matéria, o entendimento é no sentido de que é ônus do empregador demonstrar que o empregado requereu a conversão de um terço das férias em abono pecuniário. Veja-se:

> "(...) **RECURSO DE REVISTA. FÉRIAS. CONVERSÃO EM ABONO PECUNIÁRIO. IMPOSIÇÃO DO EMPREGADOR. ÔNUS DA PROVA.** Nos termos do § 1º do artigo 143 da CLT, o empregado que deseja a conversão de 1/3 das férias deverá fazer por meio de requerimento ao empregador, no prazo de 15 dias antes do encerramento do período aquisitivo. Conforme se depreende da norma prevista no artigo 143, caput e § 1º, da CLT, é direito potestativo do empregado converter, ou não, 1/3 do período de férias em abono pecuniário. Desse modo, tendo em vista que, somente em caso de requerimento expresso do empregado, é válida a conversão de parte das férias em abono pecuniário, caberia à empresa empregadora comprovar a existência de prévia autorização nesse sentido. Ademais, considerando o princípio da aptidão para a produção da prova, seria inviável exigir do empregado prova de que não requereu a conversão de 1/3 do período de férias em abono pecuniário, uma vez que caracterizaria a exigência de produção de prova de fato negativo. Precedentes. Com efeito, ao impor ao empregado a conversão de parte do período de férias em abono pecuniário, o empregador, na verdade, está desvirtuando o comando legal do artigo 130 da CLT, obrigando a trabalhadora a reduzir o período de repouso anual a que tem direito. Assim, tem-se que o entendimento desta Corte é de que a conversão parcial das férias em abono pecuniário, por imposição patronal, acarreta os mesmos efeitos previstos no artigo 137 da CLT, obrigando-se o empregador a pagar em dobro o abono pecuniário referente aos dias de férias não usufruídos pelo trabalhador em razão de sua conversão em pecúnia. Precedentes. Recurso de revista conhecido e provido" (ARR-10317-06.2017.5.03.0179, 3ª Turma, Relator Ministro Jose Roberto Freire Pimenta, DEJT 01/09/2023).

14.2.23. Ônus da prova e cota de contratação de pessoas com deficiência

Segundo a jurisprudência do TST, é da empresa demandada o ônus de provar as circunstâncias que inviabilizaram o cumprimento da cota de contratação de pessoas com deficiência. Muito importante essa ementa, em acórdão de relatoria do Ministro Luiz José Dezena da Silva, a quem tive a enorme honra de substituir na 4ª Turma do TRT-15, quando ele ainda atuava como Desembargador, em nosso Tribunal:

> "**AGRAVO INTERNO EM RECURSO DE REVISTA. AÇÃO CIVIL PÚBLICA. CONTRATAÇÃO DE PESSOAS COM DEFICIÊNCIA HABILITADAS E REABILITADAS. ART. 93 DA LEI N.º 8.213/91. DESCUMPRIMENTO DO PERCENTUAL LEGAL. ÔNUS PROBATÓRIO.** Examinada a questão sob o enfoque dos fins buscados pelo legislador, impondo às empresas um dever legal, consubstanciado no cumprimento de cotas destinadas às pessoas portadoras de deficiência, parece-me mesmo equivocada a posição esposada na decisão Agravada que, ao fim e ao cabo, pode levar à própria frustração dos legítimos objetivos da lei, motivo por que um juízo positivo de retratação é medida que se impõe. Agravo conhecido e provido. **RECURSO DE REVISTA. APELO INTERPOSTO NA VIGÊNCIA DA LEI N.º 13.015/2014 E ANTES DA ENTRADA EM VIGOR DA LEI N.º 13.467/2017. AÇÃO CIVIL PÚBLICA. CONTRATAÇÃO DE PESSOAS COM DEFICIÊNCIA. HABILITADOS E PESSOAS REABILITADAS. ART. 93 DA LEI N.º 8.213/91. DESCUMPRIMENTO DO PERCENTUAL LEGAL. ÔNUS PROBATÓRIO.** 1. Incumbe à empresa o ônus de comprovar o justo motivo para o descumprimento do dever legal referente às cotas de contratação de pessoas com deficiência. E a comprovação aqui toca à empresa não só porque a obrigação decorre de imposição legal (art. 93, da Lei n.º 8.213/91), mas também por envolver uma atitude positiva, um agir, ser proativa. Isso, naturalmente, tem a ver com a demonstração de que todos os meios e esforços possíveis foram envidados na busca de desvencilhar-se do dever legal, não sendo bastante, obviamente, a mera alegação de impossibilidade de produzir provas nesse sentido. Cabe, portanto, à empresa comprovar que o não atendimento à imposição legal não se deveu à sua própria incúria. 2. Cuido que, nessa linha de raciocínio, a empresa pode, com facilidade, comprovar, por exemplo, que houve consulta formal perante o Serviço Social local em busca de informações sobre o cadastro de pessoas habilitadas ou reabilitadas. Pode, ainda, com o mesmo fim, procurar informações junto às associações ou instituições representativas de deficientes, objetivando o oferecimento de vagas de trabalho a candidato com deficiência. 3. No caso, não há dúvidas de que a empresa recorrente não se desincumbiu de seu ônus "probandi", porquanto o acórdão regional registra que "as provas produzidas nos autos não demonstraram suficiente empenho da empresa na tentativa de cumprir as exigências mínimas determinadas no referido

dispositivo legal", situação fática sedimentada em face dos limites de pesquisa impostos pela Súmula n.º 126 desta Corte. 4. Recurso de Revista conhecido, por divergência, e não provido" (RR-455-50.2010.5.01.0037, 1ª Turma, Relator Ministro Luiz Jose Dezena da Silva, DEJT 13/09/2023).

14.2.24. Ônus da prova e cerceamento do direito de defesa

Não é muito comum encontrarmos, na jurisprudência do TST, uma correlação direta entre a atribuição – ou inversão – do ônus da prova e o instituto do cerceamento do direito de defesa. Em regra, o reconhecimento do cerceamento do direito de produção de prova está relacionado ao indeferimento da prova em si, ou seja, do depoimento pessoal da parte contrária, da oitiva de testemunhas, de perguntas nucleares que poderiam conduzir a outro resultado no processo etc.

Por isso, faço questão de trazer ao caro leitor essa ementa, na qual se verifica que o indeferimento de prova pela parte que detinha o ônus probatório configura, sim, cerceamento do direito de defesa. Veja-se:

> **"I - AGRAVO DE INSTRUMENTO. RECURSO DE REVISTA INTERPOSTO NA ÉGIDE DA LEI N.º 13.015/2014. CERCEAMENTO DO DIREITO DE DEFESA. INDEFERIMENTO DE PERGUNTAS ESSENCIAIS A CONTROVÉRSIA. MÉRITO DECIDIDO PELA DISTRIBUIÇÃO DO ÔNUS DA PROVA EM DESFAVOR DA RECLAMANTE.** Ante a possível violação ao art. 370 do CPC, deve ser provido o agravo de instrumento. Agravo de instrumento conhecido e provido. **II - RECURSO DE REVISTA CERCEAMENTO DO DIREITO DE DEFESA. INDEFERIMENTO DE PERGUNTAS ESSENCIAIS A CONTROVÉRSIA. MÉRITO DECIDIDO PELA DISTRIBUIÇÃO DO ÔNUS DA PROVA EM DESFAVOR DA RECLAMANTE.** O julgador tem o dever legal de indeferir a produção de prova que repute desnecessária ou inútil à formação do seu convencimento (arts. 370 do CPC e 765 da CLT) desde que isso não implique impedimento do direito da parte de demonstrar o que alegou. **Extrai-se dos autos que, não obstante tenham sido consideradas desnecessárias as perguntas indicadas pela reclamante, no exame do mérito decidiu-se pelo critério do ônus da prova em seu desfavor.** Consta da decisão recorrida que "incumbia ao autor demonstrar a suposta quebra de isonomia salarial, ônus do qual não se desvencilhou a contendo, sendo insuficiente a tal fim a Ata administrativa registrada perante o Ministério do Trabalho e Emprego". De fato, o indeferimento de perguntas à testemunha, por si só, não caracteriza cerceamento do direito de defesa se o juiz possui à

> sua disposição elementos suficientes para a formação do seu convencimento. Ocorre que, na hipótese dos autos, diante da omissão na juntada dos contracheques, restou a reclamante obter a comprovação das suas alegações por meio de prova testemunhal. Ademais, ao contrário do que consta dos autos, as perguntas da reclamante não demandavam que a testemunha trabalhasse na mesma loja da autora, tampouco soubesse sobre o salário da reclamante. Assim, o indeferimento das perguntas contamina de nulidade a decisão, por cerceamento do direito da reclamante. Isso porque as instâncias ordinárias julgaram improcedentes as pretensões iniciais por considerarem insuficientes as provas produzidas pela reclamante. Precedentes no mesmo sentido. Recurso de revista conhecido e provido" (RR-518-90.2016.5.06.0016, 2ª Turma, Relatora Ministra Maria Helena Mallmann, DEJT 15/09/2023). (destaquei na parte que trata do ônus da prova)

Enfim, penso que, com essa farta Jurisprudência colacionada a este (novo) capítulo do Manual, este se torna ainda mais completo para subsidiar todos os atores que militam na Justiça do Trabalho, sobretudo os advogados e advogadas, na sua importante missão de lutar pela justiça nas demandas trabalhistas. Tendo às mãos uma boa jurisprudência sobre ônus da prova, o ator jurídico pode mais facilmente argumentar na audiência trabalhista e, não sendo vitorioso, na interposição do recurso ao tribunal.

Boa sorte a todos e todas!

REFERÊNCIAS

ADAMOVICH. Eduardo Henrique Raymundo von. Reflexões sobre a produção da prova oral em meio telemático no processo do trabalho. *In*: MOLINA, André A.; COLNAGO, Lorena de M. R.; MARANHÃO, Ney. (coord.). **Anais do 1º Ciclo de Palestras do grupo eletrônico "Ágora Trabalhista":** Direito e Processo do trabalho no ano de 2020. *E-book*. Edição do *Kindle*.

ALMEIDA, Cleber Lúcio. **Direito processual do trabalho.** 6. ed. São Paulo: LTr, 2016.

AMBROSIO, Graziella. **A distribuição dinâmica do ônus da prova no processo do trabalho.** São Paulo: LTr, 2013.

ARAÚJO, Jorge Alberto. **Interrogatório eficaz:** tenha sucesso na prova testemunhal. Curitiba: Íthala, 2017.

ASSOCIAÇÃO DOS ADVOGADOS DE SÃO PAULO (AASP). **STF afasta trechos da MP que flexibiliza regras trabalhistas durante pandemia da Covid-19.** Disponível em: https://www.aasp.org.br/noticias/stf-afasta-trechos-da-mp-que-flexibiliza-regras-trabalhistas-durante-pandemia-da-covid-19. Acesso em: 12 mai. 2020.

BONAVIDES, Paulo. **Curso de Direito Constitucional.** 19. ed. atual. São Paulo: Malheiros, 2006.

BRAGA, Paula Sarno. **Primeiras Reflexões sobre uma Teoria do Fato Jurídico Processual – Plano de Existência.** Disponível em: https://webcache.googleusercontent.com/search?q=cache:PNvPiZBXCHsJ:https://www.unifacs.br/revistajuridica/arquivo/edicao_maio2008/docente/doc2.doc+&cd=2&hl=pt-BR&ct=clnk&gl=br. Acesso em: 15 ago. 2020.

BRASIL. Ministério da Saúde. **Malária: o que é, causas, sintomas, tratamento, diagnóstico e prevenção.** Disponível em: https://saude.gov.br/saude-de-a-z/malaria. Acesso em: 12 mai. 2020.

BRITO, Marcelo Palma de. **As audiências por videoconferência vieram para ficar?** Disponível em: https://emporiododireito.com.br/leitura/as-audiencias-por-videoconferencia-vieram-para-ficar. Acesso em: 17 ago. 2020.

CALAMANDREI, Piero. **Eles, os juízes, vistos por um advogado.** Trad. Eduardo Brandão. São Paulo: Martins Fontes, 5. tiragem, 2000.

CAPPELLETTI, Mauro; GARTH, Bryant. **Acesso à Justiça.** Trad. Ellen Gracie Northfleet. Porto Alegre: Sérgio Antonio Fabris Editor, 1988.

CARRION, Valentin. **Comentários à Consolidação das Leis do Trabalho.** 20. ed. atual. e ampl. São Paulo, Saraiva, 1995.

CARVALHO, Augusto César Leite de. **Garantia de indenidade no Brasil**: o livre exercício do direito fundamental de ação sem o temor de represália patronal. São Paulo: LTr, 2013.

CASTELO, Jorge Pinheiro. **O direito material e processual do trabalho e a pós-modernidade:** a CLT, o CDC e as repercussões do novo código civil. São Paulo: LTr, 2003.

CHIOVENDA, Giuseppe. **Instituições de direito processual civil.** Vol. I. Tradução do original italiano por Paolo Capitanio, com anotações do Prof. Enrico Tullio Liebman. Campinas: Bookseller, 1998.

________. **Instituições de Direito Processual Civil.** Vol. II. Tradução do original italiano por Paolo Capitanio, com anotações do Prof. Enrico Tullio Liebman. Campinas: Bookseller, 1998.

CNJ – Conselho Nacional de Justiça. **Relatório Justiça em Números 2019.** Disponível em: https://www.cnj.jus.br/wp-content/uploads/conteudo/arquivo/2019/08/justica_em_numeros20190919.pdf. Acesso em: 2 ago. 2020.

CRISTIANO, Almir. **Surdo-mudo.** Disponível em: https://www.libras.com.br/surdo-mudo. Acesso em: 10 jul. 2020.

CUNHA, Alexandre dos Santos; SILVA, Paulo Eduardo Alves da; ALVES, Adriana Avelar; ARAÚJO, Carla Rodrigues Costa de; ROSIM, Danielle Zoega; TOLLER, Ana Flávia Lopes de Moraes; PAULA, Gustavo Lima de; MARTINEZ, Victor Dantas de Maio. **Acesso à Justiça do Trabalho:** antes e depois da reforma trabalhista. Disponível em: https://repositorio.ipea.gov.br/bitstream/11058/11212/1/td_2769_web.pdf. Acesso em: 3 out. 2024.

DELGADO, Gabriela Neves; LEMOS, Maria Cecilia de Almeida Monteiro. **A Justiça do Trabalho e a litigiosidade trabalhista:** organograma institucional e efetividade. Disponível em: <https://images.jota.info/wp-content/uploads/2024/04/parecer-anamatra-26-de-abril-gabriela-delgado-e-maria-cecilia-lemos.pdf>. Acesso em: 3 out. 2024.

DELGADO, Mauricio Godinho. **Curso de direito do trabalho**: obra revista e atualizada conforme a lei da reforma trabalhista e inovações normativas e jurisprudenciais posteriores. 18. ed. São Paulo: LTr, 2019.

DELLORE, Luiz *et al.* **Processo de conhecimento e cumprimento de sentença:** comentários ao CPC de 2015. São Paulo: Método, 2016.

DIAS, Carlos Eduardo Oliveira *et al.* **Comentários à lei da reforma trabalhista:** dogmática, visão crítica e interpretação constitucional. 2. ed. São Paulo: LTr, 2018.

DIDIER Jr., Fredie; BRAGA, Paula Sarno; OLIVEIRA, Rafael. **Curso de Direito Processual Civil.** V. 2: Direito probatório, decisão judicial, cumprimento e liquidação da sentença e coisa julgada. 3. ed. Salvador: Editora Juspodivm, 2008.

DINAMARCO, Cândido Rangel. **Ônus de contestar e o efeito da revelia.** Revista de Processo, v. 11, n. 41, jan/mar 1986.

________. **Litisconsórcio**. 5. ed., rev. e atual. São Paulo: Malheiros, 1997.

________. **Instituições de Direito Processual Civil.** V. I. 4. ed., rev. atual. e com remissões ao Código Civil de 2002. São Paulo: Malheiros, 2004.

________. **Instituições de Direito Processual Civil.** V. III. 4. ed., rev. atual. e com remissões ao Código Civil de 2002. São Paulo: Malheiros, 2004.

DINAMARCO, Cândido Rangel; CINTRA, Antônio Carlos de Araújo, GRINOVER, Ada Pellegrini. **Teoria Geral do Processo.** 10. ed. rev. e atual. São Paulo: Malheiros, 1994.

DUARTE, Radson Rangel Ferreira. **A segurança jurídica no direito e processo do trabalho.** Rio de Janeiro: Lumen Juris, 2020.

EÇA, Vitor Salino de Moura. Direito à prova em audiência por videoconferência. *In*: MOLINA, André A.; COLNAGO, Lorena de M. R.; MARANHÃO, Ney. (coord.). **Anais do 1º Ciclo de Palestras do grupo eletrônico "Ágora Trabalhista":** Direito e Processo do trabalho no ano de 2020. *E-book*. Edição do *Kindle*.

FELICIANO, Guilherme Guimarães *et al*. **Comentários à lei da reforma trabalhista:** dogmática, visão crítica e interpretação constitucional. 2. ed. São Paulo: LTr, 2018.

FOLHA DE S. PAULO. **Revolução Francesa deu origem aos termos "direita" e "esquerda".** Disponível em: https://www1.folha.uol.com.br/folha/informatica/ult124u11491.shtml. Acesso em: 26 jun. 2020.

GAJARDONI, Fernando da Fonseca *et al*. **Teoria geral do processo:** comentários ao CPC de 2015: parte geral. São Paulo: Forense, 2015.

________. **Processo de conhecimento e cumprimento de sentença:** comentários ao CPC de 2015. São Paulo: Método, 2016.

GASPAR, Danilo Gonçalves. **O princípio da igualdade digital e a realização de audiências telepresenciais**. Trabalho em Debate. Disponível em: http://trabalhoemdebate.com.br/colunista/detalhe/danilo-goncalves-gaspar. Acesso em: 4 ago. 2020.

GIGLIO, Wagner D. **Direito processual do trabalho**. 9. ed. São Paulo, LTr, 1995.

________. **Direito processual do trabalho**. 12. ed. rev. atual. e ampl. São Paulo: Saraiva, 2002.

GODINHO, Robson Renault. Sobre o conceito de jurisdição voluntária. **Revista do Ministério Público do Estado do Rio de Janeiro**, nº 79, jan./mar. 2021, p. 263-279.

GRECO, Leonardo. Breves **Comentários ao Novo Código de Processo Civil**. Teresa Wambier, Eduardo Talamini, Fredie Didier Jr., Bruno Dantas (coord.). 3. ed. São Paulo: RT, 2016.

LEITE, Carlos Henrique Bezerra. **Curso de direito processual do trabalho.** 9. ed. São Paulo: LTr, 2011.

MACHADO JÚNIOR, César Pereira da Silva. **O ônus da prova no processo do trabalho.** 3. ed. rev. e atual. São Paulo: LTr, 2001.

MARANHÃO, Ney; PINHEIRO, Rogerio Neiva. "On-line resolution" e Resolução de Conflitos Trabalhistas em Tempos de Pandemia: interações síncronas, assíncronas e mistas na Justiça do Trabalho brasileira. *In*: MOLINA, André A.; COLNAGO, Lorena de M. R.; MARANHÃO, Ney. (coord.). **Anais do 1º Ciclo de Palestras do grupo eletrônico "Ágora Trabalhista":** Direito e Processo do trabalho no ano de 2020. *E-book*. Edição do *Kindle*.

MARTINS, Sergio Pinto. **Direito processual do trabalho:** doutrina e prática forense; modelos de petições, recursos, sentenças e outros. 28. ed. São Paulo: Atlas, 2008.

MAZZOLA, Marcelo. **Limites da confidencialidade na audiência de mediação e litigância de má-fé.** Disponível em: https://www.migalhas.com.br/depeso/256564/limites-da-confidencialidade-na-audiencia-de-mediacao-e-litigancia-de-ma-fe. Acesso em: 31 jul. 2020.

MELO, Raimundo Simão de. **Ação civil pública na justiça do trabalho**. São Paulo: LTr, 2002.

MIESSA, Élisson; CORREIA, Henrique. **Súmulas e OJs do TST comentadas e organizadas por assunto.** 9. ed. totalmente revista e atualizada. Salvador: Juspodivm, 2018.

MIESSA, Élisson. **Curso de Direito Processual do Trabalho. 10. ed., rev., atual. e ampl. São Paulo: JusPodivm, 2024.**

NALINI, Renato. Prefácio à obra de PRADO, Lídia Reis de Almeida. **O juiz e a emoção**: aspectos da lógica judicial. 4. Ed. Campinas: Millenium, 2008.

NEGRÃO, Theotonio; GOUVÊA, José Roberto F. **Código de Processo Civil e legislação processual em vigor.** 41. ed. São Paulo: Saraiva, 2009.

NERY JUNIOR, Nelson. **Princípios do processo na Constituição Federal:** processo civil, penal e administrativo. 9. ed. rev., ampl. e atual. com as novas súmulas do STF (simples e vinculantes) e com análise sobre a relativização da coisa julgada. São Paulo: Editora Revista dos Tribunais, 2009.

NERY JUNIOR, Nelson; NERY, Rosa Maria de Andrade. **Comentários ao Código de Processo Civil.** São Paulo: Editora Revista dos Tribunais, 2015.

NOGUEIRA, Eliana dos Santos Alves. A Prova Oral e os Negócios Processuais no Processo do Trabalho em Tempos de COVID-19: análise do Ato 11 do CGCJT de 23 de abril de 2020. *In*: MOLINA, André A.; COLNAGO, Lorena de M. R.; MARANHÃO, Ney. (coord.). **Anais do 1º Ciclo de Palestras do grupo eletrônico "Ágora Trabalhista":** Direito e Processo do trabalho no ano de 2020. *E-book*. Edição do *Kindle*.

ORDEM DOS ADVOGADOS DO BRASIL, Secional de São Paulo (OABSP). **CNJ acata pedido de liminar da OAB SP contra audiências de instrução telepresenciais no TRT15, sem a concordância das partes.** Disponível em: https://covid19.oabsp.org.br/poderes-constituidos/judiciario/cnj-acata-pedido-de-liminar-da-oab-sp-contra-audiencias-de-instrucoes-telepresenciais-no-trt15-sem-a-concordancia-das-partes/. Acesso em: 11 ago. 2020.

OLIVEIRA, Rafael Tomaz de; STRECK, Lenio Luiz. **Como exorcizar os fantasmas do livre convencimento e da verdade real.** Disponível em: https://www.conjur.com.br/2017-jun-24/diario-classe-exorcizar-fantasmas-livre-convencimento-verdade-real. Acesso em: 29 jul. 2020.

OLIVEIRA Jr., Zulmar Duarte *et al.* **Processo de conhecimento e cumprimento de sentença:** comentários ao CPC de 2015. São Paulo: Método, 2016.

ORGANIZAÇÃO PAN-AMERICANA DA SAÚDE (OPAS). **Folha informativa – COVID-19 (doença causada pelo novo coronavírus).** Disponível em: https://www.paho.org/bra/index.php?option=com_content&view=article&id=6101:covid19&Itemid=875. Acesso em: 12 maio 2020.

PASTORE, Guilherme de Siqueira. **Considerações sobre a autenticidade e a integridade da prova digital.** São Paulo, Cadernos Jurídicos, ano 21, n. 53, jan.-mar. 2020, p. 63-79.

PAULA, Carlos Alberto Reis de. **A especificidade do ônus da prova no processo do trabalho.** São Paulo: LTr, 2001.

PESSOA, Fernando. **Pessoa Inédito**. (Orientação, coordenação e prefácio de Teresa Rita Lopes). Lisboa: Livros Horizonte,1993.

PORTUGAL. Presidência da Assembleia da República. Presidência da República. Lei n.º 41/2013, de 26 de junho Aprova o Código de Processo Civil. **Código de Processo Civil.** Disponível em: http://www.pgdlisboa.pt/leis/lei_mostra_articulado.php?artigo_id=&nid=1959&tabela=leis&pagina=1&ficha=1&so_miolo=&nversao=#artigo Acesso em: 17 ago. 2020.

PRADO, Lídia Reis de Almeida. **O juiz e a emoção**: aspectos da lógica judicial. 4. Ed. Campinas: Millenium, 2008.

PRITSCH, Cesar Zucatti. Como identificar a *ratio decidendi* e aplicar ou distinguir um precedente? *In* **Precedentes no processo do trabalho**: teoria geral e aspectos controvertidos, coordenadores Cesar Zucatti Pritsch *et al.* São Paulo: Thomson Reuters Brasil, 2020.

REVISTA CONSULTOR JURÍDICO. **STJ define hipóteses de cabimento do agravo de instrumento sob o novo CPC.** Disponível em: https://www.conjur.com.br/2020-mar-02/stj-define-hipoteses-cabimento-agravo-instrumento. Acesso em: 2 ago. 2020.

REVISTA GALILEU. **Entenda a diferença entre epidemia, pandemia, endemia e surto**. Disponível em: https://revistagalileu.globo.com/Ciencia/Saude/noticia/2020/03/entenda-diferenca-entre-epidemia-pandemia-endemia-e-surto.html. Acesso em: 12 mai. 2020.

ROCHA, Andréa Presas. Audiências Telepresenciais: possíveis soluções para problemas práticos atuais e uma lição para o futuro. *In*: MOLINA, André A.; COLNAGO, Lorena de M. R.; MARANHÃO, Ney. (coord.). **Anais do 1º Ciclo de Palestras do grupo eletrônico "Ágora Trabalhista"**: Direito e Processo do trabalho no ano de 2020. *E-book*. Edição do *Kindle*.

RODRIGUES FILHO, Carlos Abener de Oliveira. Audiências por Videoconferências na Justiça do Trabalho: desenvolvimento e aplicação em tempos de Covid. *In*: MOLINA, André A.; COLNAGO, Lorena de M. R.; MARANHÃO, Ney. (coord.). **Anais do 1º Ciclo de Palestras do grupo eletrônico "Ágora Trabalhista":** Direito e Processo do trabalho no ano de 2020. *E-book*. Edição do *Kindle*.

ROSSI, Ícaro Ataia. **Audiência de instrução telepresencial na justiça do trabalho:** aspectos constitucionais. São Paulo: Dialética, 2023.

SANTOS, Moacyr Amaral. **Primeiras linhas de direito processual civil.** 2. vol., 13. ed. São Paulo: Saraiva, 1990.

SANTOS, Sandra Aparecida Sá dos. **A inversão do ônus da prova:** como garantia constitucional do devido processo legal. São Paulo: Editora Revista dos Tribunais, 2002.

SCHIAVI, Mauro. **Manual de Direito Processual do Trabalho.** São Paulo: LTr, 2008.

________. **Manual didático da audiência trabalhista.** Salvador: Juspodivm, 2020.

SILVA, Fabrício Lima; PACHECO, Fábio Luiz. As audiências trabalhistas por videoconferência durante e após a pandemia da COVID-19, uma análise principiológica. *In*: MOLINA, André A.; COLNAGO, Lorena de M. R.; MARANHÃO, Ney. (coord.). **Anais do 1º Ciclo de Palestras do grupo eletrônico "Ágora Trabalhista":** Direito e Processo do trabalho no ano de 2020. *E-book*. Edição do *Kindle*.

SILVA, José Antônio Ribeiro de Oliveira. **Questões relevantes do procedimento sumaríssimo:** 100 perguntas e respostas. São Paulo: LTr, 2000.

_______. O ônus da prova e sua inversão no processo do trabalho. São Paulo, **Revista LTr**, ano 68, n. 06, jun. 2004, p. 685-694.

_______. **Acidente do trabalho:** responsabilidade objetiva do empregador. 3. ed. São Paulo: LTr, 2014.

_______. **O ônus da prova e sua inversão no processo do trabalho:** análise crítica das teorias estática e dinâmica. *In* MIESSA, Élisson; CORREIA, Henrique (Org.). Estudos Aprofundados da Magistratura do Trabalho. V. II. Salvador: Juspodivm, 2014.

_______. **Temas polêmicos do novo CPC e sua aplicação no processo do trabalho.** *In* MIESSA, Élisson (Coord.). O Novo Código de Processo Civil e seus reflexos no processo do trabalho. 2. ed. rev., ampl. e atual. Salvador: Juspodivm, 2016.

_______. **Magistratura e temas fundamentais do direito:** reforma trabalhista e direito intertemporal. 2. ed. São Paulo: LTr, 2017.

SILVA, José Antonio Ribeiro de Oliveira *et al.* **Comentários ao Novo CPC e sua aplicação ao processo do trabalho, volume 1:** parte geral: arts. 1º ao 317: atualizado conforme a Lei n. 13.256/2016. São Paulo: LTr, 2016.

_______. **Comentários ao Novo CPC e sua aplicação ao processo do trabalho, volume 2:** parte especial: arts. 318 ao 538: atualizado conforme a Lei n. 13.256/2016. São Paulo: LTr, 2017.

_______. **Comentários à lei da reforma trabalhista:** dogmática, visão crítica e interpretação constitucional. 2. ed. São Paulo: LTr, 2018.

SOUZA, Maurício Bearzotti. Audiência telepresencial: parâmetros normativos. *In*: MOLINA, André A.; COLNAGO, Lorena de M. R.; MARANHÃO, Ney. (coord.). **Anais do 1º Ciclo de Palestras do grupo eletrônico "Ágora Trabalhista":** Direito e Processo do trabalho no ano de 2020. *E-book*. Edição do *Kindle*.

SOUZA JÚNIOR, Antonio Umberto de. O Big Brother chegou ao Judiciário? Audiências telepresenciais em tempos de pandemia. *In*: MOLINA, André A.; COLNAGO, Lorena de M. R.; MARANHÃO, Ney. (coord.). **Anais do 1º Ciclo de Palestras do grupo eletrônico "Ágora Trabalhista":** Direito e Processo do trabalho no ano de 2020. *E-book*. Edição do *Kindle*.

SOUZA JÚNIOR, Antonio Umberto de *et al.* **Reforma trabalhista:** análise comparativa e crítica da Lei n. 13.467/2017. São Paulo: Rideel, 2017.

_______. **Manual prático das audiências trabalhistas.** São Paulo: Thomson Reuters Brasil, 2018.

SUPREMO TRIBUNAL DE JUSTIÇA (STJ). **A prova emprestada e a garantia do princípio do contraditório segundo o STJ.** Disponível em: http://www.stj.jus.br/

sites/portalp/Paginas/Comunicacao/Noticias/A-prova-emprestada-e-a-garantia--do-principio-do-contraditorio-segundo-o-STJ.aspx. Acesso em: 13 ago. 2020.

TEIXEIRA FILHO, Manoel Antonio. **A prova no processo do trabalho.** 5. ed. rev. e ampl., 4. tiragem. São Paulo: LTr, 1993.

________. Manoel Antonio. **A sentença no processo do trabalho.** São Paulo: LTr, 1994.

________. **Curso de processo do trabalho:** perguntas e respostas sobre assuntos polêmicos em opúsculos específicos: nº 6: provas. São Paulo: LTr, 1997.

________. **Curso de direito processual do trabalho.** Vol. II: Processo de conhecimento 2. São Paulo: LTr, 2009.

________. **Comentários ao novo código de processo civil sob a perspectiva do processo do trabalho:** (Lei n. 13.105, 16 de março de 2015). São Paulo: LTr, 2015.

________. **Manual da audiência na justiça do trabalho.** 2. ed. São Paulo: LTr, 2017.

THAMAY, Rennan; TAMER, Mauricio. **Provas no direito digital:** conceito da prova digital, procedimentos e provas digitais em espécie. São Paulo: Thomson Reuters Brasil, 2020.

THEODORO JÚNIOR, Humberto. **Curso de Direito Processual Civil.** Vol. 1. 10. ed. Rio de Janeiro: Forense, 1993.

TOLEDO FILHO, Manoel Carlos. **Fundamentos e perspectivas do processo trabalhista brasileiro**. São Paulo: LTr, 2006.

TOLEDO FILHO, Manoel Carlos *et al.* **Comentários ao Novo CPC e sua aplicação ao processo do trabalho, volume 1:** parte geral: arts. 1º ao 317: atualizado conforme a Lei n. 13.256/2016. São Paulo: LTr, 2016.

VIANA, Márcio Túlio. **Critérios para a inversão do ônus da prova no processo do trabalho.** São Paulo, Revista LTr, ano 58, n. 10, out. 1994, p. 1218-1224.

WAKI, Kleber de Souza. **A teleaudiência no processo trabalhista: acesso à justiça** (texto originalmente publicado em janeiro/2005. Revisado.). Disponível em: https://direitoeoutrostemas.wordpress.com/2014/12/29/a-teleaudincia-no-processo-trabalhista-acesso-justia--texto-originalmente-publicado-em-janeiro2005-revisado/. Acesso em: 17 ago. 2020.

WAKI, Kleber de Souza; BALSANELLI, João Marcelo. **O regime extraordinário do poder judiciário, a retomada gradual de suas atividades e as teleaudiências.** Direito e outros temas. Disponível em: https://direitoeoutrostemas.wordpress.com/2020/06/08/o-regime-extraordinario-do-poder-judiciario-a-retomada-gradual-de-suas-atividades-e-as-teleaudiencias/#more-291 Acesso em: 4 ago. 2020.

WEIL, Pierre; TOMPAKOW, Rolando. **O corpo fala:** a linguagem silenciosa da comunicação não verbal. 74. ed. Petrópolis: Vozes, 2015.

ANOTAÇÕES

ANOTAÇÕES

ANOTAÇÕES

ANOTAÇÕES

ANOTAÇÕES

ANOTAÇÕES

ANOTAÇÕES

ANOTAÇÕES

EDITORA JusPODIVM
www.editorajuspodivm.com.br

JUS3913

COLOR system